本书出版得到下列研究经费资助：
1.国家自然科学基金项目，51569032，基于总量控制的天山北坡灌区水资源高效调配机制研究；
2.新疆天山英才工程（2016-2018），培养经费支持

新疆水利水电规划设计管理局

新疆山区中型水库建设关键技术

主　编◎李　江　柳　莹　邹世平
副主编◎杨国华　龙爱华　俞晓燕　岳春芳　黄　涛　吴　艳

河海大学出版社
HOHAI UNIVERSITY PRESS
·南京·

图书在版编目（CIP）数据

新疆山区中型水库建设关键技术 / 李江等主编. -- 南京：河海大学出版社，2019.12
ISBN 978-7-5630-6127-3

Ⅰ. ①新… Ⅱ. ①李… Ⅲ. ①山区—中型水库—坝型选择—研究—新疆②山区—中型水库—水利枢纽—水利工程—研究—新疆 Ⅳ. ①TV632.45

中国版本图书馆CIP数据核字（2019）第194754号

书　　名 新疆山区中型水库建设关键技术
XINJIANG SHANQU ZHONGXING SHUIKU JIANSHE GUANJIAN JISHU
书　　号 ISBN 978-7-5630-6127-3
责任编辑 沈　倩
特约编辑 吴　淼
特约校对 李　萍　王春兰
封面设计 杭永红
出版发行 河海大学出版社
地　　址 南京市西康路1号（邮编：210098）
电　　话 （025）83786678（总编室）
（025）83722833（营销部）
经　　销 江苏省新华发行集团有限公司
排　　版 南京布克文化发展有限公司
印　　刷 虎彩印艺股份有限公司
开　　本 880毫米×1230毫米　1/16
字　　数 1550千字
印　　张 45.75
插　　页 8
版　　次 2019年12月第1版　2019年12月第1次印刷
定　　价 240.00元

编委会

主　编：李　江　柳　莹　邹世平

副主编：杨国华　龙爱华　俞晓燕　岳春芳　黄　涛　吴　艳

主要参与完成单位：新疆水利水电勘测设计研究院
中国水利水电科学研究院
长江科学院
新疆农业大学
新疆兵团勘测设计院（集团）有限责任公司
长江勘测规划设计研究有限责任公司
黄河勘测规划设计有限公司
湖南省水利水电勘测设计研究总院
新疆水利水电科学研究院
中国水利水电基础局有限公司
伊犁州水利电力勘察设计院
塔城地区水利水电勘察设计院
阿勒泰地区水利水电勘测设计院
新疆昌吉方汇水电设计有限公司
吐鲁番市水利水电勘测设计院

主要参与人员：张晓敏　钱亚俊　孔繁忠　徐　燕　杨辉琴　马　军
克里木　郭春红　武　清　李淑珍　库尔班　赵　妮
刘　江　王　旭　卫江益　毛远辉　吴　涛　彭兆轩
崔　炜　何旭升　赵宇飞　杨正权　何建新　邢　坤
董　芸　穆汉平　余春海　郭　宇　张　玲　王晓强
李振刚　张　军　冯　涛　钟世华　高宗昌　王晓东
周富强　孟凡华　黄华兴　朱春阳　贺光华　杨　龙
喻致仁　李　刚　马品非　吾提库尔　俞晓燕　刘建海
李永兵　郭飞学　赵　欣　胡玉明　徐劲松　毕鸿武
张　伟　李　毅

大坝右岸及溢洪道引渠

现场灌浆试验

黏土心墙碾压

大西沟水库

大坝黏土心墙、反滤料、过渡料及坝体砂砾料摊铺、碾压

白杨河水库

面板施工

高趾墙施工

吉音水利枢纽

面板条带施工

大坝下游之子路

阿布都拉水库前坝坡

阿布都拉水库填筑完成后的大坝鸟瞰图

上游围堰心墙施工

导流洞出口消力池

五一水库大坝上游

五一水库大坝下游

厂房

2017年4月14日，沥青摊铺施工

2018年8月15日，水位2454 m

奴尔水库坝体填筑

阿拉沟水库

大河沿水库施工

沥青心墙施工

坝体填筑施工全貌(左右岸防渗基础处理完成后)

古河槽防渗墙施工

阿克肖水库上游全景

乌苏吉尔格勒德水利枢纽施工现场

乌苏吉尔格勒德水利枢纽航拍全景

米兰河山口水库坝体填筑

米兰河山口水库全貌

大坝混凝土浇筑

面板坝砂砾石碾压

泄洪闸混凝土浇筑

苏巴什水库上游全貌

序

新疆地处欧亚大陆中心，在远离海洋和高山环抱的地理因素影响下，形成了典型干旱气候，生态环境以荒漠为主体，有水就有绿洲，无水皆为荒漠。对干旱区内陆河流域而言，“山区—人工绿洲—荒漠绿洲”是一个完整自然的水循环过程，山区是径流形成区，平原是径流耗散区，荒漠与沙漠地带则是河流的散失区。新疆河川径流的97%形成于山区，主要河流有570多条，年径流量不足1.0亿m^3的有487条，水量仅有83亿m^3，占总径流量的9.4%；而径流量大于10亿m^3的仅有18条，径流量526亿m^3，占总径流量的59.8%。

新疆已建成712座水库，总库容259亿m^3，其中山区水库240座，坝高30 m以上的有159座，为供水、灌溉、生态、发电等水资源综合利用提供了有力保障。新疆河川径流主要以山区降水和冰雪融水补给为主，径流年内分布极不均衡，呈现“春旱、夏洪、秋缺、冬枯”的特点。修建山区水库是提高水循环调控能力及供水保证率的重要工程措施。新疆近20年来，气温升高，降水增多，冰川消融加速，极端洪水事件频发。因此，修建山区水库也是应对未来气候变化，保障供水安全的重要工程措施。新疆水利科技工作者，通过长期的理论研究与水利实践，形成了“山区水库—引水渠首—防渗渠道—灌区配套—节水灌溉—地表水与地下水联调—水盐调控”等工程措施优化组合的干旱区水资源合理开发利用模式，以山区水库为龙头的坝工建设取得了可喜的进步。

《新疆山区中型水库建设关键技术》一书共分中型水库坝型选择与枢纽布置、山区水库建设若干关键技术问题研究进展、典型工程案例三部分，内容十分丰富，涉及水库大坝建设的坝型选择、水库（电站）枢纽布置、水库建设与生态环境保护、沥青心墙坝关键技术进展、面板堆石坝关键技术进展、深厚覆盖层基础处理技术进展、古河槽防渗处理技术进展、大坝施工技术进展、水电站“以阀代井”技术研究进展、中型水库典型工程案例等。该书的出版，将促进山区水库建设的高质量发展，为运行管理提供重要技术保障，并为从事水利规划、设计、施工、管理人员提供有益的借鉴。

新疆的发展离不开水利基础设施的建设，各级党委政府始终把水利工作摆在关系全局的战略位置上，不断加大水利工程建设力度，水利基础设施得到了根本改善。特别是党的十八大以来，坚持“节水优先、空间均衡、系统治理、两手发力”的新时期治水方针，全力推进水利改革发展各项工作，为实现社会稳定和长治久安总目标提供了有力的水资源保障。我衷心的希望，以《新疆山区中型水库建设关键技术》一书的出版为新的起点，不断激发水利工作者开展水利科研、实践工作的热情和力量，围绕新疆水资源高效利用、水循环合理调控、水安全有效保障，持续开展更加深入的研究探索和科学实践。

中国工程院院士 

2019年11月30日

前言

新疆水资源短缺，时间、空间分布不均，工程性缺水严重，防洪抗旱能力较弱，根据新疆水资源的形成及其特点，为解决“春旱、夏洪、秋缺、冬枯”、供水保证率不足等问题，兴建山区水库可从根本上解决新疆工农业发展用水矛盾，确保水资源高效利用及合理配置。

新疆已建成超过600余座水库、在建40余座，在新疆干旱区水资源调配方面发挥了极其重要的作用，在“四新”技术应用方面也一直与国内外工程建设保持同步。在新疆独特筑坝环境条件下，多个工程开展了大量有益的探索，紧随国内外先进技术，在勘测设计新技术应用、沥青心墙坝砾石骨料应用、覆盖层超深防渗墙、面板砂砾石筑坝与抗冻防裂、混凝土坝温控防裂、高坝过鱼设施、坝体填筑智能控制压实、水电站“以阀代井”等方面引进吸收了大量经验，取得了许多独特的创新成果，很多成果荣获国家及自治区科技进步奖、水利部大禹奖、勘察设计金银奖等奖项，为类似环境条件下的筑坝技术提供了宝贵的实践经验。

进入21世纪以来，新疆严寒山区砂砾石筑坝技术取得极大进展，自乌鲁瓦提砂砾石面板坝（坝高138 m）、吉林台一级面板坝（坝高157 m）建成以来，高地震区的面板砂砾石坝不断突破，百米级以上的多达15座，其中在建的阿尔塔什面板砂砾石坝（坝高164.8 m，覆盖层达100 m）、大石峡面板砂砾石坝（坝高247.0 m，装机为750 MW）、即将建设的玉龙喀什面板砂砾石坝（坝高230.5 m），均达到250 m量级，为业界关注。在建的大石门沥青心墙坝（坝高128.8 m）为国内沥青坝第一高坝（水利行业），奴尔水库（坝高80 m）沥青混凝土全部采用砾石骨料配置，大河沿水库（坝高75 m）防渗墙深度更是达到186 m。山口拱坝在国内率先建成第一座高80 m的升鱼机。虽然新疆水库库容不大（最大水库总库容约25亿m^3），没有超大型水电站（在建最大电站总装机为750 MW），泄洪建筑物规模相对较小（最大工程泄洪流量4 000～5 000m^3/s），但其筑坝环境所独有的高严寒（多年平均温度≤5℃）、高地震（基本地震烈度≥Ⅷ度）、高海拔（海拔高度≥2 000 m）、深厚覆盖层（覆盖层深度≥100 m）、多泥沙（多年平均泥沙含量≥10 kg/m^3）、少水文资料（连续观测资料超过30年的河流很少）等条件给水库电站建设带来巨大挑战。

据不完全统计，新疆150余座大中型水库中中型水库占了80%以上，虽然中型水库没有大型水库那么多的亮点，没有更多可以“炫耀”的地方，但中型水库的建设始终与高坝大库保持着技术上的同步，中型水库可以看作是高坝大库的“缩小版”，甚至是“姊妹版”。在高地震区筑坝、狭窄河谷筑坝、沥青心墙坝中砾石骨料应用、高面板砂砾石坝面板防冰冻、深厚覆盖层防渗、古河槽防渗处理、泄水建筑物消能、水电站过渡过程、鱼道及升鱼机设计、坝体填筑智能化控制等问题上所开展的不同坝型的大量关键技术研究大多开始于中型水库中的尝试，如沥青心墙砾石骨料的应用、超深防渗墙设计施工等，总结中型水库的成功应用实践有助于进一步推动高坝大库的技术进步。

本书依托新疆近年来已建、在建、拟建的一大批山区大中型水库，特别是“十二五”规划的中型水库的技术特点，结合大中型水库规划建设已经取得的经验，旨在总结和研究新疆山区中型水库的坝型选择和枢纽布置方案的特点、合理性和若干重点工程关键技术进展，研究工程、服务于工程，为其他拟建类似工程提供可借鉴的经验。本书从以下3个方面开展了全面的研究工作。

第一部分：中型水库坝型选择与枢纽布置

(1)新疆山区水库建设的自然条件

新疆筑坝环境的特点以“三高一深一多一少”为主：高寒区、高海拔、高地震、深厚覆盖层、多泥沙、水文资料偏少，环境地质条件差，部分工程还存在活断层、高地震的问题，部分河流缺乏实测的水文资料，在此不利的自然条件下兴建山区水库，使得新疆的山区水库有其自身的技术特点，工程中取得了不少“新”“特”的技术突破。

(2)坝型选择与关键技术

沥青心墙坝筑坝技术——依托在建的大石门水库、阿拉沟水库、五一水库、尼雅水库、吉尔格勒德水库等工程，分析坝体结构设计、沥青心墙配合比研究、砾石骨料应用等问题。

面板堆石坝筑坝技术——依托吉音水库、斯木塔斯水电站面板堆石坝工程，研究面板堆石坝结构设计、趾板与防渗墙连接、面板防裂技术、高趾墙替代围堰、表层止水一体化施工技术等问题。

深厚覆盖层技术——依托大河沿水库超深防渗墙设计与施工，梳理已建、在建工程深厚覆盖层的处理技术，探讨防渗墙结构设计、变形观测、施工技术。

高地震区建坝技术——依托大石门水库、吉音水库、卡拉贝利水库、开普太希水库等分析高地震区筑坝特点，分析设计对策。

多泥沙河流建坝与运行调度——依托尼雅水库、米兰河水库等分析河流泥沙特点，研究排沙设计、运行调度等问题。

高寒区筑坝技术——依托石门子薄拱坝、阿不都拉水库面板堆石坝、五一水库沥青心墙坝等分析高寒区设计、施工技术。

少水文资料河流筑坝技术——依托若羌河水库、苏巴什水库等，研究水文资料观测较少地区，如何准确分析河流径流、洪水，为水库大坝设计提供支撑。

(3)枢纽布置与关键技术

根据山区水库工程所承担任务，总结和研究山区水库的主要建筑物布置，如拦河坝、表孔溢洪道、导流泄洪洞、发电洞、厂房等建筑物布置特点，从工程的枢纽布置、地形地质条件、施工条件、工程运行管理条件和工程投资等方面研究工程坝型选择与枢纽布置的合理性。

总结和研究山区水库的泄水建筑物的布置特点，水库的蓄洪作用及调洪演算常规方法，下泄洪水流量中表、底孔的泄量分配，表、底孔的布置形式及下泄消能方式研究。

枢纽工程布置及建筑物设计中对坝型选择、泄水建筑物布置、引水(放水建筑物布置)、电站厂房等分别进行汇总、梳理。

(4)水库建设与生态环境保护

该部分总结新疆干旱区生态环境保护的要点，分析山区水库的兴建对下游环境所产生的影响以及预防措施，生态基流的泄量要求，下放生态基流的具体工程措施。

此部分的总结和研究主要依托新疆水库库容在1 000万～10 000万m^3的中型工程，以承担防洪、灌溉、发电、生态等综合任务的山区中型水库为主，通过相关单位提供的勘察设计资料、技术查新，检索相关资料，分类整理获取并总结。

第二部分：山区建设水库（电站）若干关键技术问题

中型水库(电站)坝型选择及其枢纽布置与大型水库一样，是一门有着几百年历史的水工设计技术，与其他学科一样，随着技术的进步呈不断发展变化之势。其中涉及混凝土结构材料新技术、大坝填筑施工技术、沥青混凝土材料性能研究、面板堆石坝面板混凝土防裂技术、超深防渗墙设计施工技术、古河槽灌浆技术等等，这些技术的进步都将促进水库大坝的发展。此部分重点研究内容均为近二十年来新疆坝工技术运用的成果，其中130 m级沥青心墙坝设计施工，沥青心墙坝心墙全部采用砾石骨料的应用技术，186 m超深防渗墙设计施工技术，水电站“以阀代井”技术应用等诸多成果均为全国首次运用。

(1)基于灰色模型优选理论的坝型与枢纽布置选择研究

坝型与枢纽布置选择是水工设计中需要解决的一个重要问题，也是一项十分复杂的综合技术经济问题。涉及许多影响因素，如造价、工期、地质、地形、枢纽布置、施工条件以及环境问题等等。如何根据坝址区的实际自然条件，比较全面地考虑各种影响因素，选择合适的坝型，仅仅依靠丰富的经验是不能完全胜任的。借助于灰色模型优选理论的发展，将若干比选参数进行量化处理，通过专家评议、权重处理等多种手段，采用灰色关联综合评估求解坝型优选模型，为坝型优选提供了一种新方法，为今后坝型选择提供了借鉴。

（2）沥青心墙坝技术进展

沥青心墙坝发展迅速，但也存在一定问题，这困扰了工程界许多年。沥青心墙耐久性问题、工作性态问题、力学性能问题还存在诸多需要研究解决的麻烦。心墙在坝体中的稳定至关重要，如果心墙稳定性不足，变形过大，则可能导致心墙结构发生变化，影响其抗渗性。碾压式沥青混凝土变形模量较大，强度较高，易于维持自身稳定，但过大的变形模量对承受地震作用不利。沥青混凝土在地震往复荷载作用下，黏塑性变形能力不易发挥。沥青心墙坝发展迅速，但业界对百米级以上沥青心墙坝高坝的建筑争论不休，150 m级目前还处于研究阶段，我国尚未见诸报导。奴尔水利枢纽工程沥青心墙坝通过实验研究采用了河床砾石骨料，成功用于80 m沥青心墙坝的浇筑，完成浇筑方量3.38万m^3，各项检测指标均满足设计要求，具有很大的推广应用价值。

（3）面板堆石坝技术进展

面板堆石坝在新疆已建大中型水库中占有较大比重，主要有以下特点：土石坝方案比选中投资相对较省，尤其是采用河床砂砾石筑坝是新疆面板堆石坝的一大亮点，相比而言，砂砾料比堆石料具有更高的压缩模量，其填筑后的坝体沉陷量较小，可大大改善坝体和面板的变形、应力状态，这对于处在高地震烈度区的坝体安全尤为重要；坝体填筑几乎全断面上升，百米级面板堆石坝一般填筑都在两年之内完成，施工快速；面板可分期浇筑，部分工程采用挤压边墙、移动边墙技术实施渡汛效果良好；大坝可以分期蓄水，提前发电；严寒地区面板容易出现冻融破坏、贯穿性裂缝等问题，但都在坝体表面，修补较为容易；随着施工技术的进步，大坝填筑速度与质量进步很大，部分高坝已经采用0.9的压实度作为砂砾石控制指标，堆石料0.18～0.19的孔隙率也能够实现，坝体沉降变形相对20世纪建设的大坝明显降低。

榆树沟水库溢流面板坝的建成为面板堆石坝泄洪系统布置提供了有益的尝试。面板表层一体化止水技术的进步大大提高了板间缝的施工效率、耐久性。面板混凝土抗裂技术的进步大大降低了严寒干旱地区面板开裂机率。

面板坝与深厚覆盖层的防渗处理技术有了更多的选择，采用连接板技术使得防渗墙可以提前施工，减少了防渗墙与趾板施工的干扰。高趾墙的成功运用使得狭窄河谷建设面板堆石坝简化了施工导流措施，降低了临时工程费用，同时减少了趾板开挖工程量，具有较高的技术经济效益。

（4）深厚覆盖层及古河槽处理技术进展

自西藏旁多水库建成158 m超深防渗墙以来，防渗墙的进步呈现快速发展趋势，大河沿水库防渗墙深达186 m，借助计算分析、精心设计、科学施工，有效解决了此项技术难题，创造了又一项技术之最。但防渗墙自身变形问题、接头问题、是否设置廊道问题、与沥青心墙坝或面板堆石坝的连接问题还有待进一步研究。

古河槽主要工程地质问题是沿古河槽产生渗漏、沉降变形及地震液化。古河道堆积物顶部高程高于水库正常蓄水位的工程，如乌鲁瓦提、石门子、库什塔依和奥依阿额孜等工程。处理措施为设置防渗帷幕、防渗墙或贴面板，也有的工程需要考虑采用综合处理措施。斯木塔斯水电站采用防渗墙和灌浆结合的综合处理措施。大石门水库采用帷幕灌浆方式精心处理，目前正在进行先导性实验研究。

（5）大坝施工及智能压实控制技术

目前，水利水电工程大坝碾压施工采用施工参数和压实度同时满足的“双控”方法来控制压实质量，施工参数包括碾压设备的型号、振动频率、行进速度、铺料厚度、碾压遍数、含水率等。因此，有效地控制铺料厚度、碾压遍数、压实度均匀性，以及行驶速度、碾压错距搭接等是保证碾压施工质量的重要手段。通过智能压实过程控制系统进行碾压，可以达到控制铺料厚度、碾压遍数、行进速度、压实度均匀性等施工参数和实现对碾压施工全过程控制的目的。而且该智能过程控制系统应用广泛，只要涉及碾压的土石坝、面板堆石坝、碾压混凝土坝及新推广的胶凝砂砾石坝等坝型，均能采用该系统进行质量管控。大河沿水利枢纽沥青心墙坝坝体填筑方量达410万m^3，目前也正在进行智能化压实控制的试验。

（6）水电站以阀代井技术进展

调压阀是中小型水电站常采用的一种调压方式。在无条件布置调压井时，采用调压阀行之有效、安全可靠，已被长期的实践所证明。调压阀调压方式在中国、日本、澳大利亚、巴基斯坦等多个国家的水电站成功应用。2016年5月中国水利水电科学研究院与天津电气科学研究院有限公司合作开发了："以调压阀代替调压井的水轮机调节系统过渡过程研究"和"带有调压阀的水轮机调节系统综合测试装置的研发"等科技项目。工程师们依托此项研究成果，在卡依尔特水电站进一步开展了在非线性系统的特性下（2×45+20 MW）以阀代井技术的计算、试验研究工作。他们所进行的研究工作表明在非线性特性条件下，水轮机调节系统由大波动演变为小波动时，如自动开机，空载扰动，甩25%、50%、75%、100%负荷时，水轮机调节系统在自动调节条件下可以稳定运行。

优化设计方案采用通过安装调压阀的方式进行替代原布置的调压井（直径为16 m、深200 m），避免了调压井建设对原始环境的扰动和破坏，减小了工程施工规模，避免调压井施工人员、施工机械对周边环境的影响。"以阀代井"方案的实施，可有效降低工程施工对周边环境的影响，降低危害周边自然生态的可能性，节约了生态成本和社会成本。

有的电站工程采用深大调压井的布置是个难题，存在施工道路、检修、维护、地质条件等诸多困难，气垫式调压室结构复杂、补气难度较大，而调压阀技术的应用可改变压力管道及调压井的布置形式，对于中低水头、装机容量不大的电站不失为一种有益和积极的探索。

第三部分：典型工程案例

本书梳理了在建、已建、规划的80多座中型水库坝型设计与枢纽布置比选，挑选出其中15座水库，从山区中型水库的基本情况、气象、水文、地质、坝型选择比选、工程布置及主要建筑物比选、环境保护与生态基流的下泄、施工与投资等方面进行总结归纳，研究提炼这些工程的特点及技术难点，提出合理化建议。这些水库各有特点，有的地处严寒地区、施工难度大；有的地处狭窄河谷、枢纽布置复杂；有的防渗深度大，基础处理代价较高；有的坝很高、建设难度较大；有的泥沙问题突出、水库调度运行受到极大考验。通过建设实践，这些工程在坝型比选、枢纽布置、关键技术进展等方面进行的探索尝试为类似工程提供了宝贵的借鉴经验。

本书主要由新疆水利水电规划设计管理局李江、柳莹、徐康宁、徐燕、杨辉琴、马军、克里木、郭春红、武清、李淑珍、库尔班、赵妮、刘江、王旭卫、江益、毛远辉、吴涛、彭兆轩，新疆水利厅杨国华、张晓敏、钱亚俊，中国水科院龙爱华、邓晓雅、黄涛、崔炜、何旭升、赵宇飞、杨正权，长江科学院董芸，长江勘测规划设计研究有限责任公司孔繁忠，新疆农业大学岳春芳、何建新、邢坤，新疆水利水电科学研究院吴艳、周富强，中国水利水电基础局有限公司孟凡华，新疆水利水电勘测设计研究院穆汉平、余春海、郭宇、张玲、王晓强、李振刚、张军，新疆兵团勘测设计院（集团）有限责任公司冯涛、钟世华、高宗昌、王晓东，黄河勘测规划设计有限公司胡玉明，湖南省水利水电勘测设计研究总院黄华兴、朱春阳，伊犁州水利电力勘察设计院贺光华、杨龙、喻致仁、李刚，塔城地区水利水电勘察设计院邹世平、马品非、吾提库尔、俞晓燕、刘建海，阿勒泰地区水利水电勘测设计院李永兵、郭飞学、赵欣，新疆昌吉方汇水电设计有限公司徐劲松、毕鸿武、张伟、李毅等编写。

本书的撰写得到了中国工程院邓铭江院士、新疆农业大学凤家骥教授的鼓励和悉心指导，还得到了新疆吉音水利枢纽建管局、奴尔水利枢纽建管局、头屯河流域管理局、塔城地区水利局、阿勒泰地区水利局、博州地区水利局等单位的帮助和大力支持，特此致谢！

另外，在本书的编写过程中，编者引用了部分文献资料，并已将主要参考文献列在本书文后，在此谨向有关作者致谢！ 同时一并向参与工程勘察设计科研等有关研究报告的编写者致以崇高的敬意！

由于各工程建设的时期不同，资料搜集的阶段不同，或者在建设过程中发生了某些变更，造成坝体断面、枢纽布置、相关控制性参数等发生变化，或者有与参考资料、相关研究报告不一致的地方。同时受坝工理论技术发展的阶段性和局限性，以及作者的学识和水平有限，书中疏忽和不足之处在所难免，恳请读者批评指正。

作　者

2019年6月于乌鲁木齐

目 录

第三篇 典型工程案例

绪论

水库是一种重要的水工建筑物，拦蓄河流是其最突出的特点，通过拦蓄形成规模不等的库容，使水库具有了防洪（消峰）、灌溉调节、供水、发电、航运、养殖、旅游等多重功能，有些水库功能单一，有些水库具有多种功能。挡水、拦蓄的水工建筑物就是大坝（或闸坝），水面通常称之为“水库”。对于中小型河流，山区水库一般建在出山口附近，径流量较大或河道纵坡较陡的河流多分级进行开发。通常最上游的水库为龙头调节水库，承担发电、蓄洪、调沙等功能，下游的水库大多承担灌溉、供水、发电任务。

新疆有大小河流570余条，河川径流总量879亿m^3，其中97%形成于山区，38 178.7 MW水能理论蕴藏量皆赋存于山区河段。因此，修建山区水库，可解决水资源年内分配不均匀及合理配置与有效调控问题，是一种重要的水利工程措施。自20世纪90年代以来，新疆水利迎来了大发展时机。“十一五”以来，特别是从2010年开始，随着中央援疆工作的全面展开以及新疆农牧业现代化、基础设施现代化、新型工业化、新型城镇化、信息化的科学发展，以及应对气候变化给水资源带来的不利影响，对山区水库建设提出了更加迫切的要求。新疆2010—2030年规划建设大中型水库近百座，其中绝大多数是山区水库。在山区水库建设中，结合“三高一深一多一少”，即新疆高严寒、高海拔、高地震、深厚覆盖层、多泥沙、少水文资料等特殊条件，形成了以当地材料坝为主的筑坝趋势。

一、复杂建坝环境的考验

（一）高严寒地区建坝

新疆由于深居内陆，远离海洋，四周高山环绕，从而形成了极端干燥的大陆性气候，在天山的分隔下，新疆地区分为南疆和北疆两个地理单元，气候差异很大，分别对应了严寒和寒冷两个气候带，在温度、湿度、风力、太阳辐射等方面有很大区别，受西西伯利亚冷空气的影响，北疆大部分地区处于冷空气通道，相对更加寒冷，1月平均气温一般在-10℃，最低可到-30℃；南疆有天山做屏障，冷空气不易侵入，冬天一般没有积雪。筑坝区海拔2 000 m以上的南疆山区及北疆大部分地区均处于严寒区，气候条件极其恶劣。综合考虑气候特点，北疆地区年有效施工期为6～7个月，南疆地区年有效施工期为7～8个月。独特的地质、水文、气候条件形成了建坝区“冷、热、风、干”的四大特点。而过冷、过热、大风、干燥对工程的施工及质量控制的影响是显而易见的，突出表现在坝体填筑、沥青心墙浇筑、混凝土浇筑与温控防裂等方面，有些影响需要采取针对性的措施予以解决，且要付出较大的代价。

在这样的地区修建水利工程，对水工及金属结构的耐久性、施工导流与安全渡汛、施工进度安排与效益发挥、冬季施工措施等提出了更高的挑战。对于工期较短而又必须按期建成的工程，受工期限制，冬季施工就成为必然。为确保混凝土施工质量，应做好冬季混凝土施工准备工作，以保证混凝土施工作业正常进行，确保混凝土施工质量。对于洞内作业多选择外界气温在-10℃以上的环境中进行作业，可以对砂石骨料、拌合系统、混凝土运输设备采取温度控制措施，以满足洞内混凝土施工条件；在进行露天混凝土施工作业时，可以按照该地区气候条件，选择在初冬或冬春相交时间段进行作业。如施工外部气温相对不高，则其保温措施较为经济合理，其缺氧程度并不严重，施工作业人员能够承受，施工质量控制较好。如在深冬时节，施工温度普遍在-10℃以下，此时其保温措施效果不明显，且经济性较差，严重缺氧对施工作业人员影响较大，此时则不宜安排混凝土施工作业。

（二）高地震地区建坝

新疆及其邻区是地壳运动和构造应力场多样化的地区之一，构造运动强烈，地震频繁发生，北疆的富蕴、精河、昭苏、乌鲁木齐等地，南疆的乌恰、伽师、于田、库车等均是比较有名的地震频发地带。新疆地震断裂带多，大致分为三大片：北部阿勒泰断裂带，中部帕米尔高原－天山南北地震带，南部昆仑山断裂带。在地震频发区修建水利水电工程是人类同自然斗争的必然结果，在地震预报手段还没有取得实质性进展的当下，对于高震区采取合理的地震烈度与震级、提出可行的抗震措施是主要的工程抗震设计内容。强烈地震是威胁高坝安全的重要荷载，高坝大库一旦遭受强震溃决，除工程本身破坏引起的经济损失以外，将导致下游地区的严重次生灾害。除了大坝工程自身抗震安全以外，对于高坝大库或者地震构造复杂的地区，还应关注水库诱发地震问题。

克州乌恰建成的开普太希水库（沥青心墙坝，高48.4 m）地震基本烈度达到Ⅸ度，已经建成运行，目前尚未经受高地震考验。考虑工程处于Ⅸ度地震区，大坝的抗震设计烈度为9度，拦河大坝建筑物等级为3级，泄洪及引水建筑物等级为4级。在抗震构造设计上采取措施有：（1）坝体安全超高计入地震作用下的附加沉陷；（2）采取加宽坝顶至10 m，放缓坝坡，上游坝坡为1:3.0，下游坝坡平均坡比为1:2.75；（3）采用的坝体砂砾石填筑料相对密度（D_r）≥0.85。

已建的吉林台一级水电站面板砂砾石坝（坝高157 m）、卡拉贝利水利枢纽面板砂砾石坝（坝高92.5 m）、大石门水利枢纽沥青混凝土心墙坝（坝高128.8 m）均处于基本烈度大于等于Ⅷ度地震区，设计烈度均为9度。

（三）高海拔地区建坝

在高海拔地区（一般指海拔2 000 m以上）进行水利水电工程施工，其受气候、地理环境的限制因素较多，对工程质量控制及投资控制均带来了较多困难。因高海拔地区其大气压力较低，海拔较高，供氧量不足，形成了低氧、寒冷、干燥、紫外线强、气候多变、地球化学异常等特点，会对施工作业人员的体力造成严重影响，一般高海拔地区劳动效率大约相当于劳动定额标准的0.6左右，甚至会诱发各种高原疾病。

下坂地水利枢纽坝顶海拔近3 000 m，采用沥青混凝土心墙坝，最大坝高78 m，深厚覆盖层采取槽孔防渗墙及帷幕灌浆进行处理。工程区地处帕米尔高原，自然条件恶劣，工程地质条件复杂。在勘测设计和工程建设过程中，参加工程建设的技术人员在认真吸取国内外类似工程成功经验的基础上，结合下坂地工程的实际，提出了符合下坂地工程实际的设计方案和施工技术措施，较好地解决了高原气候给工程建设带来的挑战。下坂地水利枢纽建设历经7年时间，已于2010年1月下闸蓄水，三台机组已全部发电，运行情况表明工程设计合理，施工质量优良，为今后在类似条件下的工程建设提供了宝贵经验。

（四）深厚覆盖层上建坝

深厚覆盖层是指堆积于河谷之中，厚度大于30 m的第四纪松散堆积物。天山、昆仑山区域，大多数河流均存在深厚覆盖层问题，且大多是以冲积砂砾石层为主，个别工程还存在薄弱的黏土、粉土夹层。一般来说，深厚覆盖层结构松散，岩层不连续，岩性在水平和垂直两个方向上变化较大且成因复杂，物理力学性质呈现较大的不均匀性，是一种地质条件差且复杂的地基。河谷深厚覆盖层的存在，不仅严重影响和制约水利水电工程坝址的选择，也给坝工设计带来困难。深厚覆盖层坝基防渗一般多采用垂直防渗墙或倒挂井等防渗措施。

在深厚覆盖层上修建面板坝、沥青心墙坝，由于覆盖层会产生较大的沉降变形和不均匀沉降差，防渗面板、周边缝以及基础防渗墙与趾板（心墙）的连接也会因变形过大而导致开裂。如何控制坝体和坝基变形，确保防渗体系安全可靠，是当前深厚覆盖层上建设混凝土面板砂砾石坝及沥青混凝土心墙坝面临的主要挑战。

已建的下坂地水库坝基河床覆盖层主要由冲积砂砾石层、湖积软黏土层、土砂层、冰碛及冰水积层组成，渗透系数基本为1×10^{-1} cm/s，采用“上墙下幕”垂直防渗型式，防渗墙深85 m、厚1 m，灌浆帷幕深10 m，布置4排灌浆孔。坝基渗流控制标准为：渗流量小于多年平均流量的1%，即小于0.346 m^3/s，砂砾石层容许水力坡降小于0.1，渗透系数小于1×10^{-4} cm/s。现场检测表明，成墙质量和帷幕灌浆满足设计对坝基渗流控制预期目标。“钻抓法”成槽工艺墙体深度（102 m）、预埋灌浆管深度（100 m）和接头管起拔深度（72.7 m）均创造了当时国内新记录，为同类工程的设计提供了技术支撑。

（五）多泥沙河流上建坝

新疆中小河流较多，河床流程短，纵坡较大，由于上游植被条件差、水土流失严重，造成水流含沙量高，洪水陡涨陡落，易造成泥沙危害。河流含沙量的大小实际反映了流域下垫面的侵蚀程度、汇流特性、降雨强度及河流特性等，据统计，北疆河流大多较小，阿勒泰和伊犁等地区的河流含沙量相对较小，但天山北坡河流含沙量较大，如玛纳斯河；南疆河流含沙量普遍较大，如叶尔羌河、盖孜河、克孜河等。尼雅河含沙量超过10 kg/m^3，在这样的地方修建水库，泥沙分析、水库调度运行面临极大挑战。

多泥沙河流上修建水利工程，泥沙问题往往会对工程寿命及安全运行造成极大影响，一是施工期及运行期推移质对底孔、水闸底板等建筑物的磨蚀；二是会造成水库淤积，影响水库使用寿命；三是电站水轮机磨蚀破坏；四是严重影响下游供水水质。在多泥沙河流上建坝应根据泥沙特点，认真研究减少水库淤积的措施，尽可能减少进入供水隧洞（管道）及发电引水建筑的泥沙，以提高工程使用寿命。

（六）少水文资料河流上建坝

受历史条件的限制，新疆很多中小河流未设置专用的水文观测站，部分纳入规划的河流在开展前期工作时才开始设站进行观测，相对大江大河而言，水文资料严重缺乏，存在径流、洪水、泥沙预测不准的问题，直接影响到工程规模的分析确定。

径流：在这样的河流上进行工程水文计算时，需要分析河流径流形成机制，充分收集相邻、相近，径流形成相似的河流且参证站具有长系列实测径流资料（30年以上，或通过插补延长可达到30年以上）及区域水资源评价径流深等值线成果等资料。设计实践中较多采用的主要方法是采用径流深等值线法、面积比拟法、参证站实测径流、面积、高程相关法等推求场址多年平均年径流量，根据参证站长系列年径流统计参数推求设计年径流成果，再根据参证站实测典型年内过程推求设计年内分配成果。

洪水：相比径流而言，新疆河流的洪水具有更大的随机性，洪水成因复杂，由于新疆各区域流域下垫面条件的差异性较大，故新疆各区域河流的洪水成因呈现多样化分布。河流出山口上下游洪水系列往往缺乏一致性，缺乏考证期长的历史洪水资料。目前，在此类河流工程设计实践中较多采用的方法是根据参证站设计洪水成果和坝址历史洪水调查评价成果，如采用地区综合法、洪水模数法及水文比拟法以及根据设计暴雨推求设计洪峰流量和设计时段洪量，根据参证站实测典型洪水过程线，采用同频率或同倍放大法推求设计洪水过程线。设计洪水频率计算主要采用两种计算方法，即分析法和适线法。

泥沙：对于设计依据站具有20年以上（或经插补延长）实测悬移质泥沙资料的，经与径流相应短系列分析评价泥沙系列代表性后，根据统计的多年平均悬移质含沙量和输沙模数，采用水沙关系或输沙模数法推求坝址多年平均悬移质输沙量。对于设计依据站有短期实测悬移质泥沙资料的，一般根据相似流域参证站长系列实测资料，采用长短系列订正法推求多年平均悬移质含沙量。对于无实测悬移质泥沙资料河流，一般采用相邻、相近、相似流域具有长系列悬移质泥沙系列资料的参证站悬移质泥沙设计成果，采用水沙关系或输沙模数法推求坝址多年平均悬移质输沙量；有些河流可通过其已建水库工程的泥沙淤积测量资料推求悬移质输沙量。

二、水库大坝建设的坝型选择

自柯柯亚水库建成以来，面板堆石坝在新疆建设突飞猛进，相当长一段时间，开工建设的山区水库几乎都采用面板堆石坝，如柳树沟水电站、温泉水电站、斯木塔斯水电站等大坝均为面板堆石坝。因地质条件的限制，坝高超过120 m的高坝几乎无一例外均采用了当地材料坝，坝型均为面板堆石坝，如大石峡（坝高247 m）、玉龙喀什（坝高230.5 m）、阿尔塔什（坝高164.8 m）等。近期建成的斯木塔斯水电站面板堆石坝（坝高106 m）、吉音水利枢纽面板堆石坝（坝高124.5 m），采用了挤压边墙、高趾墙替代围堰、表止水一体化施工等多项新技术、新工艺。

20世纪90年代新疆开始引进推广沥青心墙筑坝技术，2001年建成了坎尔其水库沥青心墙坝（坝高51.3 m），2010年建成了下坂地水库沥青心墙坝（坝高78 m），当前正在建设中的沥青心墙坝百米级高坝有尼雅水库（坝高131.8 m）、大石门水库（坝高128.8 m）、阿拉沟水库（坝高105.3 m）、五一水库（坝高102.5 m）、吉尔格勒德水利枢纽（坝高101.5 m）、库什塔依水电站（坝高91.1 m）、努尔加水库（坝高81 m），2015年开工建设的大河沿引水枢纽（坝高75 m，混凝土防渗墙最大墙深186 m，属世界第一深墙），2016年开工建设的奴尔水利枢纽沥青心墙坝（坝高80 m）的沥青心墙全部采用了砾石骨料替代碱性骨料。沥青面板防渗也开始纳入坝型比选，正在进行可行性研究的塔城地区喀拉也木勒水库将采用沥青面板防渗。沥青心墙坝建设在新疆获得极快的发展，成为深厚覆盖层条件下具有竞争力的坝型。黏土心墙坝发展呈逐步减少的趋势，也成为缺乏竞争优势的坝型，主要原因在于随着生态环境保护的要求，黏土土料来源受制于征地、补偿变得困难，部分黏土介于分散性和过渡性土料之间，反滤保护设计复杂，施工受气候条件制约较为复杂。其他土质类防渗坝数量也较少，已建大西沟黏土心墙坝（坝高90 m）、白杨河水库黏土心墙坝（78 m）、卡回平原水库均质土坝（三面围坝、坝高31.2 m）。

在已建成的中型水库里，浆砌石坝、拱坝、重力坝等圬工材料较少，一共仅有8座，主要原因是受限于深厚覆盖层和施工条件的限制，“十二五”及“十三五”期间规划建设的中型水库几乎没有考虑拱坝、重力坝，个别工程采用混合式布置形式，即挡水大坝为土石坝、泄水建筑物采用溢流坝布置形式，如特克斯山口水电站（坝高49.8 m）、小山口水电站（坝高46.6 m）、吉林台二级水电站（坝高68 m）、苏巴什水库（坝高35.5 m）等，充分发挥宽河谷修建土石坝投资较省、重力坝泄水布置紧凑的优势。已经建设的石城子浆砌石拱坝（坝高78 m）、托海双曲拱坝（坝高26 m）、大山口重力拱坝（坝高72 m）、布尔津山口常态混凝土拱坝（坝高94 m）、石门子碾压混凝土薄拱坝（坝高109 m）成为拱坝建设的典范。喀腊塑克碾压混凝土重力坝（坝高121.5 m）成为我国北纬最严寒地区修建的重力坝，在严寒地区大坝建设温控、保温、人工混合骨料方面取得的成就引起业界关注。

堆石混凝土坝、胶凝砂砾石坝仍然处于探索和选点试验阶段。布尔津山口水利枢纽围堰（30.8 m）率先采用了堆石混凝土筑坝技术，全断面采用堆石筑坝，确保了建设期基坑安全。阿拉沟水库溢洪道跨越49 m深大冲洪沟，采用胶凝砂砾石筑坝技术进行回填。吉勒布拉克面板堆石坝趾板采用胶凝砂砾石做为边坡处理基础，取得良好效果。

针对新疆“三高一深一多一少”的特殊不良环境及地质条件，筑坝技术发展突出体现在沥青心墙坝、面板堆石坝上，在当地材料坝坝体渗流控制及抗震结构设计、深厚覆盖层防渗处理及坝体变形控制，沥青心墙与过渡料联合摊铺施工工艺、面板坝表层止水一体化技术、智能压实技术应用等方面不断发展。五一水库利用西域砾岩筑坝、五彩湾冬季调蓄水池利用泥岩筑坝都是全新的尝试，水库大坝建设取得了显著的成就。

三、水库（电站）枢纽布置

枢纽布置是每座水库电站研究的焦点问题，具有高度的技术性，可根据工程经验、工程区地质条件等因素分析研究，在高山峡谷河段，建筑物往往十分集中，因此选择多种方案，进行深入的技术、经济比较，选出最优方案是十分必要的，尤其是具有多种功能的水库枢纽布置除进行多方案比选以外，还要辅以专门的结构分析、水工模型试验等进行研究。

（一）坝轴线布置

水库坝轴线的选择对枢纽布置至关重要。坝轴线选定后，枢纽的各种建筑物布置也大体上确定，但其相互位置可以进一步优化。坝轴线选择主要根据地形、地质、枢纽布置以及施工条件等，选择几种可能的方案，通过技术经济比较决定。坝轴线和枢纽布置比选有时与坝型选择紧密结合，采用沥青心墙坝坝型时围堰可与大坝结合布置，但坝体断面大，泄（供）水建筑物轴线短，泄水部分工程量较小，如阿拉沟水库、五一水库、吉尔格勒德水利枢纽（坝高101.5 m）等；采用面板堆石坝坝型时，围堰与大坝分离布置，泄（供）水建筑物轴线较长，泄水部分工程量相对较大，如阿不都拉水库（坝高98.5 m）。近些年狭窄河谷建设的面板堆石坝其高趾墙方案又可以替代围堰，如斯木塔斯水电站（坝高106 m），优化了泄水底孔的布置；圬工材料坝主要取决于覆盖层情况，较宽河谷多采用混合式布置形式，挡水建筑物多采用土石坝，泄水建筑物采用溢流坝型式，如特克斯山口水电站、小山口水电站、苏巴什水库。

在枢纽布置方面，面板堆石坝高趾墙方案在狭窄河谷发挥了较好优势，如吉音水利枢纽面板堆石坝趾墙高40.6 m，斯木塔斯水电站面板堆石坝趾墙高31.5 m。高趾墙替代了围堰的部分功能，使大坝导流、深孔泄水建筑物的布置相对变短、投资减少，同时狭窄河谷趾板的处理工程量也大幅减少。

沥青心墙坝坝型围堰与坝体结合布置，在不影响沥青心墙基座施工的前提下，尽可能提高围堰高度，使其在一个枯水期填筑完成，同时缩小导流洞规模，降低工程投资。

策勒县奴尔水库为中型Ⅲ等工程，主要建筑物有拦河坝、导流兼泄洪冲砂洞、溢洪洞、发电引水系统及电站厂房等组成，最大坝高80 m，工程地震设防烈度为Ⅷ度。

左岸岸坡处冲沟较发育，不连续分布有Ⅱ～Ⅳ阶地，各级阶地面及山体岸坡均被风积低液限粉土覆盖。基岩为第四系下更新统西域砾岩，呈灰黄色，中粗砂充填，泥质弱胶结，局部细颗粒较少，呈架空结构。河床覆盖层厚度20～32 m，未发现砂卵砾石层内分布有砂层等软弱夹层。坝基砂卵砾石层无地震液化问题。下伏基岩为西域砾岩，砾岩呈巨厚层状，分选性较差，以泥质胶结为主，局部钙质胶结，属软岩。32 m以下揭露多层承压含水层。右岸岸坡大多被第四系上更新统风积粉土覆盖，粉土厚35～45 m，最大厚度71.8 m，饱和状态下存在液化问题。下伏基岩为下更新统西域砾岩。

导流泄洪冲砂洞、溢洪洞和发电洞洞身等各主要泄、放水建筑物及进出口多处于微胶结、较完整、中－弱透水的下坝址左岸Q1西域砾岩岩体内，围岩类别以Ⅳ～Ⅴ类为主，可以成洞。

坝肩基岩为软岩，不适宜修建拱坝、混凝土重力坝；根据坝址区地形地质条件、天然建筑材料分布情况，本坝址适合修建当地材料坝。综合考虑坝址区高地震、高海拔、严寒、多泥沙等独特筑坝环境，从地质条件、枢纽布置、建筑材料、施工条件及工期、工程运行条件等几方面的比较，推荐采用沥青混凝土心墙坝方案作为选定坝型。推荐坝型见图1。

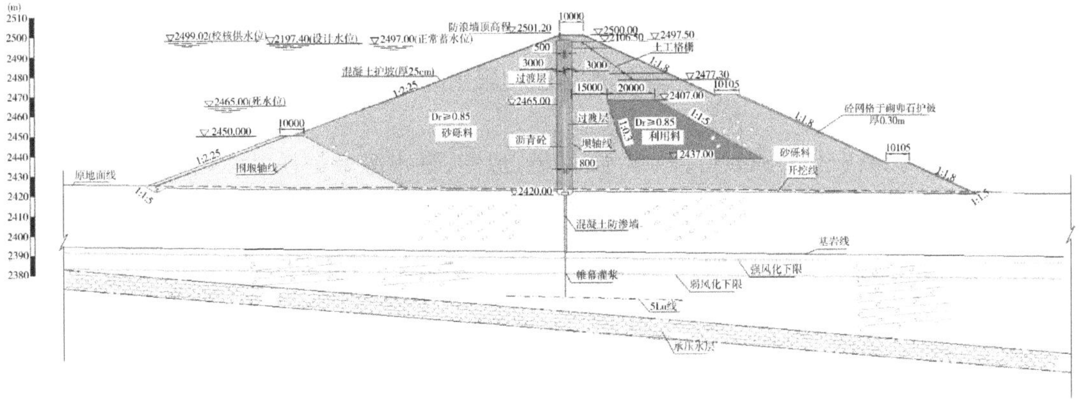

图1　奴尔水库沥青混凝土心墙坝典型横断面图

本工程主要任务以灌溉为主，同时兼顾水力发电的综合性水利工程。主要由大坝、溢洪洞、导流兼泄洪冲砂洞、发电引水系统和电站厂房等建筑物组成。根据地形、地质条件分析，左岸边坡整体稳定，有少量粉土及坡积含土砂卵砾石；右岸分布厚层低液限粉土，蓄水后易于滑坡，对边坡稳定不利。据此将泄洪建筑物及发电引水系统布置在左岸，右岸不具备设置建筑物条件。同时右岸岩坡陡立、覆盖深厚且河道顺直，布置溢洪道均存在大开挖、高边坡问题，对建筑物布置、工程投资影响大。为减小导流兼泄洪冲砂洞洞身段长度，同时考虑工作闸井永久交通的布设，将导流兼泄洪冲砂洞出口布置在厂房下游附近。总体平面布置见图2。

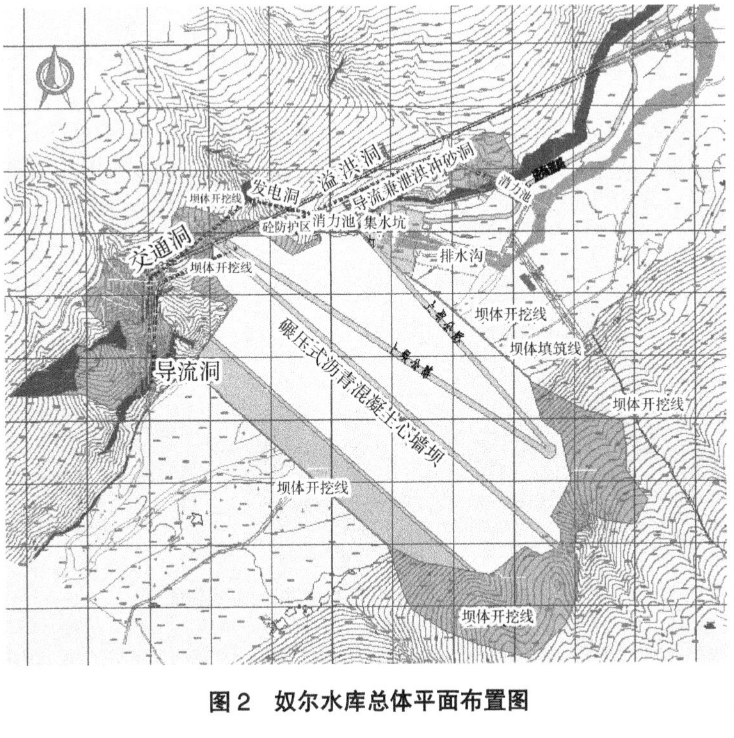

图2　奴尔水库总体平面布置图

(二)泄水建筑物布置

土石坝的表孔溢洪道(洞)是宣泄洪水的重要建筑物,由于河床大部分都为砂砾石覆盖层,采用传统的挑流消能对河床岸坡要求较高、对河床冲坑影响较大,一般都采用底流消能,通过渥奇曲线连接泄槽末端与消力池,工程量较大。斯木塔斯水电站采用了岸边溢洪道台阶式泄槽+挑坎联合消能,努尔加水库采用了岸边溢洪道阶梯式泄槽+消力塘联合消能,白杨河水库采用了岸边溢洪道台阶式泄槽+消力池联合消能形式,都取得了较好的效果。

深孔中的导流洞、泄洪洞、冲砂洞、放空洞或多功能合一的隧洞大多采用底流消能,部分工程如小石峡水电站深孔泄洪洞、五一水库深孔泄洪洞在传统底流消力池基础上通过水工模型试验研究优化了消力池结构尺寸,在消力池池壁上增设悬栅消能,降低了消力池边墙高度,提高了效能效率,降低工程投资。

混合坝中的重力坝段通过创新改进了传统的表孔坝段坡面泄槽泄流形式,如吉林台二级枢纽工程采用溢流坝台阶式消能与底流消能结合方式,消能效果较好,消能率达到90%以上,消能段下游生态基流放水闸及灌溉引水闸过流平顺。小山口水电站工程采用表孔溢流坝段宽尾墩+台阶式消能+底流挖深式消力池形式,都取得了较好的消能效果。

水库大坝的深孔或中孔要承担导流、泄水、冲砂、放空、供水等多个任务,对于坝高在中坝以下的水库放(泄)水建筑物多利用导流洞或将导流洞部分改建(多见"龙抬头形式"),使其具有一种或多种功能,有的两洞合一,有的多洞合一。部分工程为提高供水保证率及利用水库水头专门设置了灌溉放水洞,通过输水洞和供水管道结合将水引至下游受水区。对于人畜饮水,其规模较小,一般采用洞底埋管或洞顶托管的形式引至坝外。

奴尔水库泄水、供水建筑物包括溢洪洞、导流兼泄洪冲砂洞、发电引水系统。溢洪洞采用正堰方案,布置于左坝肩导流兼泄洪冲砂洞的左侧,由进口引渠段、控制段、上平洞段、渥奇曲线段、斜井段、反弧段、下平洞段、陡坡扩散段、消力池段及退水渠段组成(见图3)。

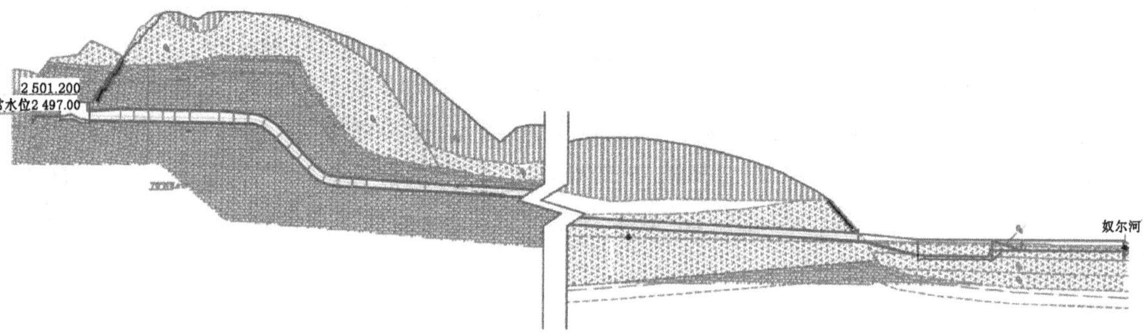

图3　奴尔水库溢洪洞纵剖面图

导流兼泄洪冲砂洞为一条多功能隧洞,采用"龙抬头"与导流洞结合的方式,后期承担泄洪和冲砂的任务,布置在河床左岸(见图4)。由进口引渠闸井段、洞身段、出口闸井及消能段组成,全长848 m。消能方式采用底流消能。

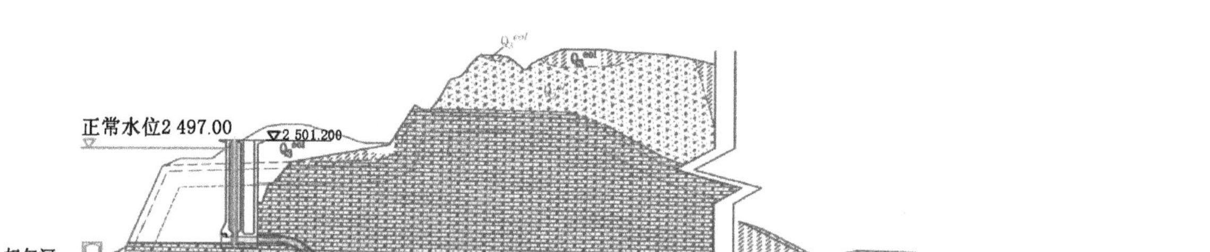

图4　奴尔水库导流兼泄洪冲砂洞纵剖面图

发电引水洞采用一洞三机的引水方式,均由引渠、进水口闸井、上平洞段、斜井段、下平洞段及岔管段组成(见图5)。

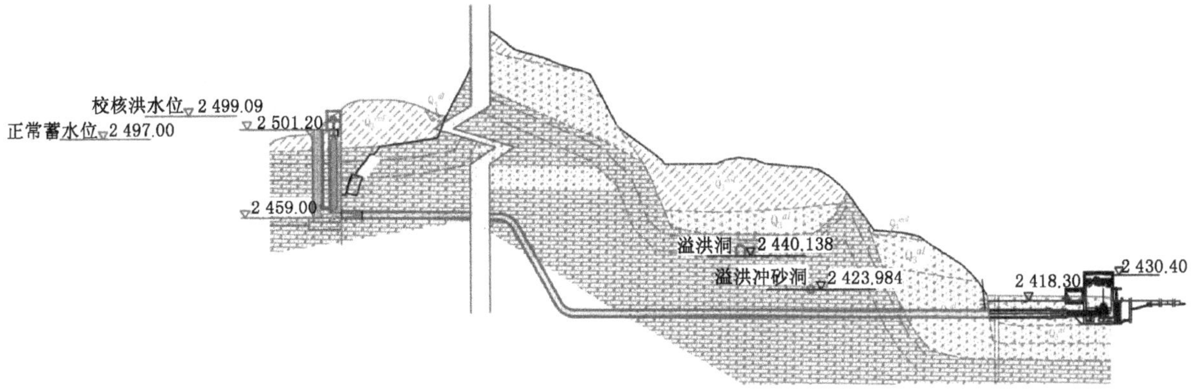

图 5　奴尔水库发电引水洞纵剖面图

（三）电站及厂区布置

在新疆山区建设的水电站工程其枢纽总体布置主要以堤坝混合式和引水式为主。

堤坝混合式：河道建设拦河大坝，布置导流、泄水、放空、冲砂等建筑物，结合供水、发电在坝后较近位置布置供（放）水洞出口、发电厂房等建筑物；有的工程将供水、发电洞结合布置，有的独立布置，水电站根据条件布置在坝后或一侧、两侧，大多数厂房都采用地面式。这种布置形式较为常见，河道脱流段相对较短，对河道生态环境影响较小。

河床式：这是堤坝混合式开发的一种特殊形式，不同之处在于将电站厂房布置在坝后，一般适用于水头较低的工程。双红山水电站为河床式水电站，拦河闸坝最大坝高23.2 m，装机10 MW，采用轴流定浆式水轮机。

引水式：对于在河道布置调节库容较小的引水枢纽（如闸坝），若引水系统较长，有的电站引水系统长达20～30余km，一般也俗称“长引水”开发方式，引水系统相对较短的简称“短引水”开发方式。这种布置大多见于水电站，河道脱流段相对较长，对河道生态环境影响较大。传统的引水式水电站大多需要调压处理时一般采用调压井，这种深大的结构投资高、施工复杂，调压阀一般用在单机容量20 MW以下电站。通过“以阀代井”的研究与试验，在建卡依尔特水电站（110 MW）将采用这一新技术。电站厂房远离枢纽（渠首），大多采用地面式，也有工程地质条件较好的采用地下厂房形式。地面式岸边布置形式采用主副厂房集中布置，大多采用GIS出线形式，基本按照“少人值守、无人值班”的模式简化厂区布置。地下厂房在新疆应用较少，主要受限于地质条件及投资。哈德布特水电站采用了地下厂房布置形式，并将主洞室、主变、副厂房呈“一”字形布置，洞室之间相互交错，布置简练，利用施工支洞出线、排风及安全通道，节省了投资。

四、大坝工程对环境的主要影响

新疆是典型的温带大陆性干旱气候，气候干燥，降水稀少；新疆河流径流主要来源于山区降水、冰雪融水，绝大部分为内陆河，最终消失于灌区、荒漠或形成尾闾湖。同时，动植物种类垂直地带性分布明显，生物种类繁多，有典型的天然河谷林、河岸林分布区；河流中主要分布有冷水土著鱼类。上述的新疆自然地域特点，也使新疆大坝工程环境影响具有独特的特点。

（一）对鱼类的影响

水库大坝的建设，使水库下泄水温产生变化，在5～9月份水温降低，而该时段与鱼类的产卵期重合，这将在一定程度上影响鱼类繁殖，并可能对鱼类资源量等产生影响。

（二）对河谷（岸）林、荒漠林的影响

河流建坝后重新配置了水资源的格局，可能改变河流的水文情势和水量分配，对新疆依赖河谷（岸）区高水位的地下水和常遇洪水淹灌、漂种等生长、繁衍的河谷（岸）林、荒漠林产生影响，进而对周围生态环境造成一定的负面影响，百米级以上高坝大库影响可能更大。

（三）对尾闾湖泊、湿地的影响

内陆河不少河流的尾闾有湖泊形成，其对当地的生态环境和局地气候变化具有一定的意义，水库大坝工程的建设，为水资源的开发利用创造了条件，使河流进入尾闾湖泊、湿地的水量减少，使湖泊、湿地的面积减小或逐步消失，破坏尾闾湖泊、湿地周围的生态环境。

水库大坝建设对河流及周边生态环境产生影响是必然的和客观存在的，不能因为严格的环保要求就因噎废食，也不能不采取任何措施。实现水库大坝与生态环境保护的人水和谐共生才是发展之道。近年来，随着河流生态环保要求的提高，工程界也高度关注环保的新要求，从生态流量下泄与监控、河谷林草生态需水与水温要求、尾闾湖泊周边环境保护、鱼类保护与过坝设施等方面开展了大量的工作，研究并采取了大量的环境保护措施。

部分工程为确保河道下泄水温的要求采用了分层进水口，如喀腊塑克水利枢纽（坝高121.5 m）电站引水口采用三层进水口（永久闸门），吉尔格勒德水利枢纽（坝高101.5 m）采用两层进水口（叠梁门）。

根据工程环保要求布置增殖站的水库大坝工程，多将增殖站布置在河道下游靠近大坝附近的位置，如喀腊塑克水利枢纽、恰甫其海综合利用水利枢纽工程等。乔巴特水利枢纽采取了集运鱼船、声光电诱鱼、增殖站等多项综合保护措施。山口拱坝（94 m）坝身布置了国内第一座升鱼机，下游拦河闸布置生态仿生鱼道，电站厂房尾水处布置集、诱、运等一体化的设施。

水库大坝建设都明确了生态流量的下泄与监控措施，早期中小河流上建坝多采用10%～20%的生态基流，目前大多采用10%～30%的生态基流。从工程建设至运行期采取措施确保下泄生态流量不间断、可监控。如尼雅水库、吉尔格勒德水利枢纽等下闸封堵期采用导流洞内增设旁通管的临时下泄措施，水库运行期多通过电站、供水管道等下泄生态流量，电站检修或突发故障多通过开启深孔下泄生态流量。

21世纪以来，围绕水库大坝建设与生态环境保护，逐步形成了高坝以人工增殖放流、升鱼机、集运鱼船为主，中低坝则以仿生鱼道、鱼闸为主的鱼类综合性保护措施体系；河道生态流量枯水期不低于10%、丰水期不少于30%的最低生态需水的运行要求；修建分层取水口解决低温水下泄对河道鱼类、下游农田灌溉的影响；通过多库联调下泄人造洪峰对河谷林进行淹灌以保护河谷生态。在多个工程上开展了生态环境保护的实践（见图6和图7）。

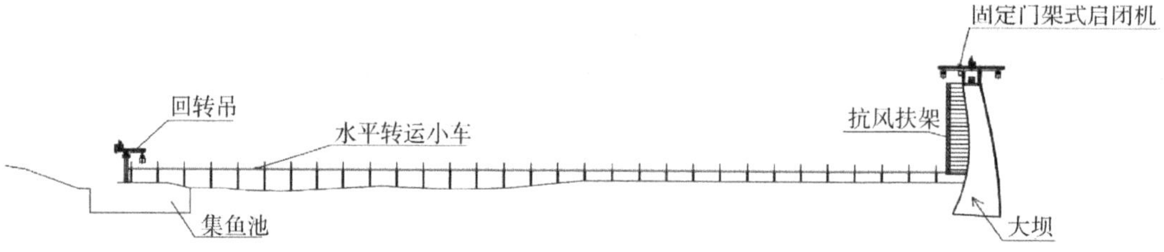

图6　山口拱坝工程升鱼机布置纵剖面图

（a）厂房尾水处运鱼平台　（b）运输轨道　（c）坝体升鱼机布置　（d）坝顶升鱼机设施

图7　山口拱坝工程升鱼机实景图

五、若干关键技术的进展

中型水库（电站）坝型选择与枢纽布置是有着百年历史的水工设计技术，与其他学科一样，随着技术的进步呈不断发展变化之势。混凝土结构材料新技术、大坝填筑施工技术、沥青混凝土材料性能研究、面板堆石坝面板混凝土防裂技术、超深防渗墙设计施工及监测技术、古河槽防渗灌浆技术等，其进步都将促进水库大坝的发展。

（一）基于灰色模型优选理论的坝型与枢纽布置选择研究

在一定层面进行了积极的探索与尝试。坝型与枢纽布置选择是水工设计中需要解决的一个重要问题，也是一项十分复杂的综合技术经济问题，涉及许多影响因素，如造价、工期、地质、地形、枢纽布置、施工条件以及环境问题等等。如何根据坝址区的实际自然条件，比较全面地考虑各种影响因素，选择合适的坝型，仅仅依靠丰富的经验是不能完全胜任的。借助于灰色模型优选理论的发展，将若干比选参数进行量化处理，通过专家评议、权重处理等多种手段，采用灰关联综合评估求解坝型优选模型，为坝型优选提供了一种新方法，为今后坝型选择提供了借鉴经验。

（二）沥青心墙坝技术进展

沥青心墙坝发展迅速，但也存在一定问题，困扰工程界多年。沥青心墙耐久性问题、工作性态问题、力学性能问题还存在诸多需要研究解决的问题。心墙在坝体中的稳定至关重要，如果心墙稳定不足，变形过大，则可能导致心墙结构发生变化，影响其抗渗性。碾压式沥青混凝土变形模量较大，强度较高，易于维持自身稳定，但过大的变形模量对承受地震动作用不利。沥青混凝土在地震动往复荷载作用下，黏塑性变形能力不易发挥。业界对百米级以上沥青心墙高坝争论不休，150 m级目前还处于研究阶段，我国尚未见诸报道。奴尔水利枢纽工程沥青心墙坝通过实验研究采用了河床砾石骨料替代碱性骨料，成功用于80 m沥青心墙坝的浇筑，完成浇筑方量3.38万m^3，各项检测指标均满足设计要求，具有很大的推广应用价值。

阿拉沟水库是新疆水利行业建成的第一座百米级沥青心墙坝，典型断面见图8。

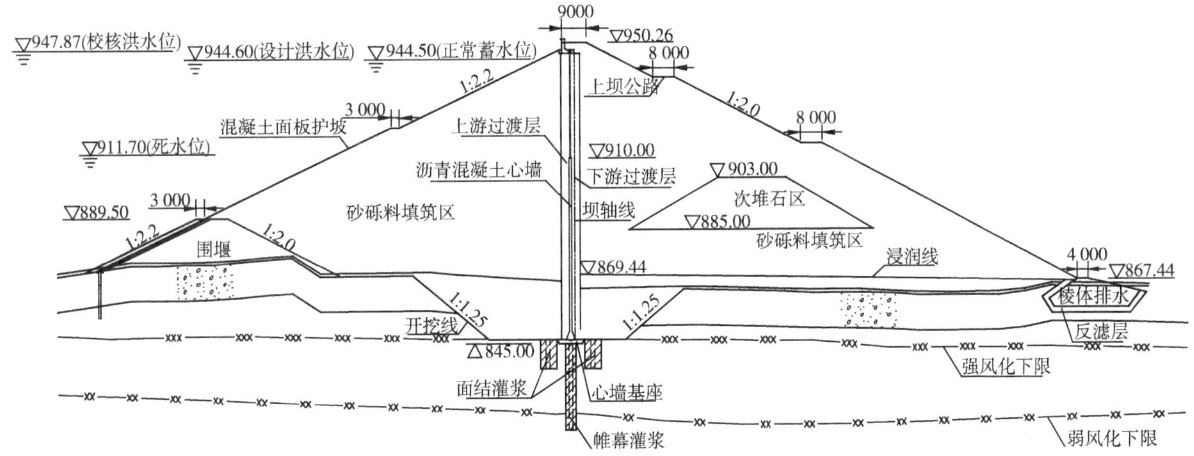

图8　阿拉沟水库沥青混凝土心墙砂砾石坝典型剖面

（三）面板堆石坝技术进展

面板堆石坝在新疆已建大中型水库中占有较大比重，主要在于以下优点：土石坝方案比选中投资相对较省，尤其是采用河床砂砾石筑坝是新疆面板堆石坝的一大亮点，相比较而言，砂砾料比堆石料具有更高的压缩模量，其填筑后的坝体沉陷量较小，可大大改善坝体和面板的变形、应力状态，这对于处在高地震烈度区的坝体安全尤为重要；坝体填筑几乎全断面上升，百米级面板堆石坝一般填筑都在两年之内完成，施工快速；面板可分期浇筑，部分工程采用挤压边墙、移动边墙技术实施渡汛效果良好；大坝可以分期蓄水，提前发电；严寒地区面板容易出现冻融破坏、贯穿性裂缝等问题，但都在坝体表面，修补较为容易；随着施工技术的进步，大坝填筑速度与质量进步很大，部分高坝已经采用0.9的相对密度作为砂砾石控制指标，堆石料0.18%～0.19%的孔隙率也能够实现，坝体沉降变形量相对20世纪建设的大坝明显降低。

榆树沟水库溢流面板坝的建成为面板堆石坝泄洪系统布置提供了有益的尝试。面板表层一体化止水技术的进步大大提高了板间缝的施工效率、耐久性。面板混凝土抗裂技术的进步大大减少了严寒干旱地区面板开裂。

面板坝与深厚覆盖层的防渗处理技术有了更多的选择，采用连接板技术使得防渗墙可以提前施工，减少了防渗墙与趾板施工的干扰。高趾墙的成功运用使得狭窄河谷建设面板堆石坝简化了施工导流措施，降低了临时工程费用，同时减少了趾板开挖工程量，具有很大的技术经济效益。

吉音水库面板堆石坝则在高趾墙运用、面板防裂技术方面进行了更多探索和有益尝试（见图9）。

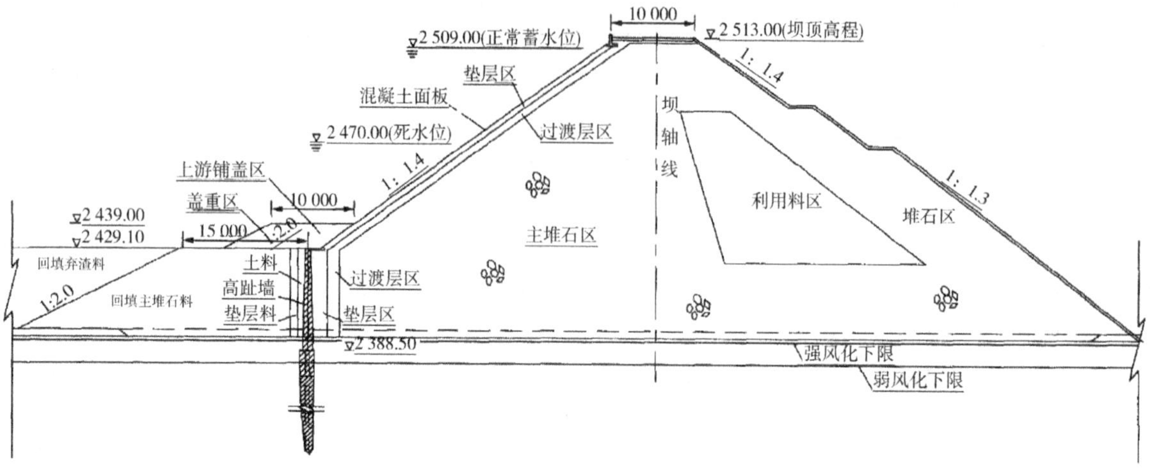

图9 吉音水利枢纽面板砂砾石坝典型断面

（四）深厚覆盖层及古河槽处理技术进展

自西藏旁多水库建成158 m超深防渗墙以来，防渗墙的进步呈现快速发展趋势，大河沿水库防渗墙深达186 m，借助计算分析、精心设计、科学施工，有效解决了此项技术难题，创造了又一项技术之最。但防渗墙自身变形问题、接头问题、与沥青心墙坝或面板堆石坝的连接问题还有待进一步研究解决。

古河槽主要工程地质问题是沿古河槽产生渗漏、沉降变形及地震液化。古河道堆积物顶部高程高于水库正常蓄水位的工程，如乌鲁瓦提、石门子、库什塔依和奥依阿额孜等工程。处理措施为防渗帷幕、防渗墙或贴面板，也有的工程需要考虑综合措施。如乌鲁瓦提对古河槽的处理是利用古河槽内充填紧密处于胶结和半胶结状态的砂砾石作为堆石体，按上游坝坡1:1.6削坡至趾板高程，其上浇筑厚度为40 cm的无砂混凝土排水层，并于坡脚处扩大断面形成排水沟，将面板和周边缝的渗水集中通过主、副坝间山体开挖的平洞及排水沟与主坝排水系统相连通，排至下游河道。在无砂混凝土表面喷涂薄层乳化沥青，然后浇筑混凝土面板。下游坝坡及坝顶宽度与主坝相同。主、副坝间的单薄山脊清除强风化层后，在表面浇筑混凝土连接板，利用锚筋加强与岩石连接。混凝土连接板及主、副坝地基均设置双排防渗灌浆帷幕。斯木塔斯水电站采用防渗墙和灌浆结合的综合处理措施。大石门水库采用较大范围深度帷幕灌浆方式精心处理，目前正在进行先导性实验研究。

（五）大坝施工及智能压实控制技术

目前水利水电工程大坝碾压施工采用施工参数和压实度同时满足的“双控”方法来控制压实质量，施工参数包括碾压设备的型号、振动频率、行进速度、铺料厚度、碾压遍数、含水率等。因此，有效地控制铺料厚度、碾压遍数、压实度均匀性，以及行驶速度、碾压错距搭接等是保证碾压施工质量的重要手段。大坝碾压施工质量通常采取原位压实度抽检来评定，不能完全反映整个施工区域碾压质量状况，碾压施工过程主要存在以下几个方面的问题：铺料厚度、碾压遍数、压实度均匀性、过程控制、施工数据等。通过智能压实过程控制系统进行碾压，可以达到控制铺料厚度、碾压遍数、行进速度、压实度均匀性等施工参数和实现对碾压施工全过程控制的目的。而且该智能过程控制系统应用广泛，只要涉及碾压的土石坝、面板堆石坝、碾压混凝土坝及新推广的胶凝砂砾石坝等坝型，均能采用该系统进行质量管控。该项技术具有非常广的推广应用价值。阿尔塔什水利枢纽面板堆石坝坝体填筑方量1 700万m^3，全面采用了该项技术进行大坝填筑施工；大河沿水利枢纽沥青心墙坝坝体填筑方量410万m^3，目前也正在进行智能化压实控制的试验。

水利施工的信息化、智能化和数字化发展步伐日趋明显，数字化大坝概念更被多次提出，其核心就是对水库大坝进行全方位准确、及时地监控，改变传统的管理模式，实现对大坝的高度数字化管理。质量监控与管理是数字化大坝的重要组成部分，智能压实控制技术为实现数字化大坝提供了很好的思路，解决了数字化大坝施工现场最前端的数据采集、实时处理和过程控制这个最核心最困难的部分，将为大坝施工整体质量管理水平的提高带来质的飞跃。

（六）"以阀代井"技术的应用

调压阀是中小型水电站常采用的一种调压方式。在无条件布置调压井时，采用调压阀是行之有效的，此方式也是安全的，已被长期的实践证明。调压阀调压方式在中国、日本、澳大利亚、巴基斯坦等多个国家的水电站采用。在当前制造业和信息、控制技术高度发达的情况下，调压阀技术已日臻成熟。传统的引水式水电站大多需要调压处理时一般采用调压井，这种深大的结构投资高、施工复杂，调压阀一般用在单机容量20 MW以下电站。通过"以阀代井"的研究与试验，在建卡依尔特水电站（2×45+20 MW）将采用这一新技术。

六、"四新"技术的应用

为了有效地促进生产力的提高，降低工程成本，减轻工人的操作强度，提高工人的操作水平和工程质量，满足工程建成后的使用功能，水库大坝的建设一直提倡采用新技术、新工艺、新材料、新设备，以充分发挥科技在工程建设中的先导、保障作用，从而更好地满足水库大坝功能的发挥。新疆已建成近600座水库、在建40余座，在新疆干旱区水资源调配方面发挥了极其重要的作用，在"四新"技术应用方面也一直与国内外工程建设保持同步。针对新疆高严寒、高地震、高海拔、深厚覆盖层、多泥沙、缺少水文资料的独特筑坝环境条件下，多个工程开展了大量有益的探索，在沥青心墙坝砾石骨料应用、覆盖层超深防渗墙、面板砂砾石筑坝与抗冻防裂、混凝土坝温控、高坝过鱼设施、坝体填筑智能压实、水电站"以阀代井"等方面引进吸收了大量经验，取得了许多独特的创新成果，为类似环境条件下的筑坝技术提供了宝贵经验（见图10）。

（一）新技术

（1）新技术发展日新月异，坝型发展也在不断进步，堆石混凝土坝、胶凝砂砾石坝的提出丰富了坝型选择，短短十几年已由初期的围堰工程发展到永久工程，堆石混凝土技术已应用在拱坝、重力坝上，坝高已突破90 m；胶凝砂砾石坝也已突破60 m。新疆布尔津山口围堰率先采用堆石混凝土修筑围堰（30.8 m），阿拉沟溢洪道跨越冲沟（49 m）采用胶凝砂砾石填筑。

（2）目前水利水电工程大坝碾压施工采用施工参数和压实度同时满足的"双控"方法来控制压实质量，有效地控制铺料厚度、碾压遍数、压实度均匀性，以及行驶速度、碾压错距搭接等是保证碾压施工质量的重要手段。传统的技术存在漏压、欠压、错距、搭接、检测等问题，而新近发展的智能过程控制系统成功地解决了该问题，智能压实技术为实现数字化大坝提供了很好的思路。在建的阿尔塔什水利枢纽面板砂砾石坝（164.8 m）、大河沿水利枢纽沥青心墙坝（75 m）坝体填筑都采用了智能压实技术。

（3）面板堆石坝表层止水一直以来采用传统的人工填充填料办法，表层止水塑性填料的人工嵌填方式效率低且嵌填质量并不理想，这种缺陷会造成大坝防渗可靠性的降低，甚至失效，危及大坝的安全稳定。中国水科院研发的表层止水机械施工组合台车成功解决了面板堆石坝接缝止水一体化施工技术，可以实现周边缝和张拉缝填料一次挤出成形。该项技术先后在新疆吉勒布拉克水电站、柳树沟水电站、吉音水利枢纽、卡拉贝利水利枢纽、温泉水电站等面板坝得到成功应用。

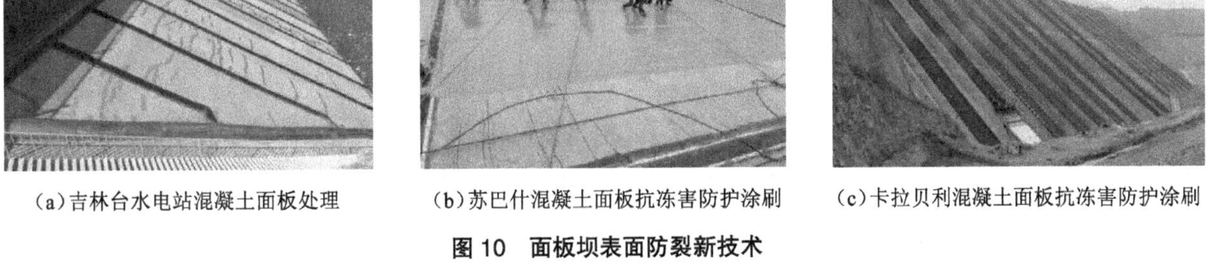

（a）吉林台水电站混凝土面板处理　（b）苏巴什混凝土面板抗冻害防护涂刷　（c）卡拉贝利混凝土面板抗冻害防护涂刷

图10　面板坝表面防裂新技术

（二）新工艺

（1）大河沿水库覆盖层防渗墙最深达186 m，为世界水库工程第一深墙，通过一系列技术攻关，成功解决了造孔、泥浆固壁、混凝土浇筑、孔斜控制等技术难题。

（2）沥青心墙冬季施工一直是个难题，阿拉沟水库、五一水库、克孜加尔水库、库什塔依水电站等工程沥青心墙坝经过认真细致的研究工作，通过改进施工保温措施、优化沥青混凝土配合比等成功解决了冬季施工的难题，在-25℃环境下实现碾压式沥青心墙的正常施工，为水库提前蓄水、发电创造了条件。

（三）新材料

（1）面板堆石坝混凝土防渗面板属于薄型结构，长期暴露在自然环境下，容易产生裂缝。研究结果表明，在混凝土面板表面采用SK手刮聚脲涂层和喷涂聚脲涂层防护方案效果最佳，已在吉音水库等面板堆石坝上得到应用。

（2）混凝土坝表面保温在严寒地区一直是个大难题，传统材料抗冰拔、防水、老化等都存在一定问题。现在已由过去传统的聚氯乙烯保温被、聚苯乙烯泡沫板等发展采用XPS保温板、聚氨酯泡沫等新型保温材料，以进一步提高保温效果及耐久性。喀腊塑克重力坝、特克斯重力坝、山口拱坝、石门子碾压混凝土薄拱坝等混凝土坝建设为提高保温防裂及耐久性，经室内外试验研究采用了XPS保温板、聚氨酯泡沫等新型保温材料，取得较好的保温效果。

（3）通过大量的试验研究，奴尔水库沥青心墙坝（80 m）成功采用砾石骨料建造，砾石骨料取代了传统的灰岩骨料，取得了质的突破。不仅节省投资数百万元，而且开展的天然砂砾石料沥青混凝土的长期耐久性能、沥青混凝土水稳定性和劈裂性能、渗透性能等均满足要求。研究成果对于类似缺乏碱性骨料的碾压式沥青混凝土心墙坝建设具有重大的推广应用和参考价值，对推动我国采用天然砂砾石料促进沥青混凝土心墙坝的发展将起到积极作用。

（四）新设备

（1）已建100 m级阿拉沟水库、五一水库等沥青心墙坝施工，沥青心墙坝采用过渡料与沥青心墙同时施工的联合摊铺机，已在多个工程上得到广泛应用。

（2）面板堆石坝边墙挤压成型设备在肯斯瓦特面板砂砾石坝、吉音面板砂砾石坝等工程采用，而察汗乌苏水电站采用了移动边墙技术，都取得了不错的效果。

（3）水电站“以阀代井”技术取得关键性突破，在建的卡伊尔特水电站（2×45+20 MW）将取消传统的调压井，采用“以阀代井”设备（见图11）。

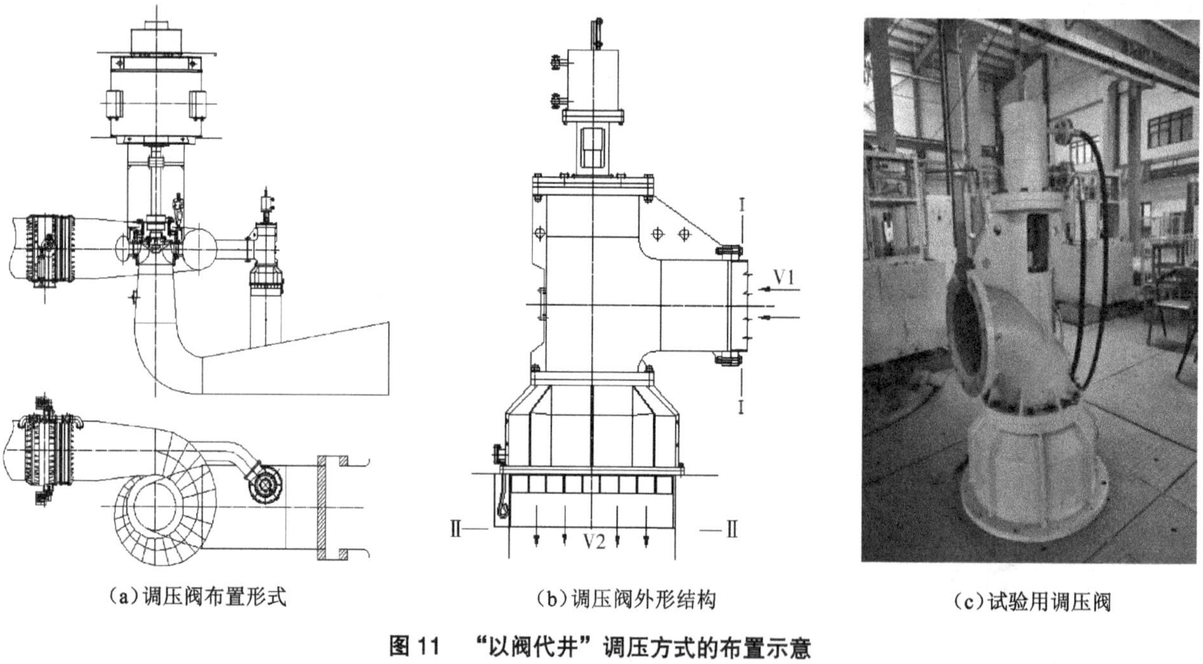

（a）调压阀布置形式　（b）调压阀外形结构　（c）试验用调压阀

图11　“以阀代井”调压方式的布置示意

（4）针对高坝过鱼的难题，山口拱坝（坝高94 m）率先在新疆建成了第一座高坝升鱼机，在厂房尾水处修建诱鱼、集鱼、运鱼设施，通过轨道将鱼槽运至大坝脚下的升鱼机，提升放入坝内。而集运鱼船、仿生鱼道、人工增殖站也在多个工程得以应用，为解决鱼类保护提供了应用案例（见图12）。

（a）鱼类增殖站　（b）仿生鱼道　（c）高坝升鱼机　（d）集运鱼船

图12　已建典型鱼类保护设施布置示意

七、结语

新疆地处西北严寒干旱地区，在干旱内陆河流域，自上而下“山区径流形成—人工绿洲水资源利用—荒漠绿洲径流耗散”是一个完整的水循环过程。长期以来科技工作者们围绕干旱区水资源配置与优化进行了孜孜不倦地探索，结合干旱区水资源特点以及合理配置、高效利用的要求，新疆确立了“山区水库—引水渠首—防渗渠道—工程配套—节水灌溉—地表水与地下水联调—排水控制”等工程优化组合的水资源开发利用模式。实现新时期水生态文明与发展，必须确保水库大坝建设与河流生态环境保护同步。在山区构筑高坝大库很容易使人担心下游河道萎缩以及荒漠生态环境保护问题。按照各主要河流的流域规划和水利发展的总体安排，今后一个时期还将兴建一批山区水库，用以充分调控水资源、替代平原水库、降低水资源无效消耗，大幅提高水资源利用效率。因此，需要处理好大坝建设与供水安全、防洪安全、生态安全、发电效益的协调关系，坚持水资源综合利用，保障河流汛期所需生态流量过程，通过科学调度实现水库综合效益最大化。

第一篇

中型水库坝型选择与枢纽布置

第一章

概 述

1.1 概述

1.1.1 “十二五”水利发展成就与面临的形势

新疆地处我国西北边陲，位于亚欧大陆腹地，地缘辽阔，总面积约164万km^2，约占全国陆地面积的1/6。新疆与多国相邻，边境线长约5 600 km，是我国边境线最长的省份。行政区划辖4个地级市、5个自治州、5个地区，2018年总人口数量约为2 277万人，有维吾尔族、汉族、哈萨克族、回族、蒙古族、柯尔克孜族等13个少数民族，少数民族约占全疆人口的62%。

新疆共有570多条河流，年径流量不足1.0亿m^3的有487条，水量仅有83亿m^3，占总径流量的9.4%；而径流量大于10亿m^3的仅有18条，径流量为526亿m^3，占总径流量的59.8%。众多河流汇集形成了博斯腾湖、乌伦古湖、艾比湖等100多个大小湖泊。伊犁、阿勒泰地区是新疆水资源比较丰富的地区；吐鲁番地区、哈密地区和乌鲁木齐市属于水资源相对紧缺地区。

中央第一次、第二次新疆工作座谈会召开后，新疆水利抓住发展机遇，开展大规模水利基础设施建设，深化水利改革，水利事业更上一层楼，为新疆社会稳定和长治久安提供了坚实的水利支撑和保障。全疆现有水库655座，总库容达198亿m^3，水闸4 579座，规模以上机电井9.9万眼，2012年全疆用水总量达到590亿m^3（含兵团），解决农村安全人饮1 125万人。全疆总灌溉面积达到9 266万亩（含兵团），万亩以上灌区392处，节水灌溉面积达到2 770万亩；渠道长度为18.8万km，衬砌渠道总长为6.9万km，累计治理水土流失面积为8 125 km^2。

1.1.1.1 新疆水资源特点

1. 自然地理概况

新疆地处干旱内陆气候区，降水稀少、蒸发强烈，年均降水量仅为154.5 mm，其中南疆平原区在70 mm以下，最少的托克逊只有7 mm。水面蒸发能力为1 500～3 400 mm/a，平均干旱指数达到7以上，年总日照时数在2 470～3 380 h。新疆共有大小冰川1.86万多条、湖泊100多个、河流570多条，其中较大的河流有伊犁河、额尔齐斯河、塔里木河、玛纳斯河、乌伦古河、开都-孔雀河等20多条，除额尔齐斯河注入北冰洋外，其他诸河均属于内陆河流。围绕数目众多的河流形成了大小不等而相互分隔的绿洲近800多个。现有绿洲面积14.3万km^2，占全区国土总面积的8.7%，其中天然绿洲面积8.1万km^2，占现有绿洲总面积的56.6%。

新疆耕地资源丰富，具有适宜发展农业的水土光热条件，是我国重要的优质商品棉和畜牧业基地。新疆矿产资源丰富，种类繁多，已发现的矿产122种，居我国第二位。其中，新疆石油、天然气远景储量约占我国陆地油气资源总量的1/3，煤炭资源储量约占我国煤炭预测总资源量的41%，居我国之首。新疆有“金玉之邦”之美称，有色金属和稀有金属矿产产量位居我国前列。在新疆自然资源中，水资源总量却相对不足，虽然总量居全国第四位，但新疆单位面积产水量仅为全国平均的1/6，且水资源分布与耕地、矿产资源分布不匹配。

2. 水资源量及其特点

(1)水资源量评价成果

根据《全国水资源综合规划》成果，按照1956—2000年系列计算，新疆多年平均年降水总量2 544亿m^3，自产水资源量832.7亿m^3，其中，地表水788.7亿m^3，地下水503.4亿m^3，地表水与地下水不重复量44.1亿m^3。现状条件下多年平均流入自治区的水量93.7亿m^3，流出自治区水量233.1亿m^3。

根据新疆水资源公报统计分析，2001—2012年期间，全疆年均降水量比1956—2000年系列平均值偏多370亿m^3，增幅14.6%，属丰水年段。近12年全疆年均水资源总量927亿m^3，比1956—2000年系列多年平均值偏多94亿m^3，增幅11.3%，其中地表水偏多87亿m^3，增幅11.0%。从区域分布上，北疆水资源总量比正常年份偏多7.2%，东疆偏多6.4%，南疆偏多15.5%。

按照1956—2012年水文系列计算，多年平均情形下全疆水资源总量853.5亿m^3，比1956—2000年系列增加20.8亿m^3。其中，南疆增加13.5亿m^3，北疆增加6.4亿m^3，东疆增加0.5亿m^3。

近十几年来新疆降水增多、来水偏丰，为提高灌溉保证率甚至扩大灌溉面积提供了一定水资源条件，但掩盖了新疆水资源开发利用所存在的问题和矛盾。目前，新疆的供水量和用水量是难以持续保障的，枯水期特别是连续枯水段降水和来水急剧减少，可能对经济社会发展及生态环境保护带来风险。

(2)水资源量基本特点

水资源总量不大，人均占有量高，地均相对较少。由于国土面积广袤、人口总量不大，新疆水资源总量仅次于西藏、青海和云南，居全国第4位；人均水资源量是全国平均值的两倍，居全国第4位。但是，新疆单位面积产水量仅5万m^3，仅为全国平均的1/6，为全国倒数第3位。与周边干旱国家和地区相比，新疆河流水系完整，水资源禀赋相对较好。但地均水资源少，是导致新疆分布大面积沙漠和土地极易沙化的原因，也是新疆河流一旦过度开发就将导致当地自然生态恶化的主要原因。

水资源时空分布极不均衡，实现合理调配的难度大。“三山夹两盆”的地理条件决定了新疆水资源区域差异很大，西多东少，北多南少，山区多平原少，水资源分布与经济发展布局极不匹配。以天山为界将新疆分为北疆和南疆两大部分，面积分别占新疆的28%和72%，年径流量则各占约50%。从和田地区的策勒县经巴州的焉耆到昌吉州的奇台县划一条直线将新疆分为面积大致相当的西北和东南两部分，西北部地表水资源占新疆地表水资源量的93%，而东南部仅占7%。新疆河川径流量约20%由冰川融雪补给，径流量年际变化幅度较小，但季节变化较大，6～8月集中了全年径流量的70%左右，春旱、夏洪、秋缺、冬枯的水资源条件，一方面容易引发局部地区洪水灾害，另一方面使新疆经常面临严重旱灾。由于水资源时空分布不均，资源性和工程性缺水并存，使新疆土地、矿产、能源等资源优势难以充分发挥，必须通过修建必要的水资源调配工程加以解决。

干旱少雨，生态脆弱，人与自然争水矛盾十分突出。新疆年降水量为155 mm，属于地球相同纬度最少地区之一。全疆约48%的地区为沙漠、戈壁、荒原，由于干旱少雨，水资源匮乏，生态环境极为脆弱，人工绿洲与天然绿洲争水现象十分严重。1950年新疆人工绿洲面积仅为3.8万km^2，目前已扩大1.8倍。不断扩大的人工绿洲消耗了大量水资源，使天然绿洲获取的水量和面积不断减少，沙化土地面积不断扩大，天然绿洲生态危机的局面十分严峻。

3. 气候变化影响分析

20世纪80年代中后期以来，新疆区域气温和降雨年际变化均呈现出增多趋势，特别是近10年以来更为明显，在21世纪可能仍呈持续增温趋势，降水和蒸发水量也可能持续增加。气候变暖引起降水量重新分配，加速冰川和冻土的消融，新疆北部和南部的冰川目前都出现萎缩现象，如乌鲁木齐境内的“一号冰川”处于萎缩状态。随着冰川和积雪进一步消融，其补给的径流量将可能逐步减小，冰川和积雪的“固体水库”的调节减弱，不仅水资源总量极有可能逐步衰减，年际变化会加大，年内季节性分布也会更加不均。

气候变化对新疆水资源影响已显现，自20世纪90年代后期以来新疆水资源偏丰是一种表象。因此，应积极应对，未雨绸缪。加紧调整水资源利用模式，合理规划工业与城镇发展布局，加快城乡供水保障体系和防洪减灾安全保障体系建设，抓紧建立水资源安全预警和应急机制是十分必要的。同时，利用水资源偏丰的有利时机，加快重点区域生态修复，尽快恢复地下水超采区地下水储量，并逐步建立新疆水资源安全储备制度。

1.1.1.2 “十二五”水利发展成就

在中央加大水利投入等一系列政策措施支持下，新疆水利建设投资规模再创新高，“十二五”期间，围绕重点水利工程建设、民生水利条件改善、防洪抗旱减灾、水生态文明建设、行业能力提升、水利管理改革等方面，加快了水利建设和改革步伐。“十二五”期间，全疆完成水利建设总投资712亿元，其中中央投资291亿元，地方投资421亿元。地方投资中，省市级财政159亿元、水利工程建设基金10亿元、国内银行贷款109亿元、社会资本51亿元、其他资本91亿元。中央投资、地方投资分别占41%、59%；年均完成投资142.4亿元，是“十一五”年均投资的1.9倍。中央水利建设投资大幅增加，年均投资58亿元，比“十一五”年均投资增加2.4倍。

1. 水资源配置格局在逐步形成

“十二五”期间，实施了西水东引一期、北岸干渠等重点水利工程，进一步推进了北疆供水工程、库鲁斯台草原供水等工程前期工作，基本建成克孜加尔水库、大西沟水库、东疆阿拉沟水库、头道沟水库、白杨河水库等，随着一批支撑自治区经济社会发展的跨流域调配水和重要水源等水资源配置工程的建设，加快合理开发跨界河流水资源的步伐，为完善北疆、东疆的水资源合理配置奠定了重要基础，为新疆经济发展和生态修复提供了水资源保障。

开工建设艾比湖流域生态环境保护工程一期工程，为艾比湖、甘家湖两个国家级湿地自然保护区的生态环境保护建设提供了重要支撑。

南疆塔里木河近期综合治理工程基本建成，卡拉贝利水利枢纽、吉音水利枢纽、大石门水利枢纽等水利工程的实施，以及阿尔塔什水利枢纽工程的开工建设，加快形成了南疆骨干水资源调配工程体系，提高河流下游防洪能力、灌溉保证率、水资源调控能力。

2. 节水型社会初见成效

“十二五”期间，全疆共实施了27个大型灌区、23处中型灌区节水配套改造及农业高效节水建设。新增防渗渠道长度1.2万km；新增农业高效节水灌溉面积1 670万亩，灌溉水有效利用系数由2011年的0.49提高到0.52，毛灌溉定额降到610 m^3/亩，新增改善灌溉面积380万亩，完成现代灌区节水改造面积达到885万亩。新增节水量18亿m^3。通过提高工业用水重复利用率和发展循环经济，万元工业增加值用水量由2010年62.3 m^3降低到40 m^3，预计到2015年降低36%。哈密地区、乌鲁木齐市、吐鲁番地区节水型社会建设全国试点通过国家验收。以全国试点地区为示范，自治区开展乌苏市、呼图壁县等6个县（市）作为自治区级节水型社会建设试点，并逐步推广。智能化取水计量设施安装约2万眼机电井。

3. 民生水利建设深入人心

“十二五”期间，全疆水利在惠及的供水、供电、防洪等方面成效显著。完成360万农村居民和39万师生的饮水安全任务，新建农村饮水安全工程358处，显著提高全区广大农牧民饮水条件。基本完成“定居兴牧”27项水源工程，212项牧区水利配套工程，可新增人工饲草料地372万亩，改善灌溉面积399万亩。完成130座小型水库除险加固任务，年新增供水量8 313万m^3，增加防洪库容842万m^3，增加兴利库容2 588万m^3。列入专项规划的291座大中型病险水闸除险加固工作有序展开。实施了伊犁河等9条重点内陆河，金沟河、策勒河等141条中小河流治理工程，建设防洪堤1 500余km。完成了喀什噶尔河等34个重点河段上的应急防洪加固项目，建设防洪堤335余km。通过逐步完善旱情监测预警系统、抗旱指挥调度系统，完成全区水利信息网及安全平台，开展73个县（市、区）山洪灾害监测预报预警系统建设，水文预报和山洪灾害的预警预报能力增强，防灾减灾能力得到显著提升。新增农村水电装机容量15.5万KW，基本建成11个电气化县（市），完成2个小水电代燃料项目，新增代燃料户6 080户，完成28个增效扩容改造水电站项目，解决和改善约2万户10万人的用电问题，全疆水电新农村电气化县乡村通电率达到96%。

4. 塔里木河近期综合治理成效显著

“十二五”期间，基本完成塔里木河流域近期综合治理，建成下坂地水库，实施灌区节水改造1 051万亩，建设防渗渠道长度7 829 km，高新节水改造面积43.6万亩，建设生态闸61座，完成8座平原水库节水改造，地下水开发利用新打机井2 044眼，河道治理干流堤防708 km、源流堤防137.8 km；博斯腾湖输水系统新建扬水泵站1座，输水干渠95 km；河道疏浚长度1 117 km，生态建设退耕封育面积5.6万亩，新建山区控制性水库1座，流域水资源调度及管理系统工程6项。

通过塔里木河流域近期综合治理，增加了各源流汇入塔里木河的水量，实现干流阿拉尔断面多年平均来水达到45.3亿m^3，先后实施了14次向大西海子下游断面输水累计46亿m^3，结束300多km河段30年断流的局面，两岸天然林草植被重现生机，干流中上游林草植被得到部分保护和修复，土地退化程度明显降低，减少了105万亩土地沙化面积，河道两岸1～2 km范围内的地下水位恢复到3～4 m，水质矿化度明显改善，水质矿化度由3～11 g/L降低到目前1.5～2.6 g/L，陆地野生动物和河道水生鱼类常见出没，下游生态环境得到初步改善，初步遏制塔里木河下游沙漠合拢趋势。

5. 改革和管理取得积极进展

出台了《新疆维吾尔自治区关于深化水利改革的总体实施意见》，颁布了《新疆最严格的水资源管理制度“三条红线”各项指标分解方案》，并由自治区人民政府批准实施，全面加强规划水资源论证工作，施行规划水资源论证“一票否决制”，开展了新疆水资源费标准调整工作；制定了《自治区推进水价改革实施方案》，并报自治区人民政府，全疆共有46个县市完成水价调整，占全疆县（市）的53.5%。推进水权水价市场改革试点在昌吉州、吐鲁番地区开展水权交易试点；制定出台了自治区重大水利工程建设基金、自治区水利建设基金和从土地出让收益中计提农田水利建设资金等一系列重大政策，哈密、巴州等地采取预交水费的形式建设多座重点水利工程，拓宽水利建设资金渠道；出台《新疆维吾尔自治区水利工程建设项目招标投标管理规定》及配套制度文件，实现全疆水利工程建设项目招投标进入公共资源交易市场，开展水利工程建设领域突出问题的专项治理，重点加强了招标投标监管等。

1.1.1.3 存在的主要问题

1. 用水结构不合理，用水效率不高

近年来全疆水资源利用效率和效益有较大程度提高，但用水方式较全国平均用水水平来说偏于粗放。2012年全疆用水总量590亿m^3，全疆农业用水占经济社会用水总量的95%，远高于全国63%的平均水平，工业只占到2%，居全国前列，高于同为干旱区的以色列。全疆单方水GDP产出量15元左右，仅为以色列单方水GDP产出量的2.3%左右。高效节水面积不足40%，截止到“十二五”末，全疆综合灌溉定额约610 m^3/亩，高于全国西部地区灌溉亩均用水量的512 m^3。其中，南疆地区现状农业用水占总用水量的比重高达97%，综合亩均灌溉水量现状为770 m^3，用水浪费严重。因此，降低农业用水比重，提高用水效率和效益，逐步转移农业用水用于发展工业和服务业等高产出产业是当务之急。

2. 部分地区水资源过度开发，对生态环境造成危害

新疆水资源总体上处于过度开发利用状态，除伊犁河、额尔齐斯河两河水资源开发利用程度相对较低外，其他地区水资源开发利用程度基本超过70%，局部地区地下水超采严重，部分地区开荒和增加灌溉用水量挤占流域的生态用水量，造成生态环境恶化。目前，天山北坡、吐哈盆地、塔额盆地、焉耆盆地等地区地下水超采十分严重，全疆年均超采量超过33亿m^3，东疆、北疆沿天山一带部分地区地下水开采率超过170%。塔里木河流域生态脆弱的局面没有根本改变，遇到干旱年份生态趋于恶化的迹象明显。艾比湖面积自2000年以来基本维持在540～900 km^2，由于入湖水量不断减少，湖面萎缩、湖底裸露，是北疆盐尘、沙尘的主要来源，严重危及天山北坡经济带生态安全。由于近期水资源处于丰水期，新疆生态环境恶化的趋势并不明显，但如果不改变现状的开发格局与用水规模，新疆生态环境脆弱性逐步增加，生态环境进一步恶化的风险也日趋加大。

3. 水资源调蓄能力不足，供水安全保障程度不高

由于历史的原因，新疆水利建设投入不足，欠账太多，不同程度地制约了新疆经济的高速发展和人类生存环境的改善。全疆河流众多，水利基础设施薄弱，多数河流缺少控制性水利工程。目前，山区控制性水库总库容仅占河流总径流量的14%，南疆已建山区水库总库容仅占河流径流量的4.5%，远低于全国22%的平均水平，水资源调控能力不足，水资源优化配置受到限制，无法实现水资源的合理配置、适时调度、高效利用、环境保护和保证供水。水资源分布与经济社会格局不匹配，经济发达地区和资源富集地区缺水严重。随着经济发展和人口增长，水资源供需矛盾将进一步加剧，因此迫切需要加快水资源调配工程建设和山区控制性水源工程建设，以实现水资源优化配置，提高水资源承载能力，支撑新疆经济建设。

4. 民生水利建设需进一步加强

农业灌溉工程老化失修，配套不完善，现有的中低产田、盐碱地面积较大，农田水利基础设施严重

不足，是制约当地农牧民脱贫致富的重要原因。叶尔羌河、阿克苏河、提孜那甫河等重要灾害性河流防洪设施比较薄弱，防洪形势严峻。农村饮水还需进一步巩固提升。

5. 水利改革与管理有待深化

流域管理与区域管理相结合、以流域管理为主的水资源统一管理体制尚不完善，最严格水资源管理制度尚未落实到位，水价、水权、水市场等改革尚未全面推进，区域之间、城乡之间、兵地之间、行业之间供用水缺乏统筹调配，主要河流控制性工程的防洪、发电与供水之间矛盾较为突出，流域水资源监控预警系统尚未建立。全面落实最严格水资源管理制度的思想认识亟待进一步提高，依法治水管水能力需要进一步增强，水利建设资金保障需要不断探索新机制，建设质量和安全管理亟待加强。

1.1.2 水库建设概述

1.1.2.1 水库功能划分

水库实际上就是"人工蓄水湖"，是为了对河川径流在时间上和空间上进行重新分配，减少或增加某一时间、某一区域的径流量；或者为了抬高水位，达到某些用水的目的而建造的水工建筑物。水库的组成建筑物中有不同类型的建筑物，例如挡水、泄水、引水或其他专门建筑物等，这些建筑物统称为水工建筑物，水工建筑物的综合体称为水利枢纽。一般水工建筑物可按使用期限和功能进行分类。

按使用期限可分为永久性水工建筑物和临时性水工建筑物，后者是指在施工期短时间内发挥作用的建筑物，如围堰、导流隧洞、导流明渠等。按功能可分为通用性水工建筑物和专门性水工建筑物两大类。

（1）通用性水工建筑物主要有：

① 挡水建筑物，如各种坝、水闸、堤。

② 泄水建筑物，如各种溢流坝、岸边溢洪道、泄水隧洞、分洪闸。

③ 引水建筑物，如水工涵洞、坝下涵管、坝体泄水孔等。

（2）专门性水工建筑物主要有：

① 水电站建筑物，如前池、调压室、压力水管、水电站厂房等。

② 渠系建筑物，如节制闸、分水闸、渡槽、桥梁、沉沙池、冲砂闸等。

③ 过坝设施，如船闸、升船机、筏道、鱼道、鱼梯等。

有些水工建筑物的功能并非单一，难以严格区分其类型，如各种溢流坝，既是挡水建筑物，又是泄水建筑物；闸门既能挡水和泄水，又是水力发电、灌溉、供水和航运等工程的重要组成部分。有时施工导流隧洞可以与泄水或引水隧洞等结合。

建设水库必然要修建挡水建筑物，山区多为拦河式，平原挡水建筑物多为三面或四面围坝，这些挡水建筑物一般就称为"大坝"，大坝建成挡水后形成的水面通常指水库，通俗的讲建设水库就是建设大坝。

有些水电站也有很大的水库，但因为功能单一，就是发电，这类水库按水库规模可能是大（2）型水库，但按装机规模可能是中型水电站，这类电站我们一般称之为水库电站。

新疆建设的中型水库可以分为三类：

（1）水利枢纽类：兴建在山区，主要承担防洪、灌溉、供水、发电等任务，有的兼有生态功能。

（2）水电站类：兴建在山区，承担发电为主，部分兼有防洪、供水任务。

（3）平原水库类：兴建在平原地区，主要承担蓄水、供水任务，个别工程承担沉砂任务。

1.1.2.2 水库建设概述

1. 水库建设情况

新疆自20世纪50年代开始实施大规模的屯垦戍边，兴修水利，一方面在河流出山口修建引水渠首和长距离的引水干渠，另一方面在绿洲内修建了大量的平原水库，形成了"引水渠首、平原调蓄水库、灌区及输配水工程"的水利工程分布格局。现已完成注册登记的604座水库，以小型水库和平原水库为主，总库容144.7亿m^3，其中，地方所属水库500余座，库容123亿m^3。由于大部分是平原水库，渗漏蒸发损失占入库水量的20%～60%，且调节能力有限，无法满足适时适量供水、合理配置、高效利用水资源的基本要求。如70年代建成的沙雅县结然力克水库（总库容6 800万m^3、实际有效库容不到3 000万m^3）、年引水2亿m^3，而下游灌区实际只用到4 000万m^3，大部分蒸发、渗漏损失，用水效率低下。

根据第二次水利普查统计成果，全疆现共有各类水库655座，总库容198.5亿m^3，已建604座、在建51座。这些水库星罗棋布，遍布全疆各地，几乎每一个县市、团场都有一座或多座水库。

自20世纪90年代以来，新疆的水库建设已从平原水库转入山区水库建设，其中山区大中型水库建设步伐显著加快，主要河流上规划兴建了一大批水库，筑坝材料也在传统的当地材料坝的基础上不断改进，碾压混凝土坝、混凝土面板砂砾石堆石坝、沥青混凝土心墙堆石坝、土工膜防渗堆石坝、堆石混凝土等坝型也不断涌现。

新疆已建大中型水库统计详见表1.1-1，表1.1-2。

表1.1-1　新疆已建大型水库统计表

序号	位置	水库名称	水库类型	挡水主坝类型（按结构分）	建成时间/年	坝高/m	坝长/m	总库容/万m^3
1	阜康市	“500”水库	平原水库	均质坝	2005	28	17 667	28 100
2	福海县	“635”水利枢纽	山区水库	心墙坝	2000	70.6	320	28 200
3	塔什库尔干县	下坂地水利枢纽	山区水库	心墙坝	2010	78	410	86 700
4	阿勒泰市	克孜加尔水库	山区水库	心墙坝	2011	64	356	17 600
5	富蕴县	可可托海水库	山区水库	重力坝	1967	20.8	164	11 300
6	哈巴河县	吉勒布拉克水电站	山区水库	面板坝	2014	140.3	446	22 900
7	尼勒克县	吉林台一级水库	山区水库	面板坝	2006	157	445	253 000
8	福海县	喀腊塑克水利枢纽	山区水库	重力坝	2015	121.5	1 570	241 900
9	阿勒泰市	塘巴湖水库	平原水库	面板坝	1976	10.75	433	22 000
10	和静县	察汗乌苏水库	山区水库	面板坝	2008	110	352	12 500
11	阿克陶县	布伦口-公格尔水电站	山区水库	心墙坝	2014	35	331	64 000
12	特克斯县	库什塔依电站水库	山区水库	心墙坝	2014	91.1	436	15 900
13	巩留县	恰甫其海水利枢纽工程	山区水库	心墙坝	2005	108	362	195 000
14	和田县	乌鲁瓦提水利枢纽	山区水库	面板坝	2009	133	365	33 360
15	拜城县	克孜尔水库	山区水库	心墙坝	1986	47.6	920	72 500
16	伊宁县	温泉水电站水库	山区水库	面板坝	2009	102	306	20 660
17	巩留县	特克斯河山口水库	山区水库	面板坝	2009	51	963	12 100
18	福海县	福海水库	平原水库	均质坝	1978	13.5	1 100	22 000
19	莎车县	苏库恰克水库	平原水库	均质坝	1984	7.7	13 900	10 800
20	伽师县	西克尔水库	平原水库	均质坝	1959	7.1	4 500	10 041
21	乌尔禾区	风城水库	平原水库	心墙坝	2000	41	2 615	10 000

表1.1-2　新疆已建中型水库统计表

序号	位置	水库名称	水库类型	挡水主坝类型按结构分	建成时间/年	坝高/m	坝长/m	总库容/万m^3
1	白碱滩区	三坪水库	平原水库	心墙坝	1999	35	1 407	3 300
2	昌吉市	三屯河水库	山区水库	重力坝	2000	52	144	3 500
3	奇台县	东塘水库	山区水库	面板坝	2003	22.32	2 350	1 050
4	吉木萨尔县	东大龙口水库	山区水库	心墙坝	2008	35.5	698.50	1 150
5	莎车县	东方红水库	平原水库	均质坝	1971	12	12 768	3 800
6	和田县	东方红水库	平原水库	均质坝	2013	8.2	2 700	1 434
7	于田县	东方红水库	平原水库	均质坝	2010	22.7	1 280	1 050

续 表

序号	位置	水库名称	水库类型	挡水主坝类型按结构分	建成时间/年	坝高/m	坝长/m	总库容/万 m^3
8	墨玉县	东风水库	平原水库	均质坝	2004	11.3	4 100	4 500
9	奇台县	中葛根水库	山区水库	面板坝	2015	81.86	230	1 364
10	天山区	乌拉泊水库	平原水库	均质坝	1961	26	528.20	6 400
11	巴里坤县	二渠水库	平原水库	面板坝	1981	13.5	2 700	1 724
12	博乐市	五一水库	平原水库	心墙坝	1966	22	850	1 960
13	轮台县	五一水库	山区水库	心墙坝	2015	102.5	384.60	9 948
14	新和县	五一水库	平原水库	闸坝	1958			3 900
15	莎车县	依干其水库	平原水库	均质坝	1956	6	8 000	4 758
16	青河县	克孜赛水库	山区水库	均质坝	1989	17.5	585	1 189
17	和硕县	八一水库	山区水库	重力坝	1961	46.3	96	1 850
18	和布克赛尔县	加音塔拉水库	山区水库	心墙坝	2006	25.45	264	2 320
19	哈密市	南湖水库	平原水库	均质坝	2006	6	1 219	1 166
20	疏勒县	卡达苏盖提水库	平原水库	均质坝	1960	11.6	5 200	2 900
21	巴楚县	卫星水库	平原水库	均质坝	1972	4.5	7 580	2 500
22	叶城县	宗朗二库水库	平原水库	均质坝	1979	16.59	1 650	1 010
23	叶城县	苏依提勒克水库	平原水库	均质坝	1969	17	350	1 130
24	麦盖提县	吉仁力玛水库	平原水库	均质坝	1977	5.6	2 000	3 500
25	吉木乃县	克孜哈英水库	山区水库	斜墙坝	1966	15.5	145	1 100
26	吉木乃县	塔斯特水库	山区水库	面板坝	1996	43.34	351.29	1 260
27	吉木乃县	吉木乃县红旗水库	山区水库	心墙坝	1975	27	328	1 400
28	尼勒克县	吉林台二级水库	山区水库	重力坝	2009	33.8	70	1 093
29	哈巴河县	山口水电站	山区水库	面板坝	1997	40.5	550	4 600
30	富蕴县	哈德布特水电站	山区水库	心墙坝	2014	43.5	170	1 630
31	裕民县	哈拉布拉水库	山区水库	面板坝	2007	63.85	183	1 436
32	福海县	哈拉霍英水库	平原水库	均质坝	1988	10.8	1 600	5 900
33	尉犁县	喀尔曲尕水库	平原水库	均质坝	1973	5.5	1 700	2 990
34	塔城市	喀浪古尔水库	山区水库	面板坝	2004	61.5	565.40	3 900
35	福海县	团结水库	平原水库	均质坝	1993	8	1 582	1 107
36	鄯善县	坎尔其水库	山区水库	重力坝	2001	51.3	318.7	1 180
37	米东区	塔桥湾水库	平原水库	均质坝	1973	14	4 050	1 200
38	玛纳斯县	石门子水库	山区水库	拱坝	2003	109	169.30	5 010
39	沙雅县	帕满水库	平原水库	闸坝	1972			4 600
40	沙雅县	艾来克水库	平原水库	闸坝	1966			1 000
41	尉犁县	塔里木水库	平原水库	均质坝	1973	4.5	8 650	2 470
42	莎车县	墩巴格水库	平原水库	均质坝	1958	5.5	9 200	1 136
43	和静县	大山口水库	山区水库	拱坝	1991	72	219.98	2 980
44	呼图壁县	大海子水库	平原水库	均质坝	1962	8.82	5 800	4 000
45	乌鲁木齐	大西沟水库	山区水库	心墙坝	2014	90	415.60	6 990
46	昌吉市	头屯河水库	山区水库	心墙坝	1981	51	423	2 030

续 表

序号	位置	水库名称	水库类型	挡水主坝类型按结构分	建成时间/年	坝高/m	坝长/m	总库容/万m^3
47	和静县	小山口水库	山区水库	心墙坝	2010	46	1 178	5 060
48	富蕴县	峡口水库	山区水库	心墙坝	1999	36.3	111	4 700
49	库尔勒市	希尼尔水库	平原水库	均质坝	2004	20	7 650	9 800
50	柯坪县	库木亚水库	平原水库	闸坝	1997			1 036
51	库车县	跃进水库	平原水库	闸坝	1979			5 800
52	库车县	铜场水库	山区水库	重力坝	2013	59	240	6 560
53	沙雅县	结然力克水库	平原水库	闸坝	1975			6 800
54	阿图什市	托卡依水库	平原水库	均质坝	1970	13.6	5 780	6 000
55	布尔津县	托洪台水电站	平原水库	心墙坝	1991	20.1	26.19	8 063
56	墨玉县	新建水库	平原水库	均质坝	2010	9	1 000	2 000
57	富蕴县	沙尔布拉克水电站	山区水库	重力坝	2014	59.52	213	9 350
58	于田县	吉音水库	山区水库	面板坝	2016	124.5	489	8 200
59	和田县	波波娜水电站	山区水库	面板坝	2010	27	450	399
60	布尔津县	冲乎尔电站水库	山区水库	重力坝	2010	71	545	8 400
61	岳普湖县	昆都孜水库	平原水库	均质坝	1952	7.50	4 250	1 800
62	木垒县	木垒县龙王庙水库	山区水库	心墙坝	1972	42	738	1 294
63	鄯善县	柯柯亚水库	山区水库	重力坝	1978	41	136	1 052
64	和静县	柳树沟水库	山区水库	面板坝	2014	102	183.50	7 700
65	沙湾县	柳树沟水库	平原水库	均质坝	2000	12.6	4 600	1 325
66	皮山县	桑株水库	山区水库	均质坝	1976	36	1 050	4 251
67	哈密市	榆树沟水库	山区水库	面板坝	2000	67.5	301	1 100
68	麦盖提县	汉克尔水库	平原水库	均质坝	1968	7	6 000	2 200
69	英吉沙县	沙歼水库	平原水库	均质坝	1976	22	700	3 185
70	沙雅县	齐满水库	平原水库	闸坝	1964			4 200
71	洛浦县	哈拉快里水库	平原水库	均质坝	1960	8.7	3 800	2 300
72	沙湾县	海子湾水库	平原水库	均质坝	2003	12	6 350	1 825
73	玛纳斯县	新户坪水库	平原水库	均质坝	1971	10.3	9 100	3 000
74	玛纳斯县	白土坑水库	平原水库	均质坝	1963	7	6 175	1 250
75	疏附县	红旗水库	平原水库	均质坝	2005	6	6 300	1 100
76	乌尔禾区	白杨河水库	山区水库	心墙坝	1974	28	120.50	3 560
77	和布克赛尔县	白杨镇水库	山区水库	面板坝	2015	66.47	310	4 463
78	白碱滩区	白碱滩水库	平原水库	重力坝	1979	13	2 600	1 950
79	沙雅县	大寨水库	平原水库	闸坝	1970			1 960
80	哈密市	石城子水库	山区水库	拱坝	2010	78	72.63	1 945
81	若羌县	米兰河水库	山区水库	心墙坝	2016	83	416	4 128
82	莎车县	米吉冬水库	平原水库	均质坝	1965	5.3	8 726.38	1 075
83	精河县	下天吉水库	山区水库	面板坝	1997	71.5	207	1 438
84	托克逊县	红山水库	山区水库	闸坝	1979			5 350
85	呼图壁县	红山水库	山区水库	心墙坝	1972	41.73	580	1 487

续 表

序号	位置	水库名称	水库类型	挡水主坝类型按结构分	建成时间/年	坝高/m	坝长/m	总库容/万 m^3
86	巴楚县	红海水库	平原水库	均质坝	1942	6.3	8 250	7 200
87	天山区	红雁池水库	平原水库	心墙坝	1953	23	440	5 418
88	策勒县	胜利水库	山区水库	均质坝	2003	10	2 060	2 000
89	莎车县	艾力西湖水库	平原水库	均质坝	1965	6.7	13 700	5 200
90	和田县	英尔里克水库	平原水库	均质坝	2008	10.6	2 750	1 760
91	巴楚县	草龙水库	平原水库	均质坝	1970	6.5	7 900	3 000
92	吐鲁番市	葡萄沟水库	平原水库	均质坝	2003	37	716	1 100
93	吉木萨尔县	西大龙口水库	山区水库	均质坝	1986	45.12	374	1 200
94	巴楚县	邦克尔水库	平原水库	均质坝	1962	3.78	7 500	4 700
95	温泉县	鄂托克赛尔水库	山区水库	心墙坝	1996	52	320	2 990
96	克拉玛依	阿依库勒水库	平原水库	心墙坝	1999	29.5	5 015	3 800
97	阿克苏市	阿克库木须水库	平原水库	闸坝	2000			3 600
98	额敏县	阿克苏水库	平原水库	均质坝	1990	18.48	2 250	2 000
99	尉犁县	阿克苏甫水库	平原水库	均质坝	1964	5	8 000	1 361
100	福海县	阿克达拉水库	平原水库	均质坝	1992	7.3	4 050	5 400
101	托克逊县	阿拉沟水库	山区水库	重力坝	2015	105.26	365	4 450
102	阿图什市	阿湖水库	山区水库	心墙坝	1997	30.7	363	2 984
103	皮山县	雅普泉水库	山区水库	均质坝	1968	27	2 350	2 239
104	额敏县	额敏水库	平原水库	均质坝	1967	15.33	5 500	1 730
105	乌尔禾区	黄羊泉水库	平原水库	心墙坝	1992	27	691.39	5 800
106	阿勒泰市	齐背岭水库	山区水库	重力坝	2002	34.4	172	2 600

2. 建设水库可能出现的问题

(1)淹没、浸没问题

修建水库时，特别是大型水库的建设过程中，由于蓄水造成一定范围的淹没，将使库区内原有耕地以及建筑物被废弃，居民、工厂和交通路线被迫迁移改建，从而造成损失。由于我国人多地少，筑坝建库所引起的淹没问题往往比较突出。

水库蓄水后，抬高了水库周围的地下水位，在特定的地质条件下，可以造成库边或库外某些地区出现沼泽等浸没现象，平原水库尤其突出。浸没使农田荒芜或单产下降，饮水和居住卫生条件恶化，建筑物地基受地下水浸润并发生沉陷，道路反浆等。

(2)淤积和冲刷问题

挟带泥沙的水流进入水库后，随着库区水位的抬升，水流的过水断面增大，水力坡度变缓，纵向流速和紊动流速都大大减少，降低了水流挟沙能力，导致了部分悬移质和推移质泥沙在库区逐渐沉淀、淤积。水库的淤积不仅缩短水库的使用年限，影响水库的有效库容和效益，而且形成"拦门沙"，扩大库尾和支流上的淹没界限，影响其他建筑物的正常使用。平原水库此类问题极为突出，部分运行30～40年的平原水库有效库容仅剩不到40%，严重影响其功能的发挥。

(3)坍岸和滑坡问题

水库的土体岸壁，在库水长期浸泡下，土体的物理、力学及水理性质发生了变化。加之，在库面波浪对岸壁的积极磨蚀作用下，岸壁的平衡被破坏，导致库岸的坍塌、再造和滑坡。

(4)对河道的影响

水库兴建以后，一般枯水期与丰水期分别要求下泄10%、20%～30%的生态流量，有些工程丰水期下泄40%的生态流量，对河道只能是维持河道最小功能的流量，受水库下泄过程的变化影响，河道难免受到冲击。有些采用长引水开发方式的水库电站，自水库至电站之间形成几公里、甚至十几公里的减水河段。

（5）对周边生态环境的影响

水库的修建对周围的自然环境有一定的冲击作用，对气候、水文、土壤、地质以及动植物和微生物都会产生相关的影响。使水库的修建在造福人类的同时也产生了一定的负面作用。

（6）对河道水生生态的影响

修建水库，势必对河道造成阻隔，影响鱼类的生境。尽管可以采取鱼道、升鱼机、增殖站、集运鱼船、人工捕捞过坝等措施予以弥补、减免，但这些措施都有一定的局限性，造成的影响仍然是客观存在的。

1.1.2.3 “四新”技术的应用

“科技是第一生产力”，为了有效地促进生产力的提高，降低工程成本，减轻工人的操作强度，提高工人的操作水平和工程质量，满足工程建成后的使用功能，新疆水库大坝的建设一直提倡采用新技术、新工艺、新材料、新设备，以确保工程质量，充分发挥科技在工程建设中的先导、保障作用。这方面新疆水库大坝的建设一直与国内保持同步。

1. 新技术

新技术发展日新月异，坝型发展也在不断进步，堆石混凝土坝、胶凝砂砾石坝的提出丰富了坝型选择，短短十几年已由初期的围堰工程发展到永久工程，堆石混凝土技术已应用在拱坝、重力坝上，坝高已突破90 m；胶凝砂砾石坝也已突破60 m。

新技术与新工艺、新方法、新设备可能同时存在，在水利工程当中，每产生一项新技术，其相应的新工艺、新方法、新设备也应运而生。如胶凝砂砾石坝属于一项新技术，为了便于施工研发了专用的胶凝砂砾石专用拌合机，提出了新的施工工法。土石坝填筑施工智能压实控制技术为坝体填筑管控提供了解决良策。

目前，水利水电工程大坝碾压施工采用施工参数和压实度同时满足的“双控”方法来控制压实质量，施工参数包括碾压设备的型号、振动频率、行进速度、铺料厚度、碾压遍数、含水率等。因此，有效地控制铺料厚度、碾压遍数、压实度均匀性，以及行驶速度、碾压错距搭接等是保证碾压施工质量的重要手段。传统的技术存在漏压、欠压、错距、搭接、检测等问题，而新近发展的智能过程控制系统成功地解决了该问题。

在建的阿尔塔什水利枢纽面板堆石坝、大河沿水利枢纽沥青心墙坝坝体填筑都采用了智能压实技术，阿尔塔什更是率先使用无人振动压实技术，大大提高了施工效率。

根据《碾压式土石坝施工规范》（DL/T 5129-2013），采用智能压实控制技术，对防渗土料、反滤料、过渡料监测频次可减少为20%～50%，堆石料可按1次/（20～40万m^3）频次抽检规定。因此，采用智能压实技术可减少填筑施工过程中抽样检测频率，减少挖坑对施工的干扰，有助于加快施工进度并降低施工成本。对大坝施工填筑碾压质量进行在线实时监测和快速反馈控制，提高一次性施工合格率，对大坝建设过程进行可视化和数字归档，为工程竣工验收、安全鉴定及运行管理提供信息应用和支撑平台。

2. 新工艺

面板堆石坝表层止水一直采用传统的人工嵌填方式，效率低且嵌填质量并不理想，这种缺陷会造成大坝防渗可靠性的降低，甚至失效，危及大坝的安全稳定。中国水科院历经多年研发的表面止水机械施工组合台车技术，可以实现周边缝和张拉缝填料的现场一次挤出成形。该项技术先后在新疆吉勒布拉克水电站、柳树沟水电站、吉音水利枢纽、卡拉贝利水利枢纽、温泉水电站等面板坝得到成功应用。目前，现场挤出成形速度可达到20～120 m/h，挤出断面规则、美观。利用表面止水机械施工技术进行表层止水施工，可以显著提高施工质量，降低工人劳动强度，提高施工效率。

沥青心墙冬季施工一直是个难题，阿拉沟水库、五一水库、克孜加尔水库、库什塔依水电站等工程沥青心墙坝经过认真细致的研究工作，通过改进施工保温措施、优化沥青混凝土配合比等成功解决了冬季施工的难题，在-25℃环境下实现碾压式沥青心墙的正常施工，为水库提前蓄水、发电创造了条件。

3. 新材料

面板堆石坝混凝土防渗面板属于薄型结构，长期暴露在自然环境下，容易产生裂缝，为了防止面板渗漏、提高混凝土的耐久性，有必要在面板表面增加一层有效的防护层。中国水科院、中水科海利公司等单位选择10种涂料在十三陵抽水蓄能电站上库混凝土面板进行了现场试验，并进行了两年多的跟踪检查和测试。研究结果表明，在混凝土面板表面采用SK手刮聚脲涂层和喷涂聚脲涂层防护方案效果最佳，从工程造价及效果等方面综合考虑，建议对面板坝分区域（高程）采用不同涂层材料对混凝土表面进行防护的方案。这项技术已在吉音水库等面板堆石坝上得到应用。

混凝土坝表面保温在严寒地区一直是个大难题，传统材料抗冰拔、防水、老化等都存在一定问题，现在已由过去传统的聚氯乙烯保温被、聚苯乙烯泡沫板等发展采用XPS保温板、聚氨酯泡沫等新型防水材料，以进一步提高保温效果及耐久性。

4. 新设备

已建百米级阿拉沟水库、五一水库等沥青心墙坝施工，采用过渡料与沥青心墙联合摊铺机，取得了很好的效果，已在多个工程上广泛应用。

面板堆石坝边墙挤压成型设备21世纪初就在多个工程上予以应用。如肯斯瓦特面板堆石坝、察汗乌苏面板堆石坝等。

水电站“以阀代井”技术取得关键性突破，正在建设的卡伊尔特水电站装机110 MW，将取消传统的调压井，完全采用新研发的“以阀代井”设备（新型调压阀）。

1.1.3 “十二五”以来大中型水库规划概述

“十二五”以来，根据新疆经济社会发展需求，规划10余座大型水库，总库容75亿m^3。目前已经开工建设其中的7座，待建3座。北疆地区以流域控制性功能为主，主要任务是供水、兼顾发电等其他任务。南疆地区结合塔里木河流域生态治理在4条源流上均布置了控制性工程，这些水库均为综合利用的水库，具有调控生态供水、灌溉、供水、防洪、发电等综合任务。规划布置特性见表1.1-3。

表1.1-3 “十二五”以来大型水库规划统计

序号	工程名称	建设地点	建设性质	所在河流		工程任务	总库容/亿m^3	灌溉面积/万亩	最大坝高/m	坝长/m	电站装机/年发电量 MW/亿kW·h	供水量/亿m^3
				名称	控制流域面积/km^2							
1	阿尔塔什	克州阿克陶县	在建	叶尔羌河	46446	防洪、灌溉、发电	22.49	650.00	164.8	795.00	755/21.86	51.95
2	卡拉贝利	克州乌恰县	在建	克孜河	13700	防洪、灌溉、发电	2.62	104.73	92.5	760.70	70/2.60	7.81
3	大石门	巴州且末县	在建	车尔臣河	24692	灌溉、防洪、发电	1.27	34.14	128.8	205.00	50/1.660	2.46
4	萨海水利枢纽	阿勒泰青河县	在建	—	—	防洪、灌溉、发电	2.94	改善面积27.61	75.5	372.00	27.6	—
5	大石峡	温宿、乌什	在建	库玛拉克河	15251	灌溉、防洪、发电	13.23	471.53	247.0	595.60	780/22.46	8.96
6	玉龙喀什	和田和田县	待建	玉龙喀什河	11900	生态、防洪、灌溉、发电	5.36	26.87	230.5	490.46	200/4.95	9.87
7	库尔干	克州	待建	—	2141	防洪、灌溉、发电	1.14	49.74	76.0	695.38	80/2.42	—
8	奥库	克州	待建	—	13305	防洪、灌溉、发电	6.60	451.07	92.5	502	160/4.75	—

“十二五”以来，在南北疆布局30余座中型水库，总库容15.27亿m^3，具有调控生态供水、灌溉、供水、防洪、发电等综合任务。其中坝高百米级以上的就有6座，库容5 000万m^3以上的9座，2座库容接近9 900万m^3。多数以灌溉为主，承担防洪、发电任务，有18座水库都具有发电功能。有6座水库以承担工业供水为主，兼顾人畜饮水、发电等任务。这些水库部分在建、部分已经列入建设计划、部分正在开展前期工作。中型水库见表1.1-4。

表1.1-4 “十二五”以来中型水库规划统计

序号	工程名称	建设地点	建设性质	所在河流		工程任务	总库容/亿m^3	灌溉面积/万亩	最大坝高/m	坝长/m	电站装机/年发电量 MW/亿kW·h	供水量/亿m^3
				名称	控制流域面积/km^2							
1	吉音水库	于田县	在建	克里雅河	6 375	防洪、灌溉、发电	0.82	70.73	124.5	489	24/1.06	0.5
2	阿克肖水库	皮山县	在建	阿克肖河	1 092	灌溉、防洪	0.44	9.9（扩大）29.3（改善）	57.5	687.00		1.99
3	奴尔水库	策勒县	在建	奴尔河	734	灌溉、发电	0.69	增加8.15	80.0	744.30	6.2/0.22	0.57
4	卡回水库	英吉沙县	在建	库山河	31	灌溉	0.25	30.82（控制）14.7（改善）	31.2	3750.00		1.09
5	苏巴什水库	柯坪县	在建	苏巴什河	4 428	灌溉、防洪	0.16	3.00	35.5	351.50		0.35
6	若羌河水库	巴州若羌县	在建	若羌河	2 783	工业供水、农业灌溉、防洪、生态兼顾发电	0.18	8.20	77.5	231.00	2.1/0.10	0.598
7	五一水库	轮台县	在建	迪那河	1 577	灌溉、工业供水、防洪、发电	0.99		102.5	399	15	2.53
8	阿不都拉水库	塔城市	在建	阿不都拉河	271	灌溉、防洪、发电	0.36	18.63	98.5	393.19	6.5/0.13	0.58
9	吉尔格勒德水库	乌苏市	在建	四棵树河	2 052	灌溉、工业供水、防洪、发电	0.61	44.72	101.0	345.00	13.5/0.456	0.63
10	哈拉吐鲁克水库	博乐市	在建	哈拉吐鲁克河		灌溉、城镇、工业供水、发电	0.29	12.06	85.0	321	4/0.149	0.9
11	楼庄子水库	昌吉市	在建	头屯河	1 174	灌溉、防洪、城市工业生活供水	0.74	1.80	78.8	554.92		0.85
12	齐古水库	呼图壁县	在建	呼图壁河	9 421	防洪、灌溉、城镇及工业供水	0.20	12.31	50.0	381		0.12
13	碧流河水库	奇台县	在建	碧流河	474	防洪、灌溉、城镇及工业供水	0.14	12.75	84.8	175		0.71
14	尼雅水库	民丰县	新建	尼雅河	7 146	灌溉、发电	0.42	10.00	131.08	352.00	6/0.19	0.66
15	托帕水库	阿图什市	新建	恰克玛克河		灌溉、防洪	0.61	3（扩大）12（改善）	61.5	850		
16	石门水库	且末县	在建	莫勒切河	16 200	灌溉、发电	0.7	18	81.5	565	8/0.29	1
17	三坪水库扩建	克拉玛依市	待建	风克干渠	—	供水	0.56					
18	红山水库	沙湾县	待建	金沟河	1 688	灌溉、供水、发电	0.55		74.3	1281	8/0.28	

续 表

序号	工程名称	建设地点	建设性质	所在河流		工程任务	总库容/亿m³	灌溉面积/万亩	最大坝高/m	坝长/m	电站装机/年发电量 MW/亿kW·h	供水量/亿m³
				名称	控制流域面积/km²							
19	温泉水利枢纽	拜城县	待建	卡普斯浪河		灌溉、防洪、供水和发电	0.48		96		55/1.58	
20	伯斯阿木水库	和硕县	待建	清水河	1 016	灌溉、防洪、发电	0.16	13.52	96.6	186.00		0.63
21	下天吉二期	精河县	待建			灌溉	0.33	45.22	94.0（原71.5）			
22	乌斯通沟水库	托克逊县	待建	乌斯通沟		灌溉、供水	0.163		80.5	267		
23	达弯图水库	民丰县	待建	吐朗胡吉河		灌溉、发电	0.31		111.7	370.5	3.5	
24	台斯水库	叶城县	待建	乌鲁克河		灌溉、供水	0.11	10.83（改善）	66	430		0.55
25	乔诺水库	乌恰县	待建	乌瑞克河	858	灌溉、工业供水	0.50	0.7	61.2	422.7		0.35
26	洼地水库	温宿县	待建	台兰河		灌溉、生态	0.757		39.8	5514		
27	红沙湾水库	玛纳斯县	待建	塔西河		灌溉、生态建设及工业供水	0.30		72.0			
28	阿克苏水库	达坂城	待建	白杨河支流		灌溉、供水为主，兼顾发电	0.16		79.5	225	2.3/0.072	

1.1.4 “十二五”以来中型水库建设情况

总体分析，受建设条件限制，水库建设难度及投资与以往相比差距越来越大，个别水库单方库容投资接近30元/m³，这在过去都是不可能考虑的。有的坝高130 m以上，鱼类过坝及生态保护问题突出；有的河流泥沙多年平均含沙量接近10 kg/m³，水库效益发挥与调度问题复杂；有的防渗处理深度接近200 m，基础处理投资较大；有的坝体填筑量近600万m³，但库容还不到5 000万m³，可以说，大型水库建设所遇到的复杂技术问题在中型水库上同样存在，有的甚至更复杂。

可喜的是，在自治区人民政府的统一部署安排下，“十二五”以来，水利行业投资力度显著加大，“十二五”期间完成投资712亿元，一批水库开工建设，主要河流上都开展了中型以上水库的前期工作，近半数都开始建设。大多数都在积极进行开工前的准备，PPP这种新型融资方式的推广也为水库建设注入了新鲜血液，促进了部分项目的建设与管理。

1.1.5 新疆中型水库前期工作面临的主要问题

1.1.5.1 技术发展日新月异

特殊不良环境地质条件下筑坝技术的不断突破，是新疆坝工技术进展的显著特点。因其处于活断层、高寒区、高地震区、深厚覆盖层、软岩地层、多泥沙、水文资料少等特殊环境下，筑坝技术不断突破和创新，在我国大坝建设中占有一席之地。

自克孜尔水库在活断层上筑坝技术取得突破以后，在大坝抗震设防烈度9度地区建成了坝高157 m的吉林台混凝土面板砂砾石坝，是全国大坝抗震设防烈度最高的混凝土面板砂砾石坝。在河床覆盖层厚150 m、海拔2 960.00 m的叶尔羌河上游建成了坝高78 m的下坂地水库沥青心墙坝；在年平均温度仅2.7℃的额尔齐斯河上修建的坝高121.5 m的喀腊塑克碾压混凝土重力坝，为我国乃至世界上首次在高纬度地区修建的坝高最高、工程量最大的全断面碾压混凝土重力坝；在软岩坝基、坝肩上建成了坝高

109 m的塔西河石门子碾压混凝土薄拱坝；在多年平均含沙量6.9 kg/m^{3}的克孜河上修建了盖孜水电站；在碾压沥青混凝土心墙坝理论研究和施工技术等方面不断取得新进展，使其成为当前最具推广应用前景的当地材料坝……很多关键技术和施工工艺都有所创新。

新疆"三高一深一多一少"的建坝环境，不仅仅是针对高坝大库，很多中型水库尽管总库容不到1亿m^3，但坝高超100 m的很多，覆盖层超100 m的也有。建坝条件复杂，技术难度大。已建工程取得的成就为工程建设提供了有利的技术支撑，但由于洪水、地质地形条件及任务的不同，每座水库的前期均需要开展大量的技术研究，不能简单照搬照抄，有些中型水库上仍然存在很多较为复杂的技术问题，不能完全模仿，如尼雅水库泥沙调度、吉尔格勒德水库分层进水口布置等。

1.1.5.2 勘察设计质量亟待提高

开展好坝址与坝型选择及枢纽布置研究具有举足轻重的作用，据初步统计，水利水电工程中坝型及总体枢纽的建筑成本占整个项目总概算的40%～50%，个别工程甚至接近60%。因此，坝址与坝型选择及工程总体布置的合理与否，直接影响到工程的效益，甚至关系到工程的成败。选择好坝址与坝型及工程总体布置是减少投资的关键因素。受勘察设计市场的影响，目前，进入新疆的勘察设计单位仅乙级资质的就有百余家，大量勘察设计单位的涌入在促进技术进步的同时，也带来了很多问题，如恶性竞争降低咨询费用、压缩勘察设计周期搞"大跃进"、设计图纸照搬照抄与张冠李戴、挂靠资质开展勘察设计等。

1.1.5.3 工程建设管理责任重大

由于建设管理、监理不能完全到位，质量、安全事故时有发生。21世纪以来就发生过西克尔水库副坝地震液化导致水库溃坝、兵团八一水库违规蓄水溃决、南干渠湿陷性黄土渠段溃决、乌鲁木齐市联丰水库溃决、吉勒水电站堵头封堵失败等多起质量安全事故。

1.1.5.4 供水水质亟待提高

随着最严格水资源管理的要求及三条红线的实施，新型工业化、高效节水发展提速，继续解决水库下游供水及水质处理问题迫在眉睫。水库不是"万能"的蓄水池，自净化功能是有限的，而泥沙淤积是必然的，上游排污、河道水生态变化都可能导致库水水质恶化，只有通过合理调度、严格监管等措施才能确保水库大坝安全运行，而库内取水也仅能保证"取得上水"，但不能保证"取得好水"。很多灌区采用库内取水（或水库下游河道二次取水）管道直供，由于泥沙处理不及时，淤堵问题时有发生。

1.1.5.5 生态环境保护任重道远

环境保护的重要性，不仅体现在下泄生态基流，更多的还需要关注河道生态需水、河道鱼类保护、下游河道径流补给条件变化带来的新的生态问题。需要在水库设计、调度上予以考虑。建设水库大坝必然对河流造成影响，这种争论永远存在，采取措施将影响控制在较小的范围之内是人与自然和谐共生的解决之道。

1.1.5.6 融资瓶颈问题凸显

国家基本建设规模体量大，但主要是确保重点工程及民生工程，新疆山区水库仅能补助部分建设资金，存在较大缺口，建设资金缺乏。由于水利工程多为公益性项目，现行水价、电价极低，收益存在很大问题，造成融资难度很大。按当下流行的PPP融资模式，如果完全由PPP融资方负责建设运营管理，几乎没有一个工程能够达到预期目标。探索可控制的融资模式还有很长的路要走。

1.1.5.7 未来发展面临问题

在水库大坝建设和管理过程中，尽管已经取得了很大成绩，但仍面临着很多挑战性的技术困难与关键问题。其中包括：

（1）大坝建设与生态保护

大坝建设需要在保护生态的基础上进行有序和适当地开发，如何维护河流健康，实现水资源的可持续利用，支持经济社会的可持续发展，是值得关注的问题。如量化河流健康的标准、量化大坝的影响并确定可接受的影响程度，科学确定水沙关系、大坝与生物多样性关系、河湖关系等问题都需要进一步关注。

（2）大坝建设与移民安置

随着经济社会的发展，移民问题诱发的社会矛盾与纠纷不断，如何妥善解决大坝建设与移民安置的关系，不仅是一个政治问题，而且也是一个技术问题，需要进一步的探索。

(3)高坝建设

大坝将越建越高，工程规模将越来越大，建设条件将越来越复杂。如何保障安全，如何做到技术上可靠，是最为突出的问题。有些工程库容不大，但受地形条件限制，坝却很高，部分中小型水库坝高超过100 m的已达10几座，除了坝体设计施工技术以外，高坝大库面临的问题在中型水库上同样存在。

(4)病险坝除险加固

随着大坝数量的增多和运行年限的增加，大坝的运行维护和查险、除险也将是重要的问题。

(5)大坝寿命及退役

水库大坝是人造的“蓄水湖”，有其使用寿命，合理的、经济的使用年限确定是一个复杂的问题，如何建立适宜的退役制度尚需要在实践中不断总结。

(6)筑坝新材料、施工新工艺研究

近年来，由于碾压混凝土筑坝技术、面板堆石坝技术的发展和推广，水库大坝在提高质量、降低造价、加速建设等方面取得了巨大成就。展望未来，在新的筑坝材料、新的施工工艺方面仍迫切需要新的突破、新的发展。

(7)可视化技术、隐患探测技术与计算分析技术的开发

大坝的运行性态以及安全运行的保障，有赖于可视化技术、隐患探测技术的进步。除此之外，还有赖于计算机分析技术的进一步开发。

(8)数字大坝的建设

大坝填筑常规就是机械化施工，采用无人振动碾压实技术改变了工人工作环境，提高了压实精度与效率，而数字大坝采用的智能化压实管控技术才是未来的发展趋势。无论高坝、中坝，都需要进一步探索研究。

(9)大坝安全性问题

大洪水、大地震以及大坝的长期运行等因素不断将大坝的可靠性、安全性提到更为重要的地位。如何结合这些因素，探索进一步提升大坝的安全性，将成为一个重要的研究方向。

本书汇总了30座典型中型水库坝型设计与枢纽布置比选，主要从山区中型水库的工程概况、气象、水文、地质、坝型选择比选、工程布置及主要建筑物比选、环境保护与生态基流的下泄、施工与投资等方面总结归纳，研究提炼这些工程的特点及技术难点，提出合理化建议。这些水库各有特点，有的地处严寒地区，施工难度大；有的河谷狭窄，枢纽布置复杂；有的防渗深度大，基础处理代价较高；有的坝很高，建设难度较大；有的泥沙问题突出，水库调度运行受到极大考验。

表1.1-5　汇总了30座水库的水文、径流、泥沙等特性指标；

表1.1-6　汇总了30座水库的工程技术特性指标；

表1.1-7　汇总了30座水库的大坝设计特性指标；

表1.1-8　汇总了30座水库的泄水建筑物设计特性指标；

表1.1-9　汇总了30座水库的施工参数特性指标；

表1.1-5　新疆山区中型水库工程水文特性统计表

序号	工程名称	所在河流	年径流量/亿m^3	多年平均流量/(m^3/s)	Cv	Cs	生态基流枯/丰	洪峰流量/(m^3/s)			年输沙总量/万t
								校核/频率	设计/频率	导流/频率	
1	乌鲁木齐河大西沟水库	乌鲁木齐河	2.44	7.72	0.174	0.87	10%	2 180(0.01%)	1 410(0.1%)	302(5%)	19.86
2	阜康白杨河水库	白杨河	0.68	2.09	0.35/1	2/3	10%/30%	383(0.05%)	232(1%)	91.78(10%)	7.54
3	昌吉头屯河楼庄子水库	头屯河	2.333	7.39	0.8	3.6	10%/20%	750(0.05%)	405(1%)	236(5%)	70.08
4	金沟河红山水库	金沟河	3.54	11.21	0.98	5.88	10%/20%	1 642.5(0.05%)	737.1(1%)	211.4(10%)	86.8

续 表

序号	工程名称	所在河流	年径流量/亿m^3	多年平均流量/(m^3/s)	*Cv*	*Cs*	生态基流枯/丰	洪峰流量/(m^3/s)			年输沙总量/万t
								校核/频率	设计/频率	导流/频率	
5	于田县吉音水库	克里雅河干流吾格也克河	6.16	19.52	0.58	2.32	10%	1 497(0.05%)	927(1%)	508(10%)	310.5
6	塔城白杨河引水工程	白杨河	2.392	7.58	0.39	1.17	10%	531(0.1%)	290(2%)	221(5%)	16.4
7	伊宁市水电站	—	1.79	5.68	0.98	2.94	10%/20%	564(0.05%)	315(1%)	189(5%)	43.56
8	塔城市阿不都拉水库	阿不都拉河	1.018	4.4	0.39	1.17	10%	262(0.1%)	120(2%)	82.5(5%)	1.29
9	精河县下天吉水库二期	精河	4.747	15.0	0.75	3.38	10%/20%	861(0.1%)	439(2%)	320(5%)	44.91
10	昌吉市努尔加水库	三屯河	3.55	11.25			10%	1 586(0.05%)	383(1%)	224.4(10%)	92.01
11	迪娜河五一水库	迪那河	3.64	11.50	0.24	1.44	10	3 200(0.05%)	1 610(1%)	851(20%)	313.43
12	呼图壁县石门水库	呼图壁河	4.79	15.0	0.43	1.29	10%	1 370(0.05%)	750(1%)	270(10%)	43.3
13	鄯善县二塘沟水库	二塘沟河	0.796	2.52	0.22	0.44	10%	924(0.1%)	461(2%)	234(10%)	2.82
14	呼图壁县齐古水库	呼图壁河	4.78	15.2	0.6	2.1	10%	1 344(0.1%)	663(2%)	229(10%)	65.53
15	策勒县奴尔水利枢纽	奴尔河	1.71	5.42	0.18	0.36	10%	508.16(0.05%)	288.62(1%)	184.0(10%)	76.5
16	奇台县碧流河水库	碧流河	0.656	2.07	0.34	1.70	10%	677(0.1%)	240(2%)	98.2(10%)	6.8
17	托克逊县阿拉沟水库	阿拉沟河	1.343	4.06	0.4	2.0	10%/20%	1 500(0.05%)	679(1%)	185(10%)	29
18	吐鲁番大河沿水库	大河沿河	1.01	3.31	0.22	0.44	10%/20%	1 492(0.1%)	688(2%)	314(10%)	11.11
19	皮山县阿克肖水库	阿克肖河	2.038	6.46	0.46	2.3	10%/20%	494.49(0.05%)	317.5(1%)	40.9(10%)	67.9
20	博乐哈拉吐鲁克水库	哈拉吐鲁克河	1.216	3.85	0.34	1.02	10%/20%	361(0.1%)	186(2%)	134(10%)	2.82
21	若羌河水库	若羌河	0.901	2.854	0.29	1.16	10%/20%	1 537(0.1%)	709(2%)	323(10%)	53.8
22	察县洪海沟水库	洪海沟	1.047	3.32	0.62	2.79	10%	283(0.05%)	151(1%)	61.6(10%)	2.56
23	吉尔格勒德水利枢纽	四棵树河	2.932	9.3	0.83	3.32	10%	625(0.05%)	344(1%)	166(10%)	45.8
24	哈巴河县加那尕什水库	—	2.66	8.4	0.65	2.6	10%	483.3(0.05%)	325.1(1%)	201.1(10%)	3.47
25	阿勒泰市乌拉斯特水库	—	0.409 6	1.299	0.31	0.62	10%	290(0.05%)	201(2%)	157(10%)	3.19
26	米兰河山口水库	米兰河	1.271	4.03	1.52	3.5	10%	1 510(0.05%)	779(1%)	280(10%)	154.0
27	民丰县尼雅水库	尼雅河	2.13	6.75	1.2	6.0	10%	2 346(0.1%)	878(2%)	306(10%)	280

续 表

序号	工程名称	所在河流	年径流量/亿m^3	多年平均流量/(m^3/s)	*Cv*	*Cs*	生态基流枯/丰	洪峰流量/(m^3/s)			年输沙总量/万t
								校核/频率	设计/频率	导流/频率	
28	伊宁县石门水库	吉尔格郎河	1.396	4.43	0.43	1.29	10%	444(0.05%)	225(1%)	119(10%)	22.9
29	柯坪县苏巴什水库	柯坪河	0.688	2.18	0.23	1.725	10%	1 714(0.05%)	801(1%)	377(10%)	42.61
30	吉林台二级水电站	—	—	—			10%/20%	1 537(0.05%)	931(1%)	819.7(5%)	21.3

表 1.1-6 新疆山区中型水库工程特性表

序号	工程名称	所在市/县	工程任务				总库容/万m^3	总投资/万元	建设时间
			灌溉/万亩	防洪任务	工业或城乡供水	电站装机/年发电量/[kW/(kW·h)]			
1	乌鲁木齐河大西沟水库	乌鲁木齐县	15	有	工业及城乡	无	6 990	79 499.33	2015
2	阜康白杨河水库	阜康市滋泥泉子镇	15.49	有	工业	无	1 270.6	36 322.19	2012
3	昌吉头屯河楼庄子水库	昌吉市硫磺沟镇	25.26	有	工业及城乡	无	7 374	129 526.88	2016
4	金沟河红山水库	沙湾县	52.99	有	工业	8 000/2 865万	5 506	69 999.73	待建
5	于田县吉音水库	于田县	70.73	有	无	24 000/1.058亿	8 200	125 309.09	2018
6	塔城白杨河引水工程	和布克赛尔蒙古自治县	无	有	工业	5 500/1 698.2万	4 463	25 056.06	2010
7	伊宁市水电站	伊宁市	7.79	有	工业及城乡	4 000/1 883万	4 613	67 118.37	在建
8	塔城市阿不都拉水库	塔城市	18.63(控制)	有	城乡	6 500/1 312万	3 560	35 225.18	2014.8
9	精河县下天吉水库二期	精河县	45.22	有	工业	33 600/1.87亿	3 300	26 812.48	在建
10	昌吉市努尔加水库	昌吉市	43.84	有	城镇	无	6 844	60 006.37	2018
11	迪娜河五一水库	轮台县群巴克乡	40	有	工业	15 000/5 000万	9 948.62	109 844.38	2017
12	呼图壁县石门水库	呼图壁县	105	有	无	95 000/2.30亿	7 975	128 165.51	2012
13	鄯善县二塘沟水库	鄯善县	20.26	有	工业级城乡	无	2 360	36 322.19	2012.3
14	呼图壁县齐古水库	呼图壁县	12.31	有	工业级城乡	无	2 046.5	45 672.44	2014
15	策勒县奴尔水利枢纽	策勒县	32.85	无	无	6 200/2 170万	6 900	112 594.04	2018
16	奇台县碧流河水库	奇台县	12.67	有	工业及城乡	无	1 440	25 225.01	2014
17	托克逊县阿拉沟水库	托克逊县	10.7	有	工业及城乡	无	4 450	50 012.66	2017
18	吐鲁番大河沿水库	吐鲁番市高昌区	6.02	无	工业及城乡	无	3 024	66 434.22	2019
19	皮山县阿克肖水库	田地区皮山县	29.3	有	无	无	4 395.0	62 673.61	2019
20	博乐哈拉吐鲁克水库	阿拉山口市	12.06	无	工业及城乡	4 000/1 490万	2 870	58 884.55	2019
21	若羌河水库	若羌县	11	有	工业	2 600/1 016万	1 776	59 539.19	2020
22	察县洪海沟水库	察布查尔锡伯自治县琼博乐乡	12.6	有		无	2 363	56 685.52	待建

续 表

序号	工程名称	所在市/县	工程任务				总库容/万 m^3	总投资/万元	建设时间
			灌溉/万亩	防洪任务	工业或城乡供水	电站装机/年发电量/[kW/(kW·h)]			
23	吉尔格勒德水利枢纽	乌苏市	44.72	有	工业	13 500/4 560万	6 106	90 706.83	2020
24	哈巴河县加那尕什水库	哈巴河县	31.6	有	无	无	5 659	49 093.58	2018
25	阿勒泰市乌拉斯特水库	阿勒泰市拉斯特乡	28.75	有	无	无	1 518	36 561.71	2018
26	米兰河山口水库	若羌县	7.0	无	工业	2 400/1 115万	4 128	70 212.96	2017
27	民丰县尼雅水库	和田地区民丰县	10.0	有	无	6 000/1 873万	4 220	109 945.38	2021
28	伊宁县石门水库	伊宁县	6.68	有	工业级城乡	6 000/1 671万	4 613	85 910.08	在建
29	柯坪县苏巴什水库	阿克苏地区柯坪县	4.2	有	无	无	1 561	23 153.95	2018
30	吉林台二级水电站	伊犁尼勒克县		有		5 000/3.37亿	3 195	64 026	2020

表 1.1-7　新疆山区中型水库工程大坝设计参数统计表

序号	工程名称	坝　型	最大坝高/m	坝长/m	覆盖层厚度/m	地震基本烈度/设计烈度	上游坝坡/下游坝坡
1	乌鲁木齐河大西沟水库	黏土心墙砂砾石坝	92.2	427	5～12	Ⅶ度/7度	1:2.5/1:2.25
2	阜康白杨河水库	黏土心墙砂砾石坝	78	735	3～15	Ⅷ度/8度	1:2.25/1:2.0
3	昌吉头屯河楼庄子水库	黏土心墙砂砾石坝	82.6	570.31	10～36	Ⅷ度/8度	1:2.5/1:20
4	金沟河红山水库	黏土心墙砂砾石坝	74.3	1281	13	Ⅷ度/8度	1:2.25/1:1.21
5	于田县吉音水库	混凝土面板堆石坝	124.5	489	左岸29～60，河床2～4	Ⅷ度/8度	1:1.4/1:1.64
6	塔城白杨河引水工程	混凝土面板堆石坝	66.47	310	3.3～6.8	Ⅵ度/6度	1:1.5/1:1.45
7	伊宁市水电站	混凝土面板堆石坝	88	295	20	Ⅶ度/7度	1:1.4/1:1.5
8	塔城市阿不都拉水库	混凝土面板砂砾石坝	98.54	393.19	2～4	Ⅵ度/6度	1:1.6/1:1.95
9	精河县下天吉水库二期	混凝土面板砂砾石坝	94.0	280	4～5	Ⅷ度/8度	1:1.6/1:1.76
10	昌吉市努尔加水库	沥青混凝土心墙砂砾石坝	81	468.67	2.5～3	Ⅷ度/8度	1:2.5/1:2.2
11	迪娜河五一水库	沥青混凝土心墙砂砾石坝	102.5	384.6	10	Ⅷ度/8度	1:2.5/1:2.0
12	呼图壁县石门水库	沥青混凝土心墙砂砾石坝	106.00	312.51	左岸5～30，河床8～12	Ⅷ度/8度	1:2.2/1:2.05
13	鄯善县二塘沟水库	沥青混凝土心墙砂砾石坝	64.8	337.033	2	Ⅶ度/7度	1:2.5/1:2.0
14	呼图壁县齐古水库	沥青混凝土心墙砂砾石坝	50.0	381	3～5	Ⅷ度/8度	1:2.25/1:2.165
15	策勒县奴尔水利枢纽	沥青混凝土心墙砂砾石坝	80	746	20～32	Ⅶ度/8度	1:2.25/1:2.05
16	奇台县碧流河水库	沥青混凝土心墙砂砾石坝	84.8	175	8～12	Ⅷ度/8度	1:2.25/1:2.25
17	托克逊县阿拉沟水库	沥青混凝土心墙砂砾石坝	105.26	365.48	10～20	Ⅶ度/7度	1:2.2/1:2.0
18	吐鲁番大河沿水库	沥青混凝土心墙砂砾石坝	75	500	175	Ⅶ度/7度	1:2.2/1:2.0
19	皮山县阿克肖水库	沥青混凝土心墙砂砾石坝	57.5	687	古河槽37～80，河床5～10	Ⅶ度/7度	1:2.2/1:2.0
20	博乐哈拉吐鲁克水库	沥青混凝土心墙砂砾石坝	85	321	10～11.5	Ⅶ度/7度	1:2.25/1:1.8
21	若羌县若羌河水库	沥青混凝土心墙砂砾石坝	77.5	231	10.6	Ⅶ度/7度	1:2～2.25/1:2～2.25

续 表

序号	工程名称	坝 型	最大坝高/m	坝长/m	覆盖层厚度/m	地震基本烈度/设计烈度	上游坝坡/下游坝坡
22	察县洪海沟水库	沥青混凝土心墙砂砾石坝	85.1	381	14.5～25.6	Ⅶ度/7度	1:2.5/1:2.37
23	吉尔格勒德水利枢纽	沥青混凝土心墙堆石坝	101	345	41.6	Ⅷ度/8度	1:2.2～1:8/1:1.7
24	哈巴河县加那尕什水库	沥青混凝土心墙堆石坝	69.0	432	4～6	Ⅵ度/6度	1:1.8～1.20/1.7～1:1.9
25	阿勒泰市乌拉斯特水库	沥青混凝土心墙堆石坝	69.8	475	6～13	Ⅶ度/7度	1:1.8/1:1.8
26	米兰河山口水库	沥青混凝土心墙堆石坝	83	415	1.5～2	Ⅶ度/7度	1:2.0/1:2.0
27	民丰县尼雅水库	沥青混凝土心墙堆石坝	131.8	352.0	0.3～1.5	Ⅶ度/7度	1:2.25/1:2.01
28	伊宁县石门水库	沥青混凝土心墙堆石坝	102.2	420	32	Ⅷ度/8度	1:2.0/1:1.8
29	柯坪县苏巴什水库	混合坝(重力坝+混凝土面板堆石)	35.5	352	1～4	Ⅷ度/8度	1:1.5/1:1.5
30	吉林台二级水电站	混合坝(重力坝+沥青混凝土心墙坝)	68/60.3	429	古河槽5～27,河床3	Ⅷ度/8度	1:0.2/1:0.75

表 1.1-8 新疆山区中型水库工程泄水建筑物设计参数统计表

序号	工程名称	表孔			底孔				灌溉放水		发电	
		型式	泄量/(m^3/s)	消能方式	型式	泄量/(m^3/s)	洞径/m	消能方式	流量/(m^3/s)	洞径/m	流量/(m^3/s)	洞径/m
1	乌鲁木齐河大西沟水库	溢洪道	550	挑流	圆形	333	4.6	底流	50	圆形3.2	无	无
2	阜康白杨河水库	溢洪道	206.52	台阶+底流	城门洞形	108.10	3×4.2	底流		由底孔承担	无	无
3	昌吉头屯河楼庄子水库	溢洪洞	282.25	挑流	城门洞	274.50	4.5×5.5	底流	14.0	城门洞形2.5×3	无	无
4	金沟河红山水库	溢洪道	799.5	台阶式+底流	圆形隧洞	265.71	4.2	底流		由发电洞承担	21.68	D=3 m圆洞
5	于田县吉音水库	溢洪洞	655	挑流	城门洞形	262.11	4.5×5.3	挑流	31.8	由发电洞承担	41	D=3.8 m圆洞
6	塔城白杨河引水工程	溢洪洞	294.23	挑流	城门洞形	146.6	3×5	挑流	1.59(工业供水)	直径3 m圆洞	9.5	D=2 m圆洞
7	伊宁市水电站	溢洪道	211	挑流	城门洞型	192	3.5×4.5	挑流	2.60	圆型压力洞/1.8 m	10.28	D=1.8 m圆洞
8	塔城市阿不都拉水库	开敞式溢洪道	225.60	挑流	城门洞形	108.01	2.5	挑流	9.08	城门洞形3×4	8.29	D=2.5 m圆洞
9	精河县下天吉水库二期	溢洪道	348.45	挑流	城门洞	143.49	5	挑流		由发电洞承担	53.7	D=4.5 m圆洞
10	昌吉市努尔加水库	溢洪洞	819.70	挑流	城门洞形	382.75	6×6.5	底流	30.36	圆形4.0	无	无
11	迪娜河五一水库	溢洪洞	1 767.16	底流	城门洞	773.18	6.5×8.5	底流		由发电洞承担	26.0	D=3.2 m圆洞
12	呼图壁县石门水库	溢洪洞	1 009.65	挑流	城门洞形	1 009.65	7×8.5	挑流	50.14	圆形4.4	50.14	4.4
13	鄯善县二塘沟水库	侧槽式溢洪道	59.95	底流	圆形隧洞	356.63	4.8	消力池	52.68	城门洞2×3	无	无

续 表

序号	工程名称	表孔			底孔				灌溉放水		发电	
		型式	泄量/(m^3/s)	消能方式	型式	泄量/(m^3/s)	洞径/m	消能方式	流量/(m^3/s)	洞径/m	流量/(m^3/s)	洞径/m
14	呼图壁县齐古水库	溢洪洞	848.78	底流	城门洞	425.80	5×7.5	底流	50.0	直径4 m圆洞	无	无
15	策勒县奴尔水利枢纽	溢洪洞	147.65	挑流	圆形隧洞	108.67	3	底流	11.8	直径2.5 m圆洞	11.8	D=2.5 m圆洞
16	奇台县碧流河水库	溢洪洞	399.4	底流	圆形隧洞	428	3	底流	10.33	由底孔承担	无	无
17	托克逊县阿拉沟水库	溢洪道	1 202.1	挑流	城门洞	185	3.5×4.5	底流	10	2	1.8	1 m(供水)
18	吐鲁番大河沿水库	溢洪道	1 108	底流	城门洞	314	4×4.5	底流	6.39	城门洞形4×4.5	无	无
19	皮山县阿克肖水库	溢洪道	164.18	底流	城门洞	282.49	3×3.6	底流		由底孔承担	无	无
20	博乐哈拉吐鲁克水库	溢洪道	185.1	底流	圆形隧洞	186	2.7	底流	无	无	9.4	D=2.4 m圆洞
21	若羌河水库	溢洪道	946	挑流	城门洞	540.0	5.5×6.5	挑流		由发电洞承担	5.99	D=1.8 m圆洞
22	察县洪海沟水库	溢洪道	26.4	挑流	城门洞	204.01	3.8×5	挑流	5.69	直径2.5 m圆洞	无	无
23	吉尔格勒德水利枢纽	溢洪洞	145.48	台阶+底流	城门洞	80	3×4.8	底流	30	由发电洞承担	30	3.4
24	哈巴河县加那尕什水库	溢洪道	367.46	台阶+挑流	城门洞形	80	3.5×5.5	挑流	20.5	城门洞形2×2.5	无	无
25	阿勒泰市乌拉斯特水库	溢洪道	174	底流	城门洞	60	3×3.5	底流	12.6	城门洞1.6×1.8	无	无
26	米兰河山口水库	溢洪道	651.17	底流	城门洞	366.10	4×5.5	底流	6.39	城门洞4×4.5	4.0	D=2.0 m圆洞
27	民丰县尼雅水库	溢洪洞	1 280.0	挑流	城门洞	394	4×5.45	挑流	7.8	由发电洞承担	7.0	D=2.5 m圆洞
28	伊宁县石门水库	溢洪洞	137.7	挑流	城门洞	80	3.5×2.5	挑流	8.08	由发电洞承担	8.08	D=1.8 m圆洞
29	柯坪县苏巴什水库	泄洪闸	343.3	底流	冲沙闸	265	4×5	底流	5	引水闸2×2	无	无
30	吉林台二级水电站	溢洪道	533.1	挑流	城门洞	897.57	6×6.5	挑流	6.5	放水孔底宽3 m	146.8	D=7.0 m圆洞

表 1.1-9 新疆山区中型水库工程施工特性表

序号	工程名称	主要工程量				导流		工期/年
		土石方/万m^3	混凝土/万m^3	钢筋(材)/t	灌浆/m	导流方式	围堰类型	
					固结/帷幕			
1	乌鲁木齐河大西沟水库	654.86	9.53	3 139	3.22/3.81	一次断流、导流洞和放水洞全年导流，围堰土工膜斜墙		3
2	阜康白杨河水库	115.88	5.94	216	8 770 /7 304	一次断流围堰、隧洞导流，砂砾石围堰，控制灌浆防渗		3
3	昌吉头屯河楼庄子水库	127.02	9.37	3 544	54 100/16 800	河床一次断流，围堰挡水，砂砾石围堰		3.83

续 表

序号	工程名称	主要工程量				导流		工期/年
		土石方/万m^3	混凝土/万m^3	钢筋(材)/t	灌浆/m 固结/帷幕	导流方式	围堰类型	
4	金沟河红山水库	112.17	9.66	3 857	14 529/12 029	围堰挡水,导流洞导流,砂砾石围堰		3.5
5	于田县吉音水库	304.41	16.78	11 800	3.04/1.18	隧洞导流,枯期围堰		3.83
6	塔城白杨河引水工程	187.11	4.26	2 866	3 062.5/7 556.04	围堰挡水,导流洞导流,砂砾石围堰,土工膜防渗		3
7	伊宁市水电站	190.98	140	4 567	4 365/9 824	围堰挡水,导流洞导流,砂砾石围堰,土工膜防渗		3.75
8	塔城市阿不都拉水库	119.45	6.41	2 759	5 731.68/20 186.21	围堰挡水,导流洞导流,砂砾石围堰,土工膜防渗		4
9	精河县下天吉水库二期	149.77	3.7	3 000	23 900/3 300	一期坝体挡水,导流兼泄洪洞泄流的导流		1.75
10	昌吉市努尔加水库	187.9	5.11	4 690	14 169/5 591	一次断流、导流洞和放水洞全年导流,围堰为沥青心墙		2.92
11	迪娜河五一水库	374.62	21.40	12 100	31 700/34 900	围堰挡水,导流洞导流,砂砾石围堰,土工膜防渗		4
12	呼图壁县石门水库	264.65	21.98	1 143	9.11/1.78	一次断流围堰、隧洞导流,土石不过水围堰		3.42
13	鄯善县二塘沟水库	56.41	6.45	2 200	55 000/23 600	拦河左岸泄洪兼导流/土石类(大坝结合)		2.5
14	呼图壁县齐古水库	109.73	9.03	4 623	0.91/0.24	河床一次断流、导流洞全年导流,沥青心墙		2.92
15	策勒县奴尔水利枢纽	450.28	10.13	4 139	15 800/5 800	河床一次断流,围堰挡水,砂砾石围堰,土工膜防渗		3.5
16	奇台县碧流河水库	139.24	2.98	2 882	6 309/11 800	河床一次断流、导流洞全年导流		3.17
17	托克逊县阿拉沟水库	86.0	13.5	4 471	23 058/22 648	拦河隧洞导流/土石类		4
18	吐鲁番大河沿水库	87.64	7.69	5 085	13 789/10 161	围堰挡水,导流洞导流,砂砾石围堰,控制灌浆防渗		4.17
19	皮山县阿克肖水库	391.3	11.43	3 850	2 800/8 200	河床一次断流,导流洞过流		2.5
20	博乐哈拉吐鲁克水库	379.65	5.9	3 189	15 800/52 300	河床一次断流,围堰挡水,泄洪排砂兼导流洞过流		3.25
21	若羌河水库	181.12	10.37	3 753	9 000/9 200	围堰一次断流,隧洞导流的导流方式		2.83
22	察县洪海沟水库	49.08	7.06	458	19 300/48 100	采用全年围堰一次断流,隧洞导流的方式		2.92
23	吉尔格勒德水利枢纽	555.46	10.35	3 398.5	1.64/1.47	河床一次断流、导流洞全年导流,土工膜心墙		4
24	哈巴河县加那尕什水库	98.25	7.14	198.7	4 702/10 536	河床一次断流、围堰结合导流洞导流		2.25
25	阿勒泰市乌拉斯特水库	193.12	2.15	794	3 844/13 311	河床一次断流、导流洞全年导流		2.67
26	米兰河山口水库	191.0	12.84	5 664	18 500/53 300	河床一次断流,上游围堰挡水,导流隧洞全年导流方式		3.5
27	民丰县尼雅水库	581.3	9.08	7 434	6 527/13 021	围堰挡水,导流洞导流,砂砾石围堰,土工膜防渗		3.5

续 表

序号	工程名称	主要工程量				导流		工期/年
		土石方/万m^3	混凝土/万m^3	钢筋(材)/t	灌浆/m 固结/帷幕	导流方式	围堰类型	
28	伊宁县石门水库	167.01	5.75	2 517	17 500/5 000	河床一次断流、上下游围堰挡水，导流洞导流		3
29	柯坪县苏巴什水库	124.15	8.75	2 640	14 403/3 846	分期导流，一期采用纵向围堰束窄河床，二期导流为上、下游围堰挡水，冲沙闸过流		2
30	吉林台二级水电站	95.31	28.44	1 969		分期导流，一期采用导流明渠，二期导流为上、下游围堰挡水，泄洪闸过流		3.58

1.2 新疆修建山区水库的特殊自然条件

新疆现虽已建成水库655座，但仍以小型水库和平原水库为主，而平原水库造成周边地下水位升高，产生次生盐碱化，渗漏蒸发损失严重，对水资源的调控能力也十分有限。根据新疆水资源特点及实施最严格水资源管理的要求，从提高流域有效调控、合理配置、高效利用水资源的角度分析，一个重要工程手段是兴建山区水库，这也是确保发挥供水、防洪、发电等水资源综合利用效益的重要保障。"十一五"以来特别是2010年开始，随着中央援疆工作的全面展开以及新疆维吾尔自治区新型工业化、农牧业现代化、新型城镇化、信息化、基础设施现代化的科学发展，以及应对气候变化给水资源带来的不利影响，对山区水库建设提出了更加迫切的要求。新疆2010—2030年规划建设大中型水库近百座，其中绝大多数是山区水库。

在山区水库建设中，针对新疆高严寒、高海拔、高地震、深厚覆盖层、多泥沙、少水文资料等特殊条件，新疆筑坝技术不断突破和创新，在我国大坝建设中占有一席之地。新疆"三高一深一多一少"的建坝环境，不仅仅是针对高坝大库，很多中型水库尽管总库容不到1亿m^3，但坝高超100 m的很多，覆盖层超100 m的也有。建坝条件复杂，技术难度大。已建工程取得的成就为工程建设提供了有利的技术支撑，但由于洪水、地质地形条件及所处河流环境及任务的不同，每座水库的建设均需要开展大量的技术研究，有些中型水库仍然存在很多较为复杂的技术问题需要进一步研究。

新疆是率先引进面板坝的地区，其筑坝技术一直处于国内领先水平。1981年在37.5 m的深覆盖层上建成第一座坝高41.5 m的柯柯亚混凝土面板堆石坝，2000年建成第一座坝高67.5 m的榆树沟坝面溢流混凝土面板堆石坝，1995年开工建设当时全国第二高坝的乌鲁瓦提面板砂砾石坝，2006年建成的吉林台一级水电站，同时也是全国首座9度设防的混凝土面板砂砾石堆石坝。目前在建的阿尔塔什水利枢纽混凝土面板堆石坝，最大坝高164.8 m，河床最深覆盖层达100 m，设计采用在面板趾板段设混凝土防渗墙防渗，墙体厚1.2 m。大石峡水利枢纽面板坝坝高247 m、玉龙喀什河水利枢纽面板坝坝高230.5 m。深厚覆盖层上面板堆石坝防渗体系、坝基防渗技术、防渗墙应力变形、高坝变形控制、智能化施工管控技术、面板防裂、高边坡处理、生态环境保护等问题面临更多的挑战。

2010年在河床覆盖层厚150 m、海拔2 960.00 m的叶尔羌河上游建成了坝高78 m的下坂地水库沥青心墙坝，属于高严寒、高海拔地区的典范工程；2013年在高严寒地区建成了坝高64 m的克孜加尔沥青心墙坝；即将建设的尼雅水库，坝高131 m，所在尼雅河多年平均含沙量高达10.9 kg/m^3，泥沙问题极其突出。2014年基本完工的定居兴牧水源工程有15座均为沥青心墙坝。建设者们在沥青混凝土心墙坝理论研究和施工技术等方面不断取得新进展，使其成为当前最具推广应用前景的当地材料坝，很多关键技术和施工工艺都有所创新。在建的某拱坝（240 m），是水利行业第一高拱坝，又处于高纬度严寒地区，其筑坝环境更为复杂，坝肩拱座稳定、施工期温控、坝面保温防裂等成为工程成功的关键技术。

在建尼雅水库沥青心墙坝(131.8 m),总库容仅4 220万m^3,但尼雅河泥沙含量极高,建设环境干燥多风,边坡多为坡积物,坝体变形协调、泥沙调度运行、坝体填筑料源规划等成为影响大坝建设的关键技术。

新疆100 m级以上高坝统计见表1.2-1。

表1.2-1 新疆已建、在建、拟建100 m以上高坝工程统计表(27座)

序号	水库大坝	坝型	建成年份	河流	地点	河床覆盖层厚度/m	基本烈度	坝高/m	坝长/m	总库容/亿m^3	装机/MW
1	恰甫其海	黏土心墙坝	2006	—	巩留县		Ⅷ	108	362	19.46	320
2	吉林台一级	面板堆石坝	2006	喀什河	尼勒克县		Ⅷ	157	445	25.3	460
3	吉勒布拉克	面板堆石坝	2016	—	—		Ⅵ	146.3	467	2.32	140
4	乌鲁瓦提	面板砂砾石坝	2003	喀拉喀什河	和田县	26	Ⅶ	138	365	3.47	60
5	肯斯瓦特	面板砂砾石坝	开工	玛纳斯河	玛纳斯县	13	Ⅷ	129.4	475	1.91	100
6	吉音水库	面板堆石坝	在建	克里雅河	于田县	15	Ⅷ	124.5	489	0.82	34
7	察汗乌苏	面板砂砾石坝	2007	开都河	巴州	47	Ⅷ	110	352	1.25	309
8	斯木塔斯	面板砂砾石坝	2017	阿克牙孜河	昭苏县		Ⅷ	106	664.73	1.449	110
9	柳树沟	面板堆石坝	2016	开都河	巴州	15	Ⅷ	106	183.5	0.771	180
10	温泉水电站	面板堆石坝	2016	喀什河	尼勒克县	13	Ⅷ	102	306	2.066	135
11	大石峡	面板砂砾石坝	在建	库马拉克河	阿克苏市	17	Ⅷ	247	598	12.74	600
12	乔巴特	拱坝	在建	—	—		Ⅵ	240	536	14.5	524
13	玉龙喀什	面板堆石坝	可研	玉龙喀什河	和田县		Ⅷ	230.5	484.65	5.34	411
14	精河二级	拱坝	在建	—	精河县	14	Ⅷ	164.2	160	3.5	160
15	阿尔塔什	面板砂砾石坝	在建	叶尔羌河	莎车县	100	Ⅷ	164.8	786	22.4	690
16	柯赛依水电站	面板堆石坝	在建	—	阿勒泰市	15	Ⅶ	108	342	0.995 9	100
17	吉尔格勒德	面板砂砾石坝	在建	四棵树河	乌苏市	55	Ⅷ	101	343	0.66	13.5
18	尼雅水库	沥青心墙坝	在建	尼雅河	民丰县	12	Ⅶ	131	352	0.422	6
19	大石门	沥青心墙坝	在建	车尔臣河	且末县	15	Ⅷ	128	194	1.12	50
20	阿拉沟	沥青心墙坝	在建	阿拉沟河	托克逊县		Ⅶ	105.3	365.5	0.445	—
21	五一	沥青心墙坝	在建	迪那河	轮台县	45	Ⅷ	102.5	374	0.968	15
22	石门水电站	沥青心墙坝	2015	呼图壁河	呼图壁县	7	Ⅷ	106	312.5	0.799 5	95
23	巴木墩水库	沥青心墙坝	在建	巴木墩河	哈密市		Ⅶ	128	306	0.099 6	—
24	八大石水库	沥青心墙坝	在建	庙尔沟河	哈密市		Ⅶ	115.7	313	0.099	—
25	喀腊塑克	RCC重力坝	2010	—	富蕴县	17	Ⅶ	121.5	1570	24.19	140
26	石门子	RCC薄拱坝	2003	塔西河	玛纳斯县	23	Ⅷ	109	176.5(主)	0.501	6.4
27	伯斯阿木	沥青心墙坝	待建	清水河	和硕县	11	Ⅷ	108.5	218	0.25	

1.2.1 高严寒地区建坝

新疆由于深居内陆,远离海洋,四周高山环绕,从而形成了极端干燥的大陆性气候,在天山的分隔下,新疆地区分为南疆和北疆两个地理单元,气候差异很大,分别对应了严寒和寒冷两个气候带,在温度、湿度、风力、太阳辐射等方面有很大区别。北疆相对更加寒冷。受西西伯利亚冷空气的影响,北疆大部分地区处于冷空气通道,1月平均气温一般在-10℃,最低可到-30℃;南疆有天山做屏障,冷空气不易侵入,冬天一般没有积雪。

按水利水电工程气候分区标准作如下划分：严寒区——最冷月平均气温＜－10℃；寒冷区——－10℃≤最冷月平均气温≤－3℃；温和区——最冷月平均气温＞－3℃。筑坝区海拔2 000 m以上的南疆山区及北疆大部分地区均处于严寒区，气候条件极其恶劣。

独特的地质、水文、气候条件形成了建坝区“冷、热、风、干”的4大特点。以北疆富蕴县为例，“冷”主要表现为冬季气温低，持续时间长，自11月至来年4月上旬为冬季低温期，温度低于0℃的季节多达5个月之久，多年平均气温为2.7℃，极端最高气温40.1℃，极端最低气温-49.8℃，最大积雪深度达70 cm，12月、1月、2月多年月平均气温在-20℃以下，年温差（最高月与最低月平均气温差67.5℃，极端89.9℃）与昼夜温差（平均12.8～16.2℃）极大；“热”主要表现为夏季气温高，太阳辐射热强，蒸发强烈，持续高温期集中在6—8月份，多年平均降水量为183.9 mm，多年平均蒸发量为1 915.1 mm，多年平均蒸发量为降水量的10倍之多；“风”主要表现为风力强劲，年平均大风日数为33 d，春夏季大风日数为3～6 d，7月平均风速最大，为20.2 m/s，多年平均最大风速25 m/s；“干”是指本地区空气干燥，相对湿度低，其中4—9月份平均相对湿度低于50%，容易引起混凝土干缩变形，大体积混凝土温控防裂面临极大的难度和挑战。

以北疆的富蕴县、奇台县、昭苏县、东疆的吐鲁番市、南疆的于田县、乌恰县为例，主要气象要素统计见下表1.2-2，表1.2-3。

表1.2-2 新疆典型县市平均气温统计表 单位：（℃）

地方	1月	2月	3月	4月	5月	6月	7月	8月	9月	10月	11月	12月	全年
富蕴县	-20	-15.7	-6.4	7.7	14.8	20.5	22.2	20.3	14.1	5.4	-6.7	-16.6	2.7
奇台县	-17.6	-14.3	-3.1	9.3	16.4	21.2	23.1	21.8	15.5	6.3	-4.5	-14.2	5.0
昭苏县	-11.3	-9.4	-2.8	5.7	10.0	13.1	15.0	14.9	11.2	4.6	-3.0	-8.5	3.3
吐鲁番市	-7.5	0	9.9	19.6	26.1	30.9	32.4	30.4	23.6	13.6	3.2	-5.6	14.7
于田县	-5.26	-0.20	8.35	15.75	19.87	23.25	24.76	23.41	18.63	11.16	3.13	-3.49	11.6
乌恰县	-7.1	-4.5	3.2	9.6	13.9	18.4	20.1	18.9	14.3	8.3	1.4	-6.5	7.5

表1.2-3 新疆典型县市气候要素统计表

序号	项 目	单位	富蕴县	奇台县	昭苏县	吐鲁番市	于田县	乌恰县
1	平均气温	℃	2.7	5.0	2.9	14.7	11.6	7.5
2	极端最高气温	℃	40.1	43.0	33.5	47.8	41.2	35.7
3	极端最低气温	℃	-49.8	-42.6	-32	-25.5	-24.3	-24.5
4	平均降水量	mm	183.9	185.8	507.8	15.8	48.3	178.5
5	平均蒸发量	mm	1 915.1	1 935.2	1 261.1	2 606	2 379	1 599.7
6	平均风速	m/s	2.7	2.8	1.2	0.9	1.5	2.3
7	最大风速	m/s	25	20	20	25	16	21
8	最大积雪深度	cm	80	32.1	22.5	0	17	54
9	最大冻土深度	cm	160	112	94	79	87	150

在这样的地区修建水利工程，对水工及金属结构的耐久性、施工导流与安全渡汛、施工进度安排与效益发挥、冬季施工措施等提出了更高的挑战。

为确保严寒地区水利工程混凝土施工质量，降低混凝土温度应力，减少混凝土干缩裂缝，在水利水电工程施工中，应合理控制混凝土配合比，如选择水化热较低的水泥，降低胶凝材料用量，掺入适量粉煤灰；合理应用外加剂，如在混凝土中掺入适量高效减水剂、泵送剂等，降低混凝土水泥用量与水用量，从而降低混凝土水化热，提高混凝土施工质量，保障其性能。此外，合理控制混凝土分层、分块与分缝，严格控制混凝土入仓温度，对混凝土浇筑温度进行控制，在浇筑混凝土后，及时采取养护措施，防止混凝土表层水分蒸发过快引起混凝土干缩，对浇筑混凝土温度进行控制，严格控制混凝土内外温差，降低混凝土温度应力，合理控制混凝土浇筑时间，选择在温度较为平稳的时间段进行混凝土浇筑作业。

对于工期较短而又必须按期建成的工程，受工期限制，冬季施工就成为必然。对于洞内作业多选择外界气温在-10℃以上的环境中进行作业，可以对砂石骨料、拌合系统、混凝土运输设备采取温度控制措施，以满足洞内混凝土施工条件；在进行露天混凝土施工作业时，可以按照该地区气候条件，选择在初冬或冬春相交时间段进行露天混凝土作业。如施工外部气温相对不高，则其保温措施较为经济合理，其缺氧程度并非严重，施工作业人员能够承受，施工质量控制较好。如在深冬时节，施工温度普遍在-10℃以下，此时其保温措施效果不明显，且经济性较差，严重缺氧对施工作业人员影响较大，此时则不宜安排混凝土施工作业。为确保混凝土施工质量，应做好冬季混凝土施工准备工作，以保证混凝土施工作业正常进行。

冲乎尔水电站、齐备岭水库的建设分别取得了碾压混凝土、黏土心墙坝在严寒地区的建设实践。

1.2.2 高地震地区建坝

1.2.2.1 高地震区特点

新疆是我国地震频度高、震级人、范围广的省区之一，处于印度洋板块与亚欧板块碰撞的前缘地带。形成了5大地震带，北部有阿勒泰地震带、北天山地震带，南部有南天山地震带、西昆仑地震带和阿尔金山地震带，而阿尔泰山、天山、昆仑山也是新疆孕育水资源的主要区域，在这样的地方修建山区水库是解决水资源调控的必然选择，也就无可避免地需要研究高坝大库的抗震问题。自21世纪以来，随着国家基建投资力度的加大，一大批山区调控水库相继开工建设。乌鲁瓦提砂砾石面板坝（坝高138 m）、吉林台一级面板坝（坝高157 m）、恰甫其海黏土心墙坝（坝高108 m）陆续建成，拉开了新疆高坝大库建设的序幕，处于高地震区的土石坝不断突破，100 m级以上的达20余座，其中在建的阿尔塔什面板砂砾石坝（坝高164.8 m，覆盖层100 m）、大石峡面板砂砾石坝（坝高247.0 m，装机750 MW）、即将建设的玉龙喀什面板堆石坝（坝高230.5 m），均达到250 m量级，为业界所关注。已经下闸蓄水的卡拉贝利水利枢纽（坝高92.5 m）大坝设计烈度为9度，地震动参数达到100 a（2%）424 gal；而在建大石门沥青心墙坝（坝高128.8 m）经地震安评复核，其动参数分别是50 a（2%）510 gal和100 a（2%）627 gal，是已建、在建工程中最高的。2010年建成运行的开普太希水库为Ⅳ等小（1）型工程，坝址区地震基本烈度为Ⅸ度，设计烈度为9度，是目前新疆建设的基本烈度最高的大坝。

1.2.2.2 地震背景构造

1. 岩石圈断裂与地壳断裂

新疆是地壳运动和构造应力场多样化的地区之一，构造运动强烈，区域性活动断裂构造又控制了新疆地貌格局（即“三山夹两盆”），是盆地与山地的分界断裂。地震活动也多沿边界断裂带分布，比较有名的大断裂有额尔齐斯河断裂、可可托海—二台断裂、伊犁河盆地北缘（喀什河）断裂、富蕴—锡伯渡断裂、清水河子断裂、博罗霍洛—依连哈比尔尕断裂、北轮台—辛格尔断裂、沙井子—柯坪断裂、托特拱拜孜—阿尔帕勒克断层（托帕、康苏）、康西瓦断裂（于田）等。

区域性深大断裂按切割深度可分为岩石圈断裂、地壳断裂、基底断裂3类。在新疆境内，通过地质、地球物理等资料综合分析，共划分出8条岩石圈断裂、22条地壳断裂（见图1.2-1），它们是新疆最重要的断裂构造，对工程建设具有重要影响，主要深大断裂如表1.2-4所示。

2. 活动断裂

新疆是我国新构造活动最强烈的地区，在水利水电工程建设中，经常碰到活动断裂问题，如克孜尔水库、特克斯山口水电站、可可托海水电站等。如果说区域构造稳定性问题是关系到水利水电工程是否可行的根本地质问题，那么断裂活动性问题则是评价坝址和其他建筑物场地构造稳定性以及进行地震安全性评价的主要依据，也是关系建筑物安全的重大地质问题。现就新疆近年来在水利水电工程地质勘察中对活动断裂的研究认识作一简要介绍。

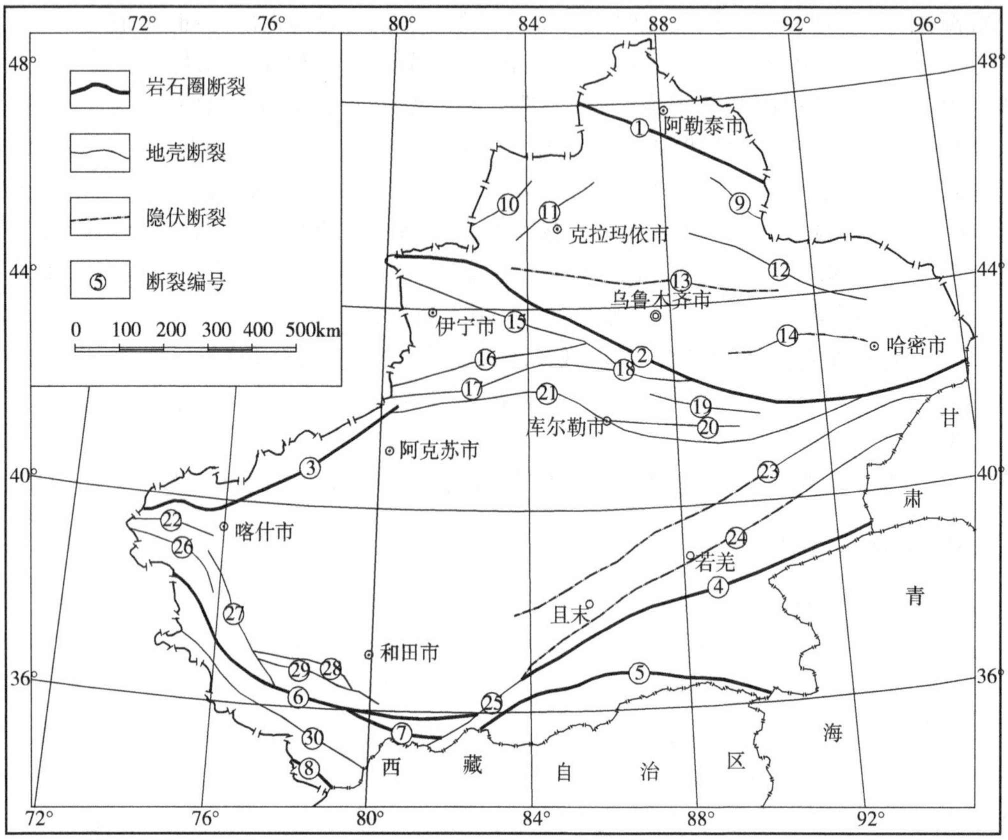

注：①~⑧为岩石圈断裂；⑨~㉚为地壳断裂。

图 1.2-1　新疆主要深大断裂分布图

表 1.2-4　主要深大断裂特性统计表

类型	断裂名称	编号	位置	主要地震活动	断裂性质
岩石圈断裂	额尔齐斯	1	阿尔泰褶皱系和准噶尔—北天山褶皱系的分界线	1961年5.5级，震源深度88 km；1931年8级	形成于古生代或更早而又长期复活的深断裂
	博罗科努—阿其克库都克	2	划分准噶尔—北天山褶皱系与天山褶皱系的界线断裂	1944年7.25级，震源深27 km；1906年8级，震源深23 km	早古生代以前即已形成，并且多次活动。也称“天山主干大断裂”
	乌恰	3	沿乌什—阿合奇—哈拉俊—乌恰一带分布	乌什北、阿图什北发生过7级以上地震，断裂带挤压破碎	断裂最早形成于中元古代，古生代、新时代具有多期活动性
	阿尔金南缘	4	沿硝尔库里谷地作西南—东北方向延伸，长达1 000多公里	1924年7级以上，1979年5.6级，1982年5级	滑动断裂，断裂带主干线位于重力异常梯级带陡变位置上，活动性很强
	木孜塔格—鲸鱼湖	5	木孜塔格冒地槽褶皱带的北界	1960年断裂带西段发生5.5级，震源深达77 km	属压性，晚近期活动更为强烈
	康西瓦	6	西起乌孜别里山口，最终交汇于库牙克断裂	1944年塔县北西6级，1975年和田南断裂带上6.1级	压扭性质，自新生代以来仍有较强的活动性
地壳断裂	纳尔曼得	9	呈西北—东南向延伸	1954年北塔山断裂带上5.25级	属压性，地貌上可见西南侧高、东北侧低的断层陡坎
	巴尔鲁克	0	巴尔鲁克山南侧，呈东北—西南向延伸	1941年裕民县断裂带上5.75级	高角度压扭性断裂，形成于华力西期，多次复活，直到现在仍有活动
	达尔布特	q	断裂沿NE 55°—235°方向延伸，全长近百公里	1940年5.75级	压扭性质，形成于石炭纪，以后多次活动
	喀拉麦里	w	呈西北—东南向延伸，南东段略呈弧形	1948年纸房西断裂带上5级	压扭性质，形成于早古生代，强烈活动于晚古生代，具有明显的复活性

续 表

类型	断裂名称	编号	位置	主要地震活动	断裂性质
地壳断裂	那拉提	y	呈东北—西南方向延伸，长数百公里	1949年4.75级	压扭性质，形成于晚加里—早华力西期，为俯冲带产物。
	库尔勒	a	沿天山南麓延伸，总体上向北倾斜，并有北盘（上盘）向南逆冲之势		断裂约在晚元古代形成，主要活动时间则可能为加里东期、华力西期，燕山期及喜马拉雅期仍在活动
	乌赤别里山口	s	为阿克萨依巴什复向斜和塔里木西南坳陷的分界线	1967年6.25级	晚近期仍有较强的活动
	布伦口	h	位于空贝利—布伦口—木扎灵线，总体为向东北凸出的弧形	1911年7.5级，1963年6.5级	断裂西南侧为下元古界，东北侧为古生代地层，两侧构造线方向差别大
	柯岗	k	分隔铁克力克断隆和恰尔隆—库尔浪优地槽褶皱带两大构造单元边界断裂	1975年6.1级，震源深度达31 km	沿断裂有中一酸性岩浆侵入活动和蛇绿岩出露
	喀喇昆仑	;	划分阿克赛钦隆起和河尾滩冒地槽褶皱带的边界断裂	沿断裂带多次发生过5级左右地震，1926年6.25级，1963年6级，震源深度达100 km	形成于晚元古代末，强烈活动于中、晚华力西、印支、燕山期。仅活动断层就多大数十条，其中有9条发生过2次以上6级地震，危害极大

备注：大红柳滩断裂（⑦号）和空喀山口断裂（⑧号）均位于昆仑山高山区，其附近无大的工程建设。

（1）活动断裂的判别标准

目前，人们对于活动断裂的研究，主要就是确定断裂是否为活动断裂、断裂的活动程度和活动特点，并没有完全认识和掌握断裂的现代活动性规律，还处在定性—半定量研究阶段，尚不能完全预报由其产生的危害。近年来，活动断裂的含义逐渐趋于明朗，但仍是含糊的。综合来讲，活断层的判定内容应包括活断层的识别、活动年代、活动性质、现今活动强度和最大位移速率等，具体来讲判定活动断裂主要是以下3方面：

① 活动年龄：活动年龄下限一般定为晚更新世晚期—全新世活动过的断裂。

② 地震标准：地震是断裂近代活动的最明显标志，因此，可直接作为判定标准。

③ 现代活动速率：要考虑其是否为活动断裂，在其上建设工程需采用一定对策。

依据上述3方面，最新的《水利水电工程地质勘察规范》规定：活断层可根据下列标志直接判定：错动晚更新世（Q_3）以来地层的断层；断裂带中的构造岩或被错动的脉体，经绝对年龄测定，最新一次错动年代距今10万年以内；根据仪器观测，沿断裂有大于0.1 mm/a位移；沿断层有历史和现代中、强震震中分布或有晚更新世以来的古地震遗迹，或者有密集而频繁的近期微震活动；在地质构造上，证实与已知活断层有共生或同生关系的断裂。

《岩土勘察规范》则将活动断裂又分为全新活动断裂和非全新活动断裂，全新活动断裂为全新地质时期（一万年）内有过地震活动或近期正在活动，在今后一百年可能继续活动的断裂；非全新活动断裂为一万年以前活动过，一万年以来没有发生过活动的断裂。

不同行业对活动断裂最新活动年代的定义都是从其工程意义出发的，不同工程对自然环境的要求又决定工程类型和其重要程度，因不同工程其地震超越概率及风险度不同，大家在对其定义时自然有所区别，从水利水电工程的重要性来讲，我们认为《水利水电工程地质勘察规范》对活动断裂活动年代的取值规定是适宜的。

（2）活动断裂的活动类型

活动断裂之所以对工程重要，是因其活动会破坏建筑物和其他地质体，从而产生地质灾害。活动断裂的活动又可分为两种类型：一是蠕动（蠕滑）；有一定的活动速率，但它在运动时不发生地震或只引起微震。如克孜尔水库F_2就属于这种情况，自1972年开始跨断裂精密水准测量，稍后开始基线和地震观测，至今已累计近40年的连续观测资料，对长观资料综合分析可以看出：F_2断裂的活动是缓慢的基本匀速的蠕动。克孜尔水库之所以敢在活动断裂上建坝，可以说，在克孜尔水库的区域构造稳定性分析过程中，对F_2断裂活动的类型认定至关重要。二是地震（粘滑），产生地震波和地裂，破坏建筑物并诱发次生灾害。如1931年富蕴8级地震，其等震线的分布，就与可可托海—二台断裂相一致。该断裂晚第三纪以来右旋平错26 km，这次大地震所形成的地面变形带集中分布于阿尔曼特山以北至额尔齐斯河上游，沿着可可托海—二台断裂形成长达176 km的地震断裂带。此地震断裂带最大宽度达4 km，水平位错量一般5～8 m，最大位移量达14 m，地震断裂切割的卡拉先格尔山一段，山体强烈破坏，发生大规模的崩塌和断陷。近期震惊中外的四川汶川地震也是因为龙门山断裂活动形成的，大量的建筑物毁于一旦，还引发了大量的地质次生灾害。所以说，活动断裂的活动对自然界和建筑物的破坏力是非常强大的，破坏程度也是令人震惊的。

（3）发震断裂的基本特征

经研究，中国大地震（$M\geqslant7$）和强震（$M\geqslant6$）的发震断裂，绝大部分都是晚更新世晚期—全新世以来活动过的断裂，且发震断裂的切割深度与震级密切相关。高能量的地震震源均产生在深断裂带上，因为断裂切割深度大，围压高，摩擦强度亦高，使其破坏应力也就高，所以断裂位错时长产生更大的能量，故地震震级随着断裂的切割深度加大而增高。现代强地震带与近代活动的板块边界断裂相一致，强震（$M\geqslant6$）的发震断裂必须是深断裂，其长度应大于100 km，一般应是由岩石圈断裂和地壳断裂两类断裂引起的。

（4）主要活动断裂与地震

新疆的强震多发育于盆地与山体的过渡地带，即构造带或构造地体单元的边缘地带。这些地带地表坡度陡、重力梯度值大、地下莫霍面陡倾、多有大的活动断裂存在。新疆境内有8条岩石圈断裂和21条地壳断裂，据调查，新疆6级以上地震多沿这些新构造单元的界线分布，新构造单元的分界断裂也多为活动断裂。例如，划分伊犁坳陷与北天山隆起的喀什河断裂是1812年尼勒克8级地震的发震构造；分隔天山南麓隆起与塔里木河流域坳陷的却勒塔格断裂带是1949年轮台7.25级地震的发震构造。这些活动断裂主要分布在昆仑山、天山、阿尔泰山的山前，是现今6级以上地震活动的发震构造及地震区划中的地震危险区和潜在震源区。

从以上介绍可以看出，这些深大断裂和构造单元的分界断裂，因为它们具备发生强震的地质条件，是我们的关注重点。据地震部门统计，目前，新疆地区共发现全新世深大活动断裂36条，晚更新世晚期活动断裂54条，它们是新疆今后的地震危险区和潜在震源区，应加强对它们的观测与研究，在活动断裂的研究中要特别注意区域性活动断裂与地震断层的区别。

（5）活动断裂的工程对策

潘家铮院士曾经说：“活断层是指在近期曾有活动，而且地壳仍在变形、地震不断、有再次活动可能的巨大构造断裂。从事水利水电建设的人都会深刻感受到活断层对工程的威胁：它可能引起强震而使地表变形错动；它严重影响枢纽的布置；它大大增加了技术处理的难度和工程造价，还会留下难以表述的工程风险性。我曾把活断裂、大滑坡、岩溶称为水利水电工程建设的三大禁区或难点，而活断层的勘察、分析和处理又可能是最难的。所以，在规划和工程布局研究中，我们应尽量采取回避的原则，避免在活断裂上或其附近修建大型工程。”

《水利水电工程地质勘察规范》GB50487—2008中明确规定：“坝场址不宜选择在50年超越概率10%的地震动峰值加速度大于或等于0.40 g的强震区”“大坝等主体建筑物不宜建在活断裂上”。所以，对大坝工程来说，避让是目前应对活动断裂的唯一原则。

3. *地震活动*

强烈地震是威胁高坝安全的重要荷载，高坝大库一旦遭受强震溃决，除工程本身破坏引起的经济损失以外，将导致下游地区的严重次生灾害。除了大坝工程自身抗震安全以外，对于高坝大库或者地震构造复杂的地区，还应关注水库诱发地震问题。

新疆地震活动不仅频度高、强度大，而且分布很广。20世纪，新疆发生6级以上地震102次，7级以上地震12次，其中8级大震2次。1931年，富蕴发生8级大地震，山体为之崩裂，河流为之改道，推枯拉朽，势不可挡；乌恰县城在1955年至1985年三十年间，两次毁于地震，两次被迫迁建；1996年至1998年，伽师—阿图什连续发生11次6级地震，倒塌房屋数万间，直接经济损失十多亿元。新疆1997～2016年发生的6级以上地震的简要介绍见表1.2-5。

表 1.2-5　新疆 1996—2016 年部分地震震级震害统计

时间	地点	震级	震害
1996年3月19日	阿图什	6.9	强震造成50 000余间房屋毁坏，24人死亡，128人受伤，2 700头牲畜死亡，直接经济损失达38 042万元
1997年1月21日至1998年8月27日	伽师	7次6.0级以上	大面积喷水冒沙和地裂缝，房屋破坏严重，24人死亡，123人受伤
1998年3月19日	阿图什	6.0	哈拉峻乡和经济羊场的建筑物损坏为最甚，哈拉峻乡以北有滚石及小崩塌，无人员伤亡
1998年5月29日	皮山	6.2	受伤人数26人，重伤2人，牲畜死亡4 454头（只）。地表有大量喷水冒砂孔，地震造成的直接经济损失达5 486.75万元
2003年2月24日	巴楚-伽师	6.8	268人死亡，受伤4 853人，重伤2 058人，受灾范围达20个乡镇、25.82万人。地震造成灾害损失近14亿人民币
2003年12月1日	昭苏	6.1	地震造成10人死亡，47人受伤，受灾人口1 067人，倒塌房屋702间，倒塌牲畜棚圈186座
2005年2月15日	乌什	6.2	部分房屋破坏
2006年11月23日	乌苏	5.1	附近的乌苏、奎屯、伊宁等市有强烈震感
2007年7月20日	特克斯	5.7	地震未造成人员伤亡，但造成当地房屋建筑大量破坏
2008年3月21日	于田	7.3	地处偏远，未找到震害损失报告
2008年10月5日	乌恰	6.8	死亡70余人；雪崩和冰山滑移；房屋破坏
2011年6月8日	托克逊	5.3	周边震感强烈，道路滚石，造成部分车辆受损
2011年8月11日	阿图什-伽师	5.8	21人受伤，3人重伤，土木和砖木结构房屋破坏严重，铁路系统遭到破坏，西克尔水库主坝出现纵向裂缝，副坝坝后严重渗水，直接经济损失达18 322万元
2012年6月30日	新源-和静	6.6	新源县那拉提村镇个别民房倒塌，6人轻伤
2013年8月30日	乌鲁木齐市	5.1	震感强烈，部分房屋受损
2013年12月1日	柯坪	5.3	14 000人受灾，紧急转移安置1 339人，严重损坏房屋427间，经济损失2 700万元
2014年2月12日	于田	7.3	老旧房屋损害为主297万m^2，严重损害42.2万m^2，经济损失8.8亿元
2016年1月14日	轮台	5.3	个别老旧房屋、圈舍、围墙有裂缝
2016年11月25日	阿克陶	6.7	死亡1人，直接经济损失4.63亿元
2016年12月8日	呼图壁	6.2	3人受轻伤，部分房屋受损，震区内多处出现崩塌、滚石等地震地质灾害

从中国地震烈度区划图（1990年颁布）和中国地震动参数区划图（2001年颁布，2015年颁布）也能看出，新疆是我国几个地震活动较为强烈的地区之一。2018年9月4日，喀什地区伽师县连续发生3次地震，震级分别为4.7级、5.5级和3.0级，9月7日发生3.0级地震，9月20日再次发生3.0级地震。短短半个月内连续发生多次地震，虽然震级不大，但频度很高。又如新疆克孜勒苏柯尔克孜自治州（克州），2018年4月3日，乌恰县发生4.9级地震；10月24日阿合奇县发生4.2级地震，10月30日乌恰县又发生4.7级地震等；截止到10月30日，克州地震监测台网中心共记录地震6 772条，其中150 km范围内1 207条，0.1～2.9级地震1 180条，3.0～3.9级地震24条，4.0～4.9级地震3条，无5.0级以上较强或强震发生。

4. 高地震区建坝

在地震频发区修建水利水电工程是人类同自然斗争的必然结果，在地震预报手段还没有取得实质性进展的当下，对于高震区采取合理的地震烈度与震级、提出可行的抗震措施是主要的勘察设计工作。

位于库车县的克孜尔水库位于地震多发区，工程地质条件复杂，特别是在活动断层上筑坝国内尚属首例。克孜尔水库位于库车、拜城坳陷与却勒塔格隆起带的接壤处，拜城山字形构造前弧东翼内侧，属南天山地震带中段。该区域新构造活动强烈，历史上曾发生多次7级和6级地震。区域内有晚更新世以来活动断裂12条，发育在库车坳陷及其周围地区。近场区主要地震构造包括克孜尔断裂、却勒塔格断裂和喀桑托开断裂。克孜尔活断层（F_2）横穿库区及副坝，是一条全新世活动逆断层。建设者们通过数十年的勘察设计，采取相应的抗震、抗断措施，工程已安全运行20多年。尽管在当时的条件下，克孜尔水库的建设实属不得已而为之，但它的建成及成功运用仍然值得借鉴。

玛纳斯县塔西河石门子水库主坝为碾压混凝土拱坝，副坝为黏土斜心墙土石坝。水库拱坝高109 m，总库容5 010万m^3。水库建设日期为1998年6月至2002年10月。2016年12月8日中午13时15分呼图壁县境内发生6.2级地震，震中距离玛纳斯县石门子水库约10 km，震感强烈，影响较大。玛纳斯县水利局和塔管处立即组织技术人员冒着余震，对水库库岸、大坝外观及坝内灌浆廊道进行了仔细检查，初步确定震损表现：①石门子水库坝顶溢洪道排架柱以上启闭机房（砖混结构）东、西山墙有贯穿性交叉裂缝，但排架柱、溢洪道、启闭机及闸门等水工建筑物未发现明显异常；②泄水底孔止水因封闭不严有漏水情况，震后漏水由清转浑；③上坝柏油路面发现有8 m长，0.5～1.0 cm宽裂缝（裂缝处未到大坝）。经对大坝外观及两条灌浆廊道进洞观察，未见明显异常。排架柱震损情况见图1.2-2。

汶川大地震后，国家修改了地震动参数区划图。目前，在设计前期主要采取查阅有关资料对地震动参数进行推断，可行性研究阶段一般需要委托地震安全研究部门进行专门的地震安全性评价研究，以获得合理的设计动参数。通过工程类比及试验提出相应的抗震措施。

强烈地震是威胁高坝安全的重要荷载，高坝大库一旦遭受强震溃决，除工程本身破坏引起的经济损失以外，将导致下游地区的严重次生灾害。除了大坝工程自身抗震安全以外，对于高坝大库或者地震构造复杂的地区，还应关注水库诱发地震问题。2006年建成的吉林台一级水电站面板堆石坝是当时国内坝高最高（157 m）、地震设计烈度最高（9度）的堆石坝。新疆已建、在建、拟建的100 m级以上高土石坝工程见表1.2-6。

表1.2-6 新疆已建、在建、拟建100 m以上高土石坝工程（Ⅷ度地震区）统计表

序号	水库大坝	坝型	建成年份	地点	河床覆盖层厚度/m	基本烈度	坝高/m	坝长/m	总库容/亿m^3	装机/MW
1	吉林台一级	面板堆石坝	2006	尼勒克县		Ⅷ	157	445	25.3	460
2	肯斯瓦特	面板砂砾石坝	2015	玛纳斯县	13	Ⅷ	129.4	475	1.91	100
3	吉音水库	面板堆石坝	2017	于田县	15	Ⅷ	124.5	489	0.82	34
4	察汗乌苏	面板砂砾石坝	2007	巴州	47	Ⅷ	110	352	1.25	309
5	斯木塔斯	面板砂砾石坝	2015	昭苏县		Ⅷ	106	664.73	1.449	110
6	柳树沟	面板堆石坝	2016	巴州	15	Ⅷ	106	183.5	0.771	180
7	温泉水电站	面板堆石坝	2016	尼勒克县	13	Ⅷ	102	306	2.066	135
8	大石峡	面板砂砾石坝	在建	阿克苏地区	17	Ⅷ	247	598	12.74	550
9	玉龙喀什	面板堆石坝	可研	和田县		Ⅷ	230.5	484.65	5.34	411
10	阿尔塔什	面板砂砾石坝	在建	莎车县	93	Ⅷ	164.8	786	22.4	690
11	吉尔格勒德	面板砂砾石坝	在建	乌苏市	54	Ⅷ	101	343	0.66	13.5
12	五一水库	沥青心墙	在建	轮台县	45	Ⅷ	102.5	374	0.968	15
13	石门水电站	沥青心墙	2013	呼图壁县	7	Ⅷ	106	312.5	0.799 5	95
14	大石门	沥青心墙	在建	且末县	15	Ⅷ	128	194	1.12	50

（a）启闭机房排架柱裂缝（东）

（b）启闭机房排架柱裂缝（西）

图 1.2-2 塔西河石门子水库震损情况

1.2.2.3 高震区建坝实践——开普太希水库

1. 工程概况

开普太希水库工程位于克州乌恰县库孜洪河出山口上游约2.5 km的中低山区，南距乌恰县城11 km。水库总库容990万m^3，为Ⅳ等小（1）型山区拦河式水利枢纽工程，拦河坝为3级建筑物，隧洞、溢洪道为4级建筑物，以灌溉为主，兼有城镇供水、防洪和改善生态环境等综合效益。坝址区地震基本烈度为Ⅸ度，设防烈度为9度。这是目前新疆建设的基本烈度最高的大坝。

坝体为沥青混凝土心墙砂砾石坝，最大坝高48.4 m，坝顶高程2 406.00 m，坝顶长度195 m，坝顶宽10 m，坝顶设高1.2 m的防浪墙，墙顶高程2 407.20 m，心墙顶高程2 404.50 m，坝顶为厚0.05 m的沥青路面。大坝上游坝坡坡比1:3.0，围堰与坝体结合。下游坝坡设“之”字形上坝公路，每两级公路之间坝坡坡比为1:2.25，下游综合坝坡坡比为1:2.75，上坝路面宽7 m，纵坡i=7%。大坝典型剖面见图1.2-3。

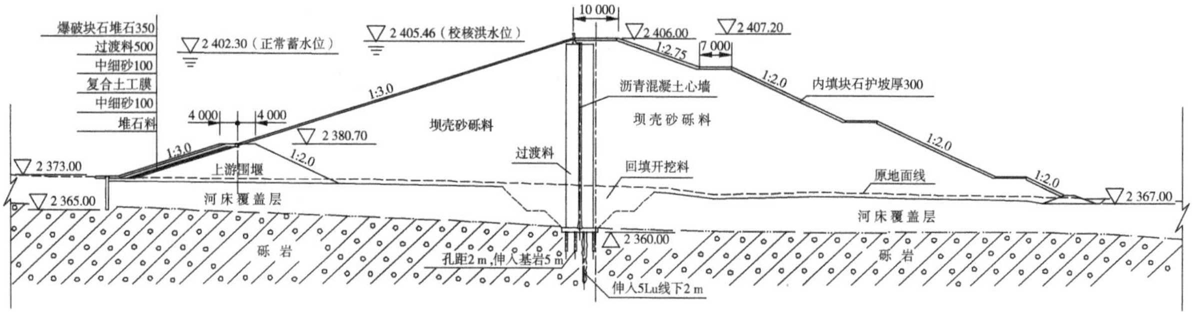

图 1.2-3 开普太希水库沥青混凝土心墙砂砾石坝典型剖面图

2. 坝体分区及材料特性

（1）主坝坝壳料以砂砾石为主。砂砾石料粒径大于150 mm的漂石占10.7%～17.3%；粒径60～150 mm的卵石含量一般在21.5%～25.9%之间；粒径2～60 mm的砾石含量一般在38%～53.5%之间；粒径0.075～7 mm的砂含量一般在12%左右；粒径小于0.075 mm的粉粒、黏粒含量较少，一般在3.1%～4%之间，坝体砂砾石填筑粒径不大于200 mm。坝壳砂砾石填筑压实设计标准为$D_r \geqslant 0.85$，铺层厚0.6 m。

（2）堆石料。上游围堰采用隧洞及两坝肩开挖处渣料填筑。设计标准为：C_u=15，D_{max}=60 cm；粒径小于5 mm的颗粒含量为10%～25%；粒径小于0.1 mm的颗粒含量不大于3%。堆石料填筑压实设计标准为：碾压铺层厚0.8 m，孔隙率不超过23%。

（3）过渡料。心墙两侧各设厚3 m的砂砾石过渡带，砂砾石采用级配连续、最大粒径为80 mm，粒径大于5 mm的颗粒含量70%～80%，粒径小于0.075 mm的粉粒、黏粒含量不大于10%，渗透系数大于1×10^{-3} cm/s，坚硬、耐风化的砂砾料，铺层厚小于0.25 m，控制压实相对密度$D_r \geqslant 0.85$。过渡层填筑至心墙顶部，底部建在河床建基面上，过渡料采用水文站坝壳料场经筛分后的砂砾料。

（4）沥青混凝土心墙。沥青混凝土心墙为垂直式，墙体轴线偏向上游，距坝轴线3.5 m。

3. 防渗结构设计

（1）沥青混凝土心墙结构设计。心墙顶高程2 404.5 m，心墙顶部厚0.5 m，高程2 359.00 m处底部厚0.5 m，高程2 359.00～2 361.00 m，沥青混凝土心墙厚度由0.5 m渐变至厚1 m，并以弧形与坝基混凝土连接。沥青混凝土心墙顶部与防浪墙底板弧形紧密结合，心墙顶部沥青混凝土中设置“Z”型1.2 mm厚铜片锚入混凝土防浪墙中。

（2）沥青混凝土心墙与坝基连接结构设计。心墙底部范围内河床覆盖层全部清除，心墙底部基础开挖至基岩面以下1 m，心墙与基岩面结合处浇厚1 m、宽8 m的混凝土铺盖，铺盖垂直河向不设缝，铺盖混凝土中设“Z”型1.2 mm厚铜片锚入沥青混凝土心墙中。

（3）沥青混凝土心墙配合比技术指标。坝体心墙采用碾压式中粒道路沥青混凝土防渗墙，沥青混凝土主要由石油沥青及粗、细骨料和填料组成。其主要技术指标设计如下：

粗骨料。粗骨料粒径为2.5～20 mm，采用左岸碱性石灰岩（$CaCO_3$大于85%）人工破碎，按粒径范围分为10～20 mm、5～10 mm、2.5～5 mm三级。

细骨料。细骨料粒径为0.074～2.5 mm，天然砂掺量小于细骨料的3%。

填充料（矿粉）。填充料为石灰岩经加工粉磨后粒径小于0.074 mm的颗粒，也可采用当地水泥厂的水泥成品或水泥熟料。

表 1.2-7 开普太希大坝沥青混凝土参考配合比

配比参数				矿料重量百分比		
级配指数	最大骨料 D_{max} /mm	填充料 /%	沥青含量 /%	粗骨料（2.50～20 mm，%）	细骨料（0.074～2.5 mm，%）	填充料（≤0.074 mm，%）
0.25～0.4	20	12	6.3～6.5	56	32	12

1.2.2.4 水库诱发地震

新疆属于新构造活动相对强烈的地区，活动断裂、活动褶皱在水利水电工程建设中经常遇到，在这样的构造环境下进行工程地质勘察工作，除了要开展区域构造稳定性研究之外，水库诱发地震也是必须开展的专题研究工作之一，如恰甫其海水利枢纽工程、阿尔塔什水利枢纽工程、卡拉贝利水利枢纽工程等都为此开展了专题研究工作。下面以卡拉贝利水利枢纽工程为例对水库诱发地震作一简要介绍。

1. 基本情况

卡拉贝利水利枢纽工程位于新疆克孜勒苏柯尔克孜自治州乌恰县境内，为克孜勒苏河中游河段规划的6个梯级开发方案中最下游的一个梯级，水库正常蓄水位1 770.0 m，总库容2.48亿m^3。坝型为砂砾石混凝土面板坝，最大坝高92.5 m，电站总装机50 MW，工程规模属Ⅱ等大（2）型工程。

工程区地处天山构造带、帕米尔弧形构造带和塔里木盆地3个一级构造单元的交会地带，即天山活动地块、西昆仑活动地块和塔里木地块的会合部位。由于受印度洋板块不断向亚欧板块强烈挤压作用，被挤压在西昆仑与西南天山之间的塔里木盆地的西北角，受到来自西昆仑山构造带与西南天山构造带的相向挤压，致使这里第三纪以来新构造运动表现十分强烈。西南天山的活动构造基本上是一个向南冲的（弧形）推覆构造系统，而西昆仑构造带是一个向北的反冲构造系统，前者由近东西向等间距排列的多排单斜或倒转背斜以及北倾的逆断裂组成，后者由一些南缓北陡的背斜和南倾的逆断裂组成，二者之间是一个结构复杂、受强烈挤压变形的三角地带。其中多数的褶皱和推覆断裂在晚更新世、全新世以来仍有明显活动。

近100年来一系列强震，如1902年塔里木盆地西北缘的阿图什9.3级地震、1985年帕米尔东北缘的乌恰7.4级地震和1997～1998年塔里木盆地西北部和西南天山山前的9个6级以上强震，表明这里现今地壳运动依然十分强烈。且6级以上地震绝大多数发生在这些活动块体边界的活动断裂带上，显然与断裂的最新活动具有成因联系。

区域内（工程场地外围150 km范围）发育的主要活动断裂有20余条，本区活动断裂的走向主要为NNW向、近EW－NEE向和帕米尔前缘呈弧形展布的断裂3组，水库坝区附近分布有3条区域性活动性断裂，它们分别是卡兹克阿尔特活动断裂、木什背斜北缘断裂和康苏河口断裂。

考虑到卡拉贝利水利枢纽库区回水长度仅11 km，范围较小，库区的地形地貌、地层岩性、地质构造和水文地质条件基本相同。因此，在水库诱发地震评价时，按同一地质单元考虑。

2. 地震地质类比分析

（1）水库诱发地震与断裂构造的关系

在水库诱发地震的研究中，随着震例资料的积累和分析对比工作的深入，人们发现水库诱发地震有不同的成因类型。成因类型不同，地震的最大强度和对工程的影响程度也大不相同。大多数的水库诱发地震属于微震和弱震，主要是一些与地壳表层外动力地质作用有关的地震现象；有些弱至中等强度的水库地震，可能与地壳浅层局部应力场调整有关；只有少数中等强度以上的构造型水库地震才与较大的现今活动断层有一定的相关性。

（2）水文地质结构面等级划分与水库诱发地震的关系

汪雍熙等人在多年实践的基础上，总结出了水库诱发地震研究中的水文地质结构面的理论。把岩体中具有一定含水性和导水性的不连续面称为水文地质结构面。从水库诱发地震研究的需要出发，按水文地质结构面由地表向下发育的深度，或者说按库水影响传递可能达到的深度，分为4个等级：超深水文地质结构面；深水文地质结构面；浅水文地质结构面；表层水文地质结构面。岩体中不同等级的水文地质结构面与岩体中不同等级和不同成因的不连续结构面有密切的内在联系，与库水作用的方式、水库诱发地震的可能成因与可能强度之间也存在着明显的相关关系，在水库诱发地震研究中具有不同的意义。

(3)构造型水库地震的判别标志

对水利水电工程影响最大的是构造型水库诱发地震，根据水文地质结构面理论，这类诱发地震必须存在库水向深部循环的条件，就是说要存在深的或超深的水文地质结构面，而有可能成为这种通道的只有那些现代活动断层，特别是多期继承性现代活动断裂带。因此，是否存在深的或超深的水文地质结构面，以及它们的性质如何，与库水的相互关系怎样，是判断有无可能诱发该类水库地震的最主要的、可供实用的判别标准。

构造型水库诱发地震发震的主要条件可考虑如下因素：

① 区域性断裂(不同大地构造单元之间的边界断裂)或地区性断裂(同一大地构造单元中次级构造块之间的分界断裂)通过库区。

② 断层有现今活动(Q_3以来)的直接证据。

③ 沿断层有可靠的历史地震记载或仪器记录的地震活动。

④ 断裂带和破碎带有一定的规模和导水能力，有可能成为通往地质体深处的水文地质结构面。

⑤ 断裂带与库水直接接触，发震的可能地点可按沿断层至库边10 km考虑。

(4)水库诱发地震预测

卡拉贝利水库库区岩性主要由新、老第三系砂岩、泥岩及砂砾岩组成，岩性软弱，岩体透水性微弱，库岸岩体受风化卸荷裂隙影响，存在浅表层的水文地质结构面。据地质勘察成果，库水淹没范围内未发现断层构造。

在水库附近分布有3条区域性活动断裂，它们分别是卡兹克阿尔特活动断裂、木什背斜北缘断裂和康苏河口断裂。木什背斜北缘断裂分布在坝址下游，距坝址约13 km，和水库没有直接的水力联系。康苏河口断裂分布在水库库尾上游的阶地上，同样与库水没有直接的水力联系。

卡兹克阿尔特断裂出露位置距下坝址约1.45 km，出露位置高于水库正常蓄水位，倾向库外，倾角约15°～30°，该断层与库水之间为安吉然组粗粒砾岩、砂砾岩夹砂岩组成。据坝址压水试验资料，砂岩、砂砾岩岩体透水性微弱，由此判断，库水和该断层的水力联系较弱。

综合分析，库区岩性软弱，不利于应力积累，库区主要由表层水文地质结构面组成。木什背斜北缘断裂和康苏河口断裂等虽属活动断裂，但与水库库水不存在水力联系。卡兹克阿尔特断裂延伸长，断层活动性强，具有发生6级以上强烈地震的背景。该断裂属于超深水文地质结构面，虽然该断裂未直接在水库出露，考虑到该断裂距水库较近，和水库库水不排除有一定的水力联系，因此，水库蓄水后该断裂诱发强烈地震的可能性是存在的。

1.2.3 高海拔地区建坝

在高海拔地区(一般指海拔2 000 m以上)进行水利水电工程施工，其受气候、地理环境的限制因素较多，给水利工程质量控制及投资控制均带来了较多困难。因高海拔地区大气压力较低，海拔较高，供氧量不足，形成了低氧、寒冷、干燥、紫外线强、气候多变、地球化学异常等特点，会对施工作业人员的体力造成严重影响，一般高海拔地区劳动效率大约相当于劳动定额标准的0.6左右，甚至诱发各种高原疾病。然而水利水电工程施工工期紧张，施工强度较高，无论采取何种措施，均不可避免地需要在高原环境下进行施工。为此，应在高海拔地区水利水电施工中采取保健措施，如做好心理准备，宣传保健常识，对施工人员身体素质进行检查，设置过渡期，提高施工人员对高海拔环境的适应能力，做好饮食与保健工作，合理安排作业时间，必要时降低个人工作时间，增加轮班次数。选择合理的施工设备，必要时机械设备改装增压补偿发动机。

(1)高海拔高寒地区对人体健康和人工效率的影响

① 低氧：氧气对人类的生存生命过程是必不缺少的。高原人体缺氧的主要原凶是大气压降低引起的氧分压降低，从而引起机体一系列生理、病理变化过程。氧分压为氧气在空气中占有固定的比例，

它在大气压中构成的那部分压力称为氧分压。其大小为：氧分压=大气压×21%。在海平面上氧分压为760 mmHg×21%=159.6 mmHg(21 kPa)。随着海拔增高、空气变得稀薄，大气压力减小，氧气的密度也相应减小。

② 寒冷：随着海拔增高，空气逐渐稀薄，空气密度减小，气温就逐渐降低。一般情况下，海拔高程每升高100 m，气温下降0.6℃。高原寒冷可促使人体的产热加剧，增加了血液氧的消耗，从而进一步加重了人体缺氧。

③ 干燥：高原上湿度低，风沙大，空气干燥。一般在海拔2 000 m时，绝对湿度仅为海平面的50%，在海拔6 000～7 000 m时，湿度不超过海平面湿度的3%～5%。

④ 紫外线：一般情况下，太阳射线中的紫外线也随海拔增高而增强，一般每升高100 m，紫外线的强度比在海平面增加3%～4%。地面对紫外线有反射作用，积雪和岩面的反射率达80%～90%，雪面反射率高达95%。

⑤ 气候多变：高原气候变化无常，尤其在海拔3 500 m以上的地区，白天气温较高，夜间较低，昼夜温差达15℃左右。面对变幻无常的气候，长期生活在高寒地区的人群的身体产生了与之相应的生理调节能力，以适应气候的变化。另外高原上风沙大，增加了人体的热量散失，促使人体缺氧进一步加重。

⑥ 地球化学异常：高原自然条件复杂，有的地区有利于化学元素迁移流失，有的地区有利于化学元素积累，因而形成了各种生物地球化学异常地区，影响人体健康，诱发各种高原疾病。

高寒地区对人工效率的影响资料显示，就一般群体（个体情况不同）而言，海拔在5 000 m以上，大气氧分压为50%以下，人体动脉血氧饱和度为正常人的75%以下，人工效率已丧失90%，几乎已全部丧失；海拔在4 000～5 000 m之间，大气氧分压为60%，人体动脉血氧饱和度为正常人的80%，人工效率已丧失75%左右；海拔在3 000～4 000 m之间，大气氧分压为70%，人体动脉血氧饱和度为正常人的88%左右，人工效率丧失50%；海拔在2 000～3 000 m之间，大气氧分压为80%，人体动脉血氧饱和度为正常人的91%左右，人工效率丧失25%。

从人工费用角度来看，还应该考虑常年在高原地区生产、生活群体包括个体生命（死亡）在内的机体隐性损害的补偿，以及为保障生命、维护生产或提高人工效率而增设的各种措施的费用。

（2）高海拔高寒地区对工程机械寿命和效率的影响

随着海拔升高，大气压下降，空气密度减小，空气中的含氧量随之减少，对以内燃机为动力的各种机械影响十分突出。对自然吸气的内燃机（非增压机型），由于过量空气系数减少，发动机燃烧不充分，功率、扭矩相应下降，排温、比油耗、烟度值增高，机械作业效率下降，油耗高。试验表明，海拔每升高1 000 m，内燃机的功率、扭矩下降8%～13%，油耗上升6%～9%，热强度增加2%～5%，当海拔达到4 000 m时其功率降低45%左右。这是由于缸内充气量减小，散热性能下降，热负荷增加，燃烧不充分，因此高原环境对发动机动力性能影响十分严重。

下坂地水利枢纽坝顶海拔近3 000 m，沥青混凝土心墙坝最大坝高78 m，深厚覆盖层采取槽孔防渗墙及帷幕灌浆进行处理。工程区地处帕米尔高原，自然条件恶劣，工程地质条件复杂。在勘测设计和工程建设过程中，参加工程建设的技术人员在认真吸取国内外类似工程成功经验的基础上，结合下坂地工程的实际，提出了符合下坂地工程实际的设计方案和施工技术措施，较好地解决了高原气候给工程建设带来的挑战。下坂地水利枢纽建设历经7年时间，已于2010年1月下闸蓄水，三台机组已全部发电，运行情况表明，工程设计合理，施工质量优良，为今后在类似条件下的工程建设提供了宝贵经验。

1.2.4 深厚覆盖层上建坝

1.2.4.1 深厚覆盖层坝基防渗处理技术

深厚覆盖层是指堆积于河谷之中，厚度大于30 m的第四纪松散堆积物。根据勘查资料，我国主要河流河床覆盖层厚度一般为数十米至百余米，局部地段达数百米，尤其在西南地区，河谷深切和上覆深厚覆盖层现象更为显著，如新疆下坂地水库坝址区河床覆盖层厚150 m，大渡河支流南桠河冶勒水电站坝址区覆盖层厚度达420 m。一般来说，深厚覆盖层结构松散，岩层不连续，岩性在水平和垂直两个方向上变化较大且成因复杂，物理力学性质呈现较大的不均匀性，是一种地质条件差且复杂的地基。河谷深厚覆盖层的存在，不仅严重影响和制约水利水电工程坝址的选择，也给坝工设计带来困难。

深厚覆盖层坝基防渗一般多采用垂直防渗墙或倒挂井施工技术。天山、昆仑山区域，大多数河流均存在深厚覆盖层问题，且大多是以冲积砂砾石层为主，个别工程还存在薄弱的黏土、粉土夹层。

已建的下坂地水库坝基河床覆盖层主要由冲积砂砾石层、湖积软黏土层、土砂层、冰碛及冰水积层组成，渗透系数基本为1×10^{-1} cm/s，采用“上墙下幕”垂直防渗型式，防渗墙深85 m、厚1 m，灌浆帷幕深10 m，布置4排灌浆孔。坝基渗流控制标准为：渗流量小于多年平均流量的1%，即小于0.346 m^3/s，砂砾石层容许水力坡降小于0.1，渗透系数小于1×10^{-4} cm/s。现场检测表明，成墙质量和帷幕灌浆满足设计对坝基渗流控制预期目标。“钻抓法”成槽工艺墙体深度（102 m）；预埋灌浆管深度（100 m）和接头管起拔深度（72.7 m）均创造了当时国内新纪录。为同类工程的设计提供了技术支撑。

在深厚覆盖层上修建面板坝，由于覆盖层会产生较大的沉降值和不均匀沉降差，防渗面板、周边缝以及基础防渗墙与趾板的连接也会因变形过大而导致开裂。如何控制坝体和坝基变形，确保防渗体系安全、可靠性，是当前深厚覆盖层上建设混凝土面板砂砾石坝面临的主要挑战。典型工程见表1.2-8。

表 1.2-8　新疆深厚覆盖层上建坝工程建设统计表

序号	水库大坝	坝型	建成年份	坝高/m	覆盖层最大厚度/m	坝基土质性质	坝基防渗形式	防渗墙厚度/mm
1	大河沿水库	沥青心墙	在建	75	186	砂卵砾石	河床防渗墙186 m，两岸防渗墙+帷幕灌浆	1 000
2	下坂地	沥青心墙	2010	78	150	冰碛、漂块砾石、砂层	混凝土防渗墙最大深度85 m+帷幕灌浆最大深度66 m	1 000
3	38团石门水库	沥青心墙	在建	75.5	119	漂卵砾石、冰积砂卵砾石	防渗墙+帷幕灌浆	1 000
4	托帕水库	沥青心墙	在建	61.5	110	冲积砂卵砾石	防渗墙	1 000
5	库尔干	面板砂砾石	拟建	76	100	冲积砂卵砾石	混凝土防渗墙+帷幕灌浆	800
6	乔诺水库	沥青心墙	拟建	61.2	120	冲积砂卵砾石	防渗墙	1 000
7	阿尔塔什	面板砂砾石	拟建	164.8	93	砂卵砾石	槽孔混凝土防渗墙100 m +帷幕灌浆最大深度70 m	1 200
8	依扎克	面板砂砾石	拟建	163.6	75	砂砾石	混凝土防渗墙67 m +帷幕灌浆最大深度100 m	800
9	阿克肖	面板砂砾石	在建	78	72	砂卵砾石	混凝土防渗墙	800
10	二塘沟	沥青心墙	在建	64.8	65	含漂砾的砂卵砾石	槽孔混凝土防渗墙+帷幕灌浆	1 000
11	白杨河水库	黏土心墙	在建	78	48	砂卵砾石	混凝土防渗墙最大深度48 m+帷幕灌浆最大深度54 m	800
12	察汗乌苏	面板砂砾石	2007	110	47	漂石、砂卵砾石、中粗砂	混凝土防渗墙最大深度41.8 m+帷幕灌浆	1 200
13	米兰河山口	沥青心墙	在建	83	45	砂砾石	混凝土防渗墙+帷幕灌浆	600
14	坎尔其	沥青心墙	2001	51.3	40	含漂砾的砂卵砾石	槽孔混凝土防渗墙最大深度40 m	800
15	吉尔格勒德	面板砂砾石	在建	101	40	砂卵砾石	混凝土防渗墙+帷幕灌浆	1000
16	奥依阿额孜	沥青心墙	拟建	92.5	40	冲积卵砾石	混凝土防渗墙最大深度40 m	800
17	柯柯亚	面板砂砾石	1982	41.5	37.5	冲积砂砾层	混凝土防渗墙最大深度37.5 m	800
18	哈德布特	沥青心墙	在建	43.5	31	含漂石的砂卵砾石	混凝土防渗墙最大深度30.3 m	800
19	吉音水库	面板堆石坝	在建	124.5	30	风积粉土	槽孔混凝土防渗墙+帷幕灌浆最大深度50 m	—

1. 墙幕结合的基础防渗处理

新疆深厚覆盖层坝基防渗一般采用垂直防渗墙或倒挂井施工技术。已建的下坂地水库坝基河床覆盖层主要由冲积砂砾石层、湖积软黏土层、土砂层、冰碛及冰水积层组成，渗透系数基本为1×10^{-1} cm/s，采用“上墙下幕”垂直防渗型式，防渗墙深85 m、厚1 m，灌浆帷幕深10 m，布置4排灌浆孔。坝基渗流控制标准为：渗流量小于多年平均流量的1%，即小于0.346 m^3/s，砂砾石层容许水力坡降小于0.1，渗透系数小于1×10^{-4} cm/s。现场检测表明，成墙质量和帷幕灌浆满足设计对坝基渗流控制预期目标。“钻抓法”成槽工艺墙体深度（102 m）；预埋灌浆管深度（100 m）和接头管起拔深度（72.7 m）均创造了当时国内新纪录。

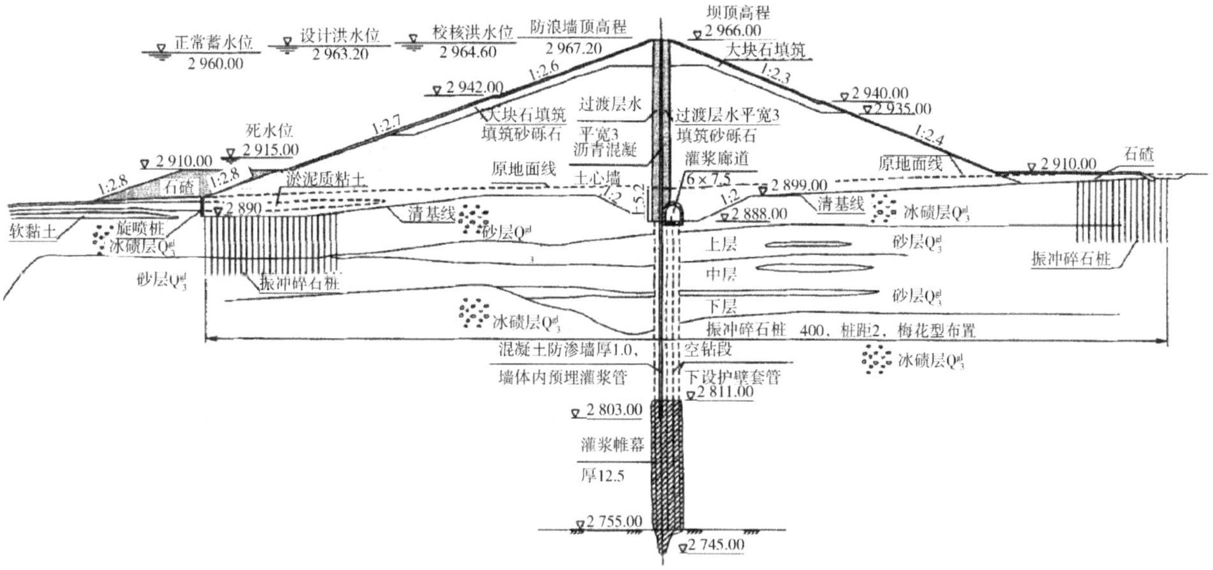

图 1.2-4　下坂地水利枢纽沥青心墙坝典型剖面图

2. 防渗墙技术进行基础防渗处理

目前在建的阿尔塔什水利枢纽采用混凝土面板堆石坝，最大坝高164.8 m，河床最深覆盖层达100 m，设计采用在面板趾板段设两道混凝土防渗墙防渗，墙体厚1.2 m。

大河沿水库坝基防渗线总长度711 m，两岸坡采用混凝土防渗墙结合帷幕灌浆防渗，河床深厚覆盖层采用封闭式混凝土防渗墙防渗方案。帷幕灌浆采用单排，孔距2 m，深入5Lu线以下5 m；混凝土防渗墙厚度1 m，深入下部基岩1 m，最大墙深186 m。防渗总面积42 604.45 m^2，其中防渗墙成墙面积24 106.32 m^2，帷幕灌浆面积18 498.13 m^2。

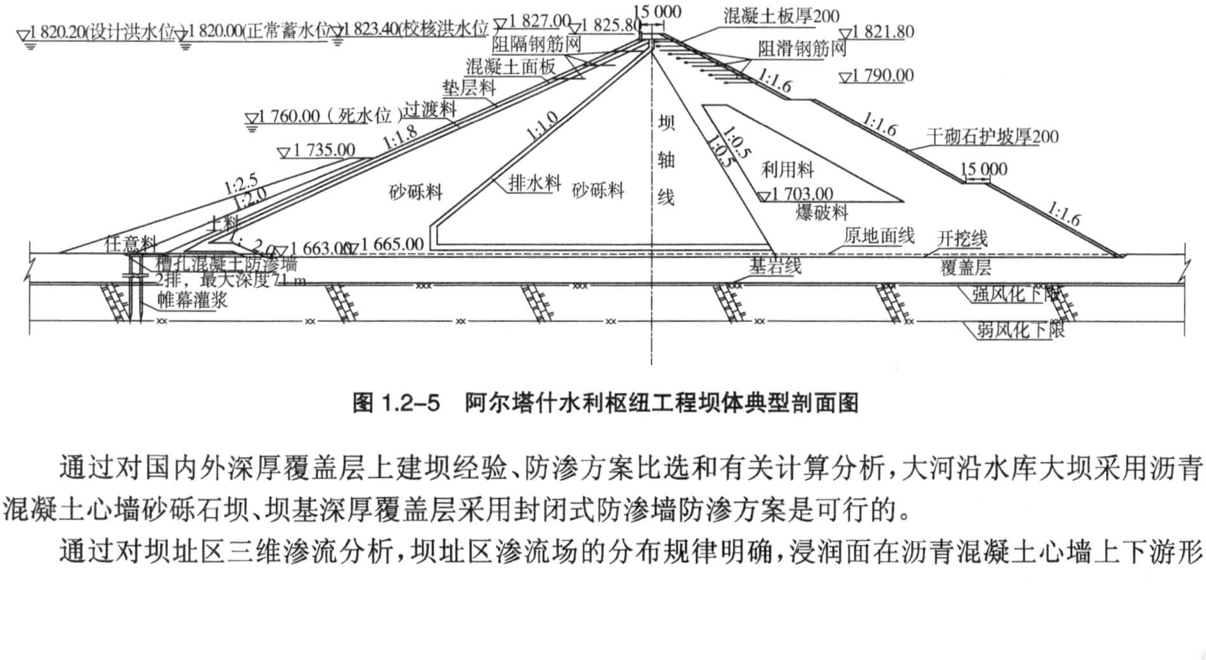

图 1.2-5　阿尔塔什水利枢纽工程坝体典型剖面图

通过对国内外深厚覆盖层上建坝经验、防渗方案比选和有关计算分析，大河沿水库大坝采用沥青混凝土心墙砂砾石坝、坝基深厚覆盖层采用封闭式防渗墙防渗方案是可行的。

通过对坝址区三维渗流分析，坝址区渗流场的分布规律明确，浸润面在沥青混凝土心墙上下游形成突降，防渗效果显著。各工况下，坝体和坝基各区料最大渗透坡降均在其自身许可范围内，渗透稳定满足要求。正常工况下水库总渗漏量为1 674 m³/d，占多年平均日径流量的0.6%，处于水库允许渗漏范围以内。

防渗墙设计勘探最大深度175 m（实际施工深度186.15 m），可参照的实例甚少，目前建成的是西藏旁多水利枢纽工程158 m防渗墙（试验段201 m）。选择主要施工机具为：利勃海尔HS875HD和HS885HD重型钢丝绳抓斗、金泰SG40重型液压抓斗、利勃海尔HS843HD钢丝绳抓斗、CZ-A或ZZ-6A型冲击钻机、YBJ-800/960型大口径液压拔管机。

本工程防渗墙施工采用“钻抓法”，局部结合“钻劈法”造孔成槽。混凝土浇筑采用泥浆护壁、气举清孔、泥浆下直升导管法施工。墙段连接采用接头管法，浅槽段采用钻凿法。

目前意大利Soimech公司设计制造的新一代液压双轮掘进机SC200可开挖250 m深的防渗墙，竖向偏移量在250 m深墙底部，沿墙长轴方向为0.3 m，沿墙短轴方向为0.25 m，即为墙深的0.12%和0.1%。

1.2.4.2 古河槽处理技术

1. 帷幕为主的防渗墙处理技术

大石门水利枢纽工程碾压式沥青混凝土心墙坝最大坝高128.8 m，库区左岸古河道较宽，正常高水位2 300 m时，古河道宽2.6 km，古河道两岸基岩出露，河道内沉积了深厚层的砂卵砾石，上部岩性为第四系上更新统Q_3砂卵砾石层，厚34～40 m，分布高程为2 364～2 342 m，且全部位于正常高水位以上；下部岩性为巨厚层的Q_2砂卵砾石层，泥质半胶结，厚度达295 m。库区古河道底部低于正常高水位最深205 m，蓄水后库水位主要位于Q_2泥质半胶结的砂卵砾石层，该地层是影响水库渗漏的主要地层，存在渗漏的可能。经计算分析库区左岸古河槽渗漏量对库区影响不大，但设计应考虑坝后建筑物安全，以近坝库岸边坡不产生渗透坡坏为准，并应采取相应的防护措施以保证建筑物安全。

0-570～0+000 m段：地面上部出露的岩性为第四系上更新统砂卵砾石，厚34～40 m。下部为深厚层中更新统的冲积砂砾石层，泥质半胶结，此段层厚20～254 m。下伏基岩，岩性为下元古界蚀变辉绿岩，岩层产状50°～60°SE∠45°～60°，基岩面由坝址区向库区上游逐渐下降，在古河道中心位置达到最深，约295 m。岩体强风化层厚2～3 m，纵波速度V_p = 2 500 m/s左右；弱风化层厚10～15 m，纵波速度V_p = 2 800～4 000 m/s；微～新鲜基岩V_p=4 000～5 500 m/s。据钻孔试验资料，岩体透水率$q \leqslant$ 3Lu值界限均在基岩面以下埋深15 m左右。

防渗灌浆处理：坝0+000 m～坝0-063 m为岩石段，在灌浆廊道内设2排帷幕灌浆孔，孔、排距均为2 m，梅花形布置，孔深按3Lu以下5 m控制；坝0-063 m～坝0-570 m（古0+000 m～古0+507 m）属于左坝肩沿坝轴线方向灌浆段，在砂卵砾石地层中采取灌浆防渗帷幕，在灌浆廊道内设2排帷幕灌浆孔，孔距为3 m，排距为2 m，梅花形布置，孔深按入岩以下5 m控制，注浆后渗透系数小于3Lu。

左岸坝后排水：在坝顶高程处左岸灌浆洞桩号0-063 m处沿岩石面，向下游设一主排水洞，排水洞与下游1#永久交通洞及2#临时交通洞相汇。在高程2 230 m处灌浆廊道与下游1#永久交通洞之间设一排水洞，施工期做临时交通洞用，后期为排水洞。

2#临时交通洞后期改为排水洞，1#永久交通洞后期兼顾排水洞作用。并在1#永久交通洞及2#临时交通洞上部40 m各设一条排水洞，顶部排水洞用排水孔与底部排水洞相连，排水孔内设滤水花管，使其在坝后边坡内侧形成一道排水幕。

2. 防渗墙为主的处理技术

柯赛依水电站大坝为面板砂砾石坝，最大坝高108 m。距大坝左岸坝头77 m发现一埋藏式古河槽，形态呈“U”字形，宽扁平状，基本对称，古河槽宽91～100 m左右，最大宽度为166 m左右，左岸分布有一级阶地，右岸分布有二级阶地，一级阶地分布高程1 105～1 128 m，二级阶地分布高程1 126～1 140 m。

含泥砂砾卵石层（Q_2^{al+pl}），褐灰色，密实，胶结好，有铁锈，磨圆度为次圆。砾卵石含量60%～80%，砂含量一般在8%～10%，泥含量8%～10%，粒径一般2～8 cm，局部有漂（孤）石分布，直径可达40 cm，砾石成份以花岗岩、砂岩、片岩为主，砾石表部风化，不均匀系数Cu=28～78，级配不连续。渗透系数k=3×10^{-5}～1.2×10^{-3} cm/s，天然密度ρ = 2.35～2.40 g/cm³，干密度ρ = 2.2～2.29 g/cm³。顶板高程1 107～1 118 m，底面高程1 076.34～1 081.6 m，厚度13～40 m。

岸坡段防渗采用防渗墙，墙中心线长272 m，最大墙深84.5 m，墙厚0.8 m，岸坡段防渗墙面积21 178 m^2。下部帷幕灌浆1 062 m。

3. 墙幕结合的处理技术

斯木塔斯水电站主坝为混凝土面板砂砾石坝，最大坝高101.00 m。库坝区分布三条古河槽，1#长683 m、2#长650 m、3#长333 m，总渗水量较大，初期接近5.4 m^3/s，溢出点位于厂房附近，严重影响厂房安全运行。根据水位观测孔观测资料，经渗透稳定性初步分析，在库水位蓄至1 926.5 m时，古河槽最大水平平均渗透比降约为0.084，出现在厂房边坡上部，小于砂砾石层规范规定的经验允许比降[J]=0.1～0.2，目前来看，古河槽渗透稳定性满足规范要求。但鉴于渗透量相对较大，经分析研究采用了上堵下排的综合整治方案。如三条古河槽采取防渗墙+帷幕进行处理，厂房边坡削缓、厂房边坡增设排水廊道与表层土层换填等综合措施。

1.2.5 多泥沙河流上建坝

新疆中小河流较多，河床流程短，纵坡较大，由于上游植被条件差、水土流失严重，水流含沙量高，洪水陡涨陡落，易造成泥沙危害。

河流含沙量的大小实际反映了流域下垫面的侵蚀程度、汇流特性、降雨强度及河流特性等。据统计，南疆河流含沙量普遍较大，如叶尔羌河、盖孜河、克孜河等，北疆河流大多较小，但天山北坡河流含沙量较大，如玛纳斯河，阿勒泰和伊犁等地区的河流含沙量相对较小。部分河流悬移质泥沙特性见表1.2-9。

表 1.2-9　新疆部分河流悬移质泥沙特征值一览表

地区	河名	站名	集水面积/km^2	统计年数	多年平均含沙量/(kg/m^3)	九十年代平均含沙量/(kg/m^3)
北疆	玛纳斯河	煤窑（四）	3 902	21	2.91	3.62
	玛纳斯河	肯斯瓦特	4 637	41	2.43	3.75
	清水河	清水河子（三）	437	17	1.78	1.69
	伊犁河	雅玛渡	49 186	48	0.69	0.86
	匹里青河	匹里青	794	35	1.42	2.05
	切德克河	切德克	291	38	0.76	1.18
北疆	布尔津河	群库勒	8 422	18	0.061	0.051
	青格里河	大青河	1 702	17	0.056	0.039
	青格里基什克	小青河	1 326	19	0.23	0.15
南疆	托什干河	契恰尔	8 727	12	0.69	0.65
	托什干河	沙里桂拦克	19 166	38	2.46	3.08
	叶尔羌河	库鲁克栏杆	32 880	24	4.53	4.88
	叶尔羌河	卡群（二）	50 248	47	4.35	4.97
	克里雅河	努努买买提栏	7 358	33	3.77	3.13
	尼雅河	尼雅（五）	1 734	21	12.9	14.6
	策勒河	策勒（二）	2 032	26	9.81	10.7

多泥沙河流上修建水利工程，泥沙问题往往会对工程寿命及安全运行造成极大影响，一是施工期及运行期推移质对底孔、水闸底板等建筑物的磨蚀；二是造成水库淤积，影响水库使用寿命；三是

电站水轮机磨蚀破坏；四是严重影响下游供水水质。在多泥沙河流上建坝应根据泥沙特点，认真研究减少水库淤积的措施，尽可能减少进入供水隧洞（管道）及发电引水建筑的泥沙，以提高工程使用寿命。

1.2.5.1 水库淤积问题

阿克苏河流域的渭干河，依据1964～2006年共43年的坝址处代表水沙系列资料分析表明，多年平均径流量约24.9亿m^3，多年平均流量约为79.2 m^3/s，悬移质输沙量约为1 083万t，悬移质含沙量约4.39 kg/m^3。

在多年实测径流系列中，2002年为最丰水年，年径流量为36.87亿m^3，模比系数为1.48；1992年为最枯水年，年径流量为20.32亿m^3，模比系数为0.82，径流年际最大变幅约为多年平均年径流的66.4%，变差系数值C约为0.13，表明渭干河径流年际变化不大。年最大输沙量7 198万t，约为年最小值的15倍之多，其变差系数C_v=0.95。由此可知，输沙量年际变化很大。克孜尔水库建成运行二十多年来，水库淤积极其严重，死库容已经基本淤满，目前正在研究可行的减淤运行方案。

高含沙水流进入水库后，会可能加速淤积，水库泥沙淤积将会对水库综合效益的发挥产生一定的影响，甚至直接影响到水库的使用寿命。多年来，我国在水库淤积方面开展了大量的工作，取得了一系列的研究成果，并成功地提出了在多沙河流上长期保持水库有效库容的“蓄清排浑”运行模式，这些举世瞩目的成就得到了国际同行的认可。考虑到来沙高度集中于汛期的特点，汛期降低水库水位排沙，非汛期蓄水抬高水位以兴利的“蓄清排浑”水库调度方式运用，可以有效控制水库淤积量和淤积部位。

1.2.5.2 米兰河山口水利枢纽泥沙调度

米兰河山口水利枢纽多年平均年径流量1.271亿m^3，水库正常蓄水位1 445 m，正常蓄水位相应库容3 818万m^3，死水位1 415 m，死库容1 099万m^3，调节库容2 719万m^3。坝址处多年平均输沙量为128.3万t，多年平均输沙率为40.66 kg/s，多年平均含沙量为10.1 kg/m^3。按推悬比0.2计算，多年平均入库推移质输沙量为25.66万t，相应的米兰河水库年输沙总量为154万t。米兰河悬移质输沙量年内分配极不均匀，夏季大量冰雪融水和局部暴雨洪水携带大量泥沙进入河道，使得夏季悬移质输沙量高度集中，连续最大四个月输沙量出现在夏季4～7月，其悬移质输沙量占年输沙量的0～60%左右，尤其是多沙年份，其悬移质输沙量年内分配更不均匀，悬移质输沙量最大年份连续最大四个月输沙量占到年输沙量的85%左右，最大月悬移质输沙量基本出现在7月份，占年悬移质输沙量的30%～50%左右，其次为4月份，占多年平均年悬移质输沙量的25%左右，出现一大沙和一小沙的“驼峰沙”。

米兰河悬移质泥沙粒径主要由粒径0.1 mm以下的颗粒组成，其泥沙颗粒较细，根据实测悬移质颗粒级配资料分析，其中数粒径为0.007 5 mm，悬移质泥沙主要由黏土、粉土和中细沙组成，其中小于0.005 mm黏土占31.0%，0.005～0.05 mm的粉土占55.0%，0.05～0.5 mm的中、细沙占14.0%，悬移质粒径较细，为水流挟带泥沙及排沙创造了有利条件。其干容重为1.30 t/m^3。

米兰河山口水库是一座具有综合利用任务的水利枢纽工程，除了存在一般水库的常规泥沙淤积问题外，还存在汛期排沙与蓄水的矛盾。通过系统研究，认为该水库在汛期时必须兼顾排沙和蓄水，排沙期采取4月和7月同时排沙运行，加大排沙力度，即采用“降水排沙，蓄水灌溉”的运用措施，并对其采用一维不平衡数学模型淤积分析计算后，从水库冲淤排沙变化和水库库容淤积变化得知，水库各不同淤积水平年泥沙在有效库容有不同程度的淤积。

米兰河山口水库死水位以下水库运用水位相对较高，死水位下最大坝前水深 45.0 m，易形成“三角洲”淤积形态。根据淤积计算分析，水库运行10年内，平均排沙比为41.5%，水库运行11～30年内，平均排沙比为61.8%，水库运行 31～40 年内，平均排沙比为77.6%，水库运行 40～50年内，平均排沙比为89.0%。

根据水库运行方式，采用一维不平衡数学模型淤积分析计算，水库运行30年时，剩余死库容142万m^3，死库容淤积量占死库容的87.1%，剩余调节库容 1 932万m^3，调节库容淤积量占调节库容的28.9%；水库运行50年时，死库容基本淤满，剩余调节库容 1 514万m^3，调节库容淤积量占调节库容的44.3%。实际运用时应加强监控水库库容变化，合理进行排沙调度，可确保水库长期安全运行。

1.2.5.3 头屯河水库泥沙调度

头屯河水库位于乌鲁木齐市及昌吉市以南，距离两市均约40 km处的头屯河中游。枢纽工程由拦河坝、放水涵洞、泄水隧洞、溢洪道、工业引水系统及下游分水枢纽等组成，工程等级为Ⅲ等，主要建筑物级别为3级。头屯河水库于1965年开始修建，1983年10月竣工验收，是一座以灌溉为主，兼顾城镇生活及工业供水、防洪等综合利用的中型拦河水库，设计库容2 030万m^3，截至2006年底，有效库容仅剩1 388万m^3，为不完全年调节水库。据统计，1995 年6月—2006年5月头屯河年平均入库水量2.44亿m^3，汛期平均1.60亿m^3；年平均入库悬移质沙量118.66万t，汛期平均为104.43万t；推悬比采用12%，算得年均推移质沙量为14.24万t。水沙量主要集中在汛期，汛期入库水沙量分别占年来水来沙量的65.6%和88.0%。

2002年以来，采用以“蓄清排浑”为主，结合灌溉和向八钢供水的运用方式。具体运用方式为：4月10日开始放水灌溉至5月底泄空水库，泄空前降低水位结合灌溉放水加大泄量集中冲刷前期淤积物，之后到6月初利用来水敞泄冲刷。这期间水库上游来水含沙量较小，一般能够满足八钢用水的水质要求（八钢用水含沙量要求在 5 kg/m^3以内），可以从库外工业供水系统向八钢供水。一般在6月中旬进入汛期后，来水含沙量较大，不能由库外工业供水系统向八钢供水，因此，水库蓄水拦沙运用，利用异重流排沙或壅水明流排沙，同时向八钢供水库表层清水，并需要利用库前调节池引清水向八钢供水。到汛末，约在8月20日以后，在来水满足向八钢供水含沙量控制要求的情况下，再次由库外工业供水系统向八钢供水，泄空水库冲刷，至9月底或10月初开始蓄水。利用以上方式，2002年至2006年底恢复有效容约321万m^3。年均恢复80万m^3，2003 年恢复较少，仅恢复8.9万m^3。水库正常蓄水位以下有效库容达到1 388万m^3，汛限水位 984 m以上库容为1 059万m^3。1980年头屯河水库校核洪水位992.4 m 以下原始库容为 2 535万m^3，至2006年底库容为 1 784万m^3，全库区共淤积泥沙751万m^3，其中正常蓄水位989.6 m 以下淤积657.5万m^3。

根据头屯河水库地形及泄流能力大，水库排沙能力大的特点，以后的水库运用，按照“蓄清排浑”和结合径流调节供水灌溉和降低水位泄空冲刷运用，既调节水量，又调节沙量和调节库区泥沙冲淤量。这种综合运用，使水库能够保持一个较大的长期使用库容。

水库运用要兴利服从防洪，防洪兼顾兴利，水沙统筹调度。坚持汛期按汛限水位运行，保持滩库容，在槽库容内调水调沙，保持槽库容冲淤平衡。为防止推移质泥沙进入水库淤占库容，要在水库进口拦沙坝上游采用挖沙等措施处理推移质泥沙。若发生漫滩洪水，要敞泄滞洪排沙运用，充分利用两个河槽泄洪排沙，尽量减少淤积损失库容，并结合洪水预报提前泄空水库槽库容蓄水体，空库迎洪，以降低水库洪水位和减少洪水淤积。

1.2.5.4 水轮机磨蚀问题

悬移质泥沙难以彻底淤积在库内，对于电站而言，汛期不发电损失过大，因此，多泥沙河流采用引水式或混合式开发都会存在高含沙水流过机问题。

如盖孜河上的塔日勒嘎水电站，水电站坝址多年平均含沙量6.2 kg/m^3，多年平均悬移质输沙量1 174万t，多年平均推移质输沙量58.7万t，多年平均输沙总量为1 233万t。其坝址多年平均悬移质输沙率、多年平均含沙量及悬移质泥沙样本颗粒级配和矿物成分见表1.2-10～表1.2-12。

表 1.2-10 坝址多年平均悬移质输沙率、多年平均含沙量

项目	1月	2月	3月	4月	5月	6月	7月	8月	9月	10月	11月	12月	多年平均
输沙率/(kg/s)	1.98	3.00	36.1	285	475	1 030	1 380	974	215	23.0	3.06	1.99	372
流量/(m^3/s)	17.9	19.2	21.6	43.7	75.2	133	145	117	62.5	36.3	26.3	19.4	60.0
含沙量/(kg/m^3)	0.11	0.16	1.67	6.52	6.32	7.74	9.52	8.32	3.44	0.63	0.12	0.10	6.20

表 1.2-11 悬移质泥沙样本颗粒级配

粒径/mm	0.002	0.005	0.075	0.25	0.5
小于某粒径的沙重量百分数/%	14.5	26.8	75.0	98.3	100

表 1.2-12 悬移质泥沙样本矿物成分

项目	石英	方解石	长石	绿泥石
矿物组成/%	66.9	19.1	9.8	4.2
相对硬度	7	3	6	2～3

该电站所在河流泥沙含量高，棱角分明且石英含量高，相对硬度大，不可避免地将对水轮机过流部件造成磨蚀。因此，水轮机选型中需要充分考虑泥沙含量大的特点，提出经济可行的抗磨蚀措施。防止空蚀破坏和泥沙磨损联合作用，以免加速过流部件的磨损。

1.2.6 少资料河流上建坝

1.2.6.1 河流水系

新疆绝大部分河流属于内陆河。流域以河流出山口为界，将其划分为径流形成区和径流散失区。出山口以上的山区，河网密度大，降水量大，集流迅速，引水量少，从河源到山口水量逐渐增加，是径流形成区。河流出山后，流经冲积扇和冲积平原，部分水量渗漏，由地表水转为地下水，部分引入灌区。河流出山口后降水少，蒸发大，是径流散失区，只有少数水量较丰的河流才能流到盆地内部，潴水成湖，而大部分河流出山口后，水量引入灌区，消耗于灌溉、渗漏和蒸发。

以流出山口处的河流条数进行统计，全疆共有大小河流570条（未计发源于前山带的洪沟），其中北疆387条，南疆183条。在570条河流中，大部分是流程短、水量小的河流，年径流量在1亿m^3以下的河流就有487条，占河流总数的85.3%，其年径流量仅有82.9亿m^3，占年总径流量的9.4%；年径流量大于10亿m^3以上的河流共18条，占河流总数的3.2%，但径流量却达525.73亿m^3，占年总径流量的59.8%；1亿～10亿m^3的河流有65条，占河流总数的11.5%，其年径流量仅有270.4亿m^3，占年总径流量的30.8%。

1.2.6.2 水文站网及资料条件

新疆在不同历史时期建有各类水文站320余处，20世纪90年代一大批水文站被裁撤或改为巡测，目前仅保留190余处，平均约8 600 km^2一个水文站，主要集中在大中型和重要的小型河流上，其中约106处水文站具有30年以上资料，仅占约33.1%，16处有1956年至今实测连续资料。

本次研究的30座中型水库主要分布在1亿～10亿m^3的河流上。其主要特点是多数河流径流年际变化相对较小，但年内分配极不均匀，河流泥沙含量大，如和田地区的尼雅河连续最大四个月水量可占到全年的90.6%，多年平均含沙量达13.4 kg/m^3，伊犁州切德克苏河实测年最大含沙量1 270 kg/m^3（2002年7月），河流实测水文资料条件较差，30座中型水库所在河流有长系列实测水文资料的19座，占63.3%，9座仅有短期实测资料，占30%，2座无任何实测资料（均为小型河流），占6.67%。

1.2.6.3 坝工设计中工程水文关注的问题

水文分析中的径流、洪水和泥沙关乎坝工设计中的工程设计规模和具体设计方案，根据2013年新颁布的水利水电工程项目建议书、可行性研究和初步设计三阶段的编制规程对水文计算的内容和工作深度的要求（简称《三阶段新编规》），在项目建议书阶段应基本确定设计径流、设计洪水和泥沙设计成果；在可行性研究阶段应确定设计径流、设计洪水、泥沙成果，在初步设计阶段应进一步复核设计径流、设计洪水、泥沙设计成果。

基本资料是水文计算的基础，特别是设计依据站（指位于工程场址或上下游为工程水文计算提供水文数据的水文站）和主要参证站的实测水文资料。针对新疆国土面积大、河流众多、水文站网分布稀疏、实测系列短的特点，根据实测水文资料条件归纳为无实测水文资料、有短期实测水文（水管）资料和有长系列实测水文资料三种情况，结合32座已建和拟建水库的设计实践和对规程、规范的理解，总结新疆工程水文计算中常用的方法及应关注的问题。《水利水电工程水文计算规范》（SL278-2002）规定该规范适用于大中型水利水电工程可行性研究和初步设计阶段的水文计算，大中型水利水电工程项目建议书阶段和小型水利水电工程及江河流域规划的水文计算可参照执行。

《水利水电工程设计洪水计算规范》（SL44-2006）规定该规范适用于大中型水利水电工程各阶段的设计洪水计算和运行期设计洪水复核，小型水利水电工程及江河流域规划的设计洪水计算可参照执行。

1.2.6.4 径流计算

坝工设计中需水文计算提供涉及工程规模论证及水库调节计算的不同节点、不同保证率的设计年径流及年内分配设计成果(或长系列设计成果),以及枯水径流分析。《水利水电工程水文计算规范》(SL278-2002)规定,(1)坝址或其上、下游邻近地点具有30年以上实测和插补延长径流系列资料,可直接采用频率分析法计算设计依据站设计径流成果。(2)工程所在流域内径流资料均短缺时,采用水文比拟法、地区综合等方法分析确定。现将近年来新疆在具体工程设计实践中常用的方法和遇到问题,根据资料条件归纳如下,以资参考。

1. 无实测径流资料河流

新疆多数中小河流存在无实测水文资料情况,在这样的河流上进行工程水文计算时,首先需要分析河流径流形成机制,充分收集相邻、相近、径流形成相似的河流且参证站具有长系列实测径流资料(30年以上,或通过插补延长可达到30年以上)及区域水资源评价径流深等值线成果等资料。目前,在此类河流工程设计实践中较多采用径流深等值线法、面积比拟法、参证站实测径流、面积、高程相关法等推求场址多年平均年径流量,根据参证站长系列年径流统计参数推求设计年径流成果,再根据参证站实测典型年内过程推求设计年内分配成果。几种推求多年平均年径流量的方法中,第三种方法工作量较大。在具体工程设计实践中应注意以下问题:

(1)由于新疆河流径流的形成主要是依靠山区径流形成区产流,与高程关系密切,受地形影响较大,而区域水资源评价径流深等值线主要是解决区域水资源量问题,受工作量等限制,在径流深等值线的绘制过程中可能会产生与局部地形不匹配现象,特别是在中低山部分,而新疆大多数中小河流主要产流区恰分布在该区域,一些河流根据径流深等值线量算的水量明显与实际不符,对出现这种情况的河流建议应进行修正,如采用参证站实测径流、面积、高程相关法。

(2)在采用面积比拟法(径流模数法)时,应充分考虑流域的相似性,特别是流域高程,否则将出现流域高程较高的流域比拟水量会偏大,反则偏小,该法初估水量可以(或采用流域平均高程订正),除非能说明两流域的一致性,一般在工程设计中不建议采用该方法。

(3)采用参证站实测径流、面积、高程相关法时,应首先对参证站的选取进行充分论证,对高程间距的划分不宜过大,为避免人为因素,区间径流深应等分增长,起始值可参考区域径流深等值线图成果(不宜直接移用),可采用电子表格,以参证站实测多年平均年径流量、径流系数为控制,逐步试算区间等分值及初始值,通过统筹高值区及参证站实测径流系数等最终确定的关系用于水量计算。

(4)针对无实测径流资料河流采用理论方法推求的水量存在不确定性,应建议开展实测工作,并根据实测资料进一步复核设计成果。

设计成果应进行合理性及安全性评价。

2. 有短期实测径流资料

新疆很多河流在不同历史时期曾有过短期水文(或水管)实测径流资料,可以作为设计依据站;在这样的河流上进行工程水文计算时,除需要分析河流径流形成机制,充分收集相邻、相近、径流形成相似且包含有同期观测的河流参证站长系列实测径流资料(30年以上,或通过插补延长可达到30年以上)及依据站短期实测径流资料和区域水资源评价径流深等值线成果等资料,需对依据站,特别是水管资料的观测断面及资料整编等进行分析评价。目前,在此类河流工程设计实践中,根据参证站长系列实测径流资料,采用长短系列订正法推求依据站多年平均年径流,若工程场址与设计依据站的集水面积相差不超过15%,且区间降水、下垫面条件与设计依据站以上流域相似时,可按面积比推算工程场址的径流量,若两者集水面积相差超过15%时,采用径流深等值线量算区间水量,进而推求工程场址多年平均年径流量,根据参证站长系列年径流统计参数推求设计年径流成果,再根据设计依据站或参证站实测典型年内过程推求设计年内分配成果,若依据站有较长期实测资料,且与参证站年径流相关关系较好,可为工程设计提供长系列径流。在具体工程设计实践中应注意以下问题:

(1)依据站采用长短系列订正法推求多年平均年径流量,其理论基础是假定参证站与设计依据站的径流年际变化具有同步性和一致性,因此,应充分进行两站"三性"分析评价。

(2)对根据参证站推求的长系列年内成果,应根据设计依据站实测年内过程进行一致性检查,若差异较大应进行修正。

（3）由于水管资料主要侧重灌区引水观测，对河道的水量观测相对较差，应对其资料的可靠性进行分析评价。

（4）设计依据站以上有较大引水和用水时应进行还原分析计算。

（5）针对新疆河流水文站站点控制稀疏的现实，在工程设计中，应充分重视对一些重要的大中小型河流水管资料的收集，虽然水管资料的断面控制条件和观测精度相对较差，但通过甄别处理，可弥补完全依靠理论分析得出的成果的任意性和安全性。

3.有长系列实测径流资料

新疆重要的大中型河流在不同历史时期均建有国家基本水文站，且资料系列多数可达30年以上（或通过插补延长），可直接采用P_{III}型曲线计算设计依据站年径流设计成果。在具体实践中应注意以下问题：

（1）设计依据站与工程场址区间径流的分析计算，特别是工程场址与设计依据站的集水面积相差超过15%时，应进行综合分析，包括上游引水、用水的还原。

（2）有些河流设计依据站并未设置在出山口，而是位于径流散失区的冲洪积区，如昆仑山北坡的车尔臣河、尼雅河、克里雅河等，对此类河流设计依据站实测资料不宜简单直接引用，应根据上下游同期河道径流实测资料进行还原分析计算。

（3）进入20世纪90年代，有些河流由于种种原因撤站或改为巡测，而2000年前后新疆多数河流进入相对丰水期，对系列的代表性影响较大，对此，不宜简单仅以满足30年以上系列衡量，应对资料及系列进行综合分析。

1.2.6.5 洪水计算

设计洪水是设计洪峰流量、设计时段洪量和设计洪水过程线的统称，涉及坝工设计中坝工自身安全、工程布置设计方案、下游防洪保护对象的安全，是坝工设计的主要依据。就同一个工程而言，不同的设计阶段，设计洪水计算的内容基本相同，但由于资料条件、工作周期、经费等方面的不同，各设计阶段的设计洪水计算要求的工作深度不可能相同，编规要求在项目建议书阶段基本确定设计洪水成果；在可行性研究阶段确定设计洪水成果；而初步设计阶段是对可行性研究阶段的补充和深化，对设计洪水成果进行复核，小型水利水电工程可参照规范原则执行。

规范规定：“根据资料条件，设计洪水可采用以下一种或几种方法进行计算。（1）坝址或其上、下游邻近地点具有30年以上实测和插补延长洪水流量资料，并有调查历史洪水时，应采用频率分析法计算设计洪水。（2）工程所在地区具有30年以上实测和插补延长暴雨资料，并有暴雨洪水对应关系时，可采用频率分析法计算设计暴雨，推算设计洪水。（3）工程所在流域内洪水和暴雨资料均短缺时，可利用邻近地区实测或调查暴雨和洪水资料，进行地区综合分析，估算设计洪水。”

新疆地域广阔，面积约占全国国土面积的六分之一，境内有高山、盆地、冰川、森林、荒漠交替分布，除额尔齐斯河与奇普恰普河外，新疆的河流主要为内陆性河流，以中小型河流居多。新疆水文站网的布设密度较小，有相当多的河流与河段没有水文站分布，水文站的水文观测资料年限普遍较短，有相当多的河流水文观测系列不连续，难以直接采用频率分析法计算设计洪水。由于新疆水文站点稀少，部分河流水文观测期限比较短，当有关工程场址的洪水系列需要插补延长时，常常存在寻找参证站困难的局面。相比河川径流而言，在新疆洪水具有更大的随机性，洪水成因复杂，由于新疆各区域流域下垫面条件的差异性较大，新疆各区域河流的洪水成因呈现多样化分布。河流出山口上下游洪水系列往往缺乏一致性，缺乏考证期长的历史洪水资料。

1.无实测洪水资料和资料短缺河流

水文基本资料关系到设计洪水计算方法的选定及成果质量，而新疆多数中小河流存在无实测洪水资料情况。根据设计洪水计算规范，目前，在此类河流工程设计实践中，大多根据参证站设计洪水成果和坝址历史洪水调查评价成果，采用地区综合法、洪水模数法、水文比拟法以及根据设计暴雨推求设计洪峰流量和设计时段洪量，根据参证站实测典型洪水过程线，采用同频率或同倍放大法推求设计洪水过程线。

洪水与径流不同，具有很强的随机性，特别是年最大洪峰流量，对实测资料短缺（实测资料系列较短）的河流而言，一是可根据短期实测时段洪量，采用长短系列订正法推求均值，再采用地区综合法（综合频率曲线法）推求设计时段洪量；二是充分利用本河实测洪水过程线推求设计洪水过程线。在具体工程设计实践中应注意以下问题：

（1）目前新疆的多数工程设计实践采用的是根据能代表区域洪水统计参数规律和线型的参证站的洪峰流量（时段洪量）模比系数地区综合频率曲线，统计出不同频率模比系数，通过历史洪水调查评价成果的调查洪峰流量（时段洪量）及洪水重现期，确定系列均值，再推求相应设计洪峰流量（时段洪量）成果；该方法的关键一是综合频率曲线应具有区域较好的代表性，参证站的选择应进行充分论证，且各参证站应充分利用历史洪水调查成果，二是工程场址历史洪水调查评价成果的可靠性。

（2）新疆的历史洪水调查工作，在初期基本上与内地同步，后因故未能汇总刊印，有关的历史调查资料成果多散布于各地州水文水资源勘测局，有部分资料散失。因此，有关工程设计所需要的历史洪水资料，常需相关单位在工程设计期间到现场开展洪水调查，予以补充。在开展工程场址历史洪水调查工作时，关键的问题在于历史洪水重现期的论证。新疆已建或拟建的大中型水利水电工程主要分布在河流出山口以上区域，多为传统的牧业区域，地广人稀，人口流动大，定居者少，加之历史上政局多动荡更迭，古籍历史文献匮乏，普遍存在可追溯期短、无人指认现场洪痕、难以印证等问题，从而导致历史洪水调查成果的精度不高。新疆历史洪水调查的基本思路：一是在上游确保调查地点，尽量使调查河段与工程地点相接近，在河床稳定的河段进行历史洪水痕迹查勘，采用实际调查的历史洪水水面线、纵横断面资料，对相应洪水量值进行分析计算；二是在下游人口密集的农业定居区域进行访问调查，尽可能获取历史洪水发生年份的访问信息做为侧重点，进一步查寻有关历史史料与古籍文献资料，再利用历史洪水可能发生编年表等手段分析历史洪水的发生年份；最后，根据历史洪水的量值规模、相应的历史洪水发生年份组，利用实测资料在频率曲线图上进行初步分析，综合确定调查的历史洪水的发生年份与洪水量级。在调查中应注意洪水发生时间（年、月、日）、洪水涨落过程的调查访问，为调查时段洪量的分析提供依据。

（3）根据参证站设计洪水成果，采用洪水模数法及水文比拟法属纯粹的理论计算，关键是参证站的选取，参证流域的相似性直接影响设计成果的安全性，一般在项目建议书阶段为加快前期工作进度采用这些方法初步确定设计洪水，但在可行性研究阶段须根据历史洪水调查进一步复核设计成果，易出现两阶段成果差异较大的问题，不同设计阶段之间，设计洪水成果如若发生重大变化，往往造成设计洪水位、校核洪水位以及泄洪建筑物的规模的变更，产生的影响往往难以估量。比如：导致坝工设计更改，产生出与前阶段的不同结论，造成投资规模的显著变化，给后续前期工作带来较大工作量。

（4）采用理论方法推求的设计时段洪量有些工程明显偏大，特别是采用参证站实测峰量关系或依据站短期实测资料进行插补外延时，如在水库校核标准下，某一时段洪量成果远超其多年平均年径流量，而根据对新疆有长系列实测洪水资料的中小河流水文站的统计，无一水文站出现，可采用此法衡量设计成果是否偏大。因此，一般建议在工程场址历史洪水调查中应尽可能开展时段洪量的调查。

（5）据《新疆维吾尔自治区中小流域设计暴雨洪水图集》反映，新疆境内约有13处暴雨区，大部分暴雨区分布在主要的水汽通道两侧区域，少部分暴雨区分布在迎风向的山麓区域。新疆水文站网密度较小，平均约5 000 km^2一个水文站，有相当多的小河流没有洪水流量观测记录，难以采用频率分析法计算设计洪水。水文站通常具有雨量观测资料，再加上气象部门气象台站的雨量观测资料，故新疆的雨量观测资料。比流量资料要丰富，有利于采用设计暴雨推算工程场址的设计洪水。因此，在新疆有相当多的中小型水利水电工程的设计洪水是通过设计暴雨洪水计算途径所获得。目前，新疆设计暴雨计算的主要途径是将年最大1日暴雨量系列转换为年最大24 h暴雨系列，再通过频率分析方法，计算设计年最大24 h暴雨量。然后假定雨洪同频率，主要采用推理公式推算设计洪峰流量。采用推理公式推算设计暴雨洪水，因存在参数选择障碍，暴雨设计洪水成果的精度难以评判。应通过调查的方式合理确定流域汇流参数类别、土壤损失参数类别、暴雨衰减指数等的参数组合后，然后再进行各频率暴雨的设计洪水计算。

对设计暴雨洪水计算而言，新疆地区尚缺有关土壤下渗强度、暴雨衰减指数等方面的查算图表，缺水文计算手册。这些问题的存在，一直制约着新疆中小流域的设计暴雨洪水计算工作普及与推广。在实践中我们发现，采用图集中流域调蓄经验单位线法进行设计暴雨洪水计算，虽然简便，但适用区域较窄，仅在天山北坡一带含冰川补给的中等流域比较适用，扩展到其他地区时，成果偏小，设计采用不安全。

(6)在已建水库上游新建水库工程时，应根据新的资料条件对原水库设计洪水成果进行复核，开展洪水地区组成分析，对下游水库进行洪水安全性评价。

(7)鉴于洪水资料条件，水文专业应对水库设计校核标准的确定提出评价建议。

(8)应按规范对设计洪水成果进行合理性和安全性综合评价，论证对校核标准进行安全修正的必要性。

2.有长系列实测洪水资料河流

新疆大型河流及重要的中型河流大多在不同时期设有水文站，具有长系列实测洪水资料，并开展过历史洪水调查。规范规定，坝址或其上、下游邻近地点具有30年以上实测和插补延长洪水流量资料，并有调查历史洪水时，应采用频率分析法计算设计洪水。设计洪水频率计算有两种计算方法，即分析法和适线法。

分析法：是由洪水系列的统计特征推求洪水总体的分布参数；常用的有矩法、极大似然法、概率权重矩法和线性概率权重矩法等。其优点是可减少设计人员的主观性和经验性，但由于样本容量有限，洪水资料精度参差不齐，估计参数存在抽样误差，只能作为适线法估计参数的初值。

适线法：是在点绘的洪水经验频率图上，以分析法推得的参数做为初始值，用指定频率曲线线型直接拟合适线的方法。此法操作简单，应用较广，是我国水文计算和设计洪水规范中规定采用的方法。采用该法计算的质量与精度，取决于设计人员的责任心和经验。

在具体工程设计实践中，设计依据站直接采用设计洪水频率计算，工程场址断面设计洪水的分析计算常采用的方法，一是根据依据站设计洪水成果，常采用面积指数法推求设计洪峰流量，采用洪量模数法推求设计时段洪量；二是根据工程场址历史洪水调查分析评价成果，采用洪峰流量(时段洪量)模比系数地区综合频率曲线或直接根据依据站长系列统计参数推求设计洪水成果；根据依据站实测典型洪水过程线，采用同频率或同倍比放大法推求设计洪水过程线。在具体工程设计实践中应注意以下问题：

(1)虽然一些河流满足规范规定的具有30年以上实测和插补延长洪水流量资料，但新疆多数河流水文站较早的也只是20世纪50年代中后期，历史洪水调查成果的洪水重现期也只有极少数河流可达100年以上，样本系列的代表性有限，加之新疆地域广大，南有昆仑山、中有天山、北有阿勒泰山，准噶尔盆地与塔里木盆地夹在其中，地形地貌复杂，境内有570条河流，197个大于1 km^2的湖泊，冰川面积约占全国总冰川面积的42%，复杂的地形地貌的下垫面条件造成了新疆洪水成因的多样化和复杂性。2016年8月，新疆阿勒泰地区大青河和昌吉州阜康白杨河均发生了历史特大洪水，两河水库入库实测及调查的最大洪峰流量均超过水库原设计校核设计洪峰流量(大青河喀因德布拉克水库属在建，白杨河水库属已建，两水库均为中型水库，校核标准为2000年一遇)；大青河水文站1957年建站观测至今，白杨河水文站1963年建站观测至今，经事后洪水调查，主要为上游暴雨型洪水与堰塞湖溃坝型洪水叠加形成，将该场洪水加入后与原设计成果对比增幅几乎翻番，在开都河上游已建运行的察汗乌苏水库电站工程(大型水库)也发生了同样的情况。因此，除应按规范对设计洪水成果进行合理性和安全性综合评价，论证对校核标准进行安全修正的必要性外，针对新疆河流的这一特点，应首先充分利用遥感资料进行排查，若存在堰塞湖条件，则应进一步开展野外勘察，通过调查确定工程以上流域现存的堰塞湖数量、分布情况及容积等，估算其溃决洪水。如大青河上游堰塞湖经野外勘察确定属人为影响，且今后不可能再自然形成堰塞湖。

(2)新疆中型水库多在中型以上河流，流域集水面积相对较大，在设计依据站与坝址多存区间洪水，须进行洪水地区组成分析；洪水地区组成分析的基本要点是先确定下游防洪设计断面(控制断面)的位置、防洪标准，再确定防洪设计断面上游水库工程的可控区间与无控区间，然后分析有控区间与无控区间的洪水地区组合关系。当上游有多个水库形成水库群时，可按前面原则化繁为简，再拟定新的控制断面，对水库群进行可控区间与无控区间分区划分，如乌鲁木齐河、头屯河、三屯河、呼图壁河等。

为了分析研究设计洪水不同的地区组成对工程防洪后果影响，一般需要拟定若干个以不同地区来水为主的计算方案，并经过调洪计算，从中选定可能发生又能满足设计要求的成果。

推求设计断面受上游水库调蓄影响的设计洪水有三类基本方法，即地区组成法、频率组合法、随机模拟法。在新疆工程设计中，通常采用地区组成法进行洪水地区组成分析计算，推算成果主要为各分区的设计洪水过程线。地区组成法又分为典型年法、同频率地区组成法、相关法三种子方法。其中，典型年法方法简单，成果较粗；同频率地区组成法的精度相对较高。在洪水地区组成分析中，应统计各分区洪水峰、量系列，推算分区设计洪水，注意分析各分区的峰量关系、洪水遭遇规律，研究洪水组合方式。

在新疆洪水地区组成分析工作中存在的主要问题是缺乏资料，如何解决在缺乏资料情况下的洪水地区组成分析问题，尚在研究之中。

(3)在新疆很多中小河流设计依据站位置较为偏低，位于出山口后的冲(洪)积扇径流和洪水散失区，如奴尔河、克里雅河、尼雅河、车尔臣河等，在这样的河流上开展工程设计，应充分重视设计依据站的洪水还原问题。

1.2.6.6 泥沙计算

河流泥沙是反映流域水土流失和河川径流质量的重要指标，它对水库及各种水工建筑物的正常运行有很大影响。新疆河流所处流域植被覆盖率、地质情况以及气候条件等存在较大差异，各河流含沙量相差较大。南疆河流含沙量普遍较大，北疆河流含沙量较小。河流悬移质含沙量介于0.05～13 kg/m^{3}之间，区域分布具有一定的纬度地带性规律，即河流悬移质含沙量自北向南增大。

阿尔泰山区、伊犁河流域及准噶尔西部诸河，山区植被条件较好，流域抗侵蚀能力较强，河流含沙量较小，介于0.02～1.5 kg/m^{3}之间。天山南坡的开都河流域广泛发育着古老而坚硬的花岗岩，上游段山地有巴音布鲁克大草原及大小尤尔都斯盆地，植被覆盖率高，沼泽发育，在海拔2 000米左右的中低山地带，阴坡有松林，河谷底生长着柳树、榆树等杂木林，在其调节作用下，河流含沙量较小，其值在0.20～1.00 kg/m^{3}之间。天山北坡诸河及天山东部河流的含沙量在0.30～3.00 kg/m^{3}之间。天山南坡库玛拉克河至迪那河区间河流含沙量普遍较大，其值在2.00～8.00 kg/m^{3}之间。昆仑山和阿尔金山北坡地表物理风化、干燥剥蚀作用强烈，植被稀疏，流域抗侵蚀能力弱，是新疆河流含沙量最大的地区，如尼雅河的尼雅站实测多年平均含沙量为12.9 kg/m^3，卡墙河的且末站实测多年平均含沙量为12.5 kg/m^3。另外，较大或特大暴雨洪水具有在短时间内含沙量剧增的特点，如提孜那甫河的玉孜门勒克站1989年的年最大含沙量达1 090 kg/m^3，伊犁切德克苏河水文站2002年7月实测年最大含沙量达1 210 kg/m^3，尼雅河的尼雅站1978年最大含沙量达897 kg/m^3。

各河输沙量的年际变化差异很大，变化规律与河川径流量相似，但年际变化幅度远大于径流。河流年输沙量极值比(历年最大年输沙量与历年最小年输沙量之比值)介于3.8～480之间；年输沙量C_v值介于0.31～1.81之间。据实测资料统计，阿拉沟河极值比可达479，准噶尔西部的卡琅古尔河极值比可达175，天山南坡的黄水沟极值比达178，C_v值分别为1.65、1.81、2.09，是输沙量较大的三条河流。伊犁河和库玛拉克河悬移质输沙量极值比分别为3.80和3.99；C_v值分别为0.32、0.31，是输沙量年际变化相对较小的河流。

新疆河流悬移质输沙量的年内分配极不均匀。连续最大四个月输沙量主要集中于4～9月，多年平均最大四个月输沙量占年输沙量的76.2%～99.3%。部分河流最大一个月悬移质输沙量占到年输沙量的60%以上。

新疆国土面积大，水文站分布稀疏，加之水文测站并非都进行泥沙测验，有些测站测验项目也不全，相对降水、水位、流量，泥沙系列较短、精度较差。新疆共有悬移质泥沙观测点166处，有10年以上资料的约占51.8%，具有20年以上资料的仅约占22.9%。大多数中小河流属无实测泥沙资料河流。

《水利水电工程水文计算规范》(SL278-2002)规定，设计依据站具有20年以上(或经插补延长)、且具有一定代表性可直接统计泥沙特征值，有短期实测悬移质泥沙资料，可采用类比法估算，无实测悬移质泥沙资料时，可采用经主管部门审批的输沙模数图估算，或采用遥感分析法估算。

对于设计依据站具有20年以上(或经插补延长)实测悬移质泥沙资料的，经与径流相应短系列分析评价泥沙系列代表性后，根据统计的多年平均悬移质含沙量和输沙模数，采用水沙关系或输沙模数法推求坝址多年平均悬移质输沙量。

对于设计依据站有短期实测悬移质泥沙资料的，一般根据相似流域参证站长系列实测资料，采用长短系列订正法推求多年平均悬移质含沙量。

对于无实测悬移质泥沙资料的河流，一般采用相邻、相近、相似流域具有长系列悬移质泥沙系列资料的参证站悬移质泥沙设计成果，采用水沙关系或输沙模数法推求坝址多年平均悬移质输沙量；有些河流可通过其已建水库工程的泥沙淤积测量资料推求悬移质输沙量。

相比悬移质，推移质实测资料更少，一般根据悬移质泥沙设计成果，多采用推悬比推求推移质输沙量，推悬比取值一般在0.10～0.30之间。在具体工程设计实践中应注意以下问题：

（1）对于有短期或无实测悬移质泥沙资料的河流，参证流域参证站的选择至关重要，应充分收集两流域相关资料进行充分论证。

（2）采用参证站悬移质输沙模数法计算时，应分析两流域面积比与水量比，如出现倒置情况，建议采用水沙关系推求。

（3）推悬比的选取应根据河流特性及河床表象等综合分析论证。

（4）编规要求泥沙问题严重的工程，应提出悬移质泥沙颗粒级配曲线、平均或中值粒径、矿物质成分等资料。

第二章

中型水库坝型选择

2.1 坝型选择概述

2.1.1 水工建筑物类型划分

水工建筑物，就是在水的静力或动力的作用下工作，并与水发生相互影响的各种建筑物。其主要功能是控制和调节水流，防治水害，开发利用水资源，是实现各项水利工程目标的重要组成部分。

水工建筑物可按使用期限和功能进行分类。

按使用期限可分为永久性水工建筑物和临时性水工建筑物。永久性水工建筑物可在运用期内长期使用，根据其在整体工程中的重要性又分为主要建筑物和次要建筑物。主要建筑物是指该建筑物失事后将造成下游灾害或严重影响工程效益，如闸、坝、泄水建筑物、输水建筑物及水电站厂房等；次要建筑物是指失事后不致造成下游灾害和对工程效益影响不大且易于检修的建筑物，如挡土墙、导流墙、工作桥及护岸等。临时性水工建筑物是指在施工期短时间内发挥作用的建筑物，如围堰、导流隧洞、导流明渠等。

按功能可分为通用性水工建筑物和专门性水工建筑物。通常可以合并划分为以下六类：

① 水工建筑物：用以拦截江河，形成水库或壅高水位。如各种拱坝、重力坝、土石坝和水闸，以及为抗御洪水或挡潮，沿江河海岸修建的堤防、海塘等。

② 泄水建筑物：用以渲泄在各种情况下，特别是洪水期的多余入库水量，以确保大坝和其他建筑物的安全。如溢流坝、溢洪道、泄洪洞、分洪闸等。

③ 输水建筑物：为灌溉、发电和供水的需要从上游向下游输水用的建筑物。如输水洞(道)、引水管、渠道、渡槽、倒虹吸等。

④ 取水建筑物：是输水建筑物的首部建筑。如进水闸、深式进水口、扬水泵站等。

⑤ 整治建筑物：用以整治河道，改善河道的水流条件。如丁坝、顺坝、导流堤、护岸等。

⑥ 专门建筑物：专门为灌溉、发电、供水、过坝、过鱼等需要而修建的建筑物。如电站厂房、沉沙池、船闸、升船机、鱼道、筏道等。主要有：水电站建筑物，如前池、调压室(井、阀)、压力管道、水电站厂房(地面式、地下式、坝后式等)；渠系建筑物，如节制闸、分水闸、渡槽、沉砂池、冲沙闸、渡槽、倒虹吸、隧洞、桥梁等；港口水工建筑物，如防波堤、码头、船坞、船台和滑道；过坝设施，如船闸、升船机、放木道、筏道、鱼道、升鱼机等。鱼类增殖站也是重要的水工建筑物，其功能类同生产性厂房，作用主要是鱼类繁殖。

有些水工建筑物的功能并非单一，难以严格区分其类型，如各种溢流坝，既是挡水建筑物，又是泄水建筑物；闸门既能挡水和泄水，又是水力发电、灌溉、供水和航运等工程的重要组成部分。有时施工导流隧洞可以与泄水或引水隧洞等结合。有些过河桥梁施工完成后就成为连接两岸交通的重要设施，承担永久交通任务。早期的面板堆石坝工程常常将深孔合并，仅有的一条底孔就承担了放水、泄水、排沙等多重功能。

水工建筑物的主要特点是：

① 工作条件复杂：水工建筑物工作条件的复杂性主要是由于水的作用。水对挡水建筑物有静水压力，其值随建筑物挡水高度的加大而剧增，为此建筑物必须有足够的水平抵抗力和稳定性。此外，水面有波浪，将给建筑物附加波浪压力；水面结冰时，将附加冰压力；发生地震时，将附加水的地震激荡力；水流经建筑物时，也会产生各种动水压力。

建筑物上下游的水头差，会导致建筑物及其地基内的渗流。渗流会引起对建筑物稳定不利的渗透压力；渗流也可能引起建筑物及其地基的渗透变形破坏；过大的渗流量会造成水库严重漏水。为此，建造水工建筑物要妥善解决防渗和渗流控制问题。

高速水流通过泄水建筑物时可能出现掺气、负压、空化、空蚀和冲击波等现象；强烈的紊流脉动会引起轻型结构的振动；挟沙水流对建筑物边壁还有磨蚀作用；挑射水流在空中会产生雾化，严重影响周围建筑物；通过建筑物水流的多余动能对下游河床有冲刷作用，甚至影响建筑物本身的安全。因此，兴建泄水建筑物，特别是高水头泄水建筑物时，要注意解决高速水流可能带来的一系列问题，并做好消能防冲设计。

除上述主要作用外，还要注意水的其他可能作用。例如，当水具有侵蚀性时，会使混凝土结构中的石灰质溶解，破坏材料的强度和耐久性；与水接触的水工钢结构易发生严重锈蚀；在寒冷地区的建筑物及其地基将有一系列冰冻问题需要解决。

② 设计选型独特：受自然条件制约多，地形、地质、水文、气象等对工程选址、建筑物选型、施工、枢纽布置和工程投资影响很大。因此找不到两个完全相同的水工建筑物，即使地面上相同，可能地基处理也不同，大坝更是如此。

水工建筑物的型式、构造和尺寸与建筑物所在地的地形、地质、水文等条件密切相关。例如，规模和效益大致相仿的两座坝，由于地质条件优劣的不同，两者的型式、尺寸和造价都会迥然不同。由于自然条件千差万别，水工建筑物设计选型总是只能按各自的特征进行，一般不能采用定型设计，当然这不排除水工建筑物中某些结构部件的标准化。

③ 施工建造艰巨：在河川上建造水工建筑物，比陆地上的土木工程施工困难、复杂得多。主要困难是解决施工导流问题，即必须迫使河川水流按特定通道下泄，以截断河流，便于施工时不受水流的干扰，创造最好的施工空间；要进行很深的地基开挖和复杂的地基处理，有时还需水下施工；施工进度往往要和洪水“赛跑”，在特定的时间内完成巨大的工程量，将建筑物修筑到拦洪高程。

④ 环境问题突出：修建水库大坝涉及淹没区移民及安置、河道上下游生态环境形势改变、鱼类阻隔与生境改变、岸坡坍塌、诱发地震等诸多问题。解决好这些问题，才能促成水库大坝与自然的和谐共处。

⑤ 失事后果严重：高坝大库失事后，水头急泄，人民财产损坏严重。大中型水利工程的挡水建筑物失事，将会给下游带来巨大损失和灾难。特别是拦河坝，如失事溃决，则会给下游带来灾难性乃至毁灭性的后果，这在国内外都不乏惨重实例。据统计，大坝失事最主要的原因，一是洪水漫顶，二是坝基或结构出问题，两者各占失事总数的1/3左右。应当指出，有些水工建筑物的失事与某些自然因素或当时人们的认识能力与技术水平限制有关，也有些是不重视勘测、试验研究或施工质量欠佳所致，后者尤应杜绝。

青海沟后水库溃坝教训深刻，新疆八一水库溃决给下游造成很大影响。

水工建筑物分类见图2.1-1。

2.1.2 水库等别及标准

水库是一种重要的水工建筑物，一般都是永久性建筑物，拦蓄是其最突出的特点，通过拦蓄形成规模不等的库容，使水库具有了防洪（削峰）、灌溉调节、供水、发电、航运、养殖、旅游等多重功能，有些水库功能单一，有些水库具有多种功能。挡水、拦蓄的建筑物就是大坝，对于中小型河流，山区水库一般建在出山口附近，径流量较大或河道纵坡较陡的河流多分级进行开发。通常最上游的水库为龙头调节水库，承担发电、蓄洪、调沙等功能，下游的水库大多承担灌溉、供水、发电任务。

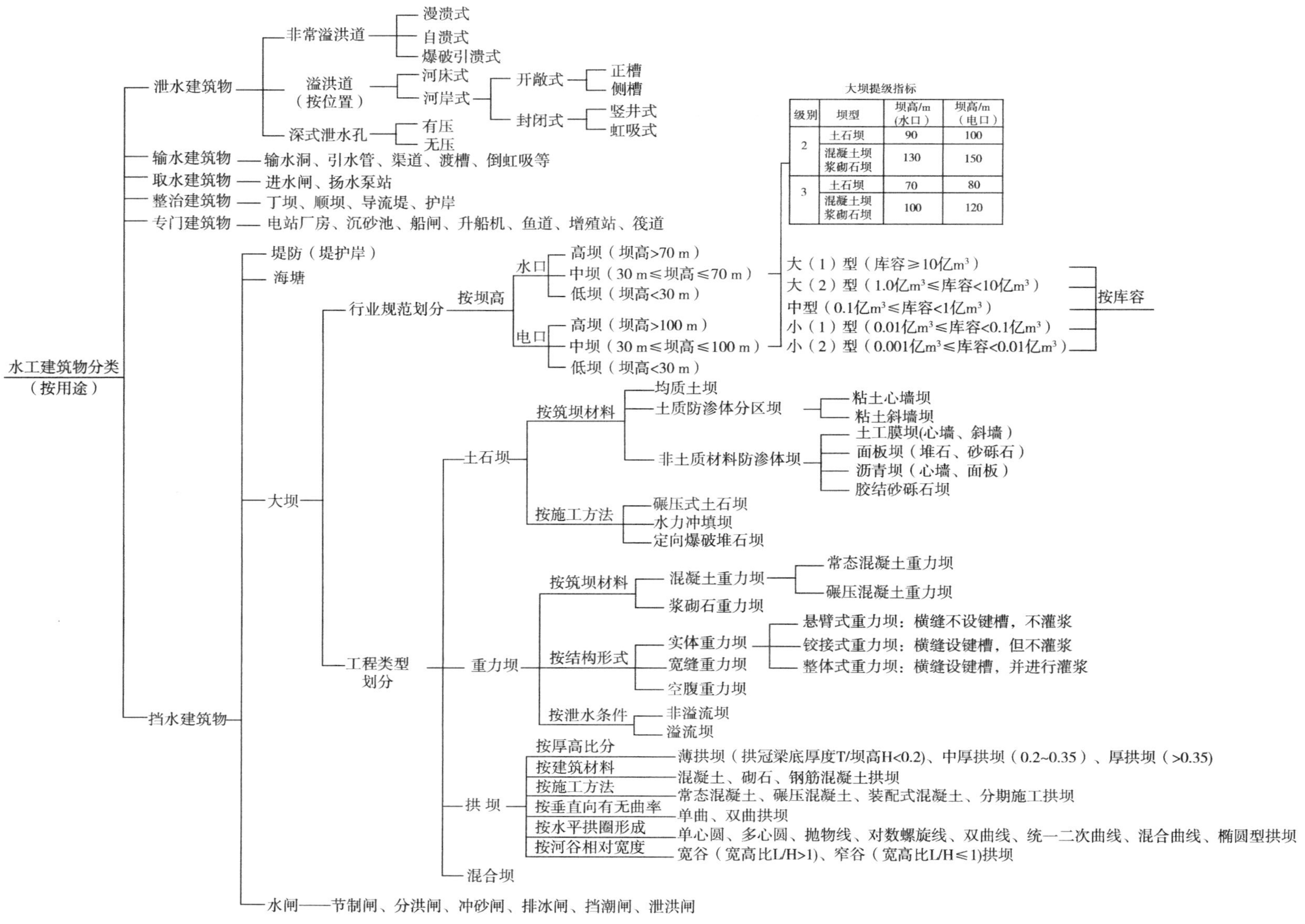

图 2.1-1　水工建筑物分类示意图

新疆山区水库建设近年来呈现出迅速发展的趋势，根据相关规划，2010～2030年规划建设大中型水库近百座，其中绝大多数是山区水库。在山区水库建设中，结合新疆高严寒、高海拔、高地震、深厚覆盖层、多泥沙、少资料等特殊条件，形成了以当地材料坝为主的筑坝趋势。2001年建成了坎尔其水库沥青心墙坝（坝高51.3 m），2010年建成了下坂地水库沥青心墙坝（坝高78 m），当前正在建设中的沥青心墙坝百米级高坝有大石门水库（坝高128.8 m）、阿拉沟水库（坝高105.26 m）、五一水库（坝高102.5 m）、吉尔格勒德水利枢纽（坝高101.5 m），2015年开工建设的大河沿引水枢纽（坝高75 m，混凝土防渗墙最大墙深186 m，属世界第一深墙）。

新疆山区水库建设中尤以混凝土面板砂砾石坝和沥青混凝土心墙砂砾石坝为主要发展方向，针对特殊不良环境及地质条件，在当地材料坝体渗流控制及抗震结构设计、低温季节施工、心墙砾石骨料应用、深厚覆盖层坝基防渗处理及坝体变形控制、施工工艺和建筑材料的应用上不断改进，面板堆石坝和沥青心墙坝建设取得了显著的成就。

现行水利行业规范《水利水电工程等级划分及洪水标准》SL252-2017中有关工程等别、主要建筑物级别、水库大坝提级标准、临时性水工建筑物级别、洪水标准分别见下表及条文说明：

表 2.1-1　水利水电工程分等指标

工程等别	工程规模	水库总库容/10^8 m^3	防洪		治涝	灌溉	供水	发电
			保护城镇及工矿企业的重要性	保护农田/10^4亩	治涝面积/10^4亩	灌溉面积/10^4亩	供水对象重要性	装机容量/10^4 kW
Ⅰ	大（1）型	≥10	特别重要	≥500	≥200	≥150	特别重要	≥120
Ⅱ	大（2）型	10～1.0	重要	500～100	200～60	150～50	重要	120～30
Ⅲ	中型	1.0～0.10	中等	100～30	60～15	50～5	中等	30～5
Ⅳ	小（1）型	0.10～0.01	一般	30～5	15～3	5～0.5	一般	5～1
Ⅴ	小（2）型	0.01～0.001		<5	<3	<0.5		<1

注：1.水库总库容指水库最高水位以下的静库容。

表 2.1-2　山区、丘陵区水利水电工程永久性水工建筑物洪水标准［重现期（年）］

项目		永久性水工建筑物级别				
		1	2	3	4	5
设计		1 000～500	500～100	100～50	50～30	30～20
校核	土石坝	可能最大洪水（PMF）或10 000～5 000	5 000～2 000	2 000～1 000	1 000～300	300～200
	混凝土坝、浆砌石坝	5 000～2 000	2 000～1 000	1 000～500	500～200	200～100

注："当永久性水工建筑物基础的工程地质条件复杂或采用新型结构时，对2～5级建筑物可提高一级设计，但洪水标准不予提高。"

"对土石坝，如失事下游将造成特别重大灾害时，1级建筑物的校核洪水标准，应取可能最大洪水（PMF）或重现期10 000年标准；2～4级建筑物的校核洪水标准，可提高一级。"

"对混凝土坝、浆砌石坝，如洪水漫顶将造成极严重的损失时，1级建筑物的校核洪水标准，经过专门论证并报主管部门批准，可取可能最大洪水（PMF）或重现期10 000年标准。"

"山区、丘陵区水电站厂房的洪水标准，应根据其级别，按表2.1-3的规定确定。河床式水电站厂房，挡水部分的洪水标准，应与工程的主要挡水建筑物的洪水标准相一致。水电站厂房的副厂房、主变压器场、开关站、进厂交通等的洪水标准，可按表2.1-3确定。"

表 2.1-3　山区、丘陵区水电站厂房洪水标准［重现期（年）］

水电站厂房级别	设计	校核
1	200	1 000
2	200 ～ 100	500
3	100 ～ 50	200
4	50 ～ 30	100
5	30 ～ 20	50

从上述相关规范可以看出，中型水库库容在0.1亿～1亿m^3之间，其建筑物级别一般为3级，中坝一般为30～70 m高，当土石坝高超过70 m、混凝土坝坝高超过100 m时，大坝可以提高一级，由3级建筑物提高为2级建筑物，但洪水标准不予提高。大坝控制灌溉面积为5万～50万亩之间、电站工程装机容量在50～300 MW之间，一般都按中型工程对待。

2.1.3 坝址选择

水利水电工程坝址选择、坝型比选、枢纽布置比选往往交叉进行，涉及的因素很多，如地质条件、地形条件、筑坝建筑材料、场内外施工条件、生态环境保护、综合效益等。适合建坝的坝址可能淹没损失较大，适合建拱坝的坝址可能投资较高、工期较长，任何一项因素都不能决定坝址的成立，必须综合考虑。一般应综合考虑下述条件：

（1）地质条件

地质条件是建库建坝的基本条件，是衡量坝址优劣的重要条件之一，在某种程度上决定着兴建枢纽工程的难易。工程地质和水文地质条件是影响坝址、坝型选择的重要因素，且往往起决定性作用。

选择坝址，首先要清楚有关区域的地质情况。坚硬完整、无构造缺陷的岩基是最理想的坝基，但如此理想的地质条件很少见，天然地基总会存在这样或那样的地质缺陷，要看能否通过合适的地基处理措施使其达到筑坝的要求。在该方面必须注意的是：不能疏漏重大地质问题，对重大地质问题要有正确的定性判断，以便决定坝址的取舍或定出防护处理的措施，或在坝址选择和枢纽布置上设法适应坝址的地质条件。对存在破碎带、断层、裂隙、喀斯特溶洞、软弱夹层等坝基条件较差的，还有地震地区，应作充分的论证和可靠的技术措施。坝址选择还必须对区域地质稳定性和地质构造复杂性以及水库区的渗漏、库岸塌滑、岸坡及山体稳定等地质条件做出评价和论证。各种坝型及坝高对地质条件有不同的要求。如拱坝对两岸坝基的要求很高，支墩坝对地基要求也高，次之为重力坝，一般较高的混凝土坝多要求建在岩基上，土石坝要求最低。

（2）地形条件

坝址地形条件必须满足开发任务对枢纽组成建筑物的布置要求。通常河谷两岸有适宜的高度和必需的挡水前缘宽度时，则对枢纽布置有利。一般来说，坝址河谷狭窄，坝轴线较短，坝体工程量较小，但河谷太窄则不利于泄水建筑物、发电建筑物、施工导流及施工场地的布置，有时反不如河谷稍宽处有利。除考虑坝轴线较短外，对坝址选择还应结合泄水建筑物、施工场地的布置和施工导流方案等综合考虑。枢纽上游最好有开阔的河谷，使在淹没损失尽量小的情况下，能获得较大的库容。

坝址地形条件还必须与坝型相互适应，拱坝要求河谷窄狭；土石坝适应河谷宽阔、岸坡平缓、坝址附近或库区内有高程合适的天然垭口，并且方便归河，以便布置河岸式溢洪道。岸坡过陡，会使坝体与岸坡接合处削坡量过大。对于多泥沙河流及有漂木要求的河道，应注意坝址对取水防沙及漂木是否有利。

（3）建筑材料

在选择坝址、坝型时，当地材料的种类、数量及分布往往起决定性影响。对土石坝，坝址附近应有数量足够、质量符合要求的土石料场；如为混凝土坝，则要求坝址附近有良好级配的砂石骨料。料场应便于开采、运输，且施工期间料场不会因淹没而影响施工。所以对建筑材料的开采条件、经济成本等，应进行认真的调查和分析。

（4）施工条件

从施工角度来看，坝址下游应有较开阔的滩地，以便布置施工场地、场内交通和进行导流。应对外交通方便，附近有满足照明及动力需要的电力供应。从长远利益来看，施工的安排应考虑今后运用、管理的方便。

（5）生态环境保护

生态环境保护通俗的说包括水土保持治理、移民安置、环境保护等内容，选择坝址首先应考虑淹没损失最小、移民安置便利、高边坡处理难度较小、河道脱流区尽可能短一些，必须避开鱼类繁殖区、索饵区、种质资源保护区等。人工建造的水库大坝与自然融为一体是建坝的最高境界。

（6）综合效益

坝址选择要综合考虑防洪、灌溉、发电、通航、过木、城市和工业用水、渔业以及旅游等各部门的经济效益，还应考虑上游淹没损失以及蓄水枢纽对上、下游生态环境的各方面的影响。兴建蓄水枢纽将形成水库，使大片原来的陆相地表和河流型水域变为湖泊型水域，改变了地区自然景观，对自然生态和社会经济产生多方面的环境影响。其有利影响是发展了水电、灌溉、供水、养殖、旅游等水利事业和解除洪水灾害、改善气候条件等，但是，也会给人类带来诸如淹没损失、浸没损失、土壤盐碱化或沼泽化、水库淤积、库区塌岸或滑坡、诱发地震、使水温、水质及卫生条件恶化以及造成下游冲刷，河床演变等不利影响。水库对环境的不利影响与水库带给人类的社会经济效益相比，一般说来居次要地位，但处理不当也能造成严重的危害，故在进行水利规划和坝址选择时，必须对生态环境影响问题进行认真研究，并作为方案比较的因素之一加以考虑。不同的坝址、坝型对防洪、灌溉、发电、给水、航运等要求也不相同。

归纳上述条件，优良的坝址应符合地质条件好、地形有利、位置适宜、方便施工、造价低、效益好等条件。所以应全面考虑、综合分析，进行多种方案比较，合理解决矛盾，选取最优成果。

2.1.4 坝型比选

坝型，就是按坝体材料、结构及传力方式、泄洪方式、施工方法等划分的不同大坝类型。按类型划分为重力坝、拱坝、土石坝三种基本坝型；按坝体材料划分，有土石坝、混凝土坝、砌石坝、胶凝砂砾石坝等；按结构受力方式划分，有土石坝、重力坝、拱坝、支墩坝、空腹坝、闸坝等；按泄洪方式划分，则有溢流坝、非溢流坝；按施工方法划分，有碾压土石坝、碾压混凝土坝、浇筑式混凝土坝等。

坝型选择是指确定坝型的论证工作，是水利水电枢纽工程设计的重要决策项目，采用坝型是否恰当对工程的安全、经济及施工、运行等均有很大的影响。中型水库的坝型选择与大型水利水电工程同样应包含坝址选择与坝型选择，而这两部分内容经常会综合起来通盘考虑，往往坝址选定其坝型也就基本确定了。

研究坝型考虑的主要因素：

(1)坝的任务和功能及其他特殊要求。

(2)地形条件。包括坝址及其上下游一定范围内河床、河岸形状和河势。

(3)地质条件。

(4)建筑材料。坝址附近有无数量足够、质量合格的建筑材料及其开采的运输条件等。

(5)水文气象。包括降水、径流、洪水、水情、冰情和气温等。

(6)施工条件。包括施工场地、场内外交通、施工方法、施工机械和工期等。

(7)不同类型坝高的限制。

(8)运行管理条件。包括运行控制、安全监测、工程维护等。

(9)抗震要求。包括坝址区地震基本烈度、水库诱发地震的可能性等。

利用土石材料筑坝，可以节省水泥，减少外来物资的运输量；对坝基工程地质条件要求较低，但一般不能利用坝身过水。这种坝型适用于岸边容易布置泄洪、导流及引水发电等建筑物的坝址，有合适的土石筑坝材料，对外交通不便，外来材料运输费高，近坝库岸无大的滑坡涌浪的威胁等条件可考虑修建土石坝。

地质条件较好的坝址可以考虑重力坝。除挡水外，重力坝坝体还可用来布置泄洪、导流、引水建筑物，有时还可在坝体内设置发电厂房，因而可充分利用河床布置枢纽建筑物，抗超标准洪水的能力强，有较高的安全性。但混凝土重力坝坝体混凝土量大，耗用水泥较多，为保证质量，浇筑时需采取一定的温控措施。当地基满足要求，附近有充足的砂石骨料，而又缺少足够的当地材料时，可考虑修建重力坝。

拱坝坝体剖面小，水泥用量少，抗震性能好，超载能力强；但地基变形、温度变化及混凝土收缩对坝体应力的影响较大。当河谷狭窄、宽高比不大、两岸大致对称、河床及两岸的岩体坚固完整时，可考虑修建拱坝。

坝型选择必须把各种影响因素和各种坝型的适用特点以及整个枢纽布置相结合，通过对若干个可能方案进行技术比较和综合分析来选定。

坝型选择是水电枢纽工程设计的重要决策项目，采用坝型是否恰当对工程的安全、经济及施工、运行等均有很大的影响。合理的坝型便于施工布置和节省工期，可以使挡水、泄洪、发电厂房等建筑物布置各得其所，在很好地满足各建筑物发挥其功能性要求的同时，使工程建筑物部分的投资最小。在每种比选坝型均可以满足工程安全的前提下，坝型最终的选定反映了建筑物布置与地形地质条件的和谐及工程的经济性。

坝型选择通常分阶段进行，先选出基本坝型（混凝土坝或土石坝），进一步深入工作后，再从基本坝型中选出采用的坝型。如从土石坝基本坝型中对土质心墙堆石坝、混凝土面板堆石坝、沥青混凝土心墙堆石坝等坝型作进一步比选。近年来，也有许多工程考虑坝址自然条件对坝型的适应性，经对参选坝型筛选后，直接开展坝型的比选工作。坝型比选时，首先根据坝址地形地质条件、技术发展水平、工程经验类比等拟定参与比较的2～3种坝型方案，如岩石坚硬完整的狭窄河谷适于采用拱坝或重力坝，而覆盖层深厚的软质岩体坝址可以修建土石坝。如果所选坝型坝高与已建同类坝型高度相比，超出现有技术水平和经验，则建坝技术风险较大，需要进行专题研究论证后再参与比选。

1950—20世纪80年代，受经济实力影响，我国曾研究建设了一批以节省混凝土、节约工程投资为主要目的的宽缝重力坝、空腹坝、砌石坝、支墩坝等新型、轻型坝型，以及水力冲填、抛填和爆破堆石类土石坝。随着时间的推移，这类坝型已逐渐退出历史舞台。近年来，水电工程坝型选择更加注重减小水泥等高耗能材料的用量，简化施工以缩短建设周期，尽可能采用节能环保材料。

当前，我国大型水电工程坝型主要在混凝土或碾压混凝土拱坝及重力坝、土心墙堆石坝、混凝土面板堆石坝中进行比选。中型水库大多坝高在50～100 m之间，结合新疆的地质地形条件优先考虑土石坝较为适宜。对每一种比较坝型，需要结合泄水、发电、供水及通航等建筑物布置，经初步比较提出各自的代表性枢纽布置方案，然后从地形地质条件、枢纽布置条件、建筑材料、施工条件、工期、工程量及工程投资等方面进行综合技术经济比较，必要时还要考虑建设征地移民安置、环境影响等因素。

坝址及坝型选择的工作贯穿于各设计阶段之中，并且是逐步优化的。水库枢纽一般由挡水、泄水、放水及某些专门性建筑物组成，将这些作用不同的建筑物相对集中布置，并保证它们在运行中良好配合的工作，就是拦河水利枢纽布置。拦河水利枢纽布置应根据国家水利建设的方针，依据流域规划，从长远着眼，结合近期的发展需要，对各种可能的枢纽布置方案进行综合分析、比较，选定最优方案，然后严格按照水利枢纽的基建程序，分阶段有计划地进行规划设计。

在可行性研究阶段，一般是根据开发任务的要求，分析地形、地质及施工等条件，初选几个可能筑坝的地段（坝段）和若干条有代表性的坝轴线，通过枢纽布置进行综合比较，选择其中最有利的坝段和相对较好的坝轴线，进而提出推荐坝址，然后在推荐坝址上进行枢纽工程布置，再通过方案比较，初选基本坝型和枢纽布置方式。

在初步设计阶段，要进一步进行枢纽布置，通过技术经济比较，选定最合理的坝轴线，确定坝型及其他建筑物的形式和主要尺寸，并进行具体的枢纽工程布置。

坝轴线及坝型选择是拦河水利枢纽设计中一项主要的工作，具有重大的技术经济意义，两者是相互关联的，影响因素也是多方面的，不仅要研究坝址及其周围的自然条件，还需考虑枢纽的施工、运用条件、发展远景和投资指标等。需进行全面论证和综合比较后，才能做出正确的判断和选择合理的方案。

2.2 坝型选择与应用

2.2.1 坝型的选择

坝型选择是水利水电工程中首先需要解决的一个重要问题，涉及许多重要影响因素，归纳起来，可分为技术经济指标、技术条件和施工要求三大类。根据坝址的实际自然条件，结合与坝型特点相关的影响因素，做出一个相对最优的决策，而各个方案互有优缺点，于是给决策者优选最佳坝型带来困难。

按目前水利水电工程类型划分，坝型可分为土石坝、重力坝及拱坝三种基本坝型。按坝高划分：坝高＞70 m为高坝，30 m≤坝高≤70 m为中坝，坝高＜30 m为低坝。新疆近几十年来修建的土石坝代表坝型有黏土心墙坝、土工膜斜墙坝、均质土坝、水力冲填坝、浇筑式及碾压式沥青心墙坝、面板堆石坝等；重力坝代表坝型有浇筑式重力坝、碾压混凝土重力坝、砌石重力坝等；拱坝代表坝型有常态重力拱坝、常态拱坝、碾压混凝土薄拱坝等。近几年发展的胶凝材料砂砾石坝、堆石混凝土筑坝技术目前在中低坝及围堰上已有成功运用的案例。个别工程采用了组合型式，如山口主坝为碾压混凝土重力坝、副坝为黏土心墙坝。

混凝土重力坝是主要依靠自身重量在地基上产生的摩擦力和坝与地基之间的凝聚力来抵抗坝前巨大的水推力，维持自身稳定的一种坝型。重力坝沿坝轴呈直线布置，每隔一定距离用横缝分割成若干的坝段。按结构形式可以分为实体重力坝、宽缝重力坝、支墩坝、空腹重力坝、预应力重力坝等不同类型，后集中施工较为复杂，较少采用。常见的是实体重力坝，如图2.2-1、2.2-2。

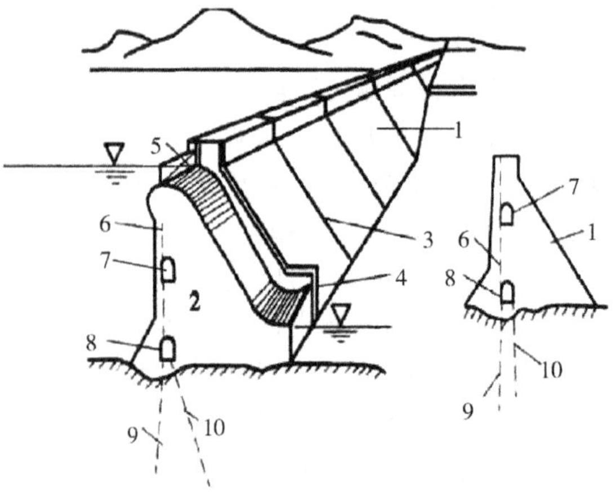

图 2.2-1　重力坝的剖面详图

1-非溢流重力坝；2-溢流重力坝；3-横缝；4-导墙；5-闸门；6-坝内排水管；7-检修、排水廊道；8-基础灌浆廊道；9-防渗帷幕；10-坝基排水孔

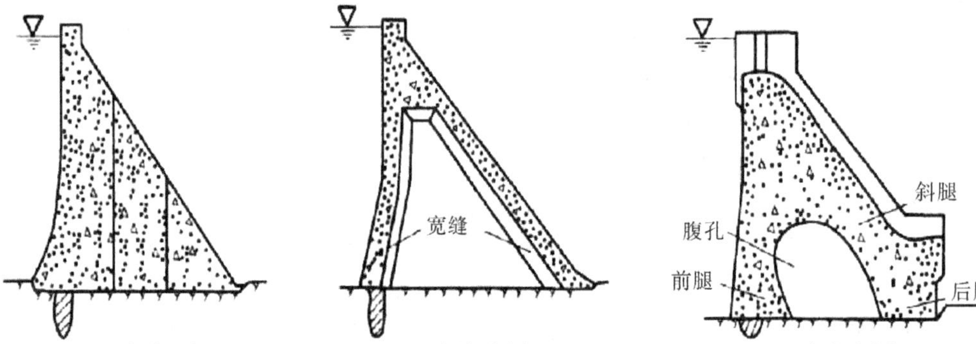

(a)实体重力坝　(b)宽缝重力坝　(c)空腹重力坝

图 2.2-2　重力坝的型式

拱坝是固接于基岩的空间壳体结构，在平面上呈凸向上游的拱形，拱冠剖面呈竖直的或向上游弯曲。坝体结构是由水平的拱圈和竖向的悬臂梁共同组成。拱坝超载能力强，在地质条件合适的山区中修建高坝大库是首选坝型。图2.2-3给出拱坝平面及剖面图示意图。

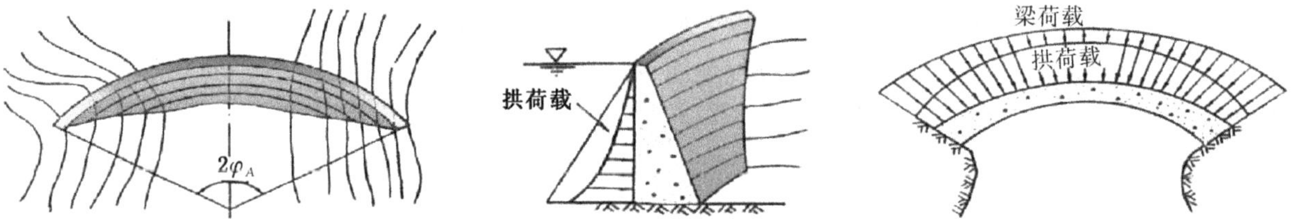

(a)拱坝平面图　(b)垂直剖面(悬臂梁)图　(c)水平截面(拱)

图 2.2-3　拱坝平面及剖面图

土石坝具有结构简单，造价低廉，运行管理方便，工作可靠的特点，便于维护和加高；施工方法选择灵活性大，能适应不同的施工方法，施工速度快，质量容易保证；筑坝材料就地取材，节省大量钢材、水泥、木材等建筑材料；适应地形变形能力强。土石坝具有适应地基变形的良好条件，对地基的要求比较简单。但土石坝坝型也存在一些缺点，如施工导流不如其他坝型方便，工程造价因而相应也增加；由于坝体断面大，土料填筑质量会受气候影响；土石坝坝顶一般不能溢流，需另开泄洪隧洞或溢洪道。

均质坝：均质坝绝大部分由大致均一的土料分层填筑而成。由于筑坝土料一般采用透水性较小的粘性壤土或砂质黏土，坝体本身具有防渗作用，因此无需设置专门的防渗措施，如图2.2-4(a)所示。

土质防渗体分区坝：这种坝型由透水性很小的土质防渗体和若干种透水土石料分区分层填筑而成。其中，粘性土质防渗体设在坝体中部或稍向上游倾斜的称为黏土心墙坝或黏土斜心墙坝，如图2.2-4(b)、(c)所示；设在坝体上游面的称为黏土斜墙坝，如图2.2-4(d)、(e)所示；此外，还有其他型式的分区坝，如坝体上游部分为防渗土料，下游部分为透水土料的分区坝等。

非土质材料防渗体坝：这种坝型的防渗体一般由钢筋混凝土、沥青混凝土或其他非土质材料做成。其中，防渗体布置在坝体中央附近的称为心墙坝，如图2.2-4(f)所示；防渗体布置在上游面的称为面板土石坝，如图2.2-4(g)、(h)所示。在堆石坝中，一般将防渗体设在上游坝面，又称面板堆石坝。

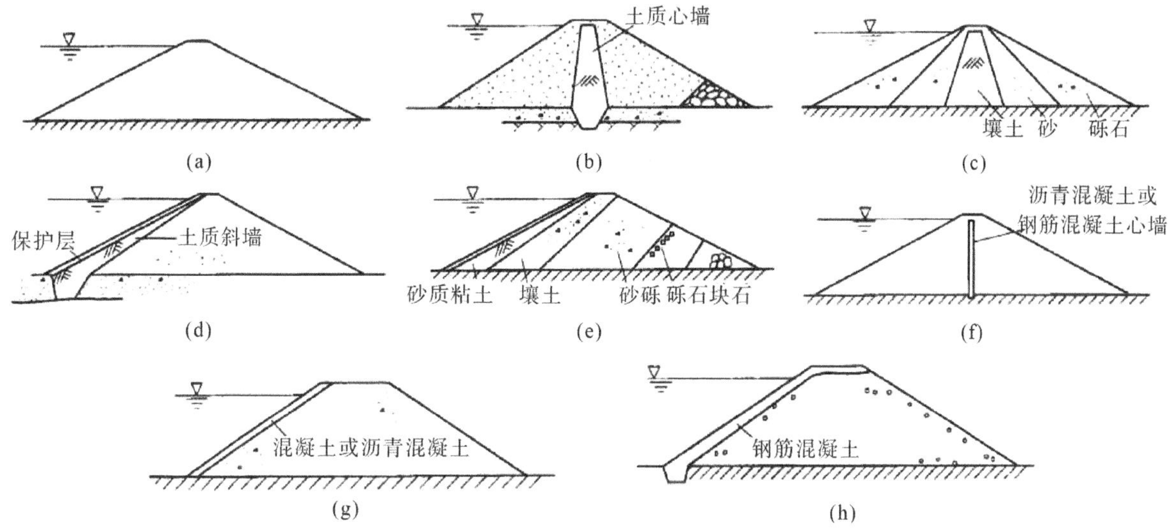

图2.2-4 土石坝类型

2.2.2 常见坝型的应用条件

1. 混凝土重力坝

(1)体型简单，安全可靠。混凝土重力坝断面形状简单，各个坝段之间独立工作，互不传力，结构作用明确，设计方法简便。

(2)对地质、地形条件适应性强。可以建在一般岩基上，能够适应不同的岩石情况和复杂不均匀地基，几乎可以建在任何形状的峡谷中。当坝基覆盖层较薄或开挖工程量不大，且当地有大量的砂石骨料可以利用，交通又比较方便时，一般可以考虑修筑混凝土重力坝。但也要注意重力坝需要足够的自重维持稳定，故对地基要求较高。

(3)容易解决泄水问题。能够抵抗水流冲刷，可直接从坝顶溢流，而不需另建河岸溢洪道，也可以采用坝身开孔泄流。整体抗震性能也较好。河谷较宽的可以优先利用底孔导流，降低施工导流费用；枢纽布置相对较为简单。

(4)便于施工。适用于各种气候条件，容易解决施工导流，不复杂的体形可以用机械化施工，也可以利用丰富的劳动力。由于筑坝材料的抗冲能力强，施工期可以利用较低坝块或预留底孔导流，坝体体型简单，便于机械化施工。

(5)坝体扬压力大。坝的地基和坝体材料在某种程度上是可以透水的，水渗入地基或坝体便在坝体内形成孔隙水压力。对于接近水平的坝基面或坝体水平截面而言，分布于截面上的向上孔隙水压力叫做扬压力。扬压力抵消一部分坝体重量，对坝体稳定不利。

(6)水泥用量大，材料强度没有充分发挥。因混凝土重力坝需要足够的自重维持稳定，坝体体积大，坝内材料的强度不能充分发挥。

(7)施工期温度应力和收缩应力大。由于重力坝是大体积结构，水泥的水化热在施工期难以散失，使混凝土产生较大的温度应力和收缩应力。主要缺点是温控较为复杂，无论常态、碾压均需要采取必要的温控措施。

冲乎尔水电站碾压混凝土重力坝典型断面：坝高71 m。

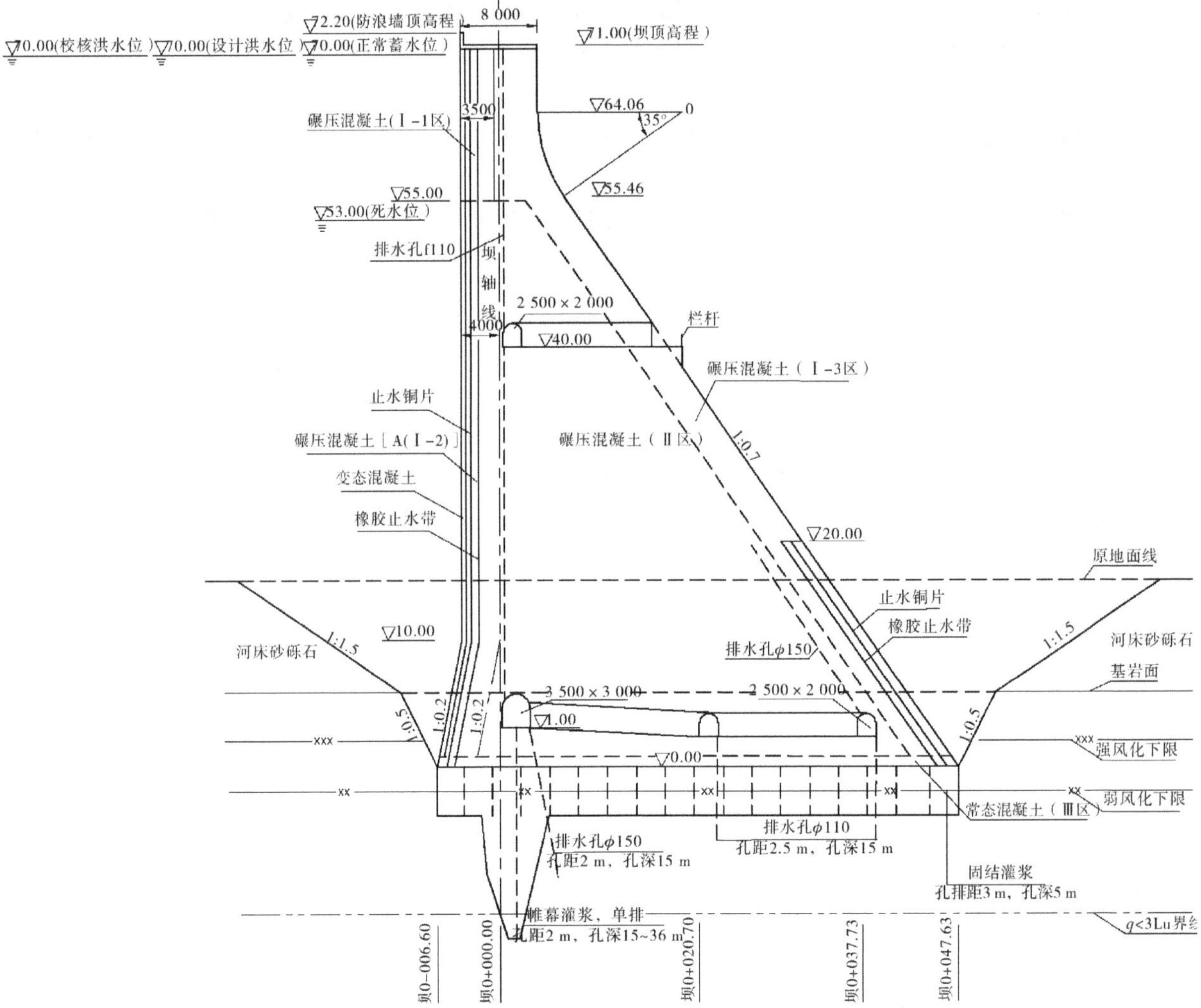

图 2.2-5　冲乎尔水电站碾压混凝土重力坝典型剖面图

2. 拱坝

（1）安全性最高。拱坝是一个整体结构，拱梁分担荷载，受力较合理。当外荷载增大使拱圈局部出现拉应力而使混凝土开裂时，拱圈可以自行调整坝体应力，适应新的应力状态，超载能力强。结构安全性高；梁开裂，拱多承担；拱开裂，则形成二次拱。拱坝四周嵌固于基岩，属于高次超静定结构，当发生超载或产生局部裂缝时，坝体拱梁作用自行调整，坝体的应力将重新分配，原来低应力区的应力增大，高应力不再增长，裂缝停止发展甚至闭合。国内外拱坝结构模型实验成果表明，拱坝的超载能力可达到设计荷载的5～11倍。

（2）抗震性能好。中国台湾的德基拱坝，高181 m，1999年9月21日遭遇7.3级地震，坝体无恙。意大利瓦伊昂（Vajont）坝上百米水头漫顶，坝高261.6 m，底厚22.1 m，厚高比T/H=0.084；1963年9月28日～10月9日水库上游连续大雨，引起两岸地下水位升高，使岩体位移速度加快。10月9日达25 cm/d，当晚10点41分，左岸坡发生整体滑落，范围长达2.0 km，宽1.6 km，在“M”形裂缝圈定的滑坡体总量为2.7亿m^3。坝前长达1.8 km的库段在30～45 s时间内全坝淤满，淤积体高出库水面150 m。滑坡体导致涌浪高达250 m，下泄洪水流速280 km/h，约有1.15亿m^3的库水被掀起，在离坝址1.4 km的瓦伊昂峡谷出口处波浪立高达70 m。由于大坝施工质量高，坝体具有较大的安全富余，坝肩进行了锚固灌浆处理，尽管涌浪对拱坝产生约为4 000万kN的动荷载，相当于8倍的设计荷载，但大坝并未发生重大破坏，仅在左坝肩坝顶发生长约9 m、高约1.5 m的局部破坏。表2.2-1、表2.2-2给出了拱坝遭遇地震情况统计值。

表 2.2-1　拱坝遭遇地震情况一览表（库容大于 1 亿 m^3）

坝名	国家	修建年代	坝高 /m	库容 /亿 m^3	地震日期	烈度	震级	受损情况
胡佛（鲍尔德）Hoover（Boulder）	美国	1936	221	348.5	1936	–	5.0	**
康特拉 Contra	瑞士	1965	220	10.5	1965.1	–	–	渗漏增大
黑部第Ⅳ	日本	1963	186	1.99	1963		5	**
德基	中国	1974	181	2.32	1999.9.21		7.3	**
维德·阿洛斯 Vid.Arges	罗马尼亚	1965	167	4.65	1977.6.4	7.5	–	**
蒙特拉德 Monteynard	法国	1962	155	24	1963.4.25	7.5	5	**
奈川渡	日本	1970	155	1.23	1984		6.8	**
坎内耳斯	西班牙	1960	150	6.78	1962.6.9	5		**
卡博里尔 Cabril	葡萄牙	1954	136	71.9	1969.2.28	6	8.0	**
苏斯圭 Susqueda	西班牙	1968	135	2.33	1969.2.28		8	渗漏增大
乌格朗斯	法国	1968	130	60.5	1971.6.21	–	4.5	**
格朗卡里伏 Grancarevo	前南斯拉夫	1967	123	12.8			3	渗漏增大
卡里巴 Kariba	赞比亚	1959	128	1 600	1963		5.5	**
皮夫地卡多尔 Pieve di Cadore	意大利	1949	112	6.84		7		**
腊贝尔 Rapel	智利	1968	112	68	1968.3.3	8	7.7	局部破坏
蒙蒂西洛 Monticello	美国	1957	93	19.8				渗漏增大
罗比 Ruby	美国	1938	76	4.8	1947.11.23	7		**
佛雷尔	秘鲁	1958	72	2.0	1960.1		4	开裂、漏水
亨得克·威尔沃 Hendik Verwo	南非	1972	66	50				**
博萨 Bouca	葡萄牙	1955	65	4.9	1969.2.28		8	**
殿山	日本	1970	64.5	1.23	1960.12.26	5/6		**
吉勃腊塔 Gibraltar	美国	1920	50	1.2	1925.6.25	7	6.3	渗漏增大
巴齐斯 Barcis	意大利	1954	50	2.2	1976.5.6		6.5	**
渥迪凯拉 Odeaxere	葡萄牙	1958	41	3.5	1969.2.28	7	8	渗漏增大
西里斯 Ceres	南非	1953	24	4	1969.9.29		6.6	开裂漏水
二滩	中国	1998	240	58.0	2008.9.30		6.1	**

表 2.2-2　拱坝遭遇地震情况一览表（库容小于 1 亿 m^3）

坝名	国家	修建年代	坝高 /m	库容 /亿 m^3	地震日期	烈度	震级	受损情况
柳米依 Lumiei	意大利	1947	136	0.73	1976.5.6	7	6.5	**
帕科依玛 Pacoima	美国	1929	115	0.057	1971.4/1994		6.6/6.8	局部破坏
上椎叶	日本	1955	110	0.92	1961.2.27			**
帕特·多夫纳 Palt.Doftna	罗马尼亚	1971	108	0.56	1977.3.4	6.0		**
脱拉尼特扎 Tranitza	罗马尼亚	1974	98	0.74	1977.3.4			**
鸣子	日本	1957	95	0.5	1962.4.3			渗漏增大
野禽峡 Val.Gallina	意大利	1951	92.4	0.64		7		**
谷关	中国	1961	85.1		1999.9.21		7.3	局部破坏
大吐久加	美国	1932	77	0.83	1971.2.9		6.6	渗漏增大

续 表

坝名	国家	修建年代	坝高/m	库容/亿m^3	地震日期	烈度	震级	受损情况
棱北	日本	1960	75	0.22	1961.2.27			**
布罗西溪 Brush Creek	美国	1970	65	0.22	1973		6.6	渗漏增大
内戈伐那·萨杜 Negovana Sadu	罗马尼亚	1960	62	0.63	1977.3.4	4.5		**
安比斯塔 Ambiesta	意大利	1957	59	0.39	1976.5.6	9	6.5	**
卡非诺	意大利	1914	40	0.09				**
里普可伏 Lipkovo	前南斯拉夫	1958	38	0.22	1963.7.26		5.4	渗漏增大
奥托·西腊 Alto Ceira	葡萄牙	1949	36	0.12	1969.2.28		8.0	**
马特卡 Matka	前南斯拉夫	1938	30	0.35	1963.7.26	11	5.4	渗漏增大
沙牌	中国	2002	130	0.18	2008.5.12		8.0	表观检查无损

（3）对地形、地质条件要求高。一般要求岩石坚硬、致密、均匀、强度高、不透水性好、耐久性强、拱座应坚硬完整；只要$Er/Ec>1/4$（基岩比混凝土），基岩对拱坝应力影响不大，弹模较低的基岩也可建拱坝；若有不利的地质构造，必须慎重处理。呼图壁石门子水库采用碾压混凝土薄拱坝，施工期增加了右坝肩推力墩处理工作，工期增长、投资增加。

（4）体型廋，可大量节省混凝土工程量。坝体的稳定主要依靠两岸的拱端作用，并不全靠坝体自重来维持。拱坝内部弯距较小，应力分布比较均匀，有利于发挥材料的强度，因而坝体厚度可以减少。当坝址地形为V形或U形狭窄河谷，且两岸坝肩岩基良好时，则可考虑选用拱坝。它工程量小，比重力坝节省混凝土量1/2～2/3，造价相对较低。平面拱圈的线型多种多样，常用的有单心圆、椭圆、抛物线、三心圆、对数螺旋线等。虽然体形优化的目标为坝体（肩）应力状态良好，最大值满足规范要求，且坝体断面最小，工程量最省，但优化过程难免因人而异。有的设计者认为，对数螺旋线型拱能较好适应不对称河谷地形，水平拱推力方向容易调整，坝体表面比较平顺；有的则认为抛物线拱的交角好，有利于拱座稳定，同时拱端弯矩小。

（5）容易解决泄水问题，能大流量泄流。坝身根据需要可布置多层泄水建筑物，能大流量泄流。拱坝坝身较为单薄，坝身溢流可能引起坝身及闸门振动，致使材料疲劳；坝身下泄水流具有向心集中作用，挑距不远，易于造成对河床及河岸冲刷；坝身开设泄水孔会破坏拱坝作用并使孔口周边应力复杂。

（6）设计、施工技术要求高；勘察设计周期较长，工作量比重力坝、土石坝多出近一半。几何形状复杂，施工难度大。新疆冬季漫长，有效施工期仅6～7个月，采用拱坝应认真研究施工工期。

（7）温控较为复杂。对于拱坝，温度荷载是主要荷载之一。拱坝周边固接于基岩上，温度变化及地基变形等对坝体应力有显著影响。实测资料分析表明，由温度变化引起的径向位移约占总位移的1/3～2/3。施工期应严格按设计要求做好温控防裂措施。

大山口重力拱坝典型断面图见图2.2-6；塔西河石门子碾压混凝土薄拱坝典型断面见图2.2-7。

3. 土石坝

（1）就地取材，造价较低。土石坝是世界坝工建设中应用最为广泛和发展最快的一种坝型。土石坝俗称当地材料坝，在我国中小型工程中，土石坝占有很大的比重。随着设计理论、施工技术和施工机械方面的发展，近年来土石坝修建数量已有明显的增长，而且其施工期较短，造价低于混凝土坝。按照施工方法不同，土石坝可分为碾压土石坝、水中填土坝、水力冲填坝和定向爆破堆石坝，后三者现在已较少采用。

（2）对地质、地形条件适应性最强。在筑坝地区，若交通不便或缺乏三材，而当地又有充足实用的土石料，地质方面无大的缺陷，又有适宜的布置河岸式溢洪道的有利地形时，则可就地取材，优先选用土石坝。土石坝的防渗体如有条件直接修建在完整、均一的岩石地基上，往往是安全的，基础处理也较简单。岩层最好具有水平或近似水平面或倾向上游，当岩层产状为高倾角时，其走向以垂直河流流向

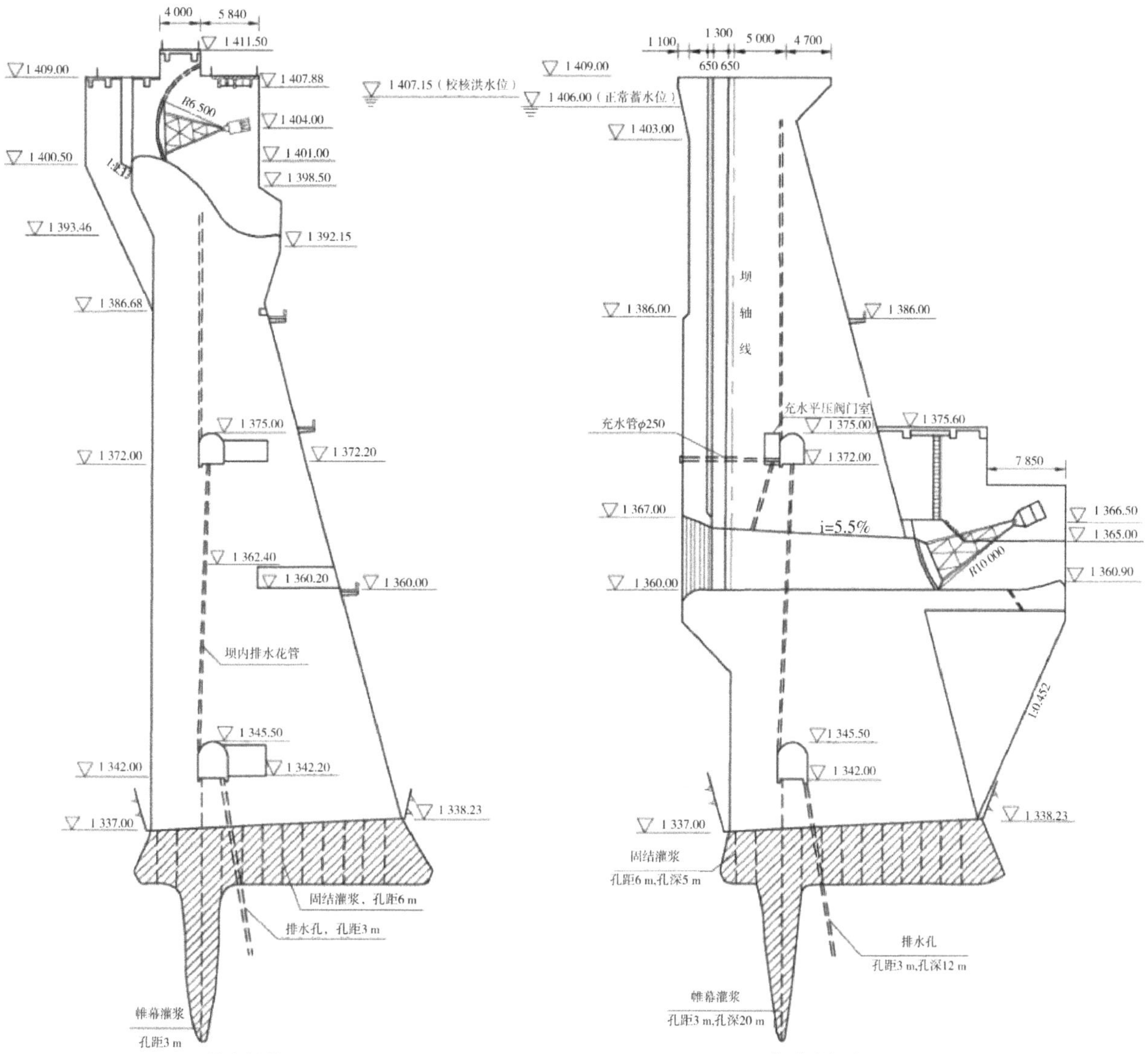

(a) 溢流坝段　　　　(b) 非溢流坝段

图 2.2-6　大山口重力拱坝典型剖面图

为宜，当岩层走向为顺河向时，可能造成施工开挖边坡的稳定和水库蓄水时边坡的稳定问题。一是要有足够的岩石强度；二是岩石地基要具有完整性与均匀性；三是应该避免选择沿基础软弱夹层整体滑动的坝址；四是岩石要有足够的抗水性；五是岩石要有一定的抗渗梯度。

利用覆盖层建坝的技术一直是水利水电工程研究的重点技术问题。我国在利用覆盖层建坝方面也已取得令人瞩目的成就，相继在覆盖层上修建了大量的土石坝，如沥青混凝土心墙堆石坝、混凝土面板堆石坝等。覆盖层上建坝遇到的主要技术问题见表 2.2-3。

表 2.2-3　覆盖层上修建土石坝存在的主要技术问题

<table>
<tr><th colspan="2">项目</th><th>主要技术问题及技术措施</th><th>典型工程案例</th></tr>
<tr><td colspan="2">坝基深厚覆盖层的勘探及试验</td><td>主要问题有覆盖层深度、结构、详细分层、架空情况、各分层岩土的级配、密度、物理力学特性及渗透特性，可能液化砂层的分布及埋深；有无连续分布且较厚的渗透系数相对较小的岩土层等</td><td>新疆下坂地水利枢纽等。可利用钻孔孔内旁压试验和原状砂样的采取技术确定地基承载力和旁压模量，有针对性地提供物理力学性能指标</td></tr>
<tr><td>坝基渗漏及渗流控制措施</td><td>方案选择</td><td colspan="2">坝基渗漏及覆盖层地基的渗透稳定是砂砾石覆盖层地基存在的主要问题。应采用适宜的防渗排水措施，降低坝基渗流的水力坡度，确保坝基覆盖层不发生渗透变形和破坏。坝基防渗有截水墙、混凝土防渗墙、帷幕灌浆等垂直防渗措施和上游黏土铺盖等水平防渗措施。设计过程中，应根据坝型及覆盖层的厚度、渗透特性等，对水平防渗、垂直防渗及各种综合防渗处理方案进行综合比选，以选择在确保安全基础上的经济合理方案</td></tr>
</table>

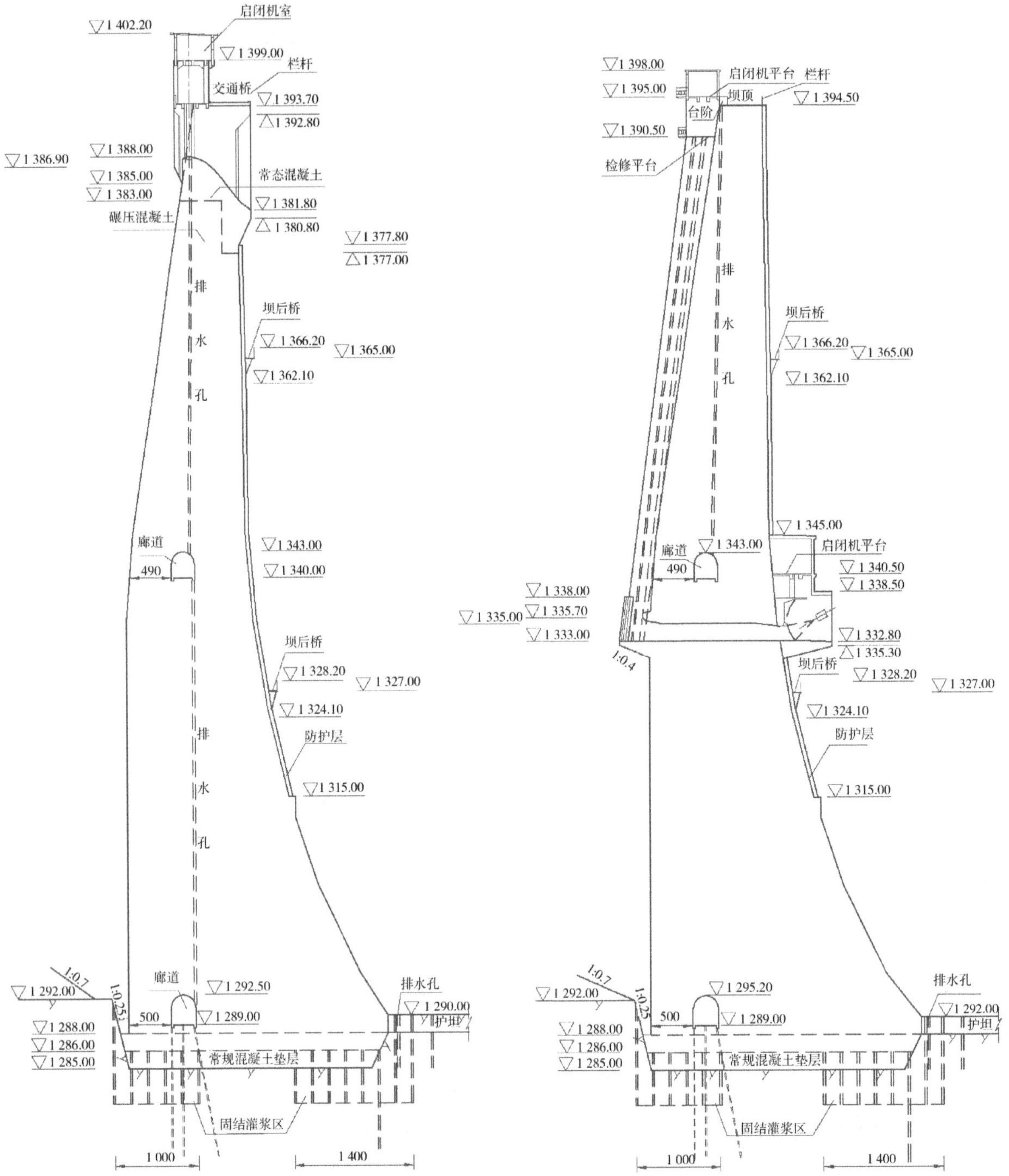

(a) 拱坝溢流坝段剖面图　　　　(b) 拱坝泄洪孔段剖面图

图 2.2-7　塔西河石门子水库碾压混凝土薄拱坝典型断面图

续　表

项目		主要技术问题及技术措施	典型工程案例
坝基渗漏及渗流控制措施	水平防渗方案	当坝基覆盖层深厚而垂直防渗措施缺乏条件或造价昂贵难以实现时，可研究采用水平铺盖方案	巴基斯坦147 m高的塔贝拉土坝，覆盖层最厚达230 m，坝前采用了长度1 432 m，厚15～12 m的黏土铺盖防渗
	垂直防渗方案	垂直防渗方案包括截水槽、防渗墙、灌浆帷幕等。混凝土防渗墙对各种地层和坝型适应性好，造价较低，防渗效果好，是防渗处理广泛采用的方法	加拿大马尼克3号坝，防渗墙最深105 m。小浪底斜心墙堆石坝坝基防渗墙最大深度达82 m
排渗及排水工程措施		对砂砾石地基上的土石坝，在上游采用防渗铺盖，或当垂直防渗效果尚不够可靠时，可在大坝防渗体下游设置水平排水褥垫和反滤盖重可以减小渗流压力，防止地基流土和管涌	阿斯旺坝和塔贝拉坝，塔贝拉土斜墙堆石坝设置了205眼减压井

项目	主要技术问题及技术措施	典型工程案例
坝基抗滑稳定问题及处理措施	由于坝基深厚覆盖层结构复杂，抗剪强度不一，有的还存在黏土、粉土、细砂层等低强度土层，影响到大坝的深层抗滑稳定及混凝土坝的坝基抗滑稳定，应在查清软土分布及力学性质的前提下，通过稳定分析计算，有针对性地采取处理措施	云南雾坪水库大坝，坝高52 m，坝基湖积软土覆盖厚度达33 m，抗剪强度小于20 kPa，采用30 m深的混凝土防渗墙防渗，并采取振冲碎石桩、反压平台预压同结和分期施工等综合处理措施
坝基沉降、不均匀沉陷及加固处理措施	坝基深厚的砂砾石或软土覆盖层会加大坝体的沉降变形及不均匀变形，从而有可能加大土石坝心墙的拱效应，产生坝体裂缝，恶化大坝防渗结构与地基防渗结构及其两者连接结构的受力条件；根据工程具体情况对坝基浅层一定范围内的覆盖层进行加固处理	瀑布沟大坝坝基对心墙下面河床表层8～10 m厚的覆盖层进行了浅层铺盖式固结灌浆，用于防止心墙与基础结合面发生集中渗流破坏及减轻坝基廊道的不均匀变形
坝基砂层液化及处理措施	在高地震烈度地区，坝基深厚覆盖层存在的可能液化砂层，对坝基稳定及坝体变形不利，对其可液化性的判别以及对工程的影响程度分析及处理措施，是覆盖层上建坝的关键问题之一。可采取挖除或换土、人工加密、加强坝基排水以及采取盖重等防护措施	大渡河瀑布沟心墙堆石坝，8度，坝基存在上、下游两块砂层透镜体，上游砂层顶面埋深40～48 m，下游砂层顶面埋深26～40 m。为抗震安全，在下游坝脚处增设了弃渣压重以提高抗液化安全储备
坝基防渗墙布置及与大坝防渗体的连接	坝基防渗墙与大坝防渗体的连接处一般变形和应力均较大，需要通过合理的结构形式和连接方式来解决，防渗墙有采用一道的，也有采用两道的	采用一道防渗墙，如160 m的小浪底、136 m的狮子坪、125.5 m的硗碛等；采用两道防渗墙，如坝高107 m的加拿大马尼克3号坝、240 m的长河坝
下游消能防冲问题及处理措施	在深厚覆盖层上建坝尤其要重视下游消能防冲设计，坝脚需采取可靠的防冲抗冲措施。土石坝泄洪建筑物出口宜距坝脚有足够的安全距离，必要时可根据水力学模型试验成果对消能区覆盖层进行预挖	锦屏二级首部拦河闸坝下游设60 m长的护坦，护坦后设100 m长的块石护坦，末端利用下游围堰的混凝土防渗墙防回流淘刷
覆盖层坝基的渗流监测及建议	覆盖层上土石坝的坝基渗流量监测，一般需对坝脚下游覆盖层地基采用垂直防渗封闭措施。可用混凝土防渗墙、黏土防渗墙、旋喷或灌浆帷幕防渗等形成截水墙，安装量水堰。当坝下游水深较深时，可通过在下游水位以上的两岸和坝趾附近分部位设置的量水堰或测压管进行渗流分析	借助围堰防渗体安装量水堰，也有可能解决下游水位较高时仍可用量水堰监测渗漏量的问题。此方法可为解决深覆盖层渗漏量监测问题找到一条可靠且经济的途径
筑坝材料和坝基覆盖层参数及本构模型的合理性	土石坝应力变形计算的方法较多，如E—V模型、E—B模型、沈珠江双屈服面弹塑性模型等。但各种模型计算结果差别较大，还不能准确地反映大坝及覆盖层的真实工作性态，主要体现在两个方面：一是材料的参数取值问题；二是不同材料的本构计算模型	解决办法是利用全国有代表性的已建、在建土石坝的实际坝料（含覆盖层）特性资料，统计各种材料物理力学参数的合理取值范围，并根据大坝变形监测资料进行反演分析。当前主要是参考、对比、类比
坝基防渗结构及与坝体防渗结构的连接、防渗墙受力状态	岸坡基岩地基与河床覆盖层地基上的坝体防渗结构、坝基廊道、覆盖层中的防渗墙等防渗结构之间存在不均匀变形和应力不连续变化情况。防渗墙底部存渣厚度对防渗墙应力的影响、不同连接形式的防渗墙顶部受力状态、防渗墙是否需要配筋及配筋范围和配筋量等，均缺乏较为系统的研究和相关结论	这和我国深厚覆盖层坝工建设的快速发展不太适应。有待进行进一步系统研究，以便做好结构设计，确保防渗结构的安全
深厚覆盖层的地震响应计算分析	大坝动力分析及抗震性能研究，鉴于深厚覆盖层的结构复杂性，其各类土层的静、动力特性，依目前的勘探和试验手段也难以准确把握，有必要归纳大量工程的坝基及坝体材料动参数的试验数据并进行综合分析研究	坝基覆盖层的影响，可多做不同参数的敏感性分析，以期估计可能的最不利影响，为大坝抗震设计提供参考依据
施工导流问题	如覆盖层的抗冲稳定特性、覆盖层的有效防护措施、覆盖层条件下的截流抛投料稳定特性及降低截流难度措施等	水口水电站，河床覆盖层深厚且水深较大，不利于修建纵向围堰，初期导流采用右岸大明渠方案
施工工艺及机械设备选型问题	施工设备如重型液压抓斗、重型钢丝绳抓斗、旋挖抓斗、冲击钻机、大口径液压拔管机等。钻抓法结合钻劈法施工工艺，不同地质条件、施工环境下的造价控制等问题。目前设备已经成熟，工效较高，但专用设备一次性投资较大	西藏旁多水利枢纽158 m防渗墙，下坂地150 m砂砾石地基灌浆

（3）坝身一般不能泄流。通常采用岸边式溢洪道（洞），少量的面板堆石坝结合地形特点布置了坝顶溢流设施，但规模均不大，应用不广泛。如鄯善县榆树沟溢流面板堆石坝。

（4）抗震性能良好。土石坝是由散粒体的土石料填筑而成的挡水建筑物，散粒之间凝聚力比较低，在渗流、冲刷、沉降、冰冻、地震等因素作用下，表现出不良的物理状态，降低建筑物的功能，甚至引发工程事故。因此要根据土石坝的工作特点提出相应的设计要求。采取适宜措施后的坝体安全是较高的，如遭遇汶川地震考验的四川紫坪铺面板堆石坝。

（5）施工简单。适用于各种气候条件，坝体填筑量大，便于机械化施工。多雨地区粘性土料易受降雨的影响，采用黏土心墙（斜墙）均需要采取防雨措施，造成投资显著增加，这时采用沥青心墙坝是一个不错的选择。

（6）维护加高、扩建容易。有库盘条件、地基满足要求时，土石坝的加高、扩建相对容易。

五一水库沥青心墙坝典型断面见图2.2-8。

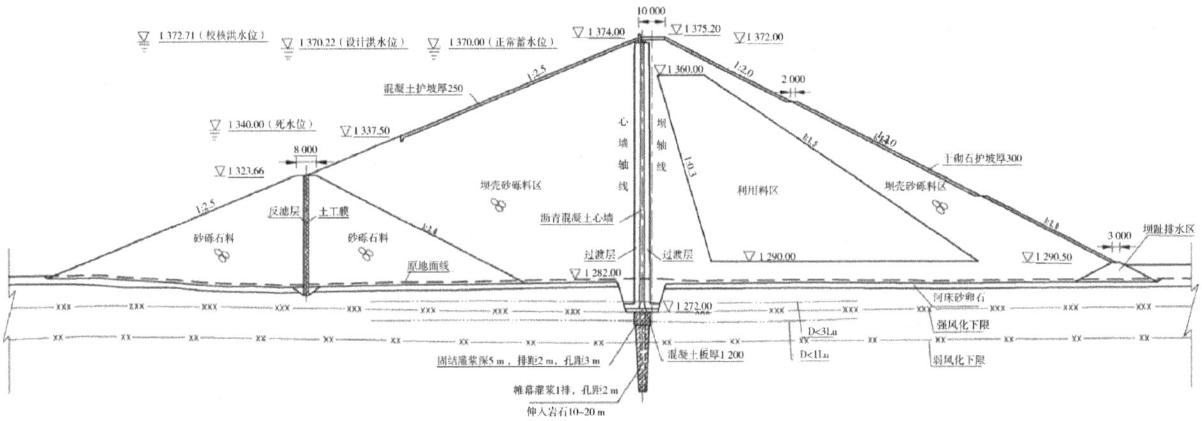

图 2.2-8　五一水库沥青心墙坝典型断面

大西沟水库黏土心墙坝典型断面见图2.2-9。

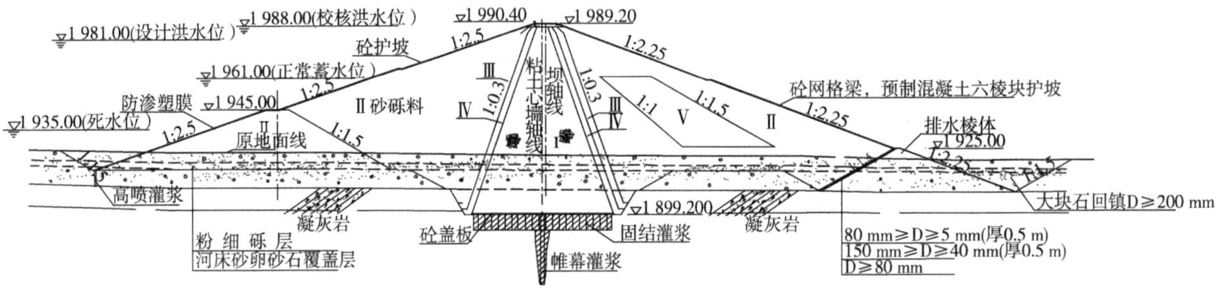

Ⅰ心墙料 Ⅱ砂砾料 Ⅲ过渡料 Ⅳ上游反滤料 Ⅴ利用料

图 2.2-9　大西沟黏土心墙土石坝典型剖面图

吉音水库面板堆石坝典型断面见图2.2-10。

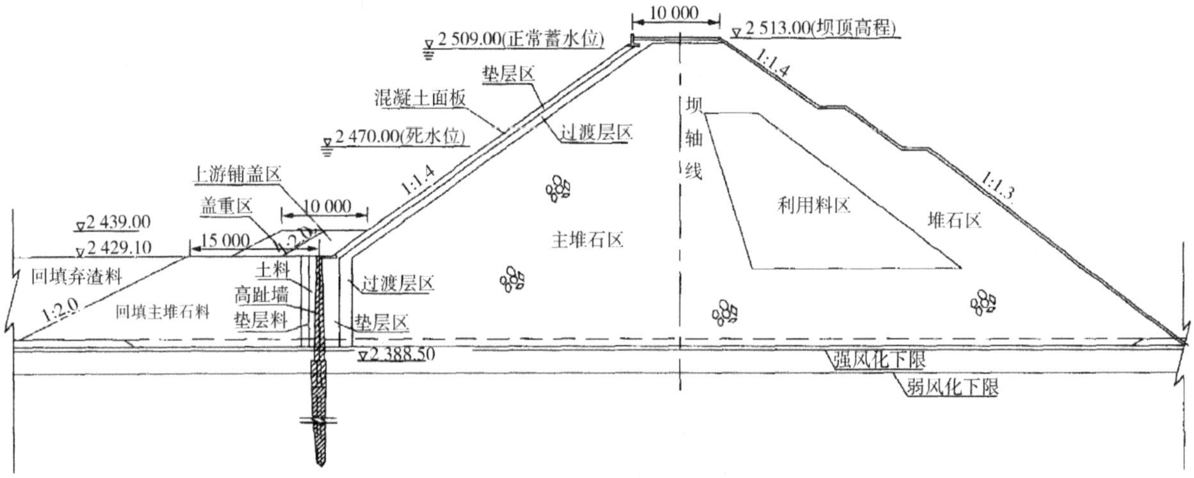

图 2.2-10　吉音水库混凝土面板堆石坝典型剖面

2.3 重力坝

2.3.1 重力坝特点

混凝土重力坝是应用广泛的一种坝型，断面是典型的三角形。按构造不同分：实体重力坝、宽缝重力坝（横缝宽5～8 m占1/5～1/3）、空腹重力坝和预应力重力坝；按泄水作用分为：溢流重力坝、非溢流重力坝；按筑坝材料的不同分为：混凝土重力坝（包括碾压混凝土）和浆砌石重力坝。近年来又发展出利用自密实混凝土的特性修建的堆石（块石、卵石）混凝土重力坝。重力坝依靠自重产生抗滑力来满足稳定要求；依靠自重产生坝踵压应力抵消水压力产生拉应力满足强度要求；结构为固结于地基上的变截面悬臂梁，把水压力作用传向地基。

重力坝设计应关注的主要内容如下：

（1）选定坝址、坝轴线。应结合枢纽布置通盘考虑轴线，必要时轴线适当偏移会利于电站厂房的布置。

（2）进行剖面设计，参照已建工程经验，拟定剖面尺寸；结合交通要求、下游泄水要求、鱼类保护要求分别研究特殊坝段的布置。

（3）稳定分析，验算坝体沿建基面或地基中软弱结构面的稳定安全度，特别关注断层及软弱结构面的影响。

（4）应力分析，使应力条件满足设计规范要求，保证大坝和坝基有足够的强度，结合施工条件、筑坝材料、气候特点研究常态混凝土、碾压混凝土、浆砌石、堆石混凝土等材料类型。

（5）构造设计，根据施工和运行要求，确定坝体的细部构造，如分缝、廊道系统、排水系统、止水系统等。

（6）地基处理，根据地质条件，进行地基的防渗、排水设计；进行断层等地质结构面的处理。

（7）溢流重力坝和泄水孔的设计及消能和防冲设计，包括泄水建筑物体型、溢流堰顶高程、溢流重力坝前沿的宽度和泄水孔进口的高程、泄水孔口的尺寸。

（8）碾压混凝土筑坝技术的最大优势是快速，碾压混凝土筑坝具有强大的生命力，同时又具有土石坝快速施工的特点。其建设周期相比同类的常态混凝土坝可以缩短工期1/3以上，显示出蓬勃发展的强大优势。碾压混凝土入仓运输历来是制约快速施工的关键因素之一。碾压混凝土入仓运输经过汽车运输、皮带机运输、负压溜槽、集料斗周转、缆机或塔机垂直运输等多种入仓运输方案的应用，大量的工程实践证明，汽车直接入仓是快速施工最有效的方式，可以极大地减少中间环节，减少混凝土温度回升。

（9）“层间结合、温控防裂”是碾压混凝土快速筑坝的核心技术，通过大量的实验研究和工程实例，采用外掺粉煤灰或外掺石粉代砂、石粉精确控制拌和、VC值动态控制、通常斜层碾压等技术的成功应用，有效改善了碾压混凝土可碾性、液化泛浆和层间结合质量。

2.3.2 重力坝筑坝技术在新疆的应用

重力坝是抗震效果很好的坝型，坝段单独稳定使其具有很高的稳定性，但重力坝对地基要求很高，常态混凝土重力坝投资较高，施工进度较慢。新疆大多数河流有深厚覆盖层的条件，因此很难找到较好的坝址建设重力坝。随着碾压混凝土的技术进步，近十年来建设的三座重力坝均为碾压混凝土重力坝。

表 2.3-1 新疆典型重力坝工程统计表

序号	大坝水库名称	坝型	建成年份	河流	地点	河床覆盖层厚度/m	基本烈度	坝高/m	坝长/m	总库容/亿m^3	装机/MW
1	喀腊塑克	RCC重力坝	2010	额尔齐斯河	富蕴县	8	Ⅶ	121.5	1 570	24.19	140
2	冲乎尔	RCC重力坝	2010	布尔津河	布尔津县	14	Ⅵ	71	545	0.8	110
3	特克斯山口	RCC重力坝	2010	特克斯河	巩留县	13	Ⅷ	49.8	963.1	1.21	141

续 表

序号	大坝水库名称	坝型	建成年份	河流	地点	河床覆盖层厚度/m	基本烈度	坝高/m	坝长/m	总库容/亿m^3	装机/MW
4	可可托海水电站	混凝土重力坝	1976	额尔齐斯河	富蕴县	14	Ⅷ	26	160	1.64	19
5	三屯河	浆砌石重力坝	1987	三屯河	昌吉市	0	Ⅷ	52	243	0.272 7	—
6	齐背岭	浆砌重力坝	2002	阿拉哈巴河	阿勒泰	2.5	Ⅵ	34	189.8	0.26	—

坝高121.5 m的喀腊塑克水利枢纽建设在严寒高纬度地区，创造了多项技术进步成果；坝高49.8 m的特克斯山口主坝、坝高71 m的冲乎尔一级水电站主坝均采用了碾压混凝土重力坝型式。特克斯山口碾压混凝土重力坝典型断面见图2.3-1。

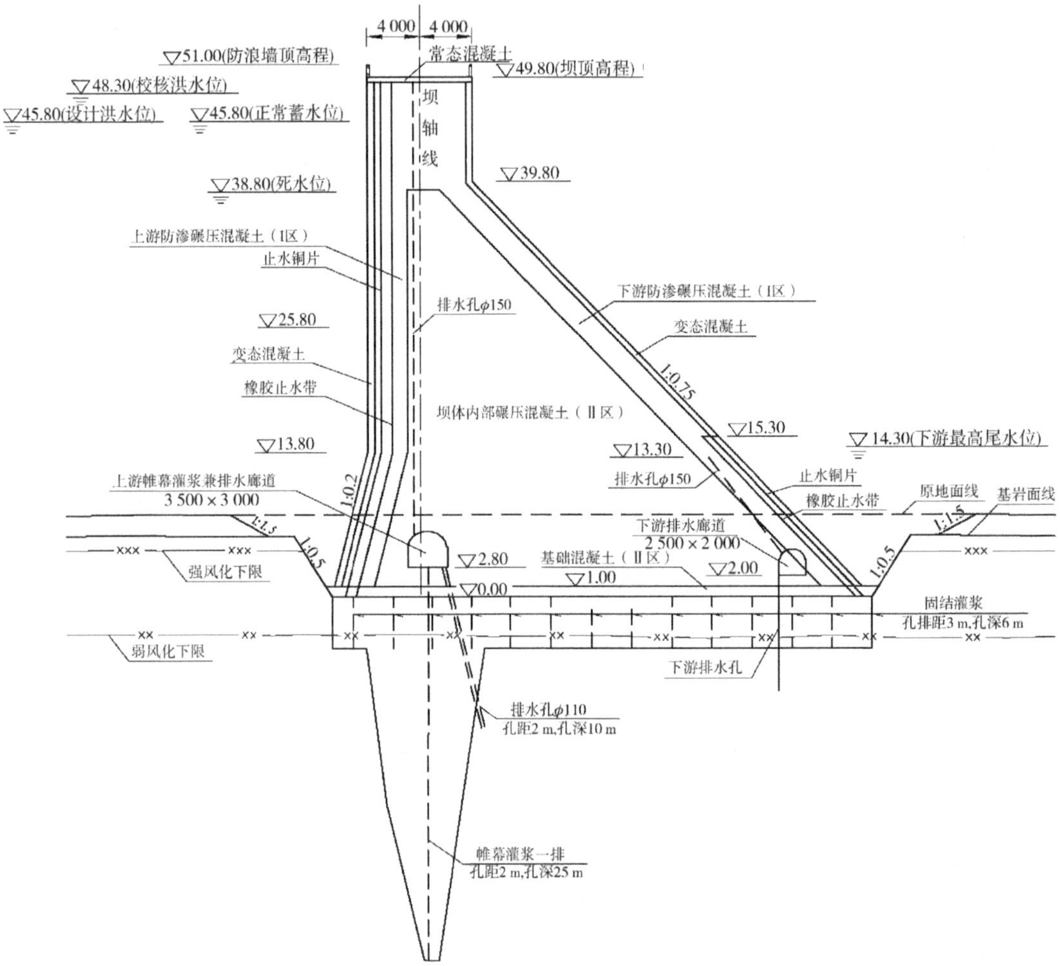

图 2.3-1 特克斯山口水电站碾压混凝土重力坝典型断面

2.3.3 冲呼尔碾压混凝土重力坝

1. 工程概况

冲乎尔水电站位于北疆地区，是干流上的第三个梯级电站。水电站装机容量110 MW，为中型Ⅲ等工程，主要任务以发电为主，兼有灌溉、供水等综合效益。

工程所在地气候干燥，春秋季短，冬夏季长，夏季较凉爽，冬季多严寒，气温年较差悬殊，日较差明显。多年平均气温2.6℃，历年极端最高气温36.6℃，历年极端最低气温-45℃。多年平均年降水量269.40 mm，多年平均年蒸发量1 800 mm（φ20 cm）。多年平均最大风速28 m/s，历年各月最大积雪深36 cm，最大冻土深127 mm。

坝区内断裂以NWW向和NNW向为主，根据历史地震分布，工程区属外围中强地震的波及区，地震动峰加速度值为0.05 g，相应地震基本烈度为Ⅵ度，建筑物抗震设计烈度为6度。

库区出露的地层岩性主要为云母石英片岩、变质砂岩和部分花岗岩等中硬～坚硬不透水岩层。第四系地层在库区两岸阶地、河谷、冲沟出口及下游以及陡坎下部广泛分布。库区无区域性断裂通过。

坝址区河谷呈不对称U形，走向近南西向，河流纵坡约0.31%。谷底与两岸山顶相对高差近200 m，河床宽90～120 m，正常高水位处谷宽530 m。左岸山体陡峻，岸边残留有Ⅱ级堆积阶地；右岸坝线上游发育Ⅱ级堆积阶地，岸边分布有Ⅲ级侵蚀阶地，阶地前缘为基岩陡坎，阶面地形平缓。坝址区出露的地层岩性以云母石英片岩为主，呈中～厚层状。阶地、冲沟、岸坡坡脚、河床等部位分布有厚度不等的风积黄土、碎石土及粉土、含土碎石、含漂石砂卵砾石等。

2. 枢纽布置

枢纽工程主要建筑物由碾压混凝土挡水坝段、表孔溢流坝段、底孔泄洪坝段及左岸发电引水系统坝段等组成。采用坝后式厂房，压力钢管为坝后背管，表孔坝段布置在河床段，底孔坝段布置在右岸阶地。枢纽平面布置见图2.3-2。

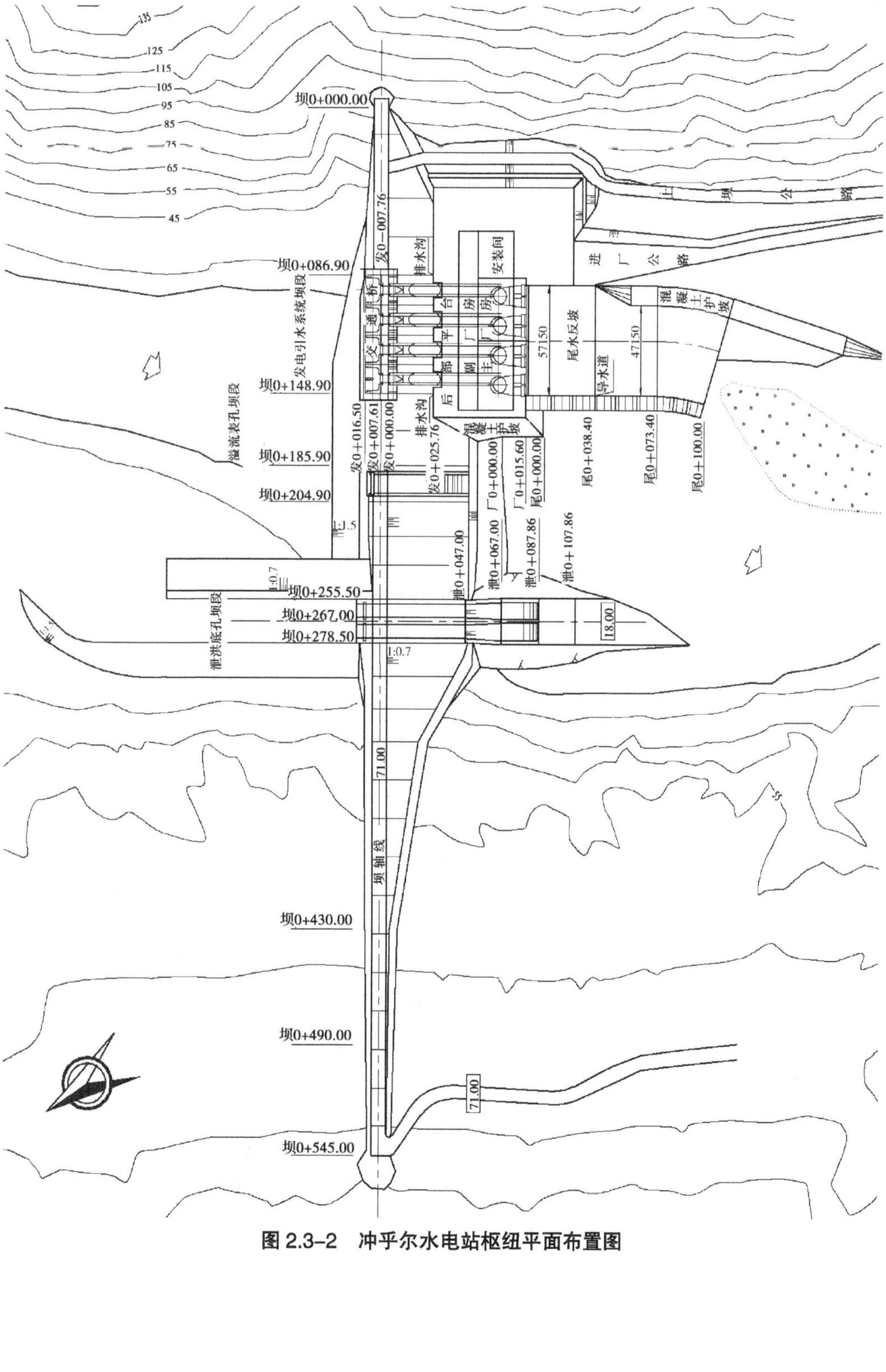

图 2.3-2　冲乎尔水电站枢纽平面布置图

3. 大坝设计

(1)坝体轮廓设计

大坝为碾压混凝土重力坝，最大坝高71 m，坝顶宽度为8 m。坝体上游面高程10.00 m处至坝顶为垂直面，以下至坝基为1∶0.2的斜坡面。坝体下游面高程64.06 m以下由1∶0.7的坝坡连接至坝基。大坝典型剖面见图2.3-3。

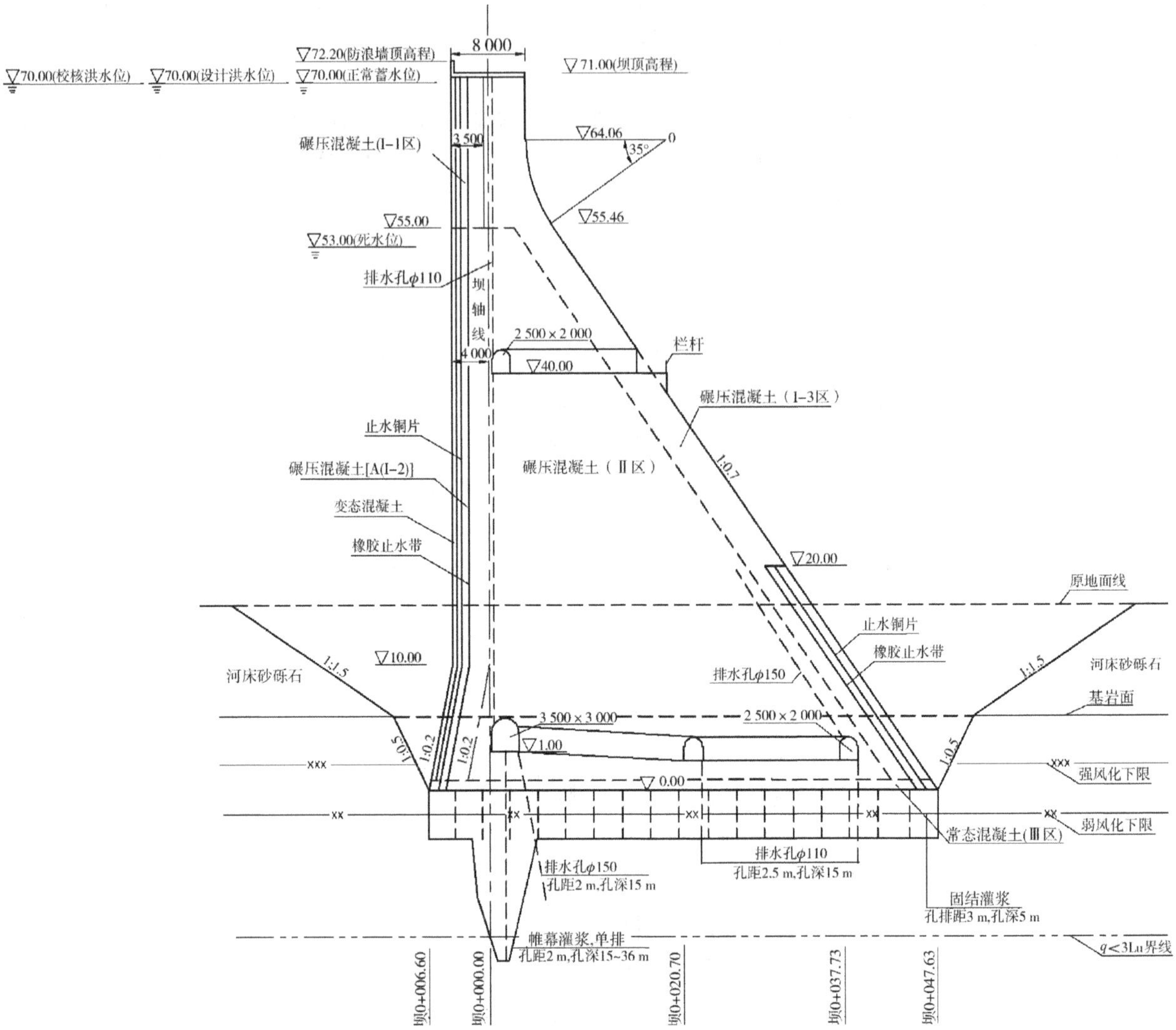

图2.3-3　冲乎尔水电站碾压混凝土重力坝典型剖面图

(2)坝体分区及混凝土设计指标

坝体混凝土设计主要考虑挡水坝段和溢流坝段两种剖面。在分析坝体在各种工况工作条件及应力计算的前提下，为满足坝体应力控制要求，坝体混凝土应满足强度、抗渗、抗冻、抗侵蚀、抗冲刷、低热等性能方面的要求，另外，坝体材料分区应在满足强度及耐久性要求的前提下，力求简洁，共分为5个区。主要设计方案如下：

Ⅰ-1区为上游高程55.00 m以上防渗碾压混凝土；Ⅰ-2区为上游高程55.00 m以下防渗碾压混凝土；Ⅰ-3区为下游外部防渗碾压混凝土；Ⅱ区为坝内部碾压混凝土；Ⅲ区为基础常态混凝土，河床部位厚1 m。

工程采用的C2、C3料场的天然砂、粗骨料均为具有高度可疑潜在危害性反应的活性骨料。为抑制碱—骨料反应，采取的措施有：使用低碱水泥，控制水泥的含碱量低于0.6%；控制混凝土中的含碱量，从各种原材料选择上控制原材料的总碱量，降低混凝土的总含碱量；粉煤灰对碱—骨料反应有明显的抑制效果，要求各种混凝土必须掺用粉煤灰，其掺量不宜低于20%。施工采用碾压混凝土配合比见表2.3-2。

表 2.3-2　冲乎尔水电站碾压混凝土配合比

部位	水胶比	砂率%	每方材料用量/(kg/m³)									粉煤灰掺量%	水泥品种及强度等级	计算密度/(kg/m³)
			水泥	砂	水	小石	中石	大石	粉煤灰	引水剂	减水剂			
A(Ⅰ) $R_{180}200$、W8、F300	0.45	31	105	655	86	745	751	–	86	0.04	1.24	45	42.5	2 428
A(Ⅰ) $R_{180}200$、W8、F200	0.45	31	108	655	88	746	751	–	88	0.04	1.18	45	32.5	2 436
A(Ⅱ)	0.55	27	69	592	84	491	659	494	84	0.02	0.61	55	32.5	2 472

(3)坝体防渗结构

上游防渗层采用二级配碾压混凝土加变态混凝土防渗，其厚度为高程55.00 m以下厚4 m，高程55.00 m以上厚3.5 m。

(4)坝体分缝设计

坝体根据地基条件、结构布置、施工浇筑条件以及混凝土温度控制等因素，设置永久横缝，将大坝分为29个坝段。非溢流坝段横缝间距一般为20 m，溢流表孔坝段间距19 m，泄洪底孔坝段宽度23 m，发电引水系统坝段横缝间距为15.5 m。

(5)止水系统设计

坝体上游二级配碾压混凝土防渗层及坝体下游非溢流坝面横缝内设置两道止水，第一道为铜止水，第二道为橡胶止水，缝内填充厚1 cm的沥青木板。上下游横缝止水均埋设在坝踵和坝趾的止水基座内，止水片埋入基岩内的深度为50 cm，止水槽设置插筋。

坝内所有穿越横缝的廊道，均在廊道周边横缝内布置一圈橡胶止水带。对于中轴线与横缝重合的廊道，在廊道顶部和底部的横缝上各设置一道橡胶止水带。

(6)坝体坝基排水设计

为了灌浆、排水、监测、交通及运行维护的需要，碾压混凝土大坝设置纵向廊道，断面为城门洞型，布置2层。除基础灌浆廊道外，其下游主河床段设有网格状的基础排水廊道，纵向为二道，横向为三道，断面为城门洞型。坝体排水孔设置于上游二级配与三级配混凝土交界面上，从左岸至右岸形成坝体排水幕。通过坝面二级配混凝土渗入排水管，再汇集至排水廊道和集水井，抽排出坝体。大坝上游侧设置横缝排水管，位于最后一道横缝止水下游0.5 m处，横缝排水管采用塑料管，直径为110 mm。

(7)温控设计

坝址所在地区气候条件比较恶劣，对大坝混凝土的浇筑客观上存在着夏季消除高温、越冬温度保护等不利因素，必须通过仿真计算对温度控制做精心设计，以有效防止并控制裂缝的产生。针对主河床坝段和岸坡坝段，对大坝基础约束区与非约束区混凝土不同季节合理的浇筑厚度、间歇期、浇筑温度、冷却措施及通水时间(初期冷却、中期冷却、后期冷却)、各季节混凝土施工方法及保温标准等温控措施进行了仿真计算，计算结果见表2.3-3。

表 2.3-3　冲乎尔水电站大坝混凝土温控计算成果

月份	气温/℃	水温/℃	出机口温度/℃	入仓温度/℃	浇筑温度/℃	水化热/(kJ/kg)	混凝土绝热温升/℃	混凝土最高温度/℃	基础温差/℃	月末混凝土平均温度/℃
4	5.80	2.50	6.61	6.53	6.40	350	14.66	16.09	6.09	16.08
5	12.80	7.30	13.52	13.44	13.33	350	14.66	24.00	14.00	21.97
6	17.90	10.70	18.55	18.48	18.37	350	14.66	29.95	19.95	26.77
7	20.00	14.00	20.70	20.62	20.51	350	14.66	31.43	21.43	29.34
8	18.30	13.90	19.07	18.99	18.86	350	14.66	29.03	19.03	28.22
9	1.40	10.20	13.26	13.17	13.03	350	14.66	22.25	12.25	22.09
10	4.20	4.00	5.15	5.05	4.90	350	14.66	13.35	3.35	13.82

通过温控计算，工程采取如下温控措施：夏季温控的主要目标是降低（同自然拌和相比）坝体混凝土最高温度5～7℃；基础约束区的高温夏季温差较大，尽可能安排在较低气温季节内完成，如4～5月及9月后施工；混凝土4月、10月浇筑时，由于外界温度较低，在自然情况浇筑即可满足温控要求，基础温差在容许范围内，所以无须进行特殊的温控措施，只须加强混凝土的养护，混凝土浇筑后及时以保温板进行覆盖；5月、9月，可以采用一般的温控措施——降低骨料和水泥的温度来降低混凝土的浇筑温度，从而控制混凝土的最高温度；6～8月必须采取降低骨料和水泥的温度并通冷却水降温等特殊温控措施，否则，坝体最高温度会超出要求。

施工期和永久运行期各建筑物过冬保护和防冰冻破坏是设计的难题。由于工程所在地特殊的气候条件，碾压混凝土的冬季保温是该工程的一大难点。经过温控计算及参考相关工程的施工经验教训，大坝越冬保温采用喷涂厚5 cm的聚氨酯泡沫。相对于传统的保温方式，聚氨酯保温保湿效果显著，且施工方便，工程建设过程中两个越冬期未发现混凝土贯穿裂缝，因而值得在寒冷地区推广应用。

4. 坝基处理

该工程岩体以中～厚层状云母石英片岩为主，局部片理发育带属薄层状，为保证原状岩体少扰动，应严格控制施工爆破。根据岩石特性，保护层厚度控制为2.5～3 m，以保证坝基下岩体质量。

在坝基范围内进行铺盖式的固结灌浆，固结灌浆在大坝基础混凝土浇筑完成，达到50%强度后实施，固结灌浆孔深5 m，孔距、排距3 m，梅花形布置。帷幕灌浆深度按3Lu线和坝基承受最大水头的1/2控制，灌浆深度为3Lu线以下5 m。帷幕灌浆设置一排，最大帷幕深度为40 m，孔距为2 m。右岸帷幕灌浆向坝肩延伸30 m，深度为40 m。

2.3.4 堆石混凝土（RFC）重力坝

2.3.4.1 堆石混凝土的发展

1. 堆石混凝土技术发展

堆石混凝土（Rock-Filled Concrete，简称RFC）技术是由清华大学水利水电工程系发明并获得国家发明专利授权的新型大体积混凝土施工技术，其技术特征是利用专用自密实混凝土（Self-Compacting Concrete，简称SCC）充填堆石空隙形成完整密实的混凝土，具有低碳环保、低水化热、工艺简便、造价低廉、施工速度快等特点，包括普通型堆石混凝土和抛石型堆石混凝土。

堆石混凝土（RFC）利用具有高流动、抗分离性以及自密实性能好的混凝土，不需要人工振捣，靠混凝土的自重流动填充到粒径较大的块石（块石粒径在300 mm以上）体内，形成密实的稳定的混凝土堆石结构体，具有水泥用量少、水化温升小、综合成本低、施工速度快、良好的体积稳定性、层间抗剪能力强等优点，其填充物自密实混凝土具有高流动性、不离析、均匀性和稳定性，浇筑时依靠其自重流动，无需振捣而达到密实的混凝土。

堆石混凝土中堆石的体积比例一般可以达到55%～60%，能够充分利用初级开采的石料或者开挖料中的大块石，最大限度地降低了胶凝材料用量的同时，还在骨料破碎、混凝土生产浇筑等施工环节上大大地节约了能源，减少了二氧化碳的排放。因此，堆石混凝土技术是一种新型低碳环保的混凝土施工方法。

堆石混凝土技术工艺简单，施工速度快，性能优异，单方水泥用量少，成本较低，绿色环保，已在多个水利工程上得以应用，也是近年来水利行业推广应用的新技术之一。

2. 堆石混凝土大坝结构型式

根据堆石混凝土的特性，堆石混凝土大坝结构型式主要有以下三种。

（1）堆石混凝土拱坝或重力坝

堆石混凝土有较高的抗压强度，水泥用量少，绝热温升低，可以借鉴碾压混凝土坝的相关技术，在控制堆石混凝土入仓温度等温控措施的基础上，进行通仓浇筑，在节约造价的基础上，达到快速施工的目的，因此，堆石混凝土重力坝或拱坝是一种很有竞争力的坝型。堆石混凝土具有较高的强度，适合建造包括双曲薄拱坝在内的各种混凝土大坝。堆石混凝土大坝与常规混凝土大坝、碾压混凝土大坝的主要区别在于施工方式，设计方法和主要结构基本相同。

（2）堆石混凝土心墙堆石坝

采用堆石混凝土心墙作为防渗体建造堆石混凝土心墙堆石坝。首先，按照堆石坝的要求填筑坝体，在填筑过程中，在心墙部位填筑经过初筛分的堆石，当坝体填筑完一个施工层以后，在心墙部位进行自密实混凝土浇筑，形成堆石混凝土心墙，心墙厚度按照防渗要求控制。心墙两侧的堆石体碾压比较密实，可以有效阻止自密实混凝土的流动而自动形成心墙边界。为了加快施工速度，接缝可以采用压浆混凝土施工方法中的马基纳克方式施工，即施工中每次收仓时，自密实混凝土不完全充满堆石体，使得表层堆石一部分嵌入老混凝土，一部分露出，而不需要对浇筑层面做处理，依靠表层堆石的嵌入保证接触层面的咬合和强度。对这一坝型需要重点研究堆石混凝土施工接缝的抗渗性能。当然，也可以考虑直接在上游面进行堆石混凝土施工，形成堆石混凝土面板堆石坝。这两种方式由于堆石混凝土与堆石存在不同变形，特别是坝高较大时，需要研究防渗体与堆石体不均匀沉降带来的有关问题。

（3）堆石混凝土混合坝

在大坝上游侧立竖直模板，首先进行初筛分的堆石体填筑，然后在上游侧进行自密实混凝土浇筑，在上游侧形成重力式堆石混凝土挡墙，同时作为防渗体。由于采用的是堆石混凝土施工，上游侧重力式挡水墙和下游侧堆石体的骨料相互咬合，有利于在上游水压作用下的两者联合作用。这种坝型与堆石混凝土心墙堆石坝相比，因为上游侧是混凝土重力式挡墙，坝体的总体积大大减少，有可能降低造价和加快施工进度。另外，上游侧重力式挡墙的施工质量容易检测也是一个优点。这种坝型除需要研究堆石混凝土抗渗性能和堆石混凝土与堆石体交界面的不均匀沉降以外，堆石混凝土挡墙的稳定也是需要关注的问题。

3. 堆石混凝土特点及优势

堆石混凝土施工技术作为一种全新的大体积混凝土施工技术，利用了大量的块石作为建筑材料，并且充分发挥了低水化热专用自密实混凝土性能优势。除强度、弹模等基本力学性能与普通大体积混凝土相近以外，还具有以下特点和性能优势：

（1）低水泥用量与低水化热：常规的C15～C25混凝土一般需要200～350 kg左右的水泥，而C15～C25堆石混凝土只采用70～100 kg左右的水泥，其单方水泥用量与碾压混凝土相当，与常规混凝土相比减少了70%左右。其原因主要在于堆石混凝土使用了大量的块石（约55%）作为主要建筑材料，只需要使用45%的专用自密实混凝土进行空隙的充填。工程实测的大体积混凝土实际水化温升在10℃左右，在大体积混凝土施工过程中可以减少甚至取消温控措施。

（2）高密实度与高强度保证率：通过独有的外加剂和配合比设计方法，能够使用国内各地区不同的原材料配制出低成本、超强穿透填充能力、高粘结力的专用自密实混凝土，保证堆石混凝土的充填密实，提高混凝土和块石表面的粘结力，最终形成完整密实，有高强度保证率的堆石混凝土。实际工程应用的检测数据表明，堆石混凝土的实际密度大于普通混凝土，具有很好的强度性能和抗渗性能。

（3）显著提高工效，缩短工期：堆石混凝土施工所使用的机械设备均为常规设备，减少了混凝土的生产和浇筑量，免除了混凝土浇筑的振捣工序，减少和消除了温控措施和层面处理措施，施工工艺简单。实际工程应用表明，堆石混凝土技术可以采用机械化施工，最大限度地降低了工人技术水平和质量管理水平对工程质量的影响，在提高施工质量的基础上，明显地缩短了工期。

（4）显著降低施工成本：工程应用实例表明，堆石混凝土技术通过大量块石的使用、低水泥用量、工艺的简化、工效的提高，使其施工成本相比其他大体积混凝土施工技术有显著降低。堆石混凝土施工的综合成本在相同条件下较常态混凝土可降低10%～20%，主要通过三个方面实现：大量使用堆石，减少胶凝材料用量，堆石混凝土的材料成本较常态混凝土有所降低；由于专用自密实混凝土的用量不高于45%，在混凝土生产、运输以及浇筑等工序的施工成本更能够显著降低；堆石混凝土施工机械化程度高，简化或消除了温控措施，浇筑过程免去了振捣工序，减少了人工成本的投入。

（5）良好的体积稳定性：堆石混凝土是由相互搭接的堆石骨架和用于胶结堆石的专用自密实混凝土构成的。堆石骨架在提高材料抗压、抗剪强度，抑制干缩变形，提高结构体积稳定性等方面都有着显著的效果；而专用自密实混凝土独特的设计与工艺，使其具有卓越的流动性能、充填性能和抗离析性能，在浇筑过程中不离析、不泌水，既保证了专用自密实混凝土的充填均匀性，又避免了混凝土与骨料胶结面过渡区薄弱层的产生。试验研究和工程应用证明：堆石混凝土容重通常可以达到 2 500 kg/m^3 以上；各项力学性能均能满足设计要求，特别是在抗压、抗剪强度方面有足够的安全富余系数；在抗渗性能方面，堆石混凝土渗透系数可达到 10^{-11} m/s，工程钻孔压水检测透水率能够满足低于 1Lu 的要求；在抑制收缩、抵抗开裂方面，堆石混凝土也表现出了优异的性能。

（6）层间抗剪能力强，简化凿毛工序：堆石混凝土施工工艺保证了施工层面有大量的块石棱角裸露，增加了层间混凝土的结合面，通过混凝土与块石棱角的咬合可提高堆石混凝土层间的抗剪能力，可以免除或者简化层间结合面的凿毛工序。

（7）技术先进，适应面广：堆石混凝土技术已经在北京、河南、四川、贵州、新疆、江西、山西、广东、福建等省区的实际工程中开始应用，所用的堆石既有块石，也有卵石；自密实混凝土的粗、细骨料既有人工碎石和人工砂，也有天然卵石和天然砂；所有工程都使用当地的水泥和粉煤灰。这些应用成果表明，堆石混凝土技术以及我们开发的低水化热低成本自密实混凝土配合比设计方法和专用外加剂，能够适应国内各地不同的原材料，具有广泛的适应性。

2.3.4.2 堆石混凝土围堰在布尔津山口电站的应用

1. 工程概况

布尔津山口电站工程规模为大（2）型，工程等别为Ⅱ等，主河道呈“V”型，主河床比较狭窄，河道呈转弯状，施工导流采用河床一次断流、上下游围堰挡水、左岸导流隧洞全年导流的方式。导流设计洪水标准采用P=10%（10年一遇）的全年洪水，相应洪峰流量为1 594 m^3/s。

该工程2007年开工后，到2010年初，阿勒泰地区遭受60年不遇大雪，在汛期中，据该河各支流水文站点实测数据汇总，最大洪峰流量为1 950 m^3/s，超过原设计洪水标准P=10%（10年一遇）的洪峰流量，反映出了土石型围堰抵御超标准洪水的能力不足问题，鉴于工程的重要性及对下游安全考虑，对土石型围堰的设计方案进行了优化调整。经分析研究后，围堰仍然采用10年一遇度汛标准，但结构优化为混凝土结构，可以满足超标准漫坝泄水要求。

经过设计比选，在考虑充分利用前期坝基开挖产生的大量石渣的基础上，同时也减少弃渣堆放场地面积及对环境的影响，决定堰体采用北京华实水木科技有限公司的堆石混凝土专利技术修筑。该技术是第一次在新疆北部严寒、高蒸发地区水利工程筑坝上应用，堆石混凝土围堰工程经过一个冬季和渡汛检验后，堰体外观未发现裂缝产生，没有冻融破坏，混凝土质量良好，应用取得了较好的效果，达到了预期的目标。

2. 混凝土围堰方案研究选型

（1）围堰设计原则

①围堰为临时建筑物，建筑物等级为4级，能够满足拦蓄P=10%洪水的设计要求。

②考虑施工场地的限制，充分利用施工场地，减少不必要的工程投资。

③考虑利用现场的砂石骨料、块石弃渣等筑坝材料，减少弃料对环境的影响。

④充分考虑气象条件对施工的影响，有应对超标准洪水的条件。

（2）围堰基本方案的比选

经过各方面分析、咨询结果，综合本工程的实际现状，考虑经济、工期及混凝土浇筑方式，初步拟定为堆石混凝土与胶凝砂砾石两种方案，并进行技术、经济的比选。

① 堆石混凝土方案

围堰基本断面拟定以P=10%洪水标准为例，经过计算初拟围堰断面为三角形，围堰顶高程597.0 m，建基面高程569.33 m，围堰顶宽度为6 m，围堰上游面直立，围堰下游起坡点高程为堰顶高程603.00 m，下游坡度1∶0.75，浇筑层高1.8 m。

② 胶凝砂砾石方案

围堰基本断面拟定以P=10%洪水标准为例，经过计算初拟围堰断面为梯形，围堰顶高程597.0 m，建基面高程569.33 m，围堰顶宽度为6 m，围堰上游面边坡坡度为1∶0.30，围堰下游边坡坡度为1∶0.75，浇筑层高1.8 m，分缝长度40 m。

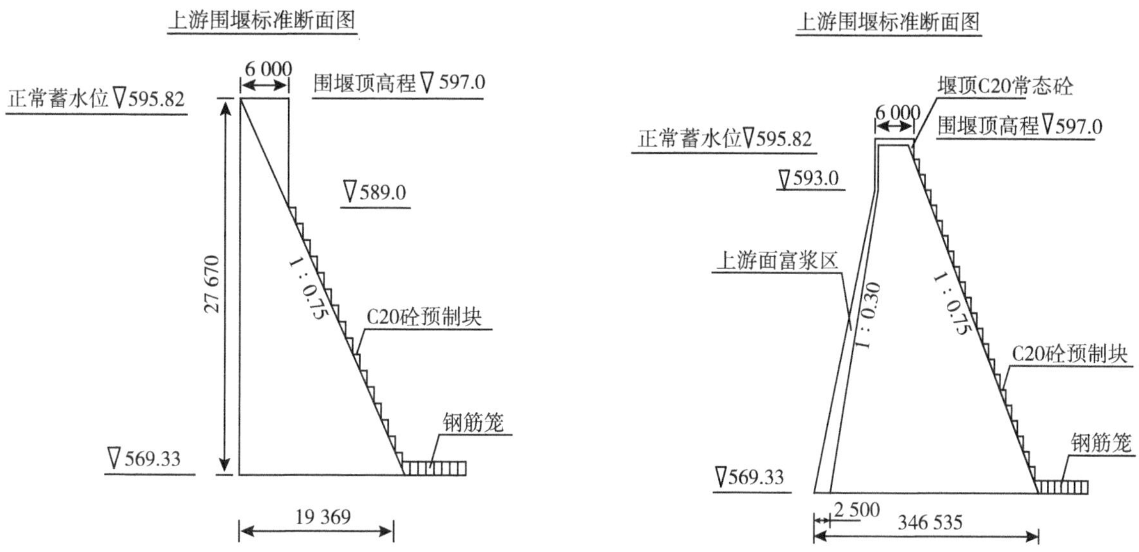

堆石混凝土围堰（方案①）　　胶凝砂砾石围堰（方案②）

图 2.3-4　围堰方案比选典型断面图

在工程量的比较上，堆石围堰与胶凝砂砾石围堰均按能够满足拦蓄*P*=10%洪水的相同标准进行比选，堆石混凝土方案投资850万元，胶凝砂砾石方案1 050万元。经综合比选，推荐采用堆石混凝土围堰形式。

3. *堆石混凝土围堰施工*

（1）施工配合比

堆石混凝土是自密实混凝土填充堆石孔隙而形成的。根据目前筑坝施工中已取得的成果，自密实混凝土选用一级配，在配置过程中采用低水胶比、高粉体掺合料和质量、级配良好的砂石骨料，且自密实混凝土可达到25 cm以上坍落度、65 cm以上的扩展度和V形漏斗通过时间在10～25 s之间，同时要求无离析、泌水现象的发生；浇筑时，各种材料严格按配合比称量，浇筑强度为每小时25 m^3以上，以防止混凝土结合面出现冷缝。具体信息见表2.3-4。

表 2.3-4　1 m^3 C15 自密实混凝土配合比的材料用量

标号	水胶比	扩散度 /cm	坍落度 /cm	总胶材 /kg	掺灰量 /%	水泥 /kg	粉煤灰 /kg	水 / kg	砂 / kg	小石 /kg	专用外加剂 /kg	备注
C15	0.36	>65	>25	454	65	160	294	164	890	792	3.95	

① 砂石骨料。洗砂和小石的各项指标检测结果符合《水工混凝土施工规范》DL/T 5144-2001的控制标准。

② 水泥。采用布尔津屯河普通P42.5硅酸盐水泥，水泥物理力学和化学指标均满足《通用硅酸盐水泥》GB 175-2007中水泥的技术要求。

③ 粉煤灰。试验采用玛纳斯电厂生产的翔天和牌粉煤灰，粉煤灰品质检测结果满足《水工混凝土掺用粉煤灰技术规范》DL/T 5055-2007中Ⅰ级粉煤灰的要求。

④ 外加剂。选用北京华实水木科技有限公司提供的自密实混凝土专用外加剂。

⑤ 拌合水采用布尔津河水。

（2）施工流程

① 工艺流程

主要工序为备仓和浇筑混凝土。备仓分为立模板，筛选块石装车，拉到清洗平台进行清洗，运送到仓面由反铲平仓，备仓完成后开始自密实混凝土入仓浇筑，凿毛清洗仓面，洒水养护，待混凝土强度达到2.5 MPa时进行下一个施工循环。工艺流程见图2.3-5。

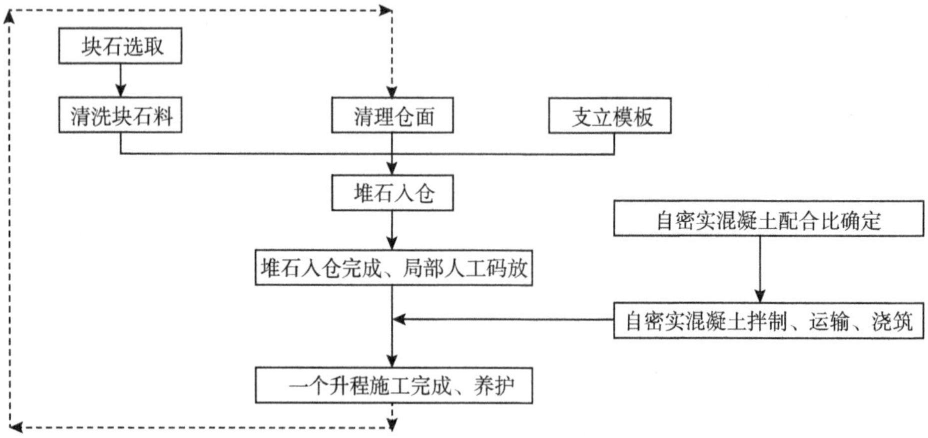

图 2.3-5　堆石混凝土施工工艺流程

② 施工要求

块石要求，到石渣现场选取粒径30 cm $\leqslant d \leqslant$ 120 cm、新鲜完整、表面干净、质地坚硬且无裂纹的块石；块石清洗，为了能够清洗干净，要求冲洗水量要大，冲洗时间在6～8分钟；入仓，由反铲倒运入仓，每入仓3～5车块石后，要清理一次卸车过程中块石相撞形成小于20 cm的块石和石屑；备仓孔隙率控制，反铲倒运块石时，大小块石搭配起来入仓，局部由人工装填平仓，降低堆石体的空隙，减少自密实混凝土的填充量。

（3）堆石混凝土质量控制

① 自密实混凝土拌合物检测结果

在混凝土拌和生产中，应对混凝土拌和物的均匀性、拌和时间和称量衡器的精度进行检验，如发现问题应立即处理。同时，还应对各种原材料的配料称量进行检查记录，每8 h检测1～2次。混凝土的坍落度、坍落扩展度、V形漏斗通过时间每8 h检测不少于1次。

为保证自密实混凝土的填充效果，须严格控制自密实混凝土的扩散度，保证其有足够的流动性。施工过程中每班均进行抽检，累计检测扩散度303次，最小值52 cm，最大值78 cm，均值67 cm，标准差3.5，离差系数0.05；坍落度304次，最小值24.2 cm，最大值28 cm，均值26.7 cm，标准差0.56，离差系数0.02；V形漏斗检测257次，最小值2.6 s，最大值12.6 s，均值6.0 s，标准差1.29，离差系数0.21。

② 块石备仓质量控制

选择质地坚硬、直径在30 cm以上的块石；车辆清洗台须有一定的坡度，块石在车上清洗时须有足够的水量，每车冲洗7分钟以上，以冲走块石表面的石粉及石屑；运到仓面后，人工及时清除每一车块石翻卸过程中碰撞产生的石屑，保证仓面干净，利于上下层混凝土的结合。

③ 备仓堆石质量控制

每一次备仓，注意大小块石结合码放，死角由人工辅助机械吊装码填块石，以降低仓面块石间的空隙率，减少自密实混凝土的填充量，降低堆石混凝土单方成本。据统计浇筑的4.9万m^3堆石混凝土，自密实混凝土所占比例为45%，控制结果达到预期目标。

④ 自密实混凝土检测结果

堆石围堰中自密实混凝土的强度为C15，28天龄期抗压强度取样84组，最小值17 MPa，最大值33.2 MPa，均值21.3 MPa，标准差2.8，离差系数0.13，合格率100%；28天龄期劈拉强度取样21组，最小值1.8 MPa，最大值2.1 MPa，均值1.9 MPa，标准差0.08，离差系数0.03；各项指标均满足设计要求。

（4）堆石混凝土堰体质量检测

堆石混凝土内在质量检测主要是考查堆石混凝土的密实度和层间结合情况。其他工程采用的办法是每浇筑5～10 m高，就挖一个试坑，或是在堆石中预埋直径5～10 cm的钢管，待堆石混凝土硬化后拔出，通过观测试坑面或孔内岩石和混凝土间的密实性，以缺陷面积不得超过总面积的5%这一标准评定堆石混凝土的密实性。在该工程施工中发现，采用上述两种办法均会对施工进度造成较大影响，可操作性较差。经过研究，采取了堰体钻孔取芯、压水试验的方法检测堆石混凝土的密实性。

① 堰体钻孔取芯

检验依据和执行的规程规范是《水利水电工程地质勘察规范》GB50287-99和《水利水电工程钻探规程》SL291-2003，采用XY-Ⅱ地质钻机和3S水泵进行钻孔取芯工作，在154 m长的堰体中，选取堰体高度较大的地段，确定了两个取芯的位置，两个孔取芯长度分别为28.8 m和25.6 m，孔径为146 mm，钻孔取芯共获得芯样长54.4 m，芯样获得率100%。堆石混凝土堰体芯样表面光滑、致密，骨料分布均匀，未见明显缺陷，芯样完整性较好，芯样中的堆石和混凝土胶结良好。详见表2.3-5。

表 2.3-5　堆石混凝土围堰芯样外观质量统计表

孔号	表面光滑程度	芯样致密程度	骨料分布均匀性	芯样完整程度	层面完好率	建基面结合程度	芯样获得率
1#	光滑	致密，未见明显缺陷	均匀，未见明显缺陷	芯样完整性好，芯样呈柱状、少量短柱状	结合面共约19个，均未分离，完好率100%	混凝土与建基面结合部芯样完整未分离，胶结良好	100%
2#	光滑	致密，未见明显缺陷	均匀，未见明显缺陷	芯样完整性好，芯样呈柱状、少量短柱状	结合面共约21个，均未分离，完好率100%	混凝土与建基面结合部芯样完整未分离，胶结良好	100%

② 压水试验

根据《水利水电工程地质勘察规范》GB 50287-99和《水利水电工程钻探规程》SL 291-2003，在154 m长的堰体中，选取堰体高度较大的地段，确定了两个压水孔的位置，压水孔径为91 mm，两个孔长度分别为29 m和22 m，合计钻孔51 m。钻孔压水试验结果表明，透水率均小于5lu，堰体上下层间的结合良好，整体性达到预定目标。具体成果见表2.3-6。

表 2.3-6　堆石混凝土围堰压水试验成果统计表

孔号	段号	段长/m	透水率/lu	设计标准<5lu	备注
1#	1	5	0.556	合格	
	2	5	1.23	合格	
	3	5	1.79	合格	
	4	5	1.63	合格	
	5	5	1.7	合格	
	6	4	1.65	合格	
2#	1	5	3.28	合格	
	2	5	4.1	合格	
	3	5	2.88	合格	
	4	7	1.12	合格	

③ 芯样抗压试验

2012年6月初，取C15混凝土圆柱体芯样（计19块），芯样为大坝围堰顶部至顶部以下1.8米和围堰顶部至围堰顶部以下30米，在切割加工后，养护室标养7天。2012年6月10日测量芯样高度和直径后，根据《水工混凝土试验规程》SL 352-2006要求进行抗压强度试验。芯样检验结果见表2.3-7。

表 2.3-7　堆石混凝土围堰自密实混凝土（C15）芯样抽检成果

试件编号	施工部位	施工日期	试验时间	试件直径/mm	试件高度/mm	高径比H/D	试件面积/cm^2	破坏荷载/kN	单块强度/MPa
专纯混凝土-1	堰顶～堰顶以下30米	2011.10—2012.5	2012.6.11	129	133	1.03	522.5	381.7	29.2
专纯混凝土-2	堰顶～堰顶以下30米	2011.10—2012.5	2012.6.11	130	131	1.01	530.7	296.1	22.3

续 表

试件编号	施工部位	施工日期	试验时间	试件直径/mm	试件高度/mm	高径比 H/D	试件面积/cm^2	破坏荷载/kN	单块强度/MPa
专纯混凝土-3	堰顶～堰顶以下30米	2011.10—2012.5	2012.6.11	129	132	1.02	522.5	280.0	21.4
专纯混凝土-4	堰顶～堰顶以下30米	2011.10—2012.5	2012.6.11	129	134	1.04	522.5	537.7	41.1
专纯混凝土-5	堰顶～堰顶以下30米	2011.10—2012.5	2012.6.11	129	136	1.05	522.5	508.8	38.9
专纯混凝土-6	堰顶～堰顶以下30米	2011.10—2012.5	2012.6.11	129	132	1.02	522.5	535.0	40.9
专纯混凝土-7	堰顶～堰顶以下30米	2011.10—2012.5	2012.6.11	129	133	1.03	522.5	555.0	42.5
专纯混凝土-8	堰顶～堰顶以下30米	2011.10—2012.5	2012.6.11	129	134	1.04	522.5	450.0	34.4
专纯混凝土-9	堰顶～堰顶以下30米	2011.10—2012.5	2012.6.11	129	135	1.05	522.5	570.0	43.6
专纯混凝土-10	堰顶～堰顶以下30米	2011.10—2012.5	2012.6.11	128	133	1.04	514.5	342.9	26.6
纯堆石-1	堰顶～堰顶以下1.8米	2012.05.9	2012.6.11	129	128	0.99	522.5	>1 750	>133.9
纯堆石-2	堰顶～堰顶以下1.8米	2012.05.9	2012.6.11	128	133	1.04	514.5	680.0	52.8
4个纯混凝土芯样平均值									24.9

芯样试验结果表明，含有堆石的芯样，其抗压强度与堆石在圆柱体芯样中的位置、大小、胶结面积有关，4个纯混凝土芯样平均值为24.9 MPa，达到设计要求；堆石混凝土体专纯混凝土-4～专纯混凝土-9 六个芯样最小值34.4 MPa，最大值43.6 MPa，平均值40.2 MPa，试压强度均超过纯混凝土的强度值，小于块石的强度平均值93.4 MPa，说明自密实混凝土和块石结合紧密，形成较为均质的整体，堆石混凝土的内在质量已达到设计要求，可以满足当前工程建设需要。

4. 堆石混凝土特性

（1）施工特点

施工主要工序有清基、立模、堆石备仓、自密实混凝土拌制以及泵送入仓，工艺简单，不需要人工振捣，减少了现场操作人工，充分发挥了机械的作用，每日可完成的堆石混凝土浇筑量在800～1 000 m^3，月浇筑量在24 000～30 000 m^3，施工速度快。

（2）无温控措施

围堰每一仓的浇筑量在900～1 600 m^3，属于大体积混凝土。经核算，已浇筑的堆石混凝土中自密实混凝土所占比例为45%，其自密实混凝土单方水泥用量为160 kg/m^3，水胶比为0.36，换算到单方堆石混凝土的水泥用量为72 kg/m^3，单方混凝土水泥用量远低于其他混凝土，产生的水化热减少，水化温升也大幅降低，大体积混凝土浇筑不需要采取温控措施，每立方米减少相关温控费用35元以上，4.9万 m^3 合计减少费用171万元，浇筑完成三个月以来未发现混凝土有裂缝，外观质量良好。

（3）造价较低

块石为现场弃渣筛选，仓面四角由人工辅助设备码放块石，块石的空隙率进行了有效控制，完成后单位体积填充自密实混凝土量为45%，施工中机械化程度高，单价中的人工费相对较少，完成的堆石混凝土每立方米单价在280元，低于其他混凝土100元以上。

（4）质量可靠

堆石混凝土的质量从三个方面控制和检验，一是施工流程控制，按环节要求进行施工，认真做好备仓工作；二是按要求对自密实混凝土进行现场拌合物和取试件，质量抽检频率和检测结果均满足要求；

三是堰体密实度检验，通过堰体取芯样进行抗压强度检测，均达到了设计要求的C15强度等级，压水试验结果也满足设计要求，堆石混凝土总体质量达到设计要求。

（5）环保作用突出

据核算，单方堆石混凝土水泥用量为72 kg，远低于常规混凝土的水泥用量，在满足筑坝强度要求的条件下，主要填充材料选用现场石渣的块石，减少了弃渣量及相关处理费用，该施工技术符合目前的低碳环保要求，大大减轻了因工程建设对环境造成的影响，是一种性能较好的绿色环保混凝土技术，应用到水利工程建设上有较大的社会经济效益。

5. 应用经验总结

根据试验研究成果，总结其他工程的施工经验，结合当前的施工工艺，浇筑厚度拟定到1.8 m，浇筑堰体分缝长度为40 m，经现场施工和取芯检验，浇筑厚度确定合理。

根据堆石码放特点和其他工程的施工经验，模板由木模或浆砌石墙改进为钢模板组合体，按40 m长的浇筑块分成7块来组配，利用装载机或反铲机械配合拆卸和吊装就位，模板备仓速度快效率高，模板组合体可以重复利用，大幅减少了人工费用，应用结果反应合理，成本也较经济。

其他工程采用检测堆石体密实度的办法，应用后发现埋管和挖坑办法实施困难，对工程进度影响较大，总结灌浆经验，采取了钻孔取芯和压水的办法，能够较好地反映堆石混凝土的内在质量情况，可操作性较强，工艺简单，也易于控制，效果较好。

2.4 拱 坝

2.4.1 拱坝特点

拱坝是固接于基岩的空间壳体结构，整体外形呈一个向上游凸出的空间壳体结构，拱冠剖面呈竖直或向上游弯曲，坝体结构是由水平的拱圈和竖向的悬臂梁共同组成。

拱坝剖面较薄，结构属高次超静定结构，坝体轻，超载能力强，弹性好，抗震能力强。对坝体材料强度和防渗要求较高，受温度变化、基岩变形影响比较显著，对地质、地形条件要求高。

坝体按结构形态分为拱座嵌固的拱坝（最常用的类型）；有周边缝的拱坝（适应地质、地形变化的需要），如澜沧江上的小湾拱坝；有空腹拱坝，如枫树坝拱坝、蒙特纳尔拱坝；设重力墩的拱坝，如意大利皮也夫·集·卡多列拱坝（高112 m）。

按体型分为单曲拱坝、双曲拱坝；按水平拱圈的形态可分为单心圆拱、二心圆拱、三心圆拱、椭圆拱、抛物线拱、对数螺旋线拱等形态。几种拱圈中，以圆弧拱最简单方便，工程中采用最多。无特殊要求时，一般多采用圆弧拱圈。

按厚高比T_b/H（底厚/坝高）来划分，＜0.2为薄拱坝，0.2～0.35为中厚拱坝，＞0.35属于厚拱坝或重力拱坝。按河谷宽高比L/H来分，＜1.5为薄拱坝，1.5～3.0为中厚拱坝，3.0～4.5属于厚拱坝。

当L/H相同时，对于V型河谷，底部仍可较薄（因为跨度小，拱圈曲率大），底拱能发挥作用。对于U型河谷（因为跨度大），底部大多梁发挥作用，梯形河谷介于以上两者之间。L/H（宽高比）值小，说明河谷深窄，水平拱圈跨度较短，拱的刚度较大，受力大部分传给两岸，因而坝体较薄。当L/H值较大时，坝体较厚。

拱坝设计不同于其他坝型，其体型选择与坝线、地质条件密切相关，勘察设计周期较长，其平面布置及体型确定需要历经多次反复，开挖后修改体型、采取措施补救的拱坝比比皆是，拱坝设计应重点关注以下几个主要问题：

（1）选择拱坝的布置型式。拱坝枢纽大多布置在狭窄的河谷地段，一般多采用坝身不同高程布置泄水孔、坝后布置厂房或下游两侧布置厂房的形式；按照Lombardi柔度系数C的计算及统计成果，$C=F^2/(VH)$（F-拱坝中剖面展开后的面积、V-拱坝的体积、H-拱坝的最大高度），大多数拱坝C值在10～20之间，但也有一些在较宽的河谷修建了拱坝。

(2)进行坝体平面布置及断面初选。拱坝布置是指拱坝体型选择、坝体布置,布置设计的总要求是在满足坝体应力和坝肩稳定的前提下尽可能地使工程量最省、造价最低、安全度高和耐久性好,同时应满足枢纽总体布置及运行要求。合理的拱圈型式应当是压力线接近拱轴线,使拱截面内的压应力分布趋于均匀。拱圈型式可结合坝线选择单心圆拱、三心圆拱、椭圆拱、抛物线拱和对数螺旋拱等进行比较。

(3)通过拱冠梁法对坝体应力及坝肩稳定进行分析计算。重要工程应对不同拱圈类型采取有限元法进行分析计算,通过应力分布、工程量等措施综合选择拱圈类型。如中国水科院开发的ADASO程序可以较好地进行施工期、运行期、不同温控措施下应力变化、工程量统计工作,效率较高。

(4)通过消能计算评价所选定的消能防冲措施的安全可靠性。

(5)结合电站厂房、泄水建筑物的布置对所选定的拱坝体型布置提出评价或修改意见,反复此过程;结合施工条件、筑坝材料、气候特点研究常态混凝土、碾压混凝土、浆砌石等不同材料类型的拱坝。

考虑拱坝枢纽布置时,有多种方案可供选择,可采用岸边厂房方案,坝身泄水,岸边引水发电,以便各建筑物独立施工,减少干扰;也可采用坝后厂房方案,减少引水系统投资、减少厂区开挖量,设滑雪道泄水,集中布置;深山峡谷地质条件满足时修建地下厂房方案也是适宜和常见的布置形式。

2.4.2 拱坝筑坝技术

20世纪90年代建设的新疆大山口水电站大坝采用定圆心等外半径混凝土重力拱坝,最大坝高72 m,坝底宽25 m,坝顶宽5 m。2000年开工建设的石门子水库大坝采用碾压混凝土拱坝,坝高109 m,坝顶宽5 m,底宽30 m,拱下部最大厚度31 m,拱坝厚高比为0.284。2009年开工建设的布尔津山口大坝采用抛物线体型双曲拱坝,坝高94 m,坝顶宽6 m,底宽25 m,厚高比0.266。拱坝施工技术基本沿用了龙羊峡、东江、紧水滩水电站等拱坝施工技术,以缆机浇筑入仓为主,结合新疆严寒干旱的特点,在浇筑方式、温控防裂、坝体保温保湿技术上取得突破性进展。

拱坝是一种超静定结构,整体稳定性能最高,超载能力很强,拱坝对地基和坝肩的要求很高,施工要求也很高。20世纪80—90年代建设了五座拱坝,三座都是浆砌石结构。2003年建成新疆第一座RCC拱坝——石门子薄拱坝,2017年建成布尔津山口常态混凝土拱坝,正在建设的乔巴特拱坝、JH二级拱坝均为常态混凝土拱坝。

表 2.4-1 新疆典型拱坝工程统计表

序号	水库大坝名称	坝型	建成年份	河流	地点	河床覆盖层厚度/m	基本烈度	坝高/m	坝长/m	总库容/亿m^3	装机/MW
1	乔巴特水利枢纽	拱坝	在建	—	—		Ⅷ	240			
2	JH二级枢纽	拱坝	在建	—	—		Ⅷ	164			
3	石门子	RCC薄拱坝	2003	塔西河	玛纳斯县	34	Ⅷ	109	176.5(主坝)	0.501	6.4
4	布尔津山口	混凝土拱坝	2017	布尔津河	布尔津县	12	Ⅶ	94	319.65	2.22	220
5	大山口	重力拱坝	1992	开都河	和静县	14	Ⅷ	72	219.98(主坝)	0.298	80
6	托海	拱坝	1991	喀什河	伊宁县		Ⅶ	57.2	175.8	0.175	50
7	石城子	浆砌石拱坝	1981	石城子河	哈密市	3.6	Ⅶ	78	72.63	0.194 5	3.2
8	乌拉斯台	浆砌石双曲拱坝	1992	乌拉斯台河	塔城市	0	Ⅵ	62.4	227.8	0.2	2.055
9	库吉拜水库	浆砌石拱坝	1996	库吉拜河	塔城市	11	Ⅵ	47.45	120	0.039	—

布尔津山口拱坝挡水建筑物为全断面常态混凝土双曲中厚拱坝,最大坝高94 m,坝顶厚10 m,坝底厚27 m,厚高比0.287,坝顶弧长319.65 m,弧高比3.4。水平拱圈线型采用抛物线变厚拱圈,顶拱中心角最大为96.96°,拱冠梁处左岸拱圈中心线曲率半径变化范围为56.64~101.67 m,拱冠梁处右岸拱圈中心线曲率半径变化范围为53.87~129.56 m,拱冠梁上游面曲线、下游面曲线均由拟合三次方程曲线组

成。详见图2.4-1。

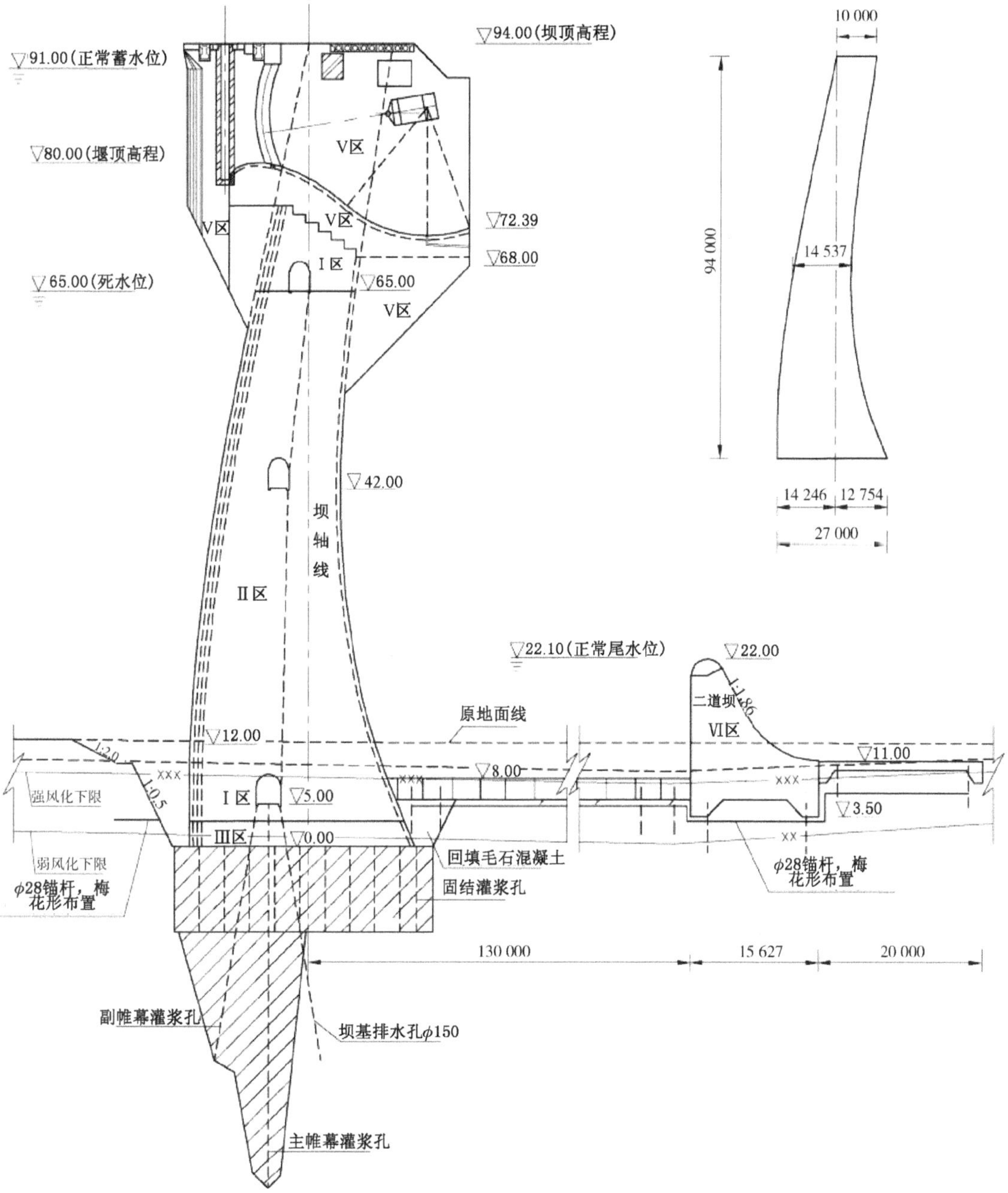

图 2.4-1 布尔津山口混凝土拱坝

石门子水库碾压混凝土薄拱坝温控设计：

(1)常温季节施工。设计要求混凝土入仓温度不高于14℃，施工中按自然温升进行拌和浇筑。浇筑层升程高度3.3 m。

(2)高温季节施工。1999年设计要求混凝土最高入仓温度不高于17℃，混凝土浇筑升程高度减至1.2～1.5 m，收仓面用6～8℃河水浸泡养护、降温，坝体内设PVC冷却水管。2000年及2001年5～8月高温季节，设计要求入仓温度最高应不高于19℃，浇筑升程高度控制在1.5～1.8 m左右，为此在拌合楼上增加了风冷骨料设备，砂石骨料上料皮带采用喷雾措施。施工中入仓温度超过17℃时采取1.5～1.8 m浇筑升程，并间歇3天，用水浸泡。大坝施工浇筑温度基本控制在设计规定指标范围内。

(3)低温时段施工。1999年10月下旬至11月上旬、2000年3月底至4月初及10月下旬至10月中旬、2001年3月底至4月初按照设计要求，施工中采取以下保温措施：模板背面粘贴厚5 cm泡沫保温板；浇筑过程中，随混凝土摊铺及时覆盖保温被；混凝土达7天龄期后拆模，拆后马上对混凝土表面进行保温覆盖；气温低于2℃后暂停浇筑，混凝土面用保温被覆盖。

(4)坝体越冬保护。1999年冬，大坝顶面、下游面用砂砾料保温，上游面采用蓄高水位方法，水位高于顶面约50 cm。2000年冬，下游面进行粘保温板保护，1 325.00 m高程以上采用喷涂聚氨酯保温层，坝水平层面用砂砾料覆盖保护。2001年冬，大坝顶面采用两层无纺布夹厚5 cm的苯板覆盖，溢流面覆盖双层保温被方式进行保护。

2.4.3 石城子水库浆砌石拱坝

1. 工程概况

石城子水库位于哈密石城子河中上游河段的峡谷内，距哈密市约38 km，坝址以上控制流域面积822 km^2。水库总库容1 945.5万m^3，为中型Ⅲ等工程，主要建筑物为3级，次要建筑物为4级，具有灌溉、发电等综合效益。大坝设计洪水标准为100年一遇，洪峰流量343 m^3/s；校核洪水标准为1 000年一遇，洪峰流量790 m^3/s。该水库于1975年12月7日动工兴建，1978年12月16日下闸蓄水，1981年9月竣工，竣工后最大坝高78 m。2009年5月开始除险加固，2010年10月完工。

坝址区最高气温43.9℃，最低气温-32.0℃，多年平均气温8.3℃。本流域降水量随海拔的增加而增加，多集中在6～9月，全年降水总量24.6～57.6 mm，降水量年内分布不均、年际变化较大。多年平均年蒸发量3 067.2～4 061.8 mm(ϕ20 cm)。灌区年日照时数3 085.7～3 357.7 h。11月下旬上冻，翌年3月中旬解冻。流域常年多风，主要风向为EN，最大风速多在8～10 m/s(6～7级)，最大暴风风速26 m/s(11级)。

水库大地构造单元上位于北天山地向斜褶皱带中的哈尔里克复背斜南部边缘，地震活动主要受天山南北两侧的山前大断裂控制，由于历史记载库区无强震活动，坝址区地震动峰值加速度为0.15 g，地震基本烈度为Ⅶ度，抗震设防烈度为7度，水库区域构造基本稳定。

库区为古生代砂页岩互层，风化破碎成鳞片状。山坡坡度在10°～30°之间，基本稳定。沟谷内主要为第四纪沉积砂土、亚砂土、砂卵石堆积。坝址坐落在肉红色中粗粒花岗岩地层上，致密坚硬，对坝基稳定提供了有利条件。坝址以下2 km处有极为丰富的细粒花岗岩，质量好，抗压强度800～1 200 kN/m^2。坝址以上约3 km，水库西北角有一较大冲沟，沟槽有大量砂砾石料，厚10 m左右，满足混凝土骨料质量要求。

2. 枢纽布置

本工程主要由浆砌石重力垫座、浆砌石溢流拱坝、导流洞和放水洞组成。最大坝高78 m，坝顶(弧线)长72.63 m，水库平面布置见图2.4-2。

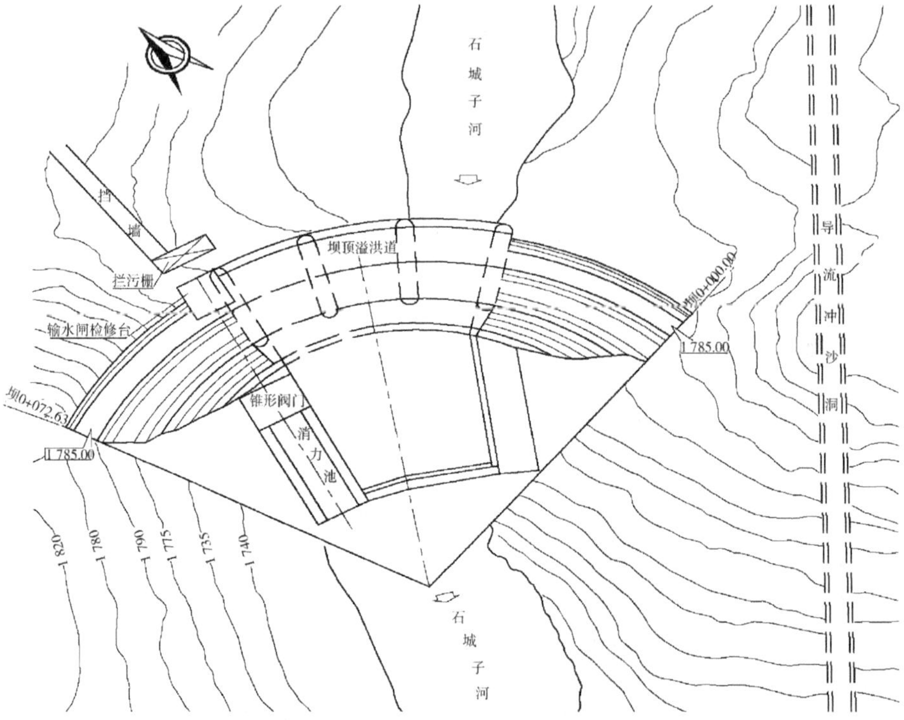

图2.4-2 石城子水库平面布置图

自河底基岩（高程1 707.00 m）至残留侵蚀阶地（高程1 735.00 m）高28 m，采用浆砌块石重力坝型式作为拱坝的垫座。

廊道布置在高程1 714.00 m的坝体内。廊道宽1.5 m，长33.2 m，高1.35 m，顶拱半径0.75 m，廊道底部与基础排水孔连通，顶部与坝体排水孔连通。

浆砌石溢流拱坝的非溢流段坝高50 m（坝顶高程1 785.00 m），溢流堰段坝高45 m，堰顶高程1 780.00 m，河谷宽高比0.08，坝体宽高比1.32，厚高比0.24。拱坝采用变圆心、变半径的双曲线型式。拱坝底厚12 m，顶厚4 m，最大中心角106°，最大外弧线71.91 m，迎水截面线以2%的坡度倒向下游。溢流堰最大泄流量383 m^3/s。

坝身放水洞径向布置于拱坝西端，长17.1 m，直径1.6 m，采用10 mm钢板卷制焊接而成，进口高程1 740.00 m。

导流洞布置于大坝东岸，施工结束后保留为永久性冲沙洞，并可在非常情况时紧急排空库水。导流洞进口底板高程1 715.00 m，纵坡5%，长158 m，断面2 m×2.1 m，最大泄流量94 m^3/s。

3. 大坝设计

坝型选择主要从工程安全、坝顶可溢流、施工便利和就地取材等方面考虑，初选为略带拱型的浆砌料（块）重力坝，施工开始后又改为浆砌石拱坝。大坝下游立视展开见图2.4-3、溢流坝段典型剖面见图2.4-4。

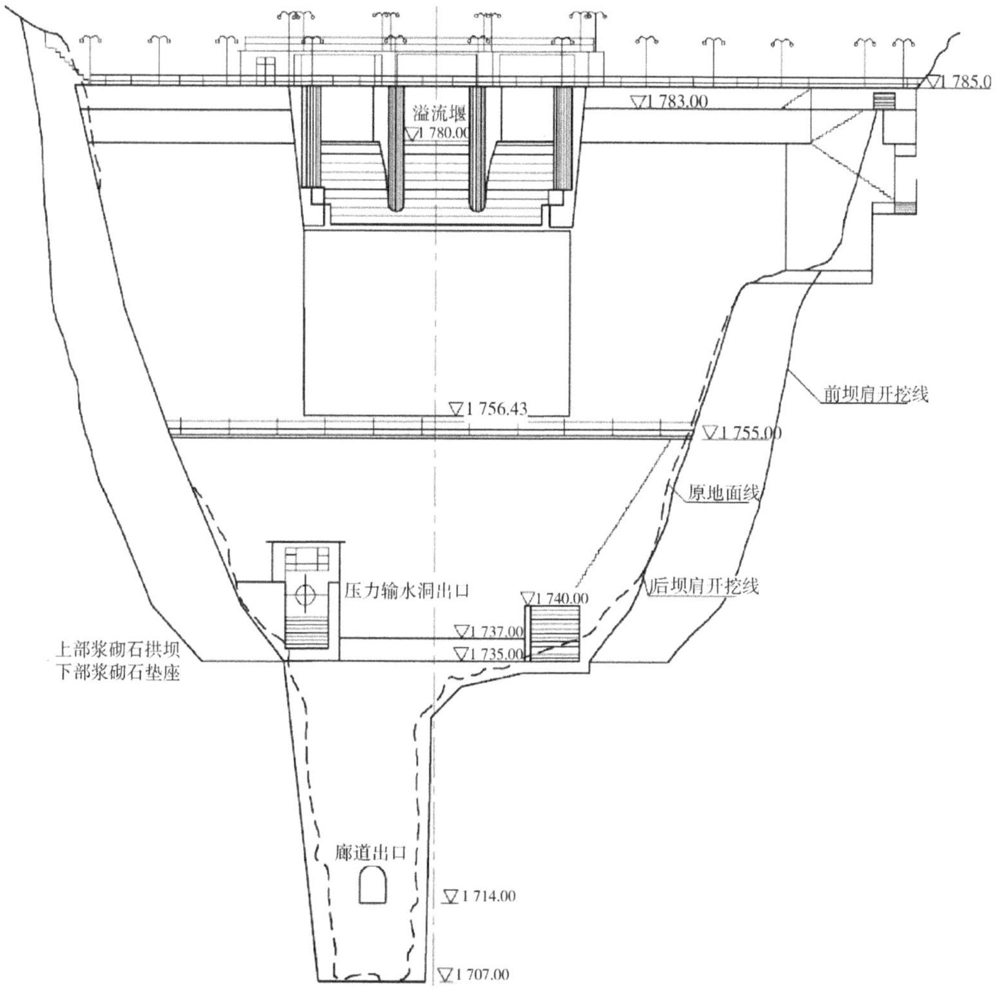

图2.4-3 石城子水库浆砌石拱坝下游立视展开图

（1）基本数据。基岩容许抗压强度800 kN/m^2，淤沙摩擦角18°，淤沙容重1.2 g/cm^3，砌体容重2.3 g/cm^3，泊松比0.2，地震系数1/4，基岩抗滑稳定安全系数1.1（正常）、1.05（校核），摩擦系数0.65。

（2）坝体防渗设计的方案如下：

① 设置混凝土防渗心墙。拱坝部分用混凝土浇筑防渗心墙，底厚3 m（相当于校核洪水位的

1/25)，顶厚0.6 m，防渗心墙离上游坝面1.5 m，施工时随拱坝一起分段浇筑，待拱坝封拱时再连为一体。

② 重力垫座。设置混凝土等厚防渗心墙，厚度为3 m。施工时套体浇筑，不分缝。

③ 勾缝和喷浆。用砂浆进行勾缝，勾缝深度要求达到5 cm以上，在上游坝面进行喷浆，设计厚度为3～5 cm。

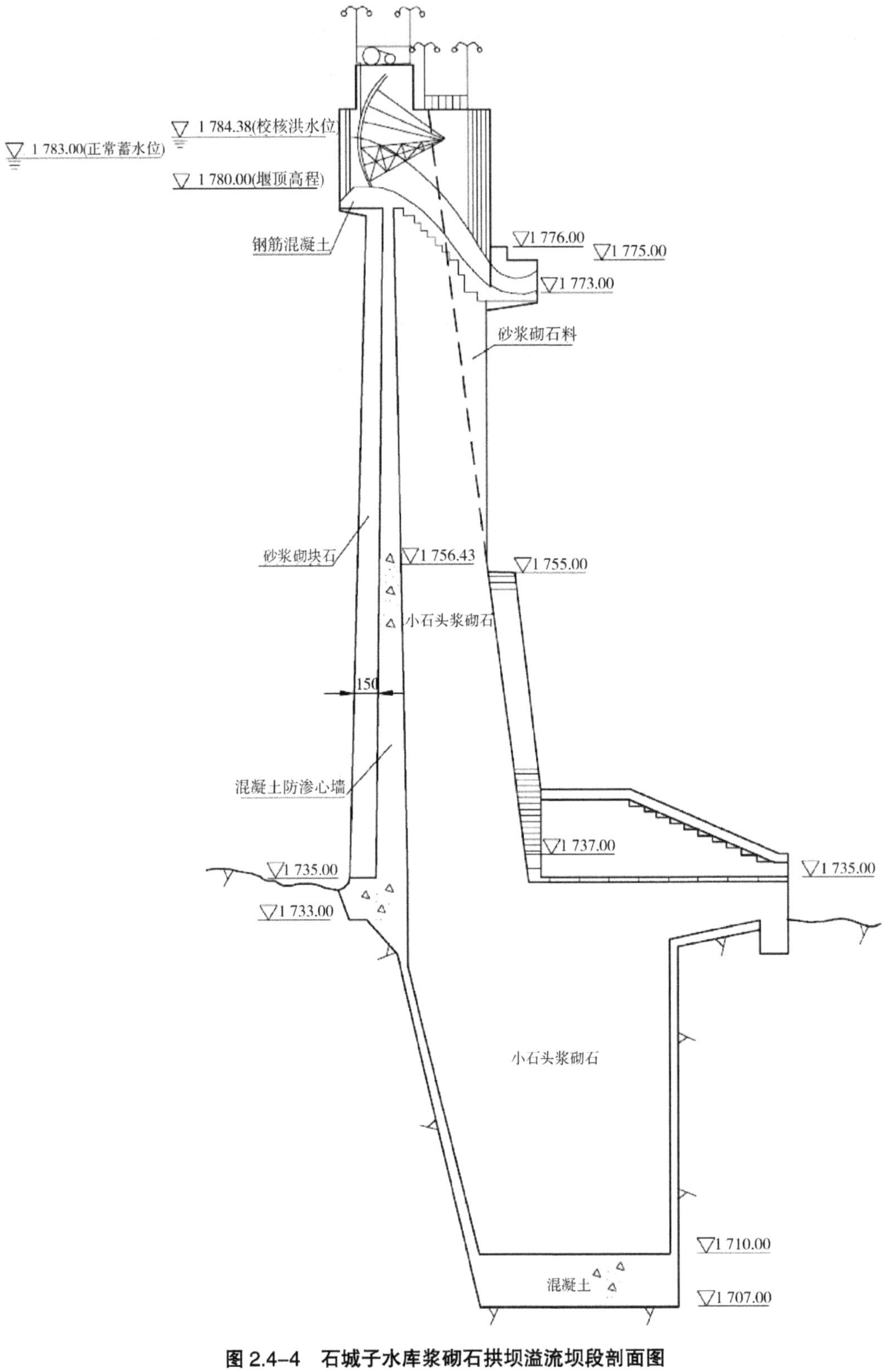

图 2.4-4　石城子水库浆砌石拱坝溢流坝段剖面图

4. 坝基处理

(1)基础开挖

① 河床覆盖层最厚3.6 m，清基后覆盖层平均不到2 m，基岩为完整、坚硬的花岗岩与辉长辉绿岩岩

脉，基岩只打10～30 cm不等的炮眼进行凿毛，冲洗后浇2～4 m的混凝土，并埋入约30%的大块石。

② 坝基开挖。设计嵌入基岩2.5～3 m，先清除基岩上的覆盖层、风化层并削平地表之凸处，使其形成稍向上游倾斜（约3°～5°）的平坦但不光滑的表面后，再回填钢筋混凝土，并在防渗墙后3 m设置单排基础排水孔，排水孔方向与岩层面垂直，直径为15～25 cm，孔深5～12 m，排水孔的顶部与廊道的集水沟连通。

③ 两岸坝肩开挖。保证严格的径向并使防渗墙嵌入坝肩基岩1.5 m以上。东岸重力墩的基础开挖具体要求与坝基开挖相同。

(2)固结灌浆。坝前两坝肩设置浅孔固结灌浆24孔，总进尺916 m；坝后两坝肩深孔固结灌浆20孔，总进尺1 043 m。

(3)帷幕灌浆。坝基施工时，因基岩完整，未采取进一步的工程措施，水库蓄水后，下游出现潜流，在坝前河槽部位设防渗帷幕灌浆12孔，总进尺416 m；坝体采用两排防渗灌浆，前排28孔，总进尺1 302 m；后排28孔，总进尺1 318 m。固结灌浆和帷幕灌浆总计112孔，总进尺4 995 m。

经多方案比较将带拱形的砌石重力坝改为变圆心、变半径双曲砌石拱坝，把坝体底宽从18 m减少到12 m，工程量由原来的9万多m^3锐减到4.1万m^3，节省工程量51.9%。目前，该坝仍为新疆地区最高的浆砌石双曲拱坝。

2.4.4 石门子碾压混凝土薄拱坝

1. 工程概况

石门子水利枢纽工程位于昌吉回族自治州玛纳斯县塔西河中游河段石门子峡谷处，距玛纳斯县城62 km，距312国道45 km。水库总库容5 010万m^3，水电站装机容量6.4 MW，为中型Ⅲ等工程。以灌溉为主，兼有防洪、发电和旅游等综合效益。该工程是我国在严寒、强震、软基上修建的第一座超百米高技术难度的碾压混凝土拱坝。

据石门子水文站实测资料统计，坝址以上流域面积664 km^2，多年平均年径流量2.32亿m^3，多年平均流量7.36 m^3/s。年最大洪峰主要出现在6月下旬至8月中旬。大坝设计洪水标准为50年一遇，洪峰流量202 m^3/s；校核洪水标准为500年一遇，洪峰流量388 m^3/s。

坝址区多年平均气温4.1℃，极端最高气温33.2℃，极端最低气温-31.5℃。多年平均年降水量430 mm，多年平均年蒸发量1 410.8 mm（ϕ20 cm）。多年平均风速1.7 m/s，多年最大风速20 m/s，多见风向W。最大积雪深40 cm，最大冻土深140 cm。

坝址位于塔西河水文站上游1.2 km的“石门”峡谷段，峡谷长约350 m，河谷呈U形，谷底宽70～86 m。坝区两岸基岩裸露，强风化层厚约2 m，弱风化层厚6～6.5 m，坡顶及河床底部岩体强风化层厚2.5～5 m，弱风化层厚3～5 m。坝址区以砾岩为主，岩层走向与河谷近正交，倾向下游。q=1Lu的相对不透水层埋深一般在基岩面以下8～15 m。坝址区主要出露的砾岩属混合胶结的沉积岩，胶结较差，岩石强度不均一。左岸山体孤立，右岸分布的软弱夹层常有地下水渗出。

清水河断层F_1距坝址5.5 km，霍尔果斯—吐谷鲁断层F_2距坝址23 km，为区域性构造单元分界活动断层，库坝区区域稳定性差。库坝区50年超越概率10%的地震基本烈度为Ⅷ度，地震动峰值加速度值为0.302 g，抗震设防烈度为8度。

右坝肩发育的F_6断层产状为∠NE0°～10°/SE85°～90°压扭性断层，断层带宽0.1～3 m，其内有3条破裂面，具糜棱岩化和泥化，断层与J_3泥化夹层的组合，构成了控制右坝肩稳定及上游边坡稳定的块体。左岸坝肩出露有两条平行的F_3、F_5张扭性陡倾次级断层，并且从右岸向左岸延伸有J_3软弱泥化夹层。

2. 枢纽布置

枢纽建筑物主要由碾压混凝土拱坝、黏土斜心墙副坝、导流兼引水发电隧洞、发电站厂房及碾压混凝土拱坝坝顶溢洪道、坝身泄水孔等组成。枢纽平面布置见图2.4-5。

开敞式溢洪道布置在拱坝坝顶，共计3孔，每孔净宽5 m，设计单宽流量为11 $m^3/(s\cdot m)$，并设3扇3.2 m×5 m（高×宽）平面钢闸门。坝身泄水孔的平面位置在坝顶溢洪道的右侧，泄水孔中心线与拱坝中心线的平面交角为9°，可兼作放空冲沙用，泄水孔为矩形断面，进口采用平面钢闸门，出口采用弧形钢闸门。引水发电洞进口位于左岸单薄山脊南端右侧，洞身段长约270 m，发电洞后段124.2 m利用导

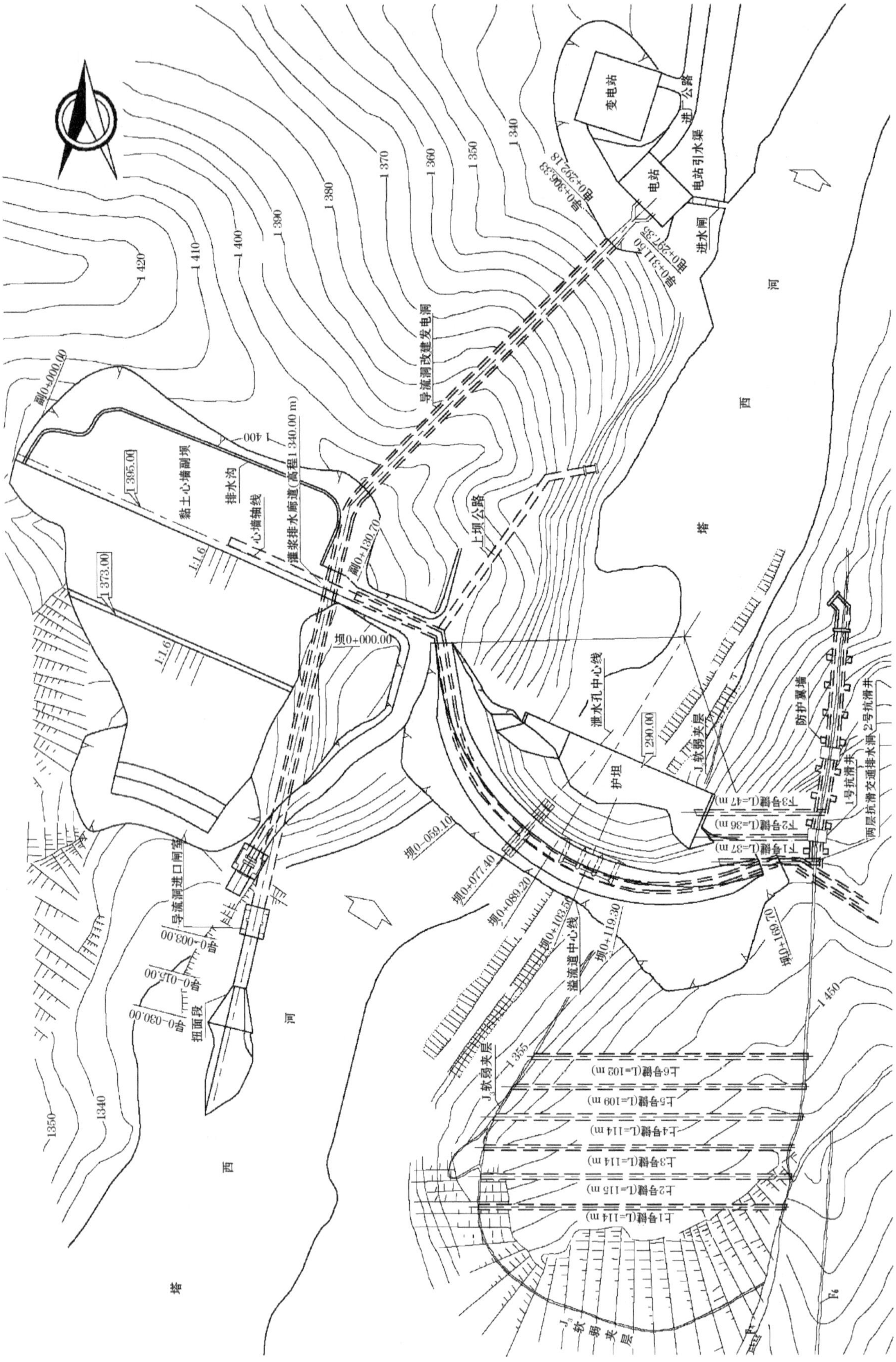

图 2.4-5　石门子水利枢纽平面布置图

流洞改建，上覆岩体厚15～70 m，将导流洞城门洞型断面改为直径3 m的圆形断面，采用12 mm钢板衬砌。

3. 大坝设计

（1）坝体结构

主坝为碾压混凝土拱坝，坝高109 m，坝顶宽5 m，底宽30 m，拱下部最大厚度31 m，坝顶外弧长176.5 m，拱坝厚高比0.284。上游侧设高1.2 m的防浪墙，下游侧设高1 m的防护栏，坝体在高程1 320.00 m以下采用单曲率、定圆心、定外半径、变中心角布置，在高程1 340.00 m附近（应力较大部位）加大拱曲率，往上各高程采用变圆心、变半径、变中心角布置。大坝典型断面见图2.4-6。坝体混凝土总方量21.1万m^3，其中碾压混凝土18.8万m^3，约占混凝土总量的89%。

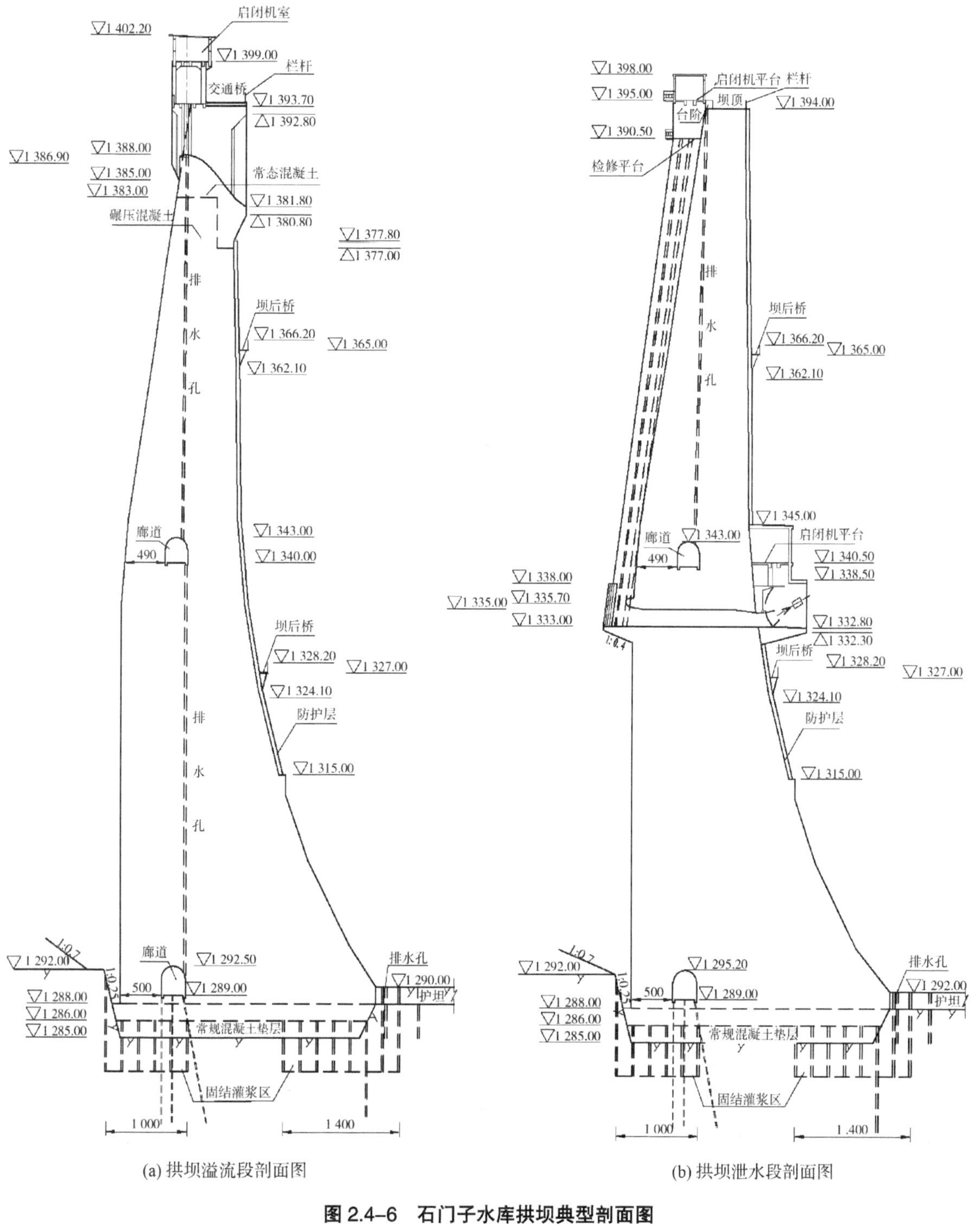

(a) 拱坝溢流段剖面图　　(b) 拱坝泄水段剖面图

图 2.4-6　石门子水库拱坝典型剖面图

（2）坝体分区及混凝土防渗设计

根据坝体应力计算分析成果，综合考虑坝体的孔口及各部位的结构特点，大坝混凝土分为4个区，参见表2.4-2。

表2.4-2 石门子水库坝体碾压混凝土分区表

坝体分区	代号	级配	设计标号	抗冻标号	抗渗标号	水泥用量(kg/m³)
拱坝内部混凝土	R1	三	$R_{90}150$	D100	S6	<60
下游坝面及上游高程1315.00 m以上防渗层	R3	二	$R_{90}250$	D300	S8	<90
上游坝面高程1315.00 m以下防渗层	R2	二	$R_{90}200$	D100	S10	<90
变态混凝土	R4	二	$R_{28}200$	D100		

其中变态混凝土主要使用范围为上下游坝体表面厚0.5～1 m，坝肩周边厚0.5 m，灌浆排水廊道周边厚1 m。溢流坝面(1.5 m)，泄水孔周围(1.5 m)以及坝基垫层(2 m)为$R_{90}250$、D300常态混凝土。

混凝土原材料选择主要依据结构物要求及运行条件，选择普通硅酸盐水泥及二级粉煤灰，骨料采用河床的天然砂砾石，鉴于砂的细度模数偏粗，采用部分粉煤灰代替砂进行调配。

为增强坝体抗渗能力，在坝体上游面喷涂厚1.5 mm的水泥基防渗涂层(XYPEX)。

(3)坝体分缝设计

为了发挥碾压混凝土大仓面连续浇筑的优越性，又便于削减坝内的应力，在坝体高程1 288.00 m以上施工期设置一条横缝(简称中缝)。在近上游中缝内设置混凝土塞，以利于施工期提前蓄水时拱向传力，塞边缘及中缝内保留灌浆系统以实现拱坝后期灌浆封拱。拱圈人工短缝布置示意见图2.4-7。

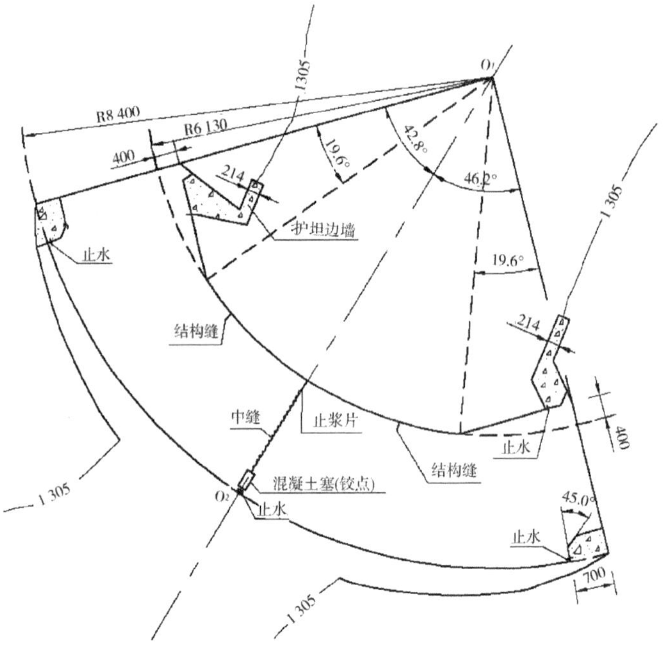

图2.4-7 石门子水库拱圈人工短缝布置示意图

拱坝两坝肩上游侧各设置一条人工短缝，以削减拱端水压和温度拉应力，缝长2～4 m，缝由径向转向坝肩低应力区，缝上游区设止水，在缝端部位埋设[16槽钢止裂。

在拱坝下游侧距中轴线27.5 m拱圈处，高程1 295.00 m以上沿拱径向设深1.5 m的人工短缝，以削减拱坝中部下游面由水荷载及温降形成的拱向拉力。

在两岸坝顶部位高程1 375.00～1 394.00 m保留拱横缝，以降低运行期拱坝上部温度应力，并利用蓄水加弯矩以改善拱坝中部下游侧的梁向拉力。

(4)坝体坝基排水设计

为满足基础灌浆、排水、观测、检查和交通等要求，在坝内设置灌浆排水廊道，并在坝肩内设置灌浆排水交通洞。纵向布置共分3层，分别设在高程1 289.00 m、1 340.00 m和1 394.00 m(坝顶)。灌浆排水廊道和灌浆排水洞断面为城门洞型。廊道的上游壁距上游坝面5 m，由上层廊道向下层廊道作灌浆或竖向排水孔，水孔与纵向廊道连通，孔距2 m，孔径10 cm。

两岸坝肩的帷幕灌浆排水洞均与坝体1 289.00 m和1 340.00 m灌浆排水廊道相连，右坝肩伸入山体分别为74.9 m和55 m，左坝肩伸入山体分别为63.6 m和115.1 m，坝顶高程右坝肩灌浆排水洞长46.4 m。所有帷幕灌浆孔、排水孔的布置结合地质条件考虑，除右坝肩上部两层廊道采用1排、孔距2 m外，其他各区均采用2排、孔距3 m、排距1 m，靠下游侧均设排水幕，孔距2 m，防渗帷幕及排水孔的深度和布置保证上下均连成整体。

4. 坝基处理

（1）固结、帷幕灌浆处理。为提高坝基的承载能力和加强坝体与地基的结合，主要在坝踵及坝趾进行固结灌浆（向外延伸1～3 m），根据岩石与结构面的情况和坝底宽度，分别在上游设置3～10排，下游设置5～10排固结灌浆，孔距2 m、排距1 m，梅花形布置，孔深一般为5 m，均采用有盖重的灌浆，效果较好。河床部分帷幕灌浆深度深入相对不透水层埋深8～15 m。左岸坝肩的帷幕灌浆与左侧副坝的防渗帷幕相接。

（2）右坝肩加固处理方案如下：

① 对右坝肩F_6断层的处理，结合坝肩高程1 340.00 m、1 289.00 m的纵向和交通排水洞布置，设置两条抗滑交通排水洞，并沿F_6断层设排水孔与坝肩排水幕相接形成坝肩下游山体的纵向排水孔幕。在下游的F_6断层设抗滑井，总深900 m，断面尺寸8 m×6.5 m，井内用C30微膨胀混凝土回填，并对四周围岩进行固结灌浆，总加固宽度可达14 m。

② 在坝肩下游楔形山体软弱面处设置4条抗滑键，抗滑键长分别为59 m、68.8 m、56 m和47.6 m，宽为3 m，高4.5 m，键体采用C30微膨胀混凝土，对围岩进行固结灌浆，总加固宽度达到11 m。

③ 上游山体边坡稳定加固主要是在J_3软弱层面上设置抗滑键，呈两纵两横布置，呈井字形，键长分别为121 m、112 m、73.7 m和42 m，键体采用C30微膨胀混凝土，四周进行固结灌浆并设插筋。

④ 对处于深层的J_1软弱层面以及右坝肩因嵌入山体较深，被上游开挖坡面截穿的J_3，亦分别设置两条长度分别为121 m和50 m的抗滑键进行加固。

（3）左坝肩加固处理。沿F_5断层设上下两条纵向抗滑灌浆排水洞，对F_5断层和F_3断层本身进行超细水泥固结灌浆，孔距2 m，形成高约40 m，长约100 m的较强加固带。鉴于左坝肩山脊上部较单薄，左岸坝肩绕渗问题较为突出，利用F_5断层的上下抗滑灌浆排水洞分别设置一排长51 m的纵向防渗帷幕，结合设置部分支洞形成长约100 m的纵向排水孔幕。左坝肩的防绕渗抽排系统排水出水口的自由水面为1 289 m，低于下游河道尾水约30 m，抽排作用明显。

2.5 土石坝

土石坝是由坝址附近的土石料填筑而成的一种坝型，所以又称当地材料坝。

土石坝被广泛采用的原因：①就地取材，最大限度利用当地天然土石料。②对地基变形的适应能力强，几乎可以适应任何地基；除了严重喀斯特地区坝址存在大溶洞或淤泥深度太大，地基处理不经济，不适宜建坝之外，土石坝几乎可以在任何地基建造。③施工方法选择具有灵活性，土石坝结构简单，施工技术容易掌握，既可采用简单机具施工，又可高度机械化施工。

土石坝的缺点：①坝身一般不允许泄洪，需另建泄洪建筑物，往往给枢纽布置带来困难。②施工导流困难，由于坝身不能溢流，要求施工期洪水全部通过导流隧洞或涵洞下泄。③施工受气候条件影响比较大，在恶劣气候如雨季和严寒冰冻情况下，填土质量难以保证，往往导致施工延期。

土石坝的发展历程最早，随着结构材料技术的发展，衍生出的坝型也最为丰富，按防渗体可以分为黏土防渗坝、面板堆石坝、沥青防渗坝、均质土坝、土工膜防渗坝等。

土石坝在中国大坝中所占比例近90%，在新疆90%以上的坝为土石坝。详见2.5-1。

表 2.5–1　新疆土质防渗体坝工程统计表（26 座）

序号	水库大坝	坝型	建成年份	河流	地点	河床覆盖层厚度/m	基本烈度	坝高/m	坝长/m	总库容/亿 m^3	装机/MW
1	恰甫其海	黏土心墙	2006	特克斯河	巩留县		Ⅷ	108	362	19.46	320
2	大西沟	黏土心墙	在建	乌鲁木齐河	乌鲁木齐市	22	Ⅶ	90	427	0.7	—
3	白杨河水库	黏土心墙	在建	白杨河	阜康市	48	Ⅷ	78	735	0.127	—
4	“635”水库	黏土心墙	2000	额河干流	福海县	10	Ⅵ	70.6	320（主坝）	2.82	32
5	铜场	黏土心墙	在建	库车河	库车县	6.46	Ⅷ	59	250	0.656	—
6	桑株	水力冲填	1983	桑株河	皮山县	80	Ⅶ	53	1 100	0.302 1	—
7	鄂托克塞尔	黏土心墙	1996	鄂托克塞尔河	温泉县	20	Ⅶ	52.5	320	0.299	2.4
8	头屯河水库	黏土心墙	1981	头屯河	昌吉市		Ⅶ	51	423	0.203	—
9	西大龙口	黏土心墙	1985	西大龙口河	吉木萨尔县	10	Ⅶ	48.81	374	0.12	—
10	克孜尔	黏土心墙	1993	渭干河	库车县	28	Ⅷ	44	920.6	6.4	26
11	龙王庙水库	黏土心墙	1972	木垒河	木垒哈萨克自治县	20	Ⅷ	42	738	0.129 4	—
12	呼图壁红山水库	黏土心墙	1972	雀尔沟河	呼图壁县	3	Ⅷ	41.5	580	0.132 8	—
13	峡口	黏土心墙	2002	乌伦古河	富蕴县	4.2	Ⅵ	36.3	111（主坝）	0.47	—
14	英格堡水库	均质土坝	2005	英格堡河	木垒哈萨克自治县	21	Ⅷ	36	415	0.028 75	—
15	倒须沟	水力冲填	1980	平原水库	霍城县	＞30	Ⅶ	33.1	390	0.06	—
16	阜康红山水库	黏土心墙	1971	水磨河	阜康市	11.5	Ⅷ	32	506	0.402 4	—
17	东大龙口	黏土心墙	2008	东大龙口河	吉木萨尔县	21	Ⅶ	31.8	718	0.115	—
18	贡拜沟水库	均质土坝	1968	贡拜沟泉水河	吉木萨尔县	12	Ⅶ	30	450	0.028 9	—
19	阿湖水库	黏土心墙	1995	布谷孜河	阿图什市	25	Ⅷ	30.75	363	0.377	—
20	“500”水库	均质土坝	2005	平原水库	阜康市	12.6	Ⅶ	28	17 676	2.81	—
21	麻杆沟Ⅰ库	水力冲填	1981	平原水库	霍城县	12	Ⅶ	28	100	0.012	—
22	乌拉泊	黏土心墙	1961	乌鲁木齐河	乌鲁木齐市	24.1	Ⅷ	27.6	1 020	0.5	—
23	东塘水库	均质土坝	1995	开垦河	奇台县	217	Ⅷ	26.32	2 408	0.105	—
24	铁门关电站	黏土心墙	1972	孔雀河	库尔勒市	18	Ⅶ	25	261.82	0.724	48.75
25	楼庄子	黏土心墙	在建	头屯河	昌吉市	4.5	Ⅷ	78.75	554.92	0.735 5	—
26	金沟河红山	黏土心墙	初设	金沟河	沙湾县	9	Ⅷ	74	1160	0.536 3	10

2.5.1 黏土心墙坝

2.5.1.1 黏土心墙坝特点

早期建设的高土石坝多为黏土心墙坝，目前世界上最高的土石坝是塔吉克斯坦的罗贡坝，高335 m，土坝采用壤土心墙，墙两侧设反滤过渡层及砾石支撑棱体，坝表面采用块石压重层。坝顶长650 m，坝底宽1 500 m，坝体方量6 200万m^3。由于对黏土的要求有时难以满足，在多雨地区施工较为困难，随着技术的发展，高面板堆石坝逐渐代替了黏土心墙坝。

黏土心墙坝设计应关注的主要问题如下：

（1）坝体断面的选择：应具有足够的断面维持坝坡的稳定，土石坝的边坡和坝基稳定是土石坝安全的基本保证。剖面设计是土坝设计的主要内容，包括坝顶高程、坝顶宽度、上下游坝坡、防渗结构、排水结构及其细部构造。根据具体要求和经验拟定剖面，进行渗流计算，最后进行坝坡稳定分析，根据稳定分析的结果判断坝剖面的合理性，结合筑坝材料试验数据多次重复后即可得到合理的剖面。计算方法、试验手段的发展为土石坝设计提供了安全保障，目前的技术手段完全可以支撑300 m级黏土心墙坝的设计。

（2）地基处理：根据土石坝地基条件，地基处理的目的大体可归纳为以下几个方面：①改善地基的剪切特性，防止剪切破坏，减少剪切变形，保证地基不发生滑动。②改善地基的压缩性能，减少不均匀沉降，以限制坝体裂缝的发生。③减少地基的透水性，降低扬压力和地下水位，使地基以至坝身不产生渗透变形，并把渗流流量控制在允许的范围内；对于深厚覆盖层常见措施为灌浆、防渗墙或二者结合布置，当前采用超深防渗墙进行深厚覆盖层的处理亦不是难事，悬挂式防渗墙结合帷幕灌浆已成为深厚覆盖层坝基处理的主流认识。④改善地基的动力特性，防止液化。

（3）黏土的选择：常见防渗土料主要为两类：粘性土料，如黏土、壤土等细粒土、红土、膨胀土、黄土等；砾石土防渗料，如砾石土或含砾黏土性，是一种粗粒砾土（粒径大于5 mm）大于20%以上的含砾土，黏土质砾，人工掺配的砾石土也含有一定数量的细粒土（粒径小于0.1 mm）的混合料。对于具有过渡性质的分散性土料，应采取各种措施进行处理。

（4）抗震问题：应高度重视土石坝的抗震设计，震害表现主要是地基液化和坝体裂缝，较差的坝基一般均需要采取挖除、置换、加固等综合措施进行处理。

（5）坝身一般不允许泄洪，需另建泄洪建筑物，加之坝体填筑断面较大，围堰一般单独布设，往往给枢纽布置带来困难，尤其是溢洪道（洞）的选择。

（6）施工的问题：由于坝身不能溢流，要求施工期洪水全部通过导流隧洞或涵洞下泄。施工受气候条件影响比较大，在恶劣气候如雨季和严寒冰冻情况下，防渗土料的填筑质量难以保证，往往导致施工延期。

2.5.1.2 黏土心墙坝筑坝技术

黏土心墙坝被广泛应用并不断发展与其优越性是分不开的，其筑坝材料就地取材，可节省大量钢材、水泥、木材等建筑材料；结构简单、造价低廉、运行管理方便、工作可靠，便于维修加高。由于新疆的天然砂砾料非常丰富，加之新疆的经济发展水平较低，缺乏资金投入，新疆非常适合修建该种坝型。

新疆第一座黏土心墙坝是1961年建成的，坝高26 m的乌拉泊水库；1993年第一座座落在活断层上的克孜尔水库建成，坝高44 m；2000年新疆第一座心墙土料具有过渡性的“635”黏土心墙坝建成了，坝高70.6 m；2006年建成了处于高震区坝高超过100 m的恰甫其海水利枢纽工程。这些工程的建设，为新疆黏土心墙坝的发展奠定了坚固的基础。五十年来，已建、在建黏土心墙坝18座，其中坝高超过70 m的有5座（见表2.5-1）。与世界和国内此类高坝相比，新疆地区的大坝因其鲜明的特点成为中国土石坝建设中的一个亮点。

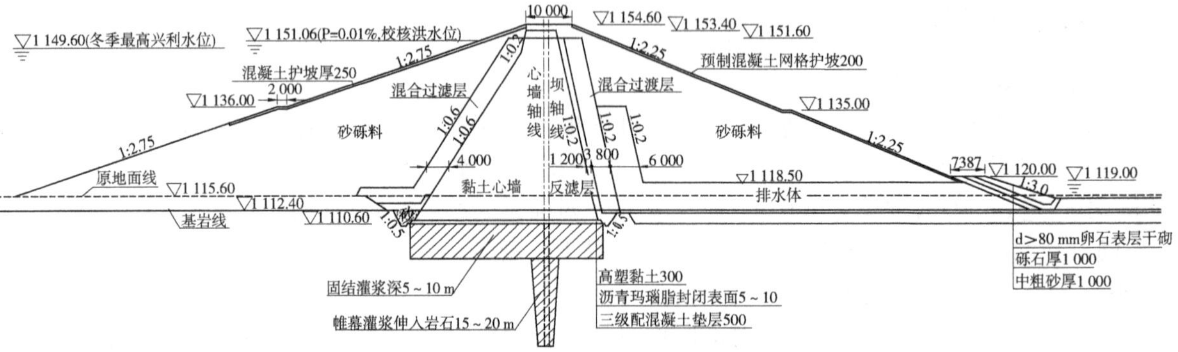

图 2.5-1　克孜尔水库主坝黏土心墙土石坝典型剖面图

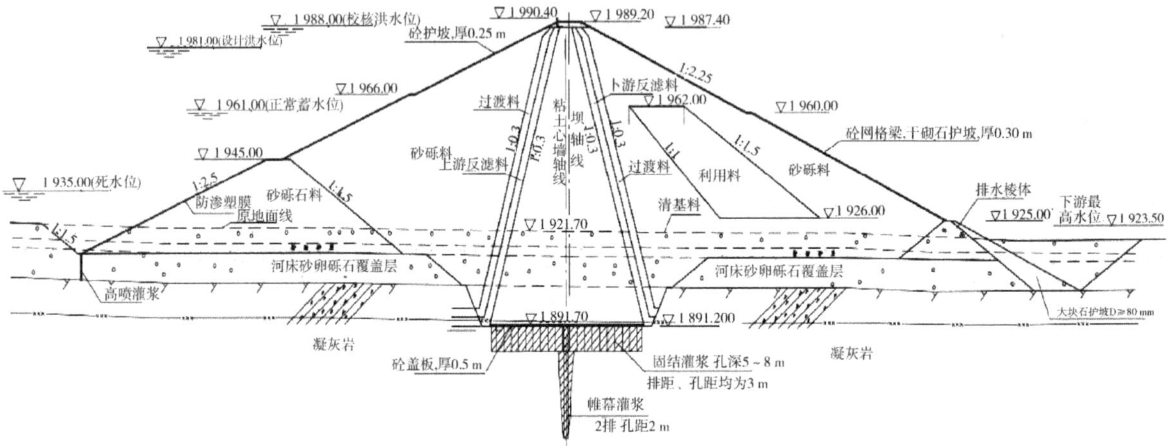

图 2.5-2　大西沟水库黏土心墙坝典型剖面图

(1)高地震区坝体渗流控制是黏土心墙坝的突出特点。渗流和渗透控制是黏土心墙坝工程中的一项极其重要的研究课题,直接关系到工程的安全。渗流控制的原则为防渗、排渗与反滤层保护渗流出口相结合。对透水地基渗流控制方法主要有:设置截水槽,浇筑混凝土防渗墙或设灌浆帷幕,铺筑上游水平防渗铺盖。渗流出口是黏土心墙防渗体的门户,可用层间关系合适的反滤料保护出口,以阻止土颗粒被渗流带走,这是解决渗流稳定的首要措施;或加长、加厚防渗体,以减小渗流出口的水力坡降。对高震区黏土心墙坝的防渗体可以适当地加厚心墙,以保证不会发生渗透破坏,即使发生破坏,可通过反滤层形成自愈保护。

(2)活断层上坝体结构及坝基处理,是新疆坝工建设的一大亮点。大坝运行中可能出现的最严重的破坏情况,是既要承受地震动作用,又要承受坝基断层和其他不连续面位移的作用。工程设计人员关心的主要问题是地震动作用,往往不考虑坝基地表断层破裂或块体运动的可能性。但随着社会的发展,建坝的数量越来越多,而优良的坝址越来越少,使得人们对坝基活断层上建坝的结构整体稳定性意识增强了。坝基活断层的可能性是不能忽略的,必须在设计中引起高度的重视,尤其是穿过坝址的具有地表破裂能力的断层以及潜在的块体运动都是研究重点。对有活断层穿过的坝址,一般考虑设计成保守的土石坝。1974年巴基斯坦建成了座落在印度河上的塔贝拉坝,活断层穿过该坝坝基,坝高143 m。克孜尔水库是我国跨活断层建坝的第一例大型水库,在国内率先研究在活断层上建坝的可能性。活断层研究及跨活断层修建水利水电工程是新疆水利水电建设比较突出的特点。克孜尔水库采用上下游边坡均为1∶1的肥大心墙和高塑性粘性防渗,加强反滤保护措施。心墙在副坝右坝肩向上游以5 m厚的贴坡形式向上游延伸70 m,心墙上下游均设两层反滤,第一层为砂反滤层,第二层为最大粒径＜80 mm的混合砂砾过渡层。在坝体上、下游增加砂砾石压重平台。在副坝右坝肩下游设置充分可靠的排水措施;坝基采取柔性连接处理,使黏土心墙底部与基岩的接触面既能适应F_2断层蠕动变形和集中错动,又能防止底部基岩渗水对心墙底部的接触冲刷;在副坝断层处设置双副坝,防止该部位产生较大的集中渗漏,在两道坝之间回填砂砾石,起到限制渗漏量的作用。

(3)分区填筑技术，是黏土心墙坝渗流稳定的重要保证。黏土心墙坝防渗结构遵循以控制坝体变形为主，加强抗裂和抗渗稳定措施的总体设计原则。心墙防渗体的土料填筑应采用下硬上软的原则。当心墙防渗体土料工程性质差异较大时，在坝体某一高程以下采用硬度较大的土料填筑，在坝体某一高程以上选择较软的土料填筑，其黏粒含量较高，适应变形能力较强。“635”水利工程就是通过这样的措施减少了坝体下部的沉降量，缩小主副坝之间的沉降差，增强心墙上部的变形适应能力。

(4)心墙土料的改性研究，是黏土心墙坝渗流稳定的关键环节。分散性黏土是一种在低含盐量的水（或纯净水）中由于离子的相互排斥力超过相互吸引力，导致土体颗粒分散的粘性土，这种特殊的黏土抗冲蚀能力很低，在流动的水中易被带走，因此，它是许多水利工程失事的主要原因。对新疆建坝条件而言，使用抗冲蚀能力低的黏土作为筑坝土料不可避免。以“635”水利枢纽工程为例，分析研究该工程土料物理化学特性、黏土矿物成分的前提下，通过碎块试验、针孔试验、双比重计（SCS）试验、孔隙水阳离子交换总量（TDS）试验和原土中交换性钠百分比（ESP）试验等五项对土料分散性的鉴定试验，对心墙防渗土料的分散性进行了全面科学、深入细致地分析研究，综合鉴定Ⅵ料场土料为非分散性土，Ⅰ料场土料为过渡性土。从工程安全角度出发，对土料进行了分散性的改性研究，以防止有害事故的发生。对Ⅰ料场土料开展了以下改性试验研究：①额尔齐斯河河水对土料分散性的影响。②用额尔齐斯河河水掺入1%石灰粉对土料分散性的改性试验。③掺洒石灰粉对土料分散性的改性试验。通过三种改性试验方案的对比分析，采用额尔齐斯河河水制备土样和利用额尔齐斯河河水掺加1%石灰粉制备土样，对土样的改性效果十分明显，且施工操作简单易行。在土料中掺洒1%左右石灰粉对土料改性也比较明显，但当掺量超过3%时，不溶盐含量增加，不但没有改性作用，反而增加了土料的分散程度。因此在工程实际运用过程中，采用掺洒额尔齐斯河水调整施工填筑含水率，已达到改性效果。

2.5.1.3 大西沟水库黏土心墙坝

1. 工程概况

大西沟水库是乌鲁木齐河上的龙头水库，是一项以防洪为主的水利枢纽工程。枢纽主要由拦河坝、溢洪道、导流兼泄洪洞和放水灌溉洞等建筑物组成。拦河坝为黏土心墙砂砾石坝，最大坝高90 m，水库总库容0.7亿m^3，正常蓄水位1 961 m，校核洪水位1 988 m。乌鲁木齐河流域地处亚欧大陆腹地，受天山山地和古尔班通古特沙漠影响，既有温带大陆性干旱气候特征，又有垂直气候分带特征。坝址处多年平均气温1.4℃，历年极端最高气温31.9℃，历年极端最低气温－35.2℃，最大风速17 m/s。

库址区位于天山北麓，乌鲁木齐盆地南缘，属天山中部，水库区构造简单，无区域性断层通过。基本地震烈度为Ⅶ度。库区蓄水后不会产生诱发地震。坝址出露的岩性主要为凝灰岩和少量凝灰质泥岩，第四系松散堆积层主要分布在河床、河漫滩及右岸Ⅲ～Ⅳ级阶地阶面上，厚度为13～22 m，在河床深3.5～7.5 m左右夹一层厚2～3 m的粉土质砂，级配较差，中等密实。

2. 大坝设计

(1)坝体轮廓设计

考虑波浪爬高和超高，坝顶高程为1 989.2 m，最大坝高为90 m，坝顶宽度10 m，坝顶长度427 m。上游坝坡坡度为1∶2.5，在1 966 m高程设置一条马道，马道宽度2 m。同时结合围堰在1 945 m高程设置一条马道，马道宽度6 m。下游坝坡坡度为1∶2.25，在1 960 m高程设置一条马道，马道宽度2 m。下游坡脚处设顶宽3 m的排水棱体，棱体顶高程1 925 m。

(2)坝体材料分区及坝料设计

大西沟水库附近有质量较好的砂砾石料和土料，设计中根据坝体变形特性、料场储量、施工工期安排及坝体和坝坡抗震稳定等要求综合分析，将坝体分为五个区：①黏土心墙防渗区。采用正心墙，心墙防渗体轴线位于坝轴线上游1.5 m，顶宽5 m，两侧边坡为1∶0.3，心墙顶部与坝顶防浪墙紧密结合，最大底宽62.72 m。心墙防渗体建在弱风化基岩建基面上。在建基面上浇筑0.5 m厚的C20混凝土盖板，心墙顶部与坝顶防浪墙紧密结合。压实度采用$P=1$。②反滤料区。反滤料区设于心墙的两侧，水平宽度3 m，填筑至心墙顶部。岸坡连接处反滤料适当加厚，上下游最大粒径≤20 mm，相对密度不低于0.85。③过渡料区。过渡料区设于反滤料的两侧，水平宽度3 m，剔除粒径大于150 mm以上的砂砾料填筑，相对密度不低于0.85。④坝壳料区。是坝体的主要支撑结构，坝体砂砾料要求含泥量小于5%，$D_r \geq 0.85$。⑤下游排水体区。排水棱体顶高程1 925 m，顶宽3 m，坡度1∶2.25，粒径≥5 mm。

3. 坝基处理

心墙基础、反滤料及过渡料基础座在强风化层的下部或弱风化基岩上，上下游坝基开挖边坡，岩石为1:0.5，覆盖层为1:1.5；坝壳基础在河床部位，开挖至粉细砂层底部，左岸上、下游坝壳部位清除表层的松散体，右岸上、下游坝壳部位清除表层黄土、洪积粉土、碎石土等，两岸开挖边坡1:0.5～1:1.25。

对于建基面出露的断层及其附近较破碎的节理裂隙，均作断层影响带挖除，用混凝土塞回填处理，并加强灌浆。当心墙、反滤料及垫层料基础范围内岩石较完整且节理、裂隙细小时，在清除节理、裂隙或断层破碎带内的充填物后，用高压水冲洗干净，并根据缝宽的大小，灌入水泥浆或水泥砂浆进行封堵。当心墙、反滤料及垫层料基础范围内断层破碎带宽度大于300 mm时，根据其产状、规模和影响程度分别采取设深齿墙、混凝土塞置换、混凝土塞置换加锚筋、加盖混凝土板或挂网喷混凝土、反滤保护等综合措施进行处理。

在心墙底部范围内浇筑50 cm厚的混凝土盖板，并进行铺盖式固结灌浆，河床段灌浆深度8 m，左、右岸灌浆深度为5～8 m，孔、排距均为3 m。帷幕灌浆深度按$q \leqslant 5$Lu的相对不透水层和坝基承受最大水头值的1/2的大值控制。帷幕灌浆为两排，河床段帷幕深度为40～56 m，左岸为48～56 m，右岸为30～50 m。灌浆孔梅花形布置，孔距、排距均为2 m。两坝肩设灌浆平洞，按$q \leqslant 5$Lu的控制标准，左右岸平洞长度分别为30 m、65 m，设单排帷幕灌浆孔，孔距2 m，孔深分别为30～50 m。

2.5.2 面板堆石坝

2.5.2.1 面板堆石坝特点

新疆是率先引进面板坝的省区，其筑坝技术一直处于国内领先水平。1982年在37.5 m的深盖层上建成第一座坝高41.5 m的柯柯亚水库，2000年建成第一座坝高67.5 m的榆树沟坝面溢流混凝土面板堆石坝，1995年开工建设当时全国第二高坝的乌鲁瓦提水库，2006年建成的吉林台一级水电站坝高目前列全国第六，同时也是全国首座地震设计烈度为9度的混凝土面板砂砾堆石坝。三十年来，共建设面板堆石坝30余座，其中坝高100 m以上的有13座（见表2.5-2），在许多关键技术的研究与应用方面有新突破。

表2.5-2 新疆混凝土面板坝工程统计表（29座）

序号	水库大坝名称	坝型	建成年份	河流	地点	河床覆盖层厚度/m	基本烈度	坝高/m	坝长/m	总库容/亿m³	装机/MW
1	吉林台一级	面板堆石坝	2006	喀什河	尼勒克县	3	Ⅷ	157	445	25.3	460
2	吉勒布拉克	面板堆石坝	在建	—	—	8	Ⅵ	146.3	467	2.32	140
3	乌鲁瓦提	面板砂砾石坝	2003	喀拉喀什河	和田县	26	Ⅶ	138	365	3.47	60
4	肯斯瓦特	面板砂砾石坝	在建	玛纳斯河	玛纳斯县	3	Ⅷ	129.4	475	1.91	100
5	吉音水库	面板堆石坝	在建	克里雅河	于田县	15	Ⅷ	124.5	489	0.82	34
6	察汗乌苏	面板砂砾石坝	2007	开都河	巴州	47	Ⅷ	110	352	1.25	309
7	斯木塔斯	面板砂砾石坝	在建	阿克牙孜河	昭苏县	8	Ⅷ	106	664.73	1.449	110
8	柳树沟	面板堆石坝	在建	开都河	巴州	15	Ⅷ	106	183.5	0.771	180
9	温泉水电站	面板堆石坝	在建	喀什河	尼勒克县	13	Ⅷ	102	306	2.066	135
10	中葛根水库	面板砂砾石坝	在建	中葛根河	奇台县	17.5	Ⅷ	77.63	210.05	0.136 5	—
11	下天吉	面板砂砾石坝	2006	精河	精河县	5	Ⅷ	71.5	207	0.143 8	—
12	榆树沟	面板堆石坝	2000	榆树沟河	哈密市	8	Ⅶ	67.5	293.5	0.107 2	—
13	白杨镇水库	面板砂砾石坝	在建	白杨河	额敏县	6.8	Ⅵ	66.47	310	0.446 3	5.4
14	哈拉布拉	面板堆石坝	2007	哈拉布拉河	裕民县	9	Ⅵ	63.85	183	0.143 6	—
15	喀浪古尔	面板砂砾石坝	2003	喀浪古尔河	塔城市	4	Ⅶ	61.5	465.4	0.39	5.8
16	小石峡	面板砂砾石坝	在建	库马拉克河	温宿县	14	Ⅷ	61.3	821	0.69	110
17	四道沟	面板砂砾石坝	在建	四道沟	哈密市	25.6	Ⅷ	55.56	250.5	0.057	—

续　表

序号	水库大坝名称	坝型	建成年份	河流	地点	河床覆盖层厚度/m	基本烈度	坝高/m	坝长/m	总库容/亿 m^3	装机/MW
18	煤窑沟	面板堆石坝	在建	煤窑沟河	吐鲁番市	48	Ⅶ	44.8	3 327	0.098	—
19	柯柯亚	面板砂砾石坝	1982	柯柯亚河	鄯善县	37.5	Ⅶ	41.5	120	0.105	—
20	哈巴河山口	面板砂砾石坝	1995	哈巴河	哈巴河县	8	Ⅵ	40.5	550	0.5	25.2
21	白杨河水库	面板砂砾石坝	1990	白杨河	木垒哈萨克自治县	15	Ⅶ	39	466	0.047 8	—
22	伯依布谢	面板堆石坝	1996	伯依布谢河	裕民县	10.5	Ⅵ	35.5	190.8	0.062	—
23	莫德纳巴	面板堆石坝	2000	莫德纳巴河	托里县	15	Ⅵ	30.57	126	0.038	—
24	大石峡	面板砂砾石坝	在建	库马拉克河	阿克苏	17	Ⅷ	247	598	12.74	600
25	玉龙喀什	面板堆石坝	在建	玉龙喀什河	和田县	22	Ⅷ	230.5	484.65	5.34	411
26	阿尔塔什	面板砂砾石坝	在建	叶尔羌河	莎车县	93	Ⅷ	162.8	786	22.4	690
27	柯赛依水电站	面板堆石坝	在建	—	阿勒泰市	15	Ⅶ	108	342	0.995 9	100
28	阿不都拉	面板砂砾石坝	在建	阿不都拉河	塔城市	4	Ⅵ	98.29	360	0.355 5	—
29	卡拉贝利	面板砂砾石坝	在建	克孜勒河	阿克陶县	7	Ⅷ	92.5	1 363	2.57	70

2.5.2.2　面板堆石坝筑坝技术

混凝土面板堆石坝在新疆近二十年来发展迅速。百米级以上的高坝尤以面板堆石坝为主，采用面板堆石坝应关注的重点问题如下：

（1）利用天然砂砾石筑坝

利用天然砂砾石筑坝是新疆区别于一般地区面板堆石坝的主要特征。砂砾料比堆石料具有更高的压缩模量，其填筑后的坝体沉陷量较小，可大大改善坝体和面板的变形、应力状态，这对于处在高地震烈度区的坝体安全尤为重要。在变形控制方面，根据砂砾料、爆破料、弃渣料等坝料的工程特性，科学划分填筑分区，制定严格的碾压标准，最大限度地减小堆石体施工、运行以及地震造成的变形。

堆石体由垫层区、过渡区、上游堆石区、下游堆石区组成，各部分的作用和技术要求见表2.5-3。

表 2.5-3　面板堆石坝分区技术要求

名称	位置	作用	要求
垫层区	面板下方	平整面板，避免应力集中；减少水荷载引起的变形；辅助防渗	粒径不能太大，有较多细料；良好级配
过渡区	垫层区和主堆石区之间	保护垫层并起过渡作用	级配连续，最大粒径≤300 mm，低压缩性和高抗剪强度，自由排水性能
上游堆石区	坝体上游	是承受水荷载的主要支撑体	低压缩性、高抗剪强度、较好的透水性和耐久性。硬岩堆石料或砂砾料
下游堆石区	坝体下游	与主堆石区共同保持坝体稳定，其变形对面板影响轻微	软岩堆石料

渗流控制是高地震区混凝土面板砂砾石堆石坝坝体结构设计的关键，其设计准则为一防、二限、三排、四滤。一防是指必须确保面板、趾板、变形伸缩缝和基础灌浆等防渗系统的设计和施工质量，这是混凝土面板坝防渗的第一道防线；二限是指当面板和接缝一旦产生开裂，垫层料和过渡料应具有限制进入坝体渗流量的作用，这是大坝防渗的第二道防线；三排是指对进入坝体的渗水必须尽快排出，降低坝体内的浸润线；四滤是各填筑区之间的过渡反滤关系必须同时得到满足，确保坝体渗透稳定。

（2）抗震问题

新疆很多地区均处于高地震烈度区，应重视高坝的抗震问题，除进行必要的模型试验及计算分析外，通常可以参考高震区已建工程进行对比。当前常采用的措施是：

① 设计烈度为8、9度时，宜加宽坝顶，适当放缓坝坡和采用上缓下陡的坝坡，并在坝坡变化处设置马道。下游坡面顶部宜用大块石干砌，或用加筋堆石、表面用钢筋网加固。宜用较低的防浪墙，并采取措施增加防浪墙的稳定性。

② 地震区坝的安全超高，应包括地震涌浪高度。设计烈度为8、9度时，安全超高应计入坝和地基在地震作用下的附加沉降。

③ 加大垫层区的宽度，加强和地基及岸坡的连接。

④ 宜在面板中间部分选择几条垂直缝，缝内填塞沥青浸渍木板或其他有一定强度的填充板。

⑤ 宜增加河谷中间顶部面板特别是顺坡向的配筋率。

⑥ 宜增加坝体堆石料特别是在地形突变处的压实密度。

⑦ 坝体用砂砾石料填筑时，应增加排水区的排水能力。下游坝坡以内一定区域宜采用堆石填筑。

(3)泄洪建筑物布置及坝面溢流结构设计

通常情况下坝身一般不能泄洪，需另建泄水建筑物。个别工程结合地质条件修建了溢流面板堆石坝，但大坝规模较小、泄洪规模不大，如榆树沟水库面板堆石坝。榆树沟水库最大坝高67.5 m，是我国建成并过流的第一座坝面溢流混凝土面板堆石坝。该坝在坝体溢洪道结构设计上采用了曲线型实用堰、叠瓦式构造连接的掺气槽、阻滑板和预埋锚固拉筋、高性能混凝土等措施，从而提高了溢流堰泄流能力、抗蚀减震能力和泄槽适应变形的能力，增加了坝体溢洪道的安全稳定性。实践证明，此种结构措施能够很好地适应堆石体的变形，有效避免因共振而导致的结构失稳问题。对于两岸边坡高陡、河谷狭窄、泄洪规模不大的面板坝具有较大的借鉴意义。

(4)寒冷地区面板止水结构研究

应结合高地震区和高寒冷地区的特殊要求，对面板与趾板连接处的周边缝、面板划分条块的垂直缝、分期浇筑面板间的水平缝、面板与防浪墙地板间的水平缝以及垂直缝中的张性缝和压性缝等不同类型、不同部位的接缝止水结构和止水材料进行细部设计，确保设计可靠、施工方便。当前的发展趋势是采用周边缝自愈型止水结构。对于低坝可以考虑采用分离式面板，简化面板施工程序。详见图2.5-3。

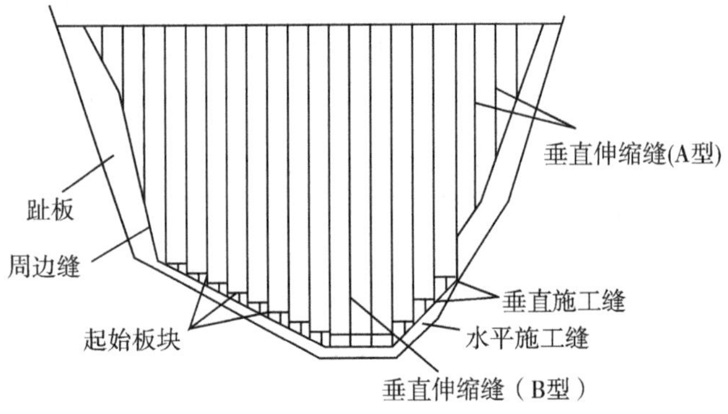

图 2.5-3　面板堆石坝板缝分类示意图

(5)高趾墙的应用

新疆的气候特点决定了山区修建面板堆石坝普遍存在有效施工期短的问题。对于狭窄河谷，施工期上游围堰的调蓄能力较差，导致上游围堰较高和导流洞规模较大，在后期将导流洞改建成泄洪洞或冲沙洞时，导流洞断面不能充分利用，枢纽布置也不紧凑。同时狭窄河谷中部面板向上游延伸较远，面板整体体形不好，狭窄河谷中趾板布置相对困难，且很多山区河谷还存在深厚覆盖层问题。

在深厚覆盖层上修建混凝土面板堆石坝技术上可行，如巴州察汗乌苏水电站混凝土面板砂砾石坝，最大坝高110.0 m，河床深厚覆盖层最大深度约47.0 m，采用41.8 m深的槽孔混凝土防渗墙进行防渗处理。其坝体结构设计、混凝土面板与防渗墙连接形式都已取得了成熟的设计经验。

青海小干沟水库、甘肃龙首二级（西流水）水电站、黄河公伯峡水电站混凝土面板堆石坝均采用了重力式混凝土高趾墙，最大趾墙高度高达50 m。由于高址墙均为重力式结构，混凝土体积较大。

吉音水库面板堆石坝为降低导流系统规模、优化枢纽布置，借鉴深厚覆盖层上混凝土面板堆石坝坝基防渗处理进行了有益的探索，取得了良好的效果。将上游重力式混凝土高址墙设计成一个防渗结构（由重力式混凝土高址墙变成较薄的防渗墙型式），将窄河谷中上游围堰做成堆石坝，上游围堰防渗体采用混凝土刚性心墙，围堰堆石体的筑坝材料及压实标准与大坝主堆石区相同，上游边坡按大坝的永久边坡稳定要求设计，心墙基础处理和防渗处理与大坝基础处理和防渗处理要求相同，在大坝结构设计时将上游围堰与混凝土面板堆石坝坝体相结合，大坝混凝土防渗面板与上游围堰中的人工混凝土高防渗墙顶部连接，并采取合适的结构措施，保证防渗系统的连续性（防渗系统不破坏），组合成一种新的混凝土面板堆石坝结构型式。这样，上游围堰与混凝土面板堆石坝上游坝体相结合是可行的。这种布置形式可缩短狭窄河谷部位的面板长度，优化了防渗面板的体型，使面板应力和周边缝变形得到了较好的改善，同时减少了面板工程量，缩短了施工周期，减小了施工难度等（见图2.5-4）。

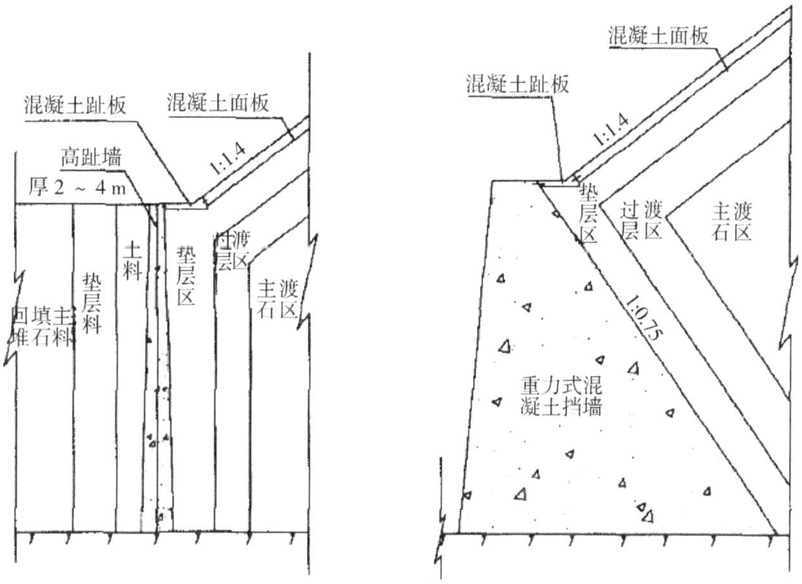

（a）高趾墙　　　　（b）常规做法

图 2.5-4　混凝土面板堆石坝坝基防渗结构示意

2.5.2.3　吉音水库面板堆石坝

1. 工程概况

吉音水利枢纽工程位于新疆和田地区于田县境内的克里雅河干流吾格也克河上，坝址以上控制流域面积6 375 km²，是一项以灌溉、防洪为主，兼顾发电的综合性水利工程。吉音水利枢纽工程总库容0.82亿m³，水库正常蓄水位2 509.00 m，水电站装机24 MW，年发电量1.058亿kW·h。吉音水利枢纽工程为Ⅱ等工程，大坝为永久性壅水建筑物，级别为2级。大坝设计洪水标准为100年一遇，洪峰流量为927 m³/s，校核洪水标准2 000年一遇，洪峰流量为1 497 m³/s。拦河坝采用混凝土面板堆石坝，最大坝高124.5 m，坝顶长度489 m，最大挡水高度122.26 m。工程建成后，可控制灌溉面积70.73万亩，将下游防洪堤防洪标准由3年一遇提高到20年一遇。

2. 坝体结构设计

（1）坝体体型设计

吉音混凝土面板堆石坝最大坝高124.50 m，坝长489 m。综合考虑坝料与坝址区地质条件，在满足施工、运行、构造、抗震、交通及人防等其他专门要求，同时应确保即便在发生强震而导致坝顶局部塌滑的情况下，坝顶剩余部分的堆石体仍能为面板提供足够的支撑而不致发生面板断裂，并能为震后抢修提供足够的交通宽度，最终确定坝顶宽度为10 m。

上游坝坡1:1.4，下游坝坡坝顶以下1/3坝高范围内坝坡1:1.4，最大断面下游平均坡度约为1:1.54，坝顶采用沥青混凝土路面，拦河坝在下游坝坡设宽度10 m、坡度为8%的"之"字形上坝公路。为减少防洪和风浪所需的坝体高度，从而减少堆石体填筑量和面板面积，同时考虑在确保面板浇筑平台宽度的前提下，尽量减小坝顶宽度，本工程防浪墙采用"L"形钢筋混凝土结构，防浪墙高4.2 m，墙顶高出坝顶1.2 m。详见图2.5-5。

考虑本工程处于强震区，地震时发生坡面滚石的可能性较大，从安全、美观方面考虑，确定下游坡采用厚度0.4 m的浆砌石网格内填干砌石的护坡形式，块石直径不小于0.3 m，随坝体填筑同时进行施工。

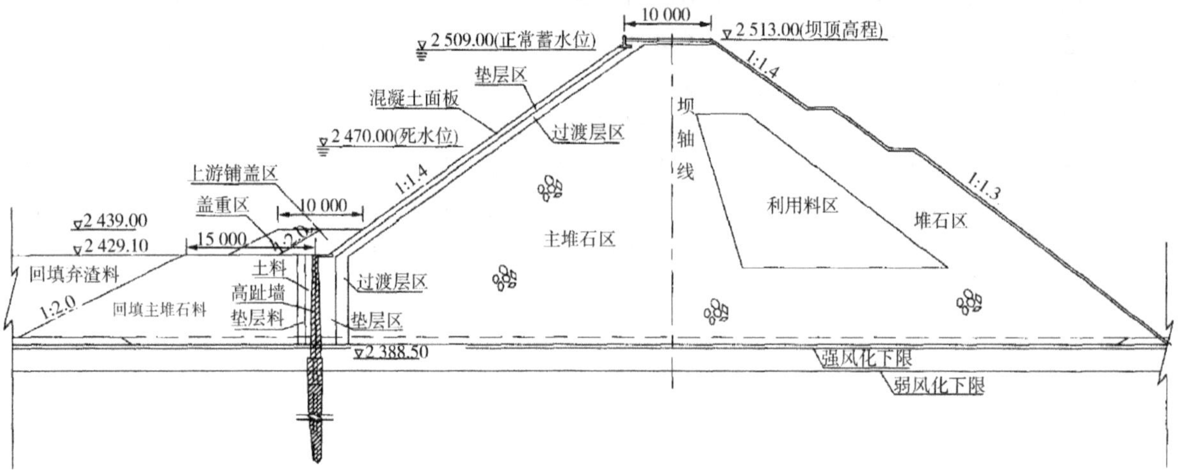

图 2.5-5　吉音水利枢纽混凝土面板堆石坝典型剖面

（2）坝体分区

本工程坝体填筑料主要为爆破料，坝址区出露的地层岩性为灰绿色斜长角闪片岩，岩质较硬，岩相稳定，裸露地表，风化较轻微，质量较好，储量丰富。该料为硬岩堆石料，具有较高的密实度和较大的压缩变形模量，但沉降变形较大，饱和后各项指标有所下降。

坝体分区的原则：①坝体中应有畅通的排水通道，且坝料之间应满足水力过渡的要求；②坝轴线上游侧坝料应具有较大的变形模量，且坝料的变形模量从上游到下游可递减，以保证蓄水后坝体变形协调，尽可能减小对面板变形的影响，从而减小面板和止水系统遭到破坏的可能性；③根据枢纽工程的各种不同质量开挖料的数量来确定坝体材料分区，以尽可能多地利用枢纽工程开挖料，达到经济、合理的目的。

根据以上分区原则，坝体填筑分区从上游至下游分为上游盖重区、上游铺盖区、混凝土面板、垫层区、特殊垫层区、过渡料区、堆石料区、砂砾石料区。

（3）混凝土面板设计

混凝土面板是面板堆石坝的主要防渗设施之一，面板的厚度和它的应力关系很小，主要由施工要求（保证混凝土振捣）、结构要求（布置钢筋及止水系统）和面板耐久性（控制水力梯度）来决定。面板顶部厚度为0.3 m，面板底部厚度为0.6 m。在混凝土面板距表面15 cm处设一层钢筋网，双向布置，其竖向配筋率为0.4%，水平向配筋率为0.4%。河床部位受压区面板宽12 m，岸坡部位受拉区面板宽6 m。

（4）混凝土趾板设计

坝址区河床右岸岸坡陡立，左岸阶地及岸坡上覆盖层深厚，如采用普通平趾板设计方案则趾板开挖量较大，且趾板开挖边坡较高，因此本工程趾板采用“4+X”设计形式，即将趾板分为4 m宽的标准平趾板及下游防渗板（内趾板）两部分，标准趾板作为灌浆盖板使用，其宽度只需满足2～3排固结灌浆及中央排帷幕的要求；内趾板作为满足渗径长度补充段，其宽度由设计水头和地基容许水力梯度确定。在距趾板和防渗板顶面15 cm处布置一层双向钢筋，各向含钢率为0.4%，趾板内设置锚筋，深入基岩4 m，将趾板锚固在基岩上。

（5）接缝型式及止水系统设计

为适应周边缝的变形，防止周边缝附近的面板、趾板及止水结构出现破坏，确定本工程周边缝上部宽度12 mm，下部宽度为25 mm。周边缝设二道止水，顶部止水为“GB”填料，其上以具有一定强度和柔性的薄层覆盖保护；底部设止水铜片。

考虑到新疆山区冬季寒冷，水库在运行过程中库区将形成冰盖，并和止水系统冻结在一起，由于库区水位变化频繁，冰盖会对止水锚固系统产生较大的作用力，造成局部止水系统出现膨胀螺栓被拔出，顶部柔性薄层覆盖层被错断等问题，致使面间缝及周边缝失去止水作用，造成坝体渗漏严重。因此本工程考虑在冬季水位变动区以上大坝缝间止水系统采用沉埋式止水系统，止水顶部采用防重物冲击、防冰推撕裂效果更好的加筋三元乙丙橡胶板，两侧采用不锈钢扁钢压板以及不锈钢沉头螺栓作为面层止水材料。为了降低趾板的温度和干缩应力，提高趾板对地基变形的适应能力，以减少裂缝，在地形、地质条件变化处、趾板转折处和长直趾板中部设置永久变形缝，永久缝间距12 m，变形缝位置应同面板接缝错开，缝内设两道止水，结构与周边缝相同并与周边缝止水构成封闭结构，接缝两侧钢筋断开。

考虑到本工程位于强震区，强震情况下势必造成较大的防浪墙变位和较高的涌浪，为确保任何工况下均不致因库水通过防浪墙进入坝体而危及坝体安全，特于防浪墙与面板的接缝处设置一道底部铜片止水和一道顶部柔性填料止水。

3. 坝基处理

(1)基础开挖

河床段高趾墙基础：挖除至强风化下限岩石上，沿高趾墙宽度方向，趾墙上、下游侧岩石采用垂直开槽的形式开挖至坚硬岩石基础。

岸坡段趾板基础：趾板基础置于弱风化层岩石基础上，趾板宽度方向上游岩石开挖边坡为1:0.3，沿趾板长度方向，趾板槽底开挖面应平顺，不得有高于5 m的陡坡或反坡。坝顶以上的岸坡是永久性的边坡，开挖后应有足够的安全余度。趾板边坡范围内采用锚杆和锚索锚固并挂网喷C30混凝土进行加固。左岸古河槽段趾板基础：将表面覆盖平均厚度约为20 m的风积粉土全部清除，古河槽内砂砾石层设16～35 m深槽孔混凝土防渗墙，防渗墙底部深入基岩相对不透水层内。防渗墙通过连接板与下游趾板相连，连接板及趾板基础建于砂砾石层上。堆石体基础开挖，从过渡区底部下游端起，以1:3的缓坡开挖至原地面，在该开挖坡面的下游侧，只清除表面覆盖层和物理力学性质低于坝体堆石的软弱夹层。堆石体基础范围内存在的大量风积粉土覆盖层处理方式为全部清除。

(2)灌浆

坝基范围内没有大的断裂、破碎带等特殊地质构造，因而对防渗线表层或浅层的破碎岩石和充填物进行挖除或用混凝土塞进行处理，对深层的节理裂隙或小断层进行灌浆处理。

面板坝在趾板与高趾墙底部范围内进行固结灌浆，根据趾板宽度分别设置2排固结灌浆，排距2 m，孔距2 m。根据趾板下的基岩情况，固结灌浆深度为6～8 m。建在河床段高趾墙顶部及覆盖层上的趾板下部，不进行固结灌浆。由于右坝肩基岩3Lu线出露面较高，同时右岸坝肩布置表孔溢洪洞进口，因此右岸坝肩帷幕灌浆向右侧延伸至表孔溢洪洞即可，不需设置专门的灌浆廊道，帷幕灌浆深度约为15～30 m；左岸坝肩基岩3Lu线出露面较低，需设35 m灌浆廊道，帷幕灌浆深度约为10～25 m。

4. 坝体抗震措施

坝体的抗震措施结合坝体结构、坝壳料设计统一考虑，参考国内外已建类似工程的经验，考虑以下几个方面：(1)考虑足够的地震涌浪高度和地震附加沉陷；(2)适当加宽坝顶，降低坝顶地震力作用，并防止因坝顶堆石体塌滑而造成上游面板破坏；(3)适当放缓上、下游坝坡；(4)适当提高坝壳料的压实标准；(5)加强混凝土面板、趾板及坝体各分区间及其与坝基和岸坡的连接，防止地震情况下造成破坏；(6)设置下游干砌石护坡，以增强坝体表层滑动稳定性，防止坝体产生侧胀变形，减少震动滚石；(7)在混凝土面板上游侧设置防渗补强区，并于周边缝下设一垫层特别级配小区，形成反滤，以防止周边缝在地震时张开破坏而引起大量渗漏。

5. 高趾墙的应用

吉音水利枢纽工程坝址处河谷呈“U”形，现代河床为靠近右岸的下切深河槽，水面宽11 m左右，两岸为高35～50 m的基岩陡坡，河槽上开口宽度约为70 m左右。右岸山体基岩裸露，自然边坡40°～50°，左岸为一宽300～500 m的Ⅲ级阶地。

大坝为混凝土面板堆石坝，最大坝高124.5 m，坝顶宽度为10 m，坝长489 m，上游坝坡1:1.4，下游最大断面综合坡度为1:1.54。上游围堰建成一座堰顶较宽的刚性混凝土心墙坝，围堰堰体和防渗体按大坝主体工程的要求进行设计和施工，做成上游围堰与混凝土面板堆石坝相结合的结构型式，上游围堰中的刚性混凝土心墙就是混凝土面板堆石坝在现代河床下切深河槽部位的高趾墙，在防渗墙顶部通过连接板与混凝土面板堆石坝趾板相连，人工混凝土高防渗墙墙高40.60 m，顶宽2.0 m，最大墙高处底宽4.0 m，防渗墙基础位于强风化层底部相对坚硬的岩石上，纵向15～20 m设一条垂直伸缩缝，缝内设铜止水，对底部基础进行固结灌浆和帷幕灌浆。上游围堰与上游坝体完全结合，优化了枢纽布置，同时提高了工程的度汛安全度。

在人工混凝土高防渗墙上游侧填筑较宽的堆石支撑体，支撑体顶部高程与人工混凝土高防渗墙同高，顶宽15 m，上游坡度1:2.0，坝料质量要求和碾压标准同大坝主堆石区，在上游支撑体与截流堤之间回填弃渣料。

对狭窄河谷，将上游围堰与混凝土面板堆石坝相结合，具有减少高陡边坡趾板布置难度，缩短狭窄河谷部位的面板长度，优化了防渗面板的体形，使面板应力和周边缝变形得到了较好地改善，同时减少了面板工程量，缩短了施工周期，减小了施工难度等优点。人工浇筑的混凝土防渗墙与河床覆盖内槽孔混凝土防渗墙在施工期和运行期受力条件和变形趋势是相同的。人工混凝土高防渗墙直接浇筑在基岩上，防渗墙底部拉应力较大，但防渗效果仍比槽孔混凝土防渗效果好，故不要过于看重人工混凝土防渗墙底部拉应力值的大小。

在设计和施工中应注意的一些问题：

（1）人工混凝土高防渗墙（防渗结构）要有一定的厚度，便于高趾墙两侧填筑施工。上游围堰是坝体的一部分，围堰应按大坝主堆石体的质量和填筑标准填筑，施工时防渗墙上、下游两侧填筑应平行上升。

（2）人工高混凝土防渗墙上游侧回填体要有一定的宽度，能对人工高混凝土防渗墙起到有力的支撑作用，减小施工期人工高混凝土防渗墙向上游的位移。

（3）在人工高混凝土防渗墙与混凝土址板之间应设置水平连接板，以吸收坝体变形。

对于深厚覆盖层上建设的面板堆石坝，通常将趾板置于覆盖层上，用混凝土防渗墙进行覆盖层防渗处理，用连接板与河床段趾板相连接，以形成完整的防渗体系。实践表明防渗墙可以与坝体同时施工，互不干扰，有利于施工安排和加快施工进度。

吉音混凝土面板堆石坝坝址区地形、地质条件较为复杂，尤其是趾板建基面面临着高地震烈度、狭窄且不对称河谷、高陡边坡、深覆盖层以及古河槽等不利地形、地质条件的组合，因此趾板基础的处理是本工程大坝设计的关键。通过采用“4+X”的趾板设计，狭窄河槽段高趾墙设计、深覆盖层防渗墙设计以及软基连接板柔性连接设计等方法合理解决了以上诸多难题。

2.5.3 沥青混凝土心墙坝

2.5.3.1 沥青心墙坝特点

沥青混凝土防渗从结构上可以分为斜墙（包括防渗面板）、心墙两大类。从施工方法上说，可以分为四类。

（1）碾压式防渗心墙：将热拌和后的沥青混合料按一定的厚度摊铺在铺筑部位上，然后用适当的压实设备碾压。国内外已建多座百米级以上的碾压式沥青心墙坝。

（2）浇筑式防渗心墙：将热拌和后的沥青混合料浇筑后靠自重压密，不需要碾压设备。多见于坝高不超过50 m的沥青心墙坝。

（3）装配式防渗心墙：将沥青混合料预制成沥青板，运到现场再装配成防渗体，一般仅用于表面防渗。国内较少采用。

（4）填石沥青防渗心墙：将热拌细粒沥青混合料摊铺好，在其上摆放块石。然后用大型振动器将块石振捣沉入混合料中，目前很少采用。

表2.5-4 新疆大中型沥青混凝土防渗心墙坝工程统计表（20座）

序号	水库大坝名称	建成年份	河流	地点	地震烈度	最大坝高/m	坝长/m	总库容/亿m^3	装机/MW	坝体填筑材料
1	尼雅水利枢纽	在建	尼雅河	民丰县	Ⅶ	131.8	352	0.422	6	堆石+砂砾石
2	大石门水利枢纽	在建	车尔臣河	且末县	Ⅷ	128.8	205	1.27	60	砂砾石
3	巴木墩水库	在建	巴木墩河	哈密市	Ⅶ	128	306	0.099 6	—	砂砾石
4	八大石水库	在建	庙尔沟河	哈密市	Ⅶ	115.7	313	0.099	—	砂砾石

序号	水库大坝名称	建成年份	河流	地点	地震烈度	最大坝高/m	坝长/m	总库容/亿m^3	装机/MW	坝体填筑材料
5	石门水电站	2013	呼图壁河	呼图壁县	Ⅷ	106	312.5	0.797 5	95	砂砾石
6	阿拉沟水库	在建	阿拉沟河	托克逊县	Ⅶ	105.3	365.5	0.445	—	砂砾石+石渣利用
7	五一水库	2015	迪那河	轮台县	Ⅷ	102.5	374	0.968	15	砂砾石+石渣利用
8	吉尔格勒德	在建	四棵树河	乌苏市	Ⅷ	101.5	345	0.61	20	堆石料
9	库什塔依水电站	2014	库克苏河	特克斯县	Ⅶ	91.1	439	1.59	100	砂砾石+石渣利用
10	奴尔水利枢纽	2015	奴尔河	策勒县	Ⅷ	80	740	0.68	62	砂砾石+石渣利用
11	下坂地水库	2010	塔什库尔干河	塔什库尔干塔吉克自治县	Ⅷ	78	406	8.67	150	砂砾石+石渣利用
12	照壁山水库	2007	板房沟河	乌鲁木齐	Ⅶ	71	121	0.075 3	—	砂砾石+石渣利用
13	加那尕什水库	2015	别列则克河	哈巴河县	Ⅵ/Ⅶ	69	432	0.619 6	—	堆石+砂砾石
14	二塘沟水库	在建	二塘沟	鄯善县	Ⅶ	64.8	337	0.236	—	砂砾石+石渣利用
15	克孜加尔水库	2014	克兰河	阿勒泰市	Ⅵ	64	355	1.767	5	砂砾石+石渣利用
16	坎尔其水库	2001	坎尔其河	鄯善县	Ⅶ	51.3	320	0.118	—	砂砾石
17	开普太希水库	2010	库孜洪河	乌恰县	Ⅸ	48.4	195	0.099	—	砂砾石
18	米兰河山口水库	2015	米兰河	若羌县	Ⅶ	83	415	0.41	2.4	砂砾石
19	38团石门水库	2015	莫勒切河	且末县	Ⅷ	75.5	565	0.736 2	8	砂砾石
20	努尔加水库	2015	三屯河	昌吉市	Ⅷ	81	486	0.684 4	—	砂砾石

2.5.3.2 沥青心墙坝筑坝技术

沥青混凝土心墙坝在新疆发展迅速，新疆27座定居兴牧水源工程中就有14座沥青心墙坝，坝高从30～69 m不等，心墙防渗体以碾压式为主。目前，新疆正在建设的高沥青混凝土心墙坝坝型有9座，其中五一水库坝高102.5 m，阿拉沟水库坝高105.5 m。已进行准备工程的大石门水利枢纽坝高128.8 m，尼雅水库大坝131.8 m。沥青混凝土心墙坝具有对地形地质条件适应能力强、抗渗性好、适应变形能力强、充分利用当地材料等优点，对高震区、深厚覆盖层地质条件下筑坝具有较好的推广价值。根据新疆独特的气候特点及施工季节，目前多采用碾压式或浇筑式。如吐鲁番坎尔其水库大坝、克孜加尔水利枢纽大坝均采用碾压式沥青心墙；恰甫其海上游围堰、喀腊塑克上游围堰为满足导流度汛要求，充分利用枯水期冬季采用浇筑式沥青心墙，创造了单月上升30 m的浇筑强度。坎尔其水库沥青混凝土心墙施工的成功实践，是我国中小型沥青混凝土心墙施工技术的一次飞跃。它在工艺流程和质量检测控制手段、设备的研创制造方面均有创新和发展，具有推广应用价值。这批沥青心墙坝的建设积累了丰富的经验，目前沥青混凝土在新疆水利工程中的应用越来越被重视，并在新疆坝工建设中有了长足的发展。

采用沥青混凝土心墙坝应重点关注如下问题：

（1）重视沥青心墙力学性能与耐久性：沥青心墙坝发展迅速，但也存在一定问题，困扰工程界多年。一是沥青心墙耐久性问题。筑坝实践经验表明，沥青具有很好的耐久性与防渗性能。新疆地处气候干旱区，冬季漫长，有效施工期较短，已经建设了几十座沥青心墙坝，目前还没有发现因为心墙变形而导致的坝体渗水、漏水问题。二是心墙工作状态问题。国内已建成的沥青混凝土心墙坝，由于心墙深埋坝内，致使很多人担心有问题也看不见。但从已建的坎尔其、石门等工程的渗漏、变形等观测表明，心墙运行情况良好。三是沥青混凝土的力学性能。沥青混凝土是粘弹塑性材料，它具有某些水泥混凝土、岩土和道路沥青混凝土的力学性能，但更重要的是水工沥青混凝土有着它特有的力学性能。沥青混凝土心墙坝有着良好的抗震性能，在动荷载作用下心墙内不会形成像黏土心墙那样的累积孔隙水压力，即使出现特强烈的地震造成心墙局部开裂，也不会对大坝造成毁灭性的破坏。

（2）重视沥青心墙配合比设计：对沥青混凝土的应力应变关系究竟何种模型更合理，目前国内外均无定论。当前采用较多的是弹性非线性邓肯-张模型，也有采用弹塑模型、粘弹模型、蠕变模型等。土石坝的沥青混凝土防渗心墙厚度一般仅为0.5～1.2 m左右，多数以等厚度或在不同高程段采用等厚度布置，其迎水面为直立的；沥青心墙的刚度均小于坝壳料和过渡料；心墙的渗透系数在10^{-8} cm/s数量级，具备低透水性，所有这些因素均将导致在防渗心墙中产生拱效应，甚至发展到水力劈裂。拱效应、先天裂缝和低透水性构成了沥青混凝土心墙产生水力劈裂的力学基础条件和物质基础条件。随着坝高的增加，拱效应作用更强烈，产生水力劈裂风险的可能性更大。

沥青混凝土的工程性质完全取决于其材料配合比，它又控制着沥青混凝土心墙的工作性状。长期以来往往不是以其力学性能的基本要求来直接确定沥青混凝土的配合比，而是以多级材料组合求取最大密实度，并以沥青为填隙、胶结料，采用以物理指标为主，间或考虑其他间接指标（如马歇尔指标），最终确定其配合比。而配合比对沥青混凝土工程性质的影响，以及沥青混凝土的力学性能与心墙工作性状的关系，将成为评价心墙安全可靠性的重要研究内容。相信随着百米级沥青心墙坝的不断发展，研究将会取得显著进展。

（3）砾石骨料的应用：国内外建设的沥青混凝土防渗工程多采用石灰岩、白云岩等岩石加工骨料，俗称“灰岩骨料”。新疆建坝区大多具有丰富的砂卵砾石料，俗称“砾石骨料”，卵石用作沥青混凝土骨料存在两方面问题：一是卵石粒形圆滑，内摩擦角小，沥青混凝土强度较低；二是卵石岩性复杂，由多种不同的矿物成分组成，其中也有酸性岩石，无法保证沥青的黏附性。

新疆农业大学通过在五一水库开展的沥青骨料试验研究表明：

① 五一水库天然砾石的主要岩石种类为凝灰岩、斑状安山岩和花岗岩，其中75%呈中性，25%呈酸性，为非碱性骨料。该天然砾石骨料与纯沥青的黏附力弱于碱性白云岩骨料，但在沥青中掺入水泥之后，天然砾石骨料与沥青胶浆的黏附力得到明显提高，其与沥青胶浆的黏附性可以与白云岩媲美。

② 经过系统的配合比设计与优选，对五一水库天然砾石骨料沥青混凝土提出的最优配合比参数为级配指数0.36、沥青用量6.4%、填料用量11%，在该配合比情况下，天然砾石骨料沥青混凝土的各项性能指标符合规范要求，且可近似达到碱性白云岩骨料沥青混凝土的性能。

③ 使用水泥作为填料（兼做提高沥青与骨料黏附力的措施），在优化配合比设计的条件下，天然砾石可以作为五一水库心墙沥青混凝土的骨料使用。大坝围堰的沥青心墙采用了卵石骨料。

当前通过沥青混凝土水稳定性试验，正在探索采用天然砾石骨料的沥青混凝土在高水头长时间作用下水破坏作用机制，完善水工沥青混凝土长期水稳定性的评价方法，为天然砾石骨料在沥青混凝土心墙坝中的应用提供理论依据与技术支撑。

（4）冬季施工的技术优势：近几年建设的下坂地水利枢纽、克孜加尔水利枢纽、库什塔依水电站沥青心墙坝在快速筑坝、心墙与坝体冬季施工、层面结合关键技术研究上取得了长足进步，沥青自动化控制拌合站、过渡料与心墙联合摊铺设备、先进的检测手段得到成功应用。下坂地水利枢纽沥青心墙坝地处帕米尔高原，具有高海拔、缺氧、低温、高辐射、温差大的极端气候，经过系统的研究与试验，大坝成功建设，为后期陆续建设的沥青心墙坝提供了成功经验。库什塔依水电站在极端环境下实现了碾压式沥青心墙施工技术的突破，沥青心墙上、下层面结合良好，结合面和非结合面的密度（孔隙率）均匀，防渗性能满足规范要求。

碾压式沥青混凝土心墙大多数是在气候温和地区进行施工的，但新疆地区冬季气候条件有低温、多雪、大风及早晚温差较大的特点，而且冬季低温期的时间占全年的45%左右，如遇大坝工期等要求，碾压式沥青心墙在配合比和施工工艺上采取一定的措施可在低温条件下施工。这样不仅可以充分利用施工时间缩短工程建设时间，而且可以使工程提前发挥经济和社会效益。

库什塔依水电站位于新疆北部，夏季较短，冬季较长，气候条件具有北方高寒地区的典型代表性。大坝碾压式沥青混凝土心墙防渗体最大坝高90.1 m，厚度由顶部0.4 m台阶式渐变至底厚2 m。在极端寒冷气候条件下（环境温度-16～-5℃、风力3级的冬季施工期），以碾压式沥青混凝土室内-25℃条件下配合比实验研究为基础，通过现场试验，探索了极端条件下的施工关键技术，取得良好效果。结合面温度达到70℃，可以满足无层间加热施工温度要求。

（5）重视导流建筑物的设计：由于围堰与坝结合布置，一般应尽可能使围堰较高，按不影响坝基沥青心墙基座施工为宜，在此条件下优化导流洞的布置，缩小断面，节省投资。有些工程可以采取枯水期浇筑沥青心墙基座的方式，此时可以取消围堰，直接填坝，利用坝体及上游护坡面板挡水度汛。详见图2.5-6。

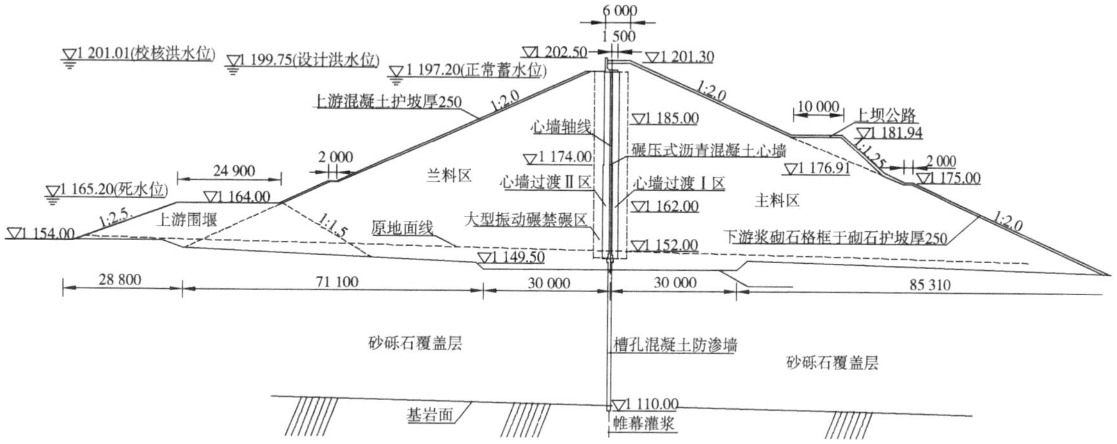

图 2.5–6　坎尔其水库沥青混凝土心墙堆石坝典型剖面图

2.5.3.3　阿拉沟水库沥青心墙坝

1. 工程概况

阿拉沟水库工程位于托克逊县境内，是阿拉沟河流域的重要控制性工程，坝址距阿拉沟出山口以上3.5 km，距托克逊县75 km，距吐鲁番市130 km，距乌鲁木齐市235 km，距鱼尔沟火车站5 km。水库总库容4 450万m^3，为中型Ⅲ等水利工程，具有防洪、供水、灌溉等综合效益。控制灌溉面积10.7万亩，担负下游工业园区、南山矿区和农业灌溉的供水任务。据阿拉沟水文站50年实测资料，多年平均年径流量1.343亿m^3，多年平均流量4.26 m^3/s。径流年内分配不均，主要集中在6～9月，占年径流量的63.6%。大坝设计洪水标准为100年一遇，洪峰流量679 m^3/s；校核洪水标准2 000年一遇，洪峰流量1 500 m^3/s。

水库位于阿拉沟中下游，为中低山峡谷区，山势陡峻，冲沟发育，水库回水长3.1 km。坝址距峡谷出口约3.5 km，河床宽65～160 m，两岸地形不对称，山坡一般基岩裸露，冲沟内及缓坡处多为坡洪积碎石土覆盖。总体来说峡谷的左岸为凹岸，右岸为凸岸。左岸山坡坡度多为40°～45°，该岸阶地不发育，仅沿河陡坎上零星残留有Ⅰ级阶地；右岸山坡下陡上缓，高程在940.00 m以下的坡度一般为35°～42°。

坝址区共发现断层100余条，其规模一般较小，破碎带宽多为0.1～0.5 m，由断层角砾岩、糜棱岩、碎裂岩及断层泥充填，节理裂隙主要有三组：NE向节理；NW向节理；缓倾角节理。

坝址区地震动峰值加速度为0.10 g，对应的地震基本烈度为Ⅶ度，大坝抗震设计烈度7度。

2. 枢纽布置

枢纽建筑物主要由四部分组成，即沥青混凝土心墙砂砾石坝、右岸溢洪道、右岸导流兼冲沙放空洞和左岸灌溉放水洞。

溢洪道布置在右岸，采用直线形式，为开敞式正槽岸边溢洪道，闸门控制。溢洪道由进水渠、控制段、泄槽和消能防冲设施四部分组成，泄槽采用矩形断面，总长189.4 m，纵坡25.9%，末端接长15 m的挑流消能段。

导流兼冲沙放空洞布置在河床右岸，是一条具有施工期导流，运行期泄洪、冲沙、放空的多功能水工隧洞，隧洞在水库施工期大坝截流后承担导流任务。导流洞全长1 022.4 m；出口明渠段采用混凝土衬砌，总长170.5 m，纵坡3.84%。

灌溉放水洞布置在河床左岸，主要承担工业园区、灌溉和南山矿区供水任务。灌溉放水洞全长608.7 m，其中进口引水渠为梯形断面，总长28 m，渠底宽4 m；有压隧洞段，总长350.70 m，断面型式为圆形，洞径2.2 m，纵坡3%；出口明渠段全长205 m，其中前25 m纵坡为0，其余部分纵坡为25%；底流消能段总长25 m，边墙高5 m，消力坎高2.5 m。

3. 大坝设计

（1）坝体轮廓设计

阿拉沟水库挡水大坝为沥青混凝土心墙砂砾石坝。防浪墙高1.2 m，采用L型钢筋混凝土墙，防浪墙底水平宽4.6 m，采用C25二级配钢筋混凝土，每隔10 m设一条沉降缝，缝内设橡胶止水。坝顶宽9 m，向下游面设1%排水坡度，采用沥青混凝土路面。上游采用现浇C20二级配混凝土板护坡，护坡混凝土厚度为0.25 m，抗冻等级为F200，护坡板尺寸为5 m×7 m，分缝处填充厚20 mm的高压聚乙烯闭孔泡沫板，混凝土板护坡浇筑至上游围堰顶部。大坝典型断面见图2.5-7。

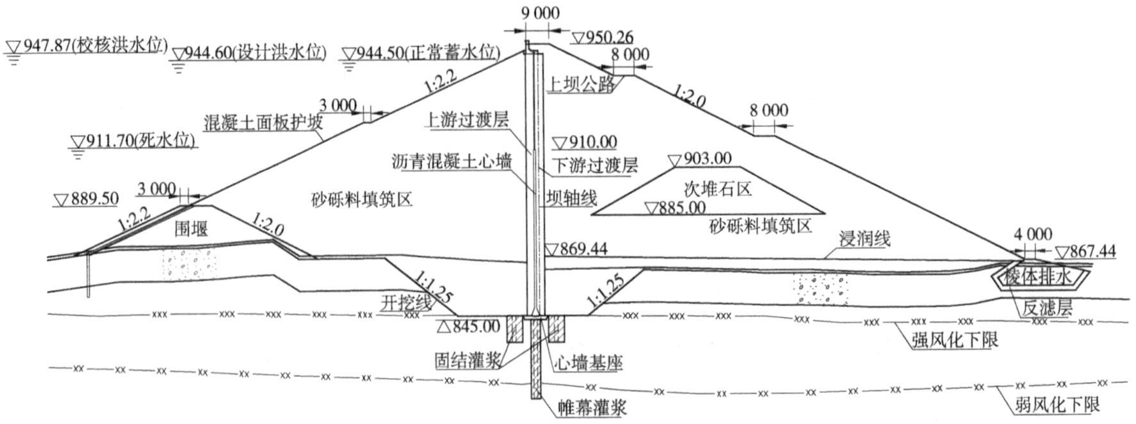

图2.5-7　阿拉沟水库大坝典型剖面图

大坝建基面高程为845.00 m，坝高105.26 m，坝顶长365.5 m，上游坡比1:2.2，下游坡比1:2.0。上游坝坡分别在高程889.50 m和920.00 m处设置两条3 m宽的马道，下游设8 m宽的上坝公路。大坝防渗体为沥青混凝土心墙，心墙高程845.00～880.00 m厚度为1.1 m，高程880.00～910.00 m厚度为0.8 m，心墙从高程910.00 m至坝顶厚度为0.6 m，心墙上下游两侧各设厚3 m左右的过渡层。在坝基设心墙混凝土基础，左坝肩坝顶处岩石内设置一长度为60 m的灌浆廊道，廊道宽2.5 m，高3 m，城门洞型。

（2）坝体分区及坝料填筑设计

坝体剖面结构主要由沥青混凝土心墙、过渡层、坝壳砂砾料区组成。

① 沥青混凝土心墙。布置在坝轴线上游1.5 m处，顶高程946.46 m。

② 过渡层。心墙上下游两侧设厚3 m左右的心墙过渡层，过渡层材料要求致密、坚硬、级配良好，其最大粒径与沥青混凝土骨料最大粒径之比应小于8:1，本工程选用鱼儿沟砂砾料场的天然砂砾料作为过渡料，去掉粒径大于60 mm的超径料直接上坝，过渡料要求用5 t以下小型振动碾碾压，碾压后相对密度$D_r \geq 0.85$。

③ 坝壳砂砾料区。采用砂砾料填筑，主料场为鱼儿沟砂砾料场，最大砾石粒径不大于150 mm，上下游主堆石区孔隙率为20%～25%，填筑料压实后相对密度$D_r \geq 0.85$。

（3）沥青混凝土心墙设计

① 沥青混凝土心墙结构设计。坝体中央设碾压式沥青混凝土防渗心墙，高程845.00～880.00 m，心墙厚1.1 m，高程880.00～910.00 m心墙厚0.8 m，从高程910.00 m至坝顶心墙厚0.6 m。

② 沥青混凝土心墙与坝基连接结构设计。心墙混凝土基础坐落在强风化层下限以下3～5 m，在建基面上浇筑厚1.5 m、宽8.5 m的混凝土盖板，将基岩与沥青混凝土防渗体连为一体，以满足坝基坝肩灌浆处理和防止接触冲刷的需求。在沥青混凝土心墙底部做放大脚与混凝土基座连接，基座2.6 m范围内由1.1 m变为3～4 m。沥青混凝土心墙与混凝土基座之间设置一道铜止水。

③ 沥青混凝土配合比技术指标。沥青混凝土由石油沥青、粗骨料、细骨料和填料组成。石油沥青选用60甲，粗骨料采用碱性石料，粒径2.5～25 mm，细骨料粒径小于2.5 mm，填料选用普通硅酸盐水泥。沥青混凝土要求孔隙率为3%以下，渗透系数不大于1×10^{-7} cm/s，水稳定系数不小于0.85。沥青混凝土采用碾压式密级配配合比，沥青含量7%。

4. 坝基处理

沥青混凝土心墙坝的基础处理包括基础开挖处理、固结灌浆和帷幕灌浆。

心墙混凝土基础开挖至弱风化岩石，顺河向开挖宽度为心墙上游10 m，下游30 m。以心墙混凝土基础底板为平台，设3排帷幕灌浆。主帷幕基本灌浆深30 m，防渗控制标准为透水率小于5Lu。副帷幕灌浆深20 m，主副帷幕孔、排距3 m×2 m。河床心墙上下游覆盖层清除表层厚2 m的松散砂砾石层，筑坝前应采用强夯夯实。两坝肩岸坡处理，挖去不稳定体，将表层松散体清除，并将其修整成较为平顺的边坡，岸坡不陡于1:0.5。

两坝肩以沥青混凝土心墙基座为盖重，进行固结灌浆和帷幕灌浆防渗。固结灌浆共设4排，帷幕前设2排，帷幕后设2排，深10 m，孔距和排距均为3 m。帷幕灌浆设3排，主帷幕灌浆深30 m，防渗控制标准为透水率小于5Lu；副帷幕灌浆深20 m，主副帷幕孔、排距3 m×2 m。两岸坝肩通过开挖灌浆平洞进行帷幕灌浆，帷幕灌浆方式与坝基灌浆方式相同。

2.5.4 均质土坝

2.5.4.1 均质土坝特点

坝体材料单一，透水性较弱（一般要求渗透系数$k < 1\times10^{-4}$ cm/s），所以均质土坝的筑坝材料通常是黏土、粘壤土。均质坝的设计施工都比较简单，但是要求附近有足够的黏土、粘壤土来源。由于黏土、粘壤土的抗剪强度较低，为了维持坝坡稳定，要求采用较缓的边坡，这样必然增大土石方量，因此均质土坝只在中低坝高的情况下采用。

设计应关注以下几个问题：

（1）筑坝材料的选用：应结合筑坝土料的特性进行分区设计，充分发挥当地土料的特点。

（2）软基处理：对于建在软基上的均质土坝，应高度关注建筑物如涵洞的基础处理。采用挖除换填或振冲碎石桩是常见做法。

（3）入库消能设施：大多数水库的入库建筑物是渠道或管道，无论何种形式，均应考虑入库建筑物的消能问题，避免出现冲刷、掏蚀，影响坝体安全。

（4）泄水建筑物：理论上泄水由来水控制，但当大坝出现险情，需要处理时，应采取紧急泄水的措施。在设计上应考虑增设自溃式溢洪道，安排合适的泄水出路。

（5）除险加固前坝体轮廓。大坝为湿陷性黄土均质土坝，主坝长1 300 m，副坝长1 108 m，坝顶平均高程1 269.00 m，最大坝高22.32 m，坝顶宽28～39 m，上游边坡1:3.5，下游边坡1:2.0，最高蓄水位1 263.50 m，运行多年后库容仅剩280万m^3左右，为原设计库容的27%。

（6）除险加固坝体轮廓设计。主、副坝段坝顶长度不变，最大坝高26.32 m，坝顶宽7 m，水库正常蓄水位1 271.00 m，总库容1 050万m^3，上游坝坡1:3.5，采用厚20 cm的现浇混凝土板加复合土工膜防渗型式。下游坝坡马道以上坝坡1:2.0（马道高程为1 269.00 m，宽5.4 m），马道以下坝坡1:3.5，后坝坡设贴坡排水，复合土工膜上铺厚1.2 m的戈壁垫层。大坝典型剖面见图2.5-8、2.5-9。

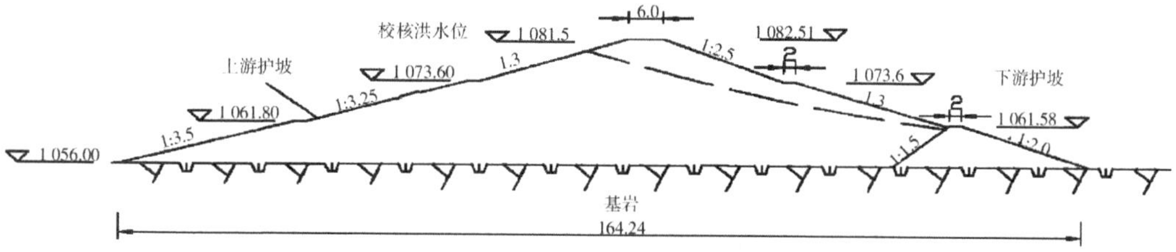

图 2.5-8 均质土坝典型剖面图

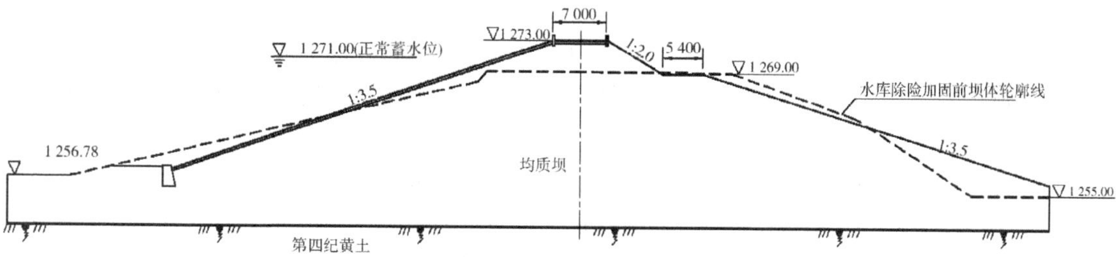

图 2.5-9 东塘水库均质土坝

2.5.4.2 均质土坝筑坝技术

均质土坝筑坝技术受筑坝土料和坝型的限制，近年来并没有实质性的进展，坝高仍然是传统的土料碾压技术，已建“500”水库均质土坝、准东五彩湾调节池均质土坝坝高均没有超过30 m。设计关注焦点主要是土料的渗透性、含盐量以及反滤料设计参数等指标，施工则主要是坝料开采、含水率调整。

“500”水库均质土坝考虑土料特点，坝内增设了烟囱式排水设施；土料制备采用“堆土牛”方式，坝体填筑质量优良。五彩湾冬季调蓄水池利用泥岩筑坝，为解决泥岩膨胀性问题，采取了增加盖重、加强排水、贴坡保护等综合措施，土料制备采用“畦灌法”进行制备。

2.5.4.3 “500”水库均质土坝

1. 工程概况

“500”水库为四面筑坝而成的典型平原水库，位于昌吉回族自治州境内，距阜康市10 km。原计划水库分两期建设，一期工程最大坝高24 m，二期工程最大坝高28 m。坝体总长17.676 km。2003年经审批“500”水库按最终规模一次建成，该水库为大（2）型工程，大坝、放水兼放空涵洞等主要建筑物等级为2级，次要建筑物等级为3级。

水库位于天山北缘山前冲洪倾斜平原中下部细土区，为四面筑坝的典型平原水库，库区地震基本烈度为Ⅶ度，抗震设防烈度为7度。

库坝区地形平坦，岩性主要为第四系全新统洪积轻～中～重粉质壤土，局部夹粉细砂透镜体，表层0～3 m，渗透系数1.3×10^{-3} cm/s；埋深3～13 m，渗透系数4.8×10^{-5} cm/s；埋深13～30 m，渗透系数1.25×10^{-4}～1.38×10^{-5} cm/s，属微～弱透水层。构成了库区良好的天然铺盖。

2. 枢纽布置

该水库工程主要由入库建筑物、大坝、放水兼放空涵洞和管理站等组成。大坝分中、东、西三个坝段。放水兼放空涵洞为双洞，单洞引水流量25 m^3/s，根据地形、地质条件及水库运行特点，涵洞布置在中坝段4+097.79，轴线垂直于坝轴线，涵洞由进口引渠段、控制段（闸井段）、洞身段和出口消能段等部分组成。

3. 大坝设计

水库坝顶全长17.676 km，坝顶宽8 m，坝顶上游侧设置混凝土防浪墙，墙顶高于坝顶1.2 m，墙体与防渗体结合，坝顶路面采用厚300 mm的碎石垫层，上铺厚40 mm的沥青路面，坝顶面向下游侧以3%的坡度放坡。大坝典型剖面见图2.5-10。

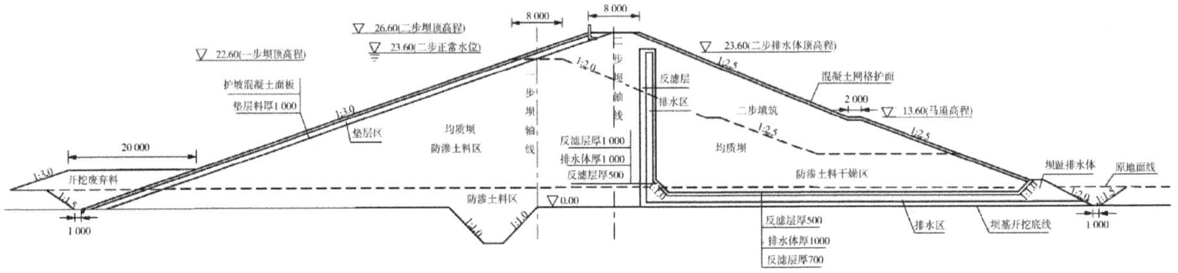

图2.5-10 “500”水库均质土坝典型剖面图

上游坝坡1:3.0，下游边坡1:2.5，在中坝和东、西坝相接的圆弧段下游边坡放缓为1:2.75。下游坝坡设一条宽2 m的马道。上游面采用混凝土板护坡，混凝土板尺寸3.5 m×3.5 m，中坝段和东坝段部分混凝土板厚25 cm，西坝段混凝土板厚20 cm，混凝土板下设置厚100 cm的垫层。护坡范围由坝顶护至坝底。水库筑坝土料为抗冲蚀性较差的低液限粉土，在建设过程中已出现下游坡面汇水，因此在下游坝坡设置混凝土网格梁护坡。

坝内设置竖式排水体，厚1 m，上下游分别设厚1 m和0.5 m的反滤层，其底部用水平排水体将渗水引出坝外，厚1 m，在上下分别设厚0.5 m和0.7 m的反滤层，坝脚设置高4 m的排水棱体，排水棱体向坝内边坡为1:1.0，向坝外边坡为1:2.0，坝下游设置纵、横向排水沟。

（1）筑坝土料。该水库大坝为均质土坝，坝体填筑土料设计用量为1 642万m^3，垫层料、反滤料、排水体料约309.58万m^3，混凝土骨料约20万m^3。选定的水库库内土料场，地形平坦，开采方便，能满足均质坝土料的质量要求，经堆筑土牛掺匀混合后上坝，在渗流出口处做好反滤保护。

（2）土料填筑标准。①压实度：该水库坝线长、沿坝轴线方向的变形协调控制为大坝设计的要点，且土料为不含砾石的细粒土，压实度应适当提高，以确保工程的安全，故选取压实度为0.98。②填筑含水量：填筑含水量按最优含水量控制，其上下偏差不超过±2%，其数值根据土料性质、填筑部位、施工工艺和气候条件等因素进行选择。土料填筑设计指标见表2.5-5。

表2.5-5 "500"水库大坝防渗土料主要物理力学特性表

颗分组成/%				液限/%	塑限/%	塑性指数	比重	
>0.075 mm	0.075～0.005 mm	<0.005 mm	<0.002 mm					
19.4	60.1	20.5	12.2	25.95	15.62	10.33	2.72	
干密度/(g/cm³)	最大干密度/(g/cm³)	天然含水率/%	最优含水率/%	最优含水下的压缩系数/MPa⁻¹	渗透系数	不均匀系数	直剪（饱和状态下）	
							黏聚力/kPa	摩擦角/°
1.45	1.79	10.59	14.53	0.104	1.0×10^{-5}	25	32.44	24.6

（3）反滤料、排水料和垫层料设计要求。由于筑坝土料为低液限黏土（CL）和低液限粉土（ML），因此对反滤料的设计提出了很高的要求。原设想采用当地5 mm以下的砂作反滤料，但根据工程区料场的分布及级配状况分析，获得率低，工程造价高。为降低工程造价，提出了设置混合反滤层的设计理念，通过分析计算并经渗透破坏试验验证，采用水磨河Ⅰ号、Ⅲ号砂砾石料场的全料，筛分后取粒径在20 mm以下的全料作为混合反滤料。取粒径20～150 mm的为排水料，粒径40 mm以下的为垫层料。此方案既满足了工程要求，又降低了工程造价。

（4）反滤料、排水料和垫层料填筑标准。根据《碾压式土石坝设计规范》（SL 274-2001）的要求，砂卵石、砂的填筑标准以相对密度为设计控制标准，砂砾石的相对密度不应低于0.75，砂的相对密度不应低于0.7，反滤料宜为0.7。本工程根据相关规范和施工现场碾压试验，确定反滤料和垫层料的相对密度不应低于0.75，排水体料的相对紧密度应不低于0.7。反滤料、排水体料和垫层料要符合要求，级配连续，且粒径小于0.1 mm的颗粒含量不大于5%。

4. 坝基处理

高坝段为北坝段，粉细砂透镜体的分布深度最大为12.6 m，坝体清基3 m；东坝段高含盐层分布深度最大为8.5 m，坝基开挖2.2 m；西坝段软弱夹层分布深度最大为12 m，坝基开挖2.2 m。

在坝轴线上游布置截水槽，最大深度为12.6 m，应采用与坝体防渗体相同的土料填筑，压实度为0.98。

对基础含水较高的接触带（80～100 cm，局部到120 cm左右）的填筑，以渗透系数作为控制指标，要求接触带的渗透系数不大于1×10^{-5} cm/s，其中：第一层的干容重不小于地基原状土的天然干容重；第二层的压实度应达到0.85以上；第三层及以上部分应达到正常填筑标准0.98。截水槽两侧边坡低液限粉土（或低液限黏土）接触带的压实标准与截水槽底部填筑土料压实标准相同。

（1）该水库坝高28 m（工程建成时为国内最高的平原水库），坝长17.676 km，坝基存在不均匀性沉降，坝体的变形协调控制是大坝设计的要点，并贯彻于坝基处理、土料选择、压实标准等方面的设计中。

（2）坝基为粉质壤土地基，针对东、西坝基存在软塑、可塑状的软弱夹层问题，对坝基稳定及塑流破坏等问题进行了深入研究，采取开挖回填截水槽、充分利用先期填筑坝体作为坝基的反压平台、在坝体上游利用开挖废弃料填筑上游反压平台等工程措施，加速坝基固结、增强坝体稳定性。从工程建成后的情况来看，效果不太理想，坝下埋涵整体沉降和挠曲变形均较大。

（3）针对粉质壤土坝基埋涵技术难题（此处坝高28 m），设计采用砾质土换填、对涵洞采用"短管宽缝、加强结构缝设计"等工程措施。

（4）解决了软弱基础含水量较高接触带部位的填筑压实难题。大坝部分截水槽建基面处于地下水位以下或处于地下水的饱水影响带，含水量较高，大于或接近地基土的液限，接触带填筑易对地基扰动，产生疲软、弹簧现象，难于压实。为确定接触带合适的填筑标准及厚度、合适的施工方法及机械，进行现场碾压填筑试验，并对试验成果进行分析研究，最终确定出上述实施方案。

（5）解决饱和黏土地基上土坝与其刚性结构物的变形协调而不至于导致的渗透破坏问题，确保工程安全性，是影响建筑物设计、安全及正常使用的重要因素。该工程涵洞进水口闸井及洞身均采用砾质土换填，由于承载力及变形要求确定闸井换填深度为10 m，涵洞换填深度为11 m；由砾质土的扩散角计算所需的换填宽度在建筑物底板外缘再扩展10 m，作为换填底的宽度；为了协调沿坝轴线方向的不均匀沉降，地基换填厚度沿坝轴线方向用1∶10.0的缓坡过渡，可以有效降低坝体的不均匀沉降，防止坝体裂缝的产生，以达到土坝与结构物沉降变形协调的目的。为了适应涵洞不均匀变形，设计采取短管宽缝、高刚性管体、改进接缝止水、缝下加设垫梁等管体相关结构措施，以及涵洞外墙倾斜、洞外加设高塑性区、出口反滤保护等一系列综合措施，保证了涵洞和坝体在地基、坝体、涵洞、库水等复杂因素作用下的安全性。

2.5.4.4 五彩湾冬季调蓄水池均质土坝

1. 工程概况

五彩湾冬季调蓄水库总库容5 000万m^3，属中型Ⅲ等工程，大坝采用均质土坝，四面围筑而成，坝体总长6 570.796 m，最大坝高24 m，坝顶宽6 m，强风化泥岩填筑上游坝坡1:2.5，库盘覆盖层开挖料盖重边坡1:3.0，强风化泥岩填筑下游坝坡1∶1.75，下游弃料边坡1:3.0，总填筑量为1 297万m^3。

库区广泛分布巨厚的白垩系泥岩，仅表层有较薄的洪积土层，最厚处3.5 m，最薄处0.8 m，为第四系全新统洪积粉土质砂、低液限黏土质砂，局部夹低液限黏土和砂透镜体；库区深度3.5 m以下为白垩系下统泥岩、砂岩，局部夹有砾岩透镜体，强风化层厚2.0～2.5 m，弱风化层厚度10～15 m。泥岩在整个库区均有分布；砂岩、砂砾岩主要分布在库区南侧，向东、南、西延伸穿过坝基，据库址附近3公里处钻孔资料显示，勘探钻孔600 m未穿透该区域泥岩层。

2. 坝体填料选择

（1）填筑土料特点

选择的填筑土层岩性主要为低液限粉土质砂、含砾低液限黏土质砂、强风化泥岩、含砾强风化泥岩，局部为砂岩透镜体及胶结较坚硬的含砾泥岩。各类土料特性详见表2.5-6。

表2.5-6 T1料场土料特性表

特性指标	低液限粉土质砂	含砾低液限黏土质砂	强风化泥岩	含砾强风化泥岩
储量/万m^3	19.3	187	647.7	26.1
液限ω_L	21.7	20.57	41.38	34.8
塑限ω_p	12.4	9.9	23.2	18.42
塑性指数I_P	9.3	10.67	18.18	16.38
天然干密度平均值ρ_d/(g/cm^3)	1.64	1.58	1.57	1.5
天然含水率平均值ω/%	17	19.27	20.93	25.78
最优含水率ω_{op}/%	11.8	8.33	20.82	10.02
击实后最大干密度ρ_{dmax}/(g/cm^3)	1.87	2.09	1.65	1.66
渗透系数k_{20}/(cm/s)	2.4×10^{-4}	7.78×10^{-6}	2.66×10^{-7}	4.3×10^{-6}
自由膨胀率δ_{ef}/%	1.9	26	49	53.2
最优含水下压缩系数$a_{v0.1-0.3}$/MPa^{-1}	0.07	0.05	0.2	0.08
最优含水下压缩模量$Es_{0.1-0.3}$/MPa	19.82	27.82	8.53	18.24
饱和状态下压缩系数$a_{v0.1-0.3}$/MPa^{-1}	0.081	0.07	0.27	0.13
饱和状态下压缩模量$Es_{0.1-0.3}$/MPa	17.76	18.75	6.65	14.01
水溶盐含量/%	0.81	1.09	2.37	1.0
有机质含量/%	0.24	0.47	0.42	0.25

根据土料特性，强风化泥岩和含砾强风化泥岩的渗透系数k_{20}分别为2.66×10^{-7} cm/s和4.3×10^{-6} cm/s，完全满足均质坝对防渗土料的要求，水溶盐和有机质含量均低于规范要求，塑限指数和液限也满足规

范要求。唯一不符合规范要求的是泥岩土料具有遇水膨胀和失水干缩问题，根据地勘资料，强风化泥岩自由膨胀率$\delta_{ef}=49\%$，含砾强风化泥岩自由膨胀率$\delta_{ef}=53.2\%$，为弱膨胀潜势土料。

（2）利用泥岩作为筑坝材料

泥岩是一种典型的膨胀土，其物质组成和特点形成了其特殊的工程特性，一是膨胀土的胀缩性，膨胀土吸水后体积增大而产生膨胀，土体失水则体积收缩，伴随土中出现开裂，可能造成建筑物开裂与塌陷。膨胀与收缩两种变形是可逆的，即土体吸水膨胀，失水收缩。如此循环变化，凝聚力值随循环次数衰减较快，内摩擦角值衰减较慢。二是膨胀土的多裂隙性，膨胀土中发育有各种特定形态的裂隙，形成土体的多裂隙性。膨胀土的裂隙是在成土过程中由各种自然地质应力作用所形成的产物，多裂隙性对坝坡稳定极其不利。采用这种材料筑堤、筑渠、筑坝，其对坝坡稳定及上游坝坡混凝土护坡影响较大。

目前水利工程对膨胀土处理采用的措施主要有3类：换填、土性改良、预湿膨胀。换填是采用非膨胀土置换膨胀土，其优点是：能够得到比其他处理方法更大的地基承载力；不需要特殊的施工设备，并且工期较短。土性改良主要包括石灰改良、水泥改良和化学剂改良，经改良后的膨胀土可以降低塑性指数和膨胀潜势，提高土的强度。改良方案一般适用于厂房等建筑物基础。

预湿膨胀是在施工前使土加水变湿而膨胀，并在土中维持高含水量，则土将基本保持体积不变，因而不会导致结构破坏。预湿膨胀法存在的主要问题有：①施工期间土体膨胀，施工结束后，土体仍有可能继续膨胀，导致膨胀量难以控制。②施工需要浸泡时间通常1～2个月，对工期影响较大。

本工程中坝体最大坝高24 m，若用预湿膨胀法处理上游坝坡表层2 m范围内的膨胀土，则施工周期较长，且浸泡后土体含水量较大，无法碾压施工。若用土性改良法处理上游坝坡表层2 m范围内的膨胀土，处理工程量较大，约90万m^3，不管是用石灰、水泥还是化学改良剂改良，如此大的处理量会使工程投资大幅增加，同时也会大幅增加工期。若用换填法处理上游坝坡表层2 m范围内的膨胀土，只需使用非膨胀土换填膨胀土。库区内表层0～3.5 m为第四系全新统洪积含细粒土砂，为非膨胀土，在库区内开挖后直接上坝填筑即可，对工程投资没有影响且不会使工期增加较多。

3. 大坝设计

根据坝体分区设计，库区低液限粉土质砂可作为坝体上游盖重上坝，强风化泥岩和含砾强风化泥岩作为坝体填筑料全部上坝，含砾低液限黏土质砂则作为弃料置于坝后。

（1）用非膨胀土包盖膨胀土坝体。膨胀土均质坝的表层由于所受自重压力很小，遇水后膨胀量大，强度低，因而有产生滑动的可能性。在其上设一层非膨胀具有高强度的土体盖重，可抵消表层遇水产生的膨胀。盖重材料分为两部分，上游坝坡和坝顶采用库区开挖的低液限粉土质砂和含砾低液限黏土质砂，坝顶包盖垂直厚度为2 m，上游最外层边坡达到1:3，泥岩填筑顶高程处的盖重水平厚度达到7.5 m左右，坝基的盖重范围达到了38 m；为减小弃渣场面积，下游盖重全部采用库区清废料及少量弱风化泥岩，弃渣顶宽度18 m与坝顶等高，成型边坡1:3。大坝典型断面见图2.5-11。

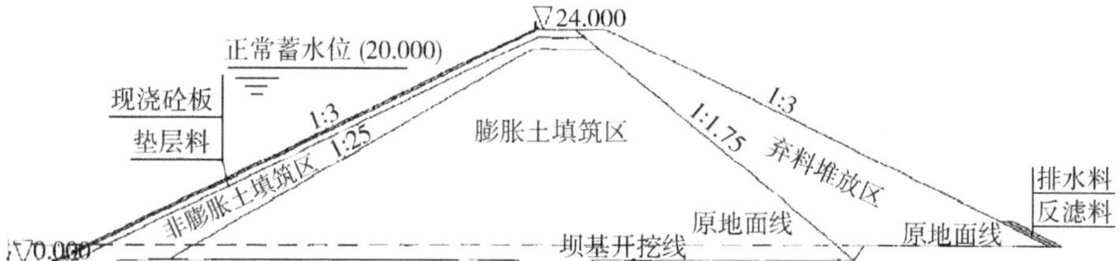

图 2.5-11　五彩湾冬季调蓄水库坝体典型剖面图

（2）采取排水措施。为防止坝体表面混凝土护坡板冻胀破坏并保护坝坡盖重护坡料不被水带出，在坝体混凝土护坡板后设置垫层，垫层料采用满足反滤关系的砂砾石料，并在混凝土面板上设排水孔，使层间积水能迅速排出。此外，在下游坡脚处设反滤排水料，降低浸润线高度。

（3）土料设计。目前，国内关于膨胀土填筑土料含水量的控制有四种认识，一是设计填筑土料含水量与塑限相近，其差值在2%左右，并按适用击实功能求得相应的最大干密度，按土体部位的深浅，即荷载的大小，在93%～95%范围内取值；二是在比最优含水量高2%～4%的情况下压实到不小于95%的压实度，这时压实土具有比较高的初期强度和长期强度，并且浸水后的膨胀量、膨胀力以及强度衰减都比较小；三是在最优含水量下压实到最大干密度，此标准控制的压实土在膨胀前后都具有较高的强度，较低的膨胀和收缩，以及较低的压缩性和较高的抗剪强度；四是填筑标准应达到"高含水量低密度"状态，以这种标准控制的填土，其膨胀量小，强度衰减也少，但初期强度较低，收缩变形较大。

本工程强风化泥岩土料有两种，不含砾泥岩的最优含水量与塑限较为接近，其差值在2%左右；但含砾泥岩的最优含水量与塑限差值在8.4%以上。因此，设计最优含水量根据土料特性，偏湿条件下性能比较稳定，选取含砾和不含砾填筑土料的含水量最优含水率+2%来控制，其对应的最大干密度为1.66 g/cm^{3}和1.65 g/cm^3。

本工程坝体建筑物等级为3级，根据规范规定，土料压实度应为96%～98%，考虑土体高含水低重度下膨胀量较低的特点，将土料的压实度控制在96%。

（4）边坡保护设计。根据南水北调工程经验，膨胀土边坡设计若不考虑软弱结构面，而采用均质土体的稳定计算是无法合理地确定渠道边坡。如南阳刁南灌区已建成渠道172 km，中膨胀土渠坡一般小于10 m，设计坡度均为1:2，渠坡未做处理，现已发生滑坡61处，过流能力减小，对灌区运行造成严重影响，并危及工程安全。南水北调工程对坡比、土料种类及边坡稳定安全系数进行了理论分析，详见表2.5-7。

表 2.5-7　不同膨胀性土料边坡稳定理论分析成果表

坡比	坡脚/°	安全系数		
		强膨胀土	中膨胀土	弱膨胀土
1:1.5	33.7	0.68	0.88	1.10
1:1.7	30.5	0.72	0.92	1.15
1:1.9	27.8	0.76	0.98	1.22
1:2.0	26.6	0.79	1.01	1.25
1:2.3	23.5	0.86	1.10	1.36
1:2.5	21.8	0.90	1.17	1.44
1:2.7	20.3	0.95	1.23	1.52
1:2.9	19.0	1.0	1.29	1.59
1:3.0	18.4	1.02	1.32	1.63

本工程填筑土料为弱膨胀土，同时还对坝体进行措施处理，因此，上游边坡取1:1.5，下游边坡取1:1.5，通过采用毕肖甫法对边坡进行稳定分析计算，在正常蓄水位稳定渗流期、施工期、水库水位快速下降三种工况下，安全系数分别为3.29、2.15、1.36，均满足规范允许值。

2.5.4.5　桑株水库水力冲填均质土坝

1. 工程概况

桑株水库位于皮山县东南约90 km的桑株河出山口处，距315国道约40 km。水库原设计库容4 251万m^3，现库容为3 021万m^3，为中型Ⅲ等工程，主要建筑物等级为3级，次要建筑物等级为4级，具有灌溉、防洪等综合效益，灌溉面积21万亩。桑株水库于1976年开工建设，1983年一期工程竣工。由于水库存在诸多病险问题，水库多年蓄水位限制在2 166.00 m以下，为使水库能正常运行，2007～2009年对该水库进行了除险加固。

该水库大坝是一座水力冲填粉砂土均质坝，其筑坝工艺简单、便于施工、造价低廉，是建设单位组织农民投劳施工建设，该水库为拦河的中型水库，在桑株河下游的农业灌溉和防洪方面发挥了重要作用。

桑株河发源于昆仑山桑株大板北麓，流向自南向北，全长112 km，出山口以上集水面积935 km^2。桑株河属山区融雪及降雨和地下水混合补给型的山溪性河流。夏季水量集中，占全年水量的75%。

桑株河多年平均年径流量2.56亿m^3，多年平均流量8.12 m^3/s，实测最大年径流量3.85亿m^3（1983年），实测最小年径流量为1.88亿m^3（1965年），年际变差系数0.15，径流年际变化比较平缓，但年内分配十分集中。

桑株河年内洪水主要集中在6～8月，洪水类型多为融雪型和暴雨型。大坝设计洪水标准为100年一遇，洪峰流量239 m^3/s；校核洪水标准为1 000年一遇，洪峰流量290 m^3/s。

坝址区属暖温带大陆性干旱气候，四季分明，昼夜温差大，降雨稀少，蒸发量大。多年平均气温11.7℃，极端最高气温41℃，极端最低气温-22.9℃。多年平均年降水量136.4 mm，多年平均年蒸发量2 412.9 mm（ϕ20 cm）。全年盛行西北风，历年最大风速18 m/s，多年平均最大风速14 m/s。最大冻土深0.84 m。

工程区在构造单元上处于塔里木地台西南缘，以北为铁克里克断裂和柯岗断裂，南为和田隐伏断裂，坝区内构造线方向以NW向以及NWW向为主。与工程有关的断裂构造主要有铁可里克断裂和在坝址区上下游分布的铁克里克断裂的两条次级断层F_1、F_2，分别距场址7 km、2 km、4 km。项目区50年超越概率10%的地震动峰值加速度为0.15 g，对应的地震基本烈度为Ⅶ度，大坝抗震设防烈度为7度。

区域内出露有元古界、上古生界石炭系、新生界第三系和第四系地层岩性。坝基主要由透水性较强的卵砾石（Q_{3-4}）层、中部相对弱透水层的局部胶结卵砾石（Q_{1-2}）层和下部微弱透水的元古界（P_t）岩石构成。Q_{1-2}局部胶结的砂卵砾层主要分布于Q_4砂卵砾石层之下，一般厚20～30 m，中部深槽处可达80 m左右，Q_4和Q_{1-2}层渗透系数分别为1.07×10^{-2} cm/s和1.16×10^{-3} cm/s；下部为（P_{ta}）绿泥绢云片岩、绢云石英片岩、绿泥石英片岩。

两坝肩基岩裸露，出露岩性为绿泥绢云片岩、绢云石英片岩，随地形下降，基岩埋深逐渐加深。

2. 枢纽布置

枢纽建筑物主要由大坝、放水洞和导流排沙泄洪洞组成。根据地形地质等条件，右岸布置放水洞，全长340 m，为内径3 m的圆形隧洞，进口高程2 145.00 m，正常放水流量30 m^3/s，最大放水流量63 m^3/s，下泄灌溉和发电用水。左岸布置导流排沙泄洪洞，全长361 m，为内径4.5 m的圆形隧洞，进口高程2 140.00 m，最大泄洪流量207 m^3/s。水库除险加固工程平面布置见图2.5-13。

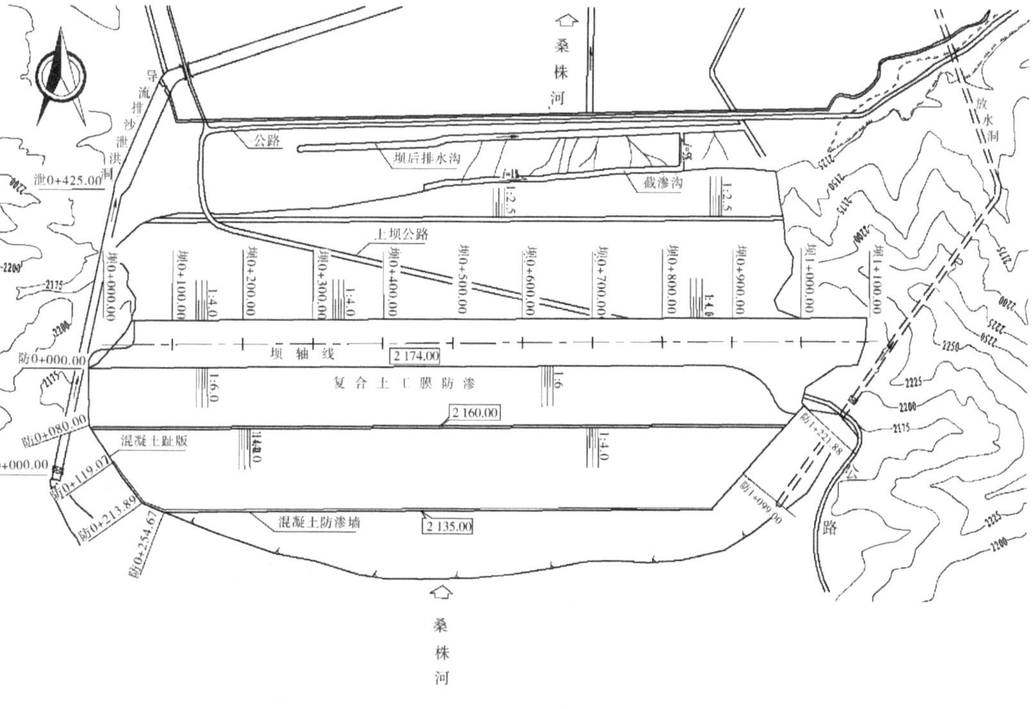

图 2.5-12 桑株水库除险加固工程平面布置图

3. 大坝设计

该工程坝型为水力冲填粉砂土均质坝，坝顶高程2 174.00 m，最大坝高59 m，坝顶宽80 m，坝顶长1 100 m，采用戈壁碎石路面。上游边坡坡比1:6.0，为干砌卵石护坡；下游边坡坡比1:4.0，为堆石护坡，坝后设有上坝公路，路宽5 m，水库防渗用天然淤积铺盖。水库已运行20多年。大坝除险加固前典型剖面见图2.5-13（a）。

坝体填筑土料为颗粒较均匀的风积细砂土，采用水力冲填施工。

坝基坐落在河床覆盖层上，施工时清除表面大卵石；两坝肩清至基岩。

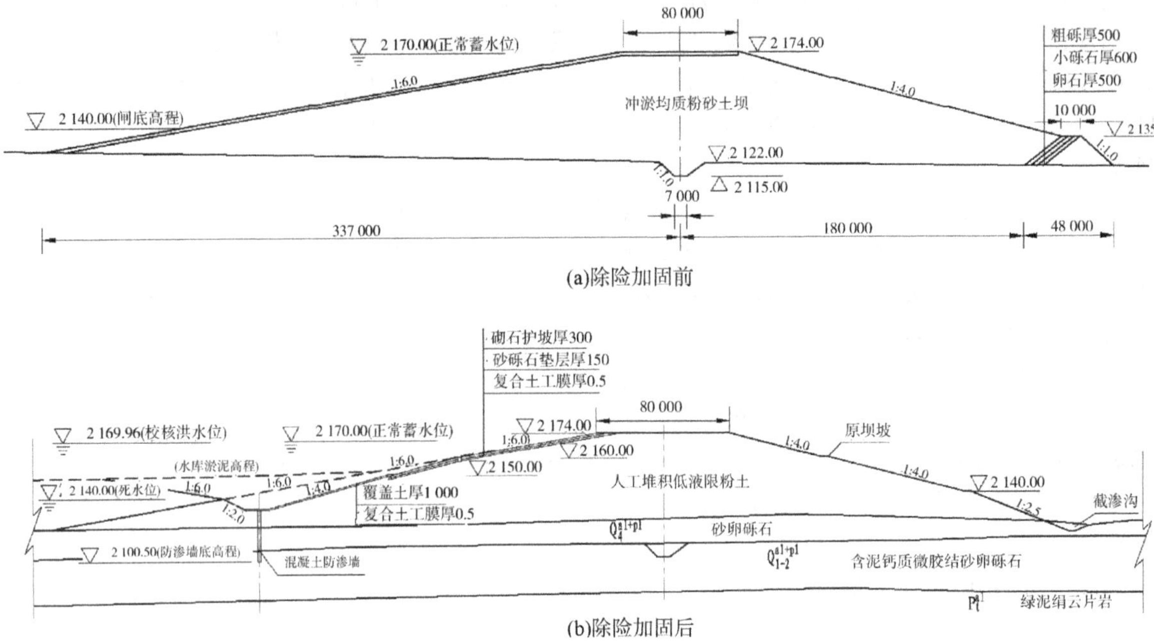

图 2.5-13　桑株水库水力冲填坝典型剖面图

4. 大坝除险加固设计

2000年6月，对该水库进行了大坝安全鉴定，为三类坝，需进行除险加固处理。其主要加固内容包括：平整坝顶；对坝体和坝基进行防渗，改建坝上游防浪护坡；开挖及疏通主坝段坝后排水渠；增设和完善库水位观测和浸润线观测设施。大坝加固后典型剖面见图2.5-13(b)。

(1)坝顶维护。除险加固后坝顶宽度仍为80 m，结合坝顶作为左岸施工道路，对坝顶进行整平，保证坝顶道路宽8 m。在坝顶设置照明路灯。

(2)混凝土防渗墙设计。混凝土防渗墙顶高程2 135.00 m，墙底截至相对不透水层(高程2 100.50 m)，墙体最大深度为34.50 m，墙厚0.6 m。混凝土防渗墙采用C15混凝土，抗渗标号为W8，弹性模量控制在1.70×10^4～2.30×10^4 MPa。

(3)混凝土趾板设计。混凝土趾板范围为左岸桩号防0-152.43～防0+119.07，长271.5 m；右岸为防1+072.38～防1+221.88，长149.5 m。混凝土趾板厚0.8 m，宽1.5 m。清除基岩表面松动和风化较为严重的石块后，现浇混凝土趾板。混凝土趾板与复合土工膜用锚栓连接，锚栓采用不锈钢，规格为M12，长度110 mm，埋入长度75 mm，间距50 cm。

(4)帷幕灌浆设计。在混凝土趾板下部进行帷幕灌浆，帷幕灌浆为单排，孔距1.5 m，灌浆深5～10 m。两岸坝基基岩为中等透水，目前钻孔压水试验未发现5Lu线，因此趾板下灌浆防渗深度按坝基承受最大水头的1/2控制，即5～10 m。

(5)土工膜防渗设计。在高程2 135.00 m以上，拆除上游卵石护坡，并将上游坝坡高程2 160.00 m以上削坡整平为1:6.0，高程2 160.00 m以下削至1:4.0坡度，碾压密实平整坝坡后，直接铺设复合土工膜。为保护土工膜，在其上设置厚15 cm的砂砾石垫层，然后在高程2 150.00 m以上设厚30 cm的砌石护坡，以防风浪淘刷。在高程2 150.00 m以下设厚1 m的保护土，坝顶设V形槽，将顶端膜埋在V形槽内，然后填砂砾料，进行夯实，夯实料达到设计容重2.15 g/cm^3。坝坡防渗复合土工膜上端埋在V形槽内，下端与混凝土趾板及混凝土防渗墙采用锚固型式连接，使坝体、坝基防渗形成整体。

(6)坝后截渗沟。坝后截渗沟桩号为坝0+460.00～坝0+832.00，沟底高程由2 121.40 m以i=1%的纵坡沿下游坝坡脚布置，在桩号坝0+832.00处拐向下游，并以5%的纵坡与原坝后排水沟连接。排水沟底宽1 m。

(7)水库部分坝段坝体直接坐落在强透水的河床卵砾石层上，随着运行时间的增长，坝体土、坝基土存在着渗透变形、接触冲刷破坏，造成后坝坡出现多处坝体塌陷、变形现象，影响工程的安全运行。

解决该问题的关键是做好坝体后坡的反滤排水层，确保可能出逸点的安全，对坝体和坝基接触面做好垂直防渗处理，加强渗流观测与分析工作。

2.5.5 土工膜防渗坝

2.5.5.1 土工合成材料

1. 土工合成材料分类

土工合成材料中的复合土工膜是目前常用的一种防渗材料，抗拉、抗撕裂、顶破等物理力学性能指标高，产品具有强度高、延伸性能较好、变形模量大、耐酸碱、抗腐蚀、耐老化、防渗性能好等特点，其选用高分子材料且在生产工艺中添加了防老化剂，可在非常规温度环境中使用，其在水利工程中的应用发展很快。复合土工膜作为一种较为先进的防渗材料，与单位的布膜分离使用相比，具有耐腐蚀、强度高、耐磨损、造价低等优点，能够增强使用效果，提高防渗性能，降低工程造价。

土工合成材料是在岩土工程中应用的合成材料的总称。可以将土工合成材料分为土工膜、土工织物、复合土工膜和特种土工合成材料四大类，每种材料还都有自己不同的类型形式。

(1)土工织物

土工织物属透水性土工合成材料，按制造方法可进一步细分，如图2.5-14所示。

- 土工织物
  - 织造（有纺）
    - 机织（含经编）
      - 裂膜丝
      - 管膜丝
      - 合股丝
    - 土工织物
  - 非织造（无纺）
    - 机械组合（针刺、缝编、水力针刺）
    - 热粘
    - 化粘

图 2.5-14 土工织物的分类

(2)土工膜

土工膜一般分为沥青土工膜和聚合物土工膜两大类。为了适应工程应用中不同强度和变形的需要，两类中又各有加筋和不加筋(单一或混合材料)或组合的类型。沥青土工膜主要为复合性的，含编制形或无纺行的土工织物，沥青作为浸润黏结剂。聚合物土工膜视主材料的不同分为塑性土工膜、弹性土工膜和组合型土工膜。

(3)土工复合材料

土工复合材料是由两种或两种以上的土工材料互相结合而成的。土工复合材料主要包括复合土工膜防渗材料和土工复合排水材料两种。土工织物或其他材料与土工膜结合起来成为不透水的复合土工膜防渗材料。根据主要功能不同，复合土工膜材料又可分为横向排水型土工膜和加筋型土工膜两类；土工复合排水材料是薄型土工织物包裹着不同材料的芯材制成的不同形状的复合排水材料，这种材料能够克服复合土工膜的土工织物只沿平面排水且排水量小的缺点，其可以沿材料芯材方向畅通地排水，外包的土工织物还可以将外面的土颗粒过滤掉。

(4)特种土工合成材料

土工合成材料是土木工程应用的合成材料的总称。特种土工合成材料以人工合成的聚合物为原材料，是土木工程材料中一种新型材料。它可由置于其土体表面、内部和各种土体之间的区别而分成多种类型产品，能够加强和保护土体的作用。《土工合成材料应用技术规范》将土工特种材料分为土工格栅、土工网垫、土工膜袋、土工格室、土工网、土工织物膨润土垫及聚苯乙烯泡沫塑料等。

2. 土工合成材料的作用

土工合成材料在工程中有着多方面的作用和性能，主要的作用有以下几个方面：

(1)排水作用

有些土工合成材料如织物是多孔隙透水介质，埋在土中可以汇集水分，并将水排除土体。它们不仅可以沿平直其平面方向排水，也可以沿其平面方向排水，现已广泛用于土坝、路基、挡土墙和软土地基的排水固结。

（2）反滤作用

为防止土中细颗粒被渗流潜蚀（管涌现象），传统上使用级配粒料做过滤层，而有纺或无妨土工织物都可代替细颗粒做过滤层。

（3）隔离作用

在岩土工程中，不同的粒料层之间经常发生相互混杂现象，使各层失去应用的性能。将土工合成材料铺设在不同的粒料层之间，可以起到隔离作用。如在软弱地基上铺设碎石粒料基层时，在层间铺设土工织物，可有效地防止层间土料相互贯入和不均匀沉降。

（4）加筋作用

土工合成材料具有较强的拉伸强度和较大的破坏变形率，以适当方式将其埋在土中作为加筋材料，可以控制土的变形以增加土体稳定性。

（5）防渗作用

将土体合成材料表面涂一层树脂或橡胶等防水材料，或将土工合成材料与塑料薄膜复合在一起形成不透水的防水材料即土工膜。土工膜以薄型无纺布与薄膜复合的形式较多，按工程需要可制成一布一膜、两布一膜或三布两膜等。所选用的无纺布与薄膜厚度也可以按需要而定，也可选用较厚的无纺布与薄膜复合。其中，薄膜有防水、防渗作用，而无纺布则有导水作用，一举两得。

3. 复合土工膜特点

非织造复合土工膜是土工合成材料家族重要一员，由于其诸多优点被广泛应用在水利工程的防渗、园林绿化、铁道路基的防翻浆冒泥、环保、垃圾填埋场所的防污染、海港提防等工程。复合土工膜在我国的发展非常迅速，应用逐渐广泛，尤其对土石坝防渗、蓄水深度不大的丘陵水库、平原水库及老坝渗漏防治等工程来说，复合土工膜是一种施工速度快、防水效果好、投资费用较低的防渗材料。

为了满足工程应用中不同的需求，可将土工织物等材料与土工膜结合而形成复合土工膜。根据主要功能的不同，复合土工膜分为加筋和排水型。通常复合土工膜在重要工程中被优先选用。复合土工膜，按其布基材可分为短纤针刺无纺织物、长丝纺粘针刺无纺织物、长丝有纺织物、扁丝有纺织物等；按膜材可分为聚乙烯膜、聚氯乙烯膜、氯化聚乙烯膜等；按结构可分为一布一膜、两布一膜、三布两膜等。

加筋型复合土工膜是将土工膜材料中间夹上土工织物筋材等形成的，如一布两胶、两布三胶、三布四胶等形式。此过程加强了复合土工膜的韧性和强度，因此即满足工程的防渗要求，还具有较高的抗拉伸、顶破及撕裂的强度。

排水型复合土工膜是将土工织物中间放具有防渗性的土工膜复合成的。选材可分为一布一膜、两布一膜、三布两膜等形式。外层的无纺土工织物起水平导水和保护土工膜的作用，中间的土工膜起防水和防渗作用。排水型复合土工膜除了防渗效果优良外，还具有强度高，排水性能好，便于施工等优点，防止土工膜被顶起顶破，表面的土工织物还可以增大与支持层或保护层的摩擦，防止滑落。

复合土工膜主要用于防渗，同时具有较高的强度和摩擦系数。下面给出国际《土工合成材料非织造复合土工膜》中关于强度和耐静水压的一些要求，如表2.5-8、表 2.5-9所示：

表 2.5-8 常见无纺织物 / 聚乙烯复合土工膜强度要求

项目	单位面积质量/（g/m^2）							备注
	400	500	600	700	800	900	1 000	
	膜材厚度，0.25～0.35 mm			膜材厚度，0.3～0.5 mm				
抗拉强度（KN/m）	5	7.5	10	12	14	16	18	纵横向
CBR 顶破强度/kN	1.1	1.5	1.9	2.2	2.5	2.8	3	
撕破强度/kN	0.15	0.25	0.32	0.4	0.48	0.56	0.62	纵横向

表 2.5-9　复合土工膜耐静水压规定值

膜材厚度/mm	0.2	0.3	0.4	0.5	0.6	0.7	0.8
一布一膜	0.4	0.5	0.6	0.8	1.0	1.2	1.4
两布一膜	0.5	0.6	0.6	1.0	1.2	1.4	1.6

2.5.5.2　土工膜防渗坝筑坝技术

1. 复合土工膜在土石坝中防渗应用研究

土工膜防渗主要用于渠道，我国对于土石坝采用土工膜防渗的主要集中在低坝及库盘防渗。世界上最高的土工膜防渗堆石坝是西班牙1948年建成的Poza de Los Ramos坝，坝高97 m，上游坝面为8 m厚的砌石，坝坡坡率为1:1.30。砌石表面用混凝土和砂浆抹平，然后铺聚氯乙烯膜，下半部膜厚2 mm，上半部膜厚1 mm。目前已加高至134 m。

黄河小浪底水利枢纽工程下游的反调节水库西霞院土石坝是成功应用土工膜的典范，土石坝段长2 609 m，高20.2 m，上游坝坡为1:2.75，下游坝坡为1:2.25，敷设土工膜12.8万m^2。由于工程地处城市附近，若采用黏土心墙需征用周围大量耕地，造价高，对生态环境造成破坏。设计采用（400 g/m^2）/0.8 mm/（400 g/m^2）和（400 g/m^2）/0.6 mm/（400 g/m^2）PE复合膜的防渗形式。为保证工程质量，业主派驻复合膜监造，在施工阶段，对土工膜与底部混凝土防渗墙、土工膜与河床侧混凝土导墙的锚固及铺设方式进行完善，通过渗透试验证明锚固方法有效可靠，蓄水结果表明土工膜运行可靠。

20世纪80年代以来，土工膜在水坝、煤灰坝、尾矿坝中的应用飞速发展，包括新建的土石坝、危险土石坝除险加固、库盆防渗、上游铺盖防渗、施工围堰等。如新疆木垒境内博斯塘水库土工膜防渗坝，策勒县胜利水库全库盘土工膜防渗（300万m^2）。采用“面膜”的较为多见，采用“芯膜”的用于永久工程的较少见。

通常所说的“面膜”形式的土工膜防渗层（坝斜坡面、库盘表面）结构包括上游面防护层、上垫层、防渗土工膜、下垫层和支持层。有时也将下垫层和支持层合在一起，统称为支承层，防护层和上垫层又统称为保护层。

采用土工膜防渗的土石坝应关注的设计问题是：

（1）膜的保护层：土工膜是一种易受刺穿的合成材料，不能直接与土、卵石等直接接触，设计应充分考虑膜的上下保护层及垫层设计。

（2）库盘采用土工膜进行防渗时，由于面积较大，施工质量上的缺陷容易引起库盘渗漏，设计应精心做好膜的上下垫层、保护层施工。

表 2.5-10　新疆土工膜防渗坝工程建设统计表（6座）

序号	水库大坝名称	坝型	建成年	河流	地点	基本烈度	坝高/m	坝长/m	总库容/亿m^3	装机/MW
1	博斯塘水库	土工膜斜墙	1999	博斯塘河	木垒	Ⅶ	34	186	0.028 5	—
2	江巴斯水库	土工膜斜墙	2009	博尔塔拉河	阿拉山口市	Ⅶ	26	1 866.26	0.038 4	—
3	风城高库	土工膜心墙	2000	平原水库	克拉玛依	Ⅵ	23	2 127（副坝）	1.0	—
4	希尼尔水库	土工膜斜墙	2004	孔雀河	尉犁县	Ⅶ	20	7 650	0.98	—
5	皮墨垦区调节池	土工膜斜墙	2009	喀拉喀什河	和田县	Ⅶ	18.5	3 200	0.099 2	—
6	胜利水库	土工膜斜墙	2006	恰哈	策勒县	Ⅶ	17.9	1 875	0.2	—

2. 水利工程应用关注问题

（1）复合土工膜的防渗布置形式

一般情况下复合土工膜在土石坝和围堰防渗层的布置形式有多种形式，但是国际上较普遍采用的有三种布置形式：防渗斜墙形式、防渗心墙形式和斜心墙形式。

① 防渗斜墙：防渗斜墙主要是铺设在坝体上游面坝体垫层和保护层之间。其优点主要有：施工方

便，薄膜可在坝体堆筑全部完成后进行；膜能较好适应坡面的变形，不致破裂；维修或更换方便。缺点有：为防外界因素（如紫外线、风力、水力及水中漂浮物撞击，人为的破坏）的影响，需设防护层和垫层；存在膜与垫层和保护层结构结合和稳定的问题；和岸边接缝较长，处理困难。详见图2.5-15。

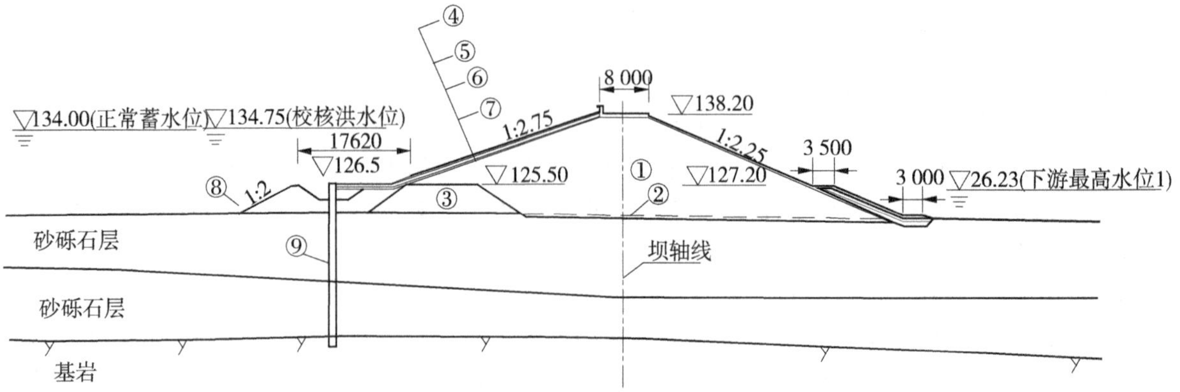

①堆石区 ②原地面线 ③截流戗堤 ④预制混凝土块厚0.3 m ⑤砾石保护层厚0.2 m ⑥复合土工膜 ⑦砾石垫层厚0.2 m ⑧块石护坡 ⑨混凝土防渗墙0.6 m

图 2.5-15 某水库河床主坝典型断面图

② 防渗心墙：复合土工膜安装在坝体内部是看不见的，并在回填土内铺设复合土工膜时施工会不方便。铺设时一般为“之”字形，故膜材用量也不比斜墙式少，例如往返折叠角为53°时，用量即和1V:2H边坡相同。但心墙方案有如下优点：不受外界影响，不必考虑老化问题，不受波浪和漂浮物的冲击等；不需验算因土工膜而产生的边坡稳定问题；和周围岸坡连接缝较短。

③ 斜心墙：复合土工膜防渗斜心墙布置形式介于斜墙和心墙之间，其优缺点也视斜心墙的具体位置而定。有的斜心墙较靠近坝心，有的靠近坝坡。其优缺点也随位置的不同趋于两者之间。

（2）铺有复合土工膜土石坝坝体中防渗力学特性

由于铺设有复合土工膜的调蓄池土石坝与未铺设复合土工膜时的受力情况是不尽相同的，当调蓄池蓄水后坝体上铺设的复合土工膜的受力变形将会受到坝体变形的影响，同时坝体上支撑复合土工膜的土石料的变形也将会受到复合土工膜的抗剪作用影响。由于它是一种抗拉柔性材料，因此复合土工膜几乎没有抗压和抗弯性能。

（3）复合土工膜防渗斜墙结构及与接触面的摩擦特性

复合土工膜防渗斜墙是土石坝防渗体的一种新型防渗形式，其结构设计特点不同于其他防渗形式，复合土工膜防渗体是在坝体填筑基本完成之后铺设的。复合土工膜防渗体一般有三部分组成：垫层、复合土工膜及保护层。对于比较重要的土石坝工程，对坝体坝坡的抗滑稳定性有一定要求，此时可能复合土工膜防渗结构设计会更加复杂：在复合土工膜上铺设上垫层，再在上垫层上设置干砌石网格填筑或现浇混凝土保护层，在复合土工膜的下界面铺设一层下垫层，还可以在下垫层下铺设一层过渡层，以确保坝体上游坝坡的稳定性。

复合土工膜的摩擦特性，主要是指复合土工膜与垫层、保护层之间的摩擦、粘聚力以及其他力学特性。复合土工膜防渗斜墙式的复合土工膜防渗体应满足抗滑稳定性要求，由此决定坝体坝坡的坡度陡缓，而复合土工膜防渗体抗滑稳定性会受制于复合土工膜与垫层、保护层摩擦的摩擦特性。

一般情况下，复合土工膜与粗砾石、天然石、混凝土结构面、人工配料、粗粒料等的摩擦系数小于这些填筑料自身之间的摩擦系数，因此复合土工膜土石坝防渗体稳定性主要取决于复合土工膜与其接触的土石料之间的摩擦特性，并且复合土工膜与土粒料之间的摩擦系数小于复合土工膜与石料之间的摩擦系数，所以复合土工膜摩擦稳定性也更趋向于颗粒直径较小的填筑粒料。

对复合土工膜防渗斜墙体土石坝进行计算时，应考虑坝体、坝基与复合土工膜承受水压变形的作用力，蓄水后的坝体会对复合土工膜受力有着重要影响，同时复合土工膜的抗剪作用亦对土石坝上垫层有一定的限制变形作用。在研究复合土工膜的受力变形特性时，应将复合土工膜自身的抗拉性能和土石坝坝体的变形特性都考虑到。

(4)复合土工膜性能指标

根据《土工合成材料非织造布复合土工膜》(GB/T17642-2008),以常用的两布一膜为例,选用两布一膜为聚乙烯(PE)涤纶长丝纺粘针刺非织造布复合土工膜,规格为FN2/PE-20-400-0.5(200 g/m^2/0.5 mm/200 g/m^2),符合《土工合成材料非织造布复合土工膜》(GB/T17642-2008)等规范的规定,其力学指标是规范中的最大指标。特性见表2.5-11、2.5-12。

表2.5-11 复合土工膜材料特性参数

序号	项目	单位	指标	备注
1	土工膜厚度	mm	0.5	
2	标称断裂强度	KN/m	20	
3	断裂强度	KN/m	≥20	纵、横向
4	标准强度的伸长率	%	25-110	纵、横向
5	撕破强力	KN	≥0.70	纵、横向
6	CBR顶破强力	KN	≥3.2	
7	剥离强度	N/cm	≥6	
8	垂直渗透系数	cm/s	$<10^{11}$	
9	耐静水压	MPa	≥1.0	

注:FN2/PE-20-400-0.5表示产品为:涤纶长丝纺粘针刺非织造/PE复合土工膜,两布一膜,标称断裂强度为20 KN/m,非织造布总单位面积质量400 g/m^2,膜厚度为0.5 mm。

表2.5-12 涤纶长丝纺粘针刺非织造布主要技术控制指标

序号	项目	单位	指标	备注
1	单位面积质量	g/m^2	200	
2	标称断裂强度	KN/m	10	
3	纵横向断裂强度	KN/m	≥10	纵向及横向
4	纵横向标准强度的伸长率	%	大于等于60	纵向及横向
5	纵横向的撕破强力	KN	大于等于0.3	纵向及横向
6	CBR顶破强力	KN	大于等于2	
7	等效孔径Q_{90}	mm	0.05~0.2	
8	垂直方向渗透系数	cm/s	$K(10^{-1}\sim10^{-3})$	$K=1\sim99$
9	单位面积质量偏差	%	-5	幅宽偏差-0.5%
10	厚度	mm	≥1.6	

复合以后的涤纶长丝纺粘针刺非织造/PE两布一膜复合土工膜(200 g/m^2/0.5 mm/200 g/m^2),检测结果见表2.5-13。

表2.5-13 复合土工膜(200 g/m^2/0.5 mm/200 g/m^2)技术指标

序号	检测项目	单位	指标要求	检测结果	单项评定	备注
1	断裂强度	KN/m	≥20	20.2	合格	
2	断裂伸长率	%	30~100	57.8	合格	
3	撕破强度	KN	≥0.70	0.85	合格	
4	CBR顶破强力	KN	≥3.2	4.28	合格	
5	剥离强度	N/m	≥6	6.1	合格	
6	耐静水压	Mpa	≥1.0	1.02	合格	
7	渗透系数	cm/s	$<10^{-11}$	0.9×10^{-12}	合格	

经过对两布一膜进行质量检测实验得出的数据显示，涤纶长丝纺粘针刺非织造PE两布一膜复合土工膜的质量检测结果满足规范标准。

3. 新疆应用复合土工膜防渗前景

土工膜在土石堤坝中的防渗布置型式主要分为两种，一种是铺设在大坝的上游面，包括库盘防渗，如胜利水库。另一种为铺设在大坝的中央，作为防渗心墙使用，如风城高库。复合土工膜由土工膜与土工织物热压而成，实际工程中以两布一膜型式的复合土工膜用的居多，两边的土工织物可以保护土工膜免受刺破等危害，且较单一土工膜有更大的抗拉强度等优越性，更适合于水头较高的堤坝工程。

实践中新疆采用土工膜坝体防渗的永久工程并不多，用在库盘防渗的较多，一种是新疆小型水库库盘防渗，一种是病险水库除险加固。中型水库采用土工膜斜墙防渗的主要是希尼尔水库。很多土石坝的施工临时围堰采用土工膜斜墙防渗的，如“635”水利枢纽等。

新疆较少采用土工膜筑坝，并非不产土工膜。近些年修建的长距离输水明渠几乎无一例外都采用了土工膜或复合土工膜防渗，取得很好的效果。但从筑坝角度考虑，主要原因基于三点：一是新疆干燥多风，施工中土工膜的保护要求很高，运输、仓储不能高温，堆放时间不宜过长，施工时大仓面作业必须采用压袋、敷设保护毯等多个措施，施工现场由于覆盖不及时出问题的很多。二是无论采用何种焊接方式，检测都存在一定问题，总存在不易查找的漏点，造成坝体、库盘渗漏，部分缺陷是一布一膜或两布一膜在生产时热合工艺造成的，部分是施工现场人为造成的，如尖角触碰、焊缝失效。一旦施工完成，出现渗漏处理麻烦。三是现行《碾压式土石坝设计规范》（SL274—2001）规定“3级低坝经过论证可采用土工膜防渗体坝”，因此采用土工膜防渗坝用于30 m以上的中坝均需要进行论证，勘察设计周期较长。以上这些因素都限制了土工膜防渗坝的应用。2014年发布实施的《水电工程土工膜防渗技术规范》（NB/T35027—2014）总则规定“防渗水头大于70 m的土工膜防渗工程应进行专门研究”，表明工程界对土工膜水库大坝防渗工程还是有信心的。

在多幅复合土工膜焊接过程中，土工膜焊接不能以“十”型接头链接，它们之间应采用“T”接头。焊接施工中热楔式焊机应在纵向缝的相邻膜之间焊接时采用，上下层土工膜焊接时应采用挤压焊机焊接。其主要施工要点有：应保持复合土工膜接触的部位干净和干燥；对其施工焊接完后应使用真空负压法对其的渗透性进行检测。

2.5.5.3 希尼尔水库土工膜防渗斜墙土石坝

1. 工程概况

希尼尔水库位于巴音郭楞蒙古自治州境内，距库尔勒市20 km，距尉犁县城27 km。水库一期库容0.98亿m^3，近期控制灌溉面积约29.05万亩，为大（2）型Ⅱ等工程，主要承担向塔里木河下游输水、对孔雀河流域进行径流调节的任务。

孔雀河是开都河汇入博斯腾湖后经博斯腾湖调节后的出流，1982年以前，博斯腾湖的出流水量至孔雀河是自流的，后因博斯腾湖水位下降，自然出流困难，再加上为改善湖水水质，加速入湖区循环，于1982年建成博斯腾湖西泵站和输水渠道。1983年博斯腾湖扬水泵站投产运行，孔雀河的出流受人为控制，常年径流量稳定。开都河多年平均年径流量34.88亿m^3，孔雀河的多年平均年径流量11.77亿m^3。

孔雀河流域属典型的大陆性干旱气候，干燥少雨。坝址区多年平均气温11.2℃，多年平均年降水量45.9 mm，多年平均年蒸发量2 775 mm（E601）。

工程区位于天山南麓，塔里木盆地东北缘，地势自北向西南微倾斜。该水库位于山前剥蚀平原中部。库区出露的地层主要为第三系和第四系以及侵入岩。第三系、第四系地层分布在库区及其周围，岩性有泥岩、粉砂质泥岩、砂岩夹砾岩、砂砾石、亚砂土及砂。

工程区位于F_1断层与F_2断层之间，均属活动性断层，F_1为错断全新世断层，F_2属全新世断层，在库区外围错断Q_4坡洪积物，工程区相对稳定，属稳定性较好地区。库坝区地震基本烈度为Ⅶ度，抗震设计烈度为7度。

主坝坝基由第三系砂岩与泥岩组成，泥岩结构较密实，砂岩遇水呈砂状，8 m以下透水率3.35～6.8Lu，局部段由砂岩、砂砾岩组成，其15 m以下透水率为2.67～6.8Lu。西副坝段位于库区西岸Ⅰ阶台地上，泥岩分布很少，以第三系砂岩为主，埋深15 m以上透水率为20.49～43.36Lu，15 m以下透水率为11.06～17.97Lu，无理想的隔水底板。地下水埋深一般为10.32～12.48 m。东副坝段地形较平坦开阔，地层为第三系泥岩夹砂岩，3 m以下透水率为0.28～0.57Lu。

水库枢纽所属建筑物由大坝、引水闸、引水渠、放水闸、分水闸、排水渠、进场道路及改建国防公路等组成。水库平面布置见图2.5-16。

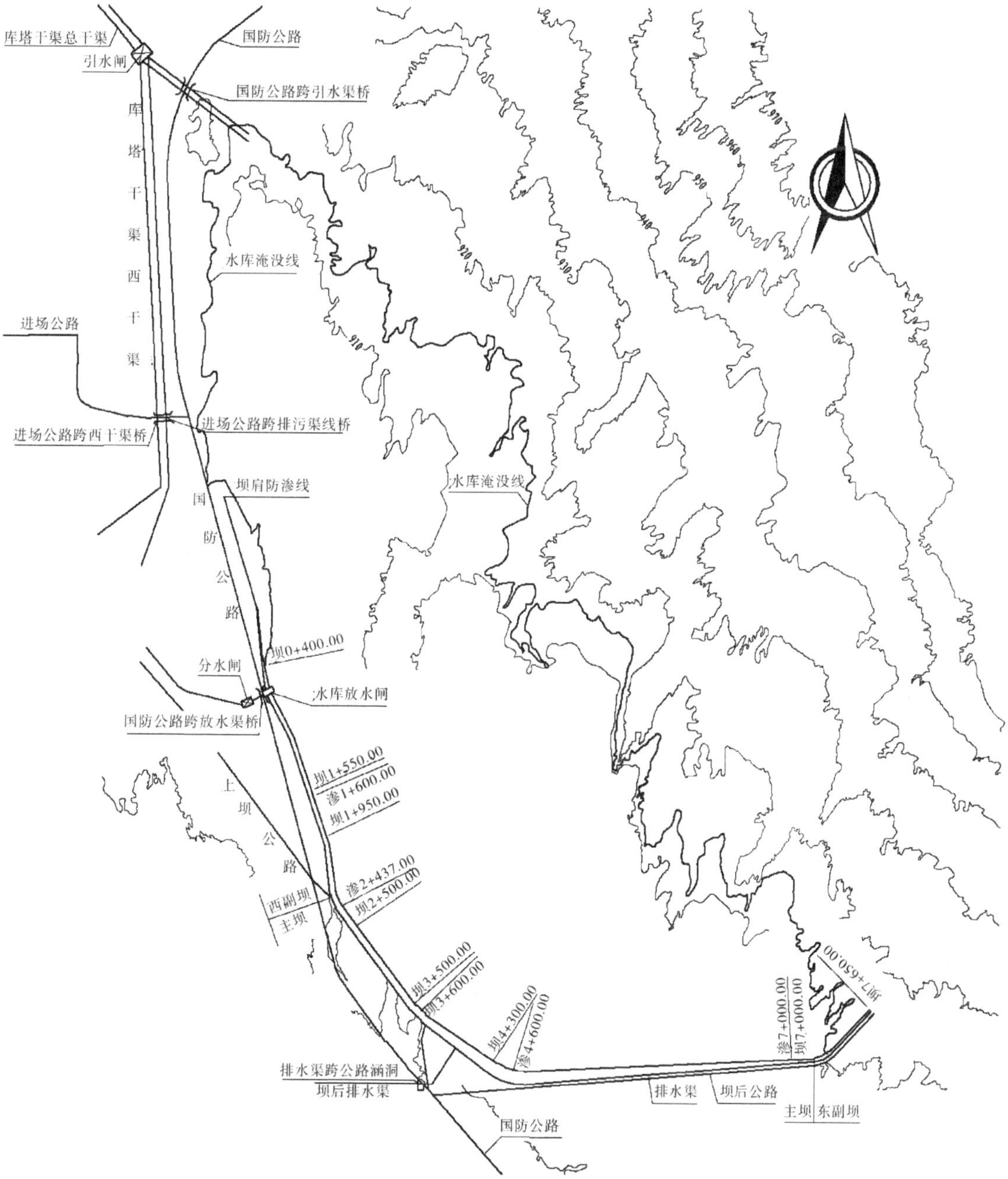

图2.5-16　希尼尔水库平面布置图

工程位于山前冲洪积扇下缘，东、西副坝分别布置在东、西两岸台地上，在库盘南岸东、西两台地之间的洼地上布置主坝。库塔干渠总干渠17+800.00处布置水库引水闸及引水渠，引水闸设计引水流量35 m^3/s，闸室为整体式结构，引水渠为梯形断面，混凝土板护坡护底，厚10 cm，板下设厚30 cm的砂砾石垫层防冻。水库西副坝0＋677.00处布置放水闸，下游200 m处布置分水闸，放水闸由进水口段、闸室段、坝下涵洞段、明槽段和消力池及渐变段构成。闸室为竖井塔式结构，采取底流式消能。在放水闸消力池海漫段与分水闸之间布置排水渠，采用梯形断面，现浇混凝土板护坡护底，苯板防冻。

2. 大坝设计

大坝为复合土工膜斜墙防渗土石坝，最大坝高20 m，主坝长4.664 km，西副坝长2.436 km，东副坝长0.55 km，大坝总长7.65 km，坝顶宽6 m，上游坝坡1:2.5，下游坝坡1:2.0。不同断面大坝典型剖面见图2.5-17、图2.5-18。

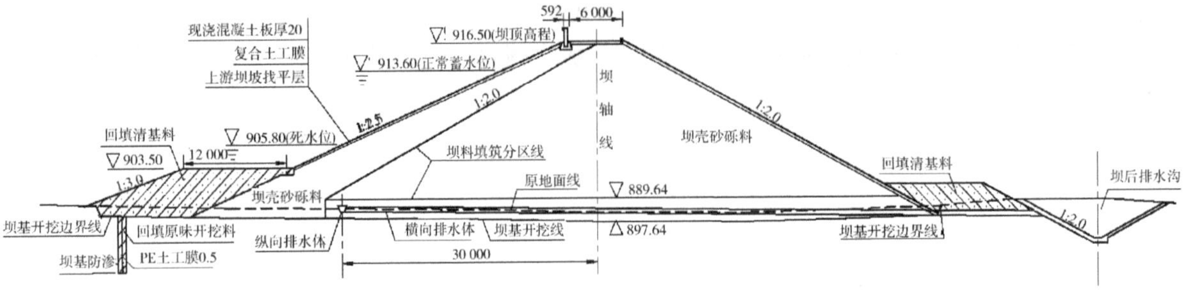

图 2.5-17　希尼尔水库（0+000~3+950、6+200~7+650）坝段土工膜斜墙防渗土石坝典型剖面图

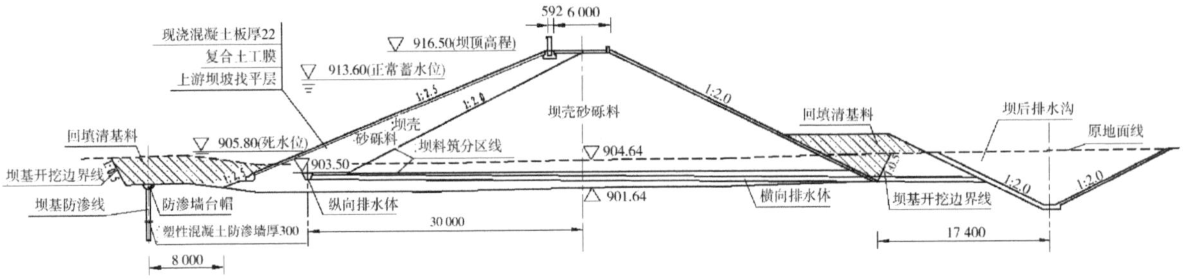

图 2.5-18　希尼尔水库（3+950~6+200）坝段土工膜斜墙防渗土石坝典型剖面图

坝体填筑分区从上游至下游分为上游护坡、坝壳砂砾料区、纵向排水体、横向排水体及坝后排水沟等。考虑到坝体后坝脚填筑有较大体积的清基料，故将坝下部的水平排水体延伸至下游坡脚外，直接与坝外干砌石排水沟相接。

（1）上游护坡。采用厚200～220 mm的现浇混凝土板，混凝土设计指标为C30、F300。

（2）坝壳砂砾料区。选用C1、C6料场砂砾料，两料场含砾量分别为31.64%、44%，其抗剪内摩擦角值均满足规范要求，坝料质量相对较好，渗透系数为1×10^{-3} cm/s，相对密度$D_r\geqslant0.85$。

（3）纵向、横向排水体。采用人工纵向排水贯穿坝体，横向排水每50 m布置一道，采用无纺布包裹人工碎石。

（4）坝后排水沟。采用明排梯形断面型式，底宽1 m，边坡1∶2，深4 m，采用干砌块石护坡，靠坝一侧护坡厚50 cm，下游侧护坡厚30 cm，护底厚50 cm。干砌块石下部设置无纺布反滤层，无纺布规格为300 g/m^2，其技术指标与坝体无纺布相同。

水库采用坝体复合土工膜斜墙防渗形式。防渗结构由上至下依次为混凝土护坡、复合PE土工膜（两布一膜，膜厚0.75 mm，无纺布规格300 g/m^2）。复合土工膜连接采用热熔法焊接，膜间搭接长度10 cm，采用双缝焊接，焊缝宽1 cm，焊缝间距2 cm。

3. 坝基处理

主坝第三系台地坝段，清除表层厚1～2 m的第三系砂岩、泥岩，达到砂岩泥岩层弱风化上限，主坝第四系洼地坝段，清除全部第四系覆盖层，清基深度1.3～5 m；西副坝第三系地层直接出露的坝段及第四系洪积砂砾石层坝段，清基深度1～2 m；东副坝清除表层厚0.4 m的砂砾石层。

坝基防渗采取垂直与水平相结合的防渗型式，0＋000.00～3＋950.00、6＋200.00～7＋650.00坝段设计为垂直铺膜防渗型式（含西副坝坝肩段），3＋950.00～6＋200.00坝段设计为塑性混凝土墙防渗型式，水平防渗采取全坝段铺设8 m长复合土工膜。

主坝和东副坝，砂岩透水率为0.8Lu，设计防渗深度达到此层弱透水性砂岩，最大防渗深度15.5 m。西副坝，基本上都为第三系砂岩，钻孔30 m砂岩层都未见底，采用倒挂式防渗体结构，垂直防渗深度达到强弱岩层风化分界线，防渗深度8～15 m。

为防止水库西侧坝后浸没危害，在坝后开挖一条排水渠，排水渠设计深度达到现状地下水位以下1 m。

坝体防渗塑膜与防渗墙的连接采用在灌注墙顶部浇筑混凝土帽，把坝体塑膜直接浇入混凝土帽内。坝体防渗塑膜铺至防浪墙底处。

（1）坝体防渗特点。复合PE土工防渗膜直接铺设于碾压密实的上游坝坡，膜上再浇筑护坡混凝土。

土工膜采用现场热熔焊接,确保了坝体防渗的质量。

(2)坝体排水体布置。坝体排水体布置位置比较靠前,可以缩短渗径,增大坝体的渗透坡降。

(3)坝基防渗特点。该工程坝基第三系沉积地层较厚,地层岩性基本上为砂岩、泥岩,钻孔100 m未揭穿。考虑防渗范围大,防渗深度达到弱风化岩层即可,对防渗深度不大的坝段采取开槽垂直铺设复合土工膜,防渗深度较大的坝段采取液压抓斗开槽,浇筑塑性混凝土防渗墙。长江科学研究院对塑性混凝土防渗墙和水泥土防渗墙的耐久性进行了专题论证。试验研究表明,采用孔雀河河水,Ca^{2+}、Mg^{2+}含量较高,塑性混凝土在渗漏情况下,不会产生CaO溶蚀。

2.5.6 胶凝砂砾石坝(CSG/CMD)

2.5.6.1 胶凝砂砾石坝的发展

1. *胶凝砂砾石坝的发展*

近年来,碾压混凝土筑坝技术得到了快速发展,与混凝土筑坝相比,建设速度更快、更经济;但由于大坝设计理论基本沿用了混凝土坝设计理论,筑坝材料的强度要求与混凝土基本一致,因此,碾压混凝土坝在概念上仍应归为混凝土坝。混凝土重力坝建设成本高的重要原因是普遍存在材料超强,同时,水泥用量高导致水化热高、施工期温控复杂等。为改进这一问题,法国等国家发展了硬填料坝(Hardfill坝),日本发展了胶凝砂砾坝(CSG坝),中国发展了胶凝砂砾石坝(CSGR坝)和堆石混凝土坝(RFC坝),在一定程度上降低了建设费用。为了更充分利用当地材料且实现安全、经济建设大坝目标,贾金生和刘宁等于2009年提出了胶结颗粒料坝(Cemented Material Dam,简称CMD)和"宜材适构"的新型筑坝理念,并推动国际大坝委员会设立了胶结颗粒料坝专业委员会,编制了胶结颗粒料坝水利行业技术标准。

胶结颗粒料坝是介于土石坝和混凝上坝之间的一种新坝型,理念是调整坝体结构来适应材料特性、充分利用当地材料筑坝。按照原材料的粒径,分为胶结土坝、胶凝砂砾石坝(骨料最大粒径小于150 mm,对于围堰工程,最大粒径小于300 mm;包括硬填料坝、胶凝砂砾坝、胶凝人工砂石坝)、胶结堆石坝(骨料粒径大于300 mm,又称堆石混凝土坝)。新的坝型可充分利用当地条件,通过水泥、粉煤灰、石粉、砂浆和混凝土等材料,将土、砂等材料胶结起来形成具有一定强度、抗剪能力和抗冲蚀能力的筑坝材料,按照结构设计适应当地材料、筑坝材料充分发挥自身特性的原则确定大坝断面,从而达到安全、经济和环保的目的。新坝型秉承了重力坝靠自重维持稳定的特点,但按功能梯度思路确定分区,将大坝防渗、防冻融和保护等部分与大坝主体分开,大坝主体以承压为主,避免受拉,充分发挥材料的抗压能力,同时尽力避免传统重力坝材料超强过多的问题。

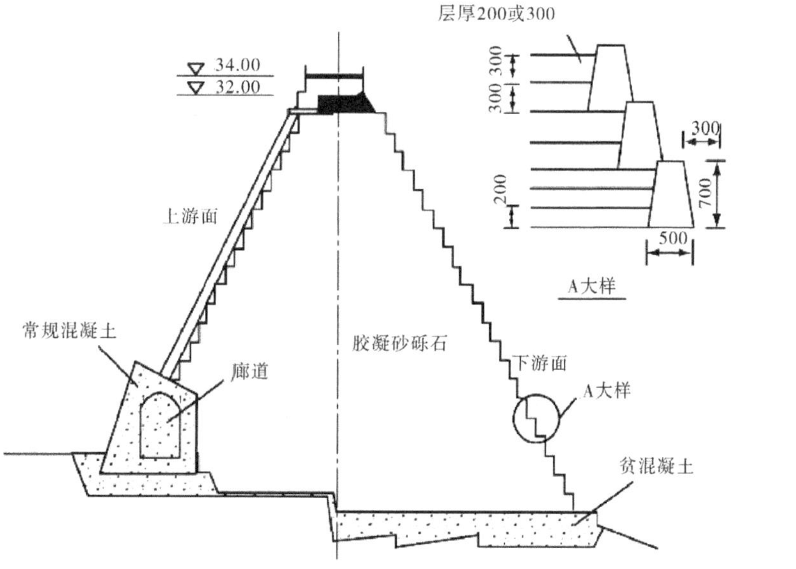

图 2.5-19 希腊 AnoMera 胶凝砂砾石坝剖面示意图(高程单位:m;尺寸单位:mm)

1997年希腊建成的AnoMera大坝，坝高32 m，上下游的坡度均为1:0.5。坝坡面采用阶梯形，如图2.5-19所示，碾压层厚度在20～30 cm之间。筑坝材料主要来源于河床和坝址附近，经过粉碎、筛选和分堆，骨料的最大粒径为60 mm，胶凝材料掺量为70 kg/m^3（其中粉煤灰掺量为20%），密度为2 300～2 400 kg/m^3。

为避免出现拉应力并使应力更为均匀分布（不同工况下应力变幅小），胶结颗粒料坝一般采用梯形断面，断面面积介于混凝土重力坝和面板堆石坝之间，兼具两者的优点，同时也有自身的特点，扩大了适应性。与混凝土重力坝比，坝体断面较大，应力分布相对均匀且应力水平低，对基础和材料强度的要求降低，可充分利用天然砂、砾、石、基岩开挖料、人工破碎料等筑坝，骨料选择范围宽，可做到少弃料，降低造价，且有利于环境保护；水泥用量少，绝热温升低，可简化或者不进行温度控制，使施工更加快速、简便。与堆石坝比，断面显著减小，筑坝材料中加入胶凝材料，经碾压后形成的是胶结体，因此坝体具有一定的抗冲蚀能力，提高了运行时抵抗洪水漫顶破坏的安全度，且泄水建筑物可以直接布置在坝体上。

2. 胶凝砂砾石坝研究进展

胶凝砂砾石坝是我国基于法国、日本、土耳其和希腊等国关于Hardfill坝和CSG坝的实践经验，从20世纪90年代提出并开始研究和推广应用的。Hardfill坝和CSG坝一般采用河床天然砂砾料，剔除粒径大于80 mm或60 mm的大骨料后，加少量水泥进行碾压筑坝，对于河床砂砾料具有一定的要求，适用范围有限。我国按照“宜材适构”的新理念，围绕不同工程条件下的适应性，对于不同河床料、开挖料、组合料的充分应用开展了系列研究，系统构建了设计理论，发布了技术标准，主要取得如下进展：（1）大坝筑坝骨料最大粒径由80 mm增大到150 mm，对围堰工程，最大粒径增大到300 mm，扩大了材料适用范围；（2）河床天然砂砾料、开挖料、人工砂石料，或上述材料的混合料都可作为骨料，扩大了材料来源和范围；（3）胶凝材料采用水泥和粉煤灰，进一步降低水泥用量，减少温升、降低造价；在粉煤灰缺少地区，可掺加石粉部分替换粉煤灰；（4）研发了新型防渗材料，提出了“宜材适构”和“功能分区”设计结构的概念；（5）研发了滚筒式连续拌合设备，拌合能力达到200 m^3/h，提升了筑坝材料的质量，实现了大粒径骨料采用自动化设备拌合、快速施工的目标；（6）研发了基于超宽带定位和物联网技术的质量控制系统，实现了拌合、碾压施工智能监控的目标；（7）提出胶凝砂砾石坝可建于非岩石基础上，给出了砂卵石基础上建胶凝砂砾石坝的原则和工程措施，进行了破坏模式研究。

我国第一座胶凝砂砾石围堰（街面水电站下游围堰）于2004年建成，堰高16.3 m。之后陆续建成了福建洪口水电站上游过水围堰（H=35.5 m）、云南功果桥水电站上游过水围堰（H=56 m）、贵州沙沱水电站二期下游同堰（H=14 m）、四川飞仙关水电站一期纵向围堰（H=12 m）等，积累了经验。山西守口堡是采用胶凝砂砾石坝设计的第一座永久工程，坝高61.6 m，2015年8月开始建设。

3. 胶结颗粒料筑坝原则

胶结颗粒料不同于散粒体料，也不是混凝土，材料上形成了新的连续的应用范围；所筑大坝是既不同于土石坝，也不同于混凝土坝，属于从散粒材料坝到混凝土坝之间的过渡坝型。与传统土石坝、混凝土坝相比，大坝的设计和建设理念有所不同。基于已有研究和工程实践，总结提炼了胶结颗粒料坝的筑坝原则，可概括如下。

基本原则：①胶结颗粒料制备介于堆石料和混凝土材料之间。与堆石料相比，增加了水泥、粉煤灰、石灰石粉和自密实混凝土等作为胶结材料，胶结后成为固体；与混凝土材料比，大大简化了材料的制备、筛分、水洗、级配、温控和保护等。倡导通过结构设计的改进以尽可能地适应当地材料性能。②胶结颗粒料坝按照混凝土重力坝同等安全裕度设计，尤其是在抗漫顶破坏和抗地震破坏方面。③与混凝土和碾压混凝上相比，显著降低胶凝材料（水泥、粉煤灰）用量。④采用“宜材适构”和“功能分区”概念设计。抗拉、防渗、抗冻融和抗碳化层等可以使用富浆胶凝砂砾石、混凝土、碾压混凝土和堆石混凝土等材料。防渗与排水结构相结合以确保大坝内部处于干燥状态。不同区材料在强度、弹性模量等性能上采用渐变过渡设计。

结构设计原则：①大坝断面基本上介于重力坝和土石坝之间。与重力坝相比，坝体断面增大以降低坝体应力水平，从而保证材料具有足够的强度储备。②胶结颗粒料坝对于应力和稳定的要求与重力坝相似。③由胶结颗粒料填筑的坝体应在任何工况下处于受压状态，对于施工或运行中处于受拉状态的区域。可采用富浆胶凝砂砾石、加浆振捣胶凝砂砾石、混凝土或碾压混凝土、堆石混凝土等抗拉性能好的材料。④可在非岩基上建造坝高不超过50 m的胶结颗粒料坝。

材料选择原则：充分利用当地材料来建造胶结颗粒料坝以减少弃料，降低造价，保护环境。土可用于修建胶结土坝；粒径小于80 mm的当地材料可用于修建硬填坝或胶凝砂砾坝；粒径小于150 mm的材料可用于修建胶凝砂砾石坝；粒径小于300 mm的材料可用于修建胶凝砂砾石围堰；粒径大于300 mm的材料可用于修建堆石混凝土坝。

施工原则：①永久工程应采用可靠的专用设备制备胶结颗粒料。如采用胶凝砂砾石筑坝，需要专用拌和设备拌和，但对于围堰则可采用反铲挖掘机简易拌和。②宜用现场数字化监控系统监控施工质量，确保永久工程的材料和施工质量。③与其他材料接触部位施工，应符合功能梯度概念实现渐进变化，并保障安全可靠。

4. 胶凝砂砾石坝与其他坝型的区别

(1)胶凝砂砾石坝与面板堆石坝的区别

① 筑坝材料中掺入了胶凝材料，经碾压后形成的是胶结堆石体，而不是散粒体。因而坝体具有较强的抗冲能力和较高的抗剪、抗压强度。其优点是在施工期间允许坝体过水，从而可以降低施工导流标准，减少施工费用，运行期间抗渗流冲蚀和洪水漫顶的安全度也大大提高。

② 胶凝砂砾石材料的变形模量大约是碾压堆石坝的10~100倍，因此胶凝砂砾石坝具有更高的变形模量，坝体的变形也较小，从而可以改善防渗面板周边缝的工作状态，减少面板变形，有利于防渗体系的安全可靠。

③ 由于坝体具有一定的强度，泄水建筑物可以直接布置在胶凝砂砾石坝体上，不需要在岸边另行布置溢洪道，这对于坝址两岸陡峻的地形条件来说，方便枢纽建筑物的布置的同时还大大地降低了工程造价。

(2)胶凝砂砾石坝与碾压混凝土坝的区别

① 胶凝砂砾石坝的防渗任务明确由上游面板或防渗结构来承担，对坝体基本无防渗要求；从降低扬压力角度来考虑，坝体具有一定透水性，对大坝的稳定和应力是有利的。

② 坝体断面比较肥大，应力的分布较均匀，适应软弱坝基的能力强，坝体稳定性大为改善，抗震性能也可以得到提高。

③ 对筑坝材料的技术性能要求较低，因而使得胶凝材料及骨料的选择范围可以放宽。

④ 水泥掺量少，温度效应小，可以简化施工工艺，降低温控要求，施工更加快速、简捷、经济。

5. 今后研究的方向

国内外学者及工程师对胶凝砂砾石新坝型进行了一些研究与实践，但其筑坝材料特性、设计理论、计算方法、施工技术等方面的相关研究尚不成熟，有待进一步研究。

(1)胶凝砂砾石料力学特性试验与本构模型研究。研究胶凝砂砾石料塑性变形特性，提出胶凝砂砾石料的破坏准则、屈服函数、硬化规律，并在此基础上建立合理、有效的胶凝砂砾石料弹塑性本构模型；结合宏观试验，对胶凝砂砾石料细观的数值模拟，阐述胶凝砂砾石料的变形机制；条件允许的情况下，宜进行胶凝砂砾石料的细观试验研究。在专门动力试验基础上对胶凝砂砾石料的动力强度指标等进行进一步研究，为胶凝砂砾石坝的设计施工和抗震优化提供判定准则。

(2)胶凝砂砾石料的耐久性。进行胶凝砂砾石料室内抗冻性能试验，探讨提高其材料抗冻耐久性的方法、途径和可行性；进行绝热温升、比热、导温试验，为温度场及应力场仿真分析提供基础数据，对胶凝砂砾石料在温度变化及冻融影响下的耐久性进行深入研究。通过三轴蠕变试验，研究胶凝砂砾石料蠕变特性对耐久性的影响，建立宏观变量之间的关系，同时通过宏观、细观多尺度分析，建立考虑蠕变特性的更合理的材料本构模型。

(3)胶凝砂砾石坝模型试验。选取典型工程，进行离心模型试验、振动台试验及溃坝试验等试验研究，从而准确把握胶凝砂砾石坝实际工程的工作状态及承载能力。

(4)胶凝砂砾石坝结构设计。基于所建立的胶凝砂砾石料的弹塑性本构模型及蠕变本构模型，研究制定胶凝砂砾石坝合理的控制标准和剖面设计原则；分析胶凝砂砾石坝上、下游边坡确定的控制条件，研究不同强度指标下应力、应变控制标准和剖面设计原则，研究胶凝砂砾石坝上、下游边坡确定的理论依据和计算方法；系统分析渗流、温度、地基、抗冻等对胶凝砂砾石坝工作性态的影响。在此基础上，提出防渗、地基加固、工程防冻、防裂要求的结构或工程措施。

（5）胶凝砂砾石坝施工技术研究。对胶凝砂砾石坝已有施工关键技术研究进行完善，提出一套系统完整的胶凝砂砾石坝施工工艺。

（6）其他方面的研究。结合实际工程的建设，进行安全监测、反演分析等，校验结构分析模型，确保建筑物的安全运行。探讨胶凝砂砾石筑坝技术作为农村小水电土石坝破坏加固、修筑堤防的措施，甚至可尝试应用于高坝修筑与加固等研究。

2.5.6.2 胶凝砂砾石在新疆水利水电工程中的应用

1. 阿拉沟水库溢洪道基础填坑

（1）工程概况

阿拉沟水库工程位于新疆维吾尔自治区托克逊县境内，是阿拉沟河及托克逊县“两河”流域的重要控制性工程。阿拉沟水库总库容4 450万m^3。水库枢纽由沥青混凝土心墙堆石坝、右岸岸边开敞式正槽溢洪道、右岸倒流兼冲砂放空洞、左岸输水隧洞组成。

限于坝址区的地形地质条件，溢洪道需跨越一条深达49 m的冲沟，为满足工程安全运行，须将冲沟底填筑至泄槽底板下部高程，以保证泄槽平顺。原设计为现浇浇筑C15混凝土的刚性基础，浇筑方量达7万m^3，施工期通过优化，最终确定采用胶凝砂砾石做为溢洪道通过冲沟的人工基础，既方便了施工，又极大地降低了造价。

① 在保证边坡稳定的情况下，将胶凝砂粒石填筑高程884.00 m以下边坡调整为1∶0.75，此高程以上至溢洪道底板之间的坡度保持原设计边坡不变（1∶1.0），其他设计参数同原设计。胶凝砂粒石基础高程884.00 m以下，边坡采用石渣回填（与坝体接触处采用坝体砂粒石回填）。

② 根据《胶凝砂粒石基准配合比研究报告》，胶凝砂砾石28 d抗压强度≥5 MPa，压实度$P \geq 0.98$。

③ 根据《胶凝砂粒石施工工法》，胶凝砂砾石层间结合部位及与周边岩体相接处需均匀喷洒水泥浆，水泥浆水灰比为1∶1。

④ 靠近山体侧边缘处狭窄，施工机械无法压实，为确保填筑质量，距岸坡边缘接触1米处，采用变态胶凝砂砾石填筑。胶凝砂砾石从高程900.00 m至泄槽底板间，靠近河床侧边坡外露部分，边坡采用高50 cm、宽50 cm的台阶形式（并立钢模板），据台阶内侧1米处，采用变态胶凝砂砾石填筑。

（2）碾压试验

本工程砂砾石料采用砂石料场。小于5 mm颗粒中的含泥量<5 mm，骨料为剔除80 mm以上颗粒的天然级配。砂砾料特征含量，d_{10}=0.29，d_{30}=1.96，d_{60}=8.88，Cu=30.6，Cc=1.5。

表 2.5-14 阿拉沟砂砾石级配

试样	粗粒土（0.075 mm～60 mm）		巨粒土（>60 mm）	细粒土（<0.075 mm）	土的名称	土代号
阿拉沟	Feb-60	2-0.075	0.50%	1.80%	级配良好砾	GW

水泥采用32.5R号水泥（P.C）。根据试验结果，混凝土拌合物中水泥掺量确定为80 kg/m^3。选择柠檬酸作为缓凝剂，掺量为水泥质量的0.075%。高效减水剂掺量为水泥质量的1%。水灰比定为1∶2。

表 2.5-15 胶凝砂砾石配合比（kg/m^3）

	水泥	水	砂砾石料		缓凝剂	减水剂	合计
			粗料（＞5 mm）	细料（＜5 mm）			
质量（kg）	80.0	127.0	1 274.0	849.0	0.1	0.8	2 330.9
含量（%）	3.4	5.4	54.7	36.4	0.0	0.0	100.0

胶凝砂砾石是一种复杂的胶结体，其强度主要受胶凝材料用量、细料含量、水胶比等诸多因素影响。本工程要求胶凝砂砾石三天强度达到3.5 MPa，二十八天强度达到5 MPa。胶凝砂砾石材料试件的

成型及养护尚无明确规定，引用了混凝土中湿筛的方法，从拌和机站出机口取料，过40 mm的筛子，筛下的料分三层装入150 mm×150 mm×150 mm 的钢试模中，每层需振捣后击实。成型试件两天后脱模养护。三天平均抗压强度4.72 MPa，满足强度要求。

本次抗压强度试验结果如下表：

表 2.5-16 胶凝砂砾石抗压强度试验成果

	编号	试块质量/kg	受力面积/cm^2	荷载/KN	抗压强度/MPa
3天强度	1	8.40	225.00	111.43	4.95
	2	8.17	225.00	103.41	4.60
	3	8.35	225.00	99.86	4.44
	4	8.12	225.00	110.25	4.90
	5	8.19	225.00	105.07	4.67
	6	8.20	225.00	106.58	4.74

VC值是指在规定振动频率和振幅，规定的表面压强值条件下，震至表面泛浆所需的时间。胶凝砂砾石VC值应动态控制。一般情况下要求出机口的VC值宜控制在2～5 s，入仓时VC值宜控制在3～7 s，碾压时VC值宜控制在3～10 s。经现场检测，出机口VC值为3 s。根据实验结果分析，设计干密度为2.35 g/cm³，压实度为98%。

通过对阿拉沟水库溢洪道基础填筑材料碾压试验工作，可以得出下面结论：从现场碾压试验结果看，铺土厚度50 cm碾压10遍可以达到较好的密实度。综合考虑胶凝砂砾石料采用21 t自行式振动碾是可行的，行车速度控制在1.0～1.5 km/h范围内。采用2静6动2静的碾压方式。

2. 吉勒布拉克面板堆石坝趾板基础处理

（1）问题的提出

吉勒布拉克面板堆石坝填筑Ⅲ区676～710 m高程，坝前0-112～坝前0-050桩号，左岸趾板后缘边坡由于原始地形陡峭，裂隙多，倒坡开挖处理困难。

根据《混凝土面板堆石坝施工规范》（DL/T5128-2009）规定：“两岸边坡陡于1:0.25或者倒坡（指与坡向呈反倾向的坡体）的岩体，必须将其开挖成不陡于1:0.25的边坡；陡坎（指坡高大于5 m，且坡度小于73°的坡体）采用低标号混凝土或浆砌石将其回填成不陡于1:0.25的边坡，以减少坝体沉降变形。”但多数施工情况是，处于陡坡或倒坡的区域，由于坡度陡，在坝肩开挖时，从施工安全角度考虑，难于开挖，待到坝体料填筑至其坡脚附近时，利用填筑面才能进行开挖，随后进行混凝土或浆砌石回填。但此时大坝填筑正处于填筑的高峰期，回填处理与坝体填筑的矛盾相当突出：若大面积停止填筑，等陡坡（倒坡）段开挖回填后，再进行坝体填筑施工，将造成机械设备闲置，工期滞后；若将陡坡（倒坡）段区域剩下不填，需要将坝体预留顺水流的临时施工缝，对质量产生不利影响。为此，如何使陡坡处理与大坝碾压同步施工，且互不干扰，就成为研究的当务之急。受胶凝砂砾石施工技术在其他工程围堰上成功应用的启发，经过多种经济技术方案的比较，认为采用的胶凝砂砾石施工技术处理本工程的陡坡方案较为可行。

（2）试验情况

试验所用砂砾石料为吉勒布拉克工地C2砂砾石料场生产的成品过渡料，其最大粒径为200 mm。经试验检测，砂率为30%，混合料含泥量为2.0%，砂细度模数为2.2。由室内试验确定的胶凝砂砾石配合比，通过现场碾压工艺试验，确定该部位胶凝砂砾石铺料厚度为43 cm（碾压厚为40 cm）。采用18 t自行式振动碾进行碾压，根据《水工碾压混凝土施工规范》要求，内部碾压混凝土相对密实度大于97%的要求，确定碾压遍数为先静碾2遍，然后振动碾8遍。

施工过程中，对胶凝砂砾石料进行VC值和相对密实度的检测，并取抗压强度试件。碾压完成后，采用MC-4核子密度仪检测，保证相对密实度≥97%。

① VC值检测10次，检测结果5.5～11.2 s。

② 相对密实度检测22次，检测结果97.2%～99.9%。

③ 抗压强度检测：共取样5组，最小值3.4 MPa，最大值6.5 MPa，平均值4.6 MPa。

④ 均匀性检测1组，砂浆表观密度差值19 kg/m^3，小于规范要求30 kg/m^3。

左岸趾板后缘边坡陡坡采用胶凝砂砾石施工技术方案，使边坡处理与大坝填筑同步施工，互不干扰，又有效地阻止了趾板固结灌浆的漏浆问题。更重要的是，必须控制好陡坡段堆石不均匀变形，胶凝砂砾石减小了边坡对坝体不均匀变形的不利影响，从而减小左右岸不均匀变形量，使坝体堆石变形模量呈梯度过渡。胶凝砂砾石施工技术在吉勒布拉克面板堆石坝的成功应用，将为此技术的推广应用提供宝贵的实践经验和参考资料。

第三章 中型水库枢纽布置

3.1 枢纽布置的原则

通过拦河筑坝以形成水库是拦河蓄水枢纽的主要特征。其组成建筑物除拦河坝和泄水建筑物外，根据枢纽任务还可能包括输水建筑物、水电站建筑物和过坝建筑物等。枢纽布置主要是研究和确定枢纽中各个水工建筑物的相互位置。该项工作涉及泄洪、发电、供水、导流、生态、排沙等各项任务，并与坝址、坝型密切相关，需统筹兼顾，合理安排，认真分析，全面论证，最后通过综合比较，从若干个比较方案中选出最优的枢纽布置方案。坝工建设的长期实践表明，枢纽布置往往不是简单的布置泄水、供水建筑物，更多的要结合地形地质条件与坝型比选综合考虑。

如狭窄河谷，覆盖层20 m～30 m的河床条件，对于百米级高坝，两岸岩石相对较好时，可以考虑拱坝、重力坝、土石坝，这三种基本坝型又派生出若干不同材料或施工工艺的坝型，单纯比选坝型，难以得出最优的选择。采用拱坝方案，需单独布置上下游围堰，导流洞(后期可封堵)，坝身布置泄水、供水建筑物，坝后一侧布置厂房；采用重力坝方案与拱坝布置基本相同；采用土石坝方案，沥青心墙坝与围堰结合，可以适当缩短导流建筑物长度，岸坡处理简单。采用面板堆石坝方案，若围堰与坝分离布置，趾板处理困难。但采用高趾墙当围堰时，坝体可以发挥出较好的布置优势，建筑物轴线可以适当缩短，趾板处理相对容易。因此，通常我们所说的枢纽布置一般是在大坝基本确定后、以大坝为中心的建筑物布置组合。

进行枢纽布置时，可以考虑如下原则：

(1)为使枢纽能发挥最大的经济效益，进行枢纽布置时，应综合考虑防洪、灌溉、供水、发电、渔业、林业、交通、生态及环境等各方面的要求。应确保枢纽中各主要建筑物，在任何工作条件下都能协调地、无干扰地进行正常工作。如兼顾生态流量下泄的发电系统，当电站引水系统检修时，其他洞室需要承担生态流量的下泄，此时就不能出现河道断流的情况。

(2)为方便施工、缩短工期和能使工程提前发挥效益，枢纽布置应同时考虑选择施工导流的方式、程序和标准，选择主要建筑物的施工方法，与施工进度计划等进行综合分析研究。工程实践证明，统筹得当不仅能方便施工，还能使部分建筑物提前发挥效益。如面板堆石坝利用挤压边墙或移动边墙技术就可以做到坝体断面临时度汛，从而降低导流工程费用。

(3)枢纽布置应做到在满足安全和运用管理要求的前提下，尽量降低枢纽总造价和年运行费用；如有可能，应考虑使一个建筑物能发挥多种作用。例如，使一条洞做到灌溉和发电相结合；施工导流与泄洪、排沙、放空水库相结合等。但应注意“多功能”洞子的设置必须满足安全运行的要求。如早期面板堆石坝普遍取消底孔，造成后期趾板检修难以进行。

(4)在满足建筑物的强度和稳定的条件下，使枢纽总造价和年运费降低。尽量采用当地材料，节约钢材、木材、水泥等基建用料。采用新技术、新材料等设备是降低工程造价的主要措施。如百米级以下的重力坝，条件允许时，采用堆石混凝土筑坝技术比碾压混凝土能节省投资10%，就值得在坝型比选时予以认真研究。

(5)考虑枢纽的远景规划,应对远期扩大装机容量、大坝加高、扩建等留有余地。如下天吉水库一期建设时采用面板堆石坝,二期坝体加高相对就比较容易。

(6)在不过多增加工程投资的前提下,枢纽布置应与周围自然环境相协调,应注意建筑艺术,力求造型美观,加强绿化环保,因地制宜地将人工环境和自然环境有机地结合起来,创造出一个完美的、多功能的宜人环境,力争做到一座水库就是一个风景区。

(7)条件允许情况下,尽可能采用"四新"技术,尤其在一些关键部位,在充分论证的情况下,选择新技术、新材料、新工艺、新设备,以提高建筑物的耐久性,延长使用寿命,同时促进技术进步。如面板堆石坝板缝处理,采用表止水一体化技术尽管投资略有增加,但耐久性好,减少后期维护。

3.2 枢纽布置应考虑的因素

坝址选择、坝型选择与枢纽布置往往是密不可分的,也是水利水电工程设计中首先需要解决的一个重要问题,其涉及许多重要影响因素,如库区坝址条件、地形条件、地质条件、抗震因素、枢纽布置方案、工程施工、工程造价、水利生态环境问题、自然环境条件、运行管理及日后维修维护费用等。

根据坝址区的实际自然条件,结合与坝址选择、坝型选择及枢纽布置相关的影响因素,避开各种不利条件,使工程效益发挥与生态环境保护相适应,按最优决策选择合适的坝型与枢纽布置。通常一个坝址都有几种坝型方案的选择,而各个方案互有优缺点,于是给决策者优选最佳坝型带来一定困难。

3.2.1 库区坝址条件

通常不同的坝址适用于不同的坝型,坝址选择是一项基础工作,在水利枢纽工程中,必须先确定坝址的位置,选择坝址时,必须确切地了解各坝址地区的地质情况,依据优缺点对坝址进行选择,在选择坝址时应充分考虑地形条件,便于考虑枢纽布置及施工方面的条件。坝址上游希望河谷开阔,以便得到较大库容,而河谷太窄可能给枢纽布置及导流和场地布置造成困难,反而不如较宽的河谷有利。从大量水库工程的枢纽比选成果分析,利用河道S弯有利于土石坝的布置,便于泄水建筑物布置。顺直河谷布置土石坝泄水建筑物往往存在高陡边坡问题。有的工程坝址相距5 km以上时,在等库容比选条件下,出现了截然不同的坝址地质条件,如战备水库,上坝址河谷狭窄、坝坡脚跨活动断层、坝高90 m,可以选择重力坝、土石坝坝型;下坝址河谷较宽、坝高54 m,可以选择混合坝、黏土心墙坝等坝型。不同坝型对应建筑物组成也不尽相同。

3.2.2 地形条件

土石坝对地形条件没有特别要求,而拱坝对地形条件较高,拱坝要求比较狭窄的河谷,岸坡平顺无突变,向下游收缩的峡谷,宽高比小于或等于10的地形可以修建拱坝。例如:布尔津山口,坝址河谷呈不对称V形,选用双曲拱坝,坝高94 m。较宽河谷多采用重力坝或混合坝坝型,如特克斯山口水电站、冲乎尔水电站、苏巴什水库等。

3.2.3 地质条件

在水利工程建设中,地质工作是基础性、支柱性工作,并贯穿其全部过程,世界上有2 000多座大坝和水库失事,其中大多与不良地质条件有关,仅在20世纪,就有200多座大坝坍塌和漫顶,使13 500人死于非命。

地质条件的好坏是决定修建大坝的关键问题,相比较而言,对地基和坝肩的要求,拱坝最高,重力坝次之,土石坝最低,各种不良地质条件基本都可以考虑修建土石坝。如深厚覆盖层地基对于拱坝、重力坝而言均不适宜,只能考虑修建土石坝。狭窄河谷修建拱坝相对较好,但勘探周期长,造价并不一定低廉，如斯木塔斯水电站狭窄河谷采用高趾墙方案修建面板堆石坝，勘探及施工工期均较短。

拱坝的安全主要取决于两岸坝拱座的承载能力。因为拱坝支撑在两岸岩石上，两岸的基岩必须承受由拱端传来的巨大推力。两岸拱肩必须提供足够的支撑力，保证拱坝稳定，要求基岩比较均匀，坚固完整，有足够强度，透水性小，而且抗风化。

地基若是全风化带，无论从形变角度渗透变形角度考虑都不宜作为混凝土坝坝基；强风化带虽包含有未风化岩体，但它们均被风化蚀变带所分割，它的形变和渗流仍然受控于风化蚀变带，所以也不适宜作混凝土坝坝基。不同于上述两个风化带，弱风化带的特点是未风化岩体在铅直方向上连续分布，风化蚀变带形变效应主要表现在未风化岩体的侧向形变方面（侧向形变自由边界）。所以作为附加形变场，弱风化带的总体形变受控于未风化岩体形变，而渗流仍受控于风化蚀变带。弱风化带的这一特点说明，只要防渗条件能满足，弱风化带作为坝基当之无愧。即弱风化带能否作为坝基，控制条件首先应是渗流条件而不是形变条件。总的说来，土石坝对地质条件的要求要低于重力坝。

拱坝因为它传给两端拱座岩体的压力很大，因此对两岸岩体的要求较高，作为两端拱座的岩体应较宽厚、完整、坚硬新鲜，具有高的、均匀的弹性模量，不至于因变形或滑动而失稳。软弱岩层、强风化岩层、断层破碎带、具软弱夹层（特别是泥化夹层）的岩体，滑坡体等都不宜作为拱坝两端拱座。

混凝土面板堆石坝的趾板要求尽可能建基于坚硬的岩石地基，如天生桥一级水电站由于坝基覆盖层内分布有砂砾石和淤泥质黏土层故将其全部开挖，清除至基岩面。浙江珊溪水电站坝基覆盖层最大厚度约30 m，土中夹石成球状风化，为防止产生不利的均匀沉降，确定挖除趾板后60 m范围的覆盖层及松散的砂砾层至基岩面。

从地质条件考虑，影响坝型选择的主要是坝基（肩）稳定性、边坡稳定型、坝址区渗漏以及筑坝材料。

从地形、地质方面考虑，对重力坝来说渗漏和坝基稳定问题是关键。坝址区的岩体构成横向河谷，且倾向上游，利于坝基深层抗滑稳定。两岸基岩风化层较薄、节理不贯通、软弱切割面不利于坝基稳定及减少渗漏。

从材料情况来看，场区骨料料场开阔，高程适宜，储量大，质量好，开采季节长，料场附近有足够的回车和堆料场地，不占用农田，运输方便，距离短。

3.2.4 抗震性能

在地震烈度较高的地区，选用抗震性能好的坝型，对大坝的安全运行及下游的安全保护尤为重要。

重力坝主要是依靠自身重量，在地基上产生摩擦力和坝与地基之间的凝聚力来抵抗坝前巨大的水推力，维持自身稳定的一种坝型，重力坝对抵抗意外荷载、地震、洪水漫顶等能力较强，总体安全可靠度较高。

拱坝坝体轻，弹性好，应力分布较为均匀，属高次超静定结构，超载能力强，抗震性强。意大利瓦伊昂拱坝，坝高262 m，发生6.6级地震，库岸坍塌2.3亿m^3，泥石流入库形成10 m以上涌浪，并冲向大坝，翻坝面而过，但大坝安然无恙。

我国澜沧江小湾水电站，地质条件复杂，又位于高地震区域内，使用的是抛物线变厚双曲拱坝。金沙江溪洛渡水电站、二滩水电站、黄河龙羊峡水电站，均建在高地震区域内，至今未出现任何安全事故。紫坪铺是按照现行技术标准和常规方法设计建设的150 m级高面板堆石坝，经受了超设计标准地震烈度检验（震陷约坝高0.64%，大坝体积量损约1.2‰），蓄水功能基本没有受到影响，坝体变形、抗滑和渗透稳定性能良好，说明150 m级别面板坝具有良好抗震性能；但超高面板坝的面板和坝体震陷量级导致工程的安全性尚需深入研究。

土石坝可以建在强震区，其中心墙堆石坝抗震性能较好，土石坝在地震作用下，多数将产生沉降变形、裂缝、滑坡等事故，因此在设计中要采取好的抗震结构设计措施。

3.2.5 枢纽总体布置

枢纽布置是研究枢纽中多个水工建筑物之间的相互位置关系。广义的枢纽布置包括坝址选择、坝型选择和枢纽布置。坝址选择、坝型选择和枢纽布置三者之间是相互联系的，不同的坝址适用于不同的坝型，因而具有不同的枢纽布置，由于水文、地质、地形条件的不相同，每个枢纽布置都有其各自的特点。

枢纽布置是将有不同要求的水工建筑物有机地组合起来，共同完成各自任务。布置上有矛盾时，就重避轻，趋利避害，如：河谷狭窄，采用坝式水电站就有可能发生厂房与泄水建筑物争河床的问题。

枢纽布置时，重力坝、拱坝一般均将泄水建筑物布置在河床中央，满足下泄水流要求，以确保大坝安全，这时水电站厂房靠岸边布置，适当增加开挖工程量，也可以将水电站厂房布置成地下式厂房或厂房挑流等。

土石坝一般采用岸边式溢洪道（洞），低坝可考虑坝身布置泄放水建筑物，而中高坝一般不建议在坝身布置放水建筑物。

枢纽布置应考虑建筑材料、施工导流、施工方法、施工工期等因素的影响。

3.2.6 工程施工

3.2.6.1 料场的选择利用及开采

天然建筑材料的使用、开采程度，可以影响工程投资，同时也制约着坝体填筑及其他工程的正常施工。面板堆石坝、混凝土坝、心墙堆石坝，均需要大量天然建筑材料筑坝。如果当地材料利用及开采不能满足需要，将显著增加工程投资。

新疆榆树沟水库采用混凝土面板堆石坝，筑坝过程中结合坝肩滑塌体的处理，充分利用清除滑塌体的开挖料来填筑坝体，未设置专门的坝料料场，从而降低了坝体填筑料的费用。另外，该工程在施工过程中，有大量颗粒较细、质量较差的坡积物和开挖废料需要处理，但在榆树沟峡谷中无适当的地形堆积这些弃料，必须全部运至距坝址4 km以外的山口处。为降低弃料的处理费用，在不影响坝体下游排水通畅的前提下，将无法利用的弃料全部堆积到坝体填筑碾压边界线以外的下游坝体处，这一措施不仅减免了弃料运费，又增加了坝体稳定性。

3.2.6.2 施工导流方案及度汛

施工导流是选定枢纽布置、坝型选择、施工程序和施工总进度的重要因素。施工导流属于临时建筑物，要求以最小投资、获得最大的效果，最好与坝型结合起来。使主体工程及早发挥效益，简化导流程序费用。导流方案与建筑物的形式密切相关，不同坝型选择，不同的导流方式，在山区河流一般河谷狭窄、两岸地形陡峻、山岩坚实多采用隧洞导流方式。

在当地有老河道可利用或工程修建在弯道上，岸坡平缓或有宽广滩地的平原河道上，多采用明渠导流。流量较小或只用担负枯水期导流任务，且坝体为土石坝的，多采用涵管导流。

对于河道宽阔，并在施工期间有通航、过木、过鱼要求的情况下，当河床中有天然石岛或沙洲时，一般采用分段围堰法导流。如：三峡水利枢纽工程采用三期分段围堰的方法。

对于心墙坝，必须另外修建泄水建筑物，增加了枢纽布置的难度，防洪导流难度大，但沥青混凝土心墙坝可以随其施工进度而蓄水。混凝土面板堆石坝，可承受水头不大的坝顶漫溢，防洪度汛时也允许有少量漫水，从而简化了导流和度汛设施。如天生桥一级水电站工程，1996年曾过水4次，历时6 h左右，坝面过水1 290 m^3/s，未发现破坏现象。混凝土面板堆石坝对自然条件适应性强，多雨、寒冷季节均可施工。随着技术的发展，虽然可以采取在坝顶及下游侧进行必要的防护后也可实现漫顶过流甚至度汛，但防护费用高，且也需要施工时间。

3.2.6.3 施工技术方案

施工技术方案的选择直接关系到工期、投资及工程质量，所以选择坝型也应将其考虑。因为，施工技术方案主要依据地形、地质条件、场内外交通布置、防洪排水、减少干扰、各工艺衔接、机械设备使用率等。

3.2.6.4 施工工期

工期受施工方法、自然条件的影响，工期越短，可提早发挥工程效益，因此工期是考虑坝型选择的一个重要因素。例如：新疆榆树沟水电站、乌鲁瓦提水电站，其大坝选型上选择混凝土面板堆石坝，由于新疆冬季时间较长，且气温较低，结合筑坝材料充足，有利于冬季施工，缩短工期1年，提前发挥了工程效益。

3.2.7 工程造价

一般情况下，工程造价是坝型选择上最重要的决定因素，当其他影响差别不大，均可以满足设计要求时，则造价低的坝型就可以作为优选坝型。

大西沟水库最大坝高90 m，经综合比选后坝型优选的排序为：黏土心墙坝＞沥青混凝土心墙坝＞碾压混凝土重力坝＞混凝土面板砂砾石坝，最后推荐采用黏土心墙坝。

3.2.8 生态环境问题

水利工程建设中，也会对建筑场地及其周围的地质环境产生不利影响，甚至造成破坏，这便形成水利生态环境问题。对水利工程的工程造价、施工工期、坝高有很大的影响。

3.2.8.1 水库淹没及移民问题

水库蓄水后，库水位比原河床水位高出许多，回水也延伸到较远的地方，峡谷型水库则更远。如长江三峡水库蓄水后，回水直到重庆，长达650 km。原河床水位以上被库水位所覆盖的地区，称为淹没区。三峡水库的淹没区有600多km。

3.2.8.2 水库浸没问题

水库水位抬高后，库区周围的地下水位也随之上涨，这时，地下水位可能接近或高出地面，导致库岸农田土壤盐碱化、沼泽化，建筑物地基恶化，矿坑充水坍塌等，这种现象称为水库浸没问题。

3.2.8.3 水库淤积问题

水库建成后，河水流速减小，由上游携带的泥沙便在库区沉积下来，堆积于库底，这种现象称为淤积问题。新疆有多座水库建在多泥沙河流上，长期运行后库容减少了约40%。

3.2.8.4 水库诱发地震问题

世界上约有100座水库蓄水后诱发地震。如1967年12月10日印度的柯伊纳水库发生6.5级地震，震中烈度8～9度，强震后重力坝及附属建筑物均被破坏。我国有14座水库诱发地震，如1962年3月19日广东新丰江水库发生了6.1级地震，烈度8度，周围200多km范围内的20多个县市遭受破坏，房屋毁坏2万余间，倒塌1 000多间，死亡85人。水库诱发地震与坝高和库容、地质构造与岩性、库水渗透条件、区域构造活动等因素有关。统计数字表明，坝高超过100 m，库容超过10亿m^3的水库，发震率超过50%。水库对地震的影响表现在两个方面：一是水体对库床及库岩体的压力，容易使处于不稳定状态的岩体失衡；二是库水的渗透和通过裂隙所形成的水压力及水的化学作用，对岩体固有结构的破坏与改变。

3.2.8.5 水体变化带来的影响

当河流中原本流动的水在水库里停滞后会发生一些变化。水库水温有可能升高，水质可能变差，特别是水库的沟汊中容易发生水污染，如水华现象的出现；水库蓄水后，随着水面的扩大，蒸发量的增加，水汽、水雾就会增多，等等。

3.2.8.6 鱼类和生物物种的影响

当前社会上极为关注的是大坝建设对洄游鱼类造成的影响。事实上，洄游鱼类由于种类的不同，其生存的环境也各不相同。在不同的地区和不同的河流上建坝，对鱼类和生物的物种影响是不同的。

3.2.8.7 文物和景观的影响

我国是历史文明古国，文物古迹极多，水库库区淹没后可能对文物和景观带来影响。如上新疆千佛洞水电站因为文物保护问题一票否决。新疆库车县骆驼脖子水电站从规划环评层面予以否决。

3.2.8.8 建筑场地环境问题

建筑施工往往会破坏原有的地貌形态和岩体的天然结构，如人工开挖高陡边坡，岩体产生临空面和卸荷裂隙，可引起边坡滑动破坏；开采土石料，岩土剥离后加速风化，造成新的水土流失；弃石废渣乱堆乱放，淹没泥石流等。可以看出修建大型水利工程对建筑场地及其周围地质环境的影响是十分严重的，丝毫不亚于自然地质作用。

水利工程地质问题是指水利工程与地质条件之间的矛盾，即建筑场地的工程地质条件下不影响水工建筑的稳定、经济和使用等方面的要求，而存在的地质缺陷和问题，常遇到的有三大工程地质问题：稳定问题（包括坝基、坝肩、库岸、渠道边坡，隧洞围岩及进出口边坡稳定）、渗漏问题（包括坝区、库区、渠道渗漏）和水利环境地质问题。

拦河大坝由于大坝自重及水压力等外力作用下，可能导致坝基岩体产生的稳定问题，主要有渗透稳定，沉降稳定和抗滑稳定三个方面。

渗透稳定问题由坝基岩体中的渗透水流造成的，大坝建成且水库蓄水后，坝上下游形成较大水头差，将使坝基下的渗流水压力增高，渗流量加大，对坝基的稳定产生不利影响。沉降稳定问题，是坝基岩体产生过大垂直压缩变形引起的，一般坝址尽量选在均匀的抵抗变形能力强的岩石上。抗滑稳定问题，在水压力和其他工程力的作用下，引起坝基岩体滑动破坏。

3.2.9 自然环境条件

自然环境条件的好坏，直接影响工程造价、工期。对于不同坝型对自然条件的适应也不相同，面板堆石坝对雨季和严寒等气候条件的干扰很少，可以比较均衡地进行施工，混凝土重力坝、混凝土拱坝，对雨季和严寒等气候条件适应较差。土石坝对水文气象的因素极为敏感。在雨季，土料的含水量影响极大，直接制约着大坝的填筑，施工强度将受到影响，冬季土料上冻，如不采取积极措施，也无法进行填筑，且冬雨季填筑施工，存在着高投入、低产出的窘境。而沥青混凝土心墙堆石坝的沥青混凝土具有不透水性、柔性、抗侵蚀性、耐久性、优良的工作性、无缝的层间结合，以及由粘塑性和延展性带来的裂缝自愈合性能，在雨季和严寒等气候条件的干扰很少。

3.2.10 运行管理及维修

进行日后维修、维护是确保水利工程安全运行，提高效益的管理手段。沥青混凝土心墙坝适用于有坝内变形和坝基有不均匀沉陷的情况，如1968年奥地利埃别勒拉斯捷堆石坝，坝高28 m，大坝采用沥青混凝土心墙，大坝坝基为深的非均匀冲积物，施工时地基下沉2.2 m。在运行两年中发生20 cm沉陷。但沥青心墙中没有发现任何渗水，沥青材料有自愈性能。混凝土重力坝允许溢流，在管理上比较方便，土石坝不允许坝顶过水，在运行管理上要求更严格。

混凝土面板堆石坝的面板设置在垫层的上游面挡水前沿，其结构体型长而薄，往往由于面板混凝土本身因素、施工因素及坝体结构因素而产生裂缝，以致破坏混凝土的完整性和降低其耐久性，将加剧混凝土的渗透溶蚀、冻融破坏、钢筋锈蚀等过程，严重的可能导致防渗体系的失效，影响工程正常运行。

总之，枢纽布置不单纯是研究坝型及泄放水、发电建筑物选择，应该是将以上这些因素综合考虑，但不同的工程实际情况各不相同，考虑因素的侧重点也不同，多方案比较，可以根据具体情况舍去方案间差别不大的影响因素，合理选择。

3.3 枢纽布置方案的选定

水利水电工程枢纽设计需通过论证比较，从若干个枢纽布置方案中选出一个最优方案。最优方案应该是技术上先进和可能、经济上合理、施工期短、运行可靠以及管理维修方便的方案。对不同的坝址而言就是合理的安排枢纽中各种建筑物的相应位置。在布置时应从设计、施工运用、管理、技术经济等方面进行综合比较，选定最优方案。

枢纽布置应当在技术上可能的条件下，尽量做到经济上最优，尽量使一个建筑物担负多种任务。例如，导流与泄水、排沙、放空水库相结合；导流与发电、灌溉相结合等。要减少混凝土建筑物与土坝、岸坡等的接头数目，以降低用于边墩、导墙、刺墙等连接建筑物的费用。应考虑枢纽尽早投入运行或部分提前投入运行的布置方案，使之早日发挥经济效益，相应地降低枢纽造价。

常见水利水电枢纽布置形式有：

堤坝混合式：河道建设拦河大坝，布置导流、泄水建筑物，结合供水、发电在坝后较近位置布置供（放）水洞出口、发电厂房等建筑物；有的工程将供水、发电洞结合布置，有的独立布置，水电站根据条件布置在坝后一侧、两侧，大多数厂房都采用地面式。这种布置形式较为常见，河道脱流段相对较短，对环境影响较小。

引水式：对于在河道布置调节库容较小的引水枢纽（如闸坝），若引水系统较长，有的电站引水系统长达20～30余公里，一般也俗称“长引水”开发方式，引水系统相对较短的简称“短引水”开发方式。这种布置大多见于水电站，河道脱流段相对较长，对环境影响较大。电站远离枢纽（渠首），大多采用地面式，也有工程地质条件较好的采用地下厂房形式。

河床式：这是堤坝混合式开发的一种特殊形式，不同之处在于将电站厂房布置在坝后，一般适用于水头较低的工程。

常见布置形式见图3.3-1（示意图）

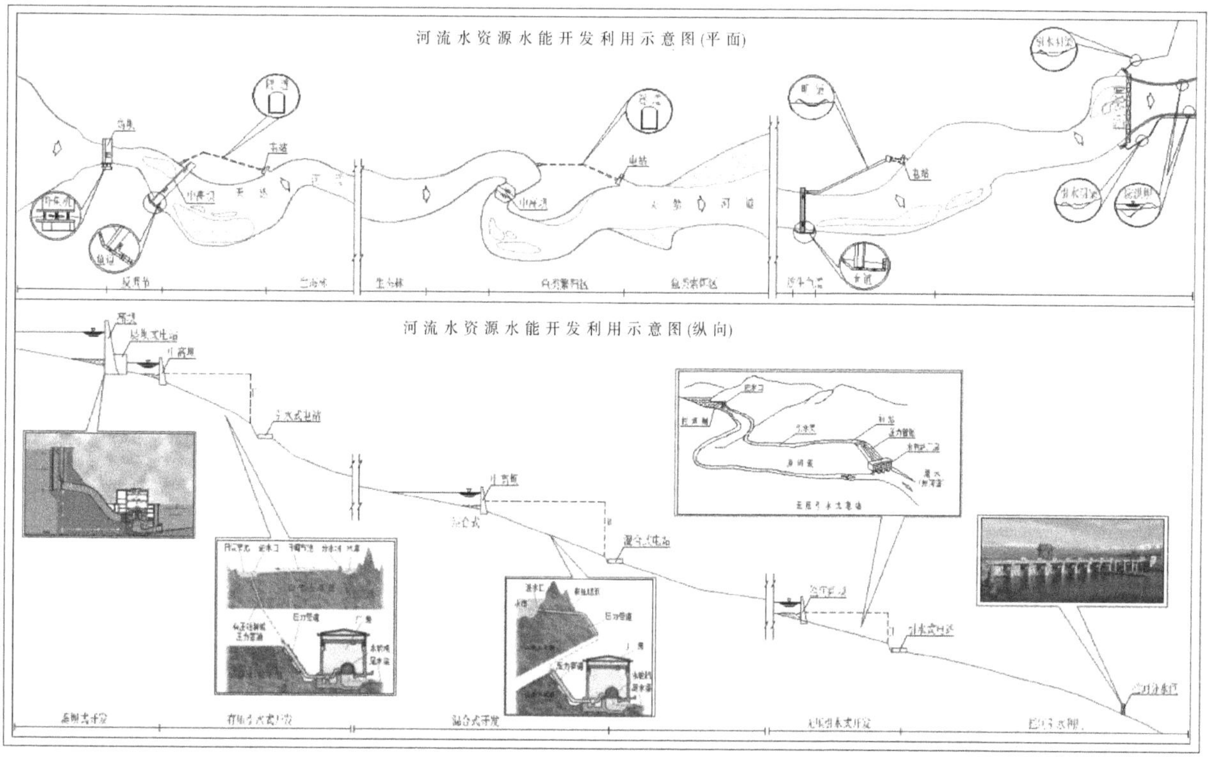

图 3.3-1　河流水利枢纽及水力资源开发方式示意图

3.3.1　堤坝混合式枢纽布置

“635”水利枢纽工程：枢纽由大坝、导流兼泄洪冲沙洞、溢洪道、发电引水系统、地面厂房及升压站、干渠进水闸等建筑物组成。发电引水洞和导流兼泄洪冲沙洞分别布置在主坝段左、右河岸的山体内，坝址左岸台地为左副坝，并布置开敞式溢洪道和干渠进水闸，右岸台地布置右副坝。水利枢纽平面布置见图3.3-2。

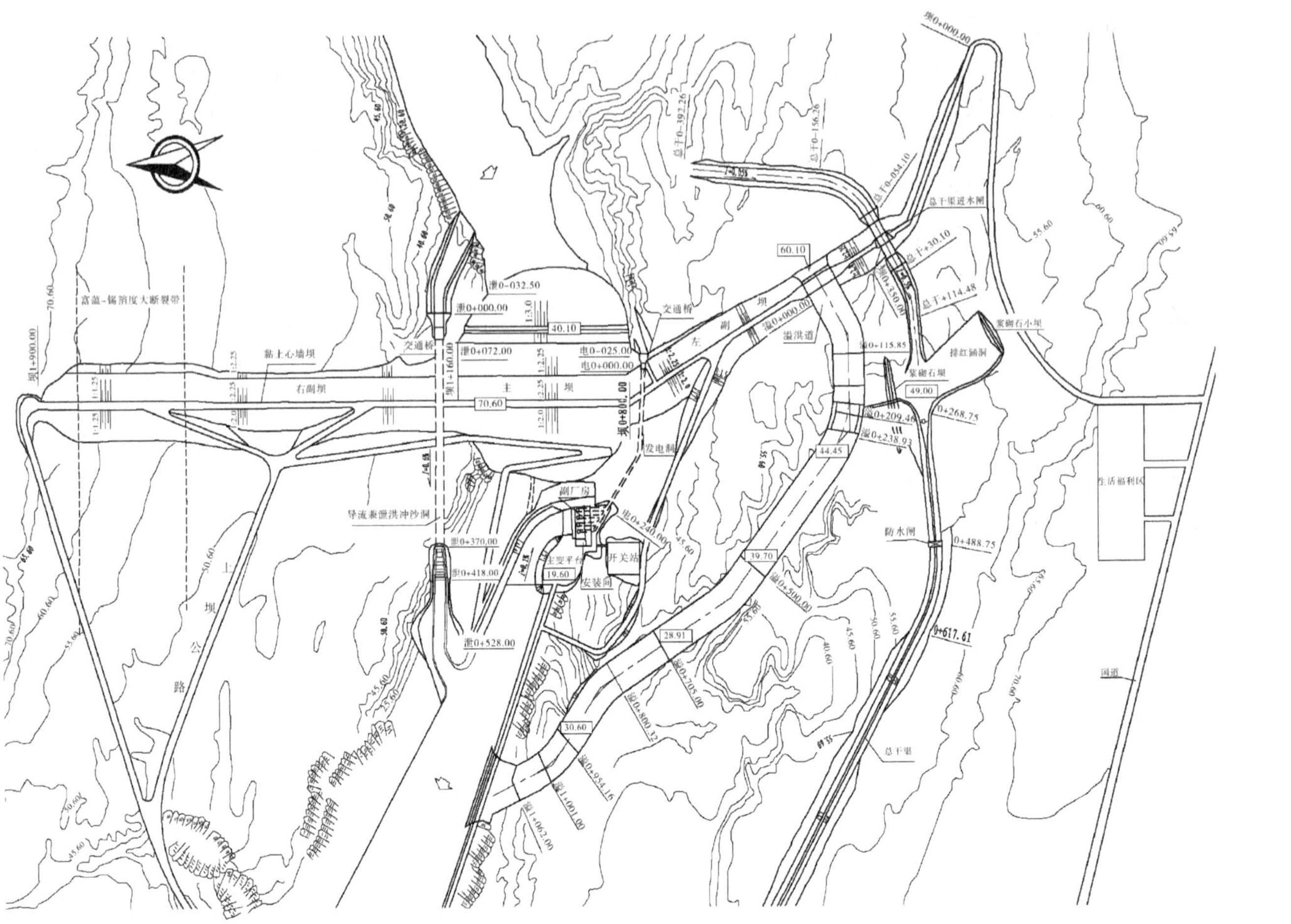

图 3.3–2 “635”水利枢纽平面布置图

吉音水利枢纽工程：枢纽建筑物由拦河坝，表孔溢洪洞（导流洞改建），底孔泄洪、冲沙、放空洞，发电引水洞，地面厂房及电站尾水洞等组成。枢纽平面布置见图3.3–3。

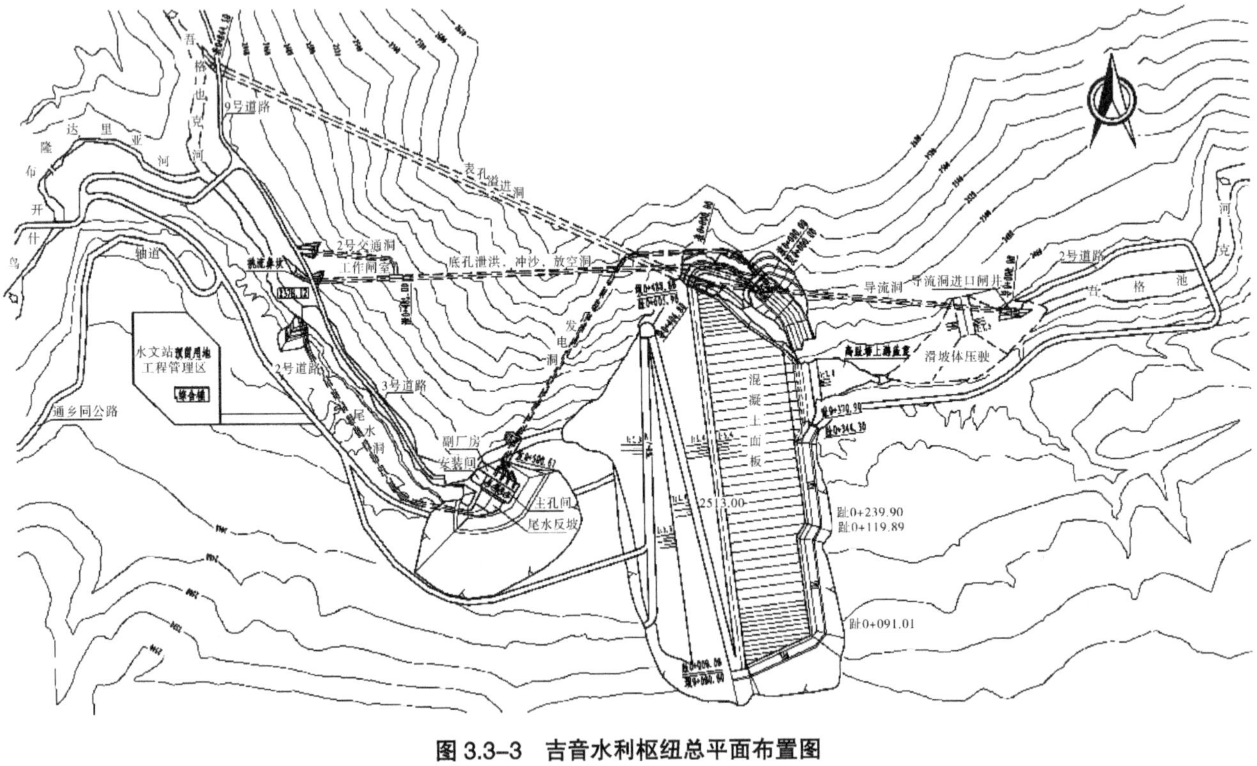

图 3.3–3 吉音水利枢纽总平面布置图

哈拉布拉水利枢纽工程：枢纽建筑物主要包括大坝、放水隧洞、溢洪洞等。大坝轴线大致呈东西向，放水隧洞布置在大坝左岸的山体内，隧洞后接放水陡槽，隧洞全长384.35 m，设计流量5 m^3/s。溢洪洞位于大坝的右坝肩，属表孔式侧槽溢洪洞，全长238.72 m，其出口在坝轴线下游180 m处的右岸山体冲沟内，最大泄洪能力为132 m^3/s。枢纽平面布置见图3.3-4。

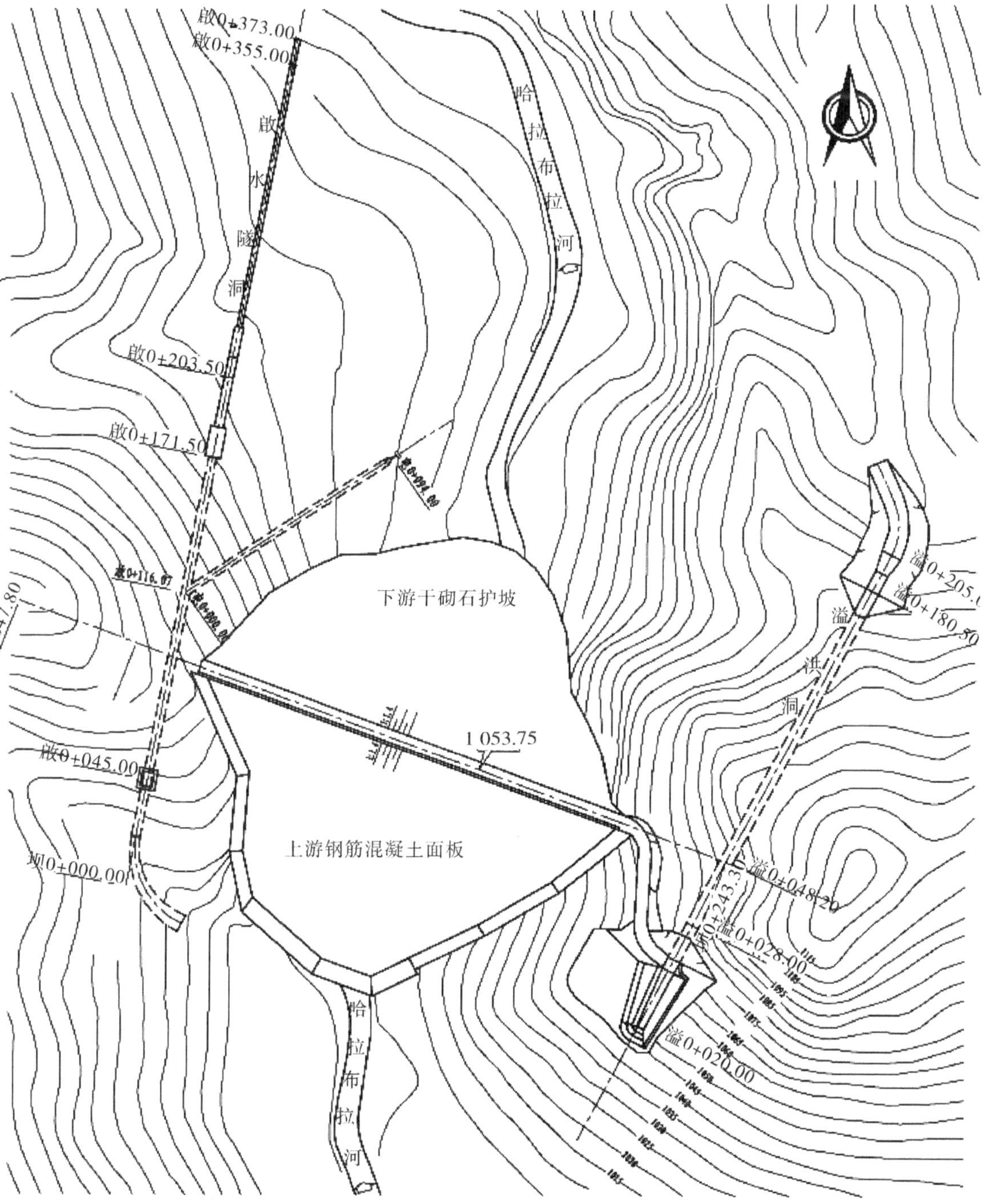

图 3.3-4　哈拉布拉水库平面布置图

3.3.2　引水式枢纽布置

短引水开发型式：

喀英德布拉克水库电站：枢纽建筑物由拦河大坝、溢洪（导流）洞、右岸泄洪冲沙洞、引水发电洞、地面式发电厂房、尾水渠及升压站等建筑物组成。枢纽平面布置见图3.5-5。水电站为混合式开发，利用水库抬高的水头和裁弯取直天然落差进行发电。输水洞线总长1 261 m，设计引水流量21 m^3/s，设计水头87.00 m。

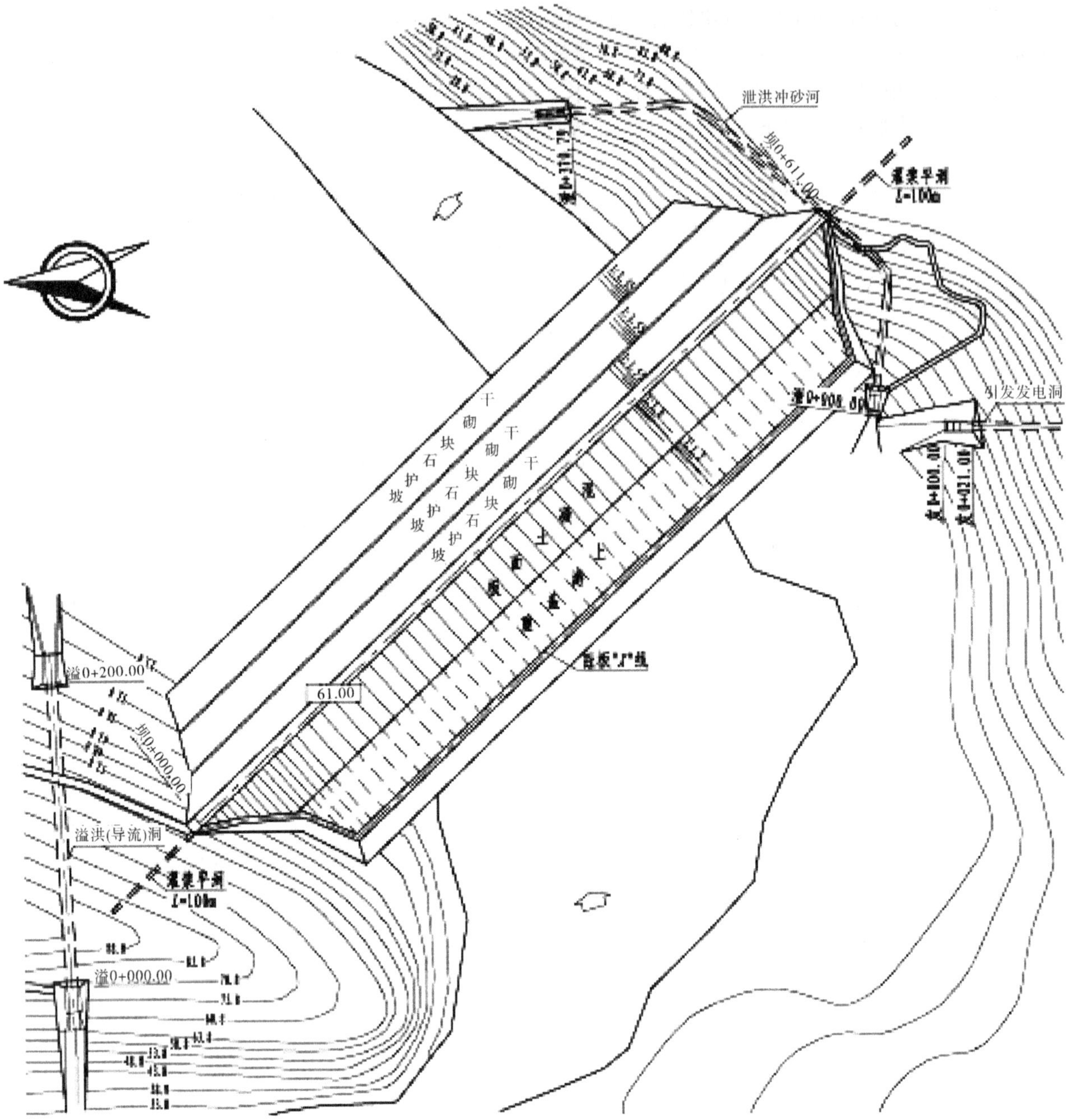

图 3.3–5　喀英德布拉克水库枢纽平面布置图

长引水开发型式：

哈德布特引水式水电站：枢纽建筑物主要由大坝、表孔溢洪洞、导流兼泄洪洞、发电引水洞及地下厂房等组成。枢纽平面布置见图3.3-6。左岸自右向左依次布置表孔溢洪洞、导流兼泄洪洞、发电引水系统，轴线间距分别为30 m、69.1 m。表孔溢洪洞采用开敞式进口，洞身段为无压城门洞型，纵坡5%，断面尺寸9 m×9.5 m，洞身长163.194 m，出口采用挑流消能。导流泄洪洞进口引渠与发电洞进口引渠斜交布置，洞身段为城门洞型，长245 m，断面尺寸6 m×7.5 m，出口采用挑流消能。左岸布置一条长约14.027 km的发电引水系统，设计引用流量4×25.4 m^3/s，洞身采用马蹄型断面，地下电站厂房布置在下游吐尔洪沟右岸山体内，主机间长66.72 m、宽19.5 m、高41 m，尾水通过尾水洞与河床水位相衔接。

木扎提河三级水电站：工程由渠首、引水系统、岸边厂房、尾水建筑物等建筑物组成。渠首建筑物包括进水闸、引水明渠、泄洪冲沙闸、泄水明渠和侧堰，总长298.6 m。为充分利用水头，引水系统长约15.8 km，引用流量66.0 m^3/s，引水隧洞开挖洞径5.94 m，调压室采用阻抗式调压室，发电厂房为岸边式厂房，装4台（2台单机70 MW，2台单机10 MW）立轴混流式水轮发电机组。

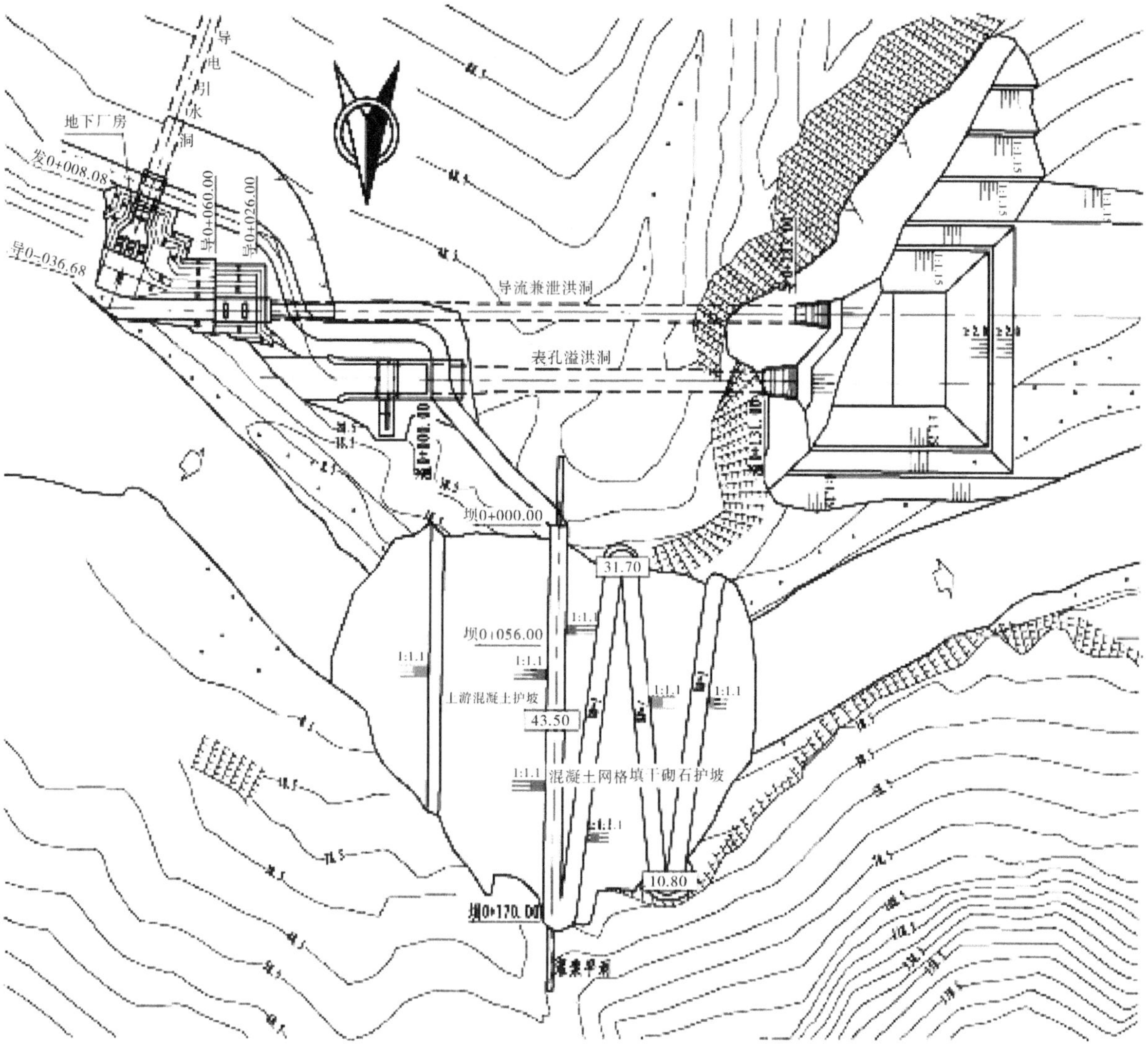

图 3.3-6 哈德布特水电站平面布置图

3.3.3 河床式水电站枢纽布置

双红山水电站工程为河床式水电站，以发电为主，最高水位高程为64.5 m，加权平均净水头12.6 m，岸边式厂房，电站总装机容量约10 MW。工程主要由拦河渠首和河床式发电厂房组成，长度116.5 m，发电厂房位于左侧，总长度90.22 m，发电厂房布置在河床左岸。该水电站的进水口为深式进水口，进水口长23.75 m，宽34.2 m，采用3孔进水的运行方式，拦河渠首由冲沙、排漂段、溢流段、非溢流段等组成。为满足河道冲沙、排漂要求，发电厂房右侧设冲沙底孔和排漂闸，总宽8.5 m。溢流段位于冲沙、排漂段右侧，总长73 m，过水有效宽度为60 m。溢流堰顶部设6孔泄洪闸，每孔净宽为10 m。在右岸设非溢流段，长35 m。

（1）底孔冲沙表孔排漂坝段

为满足河道冲沙要求，发电厂房右侧桩号0+051～0+059.5段布置冲沙底孔。冲沙底孔进口底高程为51.00 m，在冲沙底孔进口右侧混凝土潜没式挡沙坎。

为满足河道排漂要求，在冲沙底孔顶部设表孔排漂坝段，排漂闸底高程63.5 m，堰型为梯形实用堰，堰顶高程为63.50 m，堰顶部设排漂闸门，闸门净尺寸为5.5 m（宽）×1.8 m（高），与冲沙底孔闸门共用一套启闭机。

（2）溢流堰结构设计

本工程渠首溢流堰采用重力坝型式，设计中对筑坝材料和坝体结构进行了方案比选，最终根据工程实际情况推荐埋石混凝土实体坝为本工程的最优坝型。

溢流堰位于桩号为0+059.5～0+132.5段，堰顶高程为59.00 m，最大堰高23.2 m（河床以上8.0 m），堰长73 m，堰顶过水宽度为60 m，溢流堰采用克－奥Ⅱ型曲线实用堰，设计过洪流量1 070 m^3/s，堰顶以上水头为4.58 m；校核过洪流量1 380 m^3/s，堰顶以上水头为5.5 m。堰后采用挑流式消能方式，挑流鼻坎高4.00 m，挑射角25°。堰体采用C20F200埋石混凝土浇筑，堰体表面设1.5 m厚C25混凝土防冲层。本工程设计将闸基范围内的砂砾石层全部清除，堰体的基础座落在基岩面上，并在闸基上下游设1.5 m深的齿墙。坝体内设纵向、横向排水沟，坝基排水孔深入基岩10.0 m。

（3）泄洪闸结构设计

泄洪闸座在溢流堰顶部，闸墩顶高程66.5 m。泄洪闸为6孔，闸孔净宽10 m。闸室顺水流方向长15.5 m，闸墩顶宽2.0 m，采用C30F300钢筋混凝土直墙。闸门采用10 m（宽）×6.3 m（高）平板钢闸门控制，选用2×25T卷扬式启闭机启闭。

（4）非溢流段

非溢流坝位于桩号0+132.5～0+167.5段，顶高程为66.50 m，最大坝高为23.52 m，坝长35 m，坝顶宽5 m，采用C25F300埋石混凝土重力坝。重力坝上游坝边坡从53.00 m以下m=0.1，下游坝边坡m=0.7。

该电站位于县城下游12km处，经常会有城市漂浮物或垃圾进入河道，同时泥沙淤积是河床式水电站运行需解决的难题之一，因此工程做好排漂与冲沙设计尤为重要。本工程设计时在拦河渠首上设冲沙、排漂段，采用表孔排漂，底孔排沙设计。河道每年漂浮物垃圾和泥沙主要集中在4-8月，输沙量占全年的96.6%，设计冲沙、排漂段在电站运行期间用小流量排漂，洪水期用冲沙底孔排淤，能够满足冲沙、排漂设计工况。经过一年多运行工程的表孔排漂，底孔排沙效果明显。

我国建成的河床式水电站常常因为河道中的淤泥、水面表层垃圾等因素影响水电站正常运行，由于此原因，双红山水电站未修建前，在新疆尚无已建成的河床式水电站。本工程首次在拦河渠首上采用表孔排漂、底孔排沙设计理念，这一设计思路很好的解决了河道中的淤泥、水面表层垃圾影响水电站正常运行这一难题，也为新疆开发建设河床式水电站提供宝贵经验和资料。

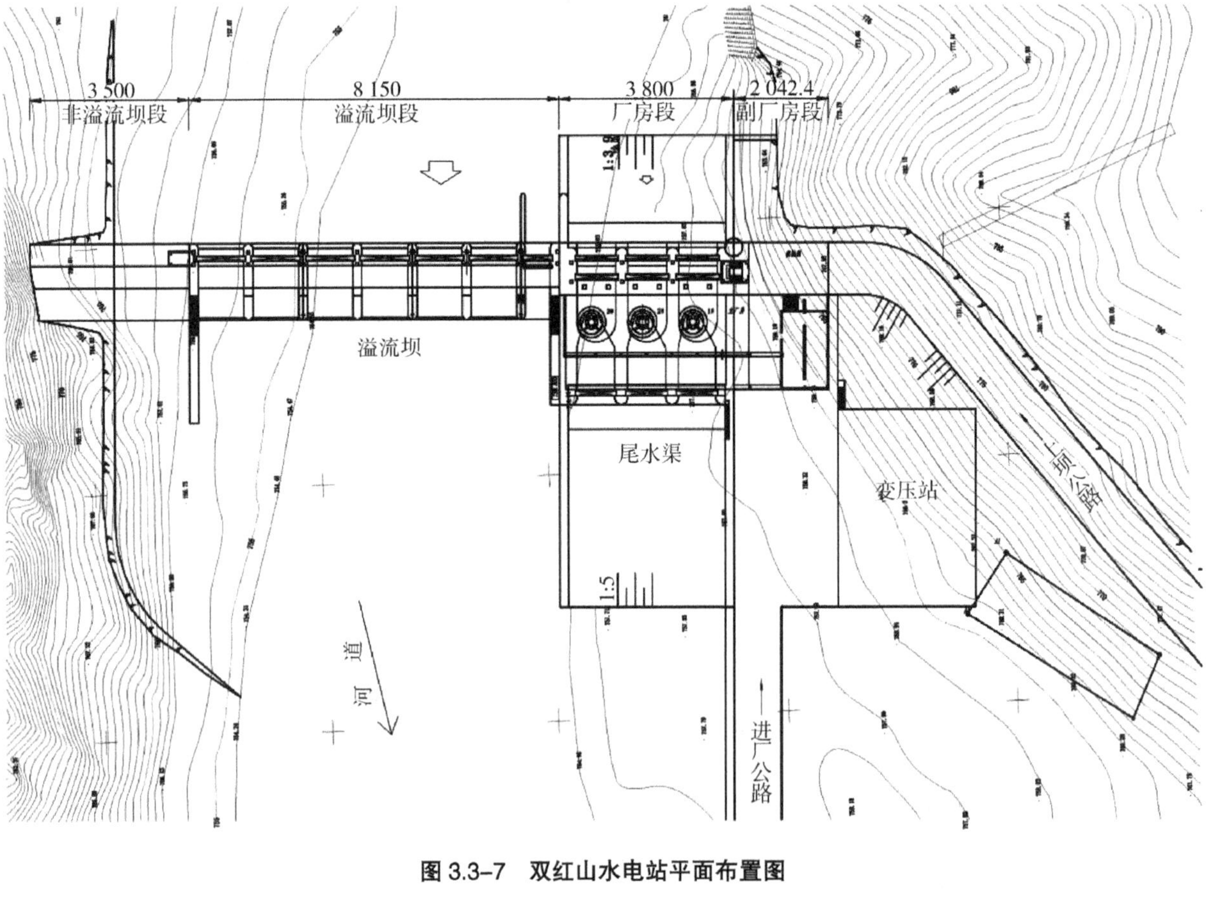

图 3.3-7　双红山水电站平面布置图

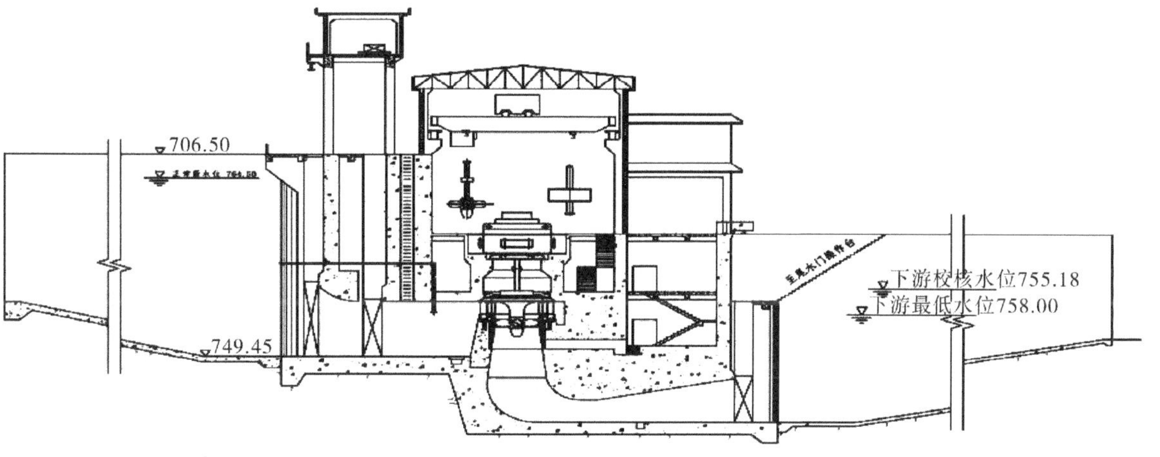

图 3.3-8 双红山水电站电站坝段剖面图

3.3.4 地下厂房枢纽布置

3.3.4.1 布置类型及特点

根据地下厂房在引水系统中的位置，地下厂房有首部式、中部式和尾部式三种，即地下厂房分别位于引水系统的首部、中部和尾部。地下厂房布置类型的选择与地形、地质条件密切相关，并要考虑施工和运行条件。

（1）首部式地下厂房。图3.3-9所示为首部式地下厂房的布置图。图中所示电站的引水系统，其首部位于坚固完整的玄武岩中，尾部则处在岩溶严重的石灰岩中，因而采用首部式地下厂房，使厂房坐落于稳定性好的岩体内，避免了在石灰岩中建有压引水隧洞，而代之以用无压的尾水隧洞穿过石灰岩地段。该电站地下厂房的布置反映了首部式地下厂房常见的一些特点。

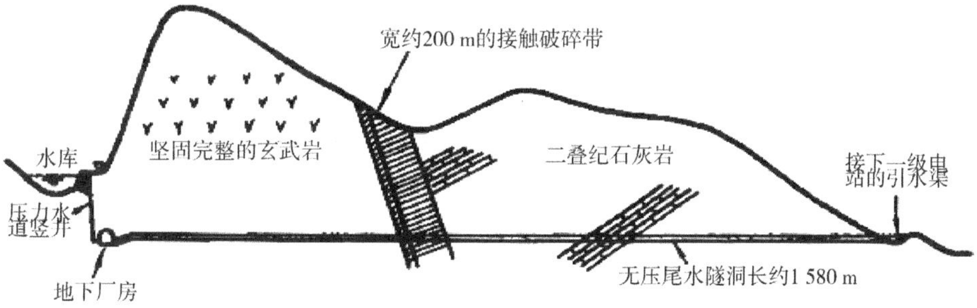

图 3.3-9 首部式地下厂房

首部式地下厂房的特点是不建引水隧洞，而用较长的尾水隧洞，尾水隧洞承压较小或为无压隧洞，压力管道以单元供水方式向水轮机供水，可不设下端阀门，因而可以降低造价。但这种地下厂房靠近水库，需注意处理水库渗水对厂房的影响。由于厂房的交通、出线及通风一般采用竖井，因而水电站水头过大时，采用首部式地下厂房会使厂房埋藏于地下过深，从而增加了交通、出线及通风等洞井的费用，也给施工和运行带来困难。

（2）尾部式地下厂房。尾部式地下厂房见图3.3-10。这种厂房位于引水系统的尾部，靠近地表，尾水洞短，厂房的交通、出线及通风等辅助洞室的布置及施工运行比较方便，因而采用较多。

（3）中部式地下厂房。当水电站引水系统中部的地质地形条件适宜，对外联系如运输、出线以及施工场地布置方便时，可采用中部式地下厂房。这种电站往往同时具有较长的上游引水道和下游尾水道，当引水道和尾水道均为有压时需要同时建引水调压室及尾水调压室。

图3.3-11中的电站水头近40.0 m，采用首部式布置时地下厂房的埋深过大，而引水系统至尾部2 000 m范围的地段内，地面高程较低，不宜布置引水隧洞，所以不采用首部和尾部式地下厂房。该电站引水系统中部的地形和地质条件适于布置地下厂房和便于布置辅助洞井，所以采用了中部式布置方式。该电站尾水洞为无压，交通运输用平洞，通风洞为斜井，而出线则用竖井。

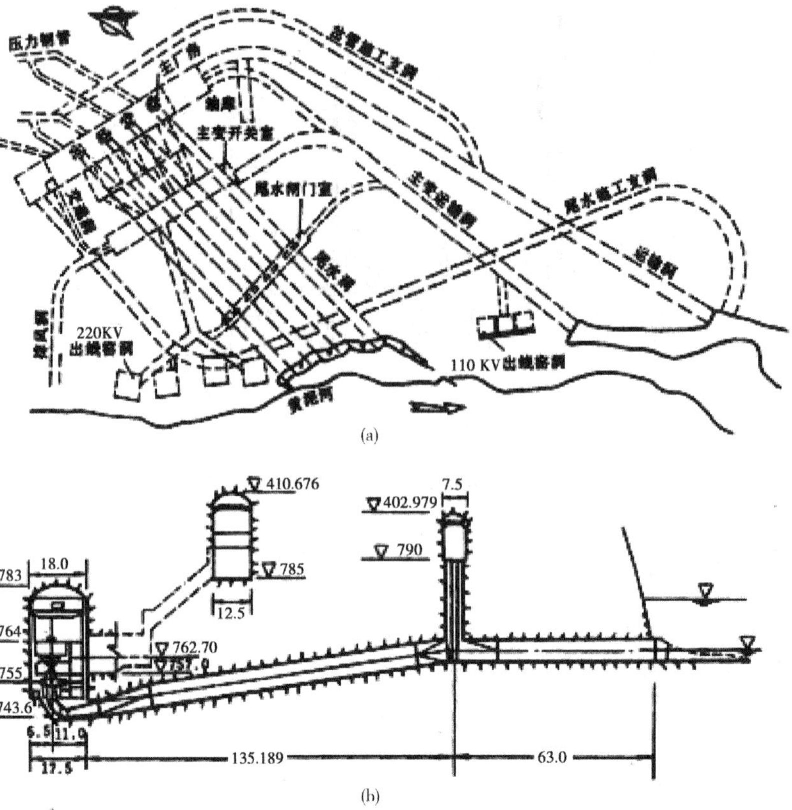

图 3.3-10　鲁布革水电站布置图

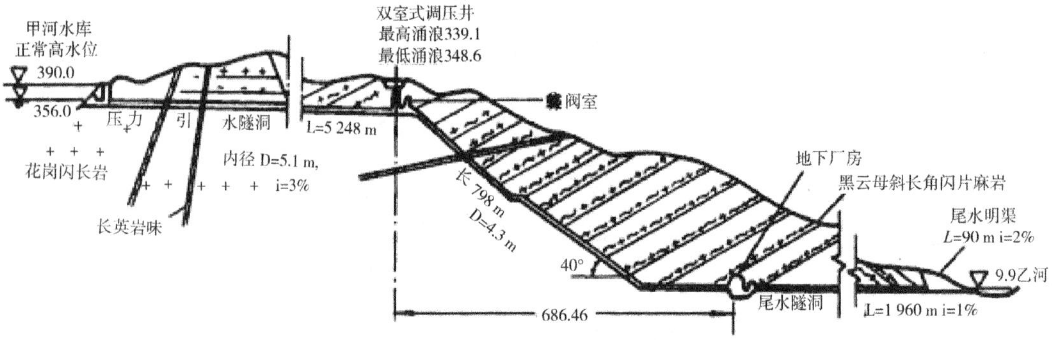

图 3.3-11　中部式地下厂房

地下厂房主洞室因横跨较大，对岩体地质要求较高，受地质条件的限制，新疆建设地下厂房的工程较少。早期的可可托海水电站、近期建设的哈德布特水电站采用了地下厂房布置形式。

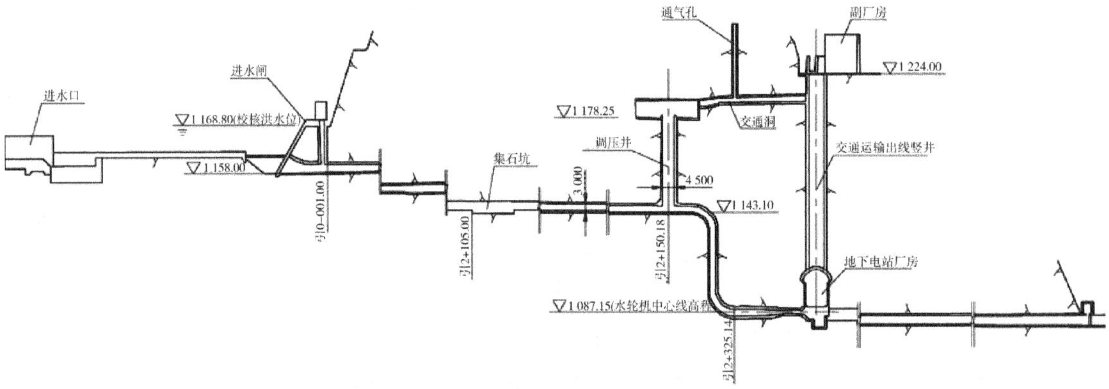

图 3.3-12　可可托海水电站地下厂房布置

3.3.4.2 地下厂房的洞室组成

除了主厂房布置在地下洞室内之外，地下厂房还需要开挖各种洞室，以布置机电设备和作交通运输、出线以及通风的通道。

(1)交通运输洞和装配场

交通运输洞是地下厂房的主要对外通道。交通运输洞一般采用平洞，当受地形条件限制，用平洞作交通运输洞有困难时，可采用竖井作交通运输井。运输洞或井的位置与装配场位置直接关连，两者应一起考虑确定。地下厂房的装配场可布置在主厂房一端，还可考虑布置在厂房中间机组段之间，后者除了具有图3.3-9首部式地下厂房有关说明中所分析的优点外，还有利于主厂房洞室高边墙的稳定。因为装配场段装配场高程以下的岩石可以保留不挖，边墙高度较两边机组段小得多，有助于整个厂房边墙的围岩稳定。

除交通运输洞外，地下厂房至少还应另有一个对外交通的通道，以策安全。

(2)地下副厂房

地下厂房中，一部分必须靠近主机的附属设备可集中布置在紧靠主机房的地下副厂房内，其他则可以利用已有洞室分散布置或放在地面副厂房内。为避免增加主洞室的跨度，地下副厂房往往设于主厂房的一端，由于中控室等电气用房最好不与装配场在同一端，地下副厂房往往布置在另一端。机组尺寸不大，围岩稳定性好时，也可将地下副厂房放在主厂房一侧，主副厂房集中布置在同一主洞室内。

(3)阀门洞(室)

水轮机前设有快速阀门时，阀门往往布置在主厂房内，利用厂房桥吊吊运，以免另开阀门洞和增设专用桥吊。阀门放在厂房内，阀门爆破的后果严重，所以在阀门的设计和制造上必须确保安全。

有需要时，也可将阀门布置在单独的阀门洞(室)内。这种布置有利于减小主厂房洞的跨度，阀门爆破的后果可以减轻，在以往的地下厂房中常有采用。在这种地下厂房中，阀门洞还设有事故排水道，在与主厂房连接的通道上还设置事故密闭门。

(4)尾水闸门洞(室)

确定地下厂房机组段长度时，应使尾水管扩散段间岩体有一定的厚度，以有利于岩体稳定，需要时也可选用窄高型的扩散断面。尾水隧洞比较长时，可以采用联合出水或分组出水方式，即所有机组尾水管出水后汇合成一条尾水洞或几台机组由一条尾水洞出水。尾水隧洞不长时则采用单独出水，即一机一洞出水。

尾水闸门洞底应高出下游校核洪水位和负荷变化时闸门井内可能出现的涌浪高度。尾水隧洞为有压而长度又较长时，尾水隧洞首部还需建尾水调压井。

(5)主变洞、开关洞和出线洞

地下厂房主变压器和开关的位置与地形地质条件有关。在大中型地下水电站中，主变往往放在地下主变洞内，以缩短发电机母线长度，这时需采取专门的通风、排烟、防火和防爆措施，洞内设防爆门和防爆隔墙。主变洞应靠近主厂房以便于变压器的运输、安装和维修，减小母线长度。地面地形陡峻时，开关站也可放在开关洞内，这时需选用高压封闭绝缘组合电气装置。

地下厂房输电线由出线洞引出，引出线为母线时即称母线洞。出线洞可以采用平洞、斜井或竖井。地下厂房内为了敷设电缆和引出母线去主变洞，需要设置相应的电缆和母线支洞。

(6)通风洞

地下厂房应设有完善的通风系统，包括进风洞、出风洞以及通风机室。

进风洞应安排在较低的位置上，便于通过风管将新鲜空气从厂房各层的底部进入厂房。出风洞的位置则应较高，因为热空气比重轻，热空气上升经厂房顶棚上的出风管引出汇合，由出风洞排出比较方便。

通风机噪声大，通风机室应远离主、副厂房，一般可放在洞口或单独的洞室内。

在地下厂房的洞室安排上，往往考虑一洞多用，减少洞数。通风洞一般应充分利用交通运输洞以及无压尾水洞。

3.3.4.3 地下厂房的洞室布置

(1)地下厂房的位置选择

地下厂房的位置选择，不仅要考虑主洞室的需要，还要兼顾各辅助洞室的要求。应尽可能将地下厂房放在地质构造简单、岩体完整坚硬、地应力较小、开挖和运行中岩体稳定以及地下水微弱的地段。地下洞室的上覆岩体应有一定的厚度。应尽量避开较大断层带、节理裂隙发育区和破碎带。此外，地表岸坡应该稳定，便于设置洞、井的出口。

在地形上应考虑能缩短地下厂房对外联系的洞井线路长度。

(2)主洞室纵轴线方位选择

地下厂房主洞室纵轴线的方位应考虑地质构造面和地应力场的情况确定。纵轴线的走势应尽量与围岩中存在的主要构造弱面如断层、节理、裂隙和层面等保持较大的夹角。同时，还要分析次要构造面对洞室稳定的不利影响。在地应力方面，洞室纵轴线应与水平大主应力方向保持较小的夹角。

(3)洞室布置的一般要求

1)洞顶的最小埋藏深度，根据岩体的完整和坚硬程度，可取洞室开挖宽度的1.5～3倍。

2)洞室的最小允许间距，与地质条件、洞室规模和施工方法有关，一般不小于相邻洞室中大者开挖宽度的1～1.5倍。

3)洞室相交应尽量保持正交。

4)上下层洞室之间的岩石厚度，一般不小于洞室开挖宽度的1～2倍。

5)洞室布置应考虑勘探和施工的需要，尽可能互相结合。

3.4 枢纽建筑物布置

3.4.1 挡水建筑物布置

为了减少拦河坝的体积，除拱坝外，其他坝型的坝轴线最好短而直，但根据实际情况，有时为了利用高程较高的地形以减少工程量，或为避开不利的地质条件，以及便于施工，也可采用较长的直线、折线或部分曲线。

当挡水建筑物兼有连通两岸交通干线的任务时，坝轴线与两岸的连接在转弯半径与坡度方面应满足交通上的要求。

对于用来封闭挡水高程不足的山垭口的副坝，不应片面追求工程量小，而将坝轴线布置在垭口的山脊上。这样的坝坡可能产生局部滑动，容易使坝体产生裂缝。在这种情况下，一般将副坝的轴线布置在山脊略上游处，避免下游出现贴坡式填土坝坡；如下游山坡过陡，还应适当削坡以满足稳定要求。

3.4.1.1 重力坝枢纽

对于混凝土或浆砌石重力坝枢纽，坝体一般均需要设置横缝，将坝体分成若干段，根据应力分析及温控需要，也有设置纵缝的重力坝。通常采用河床式溢洪道(溢流坝段)作为主要泄水建筑物，而取水建筑物及辅助的泄水建筑物采用设置于坝体内的孔洞或开凿于两岸山体中的隧洞。泄水建筑物的布置应使下泄水流方向尽量与原河流轴线方向一致，以利于下游河床的稳定。沿坝轴线上地质情况不同时，溢流坝应布置在比较坚实的基础上。

溢流坝段既要挡水又要泄水，不仅要满足稳定和强度要求，还要满足泄水要求。因此需要有足够的孔口尺寸、较好体型的堰型，以满足泄水的要求；且使水流平顺，不产生空蚀破坏。

3.4.1.2 拱坝枢纽

一般采用拱坝的坝址河谷均比较狭窄，对于拱坝，从拱冠梁的形式考虑，U形河谷常采用单曲拱，V形和接近V形河谷常采用双曲拱。

单曲拱：①对于上下相差不大的矩形河谷，各高程拱圈跨度和中心角相差不大，可用定圆心、定外弧半径、变内弧半径以增加厚度的拱形。②对于上宽下窄的河谷，各高程拱圈跨度和中心角相差较大，可用定外弧圆心和半径、变内弧圆心和半径以增加厚度。单曲拱施工简便，上游面铅直有利于布置泄、排水设施的控制设备。

双曲拱：①对于V形河谷，如仍采用单曲拱会使底部中心角过小而加大拱厚，为使上下中心角差异不大，可将下部的内外弧半径逐渐减小；②坝体在水平面和铅直面均成曲线，成双曲线。双曲拱则具有这些优点：①适应河谷广：V、U、梯形均可；②梁具有拱的作用，弯矩小轴力大；③水压应力与自重应力相反，坝中部水压竖向梁应力是上压下拉，而自重应力则上拉下压；④水压位移与梁位移趋势相反，水压位移有向下，而梁自重位移有向上的趋势。

对于拱坝，拱端布置应考虑的主要原则是：（1）拱端嵌入坚实的基岩内；（2）拱端与拱座面应尽量做成全径向，使推力垂直拱端面；（3）下部拱端面可做成1/2径向以减少开挖量，但βa>10°；（4）非径向接触时，拱座面与基准面夹角<80°。

3.4.1.3 土石坝枢纽

土石坝的坝轴线一般布置成直线，有时根据地形、地质条件，可用折线或凸向上游亦或凹向下游，在转折处应布置曲线的连接段。

土石坝枢纽一般均采用河岸溢洪道作为主要的泄水建筑物，而取水建筑物及辅助的泄水建筑物，则采用开凿于两岸山体中的隧洞或埋于坝下的涵管。若两岸地势陡峭，但有高程合适的马鞍形垭口，或两岸地势平缓且有马鞍形山脊，以及需要修建副坝挡水的地方，其后又有便于洪水归河的通道，则是布置河岸溢洪道的良好位置。如果在这些位置上布置溢洪道进口，但其后的泄洪线路是通向另一河道的，只要经济合理且对另一河道的防洪问题能做妥善处理的，也是比较好的方案。对于上述利用有利条件布置溢洪道的土坝枢纽，枢纽中其他建筑物的布置一般容易满足各自的要求，干扰性也较小。当坝址附近或其上游较远的地方均无上述有利条件时，则常采用坝肩溢洪道的布置形式。

合适的地形条件对溢洪道的布置十分重要，对于坝体的工程量多少，施工的难易也影响显著。平原、丘陵地区，河谷常较开阔，施工布置比较容易，可选择较短的坝轴线。而高山峡谷地区，往往不一定是坝轴线短为最优，还要考虑施工问题和溢洪道的位置选择。

土石坝的坝轴线必须远离上游库区的滑坡体，库区如有巨大滑坡体，其产生的较大涌浪对水工建筑物的破坏已早为人知，在选择土石坝坝轴线时，必须查清库区不稳定的山体，尽量远避，对于重要的工程，尚应用模型试验加以论证，如涌浪不高，可以用加高坝顶或置防浪墙的措施来解决。

在选择坝址与坝轴线时必须充分考虑泄洪建筑物的位置，泄洪建筑物的布置是土石坝安全与否的关键，因此必须修建在合适的地形与良好的地质条件的地区。由于泄洪时往往会引起下游河岸冲刷、厂房尾水淤积等问题，因此在选择坝址及坝线时，应估计到下游水流衔接条件的难易、冲刷坑范围内断层的分布与形状等。

3.4.1.4 施工导流与枢纽布置

1. 施工导流概述

施工导流设计是水利水电工程施工组织设计的中心环节，也是编制施工总进度计划的主要依据，正确选择施工导流方案，不仅对降低工程造价、缩短工期、提高工程质量和施工安全具有重大影响，而且也影响到坝址、坝型和枢纽布置方案的选择。施工导流要妥善解决从初期导流到后期导流施工全过程的挡水、泄水、蓄水问题，对各期导流特点和相互关系，要进行系统分析、全面规划、统筹安排。

在山区中型水利水电枢纽工程的设计和建设当中，参与建设的勘测设计、施工、科研等单位结合新疆特殊的干旱内陆河流域建设条件创造了一个又一个奇迹，通过不断优化设计方案，引进、创新并引用新技术、新材料、新设备、新工艺进行设计和施工，在枢纽布置、施工技术、机械化水平等方面取得了很大成就，解决了一系列复杂施工条件下的施工难题，反映了新疆山区控制性水利枢纽工程建设的特点，在一定程度上积累了珍贵的实践经验。

其中在河流水文实测系列资料短缺或无资料河流上的山区水库的导流度汛标准选择、狭窄河谷的施工导流布置、围堰与坝体结合等方面不断创新设计理念，不断完善理论体系，不断丰富实践经验，对于降低工程造价、缩短工期、提高工程质量方面起到非常重要的促进作用，进一步增强水库施工安全可靠性能。随着一大批山区中型水库的相继建成，标志着新疆山区水库枢纽布置和施工导流设计理念已成熟，实践经验比较丰富。

（1）常见导流类型

水利水电工程整个施工过程中的施工水流控制（又称施工导流），广义上说可以概括为采取“导、截、拦、蓄、泄”等工程措施来解决施工和水流蓄泄之间的矛盾，避免水流对水工建筑物施工的不利影响，把河水流量全部或部分地导向下游或拦蓄起来，以保证干地施工和施工期不影响或尽可能少影响水资源的综合利用。

在河流上修建水利水电工程时，为了使水工建筑物能在干地上进行施工，需要用围堰维护基坑，并将河水引向预定的泄水通道往下游宣泄，这就是施工导流。

施工导流方式，大体上可分为三类，即分段围堰法导流、全段围堰法导流、淹没基坑法导流。

分类见图3.4-1。

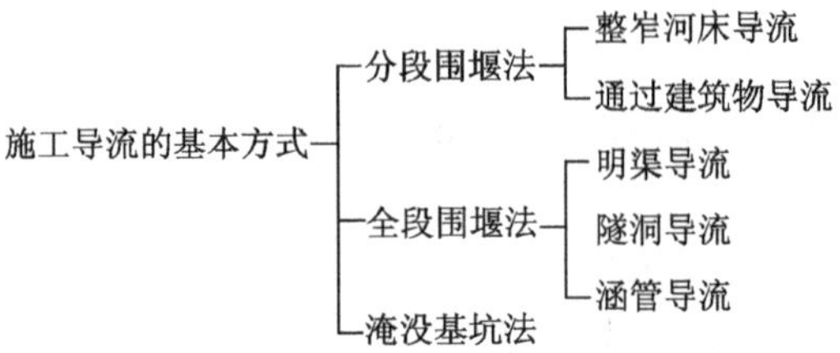

图 3.4–1　施工导流类型划分

分段围堰法导流：亦称分期围堰法，就是用围堰将水工建筑物分段、分期维护起来进行施工的方法。图3.4-2所示为两期导流的例子。

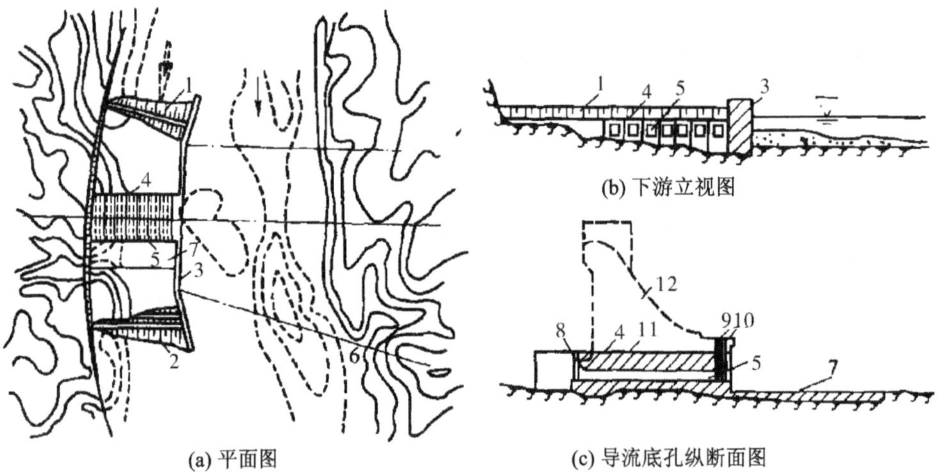

1—一期上游横向围堰；2—一期下游横向围堰；3—一、二期纵向围堰；4—预留缺口；5—导流底孔；6—二期上下游围堰轴线；7—护坦；8—封堵闸门槽；9—工作闸门槽；10—事故闸门槽；11—已浇筑的混凝土坝体；12—未浇筑的混凝土坝体

图 3.4–2　分段围堰法导流示意图

所谓分段，就是在空间上用围堰将建筑物分为若干施工段进行施工。所谓分期，就是在时间上将导流分为若干时期。采用分段围堰法导流时，纵向围堰位置的确定，也就是河床束窄程度的选择是关键问题之一。

在确定纵向围堰的位置或选择河床的束窄程度时，应重视下列问题：充分利用河心洲、小岛等有利地形条件；纵向围堰尽可能与导墙、隔墙等永久建筑物相结合；束窄河床流速要考虑施工通航、筏运、围堰和河床防冲等的要求，不能超过允许流速；各段主体工程的工程量、施工强度要比较均衡；便于布置后期导流泄水建筑物，不致使后期围堰过高或截流落差过大。

分段围堰法导流一般适用于河床宽、流量大、施工期较长的工程，尤其在通航河流和冰凌严重的河流上。分段围堰法导流，前期都利用束窄的原河道导流，后期要通过事先修建的泄水道导流，常见的有以下几种：①底孔导流；②坝体缺口导流；③束窄河床导流。上述三种后期导流方式，一般只适用于混凝土坝，特别是重力式混凝土坝。对于土石坝、非重力式混凝土坝等坝型，若采用分段围堰法导流，常与河床外的隧洞导流、明渠导流等方式相配合。

分段围堰法导流同样是保护主体建筑物干地施工。两段两期导流采用得最多，在流量较大的平原河道或河谷较宽的山区河流上修建混凝土坝枢纽时，宜采用分期导流。这种导流方式较易满足通航、过木、排冰等要求。①束窄河床导流：通常用于分期导流的前期阶段，特别是一期导流。②通过建筑物

(永久建筑物或临时建筑物)导流：多用于分期导流的后期阶段。

全段围堰法导流：就是在河床主体工程的上下游各建一道断流围堰，使河水经河床以外的临时泄水道或永久泄水建筑物下泄。主体工程建成或接近建成时，再将临时泄水道封堵。全段围堰法导流，其泄水道类型通常有以下几种。

①隧洞导流：一般山区河流，河谷狭窄，两岸地形陡峻，山岩坚实，采用隧洞导流较为普遍。

②明渠导流：明渠导流是在河岸上开挖渠道，在基坑上下游修筑围堰，河水经渠道下泄。

③涵管导流：涵管导流一般在修筑土坝、堆石坝工程中采用。

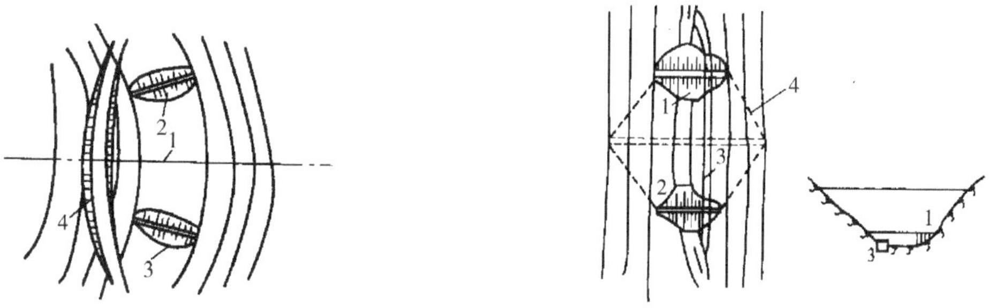

(a)明渠导流

1-水工建筑物轴线；2-上游围堰；3-下游围堰；4-导流明渠

(b)涵管导流示意图

1-上游围堰；2-下游围堰；3-涵管；4-坝体

图 3.4-3 全段围堰法施工导流示意图

淹没基坑法导流：这是一种辅助导流方法，在全段围堰法和分段围堰法中均可使用。山区河流特点是洪水期流量大、历时短，而枯水期流量则很小，水位暴涨暴落、变幅很大。若按一般导流标准要求来设计导流建筑物，不是挡水围堰修得很高，就是泄水建筑物的尺寸要求很大，而使用期又不长，这显然是不经济的。在这种情况下，可以考虑采用允许基坑淹没的导流方法，即洪水来临时围堰过水，若基坑被淹没，河床部分停工，待洪水退落，围堰挡水时再继续施工。这种方法，基坑淹没所引起的停工天数不长，施工进度能保证，在河道泥沙含量不大的情况下，导流总费用较节省，一般是合理的。对于新疆来讲，一般很少采用，主要原因是导流期洪水一般发生在5～7月份，一年一般情况就一个洪水季节，无需考虑基坑反复过水。

(2)围堰工程

围堰是导流工程中的临时挡水建筑物，用来围护施工基坑，保证水工建筑物能在干地施工。在导流任务完成以后，如果围堰对永久建筑物的运行有妨碍或没有考虑作为永久建筑物的一部分时，应予拆除。

按其所使用的材料，可以分为：土石围堰、草土围堰、钢板桩格型围堰、混凝土围堰等。按围堰与水流方向的相对位置，可以分为：横向围堰和纵向围堰。按导流期间基坑淹没条件，可以分为：过水围堰和不过水围堰。过水围堰除需要满足一般围堰的基本要求外，还要满足堰顶过水的专门要求。

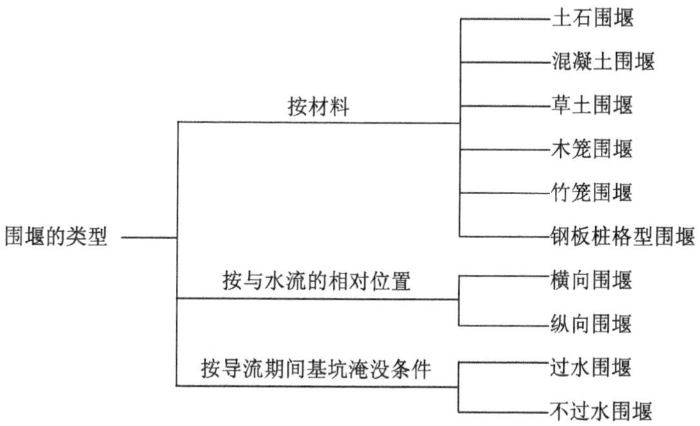

图 3.4-4 围堰分类

①不过水土石围堰：是水利水电工程中应用最广泛的一种围堰型式，如表3.4-1所示。它能充分利用当地材料或废弃的土石方，构造简单，施工方便，但其工程量大，堰身沉陷变形大。

表3.4-1　不过水围堰类型及使用条件

类型	示意图	使用条件
(a)斜墙式	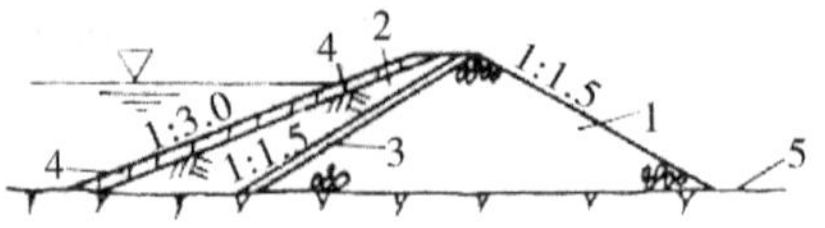	适用于岩基河床，且当地有足够数量的渗透系数小于10^{-4} cm/s的防渗料的情况。
(b)斜墙带水平铺盖式	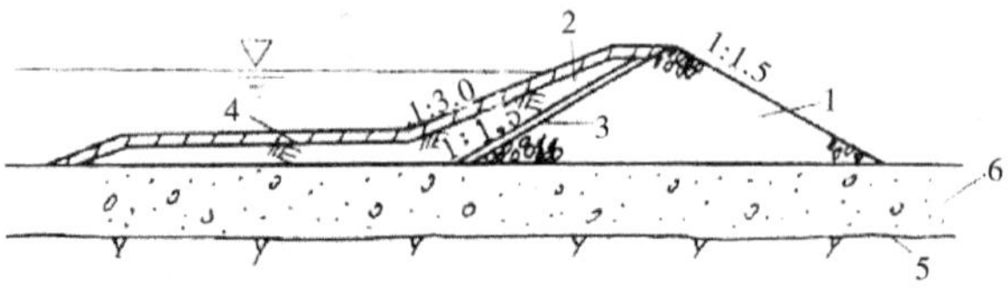	适用于覆盖层厚度不大且当地有足够数量的渗透系数小于10^{-4} cm/s的防渗料的情况。
(c)垂直防渗墙式	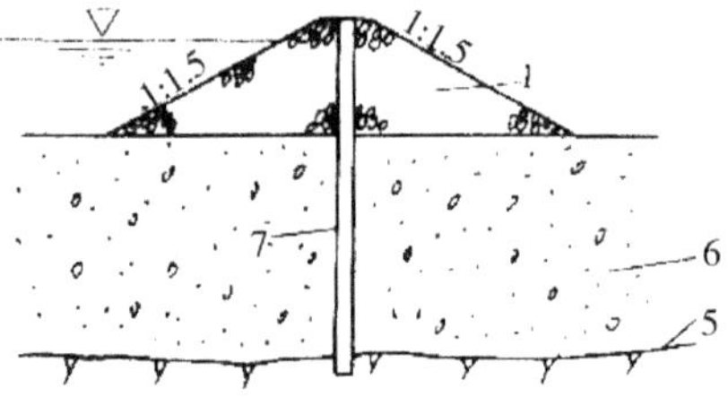	适用于当地防渗料不足或覆盖层较厚的情况。
(d)帷幕灌浆式	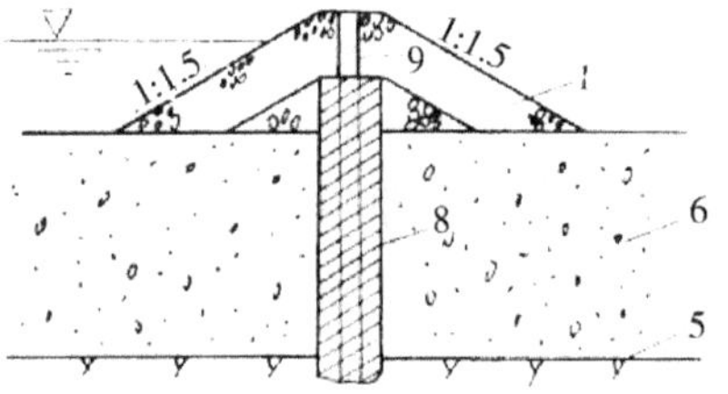	适用于当地防渗料不足或覆盖层较厚的情况

图中数字代表：1-堆石体；2-黏土斜墙、铺盖；3-反滤层；4-护面；5-隔水层；6-覆盖层；7-垂直防渗墙；8-帷幕灌浆；9-黏土心墙

若当地有足够数量的渗透系数小于10^{-4} cm/s的防渗料（如砂壤土）时，土石围堰可以采用上表中(a)、(b)两种型式。其中(a)适用于基岩河床；(b)适用于覆盖层厚度不大的场合。

若当地没有足够数量的防渗料或覆盖层较厚时，土石围堰可以采用上表中(c)、(d)两种型式，用混凝土防渗墙、高喷墙、自凝灰浆墙、帷幕灌浆或控制性帷幕灌浆来解决基础防渗问题。

②过水土石围堰：当采用允许基坑淹没的导流方式时，围堰堰体必须允许过水。因此，过水土石围堰的下游坡面及堰脚应采取可靠的加固保护措施。目前采用的有：大块石护面、钢筋石笼护面、加筋护面及混凝土板护面等。较普遍的是混凝土板护面。

③混凝土围堰：混凝土围堰的抗冲与防渗能力强，挡水水头高，底宽小，易于与永久建筑物相连接，必要时还可以过水，因此应用比较广泛。

④钢板桩格型围堰：钢板桩格型围堰按挡水高度不同，其平面型式有圆筒形格体、扇形格体及花瓣形格体等，应用较多的是圆筒形格体。

⑤草土围堰：草土围堰是一种草土混合结构，多用捆草法修建。草土围堰的断面一般为矩形或边坡很陡的梯形，坡比为1:0.2～1:0.3，是在施工中自然形成的边坡。

土石围堰设计施工与土石坝是一样的，对于高度超过30 m的围堰，一般都需要进行专门论证，包括结构形式、基础防渗处理、与坝体是否结合等。施工过程中重点关注围堰的接头处理及拆除。土石围堰施工特点见图3.4-5。

表 3.4-2　常见围堰的类型及特点对比

类型	特点	材料
土石围堰	就地取材，对基础适应性强，施工工艺简单	土石
混凝土围堰	挡水水头高，底宽小，抗冲能力大，堰顶可溢流、两面挡水，与永久建筑物相结合碾压混凝土围堰不仅施工简便，工期短，且造价低	常态混凝土、碾压混凝土
草土围堰	就地取材，结构简单，施工方便，造价低，防渗性能好，适应能力强，便于拆除，施工速度快。中、小型水利工程	草土混合结构
木笼围堰	施工简便，适应性广，具有断面小、抗水流冲刷能力强等优点，常用作分期导流的纵向围	圆木或方木叠成的多层框架、填充石料
竹笼围堰	施工简单，防掏刷等效果较差，实用性不强	块石、竹笼木板、混凝土面板或填黏土
钢板桩格形围堰	高度机械化，钢板桩的回收率高，围堰边坡垂直、断面小、占地少、安全可靠	土、钢板桩

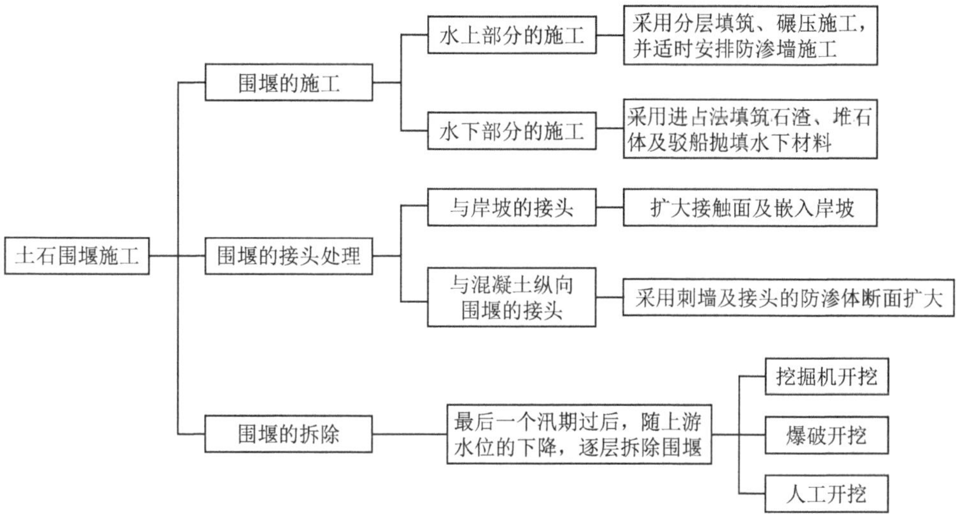

图 3.4-5　土石围堰施工特点

(3)导流方案

水利水电枢纽工程施工，从开工到完建往往不是采用单一的导流方法，而是几种导流方式组合起来配合运用，以取得最佳的技术经济效果。这种不同导流时段、不同导流方式的组合，通常称为导流方案。

导流方案的选择受多种因素的影响。一个合理的导流方案，必须在周密研究各种影响因素的基础上，拟定几个可能的方案，进行技术经济比较，从中选择技术经济指标优越的方案。

选择导流方案时应考虑的主要因素如下。

(1)水文条件，主要研究水文资料系列及洪水特点，分析不同频率洪水的调洪演算成果；部分中型水库由于10年一遇与20年一遇洪水洪量相差不大、围堰高程仅相差0.5 m～2 m，考虑安全起见，多采用上限。

(2)地形条件，结合导流泄水建筑物及进水口施工等综合考虑围堰轴线布置。

(3)地质及水文地质条件，研究围堰基础处理型式。

(4)水工建筑物的型式及其布置，结合水工建筑物进水口施工、建筑物布置、导流洞永临结合、龙抬头改建等综合考虑；对于土石坝工程，施工导流洞很少有封堵不用的，坝高百米级左右的大坝大多利用龙抬头型式进行改建处理，做到"一洞多用"。

(5)施工期间河流的综合利用，主要研究生态基流下泄、初期蓄水、提前蓄水发电等综合利用问题。

(6)施工进度、施工方法及施工场地布置，结合坝体填筑、进水口施工、龙抬头改建、多泥沙河流洞身过水后二次修补等问题。

在选择导流方案时，除了综合考虑以上各方面因素外，还应使主体工程尽可能及早发挥效益，简化导流程序，降低导流费用，使导流建筑物既简单易行，又适用可靠。

施工导流方案的最主要任务：划分导流时段；选定导流标准和导流设计流量；确定导流建筑物的型式、布置、构造和尺寸；拟定导流建筑物的修建、拆除、封堵的施工方法；拟定河道截流、拦洪渡汛和基坑排水的技术措施；通过技术经济比较，选择一个最经济合理的导流方案。

2. 山区水库施工导流与枢纽布置

新疆大多数河流全年来水量的60%以上集中在6月、7月、8月这三个月中。南北疆气候有差异，南疆的气温高于北疆，北疆的降水量高于南疆。新疆山区的气候特点是冬季严寒且时间长，每年11月至次年3月平均气温低于5℃，每年有效施工工期6～7个月左右，南疆可达到7～8个月左右。受新疆气候条件和水文特性的制约，工期安排一般是：汛期过后9月份河道截流，11月份进入冬季，第二年4月份可正常施工，5月份进入桃花汛，6月份进入主汛期，河道截流后到第二年汛前有效施工工期较短，在一个枯水期内将永久建筑物（或临时挡水断面）修筑至坝体度汛标准的汛期洪水位以上的难度很大，除非进行冬季施工或施工强度相对较低。

根据新疆坝工建设设计和施工经验，在狭窄河谷中的混凝土面板堆石坝上游围堰采用全年上游围堰与大坝分离布置的方案和布置在深下切式V型狭窄现代河床+高台地宽阔古河床式河谷的沥青混凝土心墙坝采用全年上游围堰与大坝结合布置的方案可能存在问题。比如，对于狭窄河谷中的混凝土面板堆石坝而言，由于河谷狭窄，施工期上游围堰的调蓄能力有限或较差，导致上游围堰较高和导流洞规模较大，在后期将导流洞改建成泄洪洞时，导流洞断面不能充分利用，枢纽布置也不紧凑。另外，狭窄河谷中部面板向上游延伸较远，面板整体体型不好，同时狭窄河谷中趾板布置和施工相对困难。

施工导流贯穿坝型选择与枢纽布置的全过程，对于布置在狭窄河谷的面板堆石坝而言，采用围堰与坝体相结合布置方案而降低导流系统规模，优化枢纽布置已有成功实践经验；针对沥青混凝土心墙砂砾石坝而言，采用围堰与坝体结合的布置方式及堰（上游围堰）高与洞（导流洞）径比选优化导流建筑物规模和布置方式比较成熟；布置在古河床上的沥青混凝土心墙砂砾石坝利用深下切式V型狭窄现代河床地形条件，选用枯水期上游围堰与截流堤结合，与大坝分离布置的方案已实施成功；对于心墙土石坝而言加高上游围堰，度汛期仍由上游围堰挡水度汛也经过实践考验。上述一系列创新是新疆山区中型水库导流系统的设计与施工的特点和亮点。

3. 典型工程导流实例

（1）阿克肖水库工程

①工程概况

阿克肖水库工程由挡水坝、导流兼泄洪冲沙洞、溢洪道组成。大坝为沥青混凝土心墙坝，最大坝高57.5 m。工程等别为Ⅲ等中型。工程设防烈度Ⅷ度。坝址区河谷呈不对称宽“U”型，底宽约550 m，现代河床靠右岸的下切深河槽，现代河床顶宽12～17 m，底宽8～15 m，深度20～28 m，两岸自然坡度80º～90º，现代河床左右岸为Ⅳ级侵蚀阶地宽谷，较平坦，河谷左右岸山体基岩裸露的高耸山体。阿克肖水库工程于2016年7月开工，2017年11月进行截流，2018年5月底坝体填筑至2 427 m高程，已超过坝体临时断面度汛高程（2 418.5 m），预计2018年底之前完工并具备蓄水验收条件。

布置在深下切式V型狭窄现代河床的沥青混凝土心墙砂砾石坝施工导流设计上为克服因施工场地狭窄而施工布置困难等难题，打破全年围堰与大坝相结合布置的常规布置思路。在导流设计方面创新设计理念，采用枯水期上游围堰与截流堤结合与大坝分离布置的方案，成功解决了深槽式河床内施工导流难的问题，并达到了降低投入、加快工期的目的。

②施工导流与度汛

根据《水利水电工程施工组织设计规范》（SL303）规范规定，施工导流标准选择由导流建筑物级别的选择、导流建筑物洪水标准选择、坝体施工期临时度汛洪水标准选择及导流泄水建筑物封堵后坝体度汛洪水标准选择等内容组成。一般导流及度汛标准确定前初拟导流方式和导流时段，最终经过反复论证后确定合理可行的导流方式和导流时段。

导流建筑物包括挡水建筑物和泄水建筑物，两者级别相同。导流建筑物应根据其保护对象、失事后果、使用年限和导流建筑物工程规模划分为3～5级。本工程导流建筑物保护对象（大坝）为3级建筑物，失事后果为淹没基坑，但对总工期影响不大，经济损失较小，围堰高度低于15 m，堰前设计水位对应的拦蓄库容＜0.1×10^8 m^3，导流建筑物使用年限＜1.5年。根据《水利水电工程施工组织设计规范》(SL303)有关规定，导流建筑物确定为5级。

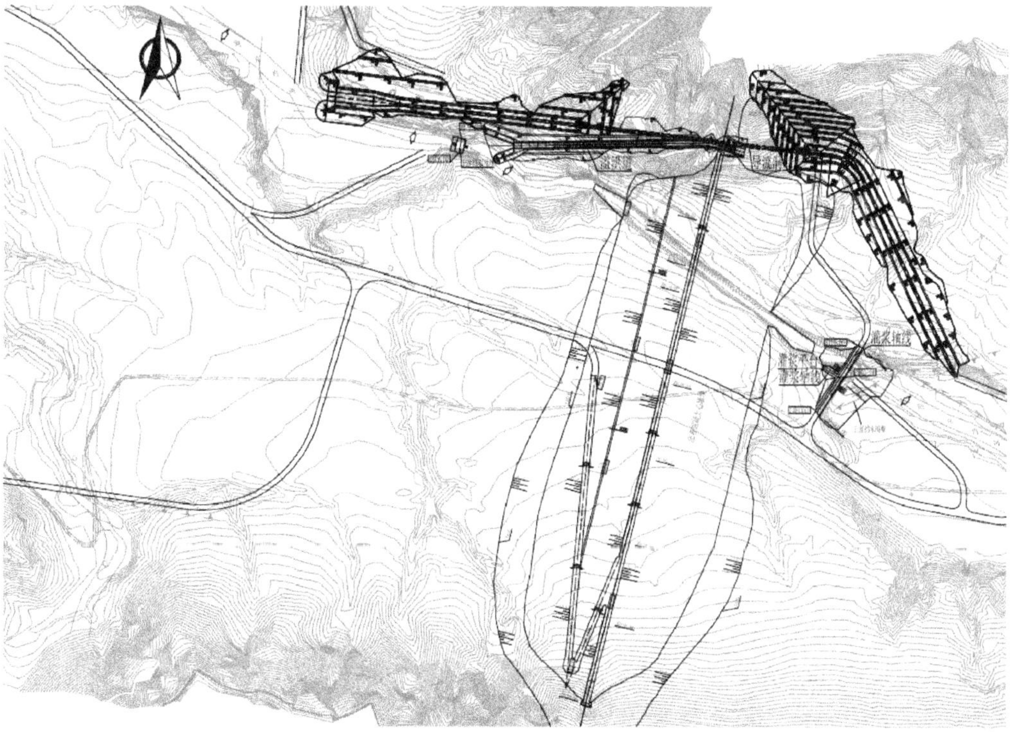

图 3.4-6 阿克肖水库总体平面布置图

导流建筑物设计洪水标准应根据建筑物类型和级别在规定幅度内选择确定。本工程导流建筑物(围堰)结构类型为土石结构，级别确定为5级，相应的导流建筑物洪水标准重现期为10～5年。由于阿克肖水利枢纽坝址处无水文实测资料系列，故本工程导流标准采用5级建筑物对应的洪水标准重现期的上限，即10年一遇。

根据坝址处河谷地形条件，经综合分析确定采用现代河床一次断流，上下游围堰挡水，右岸导流洞泄洪的施工导流方式。

经分析本工程在第二年截流后的一个枯水期内，坝体填筑可抢至度汛高程2 418.50 m，故第三年汛期坝体临时断面挡水，导流洞泄流。根据《水利水电工程施工组织设计规范》(SL303)有关规定，当坝体填筑高程超过围堰顶高程时，坝体临时度汛洪水标准应根据坝型及坝前拦洪库容来选择确定。本工程坝体度汛期的坝前拦洪库容小于0.1亿m^3，坝体施工期临时度汛洪水标准重现期为50～20年。综合分析施工进度，大坝临时断面可填筑至频率为P=2%的洪峰水位以上，并考虑度汛期对施工的影响及大坝安全施工等各种因素，第三年坝体临时断面挡水度汛的标准取P=2%，相应洪峰流量为276.9 m^3/s，坝前水位2 416.82 m。

根据调洪演算结果，10年一遇导流洪水标准对应全年洪峰流量184.6 m^3/s，堰前水位为2 412.49 m，对应枯期洪峰流量40.9 m^3/s，库水位为2 400.18 m。根据坝址处水文地质地形条件及施工进度安排，坝体填筑在截流后至第三年汛前可填筑至2 418.5 m(此期间主要完成主河槽及两岸坡的基础处理及土石方填筑)，若考虑采用全年洪水，围堰顶高程为2 414.0 m，与坝体度汛高程仅差3.5 m(此期间完成工作同枯期)。由于大坝在右岸Ⅳ级阶地段基础处理和坝体填筑不受洪水影响，在截流后一个枯水期内大坝主河床段将能修筑至坝体度汛标准的汛期洪水位以上，并可与左右岸坝体段衔接，以满足坝体临时断面挡水度汛的要求。综上分析，本工程施工导流时段采用枯水期，设计洪水采用10年一遇导流洪水标准对应的枯期洪水，相应洪峰流量40.9 m^3/s。

在整个施工期内，大坝施工导流时段可划分为2个时段，其中第一时段为截流至第三年4月底为止，上游枯期挡水围堰和下游围堰挡水，导流洞泄洪；第二时段为第三年汛期，由坝体临时断面挡水，导流洞泄流。第三年年底具备下闸蓄水条件。工程施工期导流特性表详见表3.4-3。

表 3.4-3　施工期导流度汛特性表

施工汛期	导流、度汛标准P/(%)	洪峰流量/(m^3/s)	挡水建筑物				泄水建筑物		
			型式	水位/m	拦蓄库容/$\times10^8\ m^3$	堰(坝)顶高程/m	泄洪方式	孔口尺寸(宽×高)/m	下泄流量/(m^3/s)
第一年	10(枯水期)	40.9	土石围堰	2 400.18	0.011	2 401.5～2 405.0	导流洞	2.5×2.5	31.46
第二年	2	276.9	坝体临时断面	2 416.82	0.047	2 418.5		2.5×2.5	80.71

③导流建筑物布置

本工程导流建筑物由上下游围堰和导流泄洪冲沙洞组成。其中上游围堰布置是本工程施工导流方案中的一个亮点。沥青混凝土心墙坝常规布置方式为在不影响心墙基础及心墙施工的前提下全年导流标准的上游围堰与大坝相结合布置。本工程设计对截流堤、围堰及大坝是否结合作经济技术比选分析后,推荐上游围堰与截流堤结合,与大坝分离的布置方案。

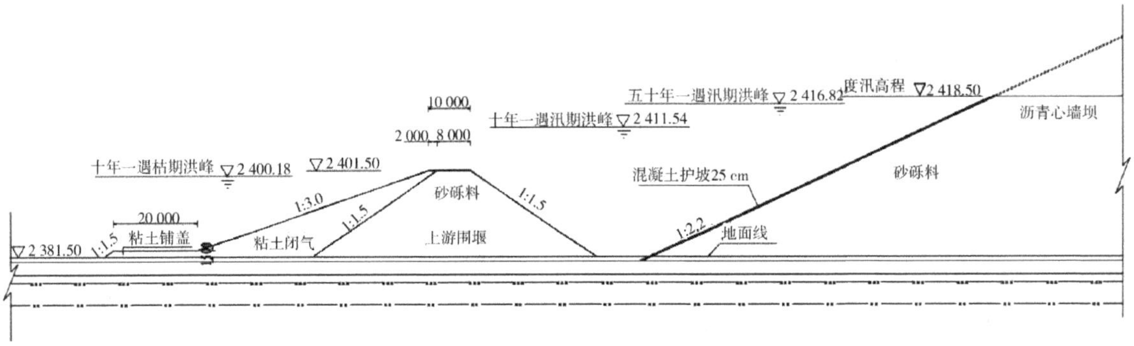

图 3.4-7　阿克肖水库大坝临时挡水断面

④结论

本工程根据枢纽布置方案和现场特殊的深下切式V型狭窄现代河床地形条件,合理选用导流方式和导流标准,采用上游枯水期围堰与截流堤结合,与大坝分离的布置方案。施工实践证明,这种布置方式解决了在狭窄深槽式河床中由于施工场地过于狭窄而造成的大坝防渗体(高趾墙)施工与围堰填筑相互干扰问题突出、施工进度缓慢、施工布置困难等问题,降低了施工导流难度和工程投入,加快了工期,为类似地形条件的工程施工导流方案的选择提供了宝贵的实践经验。

(2)吉音水利枢纽工程

①工程概况

吉音水利枢纽工程由拦河坝、表孔溢洪洞(导流洞改建,竖井水平涡旋流消能型式)、底孔泄洪、冲沙、放空洞、发电引水洞、地面厂房及电站尾水渠等组成。挡水坝体为混凝土面板堆石坝,坝顶高程2 513.00 m,最大坝高124.5 m,坝长489 m。工程等别为Ⅲ等,工程规模为中型。地震基本烈度为Ⅷ度,抗震设计烈度为8°。坝址处河谷呈"U"形,现代河床为靠近右岸的下切深河槽,水面宽11 m左右,两岸为高35 m～50 m的基岩陡坡,河槽上开口宽度约为70 m左右。右岸山体基岩裸露,自然边坡40°～50°,左岸为宽300 m～500 m的Ⅲ级阶地面。吉音水利枢纽主体工程于2013年9月开工,2014年9月截流,2016年9月下闸蓄水。

本工程施工总工期为四年,工程开工后第2年9月下旬截流,第4年9月下旬导流洞下闸封堵。在整个施工期内,坝体共经历四个汛期。综合考虑枢纽水文条件、填筑规模、混凝土面板浇筑等因素,大坝施工导流时段划分为四个阶段:

初期导流阶段:第二(2014)年9月下旬河道截流至第三(2015)年6月份,全年围堰挡水,导流洞泄流。主要进行基坑土石方开挖,大坝高趾墙混凝土施工。

中期导流阶段:第三(2015)年7月至第四(2016)年5月份,坝体临时断面挡水,导流洞泄流。

中后期导流阶段:第四(2016)年5月至第四(2016)年9月份,坝体临时断面一期面板挡水时段,导流洞泄洪。

后期导流阶段：第四（2016）年9月汛后，导流洞下闸封堵，由坝体挡水，深孔泄洪洞泄流，当蓄水至发电水位2 470.0 m后，首台机组投产发电。

②施工导流与度汛

根据《水利水电工程施工组织设计规范》（SL303）确定导流建筑物级别为4级，相应的设计洪水标准为挡水时段的20～10年一遇洪水，围堰挡水设计洪水标准选取10年一遇的全年洪水，相应洪峰流量为508 m^3/s。

初期导流标准：根据坝址区气象及水文条件，上游围堰采用全年围堰。上游围堰拦蓄库容＜0.1亿m^3（最大拦蓄库容为0.008 8亿m^3），根据《水利水电工程施工组织设计规范》（SL303-2004），4级导流建筑物相应的设计洪水标准为挡水时段的20～10年一遇洪水。由于克里雅河水文实测系列统计资料年限较长，为51年，经论证后围堰挡水设计洪水标准选取规定幅度内的下限，即10年一遇的全年洪水，相应洪峰流量为508 m^3/s。

中期导流标准：施工期第三年7月至第四年5月份，坝体临时断面度汛时的库容在＜0.1亿m^3（最大拦蓄库容为0.019亿m^3），根据《水利水电工程施工组织设计规范》（SL303-2004），相应坝体施工期临时断面度汛洪水标准为50～20年一遇全年洪水。坝体施工期临时断面度汛洪水标准选用30年一遇全年洪水，相应洪峰流量为708.1 m^3/s。

中后期导流标准：施工期第四年6月至第四年9月份，根据《水利水电工程施工组织设计规范》（SL303-2004），相应坝体施工期临时断面度汛洪水标准为100～50年一遇全年洪水。考虑坝体一期面板已浇筑完成，本阶段度汛洪水标准选用100年一遇全年洪水，相应洪峰流量为927 m^3/s。

后期导流标准：由于大坝已基本完成填筑，一期面板已经完成，根据规范，封堵期坝体度汛洪水标准为200～100年一遇洪水。本工程大坝的设计洪水标准为100年一遇，因此，后期导流标准采用100年一遇枯水期（10月～次年5月底）洪水，相应洪峰流量为253.2 m^3/s。

由于坝址处河谷狭窄，现代河床宽20 m～40 m，因此采用河床一次断流，上下游围堰挡水，右岸导流隧洞导流的方式。

经调洪计算分析，工程施工期导流特性见表3.4-4。

表3.4-4　施工导流特性表

施工时段	导流标准/%	洪峰流量/(m^3/s)	挡水建筑物				泄水建筑物		
			型式	水位/m	拦蓄库容/$\times10^8\ m^3$	堰（坝）顶高程/m	型式	孔口尺寸（宽×高）/m	下泄流量/(m^3/s)
第二年9月～次年6月	10	508	围堰	2 419.2	0.008 8	2 421	导流洞	6×5.5	424.2
第三年7月～第四年5月	3.3	708	坝体临时断面	2 428.0	0.019	2 430	导流洞	6×5.5	551.0
第四年6月～9月	1	927	坝体临时断面	2 435.6	0.031	2 475	导流洞	6×5.5	633.9
第四年10月～12月	1（枯期）	253	坝体临时断面	2 456.5	0.097	2 513	底孔	4.5×5.5	152.9

③导流建筑物布置

本工程面板坝方案导流建筑物由导流洞、上下游围堰组成，上下游围堰的保护范围为：大坝和电站厂房。导流洞下闸封堵后，施工封堵体和表孔溢洪洞竖井段底部剩余工作量。

导流洞布置：导流洞与表孔泄洪洞结合布置在右岸，由进口引渠段、闸井段、洞身段组成。由于采用上游围堰与坝体相结合布置的方案，使导流洞长度比常规布置缩短，枢纽布置更紧凑，优化了枢纽布置，降低导流洞规模。

上游围堰布置：吉音水利枢纽工程在狭窄河谷混凝土面板堆石坝设计中，为克服混凝土面板堆石坝采用上游围堰（与大坝分离布置的全年围堰）所带来的不利影响，采用高趾墙技术研究上游围堰与上游坝体相结合的可能性，并在这方面已获得实践经验。

上游围堰建成一座堰顶较宽的刚性混凝土心墙坝，围堰堰体和防渗体按大坝主体工程的要求进行设计和施工，做成上游围堰与混凝土面板堆石坝相结合的结构型式，上游围堰中的刚性混凝土心墙就是混凝土面板堆石坝在现代河床下切深河槽部位的高趾墙，在防渗墙顶部通过连接板与混凝土面板堆石坝趾板相连，混凝土高防渗墙墙高40.6 m，顶宽2 m，最大墙高处底宽4 m。防渗墙基础位于强风化层底部相对坚硬的岩石上，底部基础进行固结灌浆和帷幕灌浆。在人工混凝土高防渗墙上游侧填筑较宽的堆石支撑体，支撑体顶部高程与混凝土高防渗墙同高，顶宽15 m，上游坡度1:2.0，坝料质量要求和碾压标准同大坝主堆石区，在上游支撑体与截流堤之间回填弃渣料。

根据导流程序，大坝截流后，上游围堰开始施工，在次年汛期前施工完成，并具备挡水条件。上游围堰作为坝体的一部分，围堰完全按大坝主堆石体的质量和填筑标准进行了填筑，施工时保证防渗墙上下游两侧填筑平行上升。上游围堰与大坝结合布置详见图3.4-8。

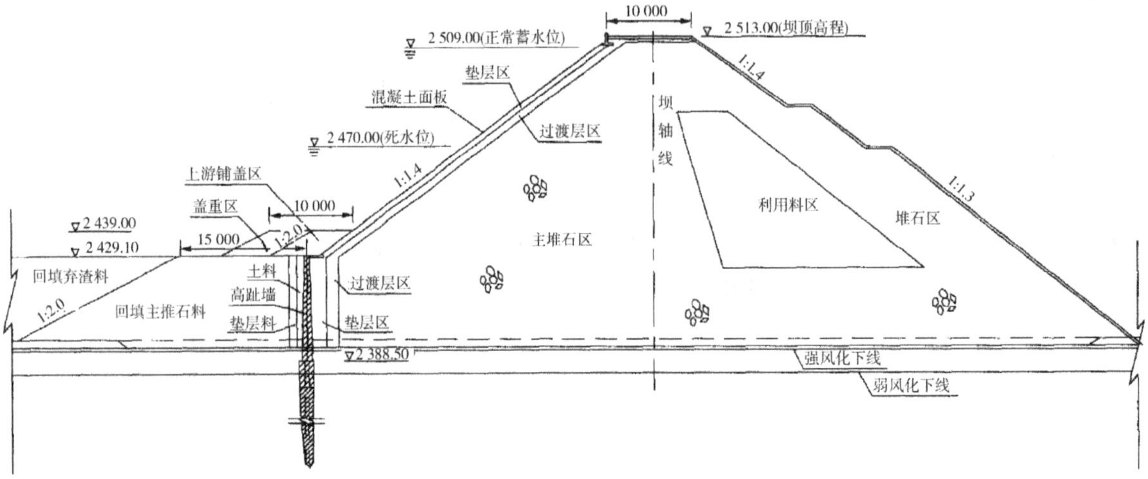

图3.4-8　吉音水库大坝与围堰结合剖面图

④结论

对狭窄河谷，将上游围堰与混凝土面板堆石坝相结合，具有减少高陡边坡趾板布置难度，缩短狭窄河谷部位的面板长度，优化了防渗面板的体形，使面板应力和周边缝变形得到了较好的改善，同时减少了面板工程量，缩短了施工周期，减小了施工难度等优点。将上游围堰建成一座刚性混凝土心墙坝，围堰堰体和防渗体按大坝主体工程的要求进行设计和施工（它是坝体的一部分），上游围堰可与上游坝体完全结合，优化了枢纽布置，同时提高了工程的度汛安全度。

（3）阿不都拉水库工程

①工程概况

阿不都拉水库工程规模为Ⅲ等中型。枢纽工程建筑物由混凝土面板砂砾石坝、放水隧洞、开敞式溢洪道等组成，最大坝高98.54 m。大坝级别2级，其余永久性主要建筑物级别为3级，永久性次要建筑物级别为4级，临时导流建筑物为4级，其他临时性水工建筑物级别为5级。

阿不都拉河洪水类型主要以融雪洪水+雨雪混合型洪水为主，就会在融雪洪峰基础上再叠加一个暴雨洪峰，其洪水特点是峰高量大，呈多峰型，对水利工程威胁较大，如1993年5月25日发生的洪峰流量达116 m^3/s的洪水就属此类洪水。洪水划分为主汛期（4月～6月）及次汛期（7月～9月）。项目区多年平均气温3.6℃，属于严寒地区。设计洪水重现期为50年，最大洪峰流量120 m^3/s，校核洪水重现期为1 000年，最大洪峰流量262 m^3/s。工程区地震基本烈度为Ⅵ度，区域内地震动峰值加速度0.05 g，主要建筑物均按Ⅵ度设防。

坝址区河谷为“V”型谷，谷底宽10 m～20 m，阶地不发育，左右岸坡度较陡，局部地段边坡近于直立，山体雄厚。

②施工导流与度汛

根据《水利水电工程等级划分及洪水标准》（SL252）。该水库工程级别为Ⅲ等，永久性主要建筑物级别为3级，且本工程坝高超过70 m，大坝级别可提高一级，由3级提高到2级，洪水标准不提高，在确定度汛标准时，因导流建筑物保护对象为2级永久性水工建筑物。使用年限为1.5～3年，围堰高度在

15 m～50 m，根据《水利水电工程施工组织设计规范》（SL303），确定导流建筑物级别为4级，洪水标准为20～10年。由于阿不都拉水库坝址处无完整水文实测资料系列，故本工程导流标准采用4级建筑物对应的重现期20年的洪水标准，其对应的洪峰流量Q=82.5 m³/s。

坝体临时断面挡水期，拦蓄库容达0.05亿m³，根据《水利水电工程施工组织设计规范》（SL303规定，坝体施工期临时度汛洪水标准为50～20年，由于本工程设计洪水重现期为50年，坝体施工期临时度汛洪水标准采用重现期30年，相应洪峰流量103 m³/s。

根据工程枢纽布置、工程规模、施工条件的要求和意见，施工总工期定为4年。全年有效工期7个月左右，主要为4月初至11月初，而主汛期为4月至5月下旬，经分析一个枯水期内永久建筑物不能修筑至汛期洪水位以上，根据坝址处水文、地质及河谷地形条件，经综合分析确定采用河床一次断流，上下游围堰全年挡水，左岸导流洞泄洪的施工导流方式。

③导流建筑物布置

阿不都拉水库工程于2014年8月20日开工建设，2018年6月坝体与挤压边墙同步填筑至设计顶高程，预计2018年年底主体工程完工。枢纽工程在整个施工期内将经历四个汛期。由于工程开工时间的推迟及其他原因，导流洞完工时间比原计划有所滞后，出现导流时段划分和导流程序与实际不符的情况，难点就是截流后至次年汛期之间有效施工期可能不能满足上游围堰填筑的工期要求，围堰填筑将不能抢至设计高程，围堰未能按时完成会直接影响到2016年汛期由上下游围堰挡水、导流洞泄流，完成大坝河床段基础处理方案的实施，影响工程整体进度计划。

为解决截流后有限施工期内围堰抢不至设计高程的难题，经过技术经济比选和反复论证后提出了解决方案，可保证在2016年汛前提前完成上游围堰填筑，提前开始大坝基础处理，降低安全风险，加快施工进度。

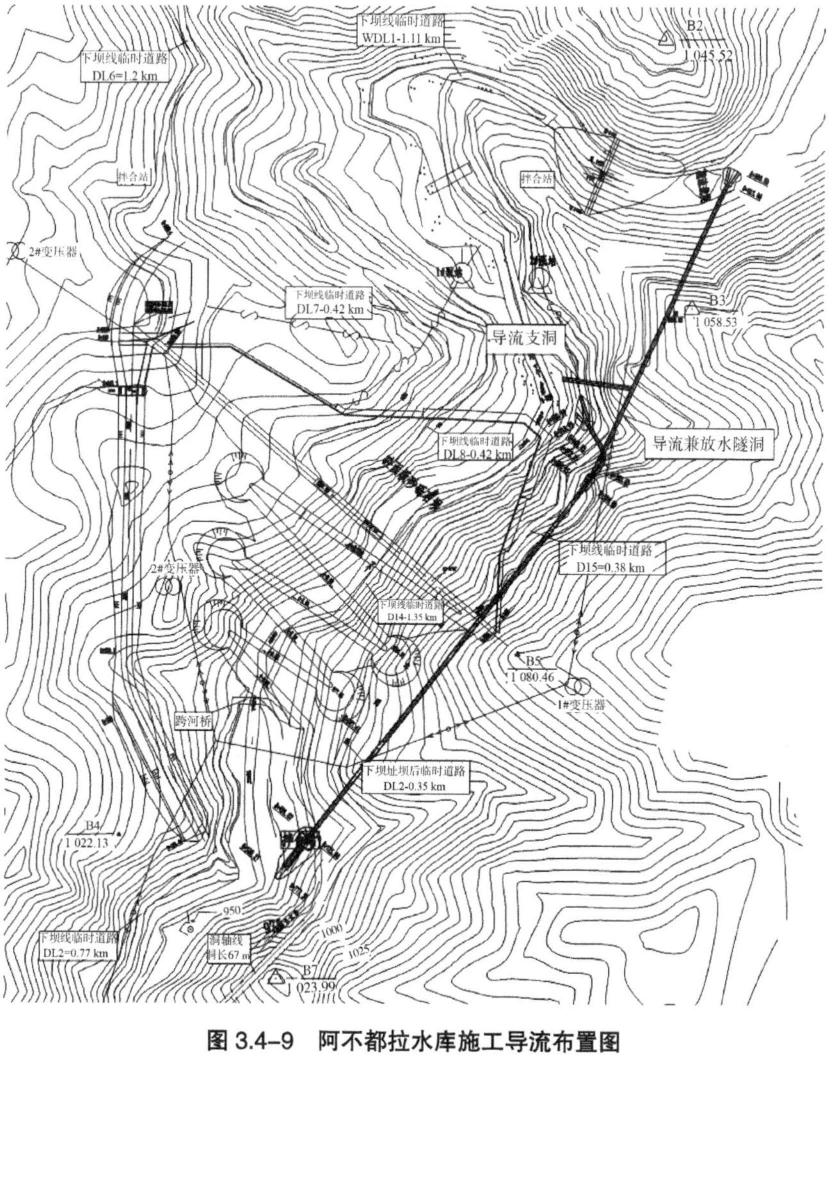

图 3.4-9　阿不都拉水库施工导流布置图

本工程导流建筑物由上下游围堰、导流隧洞组成。导流隧洞位于左岸山体内，与放水隧洞结合布置，洞身段长350 m，横断面为圆型，直径为2.5 m，在0+350桩号处与放水隧洞合并为一洞，大坝填筑完成后对导流隧洞永久性封堵。上游围堰位于坝轴线上游380 m处，采用砂砾石填筑、土工膜防渗，土工膜底部设阻滑墙与基岩相连，最大堰高29 m。

为加快施工进度，提前开始大坝河床段基础处理，需提前完成大坝上游围堰填筑，因此为保证大坝上游围堰能够在导流隧洞工程未完成的前提下填筑，在总体导流方案的基础上，提出导流隧洞内新增一段导流支洞，提前进行导截流的附加方案。具体方案为：在导流隧洞桩号0+165处右侧新增一段导流支洞，在导流隧洞桩号0+165下游5 m处进行临时封堵，临时封堵段后段继续抢修，当导流隧洞工程具备过水条件，大坝上游围堰工程已施工完成，可对导流支洞采取永久封堵措施，同时拆除导流隧洞临时封堵。在围堰施工期由加固后的截流堤挡水，导流洞前段+导流支洞泄流。导流支洞长101 m，断面为3.3×3.3 m城门洞型，临时封堵段长度10 m。导流洪水标准为重现期20年，其对应的洪峰流量为枯水期Q=19.8 m^3/s。经过增加上述导流附加方案，保证了大坝上游围堰能够在导流隧洞工程未完成的前提下填筑完成，2016年汛期使导流洞顺利泄洪，避免大坝基坑被洪水淹没的风险。

④结论

对于严寒地区布置在狭窄“V”型河沟内的混凝土面板砂砾石坝的基础处理而言，由于坝址处施工空间狭窄、截流后有效工期较短，具有施工布置困难、前后工序干扰大、施工强度高、工期紧张等特点。如果导流洞与永久泄洪洞结合布置，并施工条件比较复杂等原因，存在工期滞后的情况下，将影响整个导流度汛方案的顺利实施。在这种特殊的施工条件下，等导流洞具备通水条件后进行截流、围堰填筑，再进行大坝基础处理的常规施工程序和进度安排可能存在问题，将会出现上下游围堰在一个枯水期内抢不至设计高程，而汛期基坑被淹没或大坝基础处理滞后，影响大坝进度计划等问题。

为解决截流后的有限施工期内围堰抢不至设计高程的难题，在导流隧洞工程未完成的前提下，采用在导流隧洞内新增一段导流支洞，提前进行导截流的附加方案，使上游围堰能够在未完工的导流隧洞工程几乎同步施工，将达到围堰在次年汛前的一个枯水期内施工完成，保证大坝基础处理在围堰保护下在干地上正常施工，降低安全风险，加快施工进度。本工程所采用的导流隧洞内新增一段导流支洞的导流方案，使上游围堰能够在导流隧洞工程几乎同步施工，为上游围堰赢得宝贵的施工时间，将达到围堰在次年汛前的一个枯水期内提前完成，并保证第二年汛期来临之前大坝基础处理在围堰保护下在干地上正常施工，降低基坑将被淹没的安全风险。本工程对于布置在严寒地区狭窄“V”型河沟内混凝土面板砂砾石坝工程施工导流设计提供一种新的设计理念和方式。

3.4.2 坝型与泄水建筑物布置

3.4.2.1 消能形式

新疆有着丰富的水利水电资源，中小河流众多，中型水利水电工程的特点：一是水库库容在1 000万m^3～10 000万m^3之间，水库坝高一般在百米及以下为多，可供借鉴的经验较多；二是新疆河流的水文特性是每年汛期（6月～8月）径流量占全年河流来水量的70%以上，该时段泄洪频繁，给泄水建筑物消能防冲提出很高的要求，而其他时段水库及电站基本为正常下泄工况；三是河流泥沙问题较为突出，对建筑物底板磨损严重，个别已建工程经常需要维护泄洪洞或表孔溢洪道的底板。因此，需要根据各工程不同的特点和具体条件，积极探索采用经济高效的新型消能工，以节省工程投资。

泄水建筑物的类型和布置，受地形地质条件的限制常决定了挡水建筑物所采用的坝型。从任务来看，泄水建筑物主要承担泄洪、输水、排沙、放空水库、施工期导流等功能。有单一的泄洪洞（道），也有承担多个功能的泄洪洞。

如图3.4-10所示一溢流坝，单宽流量q=80 m^3/sm，上下游水位差为ΔZ=60 m，若不计流速水头及坝面能量损耗，上下游能量差近似等于上下游水位差，即ΔE=60 m。那么单位宽度河床上每秒钟应消除的能量$N=\rho gq\Delta E$=9 800×80×60=47 000 000 W=47 000 kW，也是我们通常所说的泄洪功率。

相对南方中小河流而言，新疆大多数河流兴建的水库其泄洪功率并不是很大，相比较而言泄水建筑物的“体量”在工程总投资中所占比重相对较小。消能是泄水建筑物设计的重点，一般中型以上工程都需要进行水工模型试验，消能的方式也在不断发展，如粗糙坡面消能、宽尾墩联合消能工、消能井等内消能工、收缩式消能工、阶梯溢洪道、齿墩型内消能工、多股多层水平淹没射流等。

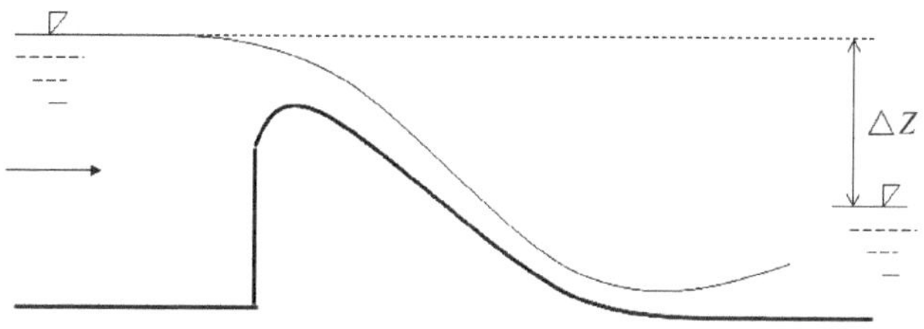

图 3.4-10　溢流坝泄水示意图

1. 常见消能形式

（1）底流式消能：在建筑物下游采取一定的工程措施，控制水跃发生的位置，通过水跃产生的表面旋滚和强烈的紊动来消除余能。这种衔接消能方式中，高流速的主流位于底部，故称为底流型衔接消能。对各种地质条件的适应能力强。但是底流消能的消力池的投资往往比较大，甚至能占到泄水建筑物总投资的40%。底流消能主要用在中小型水利工程中，大型工程中用的不多。

图 3.4-11　底流消能示意图

消能效果不理想或不能满足泄水建筑物消能要求时，常常需要通过加设各种各样形式不同的辅助消能工这一途径来解决。如加大建筑物下游水深，或者降低护坦高程，在下游形成消能池（图3.4-12a），或者在护坦末端修建消能坎来壅高水位，使坎前形成消能池（图3.4-12b）

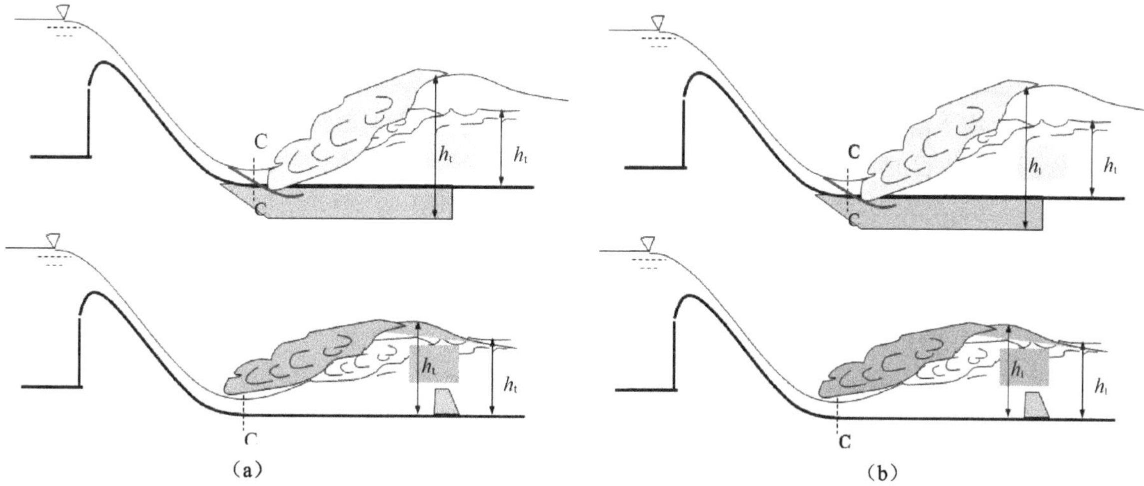

图 3.4-12　改进的消力池结构形式

（2）挑流式消能：将水流挑射至远离建筑物的下游，使下落水舌对河床的冲刷不会危及建筑物的安全。下泄水流的余能一部分在空中消散，大部分在水舌落入下游河道后被消除。挑流型衔接消能就是利用下泄水流所挟带的巨大动能，采用挑流鼻坎因势利导将水挑射空中，后跌落在离建筑物较远的下游，使射流所造成的冲刷坑不会危及水工建筑物的安全。下泄水流的余能一部分在空中消散，大部分则在水股跌入下游冲刷坑水垫塘之后，通过水股前后两侧的水滚而消除。通常在下游可不修建护坦防冲工程，因而泄水建筑物的工程量较小。挑流消能产生的雾化比较严重。随着坝工建设的蓬勃发展，各具特色的挑坎型式陆续产生并被工程采用，其中连续坎、差动坎、斜挑坎、扭曲坎和窄缝坎5种挑坎型式应用较广。

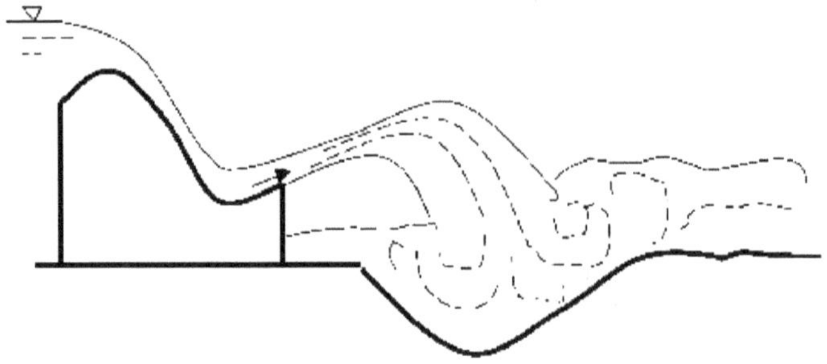

图 3.4–13　挑流消能示意图

（3）面流式消能：将下泄的高速水流导向下游水流的上层，主流与河床被巨大的底部旋滚隔开。余能主要通过水舌扩散，流速分布调整及底部旋滚与主流的相互作用而消除。面流型衔接消能就是在建筑物的出流部分采用跌坎，将泄出水流导入下游水域表层（当然要求下游水深比较大而且比较稳定），主流和河床之间由巨大的底部漩滚隔开，避免了高速主流对河床的冲刷。余能主要通过水舌扩散、流速分布的调整以及底部漩滚主流之间的相互作用而消除。由于衔接消能段高速主流位于表层，故称为面流型衔接消能。

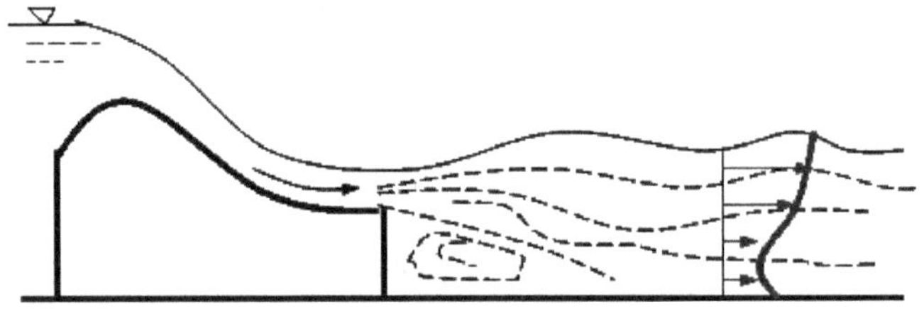

图 3.4–14　面流式消能示意图

2. 常见消能形式与下游的衔接

按照泄出水流与尾水及河床的相对位置，可以将常见的衔接消能方式分为如下三种基本形式。

（1）底流式消能与下游衔接

就是在建筑物下游采取一定的工程措施，控制水跃发生的位置，通过水跃产生的表面旋滚和强烈的紊动以达到消能的目的。

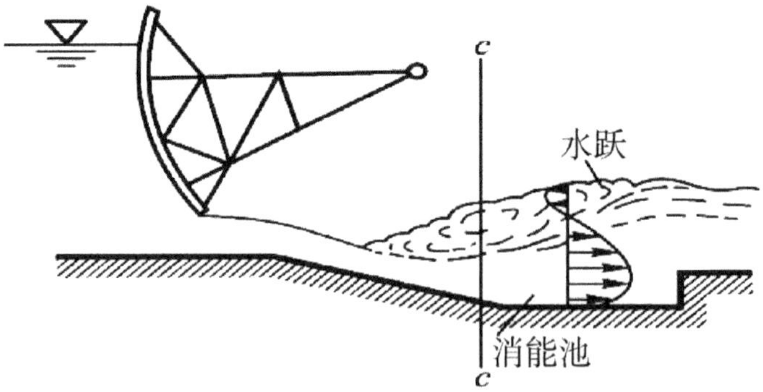

图 3.4–15　底流式消能与下游衔接示意图

（2）挑流式消能与下游衔接

利用下泄水流所挟带的巨大动能，因势利导将水流挑射至远离建筑物的下游，使下落水舌对河床的冲刷不会危及建筑物的安全。

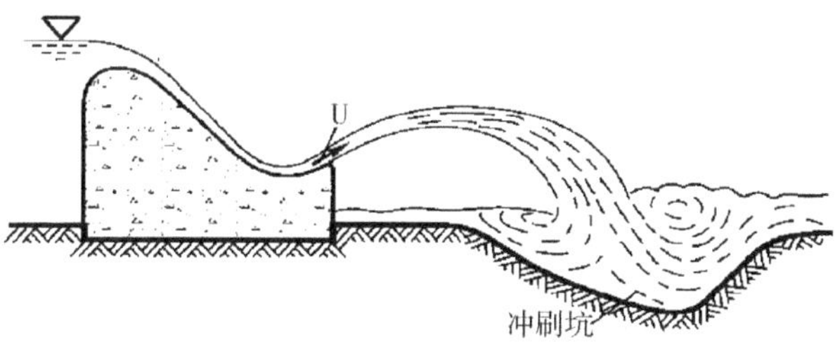

图 3.4-16 挑流式消能与下游衔接示意图

挑流鼻坎型式有连续式和差动式两种。连续式鼻坎设施简单，不易气蚀，在相同水力条件下，挑距比差动式稍远，但水舌较集中，空中扩散较差，对河床冲刷较深。在挑流鼻坎内设置通气孔主要是为了避免挑流时高水流带走水舌下面的空气而形成真空，影响挑射距离。泄水建筑在泄洪时，挑流鼻坎表面要承受高速水流的冲刷，磨损很大。而许多工程因施工等原因，挑流鼻坎表面不平整，混凝土强度及耐磨达不到设计要求，经常造成鼻坎表面混凝土脱落，钢筋裸露，影响工程正常运行。

(3)面流式消能与下游衔接

当下游水深较大而且比较稳定时，可采取一定的工程措施，将下泄的高速水流导向下游水流的上层，主流与河床之间由巨大的底部旋滚隔开，可避免高速主流对河床的冲刷。余能主要通过水舌扩散，流速分布调整及底部旋滚与主流的相互作用而消除。

工程应用当中有时需结合具体工程的需要，将三种消能方式结合应用。下图采用消能戽就是一种底流和面流结合应用的实例。戽流型衔接消能是在溢流坝末端建造一个具有较大反弧半径和挑角的形同戽勺的鼻坎，下泄水流由于受到下游水位的顶托，在戽内形成表面漩滚，主流则仍然贴着戽壁沿鼻坎挑起，形成涌浪，并向下游扩散，同时在鼻坎下产生一个反向漩滚，涌浪后面产生一个微弱的表面漩滚，即“三滚一浪”是戽流型衔接消能的典型流态。其余能主要是依靠戽内漩滚、鼻坎下底部漩滚以及涌浪后的掺气和扩散过程来消除。此种消能方式对河床地质条件的要求稍高于底流消，能并对岸坡的稳定性亦有较高要求。

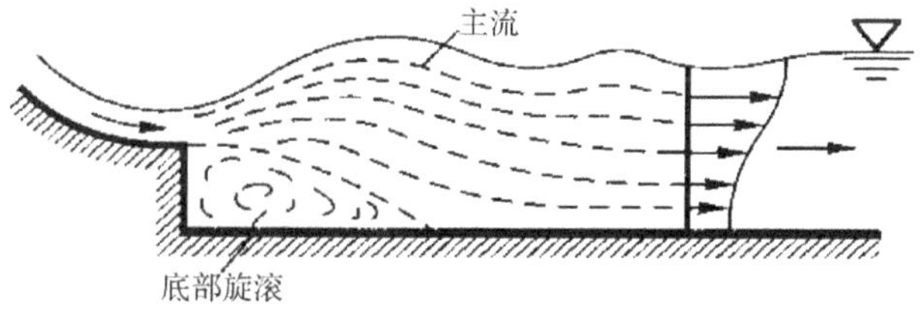

图 3.4-17 面流式消能与下游衔接示意图

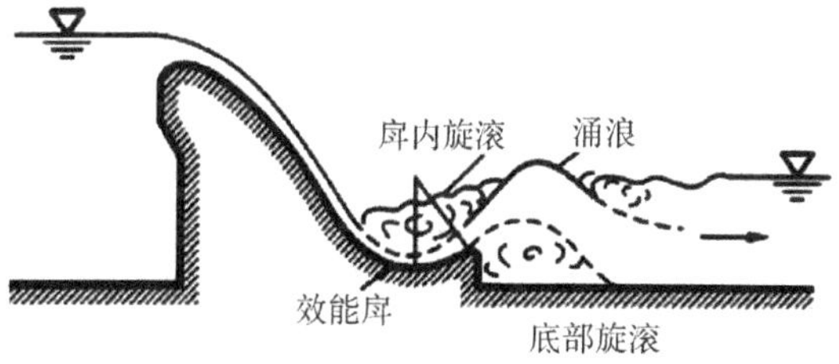

图 3.4-18 底流、面流组合式消能与下游衔接示意图

工程实际中，消能方式的选择是一个十分复杂的问题，必须结合具体工程，兼顾水力、地形、地质及应用条件进行综合分析选定。

简单的水跃式消力池适用于超过 10 m 或者是水头差在 30 m 到 50 m 之间的情况。在 10 m 到 30 m 水头差范围，消力墩将会增强水跃，造成一个较小的消力池，从而节约了建筑造价。

超过 30 m 的水头差后，空化和剥蚀的破坏就会变得显著起来。超过 50 m 以后，很多简单的消力池已经失去作用，而一些自由射流或挑流鼻坎的布置或许比较好。

当泄水建筑物下游出现远离式水跃时，需采取一定的工程措施，通过增加下游水深，使之形成稍有淹没的淹没式水跃，从而达到缩短护坦的长度，在较短距离内消除余能的目的。为此，可采用下列工程措施消力池、消力墙、综合式消力池。

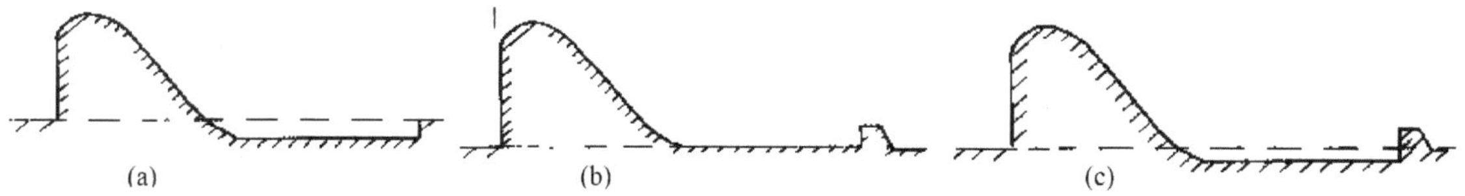

图 3.4-19 不同类型的消力池

3. 特种消能形式

(1)宽尾墩

宽尾墩可以加强水流的横向分散和掺气，并且可以与其他消能型式联合应用。目前这种消能工与挑流底流戽流等消能型式相结合已成功的应用于多项工程中。宽尾墩过流的特点：水流与空气的接触面积增大，增加了水流的掺气量和水流的紊动，有利于坝面的防蚀；水舌大量掺气，使下游水垫单位面积上的水流冲击力大大减小，减轻了对河床的冲刷。

(2)掺气分流墩

为了缩短消力池长度，减小消力池的深度，以降低泄水建筑物造价，早期人们在消力池中加设了各种各样的墩坎等辅助消能工，以达到控制水跃、分散水流、加强紊动剪切和混掺的目的。由于消能墩的局限性，到二十世纪七十年代人们突破了仅在池内设消能工的方式，开始在消力池前的陡坡上设置消能工。此种在消力池前的陡坡上设置的，起分流掺气作用的墩，就称之为掺气分流墩。它的运用，可以有效的改善消力池的流态，提高了消能效果。

(3)台阶式坝面消能工

通常，为了使溢洪道能顺利过流，溢洪道泄槽常采用光面混凝土，光面泄槽的摩阻力小，水舌在溢流面上流过时消耗的能量很少，绝大部分的能量要在泄槽末端消能工中消除，因此要求下游设置庞大的消能工。这样一方面增加了下游消能工的压力，另外还要充分考虑溢洪道与下游消能工的布置问题。为了寻觅更为经济合理的溢流泄槽形式，从二十世纪七十年代开始，台阶式泄槽溢洪道开始被研究，并逐步应用到实际工程中。

(4)多级消能工的联合运用

在很多工程中，仅用一种消能方式消能往往不能达到理想的效果，因此，在实践中各种消能工的联合使用便越来越普遍的受到了重视。有多级消力池共同消能、消力池+宽尾墩联合消能、消力池+低坎分流墩联合消能、阶梯消能+消力池联合消能。如小山口水电站采用了“表孔宽尾墩+底孔+底流挖深式消力池”的组合式效能工。

3.4.2.2 不同坝型的泄水建筑物

1. 重力坝枢纽

对于混凝土或浆砌石重力坝枢纽，通常采用河床式溢洪道(溢流坝段)作为主要泄水建筑物，而取水建筑物及辅助的泄水建筑物采用设置于坝体内的孔道或开凿于两岸山体中的隧洞。泄水建筑物的布置应使下泄水流方向尽量与原河流轴线方向一致，以利于下游河床的稳定。沿坝轴线上地质情况不同时，溢流坝应布置在比较坚实的基础上。

重力坝的泄水主要方式有开敞式和孔口式溢流，开敞溢流式的堰除了有较好的调节性能外，还便于设计和施工，同时这种形式的堰在我国应用广泛，有很多的工程实践经验。

在含沙量大的河流上修建水利枢纽时，泄水及取水建筑物的布置应考虑水库淤积和对下游河床冲刷的影响，一般在多泥沙河流上的枢纽中，常设置大孔径的底孔或隧洞，汛期用来泄洪并排沙，以延长水库寿命；如汛期洪水中带有大量悬移质的细微颗粒时，应研究采用分层取水结构并利用泄水排沙孔来解决浊水长期化问题，减轻对环境的不利影响。

2. 拱坝枢纽

一般采用拱坝的坝址河谷均比较狭窄，大多优先考虑坝身及泄水建筑物布置，发电厂房可以考虑坝后式、厂顶溢流式或岸边地下厂房，甚至也可以考虑引水式布置形式。与重力坝相比不同之处主要在于泄水建筑物的消能。

3. 土石坝枢纽

土石坝枢纽一般均采用河岸溢洪道作为主要的泄水建筑物，而取水建筑物及辅助的泄水建筑物，则采用开凿于两岸山体中的隧洞或埋于坝下的涵管。若两岸地势陡峭，但有高程合适的马鞍形垭口，或两岸地势平缓且有马鞍形山脊，以及需要修建副坝挡水的地方，其后又有便于洪水归河的通道，则是布置河岸溢洪道的良好位置。如果在这些位置上布置溢洪道进口，但其后的泄洪线路是通向另一河道的，只要经济合理且对另一河道的防洪问题能做妥善处理的，也是比较好的方案。对于上述利用有利条件布置溢洪道的土坝枢纽，枢纽中其他建筑物的布置一般容易满足各自的要求，干扰性也较小。当坝址附近或其上游较远的地方均无上述有利条件时，则常采用坝肩溢洪道的布置形式。

3.4.3 重力坝泄水建筑物布置

3.4.3.1 表孔溢流坝段的布置

溢流坝段布置应尽可能布置在河床中央；尽可能采用开敞式溢流孔（溢流坝）；泄洪建筑物在平面上的布置应不影响电站、取水建筑物、船闸等正常运行的要求。

溢流曲线由顶部曲线段、中间直线段和底部反弧段三部分组成。一般要求有较高的流量系数，泄流能力大；水流平顺，不产生不利的负压和空蚀破坏；由于溢流坝下泄的水流具有很大的动能，常高达几百万甚至几千万kW，如此巨大的能量，如不妥善处理，势必导致下游河床被严重冲刷，甚至造成岸坡塌滑和大坝失事。所以消能措施的合理选择和设计对枢纽布置、大坝安全及工程量具有重要意义。

消能设计的基本原则是：

1）尽量使下泄水流的大部分动能消耗在水流内部的紊动中，以及水流与空气的摩擦上；

2）不产生危及坝体安全的河床或岸坡的局部冲刷；

3）下泄水流平稳，不影响枢纽中其他建筑物的正常运转；

4）结构简单，工作可靠，工程量小。

3.4.3.2 坝身泄水孔的布置

枢纽泄水建筑物由溢流坝及泄水孔共同承担，则一般溢流坝布置于河床中央，泄水孔布置于溢流坝侧。按高程分布的不同，泄水孔分中孔、深孔、底孔。其中，中孔和深孔承担泄洪任务，底孔有泄洪、排沙、放空水库及施工期导流的任务。坝顶溢流孔具有超泄能力强、运行不够灵活、工作水头低、可靠的特点，而泄洪中（深）孔则具有运行灵活、超泄能力弱、工作水头高、可靠性要求高的特点。

进口设置：中孔一般位于大坝1/2坝高附近；深孔位于大坝1/2坝高以下；底孔位于水库死水位以下。

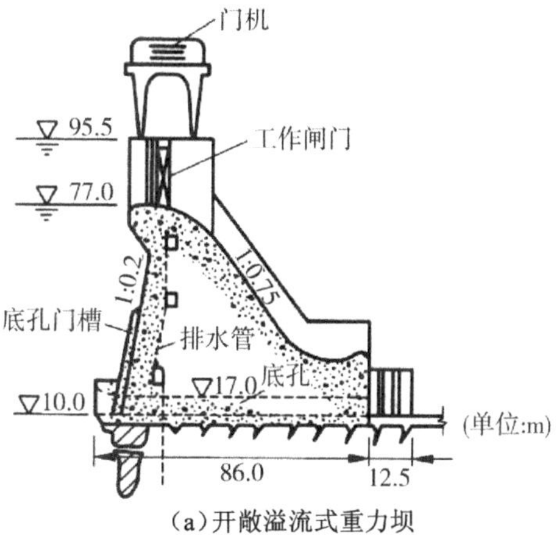

（a）开敞溢流式重力坝

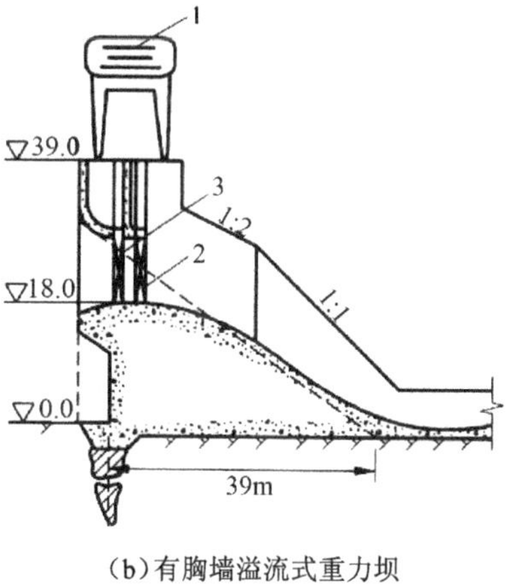

（b）有胸墙溢流式重力坝

1-门机；2-工作闸门；3-检修闸门

图 3.4-20 重力坝泄水孔布置

坝身泄水孔布置：承担排沙任务的泄水孔应靠近发电（灌溉、供水）进水口，其进口高程是枢纽泄水建筑物中位置最低的；其他泄水孔的位置根据泄洪要求而定。

泄水孔进口高程确定：根据承担任务设置，泄水孔型式分为有无压和有压两种。对于无压孔其工作闸门设在坝身（大多数情况下）；对于有压孔其工作闸门设在坝体外。

3.4.3.3 溢流坝段台阶式消能

台阶式溢流坝就是利用溢流坝台阶段对水流的阻力，使下泄水流在台阶之间形成水平轴旋滚，并与坝面主流发生强烈的混掺作用，迫使水流产生强烈的紊动，大量掺入空气，从而达到消能的目的。目前国内外对台阶式溢流坝和溢洪道开展了大量的研究工作，已建或在建的台阶式溢流坝和溢洪道已近百座。但工程应用以及目前的研究均表明，单宽流量g ≤ 10～15 $m^3/(s \cdot m)$条件下，有较好的消能效果及较优的水力特性。而对单宽流量$q>20\ m^3/(s \cdot m)$，是否能够选择合适的台阶布置型式，以达到消能效果好和水力特性优的效果。有关单位对此进行了水工模型试验研究。

表 3.4-5 典型台阶消能工程统计表

工程名称	地区	坝高/m	台阶高/m	最大单宽流量/[m^3·(s·m)]	泄槽宽/m
扎依雅克	南非	47	1.00	15.6	160
朴多马亚	委内瑞拉	77	0.60	21.7	
布尔东峡	澳大利亚	26	1.20	55.0	160
内斯阿列维迪斯	法国	36	0.60	6.6	40
上静水	美国	91	0.61	11.6	183
大朝山	中国	111	1.00	23.8	
百色	中国	130	0.90	120.0	

吉林台二级枢纽工程水库总库容0.32×10^8 m^3，正常蓄水位1 282.0 m，死水位1 276.0 m，调节库容0.10×10^8 m^3，最大坝高73.2 m，电站装机容量50 mW。

枢纽主要由挡水大坝、发电引水洞和电站厂房等组成。挡水大坝为混合坝，溢流表孔、导流兼泄洪底孔、生态基流兼灌溉放水中孔布置在混凝土重力坝段，引水发电系统和电站厂房布置在河道的左岸。

生态基流兼灌溉放水中孔布置在右岸阶地，位于⑧号重力坝段上，轴线桩号坝0+119.000 m，由进口闸井段、泄槽消能段、底流消能段、衔接段、生态基流放水系统、灌溉引水系统等建筑物组成。放水孔最大设计流量41.45 m^3/s，其中生态基流设计流量34.95 m^3/s，灌溉引水设计流量6.5 m^3/s。⑧号坝段坝高51.5 m，泄槽宽2.5 m，最大单宽流量16.58 m^3/(s · m)。泄槽堰面曲线由抛物线段、斜坡段和反弧段构成。泄槽段台阶消能布置：高程1 268.100～1 249.700 m之间，布置内凹式连续台阶，共计23级。单级台阶步高0.8 m，步长沿泄槽堰面曲线变化，保证台阶阳角与曲线相切。

水工模型试验表明，生态基流兼灌溉放水中孔溢流堰的抛物线型堰面及台阶高度设计合理，各部位的水深、流速、压力分布合理。水流经过台阶时可以观察到气泡、旋滚；上游库水位为设计水位1282 m时，测点1(0+005.4 m)出现绝对值较小的负压(-0.143 m)以外，均无负压产生，发生空化空蚀的可能性很小。台阶式消能与底流消能结合方式消能效果较好，消能率达到90%以上，消能段下游生态基流放水闸及灌溉引水闸过流平顺。

3.4.3.4 悬栅式消能工消能

1. 悬栅消能工

悬栅消能工一般悬于泄水陡坡或消力池内，当急速水流从悬空布置在消力池内的悬栅栅条上下表层边壁通过时受栅条阻挡，借助悬栅本身的阻水作用，将经过悬栅上下边界的水流分割为上下两股水流，上股水流急速上扩过栅，下股水流急速收缩过栅，经过两股水流绕栅流动，加之急速扩散、收缩，在悬栅周边形成水流漩涡区，栅条上下两股水流汇合并与漩涡区水体发生碰撞、剪切和混掺及动量交换，池内水流紊动剧烈，将上游水流携带的巨大动能损失消耗和转化，水流多次经过悬栅消减能量加之水面破碎掺气，消能效果更为突出，当水流流至消力池尾部时，其携带的大部分动能被消散，转换成热能等其他形式的机械能，使其下游建筑物免遭冲刷破坏。

为了提高消力池消能效果，消减消力池深度和长度，常在消力池设置分流趾墩、消力墩及尾槛等辅助消能工，对于兼顾排沙而不宜采用趾墩等辅助消能工的底流消力池，在池内布置悬栅是有效可行的解决方法；对于采用梯形墩或T形墩等消能效果不理想的大单宽流量表孔溢洪道消力池，通过在消力池内设置悬栅可以很好改善池内水流条件，稳流消能效果明显。悬栅消能工具有结构简单、消能率较高、稳流消能效果好、降低池内水深等优势，正在逐渐成为特殊条件下消力池内新型辅助消能工的选择，具有明显的优势和广阔的应用前景。

小石峡水电站深孔泄洪洞、五一水库深孔泄洪洞采用了此种形式，取得了良好的消能效果。

2. 小石峡深孔泄洪洞悬栅消能

小石峡水电站工程由大坝、表孔溢洪道、导流兼深孔泄洪洞、发电引水洞及岸边式电站厂房组成。根据地形条件和泄洪安全运用要求，采用表孔溢洪道、导流兼深孔泄洪洞组合泄洪，导流兼深孔泄洪洞施工期导流，运行期作为永久泄洪洞，且兼有冲沙和放空水库的功能，它与发电洞一起布置在左岸，为有压洞。导流兼深孔泄洪洞设计流量为740 m^3/s，校核流量为783 m^3/s。进口引渠长268.797 m，采用复式断面，与发电洞进口引渠联合布置。进口闸井底板高程为1 437.00 m，闸井顶部高程为1 483.30 m，事故门孔口尺寸为7.0 m×9.0 m，洞长为222.886 m，纵坡i=0.024 1，采用圆形断面，内径为7.0 m，混凝土衬砌厚度为0.6 m。出口闸井底板高程为1 432.00 m，工作门孔口尺寸为6.0 m×5.5 m，采用弧形钢闸门。工作门闸井后接出口消能段，采用底流消能方式。消力池底板高程为1 422.50 m，池深8.0 m，池宽14 m，池长89 m。

由于库水位较高，库水位的变化对导流洞进口及闸后消力池的水流流态和消能效果影响很大。因此，需通过水力学模型试验对设计方案进行验证，并根据试验结果来确定最终的消能方式及消能工尺寸。

(1)原方案试验

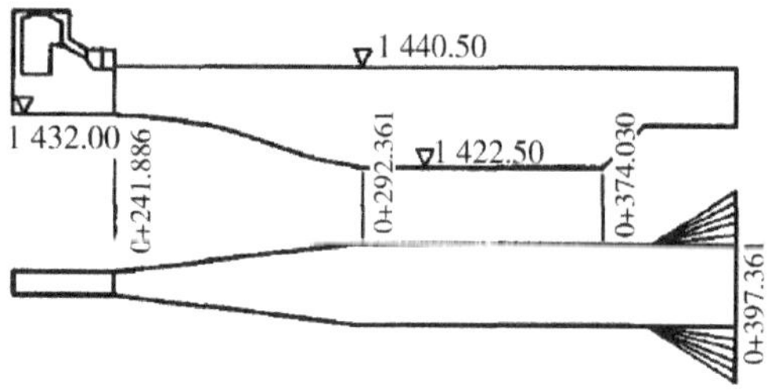

图 3.4-21 导流兼深孔泄洪洞结构布置图

原方案消力池布置见图3.4-21。试验表明，当库水位为设计洪水位1 480.00 m、导流兼泄洪洞通过流量为777.85 m^3/s时，由于消力池内水跃为淹没水跃，跃前断面发生在陡坡段0+278.64断面。陡坡段最大水深为9.22 m，水位为1433.82 m，低于墙顶高程1 440.50 m。但由于水跃旋滚区与闸后射流相叠加，陡坡段水流脉动剧烈，强烈紊动产生的压力脉动可能诱发护坦的振动和破坏，并使结构产生随机振动。水流剧烈紊动使水花溅起，跃出边墙，如图3.4-22所示。当库水位降低或闸门局部开启流量较小时，这种现象越发明显。闸孔出流流速随之减小，下泄水流动能减小，不能平衡下游水深的阻滞作用，使消力池内的淹没式水跃跃前断面位置随着库水位的降低不断向上游移动，即向闸井靠近，随着淹没度的增大，闸门可能被淹没，此种水流流态对闸门的结构和启闭是不利的。

实测校核洪水位和设计洪水位下导流兼泄洪洞泄洪时消力池内水流翻腾滚动，在消力池出口至下游河道产生周期性的涌浪，涌浪高度随库水位的升高而增大。由试验测得，库水位为校核洪水位和设计洪水位时池内最大水深分别为19.20 m和18.97 m，发生在断面0+339.030 m和0+350.690 m处，水位分别为144.170 m和144.147 m，均高于边墙顶高程1 440.50 m(图3.4-22)。

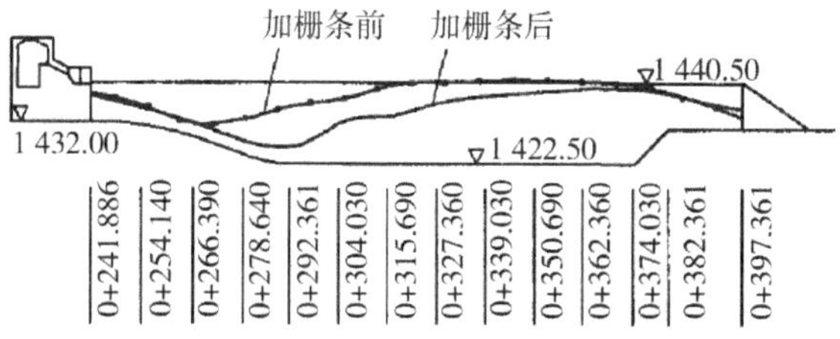

图 3.4-22 方案修改前后设计洪水水面线对比

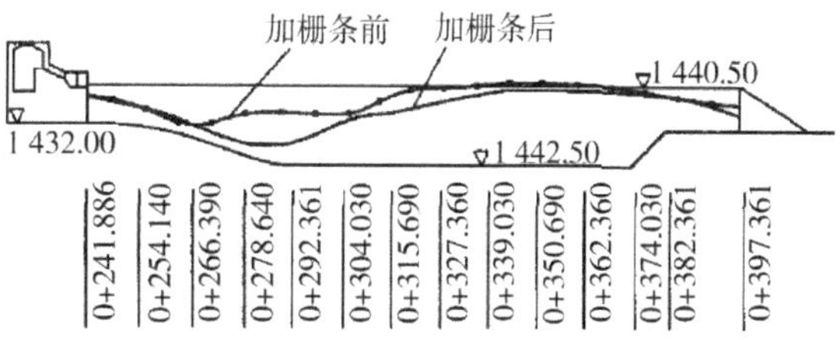

图 3.4-23 方案修改前后校核洪水水面线对比

(2)优化方案试验

原设计方案试验结果表明：无论库水位高低，导流兼泄洪洞闸后陡坡段水流脉动剧烈。消力池段通过设计洪水和校核洪水时，水流翻腾滚动剧烈，形成涌浪跃出边墙。为了削弱陡坡段和消力池内水流的剧烈脉动，稳定水流，且同时考虑到发电洞"门前清"的要求，即导流兼泄洪洞除了宣泄洪水外还兼顾着排沙任务，避免泥沙进入发电洞，保证导流洞排沙顺畅，决定采用悬栅式消能工对消力池进行优化。

悬栅式消能工系新疆农业大学水力学课题组成员研究的一种新型消能工，主要应用于泄水陡坡上水流能量削减，将栅条按照同一安装高度布设，并悬于陡坡底之上，水流分别从悬空设置的悬栅栅条上下通过，栅条本身对水流有摩阻作用，造成水流能量损失。通过多组次、不同栅高和不同栅距的悬栅消力池泄水试验，发现按照传统的布设方式，即将悬栅栅条按同一安装高度布置，对改善消力池内的流态有显著作用，但是闸后仍然发生淹没度较大的淹没水跃，陡坡段水流剧烈脉动现象基本没有改善。同时，如果悬栅沿水流方向长度较短或放置于水跃末端，将起不到平稳池内水流翻滚的作用。经优化试验，将悬栅的起始端设置于闸后陡坡段末端，悬栅总长为35.18 m，在水跃旋滚区栅条的密度稍大些，跃后区栅条的密度稍小些。水跃区栅条安装高度距消力池底板7.12 m，随着水跃跃高安装高度逐渐增加为8.83 m。悬栅宽度与池宽相同，断面形状为矩形，尺寸为17.5 m×1.05 m。

在设计洪水位和校核洪水位闸门全开时进行试验，加悬栅前后不同工况下导流洞明流段水面线对比见图3.4-23。从图中可以看出，加悬栅后闸后水面线明显低于加悬栅前，陡坡段和消力池内水流脉动减小：在通过设计洪水777.85 m^3/s和校核洪水794.48 m^3/s时，陡坡段最大水深由加悬栅前的9.22 m和7.93 m降低至6.03 m和5.73 m；消力池段最大水深由加悬栅前的18.97 m和19.20 m降低至17.62 m和177.4 m，均小于设计边墙高度18.00 m。

从模型试验分析，无论库水位高低，设置台阶式悬栅后，水跃跃前断面位置均从原方案陡坡段0+270.780 m断面移至0+283.610 m断面，台阶式布置悬栅使水跃上部回流运动阻力增大，水跃上部回流旋滚区的回流流量减小，跃后水深降低，使水跃跃前断面向下游移动，形成稍有淹没式水跃。同时，台阶式布置悬栅起到了破碎水跃上部剧烈回旋运动的表面旋滚的作用，增大了回流区水流阻力，使陡坡段和消力池内水流脉动强度明显减弱，浪花溅起高度明显小于加悬栅前。

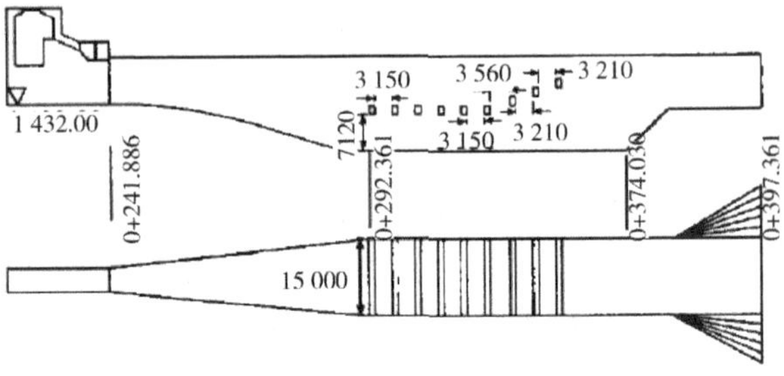

图 3.4-24　修改后消力池结构

以设计洪水位1 480.00 m和校核洪水位1 481.65 m情况为例，原方案消能率为53.7%、55.7%，加悬栅后修改方案相同工况下分别为54.1%、56.8%，相差很小。

原设计方案试验结果表明，无论流量大小，导流兼泄洪洞闸后陡坡段水流脉动剧烈，水流跃出边墙，消力池内水流脉动剧烈。为了防止护坦段在较大的动水荷载下发生振动和破坏，本文采用了不同于传统悬栅布置方式（即栅条安装高度相同）的台阶式布置，即在消力池水跃回流旋滚区采用了台阶式的悬栅布置方式，消力池上游部分栅条安装高度相同，下游栅条安装高度随水跃的发展逐渐抬高。试验表明，台阶式布置悬栅可有效地降低消力池内水深，使陡坡段和消力池内水流脉动明显减弱，浪花溅起高度明显小于加悬栅前。但是台阶式悬栅的布置形式对消力池消能率的影响很小。此类布置方式可为其他同类工程提供参考。

3.4.3.5　宽尾墩及消力池联合消能

1. 设计概况

小山口水电站工程主要是由左岸混凝土重力坝+右岸混凝土面板砂砾石坝、重力坝上布置泄洪溢流表孔、导流兼泄洪底孔和发电引水系统以及坝后式地面厂房等组成。水库总库容5 026万 m^3，最大坝高46.6 m，电站装机容量495 MW。水电站属中型Ⅲ等工程。大坝设计洪水标准50年一遇，洪峰流量1 277.50 m^3/s，经调洪演算后最大下泄流量1 210.88 m^3/s；校核洪水标准1 000年一遇，洪峰流量2 079.80 m^3/s，经调洪演算后最大下泄流量1 886.38 m^3/s。

表孔溢洪道河床覆盖层为砂卵砾石，厚约5 m～7 m，相对密度0.78，密实，透水性强；冲积砂砾石层以下为泥岩及砂岩互层，强风化层厚3 m～4.5 m，弱风化层厚8 m～12 m。岩石为软岩，强度低，水理性质不良，抗风化、抗水性差（软化系数<0.28），透水性弱，抗冲流速极低。溢流坝及消力池段基础位于基面之下10 m，为弱风化—新鲜岩体，海漫段基础大部位于砂砾石层上，海漫末端基础砂砾石层厚度2 m～2.5 m。

2. 溢流坝段联合消能工设计

（1）宽尾墩联合消能技术

宽尾墩与其他消能措施的联合消能中，宽尾墩加台阶式溢流坝是一种附加消能措施，由此改变了原有的消能机理及消能过程。其特点是将溢流坝闸墩尾部由常规的平尾改为宽尾，将溢流面由常规的光滑面改为台阶式，把堰顶原来的二元溢流水舌在墩尾加以收缩，迫使水舌沿坝面纵向扩展而成为堰顶三元收缩射流，同时加上台阶的强烈紊动作用，将大大加快紊流边界层发展到水面的进程，以上措施综合构成对片状水舌下部的突扩、突跌式的掺气作用，使水流充分掺气，既可使溢流坝面免遭空蚀，又提高了消能率。

这种新形态水流和各种传统消能流（底流、面流、挑流）联合运用，形成各种宽尾墩联合消能工，明显提高传统消能工的消能率，改善下游衔接流态，减少冲刷，尤其是和底流或戽流结合时，其效率更为显著，是解决大单宽流量、低佛氏数泄洪消能难题的一条新的有效途径。

（2）设计构想

设计洪水标准工况下，表孔泄量为842.28 m^3/s，底孔泄量为260.60 m^3/s，消力池末端单宽流量为286 $m^3/(s\cdot m)$。校核洪水标准工况下，表孔泄量1 334.02 m^3/s，底孔泄量为552.36 m^3/s，消力池末端单宽流量为49.0 $m^3/(s\cdot m)$。

综上所述，泄洪系统泄洪能量较大，而河床抗冲刷能力较低，若消能措施不当，势必造成下游河床严重冲刷，进而危及大坝及厂房的安全。那么，提高泄洪系统消能工的消能率就成为关键所在。因此，结合宽尾墩联合消能技术的应用，小山口水电站泄洪系统初步设计采用“表孔宽尾墩＋台阶式溢流面＋底孔＋综合式消力池”的联合消能方案。

（3）联合消能工设计

溢洪道布置在混凝土重力坝段，溢流堰采用WES实用堰，堰顶高程+34.50 m，单孔宽75 m，共3孔，采用平板工作门；导流兼泄洪底孔布置在混凝土重力坝段的3孔溢流堰之间，共2孔，进口底板高程+17.50 m，进口尺寸（宽×高）为3×45 m，出口尺寸（宽×高）为3×4 m，前期导流，后期泄洪。下游设综合式消力池，净宽385 m，长671 m，池底高程+4.50 m。在表孔闸墩的墩尾采用收缩角16.7°、收缩比0.68的对称“Y”型宽尾墩，在溢流坝下游坡比1:10的直线段采用10 m×10 m的台阶式坝面消能工。溢流坝段布置见图3.4-25，图中尺寸单位除高程以米计外，其他均以厘米计。

据泄洪系统的运行方式进行水力学模型试验研究。表孔溢流坝面宽尾墩后水流横向收缩，垂向展宽，流量越大垂向展宽越大，且造成两侧水流碰撞对冲，可消耗部分水流能量。阶梯坝面水流底层跌水和涡流现象明显，掺气较充分，具有一定的消能效果。

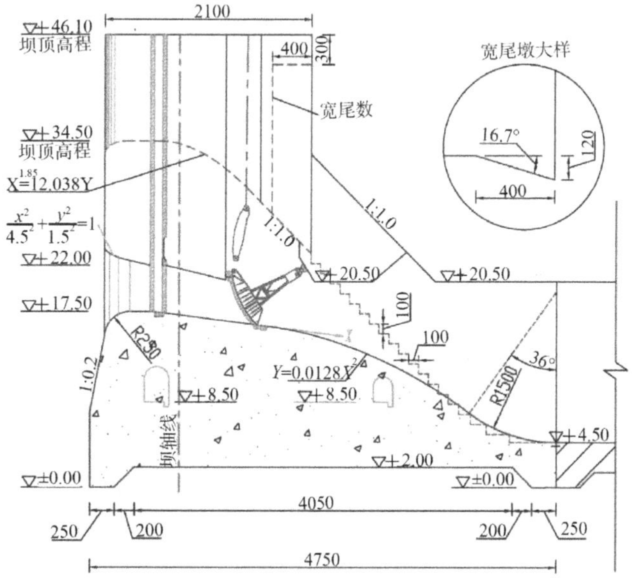

图3.4-25　小山口水电站溢流坝段布置图

对以上试验结果进行初步分析，得出以下结论：

①宽尾墩及阶梯坝面均有一定的消能效果。

②表孔大流量泄流时，溢流坝面流速较大，宽尾墩尾边角及阶梯坝面棱角可能会受到冲蚀。

③出池水流在防洪高库水位时，海漫末端断面平均流速较小，是由于这一级流量海漫下游局部冲刷较小，下游河道缓流可向上游影响到海漫，试验可观测到下游缓流影响的交界面。设计库水位和校核库水位时海漫末端流速增大的原因有两个，一是溢洪道泄流量较大，海漫下游局部冲刷较大，增

加了水流比降，所以流速增大；二是出消力池的水流由池尾坎发生又一次水面跌落，动能增加也导致流速增大。

3. 设计方案调整

为了验证不同的消能工对泄洪系统消能率的影响，依据以上设计试验成果，主要从以下两个方面进行优化对比试验：

（1）将坝面阶梯改为平面，并加高防冲板及海漫底高程，以观测海漫与消力池尾坎高差对海漫流态影响；观测对消能效果的影响。

（2）增加宽尾墩收缩比，观测消能效果。

①溢洪道坝面和防冲板底高程修改试验

修改阶梯坝面为平面，同时防冲板首端高程由+10.70 m抬高至消力池尾坎顶高程+11.50 m，亦即取消消力池尾坎，消力池型式由综合式调整为挖深式，海漫段底坡由1/500调整为1/20 000试验观测了防洪高库水位（+40.30 m）和设计库水位（+41.88 m）泄洪量的消能效果，初步整理资料发现，防洪高库水位时消能率为82.9%（修改前为82.19%）；设计库水位时消能率74.7%（修改前75.1%），与修改前基本相当。溢流坝面改为平面后，消能率应减小，但由于同时抬高海漫高程，减小了池坎水面比降，流速减小，动能减小，综合消能率与修改前基本相当。

②宽尾墩收缩比修改试验

将宽尾墩尾翼宽度由原设计1.2 m改为1.6 m,收缩角由16.7°改为21.8°，收缩比（收缩后坝面过流宽/收缩前过流宽）由原0.68改为0.57，试验观测了3种工况的泄洪状态，即防洪高库水位（+40.30 m）、设计库水位（+41.88 m）和1 000a一遇校核库水位（+44.22 m），发现增加收缩比后，比修改前溢洪道下泄相同流量时水位有升高，表明泄流能力受到影响，对库水位的影响随下泄流量的增加而减小。

适当降低宽尾墩收缩比有减小坝面单宽流量、提高台阶消能的效果，但本试验观测结果为，收缩比减小至0.57时，消能率与收缩前变化不明显，而且在设计工况还有收缩后水滴外溅，校核工况出现收缩水冠左右摆动、间歇外翻，故建议本设计宽尾墩收缩比应＞0.57，且≥0.63，或维持原设计不变。

③成果分析

通过以上试验研究，根据宽尾墩和阶梯坝面对泄洪系统消能率的影响程度，且考虑到表孔大流量泄流时宽尾墩尾边角及阶梯坝面棱角存在受到冲蚀危害的风险，宽尾墩尾边角采用半径为12 m圆弧与墩尾相接，收缩角17.5°，收缩比0.68，溢流坝面由阶梯改为平面，同时取消消力池尾坎，亦即小山口水电站泄洪系统采用“表孔宽尾墩＋底孔＋底流挖深式消力池”的联合消能方案。根据消能率观测计算，泄洪系统消能充分，各种泄洪工况时的消能率均在70%以上。设计采用宽尾墩体型见图3.4-26。

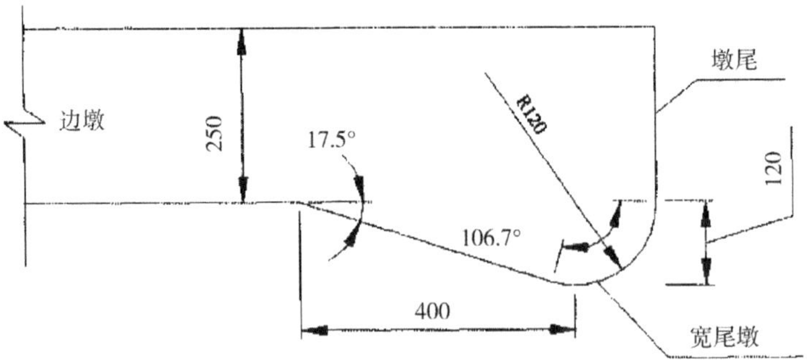

图 3.4-26 设计采用宽尾墩体型图

通过以上试验研究，根据宽尾墩和阶梯坝面对泄洪系统消能率的影响程度，且考虑到表孔大流量泄流时宽尾墩尾边角及阶梯坝面棱角存在受到冲蚀危害的风险，宽尾墩尾边角采用半径为12 m圆弧与墩尾相接，收缩角17.5°，收缩比0.68，溢流坝面由阶梯改为平面，同时取消消力池尾坎，亦即小山口水电站泄洪系统采用“表孔宽尾墩＋底孔＋底流挖深式消力池”的联合消能方案。根据消能率观测计算，泄洪系统消能充分，各种泄洪工况时的消能率均在70%以上。

实践证明,“表孔宽尾墩+底孔+底流挖深式消力池”的联合消能设施是一种高效的联合消能工程,消能效果良好。根据以往的水力学研究,在宽尾墩体型的选用上,收缩角15°～20°,收缩比0.4～0.5为宜。但在本工程宽尾墩的体型设计中,收缩角15°～19°,选用17.5°,收缩比0.63～0.71,选用0.68,经过模型试验验证,宽尾墩后水力学条件良好,消能充分。另外,在消力池型式的选用上,除了考虑河床开挖深度对工程造价的影响之外,还要考虑出池水流的水力学条件以及海漫下游冲刷程度的问题。

综上所述,考虑到水电工程泄洪系统水力学边界条件的多样性和复杂性,在联合消能工的选取中,除了以以往的水力学研究成果为基本依据外,还需要参考相关已建工程的工程经验,同时更重要的是需要通过系统的水力学模型试验进行验证,综合考虑后方可选定联合消能工的结构型式。

3.4.4 拱坝泄水建筑物布置

3.4.4.1 泄水建筑物分类

对拱坝泄洪方式的分类较多,不同学者有不同见解,但无论如何划分其共同点可概述为:考虑到泄水建筑物与坝体的相对位置关系,将泄洪方式划分为“坝体泄洪”和“岸边泄洪”两大基本类型;根据进口水流的特点,将泄洪方式分为堰流和孔流两种形式;对“坝体泄洪”的泄水建筑物划分为“表孔”和“中孔”(或“深底孔”);对“岸边泄洪”的泄洪洞则分为“浅式进水口”和“深式进水口”。

一般认为中孔作为一种主要泄洪设施参与大坝泄洪;深孔则多在施工期参与导流或承担部分泄洪任务,在水库蓄水初期参与大坝泄洪,但在大坝正常运行期如工作水头很高的情况下则很少在设计水位下运行;底孔除在施工期和水库蓄水初期参与部分导流或泄洪任务外,主要目的是为大坝检修、紧急降低水库水位、冲沙等运行要求进行泄水,中孔位置位于1/2坝高以上,反之则为深孔或底孔。一般情况下底孔位于深孔之下。

不同点主要反映在对中孔的定义及滑雪道式溢洪道的归属问题上。对于“中孔”,由于大多数研究都没有给出明确的位置上的定义,因而易造成中孔与深孔在划分上的混淆。对于“滑雪道式溢洪道”,将其按进口是否位于坝身而划归了“坝体泄洪”或“岸边泄洪”方式。

划分表孔的原则是,在闸门全开时其泄水流量满足的关系式,且其水舌落水点位于坝下消力塘内,而不具体细分为坝顶式、坝面式或滑雪道式。

划分中孔与深孔的原则为,中孔和深孔都担负正常运行期的泄洪任务,位于坝高上半部分的为中孔,位于坝高下半部分且在死水位以上的为深孔。

底孔只参与施工期导流及放空水库、排沙等任务,且位于水库死水位以下。

无论是表孔、中孔、深孔和底孔,其出口水流的消能场所必须在坝后的消力塘内。

本文对高拱坝泄洪方式的分类见图3.4-27。

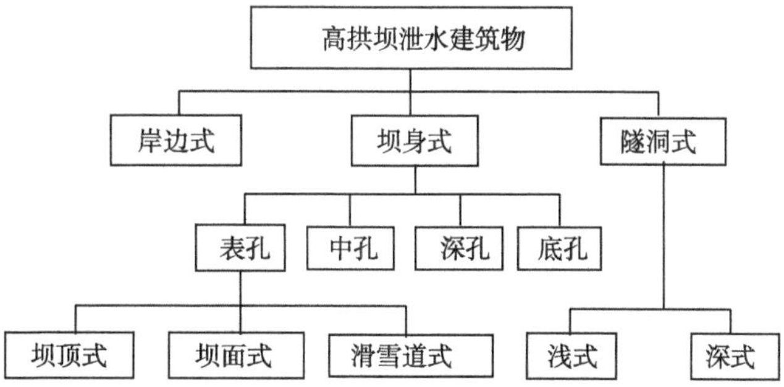

图 3.4-27 高拱坝泄洪方式分类

3.4.4.2 泄水建筑物布置

重力拱坝,通常采用坝顶溢流、坝面泄流的布置;当泄洪流量较小且坝型为薄拱坝时,多采用坝顶跌流形式。坝顶跌流的落水点距坝址很近,入水角度大,冲刷力量较强,主要靠加设二道坝壅高坝下水位,形成水垫塘供跌流水舌进行水下淹没扩散消能。形成水垫塘的工程措施有多种,如在坝脚处开挖深池、设置二道坝并在落水点处设戽斗、利用施工围堰形成水垫塘等等。

拱坝泄洪的孔口不能过大,主要是闸门的规模同科学技术的发展水平密切相关,闸门的面积愈大,作用其上的总水压力愈大，要求的启闭机容量亦愈大，由此带来的金属结构的力学问题、加工工艺问题也愈复杂。

相比重力坝，拱坝泄水建筑物的布置较为复杂，主要原因是：①坝体单薄，不能形成完整的溢流面；坝身开孔造成坝体削弱；泄水产生巨大的振动；②曲线向心集中产生新的消能型式，高低坎及平面对冲消能；③拱坝一般地处高山峡谷，要解决厂泄争位及泄洪冲刷岸坡的问题。

布置型式：①坝顶溢流：自由跌落式、鼻坎挑流式；②坝面泄流；③坝身孔口泄流：中孔、底孔；④坝身一边或二边滑雪道式泄流；⑤坝后厂顶溢流（厂前挑流）

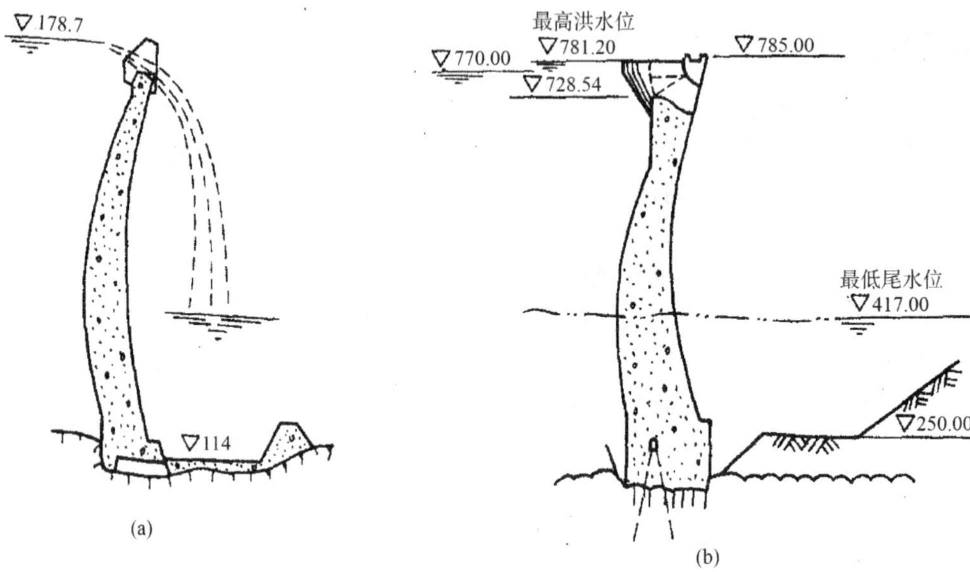

图 3.4–28 拱坝泄水建筑物的布置

（1）选择考虑因素

拱坝体形、坝高、泄洪量、厂房位置、可考虑的其他泄洪方式，以及坝址地形、地质、施工导流等，具体如下：①薄拱坝：H不太大，<100 m，q<50 m^2/s，坝顶泄流；②厚拱坝：坝面溢流；③双曲拱：Q较大，>5 000 m^3/s，滑雪道；④双曲拱：Q不太大，坝顶或坝身孔口；⑤双曲拱：断面薄，Q大，或者几种型式的联合泄洪。

（2）拱坝消能型式及选择

1）常见型式

①挑流：最多见；②跌流：适于坝顶溢流，且q<15 m^2/s，下游水深大或河床有条件加以保护的情况；③底流：适于重力拱坝，且下部岩石条件较差时，或有通航要求时；④面流、戽流：用的很少。

2）型式选择考虑的因素

①坝型、坝高、以及下游河床及两岸的地形、地质；②泄量大小及下部河道水深及水位变化情况；③通船、过木、排冰等要求。

3）拱坝消能注意事项

①河谷一般狭窄，注意冲刷岸坡，防止射流对河床、岸坡的冲刷进而危及坝身的安全；②下泄水流有向心集中，在计算冲坑时要用入水处的单宽流量；③主流集中河中间，两岸回流淘刷岸坡；④薄拱坝泄水孔应关注开孔的结构设计，体型设计应该避免进水口、消能工空蚀，泄水不能引起坝身振动。

3.4.5 土石坝泄水建筑物布置

3.4.5.1 溢洪道（洞）布置

泄水建筑物用于排泄水库的多余水量、排沙、必要时放空水库以及施工期导流，以满足安全和其他要求。土石坝泄水建筑物通常由表孔和中孔或底孔组合而成，常见的组合形式是表孔溢洪道（洞）+深孔泄洪排沙洞。中孔在坝身的中、上部；其特点是当库水位低时仍有一定泄流能力。底孔设置在坝身底部，用来放空水库、冲沙排淤、辅助泄洪及施工导流等。有些工程底孔兼有下游供水的要求，多采用洞内布设钢管以满足小流量供水需求。

1. 类型划分

泄水建筑物用于排泄水库的多余水量、必要时放空水库以及施工期导流，以满足安全和其他要求。包括：泄洪建筑物、泄水孔、施工导流建筑物、水闸等。典型分类见图3.4-29。这种分类也同样使用与其他类型的大坝泄水建筑物。

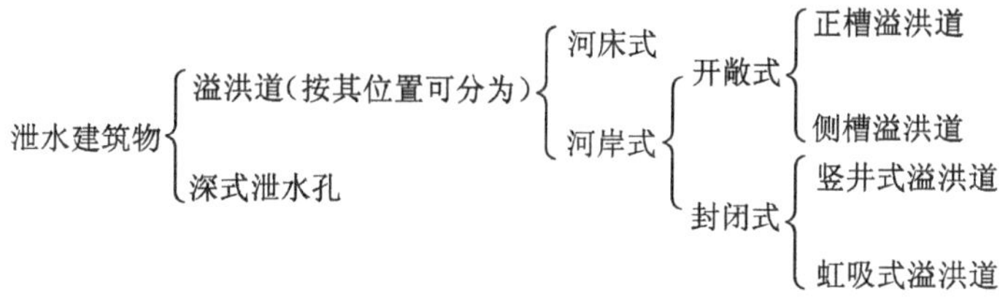

图 3.4-29 泄水建筑物布置分类示意图

(1)岸边式溢洪道

岸边溢洪道是一种最常见的泄水建筑物，按其结构型式可分为正槽溢洪道、侧槽溢洪道、竖井式溢洪道和虹吸溢洪道等。岸边溢洪道在实际工程中，正槽溢洪道被广泛应用，也较典型。河岸溢洪道按泄洪标准和运用情况，可分为正常溢洪道(包括主、副溢洪道)和非常溢洪道。

采用河岸溢洪道时应注意：河谷狭窄，洪峰流量大，采用河床布置有困难；坝体不宜作河床溢洪道；有垭口地形；可以利用施工导流洞改建。

河岸溢洪道的位置选择应充分考虑枢纽总体布置、地形、地质、施工及运行、经济指标等因素。

①枢纽总体布置：溢洪道布置应结合枢纽布置全面考虑，避免泄洪、发电、航运及灌溉等建筑物在布置上的干扰。其布置时合理选择泄洪消能布置和型式，进水口应短而直，出水渠应与下游河道平顺连接，避免下泄水流的冲刷及淤积。

②地形、地质条件：溢洪道应布置在地形适宜、地质坚固且稳定的岸边或天然垭口的岩基上，以减少开挖量。应尽量避免深挖，以免造成高边坡失稳或边坡处理困难等问题。

③施工和运行，应使开挖出渣线路和堆渣场地便于布置，并考虑利用开挖出来的土石料作为筑坝材料，以减少弃料，为运行方便，溢洪道不宜离水库管理处太远。

河岸溢洪道在大多数情况下均采用有闸门控制，对于管理条件较差的中小型水库或多雨地区水库常考虑采用无闸控制形式。

有闸和无闸的主要区别是：①堰顶高程不同；②水位在堰顶以上，泄流能力不同；③坝高不同；④防洪库容相同，但位置不同；⑤管理方式不同；⑥溢流前缘长不同。

(2)河床式溢洪道

河床溢洪道多用于溢流坝、泄水孔与水闸。选择河床式溢洪道应充分利用坝址附近天然的马鞍形垭口地形，且鞍部高程与设计堰顶高程相近，下游有冲沟。坝址附近无天然垭口地形，但有较平缓的坝肩，可在坝肩上布置；无垭口，且两岸陡峭，可以考虑其他型式。

2. 河岸溢洪道的应用

由于地形条件和地质条件的不同，河岸溢洪道可有多种形式。按水流方向是否变化可以分为：正槽溢洪道、侧槽溢洪道、竖井式溢洪道、虹吸溢洪道。

(1)正槽溢洪道

正槽溢洪道是由面向水库上游的溢流堰控制的坝外溢洪道，蓄水时控制堰与拦河坝一起组成挡水前缘，泄洪时堰顶高程以上的水由堰顶溢流而下。这种溢洪道的泄槽轴线与溢流堰轴线垂直，与过堰水流方向一致，过堰水流平顺稳定。正槽溢洪道结构简单，施工方便，因而大中小型工程广泛采用，特别是拦河坝为土石坝的水库。

①工作特点：开敞式正面进流，泄槽与溢流堰轴线正交，过堰水流与泄槽方向一致。正槽式溢洪道通常由进水渠、控制段、泄槽、出口消能段及出水渠五个部分组成。其中，控制段、泄槽及出口消能段是

溢洪道的主体，是每个溢洪道工程不可缺少的。其优点是：结构简单，进流量大，泄流能力强，工作可靠，施工、管理、维修方便，因而被广泛采用。缺点是：当两岸地势较高且岸坡较陡时，开挖方量大。

正槽溢洪道在溢流堰后多用泄水陡槽与出口消能段相连接，以便将过堰洪水安全地泄向下游河道。泄槽在平面上宜尽量成直线、等宽对称布置，使水流平顺，避免产生冲击波等不良现象。泄槽纵剖面设计主要是决定纵坡，根据自然条件及水力条件确定。泄槽横断面形状与地质情况紧密相连。在非岩基上，一般做成梯形断面；在岩基上的泄槽多做成矩形或近于矩形的横断面。

河岸溢洪道的消能设施一般采用挑流消能或底流消能，有时也可采用其他型式的消能措施，当地形地质条件允许时，优先考虑挑流消能，以节省消能防冲设施的工程投资。

在有的情况下，当下泄的水流不能直接归入原河道时，需要布置一段出水渠。出水渠要短、直、平顺，底坡尽量接近下游河道的平均坡降，以使下泄的水流能顺畅平稳地归入原河道。

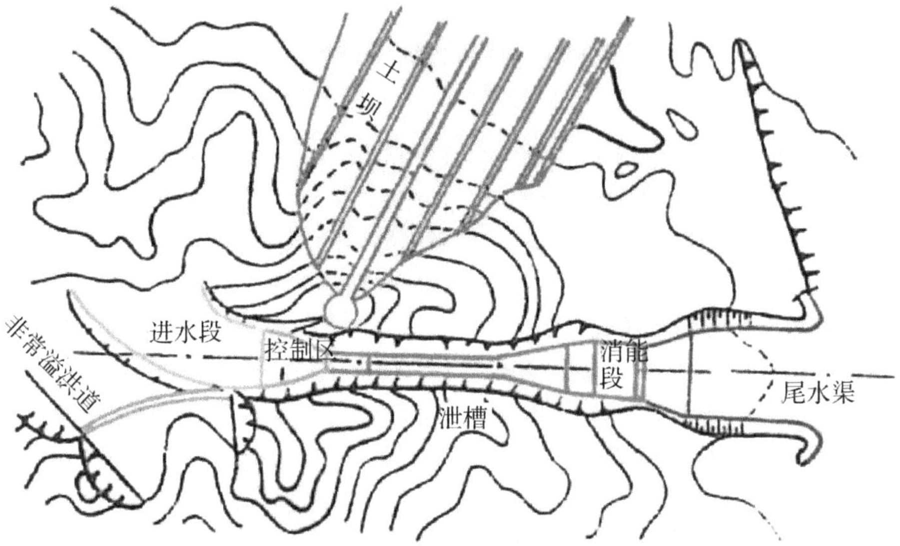

图 3.4-30 土石坝岸边正槽溢洪道布置示意图

②位置选择：溢洪道在水利枢纽中的位置选择，关系到工程的总体布置，影响到工程的安全、工程量、投资、施工进度和运用管理。其位置选择主要考虑以下因素：a地形条件。溢洪道应位于路线短和土石方开挖量少的地方。b地质条件。溢洪道应尽量位于较坚硬的岩基上。c泄洪时的水流条件。溢洪道应位于水流顺畅且对枢纽其他建筑物无不利影响之处。d施工条件。使溢洪道的开挖土、石方量具有好的经济效益，此外，还要解决与相邻建筑物的施工干扰问题。

③正槽溢洪道各组成部分设计

1）引水渠：作用：使水流平顺地进入控制段，改善堰身及泄槽的流态。在合理的开挖方量下，尽量减少水头损失，以增加溢洪道的泄水能力，因此要控制流速。渠内流速限制在1.5～3.0 m/s以下。断面形式：岩基上接近矩形，土基上采用梯形。进口布置形式：喇叭口。

2）控制堰段：作用：控制溢洪道的泄流能力。横断面：矩形。纵剖面：实用堰和宽顶堰。设计要求：有足够的泄流能力。

溢洪道的控制段，是控制溢洪道泄流能力的关键部位，要求：增大流量系数，不产生负压及空蚀。

宽顶堰：结构简单，施工方便。但流量系数较小，m低（0.32～0.385），需要的溢流前缘较长。对地基要求低，多用于泄洪量不大或附近地形较平缓的中小型工程中。

实用堰：流量系数m大，需要的溢流前缘较短，较之宽顶堰可减少工程量。但施工复杂，多用于岩石地基上，尤其是岸坡较陡的大中型工程。

驼峰堰：一种复合圆弧低堰，流量系数较大，可达0.42以上；设计与施工难度介于WES堰与宽顶堰之间，对地基要求相对较低，适用于软弱岩性地基。

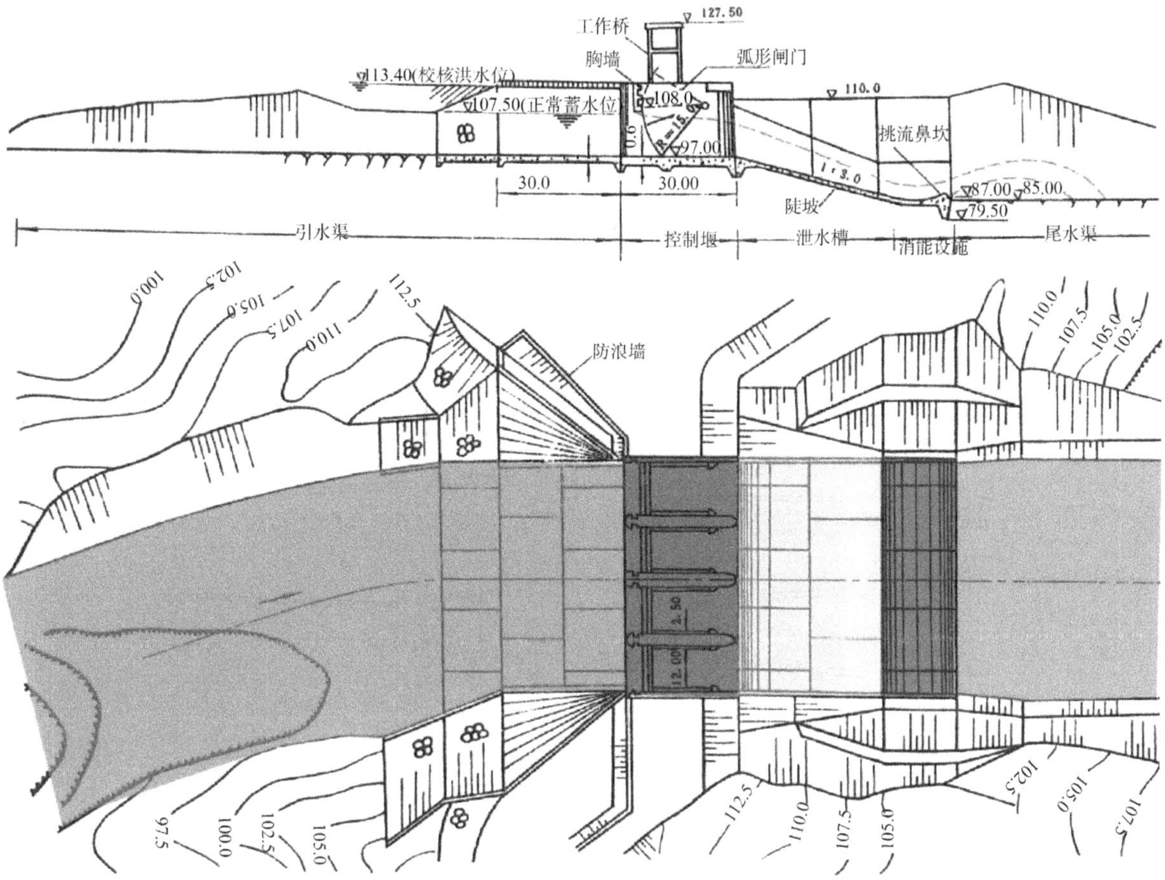

图 3.4–31 典型正槽式溢洪道总体布置图

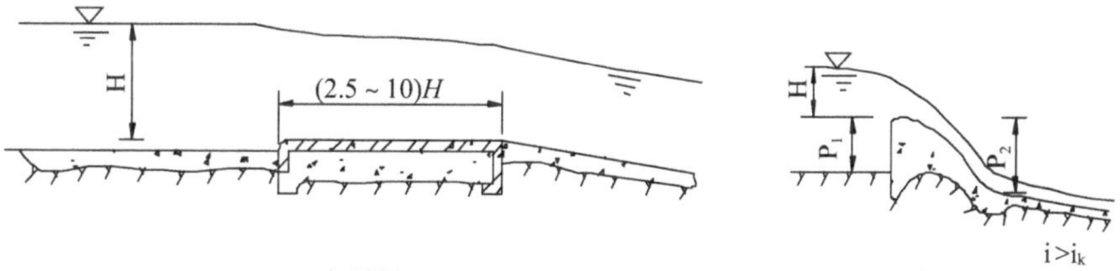

(a) 宽顶堰 (b)实用堰

图 3.4–32 控制段堰形

带胸墙的溢流堰：当水库水位变幅较大时，为了减小闸门尺寸或在较低库水位时开始溢流，提高水库汛前限制水位，充分发挥水库效益。

控制方式：中、小型水库溢洪道，特别是小型水库溢洪道常不设闸门，堰顶高程就是水库的正常蓄水位；溢洪道设闸门时，堰顶高程低于水库的正常蓄水位。

3）泄槽段：工作特点：在溢流堰后用泄槽与消能段相接，为使槽内水流呈急流状态其纵坡常为大于临界坡度的陡坡，因此又称其为陡槽。由于泄槽内水流流速较高，设计时必须考虑高速水流产生的冲击波、掺气和空蚀现象，在布置和构造上予以重视。

泄槽的纵剖面设计：泄槽的纵坡一般做成为大于临界坡度的陡坡，通常 i=1%～5%，有时可达10%～15%。变坡：泄槽很长时，为适应地形、地质条件而设。由陡变缓时，变坡处用反弧段连接R^3 8～10倍水深，易出现动水压力破坏，应尽量避免。由缓变陡时：变坡处用抛物线连接。槽底易产生负压。

泄槽的平面布置：从高速水流考虑，泄槽在平面上应尽量：直线、等宽、对称布置。实际上，由于地质（形）条件的限制，或从减少开挖、处理洪水归河、有利消能等方面考虑，往往改变横断面，设置收缩段、弯曲段或扩散段。

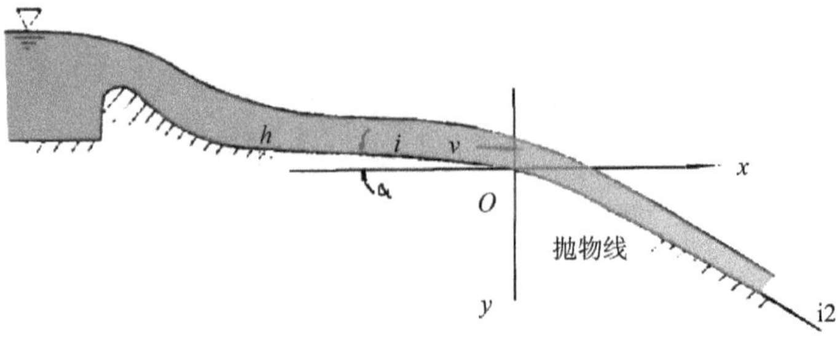

图 3.4-33　陡槽变坡出的竖曲线

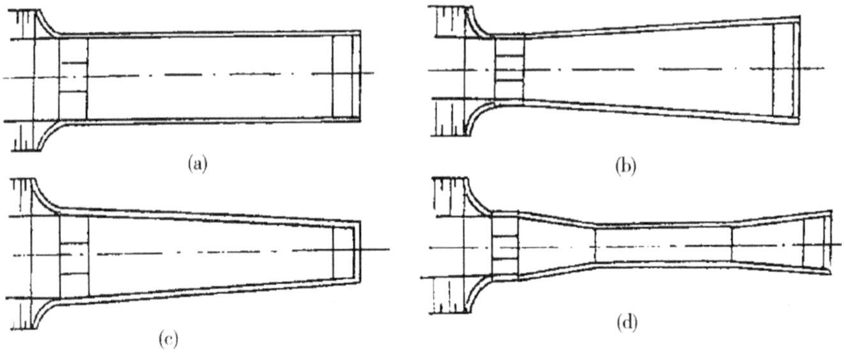

图 3.4-34　泄槽的平面布置

断面型式：在岩基上一般接近矩形断面，土基上用梯形较多，边坡不宜太缓以防止水流外溢和对流态不利，一般应做衬砌。

4）弯曲段：渠底超高法—作用是使流量分布均匀并适当改善流态。对弯曲的泄槽，为使槽内流量分布均匀和改善流态，可将渠底做成外侧高于内侧的横向底坡，用重力来平衡离心力。

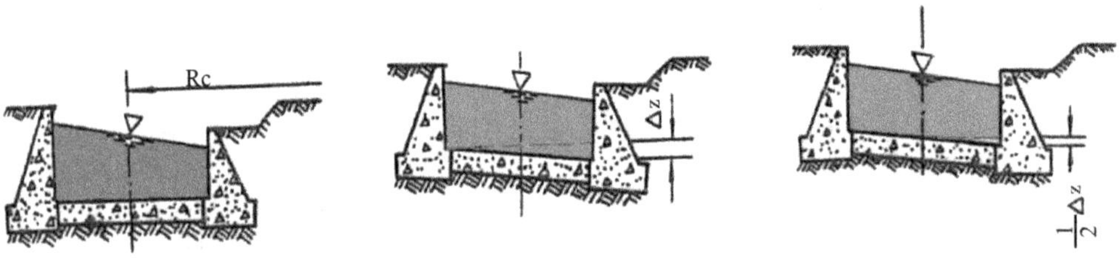

图 3.4-35　弯道上的斜槽

5）收缩段与扩散段：收缩段的收缩角大小直接影响由于断面收缩而产生的冲击波的大小。收缩角越小，冲击波就越小，通常收缩角 11.25°。扩散段一般设在泄槽的末端，这样有利于消能。在高速水流的条件下，扩散角不宜过大，以免水流于边墙脱离。

6）空化空蚀及其减蚀措施。空化：压力降低至蒸汽压力后，出现蒸汽气穴（初始空化）。空蚀：气核膨胀遇高压溃灭，撞击固壁使固壁发生破坏，即发生空蚀。空化空蚀的原因主要是：泄水建筑物的体型不合理；泄水建筑物表面不平整；泥沙的不均匀磨损等。

7）泄槽的衬砌——防冲、防渗、防风化、承载。混凝土及砌石结构，分缝但缝内必须做止水，衬砌底部设排水设备，有时衬砌要以钢筋锚固。减蚀方法：选用好的体型；采用高强度的抗蚀材料；提高抗滑平整度；掺气减蚀。

8）消能设施：位于泄水槽出口处，作用是消除下泄水流具有破坏作用的动能，从而防止建筑物被水流冲刷，保证安全。消能方式：底流消能和挑流消能。

9）尾水渠：当流经泄槽的急流经过消能后，不能直接进入原河道，需布置一段尾水渠，要求短、直、平顺，底坡尽量接近原河道的坡度，以使水流能平稳顺畅地归入原河道。

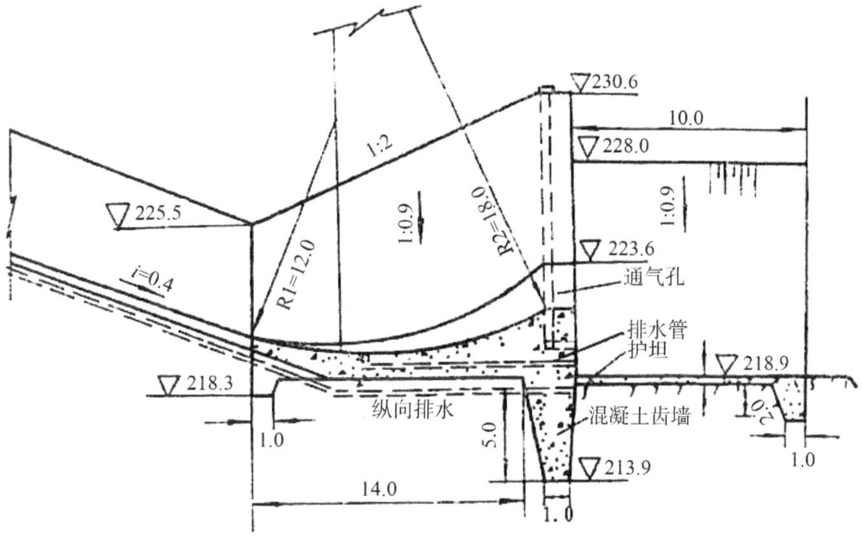

图 3.4–36　溢洪道挑流坎布置图

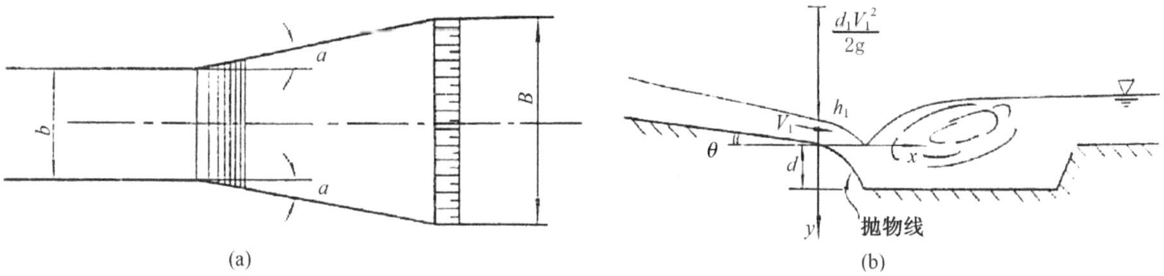

图 3.4–37　扩散消力池

(2)侧槽溢洪道

侧槽溢洪道一般由溢流堰、侧槽、泄水道和出口消能段等部分组成。溢流堰大致沿河岸等高线布置,水流经过溢流堰泄入与堰大致平行的泄槽后,在槽内转向约90°,经泄槽或泄水隧洞流入下游。

与正槽溢洪道相比,侧槽溢洪道的水流流态复杂,如果设计不当将会影响工程安全,且侧槽体型相对复杂,计算烦琐。但侧槽溢洪道的侧堰可沿等高线布置,所以引渠段较短,水流从溢洪道轴线近90°交角的侧堰上流入槽,不仅有良好的入流条件,而且侧堰开挖量较小。采用侧槽溢洪道可不设闸门,既减少了闸门投资,又避免了闸门的频繁启闭,减少了运行操作工序,符合偏远山区陡涨陡落的洪水特点,给管理带来了很大方便。泄槽埋深较大的可以采取洞室布置形式,即泄洪洞。

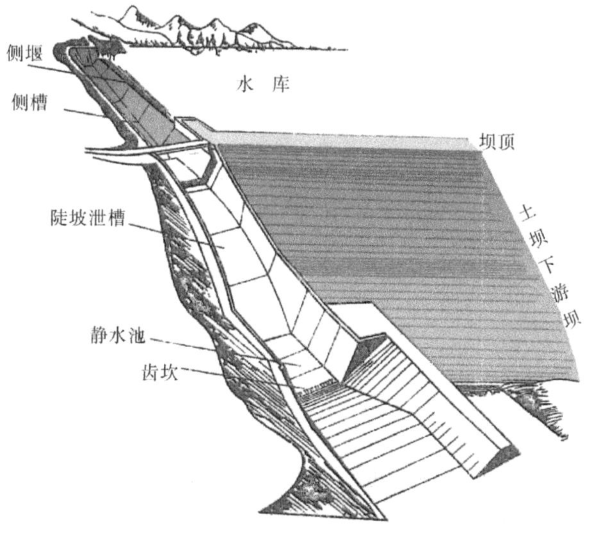

图 3.4–38　侧槽明流溢洪道典型布置图

水流过堰后急转弯近90°，再经过泄槽或斜井，或隧洞下泄；在坝址处山高坡陡，采用正槽式溢洪道将使挖方量增加很多时，可采用侧槽式溢洪道。

特点：堰轴线、泄槽轴线可与山坡等高线平行布置，开挖量小，但侧槽中水流流态复杂。水流经过溢流堰，泄入与堰大致平行的侧槽后，在槽内转向约90°，经泄槽或泄水隧洞流入下游。侧向进流，纵向泄流。

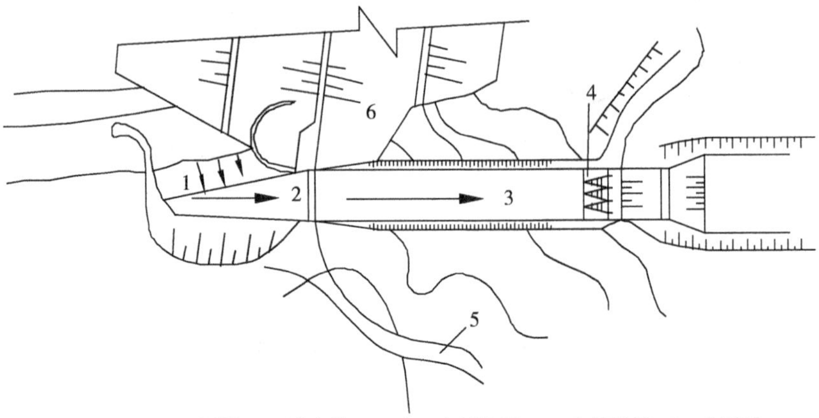

1—溢洪道；2—侧槽；3—泄水槽；4—出口布消能段；5—上坝公路；6—土石坝

图 3.4-39　侧槽式溢洪道布置图

适用：坝址山头较高、岸坡较陡的情况，尤其适于中小型水库中采用无闸门控制的溢洪道中。

侧槽的设计：泄流量沿侧槽轴线均匀增加，所以侧槽断面积应沿程增大，始末断面底宽比约为1:1～1:4；槽断面应为深窄型梯形断面，堰一侧边坡为1:0.5，山坡一侧边坡为1:0.3～1:0.5；槽底高程应保证溢流堰为自由溢流，侧槽中水流应为缓流流态，底坡坡度为缓坡，1:0.01～1:0.05。

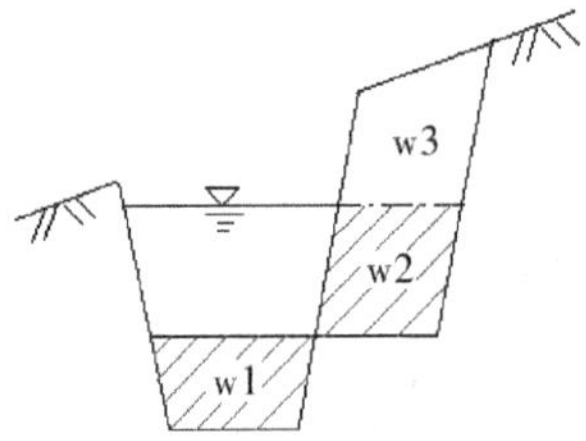

图 3.4-40　溢洪道侧槽布置图

调整段的设计：调整段是侧槽后的平底梯形断面的渠道，作用是稳定水流。

调整段与泄槽间利用断面的局部收缩或槽底小坎构成一控制断面，使侧槽水流壅高后入泄槽。

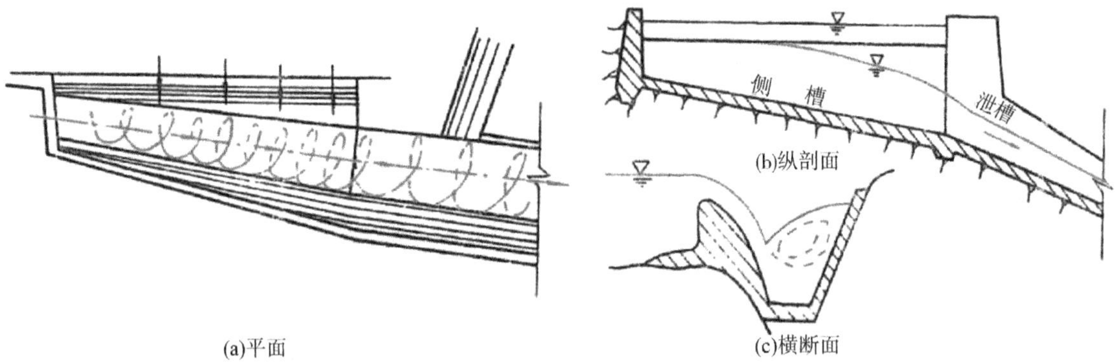

(a)平面　(c)横断面

图 3.4-41　侧槽内流态

侧槽溢洪道特点：溢流堰大致沿等高线布置，水流条件复杂，溢流堰多用实用堰，后接泄水明槽或者隧洞。流量沿程增加，水力特性：侧向进水、纵向泄流。水流条件：槽底要有纵坡。保证堰流为自由出流，或稍有淹没的自由出流。侧槽内水流为缓流。

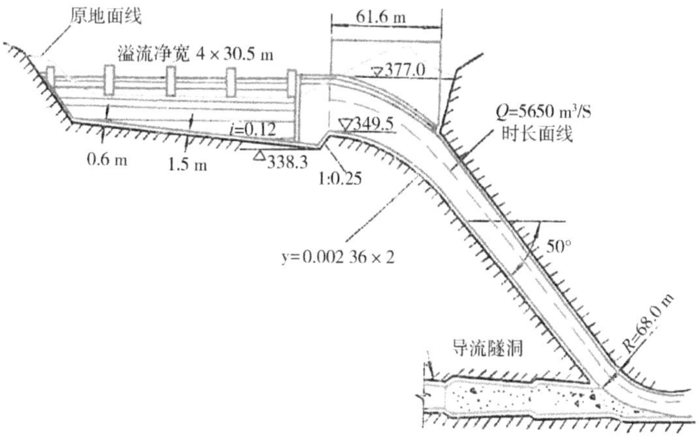

图 3.4–42　侧槽斜井溢洪道

图 3.4–43　美国胡佛大坝侧槽斜井式泄洪洞

（3）井式溢洪道

水流从平面上呈环形的溢流堰四周向心汇入，再经竖井和隧洞下泄。一般用于表孔泄洪洞，也称旋流消能进水型式。

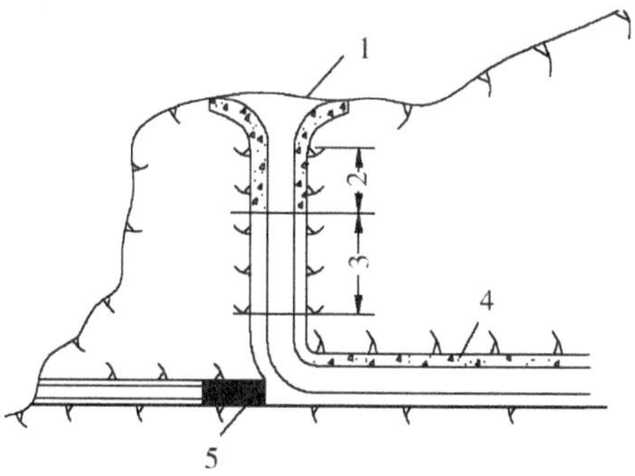

1—环形喇叭口；2—渐变段；3—竖井段
4—隧洞；5—混凝土坝

图 3.4–44　竖井式溢洪道示意图

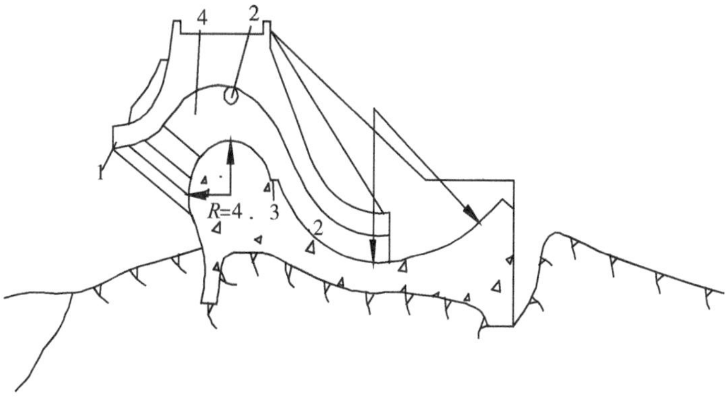

1—遮檐；2—通气孔；3—挑流坎；4—曲管

图 3.4–45　虹吸溢洪道示意图

（4）虹吸溢洪道

利用虹吸作用，使水流翻过堰顶的虹吸管，再经泄槽下泄，主要是希望在小水头时得到较大的泄量。实际应用较少见。

3. 设计注意要点

溢洪道在水利枢纽中的位置选择，关系到工程的总体布置，影响到工程的安全、工程量、投资、施工进度和运用管理。其位置选择主要考虑以下因素：①地形条件。溢洪道应位于路线短和土石方开挖量少的地方。②地质条件。溢洪道应尽量位于较坚硬的岩基上。③泄洪时的水流条件。溢洪道应位于水流顺畅且对枢纽其他建筑物无不利影响之处。④施工条件。使溢洪道的开挖土、石方量具有好的经济效益，此外，还要解决与相邻建筑物的施工干扰问题。

3.4.5.2　非常溢洪设施

当校核洪水与设计洪水的泄流量相差较大时，应当考虑设置非常泄洪设施。目前常用的非常泄洪设施有：非常溢洪道和破副坝泄洪。

我国《溢洪道设计规范》(SL253)规定，在具备合适的地形、地质条件时，经技术经济比较后，溢洪道可布置为正常溢洪道和非常溢洪道，必要时，正常溢洪道可分为主、副。

非常溢洪道在土石坝枢纽中应用最多，这是由土石坝一般不允许洪水漫过坝顶的特点决定的。作为保坝措施，它的运用任务是宣泄超过设计标准的洪量。超设计标准的洪量既包括校核洪水位与设计洪水位之间的洪量，也包括坝址出现超过校核洪水位的特大洪量。

非常泄洪道的启用标准：一般情况下，当库水位达到超设计洪水位后即应启用。由于超设计标准的洪水是稀遇的，故非常溢洪道启用机会很少，为此非常溢洪道的结构布置可以简化些。

除了控制段和泄洪能力不能降低标准以外，其余部分都可以简化布置。如泄槽可不衬砌，消能防冲设施可不布置，以获得全面综合的经济效益。

非常溢洪道的位置应与大坝保持一定的距离，以泄洪时不影响其他建筑物为控制条件。为了防止泄洪造成下游的严重破坏，当非常泄洪道启用时，水库最大总下泄流量不应超过坝址相同频率的天然洪水量。

非常溢洪道一般分为漫流式、自溃式和爆破引溃式。

1. 漫流式

漫流式非常溢洪道的布置与正槽溢洪道类似，堰顶高程应选用与非常溢洪道启用标准相应的水位高程。控制段(溢流堰)通常采用混凝土或浆砌石衬砌，设计标准应与正槽溢洪道控制段相同，以保证泄洪安全。控制段下游的泄槽和消能防冲设施，如行洪过后修复费用不高时可简化布置，甚至可以不做消能设施。控制段可不设闸门控制，任凭水流自由宣泄。这种溢洪道一般布置在高程适宜、地势平坦的山坳处，以减少土石方开挖量。

2. 自溃式

自溃式非常溢洪道有漫顶溢流自溃式和引冲自溃式两种型式。

漫顶溢流自溃式由自溃坝(或堤)、溢流堰和泄槽组成。自溃坝布置在溢流堰顶面，坝体自溃后露出溢流堰，由溢流堰控制泄流量。自溃坝平时可起挡水作用，但当库水位达到一定的高程时应能迅速自溃行洪。为此，坝体材料宜选择无粘性细砂土，压实标准不高，易被水流漫顶冲溃。当溢流前缘较长时，可设隔墙将自溃坝分隔为若干段，各段坝顶高程应有差异，形成分级分段启用的布置方式，以满足库区出现不同频率稀遇洪水的泄洪要求。

自溃式非常溢洪道的优点：结构简单，施工方便，造价低廉。缺点：运用的灵活性较差，溃坝时具有偶然性，可能造成自溃时间的提前或滞后。

引冲自溃式也是由自溃坝、溢流堰和泄槽组成，在坝顶中部或分段中部设引冲槽，当库水位超过引冲槽底部高程后，水流经引冲槽向下游泄放，并把引冲槽冲刷扩大，使坝体自溃泄洪。这种自溃方式在溃决过程中流量逐渐加大，对下游防护较有利，故自溃坝体高度可以适当提高。对于溢流前缘较长的坝，也可以按分级分段布置。引冲槽槽底高程、尺寸和纵向坡度可参照已建工程拟定。

应当指出，自溃式溢洪道在溃坝泄洪后，需在水位降落后才能修复，如果堰顶高程较低，还会影响水库当年的蓄水量。关键的问题是保证自溃土坝在启用时必须能按设计要求被冲溃，为此应参照已建工程经验进行布置，并应通过水工模型试验验证。

3. 爆破引溃式

与自溃式类似，爆破引溃式非常溢洪道是由溢洪道进口的副坝、溢流堰和泄槽组成。当溢洪道启用时，引爆预先埋设在副坝廊道或药室的炸药，利用爆破的能量把布置在溢洪道进口的副坝强行炸开决口，并炸松决口以外坝体，通过快速水流的冲刷，使副坝迅速溃决而泄洪。由于这种引溃方式是由人工操作的，因而使坝体溃决有可靠的保证。

非常溢洪道由于设计理论不完善，实践经验不足，在运用中还存在着不少问题，在设计和运用中应谨慎对待。若启用不当，将造成不必要的人为洪峰，反而会加重下游的灾情。

非常溢洪道是一种保坝的重要措施，仅在发生特大洪水，正常溢洪道宣泄不及时致使水库水位将要漫顶时才启用。由于超设计标准的洪水是稀遇的，故非常溢洪道的使用几率少，但要求运用灵活可靠，为此非常溢洪道应该是结构简单，便于修复，启闭及时，并能控制下泄流量。

3.4.5.3 坝身溢流泄水建筑物布置

随着技术的发展，利用地形条件，将泄水建筑物直接布置在坝体上也是一种选择。新疆哈密榆树沟水库最大坝高67.5 m，是我国建成并过流的第一座坝面溢流混凝土面板堆石坝。根据坝址实际地形、地质条件，将溢洪道直接布置在堆石坝体上，同时，充分利用开挖弃料，简化了枢纽布置，加快了施工进度，降低了工程造价；在坝体溢洪道结构设计上，采用了曲线型实用堰、叠瓦式构造连接的掺气槽、阻滑板和预埋锚固拉筋、高性能混凝土等措施，从而提高了溢流堰泄流能力、抗蚀减振能力和泄槽适应变形的能力，增加了坝体溢洪道的安全稳定性。实践证明，此种结构措施能够很好地适应堆石体的变形，有效避免因共振而导致的结构失稳问题。

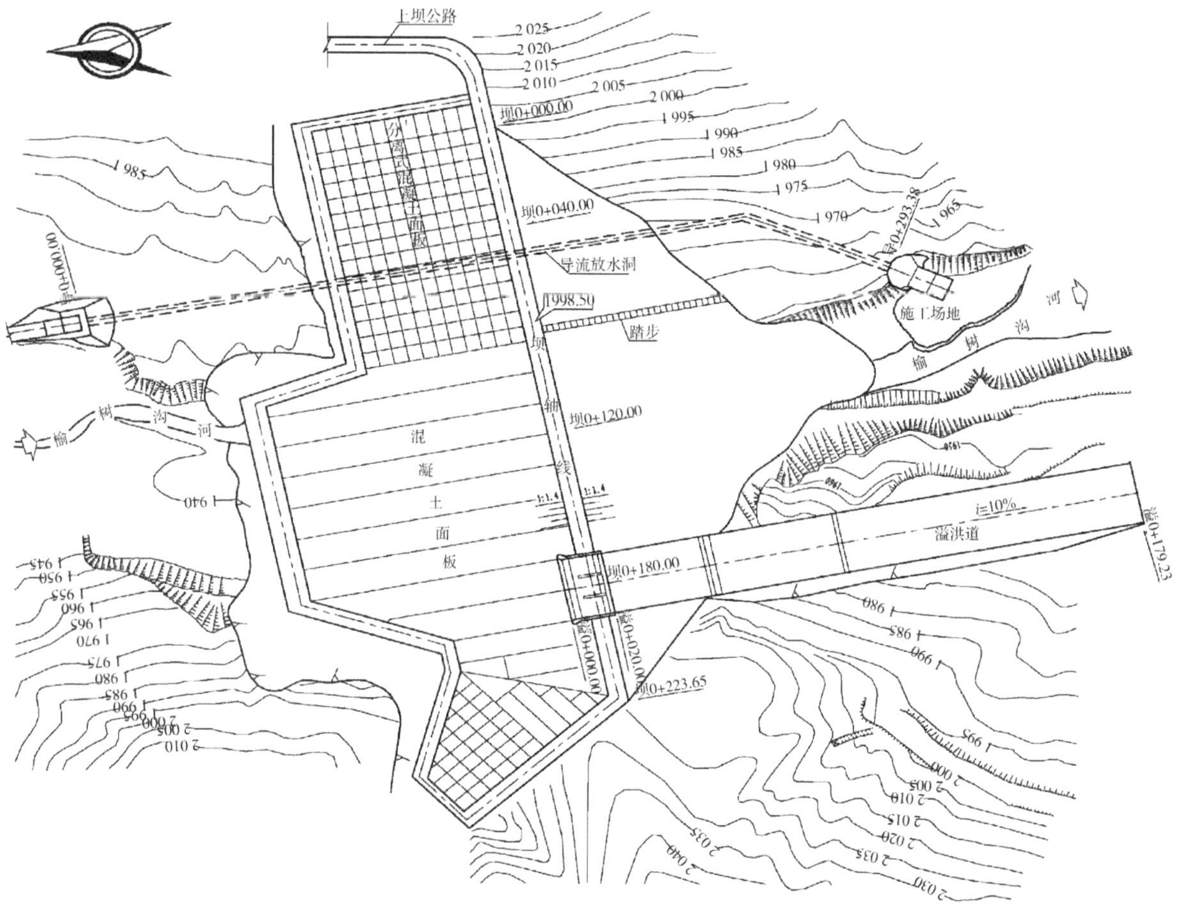

图 3.4-46　榆树沟水库枢纽平面布置图

榆树沟工程于1999年9月上旬截流，2000年10月基本建成，同期投入运行蓄水，开始发挥效益。并于2001年6月库水位达到1 993 m，接近正常高水位。2001年10月对大坝及溢洪道进行了全面的表观检查：主坝段沉降量约13 mm，占坝高的0.192%；坝体溢洪道堰顶处沉降量为7 mm，占该段坝高的0.22%。自运行以来坝后未见明显渗流，大坝及坝体溢洪道工作正常。榆树沟水库坝体溢洪道于2002年7月27日20：20正式泄洪，连续泄洪达半月，最大宣泄流量15.8 m^3/s。根据观测和检测，目前坝体溢洪道工作性状良好。

3.4.5.4 台阶式（阶梯式）消能技术

1. 台阶式消能技术原理

台阶式泄槽溢洪道已成为泄洪建筑物中发展起来的一种新型消能形式，台阶式泄槽溢洪道由一系列具有跌坎的明渠组成，是将光滑的溢流面做成台阶状，将整个落差分为若干小跌水，当水舌沿台阶逐级下泄时，在台阶面上形成一个个强烈的大漩涡，漩涡促使水体剧烈紊动，水体表面大量掺气，使泄槽内水舌沿泄槽逐级掺气、减速、消能。

台阶面的消能形式是通过两种不同形式的水流形态来进行消能的，在小流量情况下，台阶面水流呈舌状跌落水流，薄层水流从上一个台阶跌落到下一个台阶，通过和台阶水平面的撞击及水流紊动而消除能量，如此重复地再向下一个台阶传下去，如此重复跌落，消除能量，该流态的台阶面消能率最高。随着流量的增大，从台阶顶部射出的流速逐渐增大，舌状跌落水流向滑移水流转化，在台阶面滑移流条件下，水流的能量主要通过水流在台阶面上的裂散掺气以及主流和底部漩涡之间的紊动交换来实现能量的消除。

对于光滑面溢洪道，水流在溢流面上流淌时消耗的能量极少，绝大部分能量被集中输送到下游坝趾处消力池（或水垫塘）内消能，出池余能较大，仍需对下游河岸采取工程措施进行处理，工程投资较大。

台阶式溢洪道通过泄槽沿程掺气、漩滚消能，能显著地降低溢洪道末端流速，对常遇洪水，台阶消能率一般可达总消能率的70%以上，可有效地减小下游消力池（或消力塘）的规模，降低工程投资，并可解决消力池的布置与地形、地质条件之间的矛盾。

2. 台阶式溢流坝水流流态

台阶式溢流坝水流流态一般分为滑行水流、跌落水流和过渡水流三类。滑行水流：当水流流过台阶表面时，在主流与每一个台阶之间总是形成一个稳定的水流漩涡。漩涡的强度主要依赖于台阶式溢洪道坡度的大小和尺寸，漩涡的旋转方向在与主流接触的一侧，同主流流动的方向一致，当台阶式的坡度较大时，在各台阶边缘的连线上形成一个假想的底层，而且在该水面以上至水流表面的流线基本上与底层平行，水面波动较小，当台阶式的坡度较小时，漩涡则紧贴台阶立面，在靠近台阶的外侧，主流直接冲击台阶表面，水流表面的形状受到台阶的影响多少有一些弯曲。跌落水流：当台阶的高度相对于来流的水深较大时，水流在每一个台阶上形成一种自然的跌落现象，并且在跌落水舌与台阶水垫之间总是形成一个空腔，台阶空腔内有自由水面形成，当台阶的坡度较缓时，在台阶的下游侧，会形成类似水跃或半水跃的水面雍高现象，台阶内水面出现最小值，流线弯曲，并伴有剧烈的紊动现象。过渡水流是在滑行水流和跌落水流之间形成的一种水流现象，在有些台阶内出现空腔，但在另外一些台阶内则出现漩涡水流，过渡水流形成很强的水力波动和冲击波，流态很不稳定。

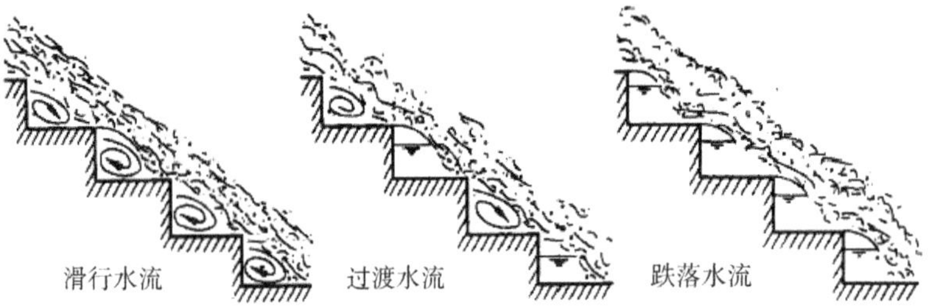

图 3.4–47　台阶式消能三种流态示意图

大量的试验研究成果表明，影响台阶溢洪道水流流态的是溢洪道纵坡、单宽流量、台阶高度等因素，在一定条件下分别起到了主导作用。相对于一定的溢洪道单宽流量，较陡的坡度的掺气效果好于较缓的坡度；相同坡度下，较小的单宽流量的掺气效果好于较大的单宽流量。

3. 台阶式（阶梯式）消能的结构型式

泄水建筑物在下游采用底流消能时，通常消力池既深又长，且造价较高，因此常在消力池内设置辅助消能工，但辅助消能工常会引起空蚀破坏，如果能利用沿程溢流面空间来消除水流的大部分能量，就可缩小消力池的规模，于是人们就在溢洪道表面或过水坝面上设置阶梯（台阶），依靠边界摩阻力使水流内部紊动涡体剧烈混掺，在碰撞过程中不断消减能量，从而提高消能率。相对于光滑溢流面而言，阶梯消能工体现出明显的优势，它提高了消能效果，可简化溢洪道末端的消能设施，从而节省了投资。

在有些工程中，由于溢洪道末端的地质条件较差，无法采用挑流消能，这时采用阶梯消能工也能够较好地解决这个问题，另外在一些除险加固工程中，普遍存在着改建建筑物的布置条件受现有客观条件制约的矛盾，而阶梯溢洪道对于这样类似的改扩建或新建工程则具有广泛的推广应用价值。

阶梯溢洪道在很多国家得到了发展与应用，它在形状、材料上都有了一些分类。如从台阶形状来分，主要有：直角形台阶、外凸式台阶、楔形台阶等，其中以直角形台阶居多；从台阶表面的防护材料来分，主要有混凝土、RCC、料石、浆砌石、钢筋石笼、土工材料等。

4. 岸边式溢洪道典型布置案例

(1)斯木塔斯水电站岸边溢洪道台阶式泄槽+挑坎联合消能

斯木塔斯水电站位于阿克牙孜河中游河段，距昭苏县县城45 km，工程主要由拦河坝、溢洪道、导流兼泄洪洞、发电引水洞、压力管道、电站厂房和尾水渠等组成，最大坝高106 m，电站装机容量110 MW，设计洪水位时溢洪道泄量283.95 m^3/s，校核洪水位时溢洪道泄量407.33 m^3/s。

坝址处河谷呈基本对称"V"形，两岸基岩裸露，坡度多在60°～80°，现代河床宽8 m～16 m，正常高水位河谷宽约120 m～140 m。溢洪道布置在左岸，堰顶高程1 925.00 m，单孔净宽9 m，由引渠段、控制段、渐变段、泄槽段、挑流段组成。陡槽段纵坡1:1.25，长140 m(斜长)，泄槽底宽9 m，台阶高度1 m，宽1.25 m，挑流消能，水工模型试验泄槽段主要进行了以下两项研究。

①陡槽首部渥曲面段与台阶段衔接形式试验

陡槽首部渥曲面段与台阶段衔接形式分别进行了凸式衔接和凹式衔接试验，凸式衔接时陡槽首部出现较大负压，水舌冲击台阶陡槽，溅水剧烈，试验表明凹式衔接水流流态明显优于凸式衔接，台阶段与光滑段采用凹式衔接较好。

②台阶高度试验

笔者开展了台阶高度为0.5 m、1.0 m和2.0 m的试验研究，对于台阶高度0.5 m的陡槽，该台阶高度消能率不足。对于台阶高度2.0 m的陡槽，在小流量情况下流态不良，水流过度飞溅。对于台阶高度1.0 m的陡槽，可以兼顾到消能与小流量流态要求，适合本工程具体情况。经水工模型试验论证，陡槽段采用台阶消能，台阶段与渥曲面段采用凹式衔接，台阶高度1.0 m，陡槽段底宽9 m，纵坡1:1.25，陡槽长140 m(斜长)，主要工况下消能率见表3.4-6。

表3.4-6 斯木塔斯水电站表孔台阶消能率试验成果汇总

工况	流量/($m^3\cdot s^{-1}$)	单宽流量/[$m^3/(s\cdot m^{-1})$]	消能率
校核水位闸门全开	559.6	62.2	67.0%
设计水位闸门全开	420.0	46.7	71.4%
正常蓄水位闸门全开	321.5	35.7	80.4%
正常蓄水位闸门局开3 m	190.8	22.0	90.1%
正常蓄水位闸门局开1 m	72.8	8.1	93.5%

注：陡泄槽段底宽为9.0 m，斜长140.0 m，台阶比降1:1.25，台阶高度1.0 m。

(2)努尔加水库岸边溢洪道阶梯式泄槽+消力塘联合消能

努尔加水库位于昌吉市境内的三屯河上，距昌吉市区约37 km，工程主要由碾压式沥青混凝土心墙坝、导流泄洪洞、放水洞和开敞式进口溢洪洞等主要建筑物组成，最大坝高81 m。设计洪水位时溢洪道泄量382.75 m^3/s，校核洪水位时溢洪道泄量819.7 m^3/s。由于泄水建筑物出口处河床覆盖层深度约为14.4 m，下伏基岩岩性主要为砂质泥岩夹砾岩，泥质胶结，基岩抗冲蚀能力较差，故表孔泄洪洞采用阶梯式泄槽+消力塘联合消能。表孔溢洪洞布置在左坝肩，由引渠段、控制段、洞身段、泄槽段、挑坎段、消力塘段以及出口退水渠段组成，堰顶高程870 m，采用WES实用堰型，堰宽1:20.0，后段长80.5 m，泄槽纵坡1:3.0，采用台阶式消能方式，台阶高度0.67 m，台阶宽度2.0 m，泄槽底宽为7.2 m，末端采用挑流进入水垫塘消能。不同单宽流量时台阶消能率试验成果汇总见表3.4-7。

表3.4-7 努尔加水库表孔台阶陡槽效能率试验成果汇总

工况	流量/($m^3\cdot s^{-1}$)	单宽流量/[$m^3/(s\cdot m^{-1})$]	消能率
校核水位(闸门全开)	849.6	118.6	43.27%
设计水位(闸门全开)	626.7	87.0	46.90%
设计洪水位(闸门局开)	382.7	53.2	50.62%
正常蓄水位(闸门局开)	174.0	24.2	61.02%

注：陡泄槽段底宽为7.2 m，斜长80.5 m，台阶比降1:3.0，台阶高度0.67 m。

(3)白杨河水库岸边溢洪道台阶式泄槽+消力池联合消能

白杨河水库位于阜康市滋泥泉子镇南部山区，主要由黏土心墙坝、导流泄洪兼放水洞、开敞式溢洪道等主要建筑物组成，坝高78 m。设计洪水位时溢洪道泄量105.55 m^3/s，校核洪水位时溢洪道泄量144.48 m^3/s。

表孔溢洪道布置在右岸坝肩上，由进口引渠段、控制段、泄槽段、出口消能段等组成。控制段堰型采用WES堰型，堰顶高程1 006 m，堰高3 m，溢流堰净宽5 m，泄槽段长190 m(斜长)，底宽5 m，纵坡1:3.5，采用台阶式消能方式，台阶高度1.0 m，台阶宽度3.5 m，出口段消力池长30.0 m，宽8 m，池深3.0 m，后接泄水渠与河道平顺连接。主要工况下陡槽段台阶消能率见表3.4-8。

表3.4-8 白杨河水库表孔台阶陡槽消能率试验成果汇总

库水位/m	流量/($m^3\cdot s^{-1}$)	单宽流量/[m^3/($s\cdot m^{-1}$)]	消能率
1012.28	153.06	30.6	83.27%
1012.00	144.04	28.8	83.58%
设计水位(正常蓄水位)1011.00	112.58	22.5	84.70%
1010.00	80.04	16.0	87.69%
1009.00	51.19	10.2	90.82%
1008.00	27.43	5.5	93.91%
1007.00	9.54	1.9	95.75%

注：陡泄槽段底宽为5.0 m，斜长190.0 m，台阶比降1:3.5，台阶高度1.0 m。

(4)岸边表孔溢洪道(洞)台阶消能效果分析

斯木塔斯水电站岸边溢洪道采用阶梯式泄槽+挑坎联合消能，挑坎末端最大流速由34.0 m/s降为23.0 m/s以内，挑距由130.0 m缩短到62.0 m以内，水舌入水宽度为11.0 m，各种流量的水舌都在河槽内，避免了对左右岸岩石的直接冲刷。

努尔加水库岸边溢洪道采用阶梯式泄槽+消力塘联合消能，挑坎末端最大流速由39.00 m/s降低到20.27 m/s，使挑流水舌入塘后能充分利用有限的消力塘范围进行水流消能，消力塘总长度从原来的约100.0 m缩短为65 m，消力塘起点宽度从原来的40.0 m缩窄为32.34 m，消力塘深度从原来的约11.0 m减少到8.0 m。

白杨河水库岸边溢洪道采用台阶式泄槽+消力池联合消能形式，陡槽末端最大流速由24.8 m/s降到13.6 m/s，消力池长度由原设计的66.0 m缩短为30.0 m，消力池深由原设计的6.0 m减少为3.0 m，底宽8.0 m不变。

对常遇洪水，台阶消能率一般可达总消能率的70%以上，台阶成为主要消能工，采用台阶式泄槽+消力池(或水垫塘)组合消能方式，可大大减轻消力池(或水垫塘)的消能负担，减小消力池(或水垫塘)的断面尺寸，达到节省工程投资之目的。

①台阶式消能工是一种新型消能工，它改变了将水流能量输送至下游集中消除的传统消能方式，利用溢洪道陡槽上专门设置的系列阶梯，通过坡面沿程掺气、漩滚消能，可减轻水流对流道的冲刷破坏作用，也可降低流道产生空蚀破坏的风险，降低了陡槽末端最大流速，减少陡槽末端余能，减轻消力池或下游水垫塘的消能负担，从而达到简化下游消能设施，减小陡槽末端底流消力池或水垫塘的断面尺寸，达到节省工程投资之目的。

②在陡槽首部设掺气槽，可保证台阶面水流挟带大量空气，对防止空蚀及减轻下游冲刷都有利。

③阶梯消能的效果与坝高、泄槽内单宽流量、台阶高度、溢洪道坡面斜率及流程长度有关。阶梯上的能量损失在很大程度上依赖于坡面长度，台阶消能率一般可达总消能率的70%以上，甚至可达90%以上。

④台阶式斜槽大量掺气使得水流水面抬升，在进行泄槽侧墙设计时应考虑这种情况。

⑤试验表明，陡槽首部渥曲面段与台阶段衔接形式采用凹式衔接较好。

3.4.5.5 旋流消能技术

旋流式泄洪洞作为一种新型的消能工，具有较好的消能效果和水力特性。竖井水平涡旋流泄洪洞是导流洞改建成永久泄洪洞的一种消能工型式。但在水平旋流泄洪洞体型优化过程中，起旋室与旋流洞连接部位存在较大负压和空蚀破坏的风险。吉音水利枢纽初步设计阶段针对表孔消能进行了研究，采用水工模型试验进行了验证。结果表明设计水位时总消能率达90%以上，校核水位时总消能率达88.5%以上，说明采用水平旋流加消能墩方式消能效果较为理想。

1. 工程布置及体型设计

表孔溢洪洞布置在右岸，由导流洞改建而成，其轴线与导流洞的轴线一致，采用竖井与导流洞结合。表孔溢洪洞主要采用竖井水平旋流洞内消能的消能方式（水流经竖井进入泄洪洞绕洞轴旋转下泄，简称“水平旋流”）。水平旋流消能是利用水流在水平泄水洞内作旋转运动，提高边壁压力，水流与边壁的摩阻大大加强，流程也显著增长，以达到增大水流的沿程损失，削减水流能量的目的。

溢洪洞进口堰顶高程 2 500.50 m，设计洪水位 2 509.13 m，设计泄量 493.05 m^3/s，校核洪水位 2 510.77 m，校核泄量 649.57 m^3/s。由引渠段、控制段、竖井及起旋洞段、旋流洞及水垫塘段、退水洞段、挑流鼻坎段和护坦段组成，总长 844.1 m。

控制段（桩号 0+000～0+029）：采用 WES 堰，单孔，堰宽 10 m，堰面曲线 $y=0.082\,7x^{1.85}$。堰顶高程 2 500.5 m，堰高 4 m；控制段顺水流方向长 29 m，宽度从进口的 10 m 渐缩至竖井中心线处的 8 m，并与竖井圆形断面相切。侧墙顶部高程 2 513.0 m，C25 钢筋混凝土结构；控制段内设 1 道 10 m×9.2 m 弧形工作门。弧形工作门支铰高程 2 505.3 m，半径 $R=11$ m。

竖井及起旋洞段（桩号 0+021～0+029）：采用 R=12.5 m 的圆弧与溢流堰末端相接，竖井段总高度 98.6 m。起始段为方变圆渐变段，高5 m。洞身段为直径8 m的圆形断面，高62.1 m。竖井末端为起旋洞段，总高度 31.5 m。竖井段采用 C30 钢筋混凝土衬砌，厚度为 1.0 m。

旋流洞及水垫塘段（桩号 0+029～0+154）：总长 125 m。旋流洞的直径要求水流在旋流洞内能形成稳定的空腔，且不影响泄量。起旋室的进口是竖井与旋流洞的连接段，为使水流产生旋转，竖井底部的一侧采用 1/4 椭圆曲线（$x^2/14.4^2+y^2/6.2^2=1$）同旋流洞相切连接，另一侧逐渐收缩后同旋流洞偏心相交。旋流洞段长 50 m，为直径 9 m 的圆形断面。水垫塘长 75 m，断面形式为城门洞型，断面尺寸 9 m×11 m（宽×高），水流通过从旋流段至水垫塘段的突扩以达到在水垫塘进一步消除剩余能量及弱化水流旋转作用的目的，另外通过水垫塘段末端断面的收缩使进入退水洞的水流均匀平顺，因此在水垫塘出口底板处设一道三向收缩的挑坎。

退水洞段（桩号 0+154～0+695.4）：退水洞段长 541.4 m，断面形式为城门洞型，断面尺寸 9 m×11 m（宽×高），纵坡 $i=1/100$。

挑流鼻坎段（桩号 0+695.4～0+716.6）：长 21.2 m，断面形式为城门洞型。挑流鼻坎为异型斜鼻坎，水流出射方向与退水洞轴线在平面上成 19° 夹角。

护坦段（桩号 0+716.6～0+726.3）：长 9.7 m，底部 0.5 m 素混凝土衬砌，底宽 9 m～18.4 m。

2. 表孔溢洪洞水工模型试验

设计单位委托中国水科院水力学所开展表孔溢洪洞的水工模型试验工作，主要验证泄流能力、水流流态，通过优化堰顶高程、调整起旋室体型、旋流洞长度及水垫塘等措施。水工模型试验见图 3.4-48。

模型试验水流流态情况如下。

（1）进口明渠段：表孔泄洪洞堰顶控制段的水流呈自由堰流状态。设计水位泄流时的水流流态与校核水位泄流时的水流流态基本相同。在溢流段末端与竖井连接部位基本为明流，水流向竖井内带入大量气体。

（2）控制段：在设计水位及校核水位两组工况下，水流经引水渠进入溢流控制段过程中，水面平稳且沿程降低。在引水渠进口处，由于圆弧边墙作用，左岸边墙附近水面跌落幅度较大。水流由进水口流经溢流坝段顶点时，在设计水位 2 509.13 m 工况水位跌落 2.34 m，在校核水位 2 510.77 m 工况水位跌落 2.99 m。表孔溢流堰面底板上存在较大的负压区。设计水位时实测最大负压为 -36.2 kPa，校核水位时的实测最大负压为 -43.4 kPa。

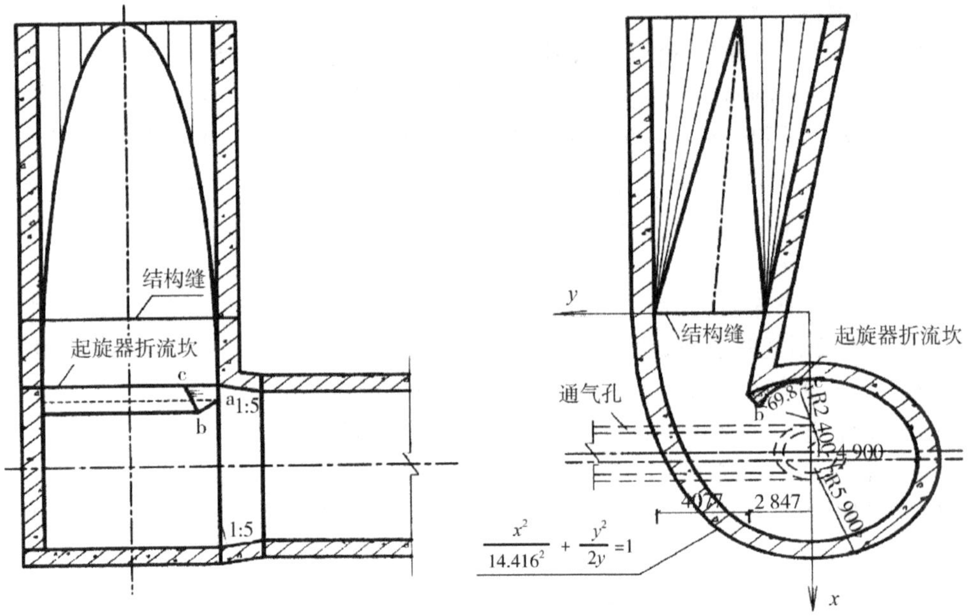

(a)起旋室段顺水流剖视图　　(b)起旋室段垂直水流剖视图

图 3.4-48　起旋室模型示意图

（3）竖井段

①环形掺气坎：当竖井上部环形掺气坎起点高程为2 480.268 m时，下泄主流靠近掺气环下游边壁。掺气环对主流没有明显的导向作用。掺气环后靠下游侧掺气空腔较小，通气孔内间断壅水。靠上游侧形成较大的空腔，空腔形态稳定。

②起旋室：起旋室和竖井偏心收缩连接（偏心距为3.0 m），在约110 m水头作用下，引起强烈的绕洞轴的旋转运动，并从通气孔吸入大量气体，形成非对称的空腔旋转流。起旋室的导流坎防止了旋转流对竖井来流的顶托和壅水。

（4）旋流洞段：旋流洞水流为绕洞轴线的空腔旋转流，旋转流内空腔稳定。起旋室后约27.0 m的旋流洞其后水流掺气明显减少。

（5）水垫塘及退水洞段：在水垫塘末端设置接近流线的圆弧型式消能墩，消能墩高为2.0 m。水流旋转至消能墩附近区域逐渐衰减跌落到退水洞内。退水洞水流由水垫塘逐渐跌落至退水洞后，旋转能量基本消失。从桩号0+165下游，洞内为稳定的明流流态。

根据以上模型实验结果，对表孔溢洪洞作以下修改。

（1）将溢流堰堰面曲线方程修改为$y=0.082\,7x^{1.85}$，并采用半径为12.5 m的圆弧曲线与竖井相接。在溢流堰高程2 498.00 m处增设掺气坎一道，以解决溢流堰面存在负压的问题。

（2）将掺气环起点高程降低至2 473.686 m。使环形掺气坎后在坎下四周均能形成比较稳定的掺气空腔，提高消能效果。

研究结果表明，起旋室内导流坎末端削坡并结合收缩过渡体型，能有效改善起旋室末端压力分布的影响，避免旋流洞末端负压的产生和防止空蚀破坏。起旋室优化体型可为类似工程设计提供参考。

3.4.5.6　导流洞改建泄洪洞问题

1. 导流洞改建泄洪洞

近年来随着高坝建设的兴起，峡谷地区高坝枢纽水头高、泄洪流量大；泄洪消能问题日益突出，泄洪消能布置直接影响整体枢纽布置格局，成为工程设计中的控制性问题之一。由于峡谷地区枢纽在施工中一般采用导流隧洞导流，导流隧洞在结束导流任务后，一般就被废弃，很不经济。为了使导流洞能够永久地发挥作用，越来越多的工程选择了利用导流洞改建为永久性泄洪洞。利用导流洞改建为永久泄洪洞不仅可以节省投资，加快施工进度，而且有利于优化枢纽布置，降低峡谷地区工程枢纽的泄洪消能难度。

导流洞的特点是：高程低、坡度小、断面尺寸与泄洪洞相比更大，因此，利用导流洞改建的泄洪洞除要遇到一般泄洪洞所具有的高水头、大流速问题以外，还有：掺气减蚀设施布置困难；出口高程常处于尾水位之下或尾水变动区，若采用明流流态挑流困难，可能在洞内形成水跃；若采用有压流流态枯水期出口也在水下，则前期施工难度大、运行期检修困难。

导流隧洞除具有与永久水工隧洞相类似的特征外，还有如下特点：

(1)属于临时建筑物，运行期较短，一般2～5年，隧洞结构耐久性要求较低；

(2)导流隧洞运行条件特殊，一般均存在明、满流交替出现的运行工况，且导流洞后期需封堵，存在高外水压力的运行条件。

(3)导流隧洞施工工期紧，为保证主体工程尽快动工，导流隧洞必须率先建成通水，以实现河床截流目标，保证主体工程干地施工条件。

(4)导流隧洞布置条件相对较差，主要服从永久建筑物布置的需要，对地形地质条件较好的部位，一般优先进行永久建筑物布置。

对于导流隧洞的这些特点，在选择改建体型时必须予以充分考虑。

导流隧洞改建的基本要求：一个工程在具备改建的基本条件后，选择哪一种体型进行改建，应该根据工程的具体特点进行选择，但各个工程对改建的要求也存在一定的共性，主要包括：

(1)对改建需进行必要性论证，在满足泄量分配及调洪演算的前提下，通过枢纽布置方案比较，在技术和经济上充分论证改建的必要性。

(2)改建应充分考虑导流洞前期的施工条件和工期要求，不能因为要改建成泄洪洞而影响导流洞的工期并增加太大难度。如果因为改建成泄洪洞导致直线工期增长，也许新建泄洪洞更经济。

一般来说，枢纽工程是否采用导流洞改建为永久泄洪洞，主要应该从水文条件、工程条件、技术条件三方面来分析。

(1)水文条件

许多水电站工程规模大，设防洪水标准高，且设计洪水和校核洪水的洪峰流量之间有较大的差值，这部分洪水遭遇的概率极小，这样便有条件在设计洪水及小于设计洪水时采用正常泄洪设施泄洪，在超过设计洪水时，采用正常泄洪设施与非常泄洪设施联合泄洪，从而既保证泄洪的可靠性，又增加了运行调度的灵活性。因此，导流洞改建为永久泄洪洞，可以改建为正常泄洪洞，也可以改建为非常泄洪洞。

(2)工程条件

许多工程坝址区河谷狭窄，洪水流量大。施工期初期常采用全年断流围堰隧洞导流方式，设有多条大型导流洞。导流洞在导流期结束后如何与永久工程相结合，应根据工程的特点，结合结构、施工及改建工期等多方面因素，综合考虑改建的工程条件，选择技术可靠、施工可行、经济合理的改建方案。

(3)技术条件

从工程条件和水文条件来看，许多工程都可以利用导流洞改建为永久泄洪洞，但要保证改建后泄洪洞的运行安全，则还会遇到许多技术问题，其中泄洪消能问题尤其突出。甚至可以说，能否很好地解决改建后泄洪洞的泄洪消能问题，直接决定着导流洞改建为永久泄洪洞的技术条件是否具备。

有的工程将泄洪输水隧洞与导流洞通过龙抬头的型式结合，兼顾导流、输水、泄洪及放空等多种功能，俗称“一洞多用”，对于多泥沙河流应注意结合排沙运行统一考虑。一洞多用或临时任务与永久任务相结合，可减少工程量，降低造价，也可解决枢纽中单项工程过多造成总体布置的困难。

泄洪洞与导流洞合一布置：常作成“龙抬头”式，如图3.4-49。这种改建型式水头高，流速大，反弧及下游易遭空蚀破坏，应做好体型设计，控制施工质量，限制不平整度，并选用适当的掺气减蚀措施。

泄洪洞与发电洞合一布置存在的问题：①洞内岔尖处的水流流态复杂，容易产生不利负压和空蚀；②泄洪时影响发电能力；布置形式可以是a主洞(干洞)泄洪、支洞(岔洞)发电；洞内流态好，岔尖附近负压较小，发电支洞回流强度弱、范围小，但泄洪时发电洞有效水头降低，出力减小。b支洞(岔洞)泄洪、主洞(干洞)发电。

泄洪洞与排沙洞合一布置存在的问题：①闸门压力大，启闭困难(洪水期开启，水头高)；②泥沙堆积，闸门不易开启。排沙洞进口高程低，可做施工导流用，完后改成泄洪排沙洞。

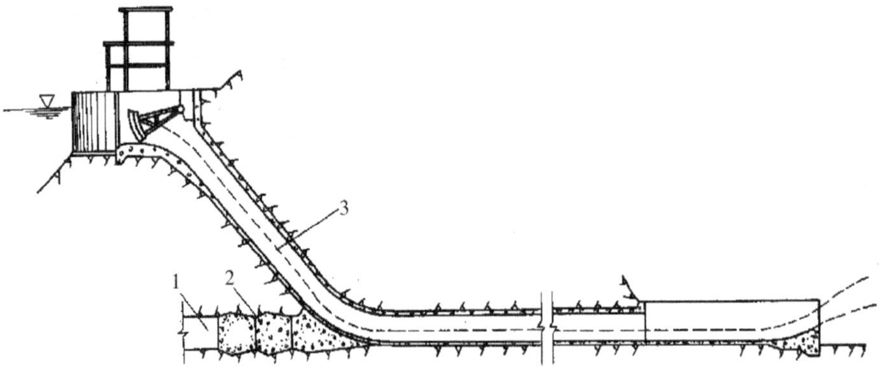

1—导流洞；2—混凝土堵头；3—水面线

图 3.4-49 表孔溢流式泄洪洞布置图

2. 导流洞改建的基本型式

目前国内外利用导流洞改建为泄洪洞的基本型式主要有龙抬头式、旋流式、突缩突扩式等，也可采用不同方式的组合，如龙抬头与突缩突扩相结合。

（1）龙抬头式

利用导流洞改建为泄洪洞常采用龙抬头式，通常进口段是有压流，下游接明流斜洞，经反弧段与导流隧洞连接，经消能设施将水流泄至下游河道。由于隧洞渗水对岸坡山体的地下水位影响很小，这种布置方式在许多新建的泄洪洞中被广泛采用，如刘家峡、二滩等工程，单洞泄量水平已接近4 000 m^3/s。但龙抬头式泄洪洞落差大且集中在前部，高速水流段比较长，对高速水流段的衬砌保护要求较高，在反弧段及其下游附近容易发生空蚀。掺气减蚀措施广泛应用后，100 m左右落差的龙抬头式泄洪洞的空蚀问题已基本解决，但更高水头的龙抬头式泄洪洞的空蚀问题还需进一步研究。由于隧洞泄量规模的不断增大，为了解决泄洪洞的空蚀问题，目前许多单位已在研究隧洞底部和隧洞边墙联合掺气的措施。

对于高水头大泄量泄洪洞，目前较好的型式是采用短压进水口而后接明流泄洪洞型式，其典型布置如图3.4-49所示。它由有压段、渥奇曲线段、反弧段、明槽段及出口段组成。其工作闸门和检修闸门都位于进口压力段内，绝大多数工程都采用弧形门作为工作门，滑动式平板门为检修门，其优点是工作闸门无门槽干扰水流，当在不同开度下泄水时引起闸门振动的可能性小，对于高水头大孔口所需启闭力小，从而降低了闸门制造的技术要求，提高了闸门运行的安全性和灵活性，所以在国内得到广泛的应用。

（2）旋流式

通过设置一定的造涡装置，使进入泄水道的水流形成贴壁的涡旋流动，借以消除水道中的大部分动能，这便是旋流式内消能工。它的主要特点是：消能率高；贴壁涡旋流动使泄水道边壁压强增大，再加上水流掺气，可减小高水头泄水洞边壁产生空蚀破坏的可能性；水流的大部分动能是在泄水道内部被消除，不会引起泄水道出口后的雾化污染及下游的严重冲刷破坏。

旋流式内消能工在苏联研究最多，法国、意大利等国也有研究及应用。我国虽起步较晚，但结合一些大型工程的设计，如溪洛渡、小湾、拉西瓦、李家峡、公伯峡等，为探讨导流洞改建为永久泄洪洞的可能性，对旋流式内消能工进行了大量的研究。旋流式消能工是利用旋转水流来实现消能的目的，一般需要由引水道、起旋室、消能室和出水道四部分组成，其形式也根据旋流发生的部位不同而分为水平式和竖井式。国外早在20世纪50年代就对竖井旋流式溢洪道开始了研究，这些成果在西欧和美国被大量应用于实际工程中，但都是一些低水头、小泄量的竖井形式，且都采用喇叭形进水口。这类竖井溢洪道在水头超过40 m后，在井壁会出现水流分离及水流不稳定的现象，随之产生空蚀与振动破坏。到70年代，苏联的E.B.KysHeuosa对其进行了进一步的研究，但也只是在流速比较缓慢的引水道和泄量不大的小型工程中有所应用，他们所研究的涡室结构类似于水轮机的涡壳，断面尺寸较大且结构复杂。实际工程中将导流洞改建为龙抬头式或深孔式泄水道是为了改善水库的运行条件及增大隧洞的排沙能力，但若水头过高（$H \geqslant 100$），泄水隧洞的底板就会受到高速水流的冲蚀作用，虽然设置通气设施能对隧洞的底板起到一些防蚀作用，可是在施工期，由于导流洞表面会受到施工过程中产生的碎渣和泥沙的磨损，修复后洞内表面的平整度和强度难以恢复到原来的水平，且水平洞段和侧墙上难以布置通气设施，洞内不易进气，所以泄洪隧洞发生空蚀破坏的可能性仍很高。此外，出口段由于高速水流的冲刷作用，岸边岩体的稳定性受到严重的威胁，产生的雾化会对出口段周围的环境和设备带来不利影响。在导流洞改建泄洪洞的尺寸方面，一般导流洞要承担施工期全部的泄流任务，所以其洞径往往很大，这样也会增大投资和施工期的难度。但随着设计水平和研究的不断发展，临时性导流洞改建永久泄洪洞有多种方式，我们可以采用内部消能的方式来降低洞内的流速，这在技术上非常可行，经济上也很有利，成为目前发展的一种新方向。

(3)突缩突扩式

突缩突扩式内消能工主要有孔板式和洞塞式等。孔板式是在洞内设置一个或数个直径小于洞径的孔板，水流通过孔板时，流线急剧收缩，然后突然扩大，从而将水流的大量能量通过局部水头损失而消耗掉。孔板消能对高水头泄洪洞而言，是一种十分有效的消能形式。黄河小浪底水库的泄洪洞，当采用五级孔板时，原为140 m的总水头，经五级孔板消能后，消除了101 m，占总水头损失的80%以上。

孔板消能的一个关键问题是消能与防空化的矛盾。结合小浪底工程，我国对多级孔板的空化特性做了大量的研究。在相同水力条件下，由于多级消能孔板的动水压强沿程减小，愈靠近下游的孔板，其水流空化数愈小；孔径与洞径之比愈小，消能效果愈好，但其空化性能愈差，发生空蚀破坏的可能性愈大。为兼顾消能及空化两方面的影响，孔径比不能太小。

洞塞式与孔板式同属突缩突扩式内消能工，所不同的是洞塞有较大的长度，水流突缩后流经一定的流程，流线基本恢复平行后再开始突扩。因此，洞塞式与孔板式有许多共性，但也有其自身的特点。

归纳起来，洞塞式与孔板式的共同特征主要有：第一，宜应用于有压洞，这使其在导流洞改建泄洪洞中可以发挥重要的作用，可以充分利用导流洞位置低、静压水头高的特点，从而可以尽可能地降低洞塞孔口与原导流洞的过水面积之比，大大提高消能效率，同时仍保证洞塞内有足够的正压，以防止发生空化；第二，体型简单，流态清晰；第三，过流能力、消能效果及压力特性取决于各级洞塞(或孔板)的体型尺寸及其比例关系。

洞塞式与孔板式的不同之处主要表现在：孔板锐缘很薄，水流的突缩与突扩集中于一处，而洞塞有一定长度，突缩能量损失与突扩能量损失的迭加应大于孔板。换言之，如果二者的消能率相同，则洞塞的空化特性应优于孔板。

3. 导流洞改建泄洪洞的发展现状

导流洞改建为泄洪洞，在工程设计中得到了越来越多的采用，大多数改建为“龙抬头”式泄洪洞，也有竖井漩流式、突缩突扩式泄洪洞。1966年建成的坝高216米的美国Glen Canyon 工程、1972年建成的加拿大Mica 工程以及我国的黄河小浪底工程等，均采用了利用导流洞改建永久泄洪设施的方式，积累了宝贵的经验。

为了改善水库运行条件和增大排沙能力，大多工程利用导流洞改成“龙抬头”式或“深孔式”泄水道，但在高水头($H \geq 100$ m)下，这类泄水洞的底板将承受40 m以上高速水流的冲蚀作用，虽然采用通气设施对底板起到一定的防蚀作用，但由于施工期导流洞受泥沙或施工碎渣磨损，修复后难以达到原表面平整度和强度，再加上平洞段和侧墙的通气设施难以布置，且不易进气，因此泄洪洞仍有发生空蚀的可能性。此外出口高速射流冲刷作用，严重威胁着岸边岩体的稳定性，同时所形成的雾化小气候，对周围环境和机电设备带来不利的影响。在导流洞的构造尺寸方面，因施工期水头低，导流洞承担全部泄流任务，往往洞径很大，通常远大于泄洪洞设计尺寸。当导流洞改为泄洪洞时，应按高速水流条件设计，其钢筋混凝土衬砌工程量很大，增加了工程投资和增大导流工程的前期施工难度。

但是随着研究和设计水平不断发展，导流洞可以通过多种方式改建为永久泄洪洞，采用内部消能方式，降低隧洞内流速，在经济上非常有利，在技术上的许多问题也不断得到解决，因此成为一种发展方向。

从结构布置上看，涡旋式内消能工可布置在平管(洞)中，也可以布置在倾斜或竖直的管(洞)中。从水流旋转方式上看，可分为单向涡旋、双向交汇涡旋、双向对消涡旋等。一般在工程中水平及竖直管道中的单向涡旋式内消能形式较常见。

平洞旋流式内消能工布置上的特点是使引水道轴线与泄水道成一交角，从引水道的来流在惯性力作用下，斜向地碰撞引水道边壁，并按螺旋线旋转下泄。由于贴壁螺旋流各层之间形成强烈的剪切、紊动和涡旋，从而使水流的动能得以消散；同时，贴壁螺旋流在泄水道断面中心形成稳定空腔，水流不断地通过涡旋而充分掺气，也促进了能量的消散。

竖井旋流式内消能工一般由引水段、涡室、竖井和出水段等部分组成。涡室与竖井的连接处可设锥形过渡段，以改善竖井的泄流能力；也可不设过渡段。竖井与出水隧洞的衔接，可借助于水垫消能室或设有折流器的弯管来实现。从引水段的来流，在涡室的导引下产生旋转运动。由于离心力作用，水流进入竖井后紧贴井壁，对井壁形成剩余压强，竖井中心则存在带状空腔。竖井中的流线是螺旋线，其螺距随水体跌落而增加。水体在泄水道下泄过程中切向分速逐渐减小，而垂向分速逐渐增大，其合成速度与轴线的倾角将沿竖井的深度方向逐渐减少，水流旋转运动减弱。当达到某一极限后，水流动能就保持不变，而形成自由跌流，势能则消耗在克服摩阻力所做的功上。

竖井旋流式内消能工，由于水流在离心力作用下紧贴边壁，减少了发生空蚀的危险；同时，因为在井内消除了水流的大部分动能，可降低对出口消能设施的要求和避免雾化的污染；但分析研究表明，竖井旋流式内消能工边壁最大剪应力约为无旋流竖井最大剪应力的2倍；约为普通泄洪洞最大剪应力的5倍，因此，竖井边壁应采取适当保护措施。

近年来，水利水电工程在建设的实践、探索及科研工作者的努力下，产生了一些新型高效的洞内消能工，如台阶式的坝面溢洪道、孔板消能工、洞塞式消能工、消力井、T形消力墩、旋流式消能工等。洞内消能工相比传统的消能形式，有些显著的优点：第一，洞内消能工和隧洞结合方便，能优化布置、节约投资；第二，洞内消能工能够适用于高水头、大流速的工程；第三，因为在洞内已经完成了消能，故出口水流与下游河道能平稳的衔接，减轻了对河道的冲刷作用。正因为洞内消能工的这些优点，我国对于消能工的研究十分活跃。如小浪底工程中就将导流洞改建成了孔板消能式的泄洪洞。

4.典型工程案例

(1)阿拉沟水库导流兼泄洪洞

阿拉沟水库工程泄洪洞由导流洞改建而成，为降低截流难度，隧洞出口较低，在正常运行时，隧洞出口部位的河床水位高于隧洞出口底板近5.0 m，当渲泄设计洪水时，两者相差更大，约9.0 m。根据一般工程实践经验，在这种条件下，若采用挑流方式消能，挑坎低于尾水(5.0 m～9.0 m)水流无法挑起，而泄洪洞出口处河床宽度仅为35 m～45 m，泄洪洞泄水时，必然对河床对岸造成严重冲刷，采用挑流消能方式显然是不合适的。为了节省工程量，曾尝试采用戽面流式挑坎，用小挑坎将水流挑入水垫塘，而水垫塘内没有足够的水垫，出坎后的水流直冲对岸，水流不能形成戽流，消能塘内流态很差，如图3.4-50所示。戽流消能方式也不成立。综上所述，该泄洪洞采用底流消能更符合工程实际，但泄洪洞出口至河床岸边的水平距离不能满足布置扩散段和消能塘的长度。因此，可供选择的合理有效的方法只能是在消能塘内增设各种辅助消能工，以适应该泄洪洞出口距河本岸较近的地形条件。

由于泄洪洞是由导流洞改建而成，这就使该泄洪洞的泄洪消能问题变得相当复杂。因此，合理选择与优化其出口消能工体型成为本试验研究的关键。因为该消能工既要满足施工导流要求，又要满足工程竣工后永久泄洪的要求，且河谷窄、流向偏、尾水浅等原因，该泄洪洞出口消能工原设计采用“小挑坎—水垫塘”方案。水垫塘长70 m，同时受地形条件所限，塘长也无延长的可能。而理论计算该塘长约达140 m，显然，原设计方案消能塘长度实难满足泄洪消能要求。分析其主要原因有：①由于小挑坎设计挑角为14°偏大；②水垫塘由于地理空间所限，致使塘长偏短，最终导致下泄水流经小挑坎后，挑射水舌直接跨过第一排消力墩而落至水垫塘中部，塘内水流呈急流流态顶冲尾坎形成涌浪高达26 m(图3.4-51)，水流漫溢塘外。而工程实践证明，一般来讲，综合式消能工比常规平底消能塘可缩短塘长60%左右，减小第二共轭水深10%以上。经过多种方案的类比试验研究，对该泄洪洞消能塘体型设计进行修改与优化，在不增加塘长的基础上，使塘深由原方案的2.0 m增大到7.0 m。即使这样仍未满足设计要求，且塘深受地形条件限制也不宜再加深，若继续增加塘深，势必使泄洪洞与消能塘间的渥奇面连接段长度增加，这就意味着消能塘长度需再度缩短，无益于问题的解决。于是进行了在消能塘内加设辅助消能工方案的试验研究，即(a)T型墩＋消能塘方案；(b)一排消力墩＋T型墩＋消能塘方案；(c)二排消力墩＋T型墩＋消能塘方案。通过试验研究论证，最终推荐工程采用如图3.4-51所示的综合式消能工，即二排消力墩＋T型墩＋消能塘方案。无论在导流期还是在正常泄洪期，塘内水流均能形成稳定的水跃流态。分析其原因主要是辅助消能工—消力墩、T型墩与消能塘相结合，充分发挥其各辅助消能工的群体效应的结果，较好地解决了导流期低佛氏数消能和正常泄洪期的高速水流消能防冲的问题。

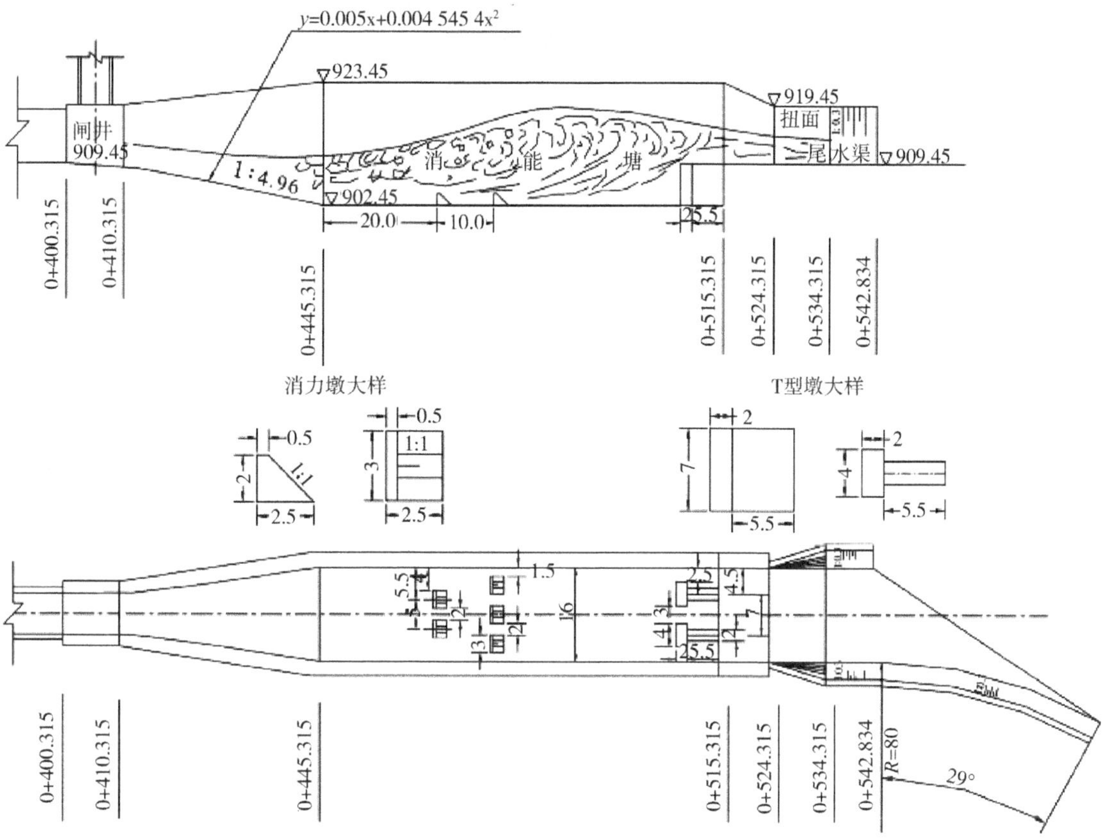

图 3.4–50 阿拉沟水库泄洪洞推荐方案消能工体型及流态图

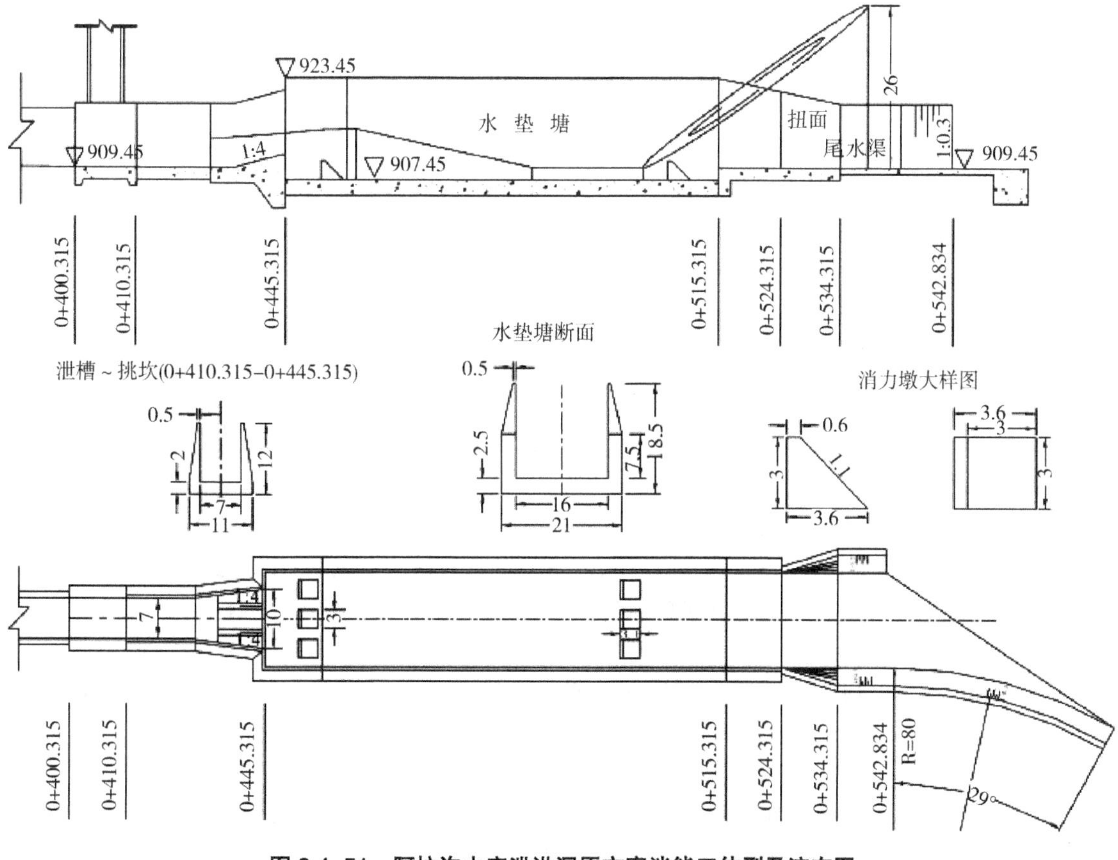

图 3.4–51 阿拉沟水库泄洪洞原方案消能工体型及流态图

结合实际工程并通过对“龙抬头”式泄洪洞有压段、渥奇曲线段和反弧段的体型设计及水力特性研究，提出了满足防蚀要求的渥奇面曲线方程以及辅助消能工与底流消能塘结合的综合式消能工。充分发挥其辅助消能工的群体效应，使得消能塘内水流掺混剧烈、消能充分。结果表明，该泄洪洞消能塘的消能率已接近稳定水跃消能率45%～70%的下限值，较好地解决了该导、泄“二合一”工程的泄洪消能难题。该方案已被实际工程采用。

（2）尼雅水利枢纽工程导流兼泄洪洞

尼雅水利枢纽工程布置以拦河沥青混凝土心墙坝为主体，表孔溢洪洞布置在左岸，在右岸集中布置泄洪冲沙洞和灌溉发电引水洞，进水口闸井联合布置保证发电洞门前清。在平面上泄洪冲沙洞布置为直线，与导流洞在平面上同一轴线，纵断面设计为“龙抬头”结构形式，与导流洞结合，设计最大泄量394 m^3/s。

泄洪冲沙洞由引渠段、进口闸井段、洞身段、出口消能段、护坦段组成，全长711.41 m。运行方式为短管段有压洞身段无压的运行方式，进口底板高程为2 595 m，正常蓄水位高程为2 663.0 m。在桩号0+112.8处导流洞与泄洪洞洞身结合，高程为2 563.46 m。导流洞封堵堵头长度为30 m，封堵段位于导流洞的桩号0+063.7～0+093.7。洞身段长112.8 m，横断面形式为高×宽为4.0 m×4.3 m城门洞型断面，与导流洞净断面一致。出口采用底流消能型式，后接海漫将水退至下游河床。

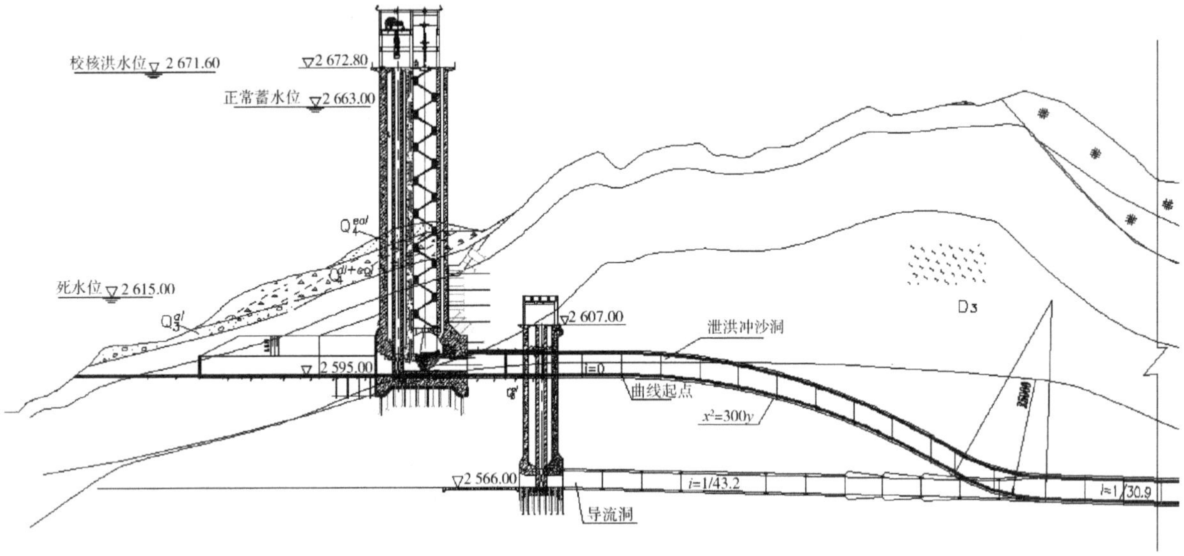

图 3.4–52 尼雅水利枢纽工程导流洞改建泄洪洞纵剖面图

3.4.5.7 设计重点关注问题

1. 容易出现的问题

溢洪道是洪水期间保证水库安全的重要设施，中小型水库由于受工程造价的限制，其设计采用的洪水标准往往偏低、选用洪水数据（洪峰、洪量）偏小，因而必然带来溢洪道设计尺寸偏小，再加上周边岩体风化坍落，往往造成泄流能力不足，因而不能保证安全泄洪。

在布置上，某些工程设计的溢洪道其进出口段离坝身太近，坝肩与溢洪道之间仅有单薄的山脊相隔。进口段如未进行有效的护砌，泄洪时一旦发生冲蚀现象，将危及坝肩安全，有些设计的陡槽末端与坝脚紧贴，如果发生横流冲刷，更易危及坝脚安全，因此这两种情况均对大坝的运行安全十分不利。

溢洪道设计的平面弯道半径过大和收缩过剧，对泄流十分不利。特别在溢洪道陡坡段布置有弯道时，由于弯道流态、流势剧烈变化，导致两岸产生了水面差，这时凹岸水面壅高，并在下游衔接的平直段内产生折冲水流，大大影响了泄流能力和消能效果。另外陡坡段或缓流段的过剧收缩，也会发生显著的壅水和流态变化，并对溢洪道衬砌造成冲击，如砌护过高会增加投资，砌护过低又不安全。

溢洪道纵横剖面及平面布置设计不当，比较突出的问题是陡坡设计比降过陡。部分溢洪道布置在非岩性山坡上，其底部未做有效的反滤衬砌，致使渗水后易产生滑坡；结构上也不稳定。在横断面设计中，有些工程对两侧山坡开挖坡度注意不够，有的过陡，加上衬砌厚度偏薄，不能满足抗滑抗倾稳定，也易造成坍方和滑坡；平面布置上，存在着上下游断面连接不配套，形成“瓶颈”现象，从而影响了泄洪能力；此外溢洪道末端与河道衔接部分注意不够，导致有的末端高出河床很多，有的末端未做砌护处理，常造成严重冲刷，并向上延伸，直至整个建筑物破坏。

现有水力设计方法尚不够完善，如溢洪道进口布置有引洪平流段的情况下，由于水力计算中忽略了平流段时进口水位的壅高（即水头损失）。而实际壅高有时较大，不可忽视。有些设计对溢洪道的消能工的设计考虑不够充分，或者型式选择不当，导致消力墙长度和深度均不能满足需要，消能不够充分，致使下游河段发生严重冲刷。

另在侧槽式溢洪道设计中，过去大多采用“扎马林法”进行计算。经多年实践及水工模型试验证明：使用该法计算所确定的水面坡降偏小，导致侧槽深度不够，流量系数减小，使侧堰局部呈现淹没出流，其实际泄洪流量达不到设计要求的泄量，因而对工程是不安全的。

有些工程在结构设计中对泄洪的特点和基础特性考虑不周，溢洪道下泄的高速水流具有很强的冲击力，由于急流的掺气和脉动现象十分显著常会产生剧烈的震动；有些溢洪道采用低标号的浆砌石或混凝土砌护，且砌护厚度与边坡砌护高度都不能适应结构稳定要求，因而不能抵御高流速的冲刷；有些非岩基上的溢洪道设计时，底部几乎没有反滤排水设备，极易发生塌滑；有些大面积圬工混凝土衬砌由于未设伸缩沉陷缝，致使溢洪道衬砌发生一些裂缝，总之这些都使工程安全受到影响。

2. 开敞式溢洪道闸门问题

对于蓄水工程来说，溢洪道可设闸门，也可以不设闸门。一般情况下，小型工程溢洪道常不设置闸门，大、中型工程溢洪道设置闸门的较多。溢流堰上不设闸门时，堰顶高程就是水库的正常蓄水位。设置闸门时，溢流堰顶高程低于水库的正常蓄水位。闸门控制可根据当地气象预报而定，而在汛期提前开闸放水，则有利于降低洪水位，减小库区的临时淹没和大坝及其他非溢流建筑物的高度，并可削减下泄的洪峰流量。但设置闸门却要增加闸门及启闭设备的投资。由于溢流堰的堰顶高程降低，则要增加其开挖量，并且汛期还必须加强管理。

3. 设计对策

（1）表孔泄水建筑物

溢洪道设计中掌握的基本资料是否充分与完善，选用的设计标准是否恰当，均直接影响到整个工程的安全，现就有关问题谈一些看法。

溢洪道工程的规划布局应尽量利用有利地形地貌，既要经济合理又要保证安全。如大坝附近有天然山坳可以布设溢洪道则最为理想，如主坝口子狭窄无法布置正堰则可考虑选择侧槽式溢洪道。其规划布置的主要原则是：基础坚硬均一，线路短，无弯道，出口远离坝体；工程严禁布置在滑坡或崩塌体地上。溢洪道通常由四个主要部分组成：引流段（近口段）、控制段（堰流段）、泄流段（陡坡、急流段）及消能工。

引流段（近口段）：为引流平顺其进口形状最好做成喇叭口，为减小损失其长度不宜过长。如因地形所限必须在该段内设置弯道时，则应使弯曲段尽量平缓外，还应使弯道与下游衔接段和出口段尽量远离坝脚，以免冲刷坝脚。引流段截面一般选用梯形或矩形，当流速≤1～2 m/s时一般可不砌护，但与坝端邻近和紧接控制建筑物的范围内应砌护一定长度，同时在弯道两侧的凹岸亦应砌护，如为坚硬的岩基则可不考虑。

控制段（堰流段）：为使泄流均匀，可使近口水流垂直于控制段建筑物；根据地形条件和泄流需要必须设置宽顶堰或实用断面堰，堰宽度可按允许单宽流量选定，岩基上单宽流量为40 m^3/s～70 m^3/s，非岩基上为20 m^3/s～40 m^3/s，土基上为20 m^3/s。除近口段设有引流段外，一般应使堰顶宽度≤3 h堰（h堰为堰上水头，单位m）；为使水流平顺，堰口与其上游引流段可采用渐变段连接，其收缩角以12°左右为宜。如堰体较宽则应在其横向设置温度缝与沉陷缝，其间距可按10 m～15 m布设。

泄流段（陡坡、急流段）：该段平面均采用直线布置，并尽量避免弯道和设置扭坡顺引流态的急骤变化甚至产生负压；其纵断面设计应因地制宜地根据地形、地质而选用缓坡、陡坡或多级跃水等多种形式；陡坡段应采用均一比降；由于泄水段流速很快，故应尽量布置在岩基上，如为非岩基则该段衬砌厚度应按允许流速与地质条件选择进行设计，一般浆砌石用0.5 m～1.0 m，混凝土0.2 m～0.5 m，钢筋混凝土0.15 m～0.3 m（混凝土与钢筋混凝土基部还应设0.3 m～0.5 m厚的浆砌石底砌护），其坡度一般以≤1/2.5为宜。

新鲜岩基上的泄水道，可不砌护；如为松软风化岩石仍需用0.3 m～0.5 m的浆砌石或0.2 m厚的混凝土做砌护，并加设锚固筋；如需大面积混凝土衬砌则应按地质情况，结合温度变化布置伸缩缝和沉陷缝，两侧边坡可仅设横缝，底部则应设纵横缝，间距一般为8 m～12 m，同时在衬砌底部需敷设排水的反滤料；考虑高速水流掺气的特点，边坡的砌护高度应有适当超高。

消能工：在泄水段末端需设置消能工，其具体选择型式可根据地形、地质和水力条件的要求而定，采用多级跃水或溢洪道末端的跃流段应使其泄流方向远离坝脚≥100～150 m。对于非岩基上一般均采用底流消能，并在末端设置消力池。如泄流量不大，亦可考虑消力槛形式；如为远驱式水跃，由于极易造成冲刷，此时可考虑采用差动式消力槛形式；在岩基上，如溢洪道尾端有较陡边坎时，采用挑射消能较为有利（但需考虑高空扩散气流及下游冲刷对周围的影响），由于这种形式可省去消力池、护坦与海漫等工程，且其工程量小、造价低，因而常被采用。根据工程实践鼻坎形式以矩形差动式最好，但鼻坎以上陡坡最好做成矩形断面，千万不可做成梯形断面，以免需用扭坡与鼻坎衔接。

侧槽段（指侧堰深槽式溢洪道）：该段布置应垂直于来水流向，其长度可根据等高线向上游延伸，水流特点是侧向进流，纵向泄流。

侧堰与深槽连接的渐变过渡段，其收缩角应控制在12°左右，其长度一般为槽内水深的3～5倍，其主要作用是避免槽内波动和横向旋滚的水流直接进入陡坡段。

（2）深孔泄水建筑物

对“龙抬头”式泄洪洞的体型设计，其核心问题是如何防止空穴水流的产生。工程实践证明，最易产生空穴水流而导致建筑物空蚀破坏的部位多为进口段、渥奇曲线段和反弧段。而关于“龙抬头”式泄洪洞有压段、渥奇曲线段和反弧段的体型设计及水力特性研究，国内已有不少研究成果。而空穴水流先在反弧末端和渥奇曲线段出现，而后才是反弧段。防止反弧段产生空蚀破坏多是在其上游渥奇曲线段加设掺气减蚀设施。

由于导流洞高程较低，而泄洪洞的进口可以较高，为了降低进口工程造价、减小作用在闸门上的水压力、改善闸门的运行条件和解决淤堵等问题，常在导流洞的上方另设进口，布置成“龙抬头”的形式。当两洞进口之间的岩体厚度较薄或岩石较差时，应尽量将泄洪洞在平面上布置成直线，而将导流洞进口端偏转一个角度，这样可使运行期泄水时的水流具有较好的流态，而临时性的导流隧洞由于流速较低，设置弯道不致对水流形态产生大的影响。例如，刘家峡水电站导流洞进口段偏转32°，碧口水电站导流洞进口段偏转14°。

龙抬头式泄洪洞多设为无压隧洞，在进口之后用抛物线段、斜坡段及反弧段与较低的洞身相连接。进口段后的抛物线段相当于溢流堰面的曲线段。深孔短管型进水口后的抛物线段底板曲线应符合射流曲线，并达到一定的安全值，以便闸门在不同开度时均能保持一定的正压。

斜坡段是连接抛物线段与反弧段的部分，起平稳水流的作用。表孔进口水流较平稳，斜坡段与水平面的夹角可达50°以上，以加长永久泄洪隧洞和临时泄洪洞的结合段，节省工程量。深式进口的流速较大，流态复杂，一般宜采用较缓的坡度以改善反弧段的流态，坡比约在1:1.5～1:3.0之间。反弧段是使水流转向的部分，一般采用圆弧曲线。由于离心力的作用，流态复杂，压力变化大，脉动强烈，反弧半径R不宜过小。根据已建工程的统计资料，R可采用该处流速水头的0.8倍或$R=(0.3\sim0.7)Z$，且小于7.5～10倍洞高，此处，Z为最高水位与反弧段最低点的高差，当反弧段上水深小时，取较大值。

导流洞改建为“龙抬头”式无压泄洪洞，常因导流洞宽度过大，需要设扩散段以解决泄洪洞与导流洞的衔接。扩散段应设在水流比较均匀平稳的部位，以防恶化流态。根据一些泄洪洞扩散段的统计资料，当流速大于20 m/s时，边墙扩散比在1:10～1:30范围内，相应的扩散角约为2°～6°，一般要求边墙扩散角小于7°。碧口水电站右岸泄洪洞是由8 m扩散到13 m，分为两段，一段设在进口后的抛物线段上，另一段设在反弧下切点下游48 m之后，其边墙扩散比均为1:20。扩散段边墙两端以圆弧曲线连接，对改善压力分布和平稳流态是有利的。“龙抬头”式泄洪洞，一般是水头高、流速大，反弧及其下游易遭空蚀破坏。为了避免空蚀，应做好体型设计，控制施工质量，限制不平整度，并选用适当的掺气减蚀措施等。

在改建导流洞为泄洪洞的方面，无论是国外的格兰峡、麦加、波哈尔等工程，还是我国的刘家峡、鲁布革、石头河、碧口工程，以及近年来新建成的小浪底枢纽工程，均为这方面的发展提供了宝贵经验。但是从相关资料可以看出，国外有90%以上的高坝工程中的永久性泄水建筑物是由导流洞改建而成的，而在中国，导流洞的改建率只在30%左右。

大多数导流洞的改建，都是将其改为“龙抬头”式或斜井式进口与导流洞结合的形式。“龙抬头”泄洪洞是由抛物线段、斜坡段、反弧段与导流洞的后半段结合而成的，因为能在很大程度上节约成本，抬高进水口高程，在国内外的大型水利工程中都有较广的应用。但是随着高坝兴起，泄洪落差不断增加，泄水建筑物内的流速不断增大，很容易在反弧末端及其下游发生空蚀破坏，美国的英菲尼罗、胡佛和国内的刘家峡等工程，在完成改建任务、水库开始运行后，均在“龙抬头”泄洪洞的反弧末端产生了一定程度的空蚀破坏。而由于体型设计的不合理，致使局部区域压强太低，在流速过大的情况下，也会产生空蚀现象，如巴拿马的麦登坝。为减免泄水建筑物内发生空蚀破坏的可能性，人们通过不断的研究发现，必要的掺气措施对由高速水流引起的空蚀空化破坏能起到有效的防护作用，尤其是美国大古力坝首次在泄水孔设置了掺气槽并取得成功后，掺气减蚀措施得到了普遍认可。

3.4.6 发电引水建筑物布置

3.4.6.1 电站类型及特点

要充分利用河流的水能资源，首先要使水电站的上下游形成一定的落差，构成发电水头。因此就开发河流水能的水电站而言，按其集中水头的方式不同分为坝式、引水式和混合式三种基本方式。

1. 坝式水电站

在河流峡谷处拦河筑坝，坝前壅水，在坝址处形成集中落差，这种开发方式为坝式开发。在坝址处引取上游水库中水流，通过设在水电站厂房内的水轮机，发电后将尾水引至下游原河道，上下游的水位差即水电站所获取的水头。用坝集中水头的水电站称为坝式水电站。

坝式水电站的特点：坝式水电站的水头取决于坝高。坝式水电站的引用流量较大，电站的规模也大，水能利用较充分。由于筑坝，上游形成的水库可以用来调节流量。坝式水电站水库的综合利用效益高，可同时满足防洪、发电、供水等兴利要求。坝式水电站的工程规模大，水库造成的淹没范围广，迁移人口多，投资大，工期长。适用于河道坡降较缓，流量较大，并有筑坝建库的条件。

坝式水电站可分为河床式和坝后式两种类型。

河床式电站，一般修建在河道中下游河道纵坡平缓的河段上，为避免大量淹没，建低坝或闸。适用水头：大中型25 m以下，小型8～10 m以下。厂房和挡水坝并排建在河床中，共同挡水，故厂房也有抗滑稳定问题；厂房高度取决于水头的高低。引用流量大、水头低。主要包括：挡水坝、泄水坝、厂房、船闸、鱼道等。厂房本身起挡水作用是河床式水电站的主要特征。

坝后式水电站，当水头较大时，厂房本身抵抗不了水的推力，将厂房移到坝后，由大坝挡水。坝后式水电站一般修建在河流的中上游。库容较大，调节性能好。如为土坝，可修建河岸式电站。

2. 引水式水电站

在河流坡降陡的河段上筑一低坝（或无坝）取水，通过人工修建的引水道（渠道、隧洞、管道）引水到河段下游，集中落差，再经压力管道引水到水轮机进行发电。用引水道集中水头的电站称为引水式水电站。

引水式水电站的特点：水头相对较高，目前最大水头已达2 000米以上。引用流量较小，没有水库调节径流，水量利用率较低，综合利用价值较差。电站库容很小，基本无水库淹没损失，工程量较小，单位造价较低。适合河道坡降较陡、流量较小的山区性河段。引水道可以是无压也可以是有压。

无压引水式电站主要建筑物包括：低坝、进水口、沉沙池、引水渠（洞）、日调节池、压力前池、压力水管、厂房、尾水渠。

有压引水式电站主要建筑物包括：低坝、引水隧洞（有压）、调压室、压力水管、厂房、尾水渠。

3. 混合式水电站

在一个河段上，同时采用高坝和有压引水道共同集中落差的开发方式称为混合式开发。坝集中一部分落差后，再通过有压引水道集中坝后河段上另一部分落差，形成了电站的总水头。这种开发方式的水电站称为混合式水电站。适用于上游有优良坝址，适宜建库，而紧接水库以下河道突然变陡或河流有较大的转弯。同时兼有坝式和引水式水电站的优点。在工程实践中多称为引水式水电站。此种方式应特别注意河道脱流问题，高坝一般都需要考虑设置生态电站。

3.4.6.2 引水(进水)口类型

1. 进水口的一般要求

①要有足够的进水能力：在任何工作水位下，进水口都能引进必须的流量。因此在枢纽布置中必须合理安排进水口的位置和高程；进水口要水流平顺并有足够的断面尺寸，一般按水电站的最大引用流量Q_{max}设计。

②水质要符合要求：不允许有害泥沙和各种污物进入引水道和水轮机。进水口要设置拦污、防冰、拦沙、沉沙及冲沙设备。

③水头损失要小：进水口位置要合理，进口轮廓平顺、流速较小，尽可能减小水头损失。

④可控制流量：进水口需设置闸门，以便在事故时紧急关闭，截断水流，避免事故扩大，也为引水系统的检修创造条件。

⑤满足水工建筑物的一般要求：进水口要有足够的强度、刚度和稳定性，结构简单，施工方便，造型美观，便于运行、维护和检修。

2. 进水口类型划分

按作用分引水工程进水口、泄水工程进水口；

按与枢纽的关系分整体式进水口、独立布置进水口；

按水流条件分，水电站进水口分为有压进水口和无压进水口两大类。

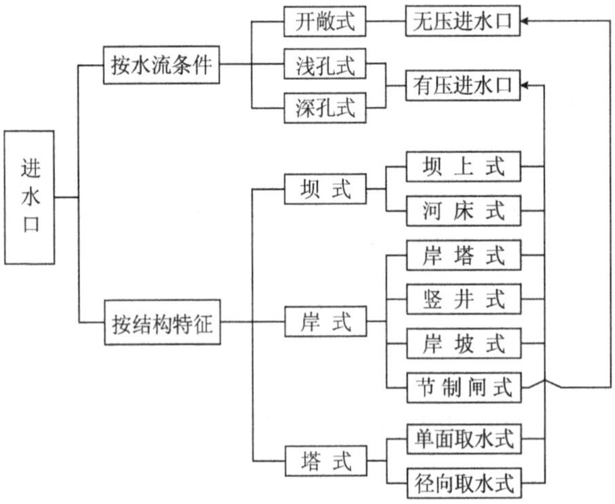

图 3.4-53 进水口分类图

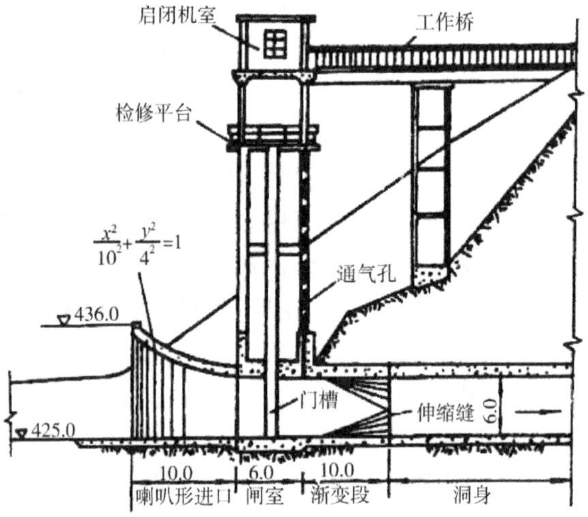

图 3.4-54 岸塔式进水口布置型式

(1)无压：类似于水闸，水流为明流，引表层水为主，适用于无压引水式电站。无压进水口一般采用开敞式居多，也可以采用虹吸式进水口。

(2)有压：进水口在最低水位以下，水流为有压流，以引深层水为主。适用于坝式、有压引水式电站。流道均淹没于水中，并始终保持满流状态，具有一定的压力水头。进水口顶部高程应低于最低死水位，并有一定的埋深；底部高程应高于淤沙高程。

3.4.6.3 有压进水口

有压进水口的主要类型及适用条件：竖井式进水口、墙式进水口、塔式进水口、坝式进水口、河床式进水口、分层式进水口。

1. 洞式（闸门竖井式）进水口

特征：在隧洞进口附近的岩体中开挖竖井，井壁一般要进行衬砌，井壁衬砌的水平断面一般呈矩形，闸门安置在竖井中，竖井的顶部布置启闭机及操纵室，渐变段之后接隧洞洞身。这种形式的优点是：结构简单，不受风浪、冰的影响，抗震性能好；由于充分利用了岩石的作用，钢筋混凝土工种量少，投资少。缺点是：竖井前的一段隧洞只能在低水位时进行检修。

适用：工程地质条件较好，岩体比较完整，山坡坡度适宜，易于开挖平洞和竖井的情况。

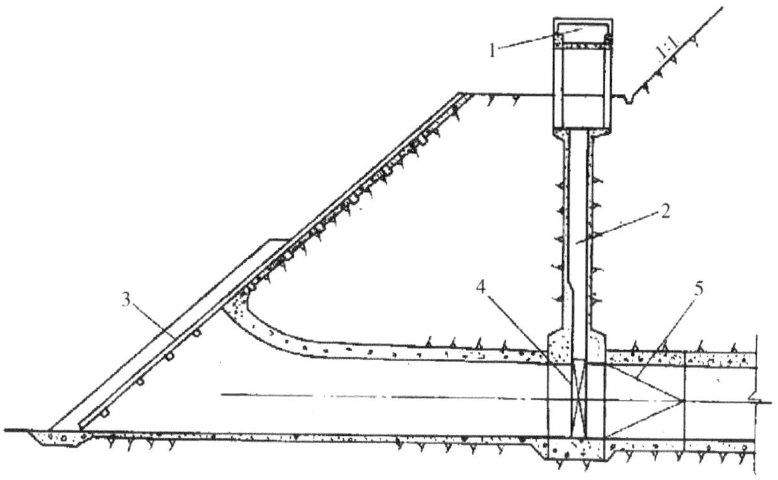

1-启闭机室；2-闸门井；3-拦污栅；4-事故检修闸门；5-渐变段

图 3.4-55 竖井式进水口布置型式

2. 墙式（岸坡式）进水口

特征：进口段、闸门段和闸门竖井均布置在山体之外，形成一个紧靠在山岩上的单独墙式建筑物，承受水压及山岩压力。要有足够的稳定性和强度。根据岩坡的稳定条件，塔可以直立，也可以斜依在岸坡上（又称斜坡式进水口），喇叭口，闸门槽都在山岩外面，启闭机室与山岩之间不用架桥。其优点是：稳定性较塔式好，结构简单，施工、安装方便，稳定性好，工程量小，不需要连接岸边的桥梁；缺点是：关门时，闸门不易靠自重下降，需要另加闭门力。

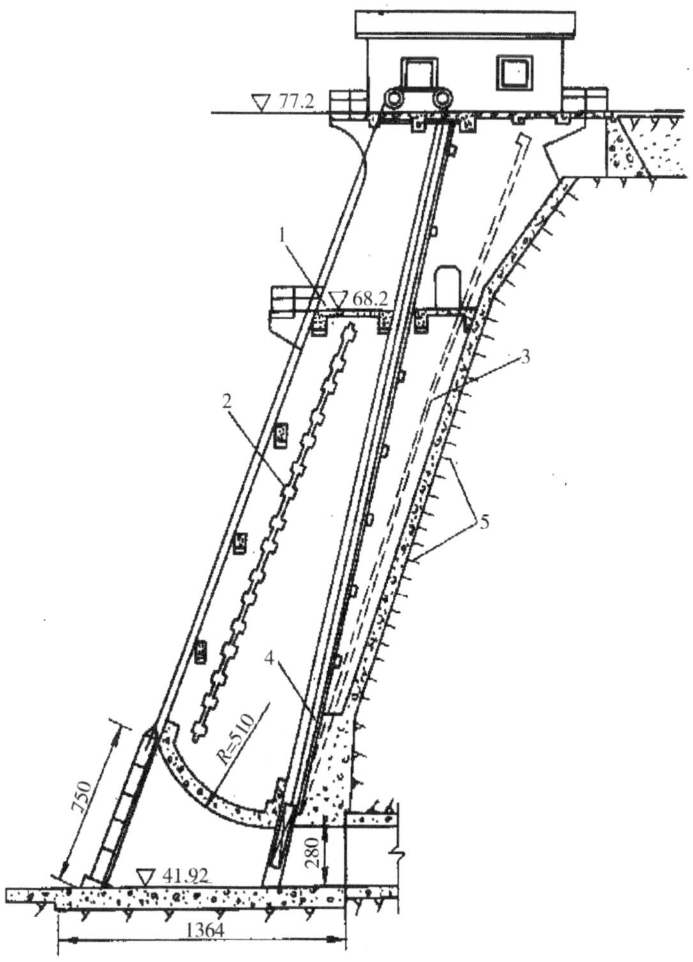

1-清污台；2-固定拦污栅；3-通气孔；4-闸门轨道；5-锚筋

图 3.4-56 墙式进水口布置型式

3. 塔式进水口（见图 3.4-57）

特征：进口段及闸门段及其一部框架形成一个塔式结构，耸立在水库之中，塔顶设操纵平台和启闭机室，用工作桥与岸边或坝顶相连。塔式进水口可一边或四周进水。位于水工隧洞或土石坝坝下埋管的首部，是一个不依傍山坡，独立于水库之中的封闭式塔或框架式塔，又称进水塔。塔底装设闸门，在塔内或顶部布置启闭机室。塔式进水口受风、浪、冰和地震的影响大，稳定性不如竖井式，需要较长的工作桥与岸边或坝顶连接。封闭式塔一般采用断面为矩形的钢筋混凝土结构。根据水位变化情况，可在不同高程设置取水口，分层引取水库中上层温度较高、符合灌溉要求的清水。

适用：当地材料坝、进口处山岩较差、岸坡又比较平缓。

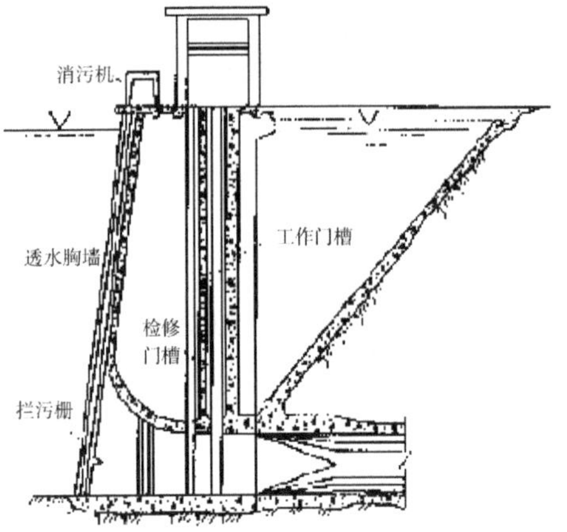

图 3.4-57　塔式进水口布置型式

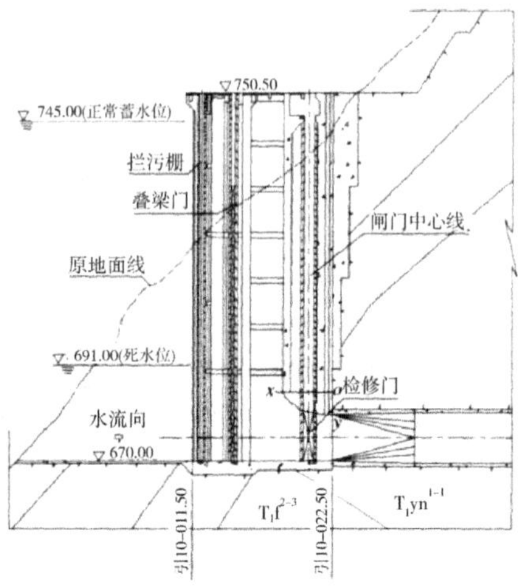

图 3.4-58　分层进水口布置型式

4. 坝式进水口

特征：进水口依附在坝体的上游面上，并与坝内压力管道连接。进口段和闸门段常合二为一，布置紧凑。适用：混凝土重力坝的坝后式厂房、坝内式厂房等。

5. 河床式进水口

一般适用于河床布置水电站的进水口，大多与坝体结合布置。

6. 分层取水进水口（见图 3.4-58）

为适应下游河道生态用水及灌溉对水温的要求，电站进水口可以采用叠梁门布置型式或分层取水型式以实现分层取水的需要。分层取水可有效提高引取表层水保值率，减轻水库水温分层导致的下泄低温水的不利影响，改善鱼类生长繁殖的水温条件。

3.4.6.4　建筑物组成及布置

对于水电站建筑物的布置，最重要的是保证它们具有良好的运用条件，并便于管理。关键是进、出口的水流条件。布置时，需选择好这些建筑物本身及其进、出口的位置，并处理好它们与泄水建筑物及其进、出口之间的关系。

电站建筑物的布置应使通向上下游的水道尽量短，水流平顺，水头损失小，进水口应不致被淤积或受到冰块等的冲击；尾水渠应有足够的深度和宽度，平面弯曲度不大，且深度逐渐变化，并与自然河道或渠道平顺连接；泄水建筑物的出口水流或消能设施应尽量避免抬高电站尾水位。此外，电站厂房应布置在好的地基上，以简化地基处理，同时还应考虑尾水管的高程，避免石方开挖过大；厂房位置还应争取布置在可以先施工的地方，以便早日投入运转。电站最好靠近临交通线的河岸，密切与公路或铁路的联系，便于设备的运输；变电站应有合理的位置，应尽量靠近电站。

在水利枢纽中，过鱼建筑物的布置均应与其型式和特点相适应，以满足正常的运用要求。

1. 位置

原则：水流平顺、对称，不发生回流和漩涡，不出现淤积，不聚集污物，泄洪时仍能正常进水。进水口后接压力隧洞，应与洞线布置协调一致，要选择地形、地质及水流条件均较好的位置。

顶部高程：进水口顶部高程应低于最低死水位，并有一定的埋深。

底部高程：进水口的底部高程通常在水库设计淤沙高程以上0.5～1.0 m，当设有冲沙设备时，应根据排沙情况而定。

2. 建筑物组成

组成：一般由进口段、闸门段、渐变段组成。

进水口的轮廓应使水流平顺，流速变化均匀，水流与四周侧壁之间无负压及涡流。应根据运行水头和设计流量，考虑孔口流速、闸门尺寸系列和启闭机容量选定进水口孔口尺寸。进口流速不宜太大，一般控制在1.5 m/s左右。有压引水道的进水口，其孔口面积一般不宜小于后接引水道的面积。

3.4.6.5 进水口主要设备

为满足有压进水口的基本要求，一般在进水口主要有以下设备：拦污设备、闸门及启闭设备、通气孔以及充水阀等主要设备。

1. 拦污设备（拦污栅、拦污浮排）

作用：防止漂木、树枝、树叶、杂草、垃圾、浮冰等漂浮物随水流带入进水口，不让这些漂浮物堵塞进水口，影响进水能力。对于粗大的漂浮物，可在离进水口几十米之外设拦污浮排，将其拦截并引向溢流坝渲泄至下游。

在严寒地区要防止拦污栅封冻，如冬季仍能保证全部栅条完全埋在水下，则水面形成冰盖后，下层水温高于0°，栅面不会结冰。如栅条露出水面则要设法防止栅面结冰。常见有两种方法，方法一：在栅面上通50 V以下电流，使栅条发热，俗称电加热法。方法二：将压缩空气用管道通到拦污栅上游面的底部，将下层的温水带至栅面，防止栅面结冰，类似射水流法。

2. 闸门及启闭设备

为了控制水流，进水口必须设置闸门。闸门可分为事故闸门和检修闸门。

①工作闸门（事故闸门），位于检修闸门之后，在紧急情况下切断水流，以防事故扩大。要求动水中快速（1～2 min）关闭，静水中开启。布置方式：一般为平板门。一口、一门、一机（固定式卷扬起闭机），以便随时操作。闸门操作应尽可能自动化，并能吊出检修，可远程操作。

②检修闸门：布置在工作闸门之前，设在工作闸门上游侧，检修事故闸门及其门槽时用以堵水。运行要求为静水中启闭。

布置方式：平板闸门，几个进水口共用一套检修闸门，启闭可用移动式或临时启闭设备，平时检修闸门存放在储门室内。

3. 通气孔及充水阀

①通气孔：设置在有压进水口的事故闸门之后，当引水道充水时用以排气，当事故闸门紧急关闭放空引水道时，用以补气以防出现有害真空。

②充水阀：其作用是开启闸门前向引水道充水，平衡闸门前后水压，以便在静水中开启闸门，从而减小闸门启门力。阀门尺寸根据充水容积、下游漏水量及要求的充水时间来确定。

布置位置：

1）设置在坝内廊道。坝式进口设旁通管，管的上游通至上游坝面，下游至事故闸门之后，旁通管穿过坝体廊道，并在廊道内设充水阀。

2）设置在平板门上。利用闸门拉杆启闭。闸门关闭时，在拉杆及充水阀重量的共同作用下，充水阀关闭；开启闸门前，先将拉杆吊起20 cm左右，这时充水阀开启（闸门门体未提起），开始向引水道充水，充水完毕，再提起闸门。

3.4.6.6 分层取水的应用

1. 大中型水库对水温的影响

水库虽然发挥了巨大的经济效益，但由于水库蓄水后，改变了天然河道的理化特性，故也带来了一些问题。在夏季，水库水质具有明显的分层分布的特点，所以从水库的不同深度上取水，所获得的出库水质将明显不同。水库深层水溶解氧（COD）含量很低，水体呈厌氧状态，而且水温较低，采用传统的底层取水会对下游的生态环境带来负面影响。

水库传统底层取水产生的下泄低温水会对下游农作物造成一定的影响，水库传统底层方式取水，下泄低温水对下游水生生物的生长繁殖造成一定的不利影响。例如，鱼类属于变温动物，对温度十分敏感。在一定范围内，较高的温度使鱼类生长较快，较低的温度则生长较慢。

无论是小型、中型或者大型洪水，采用底层方式取水时，都将相应拖长下游河道出现浊水的时间，一般可达1～2个月，有的长达4～5个月，最少的也有2个星期左右。河道浊水长期化给下游人民的生产生活用水、景观用水和旅游业渔业等带来了很大的不利影响，而且水流浊度增大，还会降低水生物群落的光合作用，阻碍水体的自净，降低水体透光吸热的性能，从而间接影响作物生长和鱼类养殖。

重金属元素很容易吸附在水中的颗粒物上，因此水库下泄的底层浑浊水含有的重金属含量要高于上层。重金属往往对人体有害，因此需要增加成本来去除水体中的重金属。同时，高浊度的水体中存在硫化氢，对水轮机等金属水工结构也会产生严重的腐蚀。

大型水库建成运行后，水体温度具有明显的沿深度成层分布的特点。水库上层为表温层，夏季水体与空气直接进行热交换，水温接近气温；下层为深水层，水温变化小，常年维持在较稳定的低温状态。大型水库表层水温和底层水温最大温差可达20℃左右。常规电站进水口为单层进水口，由于水库运用水位变幅较大，考虑到进水口不出现有害漩涡的淹没深度要求，其进水口高程一般较低。电站下泄的水温通常低于建坝前的天然河道水温，从而对下游河道的生态系统造成影响。如新安江水库建成后，随着经济社会快速发展，公众对生态环保的需求越来越高。为了降低大型水库水温分层带来的危害，避免下泄低温水对下游河道珍稀鱼类繁殖和农作物灌溉的不利影响，电站分层取水势在必行，且目前已成为学术研究和工程实施的热点。

2. 分层取水的作用

水库等水体在铅直方向存在着温度及密度梯度，从不同的深度取水，其水质（包括水温、溶解氧、浑浊度、浮游生物、二氧化碳等）显著不同，对农业、水产养殖、生态、人类生活等用水部门以及下游环境带来不同的影响。故设置分层取水结构，可根据需要解决引水的水质及下游环境问题。可从水库等水体不同深度引水的取水建筑物，又称分层取水结构。它有表层、中层、深层取水等结构。当仅能用于引取面层水时，称为表层取水结构；仅能引取底层水时，称为深式取水结构；如可有选择地引取任意层水时，则称为选择取水结构。

20世纪60年代以来，中国在新建及改建水利工程中开始采用表层取水结构，并从改建已有深式取水结构着手，对分层取水结构的结构特性、适用条件、过流特性、主要技术参数及分层水体模型试验等进行了研究，取得了一批研究成果并用于工程实践。日本从20世纪50年代起在农田水利工程上广泛采用表层取水结构，对解决低温水在下游所产生的各种“水库冷害”取得了显著效果。美国修建的分层式取水结构多为竖塔式及斜置式，目的是解决下游水产养殖、火电厂冷却、旅游及环境保护等问题。

我国水利水电工程最早采用分层是在百米级以上高坝，光照是第一个采用分层取水的大型水电站，随后的锦屏一级、糯扎渡、溪洛渡、董箐、亭子口、丰满等水电站以及山口岩水利枢纽、乐昌峡水利枢纽、斧子口水利枢纽等都采用分层取水设计，其主要目的是提高河道下泄水温，减少对下游灌溉和河谷林生态对水温的要求。

由于投资相对较小，对库水位变化适应性强，运行操作灵活，叠梁门分层取水广泛应用于大型电站进口设计。目前中国的高坝电站分层取水基大多采用叠梁门结构布置，部分大型分层取水电站实施见表3.4-9。分层取水电站进水口主要由拦污栅段、叠梁门段、喇叭口段、闸门段和渐变段等组成。

表3.4-9　分层取水型式的应用介绍

项目名称	库容/万 m^3	引水流量/(m^3/s)	分层取水型式	工程位置	建设状态
大同源水库	328	0.8～1.6	浮式平板型	中国江西	已建
港河水库	3 500	5～10.16	浮式波浪板型	中国江西	已建
亚东水库	4 080	5.1～6.17	浮式拱板型	中国吉林	已建
抱桐水库	650	1.5～2.5	浮式软硬管混合型	中国江西	已建
水林水库	120	0.2	浮式硬管转铰型	中国吉林	已建

续表

项目名称	库容/万m³	引水流量/(m³/s)	分层取水型式	工程位置	建设状态
总岗山水库	3 100	6.0	竖塔多层翻板型	中国四川	已建
刘家湾水库	1 304	1.8	竖塔多层翻板型	中国江西	已建
宝象河水库	1 900	4.0	斜管多层翻板型	中国云南	已建
月形水库	4 810	1.95	浮式圆筒套迭型	日本	已建
署寒水库	1 013	6.8	浮式圆筒套迭型	日本	已建
横溪水库	3 300	8～10	多层取水口	中国浙江	已建
清平水库	9 710	15	多层取水口	中国广西	已建
那打水库	2 660	5	多层取水口	中国广西	已建
横东水库	10 200	5.5	多层取水口	中国江苏	已建
丰产水库	1 900	1.22	多层取水口	中国江西	已建

3. 分层式取水结构的类型及特点

采用不同的分层取水形式来达到抽取特定要求的水体是分层取水的一个重要研究内容。分层取水的类型、尺寸和设置方式都直接影响着取水的效果。

国内外已建和在建的分层取水建筑物多种多样，分类方法也不尽相同，很难截然按某种方法将它们进行分类。按外形分，有斜卧式分层、塔（井）式分层、套筒型、管状等；按水力学特性，可以分为堰流和孔流两种流态；按启闭方式和动作原理，可分为人工启闭、电气自动、浮式和多层自动翻板等几种；按取水口设置方式又可分为活动式、固定式和复式三种；按对分层取水设施的控制，可以分为水力自动控制和机械控制。

由于分层取水建筑物分类方式众多，并且没有统一的标准，实际工程中应用最多的有4种分层取水形式：多层取水口、溢流式取水口（叠梁门）、浮式管型取水口和控制幕取水。其中多层取水口和溢流式取水口多应用于大型水利工程；浮式管型取水口和控制幕取水多应用于中小型水利工程。

（1）多层取水口

多层取水口，即在不同的高程设置取水口，达到抽取某一特定要求水体的取水形式。多层取水口一般由闸门、过水通道和取水管道组成。对闸门的启闭采用机械控制。多层取水口按其形式又可分为竖塔（井）式和斜卧式。多层取水口一般应用于大型的水利工程之中。

（2）溢流式取水口

溢流式取水口一般由隔水门、过水通道和取水管道组成。对隔水门的控制采用机械控制。根据库水位的变化调节隔水门的升降，进行堰流取水。溢流式取水口最常见的形式为叠梁门分层取水。叠梁门分层取水即根据水库水位的变化，提起或放下相应数量的叠梁门，从而达到引用水库表层较高温度水体，提高下泄水温的目的。糯扎渡、锦屏一级和溪洛渡等大型水电站均采用叠梁门分层取水。

（3）浮式管型取水口

浮式管型取水口通常由浮筒、取水口、取水管道组成。此装置通常利用水的压力为动力，根据库水位的不同自动调节取水管状态，不需要人力或电源进行操控。因此，此类装置一般比较简单，管理也很方便。在以灌溉为主要任务的中小型水库中经常采用浮式管型取水口。

（4）控制幕取水

控制幕取水装置一般由浮筒、控制幕和取水管道组成。由浮筒的浮力带动控制幕做竖直方向的移动。在一些特定的要求下，如需抽取水库底层的低温水，有时会选用控制幕作为分层取水措施。此种形式可底层过流，可表层过流，或者表层和底层同时过流以满足不同的取水要求。

无论国内还是国外，在较早时期就对水库水温问题有了一定的关注，并通过一些措施来实现分层取水、改善水温的目的。目前分层取水措施已在中小型水利工程中得到了广泛的应用。大型水利工程中也逐渐采用分层取水措施，目前国内外已建的大型分层取水工程有滩坑水库、光照水电站等；在建的工程有糯扎渡水电站、锦屏一级水电站、江坪河水电站等。已经建成的见统计表3.4-10。

表3.4-10 国内部分大型分层取水工程统计表

电站名称	省份	库容/亿m^3	坝高/m	装机容量/MW	正常蓄水位/m	进水口底板高程/m	单机引水流量/($m^3 \cdot s^{-1}$)	取水形式	叠梁门		备注
									节数/节	单节高/m	
光照	贵州	32.45	200.5	1 040	745.0	670.0	432.0	叠梁门	20	3	已建
滩坑	浙江	41.55	161.0	600	160.0			叠梁门			已建
三板溪	贵州	40.94	185.5	1 000	475.0						已建
董箐	贵州	9.55	150.0	880	490.0	455.0	234.0	前置挡墙			已建
乐昌峡	广东	3.40	81.2	132	154.5	124.9		叠梁门	3	3.5	已建
糯扎渡	云南	237.00	261.5	5 850	812.0	736.0	389.0	叠梁门	3	12.7	已建
锦屏一级	四川	77.60	305.0	3 600	1 880.0	1779.0	350.0	叠梁门	3	14.0	已建
江坪河	湖北	13.66	219.0	450	470.0	406.8					在建
溪洛渡	云南	116.00	278.0	12 600	600.0	518.0	431.0	叠梁门	4	12.0	在建
白鹤滩	云南	206.00	289.0	16 000	825.0	734.0	548.0	叠梁门	6	6.0	在建
亭子口	四川	34.68	115.0	1 100	458.0	415.0	432.0	叠梁门	10	2.8	在建
双江口	四川	31.15	314.0	2 000	2 500.0						在建
两河口	四川	101.5	293.0	3 000	2 865.0						在建
喀拉塑克	新疆	24.20	123.5	140	739.0	665.0	207.8	上、中、下3层			已建

目前，分层取水建筑物型式常见的主要有多层取水口、翻板门等。

（1）多层取水口取水技术

多层取水口布置方式的特点是将水道进水口沿竖向按取水高度分别设成几个进口，每个进口都能满足取水能力，水位较高时关闭下部进水口闸门，水位较低时开启下部进水口闸门（见图3.4-59）。该布置方式取水口层数越多结构越复杂，结构尺寸越大，适合于引用流量小、水库水深不大、取水口处场地较开阔的工程。翻板门式布置的特点是在常规进水口引水渠的前面设置一道翻板门式闸门，闸门随水位的升降自动升高或降低。该方式运行简单，但闸门的检修较为困难，水深较大时结构设计难度较大，目前仅在少数小型水利工程上有应用。另外，也有工程采用高低进水口布置型式实现分层取水，即某几台机组进水口设置为不同的底板高程，根据水库年运行方式开启不同底板高程的进水口。此型式对电站发电量影响较大，且给运行、调度带来一定的不便。

（2）叠梁门分层取水技术

叠梁门闸门型式在国内外水利水电工程中均有大量的应用实例和成熟的经验。但利用叠梁门实现分层取水技术是2006年在雅砻江锦屏一级工程中的首次应用。分层取水结构是在取水塔内设置一节或多节可沿塔身的高度方向升降的叠梁门，每节叠梁门均通过液压自动抓梁与提升机构连接。用叠梁门挡住水库中下层低温水，通过对叠梁门的操作，使水库表层水通过叠梁门顶部孔口进入发电或灌溉的输水系统，根据水库运行水位变化，提起或放下相应节数的叠梁门，从而达到引用水库表层水、提高下泄水温的目的。为了便于叠梁门的升降控制，在取水塔的塔身上分别设有沿塔身的高度方向布置的叠梁门槽，叠梁门设置在叠梁门槽中。为适应不同坝高、库深、水温和水电站流量的需要，在叠梁门槽中沿塔身的高度方向层叠排列有多节叠梁门。为了防止水库中的漂浮物等进入后面的发电进水口而损坏发电设备，在进水口处设置有拦污栅，拦污栅的宽度和高度按过流流速不大于0.8～1.2 m/s确定，叠梁门一般布置在拦污栅的后侧［见图3.4-60（c）］。叠梁门分层取水结构从上游到下游依次为：从拦污栅1到叠梁门2之间的拦污栅及隔水叠梁门段、叠梁门2到检修闸门3之间的取水前池段、检修闸门3到快速事故闸门4之间的发电取水塔段。

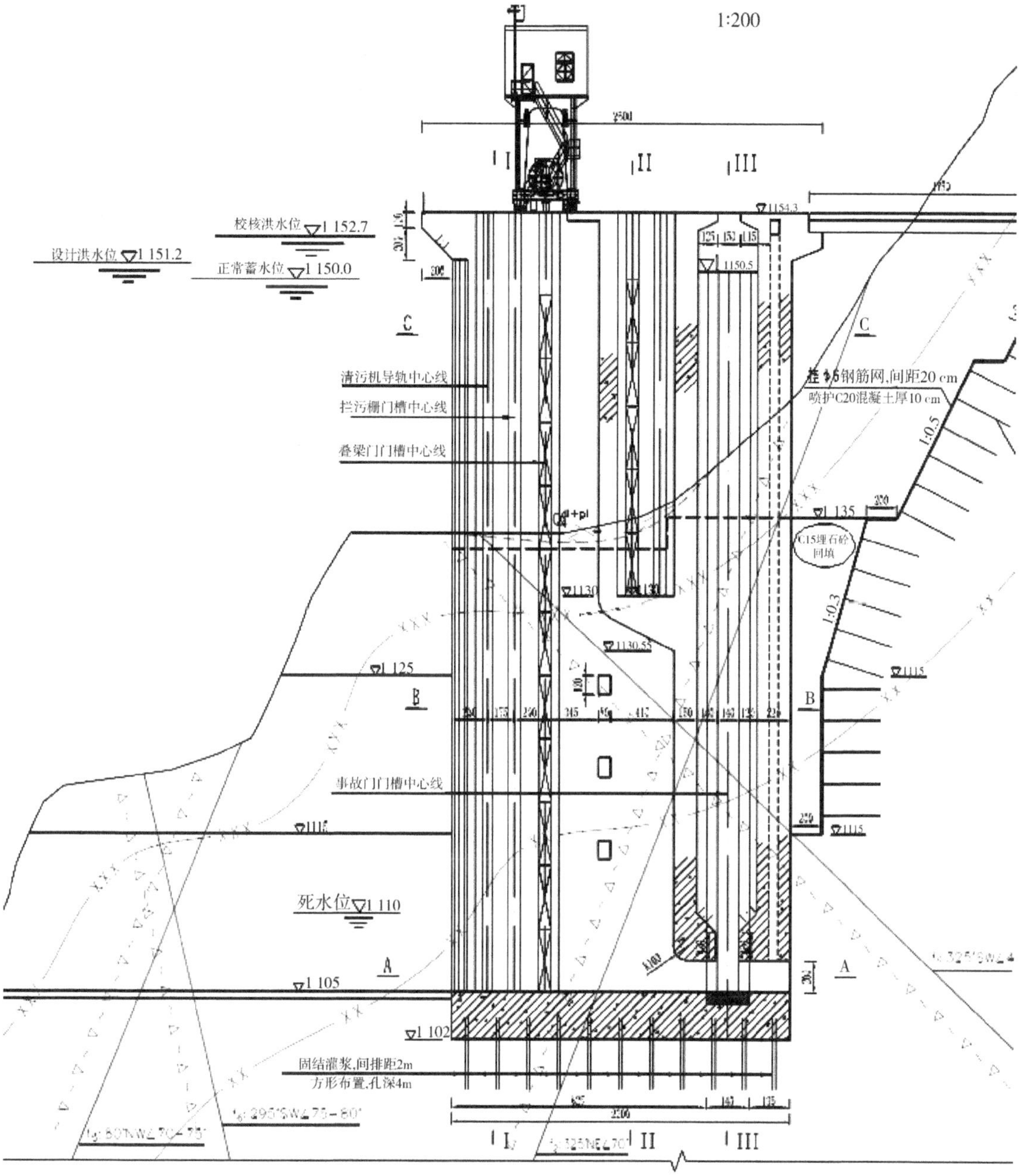

图 3.4–59 石门水库叠梁门式进水口

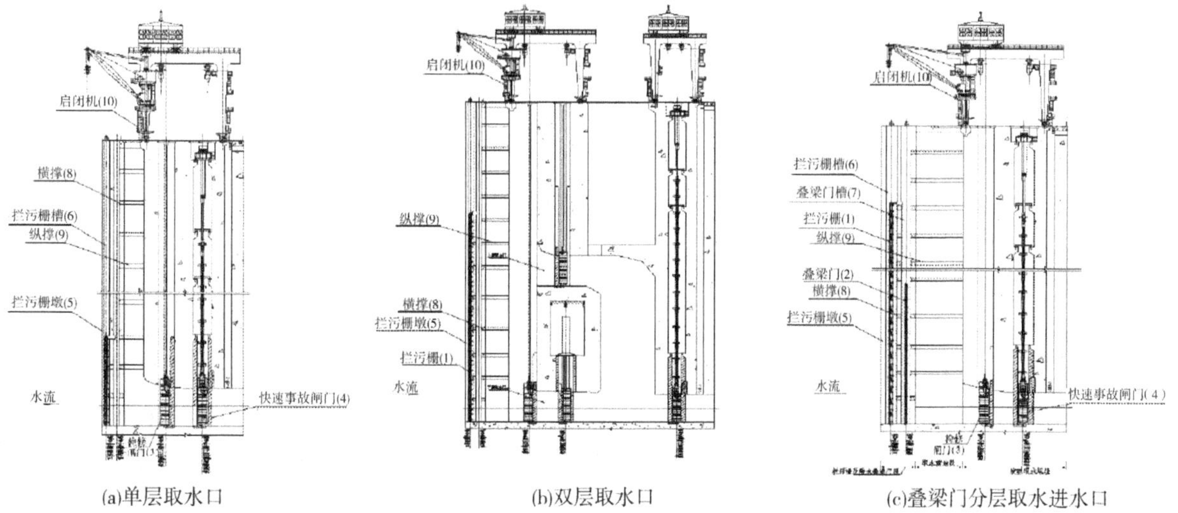

(a)单层取水口 (b)双层取水口 (c)叠梁门分层取水进水口

图 3.4–60 单层取水口、双层取水口、叠梁门分层取水进水口结构

叠梁门分层取水技术适用于水利水电工程的各种分层取水建筑物，降低了工程对场地的要求，尤其解决了高坝、深库、大流量、场地狭小的水电站的分层取水问题。该技术具有布置简单，运行灵活方便，可靠性较好且投资省，对枢纽布置影响小，对电站动能指标影响小等优点。

叠梁门分层取水原理：根据库水位变化调整叠梁门节数（高度），以保证发电引用水主要来自叠梁门门顶高程以上的水体，有效减少水库底层低温水流的下泄，从而提高电站下泄水温。已有的研究成果表明，通过叠梁门的分层取水作用，上游门顶高程以上水流流速大，下泄水流主要来自门顶高程以上的水体即水库表层水。叠梁门门顶高程根据满足下泄水温和进水口水流条件的要求确定，用叠梁门挡住水库中下层低温水，水库表层水通过取水口叠梁门顶部进入机组引水流道。其优点是可以根据不同库水位及水温要求来调节取水高度，运行灵活。

叠梁门分层取水改善坝下游河道水温特性的同时，不可避免地显著增加电站进口段的水头损失，降低机组发电效率和经济效益。光照水电站分层取水运行实践表明，进水口叠梁门会造成1～2 m的水头损失。发电耗水率相差0.02～0.03 $m^3/(kW\cdot h)$，以0.025 $m^3/(kW\cdot h)$的耗水率计算，每年电站设计发电量为27.5亿kW · h，则由叠梁门造成的水量损失为0.69亿kW · h，电量损失约为0.26亿kW · h。以往试验研究发现：嘉陵江亭子口电站不设叠梁门时进水口段水头损失约0.1 m，放置叠梁门后水头损失达1.2 m，附加水头损失1.1 m；金沙江白鹤滩电站进水口不设叠梁门时水头损失约0.4 m，放置叠梁门后水头损失达2.0 m，附加水头损失1.6 m，可见叠梁门的增阻效应十分明显，有必要进行减阻特性研究。

4. 喀腊塑克水利枢纽分层进水口

（1）工程概述

喀腊塑克水利枢纽工程为大（1）型Ⅰ等工程，水库正常蓄水位739.0 m，总库容24.19亿m^3，死水位680.0 m，为碾压混凝土重力坝，最大坝高123.50 m，电站装机容量140 MW，多年平均发电量4.82亿kW · h。引水、发电系统的布置特点：发电水头变幅较大，额定水头79.5 m，最大水头96.0 m，最小水头32.0 m，比值为1.23～0.44，超过了国内所有电站。

喀腊塑克水利枢纽工程调节库容19.18亿m^3，坝前水深约90 m，深层水较原河道水温有较大的变化，水库蓄水后将出现水温分层现象。为了减缓水库蓄水后水温分层对下游水生生态可能产生的不利影响，利用发电洞进水口闸井段进行上、中、下三层取水，在不同的库水位时，分层进水口尽量引取水库表层水，以便模拟下游天然河道的水温，满足水库下游水生生态的要求。

（2）水电站进水口结构布置

发电洞进口布置于右岸台地上大坝0+767.000 m桩号处，进口闸井与坝体结合为一体。闸井段由拦污栅段、事故门井段和竖井段组成，总长度45.5 m，进水口闸井采取上、中、下三层取水，上、中、下层进水口上下垂直布置，各进水口最大引水流量均为207.82 m^3/s。

上层进水口闸井底板高程为715.00 m，拦污栅分为4孔，栅孔尺寸为$b\times h$=4 m×15 m，事故门井段设$b\times h$=7 m×8 m平板事故门一道。中、下层进水口闸井底板高程分别为690.00 m、665.00 m，拦污栅及事故门孔口尺寸同上层进水口的布置：上、中、下层进水口均设置拦污栅，三层进口拦污栅共用一套清污机。下层进水口拦污栅前设置清污机槽，中、上层进水口的拦污栅利用各自上游的拦污栅槽下清污机进行清污。

（3）水电站进水口水力计算

发电引水洞最大引水流量207.28 m^3/s。最大洞长466 m（进口闸井后沿洞轴线至主厂房上游），主管内径7.6 m，支管内径3.4 m，高压管段和支管段的最大流速分别为4.57 m/s和5.71 m/s，最大引水流量时，引水洞总水头损失2.5 m。

根据分析，在未实施分层取水措施时，坝前水深约为60 m～74 m，下泄水温基本为恒定4℃，通过对水工取水建筑物的优化设计，把进水口设计为上、中、下三层取水，在不同的库水位时，分别引取水库表层水，每层取水闸门控制水深深度为25 m，根据来水水量的不同，开启不同的闸门尽量下泄表层水，下泄水温将基本接近表层水水温。分层取水下泄水温相比不分层取水，对水生生态的不利影响将有所改善。

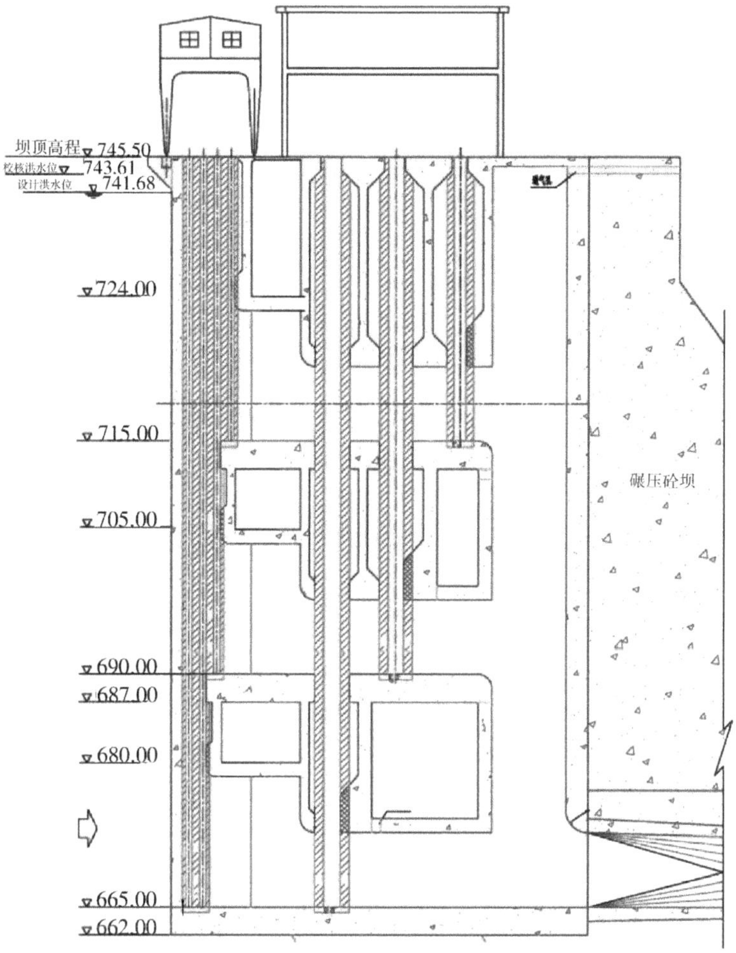

图 3.4-61　进水口布置示意图

5. 吉尔格朗河石门水库叠梁门式进水口

为避免石门水库下泄低温水对下游水生生态产生不利影响，在发电引水洞进口设置分层取水设施。分层取水进水口型式主要包括多层式、叠梁门式、翻板门式、套筒式、斜卧式等，大中型水电站分层取水宜采用机械控制的叠梁门式进水口或多层进水口。采用叠梁门式进水口、多层进水口这两种方案进行技术经济比选。

方案一：叠梁门式进水口方案

发电洞进水口闸井采用叠梁门式的分层取水岸塔式结构，闸井段由拦污栅段和事故门井段组成。塔井底板高程 1 105.0 m，塔顶高程为 1 154.2 m。闸井底板迎水面总长 7 m，顺水流方向总长 17.3 m。拦污栅段有拦污栅门槽及叠梁门门槽，拦污栅孔口尺寸 3.0 m×48 m（宽 × 高），拦污栅清污方式采用清污机清污。拦污栅和叠梁门挡水闸门底高程为 1 105 m，叠梁门门叶尺寸 3.0 m×44 m（宽 × 高），门叶分 11 节，每节 4 m。事故检修门井段设 2.0 m×2.0 m 平板门一道，事故检修闸门底高程为 1 105 m。

方案二：多层进水口方案

发电洞进水口闸井采用多层取水口的岸塔式结构，塔井底板高程 1 105.0 m，塔顶高程为 1 154.2 m。闸井底板迎水面总长 7 m，顺水流方向总长 23.5 m。进水口设计为上、中、下三层取水，每层取水闸门控制水深深度为 15 m，其底高程分别为 1 105 m、1 120 m、1 135 m，在不同的库水位时，根据来水水量的不同，开启不同的闸门分别引取表层水。在进水口前设置 1 孔垂直的拦污栅，拦污栅孔口尺寸 3.0 m×48 m（宽 × 高），拦污栅清污方式采用清污机清污。每一层取水口分别设工作闸门一扇，孔口尺寸为 2.0 m×2.0 m。闸井后段设事故检修门一道，事故检修闸门为 2.0 m×2.0 m 平板门。

方案一较方案二布置简单，由于叠梁门控制取水，运行时可根据水库水位变化进行调节，基本可保持表层水下泄，改善下泄水温状况，取水高度比方案二更灵活可调，且投资比较低，因此推荐采用叠梁门方案。电站停机检修时的生态放水利用泄洪洞旁通管下泄。

3.4.7 供（放）水建筑物布置

3.4.7.1 建筑物类型

水库下游供水建筑物的布置与发电引水建筑物具有很多相同的地方，其进水口布置按作用分引水工程进水口、泄水工程进水口；按与枢纽的关系分整体式进水口、独立布置进水口；按水流流态分无压进水口、有压进水口等几类。

对于直接投入河道的放水建筑物可按泄水底孔（深孔）对待；对于需要利用水库水头按有压布置的建筑物可以按发电引水建筑物进水口对待。

为了充分利用水库形成的水头，大多工程均利用有压洞形式来引水，末端直接接入供水管道至下游，通常利用电站支管（岔管）来布设。为确保运行安全，在出口设置分流阀、泄水阀。

也有部分工程无需水头时也可用无压方式引水，通过隧洞、渠道将水引入渠道或管道。

泄水孔的作用：预泄水库、排沙、导流、发电供水。工作条件：孔内流速高，易引起空蚀、闸门振动，孔道体形设计重要；深水闸门水压力大、启闭力大，门体结构、止水、启闭设备复杂，检修不便。

1）按所处高度分：中孔、底孔；

2）按布置层数分：单层、双层；

3）按流态分：有压、无压；

对于土石坝而言，一般供水（放水、冲沙、泄洪）等隧洞，按类型可以分为泄水隧洞、引水隧洞、输水隧洞、排沙隧洞、导流隧洞、通航隧洞等，通常多采用“一洞多用”的布置形式。如①泄洪洞与导流洞合一布置—“龙抬头”形式；②泄洪洞与发电洞合一布置－洞前段共用一洞，后段分岔；③发电与灌溉隧洞的合一布置—水轮机尾水后接灌溉渠道，发电尾水的后面设置一弃水设施。

3.4.7.2 隧洞布置特点

隧洞按洞内水流状态可分为有压隧洞和无压隧洞。实际采用时应尽量避免“明满流交替现象”，施工导流其可以允许短时间“明满流交替现象”。

1. 隧洞的工作特点

结构特点：洞室开挖造成应力重新分布，岩体产生新的变形，需要设置临时性支护和永久性衬砌。水流特点：高速水流条件下易产生负压、空蚀、洞身振动和破坏。要求体形设计得当、施工质量良好、有效的消能防冲。

2. 隧洞进、出口的布置

（1）隧洞进口的布置

隧洞的进口高程根据运用要求和调洪演算确定。发电引水隧洞：顶部在最低工作水位以下0.5～1.0 m，底部高出淤沙高程1.0 m以上。灌溉隧洞：满足引水高程的要求。排沙洞：高程宜较低。放空和施工导流的隧洞：高程一般较低。

隧洞进口的进水方式：

①表孔溢流式—无压流；②深水进口式—无压或有压。

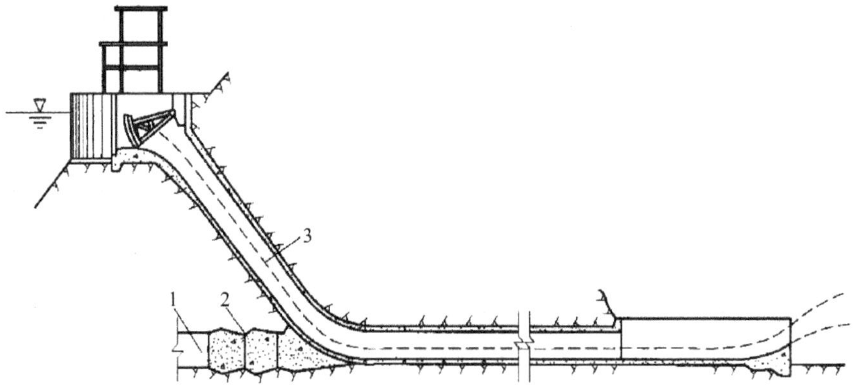

图 3.4-62 溢流式进水口

（2）隧洞出口的布置

保证水流下泄安全，出流平稳；有压隧洞：出口的断面积收缩为洞身断面的80%～90%；消能防冲方式：底流、挑流消能。

（3）隧洞的纵剖面布置

纵剖面体形：

①平或斜直线型；②陡槽型；③龙抬头型；④龙落尾型；⑤竖井型。

隧洞的纵坡选择：①有压隧洞：取决于进出口高程；一般取为3‰～10‰；②无压隧洞：根据水力计算确定，纵坡均应大于临界坡度。

（4）闸门位置布置

检修闸门：动水关闭、静水开启；隧洞首部，位于工作门前。

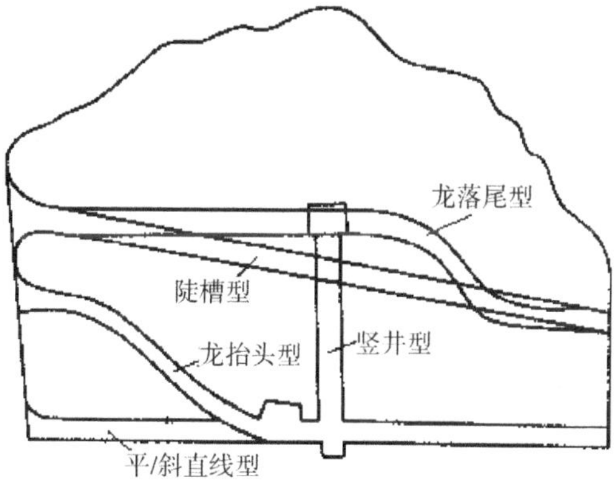

图 3.4-63　隧洞纵剖面体形图

工作闸门：动水启闭；检修门后某合适位置上。

①工作闸门布置在进口的隧洞

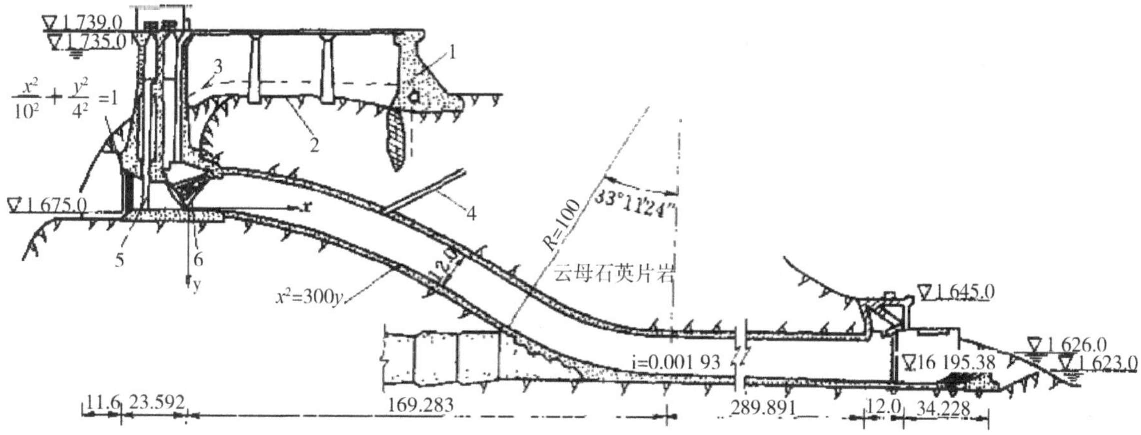

1-混凝土副坝；2-岩面线；3-原地面线；4-通风洞；5-检修门槽；6-弧形闸门

图 3.4-64　典型深孔无压泄水隧洞（刘家峡，工作闸门在进口）

②工作闸门布置在出口的隧洞

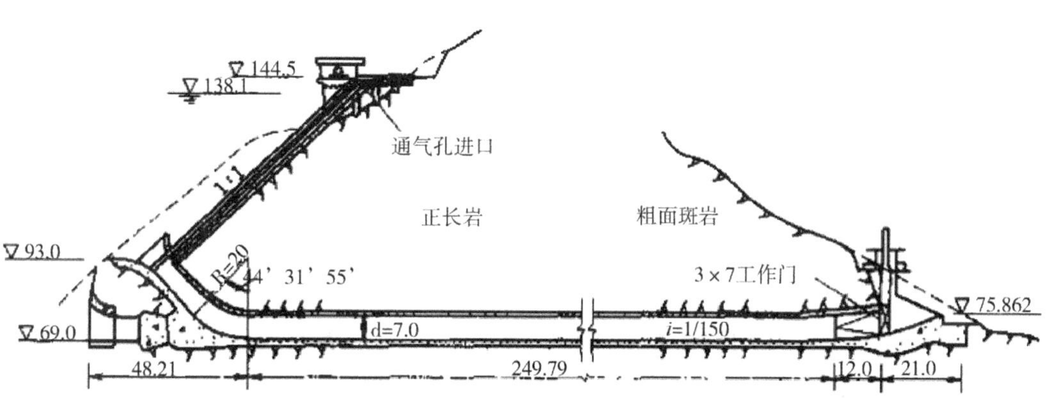

图 3.4-65　响洪甸泄洪隧洞纵剖面图及闸门布置图（工作闸门在出口）

③工作闸门布置在洞内某一适宜位置

隧洞线路需要转弯；洞内较出口处的地质条件好。门前为有压段，门后为无压段。

3. 隧洞的线路选择

地质条件：地质构造简单，岩体坚硬完整，具有足够的上覆岩层厚度，地下水微弱，围岩稳定。

地形条件：平面上短而直，布置在凸岸。不能保持直线时，应以曲线相连接。低流速无压隧洞：曲率半径≥5倍洞径（或洞宽），曲线两端设直线段；高流速无压隧洞：避免曲线段；高流速有压隧洞：试验研究确定。

水流条件：进口水流顺畅，减少水头损失。与下游河道平顺衔接。

施工条件：施工出渣通道及施工场地布置问题。

其他：避免对其他建筑物产生干扰。

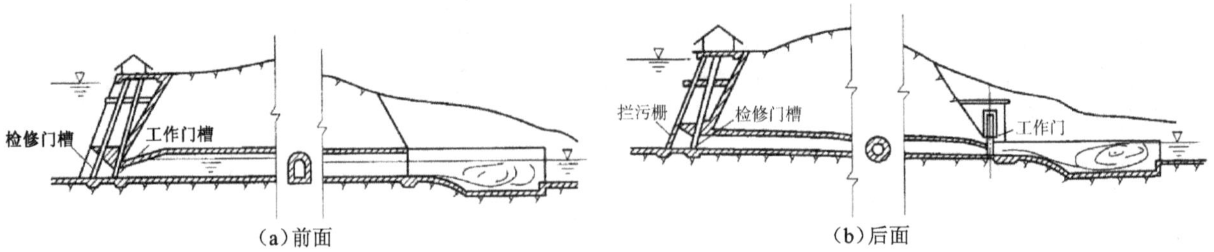

图 3.4-66 工作门布置示意图

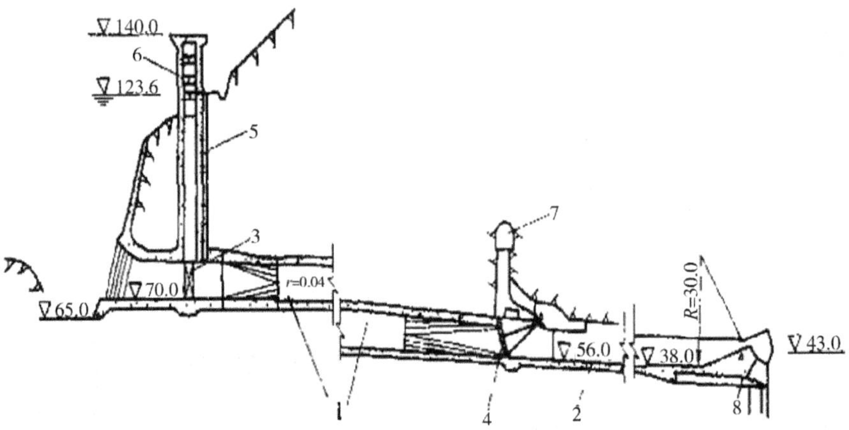

图 3.4-67 有压隧洞的典型布置图

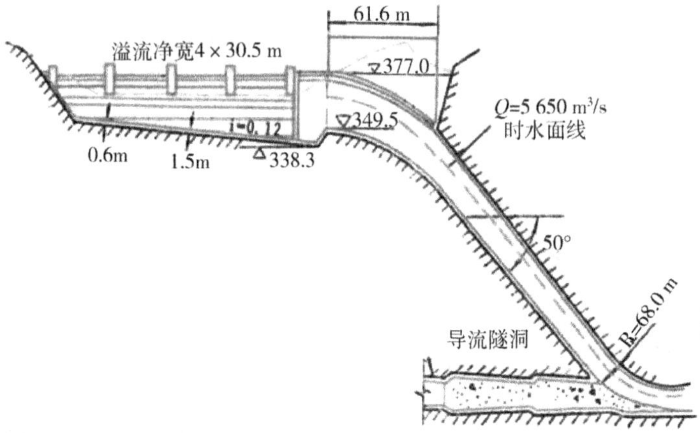

图 3.4-68 隧洞“龙抬头”结合形式布置图

3.4.7.3 几个典型工程供水管道布置案例

1. 阜康白杨河水库工程

根据地形、地质条件及水库运行特点，导流兼泄洪洞为无压洞，布置在左岸从坝下穿过。导流兼泄洪洞前期导流，后期泄洪，泄洪设计泄量63.16 m^3/s，校核泄量108.01 m^3/s，由进口引渠段、控制段（闸井段）、洞身段和出口消能段等部分组成。洞内左侧拱脚处布置工业供水管，采用Q235有压钢管，管径为600 mm，管长约为180 m，放水流量为0.5 m^3/s，引水底高程为972.4 m。

2. 民丰县尼雅水库

灌溉发电引水洞布置于右岸，进水口与泄洪排沙洞进水口联合布置，由进口引渠段、进口闸井段、上平洞段、斜洞段及下平洞段、发电岔管、支管及灌溉岔管等组成。全长586.55 m，设计引水流量7.8 m^3/s。隧洞断面为圆形，洞直径2.5 m。

灌溉岔管：为了保证在坝后电站停机情况下，能顺利给下游灌区的正常灌溉供水，在厂房叉管段设灌溉支管，灌溉支管设计流量取下游灌区灌溉所需流量，为8.0 m^3/s。灌溉支管管径取1.6 m，采用Q345R钢板，壁厚取20 mm。灌溉支管采用C20钢筋混凝土外包，外包混凝土厚度取1.0 m。

3. 伊宁县石门水库

为保证下闸蓄水期间和发电厂房及发电洞检修期下游生态及人饮用水，在泄洪冲沙洞进水塔左侧增加旁通管，旁通管进口位于进水塔检修门上游，直径为500 mm，管中心高程为1 086.75 m，出口位于工作门下游，出口管中心高程为1 086.75 m，旁通管中部设置阀室，内置一个手电两用不锈钢球阀和一个不锈钢减压调流阀，阀室结构尺寸为3.5 m×3.0 m×4.75 m（长×宽×高），在进水塔左侧闸墩1 088.93 m高程设计进入口，用于检修或更换阀件。

4. 若羌河水库工程

灌溉引水发电系统布置在右岸，结合工业供水发电。灌溉引水发电洞采用一洞三机＋一根灌溉生态放水管的引水方式，由引渠、进水口闸井、上平洞段、斜井段、下平洞段及岔管段组成。发电洞沿洞轴线全长190.521 m，洞径D=1.8 m，主管通过三个岔管分为四根支管垂直进入厂房，主管管径D=1.8 m，岔管采用“卜”形布置，支管管径分别为D=0.9 m（两根）、D=0.7 m（一根）和D=1.2 m（一根，灌溉生态放水管），外包钢筋混凝土，厚度0.5～0.4 m。

3.4.8 电站厂区布置

3.4.8.1 电站厂区作用

水电站厂房是将水能转为电能的综合工程设施，包括厂房建筑、水轮机、发电机、变压器、开关站等，也是运行人员进行生产和活动的场所。

其主要功用：(1)将水电站的主要机电设备集中布置在一起，使其具有良好的运行、管理、安装、检修等条件。(2)布置各种辅助设备，保证机组安全经济运行，保证发电质量。(3)布置必要的值班场所，为运行操作人员提供良好的工作环境。

3.4.8.2 厂房的类型

由于水电站的开发方式、枢纽布置方案、装机容量、机组形式等条件的不同，厂房的形式也是多种多样的，通常按厂房的结构及布置上的特点，可分为地面式（包括河床式、坝后式、河岸式）、地下式（包括地下式、半地下式、窑洞式）、坝内式、厂顶溢流式及厂前挑流式等。而其中最常见的是坝后式厂房和岸边式厂房。

1. 按厂房结构分类

(1)河岸式厂房。厂房与坝不直接相接，发电用水由引水建筑物引入厂房。当厂房设在河岸处时称为河岸式地面厂房。

(2)坝后式厂房。厂房布置在非溢流坝后，与坝体衔接，厂房间用永久缝分开，厂房不起挡水作用，不承受上游水压力，发电用水由穿过坝体的高压管道引入厂房，称为坝后式厂房（见图3.4-69）。这种厂房独立承受荷载和保持稳定，厂坝连接处允许产生相对变位，因而结构受力明确，压力管道穿过永久缝处设伸缩节。坝址河谷较宽，河谷中布置溢流坝外还需布置非溢流坝时，通常采用这种厂房。

有时，当河谷狭窄、泄洪量大，又需采用河床泄洪时，为了解决河床内不能同时布置厂房建筑物和泄水建筑物之间的矛盾，可将厂房布置成以下形式。

①溢流式厂房。将厂房布置在溢流坝段下游，厂房顶作为溢洪道，称为溢流式厂房，如图3.4-70所示。溢流式厂房适用于中、高水头的水电站。坝址河谷狭窄，洪水流量大，河谷支沟布置溢流坝，采用坝后式厂房会引起大量的土石方开挖，这时可以采用溢流式厂房，其缺点是厂房结构计算复杂，施工质量要求高。浙江新安江水电站厂房是我国第一座溢流式厂房。

②坝内式厂房。将厂房布置在坝体内空腹，坝顶设溢洪道，称为坝内式厂房。河谷狭窄不足以布置

坝后式厂房，而坝高足够允许在坝内留出一定大小的空腔布置厂房时，可采用坝内式厂房。江西上犹江水电站厂房是我国第一座坝内式厂房。

③挑越式厂房。厂房位于溢流坝坝址处，溢流水舌挑越厂房顶泄入下游河道。

（3）河床式厂房。厂房位于河床中，本身也起挡水作用，其中普遍采用的是装置竖轴轴流式机组的河床式厂房，如图3.4-71所示。

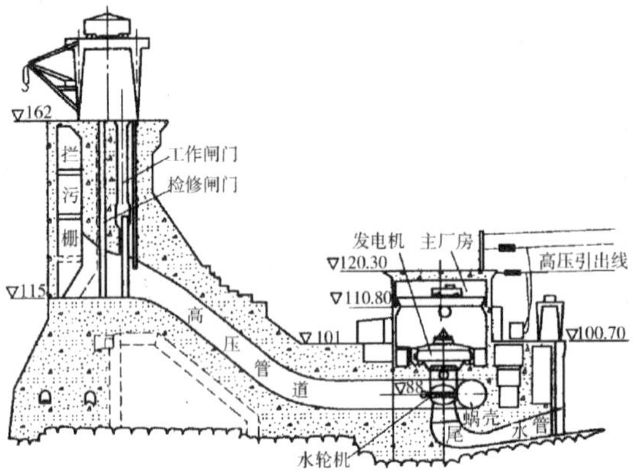

图3.4-69　坝后式厂房剖面图（高程：m）

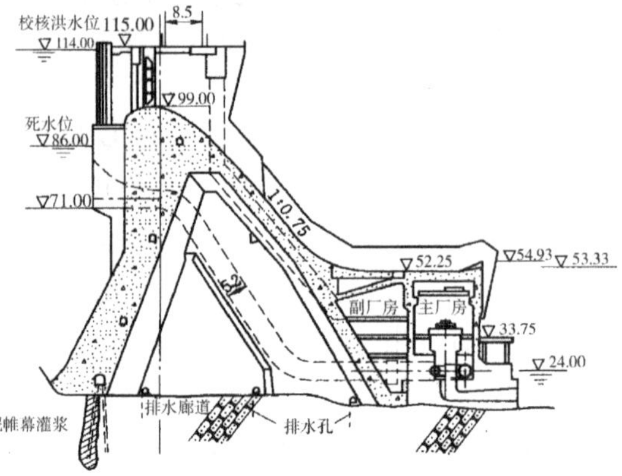

图3.4-70　溢流式厂房剖面图（单位：m）

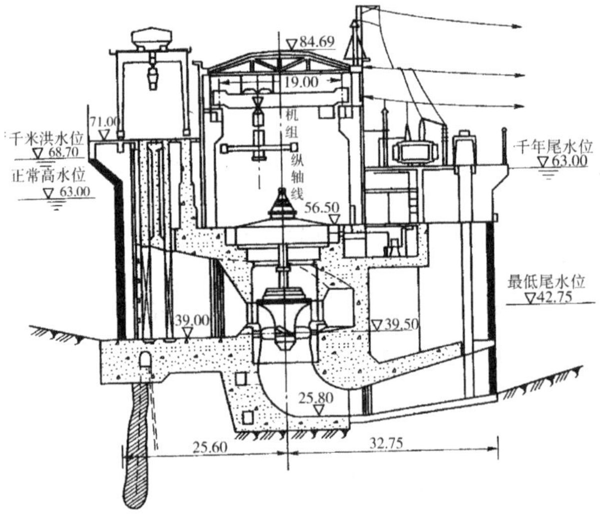

图3.4-71　河床式厂房剖面图（单位：m）

（4）地下式厂房

当河谷狭窄，岸坡陡峻，或有人防要求，布置地面厂房有困难时，把水电站厂房等主要建筑物布置在山岩洞室之中就是地下厂房。布置在地下洞室内的厂房称为地下式厂房，除主厂房布置在地下，一般主变以及开关站也往往同时布置在地下。由于开挖机械的不断改进和施工技术的不断提高，地下开挖的进度越来越快，造价也越来越低，因此近年来国内外地下水电站建设速度加快。

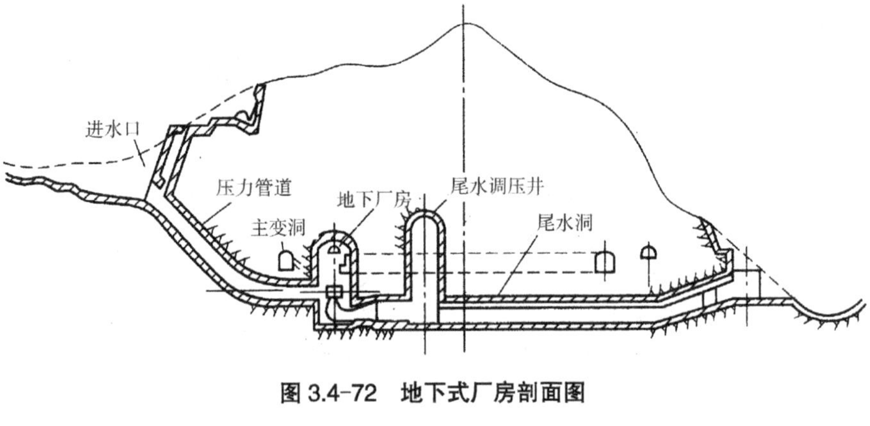

图3.4-72　地下式厂房剖面图

2. 按机组主轴布置方式分类

(1)立式机组厂房。水轮发电机主轴呈垂直向布置的厂房称为立式机组厂房。立式机组厂房的高度较高,设备在高度方向可分层布置,厂房较宽敞整齐,平面面积较小,厂房下部结构为大体积混凝土,整体性强,运行、管理方便,振动、噪音较小,通风、采光条件好,但厂房结构复杂,造价高,适用于下游水位变幅较大或下游水位较高的情况。目前,装设流量较大的反击式水轮机(贯流式除外)的水电站,几乎都采用立式机组厂房。机组尺寸较大的冲击式水轮机,喷嘴数富余2～6个时,水电站也采用立式机组厂房。

(2)卧式机组厂房。水轮发电机主轴呈水平向布置且安装在同一高程地板上的厂房称为卧式机组厂房。卧式机组厂房的高度较低,设备布置紧凑,结构简单,造价低,厂房内大部分机电设备集中布置在发电机层,平面占用面积较大,但设备布置较拥挤,安装、检修、运行不便,噪音、振动较大,散热条件差。中高水头的中小型混流式水轮发电机组、高水头小型冲击式水轮发电机组及低水头贯流式机组均采用卧式机组厂房,如图3.4-73所示。

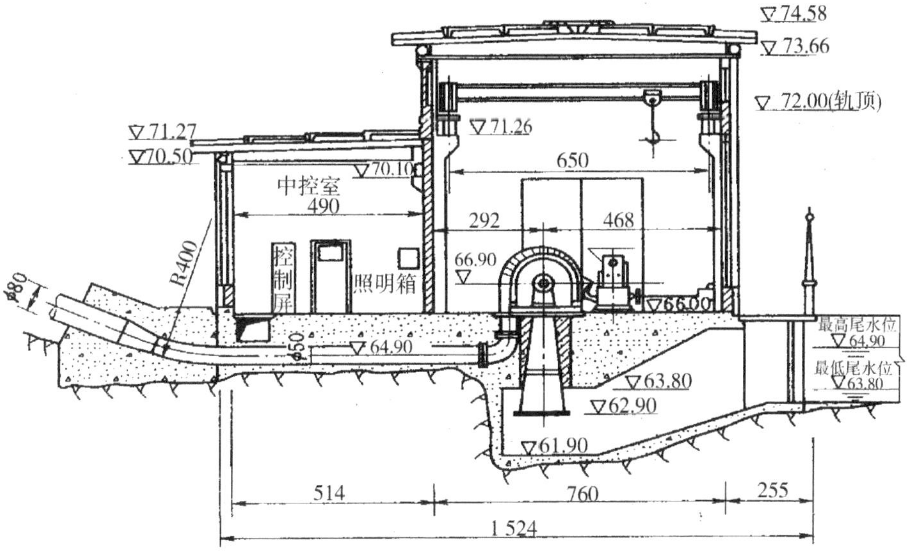

图3.4-73 卧式机组厂房横剖面图(单位:cm;高程:m)

3.4.8.3 厂区布置

1. 厂区布置的任务和原则

厂区也称厂房枢纽。厂区布置的任务是以水电站主厂房为核心,合理安排主厂房、副厂房、变压器场、高压开关站、引水道(可能还有调压室或前池)、尾水道及交通线等的相互位置。它是水利枢纽总体布置的重要组成部分。

由于自然条件、水电站类型和厂房型式不同,厂区布置是多种多样的,但应遵循以下主要原则。

(1)综合考虑自然条件、枢纽布置、厂房型式、对外交通、厂房进水方式等因素,使厂区各部分与枢纽其他建筑物相互协调,避免或减少干扰。

(2)要照顾厂区各组成部分的不同作用和要求,也要考虑它们的联系与配合,要统筹兼顾,共同发挥作用。主厂房、副厂房、变压器场等建筑物应距离短、高差小、满足电站出线方便、电能损失小,便于设备的运输、安装、运行和检修。

(3)应充分考虑施工条件、施工程序、施工导流方式的影响,并尽量为施工期间利用已有铁路、公路、水运及建筑物等创造条件。还应考虑电站得分期施工和提前发电,宜尽量将本期工程的建筑物布置适当集中,以利分期建设分期安装,为后期工程或边发电边施工创造有利的施工和运行条件。

(4)应保证厂区所有设备和建筑物都是安全可靠的。必须避免在危岩、滑坡及构造破碎地带布置建筑物。对于陡坡则应采取必要的加固措施,并做好排水,以确保施工期和投产后都能安全可靠。

(5)应尽量减少破坏天然绿化。在满足运行管理的前提下,积极利用、改造荒坡地,尽量少占农田。

2. 主厂房布置

主厂房应布置在地质条件较好、岸坡稳定、开挖量小、对外交通方便、施工条件好且导流容易解决、对整个水利枢纽工程经济合理的位置。

坝后式水电站厂房与整个枢纽紧密相连，厂房位置与泄洪建筑物的布置密切相关。

当河谷较宽，以重力坝做挡水建筑物时，常采用河床泄洪方案，将溢流坝段布置在主河槽中，以利泄洪和施工导流。而将厂房布置在靠近河岸的非溢流坝段下游，以便对外交通和布置变电站。厂房与溢流坝间应设置足够长的导墙，以防止泄洪对电站尾水的干扰。厂坝间一般设有沉陷伸缩缝，并在压力钢管进入厂房处设置伸缩节。当河谷狭窄，无法同时布置溢流坝段和厂房坝段，则可采用河岸泄洪方案或采用溢流式、坝内式、地下式厂房布置方案。

河床式水电站由于采用起挡水作用的河床式厂房，厂房与坝位于同一纵轴上。故厂房位置对枢纽布置、施工程序和施工导流影响很大，应给予充分注意，妥善解决。

当河床较宽，应将主要的建筑物（厂房、溢流坝、船闸）布置在岸边。可布置在同一岸，也可分两岸布置，如厂房与溢流坝位于一岸，船闸在另一岸。当有河湾或滩地时，可将厂房和溢流坝布置在河湾凸岸或滩地上。

引水式水电站常用河岸式厂房。其特点是距枢纽较远，因此首部枢纽布置和施工条件对之影响甚小。而引水系统对其影响较大，所以应首先以地形、地质、水文等自然条件选择引水方式后，再确定厂房位置和布置。布置时应尽可能使厂房进出水平顺，最好采用正向进水，尾水渠要逐渐斜向下游，或加筑导墙以改善水流条件，免受河道洪水顶托而产生壅水、漩涡和淤积。

3. 副厂房布置

大中型水电站都设有副厂房，小型水电站有时可以不设专门的副厂房。水轮机辅助设备尽可能放在副厂房内，而电气辅助设备多装设在副厂房内。按副厂房的作用可分为三类。

（1）直接生产副厂房，是布置与电能生产直接有关的辅助设备的房间，如中央控制室、低压开关室等。直接生产副厂房应尽量靠近主厂房，以便运行管理和缩短电缆。

（2）检修试验副厂房，是布置机电修理和试验设备的房间，如电工修理间、机械修理间、高压实验室等。此类副厂房可结合直接生产副厂房布置。

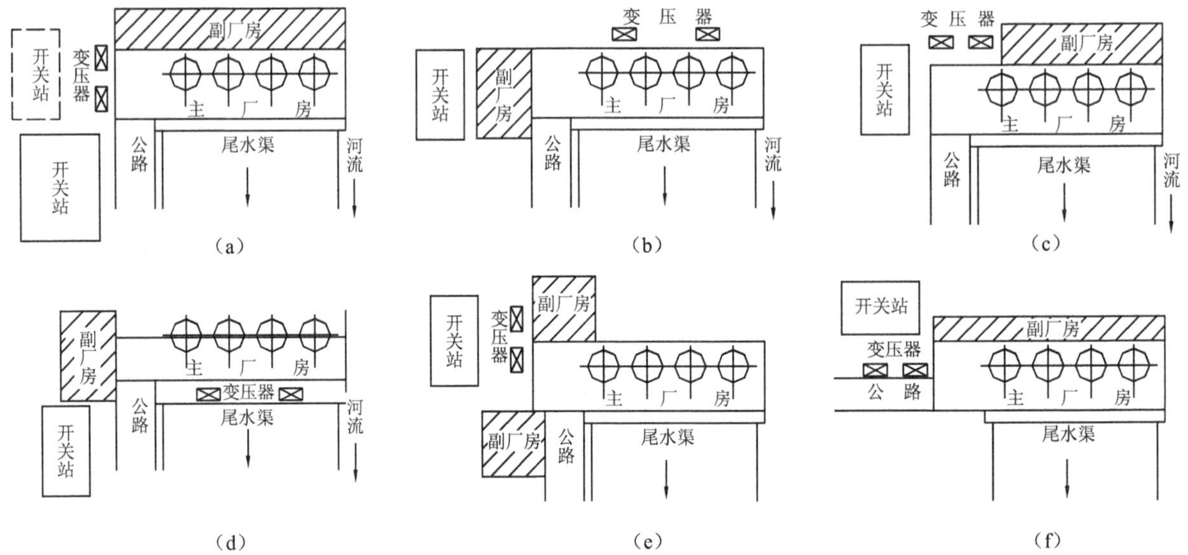

图 3.4-74 水电站厂区布置方案示意图

（3）生产管理副厂房，是运行管理人员办公和生活用房，如办公室、警卫室等。办公用房宜布置在对外联系方便的地方。

副厂房的位置可以在主厂房的上游侧、下游侧或一端。副厂房布置在主厂房上游侧运行管理比较方便，电缆也较短，在结构上与主厂房连成一体，造价较经济。当主厂房上游侧比较开阔，通风采光条件好时可以采用。副厂房布置在下游会影响主厂房通风采光；尾水管加长会增大工程量，且尾水平台一般是有振动的，中控室不宜布置在该处。副厂房布置在主厂房一端时，宜布置在对外交通方便的一端，当机组台数较多时，会使电缆及母线加长。

坝后式水电站应尽量利用厂坝间的空间并结合端部布置副厂房。河床式水电站可利用尾水平台以下空间及端部布置副厂房。引水式水电站的副厂房宜布置在副厂房的一端，或利用主厂房与后山坡之间的空间布置在主厂房的上游侧。对明管引水的高、中水头引水式水电站，副厂房的布置宜偏离压力水管管槽的正下方。

4. 厂区防洪排水

厂区防洪排水应给以足够重视，应保证厂房在各设计水位条件下不受淹没。当下游洪水位较高时，为防止厂房受洪水倒灌，可采用尾水挡墙、防洪堤、防洪门、全封闭厂房、抬高进厂公路及安装间高程，或综合采用以上几种措施加以解决。在可能条件下尽量采用尾水挡墙或防洪堤以保证进厂交通线及厂房不受洪水威胁；对汛期洪水峰高量大、下游水位陡涨陡落的电站，进厂交通线的高程可以低于最高尾水位，但进厂大门在汛期必须采用密封闸门关闭，而同时另设一条高于最高尾水位的人行交通道作为临时出入口。全封闭厂房不设进厂大门，交通线在最高尾水位以上，通过竖井、电梯等运送设备和人员进厂，但运行不方便，中小型电站较少采用。

主副厂房周围应采取有效的排水和保护措施，以防可能产生的山洪、暴雨的侵袭。邻近山坡的厂房，应沿山坡等高线设一道或数道有铺设的截水沟。整个厂区可利用路边沟、雨水明暗沟等构成排水系统，以迅速排除地面雨水。位于洪水位以下的厂区，为防止洪水期的倒灌和内涝，应设置机械排水装置。

3.4.8.4 地下厂房的布置

1. 布置概况

哈德布特水电站工程由引水枢纽大坝、溢洪道、导流兼泄洪洞、发电引水系统、电站厂房、尾水建筑物等主要建筑物组成。电站装机容量200 MW。根据工程总体布置方案，针对地形、地质条件，从布置、安全运行条件、主要工程量、施工条件等方面进行综合比较后，电站厂房采用地下厂房，为尾部开发型式。

地下厂房围岩岩性为下泥盆统康布铁堡组上亚组（$D_1k_2^1$）岩层，主要由混合岩夹片麻岩及侵入花岗岩脉组成，片麻岩岩面产状为300°NE∠700°，片麻岩局部片理发育，多呈层状、流纹状结构，岩层走向与厂房轴线夹角为70°，岩层倾角较陡，有利于洞室围岩的稳定。

地下厂房上覆岩体厚度约200 m，埋深较大，位于新鲜岩体内，岩体强度较高，纵波波速：V_p=5 000～6 000 m/s。围岩无大的断层通过，但局部节理裂隙相互切割，洞室围岩局部构成不稳定岩块体，在各洞室群围岩体中局部会出现塌顶、偏邦、块体组合塌滑等不同类型的破坏形式，但洞室群整体稳定性较好，围岩基本稳定，局部段节理、裂隙较发育处会有渗水现象，顺层及卸荷裂隙渗水，施工开挖时进行处理，并做好排水。

总体分析，地下厂房各洞室围岩岩体完整性好，岩层属中厚层状，岩体属中硬岩，洞室围岩岩块饱和抗压强度60.4 MPa，软化系数0.74；饱和弹模75.3 GPa，变模73.1 GPa，泊松比0.23，烘干ϕ抗剪断指标：C=12.5 MPa，饱和ϕC=6.5 MPa，K_0值5 000～8 000 N/cm^3。按围岩工程地质分类属Ⅱ类围岩。厂区地应力以地质构造应力为主，属中等地应力区，最大水平主应力为17.22 MPa，方向为N10°～W20°，与三大洞室长轴夹角55°。

2. 厂房布置设计原则

适应地质、地形、水文等自然条件，并根据枢纽总体布局全面考虑。

厂内设备布置协调有序，满足机电设备安全稳定运行，设备便于安装检修及操作管理。充分考虑设备进厂以及二次搬运、吊装的要求。

结合电气主接线、机组台数和容量及厂用电接线等进行综合考虑。

考虑电站分期建设和机组分期投运要求，尽量避免施工和运行区域的交叉干扰。

满足防火、防潮、防淹及劳动保护等方面的要求。

在满足设备布置及运行维护要求等前提下，尽量减少土建工程量，节省投资。

3. 地下厂房布置

（1）主、副厂房设计

主洞室纵轴线方位角为NE30°，由主机间、安装间、主变室及副厂房组成。其长度分别为21.5 m、

67.02 m、29.5 m、29.5 m，宽度均为18.0 m。安装间分为发电机层、水轮机层及深井泵层；主机间自下而上分为尾水管层、进水阀层、蜗壳层、水轮机层及发电机层；副厂房分为水轮机层、发电机层、电缆夹层、GIS层、屋顶层；主变室分为发电机层、电缆夹层、GIS层、屋顶层。主机间高程832.11 m层布置有岩锚吊车梁，以上主厂房宽度为19.5 m，以下为18.0 m，上部为吊顶层，顶拱高程为841.242 m。副厂房及主变室屋顶层高程为843.26 m，顶拱高程为847.75 m，宽度自上而下均为18.0 m。

（2）尾水系统

对于尾水线路布置，笔者比较了有压洞、无压洞及多机一洞方案、多机两洞方案。无压洞方案断面较大，投资也较大，冬季运行冰冻问题较难解决；有压尾水洞方案洞断面较小，需要设尾水调压室，机组安装高程及底板高程较低，厂房处于地下水位以下，对厂区排水及岩石稳定不利，但投资较少。综合考虑后推荐采用尾水有压洞方案。在此基础上分析比较了四条尾水支管与尾水洞岔管连接和直管连接方案。考虑直管连接水头损失较大，采用岔管连接方案。

尾水线路较长，据调保计算尾水洞布置有调压井，尾水系统由尾水隧洞、调压井、尾水出口组成。

尾水调压室布置于主厂房下游，距离主厂房31.0 m，采用结构适中、能有效地减少水位波动幅度、调压室高度较低和工程量较省的阻抗式调压室，阻抗孔由调压室内的尾水检修闸门井承担。考虑尾水调压室自身功能、稳定等要求及闸门运行等需要，尾水调压室采用上、下部连通布置型式。调压室在831 m高程以下连通，其底板高程为804.13 m，开挖长度为49.868 m。调压室在831 m高程以上连通成为闸门廊道，顶高程843.481 m，宽7.0 m，长52.8 m。

尾水洞长为631.0 m，断面70.0 m，尾水出口明渠上设置检修闸门及交通桥。尾水渠为直向出水，检修闸后以1∶4反坡接至819.0 m高程，后接渠道。

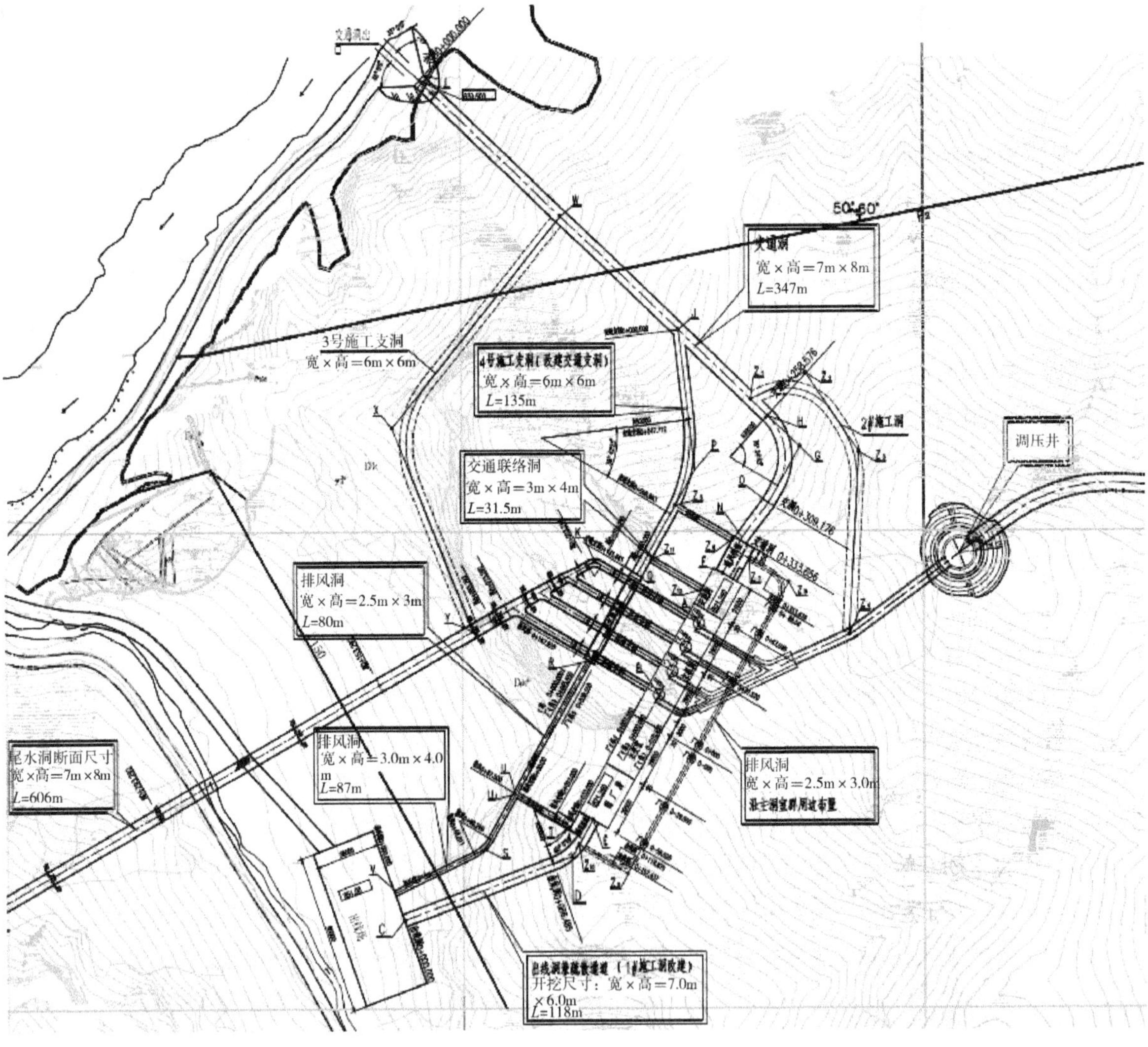

图 3.4-75　哈德布特地下厂房洞室群布置图

(3)出线洞及出线场设计

利用布置在副厂房顶拱的施工支洞作为出线洞，出线洞断面高×宽为6 m×6 m，长度为118.87 m。电缆经出线洞引至地面出线场，出线场高程为851.0 m，面积为35 m^2，为0 m洞。

(4)布置特点

建筑物布置：主洞室、主变、副厂房“一”字形布置，洞室之间无相互交错，布置简练。利用施工支洞出线、排风及安全通道，可节省投资。

地质条件：厂房各洞室群围岩属Ⅱ类围岩，“一”字形布置对围岩稳定有利。

设备布置：①减少了设备洞室数量。②各电气设备布置紧凑，且全在地下，设备间连接电缆距离短。③厂房用电不需分散布置。④各机组出线设备间相互影响，且需增大厂房下游侧尺寸。设备与机组对应性不好。⑤不需单独的电缆洞室，可利于主厂房和施工支洞作为出线洞室。⑥220 kV电缆穿越水轮机层，与其他设备间有干扰。中控室位于地下，采光、通风较差，噪音大，人体舒适度较低。

施工条件：①共布置3条施工支洞，扩挖尾水洞及岔管断面作为施工通道。②主厂房洞室比方案一增大，工作面开阔，利于机械化施工，但施工过程中应及时支护，确保围岩稳定。③机电设备安装工作面少，对机电安装组织计划要求高。④主厂房为控制工期，开挖高度、长度、开挖断面均最大，施工总工期34个月。

综合国外和国内地下厂房布置，采用呈“一”字形型式较少，尤其是在机组台数较多的情况下，对机电专业在设备选型、机电设备、设备安装计划协调方面提出了较高要求，但该种布置型式投资较少，不失为地下厂房一种选择。该项目目前厂房及机电设备已施工、安装完毕，已于2014年8月开始发电。

3.4.9 枢纽布置典型案例

3.4.9.1 工程概况

对于布置在较为狭窄的河谷中的水利枢纽工程，从地形地质条件和筑坝材料角度分析，均具备布置三种基本坝型的条件，确定基本坝型后又存在枢纽布置的多种可能。

山口拱坝工程规模为大(2)型，工程等级为Ⅱ等，具有供水、发电等综合效益。坝址区地震基本烈度为Ⅶ度。主坝最大坝高94 m。电站装机220 MW。

工程所处地区多年平均气温为5℃，极端最高气温39.4℃，极端最低气温-41.2℃，多年平均降水量为153.4 mm，多年平均蒸发量为1 619.5 mm，多年平均风速3.7 m/s，极端最大风速32.1 m/s，最大积雪深46 cm，最大冻土深127 cm。

初步推荐采用上坝址，初定坝型为拱坝。结合气候、地形地质条件、筑坝材料来源、枢纽布置、运行管理、工程施工等围绕基本坝型的比选进行了深入研究。

3.4.9.2 地形地质条件与比选坝型拟定

1. 地形、地质条件

推荐上坝址河道顺直，河流近南西流向，河床高程566～567 m，河谷底宽25～40 m，正常水位处谷宽230～250 m。河谷宽高比2.4～3.0左右，河谷两岸基岩裸露，相对高差约280 m，地形左陡右稍缓，呈不对称“V”形河谷，左岸岸坡60°～70°，局部达80°，右岸岸坡50°～60°。

上坝址出露地层主要为中泥盆统变质岩层，岩层产状320°～340°NE∠40°～50°，与河谷近直交，岩性为灰白色二长片麻岩、花岗片麻岩，岩石坚硬。两岸坡脚分布有厚度不等的第四系全新统崩坡积物，右岸坡脚处覆盖层厚度1～3 m，左岸坡脚覆盖层厚度5～15 m，河床为冲积、崩积混合堆积物，厚约3 m。上坝址构造不发育，F_{11}断层分布于上坝址下游约300 m处，斜穿河床两岸，对工程影响较小，其余断层规模小。坝址两岸分布多处崩塌体和危岩体，稳定性较差，需清除或处理。坝址区地下水水质较好，对混凝土无腐蚀性。

2. 建筑物级别、洪水标准

混凝土坝方案，坝高未超过130 m为2级建筑物。土石坝方案，坝高超过90 m，级别提高一级为1级建筑物，洪水标准不予提高，抗震标准提高一度为Ⅷ度。混凝土坝设计洪水$P_{1\%}$=2 740 m^3/s，校核洪水$P_{0.1\%}$=3 935 m^3/s；土石坝设计洪水$P_{1\%}$=2 740 m^3/s，校核洪水$P_{0.02\%}$=4 783 m^3/s。

3. 天然建筑材料

砂砾石料场储量丰富，砂砾石层厚大于10 m，结构松散，地下水位埋深10 m以下；石料场位于出山口右岸，距上坝址2～2.5 km。山体雄厚，为中泥盆统灰白色二长片麻岩、花岗片麻岩，岩性坚硬，强风化层厚1～2 m，弱风化层厚4 m。技术指标均满足规范要求。

4. 坝线、坝型和枢纽布置

坝线选择：在上坝址选择了2条适宜坝线，两坝线相距200 m。上1坝线位于1#、2#沟下游350 m处，该坝线处河谷相对较窄、岸坡较陡，坝线下游两岸岩体较完整雄厚，适宜布置拱坝。坝基岩体为片麻岩，饱和抗压强度约48～67 MPa，拱端直接置于白色花岗片麻岩，无明显不利控制性结构切割，左岸的f_{105}、f_{106}、f_{103}构成抗力体的控制滑面，因其分布与产状，不构成制约因素，坝基岩体适于建设100 m级高混凝土拱坝。若布置重力坝和土石坝，则两岸岸坡开挖量大，处理难度较大。上2坝线位于上1坝线下游处，河谷略宽、岸坡略缓且较平顺，适宜布置重力坝和土石坝，坝线距下游3#沟口较近，可布置岸边式电站厂房。上2坝线下游80 m处，河谷逐渐变宽，岸坡中部以下被崩坡积物覆盖，不利于布置拱坝。考虑工程坝型布置的经济性，可研阶段选择混凝土拱坝坝线位于上1坝线，混凝土重力坝和土石坝坝线位于上2坝线。

代表坝型：从地形条件分析，坝址处河道宽高比2.4～3.0左右，呈不对称“V”形河谷，坝基坝肩岩石为中硬岩、硬岩，埋深较浅，不存在建基面承载不足及深厚覆盖层问题，可同时满足三种基本坝型的布置；坝址区丰富的砂砾石及块石料均满足各种基本坝型的需求；混凝土拱坝方案以混凝土双曲拱坝为代表坝型，具有体积小、超载能力强的优势，较适应上1坝线的地形地质条件，采用常态混凝土拱坝，有利于严寒地区的耐久性要求。混凝土重力坝方案以碾压混凝土重力坝为代表坝型，具有施工速度快及较为经济的优势。土石坝方案以混凝土面板砂砾石坝为代表坝型，混凝土面板砂砾石坝具有坝体断面小、投资省、施工速度快的优势。

枢纽布置型式：混凝土拱坝方案枢纽进行了坝后厂房方案（滑雪道泄洪）、岸边厂房方案的比选，坝后厂房方案布置紧凑，引水系统投资少，厂房开挖量相对较小，但施工复杂，交叉干扰较大，工期较长；混凝土重力坝方案枢纽进行了岸边厂房方案、坝后厂房方案的比选，岸边厂房方案引泄水建筑物布置简单有利，施工干扰小，总体较优；土石坝方案枢纽布置型式为右岸布置岸边厂房，左岸布置溢洪道和深孔泄洪洞。

可研阶段对混凝土拱坝、混凝土重力坝、土石坝方案均选择右岸岸边厂房方案作为代表性枢纽布置，在同水位、同装机、同利用水头的前提下进行比选。各坝型布置，发电引水洞均布置在右岸，岸塔式进水口，底板高程602 m。洞身为圆形断面，洞径为11～10 m，1管4机型式、平面转弯布置。拱坝方案由于位于上1坝线，其发电引水系统长约602 m，需设置调压井一座。电站厂房均位于3#冲沟口处岸边，装机4台（2×80 MW+2×30 MW）。主机间尺寸74.3 m×21.0 m×43.66 m（长×宽×高），安装间长33.7 m，发电机层高程572.63 m。开关站为户内GIS方式，布置在副厂房内。地形稍开阔平缓，厂区开挖工程量相对较小、高边坡问题不严重。坝型枢纽布置及泄洪方式见表3.4-11。

表3.4-11　坝型及工程布置方案

适宜坝型	拱坝		重力坝		土石坝	
代表坝型	混凝土双曲拱坝		碾压混凝土重力坝		混凝土面板砂砾石坝	
布置型式	右岸引水式		右岸引水式		右岸引水式	
泄洪方式	表孔	深孔	表孔	深孔	溢洪道	底孔
布置方案	常态混凝土坝，坝身泄水（表孔、深孔），右岸引水发电，地面厂房		碾压混凝土重力坝，坝身泄水（表孔、深孔），右岸引水发电，地面厂房		混凝土面板砂砾石坝，左岸泄水（溢洪道、底孔），右岸引水发电，地面厂房	

3.4.9.3　坝型比选

1. 混凝土拱坝方案

（1）挡水建筑物：挡水建筑物为全断面常态混凝土双曲中厚拱坝，坝顶高程649.0 m，建基面高程555.0 m，最大坝高94.0 m，坝顶厚10 m，坝底厚27 m，厚高比0.287，坝顶弧长319.646 m，弧高比3.40。

水平拱圈线型采用抛物线变厚拱圈。坝体内为满足灌浆、交通、观测、排水等要求共设置3层廊道，同时在各高程廊道及两坝肩设置了灌浆平硐。坝体设21条横缝，坝段长15 m。根据应力分析结果对坝体进行强度分区，AⅠ区（高程558～567 m坝体混凝土、高程620～649 m坝体混凝土）、AⅡ区（高程567～620 m坝体混凝土）、AⅢ区（基础垫层混凝土厚3 m）、AⅣ区（溢流面表层高性能混凝土）、AⅤ区（泄水建筑物结构混凝土）以及AⅥ区（消能塘、护坦底板、二道坝及边坡防护混凝土）。坝基处理：建基面为弱风化下部至微新岩体，拱座按全径向开挖。坝基进行固结灌浆和帷幕灌浆，并进行坝基、坝体、坝肩排水，全坝段建基面进行接触灌浆。坝肩抗滑稳定分析：采用刚体极限平衡法，按空间问题分高程计算及分析计算左坝肩上部缓倾角裂隙与陡倾角节理所组成的滑动块体的抗滑稳定安全系数。主要计算参数：缓倾角裂隙$f'=0.5$，$C'=0.15$ MPa，陡倾角节理$f'=0.7$，$C'=0.3$ MPa。经计算各种荷载组合下，坝肩抗滑稳定安全系数基本满足规范要求。

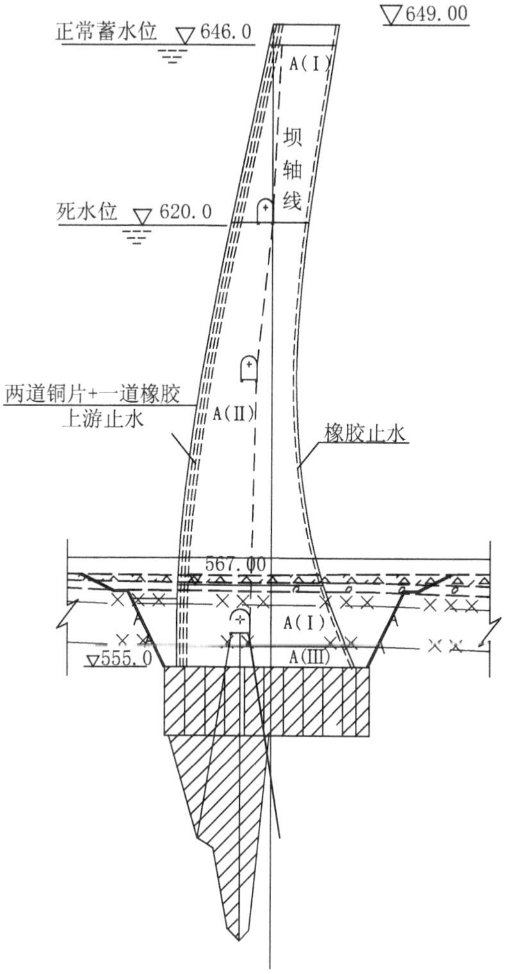

图3.4-76 拱坝典型剖面图

（2）泄水建筑物：坝身表孔进水口为开敞式，实用堰堰顶高程635 m，设3孔，每孔宽10 m，出口采用挑流消能方式；坝身深孔进水口为有压深孔，底板高程585 m，孔口尺寸6 m×6 m，出口采用跌流消能方式。在坝下游设二道坝，形成消力塘，长130 m，宽约60 m。

（3）过鱼建筑物：根据生态及过鱼需要，在左岸坝身布置升鱼机，升鱼机主要由鱼箱、竖井、升降机三大部分组成。二道坝左侧布置鱼道。

（4）工程施工：根据地形地质条件、水文特性及工程总体布置，施工导流采用河床一次断流，上下游土石围堰全年挡水，左岸导流隧洞导流的方式。初期导流标准为10年一遇洪水，第四年8月开始坝体施工期临时度汛，标准为20年一遇；第五年汛末导流洞下闸封堵，由坝身深孔泄水。拱坝坝体混凝土由拌和楼拌制，15 t自卸车运输，缆机入仓，其他混凝土采用自卸汽车直接入仓，机械振捣。施工总工期52个月。

2. 碾压混凝土重力坝方案

（1）挡水建筑物：挡水建筑物为全断面碾压混凝土重力坝，坝顶高程649.0 m，最大坝高99 m。基本剖面为三角形，顶点设在坝顶。坝体649 m高程以上设悬挑式顶盖，两侧各悬挑2 m，坝顶宽度为12 m。上游面折坡点高程580 m，折坡1∶0.15；下游折坡点高程636 m，下游坝坡1∶0.7。坝内设3层廊道，分别满足检修、观测、灌浆、排水和坝内交通等要求。坝体设缝间距约15 m，分为18个坝段，切缝机造缝，横缝内设置止水。坝体混凝土分区：上游坝面二级配防渗抗冻碾压混凝土（厚4～7 m，迎水面变态混凝土厚0.5～1 m）、下游坝面二级配抗冻碾压混凝土（厚2 m）、坝体内部三级配碾压混凝土、基础垫层常态混凝土（厚2 m）、泄水建筑物等常态混凝土、溢流面表层高性能混凝土。坝基处理：坝基开挖采用预裂爆破方式，两岸坝段建基面位于弱风化岩体中、下部开挖成大台阶状；河床坝段建基面为微风化岩体，开挖成水平面。坝基进行固结灌浆和帷幕灌浆，并进行坝基排水。

（2）泄水建筑物：坝身表孔进水口为开敞式，实用堰堰顶高程634 m，设3孔，每孔宽10 m，出口采用挑流消能。坝身深孔进水口为有压深孔，底板高程585 m，孔口尺寸5 m×5 m，出口采用挑流消能。在坝下游设二道坝，形成消力塘，长130 m，宽约60 m。

（3）过鱼建筑物：根据过鱼需要，在左岸坝身悬挑布置升鱼机，升鱼机主要由鱼箱、竖井、升降机三大部分组成。二道坝左侧布置鱼道。

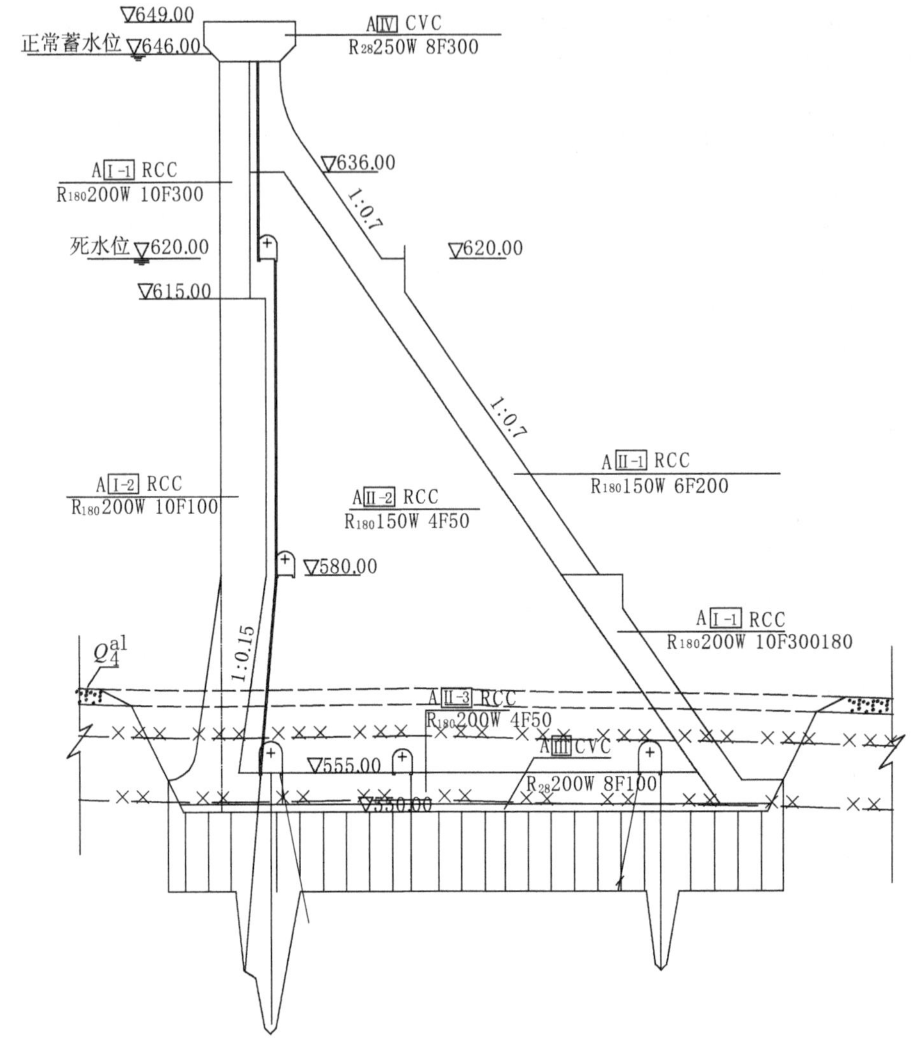

图 3.4-77　重力坝典型剖面图

（4）工程施工：施工导流方式同拱坝方案，初期导流标准为10年一遇洪水，第四年5月开始坝体施工期临时度汛，标准为20年一遇；第四年汛末导流洞下闸封堵，由坝身深孔泄水。坝体混凝土由拌和楼拌制，15 t自卸车运输，坝体混凝土60％采用自卸汽车直接入仓，40％运至坝肩，负压溜槽转运，仓内采用3 m^3装载机转运，振动碾碾压，模板边缘采用手扶式振动碾。闸墩及高性能混凝土采用10t自卸车运输，卸入3 m^3吊罐，门塔式起重机起吊入仓。施工总工期46个月。

3. *混凝土面板坝方案*

（1）挡水建筑物：挡水建筑物为混凝土面板砂砾石坝。坝顶高程651 m，最大坝高95 m，坝顶宽度10 m，坝顶长度375.7 m，上游坝坡1:1.5，下游坝坡布置10 m宽“之”字形上坝道路，道路间坝坡1:1.4，下游综合坝坡1:1.735。坝体分区：自上游向下游分为水平宽度4 m的垫层区、水平宽度4 m的过渡层区、主堆石区、次堆石区、水平宽度5 m的下游坡面堆石护坡区。垫层料$D_{max}=80$ mm和过渡料$D_{max}=150$ mm由C1料场开采加工，主堆石区采用C1砂砾石料填筑，次堆石区采用枢纽建筑物开挖料填筑。主堆石区设排水体，粒径范围80～200 mm。面板上游设土铺盖区和石渣盖重区。防渗结构：面板顶部厚0.3 m，底部厚0.6 m，河床部位面板宽12 m，岸坡部位宽6 m。趾板宽8 m，厚0.6 m。周边缝、面板张性缝、面板和防浪墙间的水平缝设置橡胶、铜片两道止水，面板压性缝设一道铜片止水。坝基处理：坝体范围内两岸坡脚崩坡积物全部清除，河床砂砾石层清除表层并压实。趾板建在弱风化基岩上，对趾板基岩进行固结灌浆和帷幕灌浆，固结灌浆孔深8 m，布置4排，帷幕灌浆设1排，孔距2 m，平均孔深32 m。坝坡稳定计算：采用土石坝边坡稳定分析程序STAB，对坝体标准剖面按简化毕肖普法计算。主要计算参数：主堆石C=0、ψ=36.56°，次堆石C=0、ψ=34°。经计算各工况坝坡稳定，均满足规范要求。

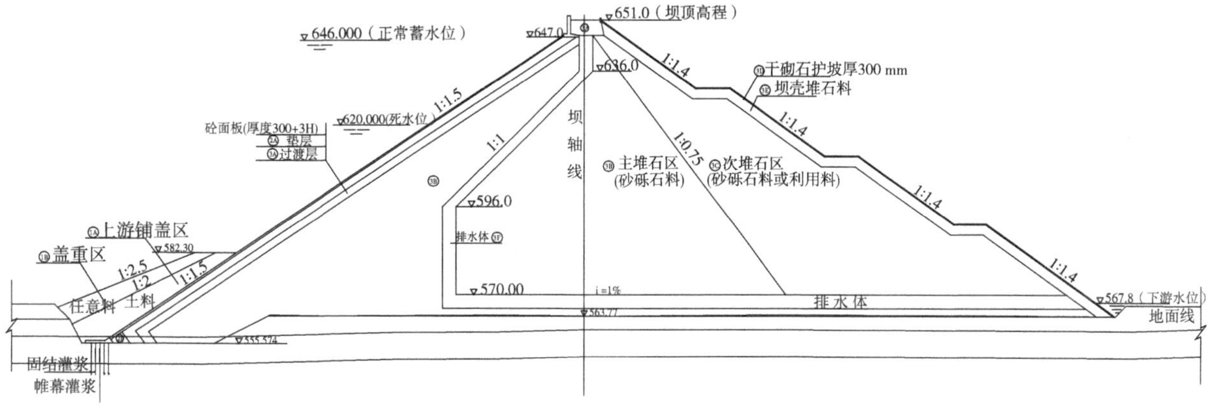

图 3.4-78　面板堆石坝方案典型剖面图

（2）泄水建筑物：开敞式溢洪道控制段长25 m，采用驼峰堰，堰顶高程631.5 m，设3孔，每孔宽10 m，出口采用挑流消能。深孔泄洪洞为压力隧洞，进水口底板高程590 m。洞身长508 m，圆形断面洞径6 m，出口工作门孔口尺寸5 m×5 m，出口采用挑流消能。

（3）过鱼建筑物：根据过鱼需要，在厂房对岸布置升鱼机，升鱼机主要由鱼箱、斜坡式升降机组成。通过岸坡上的洄游渠道将鱼送入库内。

（4）工程施工：导流洞布置在左岸，土石围堰挡水，导流标准采用10年一遇洪水标准，施工期度汛采用50年一遇洪水标准，导流洞、深孔泄洪洞参与施工期度汛，第四年12月开始蓄水。该方案溢洪道、深孔泄洪洞高边坡问题突出，处理工作量较大，溢洪道边坡高达百米、深孔泄洪洞边坡约70米，在狭窄河谷段坝体填筑与高边坡处理干扰较大，对施工工期影响较大。施工总工期为50个月。

4. 坝型比选

可研阶段对混凝土拱坝、碾压混凝土重力坝、土石坝方案均以右岸引水岸边厂房方案为各自坝型的代表性枢纽布置型式，在同水位、同装机、同利用水头的前提下，并从地形地质条件、枢纽布置及工程量、工程施工、安全性和耐久性、运行管理条件、过鱼设施、工程投资等方面对坝型进一步进行综合技术经济比较。

（1）地形、地质条件

上1坝线河谷相对更窄、岸坡更陡，坝线下游两岸岩体较完整雄厚，采用拱坝方案相比上2坝线，可进一步减少坝体工程量。按照Lombardi柔度系数C的计算方法，$C=F^2/VH$（F—拱坝中剖面展开后的面积；V—拱坝的体积；H—拱坝的最大高度），经分析，本工程C的范围在10～13之间，按照任青文、王柏乐[1]的研究成果，本工程坝址建设拱坝较为适宜。上1坝线距3#沟口岸边厂房厂址较远，布置岸边厂房时，发电引水系统需设调压井。上2坝线河谷变宽，岸坡较陡，采用拱坝方案工程量相对较大，比较适宜重力坝方案和土石坝方案。上2坝线距3#沟口岸边厂房厂址较近，适宜布置岸边地面厂房。两条坝线工程地质条件均较好，无大的地质构造，岩体较完整，岩石强度高，河床覆盖层浅，对拱坝、重力坝、土石坝方案均是可行的。拱坝坝线下游两岸岩体较完整雄厚，有利于拱坝坝肩稳定。坝后河床抗冲刷能力强，对混凝土坝具有布置坝身泄水的条件。

（2）枢纽布置及工程量

拱坝方案对地形地质条件的适应性较好，坝体工程量少、坝肩稳定条件好，枢纽布置有多种方案可供选择，可采用岸边厂房方案，坝身泄水，右岸引水发电，以便各建筑物独立施工，减少干扰；也可采用坝后厂房方案，减少引水系统投资、减少厂区开挖量，设滑雪道泄水，集中布置；坝址地形地质条件对地下厂房方案也是适宜的。本工程在进行拱坝枢纽布置研究时调研了国内多座百米级高坝，经多次专家咨询，普遍认为滑雪道式溢洪道布置复杂，厂房运行条件较差；地下厂房布置可行，但由于本工程装机不大，水头不高，地下厂房的优势不能完全发挥。在地形条件适宜的情况下应优先考虑地面厂房。

重力坝和土石坝方案坝线距3#沟口厂址较近，布置岸边厂房条件相对较好。重力坝方案可采用坝身泄水，但坝体工程量相对较大。

土石坝方案采用当地材料筑坝，坝体投资少，但坝址地形条件不利于泄水建筑物布置，而且泄水规模相对较大，溢洪道开挖量大，高边坡处理难度大，投资不易控制。

三种方案泄水建筑物均采用挑流消能，存在泄水冲刷河床的问题，土石坝方案溢洪道采用岸边挑流方式，还存在泄水冲刷河岸的问题，需采取工程防护措施。

各坝型方案枢纽布置比较见表3.4-12。

表3.4-12　各坝型方案枢纽布置比较表

项　目	混凝土拱坝	混凝土重力坝	土石坝
布置型式	混凝土拱坝，坝身泄水，右岸引水，岸边厂房	混凝土重力坝，坝身泄水，右岸引水，岸边厂房	土石坝，左岸溢洪道、深孔泄水，右岸引水，岸边厂房
挡水建筑物	坝高94 m，坝体混凝土27万m^3	坝高99 m，坝体混凝土54万m^3	坝高95 m，坝体总填筑量193万m^3
泄水建筑物	表孔堰顶高程635 m，堰宽30 m，深孔底板高程585 m，孔口尺寸6×6 m，最大泄量：3 441 m^3/s	表孔堰顶高程634 m，堰宽30 m，深孔底板高程585 m，孔口尺寸5×5 m，最大泄量：3448 m^3/s	溢洪道堰顶高631.5 m，堰宽30 m，深孔泄洪洞底板590 m，洞径6 m，孔口5×5 m，最大泄量：4192 m^3/s
引水建筑物	发电洞1洞4机，洞长629 m，洞径11 m/10 m，调压井直径25.6 m	发电洞1洞4机，洞长329 m，洞径11 m/10 m	发电洞1洞4机，洞长476 m，洞径11 m/10 m
电站厂房	3#沟口厂址，地面厂房	3#沟口厂址，地面厂房	3#沟口厂址，地面厂房

各坝型方案主要工程量见表3.4-13。

表3.4-13　各坝型方案主要工程量比较表

项　目	单位	混凝土拱坝	混凝土重力坝	土石坝
土方明挖	万m^3	19.65	19.49	43.22
石方明挖	万m^3	72.98	88.38	135.03
石方洞挖	万m^3	21.90	12.85	23.01
坝体土石方填筑	万m^3	—	—	211.07
混凝土	万m^3	53.52	75.94	26.05
钢筋及钢材	万t	1.48	1.36	1.35

拱坝方案大坝混凝土总量27万m^3，碾压混凝土方案混凝土总量54万m^3，土石坝总填筑量193万m^3，三者相比为1:2:7.1，而混凝土单价、碾压混凝土单价与土石方填筑单价相比一般在9:7:1，三者相比也基本合适，符合当前坝工界的普遍认识。

(3)工程施工

上坝址河谷狭窄，各坝型施工导流均采用河床一次断流、上下游全年围堰挡水、导流洞泄流方式，拱坝和重力坝方案度汛风险相对较小。常态混凝土拱坝温控较为复杂、施工工期相对较长，但随着技术的发展，尤其是预冷混凝土、负压溜槽入仓技术的发展，问题都不断得到解决，由大坝施工控制工期，总工期52个月。混凝土重力坝采用碾压坝，施工速度快，但在温差较大的严寒地区有效施工天数相对少，由大坝施工控制工期，总工期46个月。混凝土面板坝方案坝体填筑工艺简单，施工速度快，受气候影响小，但左岸泄洪系统施工干扰较大，高边坡处理难度大，施工道路布置较困难，由大坝施工控制工期，施工总工期50个月。

各方案不同坝型所需要的建筑材料均不存在制约性问题，不同种类水泥、粉煤灰来源方便。拱坝方案经高架门机入仓与缆机入仓的技术经济比较，推荐采用缆机入仓方案，需要在坝顶布设两台20 t辐射式缆机，施工安全管理相对较为复杂。土石坝方案的高边坡处理复杂，工程难度较大。

(4)安全性和耐久性

本工程拱坝和重力坝方案大坝为2级建筑物，土石坝方案大坝为1级建筑物，要求的安全标准相对较高。混凝土双曲拱坝、碾压混凝土重力坝和混凝土面板坝都是技术成熟的坝型。

拱坝和重力坝具有较高的安全性，抵御超标准洪水的能力强。重力坝体积大，耗费材料较多，但大部分材料的强度未被充分利用；拱坝是空间壳体结构，属超静定结构，能充分发挥混凝土材料的抗压性能，拱坝潜在的安全裕度较其他混凝土坝都高，具有很高的超载能力。

常态混凝土拱坝温控较为复杂、施工工期相对较长，但随着技术的发展，尤其是预冷混凝土、负压溜槽入仓技术的发展，以及严格的混凝土施工质量控制，问题都不断得到解决。常态混凝土拱坝耐久性最好，国内外在严寒地区的拱坝多为常态混凝土拱坝。

在严寒地区修建碾压混凝土坝，国内目前正处于发展阶段，其中有已建的观音阁坝、白石坝、喀拉塑克坝等。严寒地区气候条件严酷，特别是在冬季停工期长达5～6个月的情况下，碾压混凝土坝体极易产生劈头缝、纵向裂缝以及上下游越冬层面附近水平施工缝的开裂等，对温度控制、防裂措施以及混凝土耐久性等都提出了很高的要求。

混凝土面板坝防渗结构单薄，止水结构复杂，不利于保证施工质量，且需适应高坝较大的坝体变形。在温差较大的严寒干燥地区混凝土面板裂缝问题普遍存在，运行期需采取工程措施处理。

(5)运行管理条件

拱坝和重力坝方案采用坝身泄水，布置较为紧凑，运行期管理较为方便。土石坝方案泄水建筑物和引水发电系统分别布置在左右两岸，布置较为分散，不便于运行期管理和维护。拱坝和重力坝方案坝体布置有廊道系统，可进行运行期检修维护。混凝土面板坝防渗面板检修维护较困难。

混凝土拱坝、混凝土重力坝和土石坝方案均不同程度地存在峡谷坝址厂坝区泄水雾化问题。混凝土拱坝方案坝线距厂址较远，厂区雾化影响较轻，但坝区雾化对坝肩岩体稳定不利，应采取岸坡防护措施，运行期需进行相关监测和维护；混凝土重力坝和土石坝方案坝线距厂址较远，厂区雾化对电站运行影响较大，但坝区雾化影响较轻。

(6)过鱼设施

根据本工程环境保护要求，需要解决洄游类鱼类的通道问题。对于拱坝、重力坝可在坝身布置升鱼机，升鱼机主要由鱼箱、竖井、升降机三大部分组成，结合坝体施工进行建设，布置简单经济。而土石坝布置相对复杂，需要先在坝下游设置集鱼设施，通过升降机提升至坝顶一侧布置的过鱼渠道，方可将鱼送入库内，同时存在高边坡问题，施工较为复杂。

(7)工程投资

对于相应的代表性工程布置方案，混凝土双曲拱坝、碾压混凝土重力坝和混凝土面板坝方案静态总投资分别为15.13亿元、15.87亿元、14.92亿元，混凝土双曲拱坝方案相对较优。

本工程坝址河谷狭窄，地质条件较好，建筑材料来源丰富，采用三种基本坝型都是适宜的，混凝土拱坝和重力坝方案采用坝身泄水，解决了峡谷坝址泄水布置问题。

混凝土拱坝方案更好地利用了坝址地形地质条件，坝体工程量少、枢纽布置有多种方案可供选择，其中岸边厂房方案引水洞线长，需设调压井，但总体工程量仍较重力坝方案少。同时混凝土拱坝安全性高，耐久性好，工程施工没有制约性问题，而且工程投资相对较优，具有较大优势；混凝土重力坝方案采用碾压混凝土坝，更好地发挥快速筑坝优势，其引水系统洞线短，但坝体工程量相对较大，投资略高；土石坝方案坝体投资少，但地形条件不利于泄水建筑物布置，且洪水标准高，溢洪道开挖量大，高边坡处理难度大，投资不易控制，对坝址地形条件的适应性较差，鱼道布置较为复杂。

混凝土拱坝、混凝土重力坝和土石坝方案均不同程度地存在泄水冲刷河床、河岸，厂坝区雾化的问题需根据情况采取相应的工程防护措施。

可研阶段坝型比选成果表明，拱坝坝型虽然工期稍长、投资略高，但其耐久性更好，适应性更强，因此推荐采用混凝土拱坝坝型。

3.4.9.4 枢纽布置比选

1.比选方案拟定

本工程河谷狭窄、岸坡较陡、河道顺直，推荐常态混凝土拱坝枢纽布置型式，坝身布置泄洪表孔及深孔，坝后设置二道坝，坝身布置过鱼设施升鱼机。采用拱坝坝型方案、坝身泄水，较好地适应了地形条件，解决了挡水和泄水工程的布置问题，因此枢纽布置是否合理主要取决于引水发电系统的工程布置。

可研阶段对混凝土拱坝方案枢纽布置进行了坝后厂房方案（滑雪道泄洪）、岸边厂房方案（$3^{\#}$沟上游厂址，厂区大开挖）的初步比较，坝后厂房方案布置紧凑，引水系统投资小，厂房开挖量相对小，总体投资较低，但厂坝施工干扰大，厂房安装间开挖和两岸坝肩布置滑雪道对岸坡稳定有影响；岸边厂房方案厂址位于3#沟上游100 m处，引水系统可不设调压井，但厂区开挖量大，高边坡处理难度大，投资不易控制。初步推荐采用岸边式厂房。

坝后式厂房+滑雪道式溢洪道方案，因发电引水系统背管布置在坝体内，布置非常紧凑，结构复杂，背管坝段会制约总工期，根据类似工程的施工经验，背管坝段一般会比其他坝段延长施工周期3～4个月，总工期约55个月，因此，初步设计阶段放弃坝后厂房方案。

初步设计阶段结合地勘成果、地形条件提出了新的岸边厂房方案（3#沟厂址，4#沟下游厂址）和地下厂房方案。明确了四处厂址进行枢纽布置比较，以便确定枢纽布置型式。

3#沟上游100 m处厂址：该厂址距离坝较近，发电洞长度较短，不需设置调压井。厂址地形狭窄，不利于厂房布置，开挖工程量大，厂后开挖边坡高度达100 m左右，同时因岩体存在顺河向节理，边坡处理较复杂。该厂址若将主机间、安装间、副厂房一字排开，可使厂后高边坡问题有所减缓，但投资增加较多。

3#沟处厂址：该厂址位于3#冲沟出口处，地形稍开阔平缓，坡度10°～20°，沟口坡面为3～15 m的冲洪积碎块石土层，结构松散。基岩岩性为中厚层块状黑云母斜长片麻岩，片理走向与洞脸边坡交角40°～50°。

右岸地下厂房厂址：地层岩性为灰白色二长片麻岩、花岗片麻岩，岩石坚硬，局部夹灰黑色黑云母斜长片麻岩，岩石中硬。围岩类别为Ⅱ类～Ⅲ类，局部为Ⅳ类。结合平硐钻孔资料分析，具备修建地下厂房的条件。

4#沟下游处厂址：该厂址场地较为开阔，距离泄水雾化区域较远，基本不受泄水雾化影响。厂址覆盖层较厚，岩性为黑云母斜长片麻岩，岩体褶皱强烈，成洞条件较差。需设置较长的发电引水隧洞及调压井设施。

结合四处厂址的条件，初步设计阶段提出四种枢纽布置方案。方案1，右岸引水发电，厂址在3#沟上游100 m；方案2，右岸引水发电，厂址在3#沟处，需设置调压井；方案3，右岸引水发电，地下布置厂房；方案4，右岸引水发电，厂址在4#沟下游，发电洞较长，需设置调压井。

各不同方案厂址见图3.4-79。

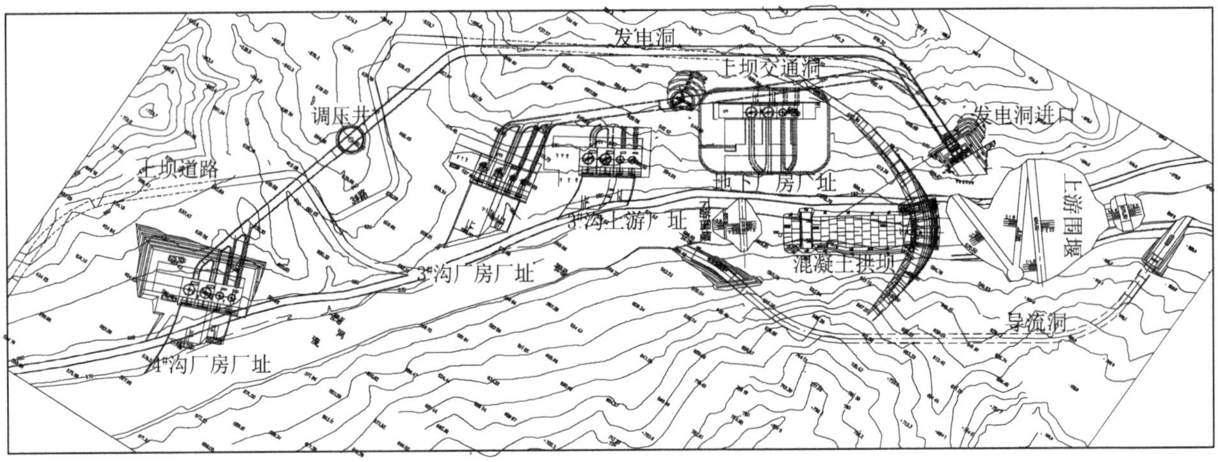

图3.4-79　厂址比选布置示意图

2. 方案1——大开挖方案

发电引水洞布置在右岸，1管4机型式、平面转弯布置，进水口为岸塔式。电站厂房位于右岸3#沟上游100 m处岸边，采用该厂址引水系统可不设调压井。但厂房开挖边坡高陡。岩石边坡坡度35°～45°，坡高约200 m，局部近直立，基岩裸露，岩体岸坡陡峻，厂房要进行大开挖。最大开挖深度为100 m左右。由于岩体风化、卸荷切割等影响，人工高边坡稳定问题突出。厂房基础低于河水位，施工时可能存在沿裂隙面的涌水问题。

发电引水系统由引水渠、进口段、洞身段、高压管道、岔洞和支洞等组成。设计引水流量376.50 m^3/s，最大水头77.2 m，系统总长462.36 m。

引水隧洞断面形式为圆形，内径11 m，上平洞洞身段长283.71 m，洞内流速3.962 m/s。高压管道由斜井段和下平洞段组成，全长126.941 m，管道为圆形，直径10 m，流速4.794 m/s，主管采用 δ=34 mm厚16 mnR钢板+外包0.8 m厚C20混凝土，管道进行回填灌浆、接触灌浆及固结灌浆。发电洞出口接岔洞，采用一管四机的布置型式，通过四次分岔，将一根主管分为四根支管接入主厂房内。两大支洞内径为5.2 m，两小支洞内径为3.2 m，衬砌采用钢板+外包C25混凝土。出口岔洞及支洞采用洞挖形式和主厂房相接。

发电厂房为岸边式地面厂房，布置于河道右岸坝轴线下游约250 m处，机组轴线与河床斜交。厂房由主厂房和副厂房组成。主厂房包括主机间和安装间两部分，安装间布置在主机间的右侧；副厂房布置于主厂房上游侧，与主厂房等长；主变压器布置于副厂房上游侧；户内式开关站布置在副厂房内；厂房尾水经整治可顺畅投入原河道。

3. *方案2——3# 沟地面厂房方案*

发电引水洞布置在右岸，1管4机型式、平面转弯布置，进水口为岸塔式。电站厂房位于右岸3#沟，采用该厂址引水系统需调压井一座。地面厂房位于3#沟出口处，顺沟向布置，厂址地面高程580～600 m，边坡坡度10°～20°，地形较为平缓开阔。上部为5～10 m的冲洪积碎块石土层，结构松散，下伏基岩为厚层—巨厚层状灰白色二长麻岩（D2a-2），基岩强风化层厚度1.5～2.0 m，弱风化层厚度7～9 m。厂房基础开挖深度25～30 m，基础置于微—新鲜基岩上，岩体完整。厂房位于3#沟出口处，应考虑汛期冲沟洪水、泥石流等对厂房安全的影响。

发电引水系统由引水渠、进口闸井段、洞身段、高压管道、调压井、岔管和支管等组成。设计引水流量365.62 m³/s，最大水头78.8 m，系统总长644.556 m。

引水隧洞断面形式为圆形，内径11 m。高压管道由斜井段和下平洞段组成，全长142.580 m，管道为圆形，直径10 m。衬砌结构型式与方案1基本相同。

调压井布置在低压引水洞末端，调压井中心桩号0+406.893 m，为阻抗式，底板高程614.608 m，顶高程654.83 m，阻抗孔为圆形断面，直径为4.5 m，调压井断面内径为12 m，调压井最高涌浪水位652.67 m，最低涌浪水位617.590 m。调压井井壁采用C25钢筋混凝土衬砌。

发电厂房为岸边式地面厂房，布置同方案1。由于厂房位于3#沟出口处，在3#沟厂房上游设置一挡水坝，并在沟右岸布置一条引水隧洞至4#沟出口，长约170 m，将3#沟洪水从4#沟导出。挡水坝坝高为5 m，坝顶宽度为3 m，排水隧洞型式为城门洞型，洞径为3.0 m×3.0 m。

4. *方案3——地下厂房方案*

发电引水洞布置在右岸，平面转弯布置，进水口为岸塔式。考虑施工的便利及运行的灵活性，采用2管4机型式。电站厂房位于右岸坝肩下游山体内，厂房洞室群由主副厂房洞室、主变和GIS洞室、尾水洞、出线洞、交通排风洞等组成。右岸进场交通干线直通坝区，设2条交通洞进入厂房洞室；在干线道路上设场内分支道路上山，并布置交通洞连接右岸坝顶和发电洞进口。

发电引水系统由引水渠、进口段、洞身段、高压管道、岔洞和支洞等组成。设计引水流量376.50 m³/s，最大水头77.2 m，系统总长294 m。

发电引水洞：两条引水隧洞均通过20 m长的渐变段与进水口相接，大发电洞孔口尺寸由8.5 m×8.5 m长的方形断面渐变为内径8.5 m的圆形断面；小发电洞孔口尺寸由5.5 m×5.5 m长的方形断面渐变为内径5.5 m的圆形断面。洞身支护采用喷锚支护及钢筋混凝土衬砌。大小机组高压管道段均由斜井段和下平洞段组成。发电洞出口接岔管，采用一管两机的布置型式。

地下厂房洞室群位于坝后右岸岸里100～250 m处，埋深85～150 m，基岩为厚层—巨厚层状灰白色二长麻岩（D2a-2），层面及片理产状310°～330°NE∠40°～50°，裂隙除层面片理发育外，主要发育有NE、NW向两组裂隙。最大主压应力方向基本与区域北西向主构造线走向斜交。地下厂房洞室群位于微—新鲜基岩上，岩体完整，洞室围岩分类为Ⅱ类，K_0的取值范围为4 000～5 000 N/cm³，f_k=4～5。主厂房长73 m、宽21 m、高44 m，为大跨度地下洞室，岩体节理裂隙发育，与层面组合，边墙和洞顶易形成不稳定块体，应加强边墙和洞顶处理设计。厂房基础低于河水位，施工时可能存在沿裂隙面的渗水问题。

5. *方案4——4# 沟地面厂房方案*

发电引水洞布置在右岸，1管4机型式、平面转弯布置，进水口为岸塔式。电站厂房位于右岸4#沟下游，采用该厂址引水系统要设调压井。右岸进场交通干线直通厂区，在干线道路上设场内分支道路上山，并布置交通洞连接右岸坝顶；坝顶上游岸坡布置道路，接发电洞进口。

发电引水系统由引水渠、进口段、洞身段、高压管道、调压井、岔管和支管等组成。设计引水流量360.46 m^3/s，最大水头79.4 m，系统总长1 102 m。

引水隧洞断面形式为圆形，内径11 m。上平洞洞身段长803.563 m，洞内流速3.962 m/s。高压管道由斜井段和下平洞段组成，全长149.0 m，管道为圆形，直径10 m，流速4.794 m/s，主管采用 δ=34 mm厚16 mnR钢板+外包0.8 m厚C20混凝土，管道进行回填灌浆、接触灌浆及固结灌浆。发电洞出口接岔洞，采用一管四机的布置型式，通过四次分岔，将一根主管分为四根支管接入主厂房内。两大支洞内径为5.2 m，两小支洞内径为3.2 m，衬砌采用钢板+外包C25混凝土。洞身均采用喷锚支护及钢筋混凝土衬砌。出口岔洞及支洞采用洞挖形式和主厂房相接。

根据调压井布置原则及地形条件，调压井布置在低压引水洞末端，中心桩号0+820.063 m处，该处地面高程为653.000 m左右。调压井为阻抗式，调压井底板高程614.211 m，顶高程654.520 m，阻抗孔为圆形断面，直径为6.0 m，调压井断面内径为15 m，调压井最高涌浪水位653.020 m，最低涌浪水位616.590 m。调压井井壁采用C25钢筋混凝土衬砌。

地面厂房位于右岸4#沟沟口岸坡处，顺河向布置，厂址地面高程580～610 m，边坡坡度10°～20°，地形较为平缓开阔。上部为2～13 m的冲洪积碎块石土层，结构松散，下伏冲积砂砾石，厚3～10 m，基岩顶板高程566.5 m，岩性为厚层—巨厚层状灰白色二长麻岩（D2a-2），基岩强风化层厚度1.5～2.0 m，弱风化层厚度7～9 m。厂房基础开挖深度33～41 m，基础置于微—新鲜基岩上，岩体完整，地基允许承载力建议取5 MPa。

厂房由主厂房和副厂房组成。布置基本同方案1。

6. 枢纽布置比选

本阶段在可研阶段的基础上，从地形地质条件、枢纽布置、工程量、施工条件、工期、工程投资、运行管理条件等方面对混凝土拱坝方案枢纽布置进行进一步综合技术经济比较。

（1）地形、地质条件

坝址处工程地质条件好，无大的不良结构面。右岸节理裂隙相对不发育，具有布置引水隧洞和调压井的条件。左岸的顺河向陡倾角和横河向中倾角节理裂隙均较发育，右岸以顺河向陡倾角节理裂隙为主。厂坝区顺河向高陡开挖边坡稳定条件较差，处理难度大。

方案1，3#沟口上游厂址厂区开挖量大、开挖边坡高陡，工程问题较大，若按"一"字形布置厂房，边坡高度虽有所降低，但边坡范围扩大，同样存在问题，且投资也不经济；方案2，3#沟口厂址是相对较有利的岸边厂房厂址，厂区开挖量相对较小、开挖边坡问题不严重；方案3，地下厂房位于右岸坝肩下游山体内，围岩为白色花岗片麻岩，岩体完整，强度高，岩体主应力方向约SW240°（顺河向），岩体主节理走向20°～30°NW或SE∠60°～80°，岩体层面走向310°～330°NE∠40°～50°（横河向）。主副厂房洞室、主变洞室轴线方位角为90°，与岩体主应力方向夹角约30°，与岩体主节理走向夹角约60°～70°，与岩体层面走向夹角约60°～70°，洞室稳定条件较好。地下厂房方案可避免厂区高边坡问题，较好地适应坝址区地形条件，但不可预见因素较多；方案4，4#沟口厂址较为开阔，布置地面厂房具有增加发电水头、施工干扰较小的优点，缺点是引水隧洞较长，穿越3#沟处部分隧洞需按明管设计。

从工程地质条件比较，方案2、方案4相对较优。

（2）枢纽布置比较

根据前述工程地质条件及评价，四种方案各有差异，各方案进水口均为坝内布置，发电引水隧洞均布置在右岸，各方案工程枢纽布置及特点见表3.4-14。

20世纪70年代以来，我国在高山峡谷地区兴建的混凝土高坝水电站的枢纽布置中，越来越多地选用地下厂房布置。70～80年代动工兴建的峡谷高坝，有白山、龙羊峡、乌江渡、东江、湖南镇、紧水滩、宝珠寺、隔河岩、漫湾、东风等水电站，其中仅白山、东风水电站采用了地下厂房布置，隔河岩水电站采用了引水式厂房，其余均采用坝后厂房布置。90年代动工的峡谷高坝，例如李家峡、大朝山、二滩、江垭、棉花滩等水电站，除李家峡水电站因地质条件不利而被迫采用坝后双排厂房布置外，其余均采用地下厂房布置。目前正在兴建的小湾、龙滩、溪洛渡、拉西瓦等水电工程，都采用了地下厂房布置方案，甚至对河谷比较宽的百色、向家坝等高坝，也都采用地下厂房或半地下厂房的布置。这与地下厂房设计、施工技术的发展及峡谷地形的布置紧密相关。而在国外，挪威、瑞士等国家的拱坝大多采用的是引水式进水口及地下式厂房布置型式。

表 3.4-14 各方案厂址布置特性比较表

方案	方案1	方案2	方案3	方案4	对比评价
布置	引水洞＋3#沟上游100 m处地面厂房	引水洞＋3#沟地面厂房	引水洞＋地下厂房	引水洞＋4#沟下游200 m处地面厂房	
进口	进口均在同一位置				相同
隧洞长度	465 m	644 m	294 m	1 102 m	1、3方案优
引水洞围岩类型	Ⅲ类28%、Ⅱ类72%	Ⅲ类19%、Ⅱ类81%	Ⅲ类30%、Ⅱ类70%	Ⅳ类0.8%、Ⅲ类15%、Ⅱ类84.2%	相当
厂址地形条件	岸坡场地狭窄，边坡坡度34°～58°	平缓开阔，但应考虑汛期3#沟洪水对厂房安全的影响	地下，洞室群	平缓开阔	2、4方案优
地基岩体	均为厚层—巨厚层状灰白色二长麻岩（D2a-2），允许承载力5 MPa				相同
边坡稳定	厂后人工高边坡稳定问题突出	厂后人工边坡稳定问题不突出	存在洞室边墙和洞顶稳定问题	厂后人工边坡稳定问题不突出	2、4方案优
其他条件	施工干扰较大	施工条件优	地下洞室群施工复杂	施工条件优	2、4方案优

采用地下厂房的优势在于利于枢纽消能布置、减少泄洪雾化的影响、缩短施工工期等。地下厂房方案相对地面厂房方案，其年运行费相对较高，施工过程中的质量、安全控制相对较为复杂，而地面厂房施工相对简单得多。本工程坝高接近百米级、泄洪总规模不大、装机规模不大，采用地下厂房方案优势并不突出。

（3）施工条件和工期

各方案引水发电系统独立布置，和大坝可同时施工，干扰小，具有很大优势。右岸引水发电厂房方案控制工期仍为拱坝浇筑施工。不同的发电引水系统其输水隧洞长度有所不同，厂房边坡处理工程量有所不同，但均不控制本项目的建设总工期。总工期约52个月。

方案1布置较为紧凑，施工场地狭窄，厂房围堰施工难度较大。厂房高边坡问题极为突出，处理周期较长，不可预见因素较多。若岔管处不增设施工支洞，需在施工早期安排发电引水隧洞施工、岔管开挖、厂房开挖，在岔管、支管钢衬完成后方可进行蜗壳层施工，否则会影响发电机组安装及发电工期。厂房施工围堰难度较大，考虑采用槽孔防渗墙并提前安排。预留部分岩坎待枯水期再拆除。

方案2总体施工程序与岸边厂房方案1相近，不同之处在于：厂房施工围堰工作量少，施工难度小，受导流期下泄洪水影响较小；3#沟处设调压井，需考虑调压井施工对上平洞的影响。

方案3为地下厂房，总体布置紧凑，结构形式复杂多变，开挖、支护工程量较大，通风散烟要求高，具有持续高强度施工的特征，对施工资源的要求高。纵横交错，平、斜、竖相贯的复杂地下洞室群，施工质量要求高、难度大。各类不同断面洞室大小计24条，需要结合地质条件，深入研究不同断面洞室的施工工艺、工期，解决施工期的通风、散烟、运输等问题。

方案4总体施工程序与岸边厂房方案1相近，不同之处在于：厂房施工围堰工作量少，施工难度小，受导流期下泄洪水影响较小。3#沟设调压井，需考虑调压井施工对上平洞的影响。

相比较而言，方案2、方案4施工难度最小。

（4）工程量及投资

工程投资静态总投资，方案1投资为14.89亿元，方案2投资为14.72亿元，方案3投资为15.06亿元，方案4投资为15.13亿元。方案2相对较优。

（5）运行管理条件

各枢纽布置方案均采用坝身泄水，挡泄水建筑物布置较为紧凑，泄洪运行管理较为方便。各枢纽布置方案进厂、上坝交通道路均与场内干线道路同在右岸，交通方便。

表 3.4-15 不同枢纽布置型式主要工程量比较表

项目		单位	方案1	方案2	方案3	方案4
土方明挖		万m^3	10.90	19.65	10.55	20.26
石方明挖		万m^3	107.34	72.98	36.38	86.13
石方洞/井挖		万m^3	15.98	21.90	34.19	27.39
混凝土		万m^3	50.80	53.52	49.67	54.13
钢筋及钢材		t	12 456.09	14 809.49	15 782.37	15 358.54
喷锚支护	喷混凝土	万m^3	0.97	1.06	1.61	1.19
	锚杆	万根	2.8	2.71	3.68	2.59
	锚索	根	100	274	1018	315

岸边厂房方案1、2、4引水系统均采用1管4机布置，地下厂房方案3为1管双机（2管4机）布置，各方案引水系统都具备运行检修条件。

各枢纽布置方案均不同程度地存在峡谷坝址厂坝区泄水雾化问题。坝区雾化对坝肩岩体稳定不利，已采取岸坡防护措施。方案4坝线距厂址最远，厂区雾化基本不受影响；方案2坝线距厂址较远，厂区雾化影响较轻；方案1坝线距厂址较近，厂区雾化影响较大，尚需对厂区高边坡进行相关监测和维护；地下厂房方案厂房洞室群基本不受雾化影响，但运行条件相对较差，存在潮湿等问题。方案2、4相对较优。

综合上述比选成果，可得出以下结论。

方案1厂址条件十分不利，厂区开挖量大、开挖边坡高陡，处理难度大，投资不易控制，受泄洪雾化影响较大，对运行不利。

方案2与方案1相比，厂址条件相对较好，厂区开挖量相对较小、开挖边坡不高，其引水系统洞线较长，需设调压井，但引水发电系统总体工程量仍较岸边厂房方案1少。受泄洪雾化影响较小。

方案3避开了狭谷坝址厂区高边坡问题，较好地适应了坝址区的地形条件。根据本阶段的地勘成果，厂房洞室群稳定条件较好，布置地下厂房是基本可行的。虽不受雾化影响，但地下厂房洞内潮湿，运行管理费用相对较高。

方案4采用4#沟口下游厂址，在满足尾水衔接的前提下进行厂区布置，发电洞洞长增加，需设置调压井，发电水头略有增加。但经济效益不显著，投资增加较多。

可研阶段采用3#沟上游厂址方案，不设调压井，投资相对较少，但高边坡问题突出。初步设计阶段结合坝型特性及不同厂址的地形地质条件，经布置、施工、管理、投资综合比较推荐方案2为枢纽布置方案，即右岸布置发电引水系统，3#沟下游布置地面厂房，并设调压井1座。

3.4.9.5 结论

结合山口拱坝工程区严寒干旱的气候、“V”形河谷的地形地质条件，对拱坝、重力坝和土石坝三种基本坝型从枢纽布置、筑坝材料、施工、工程管理、安全及工程投资等多方面进行技术经济比较，推荐采用常态混凝土拱坝，可供其他工程参考与借鉴。

结合山口拱坝工程区地形地质条件，对不同枢纽布置型式从布置特点、施工、工程管理和安全及工程投资等多方面进行技术经济比较，推荐采用3#沟布置的岸边厂房，可供其他工程参考与借鉴。

第四章

水库建设与生态环境保护

4.1 水库大坝环境影响的特点

4.1.1 新疆自然环境特点

4.1.1.1 地貌特征与气候

新疆位于我国西北地区，深居欧亚大陆中部，远离海洋，在地形地貌上呈现“三山夹两盆”的特点，即阿尔泰山、天山和昆仑山脉的“三山”及其环绕形成的准噶尔、塔里木盆地的“两盆”。新疆沙漠戈壁广布，高山众多，形成了独特的自然环境。准噶尔盆地面积约20万km^2；塔里木盆地面积约53万km^2，塔克拉玛干沙漠位于盆地中部，面积约33万km^2，是中国最大、世界第二大流动沙漠。新疆东部的吐鲁番盆地，最低点海拔高程-154 m，是中国海拔最低的地方。

新疆为大陆性气候，气候干燥，降水稀少，蒸发强烈。新疆日照时间长，年日照时间2 500～3 500 h。年均降水量150 mm左右，年均蒸发量2 000 mm左右。具有“平原干燥降水少，山区降水较充沛”，北疆降水高于南疆，南疆气温高于北疆的特点。年均气温为10.4℃，气温变化大。冬季长、寒冷，夏季短、炎热，春季、秋季气候变化剧烈。最冷月（1月）平均气温在准噶尔盆地为-20℃以下，该盆地北缘的富蕴县绝对最低气温曾达到-50.15℃，是全国最冷的地区之一。最热月（7月）平均气温在号称“火洲”的吐鲁番为33℃以上，绝对最高气温曾达至49.6℃，居全国之冠。

4.1.1.2 河流特征

新疆河川径流主要来源于山区降水、冰雪融水。径流量年内分配十分悬殊。一般夏季（6～8月）水量占全年水量的50%～70%；春季和秋季各占10%～20%；冬季（12月～次年2月）占10%以下。山区是径流形成区，河流水量沿程增加；河流出山口后进入平原，为径流散失区。受农业灌溉引水、河道渗漏、蒸发等影响，流量沿程减少。

多数中小河流最终消失于灌区或荒漠，只有少数较大河流在盆地低洼处积水，形成尾闾湖，如乌伦古湖、艾比湖、台特玛湖等。绿洲分布于盆地边缘和河流流域，绿洲总面积约占全区面积的8.7%，具有典型的绿洲生态特点。新疆洪水可以分为冰雪融水洪水、暴雨洪水、冰雪融水和暴雨混合洪水以及突发性洪水四种类型。

新疆河流有几个主要特征。

（1）几乎全属内流区：新疆地表径流反映了干旱环境特征。新疆境内几乎全属内流区，塔里木河长约2 100 km，是中国最长的内陆河。新疆外流区只有两片：北部的额尔齐斯河（下游为鄂毕河），注入北冰洋，新疆境内的流域面积约5.25万km^2。南部和田县西南角的奇普恰普河，是印度河上游支流注入印度洋，新疆境内流域面积4 410 km^2。

（2）新疆大河数量少：新疆大部分是中小河流。据统计，新疆570条河流中，年径流量大于10亿m^3的河流仅有18条，年径流量在1亿m^3以下的河流有487条，占河流总数的85.4%。多年平均地表水年径流量879亿m^3；平原区地下水可开采量153亿m^3；冰川储量2.13万亿m^3，占全国的50%，有“固体水库”

之称。只有伊犁河、额尔齐斯河能汇成大河。塔里木河自身不产流，依靠主要支流“四源”形成汇入（阿克苏河、叶尔羌河、和田河、开都—孔雀河）。

（3）新疆湖泊数量众多：新疆的湖泊具有干旱环境特色，大多是河流的终点湖，面积变化大，有的位置常变。近半世纪以来，因上游大量引水灌溉，补给逐年减少，湖面缩小以至干涸。罗布泊和玛纳斯湖均已干涸，艾丁湖近于干涸，目前比较稳定的湖泊约有100多个。

4.1.1.3　冰清泥沙

（1）泥沙：新疆河流含沙量的分布，从北向南逐渐增大，主要与环境干旱程度、暴雨强度、植被及河流补给来源有关。多数河流含沙量自上游向下游逐渐增大，只有在下游水流平缓河段或经洼地沉积后，含沙量才有减小趋势。新疆河流泥沙的季节变化很大，一般是秋、冬季含沙量较小，春、夏季含沙量普遍较高，尤其是夏季洪水时最高，河流连续最大四个月的输沙量可占到年输沙量的90%左右。

（2）冰冻：新疆地域辽阔，冬季寒冷。各河流多数发源于降水充沛、冰川或积雪覆盖的高山区，然后向盆地中心汇流，故普遍存在冰情。新疆冬季气温较低且漫长，一般河流在10～12月开始有初冰，次年1～4月开始全部融冰，封冻期较长，最大冰厚度一般在50～100 cm，封冻天数一般在30～120天。

（3）水温：河流水温受当地气温的控制，同时还受径流补给源的影响。新疆年平均水温的地区分布大体与年气温一致，除少数河流外，大多数河流出山口处水温随当地气温的变化而变化，不过其变化均滞后于气温变化。新疆河流多为冰雪融水与降雨补给，夏季水温相对较低，而冬季主要由地下水补给，冬季水温相对较高；其年均水温在河流出山口及其以下平原河段，一般都比当地年平均气温低1～6℃。但在高山与高纬度地区，年平均水温却比年平均气温高出1～6℃不等，并且有6个月的寒冷期，水温高于气温。

4.1.1.4　生态环境特征

新疆地处水资源十分贫乏的广袤区域，荒漠—绿洲—河渠廊道的景观模式明显。按水资源的形成、转化和消耗规律，结合地貌和植被特征，可将流域的生态系统划分为山地、河流水域、人工绿洲、自然绿洲以及戈壁荒漠五大类型，参见图4.1-1，各生态系统类型的作用关系和相互影响如下。

①山地生态系统是基础，在干旱区发挥“湿岛”作用，是径流形成、水源涵养区；

②河流水域生态系统是主导，包括湖泊、湿地，对径流起传输和积蓄作用，是绿洲生态建立和改善的载体；

③人工绿洲生态系统是核心，是地表径流的强烈转化和消耗区，支撑着干旱区人类的生存和发展；

④自然绿洲生态系统是屏障，为径流的排泄和散失区，没有自然绿洲作为天然屏障，人工绿洲将难以存在；

⑤戈壁荒漠生态系统是无流和缺水区，其蔓延和扩大对人类生存和发展会带来巨大危害。

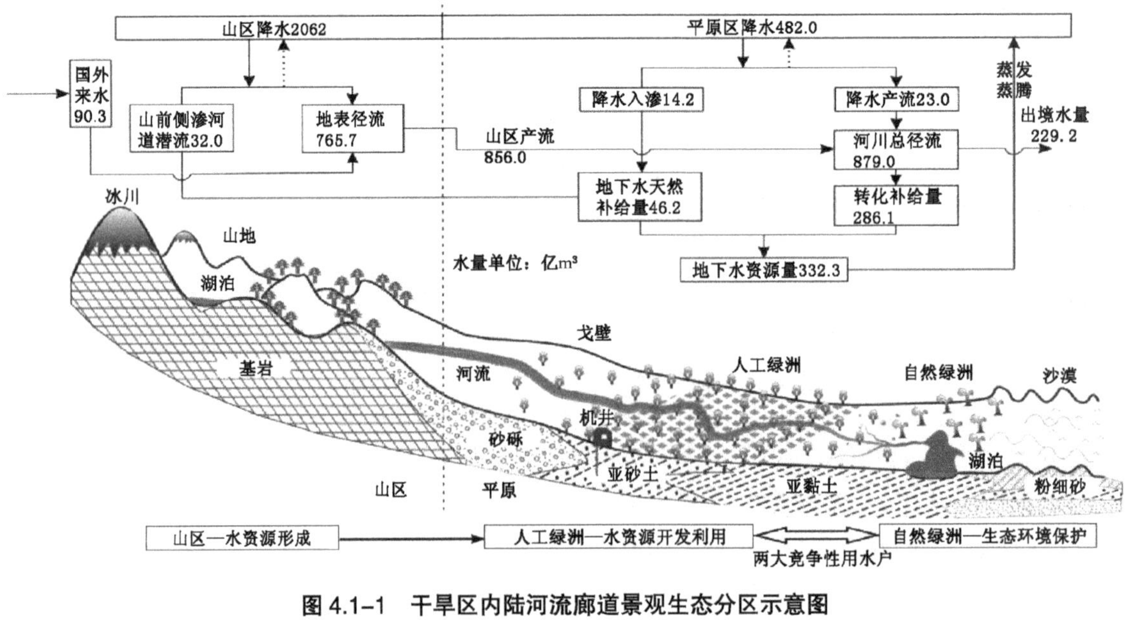

图4.1-1　干旱区内陆河流廊道景观生态分区示意图

4.1.2 环境敏感区及特点

由于新疆地处内陆干旱区，水和环境的关系十分密切。在新疆许多河流的周边，分布有森林、湿地等众多自然保护区；同时，较为封闭的河流水系孕育了多种新疆土著鱼类。

4.1.2.1 新疆森林公园、保护区

新疆共有各类森林公园50处，其中国家级13处，主要分布在天山、阿尔泰山和塔里木盆地三个区域。阿尔泰山一带森林公园主要分布在海拔1 000～3 000 m的山地，树种以新疆落叶松为主，新疆云杉、新疆冷杉、新疆针叶松镶嵌分布；沿天山一带森林主要为雪岭云杉针叶林和天山东段的落叶松林，是欧亚森林的延伸；塔里木盆地是当今世界胡杨林的集中分布区，天然林中乔木以胡杨为主（包括灰杨），灌丛以柽柳为主。

新疆共有各类自然保护区27处（自治区级和国家级的），其中国家级8处。大多沿河流分布。例如：额尔齐斯河科克托海湿地自然保护区，主要保护对象为河流湿地、湖泊湿地、沼泽湿地动植物资源；阿勒泰山两河源头自然保护区，主要保护对象为森林、动植物、湿地；甘家湖梭梭林自然保护区，主要保护对象为梭梭林及其生境；喀纳斯自然景观保护区，主要保护对象为森林生态系统及自然景观。塔里木胡杨自然保护区，主要保护对象为胡杨、灰杨林。这些保护区大部分和河流径流、洪水等关系密切。

4.1.2.2 河谷林、河岸林

新疆许多流域自然条件复杂，动植物种类垂直地带性分布明显，生物种类繁多，有典型的天然河谷林、河岸林分布区。如阿尔泰山前平原河谷林，沿河谷发育呈带状、片状分布，河谷林中有高等植物109种，其中乔本科、菊科、豆科及杨柳科为主要成分。额尔齐斯河河谷林分布于河谷两岸，杨树是平原河谷林的优势树种。

额尔齐斯河："635"以下额尔齐斯河干流河谷区集中分布有额尔齐斯河特有树种——自治区二级保护植物额河杨，且该河段河谷林以杨树为优势种，种类繁多，是杨树的基因库。除了保证河谷林的生态需水量外，还应利用上游水库的调节能力，在洪水期采取下泄人造洪峰的方式，满足杨树漂种着床等生境需要，防止该段河谷林出现衰退现象。喀纳斯风景名胜区、贾登裕森林公园，通过取消位于风景名胜区和森林公园的规划工程，保护西伯利亚红松、西伯利亚冷杉、西伯利亚刺柏、雪豹、北山羊、紫貂等珍稀保护动、植物及该区的自然景观。

伊犁河：基本维持流域自然生态系统的结构和功能、区域景观生态体系的完整性、稳定性和生物多样性；重点保护流域河谷次生林草，保证其正常需水过程和需水量；保护尼勒克唐布拉国家森林公园及其景区景观、流域内森林植被及自然景观，保护流域天山桦、小叶白蜡、伊犁贝母等保护植物。

塔里木河：沿塔里木河两岸分布着大面积荒漠河岸林，从阿克苏河、和田河与叶尔羌河交汇的三河口开始，向东断续分布到低洼的罗布泊平原，并零星散布于塔里木盆地的边缘和噶顺戈壁的扇缘带，其建群树种为胡杨。塔里木河流域以胡杨为建群种的荒漠河岸林，是我国及世界上胡杨分布最为集中的地区之一。

喀什噶尔河：维持流域自然生态系统的结构和功能，基本维持区域景观生态体系的完整性、稳定性和生物多样性；保护克孜尾闾河道两侧分布的以胡杨为主的荒漠河岸林草。

克里雅河：维持流域自然生态系统的结构和功能，基本维持区域景观生态体系的完整性、稳定性和生物多样性；保护克里雅河尾闾达里雅布依分布的荒漠河岸林草，基本维持其现状供水条件，维护其生态系统结构和功能。

开都河：保护开都河上游巴音布鲁克自然保护区，保护湿地和水域生态系统及其多样性，重点保护以大天鹅为主的保护级别水禽生境。保护博斯腾湖水域生态系统及其多样性，保证入湖水量，维持博斯腾湖现状水位及周边芦苇沼泽湿地面积。

4.1.2.3 尾闾湖泊、荒漠林、湿地

新疆主要尾闾湖泊都发育在山盆体系的构造环境中。尾闾湖因受河流丰枯变化，湖水位有的时段升高，有的时段降低，湖水面积也随之变化。比较著名的湖泊如乌伦古湖、艾比湖和艾丁湖分别是乌伦古河、艾比湖水系和博格达山南坡诸河的尾闾湖；还有最著名的罗布泊，曾是塔里木河和孔雀河的尾闾湖。新疆的尾闾湖干涸问题曾引起生态学家的关注，内陆河上中游的水资源开发利用、水库建设和绿

洲的扩大，势必会影响尾闾湖泊，使其缩小或干涸。

新疆的荒漠林由胡杨、梭梭、柽柳三大林种构成。北疆准噶尔盆地和南疆塔里木盆地的荒漠林分别以梭梭林和胡杨林为主体，柽柳林遍布于南北疆的沙漠、戈壁、盐碱地和下潮地等，与梭梭、胡杨林呈相嵌分布或以伴生种混生于梭梭、胡杨林之中。

其中胡杨林主要分布在大河沿岸、湖盆周围和冲积扇缘地带，属非地带性（又称隐域性）植被类型；梭梭林为地带性植被类型，主要分布在温带干旱半干旱荒漠区；柽柳林为非地带性（隐域性）植被类型，主要分布在冲积扇缘和冲积平原的低洼地区。

新疆湿地主要分布在塔里木河下游、阿克苏地区和博乐地区，湿地类型呈多样性。比较重要的如塔里木河湿地、尤尔都斯湿地、博斯腾湖湿地、东昆仑库木库勒盆地湿地、昆仑山北麓平原湿地、伊犁河流域湿地、艾比湖湿地、巴里坤湖湿地、乌伦古河流域湿地以及额尔齐斯河流域湿地等。

4.1.2.4 水生生态

保护水生生态系统和谐是河流健康的重要组成部分，山区拦河大坝的修建将对河流分布的鱼类形成阻隔，对鱼类洄游通道造成破坏；库区水文情势、流场与水温条件的变化，可能改变浮游生物、水生植物的生境条件，进而对河流水生生态产生影响。几条典型河流的水生生态保护目标如下。

额尔齐斯河：维护流域水生生态系统的完整性和稳定性，保护水生生物多样性。保护鱼类的重要产卵场、索饵场、越冬场及洄游通道。重点保护布尔津河中上游（包括支流）、喀拉额尔齐斯河、额尔齐斯河干流185团至哈巴河汇合口河段自然坑塘以及乌伦古湖等重要鱼类的典型生境。保护哲罗鱼、细鳞鱼、北极茴鱼、高体雅罗鱼、阿尔泰杜父鱼、金鲫和江鳕等珍稀、土著鱼类物种，不因工程项目的实施而在本流域消失。

伊犁河：保护规划河段土著鱼类和特有鱼类，重点为具有保护级别鱼类（自治区Ⅰ级新疆裸重唇鱼、自治区Ⅱ级斑重唇鱼）和特有鱼类伊犁裂鳆鱼。

塔里木河流域：如喀什噶尔河、克里雅河、车尔臣河等，保护流域塔里木裂腹鱼（自治区Ⅱ级）、宽口裂腹鱼、重唇裂腹鱼、厚唇裂腹鱼、斑重唇鱼（自治区Ⅱ级）、叶尔羌高原鳅、长身高原鳅、隆额高原鳅和斯氏高原鳅等9种土著鱼类，重点是具有保护级别鱼类。

除了采取河道保护措施以外，还可以结合具体工程，如修建升鱼机减缓大坝阻隔影响；建立鱼类增殖站，开展人工增殖放流，补充鱼类资源；采取分层取水，降低下泄低温水对鱼类繁殖、生长的不利影响。

4.1.3 新疆水库工程环境影响的特点

4.1.3.1 单项大坝工程环境影响特点

拦河大坝的修建对河流生态系统的影响途径可大致分成以下四种情况：通道阻隔、水库淹没、人为径流调节、水温结构变化。

河道是物质、能量、物种输移的通道。大坝阻隔改变了水体流畅的自然通道。水库淹没损坏了河流的部分生态功能。要使河流正常发挥作用，维持森林覆盖的河岸、完整无损的漫滩和充足的湿地是至关重要的。水库对河流径流进行人工调节，使水资源为人类所用，大规模地改变江河系统的边界、径流条件。水库的运行管理方式、取水口的位置和型式、进出水量等使得不同水深处温度变化的幅度不同。

拦河大坝工程建设对环境主要的不利影响有施工期“三废”和噪声影响、大坝阻隔、水文情势改变对河流水生态的影响、淹没和工程占地影响、环境地质影响、水土流失、社会环境影响，新疆拦河大坝工程环境保护应关注以下主要影响。

1. 对河流水文情势的影响

在河流上拦河建坝，大坝上游的水位壅高，库区河段的水位、水面面积、流速等发生相应变化。

大坝工程运行后，将按照下游用水要求进行调度运行，改变了河道天然径流状态，使下游形成减脱水河段。

2. 水环境的影响

水库蓄水后，其库底遗留的污物、有机质、可溶盐对水质将产生一定的影响；水库的调蓄使水流流速减缓，水动力条件发生变化，滞留时间的延长也将对水质有一定的影响；同时，大坝工程运行后，下游下泄水量的减少，降低了河流的内污自净能力。

大中型水库蓄水存在水温分层的可能，筑坝成库，使得水库热力学条件发生改变，库水会出现温度垂向分层现象，水库下泄水温将发生变化。水温的变化会对下游灌区灌溉农作物及水生生物产生影响。从生态机理角度分析，由于农作物种植季节的水温降低，将在一定程度上造成农作物的扬花与结果时间延迟，从而可能导致农作物减产。同时，对鱼类的影响方面，5～9月份水温降低，将影响其繁殖。非灌溉季节的水温升高，对鱼类的摄食和越冬有利。

3. 水生生态影响

工程建设运行后，河道流量比天然状况有较大幅度改变，下游河道水文情势、水温的变化、大坝的阻隔，对鱼类“三场”产生影响；拦河大坝的修建，将对河流分布的鱼类形成阻隔，对鱼类洄游通道造成破坏；库区水文情势、流场与水温条件的变化，可能改变浮游生物、水生植物的生境条件，进而对河流水生生态产生影响。

4. 下游陆生生态影响

工程建成后由于水库的调蓄会造成坝址下游河段的水文情势发生变化，从而可能对河谷（岸）林草生长、繁殖所依赖的水分条件产生影响，进而影响河谷（岸）林草的生长繁育；同时，可能对尾闾的湖泊、湿地、荒漠植被的生长等产生影响。

5. 洪水生态效果弱化

由于水库调蓄具有削峰、填谷、滞洪等作用，使常遇洪水的过程及峰值均有减少，对依赖洪水提供生长、生殖条件及信号的动、植物将产生一定的不利影响。

4.1.3.2 拦河大坝工程对环境的主要影响

由于新疆是典型的温带大陆性干旱气候，气候干燥，降水稀少；新疆河流径流主要来源于山区降水、冰雪融水，绝大部分为内陆河，最终消失于灌区、荒漠或形成尾闾湖。同时，动植物种类垂直地带性分布明显，生物种类繁多，有典型的天然河谷林、河岸林分布区；河流中分布有土著鱼类。上述的新疆自然地域特点，也使拦河大坝工程环境影响具有新疆独特的特点。

1. 对鱼类的影响特点

河道上高坝大库的建设，使水库下泄水量、水温产生变化，5～9月河道流量减少、水温降低，而该时段与鱼类的产卵期重合，这将在一定程度上推迟鱼类的性腺发育，进而推迟其繁殖期，影响其繁殖，并可能对鱼类资源量等产生影响。

2. 对河谷（岸）林、荒漠林的影响

大坝工程的建设、水资源的调配等，改变了河流的水文情势和水量分配，对新疆依赖河谷（岸）区高水位的地下水和常遇洪水淹灌、漂种等生长、繁衍的河谷（岸）林、荒漠林产生影响，进而对周围生态环境造成一定的负面影响。

3. 对尾闾湖泊、湿地的影响

内陆河的尾闾湖泊改善对当地的生态环境和局地气候变化发挥了一定的作用，大坝工程的建设，为水资源的开发利用创造有利条件的同时，也使进入尾闾湖泊、湿地的水量减少，使湖泊、湿地的面积减小或逐步消失，严重破坏尾闾、湖泊、湿地的生态环境。

4.2 山区河流生态流量

4.2.1 生态流量的确定

4.2.1.1 山区中小型河流的径流特点

山区径流形成区主要在河源的高中山区，高山区有积雪和冰川覆盖，径流形成主要为融雪和降水；中山区雨量相对较为丰沛，为山区降水最多的地区，径流形成主要以降水为主。大部分中小河流受高山“固体水库”的调节作用，以及冰雪融化与降水在干热与冷湿年份的补偿调节作用，河流径流较稳定。每年汛期一般是4月～10月，枯期为11月～次年3月。河流年径流量极值比为1.3～4.0，变差系数Cv值在0.10～0.50之间。以季节性融雪补给为主的阿尔泰山和准噶尔西部山地的河流Cv值较大，在0.25～0.50之间，以雨水补给为主的天山东部河流Cv值为0.3～0.4。

受气候变化的影响，冬季河流失去季节性融雪水、冰川融水和降雨等重要水源的补给，多数河流水量不超过年水量的10%，部分小河流冬季断流，径流年内分布不好。如：昌吉州呼图壁河（齐古水库坝址处）多年平均年径流量4.79亿m^3，7～8月径流量占全年的50.9%，连续最大四个月径流量占全年的78.9%，出现在6～9月，最小四个月（12月～次年3月）的径流量只占全年的5.56%，多年平均最大月径流量是最小月径流量的26.5倍。乌苏市四棵树河（吉尔格勒德水库坝址处）连续最大四个月径流量占年径流的76%，最大月径流量约为最小月的14倍，4月份径流量只占全年径流量的2%，是一年中最枯的月份。几条典型中小河流径流成果见表4.2-1。

表 4.2-1　典型中小河流径流成果统计表

项目名称	参 数	1月	2月	3月	4月	5月	6月	7月	8月	9月	10月	11月	12月	合计
呼图壁河	径流量/10^4 m^3	763	598	801	893	2792	6705	9928	13624	7130	2575	1316	775	47900
	平均流量/(m^3/s)	2.85	2.47	2.99	3.45	10.42	25.87	37.07	50.87	27.51	9.61	5.08	2.89	15.09
四棵树河	径流量/10^4 m^3	767	628	623	599	1056	3609	7672	8156	3531	1751	1101	936.3	30430
	平均流量/(m^3/s)	2.86	2.35	2.32	2.24	3.94	13.47	28.64	30.45	13.18	6.54	4.11	3.50	9.47
特吾勒河	径流量/10^4 m^3	109	77	67	51	80	413	682	844	447	278	191	120	3359
	平均流量/(m^3/s)	0.41	0.29	0.25	0.19	0.30	1.54	2.55	3.15	1.67	1.04	0.71	0.45	1.05
阿勒腾也木勒河	径流量/10^4 m^3	25.7	23	28.5	141.3	275.3	148.7	80.8	48.7	43.2	38.6	34	30.3	918.1
	平均流量/(m^3/s)	0.10	0.09	0.11	0.53	1.03	0.56	0.30	0.18	0.16	0.14	0.13	0.11	0.29

4.2.1.2　河流生态环境需水量影响因素研究

目前河道内生态需水量的确定及保障措施、水库下泄低温水影响及其工程措施、鱼类保护方法等业界研究颇多，涌现了大量的研究成果。对新疆的内陆河而言，河道内生态环境需水量应考虑的因素包括：

（1）维持河道基本生态功能的最小需水量（包括防止河道断流、维持河流自净能力、河道冲沙输沙以及维持河湖水生生物基本生存的水量）；

（2）维持河湖泊湿地生态功能的最小需水量（包括湖泊、沼泽地以及必要的地下水补给等需水）；

（3）维持河道重要景观的最小需水量。

4.2.1.3　山区河道的生态需水与生态基流

根据《中华人民共和国水法》《水利水电建设项目水资源论证导则》《水工程规划设计生态指标体系与应用指导意见》、环评函[2006]4号“水电水利建设项目河道生态用水、低温水和过鱼设施环境影响评价技术指南”等国家法律法规的要求，对环境有影响的项目必须泄放一定的流量来满足减水河流的生态、生活、生产用水。

新疆山区大多数中小河流没有复杂的水生态需水要求。小型河流多为季节性断流河流，冬季断流，结合水库及电站的建设以及环评的要求考虑以下几种确定生态需水量的计算方案。

（1）水库下游分布有零星河谷林岸，且有保护性鱼类的，按环评要求分析确定生态需水，原则上生态需水量丰水期泄放不少于多年平均流量的20%～30%，枯水期不小于10%；

（2）水库下游分布有零星河谷林，没有保护性鱼类的，按环评要求分析确定生态需水，原则上生态需水量不少于多年平均流量的10%；

（3）水库下游基本没有河谷林的、河流冬季断流的，按照与天然河道水位情势相似，原则上天然河道断流季节可不考虑生态水量的泄放；

(4)水库下游已有取水设施、截潜工程的，下泄水量应加上下游取水量，即为下游工程取水量+生态基流量。

目前规划实施的中小水库基本上都是按上述的方案确定生态流量泄放进行的。

(5)生态基流

生态需水包括河道外生态环境需水与河道内生态环境需水。河道内生态环境需水量指维系需水河流湖泊、沼泽的生态环境保护目标所对应的生态环境功能不丧失，需要保留在河道内的最小水量，即生态基流。通常生态基流是保持河道不断流，具有维持水生生态最低生存的水流条件，对于中小河流一般均按照10%～30%确定。而实际上湖泊生态环境需水的内容更为广泛、涉及的面也更广，包括河道内生态环境需水和河道外生态环境需水。河湖生态环境需水量是一个动态变量，在不同生态要求、不同区段和不同时段，生态环境需水量都会有所变化。河道内下泄生态基流还有环境流量、最小生态流量、生态需水量等不同提法。此部分内容有很多学者在研究，目前叫法还不完全统一。对于新疆中小河流而言，建议水库下游河道内“生态需水流量”统称为“生态基流”。

生态基流保证率应按100%考虑。即无论什么时候、什么工况、采取什么方式，均应保证能实现生态基流的泄放以确保河道生态需水。

4.2.2 生态基流下泄方式

4.2.2.1 常见下泄措施

运行期通常采用的泄流方式有闸门泄流、坝体埋管泄流、放空洞泄流、引水洞泄流以及发电小机组泄流等方式，可根据不同的水利水电工程的类型和不同的生态流量要求加以选择。为满足常年泄流的要求，无论采用哪种泄流方式，其取水口均应低于水库(或调节池)死水位。各种生态流量下泄方式比较如表4.2-2所示。

表 4.2-2 各种生态流量泄放方式比较

下泄方式	优点	不足
闸门泄放	充分利用现有的建筑物，不会新增泄水建筑物而影响坝体结构，节省投资	下泄水量无法为兴利利用，控制闸门的启闭机精度难以调节，且闸门长期小角度泄流产生的振动可能使建筑物金属结构疲劳
坝体埋管泄放	技术简单、操控方便、便于调节流量	下泄水量得不到兴利利用，进出口阀门维护不方便，对于坝体纵向较长的堆石等坝型，长泄水管易堵塞，且泄水管贯穿坝体可能对大坝的防渗、抗震安全产生影响
放空洞泄放	充分利用现有建筑物，不会新增泄水建筑物而影响坝体结构	下泄水量得不到兴利利用，泄水洞承受着较高的水压，常年用于下泄，容易使金属结构疲劳损坏
引水洞泄放	充分利用现有建筑物，新增泄水建筑物工程内容简单，节省投资	下泄水量得不到兴利利用，生态泄流系统的布置对地形、地质要求较高
发电小机组泄放	充分利用下泄流量发电，下游生态下泄量有保障，经济效益明显，电站运行灵活	投资大，发电小机组维护复杂

4.2.2.2 目前水利水电工程生态流量泄放保障方面存在的问题

(1)保障生态流量泄放的利益机制尚不完善。由于生态流量泄放考核指标为瞬时流量，且保证率为100%，水库不间断泄放生态流量对于非汛期库区蓄水的影响较为显著，由此构成生态流量泄放与水库兴利功能发挥之间的矛盾。由于发电、灌溉、供水和航运是显性收益，而生态流量泄放的生态效益为隐性效益，在流域生态补偿机制尚不完善的背景下，生态流量的泄放就相当于减少了工程的经济收益，由此造成生态流量泄放不能得到充分保障。

(2)现阶段尽管环保部要求生态流量泄放过程有在线监控设备，但在线监控设备均由工程业主管理，尚无将在线监控系统接入相关环境保护或水行政主管部门的硬性要求。

应根据水利水电工程的实际情况，科学合理的制定维持下游河道基本生态功能的需水量，需要探讨兼顾多种目标的方案，寻找各利益相关者一种可以接受的生态流量下泄措施。同时从水能资源利用的角度分析，在满足发电水头、流量要求和符合经济评价的情况下，宜优先采用生态流量泄放与发电小机组相结合方案，以实现双赢。

此外，为了确保生态流量的下泄，应将水利水电工程生态流量泄放监测设备接入环保或水行政主管部门的管理系统中。

4.2.2.3 保障措施及建议

这方面有几类典型问题需要引起重视。

a. 有些工程建成后下闸蓄水时出现断流，是因为没有考虑导流洞下闸后的生态基流泄放问题。可以采取库内设水泵临时抽水、导流洞内设旁通管等措施。

b. 有些工程生态基流仅 0.5～1 m^3/s，如果通过导流泄洪洞泄放，会出现弧门（或平板门）开度过小难以控制的问题。可以考虑闸井内埋设小流量管道、设阀门控制下泄的方式，同时也可兼顾小流量供水，避免闸门频繁开启。

c. 有些坝后式电站工程带有小型水电站，通过电站泄放生态基流，同时应考虑当水轮发电机组检修或故障不能发电泄水时的泄水措施。

d. 有些引水式电站工程造成电站尾水与坝址断面出现不同长度的减水河段，为提高所泄放生态基流的利用率，充分利用下泄生态基流的动能，可设置生态小机组，在发挥其社会效益的同时再实现其经济效益。

几个典型工程设计及生态供水、泄放方式参数见表 4.2-3。

表 4.2-3　4 座典型山区中小型水库技术参数

序号	项　目		齐古水库	吉尔格勒德水库	特吾勒水库	阿勒腾也木勒水库
1	多年平均径流/10^4 m^3		47 900	30 430	3 359	918
2	多年平均流量/(m^3/s)		15.19	9.65	1.07	0.29
3	水库任务		灌溉、供水、防洪、发电反调节	灌溉、供水、防洪、发电	灌溉	灌溉
4	总库容/10^4 m^3		2 046	6 106	623	285
5	工程规模		Ⅲ等中型	Ⅲ等中型	Ⅳ等小(1)型	Ⅳ等小(1)型
6	泄水建筑物		溢洪道+导流泄洪冲砂洞+放水洞	溢洪洞+泄洪洞+灌溉放水(发电)洞	溢洪道+导流兼放水涵洞	溢洪道+导流兼放水涵洞
7	下游生态保护目标		河道需水	生态基流	生态基流	河道需水
8	生态基流	/[%/(m^3/s)]	10%/1.52	10%/0.96	10%/0.1	>10%
		泄放方式	丰水期下泄>10%，枯水期下泄10%	丰水期下泄>10%，枯水期下泄10%	丰水期下泄>10%，枯水期下泄10%	丰水期下泄>10%，枯水期不考虑
9	下泄通道	施工期	导流洞+旁通管	导流洞+旁通管	导流涵洞	导流涵洞
		运行期	放水洞	放水洞	放水涵洞	放水涵洞

新疆山区中小型河流径流特点决定了冬季河道水量较小，部分小型河流冬季是断流的，按环评要求冬季也要泄放多年平均流量的10%。从表4.2-3可以看出，一般冬季（枯水期）11月～次年4月属于非灌溉期，水库以蓄水为主，仅为水库下游生活、工业或发电。呼图壁河、四棵树河冬季来水均大于多年平均流量的10%，枯水期正常泄放生态基流；而一些较小季节性断流的河流，生态基流仅0.1～0.03 m^3/s，且河道内基本无鱼类生存，又没有泄放的需求及必要，建议蓄入水库，也不作为水库运行考核指标。

4.2.3 典型水库生态流量泄放措施研究

4.2.3.1 基本概况

水库下泄生态流量可依据建设期、运行期采取多种措施，诸如旁通管、泄水建筑物、供水建筑物、发电泄水建筑物等均可以承担下泄生态流量。以正在建设的吉尔格勒德水库泄放生态基流的工程措施为例。

四棵树河吉尔格勒德水库，属Ⅲ等中型，水库总库容6 106万m^3，水库正常蓄水位1 503 m，死水位1 455 m，工程任务是以灌溉、工业供水为主，兼顾防洪和发电。大坝拦河布置，右岸依次布置溢洪洞、泄洪洞（导流洞改建）、引水发电系统，水库泄水投入到坝下现有渠首上游。

挡水大坝为沥青心墙坝，最大坝高为101.0 m，坝顶高程1 507.4 m。溢洪洞为开敞式进口，堰顶高程1 503 m，泄水流量31.1 m^3/s～145.48 m^3/s，采用台阶式消能型式；泄洪洞承担泄洪、冲沙、水库放空作用，设计泄量为80 m^3/s，底板高程为1 441.0 m；发电洞进口底板高程1 448.0 m，洞径3.4 m，引用流量30 m^3/s，电站装机容量为13.5 mW，保证流量为3.19 m^3/s；施工期导流洞闸井底板高程1 417.8 m，最大泄量113 m^3/s。

根据工程施工进度安排，施工总工期为46个月，导流及度汛特性见表4.2-4。第四年9月下旬，导流洞下闸蓄水，坝体挡水，完成龙抬头改建结合段，保证生态基流0.93 m^3/s流量下泄，当蓄水至发电水位1455 m后，首台机组投产发电。

表 4.2-4　施工导流及度汛特性表

导流时段		初期导流	中期导流	后期导流
施工时段		第二年9月至 第三年10月	第三年10月 至第四年5月	第四年5月 至同年9月
导流标准/洪峰流量/[%/(m^3/s)]		10/166	2/432	1/378
挡水建筑物	型式	上游围堰	上游围堰	坝体
	水位/m	1 428	1 431.3	1 431.8
	最大拦蓄库容/亿m^3	0.014	0.033	0.57（1507.4 m）
泄水建筑物	型式	导流洞	导流洞	泄洪洞+溢洪洞
	下泄流量/（m^3/s）	93.5	113.0	80+31.1

四棵树河径流年内分配悬殊，6～9月连续最大四个月径流量占年径流的76%。在满足灌区灌溉和工业供水的前提下，一般5～6月份水库在低水位运行，为保证来年灌溉，到9月或10月水库蓄至较高水位。灌溉用水期按下游综合用水过程发电，10月至翌年4月按保证出力发电。根据环评要求，水库断面生态基流按照该断面多年平均径流量的10%控制。遇10年一遇洪水时，控制水库泄量107 m^3/s；遇水库设计洪水及校核洪水标准时，水库按照满足大坝安全要求泄流。

根据水库建设、运行特点及枢纽布置特性，针对生态基流需要分阶段研究以下几个问题：①施工前期时段，原河道正常过流期间；②施工导流后期封堵，到水库初期蓄水至死水位，电站开始发电期间；③运行期的电站停机检修期间。解决了三个时段的生态基流泄放可确保工程按环评要求实施及运行，最大限度减少对河道生态的影响。

本工程生态基流下泄措施需要考虑以下几个方面内容：

①本工程单独布置导流兼泄洪洞、灌溉引水发电洞，导流洞下闸后方可实施"龙抬头"结合段堵头（假设坝体基本完成、帷幕灌浆也已灌至蓄水高程以上），正常情况下封堵浇筑一个月，灌浆冷却2～3个月，合计需要3～4个月左右，此时间段不能由泄洪洞过水，灌溉引水洞高程也不具备泄放条件，需要考虑生态基流泄放通道；

②施工时段灌溉期（5～9月上旬）下游需要包括生态基流在内的最小水量为3 m^3/s，其中生态0.93 m^3/s，下闸蓄水时间选择早了需要较大的生态基流泄放通道。而泄洪洞即使能过水也难以泄放3 m^3/s，平板或弧门开度均难以做到，长期运行对闸门结构及安全有一定影响；

③下闸时启闭机是否拆除问题，大型工程一般均考虑拆除利用。而中型工程启闭机投资不大，若考虑拆除则可能需要增加闸井高度，同时临时道路也要修至闸井附近，增加的闸井混凝土量与拆除启闭机需要进行技术经济分析；

④枯水位升高至1448.0 m（发电洞底板高程）以上也不能立刻发电，牵涉进口淹没水深问题，同时还需要考虑最小发电流量，混流式水轮机组发电最小流量一般不小于机组设计流量的40%～50%，本工程保证出力对应流量为3.19 m^3/s；

⑤本工程生态基流较小，可以研究设置生态基流电站的必要性与可行性。国内很多水电站都设置了专门的生态电站回收动能，满足生态流量下泄，一举两得。

4.2.3.2 泄放措施方案

吉尔格勒德水库本工程自施工期至运行期采用什么方式泄放生态及灌溉流量应进行深入研究确定。采用泵站临时抽水跨越大坝技术上是可行的，风险也相对较小，但设备投资及运行费用很高，且受抽水高度过高和流量过大等因素的限制，本工程下闸蓄水期间大坝基本完工，泵站扬程需要百米，不予考虑。本工程坝后引水式电站承担基荷，下游基本不存在减水河段，且生态基流小、可利用水头较小，设置生态电站的经济指标较差，也不予考虑。初步设计阶段重点研究了如下几个方案，各方案溢洪道设计除泄量略有差别外，基本相同。

方案一：单独布置灌溉放水洞+深孔泄洪洞（导流洞改建）+发电洞，灌溉放水洞为有压洞，流量由出口闸门控制，进口高程比死水位1 455.0 m低5～10 m。电站停机检修时由放水洞承担生态基流泄放。该方案投资增加较多，运行简单灵活，但由于灌溉放水洞、发电洞进口底板相对较高，仍需要解决下闸蓄水时的生态基流泄放问题。考虑在导流洞内设旁通管，旁通管采用双阀门，导流洞旁设一处，堵头下游段设一处，并采用钢管引出至出口，存在问题是若阀门失效漏水，难以处理，可以在第一个阀门后钢管上预留灌浆管道，通至闸井顶部以外，泄洪洞过水后采用先灌混凝土再灌浆的方式进行二次封堵。在导流洞上设置生态流量放水管，工程投资相对较省，但对导流洞封堵稍有影响。

方案二：单独布置灌溉引水发电洞+深孔泄洪洞+导流洞，后期单独封堵导流洞。深孔泄洪洞底板1 441.0 m，导流洞底板1 417.8 m，下闸蓄水期由导流洞承担生态及灌溉流量泄放，待水位升至1 441.0 m后由深孔泄洪洞控制泄量及水位。该方案导流洞闸井需修至1 445.0 m高程以上，闸井投资相对较高，但可以拆除回收导流洞启闭机。

方案三：单独布置灌溉引水发电洞+导流兼底孔泄洪洞，导流泄洪洞施工期一次建成。受地形条件限制，需要修建较高的至闸井排架柱和连接桥梁，不利于抗震，且闸门挡水头达86 m，施工期为解决导流问题闸井需分两次浇筑完成，运行期需要解决深水闸门运行及洞内高速水流冲刷磨蚀问题。

方案四：布置灌溉引水发电洞+深孔泄洪洞（导流洞改建），灌溉放水发电洞为有压洞，平时通过发电泄放生态基流及灌溉流量，电站停机检修时由深孔泄洪洞泄放。该方案投资相对较少，但由于灌溉放水发电洞进口底板相对较高，仍需要解决下闸蓄水时的生态基流泄放问题。同方案一设计，即在导流洞内设旁通管。该方案存在深孔泄洪洞小流量泄放问题，若停机检修，一则可以限泄但受闸控限制泄放量会远大于生态基流，二则可以在发电洞上合适位置单独打一条灌溉生态放水洞，但会增加投资。

综合考虑上述四个方案，方案四投资较省，三个时段采取如下措施解决灌溉流量及生态基流泄放。施工期由导流洞泄放灌溉流量及生态基流；下闸蓄水时段选择非灌溉期，即9月下旬下闸蓄水，此时由导流洞闸井内的旁通管泄放生态基流，库水位上升至发电洞进口1 448.0 m高程后，发电洞过水，首台机组发电泄流；运行期正常情况下电站单台机及多台机发电时发电洞泄放灌溉水，水量远大于生态基流。电站停机检修时段尽量错开用水高峰，短期下游供水由深孔泄洪洞局开控制。

4.3 鱼类保护与过鱼设施布置

4.3.1 水库建设对鱼类的影响

鱼类的洄游是一种有一定方向、一定距离和一定时间的变换栖息场所的运动。这种运动通常是集群的、有规律的、有周期性的，并具有遗传的特性。依据洄游的目的，可以将洄游分为索饵洄游、越冬洄游和产卵洄游。拦河筑坝会阻断或延滞鱼类的洄游，造成栖息地的丧失或改变，导致鱼类的减少甚至是灭绝。大坝建设应在考虑人类需要的同时兼顾鱼类生存的需要。当鱼类得到较好保护后，与鱼类相关联的其他生物类群和生态系统也可以得到相应保护。

大坝建设对鱼类的不利影响有以下几方面：

1）阻隔鱼类洄游通道；洄游或鱼类其他活动可能被延迟或终止。鱼类下行通过坝体建筑物或水轮机时遭受的伤害、生境破碎。这些影响会导致鱼类种群遗传多样性丧失和经济鱼类品质退化等。

2）库区水深、流速等水文情势的变化造成原有水生生境改变甚至消失。丹江口水库兴建后，汉江坝上江段一些产漂流性卵鱼类的产卵场消失。

3）坝后减水河段水生生境的改变造成鱼类资源量减少，原有物种消失。

4）大坝多采取底层取水，下游河道的水温比原天然河道的水温降低，导致鱼类繁殖季节推迟、当年幼鱼的生长期缩短、生长速度减缓、个体变小等问题。

5）高水头的水利水电工程挑流消能造成水体气体过饱和，可导致部分鱼类死亡等。

4.3.2 鱼类保护的重要性

水生生物是一种宝贵的自然资源，除经济价值（食用、药用、工业原料）外，还具有内在的不可估量的生态、科研、社会、遗传资源等价值。应全面、科学的衡量水生野生动物及其产品的综合价值。

新疆为干旱半干旱区，大部分河流为内陆河。由于在高纬度地区，且河流主要为冰雪补给，河水水温较低，河流较封闭，一般分布有冷水土著鱼类。新疆的土著鱼类主要有裂腹鱼类和高原鳅类（额尔齐斯河除外）。在南疆塔里木河流域土著鱼类有扁吻鱼、塔里木裂腹鱼、扁嘴裂腹鱼、宽口裂腹鱼、重唇裂腹鱼、厚唇裂腹鱼、塞氏裂腹鱼、长身高原鳅、叶尔羌高原鳅、隆额高原鳅等14种。伊犁河有土著鱼类10种，分别为银色裂腹鱼、伊犁裂腹鱼、斑重唇鱼、新疆裸重唇鱼，短尾鱵、穗唇须鳅、新疆高原鳅、斯氏高原鳅、黑背高原鳅、伊犁鲈。额尔齐斯河最终流入北冰洋，故其水系分布有下游水系的洄游鱼类，额尔齐斯河水系有鱼类36种，隶属于6目12科31属，其中土著鱼类有23（亚）种，占63.9%，主要有小体鲟、西伯利亚鲟、北鲑、细鳞鱼、哲罗鱼、北极茴鱼、阿尔泰杜父鱼、白斑狗鱼、丁鱼岁、阿勒泰鱼岁、江鳕等。

水资源及水电能源作为攸关国计民生的重要资源，其地位还在日益提高。水利水电建设的重要性容易使人们忽视其负面影响，不利于兴利除弊，协调发展。因此，加强可持续发展与生物多样性宣传与研究力度，形成广泛深入的科学发展共识，是解决这一问题的社会基础。对水生野生动物的保护，不仅要对个别珍稀鱼类的保护，而且应对整个生态系统的保护。目前我国深入地研究水利水电工程对渔业负面影响的资料不多，对过鱼技术的研究也与蓬勃发展的水利工程技术极不相称。

4.3.2.1 过鱼设施应与工程建设同步进行

过去，我国对过鱼建筑投入很少，没有形成协调发展的局面。新建水利水电工程一般均应附带有效的过鱼设施；已建水利水电工程应补建有效的过鱼设施。对一些落差不大的水利工程，可借鉴国外经验，通过鱼槽、鱼梯予以解决。对一些大中型水利水电建筑，需要将过鱼设施列入项目计划同步进行，通过比对、筛选适当的过鱼设施设计方案。应加大对过鱼建筑物优化设计研究，提高此类生物工程的内在质量，提高过鱼效果。

4.3.2.2 加强相关鱼类生物学研究，提高设施过鱼效果

水利水电工程对不同鱼类的阻隔影响是不同的，采取经济有效的过鱼措施需要相关鱼类生物学基础知识的支持。如不同鱼类的游速限度和运动能力、洄游定向机理、集群洄游区域、时间、目的（繁殖、索饵或越冬）等规律。目前这方面鱼类生物学的资料，不能完全满足过鱼工程设计的要求，须加大对相关学科的研究，以适应经济建设的需要。应先在容易建设的流域试建，通过实践总结提高。

4.3.2.3 对上游产卵鱼类应落实鱼道建设

上游产卵鱼类主要包括水底孵化型、洞穴孵化型及部分草上孵化型鱼类。工程设施主要影响鱼类产卵洄游及索饵洄游。上游产卵鱼类包括部分过河口产卵鱼类，如大麻哈鱼等；还包括大量完全生活于淡水中的鱼类，如细鳞鲑、长吻鮠等，这类鱼生活于河流中局部区域，可区别对待。水层产卵鱼类一般在河流中上游产卵，如鲢、鳙、草、青鱼等，这类鱼产浮性或半浮性卵，鱼卵在水中随波逐流发育。工程设施对其影响有两类，既有水坝对亲鱼洄游的阻隔，也有水库静水沉卵、沉苗的威胁。对这类鱼的保护，既是难点，也是重点。应切实注重对天然种群的保护和研究，切不可等优势种成为稀有种后再保护。

4.3.3 国外鱼类保护及对我国的启示

大型水利枢纽工程对所在流域的生态环境有着不可避免的影响，因此如何有效地提高河流连接度

与连通性的手段，进行河流生态修复，是水环境和水生态研究领域的热点问题。目前，最常用的生态补偿手段是在大坝建设中留出一条鱼道，模拟原鱼类在河流中的游动行径，帮助恢复鱼类和其他水生生物物种在河流中自由洄游，称这种鱼道的生态功能为“河流廊道”功能。

保护水利水电工程鱼道的河流廊道功能，对保持河流生态系统的完整性和物质多样性、提高野生动物的栖息地质量，有着至关重要的作用。从传统的意义上来说，河流本身的河流廊道功能是指河流本身过水断面通道和两岸河岸带的过鱼通道。但随着各种各样水利工程的建设，河流的完整性遭到破坏，河道本身及其两岸河岸的河流廊道功能遭到截断，分割了原有的种群，既影响了陆生的动植物种群，也影响了水生的动植物种群。

因此，用鱼道作为一种人工过鱼系统，修复了河流遭到破坏的河流廊道功能，对保持河流流通性有着不可替代的作用和其独有的优势。首先，鱼道建立了上下游间最基本的物理联系。鱼道是在枢纽上唯一以保护水生生物为目的而设计的水利工程，虽然它不能完全模拟原河流的自然状态，但在物理上构成了水生生物可以通过的通道，满足沟通闸坝上下游鱼类交流的要求。其次，虽然鱼道在运行过程中受到发电、灌溉、防洪等多面的影响，但是它的运行相对于水利调度是独立的，功能也以过鱼为主。第三，现有的绕岸式鱼道在建成运行后，只要依据河流动力学原理和景观生态学原理就可以进行改造，成为沟通上下游生态圈的纽带。

南美洲以及日本等国家通过鱼道的修建、改建与运行，以长效监测数据为基础评估鱼道的有效性，经过不断的实践经验积累与调整，最终取得了显著的过鱼效果，保证了鱼类生命周期的延续，有效地保护了鱼类栖息地。首先，鱼道修建是保证洄游性鱼类维持完整生命过程的有效途径；其次，鱼道修建可以缓解水电开发而导致的生境破碎化，实现物质、能量与基因的传递和交流，构建新的河流生态廊道，促使大坝上下游的生物群落重新形成连通状态；再者，鱼道设计、建设与运行需要经历认识—实践—再认识—再实践的反复过程，其中在鱼道设计过程中需要水力学、生态学、渔业、水工学等多学科的结合；鱼道建设过程中需要与工程开发的多目标相融合，鱼道运行过程中需要在利益相关方共同参与协调的前提下制定运行规则。因此，鱼道已经不再局限于原始的狭隘含义，仅仅是针对珍稀特有鱼类的洄游习性，而是作为河流生态廊道发挥更多的功能。意义与作用更加广义的鱼道，其设计与运用也是一项更加复杂的综合技术，需要在实践与认知提高过程中不断改进与调整，实施鱼道适宜性管理过程，因地制宜，因时制宜。目前所提出的鱼道适宜性管理概念是指在鱼道建成后，通过正常运行，不断地监测并及时发现鱼道存在的问题，包括鱼道本身设计和资金投入等，针对发现的问题重新制定调整实施方案与管理目标，从而确定最优鱼道实施方案，实现河道的纵向连通，力求社会经济与生态环境的协调发展。

在国外水电开发较早的国家，为了保护流域内珍稀洄游鱼类，水电站鱼道装置的设置已成为强制性要求。在建成上行鱼道后，又提高了下行鱼道过鱼成活率，比如2005年美国著名的巴纳维尔坝下行鱼道过鱼成活率已经从1999年的91.7%提高到95.9%，起到了巩固保护珍稀的洄游鱼类的作用，在取得工程综合效益的同时也取得了良好的过鱼效果。我国虽然也建设了很多鱼道，但这些鱼道的有效性还有待提高。目前的水库电站运行方式还没有细致的鱼类保护措施，以及长期连续现场观测等方面的研究，因此大多数鱼道运行不够理想，鱼类的下行过坝通道更没有引起重视。在上行鱼道运行成功后，不断地提高下行鱼道过鱼成活率，对于要通过流域多个梯级电站的珍稀洄游鱼类尤其重要。进一步发展和巩固已经取得的洄游鱼群上行过坝成果，可以防止河流中自然生长的洄游鱼类数量的减少。例如哥伦比亚河流域洄游鱼类在每一个水电站的下行过坝存活率都超过了90%，但是由于梯级电站的累积效应，到了下游河口处的总存活率就会明显减少。就我国目前水电资源开发的状况，要考虑如何结合国家的鱼类保护规划，将洄游鱼类下行过坝设施的设计纳入水利水电工程开发建设的规划中，并引起重视。同时跟踪国外洄游鱼类过坝技术的进展，根据我国所要保护珍稀洄游鱼类的特点，以力求花费巨资建成的水库电站鱼道发挥良好作用。

4.3.4 我国过鱼设施建设存在的主要问题

我国的大坝设计对过鱼设施的研究，起步较晚，尤其是在新疆中小型河流上还没有形成完整的过鱼设施的研究与设计手段。当前主要以参考国内外类似工程为主。存在的主要问题是：

1）有关过鱼设施有效性的数据资料很少，过鱼设施的数据主要来源于国外的经验，并不能作为最佳设计标准；

2）缺乏对鱼类的完全了解；

3）对人工增殖放流后鱼种进入水域的生态系统特点和背景情况缺乏足够的了解，因此放流鱼种个体对自然环境的生存能力是未知数；

4）迄今为止，我国还未制定相关的鱼类增殖放流实施规划，放流苗种的培育和生产难以保证；

5）增殖放流普遍存在生产工艺粗放、效益低、成本高、资源消耗大等问题，我国也仅在中华鲟的人工增殖放流工作中进行了初步尝试，离实际应用还有一定差距。

关于鱼类保护，今后发展研究建议主要分以下三个方面进行：

（1）过鱼对象的选择及分析

通过资料收集，了解该工程河段的鱼类资源概况，确定典型过鱼对象，同时该结果也将作为试验对象；利用鱼类游泳能力室内试验，确定鱼类的感应流速和耐久速度，为鱼道参数确定提供有力依据。

（2）鱼道水工模型试验研究

根据鱼类游泳能力测试的结果，进行水工模型试验，提出鱼道的基本布置方案并验证其合理性。

（3）过鱼设施方案设计及优化

通过水力学结构力学计算和实时监测评价方法，进一步确定过鱼设施的设计参数，在验证鱼道有效性的同时，通过比选确定最优鱼道布设方案。

4.3.5 鱼类保护措施

鱼类的保护措施主要分为四类：人工繁殖放流（如增殖站）、过鱼措施（工程补偿措施，如鱼道等）、临时性措施及建立自然保护区等。

4.3.5.1 修建增殖放流站

通过人工繁殖生产幼鱼然后放流增殖的方法，如为解决葛洲坝建成后对珍稀动物的影响，已建立了白鲭豚保护增殖站。但通过池塘养殖、人工繁殖增殖的最大问题是物种种质明显退化，这一点已被我国四大家鱼的生产实践所证实。况且目前的技术基础还只支持少数鱼类的人工繁殖生产。引起“家鱼”种质退化的原因之一是人工繁殖所用的补充亲鱼源于有限个体交配后的后代。

4.3.5.2 过鱼设施

过鱼设施就是通过人工干预使鱼类主动或被动通过河道障碍物的工程措施。原则上要考虑所有需要迁徙的种类，目前仍以洄游性和重要种类为考虑对象。如鱼道、鱼梯、升鱼机、鱼闸、集运鱼船等。纵观国内外鱼道发展历史，鱼道发展是一个不断试验研究、不断工程实践、不断优化设计、逐渐达到良好过鱼效果的过程。

鱼道是在河流建坝后为保证某些鱼类仍能洄游通过而修建的过鱼设施。如斜坡式鱼槽、阶梯式鱼梯、升降式升鱼机和船闸式鱼闸等。鱼槽是最简单的鱼道，类似于水渠。一般鱼槽由于比降较大，形成明显的斜坡，故大多数水力性能难以满足鱼类的要求，效果较差。如果减小比降，则会增大建设费用，增加施工难度。鱼槽适于落差较小的工程。

鱼梯是由小型鱼池串联形成的梯级鱼道。鱼梯可使鱼类通过多次冲跃逐级游向上游，中途可以休息，考虑了鱼类溯流能力问题，过鱼效果优于鱼槽，并可防止氮气过饱和。鱼梯适于在电站附近旁通河坝上修建，造价稍高。但鱼梯在解决高水位落差情况下的过鱼问题时也受到限制。

升鱼机是通过适当的水流将鱼吸引到候运池内，然后用活动式驱鱼栅把鱼驱赶到集鱼池内，再通过机械提升将鱼送到上游与水面相接的输鱼槽内而过鱼的机械设施。升鱼机提升高度大，工程设施设备较复杂，如法国的戈尔费芝升鱼机能提升22 m高。

鱼闸的原理与船闸相似。显然，鱼闸和升鱼机运行费用都较大。人为工程对水生生物都有一定的干扰，胆小怕惊的鱼类能否长期适应喧闹，都是值得探讨的问题。

集运鱼船，又称浮式鱼道，目前在世界上的应用不多，自1989年Pavlov对苏联在里海流域的伏尔加河、顿河和库班河流域为鲟科、鲱科和鲤科的一些种类设计集运鱼船的报道后，几乎再没有关于集运渔船的研究成果。常见过鱼设施类型见表4.3-1。

表 4.3-1 常见过鱼设施类型

上行过鱼设施	下行过鱼设施	特殊方式
池型鱼道（pool-type fish passes）	物理阻拦引导（physical barriers）	上下行过鳗设施
丹尼尔鱼道（Denil type or baffle-type fish passes）	行为阻拦引导（behavioural barriers）—视觉、听觉、电、气泡和水动力刺激	
仿自然旁道（nature-like bypass channels）	与表层栅栏或深层进水口结合的表层旁道	
升降鱼梯（fish lifts）	鱼泵（pumps）	
鱼闸（fish locks）	泄洪道（spilling）	
集运鱼设施（collection and transportation facilities）	机组过鱼（turbine passage）	
过鳗设施	运鱼系统（transportation）	
混合式（hybrid）	虹吸鱼道	

4.3.5.3 临时性方法

直接在下游捕鱼，送至上游。这种方法作为无法过鱼时的临时补救措施，在一些国家已有章可循，主要在大坝建设期间采用，反映了其对可持续发展的重视程度。

4.3.5.4 建立自然保护区

在保护鱼类以生存繁衍的“三场”区域划定自然保护区。

4.3.6 常见过鱼设施的布置

4.3.6.1 过鱼设施类型

我国学者在20世纪80年代提出了过鱼设施分类系统：

（1）鱼梯，如直墙式鱼梯、导墙倾斜式鱼梯、深导墙式鱼梯、池式鱼梯、丹尼尔式鱼梯等；

（2）鱼闸（闸门式鱼道）；

（3）升鱼机与索道式鱼道；

（4）集鱼船；

（5）特殊鱼道，如鳗鱼梯、浮鱼梯、幼香鱼鱼梯、管道式鱼梯、过鱼闸窗等。

鱼梯或水渠式鱼道的基本设计原理都是一致的，有的形式结构是从另一种形式结构改良而来的，因此简单地将其归纳为槽式鱼道和池式鱼道两种类型。合适鱼道的选择取决于过鱼对象、水力条件、蓄水位、费用和其他因素。

在建的QBT水利枢纽采取了升鱼机、增殖站等综合措施。基本建成的山口拱坝采取了拦河闸处布设自然仿生与竖缝式结合的鱼道，94 m高的拱坝处设升鱼机，电站厂房尾水设诱鱼设施与捕捞装置等综合措施。喀腊塑克水利枢纽采用了增殖放流措施。

还有一种特殊的鱼类保护方式，就是人工捕捞过坝，捕捞过坝是集诱或捕捞鱼类通过活鱼运输车转运鱼类过坝，达到鱼类过坝的目的。捕捞过坝的优点是简单易行，成本低。缺点是过鱼量受捕捞限制，鱼类不能大规模连续过坝，鱼类成活率降低。目前已不主张采用此种方式。

4.3.6.2 过鱼设施的结构

1. 过鱼闸（窗）

在与江河隔离的湖泊、河流闸门处，采用过鱼闸（窗）纳入鱼、蟹苗种，补充水产资源的方法是指分槽式鱼道、池式鱼道等。在长江流域颇为盛行，并有一定效果。

2. 水渠式鱼道（鱼梯）

槽式鱼道：槽式鱼道有斜行导水堤、简单槽式、丹尼尔式。槽式鱼道是一种上下游的斜槽，槽内沿边壁或底壁设置各种形式的加糙部件，以增加水流阻力，减缓流速，便于鱼类向上溯游。

池式鱼道：池式鱼道有阻流隔板式、竖缝式、变形槽式、水池式等几种类型。其内部设有各式隔板，将水槽分隔成一系列互相沟通的水池，有时成阶梯式。隔板上设有潜（底）孔或溢流孔，或者两者兼有，以供鱼、蟹通行。槽式鱼道结构简单，节省费用，仔幼鱼易于降河；但鱼道流速大，无休息池，只能建在低水头处，适用于鲑、鳟鱼。池式鱼道结构复杂，费用较大，池室多，可设休息池，流速小，鱼类易上易下；但流态复杂，常使上溯鱼类延搁太久。

3. 鱼闸

鱼闸的运行原理与船闸相同。这种鱼道一般有两个闸室，一个位于坝的上首，另一个位于坝的底部，上下两端闸门交错启闭进行过鱼，两者由斜井或竖井相连接。每隔一定时间，关闭底部闸室。底部闸室关闭时，闸室内水位上升，闸室中的鱼群可沿斜井往上游，并通过上闸室的溢水闸游出。

鱼闸过鱼省力省时，适用于游泳能力差的鱼类。一般认为每级为6 m左右，高水头可采用多级闸室。占地少，但容纳鱼数量大，并可与船闸并用，造价低。其缺点是过鱼不连续，仅适用于过鱼量不多的枢纽；机动设备多，维修费用大。

4. 升鱼机

升鱼机适宜在高坝上，其基本形式有两种，一种是单线，另一种是双线。一般布置在坝外，采用金属结构制作，相当于坝体外部的电梯。升鱼机适于高坝过鱼，尤其洄游鱼类的过坝，又能适应库水位的较大变幅，与同水头的鱼道相比，造价较省、占地少，便于在水利枢纽中布置。缺点是机械设施发生故障的可能性较大，不能大量过鱼，运行及维修的费用很高。

美国和加拿大此类设施较多，通常用缆车起吊盛鱼容器至上游，或用专用运输车转运到别处投放。升鱼机适用于高坝过鱼和水库水位变幅较大的枢纽，也适用于长距离转运。采用升鱼机，一般在下游设有诱导设施。美国俄勒冈州的Round Butte坝，坝高134 m，采用索道吊罐系统运鱼过坝，运距182 m。加拿大的Cleveland现位于温哥华市附近的Capilano河上，高约90 m；Baker坝位于美国华盛顿州，高87 m，采用缆车起吊容器方式过鱼。

5. 集运鱼船

集运鱼船即“浮式鱼道”，可移动位置，适应下游流态变化，移至鱼类高度集中的地方诱鱼、集鱼。集运鱼船由集鱼系统和运鱼系统两部分组成。即由两艘平底船组成一个“鱼道”。集鱼船驶至鱼类集群区，打开两端，水流通过船身，并用补水机组使其进口流速比河床流速大0.2～0.3 m/s，以诱鱼进入船内，通过驱鱼装置将鱼驱入紧接其后的运鱼船，即可通过船闸过坝后将鱼放入上游。

运鱼船可通过船闸过坝，也可通过活鱼运输车，将鱼转运放入上游。集运鱼船机动灵活，可在较大范围内变动诱鱼流速，集诱鱼类效果较好。集鱼船集诱鱼类后，通过船闸或活鱼运输车将鱼运往上游适当的水域投放，与枢纽布置无干扰，尤其适用于已建有船闸的枢纽。其缺点是运行费用大，诱集底层鱼类较困难，噪音、振动及油污对集鱼效果有影响。

6. 索道式鱼道

在水位变化大的高坝，可采用一种升鱼索道进行过鱼。如美国俄勒冈州的Round Butte坝就有这种装置。它由集鱼装置、吊桶、索道3部分组成。其工作运转靠电站出水口用水泵抽吸5.7 m^3/s造成人工水流，将鱼诱入蓄鱼槽，然后通过模槽将鱼导入吊桶，而后吊桶徐徐上升，越过坝顶卸鱼于水库再复位。一个行程所需时间约为30～40 min。鱼的下行装置是一种戽斗，在水库水面造成11.3 m^3/s人工水流，诱鱼入戽斗，当戽斗满水后，门和自动阀门开启，鱼被送到出水口卸放。

7. 特殊鱼道

特殊鱼道均为特殊对象而设，如香鱼道、鳗鱼道等。香鱼道为幼香鱼梯，兼捕幼香鱼。鳗鱼道是一种独特装置，在各型式鱼梯侧墙设置鳗洞或建筑成特殊结构的鳗鱼梯。

4.3.6.3 鱼道结构及布置

鱼道位置通常根据其河流落差而定，一般来说，河流落差在50 m以下的，在河道的任何一旁设置均可，而水头100 m以上的必须在两岸同时设置。鱼道应根据过鱼对象进行具体设计，不同的鱼类有不同的要求。但为了保证过鱼设施有良好性能，应满足以下基本要求：

1. 鱼道入口

鱼道入口必须易被鱼类所发现，有利于鱼类集结。近年来都将入口布置在电站尾水口上方，利用电站泄水诱鱼，或者布置在溢洪道侧旁。入口有足够大小，一般要求等于鱼道宽度。对垂直隔板与孔口式鱼道，其入口宽度可以小于鱼道宽度。

丹尼尔式（Denil fishway）

垂直竖缝式（vertical slot fishway ）

池堰式（pool & weir fishway）

防自然通道（natural bypass）

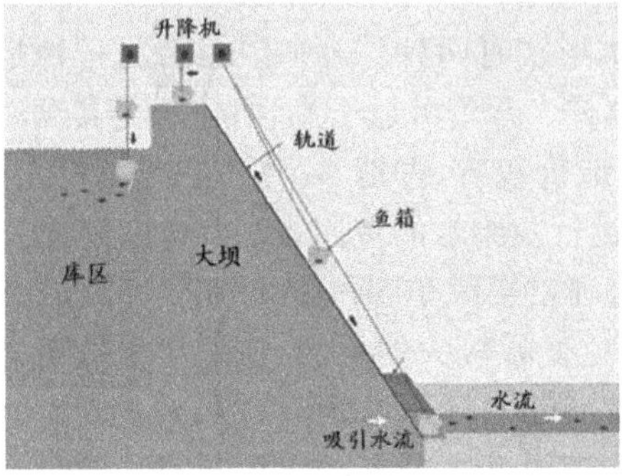

升鱼机（fish lift）

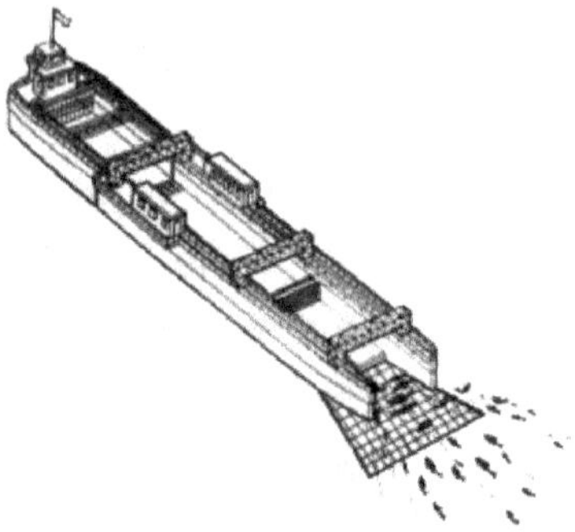

集运鱼设施（fish transportation）

下行过鱼设施（亲鱼水轮机、溢洪道、幼鱼旁路系统、虹吸鱼道）

图 4.3-1　常见过鱼设施典型示意图

2. 鱼道流速

鱼道流速应适合各种主要鱼类洄游通过。鱼道中流速与大坝水头及鱼的静水临界游速有关。对于鲑鱼，鱼道内允许流速为鲑鱼在静水中临界游速的1/3，约为1.52 m/s，鲤属鱼约0.4 m/s，鲃属鱼约2.4 m/s，香鱼约1.2 m/s。在河流梯级开发中，位于下游鱼道允许流速可略大于上游鱼道的允许流速。当鱼道为多种过鱼对象设计时，以溯游能力最差的一种对象的允许流速为标准。

3. 鱼道尺寸

鱼道尺寸是指鱼道总长度、池室大小、过鱼孔大小等。鱼道总长度取决于鱼道运行水位差，隔板间距，休息池和允许流速等因素。若鱼道池室大小已定，每隔10块隔板设一休息池，休息池为普通池室一倍大小。鱼道长度应适中，避免因鱼道过长引起过坝鱼类肌肉乳酸积累过多而中毒。鱼道宽由过鱼量和河道宽决定。日本鱼道宽为河道宽的4%～5%、有的3～5 m、有的2～3 m、有的10 m左右不等。

4. 出口布置

鱼道出口要求布置在水较深（至少1 m）和流速较小的地点，位置设在最低水位线下，便于亲鱼上溯。在任何水位情况下，进入鱼道最上一级泄水的流量均能保持大致不变，使鱼道能连续运转，或者使用一种鱼道和输鱼渠相结合的出口控制系统。它能适应水库水位的大幅度变动，使亲鱼通过出口控制系统上溯，又能在同一系统中为向下游降河鱼类提供进口通道，并引导幼鱼通过鱼道游到水库下游。

5. 其他条件

各种鱼类喜光性不一，鱼道要根据过鱼对象的要求采光。如鳗鱼要求在黑暗条件下过鱼，香鱼可采用明鱼道，鲑鱼道要求水深一些。此外，鱼道还应设有导鱼设备、观察计数设备、闸门、检修及照明设备等。

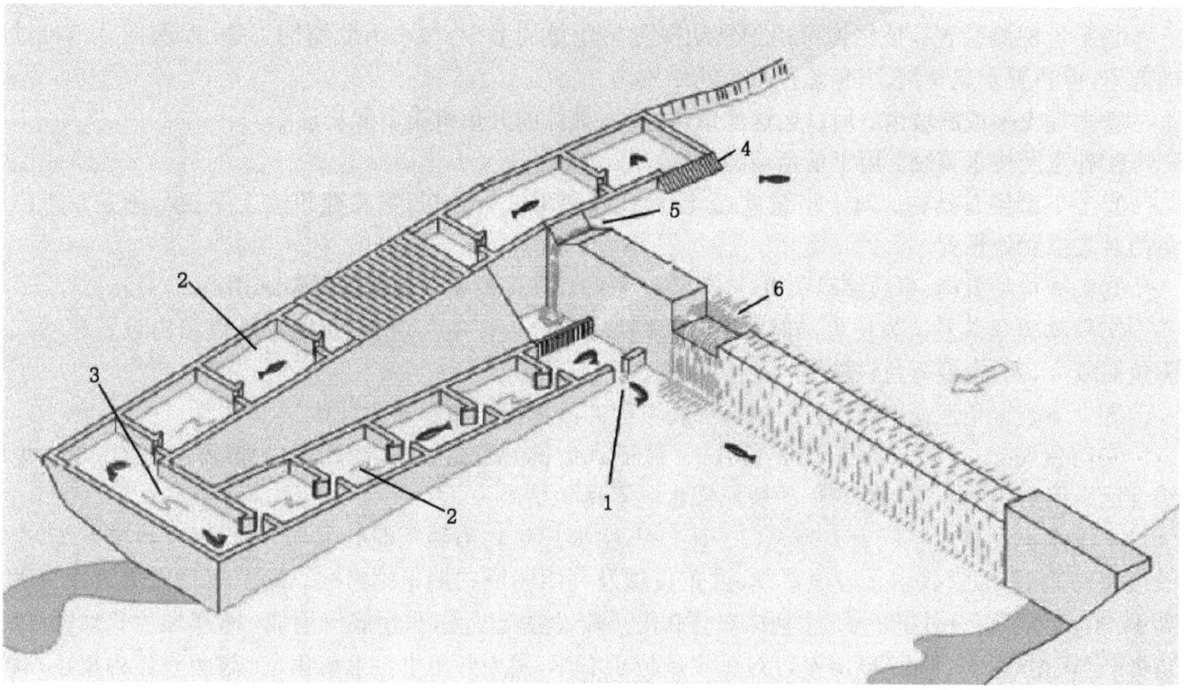

注：1. 鱼道进口 2. 鱼道池室 3. 休息室 4. 出口拦污栅 5. 高水位诱鱼水流 6. 鱼道进口诱鱼水流

图 4.3-2　典型横隔板竖缝式鱼道示意图

总之，在鱼道设计时，应重视鱼类生态学研究，实地调查这类建筑物的使用效果和存在问题。在细部设计中，需通过模型实验确定有关参数。

4.6.3.4　升鱼机结构及布置

1. 升鱼机结构

升鱼机又名举鱼机。设计原理与电梯相似，由进鱼槽、竖井、出鱼槽三大主要部分组成。工作时先由进鱼槽口放水，将下游鱼类诱入进鱼槽，接着移动立式自动赶鱼栅，把鱼驱入竖井，然后关闭竖井进口闸门，并向竖井充水至与上游水位持平。同时启动竖井内水平升鱼栅，提升鱼类到上游水位处。最后打开上游闸门移动出鱼槽的立式赶鱼栅，驱鱼入上游水域。设施内装有计数台和照相设备可供计数和摄影。工作一个周期约需3小时。举鱼机宜在高于60米大坝上建造。具有较大过鱼能力，可是，由于下游鱼类较难找到入口，大大降低了过鱼效率。

苏联伏尔加格勒水电站的举鱼机一般只能使10%的亲鱼过坝。升鱼机是利用机械升鱼和转运设施过坝，能适用于高坝和库水位变幅较大的枢纽过鱼，也可用于较长距离转运鱼类。

贵州省北盘江流域的马马崖一级水利枢纽，其最大升鱼高度为77.05 m。该工程设计阶段推荐方案：升鱼机集鱼箱运输设计方案为2级，垂直机械提升与水平轨道运输相结合的方式，主体结构由进口（下游）拦鱼、导鱼电栅、集鱼及补水系统、集鱼箱、轨道、控制管理站和出口（上游）拦鱼设施等组成。升鱼机下游的集鱼方法以水流诱鱼居多，故在工程枢纽布置时，多将升鱼机的集鱼建筑物布置在水电站尾水管出口附近，以借助电站尾水诱鱼。但设计及应用时应注意，此诱鱼方法存在不稳定因素，即有可能鱼类会被吸引至电站尾水处而不进入集鱼池；故如何能够诱导鱼类沿着预设方案过坝洄游也是一个亟待解决的问题。

对于低坝，可以考虑沿岸坡甚至坝体布置斜坡式升鱼机，需在枢纽上下游间铺设斜坡轨道，承鱼箱可通过上游牵引或自行运行（类似卡车）的方式在轨道上行驶。但该过鱼方案受到地形条件、提升高度等的限制。

2. 升鱼机设计重点关注问题

综合以往的升鱼机实例，为达到良好的集鱼、升鱼及驱鱼效果，现代工程建设的升鱼机建筑物应包含以下几部分。

①承鱼箱。为减少鱼类过坝受伤，应以湿运水槽式结构为主，平衡重式、浮筒式及斜坡式升鱼机应在承鱼箱的上下游位置设置可开、关的过鱼门。

②集鱼探测装置。该结构可用于自动探测集鱼量的多少，如水下监测探头等，以保证升鱼机过鱼的效率，可布置于集鱼箱、引鱼道及集鱼池结构内。

③垂直支架或斜坡道。用以运送承鱼箱，根据具体的升鱼机类型配套选用。

④补水及排水系统。用于承鱼箱的充、放水。

⑤上下游闸首结构。对于平衡重式、浮筒式及斜坡式升鱼机，需在建筑物上下游与承鱼箱上的过鱼门对应位置处设置。

⑥机械传动机构、事故制动装置、电气控制系统。具体根据升鱼机的类型选用。

⑦移动驱鱼装置。为使鱼类能够按设计路线前进，可在集鱼道、集鱼池及承鱼箱内设置移动式的驱鱼栅或声、光、电等驱鱼设施。

⑧上下游集鱼池或引鱼道。应根据水利工程的具体枢纽布置方案设计。

⑨诱鱼设施。为达到良好的集鱼效果，保证升鱼机的应用效果，应在集鱼池或引鱼道中单一地或综合地采用声、光、水流、诱鱼剂、改变局部水温等诱鱼措施。

丰满水电站重建工程为Ⅰ等大(1)型工程，主要建筑物由碾压混凝土重力坝、坝身泄洪系统、左岸泄洪兼导流洞、坝后式引水发电系统、过鱼设施及利用的原三期电站组成。碾压混凝土重力坝最大坝高94.50 m，坝顶全长1 068 m。主河床布置9孔开敞式溢流表孔，采用底流消能；右岸坝后式地面厂房，装机6台机组(单机容量200 MW)；过鱼设施位于右岸，采用升鱼机接上游鱼道。过鱼设施由集鱼系统、集鱼箱转运系统、防洪闸及鱼道出口等部位组成。过鱼设施的设计满足了洄游鱼类洄游通道，为类似工程提供了可以借鉴的经验。

未来20年，我国水利事业仍将处于发展的高峰期。在水利建设过程中需加强生态环境的保护，其中鱼类的保护值得关注。各种过鱼设施中，升鱼机有其独特的定位和功能，尤其在中、高水头及梯级水工建筑物的建设和运行管理等方面，对鱼类的过坝及保护工作可以发挥重要作用。我国升鱼机的研究尚处于起步阶段，但其应用前景广阔，未来升鱼机在我国水利工程中的发展与践行需要水利工作者、生物学家及环境学家等共同完成。

4.4 建设水库大坝环境保护

4.4.1 大坝工程环境保护

在河流上修筑拦河大坝工程对于满足防洪、灌溉、供水、发电等需求，保障社会安全和经济发展具有十分巨大的作用。适当建设山区水库还可为建设高效节水农田提供条件。由于高效节水灌溉对供水系统的可靠性和均衡度的要求很高，而天然来水过程满足不了这一过程，需要建设调蓄水库来进行调节。但建设山区水库必须严格遵循以下限制条件：一是不挤占生态环境用水，保证河道内生态基流及用水总量的需求；二是控制合理的需水规模，近期结合“三条红线”要求进行水库规模论证，不能为解决现有过大的灌溉面积缺水而增加用水量；三是要替代下游的平原水库，使之调控供水过程与用户需水过程相适应；四是加强水资源统一管理，地表水与地下水联合运用。

大坝对于河流生态系统的胁迫是客观存在的事实，不容回避。在目前和今后流域大型水利水电工程建设中，不仅需要正视这种负面影响，更重要的是主动研究对于河流生态系统的补偿技术、政策和管理措施问题，探索生态环境友好型的大坝建设新模式。塔里木河流域在其四源流上共规划了“12库59级”的开发方案，届时总库容将达到103.11亿m^3，占四源流多年平均河川总径流的41.8%。毫无疑问，这些水库电站的建成，对满足塔里木河的供水要求以及生态环境保护将产生重大的影响。

根据新疆大坝工程建设对环境的影响特点和各环境影响研究成果，以及工程涉及区环境保护目标和污染控制目标要求，大坝工程环境保护措施包括水环境保护措施、生态环境保护措施（陆生动植物保护措施、水生生物及鱼类保护措施、水土保持措施）、空气保护措施、声环境保护措施、生活垃圾处理措施、人群健康保护措施和其他环境保护措施。

经分析，大坝工程的环境保护对策措施将重点研究两方面的内容：一是从保持区域生态环境稳定和保障区域可持续发展的角度出发，针对本工程运行过程中可能出现的不利环境影响，提出防范和补救措施，其中重点是对水生生态及鱼类、下游河谷（岸）林草的保护措施等；二是针对工程建设活动过程中产生的不利影响，进行环境保护措施研究，提出切实可行的环境保护工程措施及管理措施，如针对水温分层、水环境容量等环保措施。

4.4.2 重点环境保护设计技术研究

1. 水环境保护

根据工程影响河段水域功能及水质目标要求，采取措施减缓对下游河段水质的不利影响，对影响河段水质的不利影响采取减缓措施，对施工区、移民安置区生产、生活废水采取防治措施保护水环境，对水库下泄低温水采取恢复措施。

2. 陆生生态保护

陆生生态重点保护工程建设涉及自然保护区、森林公园、天然林保护工程及其主要生态功能；国家重点保护的珍稀、濒危物种及其栖息地、特有物种和古树名木；工程影响区森林、草原生态系统；滩地、沼泽地等湿地生态系统及湿生植物等敏感目标。

3. 水生生态保护

水生生态保护包括受工程影响的珍稀、濒危和特有水生生物，特别是国家重点保护的水生生物种群，具有生物多样性保护价值和一定规模的野生鱼类产卵场、索饵场，越冬场，洄游鱼类及洄游通道，以水生生物为主要保护对象的自然保护区。

4.4.3 大坝建设生态环境保护设计

新疆为内陆干旱区，为典型的温带大陆性干旱气候，河流绝大部分为内陆河流，径流主要来源于山区降水、冰雪融水。在新疆大坝建设过程中，目前已实施和计划采取的环保技术如下。

1. 水库生态调度运行设计、生态流量监控

生态调度是水库调度、河流水资源调配发展的新阶段，是以满足流域水资源调度和河流生态健康为目标的调度。但目前我国国内大多数的生态调度仍以单一的水质改善为目标，具有明确的生物保护对象的生态调度实践还较少；其次生态调度仍缺乏系统的理论指导，尤其是对洪水过程、地表水补给地下水等生态作用则更少关注。

对于未建设的工程，可以从生态环境保护角度进行设计，通过科学合理的工程措施和调度运行方案，使工程在发挥其功能和效益的同时，避免对河流生态系统造成较大的影响和破坏。对于已建和在建的工程，已经对生态系统造成影响的，也可以通过调整原有的调度方案，来减缓对河流的生态影响。

目前，我国水库调度主要围绕防洪、发电、灌溉、供水、航运等综合利用效益而进行，因此现行的水库管理和调度运行模式的主要任务是处理、协调防洪和兴利的矛盾，以及协调兴利任务之间的利益关系。从河流生态系统保护的角度分析，现行的调度方式存在的主要问题如下。

（1）大多数水库调度方案，没有考虑坝下游的生态保护和库区水环境保护的要求，特别是引水式电站和调峰运行的电站，造成下游河段的减水和脱水，直接威胁着下游水生态。所谓“电调服从水调”核心就是要解决此问题，但涉及各方面利益，有时难以奏效。已经建设的水电站工程部分出现了“电调不服从水调”的现象。

（2）对于高坝大库，水库下泄低温水，直接影响了下游水生生物的生存和繁衍。水库泄洪可能使下泄水流中气体过饱和，使下游鱼类，尤其是鱼苗发生“气泡病”。

（3）受水库调度运行的影响，造成库区局部缓流区，使水质下降，特别是在支流回水区，由于流动变

缓，加之污染物的累积影响，水质出现不同程度的富营养化。

（4）流域内缺乏水资源统一调度与管理，以各自的经济效益为目的进行调控，造成对下游生态的严重影响。

（5）水库调度中，清水下泄，影响下游河流湖泊关系、河床的稳定以及河口的形态，以至影响到下游生境。

2. 低温水影响减缓设施

为减缓水库蓄水后水温分层，下泄低温水对水生生物、下游农作物的不利影响，一般采取分层取水方式或延长下泄水体与空气的接触时间、面积等，以便于自然恢复水温。

喀腊塑克水利枢纽工程采取分层取水措施对水温进行了恢复；利用发电洞进水口闸井段进行分层取水方式，工程上布设了三层取水方案。

发电洞进口布置于右岸台地上，分上层进水口、中层进水口与下层进水口三层，每层进水口都设竖井段、拦污栅段和事故门井段，各为4孔，上层进水口、中层进水口与下层进水口上下垂直布置，闸井顶高程与坝顶同高为745.5 m。各进水口最大引水流量均为207.23 m^3/s。上中下三层进水口高程分别为：715.00 m、690.00 m、665.00 m。在未实施分层取水措施时，坝前水深约为60～74 m，下泄水温基本为恒定4℃，实施分层取水后，每层取水闸门控制水深深度为25 m，根据来水水量的不同，开启不同的闸门尽量下泄表层水，下泄水温基本接近天然来水水温。喀腊塑克水利枢纽工程发电洞进水口分层取水见图4.4-1。

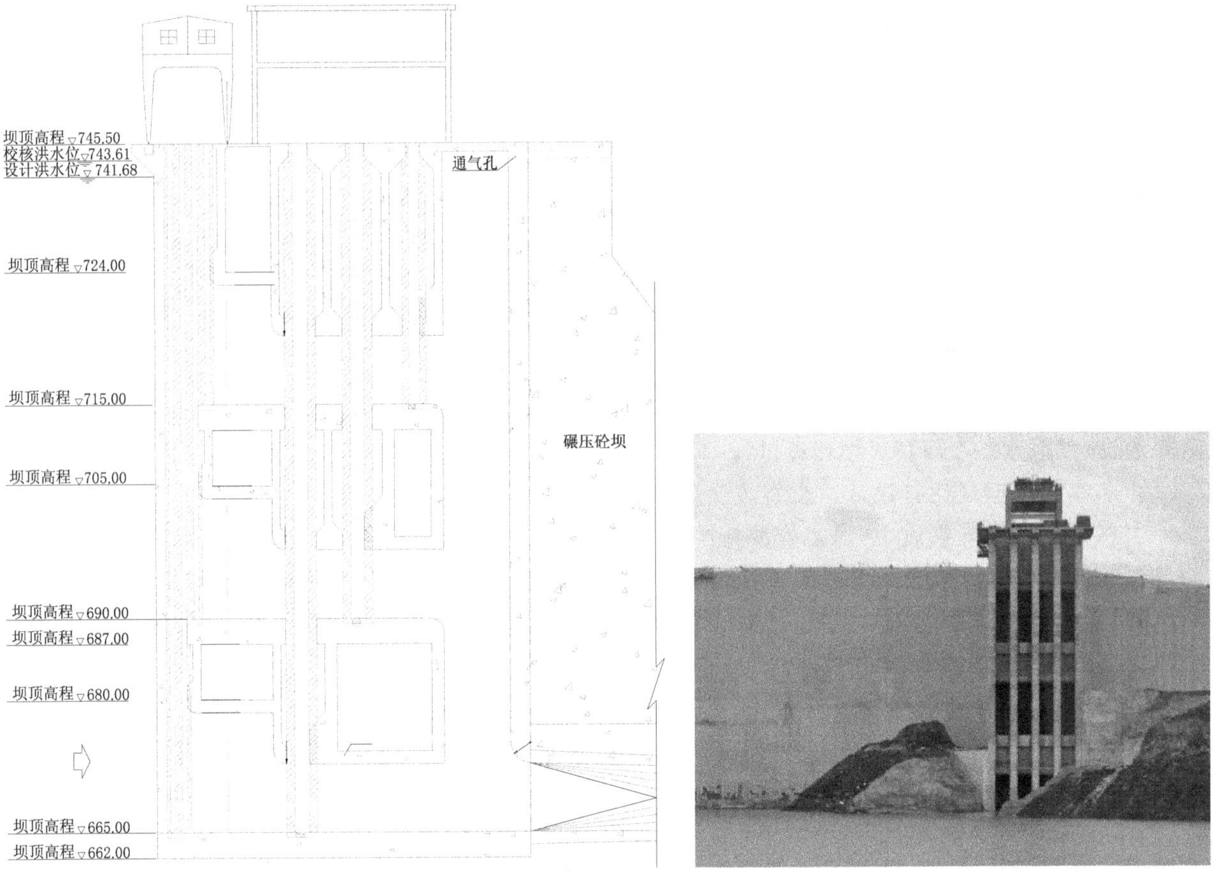

（a）进水口分层取水布置图（高程：m）　　（b）进水口分层取水布置图实景

图 4.4-1　喀腊塑克发电洞进水口分层取水

在建的吉尔格勒德水利枢纽采取分层取水装置，布置采用叠梁门型式。

目前，新疆的大坝工程在对分层取水等水温恢复措施才开始进行实施，建议在运行时，进行实时监测，根据监测结果，进行修正总结，为今后的水温恢复积累经验。

3. 过鱼设施布置

为保护工程建设影响河流的珍稀、濒危、特有鱼类，根据实际情况，需选定修建过鱼设施或采取其他补救措施。

修建过鱼设施，应根据主要过鱼对象的个体大小、数量、生态习性、游泳能力、活动水层、趋流行为等特点确定过鱼设施的型式、规模。经技术经济论证不宜修建过鱼设施的工程，应按国家有关规定，采取建鱼类人工增殖放流站、人工模拟产卵场或采取异地保护等保护或补救措施。

(1)山口拦河引水枢纽工程过鱼设施设计

山口拦河引水枢纽闸高约7 m，属于低水头建筑物。拦河闸址处地形开阔平坦，具有修建鱼道或旁路水道的条件，因此可以选用鱼道或旁路水道过鱼。由于该河道的过鱼对象均为鲑形目的鱼类，其游泳能力强，喜顶水上溯，所以更易聚集在闸下流速急的区域，因此本工程推荐采用鱼道方案。推荐方案总体布置见图4.4-2。

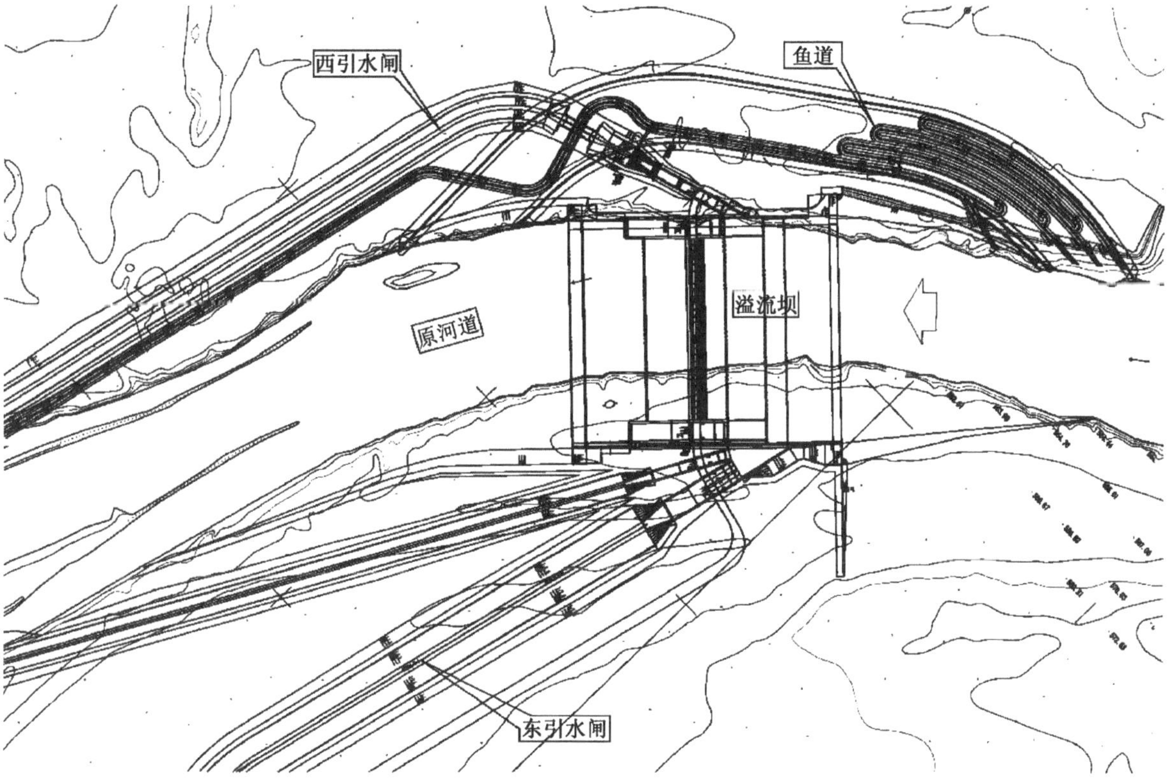

图 4.4-2　山口拦河引水枢纽鱼道平面布置图

推荐方案将鱼道布设在拦河引水枢纽的左岸冲沙闸和引水渠之间，利用原导流明渠改建而成。主要建筑物由鱼道进口、鱼道池室、鱼道出口、观察室、诱鱼集鱼系统和辅助设施等组成。

①鱼道进口和诱鱼集鱼系统

鱼道进口高程要适应过鱼对象对水深的要求，要适应尾水位可能的变幅。鱼道下游设计进口高程556.30 m，并在鱼道进口处铺设一些原河床的卵砾石，以模拟砂砾洲滩的底质和色泽。鱼道下泄流量与枢纽中其它建筑物下泄流量相比是很小的，其诱鱼作用也是非常有限的。为了提高进鱼效果，在鱼道进口布置一个喷洒水管，向进口以下一定范围水域洒水。下游鱼类在这股水流和水声的引诱下游集到这片水域中来，再在鱼道下泄水流导引下进入鱼道。

②鱼道池室结构及尺寸设计

本工程属低水头建筑物，鱼道长度较短，可以通过减小鱼道坡度来控制鱼道池内的流速，因此推荐矩形断面同侧竖缝式鱼道，该型隔板在流量变大之后，流态较为稳定，而且缓流水体相对比例较大，有利于鱼类休息。

据有关资料表明，哲罗鱼、细鳞鱼和北极茴鱼均属于底层鱼类，并且哲罗鱼性成熟需5龄，体长达40～50 cm；细鳞鱼性成熟需2龄以上，体长均值21.1 cm；北极茴鱼性成熟需4龄，体长约25 cm，故鱼道池室水深建议取2.5 m。

根据已建鱼道的水力条件和过鱼情况，可以认为2～3 m的宽度，对个体不大的鲑科鱼类是完全足够的，因此认为本鱼道净宽取2.5 m能满足过鱼要求且比较经济。

池室长度也与鱼体大小及鱼的习性有关。个体愈大，池室应愈长，依据过鱼对象的游泳能力，鱼道池室长度为宽度的1.4倍即3.5 m。

依据国外对垂直竖缝式鱼道尺寸提出的建议，同时结合经验要求竖缝式鱼道的竖缝宽度不小于过鱼对象体长的1/2，本工程将鱼道垂直竖缝的宽度选为30 cm。

鱼道最低工作水深选择为0.6 m，主要是考虑到哲罗鱼、细鳞鱼和北极茴鱼的习性，其次是保证鱼道中有一定的流量，使鱼道进口产生一定的水流，吸引鱼类进入鱼道。鱼道池室水深为2.5 m，预留0.3 m的高度，以防止水位波动时鱼道中的水流从鱼道侧墙溢出。

③鱼道出口

鱼道的出口高程，首先应确保在鱼道过鱼季节中，水库水位的变动，均不能使出口底部出露，且要有一定的水深，以便鱼类能顺利地进入水库。在一般情况下，鱼道出口高程，应不高于过鱼季节中水库最低运行水位以下1.0 m，即在此运行水位时，确保有大于1.0 m的出口水深。根据鱼道上游设计水位及鱼道水深，设计出口高程为560.93 m。

鱼道出口用闸门控制，连接至上游河床，闸门的启闭均采用螺杆升降方式，并可实现自动与手动两种控制，自动控制时采用电力驱动。另外，需要在出鱼口一侧安装2条喷水管道及水泵，沿出鱼口渠道喷射水流，既可吸引降河鱼类进入鱼道又可诱导上溯鱼类顺利进入上游。同时，需要在西岸干渠和冲沙闸设置拦鱼设施，保证从鱼道上溯的鱼不被卷入冲沙闸或被带入引水渠。

鱼道布置见图4.4-3。

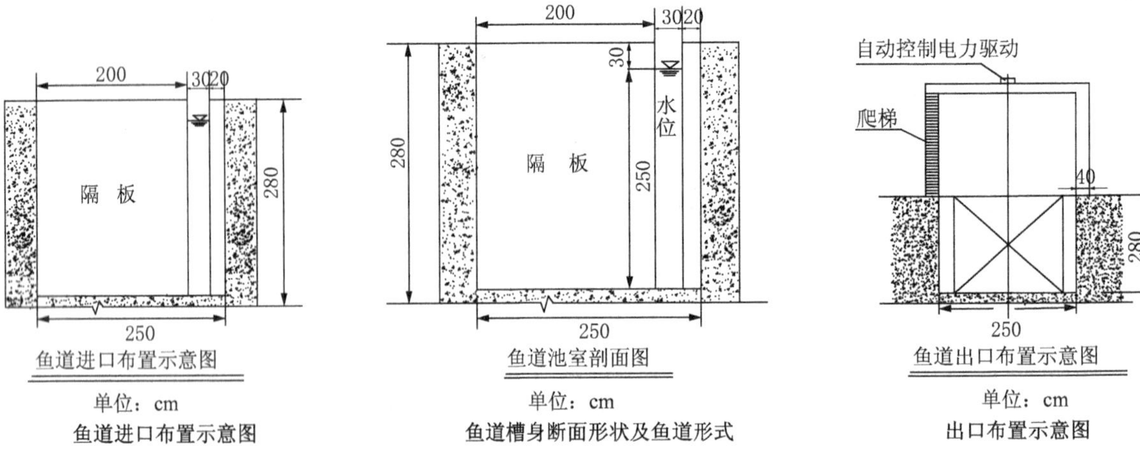

图 4.4-3 山口拦河引水枢纽鱼道进出口布置示意图

④鱼道观察室

观察室设计是过鱼建筑物设计中的重要组成部分之一。其作用是统计通过鱼道上溯的鱼类品种、规格和数量，观察鱼对过鱼建筑物的适应性、游动方式和溯游途径等，掌握各种鱼在各种鱼道中的洄游速率和体力消耗情况。

观察室为二层楼房，底层为鱼道观察室，主要用来放置摄像机、电子计数器等设备。底层不设亮窗，用绿色或蓝色防水灯来照明。在鱼道侧壁上设有2个玻璃观查窗，用来观查鱼类的洄游情况，电子计数器用来记录洄游鱼类的种类及数量，摄像机可将鱼类通过鱼道的实况录制下来，供有关人员及游客观看，可为今后对鱼类的洄游规律和生活习性的研究以及鱼道的建造提供依据。

有条件时，也可在鱼道进口部位设置观察室。在该处，可以观察鱼类自天然河道进入鱼道的状态，鱼类对建筑物的结构、水深、光色的反应，这对指导鱼道进口设计有很大价值。在进口设观察室，须设在极隐蔽处，否则将影响进鱼效果。观察室示意见图4.4-4。

⑤下行过鱼设施

为沟通鱼类的洄游路线，需要考虑和解决鱼的上行过坝问题，也需要考虑和解决鱼的下行问题，使鱼能上也能下，以适应它们的移游生活以及繁殖和肥育的需要。

下行的幼鱼体力较差，自控力小，常随着水流漂游下行，极易被水流拖携至各类引水、取水系统中，灌溉渠和水轮机中，遭受大量的伤害和死亡，构成对渔业资源的重大损害。因此，对它们的保护，首先需要把它们从河道水流中引导、分离出来，而后把它们安全地输向下游。拦截引导下行幼鱼的方式很多，包括拦网和电栅、百叶窗式导流栅、撇流器、固定式和转动式的栅网和其他类型的屏幕和悬链等。

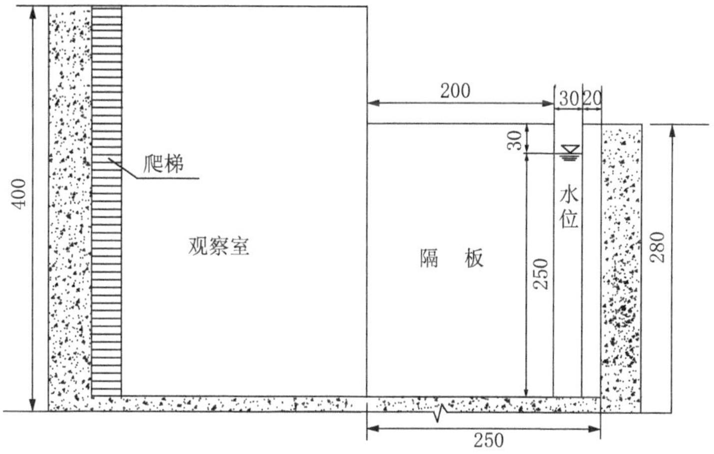

图 4.4-4 山口拦河引水枢纽鱼道观察室大样图（单位：cm）

⑥鱼道附属设施

鱼道附属设施由闸门、拦污栅和防护栏组成。

鱼道出口设置闸门，启闭采用螺杆升降方式，并可实现自动与手动两种控制，自动控制时采用电力驱动，通过水位控制开关、控制器、电动机来实现。鱼道的进鱼口与出鱼口处均设置拦污栅，防止杂物进入鱼道。鱼道两侧墙的顶部设置防护栏，防止鱼类跳出鱼道，也避免杂物从鱼道两侧落入鱼道，同时对人员起到防护作用。

建成后的鱼道见图 4.4-5。

(a) 仿生鱼道进口

(b) 仿生鱼道出口

图 4.4-5 山口拦河引水枢纽鱼道

(2) 克孜勒塔斯水电站过鱼设施

克孜勒塔斯水电站位于拦河引水枢纽上游，为拦河式水电站，由泄洪坝段、溢流坝段、电站厂房坝段、挡水副坝、过鱼设施组成。鱼道采用了仿生布置形式，总平面布置见图 4.4-6。为确保鱼类的通行，设计采用了特殊的结构形式通过副坝，将一条靠近副坝位置的鱼道利用地形条件改建成了四条，鱼道边坡底板均采用鹅卵石砌筑，增加了四座水闸控制鱼道水深。建成后的鱼道见图 4.4-7。

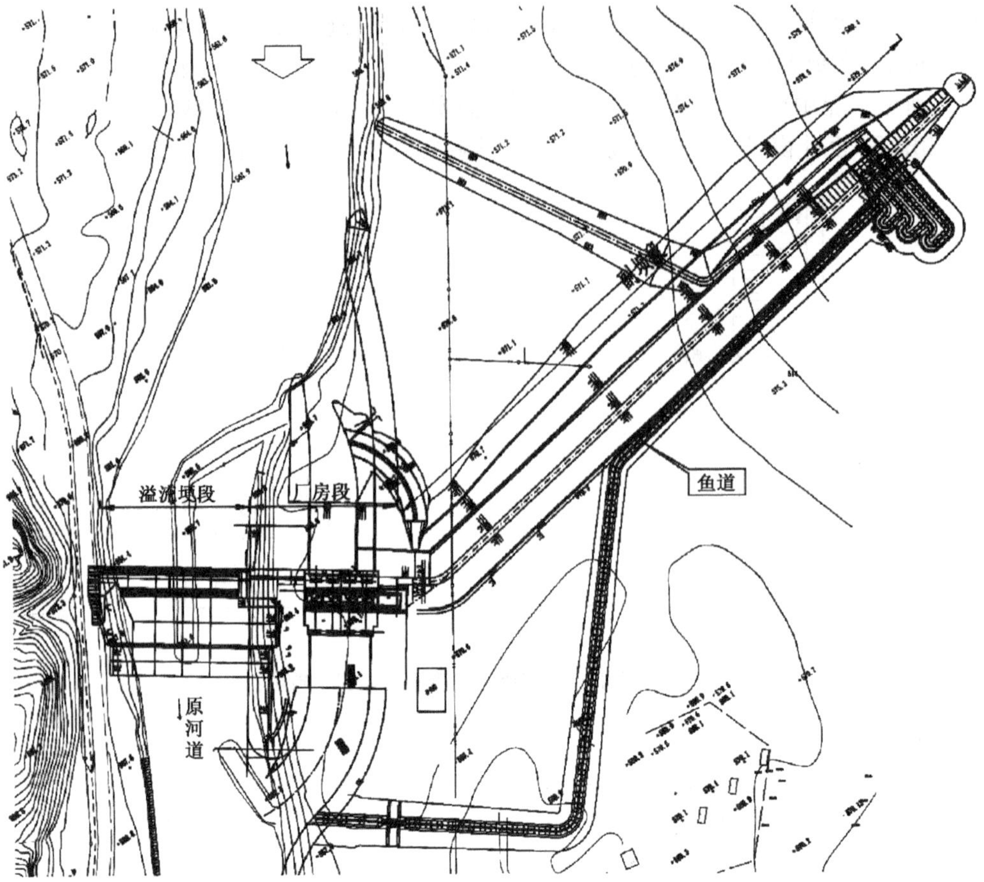

图 4.4-6　克孜勒塔斯水电站平面布置图

(a)仿生鱼道布置上游

(b)仿生鱼道布置下游

图 4.4-7　克孜勒塔斯水电站鱼道

(3)山口拱坝过鱼设施设计

①过鱼对象、季节及类型

过鱼对象与山口拦河引水枢纽一致，为哲罗鱼、细鳞鱼和北极茴鱼三种，过鱼季节为该3种鱼的上溯洄游季节即每年4～7月。拱坝过鱼设施类型有鱼道、鱼闸、升鱼机、集运鱼船等。

高水头本枢纽工程正常挡水高度94 m，属高水头建筑物，且工程所在地两岸陡峭，没有合适的地形修建鱼道。集运鱼船一般作为上行过鱼设施建设前的过渡措施，其机动性好，可在较大范围内变动诱鱼流速，可将鱼运到上游安全的地方投放，与枢纽布置无干扰，但是其运行管理费用较大，对于在底层活动的鱼类，集鱼比较困难，补水机组的噪声、机械振动及油污，也会影响集鱼效果。由于本工程的过鱼对象哲罗鱼、细鳞鱼和北极茴鱼均为底层鱼类，集鱼船难以收集，故在山口拱坝处推荐采用升鱼机过鱼。

②升鱼机形式与组成

山口拱坝的过鱼对象均为鲑形目，选择带有诱捕水箱的升鱼机。为了避免洄游鱼类进入发电洞，将升鱼机设在大坝左侧的第8坝段紧靠电梯井布置，升鱼机主要由鱼箱、竖井、升降机三大部分组成。将集鱼设施布置在电站厂房附近，利用专门的集鱼设施和转运平台将集鱼箱通过轨道输送到大坝升鱼机底部，提升倒入水库。其总平面布置及纵剖面见图4.4-8、图4.4-9，建成后的鱼道及升鱼机见图4.4-10。

升鱼机为竖井框架结构，平面尺寸5.96 m×5.96 m，底部高程575.000 m，顶高程649.000 m。升降机顶高程657.00 m，可前后移动。

升鱼机工作时，先将鱼箱降至集鱼池内，通过诱鱼设施将洄游鱼类引入集鱼池内，通过回转吊和轨道小车运送至大坝升鱼机底部，然后由升降机将鱼箱提升至上游，再将鱼箱降至上游水面以下，将鱼放至上游水域。

③升鱼机的维护与保养

升鱼机包括许多机械设备，其中有的部件部分或全部淹没在水中，如可活动的格栅。对于机械和机电部件，需要定期检查和维护，比如提升间、水闸、格栅和其他机械部件，另外对格栅要及时清理脏物。

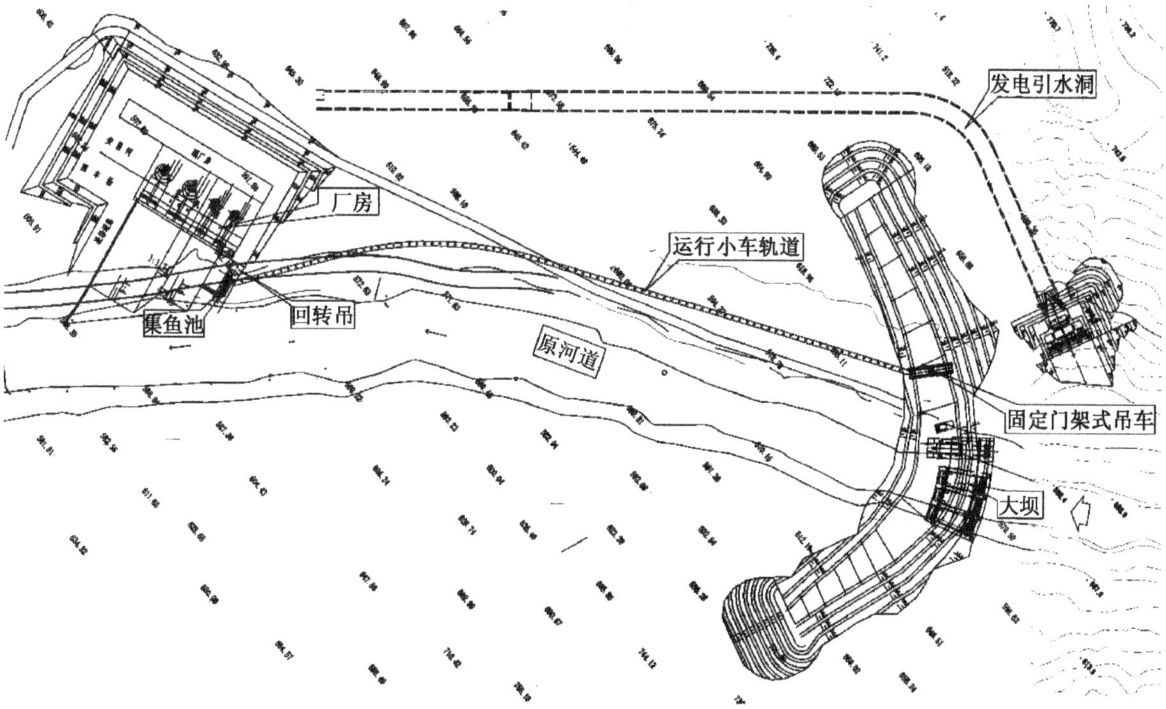

图4.4-8　山口拱坝升鱼机总体布置图

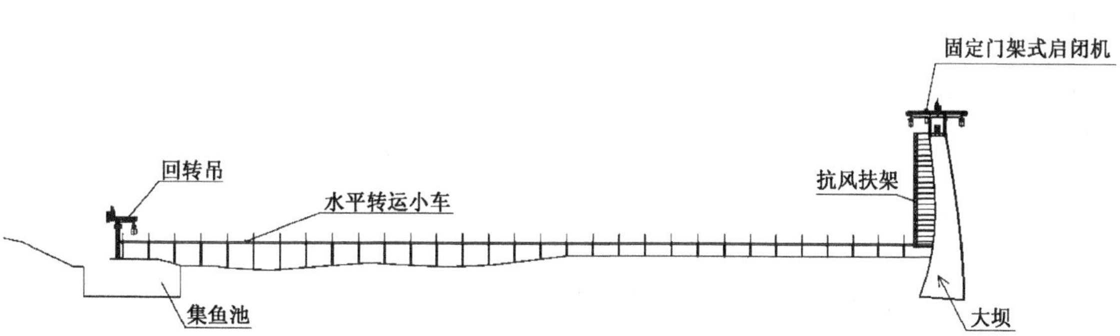

图4.4-9　山口拱坝升鱼机布置纵剖面图

(a)厂房尾水处运鱼平台

(b)运输轨道

(c)坝体升鱼机布置

(d)坝顶升鱼机设施

图 4.4-10　山口拱坝升鱼机

另外在设计和建设升鱼机期间，在重要设备中必须要考虑运行费用最小化，如使用结实和耐久的设备，不用那些多余的复杂自动化设备；完全或部分浸在水中的设备必须防腐蚀；为了尽可能防止河流垃圾阻塞格栅和（或）诱捕池，吸引水流的供给应该适当地被控制；进水口处一定不能有垃圾堆积；在进水口必须安装有网孔的格栅，并且网孔的尺寸必须小于升鱼机格栅的网孔大小；需要配备清理和维护格栅的设备，这些格栅包括可移动的格栅、水闸、以及诱捕池的排水泵。

（4）喀腊塑克水利枢纽人工繁殖放流站

新疆喀腊塑克水利枢纽工程采取了人工繁殖放流站及有关管理措施相结合的方案，对水生生态及鱼类进行保护。具体措施如下：

以额尔齐斯河流域珍稀和具有重要经济价值的鱼类作为人工繁殖放流的对象，确定以哲罗鱼、细鳞鱼、北极茴、江鳕及白斑狗鱼、梭鲈、高体雅罗鱼、丁鱼岁等鱼类作为人工繁殖放流的对象。

考虑到哲罗鱼、细鳞鱼和北极茴鱼和江鳕等鱼类的生物学特性，以及人工繁殖放流站方便到达、易于管理的特点，人工繁殖放流站选在喀腊塑克水利枢纽的坝下左岸一级阶地上，该站址不仅便于从河道引水作为水源，还有便利的交通、电力条件供应，也便于管理与采集亲本与放流鱼种。

同时，加强渔政管理，实施禁渔区和禁渔期制度，切实保护产卵群体。

(a)喀腊塑克鱼类人工增殖放流站　　(b)孵化车间

图 4.4-11　喀腊塑克水利枢纽增殖放流站

目前，在新疆仅鱼类增殖放流开展了一些工作，对新疆裸重唇鱼、塔里木裂腹鱼和哲罗鱼、细鳞鱼等人工增殖有了一定的经验；鱼道和升鱼机等仅做了专题研究和设计，尚缺乏具体实施成果和运行经验。还需要在这些鱼类保护工程运行中进行监测，为以后鱼类保护工作提供宝贵经验。

4. 河谷生态保护

喀腊塑克水利枢纽至“635”水利枢纽之间河谷林地带分布的河谷林以榆树、杨树为主，但分布较稀疏。额尔齐斯河从“635”水利枢纽断面以下，由于河谷逐渐宽阔平坦，河道分岔漫流，在两岸的滩地上生长着茂密的河谷次生林和优良的河谷草场，形成独特的河谷生态系统。

河谷林以杨树为优势树种，其中主要有额河杨、银白杨、苦杨、欧洲黑杨，还有少量银灰杨。灌木主要有油柴柳、土伦柳、其他灌木林、野山楂、野蔷薇、铃铛刺、绣线菊等组成。

河谷林及草地的分布与河水密切相关，在河漫滩上随河流流水线由近及远依次分布有：林地、疏林地和灌木林地，散生林及稀疏灌木林则分布在水分条件相对差一些的阶地上，这是受水分条件长期影响所形成的河谷林草的自然分布规律。

林木生长发育节律与河水的汛期基本一致。河谷林4月中旬叶芽开始萌动，这期间林木需水量不大，少量河水和雪融水基本能满足要求；进入5月初～中旬的河水漫灌期，正值林木开花、结实、漂种和展叶期，不仅林木自身需水量大，而且也需要为种子的传播（水漂种）和迅速发芽生长提供水分条件；5月下旬～6月上中旬的河水漫灌期，正值林木落种后的恢复期和增强营养期，漫灌保证了生长需要。进入8月后，林木生长速度逐渐减缓，到8月中旬封顶；10月中下旬落叶，进入休眠期。这一阶段河水逐渐减少，对林木生长没有明显影响。

每年的5～6月，洪水不仅是维系河谷林的重要因素，也是该区域河谷林繁殖和自然更新必需的条件。为保证“635”水库以下河谷林在5～6月生长繁殖期对洪水的需要，利用水库蓄水调节能力，在每年的5～6月人工制造洪峰为800～1 200 m^3/s、洪量为4亿～5亿m^3的人工洪水来满足淹灌需要。河谷林草淹灌情况见图4.4-12。

4.4.4　吉音水利枢纽工程生态保护

1. 工程概况

克里雅河是一条典型的山溪性河流，现状条件下自新昆仑渠首以上河道仍然保持较为原始的状况，河道两岸山体雄厚，植被覆盖率低，山谷陡峭，河道曲折，坡降较大。随着河道沿岸走势的降低，宽阔河段与峡谷河段交替出现，从地表水的连续分布看，新昆仑渠首至解放渠首为季节性河段，而自解放渠首以下约2 km后，上下游地表水的联系不甚紧密，约10 km后，克里雅河成为以泉水汇集而成的河流（只有在洪水季节才有地表水汇入），自此克里雅河穿越于灌区，最终进入沙漠。克里雅河周边也发育了众多的小河流，其中较大的有四条：吐米亚河、皮什盖河、阿羌河、苏克塔亚河。

喀腊塑克中底孔联合放洪

“635”水库以1 200 m^3/s以上流量放洪

下游北屯处河谷林淹灌

北屯下游约10 km河谷林淹灌

图 4.4-12 “635”水库下游淹灌情况

沿河两岸形成了一条东西宽10千米，南北长300多千米的绿色走廊，并在河流的尾部发育成了达里雅布依绿洲。山前倾斜平原区下部为居民聚居的农业耕作区；河流中下游发育狭长的河谷平原，并于尾闾达里雅布依一带形成扇状干三角洲，其上分布有荒漠河岸林草。流域北部为沙漠区，直伸塔克拉玛干沙漠腹地。近50年来流域中游人畜增长过快，耕地面积扩大等，导致绿洲下泄水量减少，加上人为的乱砍滥伐，对绿洲外围交错带植被破坏严重，造成大量土地沙化和生态环境恶化，且有加剧趋势，后果严重，形势严峻。同时达里雅布依乡牧民分散居住于胡杨、红柳林中，建造房屋、伐薪、放牧等活动使得该区胡杨林受砍伐破坏的现象也很严重，致使该区林地面积减少、荒漠草地有所增加，草地质量有所下降，荒漠化程度加剧。克里雅河尾闾生态呈现退化趋势。

吉音水利枢纽是克里雅河流域的控制性工程，是以灌溉、防洪为主，兼顾发电的综合性水利枢纽工程，总库容0.82亿m^3。为II等工程，坝址以上控制流域面积6 375 km^2。坝址处多年平均流量19.52 m^3/s，多年平均径流量6.16×10^8 m^3。工程由拦河坝、表孔溢洪洞、底孔泄洪、冲沙、放空洞、发电引水系统组成。工程建成后，可满足克里雅河灌区灌溉面积70.73万亩的用水要求，将下游防洪堤防洪能力由3年一遇提高到20年一遇。挡水建筑物采用混凝土面板堆石坝，最大坝高124.5 m。

2. 水库建设对水生生境的影响

河道库化：天然情况下，库区为峡谷急流河流生境，平均流速大，流量、水位变幅大。水库建成后，库区河段水文情势发生较大变化，洪、枯季流量比减小，库区水位变化趋于缓和。水库运行达到正常蓄水位2 509 m时，相应库容0.78亿m^3，水库回水长度9 km。与天然情况下相比，水域面积增加(淹没陆地)，坝前水位抬高，库内平均水深增加。水域面积、水深和水体增大，流速减缓，泥沙沉积，水体透明度增大，水体溶解氧有所降低；库区河段由于淹没导致营养盐类增加，适应缓流水环境的生物种类增多，适应急流水环境的物种减少，库区范围内原急流开放型水生态系统将改变为峡谷河道型水库生态系统，流水生境减少。

水文情势变化：工程运行后，水库坝后断面年径流量均有所减少，P=50%、P=75%该断面径流量分别减少了0.055亿m^3、0.308 5亿m^3，减少幅度较小，分别为0.94%、5.92%。在P=50%频率下，灌溉季节的4、5、6、7、9、11月份下泄流量增加，其他各月下泄流量有所减小，在P=75%频率下，3、4、5月和8～12月下泄流量增大，其他各月下泄流量有所减小。工程建成后汛期水量所占年内百分率虽有所减少，但仍为年内最大，且年内最大水量仍出现在6～8月。水库坝址下泄断面各月的河道流量均能满足河道生态基流要求（河道生态基流10～3月为1.91 m^3/s、4～9月为5.72 m^3/s）。

水温变化：水库水温结构属于不完全分层型，库区坝前水体水温分层具有明显的季节特性。在全年坝前水温结构中，仅7、8月份水温出现轻度分层现象，从9月份开始，水温结构逐渐由分层型过渡为完全混合型，至10月份时坝前水体基本呈现出完全不分层的状态。在平水年计算工况中，水体中上层与底层的水温温差最大值出现在7月份，为5.4℃，最小值出现在3月份，为0.1℃。温跃层厚度最大值出现在7月份，约为30 m。

水库建成后，电站下泄水体水温在每年3～8月份均低于原天然河道水温，最大差值出现在3月份，为-1.5℃；在9月份后，则高于原天然河道水温，最大差值出现在10月份，为0.73℃。建库后年下泄水温最大值要小于原天然河道水温最大值。水库的建设对下游克里雅水文站处的水体水温也产生了一定的影响，水文站处的建库前后水温变化趋势与水库坝址处的下泄水温—天然水温对比趋势是一致的，是水库下泄水对原天然河道水温影响的一种延续。但是通过温度差值的大小可以看出，经过水库影响的下泄低温水经过长距离的河道升温，其水体温度有了一定幅度的回升，低温水效应有了一定程度的缓解。在平水年工况的4、5、6月份，在水库坝址处下泄水与天然水体的温度差值分别为1.6℃、1.0℃和0.8℃，经过了河道升温之后，在水文站处温度差值分别缩小为1.5℃、0.8℃、0.6℃。下泄低温水恢复至天然水温状态约需50 km。

水质变化：由于水库施工期和运行期生产和生活污水均采用措施处理，不会排向河道。根据水质变化趋势预测结果，水库建设对原河道的水质状况起到了一定的改善作用，氨氮、COD指标均呈现下降的趋势。但库区COD指标在7、8两月要高于8.0 mg/L，有可能发生富营养化现象。

3. 工程运行期对水生生态影响

阻隔和景观破碎：大坝的阻隔将原来一个种群分为坝上坝下两个群体，由于群体间不能进行双向的遗传交流，坝上河段的鱼类，无论是在局部水域内能完成生活史的种类，还是半洄游性鱼类，其种质将受到影响。在克里雅河分布的四种土著鱼类中仅有塔里木裂腹鱼因其要溯河繁殖而需要在大范围内完成其生活史，其他三种高原鳅则为定居型的鱼类。吉音水利枢纽建成后，将原本溯河至坝址以上河段进行繁殖的塔里木裂腹鱼滞留在坝下，造成进入坝上河道产卵场的繁殖群体规模下降，影响塔里木裂腹鱼的种群发展。总体分析，大坝阻隔不会对塔里木裂腹鱼等现有种群造成质的破坏作用，但是大坝阻隔将对其种质资源的基因交流产生不利影响。

库水下泄的影响：大坝下泄水及电站尾水在下泄过程中受到剧烈搅动，容易出现氮气过饱和的问题，从而导致坝下一定范围河段内的鱼苗得“气泡病”，即鱼苗吞下气泡后无法排出，不能自由运动，不能摄食，只能漂在水面，直至死亡。过饱和气体需要经过一定流程逐渐释放才能恢复正常水平。根据有关资料，水中氮气含量随流程递减的规律并不十分明显，但汇入非氮气过饱和的径流后的淡化作用却很显著。可以推测，吉音水库下泄水气体过饱问题将主要表现在大坝至5 km间河段，其下约830 m和1.5 km两条支流水汇入后气体过饱问题逐步缓解。显然，坝上下泄过饱和水对鱼苗的不利影响较轻。

对珍稀水生动物的影响：由于大坝阻隔，塔里木裂腹鱼无法上溯进入库区，库区塔里木裂腹鱼种群得不到新的补充；而在截流前滞留在库区的塔里木裂腹鱼可能会上溯到库尾以上河段产卵，但由于亲鱼数量有限、卵苗存活率低，如不辅以人工保护措施，塔里木裂腹鱼可能很难在坝上形成有效种群。在坝下河段，受大坝阻隔的影响，塔里木裂腹鱼有可能在坝下适宜的河段形成新的产卵场，但因坝下相当长的河段受水库调度的影响，水文情势发生变化及低水温的不利影响，造成坝下栖息活动的塔里木裂腹鱼种群数量将有所减少。

4. 生态环境保护措施

主要保护对象是：保护规划影响河段内分布的塔里木裂腹鱼（自治区Ⅱ级）、叶尔羌高原鳅、长身高原鳅和隆额高原鳅4种土著鱼类，重点是具保护级别鱼类。

通过保证下泄生态基流，保持和维护基本水生生境条件，维护区域水生生态系统的完整性和稳定性；采取部分干流和主要支流生境保护，维持流域水生生态天然生境；采取鱼类人工增殖放流措施补充规划影响河段鱼类资源。

地表水：以水资源承载力为基础，合理配置水资源；防止现有常年有水河段出现河道断流现象，保证各断面下泄生态流量；保护克里雅河水体水质，使其满足水环境功能区划确定的水质目标；维持河流合理的水温条件，避免与减轻规划实施对河流水生生态及灌区农业灌溉产生明显不利影响。

地下水：避免克里雅河尾闾河岸林草分布区地下水位出现明显下降；维持该区域河岸林草水源条件；基本维持现状地下水位。

水生生态：塔里木裂腹鱼人工繁殖及苗种培育技术已被新疆水产科研所攻关掌握，因此可进行塔里木裂腹鱼的繁殖和苗种培育工作，年提供塔里木裂腹鱼鱼苗（3～4 cm）5万尾，连续提供5年。

尾闾湿地：克里雅河尾闾为湿地公园的重要组成部分，吉音水利枢纽工程建成后，可确保三条红线条件下水资源配置方案的实施，更加合理的对克里雅河进行系统治理，加强流域水资源统一管理与调度，合理解决来水与用水矛盾、灌溉与生态用水的矛盾。

4.5 建坝环境保护技术展望

新疆是我国西部重要的生态屏障，在我国生态保护和建设中具有十分重要的战略地位。新疆生态环境十分脆弱，经济用水和生态用水矛盾突出，与水有关的生态环境面临严重危机。水是新疆可持续发展的生命线，必须通过科学配置水资源、全面节约、有效保护和综合管理，科学合理的确定生态保护区的范围、目标和需水总量，明晰生态用水，还水于生态，通过建立健全水生态文明制度体系，实现两个文明建设同步实施，以水资源的可持续利用支撑经济社会的可持续发展和生态环境持续恢复，从根本上保护和改善生态环境，实现天然生态和人工绿洲的和谐发展，加强生态脆弱流域和区域的综合治理与生态修复，实现经济社会发展与生态环境保护相协调。未来新疆建坝环境保护技术应更加关注如下问题：

4.5.1 生态基流确定

目前，在新疆建坝环境保护中，生态基流确定主要考虑国家环保规范要求，内陆干旱区地域、河流的特点，以及生态环境保护要求等，在丰枯比较大的河流，采取的是不小于多年平均流量的10%。可能在某些河流，在尾闾有依靠地下水生长的荒漠植被，仅有年下泄水量要求，无流量的要求。这些生态基流确定过程、成果需要在实践中不断的研究，并得到项目后评价的检验以及环保专业部门、人士的认可，形成内陆干旱区河流的生态基流确定技术、方法。

4.5.2 下泄水温预测及保护

新疆部分调节性能好的高坝大库．其下泄的低温水将对下游灌溉和水生生物带来显著影响。目前，喀腊塑克水利枢纽三层进水口已经建成运行，大石门水利枢纽、吉尔格勒德水利枢纽等几个工程正在开展分层取水建筑物的设计工作。

根据水库水温预测成果，每年的12月至次年3月为非分层期，水库垂直水温差异不大，下泄水温小于或基本接近天然河道水温，可不考虑采取分层取水措施；而4月至11月为分层期，水库水温垂直差异大，下泄水温远低于天然河道水温。采取分层取水措施后，下泄水温将明显提高。可见分层取水建筑物对于提高下泄水温，减缓低温水对水生生物的影响有明显作用。

根据水电工程取水建筑物布置特点，为了实现取表层水的目的，一般可采用进水口分层布置方案和在传统的岸塔式进水口前加设围墙的布置方案。为了对下泄水温预测及保护切实可行，今后还需要对新疆的分层取水建筑物实施效果进行观测、总结。

4.5.3 过鱼设施研究

鱼道大多布置在平原地区的低水头闸坝上，故底坡较缓，提升高度也不大，一般在10 m左右。为了解决中、高水头的鱼类过坝问题，人们采取了其他一些措施，包括鱼闸、机械升鱼、人工孵化场及产卵槽等。

鱼闸适用于中、高水头的大坝，它占地少、投资省，鱼类不必克服水流阻力即能过坝，但是需要进行机械操作，所以过鱼量不是很多。当坝高超过一定高度时，修建鱼道或鱼闸就不够经济，且效果差，因此人工孵化场和产卵槽（即人工增殖放流站）在近年来发展很快。这是一种更接近天然条件（水质、水深、流速及环境等）的解决鱼类繁殖的方法。

综上所述，在今后需要对过鱼设施开展相关研究的主要包括：①在流域规划阶段，进行过鱼设施的建设策略及规划布局的研究；②中低水头大坝过鱼设施方案、高坝过鱼策略及相关技术问题的研究；③针对不同鱼类特性，开展适合鱼类过坝的各种建筑物水力特性的研究，开展具有生态友好的过鱼水轮机等新型机电设备的研究；④开展生态补偿流量、有利于鱼类生存和过坝条件的水库运行调度方式的研究等。

4.5.4 生态调度优化

确定河流生态流量是保护河流生态系统功能的有效措施，也是改善河流生态环境的最根本措施，应根据生物体自身的需水量和生物体赖以生存的环境需水量来确定。充分考虑对生物的保护，模拟自然水文情势的水库泄流方式。如根据鱼类的生物学繁殖习性，结合来水的水文情势，形成有利于鱼类生长、繁衍的“人造洪峰”，使之接近建坝前的水文情势，恢复鱼类产卵条件。

利用河道生态输水，2000年5月开始在塔里木河下游利用开都河天然来水连续偏丰的有利时机，由博斯腾湖调水至大西海子水库，沿塔里木河下游大支流—齐文阔尔河自然河道下泄，结束了塔里木河下游干枯的历史，河道附近的地下水位在输水过程中均呈明显抬升趋势，对河道附近现存的天然植被的生长和复壮收到了明显效果。

制定水库下游河道基本功能的需水量，优化生态调度，需要探讨兼顾多种目标的方案，寻找一种各利益相关者都可以接受的方案，避免社会经济用水量过大而严重挤占生态用水。

研究水库生态调度可有效地减缓或补偿现行调度方式对河流生态环境的不利影响，促进河流生态健康，为流域社会经济的可持续发展提供保障。

4.5.5 天然植被耗水与供水研究

新疆地处欧亚大陆腹地，为典型的内陆干旱区，因远离海洋，呈温带大陆性气候。植被主要有绿洲植被和荒漠植被，有河谷林草、河岸林草、荒漠植被、沙漠植被等。

水资源是干旱区生命支持系统中最为宝贵的财富，水资源的数量和质量制约着经济的发展。保障生态需水意义重大，应重点研究不同生态系统类型的需水特征，包括自然绿洲生态系统（荒漠河岸林、低地草甸、河谷灌丛）需水的时空分布及蒸腾、蒸发规律，主要植物种类的根系特征及吸水性能；进行生态需水的水质特征研究，包括典型植被类型需水的矿化度适宜范围，生态需水的标准等；同时，还需要进行生态需水定额需水量及需水过程的研究，包括典型植被类型的合理生态水位界定，地表水、土壤水、地下水与植物生长定量关系；在此基础上，保证大坝工程影响区植被生态需水，保护生态环境。

第二篇

山区水库建设若干关键技术问题研究进展

第一章

基于灰色模型优选理论的坝型选择研究

1.1　概　述

法国马尔帕塞拱坝在1959年2月溃决失事，死亡失踪500余人，财产损失300亿法郎。张光斗先生说："马尔帕塞拱坝是修在一个错误的坝址，采用了一个错误的坝型，做了不正确的设计。"从这一典型案例，我们不难看出坝型选择的重要性。

坝型选择是水工设计中需要解决的一个重要问题，也是一项十分复杂的综合技术经济问题。涉及到许多影响因素，如造价、工期、地质、地形、枢纽布置、施工条件以及环境问题等等。如何根据坝址区的实际自然条件，比较全面地考虑各种影响因素，选择合适的坝型，仅仅依靠丰富的经验是不能完全胜任的。因为只有在很特殊的情况下，才能肯定某一坝址仅有一个适当的或经济的坝型。通常情况下，一个坝址都有两个或两个以上的坝型方案可供选择，而各个方案互有优缺点，这给决策者优选最佳坝型带来了困难。尤其是随着施工技术和建筑材料的发展，新坝型的不断出现与丰富，坝型选择也更加多样化，这都给坝型选择增加了难度。因此，充分考虑各种影响因素，采用科学的决策方法优选坝型，具有一定的现实意义。

1.2　坝型选择影响因素分析

1.2.1　自然环境条件

自然环境条件的好坏，直接影响工程造价、工期。不同的坝型对自然条件的适应也不相同，面板堆石坝受雨季和严寒等气候条件的干扰较少，可以比较均衡地进行施工；混凝土重力坝、混凝土拱坝，对雨季和严寒等气候条件适应较差。土石坝对水文气象因素极为敏感，在雨季，土料的含水量影响极大，直接制约着大坝的填筑，施工强度将受到影响；冬季土料上冻，如不采取积极措施，也无法进行填筑，且冬雨季填筑施工，存在着高投入、低产出的窘境。而沥青混凝土心墙堆石坝的沥青混凝土具有不透水性、柔性、抗侵蚀性、耐久性、无缝的层间结合，以及由粘塑性和延展性带来的裂缝自愈合性能，受雨季和严寒等气候条件的干扰较少。

1.2.2　地形条件

地形条件在很大程度会影响坝型的初选。土石坝对地形没有特别的要求，而拱坝则不然。宽高比是确定坝址是否适合修建拱坝的主要因素之一，宽高比等于或小于10的坝址可用于修建拱坝。峡谷形状是拱坝设计中应考虑的重要因素，它影响坝的厚度，从而影响其经济性。当某一坝址从其他方面来评价处于模棱两可时，峡谷形状便成为能否采用拱坝的决定因素。李家峡水电站坝址河谷断面呈"断面形，宽高比为2.26，两岸基本对称，选用了圆等厚双曲拱坝；万家寨水利枢纽，在坝型选择上，因大坝基础坐落在中寒武系厚层灰岩上，岩性坚硬，完整性好，适宜修建曲线重力坝和重力拱坝，因为坝址为宽"两岸形河谷，地形条件对于曲拱不利，拱向分载很小，所以选用直线重力坝型。

1.2.3 地质条件

地质条件要看承载坝体重量的地层的地质特性和厚度，其倾角、渗透性及其同下面地层、断层、裂隙等的关系而定。它在一定程度上限制着坝型的选择，但这与坝高是相关联的。常见的地基有坚实岩基、砾石地基、粉砂或细砂地基、黏土地基、非均质地基等，适用于不同的坝型。总的说来，土石坝对地质条件的要求要低于重力坝和拱坝。铜头水电站坝址区河谷狭窄，考虑了拱坝、堆石坝方案。因为雨季较长，堆石坝方案宜采用混凝土面板堆石坝，但材料条件不够好，投资较高；陡峻的岩坡使堆石坝刚性面板与岸坡连接可靠性差，特别是初期坝体沉陷较大，面板易拉裂。一个枯水期同时完成坝体填筑与面板施工不太可能，风险较大。对拱坝方案，峡谷是兴建双曲薄拱坝的好条件，通过坝肩稳定分析，拱坝安全可靠且节省投资约1 000万元，因而选用拱坝坝型。

1.2.4 坝型与枢纽布置

枢纽布置是研究枢纽中多个水工建筑物之间的相互位置。在坝址区如何布置溢洪道、厂房等水工建筑物，选择不同的坝型会给设计带来不同的难度。例如，溢洪道作为坝的一项重要附属建筑物，其尺寸、型式及自然条件对其位置的限制，往往成为坝型选择的控制因素。溢洪道的大小，主要取决于径流与河道流量等水文特性以及库容；溢洪道型式的选择则受泄洪量的影响，尤其在洪水大的河流上，溢洪道就显得更加重要了。在枢纽布置时，泄洪量大而位置又狭小时，可以考虑把溢洪道与坝合为一体，采用混凝土溢流坝；而当位置足够时，则可选择土石坝。如五强溪水电站枢纽布置，由于泄洪量大，坝址处无合适的娅口作为当地材料坝的溢洪道，从地形地质条件等综合考虑以采用混凝土重力坝为宜。

1.2.5 抗震性能

在地震烈度较高的地区，选取一种抗震性能好的坝型，对大坝的安全尤为重要，特别是高坝。

重力坝总体安全可靠度最高，尽管从理论分析和科学试验上可以论证某种坝型如何安全可靠，但当代世界坝工实践表明，在各种坝型高于30 m的大坝中，只有重力坝没有失事实例。国内外已公开报道的经受了强烈地震检验的较高重力坝为印度柯依那（Koyna）重力坝（坝高103 m），1967年经受了大于8级的地震。中国新丰大头坝（支墩坝，坝高105 m），1962年经受了8级地震考验。以上两坝在地震中坝体均产生裂缝，并出现轻微渗漏，但均未产生危及大坝安全的致命损伤和难以修复的损坏。

拱坝具有相当好的抗震安全可靠度。这是通过多年来理论分析和科学实验得出的结论，是当前坝工界的共识。但是应充分认识到，拱坝的安全主要取决于两岸拱座岩体的稳定，以及拱坝的抗滑稳定条件。工程实践表明，混凝土拱坝受其自身和周围介质温度、湿度变化的影响及基础约束的作用，极易产生裂缝；而裂缝的出现会破坏拱坝的整体性，降低混凝土的耐久性，并导致渗流场的变化。以上诸多因素当然会影响到拱坝的安全可靠度。我国的小湾工程地处高山峡谷，地质条件较为复杂，又位于高地震区域内，选用的是抛物线型变厚双曲拱坝。墨西哥坝高265 m的奇柯森坝，估计岸坡可能发生滑动，因此放弃了兴建拱坝的方案。美国209 m高的奥本坝原本选用双曲拱坝，并已花费2.151亿美元施工，在施工过程中于1975年8月1日发生5.7级地震，发震的皮尔山断层的两条支断层又经过奥本坝附近，于是停止施工，重新研究地震（花费3 000万美元）和设计方案，最后选用土石坝。

土石坝也可以建立在强震区，相对来说心墙堆石坝抗震性能较好。在1995年以前，国外已建成或基本建成150 m高上下的土石坝中，设防烈度等于或大于9度的共有12座，均为土心墙堆石坝。墨西哥英菲尔尼罗心墙堆石坝（坝高148 m），经受了10级地震的考验而受损不大。墨西哥的奇柯森坝，地震烈度为9度，也采取了可塑性不透水心墙坝。前苏联的努列克坝（坝高300 m），由于坝址上游12 km和下游40 km各有一条大断裂，坝址又处于8～9级地震区内，也选用了心墙堆石坝。土石坝在地震作用下，多数将产生沉降变形、裂缝、滑坡等事故，因此在设计中要采取好的抗震设计结构措施。对于混凝土面板堆石坝，从技术理论分析上认为它有较好的工程抗震性能。2008年5月12日，四川省汶川县发生里专家或评价者对某一评价因素的一个区间估计，即对可概算的评价因素则为一个概算范围。对定性因素分析则是一种估价的等级区间。例如，将定性评价因素施工干扰度的大小程度分为5个等级，即评语集$V=\{$很大，大，一般，小，很小$\}$，由于备选方案的有限性，以及在现实施工中，不存在对施工干扰度最满意、最完美的方案，评语集中“很大”“很小”只是相对在n个备选方案中某方案施工干扰度的评价，因此将“很大”状态置于0.8的满意度，“很小”状态置于0.2的满意度，中间状态按线性分布考虑。让专家在数轴上的几个等级上评价估算几次，这几次的结果可能不会落在一点上，但总会稳定在一个区间范围内。若有n个评价者，就可以有n个施工干扰度的区间估计值，从而形成一个集值统计序列。

$|u_1^{(1)},\ u_2^{(2)}|,\ |u_1^{(2)},\ u_2^{(2)}|,\ \cdots,\ |u_1^{(n)},\ u_2^{(n)}|$

这n个子集序列叠加在一起，就形成覆盖在评价值轴上的一种分布，可用下式描述：

$$\overline{X}(u)=\frac{1}{n}\sum_{k=1}^{n}x_{[u_1^{(1)},u_2^{(2)}]}(u) \qquad \text{（式 1.3-4）}$$

其中

$$x_{[u_1^{(1)},u_2^{(2)}]}(u)=\begin{cases}1, & \text{当 } u_1^{(k)}\leqslant u\leqslant u_2^{(k)}\\ 0, & \text{其他}\end{cases}$$

称$\overline{X}(u)$为样本落影函数。则评价因素g的估计值便可由下式获得：

$$\bar{u}=\int_{u_{\min}}^{u_{\max}}u\cdot\bar{x}(u)\,\mathrm{d}u\Big/\int_{u_{\min}}^{u_{\max}}\bar{x}(u)\,\mathrm{d}u \qquad \text{（式 1.3-5）}$$

式中$u_{\max}$和$u_{\min}$分别为评价因素g可能取得的最高值与最低值。

可以证明：

$$\int_{u_{\min}}^{u_{\max}}\bar{x}(u)\,\mathrm{d}u=\frac{1}{n}\sum_{k=1}^{n}[u_2^{(k)},u_1^{(k)}] \qquad \text{（式 1.3-6）}$$

$$\int_{u_{\min}}^{u_{\max}}u\cdot\bar{x}(u)\,\mathrm{d}u=\frac{1}{2n}\sum_{k=1}^{n}[(u_2^{(k)})^2,(u_1^{(k)})^2] \qquad \text{（式 1.3-7）}$$

因此，

$$\bar{u}=\frac{1}{2}\sum_{k=1}^{n}[(u_2^{(k)})^2-(u_1^{(k)})^2]\Big/\sum_{k=1}^{n}[u_2^{(k)}-u_1^{(k)}] \qquad \text{（式 1.3-8）}$$

当评价因素g可以准确定量时，对所有的k，有$u_1^{(k)}=u_2^{(k)}=c$。

例如，很明确某方案施工干扰度这个影响因素是“很大”的，取定值0.8。

据式（1.3-4），此时

$$\bar{x}(u)=\begin{cases}1, & \text{当 } u=c \text{ 时}\\ 0, & \text{其他}\end{cases} \qquad \text{（式 1.3-9）}$$

则评价因素g的估价值$\bar{u}$为：

$$\bar{u}=\int_{u_{\min}}^{u_{\max}}u\cdot\bar{x}(u)\,\mathrm{d}u\Big/\int_{u_{\min}}^{u_{\max}}\bar{x}(u)\,\mathrm{d}u=c \qquad \text{（式 1.3-10）}$$

式（1.3-8）就是估价量化模型。这种评价方法不仅可以处理不明确的模糊评价，而且很方便地集中了多种不同意见，减少了评价中的随机误差。更重要的是，它可以充分地利用评价过程中的信息，除了获得评价因素的评价值$\bar{u}$外，还可通过分析$\bar{x}(u)$获得评价者或专家对评价因素的把握程度，从而得到评价值$\bar{u}$的可靠程度。

（1）当评价因素可以准确定量计算时，$\bar{x}(u)$除在$\bar{u}=c$点等于1外，其他点为0，说明专家对评价因素取值完全有把握。

（2）对难以准确定量计算的评价因素，当n个估价区间分布比较集中时，则说明专家对评价因素把握较高。

（3）当n种估价区间很不集中，说明专家对评价因素把握较小。

1.3.6 影响因素权重的确定

在决策过程中，权重是至关重要的，它反映了各个评价因素在综合过程中所占有的地位或所起的作用，它直接影响到综合决策的结果。评价因素权重的确定可以通过专家咨询法，层次分析法，模糊统计分析法等方法得出。下面简述用改进的层次分析法确定权重。

（1）层次分析法（AHP法）

它是美国著名运筹学家，匹兹堡大学教授T.L.Satyt在20世纪70年代提出的。这种方法能充分利用人的思维判断在决策过程中的作用，有效地处理定性因素与定量因素之间的关系，特别是定性因素起主导作用的决策问题。

AHP法把复杂的问题分解成各个特征指标，并将这些特征指标按支配关系分组，形成有序的递阶层次结构，通过两两比较的方式确定层次中各特征指标的相对重要性，然后综合人们的判断以决定各特征指标的相对重要性总排序。利用层次分析法计算评价指标的权重分配，可以大幅度地减少主观因素。

但是AHP法主要存在两方面的问题。一是由于考虑因素的多样性，决策者很难用1～9标度来刻画各个因素的相对重要程度。尤其是当同一层的特征指标较多时，更容易使决策者作出矛盾混乱的判断。二是用AHP法必须对特征指标权重判断矩阵作一致性检验。因为在实际应用中，特征指标权重判断矩阵的建立，一般是凭大致地估计来调整的，虽然行之有效，但毕竟带有一定的盲目性，并且不能排除需要经过多次调整才能通过一致性检验的可能性，从而人为地增加了计算工作量。

基于上述问题，采用一种新的带自调解功能的层次分析法即改进的层次分析法。其标度采用-1，0，1三个，避免了不宜选定标度的困难。采用自调节方式建立比较矩阵，然后通过最优传递矩阵，再将其转化为一致性判断矩阵，不需要进行一致性检验，使之自然满足一致性要求。

（2）改进的AHP法原理与步骤

记评判空间为$S=\{U,G,A\}$，其中$U=\{U_1,U_2,\cdots U_m\}$是某层次上的m个特征指标，G是其上一层次中的某个特征指标，A是U关于G的判断矩阵，按下述方法建立判断矩阵A，并求出U中各特征指标的相对权重值。

具体步骤如下：

（1）置L=1

① 确定比较矩阵$C=(C_{ij})_{mj}$的第L行中的未知评价因素

$$C_{Lj}=\begin{cases}-1, & u_i\text{劣于}u_j\\ 0,\ u_i\text{与}u_j\text{优劣相同}, & 1<j\leqslant m\\ 1, & u_i\text{与}u_j\end{cases}\qquad\text{（式1.3–11）}$$

② 划分评价因素集合$D_L=\{j|j=L+1,L+2,\cdots,m\}$为：

$$H_L=\{j|C_{Lj}=-1,j\in DL\}$$
$$M_L=\{j|C_{Lj}=0,j\in DL\}$$
$$L_L=\{j|C_{Lj}=1,j\in DL\}$$

并构造集合：

$$DH_L=(L_L\times H_L)\cup(L_L\times H_L)\cup(L_L\times M_L)$$
$$DM_L=M_L\times M_L$$
$$DL_L=(H_L\times M_L)\cup(H_L\times L_L)\cup(M_L\times L_L)$$

③ 如果DH_L、DM_L、DL_L全为空集，转到④，否则令：

$$C_{Lj}=\begin{cases}-1, & (i,j)\in DH_L\\ 0, & (i,j)\in DM_L\\ 1, & (i,j)\in DL_L\end{cases}\qquad\text{（式1.3–12）}$$

④ 如果$L=m-1$，转②，否则令$L=L+1$，转回①。

（2）按下式求出$C=(C_{ij})_{mj}$的其它特征指标

$$C_{ij}=\begin{cases}0, & i=j\\ -C_{ij}, & i>j\end{cases}\qquad\text{（式1.3–13）}$$

（3）求$O=(O_{ij})_{mj}$，其中：

$$O_{ij}=\frac{1}{M}\sum_{k=1}^{m}(C_{ik}+C_{kj})\qquad\text{（式1.3–14）}$$

（4）求$A=(a_{ij})_{mj}$的特征向量，作为各评价因素的相对权重值，其中：

$$A_{ij}=\exp\{O_{ij}\} \quad （式1.3-15）$$

特征向量的计算方法有：求和法、正规量化求和法、方根法、特征向量法、权的最小平方法。在此我们采用方根法计算矩阵A的特征向量。

（1）计算矩阵A每行评价因素的乘积

$$M_i=\prod_{j=1}^{n}a_{ij}$$

（2）计算M_i的n次方根b_i

$$\overline{b}_i=\sqrt[n]{M_i},\ i=1,2,,\cdots,n \quad （式1.3-17）$$

（3）对向量b_i作规一化或正规化处理，则

$$\overline{W}_i=\overline{b}_i\Big/\sum_{k=\bar{b}_i}^{n} \quad （式1.3-18）$$

从而计算出矩阵A的特征向量$W=(W_1,W_2,\cdots,W_n)^T$

而W即为各评价因素的重要性排序，也即权重值。

1.4 坝型优选实例应用

1.4.1 乌鲁木齐市大西沟水库

1.4.1.1 工程概况

1. 工程基本概况

大西沟水库是乌鲁木齐河上的龙头水库，水库位于乌鲁木齐县，坝址处距乌鲁木齐市68 km，距乌拉泊水库58 km，大西沟水库工程任务为防洪兼顾灌溉、城市工业供水。工程总投资79 499.33万元。

2. 工程水文条件

乌鲁木齐河发源于乌鲁木齐市南部山区的天格尔Ⅱ峰附近1号冰川，源头海拔4 500 m以上，流域总面积6 600 km^2，全长214 km。全河在乌鲁木齐市境内长约140 km，从南向北穿越乌鲁木齐市区中心河道长32.3 km，乌鲁木齐河是乌鲁木齐市工农业生产、生活、城市用水的主要水源。乌鲁木齐河多年平均年径流量2.44亿m^3，多年平均流量7.72 m^3/s。乌鲁木齐河的洪水成因及类型可分为冰雪融水型、暴雨型、混合型。

大西沟水库坝址处多年平均气温1.4℃，多年平均年降水量452.02 mm，多年平均水面蒸发量为1 020.51 mm。最大冻土深度1.5 m，平均风速2.3 m/s，最大风速17 m/s。多年平均悬移质输沙量14.93万t，多年平均推移质输沙量为4.927万t，总输沙量19.857万t。

3. 工程等别和标准

水库总库容6 990万m^3，最大坝高90 m，工程规模为大（1）型Ⅰ等工程。主要建筑物大坝、溢洪道、泄洪兼导流洞和放水灌溉洞（参与泄洪）为1级建筑物，临时建筑物为4级。

年最大洪峰流量集中发生在6～8月。设计洪水标准为1 000年一遇，入库洪峰流量1 410 m^3/s；校核洪水标准为10 000年一遇，入库洪峰流量2 180 m^3/s。

工程区毗邻北天山地震带，根据中国地震动参数区划图（GB18306-2015）工程场地动峰值加速度为0.15 g，相应的基本烈度为Ⅶ度。

4. 特征水位

依据可研阶段调洪演算成果和新疆乌鲁木齐河大西沟水库水利枢纽可行性研究报告咨询意见，水库特征水位为：

正常蓄水位：1 961 m；

设计洪水位：1 981 m；

校核洪水位：1 988 m；

汛期限制水位：1 935 m；

死水位：1 935 m。

5. 坝址的工程地质条件

工程区位于天山北麓，乌鲁木齐盆地南缘，属天山中部。区域内地势西、南高，北、东低，西部属高山区。水库区构造简单，无区域性断层通过。

库盆两岸山体雄厚，无低矮垭口和邻谷存在，构成库盆的岩石为相对不透水的凝灰岩、砂岩，无水库渗漏；不存在水库诱发地震等工程地质问题。由于库尾跃钢电厂等工矿企业长年弃渣堆积于河道，库区上游固体径流来源多。

水库左岸由侏罗系地层构成的陡立岩质边坡，平行和垂直岸坡的节理裂隙大坝、泄洪兼导流洞、放水灌溉洞及溢洪道基岩岩性为下石炭统齐尔古斯套群的凝灰岩、泥质凝灰岩，河床砂砾石层较厚，岩石风化较强烈。

河床为第四系冲积砂卵砾石层，深度为20～23 m，天然密度2.23～2.26 g/cm^3，干密度2.18～2.21 g/cm^3，为强透水层。覆盖层下伏基岩为凝灰岩和泥质凝灰岩，基岩强风化层厚为3～5 m，节理裂隙发育，岩体破碎。坝基相对不透水层（$q<$ 5Lu）埋深在基岩面以下10～20 m。

左岸边坡较陡，卸荷裂隙较发育，潜在不稳定体10个，其中SL10对工程有影响。右岸发育Ⅰ～Ⅲ级阶地，自然边坡坡度30地～40地，Ⅲ级阶地面较平坦，阶面宽100～150 m，表层为风积黄土、洪积粉土、碎石土，下部为冲积砂卵砾石，坡脚处堆积碎石土，厚3～5 m 左右，基岩岩性为下石炭统齐尔古斯套群（C_1qr）的巨厚层状凝灰岩和凝灰质泥岩，基岩强风化层厚度3～5 m，弱风化层厚为30 m左右。相对不透水层（$q<$ 5Lu），基岩面以下埋深20～30 m。

1.4.1.2 大西沟水库坝型优选模型

结合大西沟水库的实际情况，认为大西沟水库坝型可以考虑选择黏土心墙坝、沥青混凝土心墙坝、混凝土面板坝、碾压混凝土重力坝这四种坝型。下面对选择坝型的影响因素进行分析。

1. 坝型优选影响因素的分析

（1）工程造价

对四种坝型的总投资进行了估算：黏土心墙砂砾石坝71 467万元，沥青混凝土心墙砂砾石坝71 140万元，混凝土面板砂砾石坝72 767万元，碾压混凝土重力坝79 104万元。

从工程投资方面看，沥青混凝土心墙砂砾石坝投资较低，黏土心墙砂砾石坝次之，碾压混凝土重力坝投资最高。

（2）地形、地质条件

坝址区河谷呈“址区型，两岸不对称，河床宽130～140 m。河床覆盖层厚13～14 m；右岸Ⅲ级阶地宽100 m，高程1 978 m～1 985 m，覆盖层厚6～29.2 m。坝址区为单斜构造，岩层产状：310～315区为单∠30～405，倾向上游偏左岸。坝址区断层、节理裂隙发育，断层以NW、NE向为主。当地材料坝对地形地质条件都具有较强的适应性，坝基岩性为凝灰质泥岩、凝灰岩，岩石呈巨厚层状碎裂结构，基岩强风化层厚3～8 m。碾压混凝土重力坝比较适应上坝线的地形条件，坝基岩性为凝灰质泥岩、凝灰岩，岩石呈巨厚层状碎裂结构，属中硬岩。

对黏土心墙砂砾石坝及沥青混凝土心墙砂砾石坝，其工程地质条件较好。左岸结构面较发育，但对基础稳定影响相对较小，同时左坝肩F_{108}断层不稳定体心墙部位须挖除，坝壳部位可保留。对混凝土面板砂砾石坝，左岸结构面较发育，因此不利于趾板边坡稳定，左坝肩F_{108}断层不稳定体趾板以上的部分须挖除，但趾板边坡开挖工作量大，因此面板坝工程地形、地质条件较心墙坝差。对碾压混凝土重力坝，基础无大的稳定问题，但存在一些缓倾、连续性差的不利结构面，对坝基抗滑稳定不利，同时左坝肩F_{108}断层不稳定体坝基（肩）均须挖除，开挖工作量大。

（3）枢纽布置

受坝址区地形条件的限制，对土石坝进行枢纽布置，可以在河床及右岸阶地布置黏土心墙坝，右岸布置溢洪道，左岸布置导流兼泄洪洞、放水洞。而对于碾压混凝土重力坝，可在河床及右岸阶地均布置碾压混凝土重力坝，在主河床段布置表孔和泄水底孔，该方案枢纽省去了溢洪道、泄洪洞、放水洞。与当地材料坝枢纽布置相比，碾压混凝土重力坝布置更紧凑。

（4）抗震性能

黏土心墙体积较大，即使在强震时防渗体产生裂缝，在反滤保护下容易自愈，不易产生重大漏水等事故，具有较强的抗震能力。沥青混凝土抗剪强度高，抗疲劳损伤的能力强，具有较好的塑性与柔性，适应变形的能力较强，具有较好的抗震性能，但没有经受过强震的考验。对于混凝土面板堆石坝，堆石体位于面板下游，一般处于无水状态，不会因地震而形成附加孔隙水压力，堆石料强度降低较少，抗震稳定性好。但面板为刚性结构，强震时容易开裂并有经受过强震的考验。碾压混凝土重力坝也具有良好的抗震性能。

工程项目区为7度区，大坝设防烈度为7度，要求坝体（包括防渗体）抗震性能要好。三种土石坝坝型均为散粒类材料，均有较好的抗震性能，面板坝更是经受过9级地震的考验。从抗震性能比较，混凝土重力坝较优。

（5）施工干扰度

从工程的全面展开来看，由于枢纽区场地狭窄，各建筑物布置紧凑，隧洞进出口集中，开挖、浇筑混凝土分层较多，心墙坝防渗土料填筑和反滤料、坝壳料施工项目之间干扰较大；沥青混凝土心墙坝施工项目中沥青混凝土和过渡料可同时填筑施工，但沥青需外运，需专用拌和设备和铺筑碾压机具，施工干扰相对较小；混凝土面板砂砾石坝坝体填筑施工较为简单，坝基防渗体施工不影响坝体填筑；碾压混凝土重力坝由于河床帷幕灌浆施工可在灌浆廊道内进行，施工项目单一，技术较先进，不影响施工。

（6）自然气候

从对当地气候的适应能力来看，黏土心墙防渗体位于坝体内部，心墙所处环境温度恒定，恶劣的气候条件只对心墙的施工有一定的影响，不会引起安全问题；沥青混凝土防渗体位于坝体内部，心墙所处环境温度恒定，沥青混凝土的各项特性不受气候影响，恶劣的气候条件只对心墙的施工有一定的影响，也不会引起安全问题。

对于混凝土面板，面板防渗体较薄，而且位于坝体表面，恶劣的气候对面板混凝土和复杂的止水系统的防冻设计具有更高的要求；而对于碾压混凝土重力坝，坝体混凝土大部分曝露在外界，尤其是上、下游水位变动区混凝土受外界环境影响更大，因此对这部分混凝土的抗冻设计和防护提出了严格的要求。

（7）运行管理

① 从运行维护管理方面：三种土石坝在右岸布置溢洪道，左岸布置导流兼泄洪洞、放水洞。建筑物布置较为分散，运行期管理不便；碾压混凝土重力坝将泄水建筑物均布置在大坝河床坝段上，布置紧凑，运行期管理较为方便。

② 从运行期检修及加固处理方面：黏土心墙坝坝体及坝基漏水时可通过灌浆处理；沥青混凝土心墙坝坝体及坝基漏水时可通过过渡层进行灌浆处理，但难度较大，可靠性较差；混凝土面板堆石坝面板、周边缝及坝基漏水时处理较为困难；碾压混凝土重力坝的检修加固较为方便，可通过坝基廊道和坝体进行灌浆堵漏处理，与土石坝相比较为简便效果明显。

2. 坝型优选模型的建立

在各坝型坝体的应力条件满足设计要求，防渗性能满足坝体结构设计，防渗体性能及筑坝材料满足规范要求，坝体安全运行能够得到保证的前提下，建立如下坝型选择模型：

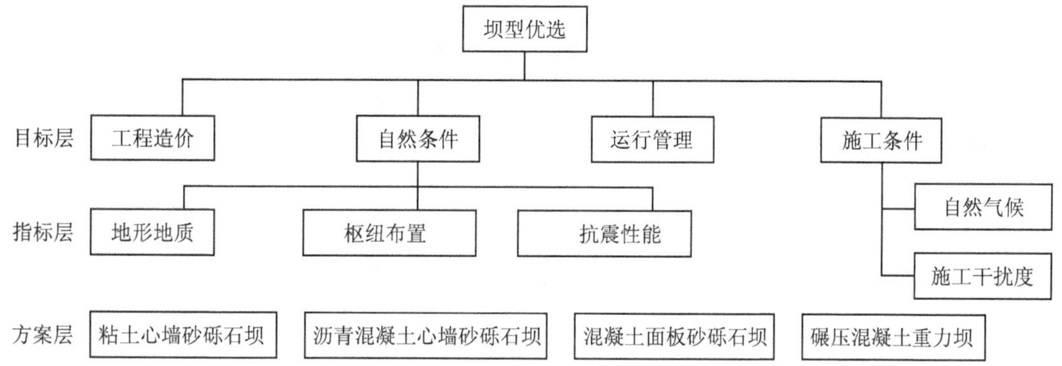

图 1.4-1 大西沟水库坝型优选模型示意图

1.4.1.3 用灰关联综合评估优选大西沟水库坝型

(1)构造四个方案比较数据序列。对于方案中非量化的影响因素进行白化处理,定量化的影响因素则无须处理,下列影响因素依次为工程造价、地形地质条件、枢纽布置、抗震性能、运行管理、自然气候、施工干扰度。

$$X_1=(71467,0.8,0.70,0.75,0.70,0.75,0.75),$$

$$X_2=(71140,0.8,0.70,0.70,0.75,0.80,0.70),$$

$$X_3=(72767,0.75,0.70,0.75,0.80,0.70,0.65),$$

$$X_4=(79104,0.65,0.80,0.80,0.80,0.65,0.80),$$

其中X_1,X_2,X_3,X_4分别代表黏土心墙坝、沥青混凝土心墙坝、混凝土面板砂砾石坝、碾压混凝土重力坝方案。由于坝型优选模型是分层次的,因此对于这些影响因素由低层到高层逐层求解。

(2)自然条件及施工条件的灰关联综合评估(第二层次评估)。

1)自然条件的灰关联综合评估

① 确定参考数据序列。四个方案坝址地形地址条件、枢纽布置和抗震性能参考数据序列由四个方案的坝址地形地质条件、枢纽布置和抗震性能最佳值组成:

$$X_0=(71467,0.8,0.70,0.75,0.70,0.75,0.75)$$

② 求各数据序列的均值像。应用如下公式:

$$x_i(k)=\frac{x_i(k)}{\overline{X}_i},\overline{X}_i=\frac{1}{n}\sum_{i=1}^{n}x_i(k);\ k=1,2,\cdots,n。$$

得到:

$$X_1=(1.067,0.966,1.000),$$

$$X_2=(1.067,0.966,0.933),$$

$$X_3=(1.000,0.966,1.000),$$

$$X_4=(0.867,1.103,1.067),$$

$$X_0=(1.067,1.103,1.067)。$$

③ 应用灰关联方法计算四个方案的坝址地形地质条件、枢纽布置和抗震性能的关联系数,得到关联系数矩阵:

$$E=\begin{bmatrix}1.000 & 0.420 & 0.600\\ 1.000 & 0.420 & 0.429\\ 0.600 & 0.420 & 0.600\\ 0.333 & 1.000 & 1.000\end{bmatrix}。$$

④ 请熟悉大西沟水库工程实际情况的专家各自独立地给出坝址地形地质条件、枢纽布置和抗震性能的权重(和为1)。采用加权统计法计算权重,得出它们的权重为:[0.3,0.45,0.25]。

⑤ 自然条件的综合评判结果矩阵为:

$$R=P\times E=[0.639\quad 0.5\%\quad 0.519\quad 0.800]^T。$$

2)施工条件的灰关联综合评估

步骤同上。此时的参考数据序列:$X_0=(0.918,1.103)$。对施工条件进一步分层,也采用上述方法获得权重,得出施工干扰度、自然气候的权重为:[0.45,0.55]。施工条件的综合评判结果矩阵为:

$$R=P\times E=[0.780\quad 0.352\quad 0.434\quad 0.382]^T。$$

(3)坝型优选综合评估(第一层次评估)。

1)在上一层评价的基础上,列出四个方案的数据序列并确定参考数据序列:

$$X_1=(71\ 467,0.639,0.780,0.750),$$

$$X_2=(71\ 140,0.596,0.825,0.700),$$

X_3=(72 767,0.519,0.434,0.650),

X_4=(79 104,0.800,0.382,0.800),

X_0=(71 140,0.800,0.825,0.800),

求出各数据序列的均值像,得到:

X_1=(0.971,0.639,0.780,1.034),

X_2=(0.966,0.596,0.825,0.966),

X_3=(0.988,0.519,0.434,0.897),

X_4=(1.074,0.800,0.382,1.103),

X_0=(0.966,0.800,0.825,1.103)。

3)应用灰关联方法计算四个方案的关联系数,得到关联系数矩阵:

$$E=\begin{bmatrix}0.980 & 0.580 & 0.830 & 0.763\\1.000 & 0.521 & 1.000 & 0.617\\0.909 & 0.441 & 0.362 & 0.517\\0.672 & 1.000 & 0.333 & 1.000\end{bmatrix}。$$

4)请熟悉大西沟水库工程实际情况的专家

各自独立地给出工程造价、自然条件、施工条件和运行管理的权重(和为1),采用加权统计法计算权重,得出它们的权重为:[0.3,0.3,0.2,0.2]。

5)坝型优选的综合评判结果矩阵为:

$$R=P\times E=[0.787\quad 0.780\quad 0.581\quad 0.768]^T。$$

因此,大西沟水库坝型优选的排序为:黏土心墙坝>沥青混凝土心墙坝>碾压混凝土重力坝>混凝土面板砂砾石坝(>表示优于)。

1.4.2 民丰县尼雅水库

1.4.2.1 工程概况

1. 工程基本概况

尼雅水利枢纽工程位于新疆和田地区民丰县尼雅河中上游,枢纽区东距乌鲁木齐市1 300 km,西距和田市390 km,北距民丰县90 km。尼雅水利枢纽工程是尼雅河流域规划推荐的一期重点工程,具有防洪、灌溉、发电等综合利用功能。枢纽工程由拦河坝、右岸泄洪洞、左岸泄洪冲砂洞、发电引水系统等组成。

2. 工程气象条件

尼雅河是民丰县境内最大的一条河流,流域面积为7 146 km^2,河道全长210 km,坝址处控制流域面积1 413 km^2,坝址处多年平均径流2.18亿m^3。

尼雅河流域属典型的大陆性干旱荒漠气候,流域年平均气温为11.1℃,一月平均气温-6.1℃,七月平均气温25.1℃,极端最高气温41.5℃,极端最低气温-28.3℃。大风天气一般发生在春季和夏初(4~8月),风向WSW,多年平均最大风速18 m/s。最大冻土深度60 cm。尼雅河流域每年11月进入结冰期,最早结冰期是11月1日,最晚结冰期是11月20日,融冰为3月中旬,最大结冰厚20 cm,至今没有发生过冰洪。

推移质由于无实测资料,根据我国山区河流一般规律,推移质为悬移质的15%~30%;结合当地实际情况,尼雅河流域属土石山,推移质按悬移质的15%考虑,水库坝址断面推移质输沙量为36.6万t。多年平均输沙总量为280万t。

3. 工程等别和标准

水库正常蓄水位2 663 m,最大坝高131 m,总库容4 220万m^3,控制灌溉面积10万亩,电站装机容量6 000 KW,多年平均发电量1 873万kw·h,属Ⅲ等中型工程。水库设计洪水标准为50年一遇,相应的洪峰流量为919 m^3/s;校核洪水标准为1 000年一遇,相应的洪峰流量为2 549 m^3/s。

4. 特征水位

正常蓄水位：2 663 m；

设计洪水位：2 670.9 m；

校核洪水位：2 673 m；

汛期限制水位：2 660.0 m；

死水位：2 615 m。

5. 坝址的工程地质条件

坝址出露基岩为泥盆系变质砂岩、变质混合岩。

左坝肩：岸坡冲沟不发育，坡面起伏，岸坡上部为基岩，表面风化严重，局部坍塌滑落，岸坡下部发育Ⅱ级基座阶地，阶地前缘呈陡坎，或直立，阶地面高程2 564 m，阶地宽10～15 m，阶地表层堆积6～8 m的碎石土，底部为4～6 m漂卵砾石层，最大粒径2～2.5 m，稍密～密实，底部具有泥质胶结，阶地后缘堆积有5～8 m坡积碎石土层。基岩顶板高程2 561 m，岩性为泥盆系变质砂岩，呈碎屑结构，层状、块状构造，属中硬岩，岩体全风化层厚0.2～0.5 m，强风化层厚5～7 m，弱风化层厚15～17 m。

河床坝基段：现代河床段宽25～35 m，漂卵砾石层厚4.5～5.0 m。坝基基岩为变质砂岩，呈碎屑结构，层状、块状构造，河床中强风化层厚5～7 m，弱风化层厚15～17 m。坝基断层不发育，主要有两组裂隙发育，其中：顺河向为岩层层面发育，裂隙延伸长度大，对坝基防渗不利。坝基岩石为中硬岩，坝基防渗小于5Lu基岩深度为10～15 m，小于3Lu基岩深度为20～25 m，小于1Lu基岩深度为35～40 m。

右坝肩：岸坡发育小冲沟，坡面起伏，岸坡上部为第四系坡积碎石土，厚度5～7 m，岸坡下部前缘呈陡坎或直立，下伏基岩顶板高程2 563 m，岩性为泥盆系变质砂岩，属中硬岩，岩体全风化层厚0.2～0.5 m，强风化层厚5～7 m，弱风化层厚15～17 m。

1.4.2.2 尼雅水库坝型优选模型

结合尼雅水库的实际情况，初步选择当地材料坝和混凝土重力坝两种基本坝型进行比较。当地材料坝方案根据料场勘察成果可知，坝址下游有储量丰富、质量满足要求的筑坝砂砾石料，具备修混凝土面板堆石坝和沥青混凝土心墙坝的条件。坝址附近无土料场，无黏土心墙防渗材料。因此，当地材料土石坝坝型初拟为沥青混凝土心墙坝和混凝土面板堆石坝两种坝型；混凝土重力坝采用碾压式混凝土重力坝。

1. 坝型优选影响因素的分析

（1）工程造价

沥青混凝土心墙砂砾石坝方案工程总投资109 945万元，混凝土面板砂砾石坝方案工程总投资110 464万元，碾压混凝土重力坝投资123 361万元。

从工程投资方面看，沥青混凝土心墙砂砾石坝投资较低，混凝土面板砂砾石坝次之，混凝土重力坝投资最高。

（2）工期

根据工程规模和施工强度平衡，计算坝基处理、坝体填筑和混凝土施工（混凝土护坡或混凝土面板）等工期，可得：沥青混凝土心墙坝为46个月，混凝土面板坝为42个月，混凝土重力坝约55个月。混凝土面板坝工期最短。

（3）地形、地质条件

由坝址区地形、地质条件可知，均可满足这三种坝型的建坝条件。

① 坝址两岸都存在高陡边坡：左岸坝肩以上边坡表层强风化层内局部块体具有不稳定因素，边坡稳定问题以崩塌为主；右岸岩体整体呈不稳定状态，需对右坝肩及坝肩以上岸坡约50 m范围岩体处理。不稳定体对面板坝的面板、趾板及接缝止水结构构成较大安全威胁，而沥青混凝土心墙坝防渗体在坝体内部，崩塌物对坝体防渗系统威胁不大。因此沥青混凝土心墙坝运行环境较混凝土面板坝好。但工程措施处理后，都可保证坝体部分岩体稳定，不影响坝体安全。碾压混凝土重力坝对坝基和岸坡的要求高于土石坝，基础需开挖至微风化层上部，左右岸的不稳定体需全部清除。采取工程措施处理后，都可保证坝体部分岩体稳定，不影响坝体安全。

② 混凝土面板砂砾石坝两岸趾板基础开挖，会存在较高的边坡，石方开挖量大。从对地形地质条件的适应性比较，两种土石坝坝型对该地形地质均适合，不存在制约因素。坝基岩层属于中硬岩，微风

化岩石强度仅为45 MPa，混凝土重力坝地质适应性略差。

（4）枢纽布置

沥青混凝土心墙坝：河床布置心墙坝，坝顶高程2 673.80 m，坝线长352 m，最大坝高131 m，上游坝坡1∶2.25，下游综合坝坡1∶2.01，坝顶宽度10 m。枢纽布置同面板坝基本一致。围堰和坝体相结合，由于坝坡相对较缓，坝体工程量较大。

面板坝：要单独作施工围堰，坝顶高程2 675.30 m，坝线长354 m，最大坝高130 m，上游坝坡1∶1.6，下游综合坝坡1∶1.61，坝顶宽度10 m，泄洪排沙洞灌溉发电引水洞和电站厂房布置在左岸，表孔泄洪洞布置在右岸。

碾压混凝土重力坝：由于河道狭窄，不具备分期导流条件，在右岸布置了导流洞。坝身布置了泄洪底孔、表孔和灌溉引水洞。

从枢纽布置方面比较，当地材料坝坝型相当，碾压混凝土重力坝布置更紧凑。

（5）抗震性能

地震动峰值加速度为0.15 g，地震动反应谱特征周期为0.40 s。项目区为7区，大坝设防烈度为7度，要求坝体（包括防渗体）抗震性能要好。

两种土石坝坝型均为散粒类材料，均有较好的抗震性能，面板坝更是已有高坝经受9级地震的考验。从抗震性能方面比较，混凝土重力坝较优。

（6）施工导流

对沥青混凝土心墙坝，围堰可与坝体相结合，是坝体的一部分，临时工程规模小。对混凝土面板坝及混凝土重力坝，围堰与坝体分离，临时工程规模较大。由于受地形条件的限制，布置围堰及截流戗堤的空间较紧张，围堰位置上移后，高度较心墙坝低。从施工条件比较，沥青混凝土心墙坝优于混凝土面板坝和混凝土重力坝。

2. 优选模型的建立

尼雅水库坝型可以选择沥青混凝土心墙坝、混凝土面板坝、碾压混凝土重力坝三种坝型。在各坝型坝体的应力条件满足设计要求，防渗性能满足坝体结构设计，防渗体性能及筑坝材料满足规范要求，坝体安全运行能够得到保证的前提下，建立如下坝型选择模型（见图1.4-2）。

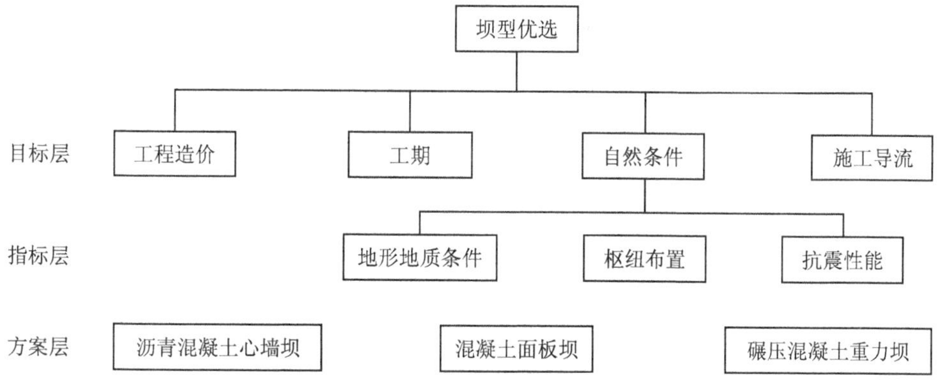

图1.4-2　尼雅水库坝型优选模型示意图

1.4.2.3　用灰关联综合评估优选尼雅水库坝型

（1）构造三个方案比较数据序列。对于方案中非量化的影响因素进行白化处理，定量化的影响因素则无须处理，下列影响因素依次为工程造价、工期、地形地质条件、枢纽布置、抗震性能、施工导流。

$$X_1=(10.995, 46, 0.80, 0.65, 0.65, 0.80),$$

$$X_2=(11.046, 42, 0.80, 0.65, 0.70, 0.65),$$

$$X_3=(12.336, 55, 0.70, 0.75, 0.80, 0.60),$$

其中：X_1,X_2,X_3分别代表沥青混凝土心墙坝、混凝土面板砂砾石坝、碾压混凝土重力坝方案。由于坝型优选模型是分层次的，因此对于这些影响因素由低层到高层逐层求解。

(2)自然条件的灰关联综合评估(第二层次评估)。

1)确定参考数据序列。三个方案坝址地形地质条件、枢纽布置和抗震性能参考数据序列由三个方案的坝址地形地质条件、枢纽布置和抗震性能最佳值组成:

$$X_0=(0.80,0.75,0.80)$$

2)求各数据序列的均值像。应用如下公式:

$$x_i(k)=\frac{x_i(k)}{\bar{x}_i},\bar{x}_i=\frac{1}{n}\sum_{i=1}^{n}x_i(k);\ k=1,2,\cdots,n。$$

得到:

$$X_1=(1.043\,5,0.951\,2,0.906\,98),$$

$$X_2=(1.043\,5,0.951\,2,0.975\,74),$$

$$X_3=(0.913\,0,1.097\,6,1.116\,28),$$

$$X_0=(1.043\,5,1.097\,6,1.116\,28)。$$

3)应用灰关联方法计算三个方案的坝址地形地质条件、枢纽布置和抗震性能的关联系数,得到关联系数矩阵:

$$E=\begin{bmatrix}1.000 & 0.417 & 0.333\\1.000 & 0.417 & 0.429\\0.445 & 1.000 & 1.000\end{bmatrix}。$$

4)根据专家建议得出权重为[0.3,0.5,0.2]。

5)自然条件的综合评判结果矩阵为:

$$R=P\times E=[0.571\quad 0.595\quad 0.834]。$$

(3)坝型优选综合评估(第一层次评估)。

1)在上一层评价的基础上,列出三个方案的数据序列并确定参考数据序列:

$$X_1=(10.994\,5,46,0.571,0.80),$$

$$X_2=(11.046\,4,42,0.595,0.65),$$

$$X_3=(12.336\,1,55,0.834,0.60),$$

$$X_0=(10.994\,5,42,0.834,0.80)。$$

2)求出各数据序列的均值像,得到:

$$X_1=(0.959\,5,0.965,0.857,1.171),$$

$$X_2=(0.964\,0,0.881,0.893,0.951),$$

$$X_3=(1.076\,5,1.154,1.251,0.878),$$

$$X_0=(0.959\,5,0.881,1.251,1.171)。$$

3)应用灰关联方法计算三个方案的关联系数,得到关联系数矩阵:

$$E=\begin{bmatrix}1.000 & 0.701 & 0.333 & 1.000\\0.982 & 1.000 & 0.355 & 0.473\\0.678 & 0.419 & 1.000 & 0.402\end{bmatrix}。$$

4)根据专家建议得出权重为[0.0,0.0,0.3,0.1](造价、工期、自然条件和施工导流的权重分别为0.3,0.2,0.35,0.15)。

5)自然条件的综合评判结果矩阵为:

$$R=P\times E=[0.707\quad 0.688\quad 0.682]。$$

因此,尼雅水库坝型优选的排序为:沥青混凝土心墙坝>混凝土面板坝>碾压混凝土重力坝(>表示优于)。

1.5 展望

坝型选择问题是水利水电工程设计需要解决好的主要问题之一,而对于这一复杂的问题,不仅需要经验丰富且熟悉实际工程情况的专家,而且需要运用客观的分析决策技术,才能使之合理解决。文中较为全面地论述了坝型选择需考虑的因素,在实际运用过程中,可以根据具体情况舍去方案间差别不大的影响因素。采用灰关联综合评估求解坝型优选模型,为坝型优选提供了一种新方法,将坝型比选问题量化,效果较好,为今后坝型选择提供了借鉴经验。

第二章
沥青混凝土心墙坝关键技术进展

2.1 沥青混凝土心墙坝建设特点与发展趋势

2.1.1 浇筑式与碾压式沥青心墙

沥青混凝土心墙坝按施工方法可分为碾压式沥青混凝土心墙坝和浇筑式沥青混凝土心墙坝两大类。碾压式沥青混凝土心墙其施工工艺与碾压式土石坝类同,国内外已建成的沥青混凝土心墙坝多为此类。浇筑式沥青混凝土心墙则采用较高的沥青用量,提高沥青混凝土拌和物在规定的温度条件下的流动性,实现在沥青拌和物自重作用下得以压实达到设计要求的密实度,保证沥青混凝土心墙的安全运行。新疆已建工程坝高超过50 m的,大多采用碾压式沥青心墙,坝高低于50 m的则多采用浇筑式沥青心墙。

当前浇筑式沥青混凝土心墙设计技术水平在世界上处于领先地位的是俄罗斯。其在西伯利亚修建了鲍谷昌(坝址区年平均气温为-3.2℃)和捷尔马姆(坝址区年平均气温在-5℃)两座浇筑式沥青混凝土心墙堆石坝,坝高分别为82 m和140 m,在北高加索修建了坝高达101 m的Irganaisk浇注式沥青混凝土心墙坝。

心墙的稳定还与沥青混凝土配合比有很大关系。碾压式沥青混凝土变形模量较大,强度较高,易于维持自身稳定,但过大的变形模量对承受地震动作用不利。沥青混凝土在地震往复动荷载作用下,黏塑性变形能力不易发挥。为了提高抗震能力,增大沥青含量,使沥青混凝土具备一定的黏塑性变形能力是一种有效的方法。然而,当坝体侧向压力不足时,浇筑式沥青混凝土可能会由于流变过大而破坏。针对坝体堆石的变形情况和抗震要求,进行心墙与坝体的相互作用设计,并据此选择沥青混凝土配合比,在心墙坝设计中十分重要。俄罗斯的Irganaisk沥青混凝土心墙砂砾石坝,位于9度高地震峡谷区,河床覆盖层深65 m,坝高101 m,坝顶长313 m。大坝心墙采用浇注式沥青混凝土,心墙顶宽50 cm,底宽125 cm。心墙顶部向下游倾斜,以增强心墙的抗震稳定性。

进入20世纪90年代,新疆根据自身的气候条件,先后建成了40 m级的多拉特、加音塔拉和两座50 m级的浇筑式沥青混凝土心墙围堰,这些工程均在一个冬季就施工完毕,工作性能良好,体现了浇筑式沥青混凝土的优越性。同期也完成了坎尔其碾压式沥青混凝土心墙坝建设。这些工程的成功运行,在某种意义上促进了新疆沥青混凝土坝的发展。本世纪以来,对于坝高超过50 m的沥青心墙坝基本都采用了碾压式沥青心墙型式。当前,基本没有突破此限制,基于对百米级沥青混凝土研究的局限性及认识,也没有百米级沥青心墙坝采用浇筑式的研究。经检索,国内也无此方面的研究实践。

2.1.2 碾压式沥青混凝土心墙坝建设特点与发展趋势

2.1.2.1 碾压式沥青心墙坝特点

碾压式沥青混凝土心墙防渗工程应用起始于20世纪70年代,目前世界上以德国、挪威两国应用与发展最快,施工技术理论、施工设备发展、施工工艺及施工应用等方面均处于世界领先水平。我国最先采用碾压式沥青混凝土心墙防渗技术的是香港,采用的是沥青混凝土垂直心墙上接沥青混凝土斜心墙的防渗结构。我国内陆地区最先采用碾压式沥青混凝土心墙防渗技术的是三峡工程茅坪溪土石坝，它也是目前世界上最高的采用垂直沥青混凝土心墙防渗结构的土石坝。

碾压式沥青混凝土心墙的施工技术，是在浇筑式沥青混凝土的基础上发展起来的，它具有如下特点。

1. 沥青含量低

与浇筑式沥青混凝土心墙的施工工艺不同，碾压式沥青混凝土是采用机械碾压的方式，使沥青混合料达到致密，因此沥青含量不能太高。碾压式沥青混凝土中的沥青含量固然不可太高，但若太低将难以保证沥青混合料的和易性、可压实性，通常情况下，碾压式沥青混凝土心墙中沥青的含量约为6%～8%。碾压施工工艺生产的沥青混凝土中，充填骨料间隙结构沥青是必不可少的，这一点与浇筑施工工艺生产的沥青混凝土完全相同，但是对于游离于结构沥青之外的自由沥青而言，碾压式沥青混凝土中的含量则要远低于浇筑式沥青混凝土，这是碾压式沥青混凝土中沥青含量较低的根本原因。

2. 组成材料要求提高

碾压式沥青混凝土与浇筑式沥青混凝土区别最大的地方，就是前者对各组成材料的要求明显提高，对材料组成的配比及配比误差的要求也明显提高。

就沥青材料而言，碾压式沥青混凝土要求采用高标准的沥青，一般对沥青材料的针入度、软化点、延伸度、蜡含量、密度甚至沥青材料薄膜烘箱试验的有关技术指标等都要提出具体的要求。随着人们对沥青材料认识的进一步深入，今后的发展趋势有可能会对沥青材料的组成成分及动力粘度也提出要求。事实上，三峡茅坪溪土石坝心墙的沥青混凝土的技术指标中，就已经将沥青材料的四组分、动力粘度作为材料采购及质量控制的参考指标。

由施工工艺所决定，碾压式沥青混凝土中沥青含量较低，要想获得很好的施工和易性，并且保证沥青混合料在碾压机械作用下获得致密效果，就必须保证沥青混凝土中的组成骨料与沥青材料具有很好的粘附性能，必须保证骨料具有良好的级配，从而保证粗细骨料、粉料与沥青材料相互填充饱满，实现最小的沥青混凝土孔隙率。另外，心墙沥青混凝土力学性能指标要求，都远远高于浇筑式沥青混凝土。

因此，碾压式沥青混凝土施工不仅对骨料本身的技术指标提出了较高的要求，而且对骨料的组成级配、沥青混凝土的配合比及误差都提出了较高的要求。

3. 施工机械大型化

随着机械制造业的发展与进步，与浇筑式沥青混凝土施工时期相比，沥青混凝土心墙施工机械的应用也取得了长足的进步。

沥青混凝土拌和机械，从最初的人工或小型拌和机械发展为大型拌和机械，集骨料初配、加热、除尘、二次筛分、精确称量、配重拌和一体的成套机械，无论在生产能力和效率、小时生产强度、拌和质量、配合比精度及生产稳定性等各个方面，与原浇筑式拌和时期，不可同日而语。

沥青混凝土运输机械向具有保温功能的、专用的方向发展，沥青混合料进入沥青混凝土摊铺机料斗后，也从配小型吊车发展到目前较为通用的、用装载机改装的专用设备进行沥青混合料转运。

沥青混凝土摊铺施工机械，经历了原始的、简易的人工摊铺施工阶段、小型机械化施工阶段，目前摊铺施工机械已经具有自行能力，配套有滑动模板，能够实现自动卸料、自动整平、连续摊铺，提高了生产效率，降低了施工人员的劳动强度。

沥青混凝土碾压施工设备，目前都是采用适宜的小型、专用振动碾，它具有振动行走（动碾）和不振动行走（静碾）的功能。

4. 受环境气候制约

碾压式沥青混凝土的摊铺施工，由于需要经过汽车运输、中转运输、摊铺及碾压等几个工序，必定会造成一定的温度损失。另外，摊铺施工过程中也不容许雨水等进入已摊铺的沥青混合料。因此，碾压式沥青混凝土心墙摊铺施工在一定程度上受到环境气候的制约。

沥青混凝土心墙施工应考虑气象条件和坝体施工条件的影响，其基本原则为：有雨停工，低温停工，温度虽不太低但风速过大也要停工。心墙应尽量安排在日平均气温大于5℃且日降雨量不大于0.1 mm的条件下施工，如需要在其他气象条件下施工，应有充分的试验资料和具体措施，并经试验论证是可行的。

施工过程中应做好气象资料的收集工作，根据气象条件，合理地组织沥青混凝土心墙的施工。沥青混凝土施工不宜在夜间进行，若需夜间施工，应有足够的照明设施，并经试验证明对沥青混凝土的施工质量有保证方可组织实施。

随着施工的需要、施工技术的进步及施工措施的不断完善，以上规定已经被突破。三峡茅坪溪土石坝沥青混凝土心墙的施工经验证明，只要措施得当，只需避免在下雨当时进行沥青混凝土碾压施工，几乎可以在任何条件下进行施工。

2.1.2.2 进展趋势

我区早在20世纪70年代就在水利工程领域引进了沥青防渗技术，进入90年代，我国的沥青品质得到了显著的提高，这促进了沥青防渗技术的发展，沥青混凝土在新疆坝工建设中又进入一个新的历史时期，沥青混凝土心墙坝作为优选坝型被大量采用。沥青混凝土心墙坝由于具有对地形地质条件适应能力强、抗渗性好、适应变形能力强、充分利用当地材料等优点，对高震区、深厚覆盖层地质条件下筑坝，具有较好的推广价值。经初步统计，当前新疆沥青混凝土心墙坝已建、在建的浇筑式、碾压式沥青混凝土心墙坝近百座，其中坝高大于100 m的就有8座（见表2.1-1）。大石门水利枢纽沥青心墙坝坝高128.8 m，是目前水利行业在建的最高的沥青混凝土心墙坝；正在开展初步设计阶段研究工作的尼雅水利枢纽沥青混凝土心墙坝坝高131.8 m。百米级沥青心墙高坝的心墙变形、坝体防渗体系、坝基防渗技术等问题面临更大挑战。

随着工程建设的不断推进，百米级沥青混凝土力学性能研究支撑技术、过渡层与沥青同步上升施工技术、砾石骨料筑坝技术、冬季低温期间施工技术、150 m级超深覆盖层防渗技术不断取得突破创新，多座水库渗漏、变形等观测表明，心墙运行情况良好。

表2.1-1 新疆碾压式沥青混凝土心墙坝典型工程建设统计表

序号	水库大坝名称	建成年	河流	地点	最大坝高/m	坝长/m	总库容/亿m^3	装机/MW
1	尼雅水利枢纽	初设	尼雅河	民丰县	131.8	352	0.422	6
2	大石门水利枢纽	在建	车尔臣河	且末县	128.8	205	1.27	60
3	巴木墩水库	在建	巴木墩河	哈密市	128	306	0.099 6	—
4	八大石水库	在建	庙尔沟河	哈密市	115.7	313	0.099	—
5	石门水电站	2013	呼图壁河	呼图壁县	106	312.5	0.797 5	95
6	阿拉沟水库	在建	阿拉沟河	托克逊县	105.3	365.5	0.445	—
7	五一水库	在建	迪那河	轮台	102.5	374	0.968	15
8	吉尔格勒德	在建	四棵树河	乌苏市	101.5	345	0.61	20
9	库什塔依水电站	2014	库克苏河	特克斯县	91.1	439	1.59	100
10	奴尔水利枢纽	2015	奴尔河	策勒县	80	740	0.68	62
11	下坂地水库	2010	塔什库尔干河	塔什库尔干县	78	406	8.67	150
12	照壁山水库	2007	板房沟河	乌鲁木齐	71	121	0.075 3	—
13	加那尕什水库	在建	别列则克河	哈巴河县	69	432	0.619 6	—
14	二塘沟水库	在建	二塘沟	鄯善	64.8	337	0.236	—
15	克孜加尔水库	2014	克兰河	阿勒泰市	64	355	1.767	5
16	坎尔其水库	2001	坎尔其河	鄯善县	51.3	320	0.118	—
17	开普太希水库	2010	库孜洪河	乌恰县	48.4	195	0.099	—
18	米兰河山口水库	2015	米兰河	若羌县	83	415	0.41	2.4
19	38团石门水库	在建	莫勒切河	且末县	75.5	565	0.736 2	8
20	努尔加水库	2015	三屯河	昌吉市	81	486	0.684 4	—

2010年在海拔2 960 m的叶尔羌河上游建成了坝高78 m的下坂地水利枢纽沥青混凝土心墙坝，超过百米的阿拉沟水库、五一水库沥青混凝土心墙坝也已基本完工下闸蓄水，吉尔格勒德水利枢纽沥青

混凝土心墙坝于2016年开工建设。百米级沥青心墙高坝的心墙变形、坝体防渗体系、坝基防渗技术等问题面临更大挑战。

下坂地水利枢纽覆盖层厚达150 m，采用"上墙下幕"垂直防渗型式，防渗墙深80 m、厚1 m，灌浆帷幕深70 m，布置3排灌浆孔。大河沿引水工程沥青心墙坝，地基由第四系砂卵砾石组成，最大覆盖层深度186 m，采用厚度1 m混凝土防渗墙，为当前国内修建的最深的防渗墙。

沥青混凝土心墙坝由于具有对地形地质条件适应能力强、抗渗性好、适应变形能力强、充分利用当地材料等优点，对高震区、深厚覆盖层地质条件下筑坝，具有较好的推广价值。随着工程实践和研究的不断深入，人们对沥青混凝土防渗的认识的提高、施工和研究队伍的壮大，沥青混凝土在我区水利水电建设中的应用将会越来越多。

2.2 坝体与心墙结构设计技术进展

2.2.1 坝体与心墙结构设计

根据《土石坝沥青混凝土面板和心墙设计规范》（SL501—2010）规定，沥青混凝土心墙设计分为碾压式沥青混凝土心墙设计和浇筑式沥青混凝土心墙设计。

2.2.1.1 防渗轴线的选定

防渗轴线的选择，必须根据坝址的地形地貌，遵循因地制宜、尽量使坝体填筑工程量最小以及工程造价最低的原则。

1）碾压式沥青混凝土心墙防渗轴线的选定

沥青混凝土心墙轴线宜选择在坝轴线上游一侧，方便与坝顶防浪墙连接。心墙宜采用垂直布置型式。也可根据地形、地质等条件以及坝体应力应变情况，选择倾斜或下部垂直、上部倾斜等布置型式。倾斜心墙的坡度宜为1∶0.2～1∶0.4（垂直∶水平）；下部垂直、上部倾斜的心墙折坡点宜选在坝高的2/3～3/4处。心墙轴线宜采用直线布置。狭窄河谷中的坝，心墙轴线可布置成凸向上游的弧线。

图2.2-1是沥青混凝土垂直心墙的典型结构剖面图，垂直心墙具有最小的防渗面积，所需的沥青混凝土方量较小，也最经济。在坝基与坝壳沉陷较大的情况下，垂直心墙有较好的适应性。但由于沥青混凝土本身不宜承受较大的垂直荷载，因此，沥青混凝土垂直心墙不宜修建得太高。在国内外已建工程中，垂直心墙应用得较多，如我国的坎尔其、茅坪溪、冶勒等坝，挪威的Berdalsvatn、Storglomvatn等坝，德国的Dhünn、Wiehl等坝。

图2.2-2是沥青混凝土斜心墙的典型结构剖面图。倾斜式沥青混凝土心墙，虽然能很好地和坝体上部的变形矢量方向一致，增大心墙墙后一侧的承压填筑量，使静水荷载的合力方向处于有利的向下方向，但由于防渗面积有所增加，约增加8%～15%沥青混凝土工程量，且由于分层错台铺设上升，造成施工难度增加等缺点，故在一般地形地质条件下已很少采用。早期修建奥地利的Finstertal坝（坡比1∶0.4），挪威的Storvatn坝（坡比1∶0.2）等曾采用了倾斜形式沥青混凝土心墙。

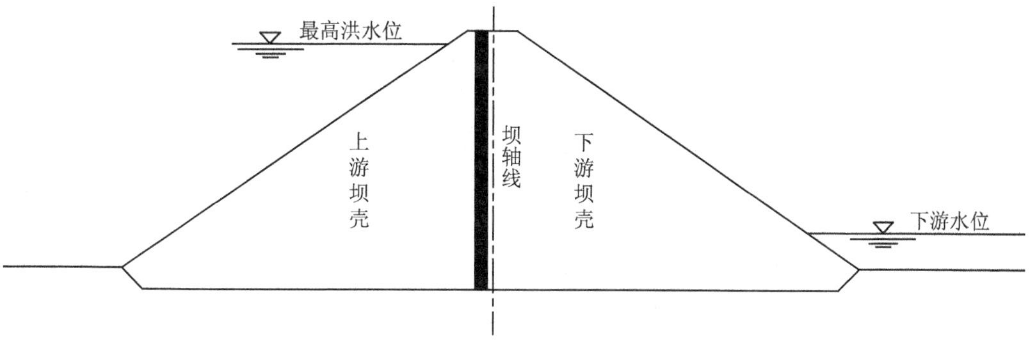

图2.2-1 垂直沥青混凝土心墙

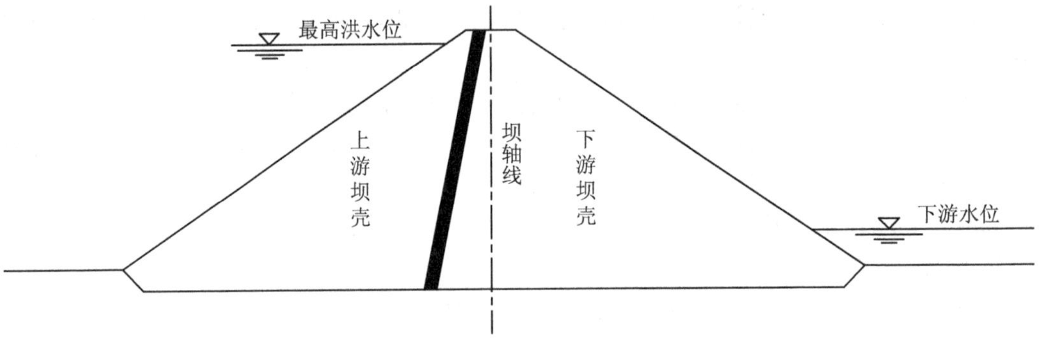

图 2.2-2 沥青混凝土斜心墙

图2.2-3是沥青混凝土直心墙加斜心墙的典型结构剖面图。它综合了沥青混凝土垂直心墙与沥青混凝土斜心墙二者的优点，在一定程度上克服了二者的缺点。这种结构在坝顶区域，斜心墙更能够适应两岸坝肩之间的不均匀沉陷，使心墙不致产生过大的应力。最好将上部沥青混凝土心墙向下游倾斜。对于较高的沥青混凝土心墙坝，采用这种结构布置型式是比较合理的。中国香港于1987年建成的高岛东坝和西坝，坝高分别为105 m和95 m，折坡点在坝高的2/3，坡比为1∶0.236；德国的Kleine Kinzig、Grosse Dhüenn，奥地利的Feistritz等坝也采用了同样的结构形式。

根据《The International Journal on Hydropower&Dams》年报统计，已建成的和正在施工的沥青混凝土心墙共计129座（截至2010年）。近20年来，绝大多数坝采用垂直形式沥青混凝土心墙，而我国的沥青混凝土心墙均为垂直形式。根据沥青混凝土心墙的计算成果和安全监测资料的分析结果表明，垂直形式的心墙工作情况良好。只有在地形、地质等有特殊情况，及对坝体变形和应力应变有特殊要求时，可通过技术经济比较选定倾斜的或上部倾斜、下部垂直的心墙方案。

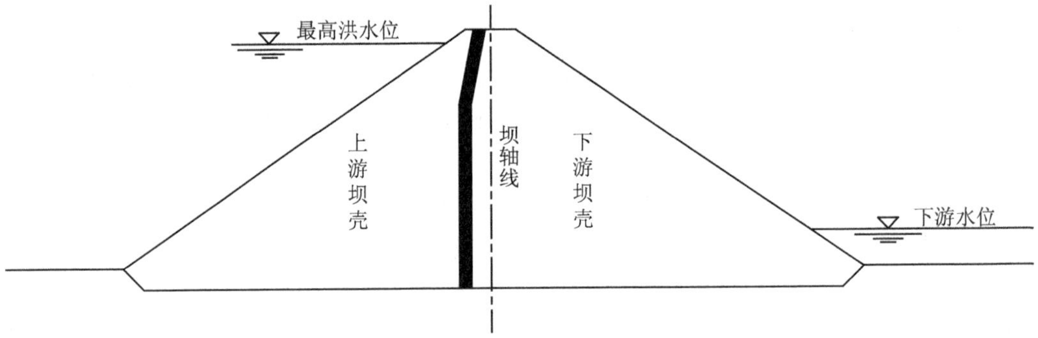

图 2.2-3 沥青混凝土垂直心墙上接斜心墙

在沥青混凝土心墙土石坝设计中，应进行应力应变分析，且宜采用有限元法计算。应力应变计算参数应根据当地多年平均气温、心墙的施工速度、水库的运行条件等选择。对中小型工程，计算参数也可用工程类比法进行选择。由于沥青混凝土性能对温度和加荷速度的变化很敏感，故在试验时，其温度和加荷速度的控制，应接近环境条件和运行工况，试验时的温度宜采用多年平均气温。

近年来我国已建成和正在建设的十余座高40～125 m碾压式沥青混凝土心墙堆石坝，都用有限单元方法进行了变形和应力应变分析，一般进行二维计算，对坝顶长度较短的坝还进行了三维计算；不仅进行了静力的分析，有的还进行了动力分析；计算分析的模型，不仅采用了非线性双曲线（E-μ模型或E-B模型）应力应变模型，有的对沥青混凝土心墙还采用了黏弹性、弹性、弹塑性等不同的模型；不仅在前期设计阶段进行了应力应变分析，有的还利用安全监测资料进行了反演分析。经验表明，沥青混凝土心墙厚度甚薄，在整个坝体断面中所占比例很小，对坝的变形和应力应变影响较小，心墙和坝壳料一同采用非线性双曲线应力应变模型还是比较合理、简便、接近实际的。用有限元法分析沥青混凝土心墙坝的应力应变时，根据坝高的不同，自重荷载至少分8～10级加载，水压力荷载至少分3～4级加载，可以反映出坝体施工和蓄水过程中应力应变的变化过程。

2）浇筑式沥青混凝土心墙防渗轴线的选定

浇筑式沥青混凝土心墙靠自重流变密实，故适合垂直形式布置，心墙轴线宜选择在坝轴线上游一侧，并与坝顶防浪墙连接。对于垂直布置的沥青混凝土心墙坝，国内外已建工程很多，设计施工经验丰富，完全可保证工程的运行要求。

2.2.1.2 心墙厚度选择

1）碾压式沥青混凝土心墙的厚度

到目前为止，沥青混凝土心墙的厚度还没有一个简单的理论方法来进行计算，多数都是根据沥青心墙运用中获得的成功经验总结出的经验公式或数据选择，或是拟定一个厚度，通过应力应变分析进行选择。

沥青混凝土心墙在土石坝沥青混凝土中的首要作用是防渗，同时要有一定的厚度以保证其自身的稳定，保证施工及运行期不会因为坝壳填料的挤压而造成心墙沥青混凝土的损坏，保证在坝壳填料的支撑作用下心墙沥青混凝土不致产生大的应力集中和应变破坏。根据以上分析，设计人员可以分析出土石坝沥青混凝土心墙的厚度应该在一个适宜的范围，不可太大，否则将会影响心墙的应力应变状态，使沥青混凝土产生裂缝破坏；也不能太小，否则将会影响自身的稳定，也不能保证在坝壳填料的挤压作用下沥青混凝土心墙不致破坏。根据Feiner、Lehner与Löhr于1976年建议，心墙厚度，中等高度坝为60～80 cm；高坝最多不超过100 cm。

Haug建议心墙厚度按式2.2-1计算：

$$d=h/100 \geqslant 60(\mathrm{cm}) \qquad (式2.2\text{-}1)$$

式中：d指心墙厚度，m；h指最大水深，m。

《土石坝沥青混凝土面板和心墙设计规范》（SL 501—2010）规定，碾压式沥青混凝土心墙顶部的厚度不宜小于40 cm，心墙底部的厚度宜为坝高的1/70～1/130。

2）浇筑式沥青凝土心墙的厚度

浇筑式沥青混凝土心墙的厚度从防渗考虑，只需几厘米即可满足要求，从流变变形的角度考虑，也是厚度小的有利。但是考虑坝体剪切变形或是受震动而发生相对错动，必须有一定的防渗厚度，同时为了便于施工，保证施工质量，心墙厚度也不能过小；如果心墙厚度过大，则自重流变压力和流变量随之增大，这会导致心墙产生侧向膨胀，影响坝壳的稳定。综合考虑上述各种因素，总结已建工程经验，《土石坝沥青混凝土面板和心墙设计规范》（DL/T5411—2009）规定，浇筑式沥青混凝土心墙的厚度可根据坝高、工程等级、沥青混凝土的流变特性、施工要求、当地气温和抗震要求等条件选定，宜为坝高的1/100，最小厚度不宜小于20 cm。

2.2.1.3 过渡层的设计

1）碾压式沥青混凝土的过渡层

SL501—2010 规定，沥青混凝土心墙两侧与坝壳之间应设置过渡层。过渡材料宜采用碎石或砂砾石，要求质密、坚硬、抗风化、耐侵蚀，颗粒级配宜连续，最大粒径不宜超过80 mm，小于5 mm粒径的含量宜为25%～40%，小于0.075 mm粒径含量不宜超过5%。过渡层应满足心墙与坝壳料之间变形的过渡要求，且具有良好的排水性和渗透稳定性，具有满足施工要求的承载力。上下游过渡料宜采用同一种级配，过渡层厚度宜为1.5～3.0 m，具体厚度值可根据坝壳材料、坝高和所处部位而定，堆石坝和高坝取大值。地震区和岸坡坡度有明显变化部位的过渡层应适当加厚。

沥青混凝土的变形模量较小，坝壳料的变形模量较大，设置过渡层，使其变形模量介于心墙与坝壳料之间，可使心墙、过渡层、坝壳料的变形平缓过渡。众所周之，水力劈裂问题来自土质心墙的“拱效应”，而沥青混凝土心墙不同，沥青混凝土孔隙率小，孔隙是封闭且不连通的，又无孔隙水的存在；沥青混凝土的渗透系数很小，水渗入墙体很困难。沥青混凝土心墙中渗流和渗水压力很难形成，故沥青混凝土心墙虽有“拱效应”存在，垂直应力比自重应力有所减小，但心墙与过渡层之间有错位存在，一般不会出现拉应变。

心墙两侧过渡层材料的质量要求与一般土质心墙过渡料不同，材料的级配应满足沥青混凝土心墙对过渡层功能的要求。根据工程实践经验和试验成果，当过渡层材料最大粒径小于80 mm时，易保证过渡层非线性模量与心墙非线性模量的匹配和过渡层的匀质性。限制5 mm、0.075 mm颗粒数量目的在于提高过渡层的排水性，故过渡层骨料级配应通过试验确定。

过渡层最小厚度为1.5～3.0 m，且应根据坝壳材料特性、坝高和部位等具体情况确定。堆石坝、高坝取大值，有的高堆石坝还设置两层过渡层。另外在施工期间，心墙和过渡料同步上升，一般情况下，坝壳料总是滞后2～3层填筑。对于100 m量级以下的大坝，采用砂砾料填筑为主的大坝多采用一层过渡层，采用堆石料填筑为主的大坝多采用两层过渡层。

有的沥青混凝土心墙工程，上游侧采用较细的材料、下游侧采用较粗的材料作过渡层。理由是万一心墙开裂漏水，细料可以填塞裂缝，还可以在上游侧过渡区进行灌浆处理。但大量工程经验表明，没有一座心墙做过这种处理，这样做反而给施工造成很多困难。两种不同的过渡料从料场运到坝面上临时堆放和摊铺时，易造成混杂，导致过渡层质量事故。故规范中规定上下游过渡层宜用一种级配材料铺压完成。实际上，黏土心墙坝防渗材料的反滤准则并不适用于沥青心墙，只是出于安全考虑，有些设计单位坚持采用两层，仅是在最大粒径上有所区分。

2）浇筑式沥青混凝土的过渡层

浇筑式沥青混凝土心墙的过渡层厚度宜为1～3 m，其材料要求同碾压式沥青混凝土心墙的过渡层。浇筑式沥青混凝土心墙及其混凝土配合比设计应考虑心墙的流变速度和流变侧压力，工程蓄水后第一年的心墙顶部垂直流变速度宜控制在10 mm/a以内。浇筑式沥青混凝土心墙土石坝的变形和应力应变计算，其所用计算参数应按浇筑式沥青混凝土通过三轴试验获得。但由于浇筑式沥青混凝土中沥青含量较大，不是在低温情况下，三轴试验很难获得理想的结果。

2.2.1.4 沥青混凝土心墙与其他结构的连接

沥青混凝土心墙与基岩（或基础防渗墙）、岸坡及刚性建筑物形成一个完整的防渗体系。心墙与基岩、混凝土防渗墙、岸坡的连接应设置混凝土基座。沥青混凝土心墙与基座连接处是防渗的关键部位，必须重视该部位的设计。

1）与基岩的连接

沥青混凝土心墙在底部设置混凝土基座与基岩连接。心墙在接近基座时应适当加厚，与基座的连接面宜做成平面，也可做成弧面。连接面上可设或不设止水槽或金属止水带。基座内可设或不设廊道。混凝土基座可作为基础帷幕灌浆的盖重和工作平台。

图2.2-4为不设廊道和渗漏监测系统的心墙与基座的连接，适用于河床无覆盖层或覆盖层很薄的高、中、低坝。图2.2-5为设有渗漏监测系统的心墙与基座的连接。图2.2-6为心墙与基座的连接，适用于河床有覆盖层的中等高度的坝。图2.2-7为Storvatn斜心墙坝心墙与基座的连接。图2.2-8为中国香港地区高岛坝沥青混凝土心墙与混凝土基座及廊道的连接。

2）与基础防渗墙的连接

沥青混凝土心墙与基础混凝土防渗墙的连接，现行规范对此没有强制规定，已建工程采用的连接型式均可行，实践中也没有发现因为连接型式不同而造成大的变形、位移。各种不同的连接型式见图2.2-9～图2.2-11。

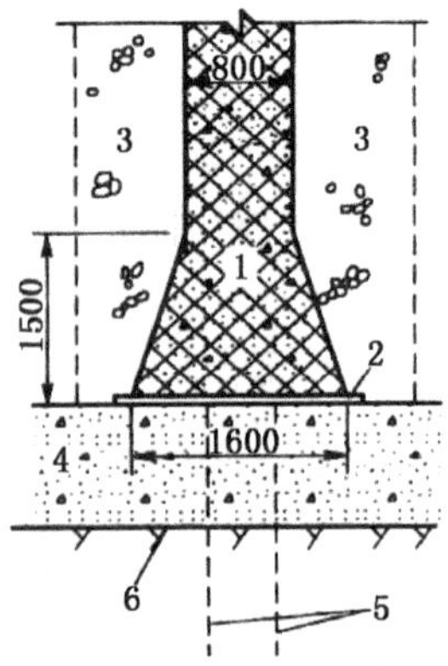

1—沥青混凝土心墙；2—砂质沥青玛蹄脂层；3—过渡层；4—混凝土基座；5—灌浆帷幕；6—基岩

图2.2-4 沥青混凝土心墙与基座的平面连接（尺寸单位：mm）

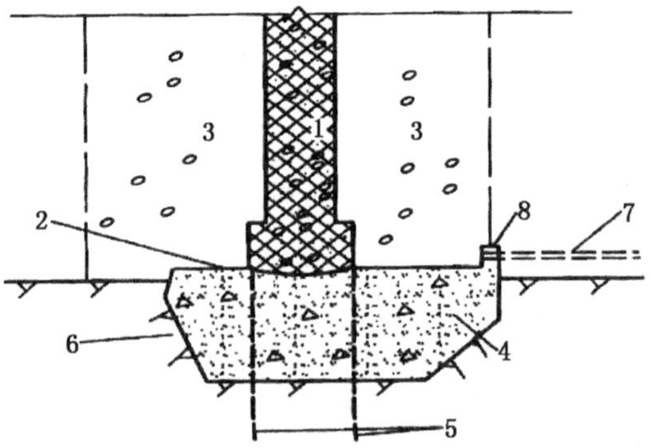

1—沥青混凝土心墙；2—砂质沥青玛蹄脂层；3—过渡层；4—混凝土基座；5—帷幕灌浆；6—基岩；7—排水管；8—导墙

图2.2-5 底部设渗漏监测系统的心墙与基座的连接

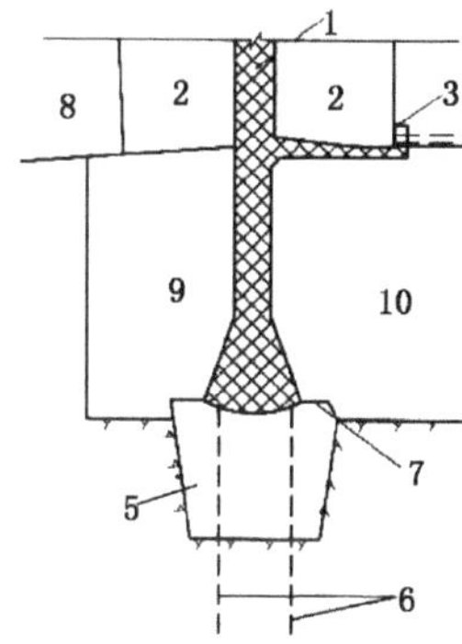

1—沥青混凝土心墙；2—过渡层；3—截水槽；4—排水管；5—混凝土基座；6—灌浆帷幕；7—砂质沥青玛蹄脂；8—堆石；9—回填黏土；10—砂卵石

图 2.2-6 中部设渗漏监测系统的心墙与基座连接

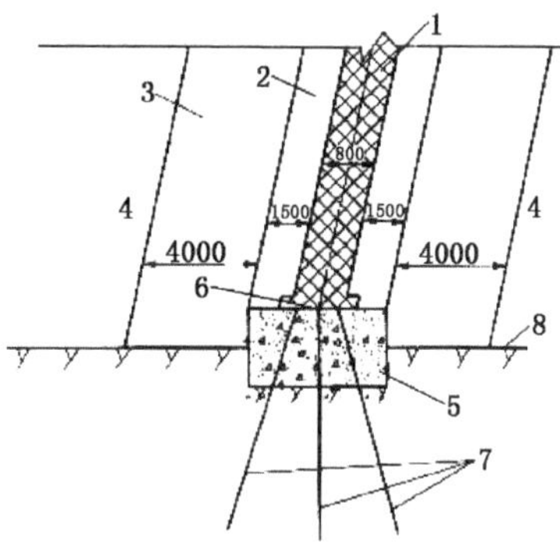

1—沥青混凝土心墙；2—过渡层1；3—过渡层2；4—坝壳；5—混凝土基座；6—砂质沥青玛蹄脂；7—帷幕灌浆；8—基岩面

图 2.2-7 Storvatn 斜心墙坝心墙与基座的连接（尺寸单位：mm）

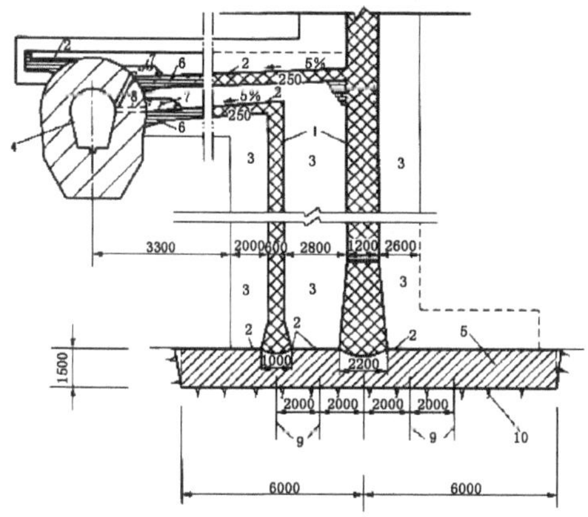

1—沥青混凝土心墙；2—砂质沥青玛蹄脂；3—过渡层；4—检测廊道；5—混凝土基座板；6—上、下沥青混凝土防渗盖板；7—反滤料；8—上、下排水管；9—灌浆帷幕；10—基岩；尺寸单位：mm

图 2.2-8 中国香港地区高岛坝沥青混凝土心墙与混凝土基座及廊道的连接（尺寸单位：mm）

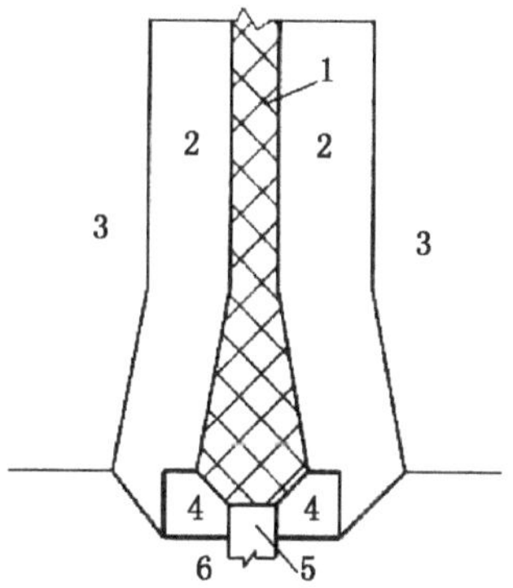

1—沥青混凝土心墙；2—过渡层；3—坝壳；4—混凝土底梁；5—基础混凝土防渗墙；6—强风化岩

图 2.2-9 茅坪防护坝岸坡坝段沥青混凝土心墙与混凝土防渗墙的连接

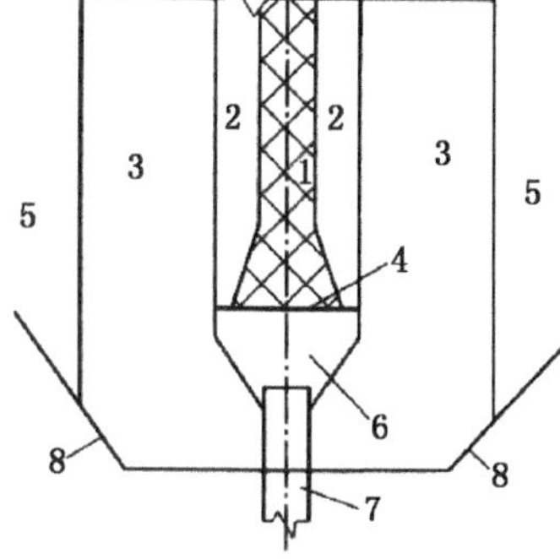

1—沥青混凝土心墙；2—过渡层1；3—过渡层2；4—砂质沥青玛蹄脂；5—堆石坝壳；6—混凝土基座；7—混凝土防渗墙；8—开挖线

图 2.2-10 四川冶勒坝沥青混凝土心墙与深混凝土防渗墙的连接

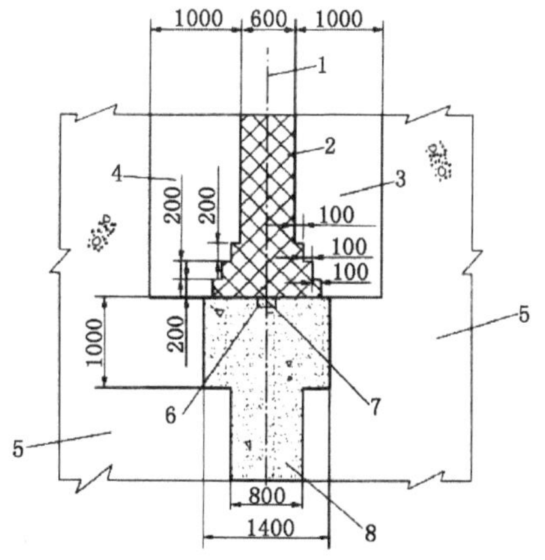

1—心墙坝轴线；2—沥青混凝土心墙；3—下游过渡层；4—上游过渡层；5—坝体砂砾料；6—砂质沥青玛蹄脂槽；7—止水片；8—混凝土防渗墙

图 2.2-11 沥青混凝土心墙与混凝土防渗墙的连接（尺寸单位：mm）

3）与岸坡基岩的连接

在岸坡基岩面上开挖凹槽，槽内浇筑混凝土基座。在平面上心墙厚度局部加厚与基座连接，接触面宜做成弧形，也可做成平面，在接触面上设或不设止水片。岸坡混凝土基座在立面上宜具有缓于1∶0.25（垂直∶水平）的斜坡，以保持心墙与接触面为压力接缝。高、中坝、陡岸坡心墙与基座的接缝宜设止水片，如图2.2-12和图2.2-13所示。中低坝、平缓岸坡可不设止水片。

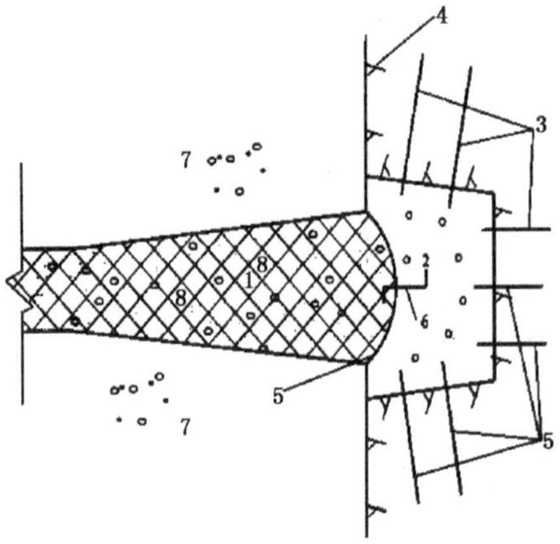

1—沥青混凝土心墙；2—混凝土基座；3—砂质沥青玛蹄脂；4—岸坡基岩；5—锚筋；6—止水片；7—过渡层

图2.2-12　沥青混凝土心墙与岸坡基座的连接平面示意图

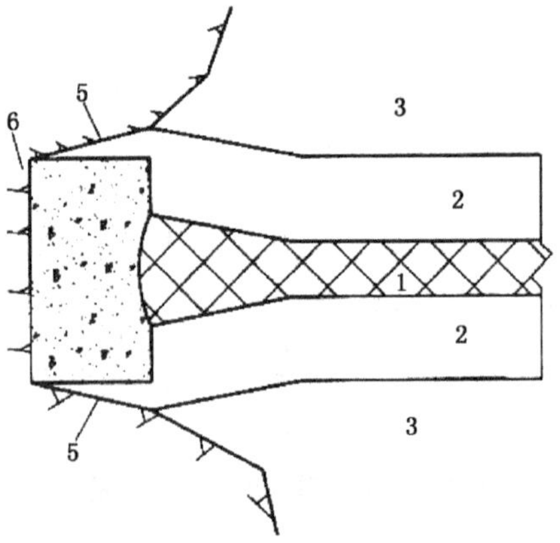

1—沥青混凝土心墙；2—过渡层；3—坝壳；4—混凝土基座；5—开挖线；6—基岩

图2.2-13　沥青混凝土心墙与岸坡基座的连接平面示意图

4）与刚性建筑物的连接

沥青混凝土心墙与混凝土边墙的连接，应在边墙的平面上设置凹槽，心墙局部加厚直接与边墙凹槽连接。边墙在立面上宜具有缓于1∶0.25（垂直∶水平）的斜坡，以保持心墙与边墙为压力接缝。接缝面不设置止水片的连接（如图2.2-14所示），适用于中、低坝；接缝面设置止水片的连接（如图2.2-15所示），适用于中等高度以上的坝。

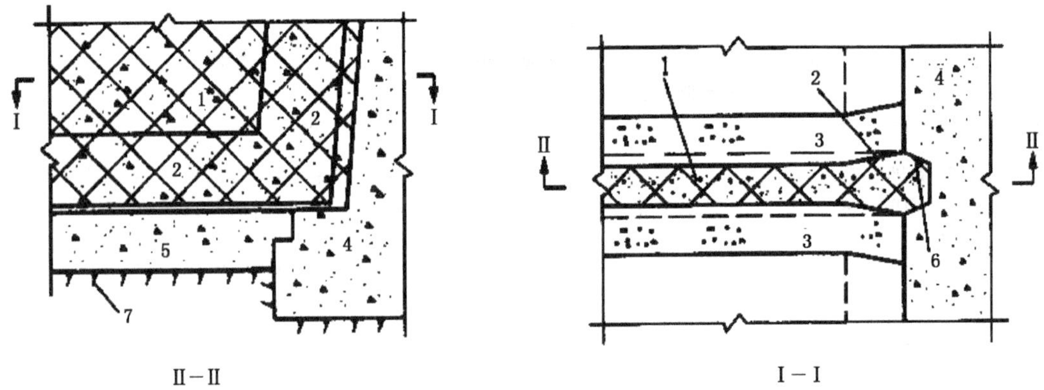

Ⅱ－Ⅱ　　Ⅰ－Ⅰ

1—沥青混凝土心墙；2—心墙底部和侧面的加厚部分；3—过渡层；4—混凝土建筑物；5—混凝土基座；6—砂质沥青玛蹄脂；7—基岩

图2.2-14　沥青混凝土心墙与混凝土建筑物连接

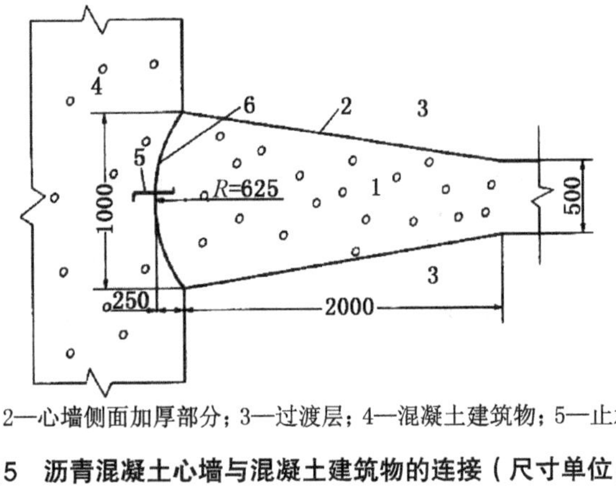

1—沥青混凝土心墙；2—心墙侧面加厚部分；3—过渡层；4—混凝土建筑物；5—止水片；6—沥青玛蹄脂

图2.2-15　沥青混凝土心墙与混凝土建筑物的连接（尺寸单位：mm）

5. 与防浪墙的连接

垂直沥青混凝土心墙与坝顶防浪墙的连接如图2.2-16所示。

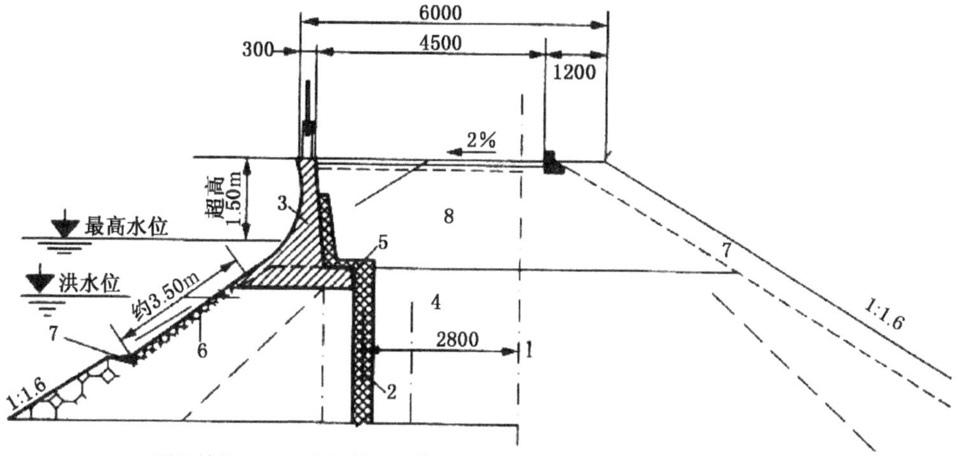

1—原坝轴线；2—沥青混凝土心墙；3—防浪墙；4—机械填筑；5—沥青玛蹄脂；6—干砌石；7—护坡；8—人工填筑

图 2.2-16　垂直沥青混凝土心墙与坝顶防浪墙的连接（尺寸单位：mm）

2.2.1.5　坝体结构设计

碾压式沥青心墙坝坝体设计与黏土心墙土石坝基本相同，由于沥青防渗心墙的特殊性，使得筑坝材料分区设计与黏土心墙坝、面板堆石坝相比更为容易，一般不需要设置反滤层和单独的排水体，仅需要在心墙上下游设置1.5～3 m厚度的过渡层，针对堆石料筑坝，个别工程采取了两层过渡层，如坎尔其水库、吉尔格勒德水库。坝体填筑材料来源也更为丰富，大多采用河床砂砾石筑坝，坝后干燥区部分利用开挖石渣料填筑。

在坝体结构方面，国外高沥青混凝土心墙坝的横断面上，常将上部1/3的心墙弯向下游，以避免上游坝体由于沉陷与心墙分离。但是，俄罗斯125 m高的Storglomvatn心墙坝却采用了直立的心墙，目的是减小心墙剪应力，同时一旦心墙需要修补也有利于灌浆。另外在大坝平面上，也可将坝轴线向上游凸起，凸跨比可设为1/100～1/200，以便在水压力作用下的心墙应力保持为压应力。目前新疆已经建设的各类沥青心墙坝基于施工方便均采取直心墙方式，还未有工程考虑轴线向上游凸起的设计形式。

防渗心墙厚度一般仅为0.5～1.2 m左右，多数以等厚度或在不同高程段采用等厚度布置，其迎水面为直立的；沥青心墙仍然采用传统的布置形式，分高程进行厚度变化，百米级高坝一般设置3～4个变化层次，级差0.2 m左右；50 m以上主要采用碾压式沥青心墙，50 m以下一般多采用浇筑式沥青心墙。心墙底部基础与混凝土基座连接一般采用台阶式放大脚型式，部分工程采用了T型过渡连接型式。

表 2.2-1　新疆碾压式沥青混凝土心墙坝典型工程设计参数统计表

序号	水库大坝名称	地震烈度	最大坝高/m	坝长/m	顶宽/m	坝体坡比/(上/下)	沥青心墙厚度/m	过渡层厚度/m	坝体填筑材料
1	尼雅水利枢纽	Ⅶ	131.8	352	10	1:2.25/1:2.0	0.6～1.4	3/3 D_{max}≤80	堆石+砂砾石
2	大石门水库	Ⅷ	128.8	205	10	1:2.25/1:1.6～1:1.8	0.6～1.4	3/3 D_{max}≤80	砂砾石
3	巴木墩水库	Ⅶ	128	306	10	1:2.25/1:2.01	0.6～1.2	3/3 D_{max}≤80	砂砾石
4	八大石水库	Ⅶ	115.7	313	10	1:2.25/1:2.18	0.6～1.21	3/3 D_{max}≤80	砂砾石
5	石门水电站	Ⅷ	106	312.5	10	1:2.2/1:2.0	0.5～1.5	4/4 D_{max}≤80	砂砾石
6	阿拉沟水库	Ⅶ	105.3	365.5	9	1:2.2/1:2.0	0.6～1.1	3/3 D_{max}≤60	砂砾石+石渣利用
7	五一水库	Ⅷ	102.5	374	10	1:2.5/1:2.0	0.6～1.2	3/3 D_{max}≤80	砂砾石+石渣利用

续 表

序号	水库大坝名称	地震烈度	最大坝高/m	坝长/m	顶宽/m	坝体坡比/(上/下)	沥青心墙厚度/m	过渡层厚度/m	坝体填筑材料
8	吉尔格勒德水库	Ⅷ	101.5	345	10	1:2.25～2.0/1:1.8	0.5～1.1	2+2/2+2 D_{max}≤150/80	堆石料
9	库什塔依水电站	Ⅶ	91.1	439	10	1:2.25/1:1.8	0.4～0.8	3/3 D_{max}≤80	砂砾石+石渣利用
10	奴尔水利枢纽	Ⅷ	80	740	10	1:2.25/1:1.8	0.5～0.8	3/3 D_{max}≤80	砂砾石+石渣利用
11	下坂地水库	Ⅷ	78	406	10	1:2.35/1:2.15	0.6～1.2	3/3 D_{max}≤80	砂砾石+石渣利用
12	照壁山水库	Ⅶ	71	121	16	1:2.5/1:2.0	0.5～0.7	2/2 D_{max}≤10	砂砾石+石渣利用
13	加那尕什水库	Ⅵ/Ⅶ	69	432	8	1:1.8/1.8	0.5～0.7	2+2/2+2 D_{max}≤400/80	堆石+砂砾石
14	二塘沟水库	Ⅶ	64.8	337	8	1:2.5/1:2.0	1.2～1.5	3/3 D_{max}≤80	砂砾石+石渣利用
15	克孜加尔水库	Ⅵ	64	355	8	1:2.25/1:2.1～1:1.8	0.5～0.8	3/3 D_{max}≤80	砂砾石+石渣利用
16	坎尔其水库	Ⅶ	51.3	320	6	1:2.0/1:1.5	0.4～0.6	3+1/1+3 D_{max}≤150/80	砂砾石
17	开普太希水库	Ⅸ	48.4	195	10	1:3.0/1:2.0～1:2.5	0.5	3/3 D_{max}≤80	砂砾石
18	米兰河山口水库	Ⅶ	83	415	10	1:2.0/1:1.7	0.5～0.8	3/3 D_{max}≤80	砂砾石
19	38团石门水库	Ⅷ	75.5	565	10	1:2.5～1:2.25/1:2	0.6～1.0	2/2 D_{max}≤80	砂砾石
20	努尔加水库	Ⅷ	81	486	10	1:2.5/1:2.0	0.4～0.7	3/3 D_{max}≤80	砂砾石

注：过渡层M+N代表设计为两层，分别给出厚度及最大粒径要求。

2.2.2 建基面灌浆廊道

2.2.2.1 廊道设置问题探讨

深厚覆盖层上的土石坝通常采用混凝土防渗墙作为坝基的垂直防渗设施。工程实践表明，混凝土防渗墙与大坝防渗体的连接部位是大坝整个防渗系统的薄弱环节，是渗流控制和防渗系统安全控制的关键部位。为了使防渗墙底基岩帷幕灌浆的施工不占直线工期，同时也有利于在大坝运行期对关键部位进行安全监测及出现异常情况时可以采取及时有效的补救措施，建于深厚覆盖层上的土石坝可采用在防渗墙顶设置灌浆廊道与大坝心墙连接，已采用类似连接形式的工程有加拿大的马尼克3号坝，中国的长河坝、瀑布沟、狮子坪、跷碛、金平和毛尔盖等工程。

早期的百米级沥青心墙坝均考虑设置底部灌浆廊道，一是方便灌浆施工，二是便于检修，当前新疆修建的下坂地大坝设置了灌浆廊道（见图2.2-17），其他的百米级以上的均没有考虑。

国内外修建于深厚覆盖层上的高土石坝坝体与坝基之间防渗采用钢筋混凝土廊道进行连接的工程为数不多，目前我国西部地区河流上大坝地基多为深覆盖层，有小部分工程设置了钢筋混凝土廊道，以保证缩短施工工期，但由于复杂的河谷地形及上部坝体自重和水压力的作用，可能会造成由于防渗墙复杂的变形分布使得廊道受力条件恶化的问题。

通过黄金坪水电站的坝基防渗方案研究，发现廊道的尺寸对应力变化是有影响的。蓄满期，随着廊道尺寸的减小，防渗墙的最大拉应力和心墙的竖向正应力几乎不变，但廊道的最大拉应力却随之减少。

坝基廊道埋藏于坝体内部，两端与岸坡连接，上接大坝心墙，下与防渗墙相连，受力条件十分复杂。目前国内外对建在深厚覆盖层上的土石坝坝基廊道的应力变形状态研究分析较少，部分已建工程中出现了廊道开裂及止水破坏的现象。

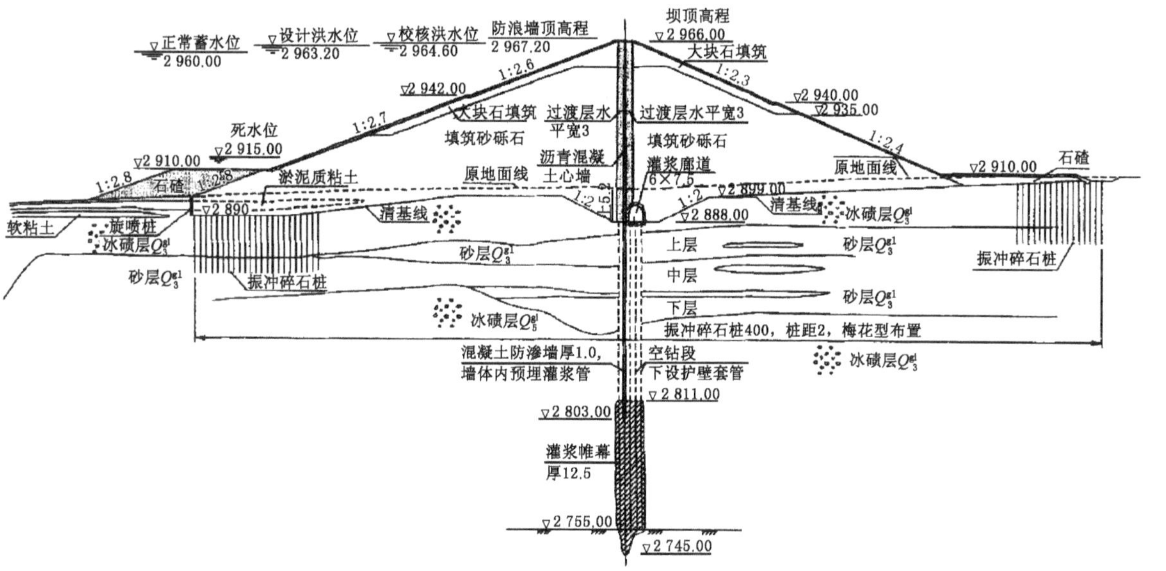

图 2.2-17　下坂地大坝典型横剖面图（尺寸单位：m）

在深厚覆盖层上修建沥青心墙坝，目前采用的坝基防渗型式有悬挂式防渗墙加帷幕灌浆方案或封闭式防渗墙。随着建坝条件难度的不断增大，在河谷地形及上部坝体自重与水压力的作用下，对混凝土防渗墙墙体与沥青混凝土心墙在不利的受力条件下的设计难度也越来越大。有学者对以下两种形式进行了研究。

（1）采用悬挂式防渗墙、混凝土廊道和沥青混凝土心墙共同组成大坝的防渗体系时，从应力和变形方面考虑，随着防渗墙深度的增加，防渗墙"拱效应"有较明显的改善，堆石体和心墙的竖向位移减小，对大坝的变形与应力有利。但廊道尺寸的增加，对防渗墙、廊道、心墙的受力条件不利，同时运行的可靠性也会降低。

（2）取消混凝土廊道而在防渗墙顶部设置基座与沥青混凝土心墙相连。防渗结构简单，改善了基座与防渗墙的应力分布，也降低了其最大拉应力值，对大坝的应力和变形有利。但取消廊道后，由于坝基帷幕灌浆干扰大坝施工，将导致枢纽建设工期的延长。一般需要在截流前提前安排进行坝基防渗和帷幕灌浆施工。

当河床覆盖层深厚时，心墙与基础的连接方式，按心墙和地基防渗结构（防渗墙）的连接可分为无廊道和有廊道两种。

①不设置灌浆廊道的沥青心墙坝与防渗墙连接示意图，通常采用以下几种连接结构型式，见图2.2-18～图2.2-20。

②设置灌浆廊道的沥青心墙与混凝土基座连接示意图，通常采用以下几种连接结构型式，见图2.2-21～图2.2-26。

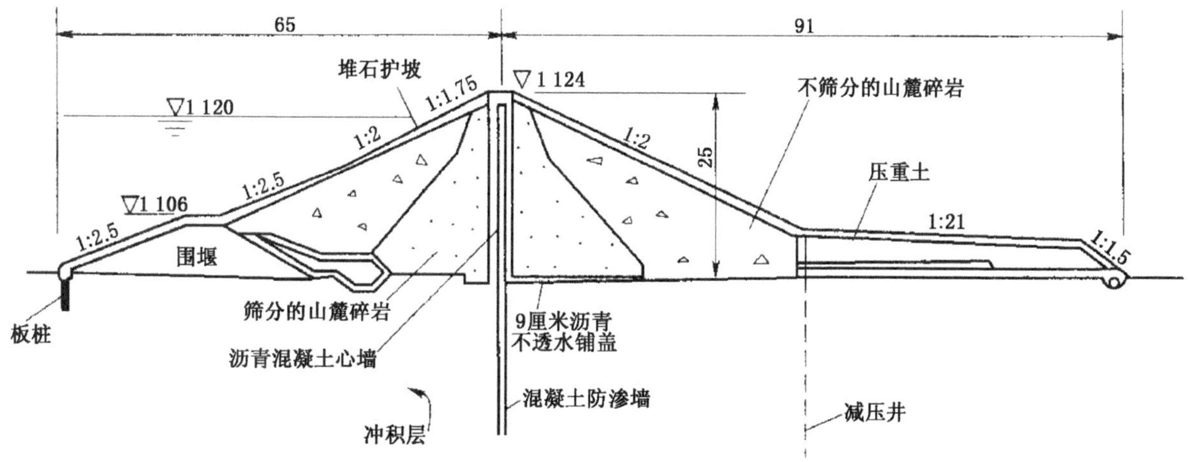

图 2.2-18　沥青混凝土心墙与混凝土防渗墙连接图例一（单位：m）

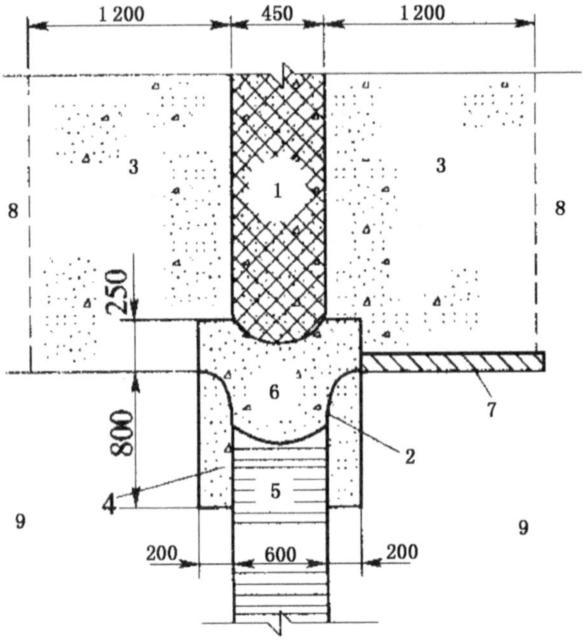

1—沥青混凝土心墙；2—沥青涂胶层；3—过渡层；4—混凝土底梁；5—黏土-水泥防渗墙；6—混凝土垫梁；7—沥青砾石层；8-坝壳；9—河床覆盖层沥青砾石层；8—坝壳；9—河床覆盖层

图 2.2-19　沥青混凝土心墙与混凝土防渗墙连接图例二（单位：mm）

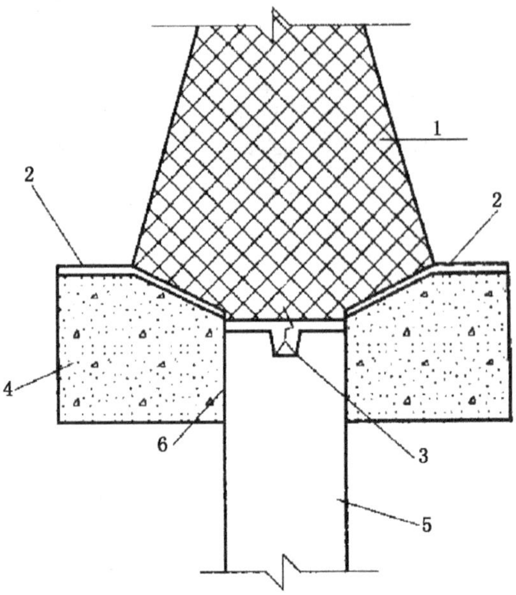

1—沥青混凝土心墙；2—沥青涂胶层；3—止水铜片；4—混凝土底梁；5—混凝土防渗墙；6—止水条

图 2.2-20　沥青混凝土心墙与混凝土防渗墙连接图例三

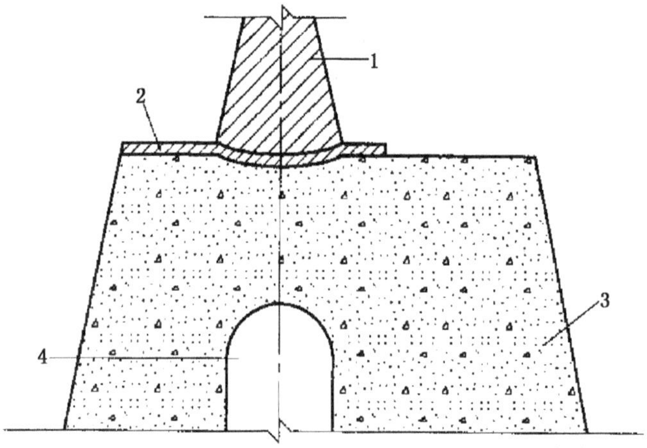

1—沥青混凝土；2—沥青玛蹄脂；3—混凝土基座；4—廊道

图 2.2-21　沥青混凝土与有廊道混凝土基座的连接图例一

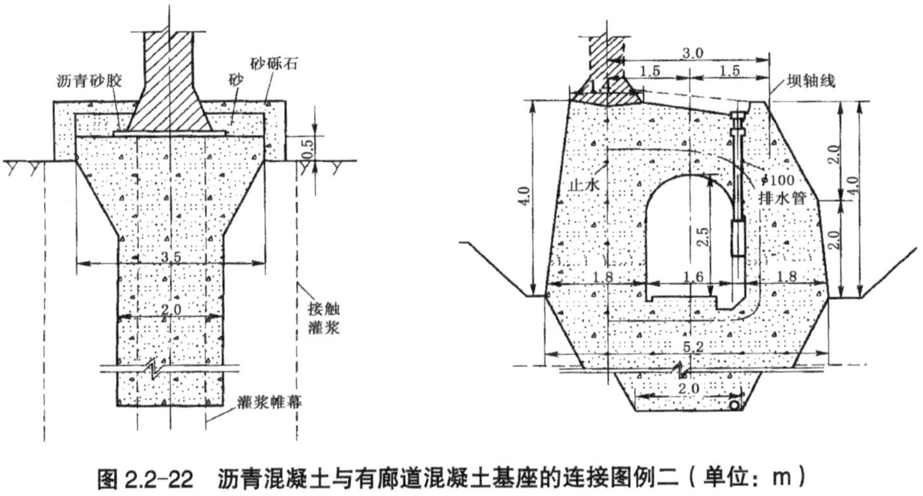

图 2.2-22　沥青混凝土与有廊道混凝土基座的连接图例二（单位：m）

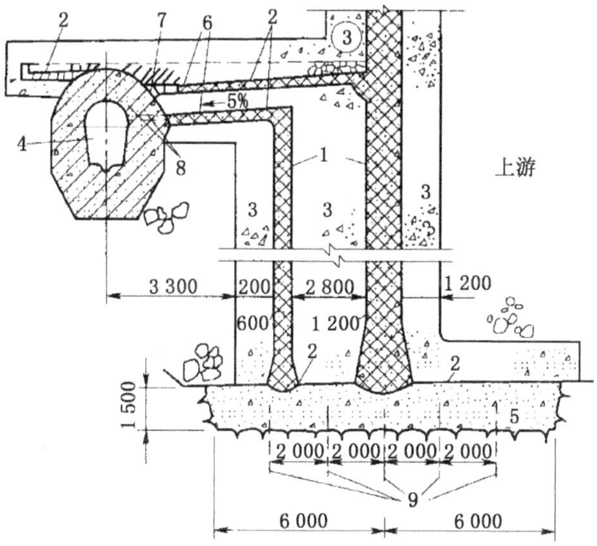

1—沥青混凝土心墙；2—沥青胶涂层；3—过渡层；4—检查廊道；5—混凝土基座底板；
6—上、下防渗盖板；7—滤料；8—排水管；9—帷幕灌浆

图 2.2-23　沥青混凝土与有廊道混凝土基座的连接图例三（单位:mm）

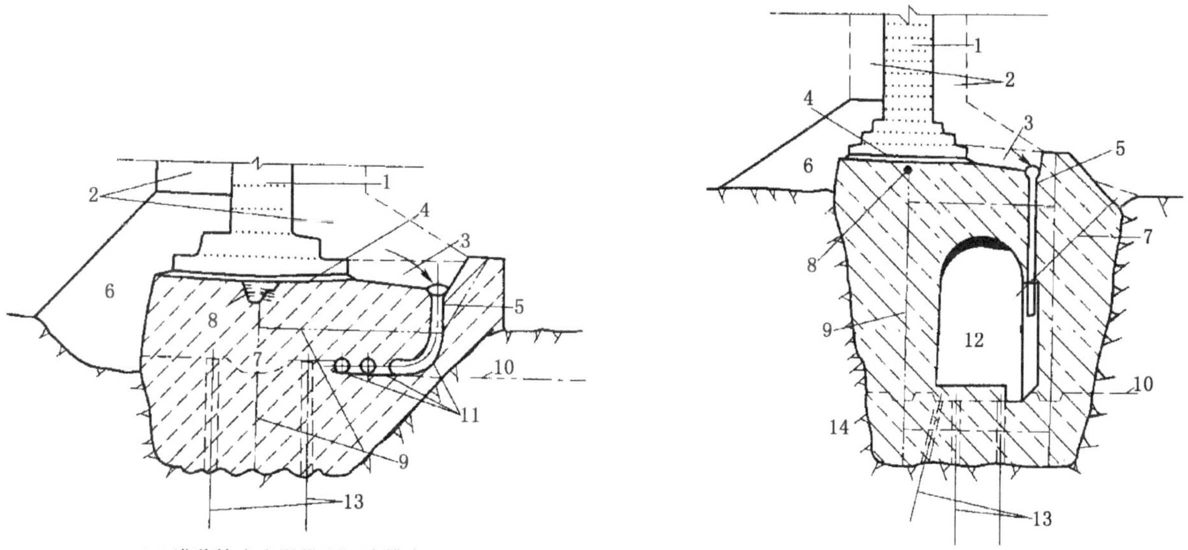

(a)灌浆检查廊道拱顶汇流排水　　(b)截水墙顶汇流排水

1—沥青混凝土心墙；2—反滤过渡层；3—隔层；4—砂质沥青玛蹄脂；5—排水管；6—多石壤土；7—地下控水管；
8—砂质沥青玛蹄脂；9—填筑缝；10—施工缝；11—控制管；12—检查廊道；13—灌浆轴线；14—基岩

图 2.2-24　沥青混凝土与有廊道混凝土基座的连接图例四

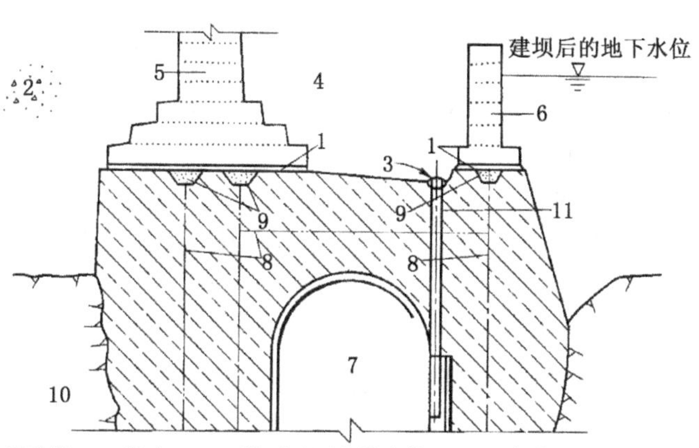

1—砂质沥青玛蹄脂；2—坝壳；3—下游反滤层和排水管；4—反滤过渡料；5—沥青混凝土心墙；
6—防止下游地下渗流的沥青混凝土心墙；7—检查廊道；8—填筑缝；9—砂质沥青玛蹄脂；10—基岩；11—排水管

图 2.2-25　沥青混凝土与有廊道混凝土基座的连接图例五

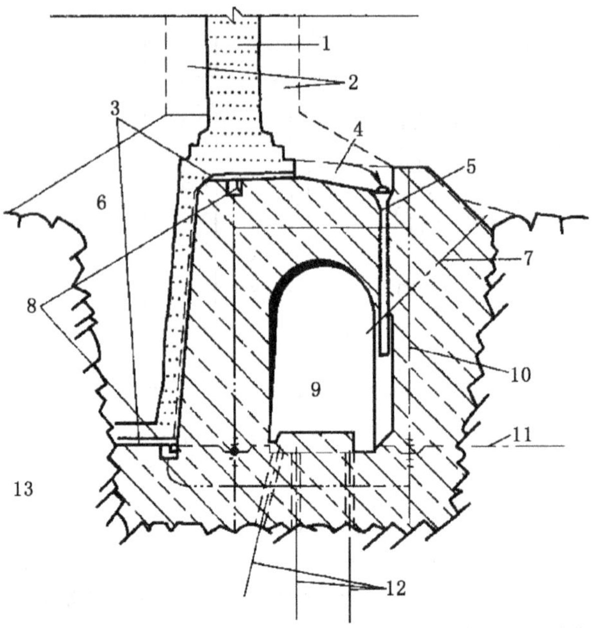

1—沥青混凝土心墙；2—反滤过渡区；3—排水管道；4—隔层；5—排水管；6—石质壤土；7—地下水控管；8—砂质沥青玛蹄脂；9—检查廊道；10—施工竖缝；11—施工横缝；12—灌浆轴线；13—基岩

图 2.2-26 沥青混凝土与有廊道混凝土基座的连接图例六

2.2.2.2 设置灌浆廊道典型工程案例

1. 黄金坪水电站沥青心墙坝

黄金坪水电站大坝采用沥青混凝土心墙堆石坝，坝顶高程1 481.5 m，最大坝高85.5 m，正常蓄水位1476 m，沥青混凝土心墙和防渗墙之间用廊道连接，图2.2-27（a）为大坝典型横剖面，图2.2-27（b）为大坝典型纵剖面。坝址区河床覆盖层厚度为33～130 m，最大厚度达133.92 m。坝基覆盖层采用厚1.2 m的混凝土防渗墙全封闭防渗，防渗墙最大深度约为113.8 m。坝基廊道在两岸与灌浆平洞连接处设置结构缝。

在前期设计阶段，为了使防渗墙下的帷幕灌浆不占直线工期，考虑在防渗墙顶设置灌浆廊道与沥青心墙连接。但廊道设置后将对沥青心墙、防渗墙及廊道本身的应力变形带来不利影响，尤其是廊道内出现较大拉应力，运行期廊道的防渗止水问题突出，影响整个防渗体系的结构安全。如果防渗墙和沥青心墙之间不设置廊道，防渗墙和心墙直接连接可以避免廊道对整个防渗体系的受力变形带来的不利影响，但不设置廊道方案将比设置廊道方案直线工期延长12个月，相应电站的蓄水发电时间推迟1年。

中国电建集团成都勘测设计研究院有限公司与武汉大学水资源与水电工程科学国家重点实验室针对黄金坪电站廊道设置问题进行了专门的研究，采用子模型法对坝基廊道进行三维有限元分析，探讨坝基廊道的应力变形规律，为同类工程提供参考。

采用子模型法对连接坝体心墙和坝基防渗墙的廊道进行三维非线性有限元分析，坝体材料及覆盖层采用Duncan—Chang双曲线E-μ模型，以有厚度节理单元模拟各类接触面，考虑了大坝实际填筑施工过程和水库蓄水过程。主要结论如下：

（1）坝基廊道主要发生沉降和向下游的顺河向挠曲变形，靠两岸岸坡部位变形较小，河床中部廊道变形较大。河床中央剖面廊道最大向下游水平位移为31.5 cm，最大沉降为16.5 cm。

（2）廊道横河向应力分布规律表现为在河床段几乎全部受压，靠近两岸弯曲段下游面受拉，在两岸岩台边缘附近，出现应力集中。廊道横河向最大拉应力为6.28 MPa，出现在右岸岩台边缘廊道上游面应力集中处。河床段廊道在底板顶面和顶拱内侧出现较大顺河向拉应力，底板中央最大顺河向拉应力达到5.52 MPa。

（3）廊道与左、右岸平洞接缝呈顶部张开并向下游方向扭转的变形，接缝法向张开最大达4.0 cm，水平位错最大达1.5 cm。

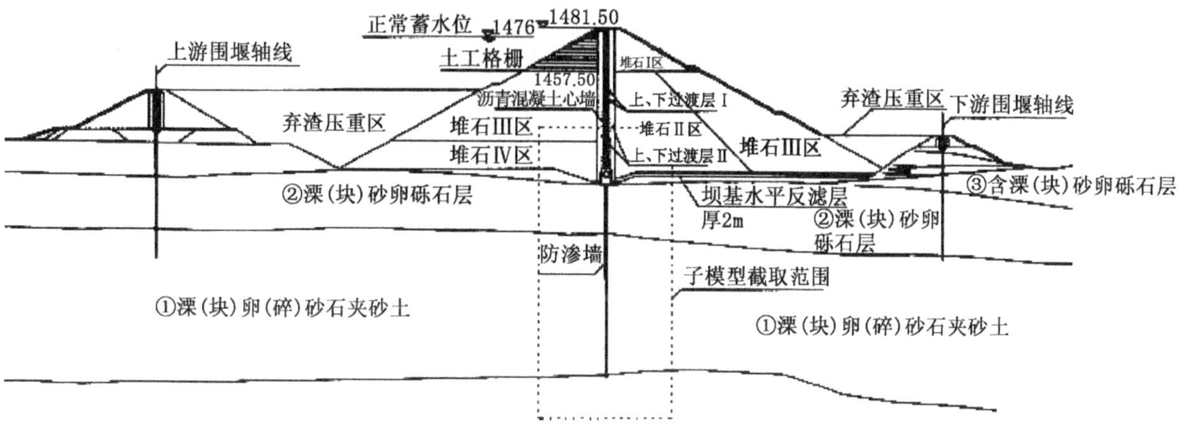

(a)大坝典型横剖面图

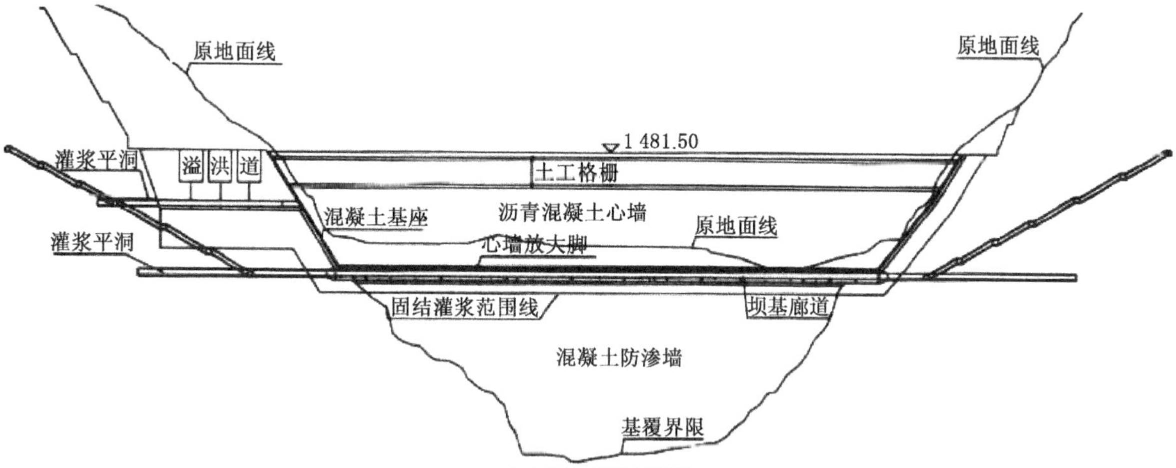

(b)大坝典型纵剖面图

图 2.2-27 黄金坪沥青心墙坝典型断面图(高程单位:m)

(4)坝基混凝土防渗墙受到上覆坝体压力、覆盖层负摩擦力以及水压力作用,主要呈现出凸向下游的变形,最大顺河向位移33.07 cm;防渗墙主要承受压应力,最大主压应力为35.2 MPa,出现在墙体上游面中下部左岸折坡处。墙体顶部靠两岸出现小范围的受拉区。

2. 官帽舟水电站沥青心墙混合坝

官帽舟水电站沥青混凝土心墙混合坝坝顶高程679 m,最大坝高109 m,防浪墙顶高程680.2 m,坝顶轴线长度为242.8 m。迎水侧坡分4级,在高程649 m处设3 m宽的马道,在高程628.5 m处设22 m宽的马道,在高程602.2 m处设10 m宽的马道,坡比由上而下分别为1∶2、1∶2.25、1∶2.25、1∶2.25。高程602.2 m以下为与上游枯期围堰下游戗堤结合的坝体。背水侧坝坡分4级,在高程649 m和619 m处设3 m宽的马道,在高程602 m处设4 m宽的马道,坝顶下第一级坡比为1∶2,其余各级坝坡为1∶2.25,坝体总填筑量为261.2万m^3。官帽舟水电站心墙坝典型断面图详见图2.2-28。

坝体结构分区为碾压式沥青混凝土防渗心墙、上下游过渡层、基座或垫座、堆石料排水带、坝中部混合利用料、坝壳石渣料和排水垫层料等。

1)防渗心墙结构设计。沥青混凝土心墙型式为垂直式心墙。墙顶高程677.00 m,墙顶厚0.6 m;墙底高程583.00 m,墙底厚1.5 m,心墙两侧坡比约为1∶0.01。墙底高程583.00 m至混凝土基座顶高程580.00 m之间3 m高度内为沥青混凝土加厚段,以延长结合面的渗径,断面扩大系数为0.25,基座顶部心墙宽度为3 m。

2)过渡层设计。在心墙上、下游两侧与坝体混合料之间各设一道碎石过渡层,净宽度均为3 m。由于沥青混凝土是黏弹性材料,墙体薄,自身抗力很小,主要是由过渡层起传递荷载的作用。过渡层材料必须级配良好,以给墙体提供均匀支撑,并可减少沥青混凝土嵌入过渡层数量,上游侧过渡层应有利于沥青混凝土自愈,避免裂缝部位的渗漏。

3）基座及垫座结构设计。基座和垫座直接坐落在弱风化基岩上，可在铺筑心墙之前作为钻孔和灌浆的工作平台，改善施工条件。基座均设廊道，廊道主要起灌浆、检查和监测的作用，施工期可通过廊道进行灌浆，在运行期可对心墙进行检查、渗漏观测及补充灌浆。

4）堆石料排水带。为降低浸润线，下游过渡层设置5.0 m厚的堆石料竖向排水带，其顶部高程为660.00 m，底部高程为598.00 m。坝基填筑15～17 m厚的堆石料水平排水带，即填筑高程到598.00 m，略高于下游校核洪水位高程597.26 m。竖向排水带和水平排水带形成一个完整的排水通道，以便增强坝体下游边坡稳定。

5）排水垫层区。在水平排水带和坝基覆盖层之间，铺设1层厚1.0 m的过渡层和厚3.0 m的排水垫层，与下游堆石排水棱体相接，垫层顶高程为586.00 m。

6）坝中部利用料区。坝体内部填筑料主要是利用溢洪道和泄洪洞开挖得到的软岩料，并被设置在上、下游过渡层外侧、660 m高程以下的坝体内部。其中上游混合料顶部宽度为12 m，以1∶1.75的边坡下至高程616.00 m的马道，马道宽20 m，其下以1∶2.25的边坡下至堆石戗堤顶部（高程为590.00 m）。下游过渡层至下游坝面护坡均填筑石渣混合料，其顶部宽度为32.19 m。

7）上游坝壳石渣料区。由于坝体顶部在地震时的出现速度放大现象，位移反应也最大，因此在660.00～679.00 m高程之间填筑摩擦角较大、饱和抗压强度较高的石渣料，以便适当增加坝顶刚度，减轻重量。上游坝体石渣混合料利用外侧的上游坝壳填筑石渣料，以便增加库水位骤降时的上游坝坡稳定。

8）坝面护坡区。上下游坝面护坡铺设净厚为1.0 m的干砌石护坡，以提高坝体上下游坡的稳定能力和抗震能力。

9）坝顶防浪墙。坝顶防浪墙采用"L"型钢筋混凝土，墙顶高程为680.2 m，墙底板高程为677 m，墙高3.2 m，墙底宽为3.8 m，墙厚均为0.5 m，其墙底端头被沥青混凝土心墙顶包围。

10）上游围堰结合体。挡水坝与上游枯期围堰结合成一体。其顶部高程为602.2 m，顶部宽度为10 m，迎水侧坡比为1∶2.25，背水侧坡比为1∶2，下至下游戗堤顶部（高程为590.0 m）。上游围堰采用高压旋喷板墙作为防渗体。

11）坝后排水棱体区。坝后堆石排水棱体与坝内排水带连接，降低浸润线，增加下游坡脚的稳定性。排水棱体顶部高程按校核洪水位597.26 m加超高，且兼考虑交通廊道进出要求，因此排水棱体顶高程为602.0 m，顶宽为4 m，背水侧坡比为1∶2.25，迎水侧坡比为1∶1.5。

在河床段坝基，混凝土基座槽的开挖高程为弱风化基岩570.0 m高程，基座槽外的河床坝基漂卵石层保留为坝基层。在岸坡段，基座和垫座位于弱风化基岩，对基座开挖槽至上下游坡脚线（包括围堰坡脚线）外3 m范围内清理1 m厚的植被覆盖层。在坝基填筑前，对基座开挖槽至上下游坡脚线（包括围堰坡脚线）外3 m范围内的坝基应采用大型碾压振动机械压实。

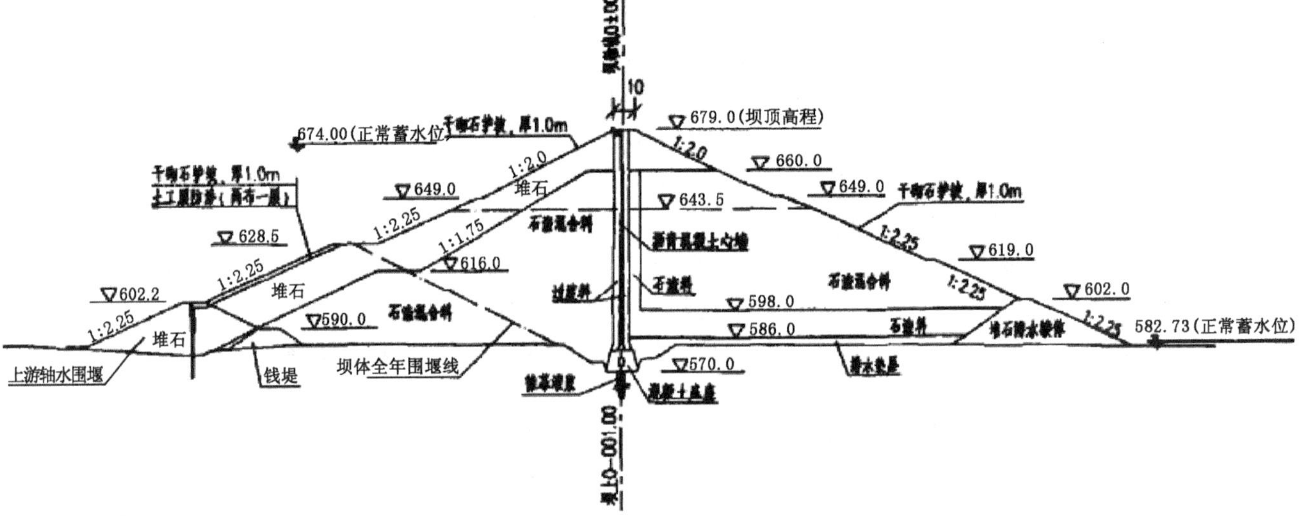

图 2.2-28　官帽舟水电站心墙坝典型断面图（高程单位：m）

在混凝土基座底部采取固结灌浆，孔距为3 m，基座固结灌浆共设4排。固结灌浆深度按照坝高的0.1倍设计，因此最大深度为11 m。垫座基础设2排固结灌浆。本工程基础防渗标准按照$q \leqslant 3$Lu线以下5 m设计。混凝土垫座和基座廊道下分别设1排和2排帷幕灌浆，排距为1.2 m，平均孔距为2 m，基座下帷幕深度最深为75 m，最低高程为495 m。

2.2.2.3 下坂地水利枢纽工程廊道监测

1. 工程概况

新疆下坂地水利枢纽工程水库正常挡水位为2 960.00 m，总库容为8.67亿m^3。枢纽建筑物由拦河坝、导流泄洪洞、引水发电洞和电站厂房四部分组成。大坝为沥青混凝土心墙砂砾石坝，坝顶高程为2 966.00 m，最大坝高为78 m。导流泄洪洞布置在右岸，引水发电洞布置在左岸。

2. 有限元计算成果

在研究阶段，西安理工大学对工程坝体、坝基、廊道进行了有限元分析，计算结果表明：由于廊道结构相对于坝体材料来说，刚度大，而变形小，所以廊道结构内部的水平位移和垂直位移均变化不大，整个廊道的沉降基本属于刚体位移，竣工期铅垂向沉降最大为-0.294 m，蓄水期略有增加，达到-0.298 m。竣工期廊道结构只受到上覆坝体的自重和侧向土压力，所以水平向位移仅为0.016 m；蓄水期由于受水荷载的作用，整个廊道的水平位移变化比较明显，水平位移最大值达0.213 m。蓄水期在廊道的部分区域出现的拉应力已经超出了混凝土的抗拉极限（参考C25混凝土的抗拉强度，1.1 MPa），这可能会引起混凝土产生裂缝，随着蓄水位的增高拉应力也随之增长，而且也出现微小的变化。坝基廊道在蓄水期出现应力集中现象，但是数值在合理范围之内；在运行期也有应力集中现象，但数值较大，有可能使坝基廊道局部发生破坏，应采取相应的工程措施进行保护。

3. 防渗墙及廊道监测设计

下坂地水库根据沥青心墙坝址的地形、地质条件，针对防渗墙及廊道进行了监测设计，在坝基防渗墙及坝体布设3个监测断面，其桩号分别为：0+160 m、0+226 m和0+294 m。并设计了沥青混凝土心墙温度场、沥青心墙相对于混凝土趾板变形、防渗墙挠度及防渗墙、混凝土基座和廊道的应力应变以及其他相关检测项目大坝安全监测设备布置图等详见图2.2-29至图2.2-31。

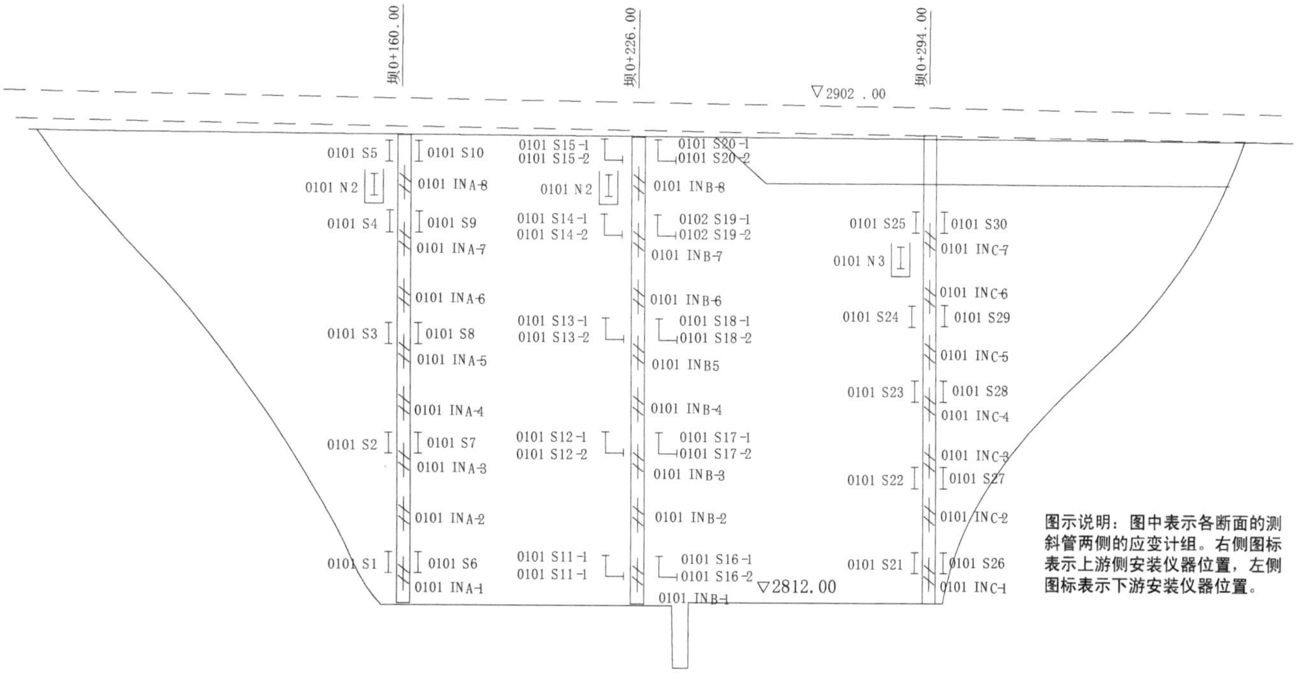

图2.2-29 大坝基础混凝土防渗墙应力应变监测布置图（单位：m）

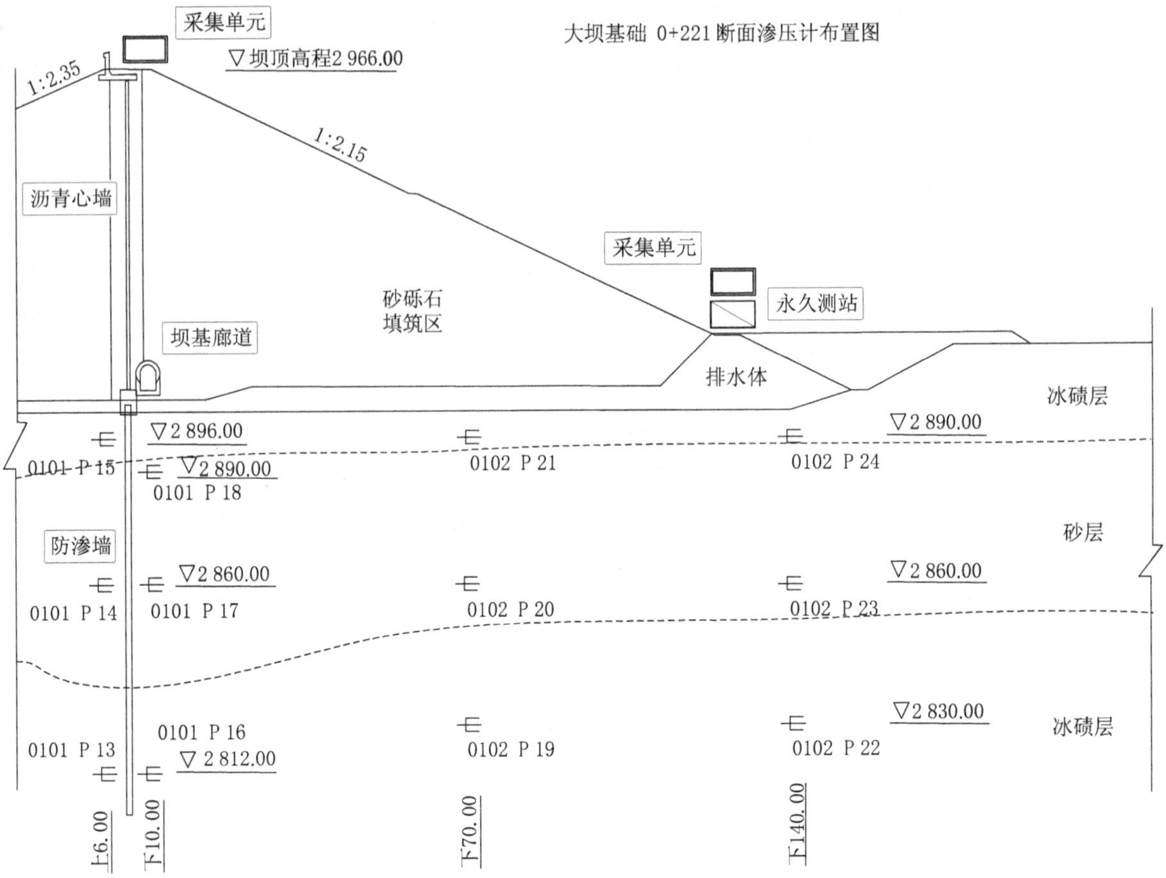

图 2.2-30 大坝基础渗流监测布置图（高程单位：m）

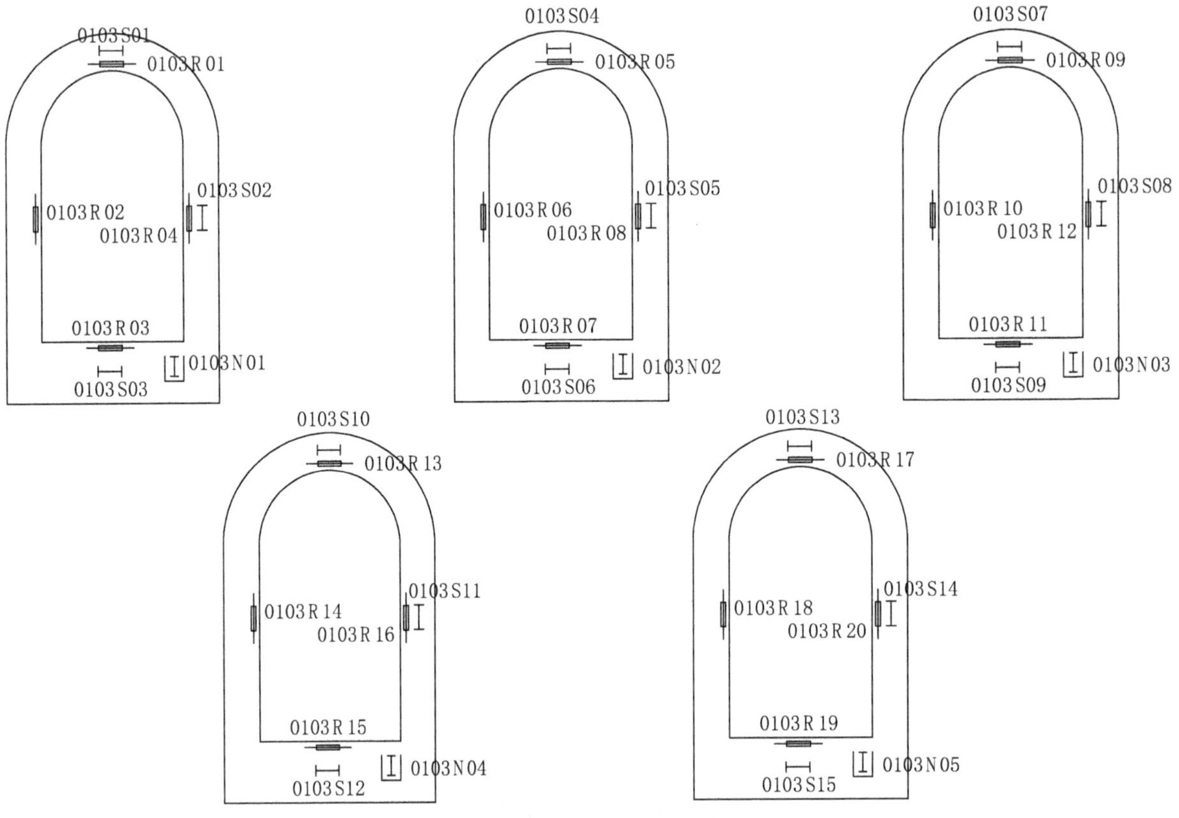

图 2.2-31 廊道监测仪器布置图

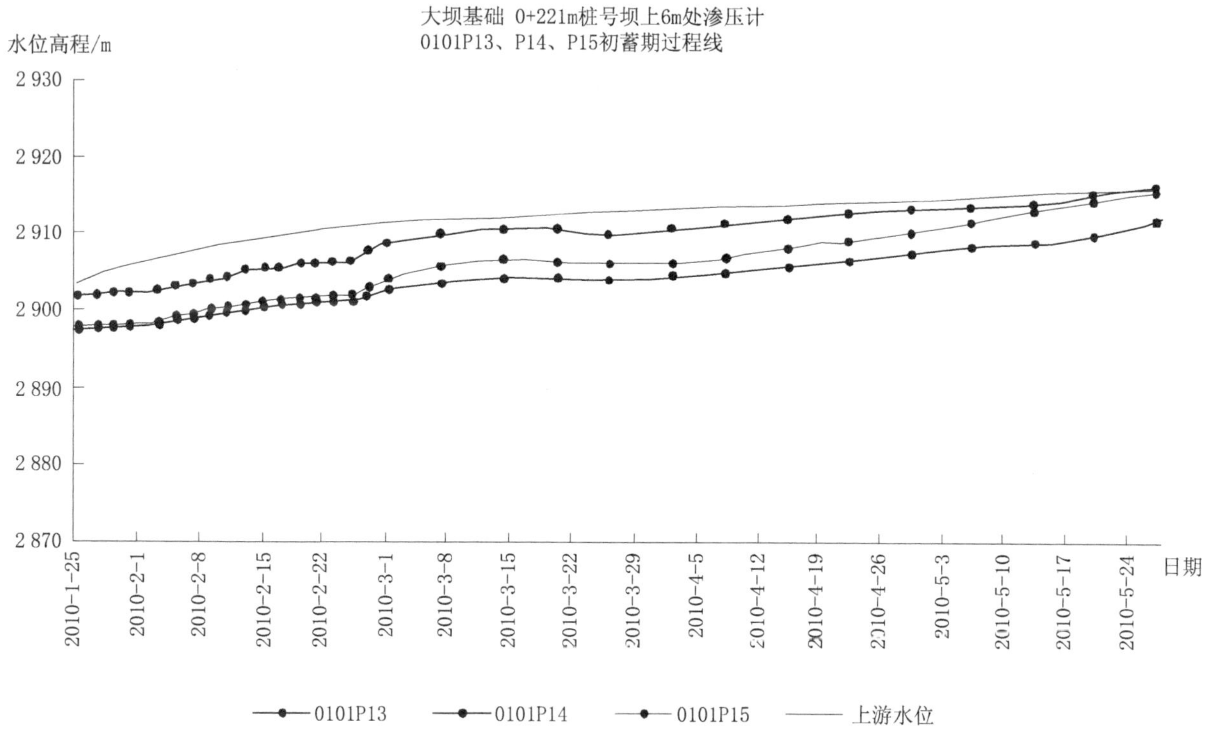

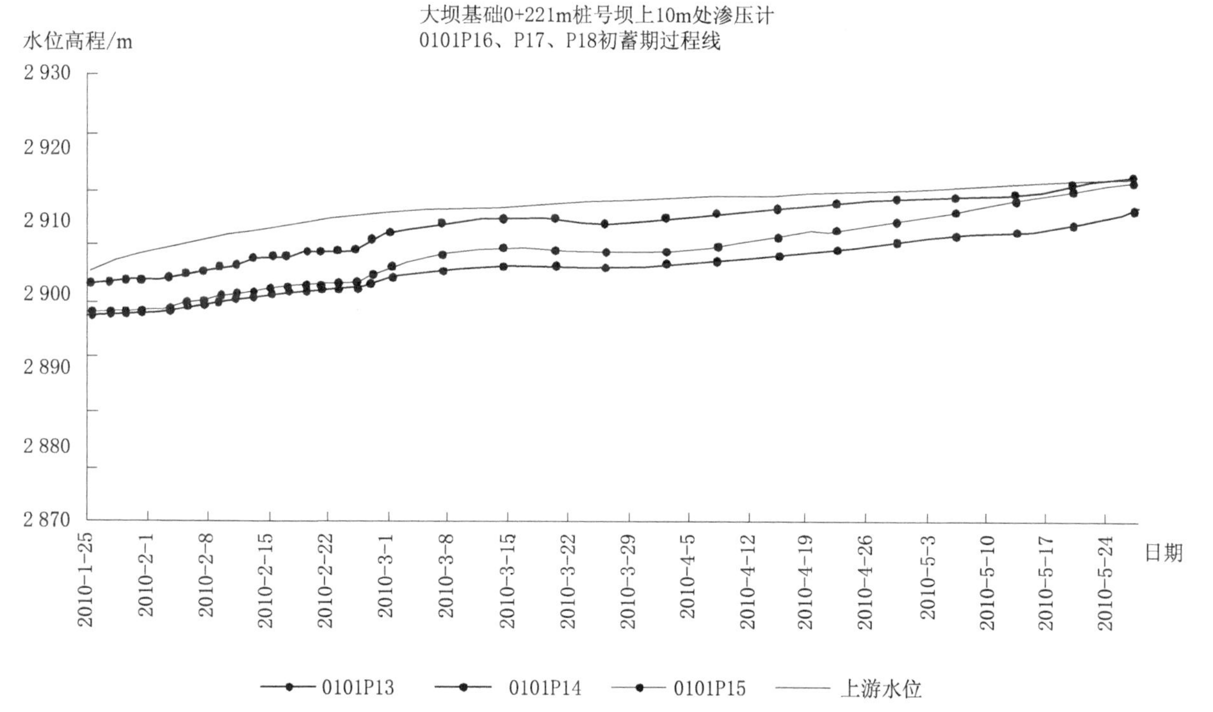

4. 监测成果分析

下坂地水利枢纽工程安全监测系统工程自2006年3月25日开始截至2010年8月在导流洞、坝体、坝基、引水发电洞及发电厂房等不同部位埋设了937支内部观测仪器，占总设计测点数的92%，心墙和坝体填筑至高程2 936 m（心墙最大高度为67 m）。

1）坝基渗流监测

该坝最大特点是河床覆盖层深度最大为150 m左右，地勘钻孔显示覆盖层岩性成分杂乱，粒径大小悬殊，均一性差。依据其成因及颗粒组成，大致可分为四层：①上部坡积块石、碎石及冲洪积砂卵砾石层；②中部冰碛含漂块碎石层；③中部冰水积砂层；④冰水积含块卵砾石层。工程建设期间关于深覆盖层坝基防渗问题可查阅的国内外相关文献资料还很少，且已有资料所涉及的深覆盖层均未超过坝高的2/3，而下坂地堆石坝覆盖层坝基深度约为坝高2两倍，因此对深覆盖层坝基的防渗墙渗流监测非常关键。

2010年1月25日至2010年5月27日上游水位上升较快期间，大坝基础上游三个断面坝上6 m处9支渗压计均随上游水位上升而上升，其渗压计的上升速率在0.099～0.150 m/d之间（上游水位上升速率为0.105 m/d）。坝基渗透水位过程线如图2.2-33所示。

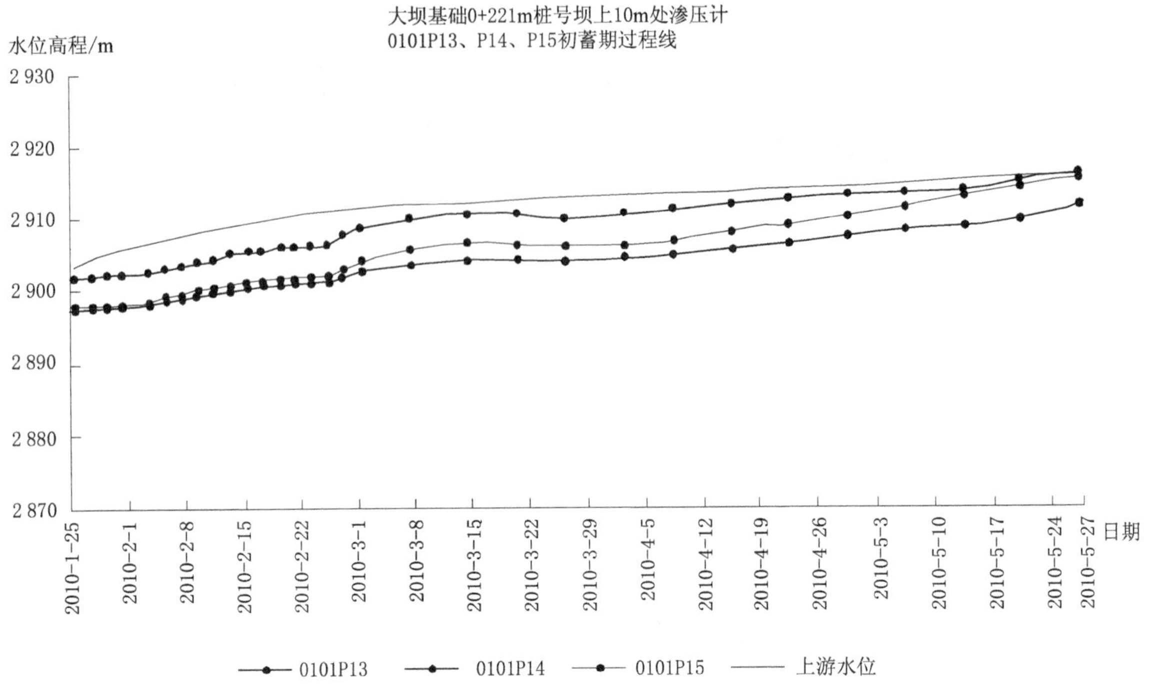

图2.2-32　坝基渗透水位过程线

大坝基础下游三个监测断面分别设置距坝轴线10 m、70 m、140 m的渗压计，其测量数据在蓄水期间随上游水位的上升有小幅上升，变动速率范围在0.00～0.074 m/d，其中坝下10 m处的2 912 m高程水位上升速率较快。大坝基础坝下6 m处三个断面2 896 m高程埋设的三支仪器的水头变化量较小，分别是1.66 m、0.56 m、1.55 m；2 860 m高程埋设的三支仪器的水头变化量在0～9.42 m；2 812 m高程埋设的三支仪器的水头变化量在3.48 m～10.57 m。当上游水位为2 917 m时，坝线以下坝基渗透水位在2 892.5～2 897.7 m之间。

2）防渗墙挠度监测

为了观测混凝土防渗墙的水平位移变化，掌握混凝土防渗墙施工后的工作性态，采用测斜仪法观测混凝土防渗墙施工期的水平位移，观测结果表明：0+160、0+221、0+294三个断面防渗墙于不同高程的水平位移（上下游方向）在-0.704～21.81 mm，最大位移大多发生在防渗墙的1/2～2/3高度处。在初次蓄水期间上下游方向水平位移变化不大。

3）防渗墙应力应变监测

大坝防渗墙0+160 m、0+221 m两个断面，至2010年8月18日均呈压应变状态，其中0+160 m断面应变计的压应变测值范围在31～486$\mu\varepsilon$之间，0+221 m断面两向应变计压应变测值范围在161～75$\mu\varepsilon$之间。在8月18日应变计过程线表现为向下游位移，其测值在蓄水期间变化不大，变化量在-2～16$\mu\varepsilon$之间。

4）廊道的应力应变监测

由0+110 m、0+160 m、0+221 m、0+305 m、0+360 m五个监测断面的应变计过程线可以看出，廊道顶部除0+305 m断面其余均为拉应变，其中最大拉应变值出现在0+221 m断面廊道顶部，测值为118με，与坝基廊道在施工期应力应变有限元计算结果（即廊道在竣工期出现压应力和拉应力集中现象）吻合，且出现的部位也基本一致，底部除0+110 m、0+160 m两断面其余均为拉应变，测值范围在11～44με，侧墙应变基本为压应变，仅0+215 m断面底板拉应变略有增大趋势，其它应变计测值情况基本稳定。

5. 坝底廊道施工缝变形

为了对大坝廊道0+054.0 m桩号（左岸灌浆平洞与廊道的变形缝）及0+384.0 m桩号（廊道与右岸交通洞的变形缝）变形进行监测，2010年共新增设了6组3DM-200型三向位移计，分别设置在两个部位变形缝的顶拱洞轴线处和上下游两侧拱角线下50 cm处，通过对三向位移计的观测，可直观了解廊道相对左岸的灌浆平洞和右岸的交通洞的开合、垂向及上下游三个方向的错动位移。观测仪器布置图详见图2.2-33。

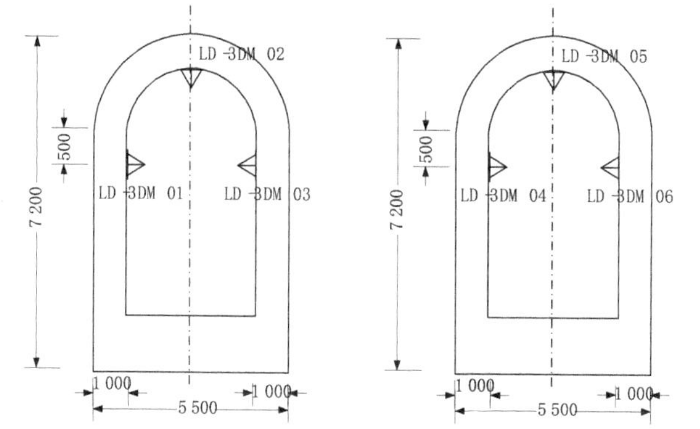

(a)大坝廊道(坝)0+54.0 m施工缝错动变形监测布置图(mm)　(b)大坝廊道(坝)0+384.0 m施工缝错动变形监测布置图(mm)

图 2.2-33　大坝廊道与山体结合部位混凝土施工缝监测仪器布置图

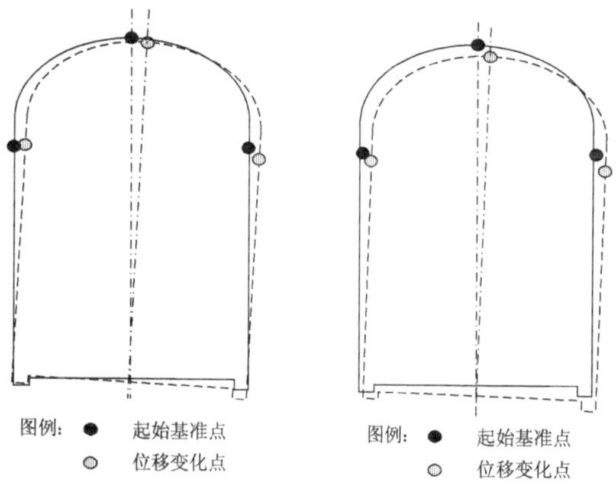

(a)0+54.0 m桩号　(b)0+384.0 m桩号

图 2.2-34　底廊道相对灌浆平洞位移趋势示意图

在仪器埋设前0+54.0 m桩号垂直和上下游错台均在1 cm以内，张开变形在2 cm以内，而0+384.0 m桩号张开变形约4 cm，垂直和上下游错台均约2 cm。

从坝底廊道0+54.0 m和0+384.0 m桩号混凝土裂缝上安装的6组三向位移计监测数据（参见表2.2-2）可以看出：①至2012年3月10日，左岸0+54.0 m桩号变形缝张开变形在6.2～8.52 mm之间；坝底廊道相对灌浆平洞向下游切向位移在9.7～16.78 mm之间；沉降变形在-1.64～9.28 mm之间，其变形趋势见图2.2-34(a)图。②至2012年3月10日，右岸0+384.0 m桩号变形缝张开变形在11.8～22.32 mm之间；坝底廊道相对交通洞向下游切向位移在2.44～13.28 mm之间；沉降变形在2.94～11.24 mm之间；其变形趋势见图2.2-34(b)图。

右岸变形缝开合、沉降位移变形明显大于左岸变形缝的变形，上下游切向位移左岸略大于右岸。其中，两个部位的最大张开位移发生在右岸拱顶部位，其值为22.32 mm；上下游切向最大位移值发生在左岸拱顶，为16.78 mm；沉降最大位移发生在左岸下游侧墙，其值为11.24 mm。而且，由历次的监测数据表明：两个监测断面的变形缝变形有逐渐增大的趋势。2012年由于对廊道0+384.0 m 桩号附近进行加固，仪器被拆除并停止观测。

表 2.2-2　大坝廊道施工缝 3DM-200 型三向测缝计监测成果表　　单位：mm

观测日期	测点编号	LD-3DM01	LD-3DM02	LD-3DM03	LD-3DM04	LD-3DM05	LD-3DM06
	桩号 变形方向	0+54.0 m			0+384.0 m		
2011-1-21	左右岸	2.99	0.99	1.42	3.24	4.07	2.22
	上下游	1.82	5.19	3.36	1.26	1.02	0.21
	沉降	-1.74	-0.75	1.7	1.02	3.24	1.69
2011-4-23	左右岸	5.81	7.05	5.62	15.94	18.31	10.67
	上下游	1.31	1.44	9.09	2.13	4.04	10.22
	沉降	-1.24	9.04	7.74	7.44	3.36	8.1
201-8-28	左右岸	7.74	7.34	6	17	20.8	10.92
	上下游	9.66	16	10.98	4.78	4.14	12.2
	沉降	-1.64	1.86	8.92	9.36	0.18	11.46
2011-12-27	左右岸	7.83	7.41	6.36	17.63	21.19	10.59
	上下游	10.18	16.41	11.28	6.17	3.94	13.48
	沉降	-1.67	2.22	9.01	9.32	0.17	11.61

续 表

观测日期	测点编号	LD-3DM01	LD-3DM02	LD-3DM03	LD-3DM04	LD-3DM05	LD-3DM06
	桩号 变形方向	0+54.0 m			0+384.0 m		
2012-3-10	左右岸	8.52	8.12	6.2	17.7	22.32	11.8
	上下游	9.72	16.78	11.56	6.12	2.44	13.28
	沉降	-1.64	2.3	9.28	9.5	2.94	11.24

2.3 心墙力学性能与耐久性研究进展

沥青心墙坝发展迅速，但也存在一定问题，这困扰了工程界多年。一是沥青心墙耐久性问题：筑坝实践经验表明，沥青具有极好的耐久性与防渗性能。新疆地处气候干燥炎热区，冬季漫长，有效施工期较短，已经建设了近百座沥青心墙坝，目前还没有发现因为心墙变形而导致的坝体渗水、漏水问题。二是心墙工作状态问题：国内已建成的沥青混凝土心墙坝，由于心墙深埋坝内，致使很多人担心即使有问题也无法观测到。但由已建的坎尔其、石门等工程的渗漏、变形等观测数据表明，心墙运行情况良好。三是沥青混凝土的力学性能。沥青混凝土是黏弹塑性材料，它具有某些水泥混凝土、岩土和道路沥青混凝土的力学性能，但更重要的是水工沥青混凝土有着它特有的力学性能。沥青混凝土心墙坝有着良好的抗震性能，在动荷载作用下心墙内不会形成像黏土心墙内的累积孔隙水压力，即使出现特别强烈的地震造成心墙局部开裂，也不会对大坝造成毁灭性的破坏。

因此，针对坝体堆石的变形情况和抗震要求，进行心墙与坝体的相互作用设计，并据此选择沥青混凝土配合比，在心墙坝设计中十分重要。心墙在坝体中的稳定至关重要，如果心墙稳定不足，变形过大，则可能导致心墙结构发生变化，进而影响其抗渗性。碾压式沥青混凝土变形模量较大，强度较高，易于维持自身稳定，但过大的变形模量对承受地震动作用不利。表2.3-1、表2.3-2给出了部分已建工程沥青心墙配合比和力学性能参数。

表2.3-1　新疆典型碾压式沥青混凝土配合比和材料特性统计

序号	工程名称	级配参数					材料品质		
		骨料最大粒径/mm	级配指数	填料含量/%	油石比/%	胶浆浓度*/%	沥青牌号	粗骨料岩性	细骨料岩性
1	米兰河山口水库	19	0.41	13	6.6	0.51	克拉玛依90号A级	灰岩	50%灰岩人工砂；50%天然砂
2	五一水库	19	0.39	12	6.6	0.55	克拉玛依70号A级	灰岩	灰岩人工砂
3	照壁山水库	20	0.38	13	6.8	0.52	克拉玛依70号A级	破碎灰岩	50%人工砂；50%天然砂
4	坎儿其水库	20	-	10	6.3	0.63	-	-	-
5	下坂地水库	20	0.36	13	7.2	0.55	克拉玛依70号A级	-	-
6	克孜加尔水库	19	0.38	14	6.9	0.49	克拉玛依70号A级	灰岩	灰岩人工砂与天然砂混合
7	开普太希水库	19	0.40	14	7.0	0.50	克拉玛依70号A级	灰岩	灰岩人工砂与天然砂混合

续 表

序号	工程名称	级配参数					材料品质		
		骨料最大粒径/mm	级配指数	填料含量/%	油石比/%	胶浆浓度*/%	沥青牌号	粗骨料岩性	细骨料岩性
8	阿拉沟水库	19	0.38	14	6.6	0.47	克拉玛依70号A级	人工碎石料	人工砂和河砂占47%
9	二塘沟水库	20	0.42	16	7.2	0.45	水工沥青70号	人工碎石料	70%人工砂；30%天然砂
10	八大石水库	19	0.39	11	6.6	0.60	克拉玛依70号A级	人工碎石料	人工砂和河砂
11	五一水库大坝	19	0.36	12	6.7	0.56	水工沥青70号A级	人工碎石料	人工砂和河砂
12	石门水库	19	0.39	13	6.7	0.52	克拉玛依70号A级	人工碎石料	50%人工砂；50%天然砂

*注：胶浆浓度系指单位体积内沥青重量与填料重量之比。

表 2.3-2 新疆典型碾压式沥青混凝土力学性能对比表

工程名称	油石比/%	填料用量/%	密度/(kg/cm³)	孔隙率/%	拉伸		压缩		弯曲				抗剪强度	
					强度/MPa	对应应变/%	强度/MPa	对应应变/%	强度/MPa	对应应变/%	挠度/mm	挠跨比/%	C/MPa	φ/°
五一水库	6.6	12	2.422	1.20	0.887	1.38	4.002	5.2	1.513	2.54	4.33	2.12	0.37	25.4
	6.9	14	2.414	1.21	0.779	1.32	3.384	6.87	1.225	4.18	6.98	3.49	0.25	26.9
米兰河山口水库	6.6	13	2.429	1.19	0.790	1.21	2.750	6.41	1.350	3.19	–	–	0.18	28.5
	6.9	13	2.419	1.29	1.030	1.12	2.840	7.36	1.740	3.08	–	–	0.17	28.0
照壁山水库	6.8	13	2.400	1.54	0.850	1.35	3.120	5.58	1.660	4.70	7.80	3.90	0.47	29.0
坎儿其水库	6.3	10	2.440	–	0.510	1.27	3.850	5.82	0.710	3.79	–	3.48	0.35	31.7
	6.6	11	2.440	–	0.550	1.74	3.620	7.99	0.500	4.65	–	4.27	0.28	28.4
克孜加尔水库	6.9	14	2.440	0.45	1.300	2.12	3.020	6.30	2.640	3.6	5.99	3.00	0.21	29.8
	6.9	14	2.420	1.11	1.250	2.20	2.910	7.02	2.630	3.86	6.44	3.22	0.22	33.5
下坂地水库	7.5	13	2.360	2.14	0.720	1.23	3.760	4.78	2.390	2.90	4.80	2.40	0.34	25.6
	7.2	13	2.370	2.21	0.920	1.05	3.890	4.84	2.320	2.20	3.60	1.80	0.32	26.1
开普太希水库	7	14	2.420	1.08	0.940	1.15	2.930	5.85	1.550	2.93	4.89	–	0.36	25.2
	7	14	2.420	1.07	1.040	1.22	2.880	7.58	2.490	3.54	5.90	–	0.34	25.3
八大石水库	6.6	11	2.420	0.90	0.590	1.60	2.820	4.04	1.220	5.67	5.67	2.83	0.54	28.2
阿拉沟水库	6.6	14	2.430	0.09	–	–	2.310	6.51	1.220	5.64	5.64	2.82	0.58	27.2
石门水库	6.7	13	2.410	0.90	–	–	2.550	2.92	2.550	4.10	4.10	2.05	0.54	28.2
二塘沟水库	7.2	16	2.368	1.00	–	–	2.100	6.30	0.900	5.96	5.96	2.98	0.39	26.8

2.4 心墙应力应变研究进展

针对沥青混凝土堆石坝开展应力和变形分析的方法有非线性弹性有限元法和考虑蠕变作用的黏弹性有限元法。有限元分析计算时考虑的荷载有自重、水压力、扬压力、地震力等，计算工况应按照施工阶段、蓄水运行阶段，对坝体填筑和蓄水采用分级加载方式进行计算。

非线性弹性有限元法是计算沥青混凝土和堆石体的应力和变形常用的方法，在该方法中，堆石体和沥青混凝土均采用邓肯-张模型。非线性弹性有限元法计算模型简单，易于实现，但该模型无法考虑沥青混凝土模量随温度的变化，也无法考虑蠕变对沥青混凝土应力和变形的影响。另外，当堆石体和沥青混凝土发生剪胀的情况下，非线性弹性模型也无法较好地模拟实际情况。

对沥青混凝土心墙一般采用有限元法进行应力及变形分析，对于沥青混凝土的本构关系，当前采用较多的是邓肯-张非线性双曲线模型（E-μ或E-B）以及改进模型（K-G），也有采用黏弹性、弹性、弹塑性模型等。由于沥青混凝土心墙厚度薄，心墙和坝壳料一同采用非线性双曲线模型是比较合理、简便、接近实际的。

土石坝的沥青混凝土防渗心墙厚度一般仅为0.5～1.2 m，多数以等厚度或在不同高程段采用等厚度布置，其迎水面为直立的；沥青心墙的刚度均小于坝壳料和过渡料；心墙的渗透系数在10^{-8} cm/s 数量级，具备低透水性，所有这些因素均将导致在防渗心墙中产生拱效应，甚至发展为水力劈裂。拱效应、先天裂缝和低透水性就构成了沥青混凝土心墙产生水力劈裂的力学基础条件和物质基础条件。随着坝高的增加，拱效应作用更强烈，产生水力劈裂的可能性更大。

沥青混凝土的工程性质完全取决于其材料配合比，它又控制着沥青混凝土心墙的工作性状。长期以来往往不是以其力学性能的基本要求，来直接确定沥青混凝土的配合比，而是以多级材料组合求取最大密实度，并以沥青为填隙、胶结料，采用以物理指标为主，考虑其他间接指标（如马歇尔指标）最终确定其配合比。

对1、2级沥青混凝土高土石坝，应采取多种方式对坝体工作性态进行研究。一方面，可用有限元计算坝体的应力和变形，以控制坝体在各种荷载及工作条件下的应力和变形，不致发生剪切破坏和过量变形而开裂漏水。在分析计算中，应考虑重要参数如堆石体和基础性能参数的变化，研究不确定参数变化的敏感性。另一方面，可开展模型试验。在试验室模拟沥青混凝土的工作性态时，应考虑有限元分析计算所求得的心墙的应力和应变水平，使试验室内试件的试验条件与实际工作的条件尽量一致，即使得坝体和心墙的刚度和强度及抗裂能力与实际相似，模拟一定的剪胀程度、渗漏增大、蠕变变形、裂缝及裂缝后的自愈等情况研究心墙材料的性能。只有进行大量的试验以后，才能确定沥青混凝土心墙坝是否安全可靠。

心墙混凝土在满足变形要求的条件下，宜适当提高非线性变形模量，并尽量使心墙和过渡层的非线性变形模量接近，不致因拱效应引起心墙发生水平裂缝。

为减小上游坝壳（包括过渡层）在蓄水期因湿陷引起的应力集中，应尽量采取逐步提高蓄水的措施。水库缓慢蓄水可使填筑体适应这种荷载的变化，并对可能出现的不均匀变形进行变形调整。因此，一边进行坝体填筑、一边进行水库蓄水，无论从技术角度还是从经济角度看都是有利的，而这种方式也是为沥青混凝土心墙堆石坝结构特性所允许的。

在狭窄且两岸陡峭的V形河谷，特别当堆石坝建在压缩性较大的深覆盖层上时，横河谷方向的拱作用将非常显著，这对坝体和心墙应力及变形的影响较大，必须对结构进行分析计算。在初步分析中，可分析心墙平面内的应力，并对可能发生的剪切扭曲（剪胀）和裂缝进行评估。如在坝体与坝肩的接触面进行特殊处理，将可在一定程度上释放拱作用。

新疆农业大学通过数值模拟，对比研究浇筑式和碾压式沥青混凝土对心墙的应力应变特性影响；同时研究了坝壳料与心墙之间的相互作用对其应力应变性状的影响。结果表明：当坝壳填筑料相同，而心墙分别采用不同施工方式（即浇筑式或碾压式沥青混凝土）时，大坝及心墙的应力应变性态基本相同；当采用不同坝壳材料，而相同的心墙沥青混凝土材料时，大坝的应力应变性态差异较大，明显受控于坝壳料性状。这表明沥青混凝土心墙并不是受力构件，仅仅为防渗体，采用何种类型沥青混凝土均不影响心墙的应力应变性态；也证明无论采用浇筑式或碾压式，均可修建高沥青混凝土心墙坝。通过对沥青混凝土心墙与过渡层相互作用的研究，明确了过渡层的结构尺度和材料性能对心墙应力应变性状的影响，结果表明：不论是单层还是双层过渡层，其性质和几何尺度对沥青混凝土心墙性态影响不大，因而可以简化过渡层结构，这为定量设计过渡层提供了依据。

通过研究百米级浇注式、碾压式及组合式沥青混凝土心墙坝的应力应变性态，结果表明：大坝的应力应变性态，明显地受控于坝体填筑材料性状，而受心墙沥青混凝土材料性质影响较小，从而证明浇注式沥青混凝土心墙坝可用于百米级大坝建设。组合式沥青混凝土心墙的应力应变性状介于前二者之间，同样满足高坝建设要求，不失为一种优良的坝型可供工程建设使用。

2.5 砾石骨料应用研究进展

2.5.1 研究进展综述

水泥做为填料在沥青混凝土心墙坝中已开始使用，但受公路沥青混凝土的影响，为保证骨料与沥青粘附性，心墙沥青混凝土在骨料选择上总是慎之又慎。《土石坝沥青混凝土面板和心墙设计规范》中规定：粗骨料宜采用碱性岩石破碎的碎石。碱性岩石（特别是碳酸盐类岩石）与沥青不仅有物理吸附作用，还有很好的化学吸附作用，抗水损害能力好。然而，自然界中碳酸岩的分布仅占0.25%，新疆分布更少，且人工破碎岩石能耗高、污染大，部分地区运输成本极高。新疆天然砾石分布范围广，作为能耗、造价低的骨料已广泛用于水泥混凝土。天然砾石岩性复杂，多数属非碱性岩石，能否突破规范规定，在心墙沥青混凝土中充分使用天然砾石骨料成为水利界关注的热点。首先，沥青混凝土心墙与沥青混凝土路面工作性状不同，心墙沥青混凝土没有公路沥青混凝土那样交通荷载的往复剥蚀和强烈的风化作用；其次，心墙沥青混凝土的力学性能是骨料与沥青胶浆共同作用的结果，砾石骨料与沥青粘附性虽差，但在沥青较多的心墙沥青混凝土中表现并不显著，加之采取工程措施可有效改善沥青混凝土的水稳定性；再次，骨料与沥青粘附性与沥青本身的化学结构及组成有关，品质优良的克拉玛依水工沥青与四川冶勒水电站工程中使用的石英闪长岩（非碱性）骨料的粘附性也达到了5级。这些为新疆天然砾石骨料的使用提供了有利条件。

新疆农业大学水利与土木学院团队采用天然砾石骨料配制了五一水库大坝围堰心墙沥青混凝土，以水泥作填料又兼作提高骨料粘附性的措施，通过恶化试验条件的方法（如：延长浸水时间、提高浸水温度、增加冻融次数等）系统的评价了水泥对心墙沥青混凝土水稳定性的改善作用。将研究成果又进行了工程应用推广，吉木萨尔县水溪沟碾压沥青混凝土心墙坝，最大坝高55.3 m；呼图壁县齐古水库，总库容2 057.0万m^3，最大坝高50.0 m，均采用当地砾石骨料配置了沥青混凝土，现两工程均已填筑完毕，从运行监测情况分析，未发现沥青心墙出现问题。

沥青混凝土作为水工建筑物防渗材料最直接的原因在于优良的防渗和适应变形的能力。与传统的防渗体相比，沥青混凝土心墙具有施工速度快、造价低、受气候影响小、坝体填料质量要求低等优势，在水利水电工程中得到了广泛应用，沥青混凝土心墙坝也成为了重要的坝型之一。由于心墙长期处于浸水状态，骨料与沥青的粘附性好坏是评价沥青混凝土水稳定性的一项重要指标，对大坝的安全可靠性和耐久性具有直接的影响。大量研究表明，沥青胶浆与骨料粘附性不足会在外界不利因素（水和荷载）条件下导致沥青混凝土开裂，致使心墙缝隙增大，抗渗性能降低，所以良好的粘附性是保证大坝质量的重要条件。为保证工程质量，往往采用人工破碎的碱性岩石为骨料，但自然界中的石灰岩、大理岩等典型的碱性岩石储量有限，开采过程中很容易对当地的生态环境造成破坏，而在缺少碱性岩石的地区，选用碱性骨料无疑会增加工程造价。如果采用分布范围较广的天然砾石骨料配制心墙沥青混凝土，虽然可以降低工程造价，但骨料与沥青的粘附性可能较碱性骨料差。因此，提高沥青与砾石骨料界面的粘附性是防止水损害出现的关键。采用石灰石粉、水泥等填料改善天然砾石骨料与沥青胶浆粘附性和水稳定性是工程中常采取的措施之一。

2.5.1.1 基于酸碱性评价的砾石骨料与沥青粘附性分析

砾石骨料组成具有多样性，《水工沥青混凝土试验规程》中粗骨料与沥青的粘附性试验（水煮法）主观性较强。为减少砾石骨料粘附性测定的主观因素，寻求一种客观评价砾石骨料粘附性的方法显得尤为重要。将砾石骨料经岩相鉴定后分组，先采用岩相法、SiO_2含量法和碱度模数法评价各组骨料酸碱性，再用水煮法初步判定酸碱性与骨料剥落率之间的关系，最后采用光电比色法将各组的粘附性量化，综合客观的评价砾石骨料酸碱性与粘附性的关系并提出实际工程中判定砾石骨料粘附等级的方法。

结果表明：

（1）砾石骨料采用不同的酸碱性判定方法所得结果不同，岩相法具有局限性并存在主观因素；SiO_2含量法与碱度模数法均需对骨料进行化学成分分析，SiO_2含量法直接根据骨料SiO_2含量判定酸碱性，碱度模数法考虑了骨料中的碱性物质使结果更精确。

（2）骨料的酸碱性主要受SiO_2含量影响，碱性氧化物含量影响次之。碱度模数法测得酸碱性与剥落率相关性最高，骨料酸性越强，表面沥青膜剥落面积越大。

（3）光电比色法测得剥落率60%左右是水煮法粘附性等级4级和5级的界限。工程实践中，使用水煮法测定砾石骨料中与整体SiO_2含量相近的岩石剥落面积，即可判定砾石骨料整体的粘附性等级。

2.5.1.2 水泥对砾石骨料与沥青胶浆粘附性影响分析

砾石骨料一般偏酸性，与沥青接触时，两者之间仅有简单的物理吸附作用（范德华力）。工程实践中，可以添加抗剥落剂或者选择碱性的填料来提高砾石骨料与沥青胶浆的粘附性。然而，采用水泥作填料后，砾石骨料与沥青胶浆的粘附性仍缺乏量化指标。

在《水工沥青混凝土施工规范》（SL514-2013）中5.2.5规定，拌制沥青混合料时，应先将骨料和填料干拌15 s，再加入热沥青拌和。又研究了以水泥为填料时，骨料界面化学性质是否发生变化使骨料与沥青粘附性提高。

结果表明：

（1）水泥与砾石骨料拌和时，骨料表面会发生一系列化学反应生成皂类化合物，改变了砾石骨料界面性质，可将砾石骨料界面与沥青胶浆的粘附性提高14.6%，而碱性石粉作用极小，仅能提高0.2%。

（2）水泥可以改变沥青胶浆的结构，水泥沥青胶浆与砾石骨料的粘附性能优于大理岩粉沥青胶浆，采用水泥沥青胶浆可将砾石骨料与碱性骨料之间粘附性的差别缩小到0.1%。

（3）砾石骨料与水泥沥青胶浆的粘附性比碱性骨料与碱性石粉胶浆的粘附性高18.3%，以水泥为填料配制沥青混凝土是可行的。

2.5.1.3 填料中水泥用量对天然砾石骨料与沥青胶浆的粘附性影响

工程实践中，天然砾石的填料一般选择水泥或者石灰石粉。已有的研究表明，水泥可有效改善砾石骨料与沥青的粘附性，但水泥作为填料会使沥青混凝土产生水泥水化，变形能力下降。为解决这个问题，同时节约成本，可以选择将水泥与石灰石粉混合作为填料。根据填料中水泥和石灰石粉的比例不同配置7种沥青胶浆，分别研究了其针入度、软化点和拉伸强度变化规律，再用光电比色法测得不同沥青胶浆裹附天然砾石骨料后沥青膜的剥落率。

结果表明：

（1）填料中一定量的水泥替换石灰石粉会降低沥青胶浆的针入度同时提高沥青胶浆的软化点，提高沥青胶浆的高温性能，但水泥用量超过一定界限后，针入度和软化点会向相反的方向发展，低温性能逐渐变强。水泥可以有效改善沥青胶浆的拉伸强度和延度，沥青胶浆拉伸强度和延度随着水泥用量的增加而增加，低温变形能力更强。

（2）水泥可以有效改善沥青胶浆与天然砾石骨料的粘附性，天然砾石骨料表面沥青膜剥落率随着填料中水泥用量的增加而降低，但超过最佳用量点后影响程度很小。这说明水泥用量仅需3%，天然砾石骨料与沥青胶浆的粘附性就可以达到碱性骨料的水平。

(3)综合考虑填料中添加水泥后沥青胶浆性质和粘附性的变化情况，建议水泥用量为6%，但以此作填料配置沥青混凝土的各项性能还有待进一步研究。

2.5.1.4 破碎砾石中残余石粉对沥青胶浆粘附性的影响分析

由于现有施工现场骨料加工系统存在工艺上的缺陷，会造成细骨料中粒径小于0.075 mm的砾石石粉残余量在6%左右(占总体的1.8%)左右，而实验室配合比设计中的砾石石粉残余量仅为1%，相差较大。若要求施工单位在现有的骨料加工工艺下将细骨料中残余的砾石石粉控制在1%左右，一方面会增加施工成本，另一方面可能会造成细骨料的级配较差。为解决施工中存在的实际问题，分析酸性的砾石石粉作为部分填料对破碎砾石骨料与沥青胶浆粘附性的影响显得尤为重要。从影响粘附性最主要的两个因素，沥青胶浆性质和界面粘附性分析了破碎砾石骨料中残余石粉对沥青胶浆粘附性的影响。

结果表明：砾石骨料破碎残余的砾石石粉会使沥青胶浆的各项性能具有不同程度的下降，对水泥的影响程度低于石灰石粉，工程实际中如果砾石骨料破碎残余的石粉不超过6%，以水泥为填料可以有效保证沥青混凝土的质量。

2.5.1.5 石料界面与沥青胶浆粘附强度变化规律分析

单纯的评价石料与沥青胶浆的粘附性仅能从侧面反映沥青混凝土的抗剥离性能，不能直观的了解骨料界面与沥青胶浆的粘附强度。已有的研究中，评价石料与沥青胶浆粘附强度的试验大多限定于定性的单因素分析，但粘附强度的形成是多因素混杂的物理化学过程，因此，分析各因素的主次关系显得尤为重要。在无法完全了解其粘附过程中的物理原理和化学原理的情况下，用回归分析来解决工艺或配方最优化问题是比较有效的方法。通过对不同酸碱性石料在不同沥青胶浆粘结作用下抗拉强度结果的分析，得到了石料界面与沥青胶浆粘附强度影响因素的主次顺序和变化规律，为实际工程中材料的选用提供参考。

结果表明：

(1)影响岩石界面与沥青胶浆粘附强度的主次顺序与权值为胶浆类型1.000、岩石类型0.783、界面处理情况0.267，与极差方差分析结果吻合。选择碱性较强的岩石和填料均可以有效提高岩石界面的粘附强度。

(2)岩石界面经水泥处理后，粘附强度有一定提高，石灰石粉则不明显，岩石的酸性越强，碱性填料配制沥青胶浆对其粘附强度的改善效果越好。

2.5.1.6 孔隙率和填料对沥青混凝土的长期性能影响

研究表明，用水泥作填料或者在填料中适量加入消石灰等方法可以明显提高骨料与沥青粘附性、且对改善沥青混凝土的水稳定性非常有效。但在实际施工过程中，由于心墙经常受到碾压遍数不足、碾压温度过低或级配偏差过大等因素的影响，沥青混凝土局部产生孔隙率较大的情况(即孔隙率接近了规范规定的3%的上限要求)。加上沥青混凝土心墙长期处于浸水状态，水泥填料会很轻易的与水接触到，发生化学作用生成水化产物[水化硅酸钙和$Ca(OH)_2$]，从而影响到沥青混凝土的水稳定性。但在室内实验室按照规范要求的常规方法进行水稳定性试验沥青混凝土的水稳定性系数较容易就达到规范规定的要求(即水稳定系数≥0.9为合格)，甚至有可能出现大于1.0的情况。因此，按照规范要求的常规方法进行水稳定试验已很难精准的判断沥青混凝土水稳定系数的变化规律。为探索孔隙率和填料类型对沥青混凝土水稳定性及其各项力学性能的影响，紧密结合心墙沥青混凝土长期浸水的工作环境和受力特性，通过增加浸水时间进行水稳定性试验及长期水稳定性试验、静力三轴试验、拉伸试验以及小梁弯曲试验，为日后使用砾石骨料和水泥填料配制的沥青混凝土在心墙坝中的应用提供理论依据，并对新疆地区天然砂砾石骨料能在水工沥青混凝土的中使用、减少工程中的材料成本和消耗以及进一步推广水工沥青混凝土材料和技术在新疆水利水电工程建设中的应用具有相当重大的经济效益和社会意义。

1. 水稳定性试验

随着我国西北地区水利事业的蓬勃发展，采用砾石骨料和以水泥作填料配制心墙沥青混凝土已显得尤为重要。但在沥青混凝土的施工过程中，常出现碾压温度低、碾压遍数不足或级配偏差过大等现象，导致沥青混凝土的孔隙率接近了规范3%的上限要求，水分很容易进入试件内部对沥青混凝土的水稳定性产生影响。加上沥青混凝土长期处于浸水状态，因此，研究孔隙率和填料类型对心墙沥青混凝土的长期水稳定性有着重要意义。

试验结果表明：

（1）孔隙率对水泥作填料的沥青混凝土水稳定性影响较大，3%孔隙率的试件水稳定性明显高于1%的试件；

（2）孔隙率为1%时，水泥填料的试件水稳定性明显高于石灰石粉作填料的试件。而石灰石粉为填料时水稳定系数逐渐下降，后续应当进一步延长浸水时间观察其变化规律；

（3）用水泥完全代替石灰石粉为填料可以有效的改善沥青混凝土的抗压强度，但以石灰石粉为填料时材料适应变形的能力更强。

2. 长期水稳定性试验

不论孔隙率大小与否，采用水泥作填料都能有效改善沥青混凝土的水稳定性，但是对于沥青混凝土长期水稳定性的影响还有待探索。

试验结果表明：

（1）水泥作填料的沥青混凝土长期水稳定性受孔隙率影响较大。3%孔隙率与1%相比，试件长期水稳定系数更高，但离散性更大，且适应变形能力有所减弱。

（2）孔隙率为1%时，水泥填料的试件水稳定系数先增大后减小，长期水稳定性明显优于石灰石粉作填料的试件。石灰石粉为填料时水稳定系数持续下降，浸泡时间达到2250h时水稳定系数已小于规范0.9的要求。

（3）水泥的水化由表及里，是一个长期的过程，只要试件内部未水化的水泥接触到水分，水泥的水化就会继续进行。实践证明：水泥的水化会延续二、三十年之久，因此，随着浸水时间的增加，水泥填料与石灰石粉填料相比，对改善沥青胶浆与骨料的粘附性有显著作用，提高沥青混凝土的力学强度，但适应变形能力逐渐减弱。

3. 长期力学性能试验

沥青混凝土心墙作为心墙坝中的防渗体需具有良好的防渗性能。心墙坝不易受气候和日照的影响，不易出现冻裂和老化，裂缝自愈能力较好。新疆地区气候温差大，冻融循环强烈，各种不利条件显著影响了心墙的各项力学性能。因此在大孔隙率条件下使用水泥作填料配制的沥青混凝土的力学性能能否满足规范要求还须进一步确定，为了探究不同孔隙率和不同填料对沥青混凝土长期力学性能的影响，用砾石骨料和碱性骨料两种材料，采用室内实验室成型方法进行了沥青混凝土的拉伸试验、小梁弯曲试验和三轴压缩试验，对比分析沥青混凝土三种力学性能的发展规律。

试验结果表明：

（1）通过拉伸试验和小梁弯曲试验得到水泥填料对改善沥青混凝土各项长期力学性能的作用显著。随着浸水时间的延长，水泥水化产物逐渐增多，抗弯及抗拉强度不断升高，较石灰石粉填料的相比性能良好，二者的弯拉应变最终均呈现出逐渐减小的趋势。

（2）在沥青混凝土静三轴试验中，随着浸水时间的延长，水泥填料的沥青混凝土试件内摩擦角ϕ逐渐减小，模量系数K与凝聚力c均逐渐增大，呈现出有规律的变化趋势。当填料相同孔隙率为1%时，沥青混凝土的摩擦强度起主导作用，而对于3%孔隙率的试件其摩擦强度较小，发挥的作用小于粘聚强度，所以3%孔隙率试件的粘聚力更大。随着浸水时间的不断延长，两种孔隙率的沥青混凝土试件粘聚力与内摩擦角均呈现出相似的发展趋势，二者的摩擦强度逐渐向粘聚强度转化，且3%孔隙率时的变化幅度更大。石灰石粉填料配制的沥青混凝土试件伴随着浸水时间的延长逐渐朝着劣势方向发展，且沥青混凝土出现了软化现象。

（3）随着浸水时间的不断延长，水泥填料对沥青混凝土的抗拉、抗弯及抗剪强度均朝着好的方向发展，但材料适应变形的能力有所降低。3%孔隙率和1%孔隙率相比，沥青混凝土的塑性更低。石灰石粉填料配制的沥青混凝土各项力学性能随着浸水时间的增加越来越差。

2.5.2 奴尔水利枢纽工程砾石骨料应用研究

奴尔水利枢纽工程为Ⅲ等中型工程，水库正常蓄水位2 497.00 m，拦河坝为沥青心墙坝，最大坝高80.0 m。碾压式沥青混凝土心墙为垂直式，心墙轴线位于坝轴线上游3.0 m，顶宽0.5 m，底宽0.8 m，顶部高程2 497.50 m，最大断面底部高程为2 420.00 m。心墙上下游两侧各设厚3 m的过渡层。在坝基设心墙混凝土基座。坝基和坝肩防渗线总长约745.0 m。坝基防渗为混凝土防渗墙加基础帷幕灌浆，防渗墙最大深度31 m，厚度0.8 m。坝体总填筑量728万m^3，沥青混凝土心墙总填筑量3.38万m^3，混凝土防渗墙面积1.31万m^2。

2.5.2.1 试验研究的目的和意义

(1)通过对心墙沥青混凝土拟用原材料(沥青、天然砂砾石、填料)的品质检测试验，确定符合奴尔水利枢纽工程沥青混凝土心墙坝工程技术要求的原材料。

(2)采用抗剥落剂增强酸性骨料与沥青的黏附力，研究抗剥落剂对酸性骨料与沥青黏附性的影响，优选抗剥落剂品种及其最优掺量。

(3)在优选抗剥落剂品种的基础上，研究全部采用破碎天然砂砾石料、采用50%破碎天然砂砾石料的沥青混凝土最大理论密度、容重、孔隙率及水稳定性性能，确定采用天然砂砾石料沥青混凝土的级配指数、沥青含量、填料用量、抗剥落剂掺量等配合比参数，提出奴尔水利枢纽工程天然砂砾石料沥青混凝土初步推荐配合比。

(4)根据提出的初步推荐配合比，研究天然砂砾石料沥青混凝土的力学及渗透性能，提出奴尔水利枢纽工程天然砂砾石料沥青混凝土优选配合比方案。

(5)在优选天然砂砾石料沥青混凝土配合比试验成果基础上，进行天然砂砾石料沥青混凝土静、动力工程特性试验，提出天然砂砾石料沥青混凝土的配合比等材料参数指标，为数值计算分析提供必要的参数。

(6)开展天然砂砾石料沥青混凝土的长期耐久性能研究。采用长期浸水试验，研究天然砂砾石料对沥青混凝土水稳定性和劈裂性能的影响，并与人工灰岩骨料进行对比；采用长期冻融循环试验，研究天然砂砾石料沥青混凝土在冻融循环作用下的物理力学性能和细观结构的演变规律。

(7)研究不同孔隙率条件下，天然砂砾石料沥青混凝土的力学性能、渗透性能，以及长期耐久性能，提出奴尔水利枢纽工程天然砂砾石料沥青混凝土施工质量控制技术要求。

研究成果对奴尔水利枢纽工程沥青混凝土心墙坝建设发挥重要指导作用，且对于类似缺乏碱性骨料的碾压式沥青混凝土心墙坝建设中具有重大的推广应用和参考价值，对推动我国采用天然砂砾石料在沥青混凝土心墙坝的发展将起到积极作用。

2.5.2.2 原材料

1.碾压式沥青混凝土心墙主要技术要求

1)沥青

碾压式沥青混凝土心墙对沥青的技术要见表2.5-1所示。

表2.5-1 沥青主要技术要求

项目	单位	SL 501-2010技术要求
		90号
针入度(25℃,100 g,5 s)	0.1 mm	80～100
软化点(环球法)	℃	42～52
延度(15℃,5 cm/min)	cm	≥100
密度(25℃)	g/cm^3	—
溶解度	%	≥99.0

2)矿料

碾压式沥青混凝土心墙对矿料的技术要见表2.5-2～表2.5-4。

表 2.5-2　填料主要技术要求

项　目		单　位	SL 501-2010技术要求
表观密度		kg/cm^3	≥2.5
亲水系数		—	≤1.0
含水率		%	≤0.5
粒径	<0.60 mm	%	100
	<0.15 mm		>90
	<0.075 mm		>85

表 2.5-3　细骨料主要技术要求

项　目	单　位	SL 501-2010技术要求
表观密度	g/cm^3	≥2.55
水稳定等级	级	≥6
耐久性	%	≤15
有机质及泥土含量	%	≤2

表 2.5-4　粗骨料主要技术要求

项　目	单　位	SL 501-2010技术要求
表观密度	g/cm^3	≥2.6
与沥青粘附性	级	≥4
针片状颗粒含量	%	≤25
压碎值	%	≤30
吸水率	%	≤2
含泥量	%	≤0.5
耐久性	%	≤12

3）沥青混凝土

碾压式沥青混凝土心墙对沥青混凝土的技术要求见表2.5-5。

表 2.5-5　沥青混凝土主要技术要求

项　目	单　位	SL 501-2010技术要求	备　注
孔隙率	%	≤3（芯样）	芯样
		≤2（室内）	马歇尔试件
渗透系数	cm/s	$\leq 1\times10^{-8}$	—
水稳定系数	—	≥0.90	—
马歇尔稳定度	N	≥5000	国内类似工程技术要求
马歇尔流值	0.1 mm	30～110	
弯曲应变	%	≥1	
内摩擦角	度	≥25	
粘结力	MPa	≥0.3	
密度	g/cm^3	>2.35	

2. 沥青

试验用沥青分别为中国石油天然气股份有限公司克拉玛依分公司（以下简称克拉玛依沥青）及中国石化塔河炼化有限责任公司（以下简称库车沥青）生产的90号石油沥青，其品质检验结果见表2.5-6。

表 2.5-6　沥青品质检测结果

试验项目	检验结果		SL 501-2010 技术要求
	克拉玛依沥青	库车沥青	90号
针入度(25℃,100 g,5 s),0.1 mm	82	85	80~100
软化点(环球法),℃	51.0	52.0	42~52
延度(15℃,5 cm/min),cm	>100	>100	≥100
密度(25℃),g/cm^3	1.04	1.04	—
溶解度,%	99.7	99.7	≥99.0

上表的检测结果表明,克拉玛依90号沥青及库车90号沥青的主要受检指标均满足《土石坝沥青混凝土面板和心墙设计规范》(SL 501—2010)中对沥青的技术要求。

3. 填料(矿粉)

试验用填料是从于田县普鲁村下游(P2)料场开采的灰岩骨料冲洗干净后,在球磨机中研磨而成,填料品质的检测结果见表2.5-7。检测结果表明:填料品质满足《土石坝沥青混凝土面板和心墙设计规范》(SL 501—2010)对填料的技术要求。

表 2.5-7　灰岩填料品质检测结果

项　目		检测结果	SL 501—2010 技术要求
表观密度/(g/cm^3)		2.69	≥2.5
含水量/%		0.2	≤0.5
各粒径通过率/%	0.60 mm	100	100
	0.30 mm	99.8	—
	0.15 mm	99.9	>90
	0.075 mm	86.9	>85
亲水系数		0.71	≤1.0

4. 骨料

奴尔水利枢纽工程沥青混凝土心墙坝拟用骨料为战斗渠首上游至坝址下游河漫滩(C2)料场开采的天然砂砾石料。天然砂砾石料储量丰富,距坝址较近,便于开采。

1)细骨料

将战斗渠首上游至坝址下游河漫滩(C2)料场开采的天然砂砾石料冲洗干净后,破碎成粒径小于2.5 mm的细骨料(天然砂),其筛分结果见表2.5-8,品质检测结果见表2.5-9。

表 2.5-8　天然(破碎)细骨料筛分结果

编　号	通过筛孔(方孔筛/mm)百分率/%						
	4.75	2.36	1.18	0.60	0.30	0.15	0.075
1#	100.0	99.4	77.9	57.3	35.8	17.8	3.0

表 2.5-9　天然(破碎)细骨料品质检测结果

项　目	单位	检测结果	SL 501—2010 技术要求
表观相对密度	g/cm^3	2.66	≥2.55
饱和面干吸水率	%	1.3	—
有机质含量	—	浅于标准色	浅于标准色
含泥量	%	0.4	—
耐久性(坚固性)	%	1.1	≤15
水稳定等级	级	9级	≥6级

从上表的检测结果可知，工程拟用砂砾石（破碎）细骨料的受检品质指标可满足《土石坝沥青混凝土面板和心墙设计规范》（SL 501—2010）对细骨料的技术要求。

2）粗骨料

将战斗渠首上游至坝址下游河漫滩（C2）料场开采的天然砂砾石料冲洗干净后，经破碎并筛分成4种粒径的粗骨料，骨料粒径范围如表2.5-10所示；骨料筛分试验结果见表2.5-11；骨料品质检测及化学成分分析结果见表2.5-12～表2.5-13。

表 2.5-10 天然（破碎）砂砾石粗骨料粒径范围

编号	粒径范围（mm）
2#	2.5～4.75
3#	4.75～9.5
4#	9.5～13.2
5#	13.2～19

表 2.5-11 天然（破碎）砂砾石粗骨料的筛分结果

编号	通过筛孔（方孔筛，mm）百分率（%）							
	31.5	26.5	19.0	16.0	13.2	9.5	4.75	2.36
2#	100	100	100	100	100	100	98.4	7.9
3#	100	100	100	100	100	98.6	4.3	0.2
4#	100	100	100	100	96.9	8.5	0.2	0.2
5#	100	100	100	62.3	7.3	0.3	0.2	0.2

表 2.5-12 天然（破碎）砂砾石粗骨料品质检测结果

项　目	单位	检测结果				SL501—2010技术要求
		2#	3 #	4 #	5#	
表观相对密度	g/cm^3	2.68	2.77	2.78	2.78	≥2.6
饱和面干吸水率	%	—	0.6	0.6	0.4	≤2
针片状含量	%	—	2.6	2.1	1.2	≤25
			2.0			
含泥量	%	0.2	0.2	0.3	0.2	≤0.5
坚固性（硫酸钠）	%	4.6	4.8	4.2	3.0	≤12
压碎值	%	—		14.2		≤30
粘附性	级	—	4级		4级	≥4级

表 2.5-13 天然（破碎）砂砾石粗骨料的化学成分（%）

编号	Loss	SiO_2	Al_2O_3	Fe_2O_3	CaO	MgO	SO_3	合计
0#	7.9	60.9	12.4	2.4	7.5	3.0	0.2	94.2

天然（破碎）砂砾石粗骨料品质检测结果（表2.5-13）表明，工程拟用天然（破碎）砂砾石粗骨料的受检品质指标可满足《土石坝沥青混凝土面板和心墙设计规范》（SL501—2010）对粗骨料的技术要求。

根据天然（破碎）砂砾石粗骨料化学成分检测结果（表2.5-13），按《土石坝沥青混凝土面板和心墙设计规范》（SL501—2010）分析工程拟用骨料的酸碱性。碱度模数M的计算公式为：$M=(CaO+MgO+FeO)/SiO_2$。碱度模数$M>1$为碱性骨料，碱度模数$M<0.6$为酸性骨料。经计算，工程拟用天然骨料的碱度模数$M=0.21$，即为酸性骨料。

天然砂砾石的原料岩石种类众多，形成的原因也比较复杂，还可能含有某些不稳定的化学物质或者有害成分。本次试验，根据天然骨料样品的颜色和纹理，将天然骨料的种类大致划分为6大类，对每一类别选取1至2块具有代表性的岩石，分别进行了岩石岩矿鉴定。从岩矿鉴定结果可以看出，奴尔水利枢纽沥青混凝土心墙拟用天然砂砾石的原岩品种比较复杂，既含有偏碱性的岩石类（细粒石灰岩），也含有偏酸性的岩石类（花岗岩、石英砂岩等）。本次试验用天然骨料样品，偏酸性骨料居多，特别是花岗岩所占比率较大。

5. 抗剥落剂比选试验

为了提高沥青与酸性骨料的粘附性，目前国内外通常采用在沥青或沥青混合料中添加抗剥落剂的方式。沥青抗剥落剂的使用始于20世纪40年代，其发展历程主要是从无机类到有机类，从低分子化合物到高分子化合物。石灰是最早使用的抗剥落剂之一，主要用来处理酸性骨料。石灰成本较低，性能较好，是一种实用的抗剥落剂。但由于石灰粉颗粒很细，很难在混合料中混合均匀，在一定程度上制约了其推广应用。水泥也是目前广泛使用的一种传统沥青抗剥落剂。水泥可与沥青中的有机酸反应，生成吸附能力物质，从而提高沥青混凝土的水稳定性。

当前国内使用的聚合物抗剥落剂主要有胺类与非胺类抗剥离剂。以胺类居多。但是胺类物质受热易分解，稳定性相对较差，其抗剥落剂的耐热性与长期性能备受质疑。非胺基类抗剥落剂的主要成分是一种表面活性剂，其特点是热稳定性和耐久性较好，抗剥落剂分解温度高达180℃以上。适合于各种石料（碱性或酸性）化学键不发生破坏，水稳定性能好。

本次试验为提高酸性骨料与沥青的粘附性，通过调研，优选了国内规模及知名度相对较高的三个厂家生产的抗剥落剂，进行比选试验。三个生产厂家分别为江苏苏博特新材料股份有限公司生产的匀强R-EASA100沥青抗剥落剂（非胺类），江苏常州信拓路面改性材料有限公司生产的XT-2型沥青抗剥落剂（非胺类）以及长江科学院材料结构研究所研发的CW-1型沥青抗剥落剂（非胺类）。比选试验内容包括：①粗骨料与沥青黏附性试验；②沥青混凝土水稳定性试验。

1）粗骨料与沥青的黏附性试验

试验用粗骨料为战斗渠首上游至坝址下游河漫滩（C2）料场开采的天然砂砾石料冲洗干净后，经破碎并筛分，粒径在13.2 mm～19.0 mm之间的天然破碎砂砾石。为比较三种不同品牌抗剥落剂的性能，根据天然砂砾石样品的颜色和纹理，从砂砾石样品中挑选了3种具有代表性的酸性骨料进行试验，试验结果见表2.5-14。

表 2.5-14 天然（破碎）砂砾石粗骨料与沥青的黏附性试验结果

试验编号	砂砾石原石种类	抗剥落剂品牌	抗剥落剂掺量（%）	黏结力等级	备注
NL-0	1# 石英砂岩	—	0.0	4	
	2# 白色白岗岩（花岗岩）			4	
	3# 粗粒花岗岩			3	
NL-1	1# 石英砂岩	匀强 R-EASA100	0.3	5	
	2# 白色白岗岩（花岗岩）			5	
	3# 粗粒花岗岩			5	
NL-2	1# 石英砂岩	XT-2	0.3	5	
	2# 白色白岗岩（花岗岩）			4	
	3# 粗粒花岗岩			4	
NL-3	1# 石英砂岩	CW-1	0.3	5	
	2# 白色白岗岩（花岗岩）			5	
	3# 粗粒花岗岩			4	

试验结果表明：①不掺抗剥落剂，天然砂砾石中的酸性骨料与沥青的黏附性等级为3级或4级；②沥青中掺入适当的抗剥落剂，能明显提高酸性骨料与沥青的黏附性。从试验可以明显的看出，沥青中掺

入抗剥落剂，在沸水中浸煮3 min后，沥青膜完全保存，剥离面积百分率小于10%，黏结力等级达到5级或4级；③三种不同品牌的非胺类抗剥落剂均能有效地提高酸性骨料与沥青的黏附性，使酸性骨料黏结力等级达到5级或4级，其中匀强R-EASA10抗剥落剂性能最优。

2）水稳定性试验

水稳定性试验试件尺寸为直径ϕ101.5 mm，高度约100 mm。在沥青混凝土配合比相同的条件，将试件分成2组，1组在20±1℃的空气中不少于48 h进行抗压试验，测定其抗压强度R_1；另1组试件在60±1℃水中浸泡48 h后，然后在设定温度的20±1℃水中恒温2 h，进行抗压试验，测定其抗压强度R_2。前后2组抗压强度之比为水稳定系数$K_w=R_1/R_2$。水稳定系数值越高，说明沥青混凝土在遇水条件下，其抵抗水对沥青置换作用的耐剥落能力较强，即沥青混凝土在有水条件下自身物理性能降低较小。

本次试验，为研究不同品牌的抗剥落剂对沥青混凝土水稳定性的影响，在固定沥青混凝土配合比不变的前提下，分别选取0.1%，0.3%（推荐掺量），0.5%三个掺量9组试验进行对比，试验结果见表2.5—15。试验结果表明：

（1）沥青混凝土中添加适当的抗剥离剂，能有效提高沥青混凝土的水稳定系数。

（2）江苏苏博特新材料股份有限公司生产的匀强R-EASA100沥青抗剥落剂（非胺类）质量最为稳定，在推荐掺量范围内，随着掺量的增加，沥青混凝土的水稳定性呈增加趋势。

表2.5-15　抗剥落剂（不同品牌和掺量）对沥青混凝土水稳定系数影响试验结果

编号	抗剥落剂品牌	配合比主要参数				水稳定系数K_w
		级配指数r	沥青含量B（%）	填料用量F（%）	抗剥落剂掺量（%）	
NTB0	—	0.39	6.7	12.0	0.0	0.86
NTB1-1	EASA100	0.39	6.7	12.0	0.1	0.94
NTB1-2		0.39	6.7	12.0	0.3	0.99
NTB1-3		0.39	6.7	12.0	0.5	1.04
NTB2-1	XT-2	0.39	6.7	12.0	0.1	1.04
NTB2-2		0.39	6.7	12.0	0.3	0.94
NTB2-3		0.39	6.7	12.0	0.5	1.01
NTB3-1	CW-1	0.39	6.7	12.0	0.1	0.97
NTB3-2		0.39	6.7	12.0	0.3	0.93
NTB3-3		0.39	6.7	12.0	0.5	0.94

3）比选结果

三种不同品牌抗剥落剂配制的沥青混凝土水稳定系数均大于0.90，满足抗剥落剂《土石坝沥青混凝土面板和心墙设计规范》（SL 501—2010）的相关技术要求。综合厂家的生产规模、研发能力、国内知名度及本次试验结果，推荐江苏苏博特新材料股份有限公司生产的匀强R-EASA100沥青抗剥落剂（非胺类）为本次试验用抗剥落剂，掺量为0.3%。

2.5.2.3　沥青混凝土配合比设计及基本性能试验

在沥青混凝土配合比设计中，矿料级配指数、填料用量以及沥青含量是决定沥青混凝土性能的三个最主要参数。

1. *矿料级配指数及填料用量*

沥青混凝土矿料级配因沥青混凝土的功能不同可分为密级配、间断级配和开级配。碾压式心墙沥青混凝土其功能主要是适应坝体变形并保持较好的防渗性能，因而一般选择密级配。密级配拌制的沥青混凝土比较密实，孔隙率可以小于3%，防渗性能好，但粗集料较少，粗集料难以接触咬合，不易形成骨架作用。配合比选择不当容易造成沥青混凝土稳定性变差，特别在高温下容易发生斜坡流淌。

填料是指沥青混凝土中起填充作用的粒径小于0.075 mm的矿质粉末，也称矿粉。填料用量，是指沥青混凝土中填料质量与矿料（粗骨料、细骨料和填料）质量的比值，以百分数计。填料与沥青在沥青混凝土中组成均匀的沥青胶结料，可以提高粘滞性，从而提高沥青混凝土的强度。根据胶浆理论，足够多的沥青胶结料可以很好的填充粗细骨料的孔隙，从而提高沥青混凝土的渗透性能。

目前，国内沥青混凝土矿料级配的选择基本采用丁朴荣教授基于富勒（Fuller）公式提出的矿料级配公式：

$$P_i=P_{0.075}+(100-P_{0.075})\times\frac{(d_i)^{\gamma}-0.075^{\gamma}}{(D_{max})^{\gamma}-0.075^{\gamma}} \qquad (式2.5\text{-}1)$$

式中：P_i——孔径d_i筛的总通过率，%；

$P_{0.075}$——填料用量，%；

r——级配指数；

d_i——某一筛孔尺寸，mm；

D_{max}——矿料最大粒径，mm。

当D_{max}、$P_{0.075}$确定时，矿料级配可通过级配指数r进行调整。级配指数r实际上是表示骨料中粗细骨料比例的一个特征纲量，r值越大，粗骨料所占比例越高。

根据SL514-2013《水工碾压式沥青混凝土施工规范》、SL501-2010《土石坝沥青混凝土面板和心墙设计规范》的相关规定，结合国内已建、在建工程的经验，本次试验骨料最大粒径D_{max}选定为19 mm；矿料级配指数r选取0.35、0.39及0.43；填料用量F选取11%，12%，13%。根据（式2.5-1）矿料级配公式，计算出不同级配指数（r=0.35、0.39、0.43）和填料用量（F=11%、12%、13%）条件下沥青混凝土各级矿料的质量百分比，如表2.5-16所示。

根据天然骨料的筛分试验结果，通过计算法，计算出奴尔水利枢纽工程沥青混凝土室内试验的实际矿料级配见表2.5-17。

2. 沥青含量

沥青含量、矿料级配及填料用量是配制既满足设计指标要求又符合经济原则沥青混凝土的最重要的三个指标，其中沥青含量的选择尤为重要。

当沥青含量很少时，沥青不足以形成结构沥青的薄膜来粘结矿料颗粒。随着沥青含量的增加，结构沥青逐渐形成，沥青更为完满地包裹在矿料表面，使沥青与矿料间的粘附力随着沥青含量的增加而增加。当沥青含量足以形成薄膜并充分粘附矿料颗粒表面时，沥青胶浆具有最优的粘聚力。随后，当沥青含量继续增加时，则会由于沥青过多，在颗粒间形成未与矿料粘结的自由沥青，则沥青胶浆的粘聚力随着自由沥青的增加而降低。

表2.5-16 不同级配指数和填料用量下沥青混凝土各级矿料的质量百分比

级配指数 r	各级矿料质量百分比（%）					
	19～13.2 /mm	13.2～9.5 /mm	9.5～4.75 /mm	4.75～2.36 /mm	2.36～0.075 /mm	<0.075 /mm
0.35	12.4	10.0	17.6	13.9	35.1	11
0.35	12.3	9.8	17.4	13.7	34.8	12
0.35	12.2	9.7	17.2	13.6	34.3	13
0.39	13.3	10.5	18.2	14.0	33.0	11
0.39	13.2	10.4	18.0	13.9	32.5	12
0.39	13.0	10.3	17.8	13.7	32.2	13
0.43	14.2	11.1	18.8	14.0	30.9	11
0.43	14.1	10.9	18.6	13.9	30.5	12
0.43	13.9	10.8	18.3	13.7	30.3	13

表 2.5-17　沥青混凝土室内试验实际各级矿料的质量百分比（100% 破碎天然骨料）

级配指数 r	各级矿料实际质量百分比（%）					
	19～13.2 /mm	13.2～9.5 /mm	9.5～4.75 /mm	4.75～2.36 /mm	2.36～0.075 /mm	<0.075 /mm
0.35	13.4	9.8	17.5	14.3	33.8	11.2
0.35	13.3	9.7	17.3	14.1	33.2	12.4
0.35	13.1	9.6	17.1	14.0	32.7	13.5
0.39	14.4	10.3	18.1	14.4	31.5	11.3
0.39	14.2	10.2	17.9	14.2	31.1	12.4
0.39	14.1	10.1	17.7	14.1	30.4	13.6
0.43	15.3	10.9	18.6	14.4	29.4	11.4
0.43	15.2	10.7	18.4	14.2	29.0	12.5
0.43	15	10.6	18.2	14.0	28.6	13.6

本次试验，根据奴尔水利枢纽工程拟用原材料的特性，结合类似工程的成功经验，对于天然砂砾石（100%破碎）料配制的沥青混凝土，沥青含量 *B* 选取 6.3%、6.7%、7.1% 进行比选试验。

3. 沥青混凝土试验配合比及基本性能

沥青混凝土初选试验配合比及基本性能见表 2.5-18 及表 2.5-19。

表 2.5-18　沥青混凝土初选试验配合比

编号	沥青品种	砂砾石	配合比主要参数			
			级配指数 r	沥青含量 *B*/%	抗剥落剂掺量 *A*/%	填料用量 *F*/%
NT-1	克拉玛依 90 号	100% 破碎	0.39	6.7	0.0	12
NT-2	克拉玛依 90 号	100% 破碎	0.35	6.7	0.3	12
NT-3	克拉玛依 90 号	100% 破碎	0.39	6.7	0.3	12
NT-4	克拉玛依 90 号	100% 破碎	0.43	6.7	0.3	12
NT-5	克拉玛依 90 号	100% 破碎	0.39	6.3	0.3	12
NT-6	克拉玛依 90 号	100% 破碎	0.39	7.1	0.3	12
NT-7	克拉玛依 90 号	100% 破碎	0.39	6.7	0.3	11
NT-8	克拉玛依 90 号	100% 破碎	0.39	6.7	0.3	13
NT-9	库车 90 号	100% 破碎	0.39	6.7	0.3	12
NT-10	库车 90 号	50% 破碎	0.39	6.4	0.3	12
NT-11	克拉玛依 90 号	50% 破碎	0.39	6.7	0.0	12
NT-12	克拉玛依 90 号	50% 破碎	0.39	6.4	0.3	12

表 2.5-19　沥青混凝土基本性能试验结果

编号	配合比主要参数				沥青混凝土基本性能			
	级配指数 r	沥青含量 *B*/%	抗剥落剂掺量 *A*/%	填料用量 *F*/%	密度/（g/cm^3）	最大密度/（g/cm^3）	孔隙率/%	拌合物性能
NT-1	0.39	6.7	0.0	12	2.41	2.438	1.15	色泽均匀光亮、无花白料；击实后试件表面光亮平整、与试模周边接触密实，微量沥青砂浆沿击实锤周边溢出。

续 表

编号	配合比主要参数				沥青混凝土基本性能			
	级配指数 r	沥青含量 B/%	抗剥落剂掺量 A/%	填料用量 F/%	密度/(g/cm^3)	最大密度/(g/cm^3)	孔隙率/%	拌合物性能
NT-2	0.35	6.7	0.3	12	2.40	2.434	1.40	色泽均匀光亮、无花白料；击实后试件表面光亮平整、与试模周边接触密实。
NT-3	0.39	6.7	0.3	12	2.41	2.445	1.43	色泽均匀光亮、无花白料；击实后试件表面光亮平整、与试模周边接触密实，微量沥青砂浆沿击实锤周边溢出
NT-4	0.43	6.7	0.3	12	2.41	2.448	1.55	色泽均匀光亮、无花白料；击实后试件表面光亮平整、与试模周边接触密实，微量沥青砂浆沿击实锤周边溢出
NT-5	0.39	6.3	0.3	12	2.41	2.458	1.95	色泽均匀略显干涩、无花白料；击实后试件表面干涩不平整、与试模周边接触面部分缺口。
NT-6	0.39	7.1	0.3	12	2.40	2.423	0.95	色泽均匀光亮、无花白料；击实后试件表面光亮平整、与试模周边接触密实，少量沥青砂浆沿击实锤周边溢出。试件冷却过程中，表面部分沥青砂浆流淌。
NT-7	0.39	6.7	0.3	11	2.40	2.439	1.60	色泽均匀光亮、无花白料；击实后试件表面光亮平整、与试模周边接触密实，微量沥青砂浆沿击实锤周边溢出。
NT-8	0.39	6.7	0.3	13	2.40	2.438	1.56	色泽均匀光亮、无花白料；击实后试件表面光亮平整、与试模周边接触密实，微量沥青砂浆沿击实锤周边溢出。
NT-9	0.39	6.7	0.3	12	2.41	2.447	1.51	色泽均匀光亮、无花白料；击实后试件表面光亮平整、与试模周边接触密实，微量沥青砂浆沿击实锤周边溢出。
NT-10	0.39	6.4	0.3	12	2.43	2.468	1.54	色泽均匀光亮、无花白料；击实后试件表面光亮平整、与试模周边接触密实，微量沥青砂浆沿击实锤周边溢出。
NT-11	0.39	6.7	0.3	12	2.43	2.460	1.22	色泽均匀光亮、无花白料；击实后试件表面光亮平整、与试模周边接触密实，少量沥青砂浆沿击实锤周边溢出。试件冷却过程中，表面部分沥青砂浆流淌。
NT-12	0.39	6.4	0.3	12	2.43	2.469	1.58	色泽均匀光亮、无花白料；击实后试件表面光亮平整、与试模周边接触密实，微量沥青砂浆沿击实锤周边溢出。

1）沥青含量对沥青混凝土基本性能影响

沥青含量是指沥青混合料中沥青质量与沥青混合料总质量的比值。沥青含量的大小直接影响沥青混凝土的基本性能。固定级配指数r=0.39、填料用量F=12%及抗剥落剂掺量A=0.3%的情况下，沥青含量在6.3%～7.1%之间变化时，沥青含量对沥青混凝土基本性能影响试验结果见表2.5-19。

试验结果表明：

（1）随着沥青含量的增加，沥青混凝土的密度及最大密度，呈下降趋势。

（2）沥青含量对沥青混凝土的孔隙率影响较大。随沥青含量的增加，沥青混凝土孔隙率，呈明显下降趋势。

（3）三种不同沥青含量的沥青混凝土拌合物性能差异较大（见表2.5-19）。当沥青含量B=6.3%时，沥青混凝土拌合物，色泽均匀略显干涩，马歇尔试件表面干涩不平整，与试模周边接触面部分缺口，观察沥青胶胶结料偏少；当沥青含量B=6.7%时，沥青混凝土拌合物，色泽均匀光亮，马歇尔试件表面光亮平整，与试模周边接触密实，观察沥青胶结料适中；而当沥青含量B=7.1%时，由于沥青胶结料偏多，马歇尔试件自然冷却过程中，试件表面部分沥青砂浆流淌。

2）填料用量对沥青混凝土基本性能影响

填料与沥青在沥青混凝土中组成均匀的沥青胶结料，可以提高粘滞性，根据胶浆理论，足够多的沥青胶结料可以很好的填充细骨料及粗骨料的孔隙，从而提高沥青混凝土的渗透性能。

本次试验固定沥青含量B=6.7%、级配指数r=0.39及抗剥落剂掺量A=0.3%，对比3种填料用量，优选出一种性能较优的级配指数，推荐应用于本工程施工。填料用量对沥青混凝土基本性能影响试验结果见表2.5-20。

表2.5-20　填料用量对沥青混凝土基本性能影响试验结果

编号	配合比主要参数				沥青混凝土基本性能			
	级配指数 r	沥青含量 B/%	抗剥落剂掺量 A/%	填料用量 F/%	密度/(g/cm^3)	最大密度/(g/cm^3)	孔隙率/%	拌合物性能
NT-7	0.39	6.7	0.3	11	2.40	2.439	1.60	色泽均匀光亮、无花白料；击实后试件表面光亮平整、与试模周边接触密实，微量沥青砂浆沿击实锤周边溢出。
NT-3	0.39	6.7	0.3	12	2.41	2.445	1.43	色泽均匀光亮、无花白料；击实后试件表面光亮平整、与试模周边接触密实，微量沥青砂浆沿击实锤周边溢出
NT-8	0.39	6.7	0.3	13	2.40	2.438	1.56	色泽均匀光亮、无花白料；击实后试件表面光亮平整、与试模周边接触密实，微量沥青砂浆沿击实锤周边溢出。

试验结果表明：

（1）填料用量在11%～13%之间变化时，沥青混凝土的密度及最大密度，呈先上升后下降趋势，当填料用量F=12%，沥青混凝土密度及最大密度值最大。

（2）填料用量在11%～13%之间变化时，沥青混凝土的孔隙率在1.43%～1.60%之间，呈先下降后上升趋势。

（3）三种不同填料用量的沥青混凝土拌合物性能接近（见表2.5-20）。

3）级配指数对沥青混凝土基本性能影响

级配指数r实际上是表示骨料中粗细骨料比例的一个特征纲量，r值越大，粗骨料所占比例越高。本次试验采用的级配指数，为近年来国内已建或在建沥青混凝土碾压式心墙大坝，通常使用的3种级配指数r=0.35、0.39及r=0.43，在固定沥青含量B=6.7%、填料用量F=12%及抗剥落剂掺量A=0.3%的情况下，通过对比3种级配指数对沥青混凝土基本性能的影响，优选出一种性能较优的级配指数，推荐应用于本工程施工。

试验结果表明：

（1）级配指数在0.35～0.43之间变化，对沥青混凝土密度及最大相对密度影响较小，级配指数r=0.39时，沥青混凝土的最大相对密度值最大。

（2）随着级配指数的增大，沥青混凝土孔隙率，呈增大趋势。本次试验，沥青胶浆较为富裕，三种不同级配指数矿料拌制的沥青混凝土其孔隙率均小于2.0%，满足《土石坝沥青混凝土面板和心墙设计规范》（SL501—2010）所规定的的“室内成型试件孔隙率不大于2%”的防渗要求。

（3）三种不同级配指数矿料拌制的沥青混凝土拌合物性能略有差异。矿料级配指数较大时，粗骨料用量增加，细骨料用量减少，相应矿料的比表面积减小，根据胶浆理论，包裹粗、细骨料所用的沥青胶浆也相应减少，其表现为：沥青混凝土拌合物，在试模中击实后，有沥青胶浆沿击实锤周边溢出；反之，矿料级配指数较小时，则不会有沥青胶浆溢出。

4）天然砂砾石破碎比例对沥青混凝土基本性能影响

固定级配指数r=0.39、沥青含量B=6.7%、填料用量F=12%及抗剥落剂掺量A=0.3%，砂砾石破碎比例分别为100%及50%时，沥青混凝土基本性能试验结果见表2.5-21所示。

表2.5-21 不同骨料配比对沥青混凝土基本性能影响试验结果

编号	沥青品种90号	砂砾石破碎/%	配合比主要参数				沥青混凝土基本性能			
			级配指数r	沥青含量B/%	抗剥落剂掺量A/%	填料用量F/%	密度/(g/cm^3)	最大密度/(g/cm^3)	孔隙率/%	拌合物性能
NT-3	克拉玛依	100%	0.39	6.7	0.3	12	2.410	2.445	1.43	色泽均匀光亮、无花白料；击实后试件表面光亮平整、与试模周边接触密实，微量沥青砂浆沿击实锤周边溢出
NT-9	库车	100%	0.39	6.7	0.3	12	2.410	2.447	1.51	色泽均匀光亮、无花白料；击实后试件表面光亮平整、与试模周边接触密实，微量沥青砂浆沿击实锤周边溢出。
NT-11	克拉玛依	50%	0.39	6.7	0.3	12	2.430	2.460	1.22	色泽均匀光亮、无花白料；击实后试件表面光亮平整、与试模周边接触密实，少量沥青砂浆沿击实锤周边溢出。试件冷却过程中，表面部分沥青砂浆流淌。

试验结果表明：

（1）对比100%破碎砂砾石与50%破碎砂砾石，由于骨料比表面积减小，相应填充细骨料及粗骨料孔隙沥青的胶结料用量减少，自由沥青相对增加，因此沥青混凝土拌合物在马歇尔击实试件冷却过程，表面部分沥青浆发生流淌现象。

（2）半破碎（50%）砂砾石配制的沥青混凝土密度及最大密度略大于全破碎（100%）砂砾石沥青混凝土，是由于原状砂砾石干密度略大于破碎后的砂砾石干密度。

4. *初步推荐配合比*

根据沥青混凝土心墙基本性能试验比选结果，结合沥青混凝土的防渗、水稳定性、和易性等性能，在满足设计或有关技术规范的前提下，从施工、安全及经济的角度综合考虑，对于100%破碎砂砾石骨料，优先推荐编号为NT-3（克拉玛依沥青）、NT-9（库车沥青）2个配合比为奴尔水利枢纽工程心墙沥青混凝土的初步推荐配合比。初步推荐配合比主要参数见表2.5-22所示。

表2.5-22 沥青混凝土初步推荐配合比

编号	沥青品种	砂砾石	配合比主要参数			
			级配指数r	沥青含量B/%	抗剥落剂掺量A/%	填料用量F/%
NT-3	克拉玛依90号	100%破碎	0.39	6.7	0.3	12
NT-9	库车90号	100%破碎	0.39	6.7	0.3	12

2.5.2.4 沥青混凝土力学及渗透性能试验

根据沥青混凝土初步推荐配合比，进行沥青混凝土力学及渗透性能试验，试验内容包括：间接拉伸试验、直接拉伸试验、小梁弯曲试验、单轴压缩试验、渗透试验、静三轴试验及动三轴试验。

1. *间接拉伸试验*

间接拉伸试验又称劈裂试验，用于测定沥青混凝土在规定温度和加载速率时劈裂破坏或处于弹性阶段时的力学性质。试件采用马歇尔标准试件。试验温度4.7℃，试验加荷设备为AG-IC100 kN精密电子万能试验机，变形测量设备为该机配套设施。加荷速率50 mm/min。

2. *直接拉伸试验*

沥青混合料拌合后，按规定将沥青混凝土先制成板形试件，采用平板振捣器加压重块振捣成型，加重块质量24 kg，振捣时间3 min，试件在常温下冷却24 h后脱模，然后再切割成220 mm×40 mm×40 mm（长

×高×宽）试件，在4.7℃的恒温水浴中养护24 h，按1.0%/min应变速率进行直接拉伸试验。本次试验试验加荷设备为AG-IC100kN精密电子万能试验机，变形测量设备为该机配套设施。

表 2.5-23 沥青混凝土直接拉伸试验结果

编号	沥青品种	骨料品种	配合比主要参数				拉伸强度R_T/MPa	拉伸应变ε_t/%	备注
			级配指数r	沥青含量B/%	抗剥落剂掺量A/%	填料用量F/%			
NT-3	克拉玛依90号	砂砾石（100%破碎）	0.39	6.7	0.3	12.0	1.09	1.668	—
NT-9	库车90号	砂砾石（100%破碎）	0.39	6.7	0.3	12.0	1.48	1.230	—
NA-3	克拉玛依90号	灰岩	0.40	6.9	0.0	12.0	1.01	1.287	前期试验

试验结果表明：

（1）库车90号沥青混凝土拉伸强度高于克拉玛依90号沥青混凝土。

（2）对比前期灰岩骨料试验结果，90号克拉玛依沥青混凝土拉伸应变最大，90号库车沥青混凝土拉伸应变值基本相同。

3. 小梁弯曲试验

沥青混合料拌合后，按规定将沥青混凝土先制成板形试件，采用平板振捣器加压重块振捣成型，压重块质量24 kg，振捣时间3 min，试件在常温下冷却24 h后脱模，然后再切割成250 mm×40 mm×35 mm（长×高×宽）试件，在4.7℃的恒温水浴中养护24 h，按跨中变形速率1.67 mm/min进行小梁弯曲试验。本次试验加荷设备为AG-IC100*kN*精密电子万能试验机，变形测量设备为该机配套设施。试验结果见表2.5-24。

表 2.5-24 沥青混凝土小梁弯曲试验结果

编号	沥青品种	骨料品种	配合比主要参数				拉伸强度R_T/MPa	最大弯拉应变ε_b/%	挠跨比/%
			级配指数r	沥青含量B/%	抗剥落剂掺量A/%	填料用量F/%			
NT-3	克拉玛依90号	砂砾石（100%破碎）	0.39	6.7	0.3	12.0	3.21	3.645	2.9
NT-9	库车90号	砂砾石（100%破碎）	0.39	6.7	0.3	12.0	2.69	2.653	2.2

试验结果表明：

（1）2组不同沥青品种拌制的沥青混凝土弯曲性能均满足相关技术要求。

（2）克拉玛依90号沥青混凝土弯曲性能（拉伸强度、最大弯拉应变值）优于库车90号。

4. 单轴压缩试验

单轴压缩试验试件尺寸为直径ϕ101.5 mm，高度约100 mm。本次试验选择的特征温度为4.7℃。试验过程为：将试件置于4.7℃的恒温水槽中，恒温24 h后进行加荷试验，加荷速率为1 mm/min。试验结果见表2.5-25。

表 2.5-25 沥青混凝土单轴压缩试验结果

编号	沥青品种	骨料品种	配合比主要参数				抗压强度R_b/MPa	试验温度
			级配指数r	沥青含量B/%	抗剥落剂掺量A/%	填料用量F/%		
NT-3	克拉玛依90号	砂砾石（100%破碎）	0.39	6.7	0.3	12.0	4.7	4.7℃
NT-9	库车90号	砂砾石（100%破碎）	0.39	6.7	0.3	12.0	3.9	4.7℃
NA-3	克拉玛依90号	灰岩	0.40	6.9	0.0	12.0	1.2	20℃

试验结果表明：

(1)克拉玛依90号沥青混凝土抗压强度略高于库车90号沥青混凝土。

(2)沥青混凝土感温特性强，由于试验温度不同，本次试验与前期灰岩骨料试验结果相比抗压强度值相差较大，两者数据不具可比性。

5. 渗透试验

沥青混凝土心墙的主要功能是适应坝壳料的变形和防渗。近年来随着施工工艺以及原材料品质的提高，对心墙沥青混凝土的防渗性能提出了更高的要求。SL501—2010规定，碾压式沥青混凝土心墙的渗透系数$<1\times10^{-8}$ cm/s，也就是渗透系数要达到10^{-9} cm/s级。目前，国内现有的试验设备和试验方法无法准确的测出10^{-9} cm/s级渗透系数，因此，本次试验尝试进行抗渗试验，即在一定水压力下，保持一段时间，试样不渗水，即判定合格。

抗渗试模采用圆台形试模，试模上口直径ϕ101.5 mm，下口直径ϕ100.0 mm，高度约63.5 mm，试件成型按照马歇尔标准击实法成型，试验温度4.7℃，试验加压设备为砂浆抗渗仪。在加压初始阶段，为防止沥青混凝土与试模接触面渗漏，采取三级加压法，第一次加压0.3 MPa，恒压6 h；第二次加压0.6 MPa，恒压6 h；第三次加压0.8 MPa，恒压18 h，并测定沥青混凝土试件的渗水量。试验结果见表2.5-26。

表2.5-26 沥青混凝土渗透试验结果

编号	沥青品种	骨料品种	配合比主要参数				时间/h	压力/MPa	渗透量/mL	渗透系数/(cm/s)
			级配指数 r	沥青含量 B/%	抗剥落剂掺量A/%	填料用量 F/%				
NT-3	克拉玛依90号	砂砾石(100%破碎)	0.39	6.7	0.3	12.0	16	0.8	0	$<1\times10^{-8}$
NT-9	库车90号	砂砾石(100%破碎)	0.39	6.7	0.3	12.0	16	0.8	0	$<1\times10^{-8}$
NA-3	克拉玛依90号	灰岩	0.40	6.9	0.0	12.0	18	0.8	0	$<1\times10^{-8}$

试验结果表明：推荐配合比的沥青混凝土渗透系数均小于$<1\times10^{-8}$ cm/s，能够满足SL 501—2010中的相关规定。

6. 静三轴试验

1)试验设备

本次试验在SY100型应变式三轴仪上进行，试验中体变的量测采用外体变量测装置，其通过测量压力室内水的质量变化来换算外体变，当试样体积发生膨胀时，压力室的水进入围压控制压力室，反之当试样体积收缩时，围压控制压力室的水进入压力室，通过测量围压控制压力室质量变化，换算成试样的外体变。试样在三轴压力室进行试验，试验控温通过压力室内壁与试样外围的螺旋形铜管，充水循环，温度传感器监测实际的试验温度并进行温度条件精确控制。

2)试验内容

针对NT-3和NT-9两个优选配合比，按击实成型方法制备试件，击实次数以试件的密度达到马歇尔标准击实试件密度的±1%为准。试件尺寸ϕ101 mm×H200 mm。根据SL501-2010条文说明6.2.7条与《水工沥青混凝土试验规程》条文说明8.0.4条、9.9.3条，试验温度采用多年平均温度4.7℃，进行围压0.3 MPa、0.6 MPa、0.9 MPa和1.2 MPa，轴向变形速率0.20 mm/min的静力三轴试验，测试沥青混凝土的抗剪强度和变形特性。

考虑到温度对沥青混凝土力学性能的影响，在试验前将试样放置恒温(温度控制值±0.5℃)水槽内12h确保整个试样的温度均匀。在整个试验过程中控制压力室水温为温度控制值±0.5℃。

3)试验成果

沥青混凝土的三轴试验成果如图2.5-1～图2.5-6所示。

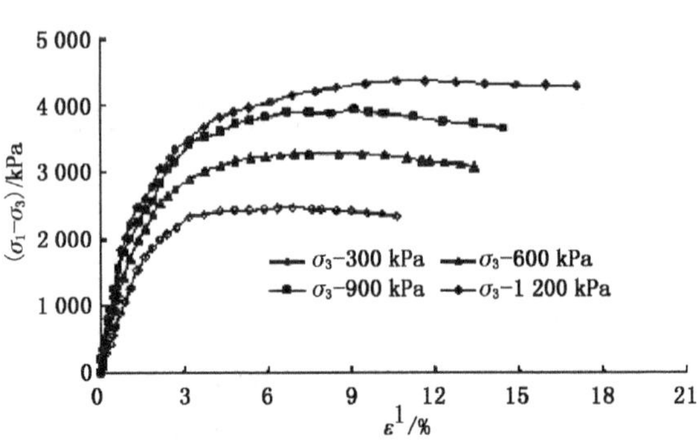

图 2.5-1　NT-3 配合比沥青混凝土三轴试验应力—应变关系

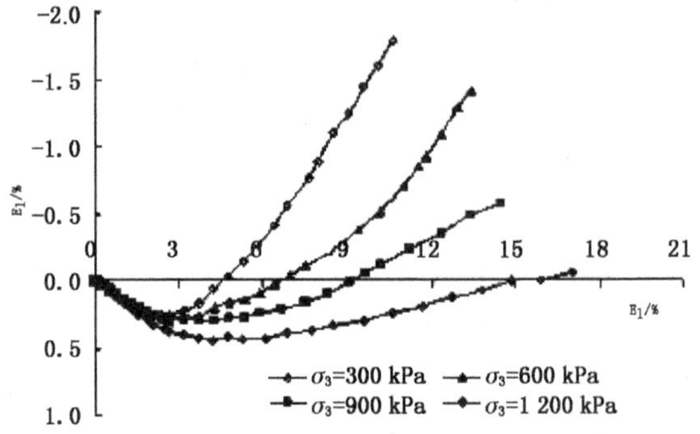

图 2.5-2　NT-3 配合比沥青混凝土三轴试验体变—应变关系

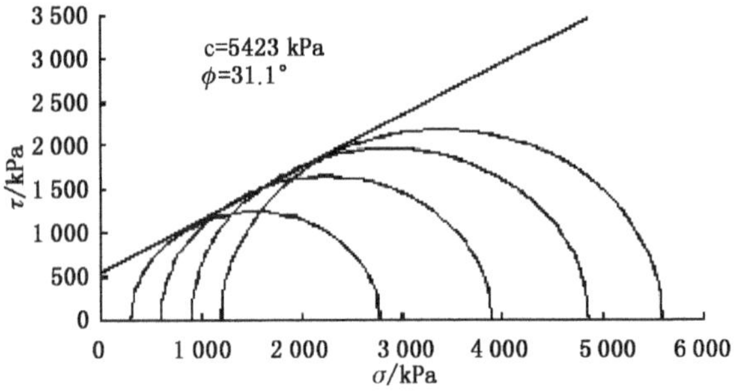

图 2.5-3　NT-3 配合比沥青混凝土三轴试验摩尔应力图

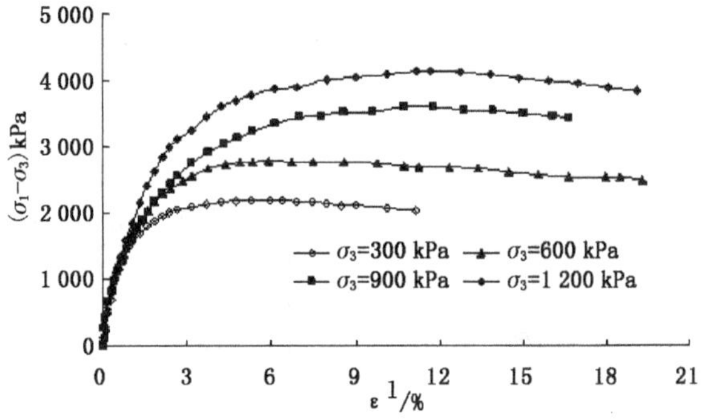

图 2.5-4　NT-9 配合比沥青混凝土三轴试验应力—应变关系

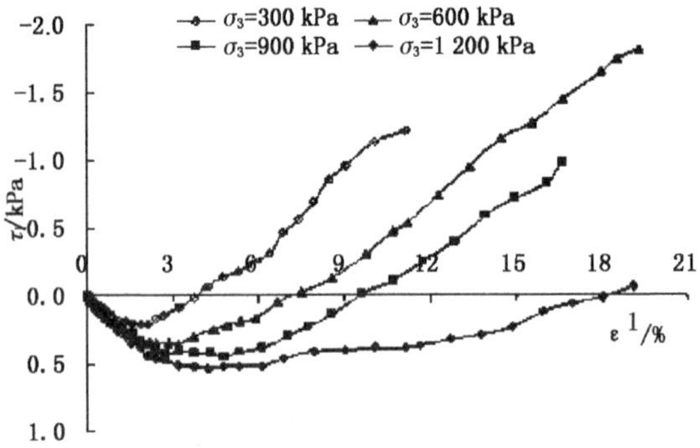

图 2.5-5　NT-9 配合比沥青混凝土三轴试验体变—应变关系

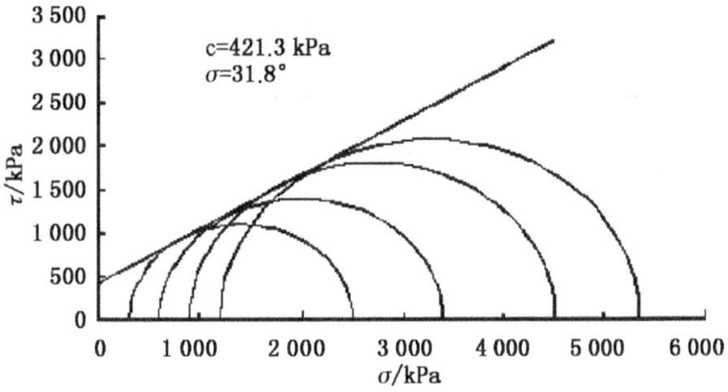

图 2.5-6　NT-9 配合比沥青混凝土三轴试验摩尔应力图

侧向应变与轴向应变关系不呈双曲线而近乎直线关系，因此取体变参数D=0。三轴试验E-μ模型参数见表2.5-27。

表 2.5-27　沥青混凝土 Duncan—Chang 模型参数

编号	温度/℃	剪切速率/(mm/min)	c/kPa	Φ/°	K	n	F	G	R_f	D	K_b	m
NT-3	4.7	0.20	542.3	31.1	987.0	0.67	0.03	0.49	0.955	0	2 061	0.25
NT-9	4.7	0.20	421.3	31.8	922.0	0.61	0.03	0.49	0.935	0	1 734	0.23

4）人工骨料与天然骨料沥青混凝土成果对比

对NT-9配合比沥青混凝土试验成果与前期完成的灰岩人工骨料沥青混凝土试验成果进行了对比，见表2.5-28与图2.5-7～图2.7-10。NT-9配合比沥青混凝土强度与模量低于人工骨料沥青混凝土，NT-9配合比沥青混凝土破坏应变高于人工骨料沥青混凝土。相比人工骨料沥青混凝土，天然骨料NT-9配合比具有更好的塑性，适应变形的能力优于人工骨料沥青混凝土。

表 2.5-28 天然骨料与人工骨料沥青混凝土成果对比表

试样	围压/kPa	破坏偏应力/kPa	破坏应变/%	模量基数K值	备注
NT-9	300	2 198	5.9	922	—
	600	2 794	6.7		
	900	3 611	11.8		
	1 200	4 150	12.7		
人工骨料 N-11	300	3 179	3.2	1 232	前期试验
	600	3 648	5.9		
	900	4 155	6.4		
	1 200	4 639	7.9		

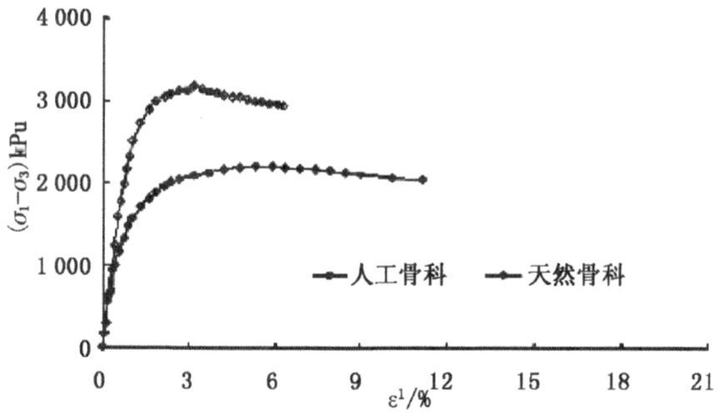

图 2.5-7 NT-9 配合比与人工骨料沥青混凝土应力－应变曲线对比图（σ_3=300 kPa）

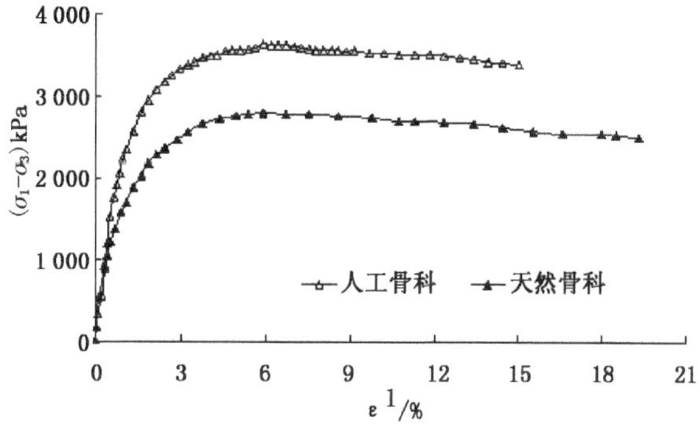

图 2.5-8 NT-9 配合比与人工骨料沥青混凝土应力－应变曲线对比图（σ_3=600 kPa）

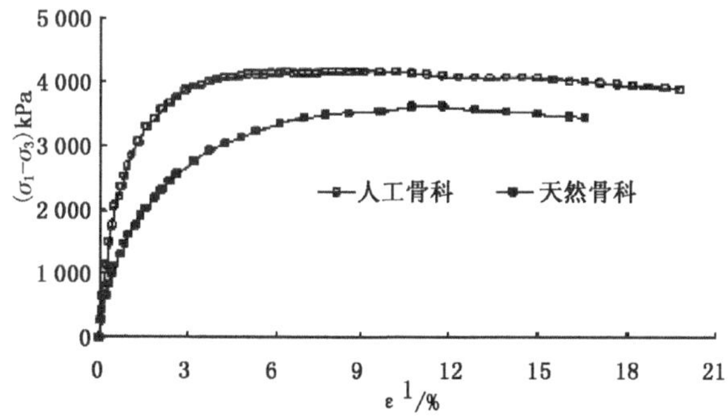

图 2.5-9 NT-9 配合比与人工骨料沥青混凝土应力—应变曲线对比图（σ_3=900 kPa）

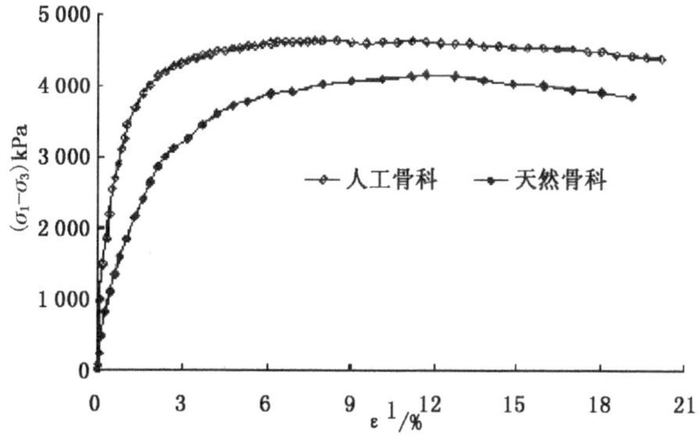

图 2.5-10 NT-9 配合比与人工骨料沥青混凝土应力—应变曲线对比图（σ_3=1 200 kPa）

7. 沥青混凝土动三轴试验

1）试验设备

沥青混凝土动力三轴试验在GDS动三轴上进行，由于温度对沥青混凝土动力特性有较大影响，试验控温通过压力室内壁与试样外围的螺旋形铜管，充水循环。

2）试验内容

针对NT-9配合比，按击实成型方法制备试件，击实次数以试件的密度达到马歇尔标准击实试件密度的配合比为准。试件尺寸ϕ101 mm×H200 mm，进行动弹模量与阻尼比试验，通过动三轴试验测定其动弹模量和阻尼比，并求取计算所用模型参数。试验方案如表2.5-29所示。

表 2.5-29 动弹模量与阻尼比试验方案

编号	温度/℃	Kc	σ_3(kPa)
NT-9	4.7	1.5	300、600、900、1 200

动弹模量与阻尼比试验按照《水工沥青混凝土试验规程》（DL/T5362－2006）进行。考虑到温度对沥青混凝土动力特性的影响，在试验前将试样放置恒温（温度控制值 ±0.5℃）水槽内 12 h 确保整个试样的温度均匀。在整个试验过程中控制压力室温为温度控制值 ±0.5℃，使整个试验过程中压力室内的水温变化不超过温度控制值的 ±0.5℃。

试样安装后，逐渐增加围压和轴向压力，至达到试验围压和要求的应力比，并保持此应力比 30 min；然后在保持周围压力不变的情况下，由小到大逐级施加轴向正弦动荷载，每级振动 3 周，激振频率为 1.0 Hz。

3）试验成果

表 2.5-30　沥青混凝土动模量阻尼比试验成果

σ_3=300kPa			σ_3=600kPa			σ_3=900kPa			σ_3=1200kPa		
ε_d /（×10^{-4}）	E_d /MPa	λ /%	ε_d /（×10^{-4}）	E_d/MPa	λ/%	ε_d/（×10^{-4}）	E_d/MPa	λ/%	ε_d /（×10^{-4}）	E_d /MPa	λ /%
1.21	515	1.6	1.46	568	1.5	1.27	631	1.4	1.59	669	1.5
1.44	511	2.3	2.03	569	2.0	1.98	629	1.8	2.39	667	1.9
1.77	508	3.6	2.86	557	2.3	2.86	627	2.1	3.19	667	2.2
2.28	506	3.9	3.45	555	2.7	3.70	627	2.5	3.99	663	2.5
2.60	502	4.4	4.29	548	3.2	4.57	624	2.9	4.80	662	2.9
3.01	500	4.8	5.12	547	3.5	5.45	618	3.3	5.61	661	3.2
3.64	499	5.3	6.05	535	3.8	6.92	616	3.8	6.50	658	3.5
4.35	493	6.1	7.11	530	4.1	8.80	608	4.2	7.31	655	3.7
5.12	492	6.4	8.19	526	4.5	10.7	600	4.7	8.18	650	3.9
—	—	—	9.96	520	4.9	12.6	596	4.9	9.95	645	4.3
—	—	—	11.8	514	5.4	14.6	591	5.2	11.7	638	4.6
—	—	—	13.5	510	5.7	16.6	589	5.5	13.5	635	5.0
—	—	—	—	—	—	18.4	585	5.8	15.3	633	5.3
—	—	—	—	—	—	20.0	584	6.2	—	—	—

2.5.2.5　天然砂砾石沥青混凝土耐久性试验

沥青混凝土心墙的施工质量、耐久性是工程安全的重要保障。沥青混凝土心墙设在土石坝内部，不承受阳光的直接照射、水压的直接冲击，氧化过程相对缓慢，但其长期浸泡在水下，相对于使用寿命而言，沥青混凝土两侧存在巨大的水压差。同时，沥青混凝土心墙一旦防渗失效，修补困难。因此，加强沥青混凝土耐久性试验研究，对于水工建筑结构物而言，具有十分重要的意义。

沥青混凝土耐久性室内试验方法，主要分为两类：

（1）原材料试验。主要通过比较沥青与矿料的黏附性等级来判断沥青黏附性，间接判定沥青混凝土的耐水性、耐久性。试验方法主要有水煮法、水浸法、光电比色法以及搅动水净吸附法。本次试验采用水煮法，对奴尔水利枢纽工程心墙沥青混凝土拟用天然破碎砂砾石料进行了沥青与矿料的黏附性等级试验。

（2）沥青混凝土耐水性试验（水稳定试验）和冻融试验。

耐水性试验是在沥青混凝土配合比相同的条件，将试件分成 2 组，1 组在 20±1℃的空气中不少于 48 h 进行抗压试验，测定其抗压强度 R_1；另 1 组试件在 60±1℃水中浸泡 48 h 后，然后在设定温度的 20±1℃水中恒温 2 h，进行抗压试验，测定其抗压强度 R_2。前后 2 组抗压强度之比为水稳定系数 $K_w=R_1/R_2$。水稳定系数值越高，说明沥青混凝土在遇水条件下，其抵抗水对沥青置换作用的能力较强，也即沥青混凝土在有水条件下自身物理性能降低较小。此试验方法，是由美国公路部门以经验为数据逐步规范化的试验方法。本次试验亦采用此方法对奴尔水利枢纽工程心墙沥青混凝土进行了水稳定试验。

为了更加客观地评价心墙沥青混凝土的长期耐水性，本次试验采用长期浸水试验。

冻融循环试验是检验沥青混凝土的抗水损害能力，不过条件比一般的浸水更加苛刻。本次试验亦将采用此方法对奴尔水利枢纽工程心墙沥青混凝土进行冻融试验。

1. 沥青混凝土长期浸水试验

1）试验方法

按击实法制备试件，试件尺寸符合DL/T5362-2006中有关规定，每个配合比制备18个试件，分为6组，第一组试件在20±1℃的空气中养护不少于48 h进行抗压试验，测定其抗压强度R_0；其余5组沥青混凝土试件在80℃±1℃恒温水箱中浸泡后750 h后，取出1组在20±1℃水中恒温2 h，进行抗压试验，测定其抗压强度R_1。前后2组抗压强度之比为浸水水稳定系数$K_{10}=R_1/R_0$，依次类推，每隔750 h从80℃±1℃恒温水箱中，取出1组在20±1℃水中恒温2 h，进行抗压试验，测定其抗压强度分别为R_2、R_3、R_4、R_5，分别与第1组试件抗压强度之比，为浸水水稳定系数$K_{20}=R_2/R_0$、$K_{30}=R_3/R_0$、$K_{40}=R_4/R_0$、$K_{50}=R_5/R_0$。

本试验方法是根据前苏联学者提出的将沥青混凝土在80℃水中浸泡75 h，相当于在20℃水中浸泡一年的定量关系基础上而制定的。

2）试验结果

试验用配合比为奴尔水利枢纽工程心墙（天然砂砾石）沥青混凝土拟推荐配合比（编号NT-9）。由于目前国内外对于沥青混凝土耐久性还没有统一的评定标准和方法，为使本次试验数据更具可比性，拟选取前期试验推荐的人工骨料沥青混凝土推荐配合比（编号NA-3）进行对比。试验配合比参数及试验结果见表2.5-31所示。

试验结果表明：

（1）添加两种不同品牌抗剥落剂的天然砂砾石沥青混凝土在80℃±1℃恒温水箱浸泡816 h后，其浸水水稳定系数值相近，分别为0.77及0.76。

（2）人工灰岩骨料沥青混凝土与砂砾石料沥青混凝土在80℃±1℃恒温水箱浸泡816 h后，其浸水水稳定系数值相差不大，分别为0.79，0.77。

（3）浸泡1 680 h后，砂砾石沥青混凝土的浸水水稳定系数为0.73，还略高于灰岩骨料沥青混凝土0.70。说明砂砾石沥青混凝土中加入适量的抗剥落剂对于沥青混凝土长期耐久性是有利的。

表2.5-31　沥青混凝土长期浸水试验结果

编号	沥青品种	骨料品种	配合比主要参数				浸水水稳定系数			
			级配指数 r	沥青含量 B/%	抗剥落剂掺量 A/%	填料用量 F/%	K_0	$K_{10}=R_1/R_0$	$K_{20}=R_2/R_0$	抗剥落剂为江苏博特
NT-9	库车90号	砂砾石（100%破碎）	0.39	6.7	0.3	12.0	0.99	0.77	0.73	
NA-3	克拉玛依90号	灰岩（100%破碎）	0.40	6.9	0.0	12.0	0.92	0.79	0.70	前期试验推荐配合比
NT-15	库车90号	砂砾石（100%破碎）	0.39	6.7	0.3	12.0	0.94	0.76	0.63	抗剥落剂为CW-1

2. 沥青混凝土冻融试验

1）试验方法

（1）按击实法制备试件，试件尺寸符合《公路工程沥青及沥青混合料试验规程》（JTG E20-2011）中有关规定，每个配合比制备16个试件，分为4组，第一组试件在4.7±0.5℃的恒温水域中养护不少于24 h进行劈裂试验、测定其劈裂抗拉强度及破坏拉伸应变。

（2）其余4组试件按合《公路工程沥青及沥青混合料试验规程》（JTG E20-2011）中T0717标准的饱水试验方法真空饱水，在真空度为97.3～98.7 kPa条件下保持15 min，回复常压，使试件在水中放置0.5 h。

（3）取出试件放入塑料袋中，加入约10 ml的水，扎紧袋口，将试件放入恒温冰箱，冷冻温度为-16±2℃，保持24 h±1 h。

（4）将试件取出后，立即放入已保温为60℃±0.5℃的恒温水槽中，撤去塑料带，保温24 h。

（5）步骤⑶⑷为一次冻融循环，重复步骤⑶⑷，在10次、20次、30次预定冻融循环次数时，分别取出1组试件。

（6）将取出试件浸入温度为4.7℃±0.5℃的恒温水槽中不少于24 h。

（7）取出试件立即进行劈裂试验，分别测定其劈裂抗拉强度R_1、R_2、R_3。

（8）弯曲及单轴压缩冻融试验与上述方法类似，试件尺寸符合DL/T5362-2006《水工沥青混凝土试验规程》相关规定即可。

2）试验结果

试验用配合比为奴尔水利枢纽工程心墙（天然砂砾石）沥青混凝土拟推荐配合比（编号NT-9），冻融循环0次、10次、20次、30次的试验结果及试验结果关系见表2.5-32～表2.5-34。

1）沥青混凝土劈裂抗拉试验

（1）随着冻融次数的增加，沥青混凝土劈裂抗拉强度呈下降趋势。

（2）沥青混凝土劈裂抗拉强度的下降，大致分为三个阶段，第一阶段为0～10次冻融期间，沥青混凝土的劈裂抗拉强度下降较慢，大概5%左右；第二阶段为10～20次冻融期间，沥青混凝土的劈裂抗拉强度下降较快，大概12%左右；第三阶段为20～30次冻融期间，沥青混凝土的劈裂抗拉强度下降值又趋于平缓，大概下降3%左右。

（3）随着冻融次数的增加，对沥青混凝土破坏拉伸应变值影响不明显。

2）沥青混凝土小梁弯曲试验

（1）随着冻融次数的增加，沥青混凝土抗弯强度呈下降趋势。

（2）沥青混凝土抗弯强度的下降，大致分为三个阶段，第一阶段为0～10次冻融期间，沥青混凝土的抗弯强度下降较慢，大概1%左右；第二阶段为10～20次冻融期间，沥青混凝土的劈裂抗拉强度下降较快，大概11%左右；第三阶段为20～30次冻融期间，沥青混凝土的抗弯强度又趋于平缓，大概下降4%左右。

（3）随着冻融次数的增加，沥青混凝土最大弯拉应变呈下降趋势，冻融20次后，下降幅度趋缓。

3）沥青混凝土单轴压缩试验

表2.5-32　沥青混凝土冻融循环试验结果（劈裂试验）

编号	沥青品种	砂砾石	配合比主要参数				冻融循环次数							
							0		10		20		30	
			级配指数 r	沥青含量 B/%	抗剥落剂掺量 A/%	填料用量 F/%	劈裂抗拉强度/MPa	破坏拉伸应变/%	劈裂抗拉强度/MPa	破坏拉伸应变/%	劈裂抗拉强度/MPa	破坏拉伸应变/%	劈裂抗拉强度/MPa	破坏拉伸应变/%
NT-9	90号	100%破碎	0.39	6.7	0.3	12.0	1.75	0.801	1.65	0.899	1.44	0.825	1.39	0.845

表2.5-33　沥青混凝土冻融循环试验结果（弯曲试验）

编号	沥青品种	砂砾石	配合比主要参数				冻融循环次数							
							0		10		20		30	
			级配指数 r	沥青含量 B/%	抗剥落剂掺量 A/%	填料用量 F/%	抗弯强度/MPa	最大弯拉应变/%	抗弯强度/MPa	最大弯拉应变/%	抗弯强度/MPa	最大弯拉应变/%	抗弯强度/MPa	最大弯拉应变/%
NT-9	90号	100%破碎	0.39	6.7	0.3	12.0	2.69	2.653	2.67	2.512	2.48	2.100	2.40	2.049

试验结果表明：

（1）随着冻融次数的增加，沥青混凝土抗压强度呈下降趋势。

（2）沥青混凝土抗压强度的下降，大致分为二个阶段，第一阶段为0～20次冻融期间，沥青混凝土的抗压强度下降较快，基本呈线性下降，大概20%左右；第二阶段为20～30次冻融期间，沥青混凝土的抗压强度下降趋缓，大概2%左右。

（3）0～20次冻融期间，沥青混凝土最大应力时应变基本呈线性下降。

表2.5-34　沥青混凝土冻融循环试验结果（单轴压缩）

编号	沥青品种	砂砾石	配合比主要参数				冻融循环次数							
							0		10		20		30	
			级配指数 r	沥青含量 B/%	抗剥落剂掺量 A/%	填料用量 F/%	抗压强度/MPa	最大应力时应变/%	抗压强度/MPa	最大应力时应变/%	抗压强度/MPa	最大应力时应变/%	抗压强度/MPa	最大应力时应变/%
NT-9	90号	100%破碎	0.39	6.7	0.3	12.0	3.89	4.602	3.57	4.288	3.12	3.698	3.05	3.098

2.5.2.6　孔隙率对砂砾石沥青混凝土力学、渗透及耐久性的影响试验

根据表2.5-35沥青混凝土初步推荐的编号为NT-9的配合比，研究其在特定条件下（孔隙率为4.0%±0.2%）沥青混凝土力学、渗透及耐久性能，试验内容包括：间接拉伸试验、直接拉伸试验、小梁弯曲试验、单轴压缩试验、渗透试验、冻融试验及长期浸水试验。

1. 间接拉伸试验

试件采用马歇尔标准试件。试验方法同前，试验结果见表2.5-35。

表2.5-35　沥青混凝土间接拉伸试验结果

编号	沥青品种	砂砾石	配合比主要参数				劈裂抗拉强度 R_T/MPa	破坏拉伸应变 ε_t/%	孔隙率/%
			级配指数 r	沥青含量 B/%	抗剥落剂掺量 A/%	填料用量 F/%			
NT-9	库车90号	100%破碎	0.39	6.7	0.3	12.0	1.75	0.801	1.51
NT-9-1	库车90号	100%破碎	0.39	6.7	0.3	12.0	1.71	0.737	3.90

试验结果表明：配合比相同，孔隙率在1.5%～4.0%之间变化时，对沥青混凝土的劈裂抗拉强度及破坏拉伸应变值影响较小。

2. 直接拉伸试验

沥青混合料拌合后，按规定将沥青混凝土先制成板形试件，试验方法同前，试验结果见表2.5-36。

表2.5-36　沥青混凝土直接拉伸试验结果

编号	沥青品种	砂砾石	配合比主要参数				拉伸强度 R_T/MPa	破坏拉伸应变 ε_t/%	孔隙率/%
			级配指数 r	沥青含量 B/%	抗剥落剂掺量 A/%	填料用量 F/%			
NT-9	库车90号	100%破碎	0.39	6.7	0.3	12.0	1.48	1.230	1.61
NT-9-1	库车90号	100%破碎	0.39	6.7	0.3	12.0	1.22	0.680	3.98

试验结果表明：孔隙率小的沥青混凝土直接拉伸性能明显优于孔隙率大的沥青混凝土，拉伸变形能力提高40%左右。

3. 小梁弯曲试验

沥青混合料拌合后，按规定将沥青混凝土先制成板形试件，试验方法同前，试验结果见表2.5-37。

表 2.5-37 沥青混凝土小梁弯曲试验结果

编号	沥青品种	砂砾石	配合比主要参数				抗弯强度 R_T/MPa	最大弯拉应变 ε_b/%	挠跨比/%	孔隙率/%
			级配指数 r	沥青含量 B/%	抗剥落剂掺量 A/%	填料用量 F/%				
NT-9	库车90号	100%破碎	0.39	6.7	0.3	12.0	2.69	2.653	2.2	1.46
NT-9-1	库车90号	100%破碎	0.39	6.7	0.3	12.0	1.55	1.643	1.3	4.01

试验结果表明：配合比相同的情况下，小孔隙率沥青混凝土抗弯强度及最大弯拉应变值比大孔隙率沥青混凝土分别提高67%及69%。

4. 单轴压缩试验

单轴压缩试验试件尺寸为直径Φ101.5 mm，高度约100 mm。试验方法同前，试验结果见表2.5-38。

表 2.5-38 沥青混凝土单轴压缩试验结果

编号	沥青品种	砂砾石	配合比主要参数				抗压强度 R_b/MPa	最大应力时应变/%	孔隙率/%
			级配指数 r	沥青含量 B/%	抗剥落剂掺量 A/%	填料用量 F/%			
NT-9	库车90号	100%破碎	0.39	6.7	0.3	12.0	3.89	4.602	1.67
NT-9-1	库车90号	100%破碎	0.39	6.7	0.3	12.0	3.78	3.619	3.86

试验结果表明：两种不同孔隙率的沥青混凝土，抗压强度值相差不大，但最大应力时的变形能力，小孔隙率沥青混凝土优于大孔隙率沥青混凝土。

5. 渗透试验

抗渗试模采用圆台形试模，试模上口直径Φ101.5 mm，下口直径Φ100.0 mm，高度约63.5 mm。试验方法同前，试验结果见表2.5-39。

表 2.5-39 沥青混凝土渗透试验结果

编号	沥青品种	砂砾石	配合比主要参数				时间/h	压力/MPa	渗透量/mL	渗透系数/(cm/s)	孔隙率/%
			级配指数 r	沥青含量 B/%	抗剥落剂掺量 A/%	填料用量 F/%					
NT-9	库车90号	100%破碎	0.39	6.7	0.3	12.0	16	0.80	0	$<1\times10^{-8}$	1.42
NT-9-1	库车90号	100%破碎	0.39	6.7	0.3	12.0	—	—	—	$>1\times10^{-8}$	4.12

试验结果表明：孔隙率为4%左右的沥青混凝土其渗透系数大于1×10^{-8} cm/s，不能满足SL 501—2010《土石坝沥青混凝土面板和心墙设计规范》中的相关规定。

6. 沥青混凝土长期浸水试验

按击实法制备试件，试验方法同前，试验配合比参数及试验结果见表2.5-40所示。

表 2.5-40 沥青混凝土长期浸水试验结果

编号	沥青品种	砂砾石	配合比主要参数				浸水水稳定系数			孔隙率/%
			级配指数 r	沥青含量 B/%	抗剥落剂掺量 A/%	填料用量 F/%	K_0	$K_{10}=R_1/R_0$	$K_{20}=R_2/R_0$	
NT-9	库车90号	100%破碎	0.39	6.7	0.3	12.0	0.99	0.77	0.73	1.42
NT-9-1	库车90号	100%破碎	0.39	6.7	0.3	12.0	0.92	0.73	0.55	3.86

试验结果表明：两种不同孔隙率的沥青混凝土在80±1℃恒温水箱浸泡816h后，其浸水水稳定系

数值极其相近，分别为0.77及0.73，但随着浸泡时间延长，到1 680 h时，大孔隙沥青混凝土的浸水水稳定系数值下降较快，只有0.55，受沥青混凝土内部孔隙水置换，自身物理性能下降较快。

7. 沥青混凝土冻融试验

1）试验方法

按击实法制备试件，实验方法同前。

2）试验结果

① 沥青混凝土劈裂抗拉试验

冻融循环0次、10次、20次、30次的劈裂试验结果及试验结果关系见表2.5-41。

试验结果表明：随着冻融次数的增加，沥青混凝土劈裂抗拉强度呈下降趋势。随着冻融次数的增加，对沥青混凝土破坏拉伸应变值影响不明显。

② 沥青混凝土小梁弯曲试验

冻融循环0次、10次、20次、30次的小梁弯曲试验结果及试验结果关系见表2.5-42。试验结果表明：

（1）随着冻融次数的增加，沥青混凝土抗弯强度呈下降趋势。

（2）随着冻融次数的增加，沥青混凝土最大弯拉应变呈下降趋势。

（3）沥青混凝土配合比及冻融次数相同的情况下，孔隙率不相同的两组试件相比较，小孔隙率沥青混凝土抗弯强度及最大弯拉应变均高于大孔隙率沥青混凝土。

③ 沥青混凝土单轴压缩试验

冻融循环0次、10次、20次、30次的单轴压缩试验结果及试验结果关系见表2.5-43。试验结果表明：

（1）随着冻融次数的增加，沥青混凝土抗压强度呈下降趋势。

（2）0～20次冻融期间，沥青混凝土的抗压强度下降较快，基本呈线性下降，大概17%左右；20～30次冻融期间，沥青混凝土抗压强度下降趋缓，大概2%左右。

（3）随着冻融次数的增加，沥青混凝土最大应力时应变呈下降趋势。

（4）沥青混凝土配合比及冻融次数相同的情况下，孔隙率不相同的两组试件相比较，小孔隙率沥青混凝土抗压强度及最大应力时应变均高于大孔隙率沥青混凝土。

表2.5-41　沥青混凝土冻融循环试验结果（劈裂试验）

编号	沥青品种	砂砾石	配合比主要参数				冻融循环次数								孔隙率/%
			级配指数 r	沥青含量 B/%	抗剥落剂掺量 A/%	填料用量 F/%	0		10		20		30		
							劈裂抗拉强度/MPa	破坏拉伸应变/%	劈裂抗拉强度/MPa	破坏拉伸应变/%	劈裂抗拉强度/MPa	破坏拉伸应变/%	劈裂抗拉强度/MPa	破坏拉伸应变/%	
NT-9	库车90号	100%破碎	0.39	6.7	0.3	12.0	1.75	0.801	1.65	0.899	1.44	0.825	1.39	0.845	1.51
NT-9-1	库车90号	100%破碎	0.39	6.7	0.3	12.0	1.71	0.883	1.56	0.812	1.42	0.836	1.37	0.737	3.9

表2.5-42　沥青混凝土冻融循环试验结果（弯曲试验）

编号	沥青品种	砂砾石	配合比主要参数				冻融循环次数								孔隙率/%
			级配指数 r	沥青含量 B/%	抗剥落剂掺量 A/%	填料用量 F/%	0		10		20		30		
							抗弯强度/MPa	最大弯拉应变/%	抗弯强度/MPa	最大弯拉应变/%	抗弯强度/MPa	最大弯拉应变/%	抗弯强度/MPa	最大弯拉应变/%	
NT-9	库车90号	100%破碎	0.39	6.7	0.3	12.0	2.69	2.653	2.67	2.512	2.48	2.100	2.40	2.049	1.46
NT-9-1	库车90号	100%破碎	0.39	6.7	0.3	12.0	1.55	1.643	1.46	1.425	1.33	1.245	1.25	0.909	4.01

表 2.5-43 沥青混凝土冻融循环试验结果(单轴压缩)

编号	沥青品种	砂砾石	配合比主要参数				冻融循环次数								孔隙率/%
							0		10		20		30		
			级配指数 r	沥青含量 B/%	抗剥落剂掺量 A/%	填料用量 F/%	抗压强度/MPa	最大应力时应变/%	抗压强度/MPa	最大应力时应变/%	抗压强度/MPa	最大应力时应变/%	抗压强度/MPa	最大应力时应变/%	
NT-9	库车90号	100%破碎	0.39	6.7	0.3	12.0	3.89	4.602	3.57	4.288	3.12	3.698	3.05	3.098	1.67
NT-9-1		100%破碎	0.39	6.7	0.3	12.0	3.78	3.619	3.43	3.561	3.14	3.338	3.10	3.123	3.86

2.5.2.7 结论

1. 原材料

(1)克拉玛依90号沥青及库车90号沥青的主要受检指标可满足SL501—2010《土石坝沥青混凝土面板和心墙设计规范》中沥青的技术要求,可用于奴尔水利枢纽工程沥青混凝土心墙工程。

(2)于田县普鲁村下游(P2)料场开采的灰岩骨料加工的矿粉填料,满足SL501—2010《土石坝沥青混凝土面板和心墙设计规范》中对填料的质量要求,可以用作沥青混凝土心墙的填料。

(3)战斗渠首上游至坝址下游河漫滩(C2)料场开采的天然砂砾石料,冲洗、破碎筛分后,呈酸性。质地坚硬,坚固性较好,与沥青的粘附性达到4级,满足SL501—2010《土石坝沥青混凝土面板和心墙设计规范》中对粗骨料的质量要求。

(4)江苏苏博特新材料股份有限公司生产的匀强R-EASA100沥青抗剥落剂(非胺类),能有效提高砂砾石粗骨料与沥青黏附性以及砂砾石沥青混凝土的水稳定性。

2. 沥青混凝土配合比设计及性能试验

(1)根据沥青混凝土基本性能试验比选结果,结合心墙沥青混凝土的防渗、水稳定性、和易性等性能,在满足设计或有关技术规范的前提下,从施工、安全及经济的角度综合考虑,优先推荐编号为NT-3(克拉玛依90号沥青)、NT-9(库车90号沥青)2个配合比为奴尔水利枢纽工程心墙沥青混凝土的初步推荐配合比。

(2)对推荐配合比的沥青混凝土进行了力学及渗透性能试验,主要包括水稳定性试验、间接拉伸试验、直接拉伸试验、小梁弯曲试验、单轴压缩试验及渗透试验。试验结果表明:推荐的2组砂砾石沥青混凝土配合比(编号NT-3及编号 NT-9),各项性能满足沥青混凝土心墙的相关技术要求。与前期灰岩沥青混凝土推荐配合比的性能指标接近。

(3)编号NT-3及编号 NT-9的优选配合比静三轴试验结果表明:沥青混凝土的强度随围压增大呈现良好的线性,设计计算时可采用线性强度模型参数c、φ值,优选的两种配合比制备的沥青混凝土试样均具有较高的强度和模量。

编号NT-9的沥青混凝土强度与模量低于前期灰岩人工骨料沥青混凝土,NT-9配合比沥青混凝土破坏应变高于人工骨料沥青混凝土。相比人工骨料沥青混凝土,天然砂砾石料NT-9配合比沥青混凝土具有更好的塑性,适应变形的能力优于人工灰岩骨料沥青混凝土。

(4)编号NT-9的沥青混凝土动三轴试验表明:相同试验条件下沥青混凝土的动模量变化不超过12%,阻尼比也较小(0.02～0.07),基本呈弹性变形阶段。

(5)根据沥青混凝土性能试验研究成果,奴尔水利枢纽工程心墙沥青混凝土的推荐配合比见表2.5-22。

(6)所推荐的沥青混凝土配合比各项性能指标能满足相应的设计要求,但推荐配合比是使用特定的原材料,通过室内试验确定的,实际施工时应根据工地原材料的变化和现场施工试验,对配合比进行适当调整,推荐的配合比可以供设计部门研究参考。

3. 天然砂砾石沥青混凝土耐久性试验

(1)砂砾石沥青混凝土长期浸水试验结果表明,砂砾石沥青混凝土中添加适当的抗剥落剂,能有效的提高沥青混凝土的抗水侵蚀能力。在80±1℃恒温水箱浸泡1680h后(相当于在20℃水中浸泡22年),

其浸水水稳定系数为0.73，高于灰岩沥青混凝土的浸水水稳定系数(0.70)。

(2)砂砾石沥青混凝土冻融试验结果表明，砂砾石沥青混凝土在经过30次冻融循环后，沥青混凝土仍然保持良好的刚性与韧性，抗弯强度达到2.40 MPa，最大弯拉应变为2.049%。

4. 孔隙率对砂砾石沥青混凝土性能影响

(1)大孔隙率(4.0±0.2%)砂砾石沥青混凝土与小孔隙率(1.5%±0.2%)砂砾石沥青混凝土相比，抗压强度值上相差不大，但二者抗拉强度性能表现差异明显，拉伸强度及抗弯强度分别下降17%及42%，拉伸应变及弯曲应变分别下降44%及38%。

(2)两种不同孔隙率的沥青混凝土在80±1℃恒温水箱浸泡到1 680 h后，大孔隙沥青混凝土受沥青混凝土内部孔隙水置换，自身物理性能下降较快，浸水水稳定系数值下降较快，只有0.55，比小孔隙率砂砾石沥青混凝土浸水水稳定系数降低25%左右。

(3)两种不同孔隙率的沥青混凝土冻融循环30次后，性能变化与初始状态的性能变化规律基本一致，即在抗压强度值上相差不大，也就是受压状态下，二者性能差异不大；但在受拉状态下，二者性能表现差异明显，大孔隙率砂砾石沥青混凝土冻融循环30次后与小孔隙率砂砾石沥青混凝土相比，抗弯强度及弯曲应变分别下降35%及55%，与初始状态相比，弯曲变形性能下降速率明显加快。

2.5.2.8 石粉含量对耐久性的影响研究

1. 研究目的

2016年10月，奴尔水利枢纽工程心墙沥青混凝土开始正式施工。由于现场施工的骨料加工系统，与室内试验骨料的加工工艺存在明显差异，施工现场细骨料(砂)中小于0.075的酸性颗粒含量在6%(占矿料的1.8%)左右，与室内试验结果(小于0.075的颗粒含量为3%以下)相差较大。施工现场目前现有的骨料加工工艺，将细骨料(砂)中小于0.075的酸性颗粒含量控制在3%以下，有较大难度和风险(可能造成砂的级配较差)。为解决施工中存在的实际问题，研究和论证酸性颗粒石粉作为部分填料对心墙沥青混凝土的物理、力学、静力工程特性，特别是长期耐久性是否存在不利影响，显得尤为重要。

(1)复核心墙沥青混凝土现场使用原材料(沥青、天然砂砾石、酸性填料、灰岩填料)的品质检测，确定符合奴尔水利枢纽工程沥青混凝土心墙坝工程技术要求的原材料。

(2)采用江苏博特非胺类抗剥落剂增强酸性骨料与沥青的黏附力，研究抗剥落剂对不同掺量酸性矿粉沥青混凝土水稳定性的影响，优选抗剥落剂掺量。

(3)在优选抗剥落剂掺量的基础上，研究采用部分酸性矿粉的破碎天然砂砾石料沥青混凝土的力学性能、渗透性能、静力工程特性及长期浸水性能。

本项目根据试验结果，初步提出奴尔水利枢纽工程心墙沥青混凝土填料采用部分酸性矿粉的可行性，能够降低施工成本，加快施工进度，供业主、设计及相关部门参考。

2. 原材料

(1)沥青

试验用沥青为中国石化塔河炼化有限责任公司(以下简称库车沥青)生产的90号石油沥青，其品质检验结果见表2.5-44。

表2.5-44 沥青品质检测结果

检验项目		库车90号	SL 501-2010 90号技术要求	GB 50092-1996 90号技术要求
针入度(25℃,0.1 mm)		85	80～100	80～100
软化点(℃)		52.0	≥44	42～52
延度(15℃,5 cm/min),cm		>100	—	≥100
密度(15℃),g/cm^3		1.04	实测(15℃)	实测记录
溶解度(三氯乙烯)(%)		99.7	≥99.5	≥99.5
薄膜烘箱老化(163℃,5h)	质量损失(%)	-0.1	±0.8	≤1.0
	针入度比(%)	58	≥57	≥50

续　表

检验项目		库车90号	SL 501-2010 90号技术要求	GB 50092-1996 90号技术要求
薄膜烘箱老化（163℃，5h）	延度（15℃，cm）	109.0	≥8	≥100
	延度（25℃，cm）	121	—	≥75
	软化点升高（℃）	6.3	—	≤6.5

表2.5-44的检测结果表明，库车90号沥青的主要受检指标均满足SL 501-2010《土石坝沥青混凝土面板和心墙设计技术规范》及相关规范中对沥青的技术要求。

（2）填料（矿粉）

试验用填料有两种：一种是奴尔水利枢纽工程心墙沥青混凝土配合比采用灰岩矿粉，一种是奴尔水利枢纽工程天然砂砾石料加工后筛分而成。填料品质的检测结果见表2.5-45及表2.5-46，填料化学成分分析结果见表2.5-47～表2.5-48。

表2.5-45　填料（灰岩）品质检测结果

项　目		检测结果	SL 501—2010技术要求
表观密度（g/cm^3）		2.67	≥2.5
含水量（%）		0.1	≤0.5
各粒径通过率（%）	0.60 mm	100.0	100
	0.30 mm	99.0	—
	0.15 mm	98.0	＞90
	0.075 mm	95.2	＞85
亲水系数		0.71	≤1.0

表2.5-46　填料（天然砂砾石料破碎筛分）品质检测结果

项　目		检测结果	SL 501—2010技术要求
表观密度（g/cm^3）		2.56	≥2.5
含水量（%）		0.1	≤0.5
各粒径通过率（%）	0.60 mm	100.0	100
	0.30 mm	99.7	—
	0.15 mm	99.6	＞90
	0.075 mm	97.2	＞85
亚甲蓝快速试验		沉淀物周围出现明显色晕	—
亲水系数		0.56	≤1.0

检测结果表明：填料品质满足SL 501—2010《土石坝沥青混凝土面板和心墙设计规范》对填料的技术要求。砾石破碎细骨料筛分而成的小于0.075 mm的颗粒，经亚甲蓝快速试验，沉淀物周围出现明显色晕，砂样中的微粒含量以石粉为主。

表2.5-47　填料（灰岩）的化学成分（%）

编号	Loss	SiO_2	Al_2O_3	Fe_2O_3	CaO	MgO	SO_3	合计
0-1#	36.8	8.2	3.4	1.8	45.9	1.1	0.2	97.4

表 2.5-48　填料（天然砂砾石料破碎筛分）的化学成分（%）

编号	Loss	SiO_2	Al_2O_3	Fe_2O_3	CaO	MgO	SO_3	合计
0-2#	7.9	62.6	12.3	2.4	7.3	3.1	0.2	95.8

根据表2.5-47、表2.5-48填料化学成分检测结果，按SL 501—2010《土石坝沥青混凝土面板和心墙设计规范》分析工程拟用骨料的酸碱性。碱度模数M的计算公式为：$M=(CaO+MgO+FeO)/SiO_2$。碱度模数$M>1$为碱性骨料，碱度模数$M<0.6$为酸性骨料。经计算，工程采用灰岩填料的碱度模数$M=5.95$，即为碱性填料；工程采用经天然砂砾石料破碎筛分的填料$M=0.20$，即为酸性填料。

SL 501—2010《土石坝沥青混凝土面板和心墙设计规范》中对含泥量的要求应仅针对天然砂，人工砂中小于0.075 mm的颗粒是石粉而非泥土，对人工砂的洁净性要求已包含在"不含有机质和其它杂质"中。从检测结果可知，工程拟用砂砾石（破碎）细骨料的受检品质指标可满足SL 501—2010《土石坝沥青混凝土面板和心墙设计规范》对细骨料的技术要求。

天然（破碎）砂砾石粗骨料品质检测结果表明，工程拟用天然（破碎）砂砾石粗骨料的受检品质指标可满足SL 501—2010《土石坝沥青混凝土面板和心墙设计规范》中对粗骨料的技术要求。

（3）小结

奴尔水利枢纽工程心墙沥青混凝土现场施工用原材料（沥青、天然破碎砂砾石、酸性填料、灰岩填料）的品质验证试验结果表明：

（1）库车90号沥青的主要受检指标可满足SL 501—2010《土石坝沥青混凝土面板和心墙设计规范》中对沥青的技术要求，可用于奴尔水利枢纽工程沥青混凝土心墙工程。

（2）灰岩骨料加工的矿粉填料，质量满足SL 501—2010《土石坝沥青混凝土面板和心墙设计规范》中对填料的质量要求，可以用作沥青混凝土心墙的填料。砾石破碎细骨料筛分而成的小于0.075 mm的颗粒，经检测呈酸性，其表观密度及亲水系数等受检指标满足SL 501—2010《土石坝沥青混凝土面板和心墙设计规范》中对填料的质量要求。

（3）砾石破碎细骨料筛分而成的小于0.075 mm的颗粒，经亚甲蓝快速试验，砂样中的微粒含量以石粉为主。

（4）砾石破碎粗骨料，呈酸性。质地坚硬，坚固性较好，与沥青的粘附性达到4级，质量满足SL 501—2010《土石坝沥青混凝土面板和心墙设计规范》中对粗骨料的质量要求。

3. 抗剥落剂掺量对沥青混凝土水稳定性试验

水稳定性试验试件尺寸为直径 φ101.5 mm，高度约100 mm。在沥青混凝土配合比相同的条件，将试件分成2组，1组在20±1℃的空气中不少于48h进行抗压试验，测定其抗压强度R_1；另1组试件在60±1℃水中浸泡48h后，然后在设定温度的20±1℃水中恒温2 h，进行抗压试验，测定其抗压强度R_2。前后2组抗压强度之比为水稳定系数$K_w=R_2/R_1$。水稳定系数值越高，说明沥青混凝土在遇水条件下，其抵抗水对沥青置换作用的耐剥落能力较强，即沥青混凝土在有水条件下自身物理性能降低较小。

本次试验，研究江苏苏博特新材料股份有限公司生产的匀强R-EASA100沥青抗剥落剂对沥青混凝土水稳定性的影响。依据《奴尔水利枢纽工程沥青混凝土心墙应用天然砂砾石料试验研究报告》成果，固定沥青混凝土级配指数$r=0.39$、沥青含量$B=6.7\%$、填料12%（其中酸性填料分别为1%、2%、3%、6%）、剥落剂掺量分别选取0.3%，0.5%二个掺量8组试验进行对比，抗剥落剂掺量对沥青混凝土水稳定系数试验结果见表2.5-49。

表 2.5-49　抗剥落剂掺量对沥青混凝土水稳定系数试验结果

编号	配合比主要参数					养护环境	极限抗压强度/MPa	水稳定系数K_w
	r	B/%	酸性F/%	灰岩F/%	SBS/%			
NY-1	0.39	6.7	1.0	11.0	0.3	水中	2.28	1.07
						空气	2.13	
NY-2	0.39	6.7	2.0	10.0	0.3	水中	1.97	0.93
						空气	2.12	

续 表

编号	配合比主要参数					养护环境	极限抗压强度/MPa	水稳定系数K_w
	r	B/%	酸性F/%	灰岩F/%	SBS/%			
NY-3	0.39	6.7	3.0	9.0	0.3	水中	1.80	0.85
						空气	2.12	
NY-4	0.39	6.7	6.0	6.0	0.3	水中	1.64	0.80
						空气	2.05	
NY-5	0.39	6.7	1.0	11.0	0.5	水中	2.23	1.04
						空气	2.14	
NY-6	0.39	6.7	2.0	10.0	0.5	水中	1.98	0.95
						空气	2.09	
NY-7	0.39	6.7	3.0	9.0	0.5	水中	1.87	0.90
						空气	2.08	
NY-8	0.39	6.7	6.0	6.0	0.5	水中	1.73	0.94
						空气	1.84	

注：抗剥落剂为江苏博特，试验温度20℃，加载速率1 mm/min。

试验结果表明：

（1）随着酸性填料掺量的增加，沥青混凝土在空气中和水中养护条件下的抗压强度都逐渐降低，沥青混凝土在水中养护条件下的抗压强度比在空气中下降较快。

（2）沥青混凝土中添加适当的抗剥离剂，能有效提高沥青混凝土的水稳定系数。随着酸性填料掺量的增加，不同掺量抗剥落剂沥青混凝土的水稳定系数呈下降趋势。抗剥落剂掺量0.5%时，酸性填料掺量从1%增加到6%，沥青混凝土的水稳定系数先降低后趋近与平缓，水稳定系数大于0.9，能够满足SL 501—2010对沥青混凝土的技术要求。抗剥落剂掺量0.3%时，酸性填料掺量0%～2.5%，沥青混凝土的水稳定系数大于0.9，而随着酸性填料掺量大于2.5%，沥青混凝土的水稳定系数不能够满足SL 501—2010的技术要求。

4. *沥青混凝土配合比设计及力学性能试验*

在沥青混凝土配合比设计中，矿料级配指数、填料用量以及沥青含量是决定沥青混凝土性能的三个最主要参数。

沥青混凝土矿料级配因沥青混凝土的功能不同可分为密级配、间断级配和开级配。碾压式心墙沥青混凝土其功能主要是适应坝体变形并保持较好的防渗性能，因而一般选择密级配。密级配拌制的沥青混凝土比较密实，孔隙率可以小于3%，防渗性能好，但粗集料较少，粗集料难以接触咬合，相对而言，不易形成骨架作用。因此一旦配合比选择不好，就容易造成沥青混凝土稳定性变差，特别在高温下容易发生斜坡流淌。

填料是指沥青混凝土中起填充作用的粒径小于0.075 mm的矿质粉末，也称矿粉。填料用量，是指沥青混凝土中填料质量与矿料（粗骨料、细骨料和填料）质量的比值，以百分数计。填料与沥青在沥青混凝土中组成均匀的沥青胶结料，可以提高粘滞性，从而提高沥青混凝土的强度，同时根据胶浆理论，足够多的沥青胶结料可以很好的填充细骨料及粗骨料的孔隙，从而提高沥青混凝土的渗透性能。

沥青含量、矿料级配及填料用量是配制既满足设计指标要求又符合经济原则沥青混凝土的最重要的三个指标，其中沥青含量的选择尤为重要。当沥青含量很少时，沥青不足以形成结构沥青的薄膜来粘结矿料颗粒。随着沥青含量的增加，结构沥青逐渐形成，沥青更为完满地包裹在矿料表面，使沥青与矿料间的粘附力随着沥青含量的增加而增加。当沥青含量足以形成薄膜并充分粘附矿料颗粒表面时，沥青胶浆具有最优的粘聚力。随后，当沥青含量继续增加时，则会由于沥青过多，在颗粒间形成未与矿料粘结的自由沥青，则沥青胶浆的粘聚力随着自由沥青的增加而降低。根据SL 514-2013《水工碾压式沥青混凝土施工规范》、SL501-2010《土石坝沥青混凝土面板和心墙设计规范》的相关规定，结合《奴尔水利枢纽工程沥青混凝土心墙应用天然砂砾石料试验研究报告》试验成果，本次试验骨料最大粒径D_{max}选定为19 mm；矿料级配指数r=0.39；填沥青含量B=6.7%；料用量F=12%（其中酸性填料分别为2%、3%、6%）；剥落剂掺量分别选取0.3%、0.5%。根据矿料级配公式，计算出不同条件下沥青混凝土各级矿料的质量百分比，如表2.5-50所示。

表 2.5-50　不同酸性填料用量下沥青混凝土各级矿料的质量百分比

编号	级配指数r	沥青含量B	剥落剂掺量%	各级矿料质量百分比（%）						
				19～13.2 /mm	13.2～9.5 /mm	9.5～4.75 /mm	4.75～2.36 /mm	2.36～0.075 /mm	<0.075/mm	
									酸性	灰岩
NT-9-1	0.39	6.7	0.3	13.2	10.4	18.0	13.9	32.5	2	10
NT-9-2	0.39	6.7	0.5	13.2	10.4	18.0	13.9	32.5	3	9
NT-9-3	0.39	6.7	0.5	13.2	10.4	18.0	13.9	32.5	6	6

根据拟用砂砾石及矿料的筛分试验结果，奴尔工地料场天然砂中小于0.075 mm颗粒为13.5%，室内对配合比NT-9-1、NT-9-2使用砂采用0.075 mm集料筛进行筛分，通过计算法，计算出奴尔水利枢纽工程沥青混凝土室内验证试验的实际矿料级配见表2.5-51。

表 2.5-51　沥青混凝土室内验证试验实际各级矿料的质量百分比

编号	级配指数r	沥青含量B	剥落剂掺量（%）	各级矿料质量百分比（%）					
				19～13.2 /mm	13.2～9.5 /mm	9.5～4.75 /mm	4.75～2.36 /mm	2.36～0.075 /mm	灰岩 ＜0.075 /mm
NT-9-1	0.39	6.7	0.3	13.2	10.7	16.7	18.0	31.5	9.9
NT-9-2	0.39	6.7	0.5	13.2	10.7	16.8	16.2	33.6	9.5
NT-9-3	0.39	6.7	0.5	13.2	10.7	16.8	15.8	37.1	6.5

试验结果表明：

（1）酸性填料掺量从1%增加到6%，沥青混凝土的劈裂抗拉强度值在1.85 MPa～1.95 MPa之间，属正常波动范围，说明适量的酸性填料掺量，对沥青混凝土的劈裂抗拉强度值影响不大；

（2）破碎砂砾石骨料试验结果与前期灰岩骨料试验结果相比，沥青混凝土破坏拉伸应变值基本相同，而劈裂抗拉强度值高，其主要原因是试件加荷速率的差异引起的，前期试验加荷速率1 mm/min，本次试验加荷速率为50 mm/min。

填料在沥青混凝土中的主要作用是与沥青共同组成沥青胶结料，将骨料粘结成一个整体，并填充骨料的空隙。由于填料具有很大的比表面积，与沥青粘附良好、牢固结合的沥青胶结料能有效提高骨料间的粘结强度。

一般认为，沥青呈弱酸性，与碱性填料相结合，能发生一些列复杂的物理及化学方应，增强他们之间的粘结力，从而达到提高骨料间粘结强度的目的。

本次试验根据工程现场施工的需要，尝试用酸性填料取代部分碱性填料，并在沥青中添加抗剥落剂的方式，进行了沥青混凝土的力学及渗透的验证对比试验，试验结果表明：酸性填料掺量从1%增加到3%，沥青混凝土的强度值（劈裂、拉伸、弯曲及单轴抗压）及应变值（间接拉伸、直接拉伸、弯拉）变化幅度很小，且无明显规律，说明酸性填料掺量在一定范围内变化，对沥青混凝土的强度及变性能能影响较小。

本次试验分别针对酸性填料掺量为2%及6%的两个编号的沥青混凝土进行了三轴剪切试验，试验结果表明：

（1）三轴试验E-μ模型参数中最能体现强度特性的两大参数C及ϕ，其值分别为533.3 kPa、545.5 kPa及30.7°、30.8°，极为接近，说明适量的酸性填料掺量对沥青混凝土的三轴剪切强度值没有影响。

（2）三轴试验E-μ模型参数中最能体现变形特性的两大参数K及G，其值分别为992.0、1 052.0及0.49、0.48，极为接近，说明适量的酸性填料掺量对沥青混凝土的三轴剪切的变形特性基本没有影响。

（3）与前期推荐配合比相比，沥青混凝土的强度特性与变形特性基本一致。

5.天然砂砾石沥青混凝土耐久性试验

沥青混凝土心墙在水工建筑物中主要承担防渗作用，它是水工建筑物结构的核心部位，其施工质量、耐久性是水利工程安全的重要保障。沥青混凝土心墙设在土石坝内部，不承受阳光的直接照射、水压的直接冲击，氧化过程相对缓慢，但其长期浸泡在水下，相对于使用寿命而言，沥青混凝土两侧存在巨大的水压差。同时，沥青混凝土心墙一旦防渗失效，修补困难。因此，加强沥青混凝土耐久性试验研究，对于水工建筑结构物而言，具有十分重要的意义。

为了更加客观地评价心墙沥青混凝土的长期耐水性，本试验方法根据前苏联学者提出的将沥青混凝土在80℃水中浸泡75h，相当于在20℃水中浸泡一年的定量关系，对长期浸泡的沥青混凝土进行水稳定性试验、单轴压缩试验、间接拉伸试验及小梁弯曲试验。

本次试验根据工程现场施工的需要，通过在沥青中添加适当的抗剥落剂，尝试使用酸性填料取代部分碱性填料，进行了沥青混凝土的长期浸水耐久性对比试验，试验结果表明：

（1）酸性填料掺量从1%增加到3%，沥青混凝土在80±1℃恒温水箱浸泡750 h、1 500 h后，对于主要反映沥青混凝土受压应力作用的强度指标（单轴压缩、水稳定性）下降幅度基本相同，说明酸性填料掺量在一定范围内变化时，沥青混凝土受压应力作用的强度性能基本一致。与前期灰岩骨料沥青混凝土试验结果相比，混凝土试件在80±1℃恒温水箱中浸泡1 500 h后，沥青混凝土的长期浸水水稳定系数在0.68～0.70之间，变化范围不大。说明酸性填料掺量在一定范围内变化时，破碎天然砂砾骨料沥青混凝土的长期浸水水稳定性与灰岩骨料沥青混凝土基本相同。

（2）酸性填料掺量从1%增加到3%，沥青混凝土在80±1℃恒温水箱浸泡750 h后，对于主要反映沥青混凝土受拉应力作用的强度指标（小梁弯曲）下降幅度基本相同；而当酸性填料掺量增加到6%时，抗弯强度及挠跨比下降幅度明显加快，说明酸性填料替代灰岩填料超过一定范围，对沥青混凝土受拉应力情况下的耐久性能有不利影响。

6.结论

（1）奴尔水利枢纽工程心墙沥青混凝土现场施工用原材料（沥青、天然破碎砂砾石、酸性填料、灰岩填料）的主要受检指标可满足SL 501—2010《土石坝沥青混凝土面板和心墙设计规范》中有关的技术要求。

（2）沥青中添加适当掺量的抗剥落剂，能有效提高沥青混凝土的水稳定系数。

（3）酸性填料掺量从1%增加到6%，沥青混凝土的强度值（劈裂、拉伸、弯曲、单轴抗压及三轴抗剪）、应变值（间接拉伸、直接拉伸、小梁弯曲）及渗透性能变化幅度很小，试验结果表明酸性填料掺量在一定范围内变化，对沥青混凝土的强度、变形及渗透性能影响较小。

（4）沥青混凝土长期浸水耐久性对比试验果表明：酸性填料掺量从1%增加到3%，沥青混凝土在80±1℃恒温水箱浸泡750 h、1 500 h后，沥青混凝土受压应力作用的强度指标（单轴压缩、水稳定性）下降幅度基本相同，试验结果表明酸性填料掺量在一定范围内变化，随着沥青混凝土试件在水中浸泡时间的增长，主要反映沥青混凝土受压应力作用的强度性能基本一致。与前期灰岩骨料试验结果相比，混凝土试件在80±1℃恒温水箱中浸泡1 500 h后，沥青混凝土的长期浸水水稳定系数在0.68～0.70之间，变化范围不大，说明酸性填料掺量在一定范围内变化时，天然破碎骨料沥青混凝土受压应力情况下的耐久性能与灰岩骨料沥青混凝土基本相同。

酸性填料掺量从1%增加到3%，沥青混凝土在80±1℃恒温水箱浸泡750 h后，对于主要反映沥青混凝土受拉应力作用的强度指标（小梁弯曲）下降幅度基本相同；而当酸性填料掺量增加到6%时，抗弯强度及挠跨比下降幅度明显加快，说明酸性填料替代灰岩填料超过一定范围，对沥青混凝土受拉应力情况下的耐久性能有不利影响。

7.建议

（1）根据砾石破碎细骨料的亚甲蓝试验结果，为保证工程施工质量，建议天然砂砾石骨料加工前，将原状天然砂砾料冲洗干净。

(2)根据本次试验的初步试验结果，建议奴尔水利枢纽工程心墙沥青混凝土施工所使用粗骨料与细骨料(砂)中粒径小于0.075的酸性颗粒含量控制在9.0%以下(约占矿料质量的3%)。

(3)由于施工过程中，骨料(砂)生产系统有一定的波动性，为保证工程施工质量，加快施工进度，建议施工中抗剥落剂掺量统一采用0.5%。

表2.5-52 新疆奴尔大坝心墙沥青混凝土推荐配合比

骨料品种	沥青品种	级配指数r	沥青含量B(油石比)/%	填料用量F/%	抗剥离剂掺量/%
砂砾石(100%破碎)	克拉玛依90号	0.39	6.7(7.1)	12	0.3
砂砾石(100%破碎)	库车90号	0.39	6.7(7.1)	12	0.3
各级矿料质量百分比(%)					
19～13.2/mm	13.2～9.5/mm	9.5～4.75/mm	4.75～2.36/mm	2.36～0.075/mm	<0.075/mm
14.2	10.2	17.9	14.2	31.1	12.4
14.2	10.2	17.9	14.2	31.1	12.4

备注：

1.沥青含量是指沥青质量与沥青混合料总质量的比值；油石比是指沥青质量与矿料总质量的比值；

2.填料品种为奴尔大坝心墙沥青混凝土拟用人工灰岩骨料加工的矿粉；

3.抗剥离剂掺量，是指抗剥落剂质量与沥青质量的比值，以天然粗骨料与沥青的粘附性等级≥4级且配置的沥青混凝土水稳定性系数≥0.9为准，一般掺量为沥青含量的0.2%～0.4%；

4.初步推荐配合比参数是使用特定的原材料(天然砂砾石采用工程拟用天然料场，即奴尔河指定河床开挖料，破碎后在室内筛分而成)试验确定的，实际施工时应根据现场原材料的变化和现场施工试验，对配合比进行适当调整。

2.6 低温季节施工技术进展

2.6.1 低温季节施工及越冬措施

2.6.1.1 低温季节施工应对措施

新疆修建沥青心墙坝一般需要3～4年的工期，几乎不可避免都要采取越冬保护措施。有的工程为了满足度汛、发电、供水等特殊要求，不得已采取冬季施工措施，如恰甫其海水利枢纽围堰、喀腊塑克水利枢纽围堰，均采用浇筑式沥青心墙形式，利用一个枯水期将围堰抢至度汛高程，确保大坝来年导流度汛，取得很好的效果。

沥青混凝土低温季节施工的关键在于施工的各个工序、环节满足施工温度要求。低温季节施工时，主要是防止温度降低过快。可以采取以下应对措施：

(1)研究沥青混凝土的施工方法和过程，优化施工组织设计，减少不必要的工序，减少必要工序的施工时间，缩短施工周期。沥青混凝土拌合系统设置在距离大坝较近的部位，减少运距；使用装载机从拌和系统直接给摊铺机喂料，省去起重机吊料罐的工序，减少周转环节，既节约费用，也节省时间；

(2)采用先进的施工设备，降低沥青混凝土施工温度要求，可使用带有初压功能和高效加热器的心墙摊铺机；

(3)采取各种保温措施，降低温度损失。可以对外露沥青混凝土拌制品、新摊心墙面全部采用帆布覆盖保温；

(4)提高沥青混凝土拌和的出机温度，按设计上限值160℃～180℃控制；

(5)增设远红外电加热器，使下层已铺沥青心墙表温升至70℃～80℃；

(6)做好现场的指挥调度，加快各个工序的对接速度，工序过程之间配合紧密，将沥青拌和料从出机、运输、摊铺到碾压的工作时限缩短在40～45 min，减少工作环节上的温度损失。

在寒冷地区，心墙在冬季停工时，可用砂料覆盖防冻，覆盖厚度根据当地的最大冻结深度确定。

2.6.1.2 低温季节施工及越冬措施

1. 低温季节的常规施工

(1)当日平均气温在5℃以下时，属低温季节，沥青混合料不宜施工。气温虽在5～15℃，但风速大于四级时，亦不宜施工。

(2)当必须在低温季节施工时，需经上级技术主管部门同意，同时应采取下列措施：

①选择环境温度在5℃以上的时段进行施工；环境温度低于5℃时，不能施工。

②加强施工组织管理，使各工序紧密衔接，做到及时拌和、运输、摊铺、碾压，尽量缩短作业时间。

③沥青混合料的出机温度采用上限。

④沥青混合料的储运设备和摊铺机等加保温设施。

⑤铺筑现场准备必要的加热设备。

⑥如有必要，心墙可搭设暖棚施工。

⑦当采取②～⑥的措施时，经试验论证，在环境温度为0℃可进行沥青混凝土心墙的施工。尼尔基工程曾针对心墙沥青混凝土的低温铺筑开展了大量试验，试验表明在采取综合措施的前提下，日平均气温在0℃时，可进行沥青混合料的生产、摊铺和碾压施工，取芯检测的结果表明容重、孔隙率、渗透系数均满足要求。

(3)当预报有降温、降雨或大风时，应及早做好停工安排。

(4)在寒冷地区，心墙在冬季停工时，可用砂料覆盖防冻，覆盖厚度根据当地的最大冻结深度确定。

2. 低温季节的非常规施工方式

对于位于高山峡谷、气候比较寒冷的沥青混凝土心墙工程，沥青混凝土心墙有效的施工时间很短，其施工速度对整个工程的建设有较大的制约作用。在某种情况下，为了在规定的工期内按计划完成沥青混凝土心墙的铺筑，在采取措施的情况下，可以突破上面所述气候环境对沥青混凝土施工的限制。

(1)环境温度高于-5～0℃情况下，在心墙铺筑现场塔设移动式暖篷，沥青混合料的出机温度按比正常出机口温度高5～10℃进行控制，采用保温罐运输混合料，采取措施，加强管理，做到及时拌和、运输、摊铺、碾压，尽量缩短作业时间。在上述措施有保障的情况下，可以铺筑沥青混凝土心墙。

(2)沥青混凝土心墙、过渡层和坝壳应尽量平起铺筑，均衡上升。但在很多情况下，沥青混凝土心墙堆石坝的施工速度并不受控于心墙的铺筑，而是取决于坝壳的填筑速度。在此种情况下，可以采用下述方式加快施工的速度，即在有利的施工季节，加快心墙和两侧4～6 m范围内过渡料的铺筑，而在较寒冷的时段内，停止心墙和两侧过渡料的施工，仅铺设两侧的坝壳，且坝壳的铺筑高度可超过心墙，如图2.6-1和图2.6-2所示。

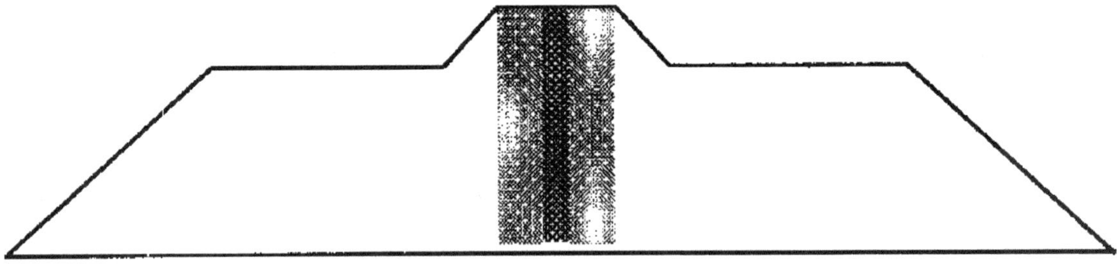

图 2.6-1　有利施工季节坝体填筑面貌图

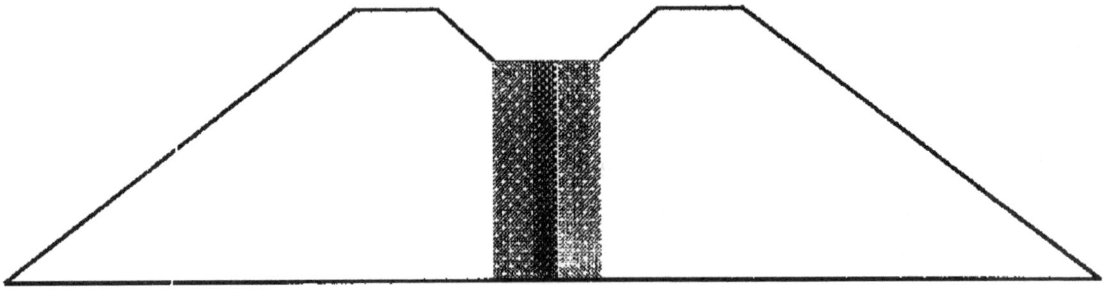

图 2.6-2　低温季节坝体填筑面貌图

2.6.2 低温季节施工技术进展

近几年建设的下坂地水库、克孜加尔水库、阿拉沟水库、库什塔依水电站沥青心墙坝在快速筑坝、心墙与坝体冬季施工、层面结合关键技术研究上取得了长足进步，沥青自动化控制拌合站、过渡料与心墙联合摊铺设备、先进的检测手段得到成功应用。碾压式沥青混凝土心墙大多数都是在气候温和地区进行施工的，但新疆地区冬季气候条件有低温、多雪、大风及早晚温差较大的特点，而且冬季低温期的时间占全年的45%左右，研究表明，碾压式沥青心墙在配合比和施工工艺上采取一定的措施后可在低温条件下施工，不仅可以缩短工程建设时间，而且可以提前发挥经济和社会效益。

新疆农业大学根据阿拉沟水库工程（最大坝高105.26 m）施工要求，为满足来年防洪度汛高程需要适当延长施工工期，对原设计配合比进行适当优化，提出适合低温季节施工的沥青混凝土配合比，并对心墙沥青混凝土低温施工（最低温度达到-17℃）的结合面温度控制进行了相关试验：①结合面温度变化对其力学性能的变化规律；②模拟沥青混凝土心墙施工中不同结合层面温度，通过室内试验量测上层热料摊铺后对不同温度下层料的加热效应，施工现场对碾压沥青混凝土结合面附近的温度变化进行观测；③对心墙越冬层的温度变化过程进行了监测；④对于规范中70℃的结合面温度要求进行相关试验论证，论证适当降低温度后结合面的力学性能是否满足设计要求。施工过程中对低温季节施工工艺进行了研究和分析，通过现场钻取芯样的试验结果分析，沥青混凝土各项物理、力学性能指标均满足规范要求，为寒冷区碾压式沥青混凝土心墙的施工提供了依据。

库什塔依水电站大坝碾压式沥青混凝土心墙防渗体最大坝高90.1 m，厚度由顶部0.4 m台阶式渐变至底厚2 m。在极端寒冷气候条件下（环境温度-16～-5℃、风力3级冬季施工期），以碾压式沥青混凝土室内-25℃条件下配合比实验研究为基础，进行了室内外的实验研究工作。对冬季碾压式沥青混凝土低温季节施工质量控制，从多个方面进行了现场试验，在极端环境下实现了碾压式沥青心墙施工技术的突破，沥青心墙上、下层面结合良好，结合面和非结合面的密度（孔隙率）均匀，防渗性能满足规范要求。而正常气温施工和冬季低温-25℃条件下施工沥青混凝土心墙配合比的主要区别是：沥青含量有所增加，但增幅不大，其他配合比参数不变。

阿拉沟水库、库什塔依水电站、克孜加尔水库开展的施工试验表明，沥青混凝土心墙结合面温度降至40℃时，下层沥青混凝土不需加热至70℃，结合面质量同样也可满足设计要求，通过适当调整施工配合比，采取有效的保温措施和合理的施工工艺，在低温环境下施工的沥青混凝土质量是可以得到保证的。

表 2.6-1　正常气温和低温环境施工的沥青混凝土配合比对照表

工程名称	配比	配比参数				材料品种			
		最大骨料粒径/mm	级配指数	填料浓度	油石比/%	沥青	粗骨料岩性	细骨料岩性	填料
阿拉沟水库	正常	19	0.38	2.1	6.6	克拉玛依AH-70	灰岩	灰岩人工砂	石灰石粉
	低温	19	0.38	2.0	7.0	克拉玛依AH-70	灰岩	灰岩人工砂	石灰石粉
库什塔依水电站	正常	19	0.38	1.8	6.8	克拉玛依AH-70	灰岩	灰岩人工砂	石灰石粉
	低温	19	0.38	1.8	8.0	克拉玛依AH-70	灰岩	灰岩人工砂	石灰石粉

通过对正常气温施工和冬季施工两种沥青混凝土心墙配合比，在苛刻的室内试验条件下和冬季低温-25℃条件下工艺性模拟试验研究，可得出以下结论：

（1）正常气温施工和冬季低温-25℃条件下施工沥青混凝土心墙配合比的区别是：沥青含量有所增加，即冬季低温条件下施工时油石比比正常气温施工时油石比略有增大，库什塔依水电站工程油石比由6.8%增加到8.0%，沥青含量增加1.2%。与正常气温施工沥青混凝土心墙配合比相比，冬季低温条件下施工时沥青混凝土心墙配合比，沥青含量增加1.2%，增幅不大，其他配合比参数不变。

（2）由于冬季低温-25℃条件下施工时沥青含量比正常气温施工时有所增加，沥青混凝土将会很容易压密实，击实沥青混凝土试件没有产生分离和密度不均匀现象，上、下两层沥青混凝土的结合良好，模拟低温施工沥青混凝土试块的结合面也满足防渗性要求，试块的结合面和非结合面芯样的孔隙率都满足规范对沥青心墙的孔隙率要求，即孔隙率≤3%。

(3)由于冬季低温-25℃条件下施工时沥青含量比正常气温施工时有所增加，试件上部和下部的劈裂强度和变形没有明显区别，说明试件性能均匀，随着沥青含量的增加，强度有所减小，变形有所增大。

(4)在实际工程施工中，沥青混凝土心墙宽 50～80 cm、层厚 25～30 cm、同实验室试块相比，沿坝轴线很长，热沥青混合料体积更大，其热容量也更高、散热比试验要慢的多，因此，只要在施工过程中严格控制沥青混合料拌合温度，采取有效的保温措施和合理的施工工艺，沥青混凝土心墙的施工质量是可以保证的，碾压式沥青混凝土在-25℃气温下施工是可行的。

2.7 技术发展展望

2.7.1 碾压式沥青混凝土心墙结构计算理论及方法研究

2.7.1.1 碾压式沥青混凝土的应力应变关系研究

对沥青混凝土的应力应变关系究竟何种模型更合理，国内外均无定论，目前采用较多的时弹性非线性中的邓肯—张模型，也有采用弹塑模型、粘弹模型、蠕变模型等。当前正在结合吉尔格勒德水利枢纽、大石门水利枢纽的建设，通过试验求取各模型的计算参数，结合利用多种应力应变模型对依托工程进行计算分析，并结合安全检测资料进行对比，以评价应力应变模型的合理性。

2.7.1.2 碾压式沥青混凝土心墙水力劈裂可能性研究

土石坝的沥青混凝土防渗心墙厚度一般仅为0.5～1.2 m 左右，多数以等厚度或在不同高程段采用等厚度布置，其迎水面为直立的；沥青心墙的刚度均小于坝壳料和过渡料；心墙的渗透系数在10^{-8} cm/s数量级，具备低透水性，所有这些因素均将导致在防渗心墙中产生拱效应，甚至发展到水力劈裂。

由连续介质力学概念可知：两种介质接触面上产生相对位移，只要有摩擦存在，摩擦力就会以拉应力形式出现，相应的也就会产生拉应变。这极大的增加了沥青混凝土心墙上游面产生裂缝的可能性，由于施工等因素也可能造成心墙上游面出现裂缝。拱效应、先天裂缝和低透水性就构成了沥青混凝土心墙产生水力劈裂的力学基础条件和物质基础条件。然而在我国《土石坝沥青混凝土面板和心墙设计规范》DL/T5411-2009说明条文中，从多孔介质渗流和沥青混凝土中的沥青胶浆不会被挤出的理念出发，提出“沥青混凝土心墙水力劈裂可不考虑”，这一论点是值得商榷的。

随着新疆沥青混凝土心墙坝的发展迅速，众多的百米级大坝正在兴建，其最高者已达130 m(哈密十三师巴木墩水库)。沥青心墙的刚度均小于坝壳料和过渡料；心墙的渗透系数在10^{-8} cm/s数量级，具备低透水性，所有这些因素均将导致在防渗心墙中产生拱效应，甚至发展到水力劈裂。随着我区沥青混凝土心墙坝的迅速发展，众多的百米级大坝正在兴建，其最高者已达130 m(尼雅水库、巴木墩水库等)，随着坝高的增加，拱效应作用更强烈，产生水力劈裂风险的可能性更大。

作为大坝的防渗体，沥青混凝土心墙的安全稳定和完整至关重要，安全稳定的关键是保证心墙和过渡料之间变形的协调，这就需要心墙与过渡料的变形模量较为接近。心墙过软，其变形模量与过渡料相比偏低，导致心墙部分自重传递给过渡料，造成心墙压应力减小，出现“拱效应”，拱效应严重时，心墙可能出现水平裂缝，在水压力作用下发生水力劈裂；心墙过硬，其变形模量与过渡料相比偏大，会导致过渡料的部分自重传递给心墙，造成心墙压应力增大，出现“附加压应力”，附加压应力过大时，心墙可能发生过大的剪切变形并发生剪胀，导致墙体孔隙率明显增大，防渗性降低，严重时可引发结构破坏。

长江科学院针对三峡茅坪溪防护坝与黄金坪水电站沥青混凝土心墙材料，采用圆孔水力劈裂试验与圆盘平板水力劈裂试验开展了研究。圆孔水力劈裂试验表明，沥青混凝土试样在一定内外压差情况下，产生一定量的径向变形后才产生水力劈裂，且均为径向水力劈裂，根据弹性力学理论计算，发生水力劈裂时，径向拉应力大于200 kPa。平板水力劈裂试验表明，过渡料正常压密条件下，厚度在25 mm以上的沥青混凝土板承受1 MPa的水压力不产生水力劈裂。长江科学院联合有关单位针对三峡茅坪溪的研究成果表明，当沥青混凝土模量基数K<200时，在不考虑其抗拉特性的条件下，心墙底部有可能发生危害性水力劈裂破坏；但考虑到沥青混凝土有200 kPa的抗拉强度及心墙底部的变形量小，如果不存在施工方面的缺陷，产生水力劈裂破坏可能性极小，沥青混凝土心墙安全稳定与完整能得到保证。

当前我区正在结合吉尔格勒德水库、大石门水库、尼雅水库的建设，通过试验求取各模型的计算参数，结合利用多种应力应变模型对依托工程进行计算分析，并结合安全检测资料进行对比，以进一步评价应力应变模型的合理性。

2.7.2 碾压式沥青混凝土配合比与其力学指标的关系

沥青混凝土的工程性质完全取决于其材料配合比，它又控制着沥青混凝土心墙的工作性状。长期以来往往不是以其力学性能的基本要求，来直接确定沥青混凝土的配合比，而是以多级材料组合求取最大密实度，并以沥青为填隙、胶结料，采用以物理指标为主，间或考虑其他间接指标（如马歇尔指标）最终确定其配合比，而其力学指标（如小梁弯曲、抗压强度等）仅是在确定了配合比以后的实验"记录值"，并没有将其作为沥青混凝土配合比设计时的控制指标，在研究沥青心墙的工程性状时也无直接使用意义。这种情况显然不符合作为受力材料的沥青混凝土的要求。

为此，将研究配合比对沥青混凝土工程性质的影响，以及沥青混凝土的力学性能对心墙工作性状的关系，并以此来确定配合比及评价心墙的安全可靠性。在原材料中尤应深入研究矿粉对沥青混凝土性能的影响。众所周知，沥青混凝土是由沥青和矿质材料共同组成，是一种由不同粒径矿料颗粒分散在沥青中的分散体系。胶体理论研究表明沥青与填料所组成的沥青胶结料，构成了沥青-填料相，其它粗、细骨料则是分散在沥青-填料相中的分散介质。沥青混凝土的属性主要取决于沥青-填料的性质，它决定着沥青混凝土的弹性、粘性和塑性等，也就是说它直接决定着沥青混凝土的应力应变特性。也正因此，在工程设计中，对沥青混凝土配合比中严格控制着填料和沥青用量。

如何将沥青混凝土的力学指标应用于评价坝体工作性状，亦是当前沥青混凝土坝的研究热点内容之一，根据坝体工作性状对沥青混凝土提出相应的直接应用指标，进而确定沥青混凝土的配合比。

2.7.3 天然砾石骨料的应用研究

水工沥青混凝土骨料的选择应遵循由近及远、先优后劣、因地制宜、就地取材的原则。矿料与沥青黏附性的优劣是沥青混凝土结构形成的决定因素，它直接关系到沥青混凝土的强度、温度稳定性、水稳定性以及老化速度等一些重要性能。按照物理化学的观点，沥青与矿料的结合不仅包括沥青与矿料的吸附作用，而且包括沥青与矿料接触表面的化学吸附作用，而其中化学吸附作用是沥青与矿料黏附力高低的主要决定因素。碱性岩石（特别是碳酸盐类岩石）对沥青不仅可产生物理吸附作用，而且具有良好的化学吸附作用，可形成不溶于水的化合物，抗水剥离能力好。而酸性岩石矿料与沥青之间不会形成化学吸附作用，因而沥青与矿料间的黏结力较差。因此，为了保证沥青混凝土的水稳定性，沥青混凝土防渗工程多采用石灰岩、白云岩等岩石加工骨料。

国内外一些沥青混凝土防渗工程中，也有因缺乏碱性骨料料源，而不得不考虑使用改性的酸性骨料配制沥青混凝土的情况。当采用酸性骨料时，必须进行试验研究和论证。室内外试验和实践结果表明，当采用消石灰等对酸性骨料处理后，骨料与沥青的黏附性显著增强，长期水稳定性是有保证的。总体上看采用天然砂砾石作为骨料的工程运行工况均未见到有异常情况报到。由于水工沥青混凝土中沥青含量高于公路沥青混凝土，渗透系数很小，水分进入混凝土内部的可能性极小，再加上合理的选择矿粉种类和用量，以及采用抗剥离剂，应当说使用酸性骨料和天然砂砾石作为水工混凝土的骨料是可以的。

如前所述，为保证具有良好的强度、抗渗性和耐久性，水工沥青混凝土对骨料的岩性和粒形均有要求，骨料需采用新鲜、坚硬的岩石加工而成。在某些地区缺乏加工沥青混凝土骨料的岩石，而砂卵石却非常丰富，砂卵石加工后能否用于沥青混凝土成为突出的问题。卵石用作沥青混凝土骨料存在两方面问题：一是卵石粒形圆滑，内摩擦角小，沥青混凝土强度较低；二是卵石岩性复杂，由多种不同的矿物成分组成，其中也有酸性岩石，与沥青的黏附性无法保证。当需采用卵石作为沥青混凝土骨料时，可进行如下处理：①用粒径大于沥青混凝土最大骨料粒径3倍以上的卵石进行加工破碎成碎石，卵石原表面随破碎粒度的减小而减小；②掺加抗剥离剂提高沥青混凝土的水稳定性。

新疆农业大学、长江科学院等单位结合工程实践，选取我区代表性天然砾石骨料，通过骨料颗粒界面与沥青粘附强度试验，探明砾石骨料与沥青的粘附性规律，提出增强骨料粘附性的工程措施和评价依据；通过沥青混凝土水稳定性试验，探索采用天然砾石骨料的沥青混凝土在高水头长时间作用下水破坏作用机制，完善水工沥青混凝土长期水稳定性的评价方法，为天然砾石骨料在沥青混凝土心墙坝中的应用提供理论依据与技术支撑。

新疆农业大学采用天然砾石骨料配制了五一水库大坝围堰心墙沥青混凝土，以水泥作填料又兼作提高骨料粘附性的措施，通过恶化试验条件的方法（如：延长浸水时间、提高浸水温度、增加冻融次数等）系统的评价了水泥对心墙沥青混凝土水稳定性的改善作用。将研究成果又进行了工程应用推广，已施工完成的乌苏市特乌勒水库（最大坝高65 m）、吉木萨尔县水溪沟水库（最大坝高55.3 m）及呼图壁县齐古水库（最大坝高50.0 m）均采用当地天然砾石骨料配置了沥青混凝土。已填筑完成的青河县喀英德布拉克水库（最大坝高59.6 m）心墙沥青混凝土采用了破碎砾石骨料。

新疆策勒县奴尔水库（最大坝高80.0 m）心墙沥青混凝土采用了破碎砾石骨料。长科院对天然砂砾石作为沥青混凝土骨料进行了沥青混凝土的水稳定性、间接拉伸、小梁弯曲、单轴压缩、渗透、静三轴、动三轴及耐久性试验，研究表明：①采用新疆克拉玛依90号及库车90号沥青、以呈酸性的天然砂砾石（碱度模数M=0.21）为骨料，推荐的沥青混凝土配合比的水稳定性、孔隙率、渗透系数、直接拉伸、间接拉伸、单轴压缩、静三轴、动三轴等性能指标能够满足碾压式沥青混凝土心墙的相关技术要求；②掺抗剥离剂的破碎砂砾石沥青混凝土长期耐久性能与灰岩骨料沥青混凝土接近；③当酸性填料掺量增加到6%时，抗弯强度及挠跨比下降幅度明显加快，说明酸性填料替代灰岩填料超过一定范围，对沥青混凝土受拉应力情况下的耐久性能有不利影响。施工过程中需要严格控制，将粗骨料与细骨料（砂）中粒径小于0.075 mm的酸性颗粒含量控制在9.0%以下（约占矿料质量的3%）。考虑施工的波动性，为保证工程施工质量，加快施工进度，抗剥落剂掺量统一采用0.5%。

当前通过奴尔水库的应用研究，正在百米级高坝上开展研究工作，通过研究骨料颗粒界面与沥青粘附强度试验，探明砾石骨料与沥青的粘附性规律，提出增强骨料粘附性的工程措施和评价依据；通过沥青混凝土水稳定性试验，探索采用天然砾石骨料的沥青混凝土在高水头长时间作用下水破坏作用机制，完善水工沥青混凝土长期水稳定性的评价方法，为天然砾石骨料在沥青混凝土心墙坝中的应用提供理论依据与技术支撑。

2.7.4 150 m级高坝的展望

已经建设的土尔其Cetin坝，坝高165 m，为世界最高的沥青心墙土石坝，埃塞俄比亚Zarema坝（当地第一座）坝高 152 m。我国在建的最高沥青心墙坝为四川硕曲河去学坝，坝高165.2 m，受地形条件限制，底部狭窄河槽设置了重力式基座，心墙最大高度为132 m，已经开建的新疆大石门沥青心墙坝坝高128 m。

目前我区新建和待建工程多位于偏远高山峡谷，工程地形地质条件复杂，自然环境较为恶劣，选定坝址多分布有丰富砂砾石、堆石料源，两岸具备布置泄洪建筑物条件。经多种坝型枢纽布置比选论证，考虑到混凝土面板和沥青防渗土石坝施工质量控制与工艺日趋成熟，两种坝型的比较引起各方的高度关注。沥青混凝土心墙土石坝在设计方案比选中已成为一种竞争性很强的坝型，已具备了开展大规模建设沥青混凝土防渗工程的基础和条件。相信在各方的共同努力下，150 m级高沥青混凝土心墙坝指日可待。

已建工程运行情况表明，坝高100 m级以下的沥青混凝土心墙土石坝已具备较为成熟的设计施工经验；对100～150 m级的高坝应认真设计和注重施工质量环节控制，对具有深厚覆盖层基础的应充分考虑地基变形对心墙和坝体变形影响。由于沥青材料和沥青混凝土的组成物理力学性能的复杂性，坝高大于150 m沥青混凝土材料、变形与蠕变性能、施工应用技术仍处于进一步研究和发展阶段，尚缺乏较系统的安全评价指标。

沥青混凝土的工程性质完全取决于其材料配合比，它又控制着沥青混凝土心墙的工作性状。长期以来都是以多级材料组合求取最大密实度，并以沥青为填隙、胶结料，采用以物理指标为主，间或考虑其他间接指标（如马歇尔指标）最终确定其配合比，而其力学指标（如小梁弯曲、抗压强度等）仅是在确定了配合比以后的实验“记录值”，并没有将其作为沥青混凝土配合比设计时的控制指标，在研究沥青心墙的工程性状时也无直接使用意义。这种情况显然不符合作为受力材料的沥青混凝土的要求。为此，需要研究配合比对沥青混凝土工程性质的影响以及沥青混凝土在高应力条件下的材料性状，在坝高不断增加的趋势下，沥青混凝土材料的各项参数对大坝的应力-应变的影响程度需要进一步试验研究。

目前，我国已建工程系统监测资料较少，部分沥青混凝土心墙土石坝运行过程中已暴露出一些问题，如坝体与基础变形对沥青心墙安全性影响，大坝渗流与渗漏、沥青心墙施工缺陷等，鉴于沥青混凝土心墙坝检查维修较为困难，进行工程建设经验和设计技术经验总结是非常必要的。

第三章

面板堆石坝关键技术进展

3.1 面板坝建设特点与发展趋势

近年来随着筑坝技术的不断发展，在高严寒、高地震区、深厚覆盖层、软岩等特殊环境下的面板坝筑坝技术也取得了新进展。在地震基本烈度Ⅷ度区，建成坝高157 m的吉林台混凝土面板砂砾石坝；目前在建的阿尔塔什水利枢纽混凝土面板堆石坝，最大坝高164.8 m，河床最深覆盖层达100 m，设计采用在面板趾板段设混凝土防渗墙防渗，墙体厚1.2 m。规划建设的大石峡水电站面板坝坝高247 m、玉龙喀什河水利枢纽面板坝坝高230.5 m。深厚覆盖层上面板堆石坝防渗体系、坝基防渗技术、防渗墙应力变形等问题面临更多的挑战。

(1)高地震区坝体渗流控制及抗震结构设计。在渗流控制方面，由于坝料的工程特性不同，砂砾料与爆破料的坝体结构设计思想截然不同。在混凝土面板砂砾料堆石坝渗流控制方面，提出了“一防，二限，三排，四滤”的基本设计原则，确保面板、趾板、变形伸缩缝和基础灌浆等防渗系统的设计和施工质量，是混凝土面板坝防渗的第一道防线；面板后的垫层料，是第二道防渗线；在坝体中设置专门的排水系统或利用渗透系数较大的坝壳料在满足渗流过渡的前提下自由排水，降低坝体内的浸润线，这对砂砾石坝料尤其重要，有利于坝体的稳定。垫层料与过渡料之间、过渡料与主堆石料之间必须同时满足反滤过渡要求，才能相互确保不产生渗透破坏。在抗震结构设计方面，主要采用适度偏高的设计超高、较为密实的填筑压实标准和较缓的坝体边坡。

(2)高地震区坝体变形控制及坝料分区填筑技术。变形控制和渗流控制，都是坝体抗震设计的重要内容，可以说，面板堆石坝的抗震结构设计是建立在堆石坝料的变形控制之上的。在变形控制方面，根据天然砂砾料、爆破料、弃渣料等坝料的工程特性，科学划分填筑分区，制定严格的碾压标准，主堆石区选用级配良好的天然砂砾石料填筑，科学用料，精心施工，做好垫层区、排水区、次堆石区、铺盖区、盖重区和下游坝脚弃渣盖重区的填筑压实，最大限度地减小堆石体施工、运行以及地震造成的变形，保证面板和接缝止水防渗的可靠性。

(3)严寒地区面板周边缝止水结构的可靠性和安全性。高地震区、高坝和寒冷地区等特殊条件下，面板与趾板连接处的周边缝、面板划分条块的垂直缝、分期浇筑面板间的水平缝、面板与防浪墙地板间的水平缝以及垂直缝中的张性缝和压性缝等不同类型、不同部位的接缝止水结构的设计和止水材料的选择，对于提高可靠性、方便施工、适应一定的变形等具有重要意义。采用表层止水一体化施工技术也被越来越多的工程所接受，面板涂覆聚脲防冻已开展了工程实践。

(4)深覆盖层面板坝筑坝技术。在深厚覆盖层上修建面板坝，由于覆盖层会产生较大的沉降值和不均匀沉降差，防渗面板、周边缝以及基础防渗墙与趾板的连接也会因变形过大而导致开裂。上世纪80年代以前，这是一个禁区，国外规范明文规定混凝土面板堆石坝必须建造在基岩上。我国最早建在深覆盖层上的面板坝是柯柯亚面板坝(坝高41.5 m，覆盖层最深37.5 m，1982年建成)，而坝高48 m、覆盖层最深73 m的铜街子副坝于1992年建成。新疆目前已建成的察汗乌苏水电站坝高107.6 m，坝基覆盖层最大深度为46.7 m；正在建设的阿尔塔什水利枢纽凝土面板坝坝高164.8 m，覆盖层最深100 m；

阿克苏河上的大石峡水利枢纽面板砂砾石坝高247.0 m、和田玉龙喀什河水利枢纽面板砂砾石坝坝高230.5 m，均采用砂砾石填筑。因此，如何控制坝体和坝基变形，确保防渗体系安全、可靠性，已成为建造在深厚覆盖层上面板堆石坝的关键课题。

（5）溢流混凝土面板堆石坝。新疆早在1990年就开展了溢流混凝土面板堆石坝关键技术研究，并取得了一系列重要研究成果。继澳大利亚克罗蒂（Crotty）坝之后，2002年建成我国了第一座溢流面板堆石坝—哈密榆树沟水库工程，简化枢纽布置，节省了工程投资，取得了良好的经济效益，有力地推动了推广应用和科技进步。

中国已有近二十座150 m级及以上的高坝（水布垭H=233 m）的建设经验，其范围涉及到各种地形地质和气候条件。根据已建工程处理各种复杂问题的技术经验，以现有施工技术、填筑质量控制、过程监测管理水平等，建设250 m级高面板堆石（砂砾石）坝在技术上是可行的，但仍以经验性为主导，需要进行大量的科学研究试验。在建的250 m级大石峡面板砂砾石坝、230.5 m玉龙喀什面板砂砾石坝所处坝基（岩基）与河谷形状较好。阿尔塔什面板砂砾石坝坝高164.8 m，砂砾石基础覆盖层厚100 m，计入混凝土防渗墙复合坝高达264.8 m，从抗震安全角度也属同级别高坝。阿尔塔什、大石峡、玉龙喀什均在新疆昆仑山区域，筑坝环境具有“高严寒、高地震、深厚覆盖层、多泥沙”的显著特征，从一定程度代表了目前国内最高水平。

3.2 利用天然砂砾石筑坝技术进展

3.2.1 天然砂砾石筑坝特点

利用天然砂砾石填筑坝体，是新疆区别于一般地区面板堆石坝的主要特征。由于这种坝型具有就地取材、造价低、施工便捷等优点，在新疆迅速得到了推广。2000年新疆建成第一座榆树沟坝面溢流混凝土面板堆石坝（坝高67.5 m），1995年开工建设当时全国第二高坝的乌鲁瓦提水库面板砂砾石坝（坝高133 m），2006年建成的吉林台水电站（坝高157 m），同时也是全国首座9度设防的混凝土面板砂砾石坝。近30年来，新疆共建成混凝土面板砂砾石坝30余座，其中坝高100 m以上的有12座，在许多关键技术的研究与应用方面均有新突破。尤其是高地震区坝体变形控制及坝料分区填筑技术在百米级大坝上运用普遍。

在变形控制方面，根据砂砾料、爆破料、弃渣料等坝料的工程特性，科学划分填筑分区，研究提出的“主堆石区选用级配良好的天然砂砾石料填筑，科学用料，精心施工，做好垫层区、过渡料区、排水区、次堆石区和下游坝脚弃渣盖重区的填筑压实，最大程度地减小坝体施工、运行以及地震造成的变形，有效防止混凝土面板开裂变形 ”的施工关键技术，有效解决了在深覆盖层、高地震区、严寒地区等不良工程地质条件下，建设高面板坝的诸多技术难题。研究表明：目前国内外已建成的混凝土面板坝，坝体多是利用爆破石料填筑，由于堆石体存在孔隙率较大、遇水软化、颗粒棱角易破碎等缺陷，造成施工期产生的主压缩变形和运行期产生的次压缩变形均较大。天然砂砾料比堆石料具有更高的压缩模量，其填筑后的坝体沉陷量较小，可大大改善坝体和面板的变形、应力状态，这对于处在高地震烈度区的坝体安全尤为重要。

综合各方面资料，目前国内混凝土面板砂砾石坝研究技术问题，主要是结合水利部重点项目“高混凝土面板砂砾石坝关键技术研究”内容展开的理论技术研究内容：（1）砂砾石坝料的工程性质研究；（2）砂砾石坝渗流控制与排渗结构研究；（3）面板周边缝新型止水结构研究；（4）寒冷地区面板防裂技术研究；（5）高砂砾石坝工程性状研究；（6）高砂砾石坝施工技术研究；（7）高砂砾石坝原型观测研究；（8）电测水管式沉降仪和电测引张线水平位移计研制。

总体而言，采用砂砾石筑坝：

① 压实后的砂砾石料比爆破堆石料具有更高的变形模量，变形稳定时间短，高围压下强度衰减小，成本低，尽管其抗渗透破坏和抗冲蚀能力相对较低，但只要认真做好防渗排水和坡面一定范围固化，砂

砾石仍是修筑高坝的理想材料。在高应力水平条件下，强度与堆石相当，高应力条件适应沉降变形能力则更好。

② 在下游坝坡附近应力较小区域设置碾压堆石区，对坝体砂砾石有所约束，有利于保证大坝抗震稳定。这样的坝坡可以陡些，可节约填筑量。

③ 抗震措施是西部地区面板砂砾石坝建设必须要考虑的。要提高对工程抗震安全重要性的认识.加强管理和技术防御。具体设计中主要考虑的是防患于未然。如高震区面板的连接柔性，周边缝止水的可靠性，挤压破坏与板间缝材料与构造。坝安全超高和地震涌浪、高边坡处理、区内大型滑坡体对工程安全的影响等。

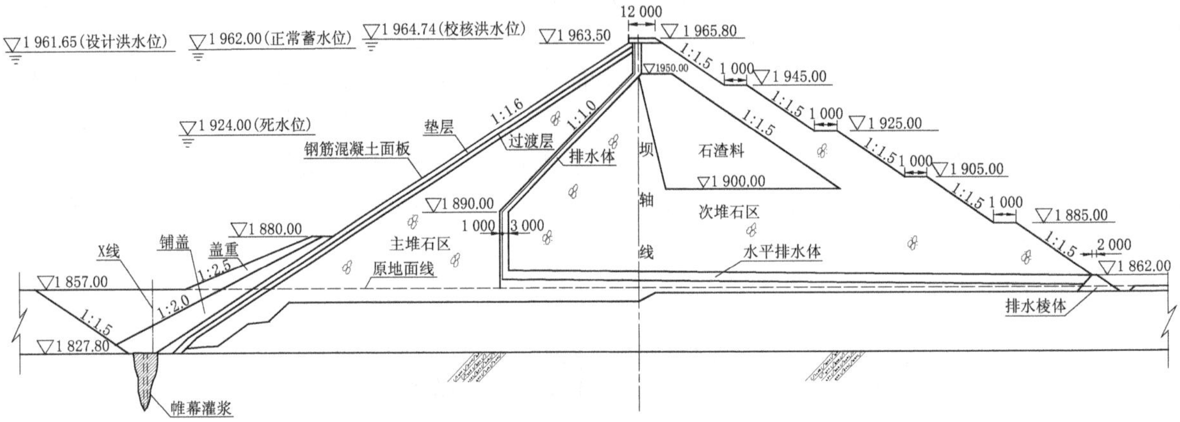

图 3.2-1　乌鲁瓦提水利枢纽混凝土面板砂砾石坝典型剖面图

3.2.1.1　砂砾石筑坝的工程特性

1. 砂砾石筑坝材料特点

①砂砾石料在较高围压下具有较高的抗压强度和变形模量，压缩变形较小。

②砂砾石料具有一定的级配，且颗粒磨圆度较好，易于压实。

③便于施工，造价较低，料源丰富，可就地就近取材。

④用于填筑面板坝和沥青心墙坝时，各料区间的应力变形易满足过渡条件。

⑤在低应力条件下，由于砂砾石浑圆度影响其强度相比堆石料要大，地震荷载易于剪胀、松动。

2. 砂砾石料与爆破堆石料的比较

① 砂砾石料承载能力高。压缩变形量小于爆破堆石，尤其是在运行期变形量小，有利于混凝土面板伸缩缝和沥青心墙正常工作。

②爆破堆石料是有棱角的材料，咬合力较大，为非冲蚀性材料，而砂砾石料粗颗粒磨圆度较好，咬合力差，细料可被渗透水流冲蚀，故砂砾石料抗冲蚀能力低，渗透稳定性差，在渗流作用下易产生渗透破坏。

③ 关于抗震性能，作为坝体内部组合填筑料区，砂砾石料具有与堆石坝相当的抗震性能。但坡面一定厚度抗震性能不如堆石坝。全断面填筑砂砾石坝应采取坡面具有一定复合厚度的抗震措施，以确保坝体较高部位的抗震稳定。

3. 砂砾石料强度特性

砂砾石的工程特性(压实、抗剪强度、浸水变形和渗透变形等)与其颗粒级配有密切的关系。如砂砾石压实的最大干密度与砾石含量P_5(大于5 mm颗粒含量)有密切关系，一般砾石含量60%～80%的砂砾石其压实最大干密度较高。砂砾石压实的最大干密度与最大粒径有密切关系。在颗粒级配曲线上截取不同最大粒径、砾石含量P_5不变的砂砾石料试验可见：最大粒径越大，压实的最大干密度与最小干密度都越大。因此可以测定不同最大粒径砂砾石的压实特性，外延得到筑坝砂砾石的压实特性。

3.2.1.2　设计关键技术分析

依托各类在建工程，许多专家学者总结了面板砂砾石坝在今后的研究和设计中的重点问题：

(1)混凝土面板周边缝是砂砾石坝的生命线，有必要开发研制更为可靠的周边缝止水结构，同时认真研究周边缝的破坏准则，弄清周边面板缝产生多大变形可能使止水结构失效的问题。表层一体化止水技术较好地解决了板缝的破坏问题。

（2）垫层区是砂砾石坝的第二道防线，同时也是影响工程进度和投资的关键点。如何进一步优化垫层的级配和结构，确保其既能对面板起良好的支撑作用，又具有半透水性和较高的抗渗透破坏能力。部分出现问题的面板坝其面板裂缝、脱空、塌陷主要因素都在于垫层区出现各种各样的问题。

（3）研究面板砂砾石坝坝体断面分区型式，在确保大坝安全的前提下，如何进一步优化坝内排水系统的布置方式和结构型式，以方便施工，缩短工期，节省工程投资。

（4）坝体后期变形对混凝土面板的工作性状具有重要影响，有必要认真研究影响坝体后期变形的各种因素，并提前采取相应的工程措施。

砂砾料级配若不连续，坝料的渗透稳定性就成为坝体渗流控制的主要不利因素。砂砾石料的这些特性导致了砂砾石料中的细粒部分的可冲蚀性，有可能在渗透水流作用下产生渗透破坏，这是砂砾石料的最大缺点。

由于砂砾石料易发生渗透变形破坏，因此在坝体设计时，设计人员所关心的重点问题从常规的变形控制转移到了坝体渗流控制方面。利用砂砾石料修建混凝土面板坝，要确保坝体稳定，坝体的渗流控制是混凝土面板砂砾石坝坝体设计的关键。必须强调做好坝体材料分区，做好排水和反滤层的设计等。

砂砾石面板坝作为土石坝的一种，有着与普通土石坝相似的筑坝技术，但是由于砂砾石的散粒分布的特性，也使得其具有了一些特殊的技术，其主要方面包括变形控制、渗流控制、坝坡稳定、断面分区、填筑标准、施工质量检测、度汛方式、施工组织设计等方面。

1. 变形控制

面板坝的变形控制可以分为两种，一方面要控制变形量不足以影响坝体安全，另一方面还要防止上下游的不均匀沉降。变形的时间分布即为变形的时间性，应是变形的大部分在施工期完成，尽量减少蓄水期的沉降。

砂砾石堆石的压缩性质与硬岩不同。硬岩堆石多为单粒结构，其压缩后的变形主要和单个颗粒位置的重新排列有关，在其受到外在压力时，颗粒之间发生相对位移，改变堆筑状态，发生变形。当颗粒间的摩擦力较大、颗粒级配良好、颗粒本身的密度较高的时候，变形较小，反之较高；而砂砾石在受到外在压力的时候，其变形与母岩的抗压强度、初始的颗粒级配、密度和饱和情况有关。根据砂砾石的材料性质，压实的砂砾石变形模量大于一般堆石的变形模量，短期（如施工期）的变形会较小。但在高应力下的蠕变变形也许会比硬岩堆石坝为大。因为砂砾石料随机性较大，有更多的片状、尖角石料容易断裂，从而可能造成应力应变的较大调整，导致蠕变持续缓慢增加。但由于缺乏实测统计资料，目前对此问题还难以预测，需结合坝料试验进一步研究。

变形控制需要从坝基的开挖、坝料的选择、坝体的分区、填筑的要求、施工程序和施工组织多方面联合控制，以避免由于变形控制不合理而引发垫层的开裂、垫层与面板脱空、面板发生结构性裂缝等问题。

2. 渗流控制

从国内外修建砂砾石面板坝成功的经验来看，坝体材料的合理分区和采取有效的排水设施确保坝体的渗透稳定性，是砂砾石面板坝设计中所要考虑的主要问题。

面板坝的防渗系统均位于表面，且相对于作用水头，沿渗流方向尺寸较小，需要精心设计。具有一定刚度的防渗系统与堆石和地基的防渗协调是渗流控制的关键，防渗结构以变形协调和防止渗漏为主要思想。渗流控制要通过变形协调、防渗和反滤协调有机结合才能达到。

硬岩堆石体面板坝不会产生渗透破坏。砂砾料面板坝则不同，如果不能控制渗透变形，则细颗粒的流失会直接造成骨架的垮塌。因此，存在渗透变形导致坝体破坏的风险。针对砂砾石面板坝的渗流控制，可总结以下几点经验：

（1）保证防渗体系的质量，包括面板、趾板、接缝止水、地基灌浆等，使渗入水量尽量少。

（2）对于砂砾石面板堆石坝坝体渗流，现行面板坝设计规范要求垫层料应是连续级配且内部渗透稳定，压实后渗透系数宜为$1\times10^{-3}\sim1\times10^{-4}$ cm/s。

（3）如断面设置上游砂砾石主堆石区加下游堆石区，则可在砂砾石和堆石间设反滤过渡层后，将下游堆石区视为排水区。

(4)在主堆石区砂砾石的渗透性不能满足自由排水要求时，可以在堆石体内设竖式排水区，将渗透水截流后排入坝底的水平排水区。排水区的排水能力应保证全部渗水自由地排出坝外，竖向排水区的顶部高程宜高于水库正常蓄水位。排水区与坝体间应满足水力过渡要求，必要时可设置反滤层，使垫层与过渡层之间满足反滤要求，有渗水情况下也不致引起渗透破坏

(5)内部竖式排水可以倾向上游，直接位于过渡层之后，也可设在上游棱体内适当部位。如砂砾石与排水区直接接触，而不满足层间过渡要求时，应设反滤层以防止细颗粒的流失。反滤设计是渗流控制的重要环节。反滤的基本出发点为滤土排水。近几十年的发展中，反滤设计方法基本上仍然是围绕以反映被保护土的控制粒径以及能反映滤层的孔隙平均直径的特征粒径为出发点，来建立基于几何稳定关系的反滤设计准则。随着各种物理、数学手段的发展，使得反滤设计在理论上有了新的发展。总的说来，反滤设计理论的发展及完善体现在以下几个方面：

1)从保护较均匀土$C_u \leqslant 5 \sim 10$到不均匀系数$C_u > 10$以上较广级配的土，以适应工程材料的选取范围日益灵活多变的情况。

2)相对于级配的变化，以单一特征粒径所表征的反滤设计准则已不能满足与适应工程现状，由此发展了有特征粒径变化的反滤设计准则。

3)认识到土体的稳定性同时属于几何稳定与力学稳定问题，在反滤设计中开始考虑到渗透力的因素。

4)注意到细料含量在无粘性土的渗透稳定中的重要作用。

5)认识到土体的自反滤性及级配稳定性对土体渗透稳定性的影响。

3. 坝坡稳定

早期以抛填法施工修建的6座面板坝，坝高在23～43 m之间，坝坡在1∶0.5～1∶1.3之间，迄今运行50～100年，尚未有一座坝因为坡面过陡而失事，现代的碾压施工技术使得稳定性更高，面板坝堆石坝有着良好的抗滑稳定性。《混凝土面板堆石坝设计规范》(DL/T5016—1999)规定当筑坝材料为硬岩堆石料时，上、下游坝坡可采用1∶1.3～1∶1.4，相应的坡脚为37.6°或35.5°，大致为松散抛填堆石的自然休止角，软岩堆石体的坝坡宜适当放缓，当用质量良好的天然砂砾石料筑坝时，上、下游坝坡可采用1∶1.5～1∶1.6。

砂砾石面板坝的坝坡较缓，堆料用量相对硬岩堆石有所增加。实际上现实的砂砾石面板坝坡度已经做到了1∶1.2和1∶1.3了。这说明砂砾石面板坝的筑坝技术已经取得了长足的发展。

4. 断面分区

面板坝设计规范中，砂砾石坝与硬岩面板坝的分区大体上一致，主要的不同点是砂砾石坝坝内多了水平和竖向排水区，以及主堆石料有差异。面板坝按照类型(砂砾石料填筑分区)可划分为组合填筑式—主受力区填筑砂砾石，坝体一定厚度表部区填筑堆石料；全断面填筑式—全部采用砂砾石料筑坝。滩坑面板坝坝体分区设计中砂砾石置于坝体中部干燥区，是利用天然砂砾石料储量丰富、承载能力高、压缩变形小的特点。坝下游坡一定范围内设置堆石区，是利用堆石为非冲蚀材料、抗剪强度高的特点。

根据国内外已建面板砂砾石坝坝体分区及坝料设计标准的经验，总结得到面板砂砾石坝坝体分区及坝料选择应遵循以下原则：(1)料源决定原则；(2)水力过渡原则；(3)开挖料利用原则；(4)变形协调原则。在混凝土砂砾石面板坝坝体结构设计时应注意以下几点：(1)要限制可能通过面板裂缝及伸缩缝渗入坝体的渗流量，垫层料应是半透水性的，并对细粒土有反滤作用，可通过抛土或库水中的泥沙对渗流通道起自愈作用；(2)各层坝料之间其粒径必须满足层间过渡要求，这是坝体渗流控制的基本原则；(3)坝体内应有畅通的排水通道，使渗入坝体的水在安全的条件下顺畅的排出坝体。

总结分析得出面板砂砾石坝两类坝体分区型式：

(1)第一类型式：坝体不设排水区，坝体分区大致为垫层区、过渡层区、主堆砂砾石区、下游堆石区(次堆石区)。

(2)第二类型式：坝体设排水区，坝体分区大致为垫层区、过渡层区、主堆砂砾石区、下游堆石区(次堆石区)、排水区("L"型排水体)。

根据已建面板砂砾石坝的坝体分区型式来看，上述两种方案都是合理可行的。当坝体填筑的砂砾石料能满足自由排水时，坝体分区可采用第一类型式；当坝体填筑的砂砾石料不能满足自由排水时，坝体分区可采用第二类型式。坝体"L"型排水体分为竖向排水体和水平排水体，竖向排水体主要起集水

的作用，将通过面板、周边缝及板间伸缩缝的渗水汇集起来，通过水平排水体排出坝体，故水平排水体主要起输水作用，并对通过竖向排水体进入下游坝体内的渗水也起汇集排水作用。根据混凝土面板坝渗流量逐渐减少的特点，确定坝内水平排水系统的设计原则如下：

（1）运行初期坝体最大可能渗流量由坝内水平排水体和底部坝体共同承担，将渗水排出坝体；（2）稳定渗流期渗流量由坝内水平排水体全部承担，排出坝体；（3）水平排水体主要作用是将由竖向排水体汇集到的渗水排出坝体，故水平排水体必须布置在下游尾水位以上。

面板坝设计规范中的填筑分区如图3.2-2、3.2-3所示。其中3F区就是专门为砂砾石坝或软岩坝（排水条件较差）专门设置的排水区。

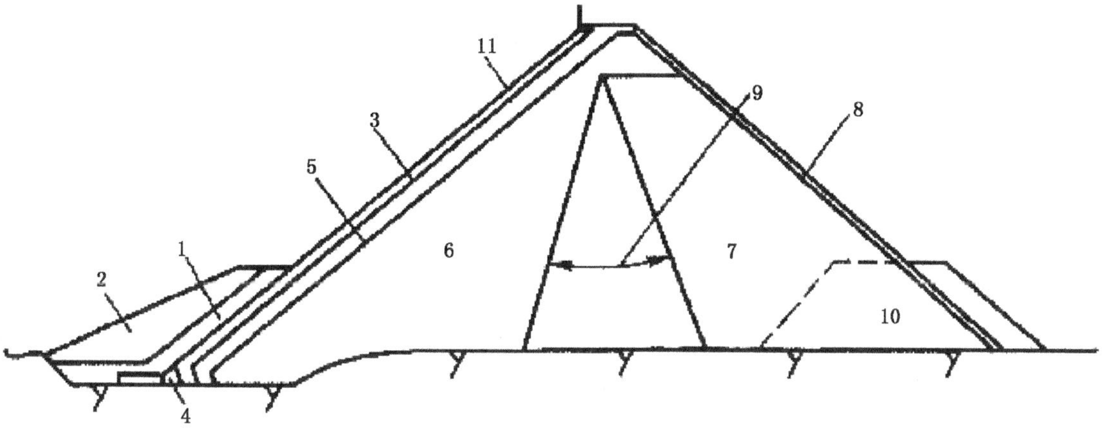

1-1A上游铺盖区；2-1B盖重区；3-2A垫层区；4-2B特殊垫层区；5-3A过渡区；6-3B主堆石区；7-3C下游堆石区；8-3D游护坡；9一可变动的主堆石区与下游堆石区界面，角度依坝料特性及坝高而定；10-3E抛石区（或滤水坝址区）；11-F混凝土面板

图 3.2-2　硬岩堆石坝体主要分区示意图

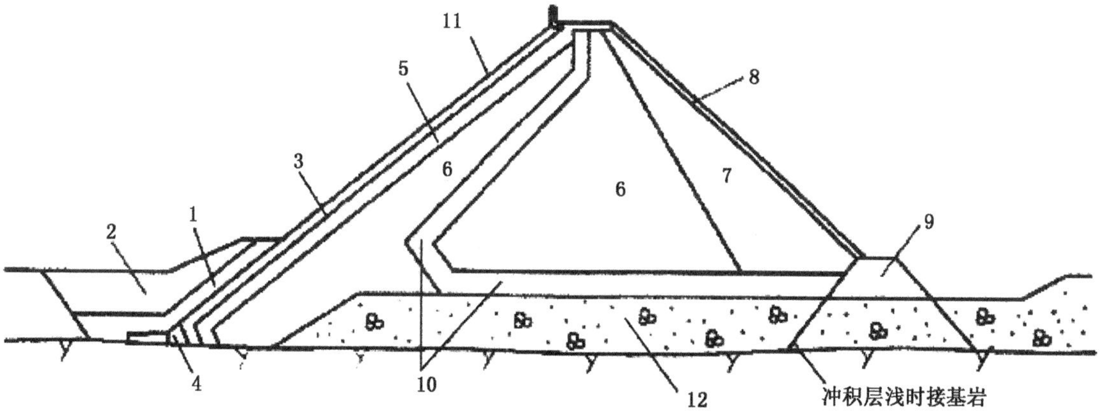

1-1A上游铺盖区；2-1B盖重区；3-2A垫层区；4-2B特殊垫层区；5-3A过渡区；6-3B主堆石（砂砾石）区；7-3C-下游堆石（砂砾石）区；8-3D下游护坡；9-3E滤水坝址区；10-3F排水区；11-F混凝土面板板；12-坝基冲积层

图 3.2-3　砂砾石坝体主要分区示意图

对于用砂砾石料填筑的面板坝，当设计的垫层区和主堆石（砂砾石）区之间满足水力过渡要求时，也可不设专门过渡区。如墨西哥阿瓜米尔帕（Aguamilpa）坝是基地亚哥河上一座高187 m的面板砂砾石坝，垫层区下游主堆石区，不设过渡料区，主堆石区3B填筑天然冲积层砂砾石，下游堆石区填筑流纹质英安岩堆石料。

5. 填筑标准

砂砾石料是一种较好的面板坝坝体的填筑材料。砂砾石料具有压缩性低、抗剪强度和变形模量较高、施工易压实、工程单价低等优点。但是，用砂砾石料筑坝也有一些缺点。砂砾石料级配离散性较大，在相同的河段上由于沉积条件不同，所形成的砂砾石料的级配也不相同，具有明显的随机分布，这必然导致所填筑坝体的不均匀性。砂砾石料在施工过程中极易产生分离，粗细颗粒分别集中，可能更进一步造成坝体的不均匀性。因此，施工中要注意选料、施工工艺和压实质量等的控制。砂砾石的填筑宜采用薄层加水碾压，以取得较好的密度和较高的力学性能，碾压过程中的洒水对砂砾石的性能影响较大，在碾压的时候洒水，在得到较大干密度的同时减少堆石体因湿化而引起的变形。碾压的机械不宜超重，以避免砂砾石料过度挤压破碎。一般从碾压的层厚和碾压次数来控制碾压的质量，对于重要的坝还需做密度和级配试验。

砂砾石料压实后具有较高的抗剪强度和较低的压缩性，宜用于填筑主堆石区，并按规定进行坝体渗流控制设计。在施工初期，填筑标准应通过碾压试验复核和修正，并确定相应的碾压施工参数。在施工过程中，采用碾压参数和孔隙率（或相对密度）两种参数作为施工控制标准。相对密度D_r填筑标准：坝高$H<150$ m、$D_r=0.75\sim0.85$，150 m$\leqslant H<200$ m、$D_r=0.8\sim0.9$。对重要的高坝，或筑坝材料性质特殊，已有经验不能满足需要的情况，应对其填筑标准进行专门论证。按目前设计参数和施工方法，当振动碾压机具的重量和激振力大于或等于25t时，一般在建工程压实填筑标准定为0.85。从阿尔塔什、大石峡、玉龙喀什开展的现场大型相对密度试验研究及工程实践分析，砂砾石填筑的坝体采用相对密度0.9是完全可行的，有利于减少坝体沉降变形。

3.2.1.3 面板砂砾石坝抗震措施

1. 坝体抗震

在确定地震区坝的安全超高时．应包括地震涌浪高度。设计烈度为Ⅷ、Ⅸ度时，安全超高应计入坝体和地基在地震作用下的附加沉降。对库区内可能因地震引起的大体积塌岸、滑坡而形成的涌浪。应专门研究。坝体设计抗震措施包括：

① 宜加大坝顶宽度，放缓坝坡和采用上缓下陡的坝坡，在坝坡变化处设置马道。采用高度较小的防浪墙，并采取措施增加防浪墙的抗震稳定性。

② 对砂砾石料填筑坝体，应增加排水区的排水能力。下游坝坡以内一定区域宜采用堆石填筑，应加大垫层区的宽度。加大与地基及岸坡的连接宽度，当岸坡较陡时，宜适当延长垫层料与基岩接触的长度，并采用更细的垫层料。

2. 结构构造措施

① 下游坡面上部宜采取坡面防护和坝坡加固措施。可选用浆砌石护坡、加筋混凝土格构梁、加筋土工织物、锚固筋或锚固混凝土梁等措施。也可采取多项措施的组合方式。

② 部分面板垂直缝内宜填塞沥青，用于浸渍木板、橡胶板或其他有一定强度的可压缩填充材料。

③ 坝坡附近一定厚度采用胶结式砂砾石料。即砂砾料加拌水泥，以提高坝顶结构和坡面的抗震性能。

④对砂砾石坝上游面抗震防护有待检验，对150 m级以上高坝，可结合施工在上游面面板垫层料进行拉锚工艺处理，以增加稳定性。

3.2.2 深厚覆盖层上面板砂砾石坝应注意的问题

3.2.2.1 坝体沉降和混凝土面板浇筑的关系

察汗乌苏面板坝深覆盖层深度达46 m，河床段趾板是建在砂卵石覆盖层上，河床防渗采用混凝土防渗墙，并通过混凝土连接板和趾板相连，两岸趾板在基岩上，防渗墙、连接板、趾板和面板共同构成坝体的防渗体系。由于河床段趾板建在覆盖层上，坝体沉降特别是覆盖层的沉降对防渗墙、趾板、面板构成的防渗体影响很大，所以要求混凝土面板和连接板浇筑前尽可能完成大部分的坝体沉降和覆盖层沉降。

察汗乌苏大坝从2006年12月15日一期坝体填筑完成后直到2007年5月中旬开始浇筑面板，沉降期5个月。截至2007年4月16日，坝轴线上游40 m、坝轴线和坝轴线下游40 m部位总沉降量分别为0.971 m、0.977 m和0.852 m，其中相应部位覆盖层的总沉降量分别为0.660 m、0.632 m和0.396 m，填筑层总沉降量分别为0.311 m、0.345 m和0.456 m。自2006年12月至2007年4月中旬，坝轴线上游40 m、坝轴线和坝轴线下游40 m部位沉降量增加分别为0.03 m、0.05 m和0.07 m。上游侧压缩量较小，下游侧压缩量较大。至2007年4月中旬，坝轴线上游部位沉降速率约为0.22 mm/d，中、下游部位分别为0.51 mm/d和0.54 mm/d，监测数据成果表明，坝体和基础覆盖层整体沉降速率变化趋于平缓。坝体填筑期沉降结果来看，基础沉降结果满足面板混凝土浇筑要求。

3.2.2.2 坝基处理

做好基础防渗处理是保证大坝安全关键之一，影响覆盖层基础混凝土防渗墙应力变形因素有覆盖层本身属性，防渗墙刚度和与基岩连接方式，施工时序与蓄水预压等。阿尔塔什面板坝建基于100 m厚砂砾石覆盖层上，坝基采用一道垂直混凝土防渗墙全封闭防渗，墙厚1.2 m。其主要优点是在施工技术日趋成熟的条件下，防渗效果可靠和耐久性较好。参考国内外趾板建在覆盖层上的面板坝资料，通常用防渗墙允许的水力梯度（70～90）确定防渗墙体的设计厚度。高坝深覆盖的防渗墙设计厚度多在 0.8～1.2 m，最大墙深可达80～150 m。防渗墙配置钢筋各工程做法并不一致：有全断面、受拉区、墙顶部 5～8 m范围内配筋形式，目前学界尚无定量的指标加以确定。对墙顶部特别是墙靠近河岸两侧，由于墙体埋深浅，连接段应力状态复杂，较易产生混凝土裂缝，应配置一定数量的结构钢筋。墙体设计强度指标选择，通常是根据工程地质条件、墙体与地基搭接形式、墙体深度与厚度、经必要的分析计算、按工程类比经验确定。对较均质低弹模材料、层间模量相差不大，可选择低强度混凝土设计指标C10～C15；当地基沉积层复杂、物料分布不均，水力梯度较大（中、高坝）应选用较高强度等级C20～C30。监测与取芯表明，防渗墙在蓄水后的工作状态与目前分析计算的成果出入较大，根据已建工程经验，墙体设计抗压强度不必要采用高于$C_{90}35$等级。

察汗乌苏大坝是建在深覆盖层基础上的，河床段坝基只清理表层的腐殖质、松散层；作为坝基处理的辅助措施，对局部承载力较差的部位进行强夯处理，目的是夯实该区地基，消除架空结构，提高地基承载力，处理面积9 350 m^2。强夯处理地基的影响深度设计为7 m，夯锤单击夯击能不小于2 000 KN.m。选用20 t夯锤，落距10 m，65 t履带式起重机起吊。处理后对坝基干密度进行了检测，由于地下水位较高，取样深度一般为70～100 cm。结果表明，采用强夯处理后在影响范围内坝基干密度平均从2.39/cm^3提高至2.43 g/cm^3，能够有效地提高坝基承载力。

3.2.2.3 坝体填筑技术

在深覆盖层上修建面板坝，其坝体填筑技术和普通面板坝差别不大，施工中应重点注意填筑的均衡施工。由于覆盖层深厚，坝基沉降量较大，填筑的不均匀更容易导致不均匀沉降，对坝体造成永久性的缺陷。察汗乌苏大坝由于工期紧，河床段趾板和两岸趾板滞后，填筑过程中采用先填筑下游，后填筑上游，上下游高差维持在10 m之内，从填筑结束后5个月（12月至5月）的观测资料显示：上游填筑层总沉降量0.311 m，下游填筑层总沉降量0.456 m，上游侧沉降速率为0.22 mm/d，下游侧沉降速率为0.54 mm/d，虽然上下游的沉降速率均保持在正常范围，而且经过观测，坝体也没有出现异常现象，但对于深厚覆盖层面板坝的坝体填筑，还是应尽量避免填筑的不均匀性。

察汗乌苏大坝分区主要有上游主砂砾料区和下游利用料区（下游堆石料），两个分区的填筑标准不同，上游主砂砾料采用相对密度$D_r \geqslant 0.90$，空隙率$n \leqslant 17$，下游堆石料空隙率$n \leqslant 23.0$。

面板坝新规范规定砂砾石料以碾压参数和孔隙率（或相对密度）两种参数作为施工控制标准：坝高$H < 150$ m，D_r=0.75～0.85；150 m $\leqslant H <$ 200 m，D_r=0.85～0.9。对重要的高坝或筑坝材料性质特殊，已有经验不能覆盖的情况，其填筑标准应进行专门论证。如按目前设计参数和施工方法，当振动碾压机具≥25 t，一般在建工程砂砾石料压实填筑标准为D_r=0.85，如肯斯瓦特（H=129 m）、乌鲁瓦提（H=133 m）面板砂砾石坝等；紫坪铺未挖除的原状砂砾石坝基D_r=0.82～0.85；吉林台一级（H=157 m）砂砾石填筑体$D_r \geqslant 0.85$，阿尔塔什（H=167 m）$D_r \geqslant 0.85$，基础覆盖平均相对密度D_r=0.85。

3.2.2.4 排水体问题

用砂砾石填筑的坝体可根据需要增减分区，当砂砾石坝体或者软岩坝体不能够满足自由排水要求时，要设置坝内竖向或者水平向的排水区，作为一项重要的渗流控制措施。排水体应选用耐风化的岩石或砾石，并具有良好排水能力。

坝内排水区视工程具体条件有多种布置形式，如竖向排水区布置在紧靠垫层和过渡区之后，及时拦截并排除渗流，或布置在其下游侧坝体内。由于砂砾石区所承接的渗排水范围大小有所不同，应依照坝体材料的渗流特性、排水区作用及经济比较确定。国外有的工程未设坝内排水区，如智利圣塔约纳坝（坝高133 m）和普卡罗坝（坝高80 m）等。阿瓜密尔巴坝由于天然冲积砂砾石料的最小渗透系数为2×10^{-3} cm/s，且小于0.075 mm的细粒含量少于2%，故取消了原设计的竖向排水区，并结合料源条件作为坝料分区，即上游为砂砾石区及下游为堆石区，两区之间还设置了利用砾石和小块石组成的堆石过渡区，即堆石均为排水区。

近年来我国修的几座100 m级以砂砾石为主要填筑材料的面板坝，均设置有坝体内部排水系统，以策安全。例如，那兰砂砾石面板坝中，主堆石区砂砾石料的级配与国内外已建的工程使用的砂砾石料级配相比较，含砂量是最高的，小干沟大坝含砂量占到15%～35%，那兰面板坝已超过这个范围。该工程不仅含砂量高，而且中细砂的含量也多，破坏比降为1.1～1.25（干密度为2.229/cm^3）。小干沟制样干密度为2.14 g/cm^3时，室内试验的破坏比降为1.5，可见，那兰面板坝的砂砾石料的冲蚀性更强。那兰面板坝设计采用了以下措施：坝内设置可靠的排水区，截断进入砂砾石料区的渗流：在河床坝基设置厚度为6 m的排水区（采用过渡料和堆石料填筑），在排水区上下均用垫层料过渡保护；在岸坡坝基部位设置1 m厚的垫层料和2 m厚的过渡料排水区，包裹砂砾料区；在坝体中部高程378 m设置宽12 m、高4 m的堆石料排水柱与上游过渡料连接，排水柱周边设置1 m厚的过渡料和1 m厚的垫层料过渡至砂砾料；填筑干密度应大于2.25 g/cm^3，以避免管涌型渗流破坏；含砂量不得超过40%，各料场开挖之前，对料场进行复探，以确定可使用料的开采范围。

砂砾石坝设置坝体排水的主要原因是：砂砾石在施工过程中一定会发生分离的，坝体填筑质量一定是成层的，任何施工水平都不可能保证砂砾石坝体填筑是均质各向同性的，上游防渗措施也绝对不能设想或要求是完全可靠而不渗漏。

另外，混凝土面板砂砾石坝体填筑常遇到某些料场的砂砾石料含泥量（即小于0.1 mm的成份）较高的情况，为了解决坝料的压缩及强度问题，并保证雨季能够很好施工（避免出现“橡皮土”难以压实现象），一些工程（如格里拉斯坝）采用了分层填筑的方法，即一层粗料和一层细料混合填筑，这样可以保证坝体具有较小的压缩性和较高的强度，并便于施工，但是，这种施工方法往往会使坝体出现水平向的强透水层，容易在坝体内形成水平向的集中渗流通道。

总结我国青海沟后水库失事的经验教训，以及几座运行良好的国内外砂砾石坝的经验，解决上述砂砾石坝弱点的行之有效的方法是在坝体内设置垂直排水。垂直排水体的作用是要绝对保证截断坝体可能出现的分离层，使上游面板的漏水无条件地进入排水体，并自由地排向下游，而不会从下游坝坡处逸出，保证坝壳中不会出现渗流，从而保证大坝的渗透稳定性。

3.3 坝体渗流控制及抗震结构设计技术进展

3.3.1 坝体渗流控制

土石坝及其地基渗流控制的主要任务是：①减少渗漏量；②排水减压，提早释放渗透压力；③防止渗透破坏，保证渗透稳定性。其中，防止渗透破坏，保证渗透稳定性是渗流控制的重点。渗流控制的原则应是防渗、排渗、反滤保护的三结合。

当今混凝土面板堆石坝的设计是从以下几方面来实现上述渗流控制原则的：一是混凝土防渗面板、趾板及其接缝止水以及与坝基防渗体（固结灌浆、帷幕灌浆或混凝土防渗墙等）的连接，形成上游封闭的第一道防渗体防线，用以截断渗流、减少渗透流量，同时起到消减水头的作用；混凝土防渗面板下游侧设置半透水的垫层区，作为坝体防渗的第二道防线，在面板或接缝发生开裂渗水时，起到防渗作用，同时，起到挂淤阻塞裂缝作用。二是在坝体填筑料分区方面应遵循“各区坝料满足水力过渡要求，从上游向下游，各区坝料的渗透系数递增，相邻区下游坝料对上游区坝料应有反滤保护作用”的原则，防止因渗流产生的管涌和冲蚀。三是对于采用软岩、砂砾石填筑的坝体，若其渗透性不满足自由排水的要求或因砂砾石料填筑施工过程中易产生粗、细颗粒分离等原因可能在坝体内形成贯通坝体上下游的水平渗漏通道，需在坝体上游区内设置竖向排水区，并与坝底水平排水区连接，将可能的渗水自由排至坝外。

总结国内外混凝土面板堆石坝建设、运行的经验和教训，渗流控制仍然是混凝土面板堆石坝设计与施工中需要认真对待的关键技术问题之一。特别是我国青海沟后面板砂砾石坝于1993年8月27日发生溃决失事以后，以砂砾石为坝料的工程安全性，越发引起人们的重视。由于与堆石料相比，砂砾石料的抗渗强度较低，抵抗水流冲刷的能力差，加之天然砂砾石料往往具有级配的离散性、级配的间断性（即非连续级配料）以及施工易分离性等，给渗流控制造成了困难，使得面板砂砾石坝更容易产生渗透稳定问题。因此，以砂砾石作为坝体填筑材料的混凝土面板砂砾石坝，在设计与施工中，更要重视渗流控制，避免渗透破坏和渗流冲蚀发生，以保证坝体的安全运行。

目前国内外已建成的混凝土面板坝，坝体多是利用爆破石料填筑，而砂砾料比堆石料具有更高的压缩模量，其填筑后的坝体沉陷量较小，可大大改善坝体和面板的变形、应力状态，这对于处在高地震烈度区的坝体安全尤为重要。新疆面板堆石坝的抗震结构设计主要建立在堆石坝料的变形控制和坝体渗流控制上。在变形控制方面，根据不同坝料的工程特性，科学划分填筑分区，制定严格的碾压标准，最大限度地减小堆石体施工、运行以及地震造成的变形。在渗流控制方面，形成了“一防、二限、三排、四滤”的设计准则。一防是确保面板、趾板、变形伸缩缝和基础灌浆等防渗系统的设计和施工质量；二限是当面板和接缝一旦产生开裂，垫层料和过渡料应具有限制进入坝体渗流量的作用；三排是对进入坝体的渗水必须尽快排出，降低坝体内的浸润线；四滤是各填筑区之间的过渡反滤关系必须同时得到满足。

3.3.1.1 大坝防渗设计

以吉林台一级水电站面板砂砾石坝为例：

（1）混凝土面板防渗抗裂设计。选用525号普通硅酸盐优质水泥和热膨胀系数较小的骨料，掺引气剂等外加剂及适当的掺和料和0.9 kg/m^{3}的聚丙烯纤维，选用合适的混凝土配合比，以提高混凝土本身的抗裂能力，同时提高混凝土的施工和易性和抗冻、抗渗及耐久性。混凝土设计指标为：C30W12F300，水灰比小于0.45，坍落度为3～7 cm。面板顶部厚度为0.3 m ，底部最大厚度0.8 m。河床部位受压区面板宽12 m（共23块），岸坡部位受拉区板宽6 m（左右岸各10块）。面板单层双向配筋，竖向配筋率0.5%，水平向配筋率0.4% 。吉林台一级混凝土面板坝典型剖面见图3.3-2。

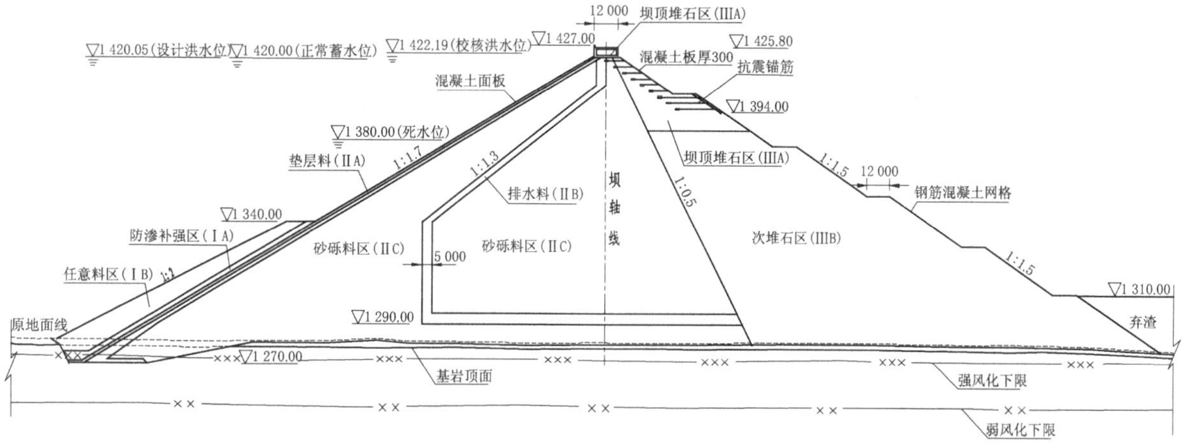

图 3.3-2 吉林台一级水电站混凝土面板砂砾石坝典型剖面图

（2）混凝土面板下部垫层基础处理。为使大坝有充足的沉降期，大坝填筑早于该段面板混凝土浇筑半年左右。上游垫层料经斜坡碾压合格后，为避免在半年的沉降期内受雨雪破坏，采用“三油三砂”进行保护，即：在垫层料上均匀喷涂乳化沥青CFL（CFL高效能复合型稀浆封层剂是一种含水胶凝材料，在常温下呈流动状态，采用标准化的优质液体沥青和经橡胶胶乳树脂等高分子聚合物改性，加热至流动状态，在经高速离心、搅拌及剪切等机械作用，而形成的细小微粒分散在有乳化剂的水中，由于乳化剂的作用而形成均匀稳定的分散系）。经过冬季冻融后，“三油三砂”保护层出现龟裂，且垫层表面20 cm厚有冻胀现象。面板施工前，对上游坡面重新进行修坡碾压之后，在坡面再铺设“一油一砂”以确保垫层料的密实度和表面平顺，减小基础对面板的约束作用。

（3）趾板防渗设计。坝址区河谷成“V”型，河床冲积卵砾石层厚2～3.5 m，右岸岸坡约300，左岸岸坡约400，两岸均有坡积物覆盖，右岸覆盖厚约5～15 m。左岸覆盖厚约10～25 m，基岩为角砾凝灰岩，强风化层厚约3 m。基岩为角砾凝灰岩，强风化层厚约2～3 m。采用沿周边缝为单向坡开挖的水平趾板，以便施工。趾板顶面布置一层双向筋，配筋率为0.4%，趾板内设置 φ30锚筋，间距1.2 m，深入基岩4 m。吉林台趾板的宽度和厚度见表3.3-1。

表3.3-1　吉林台一级大坝趾板特征值表

趾板高程/m	趾板宽度/m	趾板厚度/m	最大水力坡降
1 270～1 305	10	0.8	15.5
1 305～1 340	8	0.7	15.0
1 240～1 421	6	0.6	14.2

（4）接缝形式及止水系统设计。根据中国水利水电科学研究院《吉林台一级水电站混凝土面板砂砾一堆石坝面板周边缝止水材料、结构形式及周边缝止水施工工艺的研究》提出的建议，确定面板周边缝、张性缝和压性缝的止水结构形式。此研究可满足1.6 MPa水压力作用下，以及张开55 mm、沉陷22 mm，剪切30 mm的静态接缝位移作用要求。

周边缝。底部为GB复合F型铜止水，铜止水顶部设置6 cm×10 cm的GB填料；缝顶设厚度为12 mm、具有4波的波形天然橡胶止水带；其上为厚12 mm的GB复合天然橡胶板保护下的GBW和GB嵌缝止水材料；最外侧带孔金属保护罩内衬无纺布后，充填风积黄土。缝宽25 mm，缝内填塞沥青杉木板，波形止水带及铜止水采用PVC棒进行支撑，参见图3.3-3。

拉性缝（A型缝）。底部为GB复合W型铜止水，其顶部设置6 cm×10 cm的GB填料；缝顶设厚10 mm的GB三复合橡胶盖板保护下的GBW和GB嵌缝止水材料。参见图3.3-4。

压性缝（B型缝）。缝底设置GB复合W型铜止水，缝顶表面设置宽50 cm、厚8 mm的GB三复合橡胶板，缝口设置宽10 cm、深5 cm的三角形槽，槽内回填嵌缝止水材料，在接缝中部设置GBW遇水膨胀止水材料。参见图3.3-5。

趾板间接缝（D型缝）。缝底设置GB复合W型铜止水，接缝两侧钢筋断开，分缝位置在地形、地质条件变化处和较长趾板中部。参见图3.3-6。

面板与防浪墙的接缝。底部设GB复合W型铜止水，缝顶填充GB W和GB嵌缝止水材料，表面设厚10 mm的GB三复合橡胶盖板。缝内填以沥青砂板，缝宽25 mm。参见图3.3-7。

防浪墙间沉降缝。分缝间距15 m，在距缝上游面0.15 m处设置GB复合W，型铜止水，缝内填以沥青砂板。参见图3.2-8。

（5）坝基防渗处理

基础开挖处理。趾板基础及趾板下游10 m范围，挖除全部覆盖及河床砂砾石层和强风化岩石，其后接1：3缓坡与坝体下游基础开挖面相连。河床基础砂砾石层在清除表层大漂石及孤石后予以保留，但在坝体填筑前用重型振动碾或夯板进行压实。

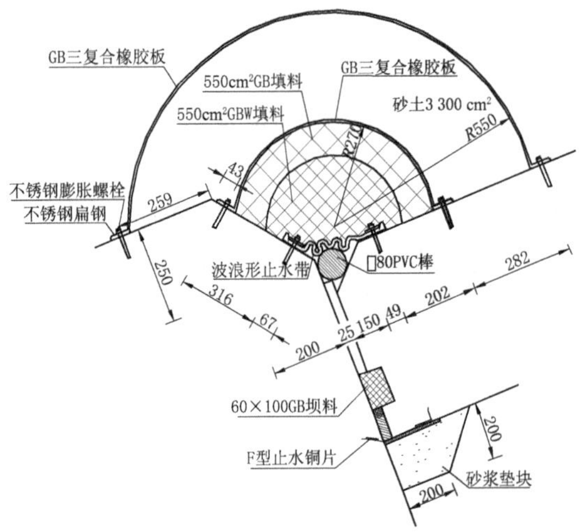

图3.3-3　吉林台周边缝表层止水结构（单位：mm）

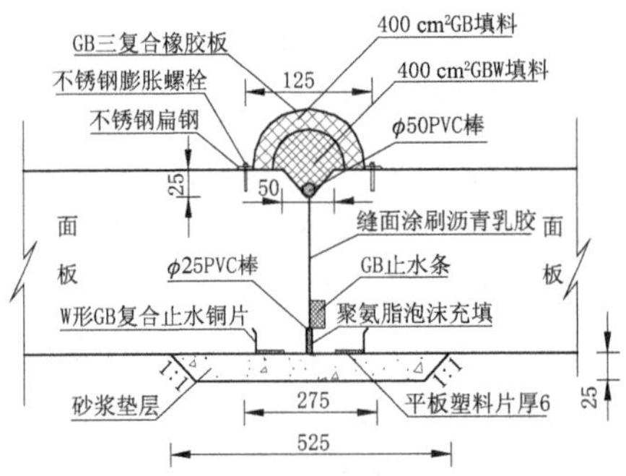

图3.3-4　受拉区垂直缝（A型缝）

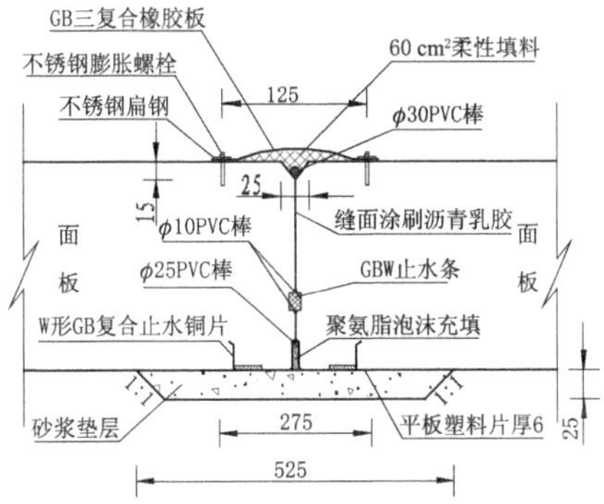

图 3.3-5 受压区垂直缝（B 型缝）

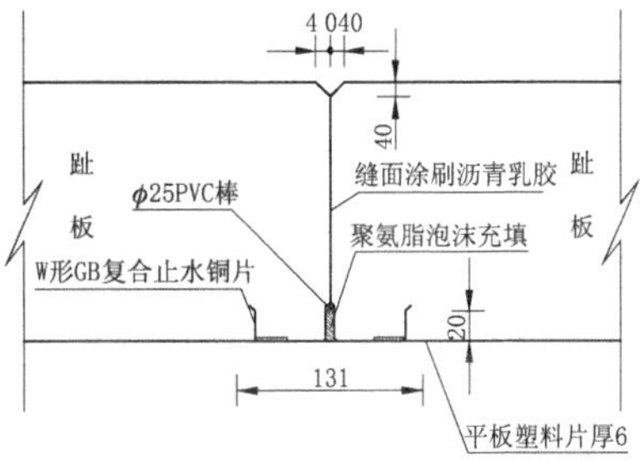

图 3.3-6 趾板间接缝（D 型缝）

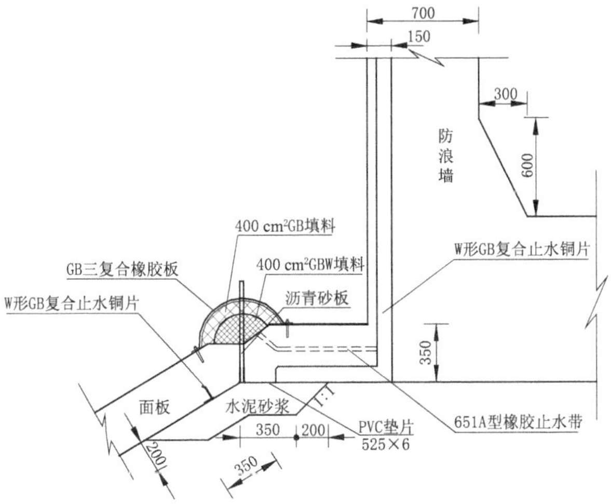

图 3.3-7 坝顶止水与防浪墙止水连接图

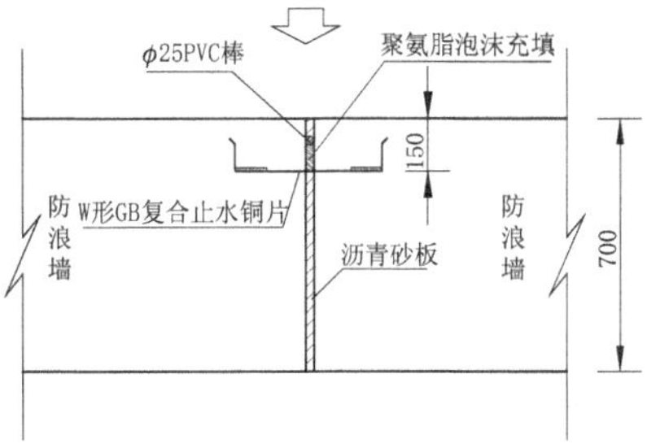

图 3.3-8 防浪墙伸缩缝

节理、裂隙及断层破碎带处理。当趾板基础范围内岩石较完整且节理、裂隙细小时，在清除节理、裂隙或断层破碎带内的充填物后，用高压水冲洗干净，并根据缝宽的大小，灌入水泥浆或水泥砂浆。进行封堵；当岩石节理、裂隙较发育或断层破碎带宽度小于200 mm时，除采取上述处理措施外，尚应在趾板下游垫层区的岩面上喷射100 mm厚的C30混凝土；当断层破碎带宽度大于200 mm时，根据其产状、规模和影响程度采取设深齿墙、混凝土塞置换、加盖混凝土板或挂网喷混凝土、反滤保护等综合措施进行处理，以确保结构安全和渗流稳定。

基础灌浆处理。固结灌浆布置于帷幕灌浆两侧，孔深为10～20 m ，孔距2～3 m，排距1.5 m，在帷幕孔前后各设1～3排，灌浆压力为0.3～0.7 MPa；采用两道帷幕，深入透水率$q<3$Lu的相对不透水层以下5 m，但不大于2/3坝高。帷幕灌浆孔采用梅花形布置，孔距1.5～2.0 m，排距1.5 m。灌浆表层压力以不抬动上覆岩层为准，其余部分灌浆压力为水库水头的1～1.5倍，即1.5～2.5 MPa；河床段灌浆在趾板上进行，两岸在分别长166 m和100 m的灌浆平洞内进行。

3.3.1.2 大坝排水设计

吉林台一级水电站的挡水建筑物为混凝土面板砂砾一堆石坝，坝体内及时排水是大坝稳定运行的一个重要措施。为此，在坝体内设置了纵向和横向排水通道，由料场开采的砂砾料经过筛分填筑坝体成为排水料，起排水作用。由于排水料在生产过程中，严格控制了砂砾料粒径，使其具有特殊的颗粒级配，产生了固有特性，因而对该排水料进行了专门的试验研究。

（1）吉林台一级水电站

吉林台大坝采取的抗震措施：该工程大坝抗震设计频率为基准期100年超越概率2%，相应基岩地震动峰值加速度为462 gal，为当时全国首座抗震设计烈度为9度的最高的混凝土面板砂砾石堆石坝。主要采取了：1）地震涌浪高度采用1.5 m；地震坝顶沉陷采用2.5 m；2）坝顶采用整体式钢筋混凝土结构；3）坝体上游坝坡为1:1.7；下游马道间边坡为1:1.5，下游坝坡共设5条宽12 m的马道，平均坝坡1:1.96，起到运输道路、坝坡压重和放缓下游坝坡的作用；4）下游坝坡一定高程布设钢筋网、锚筋桩等措施；5)利用石渣料在坝体下游坡脚与厂房之间设压重平台；6)面板在地震反应较强部位(自坝顶向下约1/3～1/5坝高范围)配置双层钢筋。

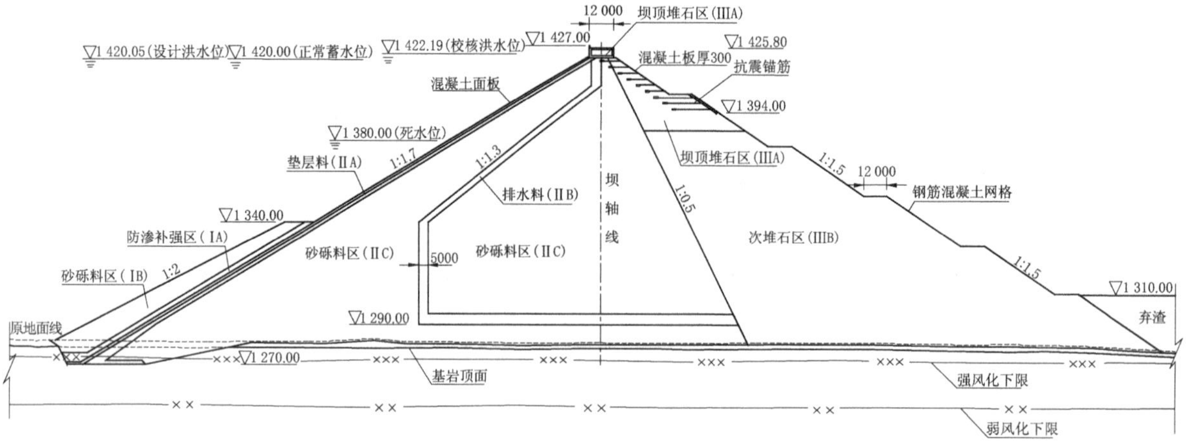

图 3.3-9　吉林台水电站面板砂砾石坝典型剖面图

(2)肯斯瓦特水利枢纽

肯斯瓦特水利枢纽面板砂砾石坝，最大坝高129.4 m，1级建筑物，按50年超越概率2%对应的基岩水平峰值加速度393.5 gal，设计地震烈度9度。同样采取了加宽坝顶、提高压实度、增设坝顶上部土工加筋格栅等一系列措施。

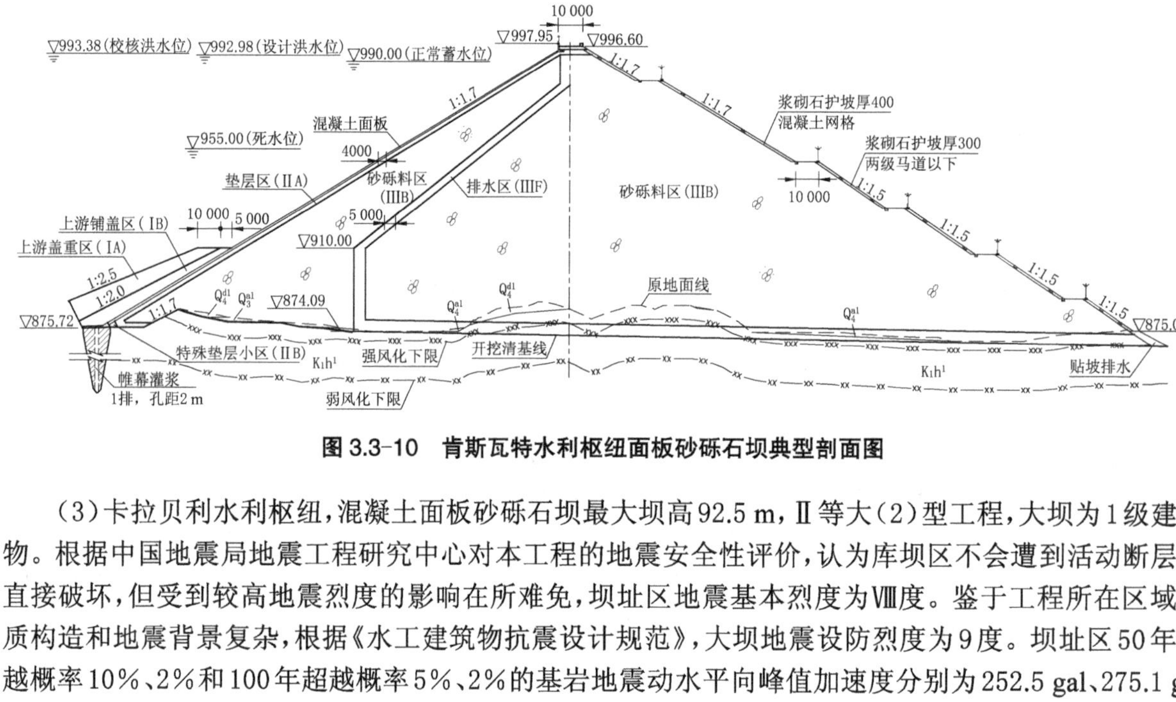

图 3.3-10　肯斯瓦特水利枢纽面板砂砾石坝典型剖面图

(3)卡拉贝利水利枢纽，混凝土面板砂砾石坝最大坝高92.5 m，Ⅱ等大(2)型工程，大坝为1级建筑物。根据中国地震局地震工程研究中心对本工程的地震安全性评价，认为库坝区不会遭到活动断层的直接破坏，但受到较高地震烈度的影响在所难免，坝址区地震基本烈度为Ⅷ度。鉴于工程所在区域地质构造和地震背景复杂，根据《水工建筑物抗震设计规范》，大坝地震设防烈度为9度。坝址区50年超越概率10%、2%和100年超越概率5%、2%的基岩地震动水平向峰值加速度分别为252.5 gal、275.1 gal和358.9 gal、424.4 gal。

大量的试验研究表明：(1)砂砾料作为坝体填筑材料，具有较好的渗流稳定性、较小的坝体变形特性和较强的抗震性能；(2)在9度地震下，坝体填筑的砂砾料不会发生液化；(3)砂砾料比堆石料具有更高的压缩模量，其填筑后的坝体沉陷量较小，可大大改善坝体和面板的变形、应力状态。

在坝体结构设计中，充分利用砂砾料压缩模量高、填筑坝体沉陷量较小的工程特性，按照“强压实、宽坝顶、缓坝坡、固顶部、压坝脚”设计原则加强大坝抗震措施。

根据坝体三维动力应力应变分析结果，卡拉贝利混凝土面板砂砾石坝在技术上是可行的，即使大坝遭遇基岩峰值加速度424 gal的地震(相当于5000年一遇的地震)，只要采取适当有效的抗震措施，如：增加面板配筋率、提高止水材料的变形能力、在下游坝坡采用加筋措施、适当预留大坝超高等，大坝可以抵御超设计地震荷载的考验。

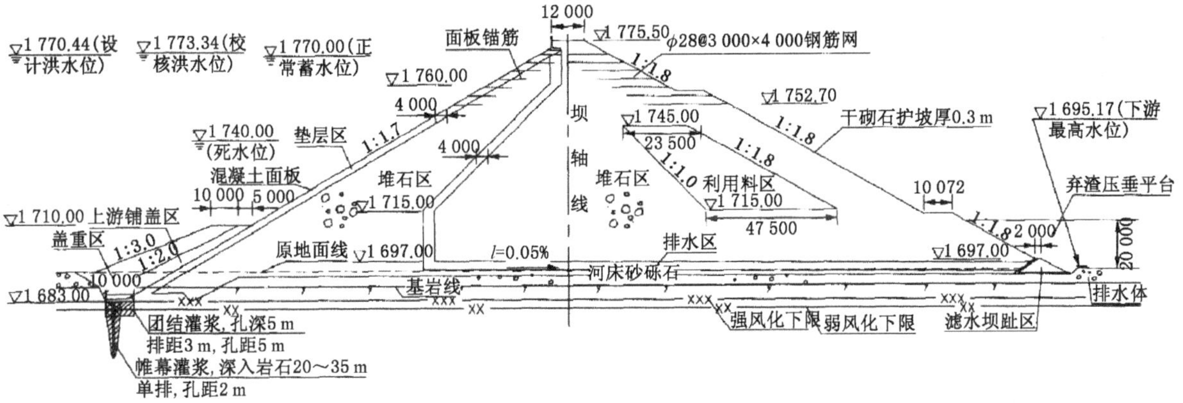

图 3.3-11　卡拉贝利水利枢纽面板砂砾石坝典型剖面图

3.3.2　吉林台一级大坝抗震结构设计

3.3.2.1　坝体抗震设计标准及主要抗震措施

（1）抗震设计标准。据新疆地震局分析鉴定并经国家地震局复核，吉林台一级水电站坝址区地震基本烈度为8度。鉴于工程所在区域地质构造和地震背景复杂，工程规模较大，根据SL203-97《水工建筑物抗震设计规范》，大坝设防烈度比基本烈度提高1度，即9度设防，其他建筑物按基本烈度8度设防。根据 DL /T5073-2000《水工建筑物抗震设计规范》及新疆地震局对本工程的地震危险性分析，大坝抗震设计标准为：100 a基准期，超越概率为2%，基岩峰值地震加速度为0.462 g。

（2）坝体抗震措施。鉴于本工程地震烈度较高，国内外均少有先例，因而在工程设计中，各枢纽建筑物特别是挡水建筑物的抗震性能成为需重点研究和考虑的问题。根据坝体震害特征形式分析，从坝体的地震估算、断面设计、坝体分区和坝料设计、确定坝料的压实标准、加强地震观测等方面采取合理的工程措施，以提高混凝土面板坝的抗震能力，降低地震破坏程度。

新疆高土石坝大多有高地震地质背景，震害表现在地震沉降降低坝顶高程，地震荷载引起材料抗剪强度降低而导致坝体局部失稳，地震变形裂缝可能导致集中渗漏等。根据国内外已建工程抗震检验，对大坝坡面较高部位采取坡面防护和坝坡加固措施：可选用浆砌石护坡、加筋混凝土格构梁、加筋土工织物、锚固筋或锚固混凝土梁等；亦可采取以上组合方式；坝坡附近一定厚度采用胶结式砂砾石料层，即砂砾料加拌水泥以提高坝顶结构和坡面的抗震性能；在坝坡附近应力较小区域设置碾压堆石区，对坝体砂砾石有所约束，有利于和保证大坝抗震稳定；应考虑面板连接柔性、周边缝止水的可靠性、板间缝材料吸收应变能性能。

3.3.2.2　地震估算

坝顶高程主要受地震工况控制，其重点在于合理确定地震安全超高（包括地震坝顶沉陷和地震涌浪高度）。地震涌浪高度、地震附加沉陷和地震稳定性分析，是地震估算的主要评价内容。

（1）震涌浪高度。采用日本左藤清一提出的地震涌浪高度公式计算：

$$h_c=\frac{K_H T_0}{2\pi}\sqrt{gH_0} \qquad \text{（式 3.3-1）}$$

式中，h_c为地震涌浪高度，m；K_H为水平向地震力系数；T_0为地震波的周期，s；g为重力加速度；H_0为坝前水深，m。根据工程所在地历史上最大的地震震级、震中距和大坝的设防烈度进行计算，最大地震涌浪高度为1.062 m。

（2）地震附加沉陷。坝体沉陷率主要受地震烈度、坝基压缩层厚度、坝型和施工方法等因素影响。目前主要用经验、半经验方法估算。本工程按以下3种方法估算：①日本的经验是按坝高的1%考虑地震沉陷量；②顾淦臣统计了国内外土石坝遭受地震作用的大量资料，绘制了关系曲线，按此方法计算，本工程坝顶震陷率为0.3%。③伯里奥等人认为，影响堆石坝地震沉陷量的因素主要有峰值的面加速度和强震历时，由此提出了地震裂度指数的概念，并建立了地震裂度指数与坝顶震陷率的关系曲线。按此方法计算，本工程坝顶震陷率为1.5%。取三种方法的最大值，即伯里奥法，地震坝顶沉陷值为2.262 m。

(3)地震安全超高。根据《水工建筑物抗震设计规范》DLT5073-2000、《土石坝地震工程》等抗震设计资料，地震安全超高应包括地震坝顶沉陷和涌浪高度，以防止地震时因水库发生涌浪或地震附加沉陷而造成漫坝，地震涌浪高度一般为0.5～1.5 m。因而在确定坝顶高程时，地震坝顶沉陷取为2.5 m，地震涌浪高度取为1.5 m。

3.3.2.3 坝体断面抗震设计

(1)拟定合理的坝坡。坝体上游坝坡为1∶1.7，下游马道间边坡为1∶1.5，下游坝坡共设有5条12 m宽的马道，其作用除了构成下游上坝道路外，还可起到坝坡压重和放缓下游坝坡的作用，从而减小地震情况下，堆石体水平向变形，防止了坝体出现深层的滑动。同时，为防止地震情况下坝顶下游坝坡表面堆石滚动滑落，导致防浪墙底部失去支撑，设计中参照有关工程实例和大连理工大学的试验成果，在坝顶1 394～1 421 m高程范围内的下游坝坡上覆盖了钢筋混凝土板，通过锚筋与坝内埋设的锚筋桩相连，以确保下游坝坡和防浪墙的稳定。坝体1 394 m高程以下下游坝坡设钢筋混凝土网格，其间填充六边形预制混凝土块。网格梁相互连接，以提高下游坝坡的整体性，增强抗震性能。

(2)确定合理的坝顶宽度和坝顶结构形式。防浪墙采用有利于抗震稳定的“U”形整体结构，最大高度6 m。设计中采用拟静力法对防浪墙在地震情况下的稳定性进行了计算，计算结果表明：在遭遇9度地震，防浪墙底宽为12 m时，抗滑稳定安全系数为1.25，故坝顶宽和防浪墙底宽为12 m，同时有足够的宽度确保震时或震后抢修、维护的交通。

(3)确定合理的坝体分区和坝料选择。利用天然砂砾料填筑主堆石区，减小施工期及蓄水后的坝体沉降量和面板各部位接缝的变形，改善各种接缝特别是周边缝的应力状态；下游坝坡主要用爆破堆石料填筑，充分利用其较高的抗剪强度，提高坝体的抗震稳定性能；在混凝土面板后设置防渗补强区，并于周边缝后设置垫层特小级配区，形成反滤，以防止周边缝在地震时张开破坏而引起大量渗漏；制定合理的坝体堆石压实标准，以确保施工质量，增强坝体抗震能力，垫层区、排水体、砂砾料区相对密度$D_r \geqslant 0.85$；特殊垫层料区以小机械人工碾压，$D_r \geqslant 0.8$；坝体主堆石区、次堆石区要求碾压后孔隙率$n \leqslant 23\%$；为确保尽快排出进入坝体的渗漏水，降低坝体浸润线，提高坝体抗震性能，在坝体内设竖向和水平向排，并结合坝料特性进行了合理分区，自上游向下游，各分区渗透系数逐步增大，各分区之间充分满足层间过渡反滤要求。

(4)在坝体下部外侧增加压坡。吉林台工程利用下游之字形上坝公路形成了压重区，覆盖了约4/5坝高范围的坝坡，使坝体平均坡度变缓，以此减弱坝体地震反应。同时在坝体下游坡脚与厂房之间，自原河床起设置高度为30 m的压重平台，采用坝体和厂房开挖料填筑，既可解决开挖弃渣问题，又可防止坝体下游坡脚部位地震时产生过大的侧胀，而导致坝体中上部失稳或产生过大的变形。

(5)加强面板、趾板及坝体各分区间及其与坝基和岸坡的连接。为加强坝体与岸坡的连接，防止地震时发生破坏，挖除趾板下游10 m范围内的全部覆盖和强风化岩石，其后接1∶3缓坡与坝体下游基础相连；挖除垫层下游岸坡部位的覆盖层和及强风化岩石，河床基础砂砾石层在查明无软弱或不利夹层并清除表层大漂石及孤石后部分保留。堆石体地基在趾板下游3/10～1/2坝高范围内的岸坡，开挖成1∶0.5坡度，岸坡很陡时，开挖成不陡于1∶0.25的稳定坡度。其下游至坝轴线间的岸坡开挖成1∶0.25的坡度。此外，采用能满足1.6 MPa水压力作用，以及张开55 mm、沉陷22 mm、剪切30 mm的静态接缝位移作用要求的周边缝止水结构。根据应力分布范围，在高程1 360～1 395.65 m的范围内将面板单层钢筋改为双层配筋。

3.3.2.4 坝体应力应变分析

通过坝体二维、三维静、动力应力应变计算分析和离心模型试验，可得出以下结论：①上下游坝坡的静、动力稳定安全系数均大于1.2，并有一定的余度；②周边缝的张开与剪切位移较大，分别为28.6 mm和20.9 mm，地震会引起周边缝更大的变位，增加量在10～15 mm，震后周边缝张开量最大值达41 mm左右，因而必须采用能适应较大三向变位的周边缝止水结构，并严格控制施工质量；③地震造成面板顶部产生拉应力区，两岸附近高程较高处面板垂直缝张开量增大6.8～11.2 mm，因此应采用能适应较大张开变位的垂直缝止水结构，同时采取工程措施提高面板的抗裂性能；④大坝地震动力反应较强烈，2/3坝高以上坝体顺河向水平地震，反应加速度为5.0 m/s^2，河谷中部坝顶达到9.6 m/s^2，应采用适当工程措施，提高这部分坝体抗震稳定性。

3.4 垫层料设计施工技术进展

3.4.1 垫层的作用和基本要求

垫层区在面板坝中占有重要地位，它对大坝的安全有直接的影响。由于大多数垫层料是人工制备料，其价格较高，经济投入大，因此它备受人们的关注。垫层的设计思想在工程实践中历经几个阶段的演变，由最初阶段强调垫层对面板的支承和变形协调作用、采用强透水的均匀粗颗粒料作为垫层料，发展到现阶段更加强调垫层的辅助防渗作用和反滤堵漏作用、而采用保证一定细料含量的级配不均匀垫层料。

垫层料的设计理念是从垫层料工作机理角度来建立的，主要考虑以下几点：

① 垫层对面板的均匀支撑作用决定着垫层料应具有良好的颗粒级配、颗粒母岩本身强度较高、压实性能好、压实后变形（压缩）模量较高的工程特性。

② 面板坝的防渗要求决定着垫层料应具有良好的渗透稳定性，其渗透稳定性包括两个方面的要求：一是垫层料的自身渗透稳定性，有较高的抗渗透坡降（抗渗强度）；二是一旦在面板开裂或止水结构破坏导致面板坝渗漏时，一方面垫层料与过渡料的层间关系，要满足垫层料不产生渗透变形破坏的要求；另一方面在面板上游抛粉细砂、粉土或粉煤灰来处理渗漏时，能阻止这些细颗粒流失，使其淤塞在开裂的缝隙中，逐渐减少渗漏量，形成“自愈性”止水结构。

③ 若需要施工期以坝体临时断面挡水度汛，临时断面的垫层区上游应有喷射混凝土或碾压水泥砂浆或乳化沥青薄层保护，此时垫层料应具有挡水作用，这就要求垫层料具有较高的抗渗坡降，以保证临时断面坝体在汛期的安全。

④ 提高面板坝防渗可靠性的要求，决定着垫层料应属于半透水性料，渗透系数$1\times10^{-3}\sim1\times10^{-4}$ cm/s。一旦在面板开裂或止水结构破坏导致面板坝渗漏时，垫层区可以承担70%以上水头，使垫层区下游坝体内水位较低，提高面板堆石坝安全性。

垫层料应满足以下要求：

(1)垫层料的材质必须是坚硬、质地新鲜石料；

(2)垫层料的强度和变形均应满足坝坡稳定以及面板、垫层、过渡层变形的要求；

(3)垫层料应具有半透水性，其渗透系数应控制在$10^{-3}\sim10^{-4}$ cm/s。

(4)垫层料应具有内部渗透稳定性，在正向和反向渗透水压力作用下垫层料自身不发生渗透破坏。

(5)垫层料在施工时要有良好的抗分离性能和压实性能。

3.4.2 垫层料级配及其渗透稳定性

由于强调垫层的辅助防渗作用和反滤堵漏作用以及满足经济性要求，目前混凝土面板坝的垫层料大多具有细料含量较高、且颗粒级配不均匀的特点，特别是部分工程采用冲积的砂砾料直接加工作为垫层料，这使得垫层料发生渗透破坏的可能性增大了，因而引起坝工界对垫层料渗透稳定性的关注。

为防止垫层料在正向和反向渗透水压力作用下自身发生渗透破坏，我国混凝土面板堆石坝设计规范和相关专著都强调：垫层料应具有“内部渗透稳定性”。这种强调实际上是指：垫层料在一定的水头作用下，应具有较大抵抗渗流水力比降的能力，不发生管涌型破坏。如何判别垫层料是否具有“内部渗透稳定性”，需要研究无粘性土的渗透特性及其抗渗强度。

3.4.2.1 无粘性土渗透破坏型式

根据渗透破坏机理的不同，可将无粘性土的渗透破坏型式分为流土、管涌、接触流失和接触冲刷四种型式，其中，流土、管涌是针对同一种土（单一土体）而言的，即某种土在渗流作用下自身是否可能发生管涌或发生流土破坏，这两种渗透破坏型式反映了土体自身的内部渗透稳定性；而接触流失和接触冲刷则一般发生在两种土（成层土）的接触界面上，与土体的内部渗透稳定性无关。

无粘性土的研究结果表明，土体的渗透破坏型式主要取决于土的颗粒组成。均匀土与不均匀土各具不同的渗透破坏型式，均匀土是内部结构稳定的土，渗透破坏型式只有流土一种型式；不均匀土的渗透破坏型式有流土及管涌两种型式，其中，管涌型土为内部结构不稳定的土。

试验研究还表明，同为管涌型的土，渗透破坏的发展过程却有两种形态。有一种土，一旦出现渗透破坏，细颗粒将连续不断地被带出土体之外，在同一级水头下，渗流量不断增大，土体再无能力继续承受高一级的水头，有的土甚至还会出现承受水头下降的情况（土体中可能出现较大的渗流通道，使得渗流流速增大，承受的水头降落），这类土又称为发展型管涌土，属于典型的内部结构不稳定的土，主要原因是这种土的细颗粒含量较少，填不满粗料的孔隙，处于不稳定状态，很容易被渗流所带走。另一类土，在出现管涌现象后不久，细颗粒又停止流出，只有继续加大水头，管涌又才重新出现，土体承受的水力比降还可以继续加大。直到最后，土体表面出现许多大的泉眼，渗流量开始不断增大，无法继续承受更大的水头或者最后以流土型式破坏。这种土有时又称为非发展型管涌土，实际上是一种处于管涌和流土之间的过渡型土。目前，常将无粘性单一土体的渗透破坏型式分为流土、管涌和过渡型三种类型，这三种渗透破坏型式各自反映了土体内部粗细颗粒间相互接触的三种状态：

（1）流土。它表示土体中的粗细颗粒之间是相互紧密接触的，相互之间具有较强的制约能力，一般具有较大的抗渗强度。

（2）管涌。它表示土体内部的细颗粒填不满粗颗粒形成的孔隙，在孔隙中处于松散、自由状态，粗颗粒对其移动不起制约作用，容易被渗流带出土体之外，所以抵抗渗透破坏的能力较低。属于内部结构不稳定的土，其抗渗强度较低。

（3）过渡型。它表示细颗粒在土体中处于半稳定状态，当土体处于紧密状态时可能呈流土型，疏松状态时则呈管涌型，一般状态下，先出现管涌，但不发展，在较大的水力比降下将发展为局部流土。其抗渗强度介于流土和管涌之间。

3.4.2.2 无粘性土抗渗强度

土体抵抗渗透破坏的能力称为抗渗强度，即单位土体能承受的极限渗透力$\gamma_w J_{kp}$，此时土体承受的水力比降称为临界水力比降J_{kp}，也称抗渗比降。有时也以J_{kp}直接表示抗渗强度。因此，临界水力比降、抗渗强度、抗渗比降表示同一种含义，多用同一符号J_{kp}表示。它反映土体抵抗渗透破坏的能力大小，土体的J_{kp}值越大，说明其抵抗渗透破坏的能力越强。刘杰根据理论分析和大量的室内外试验资料，将无粘性土的抗渗比降归纳、整理为表3.4-1、表3.4-2的数值。

表 3.4-1 各类无粘性土抗渗比降变化范围及允许值

抗渗比降	土的渗透破坏型式					
	流土		过渡型	管涌		
	$C_u \leq 5$	$C_u > 5$		级配连续	级配不连续	
无反滤层保护	J_{kp}	0.8～1.0	1.0～1.5	0.4～0.8	0.2～0.4	0.1～0.3
	J_g	0.4～0.5	0.5～0.8	0.25～0.4	0.15～0.25	0.1～0.2
有反滤层保护	J_g	1.6.～2.0	2.0～3.0	0.75～1.2	0.45～0.75	0.3～0.6

注：表中C_u为土的不均匀系数（$C_u = d_{60}/d_{10}$）；Jg为允许水力比降。

表 3.4-2 C_u>5 的无粘性土渗透系数与抗渗强度

破坏型式		流土型	过渡型	管涌型	
渗透系数/（cm/s）		<0.003	0.02～0.003	0.02～0.2	>0.2
抗渗强度	J_{kp}	0.9～1.6	0.4～0.9	0.4～0.2	0.2
	J_g	0.45～0.8	0.2～0.45	0.2～0.1	0.1

注：土的抗渗比降一般是指在渗流方向向上、土的表面无任何保护情况下发生渗透破坏时的水力比降；表中“有反滤层保护”是指在土的上部表面设置反滤层、渗流方向向上作用时的情况。

在实际工程中，常遇到渗流方向向下情况（此时，反滤层设置在被保护土的下部），为模拟这种情况，一些工程通过试验测定在渗流方向向下情况下土的抗渗比降。由于此时反滤层设置在被保护土的下部，施工时先铺设反滤层，后铺设被保护土，在铺设被保护土的过程中，在重力作用下，被保护土中的部分粗颗粒会同时迅速挤入反滤料的孔隙，致使颗粒之间产生拱效应，然后逐级在反滤层的门口形成新的、结构稳定的混合自虑层，可阻止被保护土中其它颗粒的流失。因此，在渗流方向向下情况测得的抗渗比降往往较大。

从表3.4-1、表3.4-2中的数值可知：①流土型土的抗渗强度大于管涌型土的抗渗强度，过渡型土的抗渗强度则介于两者之间。而渗透系数的变化规律则相反：管涌型土的渗透系数一般大于流土型土的渗透系数。②级配不连续的管涌型土，其抗渗强度小于级配连续的管涌型土。③当无粘性土设置反滤层保护后，管涌型和过渡型土的抗渗比降至少可以提高3倍，而流土型的土可提高3～4倍。因此，有反滤层保护的土体，其允许水力比降大于无反滤层保护的土体。这也说明了反滤层保护对于提高土体抗渗强度、防止渗透破坏、保证渗流安全的显著作用。

3.4.2.3 天然无粘性土渗透破坏型式判别方法

从以上的分析可知，管涌型土的抗渗强度在上述三种类型土中最低，属于内部结构不稳定的土，其抵抗渗透破坏的能力最差。因此，在选择垫层料时，应当尽量避免使用管涌型土。那么，如何判别某种土是否是管涌型土呢？对于以天然砂砾料作为垫层料的情况，一般可采用以下几种方法进行综合分析判别。

1）细料含量法

刘杰在汲取B.C.依斯托美娜及B.H.康德拉且夫研究成果的基础上提出了判别无粘性土渗透破坏型式的“细料含量法”，其特点为：

（1）将天然无粘性土按其颗粒组成划分为均匀土和不均匀土两大类。其中，均匀土（$C_u \leq 5$）的渗透破坏型式为流土；不均匀土（$C_u > 5$）的渗透破坏型式有流土、管涌和过渡型三种型式，针对某种土而言，其具体的渗透破坏型式主要决定于该土体中细料的含量。

（2）不均匀土又分为级配连续型土和级配不连续型土两种类型。

（3）将不均匀土的颗粒组成划分为粗料和细料两部分，粗料、细料的区分原则如下：

对级配连续型土，采用几何平均粒径d_q作为区分粒径，粒径小于d_q的部分为细料。d_q按下式计算：

$$d_q=\sqrt{d_{70}d_{10}} \qquad \text{（式3.4-1）}$$

式中：d_{70}、d_{10}分别代表土中小于该粒径土的质量分别占70%和10%。

对于级配不连续型土，采用颗分曲线中段缺乏的粒径中的中间粒径作为区分粒径。例如缺乏1～5 mm的粒径，则区分粒径可取2.5 mm，即粒径小于2.5 mm的部分为细料。

（4）通过对一系列$C_u > 5$的级配连续型土和级配不连续型土的渗透变形试验结果分析发现：当细料含量$P < 25\%$时，土体的临界水力比降都很小（约为0.1～0.25之间），土体中细料均处于自由状态，内部结构是不稳定的，细料很容易被渗流带出土体之外，渗透破坏都是管涌型。当细料含量$P > 25\%$以后，临界水力比降随细料含量的增加而明显增大；特别当细料含量$P > 35\%$时，临界水力比降达到较大值并趋于稳定，此时，细料完全填满了粗料孔隙而且参与了骨架作用，渗透破坏型式均为流土型。表3.4-3列出了7种级配连续型土样的渗透变形试验结果。图3.4-2绘出了这7种土样的级配曲线。

表3.4-3 级配连续型土的渗透变形试验结果

土样编号	特征粒径/mm				$C_u=\frac{d_{60}}{d_{10}}$	细料含量		密度ρ_d /(g/cm³)	水力比降		试验破坏型式
	d_{70}	d_{60}	d_{20}	d_{10}		$d_q=\sqrt{d_{70}d_{10}}$ (mm)	P=(%)		破坏前 J_H	破坏时 J_P	
1	110	78	3.8	0.71	110	8.8	26	2.23	0.075	0.17	管涌型
2	45	33	2.7	0.46	72	4.5	22	2.19	0.2	0.44	管涌型
3	31	18	0.62	0.15	120	2.16	33	2.23	0.51	1.01	流土型
4	7	3.5	0.22	0.11	32	0.88	39	2.15	2.54	未测到	流土型
5	120	100	14	1.7	59	14	20	1.99	0.11	0.16	管涌型

续 表

土样编号	特征粒径/mm				$C_u=\frac{d_{60}}{d_{10}}$	细料含量		密度ρ_d /(g/cm³)	水力比降		试验破坏型式
	d_{70}	d_{60}	d_{20}	d_{10}		$d_q=\sqrt{d_{70}d_{10}}$ (mm)	P=(%)		破坏前 J_H	破坏时 J_P	
6	23	16	2.7	1.0	16	4.8	31		0.45	0.54	过渡型
7	40	37.5	0.82	0.27	139	3.3	27	2.1	0.15	0.26	管涌型

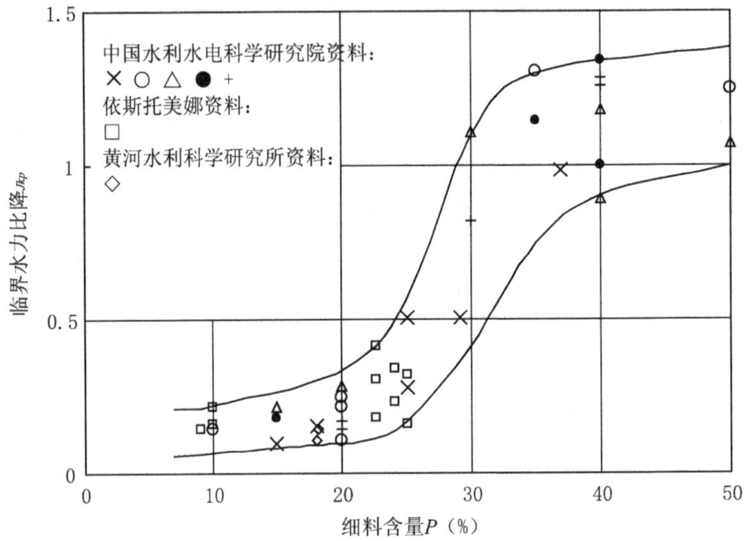

图 3.4-2 无粘性土临界水力比降与细料含量的关系曲线

根据以上试验结果的分析，对不均匀土（$C_u>5$）提出的渗透破坏型式判别准则如下：

管涌型：细料含量$P<25\%$

流土型：细料含量$P>35\%$

过渡型：细料含量$P=25\%\sim35\%$

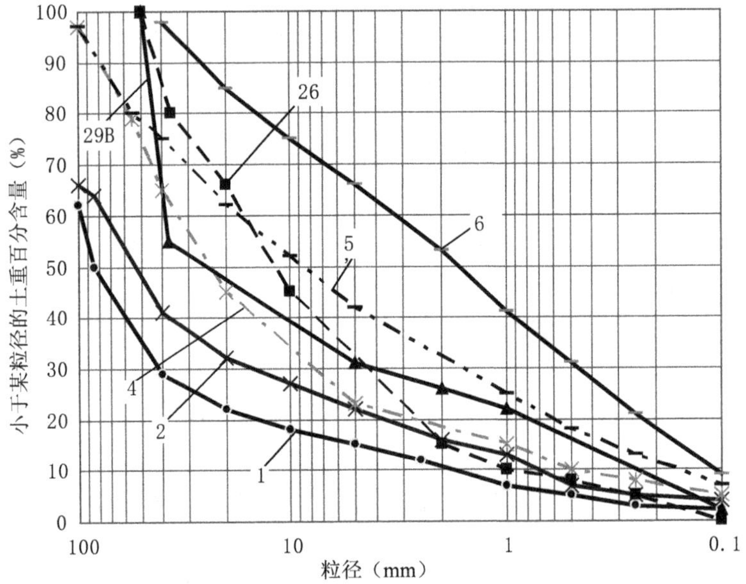

图 3.4-3 级配连续型土的颗粒组成曲线

2）有效孔隙直径法

该方法是以无粘性级配连续土中可移动细颗粒的某一粒径与该土体的孔隙平均直径做比较来判别土的渗透破坏型式。

天然无粘性级配连续土的孔隙平均直径D_0可按下式计算：

$$D_0 = 0.63nd_{20} \quad （式3.4-2）$$

式中：n代表土体的孔隙率，d_{20}代表土中小于该粒径土的质量占20%。

大量的试验研究结果表明：土中若有5%以上的细颗粒小于土的孔隙平均直径（即$D_0>d_5$），在较小的水力比降下细颗粒就会被渗流所带走，而且不断向深部发展，形成管涌型破坏；当$D_0 = d_3 \sim d_5$时，在较小的水力比降下，同样会有细颗粒被渗流带出土体，但渗透破坏型式为过渡型；当$D_0<d_3$时，土体可承受较大的水力比降，最终的渗透破坏型式呈流土破坏。据此，提出判别土的渗透破坏型式的准则如下：

管涌型：$D_0 > d_5$

流土型：$D_0 < d_3$

过渡型：$D_0 = d_3 \sim d_5$

将3.4-2式代入后，上述准则可表示为：

管涌型：$d_{20} > (1/0.63n)d_5$

流土型：$d_{20} < (1/0.63n)d_3$

过渡型：$(1/0.63\mathrm{n})d_3 \leqslant d_{20} \leqslant (1/0.63n)d_5$

以上各式中，d_5、d_3分别代表土中小于该粒径土的质量分别占5%和3%。

需要注意的是，这种方法一般只适用于级配连续型土，不适用于级配不连续型的土。

太沙基反滤层设计原理的引申法（以下简称“太沙基反滤准则法”）

该方法是将不均匀的无粘性天然土由某一粒径分成粗、细两部分，分别绘制粗、细两部分的级配曲线，并从粗料级配曲线上查得D_{15}，从细料级配曲线上查得d_{85}，当二者的比值满足以下太沙基反滤准则时，认为土体内部结构是稳定的，属流土型土，否则，为管涌型土。

$$D_{15}/d_{85} \leqslant 4 \quad （式3.4-3）$$

式中：D_{15}为粗料部分级配曲线纵坐标上小于该粒径含量15%时所对应的粒径；d_{85}为细料部分级配曲线纵坐标上小于该粒径含量85%时所对应的粒径。

关于粗、细料的区分粒径，面板坝工程大多采用5 mm。但刘杰建议采用2 mm作为区分粒径，同时，他认为该方法具有一定的可靠性，但对级配不连续土，当细料含量大于35%以后就失去其准确性。对于选用天然砂砾料直接加工的垫层料，可用以上几种方法对所选垫层料的内部渗透稳定性进行综合分析、判别。

3.4.2.4 人工碎石垫层料的渗透稳定性

人工碎石料与砂砾石的主要区别是碎石料的棱角多，浑圆度差。刘杰等对人工碎石垫层料的研究结果表明，同一级配条件下，碎石料干密度的变化范围大于砂砾石料，其最大干密度大于砂砾石料，最小干密度又小于砂砾石料，导致碎石料的渗透系数和抗渗强度的变化也较大。但碎石料的压实性能较好，当碎石料经过压实后相对密度$D_r > 0.7$时，其渗透系数显著减小，而抗渗强度则明显提高。刘杰通过试验和计算发现：如果采用前述天然砂砾石料的“有效孔隙直径法”对一些碎石垫层料的渗透破坏型式进行判别，结果大多属于管涌型（即内部结构不稳定型），但是，这些碎石垫层料在相对密度$D_r > 0.7$情况下的渗透试验结果却是内部结构稳定型。可见，在同一级配条件下，当相对密度$D_r >$ 0.7时，由于碎石土的棱角多，浑圆度差，其相邻颗粒之间的相互制约、咬合摩擦力较大，故碎石垫层料具有比天然砂砾石料更高的抗渗强度。同时，也反映出，碎石垫层料的渗透破坏型式还随相对密度而变化。

表3.4-4列出了3种小于5 mm含量分别为35%和55%的碎石垫层料渗透特性与渗透变形特性试验结果。

从表3.4-4中的数据可知，同样级配的碎石垫层料，在相对密度D_r不同时，表现出的渗透破坏型式也不同，相对密度D_r越小，出现管涌型破坏的可能性越大；小于5 mm的颗粒含量并不能准确反映垫层料的渗透系数和渗透稳定性，即垫层料的渗透系数和渗透稳定性不仅与小于5 mm的颗粒含量有关，实际上还与小于5 mm的细颗粒组成情况有关、与垫层料相对密度D_r的大小有关。

刘杰通过对人工碎石垫层料渗透特性的研究，提出建议：为确保碎石垫层料具有稳定良好的工作性状，压实后的相对密度应当大于0.7。

表 3.4-4 碎石料试样的渗透特性与渗透变形特性试验结果

试样编号	小于5 mm颗粒含量/%	小于0.1 mm颗粒含量/%	d_{20}/mm	不均匀系数C_u	干密度ρ_d/(g/cm^3)	孔隙n/%	相对密度=D_r	渗透系数k/(10^{-3} cm/s)	渗透临界比降	破坏水力比降	破坏型式
垫上	55	10	0.35	70	2.13	20	0.87	3.13		1.27	流土
					2.15	19	0.89	1.18	1.70	2.16	流土
					1.83	31	0.34	50.00	0.19	0.53	管涌
					2.00	25	0.66	7.04	0.71	1.40	流土
垫上Z	55	7	0.8	39	2.15	19	0.89	9.8	0.69	4.25	流土
					2.01	24	0.67	12.2	0.99	6.01	流土
					1.91	28	0.49	91.5	0.36	0.86	管涌
垫下	35	5	1.35	49	2.15	19	0.9	8.82	1.36	1.71	流土

3.4.2.5 垫层料的最佳级配及其工程应用

1)谢腊德界限

为避免垫层料在施工过程中发生分离，并考虑垫层料半透水性以及对粉质砂土能起反滤作用等要求，1985年谢腊德(Sherard)提出了对垫层料的期望颗粒级配组成，又称为垫层料的“谢腊德界限”，详见表3.4-5。“谢腊德界限”的提出对国内外面板堆石坝的建设产生了重大影响，反映在之后建成的面板坝工程中，大多数工程的垫层料级配曲线都在该“界限”的范围之内，或靠近该“界限”。图3.4-4绘出了垫层料的“谢腊德界限”及若干工程的垫层料级配曲线。

表 3.4-5 谢腊德垫层料期望颗粒级配组成

粒径/mm		75	37	19	4.76	0.6	0.075
小于某粒径含量的百分比/%	垫层料上限	100	95	80	55	30	12
	垫层料下限	90	70	55	35	8	2

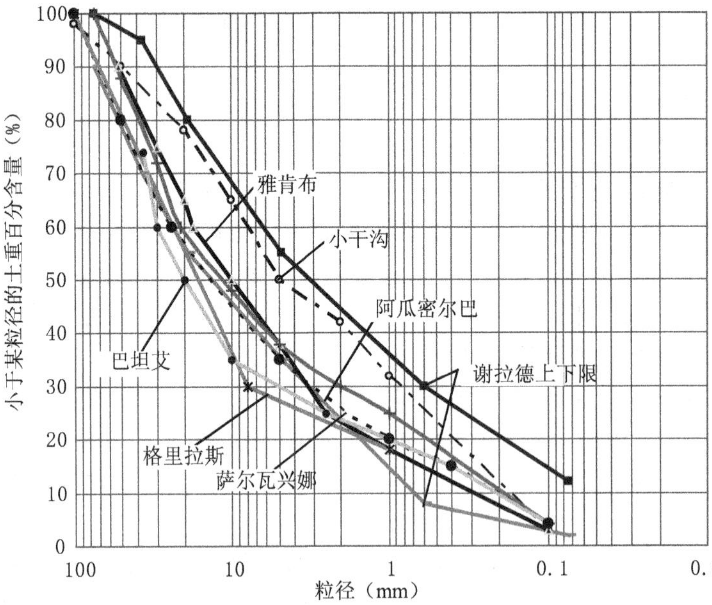

图 3.4-4 谢腊德界限及若干工程的垫层料级配曲线

对谢腊德垫层料颗粒级配组成，采用前述3种方法进行判别，情况如表3.4-6所示。

从三种方法判别结果来看，谢腊德垫层料的上下界限均具有良好的抗渗强度和内部稳定性，这也是该“界限”提出之后，国内外面板坝工程在垫层料设计时将其作为参照标准的重要原因之一。另外，新疆乌鲁瓦提工程采用大型高压渗透仪实验装置，严格按照谢腊德垫层料下限级配曲线配制试样，进行渗透试验。试验发现，当总渗透比降达到132（因设备条件的限制未能施加更大的比降）时也未产生渗透破坏，在总水头维持稳定时，内部各测压管水头变化不大，反映出垫层内部颗粒在渗流作用下，很少产生移动易位，处于结构稳定的状态。表明该级配的垫层料内部颗粒间互相制约，具有“自反滤性”。显然，从渗透稳定的角度看，这种垫层料具有良好的内部稳定性，能够承受更高的渗透比降。

表 3.4-6 谢腊德垫层料的渗透稳定性判别与评价

特性指标	C_u	C_c	细料含量法			有效孔隙直径法				太沙基反滤准则法			
			d_q/mm	细料含量 P/%	判别结果	d_{20}/mm	D_0/mm	d_5/mm	判别结果	D_{15}/mm	d_{85}/mm	D_{15}/d_{85}	判别结果
垫层料上限	108	0.92	0.85	35%	过渡	0.2	0.025			7.3	2.9	2.52（<4）	流土
垫层料下限	34.7	0.64	5.2	37%	流土	1.8	0.23	0.38	流土	8.8	3.5	2.5（<4）	流土

注：不均匀系数 $C_u=d_{60}/d_{10}$；曲率系数：$C_c=(d_{30})2/d_{60}\times d_{10}$；几何平均粒径：$d_q=\sqrt{d_{70}d_{10}}$；$D_0=0.63nd_{20}$（取 $n=20\%$ 计算）。

2）碎石垫层料最佳级配

刘杰根据人工碎石垫层料的试验研究成果和已建工程的经验，从垫层料的内部渗透稳定性、渗透系数应满足（10^{-3}～10^{-4}）cm/s数量级、垫层料应具有足够的抗剪强度、施工时不分离等要求出发，认为碎石垫层料的最大粒径不应超过100 mm，小于5 mm的颗粒含量应在30%～60%之间，应控制 d_{20} 在0.25 mm～1.5 mm范围内。据此，提出了碎石垫层料最佳级配的界限范围，见表3.4-7。同时强调碎石垫层料的相对密度应当大于0.7。经过对几种碎石垫层料渗透系数和抗剪强度的验证分析，认为只要碎石垫层料的级配曲线位于最佳级配的界限范围内，其渗透系数将在（10^{-3}～10^{-4}）cm/s数量级之间，抗剪强度指标将可达到 $c'\geq 40$ kPa，$\phi'>41°$。图3.4-5绘出了刘杰推荐的碎石垫层料最佳级配曲线及天生桥、西北口等工程的碎石垫层料的试验级配曲线。

对刘杰推荐的垫层料颗粒级配组成，也采用前述砂砾石的3种方法进行判别，情况如表3.4-7所示。

表 3.4-7 刘杰推荐的碎石垫层料最佳级配颗粒组成

粒径/mm		100	50	40	20	5	2	0.5	0.3	0.1
小于某粒径含量的百分比/%	垫层料上限			100	86	58	45	27	22	9
	垫层料下限	100	75	69	53	30	22	10	6	2

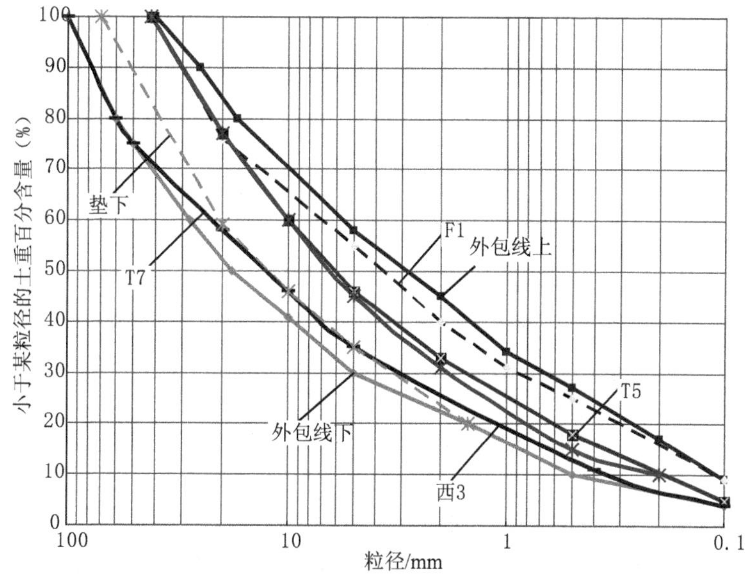

图 3.4-5 碎石垫层料最佳级配曲线及若干工程碎石垫层料级配曲线

表 3.4-8 碎石垫层料的渗透稳定性判别与评价

特性指标	C_u	C_c	细料含量法			有效孔隙直径法				太沙基反滤准则法			
			d_q/mm	细料含量P/%	判别结果	d_{20} /mm	D_0 /mm	d_5 /mm	判别结果	D_{15} /mm	d_{85} /mm	D_{15}/d_{85}	判别结果
垫层料上限	47.5	0.82	1.1	33%	过渡	0.26	0.033			7.2	2.7	2.67(＜4)	流土
垫层料下限	70	2.6	4.1	28%	过渡	1.5	0.18	0.2	流土	9.6	3.0	3.2(＜4)	流土

注：不均匀系数C_u=d_{60}/d_{10}；曲率系数：C_c=$(d_{30})^2/d_{60}\times d_{10}$；几何平均粒径：$d_q=\sqrt{d_{70}d_{10}}$；$D_0=0.63nd_{20}$（取$n=20\%$计算）。

由上标结果可见，即使采用砂砾石的判别方法，最佳的级配碎石垫层料也具有较好的抗渗强度和内部稳定性。由于在同一级配条件下，碎石料具有比砂砾石料更高的抗渗强度，所以，刘杰提出的碎石垫层料最佳级配上下限与“谢腊德界限”相比，细料含量要求偏低，即在细料含量方面放宽了要求。

3.4.3 垫层料设计与施工应注意的若干问题

3.4.3.1 垫层料级配曲线形状

为保证垫层料具有良好的抗渗强度和内部稳定性，在选择或配制垫层料时，对于砂砾石垫层料的级配曲线，建议以“谢腊德界限”作为参照标准；对碎石垫层料，可参考刘杰提出的“最佳级配曲线”来确定碎石垫层料的级配。

试验研究和工程实践均已表明，级配不连续土的抗渗比降较低，其内部结构不稳定，易发生渗透破坏。新疆乌鲁瓦提工程曾采用大型高压渗透仪实验装置，针对垫层料先后进行了3组试验。其中的一组以乌鲁瓦提河床天然砂砾石为原料，直接过筛制备垫层料，最大粒径为80 mm，小于5 mm颗粒含量占35%，小于0.1 mm颗粒含量为4%～7%。试验发现，随着渗透比降的增加，垫层内部的细颗粒不断被带出。当维持总水头不变时，垫层内部各测点处的测压管水头不断的变化调整，内部渗透比降也在变化，表明渗径上各点的渗透系数不断的变化(这反映出垫层内部的砂石颗粒在渗透水流作用下发生移动，易位调整)。当渗透比降达到13时，出水口大量涌砂，垫层产生了渗透破坏。而另一组完全按照谢腊德垫层料下限曲线配制试样，进行渗透试验的结果是：当总渗透比降达到132时也未产生渗透破坏。

从该试验样品的级配曲线可见，尽管其级配曲线位于谢腊德上下限范围内，且小于5 mm的颗粒含量也达到了35%，曲线的上段与谢腊德下限曲线相近，但其尾部却偏离谢腊德下限曲线，缺乏5～2.5 mm之间及0.6～1.3 mm之间的粒径，为级配不连续料。

对该不连续级配试验样品料分别采用细料含量法和太沙基反滤准则法进行判别，情况如下：

1)细料含量法：

由于该垫层料为级配不连续型，采用颗分曲线中缺乏的0.6 mm～1.3 mm之间的中间粒径作为粗细料的区分粒径，即$d_q=0.95$ mm，由该试验样品的级配曲线上查得细料含量P=27%，按细料含量法的标准应属过渡型，但细料含量偏小，已靠近管涌型的界限(P=25%)，因此，是一种抗渗比降较低的垫层料。

2)太沙基反滤准则法：

对该垫层料，按面板坝工程常用的方法，以5 mm作为粗、细料的区分粒径，分别绘制粗、细料的级配曲线。

从粗料级配曲线上查得：D_{15}=8.8 mm。

从细料级配曲线上查得：d_{85}=1.7 mm。

则$\dfrac{D_{15}}{d_{85}}=5.2>4$，属管涌型。

以上两种方法的判别结果表明：该垫层料的抗渗强度较低、内部结构稳定性较差，这与试验结果相吻合。

通过该垫层料的试验结果分析和理论判别分析可知：

生产垫层料时，仅控制小于5 mm的颗粒含量是不够的，即使在谢腊德级配上、下限范围内，也不能完全保证垫层料具有良好的渗透稳定性；级配不连续料的抗渗强度较低、内部结构稳定性较差。应避免采用不连续级配料作为垫层料。

3.4.3.2 垫层料密实度

对已建工程垫层料的试验研究发现，垫层料的内部渗透稳定性还与其密实程度相关。即同一级配垫层料，在密实情况下可能为非管涌型破坏，但在较疏松情况下则可能变成管涌型破坏。如前所述，这种特性，在人工碎石垫层料中表现的尤为突出。当垫层料的级配一定时，适当提高其密实度，即可降低其渗透系数，提高抗渗比降，增强内部渗透稳定性。这是因为垫层料的密实度增加后，其相邻颗粒之间的挟持与摩擦阻力增加（咬合摩擦增加），因而，垫层料的骨架与其填料的整个结构稳定性就增加了。因此，对于垫层这个关键部位，在施工时一定要按照规范要求达到填筑标准。

3.4.3.3 砂砾石垫层料在施工中的分离问题

砂砾石在施工过程中易产生粗、细颗粒分离的现象，粗、细颗粒分离后形成的粗粒层往往会形成贯通坝体上下游的渗漏通道，导致砂砾石的实际抗渗比降大大降低，极易发生渗透破坏。我国沟后水库混凝土面板砂砾石坝发生溃坝失事后，对溃坝原因的现场调查及溃坝模拟试验结果表明：该坝除了面板顶端与防浪墙之间止水破坏形成漏水通道外，垫层料的实际渗透系数过大和坝体砂砾石料因填筑厚度过大（1～1.45 m）造成严重分离、形成坝体内联通的水平向渗漏通道也是该坝失事的重要原因。因此，沟后坝的溃坝失事经验教训对于砂砾石垫层的施工也具有重要的借鉴意义，在混凝土面板砂砾石坝的施工过程中，对砂砾石垫层和砂砾石坝体，都应采取必要的措施防止发生粗、细颗粒分离。避免分离的主要措施是：保证垫层料中具有足够的小于5 mm的颗粒含量，并控制填筑厚度和最大粒径不要过大。

3.4.3.4 对垫层料的反滤保护

无粘性土渗透破坏试验研究和工程实践表明，垫层料的内部渗透稳定性不仅与细料含量、土体的孔隙平均直径大小等主要因素有关。还与密实度、级配曲线的形状（是否是级配不连续土）、不同料场取料造成的级配变异性以及施工过程中的分离情况等诸多因素有关。要使竣工后的实际垫层料完全达到理想状态往往是比较困难的，即使级配良好的垫层料，其抗渗强度也是有限的，因此，垫层区的抗渗稳定性，往往需要通过与垫层相邻的过渡层的层间关系来保证。已建工程的试验表明：当垫层的渗流出口有反滤保护时，其抗渗比降可达到100以上，例如，小干沟戈壁砂砾垫层料的抗渗比降达144～150，乌鲁瓦提垫层砂砾石料的抗渗比降达93，谢拉德的一组砂砾石试验，抗渗比降达210，天生桥新鲜堆石垫层料的抗渗比降达170，可见，在具有反滤保护的条件下，垫层料的抗渗性能会得到明显提高。

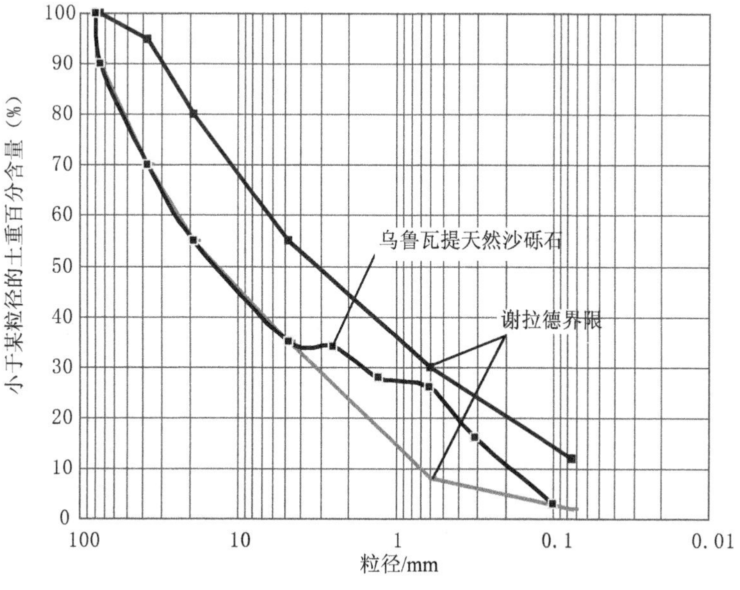

图 3.4-6 乌鲁瓦提天然砂砾石试验样品级配曲线

因此，为保证垫层料能够发挥其功效并避免产生影响大坝安全的渗透破坏，建议位于垫层之后的过渡料应具有对垫层料的反滤保护作用。由于在一般情况下，过渡料位于与垫层料的下部，渗流方向向下，故过渡料可按太沙基准则设计：

$$D_{15}/d_{85} \leqslant 4$$

$$D_{15}/d_{15} > 4$$

式中：D_{15}为过渡料级配曲线纵坐标上小于该粒径含量15%时所对应的粒径；d_{85}为垫层料级配曲线纵坐标上小于该粒径含量85%时所对应的粒径；d_{15}为垫层料级配曲线纵坐标上小于该粒径含量15%时所对应的粒径。

上述内容可判定，垫层料在混凝土面板坝的渗流控制起着至关重要的作用，其理论分析可总结为以下方面：

（1）垫层料的渗透稳定性可用以上几种方法进行综合分析判别，对于重要工程还需辅以试验研究进行验证。

（2）对采用砂砾石料作为垫层料的工程，应以谢拉德“界限”作为参照标准来确定垫层料的级配曲线；避免采用不连续级配料作为垫层料。

（3）对采用碎石料作为垫层料的工程，可参考刘杰推荐的“最佳级配曲线”确定垫层料的级配，细料含量的要求可适当放宽，但相对密度应不小于0.7。

（4）施工中应保证垫层料的密实度；同时，应控制填筑厚度和最大粒径，保证小于5 mm的颗粒含量，避免分离。

（5）在具有反滤保护的条件下，垫层料的抗渗性能会得到明显提高。

3.5 溢流面板坝技术进展

3.5.1 溢流混凝土面板堆石坝国内发展情况

为进一步推广混凝土面板堆石坝坝型的应用，简化枢纽布置，解决好峡谷地区当地材料坝设置开敞式溢洪道泄洪的矛盾，研究在堆石坝体上直接设置溢洪道的课题，是当前混凝土面板堆石坝研究中的重点课题之一。新疆早在1990年开始就开展了溢流混凝土面板堆石坝关键技术研究，结合榆树沟溢流面板堆石坝工程，开展结构设计和施工方法研究，取得了一系列重要研究成果。继澳大利亚克罗蒂(Crotty)坝之后，2002年率先在我国建成了第一座溢流面板堆石坝-哈密榆树沟溢流面板堆石坝，并及时得到推广。表3.5-1为国内外已建和在建的溢流混凝土面板堆石坝的情况。

表 3.5-1 国内外已建和在建的溢流混凝土面板堆石坝统计表

工程特性	Crotty坝	榆树沟坝	桐柏下库	大城水库
坝高/m	80	67.5	70.6	42
坝料	砂砾石、石英岩	堆石	堆石	堆石
溢洪道位置	坝体中部	坝体右岸	坝体中部	坝体中部
溢洪道泄槽净宽/m	12	22	27	8
溢洪道泄槽坡比	1:1.5	1:1.5	1:1.5	1:1.5
泄槽底板厚度/cm	50	60	60	40
最大泄流流量/(m^3/s)	234	420	496	200
最大单宽流量/[(m^3/s)/m]	19.5	21	19.08	25
最大工作水头/m	60	30	51.17	35
最大流速/(m/s)	30	26	28	24
消能形式	挑流消能	挑流消能	挑流消能	挑流消能
掺气槽数量	4	2	4	2
建成时间	1993	2002	2006	2006

3.5.2 榆树沟水库面板溢流坝枢纽布置

榆树沟水库工程由混凝土面板堆石坝、坝体溢洪道和导流输水洞组成。为避免溢洪道布置在基岩上引起高边坡的开挖，将溢洪道布置在右岸阶地填筑的堆石坝体上，导流输水洞布置在左岸，这不仅降低了溢洪道的落差，同时也为避免导流输水洞与溢洪道工作时的交叉干扰，枢纽布置（图3.5-1）运行管理方便，减少施工干扰，可降低工程投资。

大坝典型平面图参见图3.5-2。最大坝高67.5 m，在坝轴线以上设砂砾石主堆石区，结合滑塌体处理，在坝轴线以下设利用料区，全部采用清除滑塌体的开挖料填筑坝体，不另设料场。混凝土防渗面板厚度30～40 cm，在河床部位9块较长板块采用钢筋混凝土面板，在两侧阶地上坝高小于40 m的坝段上，均采用素混凝土的分离式面板。面板和趾板混凝土强度标号为：C45W10F300。

图 3.5-1 榆树沟水库工程平面布置图

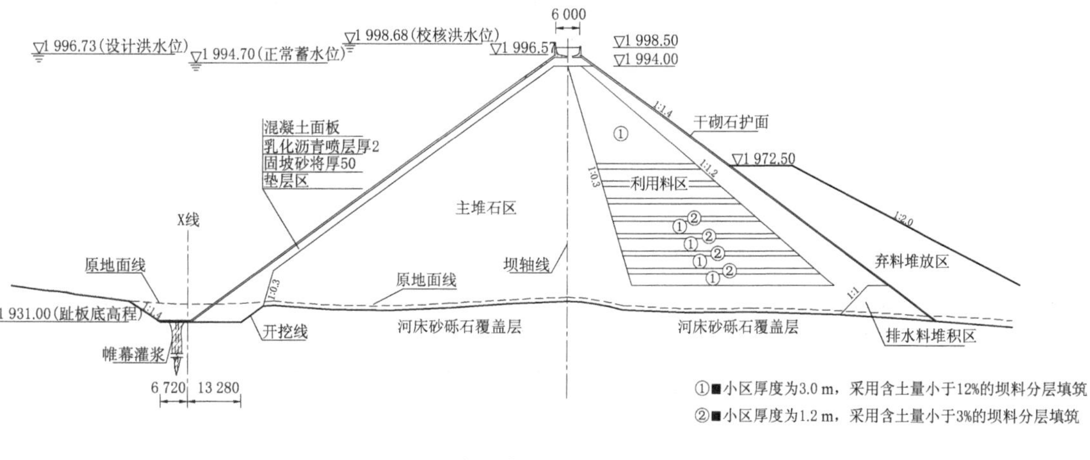

图 3.5-2 榆树沟水库坝体典型横剖面

工程于1999年9月截流，2000年10月基本建成，2001年6月库水位达到1 993 m，接近正常高水位。2001年10月对大坝及溢洪道进行了全面的表观检查：大坝工作正常，主坝段沉降量约13 mm，占坝高的0.192%；坝体溢洪道堰顶处沉降量为7 mm，占该段坝高的0.22%。坝体溢洪道于2002年7月正式泄洪，连续泄洪达半月，最大泄流量15.8 m^3/s。自建成以来，溢洪道每年汛期均泄洪，最大流量发生在2008年7月，达到26 m^3/s。但根据观测和检测，溢洪道工作良好。

3.5.3 坝体溢洪道结构设计

3.5.3.1 坝体溢洪道设计应遵循的几项基本准则

坝体溢洪道建筑在人工碾压填筑的堆石体上，同时又经受高速水流的作用，这无疑给大坝和溢洪道安全运行都将带来负面的影响。在认真研究当地材料坝，特别是混凝土面板堆石坝的建设经验基础上，深入总结国内外布置在软基上溢洪道工程建设的经验教训，榆树沟水库工程坝体溢洪道遵循以下基本设计准则：

（1）选好筑坝材料，严格控制填筑密度，以提高堆石体的垂直变形模量和水平变形模量，最大限度的控制溢洪道坝段的坝体绝对变形量；

（2）溢洪道的平面布置和纵横向体型，应力求缓变、平顺和规整，以防止折冲水流的发生，并减小动水荷载（含拖曳力、脉动压力和冲击力等）对设置在堆石体上泄槽的不利影响，防止结构失稳情况的出现；

（3）选择合理的掺气结构，以防止空蚀所造成的局部破坏；

（4）作好出口段的消能，防止溯源破坏的发生；

（5）坝体溢洪道的底板和边墙在结构上均应适当分段，并采用搭接-铰接连接，以消除因填筑坝体的变形而产生的超静定应力，防止出现结构断裂；

（6）做好接缝止水，以严格防止动水压力（如脉动压力、射流冲击压力、拖曳力等）传入泄槽底板下形成顶托力，造成结构破坏；

（7）合理设计堆石体的排水能力，以消除泄槽底板下的浮托力；

（8）强化溢洪道与堆石体锚固结构，以增加其间的连接强度，提高泄槽斜坡稳定性，加大系统的整体性；

（9）选择合理的溢洪道结构、体型和尺寸，使其自振频率远离高速水流脉动的基频，避免因共振导致结构失稳；

（10）选择高性能混凝土材料，提高泄槽自身抗空蚀破坏能力，并提高限裂抗裂能力。

3.5.3.2 坝体溢洪道段变形和渗流控制

（1）坝料选择。由于溢洪道是布置在堆石坝体上的混凝土结构，它对地基的变形非常敏感，因此堆石坝体填筑时必须达到合适的相对密度，使其具有较大的变形模量，以控制溢洪道的变形在安全的数量级内。根据表3.5-1国内外已建混凝土面板堆石坝主要技术特性对比分析可知，堆石料的级配对坝体变形有一定的影响。由原型观测成果可以看出：当不均匀系数大于10，小于25 mm颗粒含量接近30%时，其变形模量均较大，这说明合理坝料级配，能够获得最大干密度和较高的变形模量，但还必须控制细料的含量，以确保坝体排水通畅；坝料岩性对坝体的沉降变形影响不是很大，用软岩填筑的坝体，同样可以获得较高的变形模量，而用硬岩填筑的坝体其变形模量有时并不比软岩高，其变形也不小，因此，应避免选用超硬岩作为坝体溢洪道填筑坝料；碾压机具和碾压遍数对堆石体变形模量也有一定影响，国外一般都用10t振动碾，碾压4遍，而国内碾压遍数多大于8遍（见表3.5-2），普遍高于国外，近年来有许多的工程采用大于16t的重型碾进行施工，这也是国内各坝沉降量低于国外的一个重要原因。

根据上述经验，榆树沟溢洪道段的坝体填筑按以下方案施工：①采用最大粒径小于200 mm，<25 mm的颗粒含量大于25%，<0.1 mm颗粒含量为0的坝料填筑；②坝料的渗透系数不得小于10^{-2} cm/s，以保证坝体的自由排水性能；填筑相对密度大于0.85；③填筑范围距泄槽底板底面10 m；④施工时采用15 t拖挂式振动碾碾压，其遍数不得少于8～10遍。铺料厚度为0.8 m，并充分洒水，冬季不能洒水时，则碾压遍数不得少于10遍。

表 3.5-2 国内外已建混凝土面板堆石坝主要技术特性对比分析表

工程名称	河谷宽高比	岩性	堆石级配			变形模量(MPa)		碾压参数		
			C_u	<25 mm(%)	<5 mm(%)	E_v	E_w	层厚/m	碾重(t)	遍数
塞沙纳	2	石英岩	21	25	10	145	310	0.9	10	4
默其松	2.2	流纹岩	22	30	10	225	650	1.0	10	8
阿里亚	5	玄武岩	6	12	5	45	100	0.8	10	4
安其卡亚	1.8	角闪岩	14	27	8	138		0.6	10	4
谢罗罗	4.6	花岗岩	38	25	12	76		1.0	11	6
袋鼠溪		片岩	>50	50	30		140	0.9	10	4
西北口		灰岩	10	45	10	91		0.8	12	8
关门山		安山岩	8	25	5	163		0.8	15	12

(2)渗流控制。控制溢洪道坝段内的坝体渗流，防止出现浮托力，对设置在坝体上的泄槽稳定性具有重要意义。溢洪道坝体渗流来源，一是通过上游防渗面板周边缝、板间缝止水失效的渗水；二是两岸岸坡的绕渗；三是泄槽底板的渗漏。针对上述的原因除采用常规的工程措施，如强化止水结构、加强坝基灌浆、加强泄槽底板下的排水设计外，特别加强了坝体的总体排水设计，具体措施为：在大坝底部靠近河床部位填筑厚度12 m强透水坝料，并与坝体溢洪道下部的堆石体连通，增强坝体的排水能力；将坝体溢洪道布置在岸坡上，有利于形成横向排水，及时排走泄槽段坝体渗水；严格控制坝料的渗透性，尽量选用渗透系数较大的材料填筑坝体，当坝料渗透性不能满足要求时，也可采用交互式填筑，即分层填筑透水料和透水性较差的坝料，各层的厚度可依排水量的要求来确定。

3.5.3.3 坝体溢洪道结构设计

(1)坝体溢洪道的布置。根据榆树沟坝址的地形特点，将溢洪道布置在左岸一级阶地上(见图3.5-3)，溢洪道分为上、中、下三段，上段坐落于填筑的坝体上，该段落差30 m，长度为43 m，纵坡i=0.65；中、下两段均坐落于基岩上，纵坡i=0.1，其中中段由混凝土衬砌，长度为40 m，下段无衬砌，长度约160 m。溢洪道宽度均为22 m，不收缩，不扩散，以防止高速水流带来的不利影响。

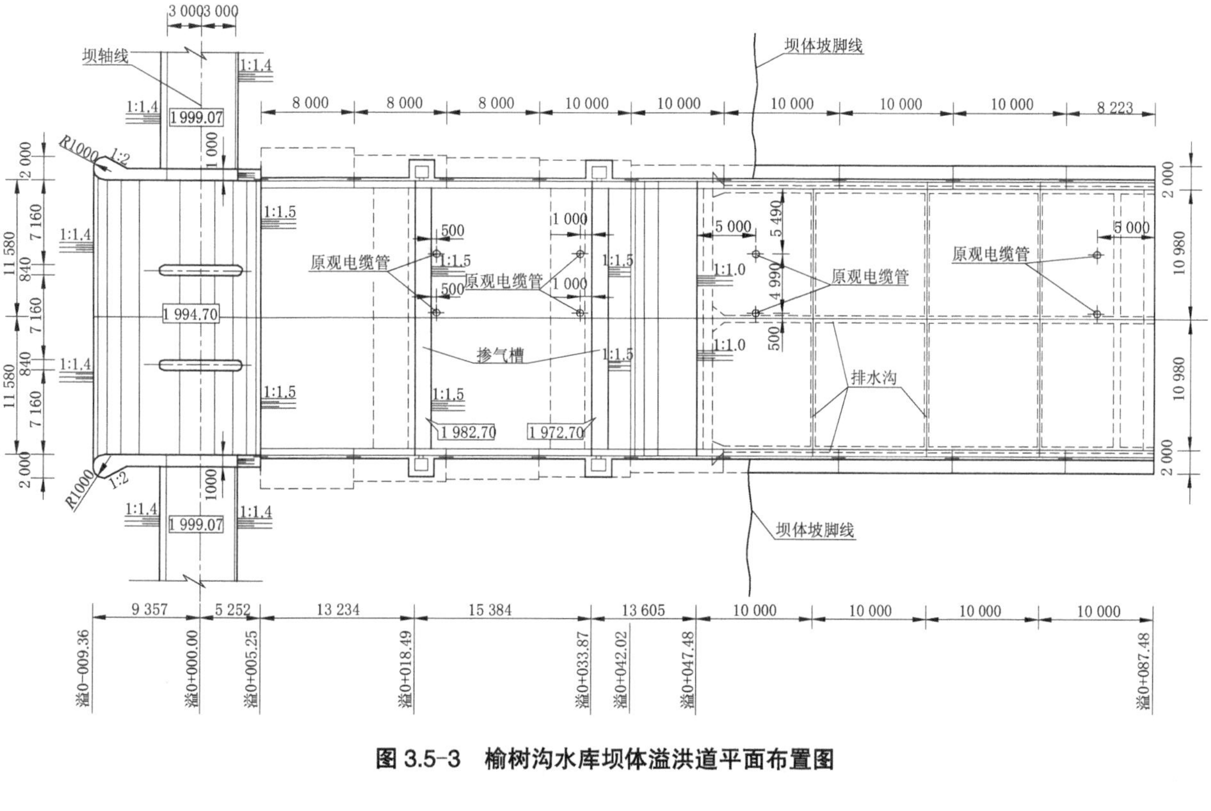

图 3.5-3 榆树沟水库坝体溢洪道平面布置图

(2)溢流堰。溢流堰采用圆弧与坝体上下边坡相切的园形堰，其流量系数高于一般的宽顶堰，最高洪水位时下泄单宽流量q=21 m^3/s·m。堰身及两岸导水墙采用C45～C50高性能钢筋混凝土浇筑，堰身最大厚度3 m。

(3)坝体泄槽段的体型和结构。泄槽段纵坡i=0.65，利用掺气槽将泄槽分为三段，纵向上采用叠瓦式构造（图3.5-4），上段底板与下段的底板搭接于掺气槽挑坎射流处，利用射流形成的空腔隔离泄槽内高速水流与横缝，防止动水压力传至泄槽底板下，形成顶托力导致失稳；在掺气槽上下段结合部采用滑动结构连接，以适应槽身的伸缩和小量的转动，这将消除超净定应力所带来的不利影响，当泄槽下坝体产生过大的不均匀沉降时，保证泄槽具有足够的适应变形的能力，以提高陡坡条件下泄槽的稳定性。上下段结合部构造见图3.5-5。在每段掺气槽的上部设一水平阻滑板，其长度为5 m，水平深入堆石坝体，再用长5 m、直径25 mm的钢筋混凝土，锚定于堆石体内，以增强泄槽与堆石坝体连接的整体刚度。

掺气槽对泄槽水力特性具有举足轻重的影响，研究和选择适宜的掺气槽体型，对改善泄槽水流流态及受力状态具有现实意义。根据水力模型研究和榆树沟坝体泄槽具体情况，射流挑出长度以控制在4 m左右为宜，可保证射流进入点水流平稳，引起的脉动压力和射流对泄槽底板的冲击力不大。射流挑出过大，将会使空腔内压力过低或出现较大范围的负压对泄槽底板稳定不利，过小又不能将射流挑到下游斜坡上，影响掺气。

泄槽底板设纵缝分为10.5 m宽的条块，采用滑动模板施工，以保证达到平整度的要求。缝内设紫铜止水以便在产生横向变形差接缝张开时，阻止水流进入泄槽底板底面。泄槽底板纵缝下设排水沟，并与横向排水沟相通，以排除积水，消除底板下浮托力。

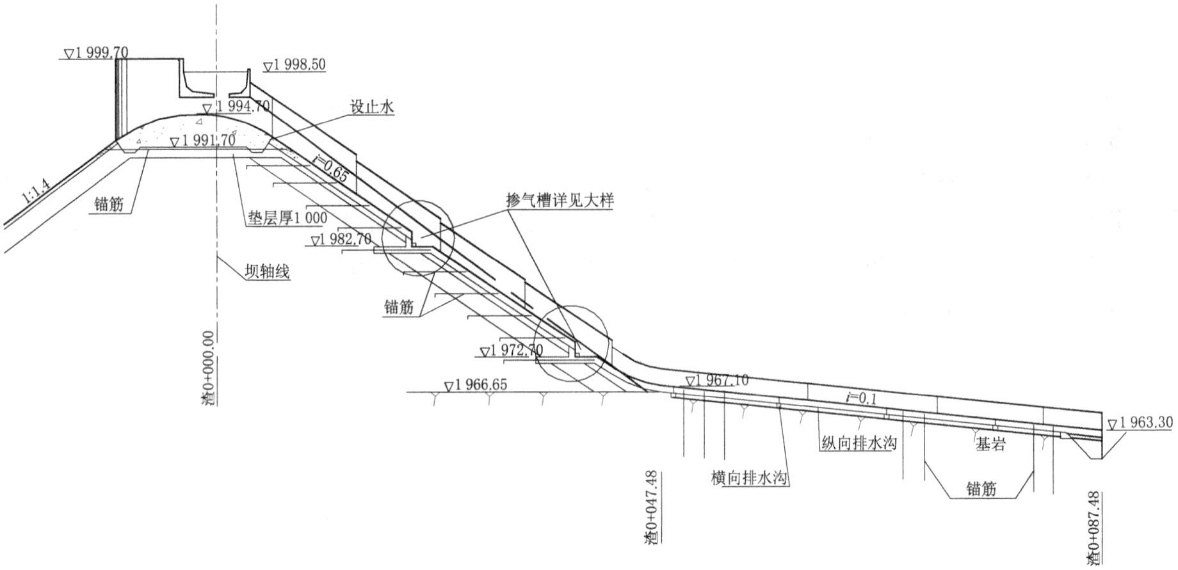

图 3.5-4　榆树沟水库坝体溢洪道纵剖面图

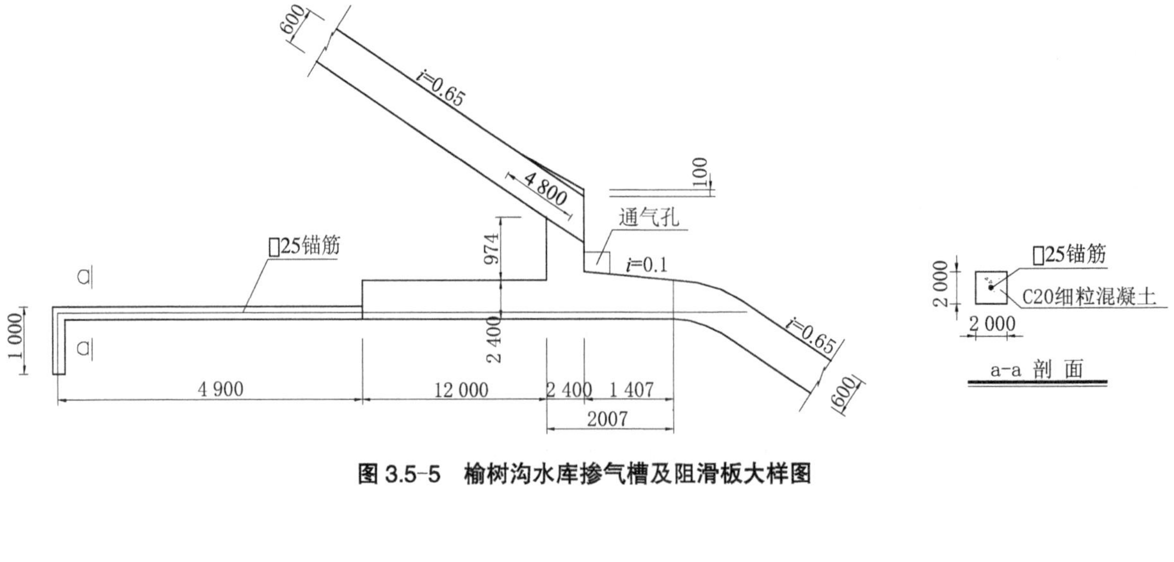

图 3.5-5　榆树沟水库掺气槽及阻滑板大样图

3.6 高趾墙的应用研究技术进展

3.6.1 高趾墙研究进展

高趾墙防渗结构可有效改善下切深河槽段大坝面板的受力形态及应力条件，使面板、趾板布置平顺。高趾墙基础需建在坚硬的新鲜岩层或弱风化岩层上，保证承载能力，周边采用固结灌浆和帷幕灌浆；趾墙两侧嵌入到边坡基岩上开凿的齿槽内，提高趾墙与河槽基岩咬合力和稳定性。趾墙顶部通过连接板与趾板和防渗面板连接，达到布置平顺的目的。趾墙中间设垂直伸缩缝，缝内设止水，避免由于混凝土温度变化使墙体产生温度裂缝。为防止蓄水后墙体两侧因受基岩约束和堆石体自身变形造成趾墙开裂，根据应力情况在趾墙上下游侧布置适当钢筋抗裂。坝料填筑时墙体两侧要同时上升，使墙体受力均衡。周边采固结灌浆和帷幕灌浆。若趾墙过高，水平跨度较大时，在趾墙下游适当位置增加扶臂支墩，改善墙体受力条件。扶臂的位置、数量和结构尺寸根据墙体最不利应力条件确定。该方案优点是：面板、趾板、连接板布置平顺，受力条件好；开挖、填筑工程量小，经济性好；趾墙与两岸和基底接触良好，刚性大、变形小、抗滑稳定性好。缺点是：墙体混凝土施工质量要求高，下游坝料填筑需待趾墙的混凝土强度达到一定要求后才能进行，施工周期较长，碾压质量不易控制，需采用小型夯板进行局部特殊处理，墙体的扶臂更增加了坝料填筑难度。

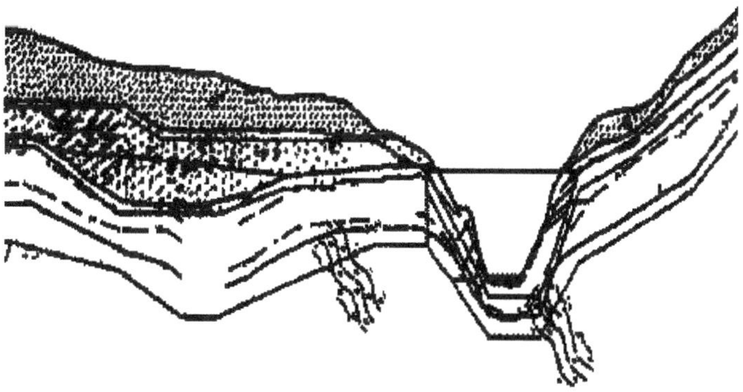

图 3.6-1 吉音坝址断面河谷形态图

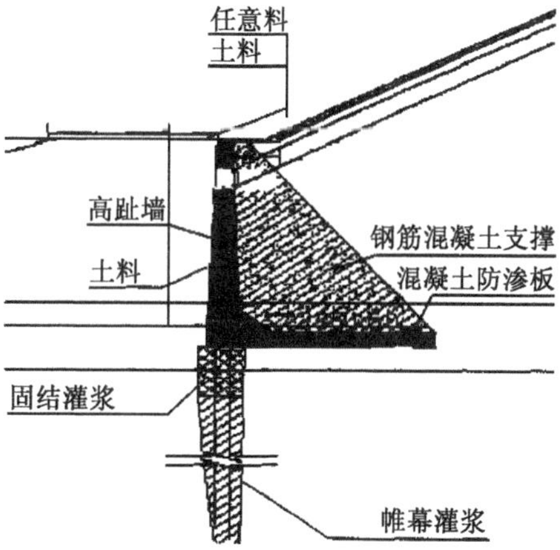

图 3.6-2 高趾墙防渗结构示意图

3.6.2 面板堆石坝高趾墙应用

1. 斯木塔斯水电站面板砂砾石坝

斯木塔斯水电站面板砂砾石坝，主坝最大坝高106 m，坝址位于峡谷段进口下游150 m处，岸坡走向与河谷走向近平行。两岸基岩裸露，岸坡较陡，坡度多在60°～85°，局部为陡坎，坡高为115～130 m，现代河床宽8～20 m。

该工程上游围堰建成一座堰顶较宽的刚性混凝土心墙坝，围堰堰体和防渗体按大坝主体工程的要求进行设计和施工，形成上游围堰与面板砂砾石坝相结合的形式，上游围堰中的刚性混凝土心墙即高趾墙，墙高31.5 m，墙顶宽度3 m，底宽8 m，上游侧为垂直坡。

采用高趾墙的优点是：

（1）上游围堰可与上游坝体完全结合，优化了枢纽布置，提高工程的度汛安全度；

（2）人工浇筑的混凝土防渗墙与河床覆盖层内槽孔混凝土防渗墙在施工期和运行期两者受力条件和变形趋势是相同的。尽管防渗墙底部拉应力较大，但防渗效果仍比槽孔混凝土防渗效果好；

（3）上游围堰与混凝土面板堆石坝相结合，可减少高陡边坡趾板布置难度。

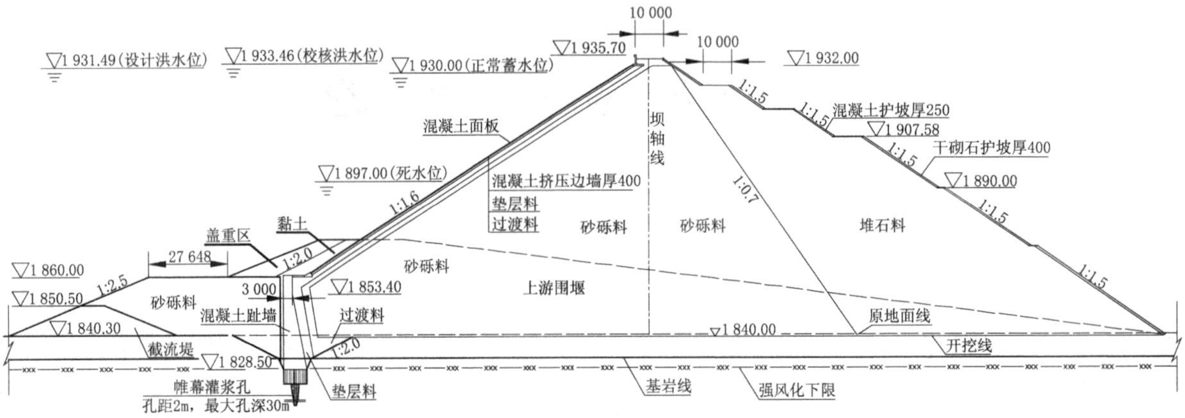

图 3.6-3　斯木塔斯水电站面板砂砾石坝典型剖面图

2. 吉音水利枢纽面板坝

吉音水利枢纽面板坝，最大坝高124.5 m，针对现代河床地形特点在下切河槽段采用40 m高高趾墙防渗，等腰梯形断面，顶宽2.0 m，最大墙高处底宽4.0 m。上下游侧布置限裂钢筋网，为保证高趾墙上下游在施工期及运行期受力相对均衡，在高趾墙上游填筑堆石盖重，顶宽15 m。

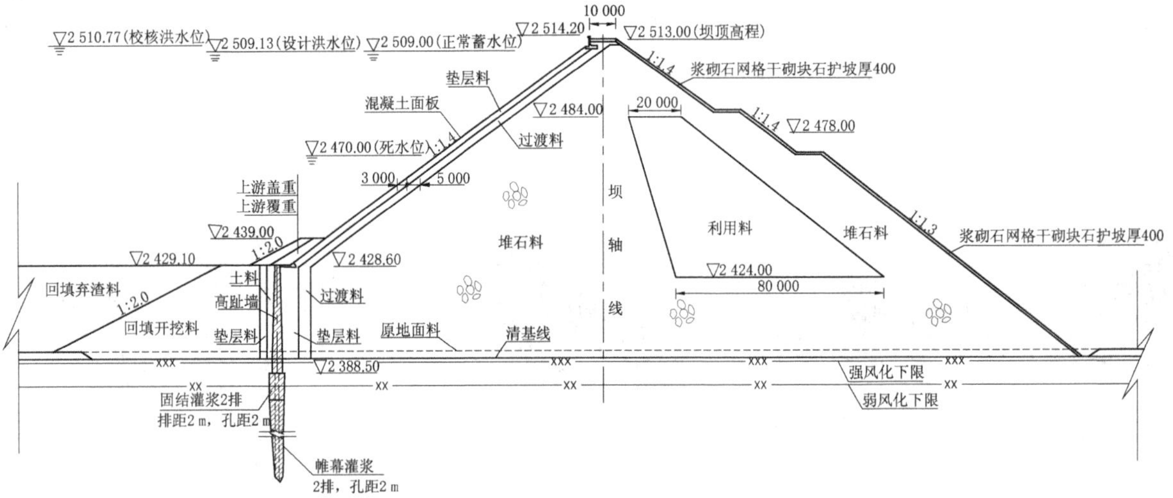

图 3.6-4　吉音水利枢纽混凝土面板堆石坝典型剖面图

对设有人工混凝土高防渗墙（防渗结构）的混凝土面板堆石坝这种结构形式，项目委托大连理工大学对混凝土面板堆石坝进行三维有限元应力和变形分析，计算结果如下：

① 混凝土高防渗墙应力：竣工期人工混凝土高防渗墙最大拉应力为3.6 MPa，发生在下游侧的底部局部范围。满蓄期人工混凝土高防渗墙最大拉应力为5.7 MPa，发生在上游侧的底部局部范围。人工浇筑的混凝土防渗墙底部坐在弱分化岩石上，防渗墙变形时墙体底部应力较大，河床覆盖层内槽孔混凝土防渗墙底部沉有石渣，槽孔混凝土防渗体变形时底部应力较小，但从防渗的角度看，槽孔混凝土防渗墙底部与基岩之间有石碴层存在对防渗是不利的。

② 连接缝的位移：人工混凝土高防渗墙和连接板之间的连接缝沿连接板法向最大剪切位移在满蓄期、地震中和震后分别为1.80 cm、2.01 cm和2.32 cm，均发生在人工混凝土高防渗墙中部附近，各连接缝的其他位移量值均很小。

从斯木塔斯水电站及吉音水库面板坝采用高趾墙的应用分析，设计施工应注意下列问题：

① 混凝土高趾墙（防渗结构）要有一定的厚度，便于高趾墙两侧填筑施工。上游围堰是坝体的一部分，围堰应按大坝主堆石体的质量和填筑标准填筑，施工时防渗墙上、下游两侧填筑应平行上升。

② 混凝土高趾墙上游侧回填体要有一定的宽度，能对人工高混凝土防渗墙起到有力的支撑作用，减小施工期人工高混凝土防渗墙向上游的位移。

③ 在混凝土高趾墙与混凝土趾板之间应设置水平连接板，以吸收坝体变形。

3.7 面板防裂技术进展

在新疆地区已完成多座高混凝土面板堆石坝建设，但由于特殊的气候环境，建坝工程区域大多具有严寒、温差大、湿度小的气候特点，这给混凝土面板施工及养护带来很大的困难。面板混凝土裂缝控制一直以来都是面板坝施工的重点难点，对工程耐久性也是极其重要的考验。一定意义上讲，对于百米级堆石或砂砾石坝的坝型选择也是一个重要的考量因素。乌鲁瓦提水利枢纽面板砂砾石坝、吉林台一级水电站面板砂砾石坝等都开展了大量的研究工作，取得了一定的成效。

近十年来建设的工程大多在施工中通过采取优化混凝土配合比设计、保持坝址区左右岸地形平顺、尽量采取高的设计填筑标准、合理坝体填筑分期、加强填筑质量控制、减少挤压边墙影响、控制滑模上升速度、混凝土浇筑完成后及时养护等各方面的细节控制，更好地控制面板混凝土质量，从而减少面板混凝土出现裂缝的可能。

大石峡、阿尔塔什等9度设防高面板坝多以砂砾石料为主堆石区，对于长年暴露在外部的三期面板抗冻要求可稍高一点，对特别寒冷地区可将抗冻等级提高至 F200 及以上。应增加面板结构有效厚度，150 m 级以上高坝面板顶部厚度不小于 40 cm，并在现有条件下尽量增大面板承压面积，即适当降低压性纵缝铜止水鼻子的高度，铜止水底部的砂浆垫层嵌入挤压边墙内，以减少压性纵缝顶部的V形槽的深度等。面板的配筋有单层双向和双层双向两种配筋型式，纵横向配筋率均按 0.4%左右控制；在面板受压区、垂直缝两侧、周边缝附近增加抗挤压钢筋，以提高面板边缘部位的抗挤压破坏能力。

防止坝体变形引起的面板结构性裂缝、增强面板混凝土自身的抗裂性能、从结构上增强面板适应变形的能力是至关重要的。预防面板混凝土产生温度与干缩性裂缝已形成完整技术措施；优选混凝土配合比，必要时对混凝土进行改性，如采用膨胀剂、高效减水剂等；注重减小垫层对面板的约束，强调混凝土的养护；要求周边缝附近地基形态平顺，避免面板的应力集中；吸取高面板坝发生挤压破坏的经验教训，将部分垂直缝设计成可压缩性缝，以降低面板混凝土的压应力。

3.7.1 面板裂缝成因分析

3.7.1.1 坝体变形协调问题

(1)坝址区地形地势。位于高山峡谷地带的工程，其坝址左右岸多为不对称地形。这种不对称地形在坝体沉降过程中不利于坝体整体变形协调，易导致面板裂缝的产生。

(2)设计填筑标准。各种坝料设计填筑标准对坝体质量控制起主要作用。据统计分析，采取较高的压实设计指标，坝体变形沉降值较小，混凝土面板产生裂缝较少。

(3)坝体填筑分期。合理的坝体填筑分期是保证坝体施工质量的重要部分，也是防止面板开裂的关键环节之一。根据对部分面板堆石坝填筑分期统计，在分期进行面板混凝土浇筑时，面板顶部坝体填筑超高较少，有的仅为2～3 m；在下一期坝体填筑时，上一期面板下部坝料沉降未收敛，导致面板下部脱空，易出现裂缝；另外，部分面板堆石坝分期填筑到设计高程后，坝体预沉降时间较短，坝体变形未收敛，也会导致面板脱空及裂缝的产生。

(4)填筑质量。混凝土面板是一个超大型的薄板结构，大坝作为混凝土面板最重要的支撑体，其填筑质量对坝体沉降变形影响较大。根据统计分析，部分面板堆石坝填筑完成后，坝体沉降值超过坝高1%，且较长时间内沉降不收敛，造成面板混凝土在水库运行期仍会出现挤压破碎、错台、开裂等问题。

(5)挤压边墙影响。由于挤压边墙位于垫层料和面板混凝土之间，作为一个需均匀受力的承载体，挤压边墙表面不平整，会对薄板结构面板产生影响。

3.7.1.2 混凝土配合比设计

混凝土原材料和配合比对混凝土的性能影响较大，很多工程由于配合比未充分考虑新疆当地温差大、蒸发大、湿度小的气候特点。在室内试验时，混凝土各项性能均能满足设计指标要求；但实际施工时，混凝土运输至现场后，在大风、高温、湿度小的自然条件下，混凝土塌落度损失大、流动性差，无法顺利在溜槽内流动；人为加水改变水灰比，导致混凝土性能改变，混凝土易产生裂缝。

3.7.1.3 约束对面板的影响

混凝土面板是一个超大型的薄板结构，混凝土约束底面积尺寸远远大于板厚尺寸，对薄板混凝土沿厚度方向的约束影响十分突出。由于约束面的约束限制了混凝土的变形，而薄板混凝土温度沿板的高度产生拉应力的变化很快，从而使得薄板混凝土表面产生的裂缝很快向下延展，形成贯穿性裂缝。同时，对新疆地区混凝土面板堆石坝面板裂缝规律的分析发现，混凝土面板Ⅰ序浇筑板块裂缝明显少于Ⅱ序浇筑板块；在一个混凝土面板上，面板底部裂缝明显多于面板上部裂缝。

3.7.1.4 混凝土浇筑的影响

面板混凝土施工与常规混凝土施工相比有很大区别，面板混凝土是超大薄板结构，混凝土施工工艺等一切活动，都是围绕尽量减少混凝土面板裂缝进行的，在面板浇筑过程中易出现以下几个问题：

(1)浇筑时段。由于新疆特殊的气候条件，夏季高温、秋季短暂、冬季高寒，面板混凝土施工黄金时节仅为春季4月～5月。因此，做好面板混凝土浇筑各项准备，安排4月、5月黄金浇筑时段进行施工，是有利于面板混凝土裂缝控制的重要手段。

(2)滑模提升速度。在一些工程实践中发现，当滑模提升相对较缓慢时，混凝土面板裂缝数量和规模明显较少。滑模上升速度宜控制在2.0 m/h左右。

(3)振捣。混凝土振捣在面板混凝土施工中是重要工序，振捣质量对裂缝产生有较大的影响。过振会使混凝土产生离析，水泥浆和粗骨料分离，粉煤灰及胶凝材料上浮，混凝土表面强度明显降低，易产生表层裂缝；漏振则会造成混凝土表面气泡过多、蜂窝、狗洞等缺陷。

(4)收面。滑模提升后要及时收面，当滑模滑升速度慢，温度较高时，混凝土表面易出现“假凝”或接近半初凝状态，混凝土面与滑模间的磨擦系数增大，滑模滑升后易在混凝土表面形成裂纹。虽然这样形成的裂纹不会太深，但若养护不当易形成裂缝。

(5)现场加水。由于混凝土配合比设计在大风、高蒸发等气候特点时适应性不足，导致配合比设计塌落度在现场损失严重，无法在溜槽内溜送，施工人员私自加水，改变了混凝土水灰比。

3.7.1.5 养护措施问题

(1)保湿。由于新疆河水多来自冰川融雪水，温度低，一般为几摄氏度。当混凝土内部温度较高时，若直接采用河水养护，会使混凝土面板内外温差大而产生温度裂缝。若养护水对混凝土形成的温降应力与干缩应力叠加，混凝土必将产生裂缝。

(2)保温。对新疆地区部分面板堆石坝的统计分析表明，较大裂缝一般都是温度应力的结果，而面板的温度应力来自于内外温差和均匀温降两个方面。在温度骤降的情况下，若施工期不采取保温措施，即使是骤降温差仅为5℃，温度应力仍会超过混凝土的允许应力，导致混凝土的开裂。

3.7.2 面板防裂措施进展

3.7.2.1 坝体变形协调控制

(1)坝址区左右岸地形平顺。坝址选址时，尽量选择左右岸地形较为对称，变形均匀部位；且开挖时将左右岸边坡突出岩体部位等进行处理，使两岸岸坡整体变形协调，提高适应性。

(2)采取高设计填筑标准。为减小坝体沉降变形，通过碾压试验应尽量按设计规范中填筑标准的上限进行控制；同时针对砂砾石面板堆石坝，在确定砂砾石最大、最小干密度时，应进行现场原型级配(大型)相对密度试验，避免缩尺效应的影响。

阿尔塔什面板堆石坝，采取SL228-2013《混凝土面板堆石坝设计规范》中最高指标，垫层料、过渡料和主堆石区砂砾石相对密度D_r不低于0.9，次堆石区爆破料孔隙率不低于19%。

(3)合理坝体填筑分期。做好坝体填筑分期，对加快坝体施工进度，保证阶段节点目标实现十分有益。在坝体分期填筑时，分期上游临时断面顶高程应至少超过分期面板浇筑顶高程10 m以上。超过150 m的高坝，临时断面顶高程超高不得低于15 m。同时，在坝体填筑时，尽可能采取“反抬式填筑方法”，以减小次堆石区的变形。

(4)加强填筑质量控制。应加强对料源质量控制，做好各种坝料碾压试验，确定最优碾压参数，施工时严格控制施工参数；同时，针对垫层料、过渡料、岸坡料、台阶和接缝等重要和薄弱部位，尤其要加强对碾压过程的控制。阿尔塔什大坝填筑过程中，采用数字化实时监控系统，对坝料填筑层厚、振动碾激振力、行走速度、碾压遍数等各个重要参数实现自动化监控；从而减少了人为管理中的薄弱环节，更有利于坝体填筑质量的控制。

（5）减少挤压边墙影响。减少挤压边墙的影响首先要做好挤压边墙的配合比试验，保证挤压边墙的低强度、低弹模属性，以适应坝体变形协调。同时，在挤压边墙施工时，做好挤压边墙表面平整度控制，减小表面不平整对薄板结构面板的影响。新版《混凝土面板堆石坝施工规范》（SL49—2015）中强调，坝高超过150 m的混凝土面板堆石坝如采取挤压边墙护坡，需进行专题论证研究。

3.7.2.2 优化混凝土配合比设计

混凝土原材料和配合比对混凝土的性能影响较大，在很多工程中进行了研究。如采用中低热硅酸盐水泥，掺加优质混凝土矿物掺合料，掺加一定量的纤维，掺加优质外加剂（减水剂、抗裂减缩剂等），降低混凝土入仓温度和采用人工破碎骨料等。同时，为确保混凝土配合比能满足新疆特殊的气候条件，施工现场应在相似的施工环境中进行模拟试验，通过模拟试验对配合比的适宜性进行检查、调整。

3.7.2.3 减少面板混凝土的约束

（1）减小挤压边墙对面板的约束。面板仓位准备前，应对挤压边墙表部平整度进行处理，形成一个平整的承载体，更有利于面板受力时均匀传递。目前，规范允许挤压边墙体形偏差为+50、-80 mm。阿尔塔什工程中，将挤压边墙表部平整度要求提升到+20、-30 mm，有效减小了对面板混凝土的影响；在挤压边墙表部喷涂乳化沥青或沥青砂浆，将面板混凝土和挤压边墙隔离；在钢筋仓位准备时，采取混凝土预制垫块或者马凳筋等替代架立钢筋，减小架立钢筋对面板的约束。

（2）减小面板Ⅰ、Ⅱ序垂直缝约束。做好垂直缝模板的设计，确保模板平整度满足要求，拆模后及时对Ⅰ序垂直缝面进行处理。针对受压垂直缝，设计采取设置沥青模板或喷涂沥青等，以便适应Ⅰ、Ⅱ序缝面沉降。在阿尔塔什面板堆石坝中，受压区Ⅰ、Ⅱ序垂直缝间设置2 cm结构缝，缝面间隔填充沥青木板，减小了缝面约束。

3.7.2.4 混凝土浇筑过程控制

（1）控制滑模上升速度。部分工程实践表明，滑模提升速度在低于2 m/h时，出现裂缝数量和规模明显减小。滑模每次提升高度控制在30～50 cm，避免长时间不提升滑模，混凝土蠕动造成裂缝。

（2）做好混凝土平仓及振捣。面板仓位宽度较宽时（12 m），仓内均布2条溜槽入仓，减小混凝土平仓难度，加强对混凝土振捣，避免漏振或过振对混凝土影响；做好防晒和防风工作，在溜槽上部安设牢靠的封闭式防风遮阳棚，减少混凝土水分蒸发和坍落度损失，以利于混凝土在溜槽内流动。由于新疆地区昼夜温差变化较大，加强混凝土坍落度检测，对出机口、入仓、仓面坍落度实时控制，及时调整混凝土配合比，确保混凝土获得良好的和易性，提高面板混凝土质量。

（3）及时收面。由于混凝土的凝结是随着气温、气候和温差等而改变的，为了消除混凝土早期出现的干缩裂缝，在常规收面工作后增加一次收面工序，在第一次收面与第二次收面之间，增加临时覆盖措施，减少水分散失，防止干缩缝的出现；在二次收面后开始养护覆盖，边覆盖边用水管喷洒养护，保证混凝土面保持湿润，面板浇筑完成后，采用长流水养护直至蓄水。

3.7.2.5 及时的养护措施

常用的养护方法是洒水和覆盖，而且要保证90天以上，不能因为浇Ⅱ序板和做表层止水而中断，最好能延长至水库蓄水。

（1）保湿。吉音水库、卡拉贝利水电站等工程，面板混凝土养护均采用温水，坝顶安装热水锅炉，面板混凝土内部埋设温度探头，专人负责监测气温、水温及混凝土内外温度，及时调整养护水温，确保面板混凝土内外温差小于20℃。

（2）保温。混凝土表面采取覆盖措施后，内部最高温度与表面温度之差就会降低很多，混凝土内部受外界影响将减小，产生裂缝的可能性变小。这一点对气温骤降频繁、昼夜温差较大的地区尤为重要。

（3）凝土收面以后要及时覆盖。及时覆盖一方面可以避免混凝土表面水分蒸发产生干缩裂缝，另一方面可降低混凝土内外温差避免产生温度裂缝。工程上常用的保温材料有线毯、棉被和无纺布，避免混凝土表面水分蒸发的覆盖材料有塑料布和土工膜。

（4）由于新疆地区春季风速较大，大风天气频繁，在混凝土面板施工时，要注意在面板两侧埋设地锚，用于固定面板养护覆盖物。

3.8 面板抗冻害技术进展

3.8.1 抗冻害材料的发展

耐久性和强度是混凝土的两大基本特性，是混凝土学科两个主要研究体系。目前，为提高混凝土耐久性，研究工作大多是从混凝土的材料入手，但这只初步提高了混凝土的耐久性。严寒及寒冷地区混凝土面板冻害问题（冻融、冰拔、冰推、冰撞）是影响混凝土耐久性的主因，冻害问题有待解决。水是混凝土结构耐久性降低诸多因素的载体，它通过裂缝或自身密实度不足进入混凝土内部，导致发生碱—集料破坏、侵蚀、膨胀、溶蚀和冻融破坏；而冻融、冰拔、冰推、冰撞现象也会直接对混凝土造成冻害破坏作用。因此，隔绝水、冰与混凝土的接触就是防止混凝土耐久性降低的重要途径。

聚氨酯类防水涂料、聚脲类防水涂料是近十几年来发展的新型防水涂料。外露型高强单组分聚氨酯（聚脲）防水涂料以功能性聚醚多元醇、脂肪族异氰酸酯以及自制的潜型固化剂为主要原料，与多种助剂和填料配制而成，接触空气中的湿气而室温固化，在整个反应过程中不会产生二氧化碳，可成膜任意厚度而不鼓泡。

外露型高强单组分聚氨酯（聚脲）防水涂料是新疆科能防水防护技术股份有限公司（科能股份）公司为改进施工便捷性、气候适应性，开发的一种无溶剂新型湿气固化高强度、抗冲耐磨防水防护涂料，兼备粘接与防水防护两大功能。该产品为外露型涂料，具有环保、耐黄变、高强度、良好的抗冲磨、防水性、抗老化性、与多种基材粘结性优良。是目前为止耐久性最长的柔性涂层之一（在阳光下暴露，耐久性至少30年以上），产品主要特点如下：

① 产品环保，性能稳定，低温柔性好。

② 超高耐久性，具有良好的的抗紫外线能力表面不粉化，耐黄变。具有耐强酸、耐强碱性能。

③ 超高力学性能，抗拉强度可达16～40 MPa，变形能力大，延伸率可达350%～550%，具有优异的高抗冲耐磨性。

④ 对于基材的浸润时间长，浸润性好，无需底涂。与多种基材（混凝土基材粘结强度≥4.0 MPa、钢铁基材粘结强度≥6.0 MPa、玻璃钢基材粘结强度≥8.0 MPa、花岗岩基材粘结强度≥2.5 MPa）粘结性优异。

⑤ 施工便利，颜色可调，既有手刷型又有喷涂型，手刷型应用于不同基材的粘接及构筑物空间狭小部分或较小面积的涂刷。使用寿命长，性价比高。

3.8.2 单组分聚氨酯（聚脲）防水涂料性能

单组分聚氨酯（脲）防水涂料既解决了聚氨酯涂料立面施工不留挂问题，又解决了喷涂聚脲因固化时间过快，导致附着力较差，有施工缺陷的问题。

表 3.8-1 单双组分防护涂料性能对比

项目	单组份聚氨酯（脲）防水涂料	双组分水工防护涂料
拉伸强度/MPa	28	13
断裂伸长率，%	540	420
粘结强度/MPa	5.3	3.5
抗老化/年	＞30	＞20
施工工艺	施工便利	施工复杂

参考不同行业防水材料的要求，如JC/T975-2005《道桥用防水涂料》、JTT 664-2006《公路工程土工合成材料 防水材料》、TBT 2965-2011《铁路混凝土桥面防水层技术条件》、GB/T528-2009《硫化橡

胶或热塑性橡胶拉伸应力应变性能的测定》等，建材行业制定了单组分聚脲防水涂料标准，JC/T2435-2018《单组分聚脲防水涂料》，2018年9月1日正式施行，具体技术指标见表3.8-2。单双组分聚脲防水涂料对比见表3.8-3。

表 3.8-2　外露型高强单组分聚氨酯（聚脲）防水涂料

序号	项目	计量单位	质量指标	实测值
1	拉伸强度	MPa	≥16.0	22.1
2	断裂伸长率	%	≥400	487
3	低温弯折性	℃	≤45℃无裂纹	-45℃无裂纹
4	不透水性	0.3 MPa 120 min	不透水	1.0 MPa 24 h
5	粘结强度	（干粘）Mpa	≥3.5	4.0
		（湿粘）Mpa	≥2.5	2.6
6	固体含量	%	≥85	94
7	表干时间	h	≤12	7
8	实干时间	h	≤24	15
9	耐磨性	mg	≤50	19
10	硬度		≥60	72

表 3.8-3　单双组分聚脲防水涂料对比

单组分聚脲特点	双组分聚脲特点
耐化学腐蚀，防渗效果及抗冲磨性能好；与基础混凝土粘接强度大于3.0 MPa（公司产品干粘≥3.5 MPa）。	材料本体抗冲磨性能好、耐老化（较单组分较差）；与基础混凝土粘接强度大于2.5 MPa。
单组分材料就一种材料，避免了施工中配合比不当造成质量缺陷，不需要专门的设备，分层施工，涂层厚度的均匀性及宽度可控，施工质量有保证。	喷涂聚脲对施工人员和喷涂设备要求极高，喷涂均匀性不易控制，可能出现局部强度偏低及厚度不均匀的情况。施工质量的好坏90%以上取决于施工人员的水平。
低温柔性好，在-45℃下仍保持50%以上的延伸率，能适应高寒地区低温环境的运行要求。	低温柔性较好，在—30℃下对折不产生裂纹。防渗、防冻效果好，耐化学腐蚀。
人工刮涂或机械喷涂皆可。但施工工艺简单，只要施工场地容许，可以多个工作面同时施工，局部缺陷修补使用同一种材料，施工方便。	机械喷涂施工，表面喷涂聚脲涂层施工速度快，但基层处理要求高。
单组分涂刷聚脲为脂肪族，耐老化性能好，表面不变色。	双组分聚脲有芳香族和脂肪族两种，脂肪族喷涂聚脲耐老化好，但成本很高。芳香族喷涂聚脲耐老化性差，表面会变色。
单组分涂刷聚脲需要分层施工，可以保证涂层厚度的均匀性，在混凝土裂缝表面及伸缩缝表面能增设胎基布。	喷涂聚脲快速固化，一次成型，立面不会流淌，但无法增设胎基布补强。
由于整体成膜性好，固化后无接缝、抗渗能力强。	材料反应速度极快，解决了以往喷涂工艺中易产生的流挂现象，可在任意曲面、斜面及垂直面上一次喷涂成型，但易收缩。

在跃进水库进行了拉拔检测，试验表明，涂料与混凝土粘接性能极佳，拉断的是混凝土。见图3.8-1。

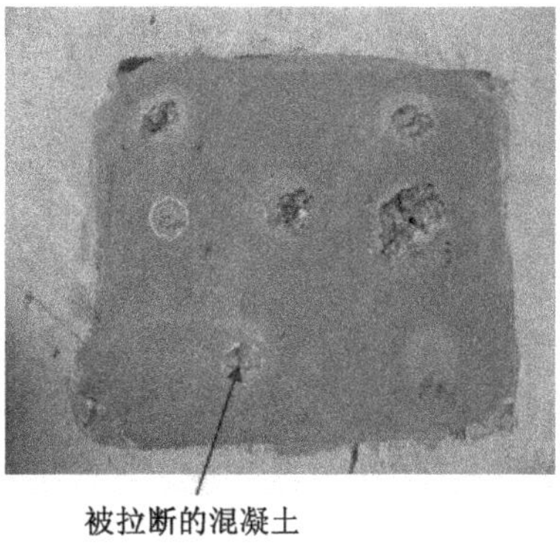

图 3.8-1　防水涂料与混凝土拉拔试验

3.8.3 典型工程应用案例

新疆喀腊塑克水利枢纽溢流面抗冲磨防护、吉林台一级混凝土面板、温泉水电站面板、苏巴什混凝土面板、卡拉贝利混凝土面板、吉音水库面板等工程采用了单组分涂刷聚氨酯(聚脲),尤其是涂刷在水位变动区,取得了良好的效果。高强度、高耐久、高耐磨、强防腐是该类产品的四大特点。通过多年运行的考验,证明单组分涂刷聚氨酯(聚脲)适用于处理混凝土伸缩缝、裂缝、大面积防渗及有抗冲磨要求的泄洪建筑物等水利水电工程以及防止海水腐蚀的海港工程。

苏巴什混凝土面板抗冻害防护涂刷

卡拉贝利混凝土面板抗冻害防护涂刷

吉音水库面板抗冻害保护涂刷

图 3.8-2 新疆典型面板坝面板抗冻害涂料防护涂刷

第四章 深厚覆盖层基础处理技术进展

4.1 深厚覆盖层特点

4.1.1 深厚覆盖层特点

深厚覆盖层是指堆积于河谷之中，厚度大于 30 m的第四纪松散堆积物（根据勘查资料，我国主要河流河床覆盖层厚度一般为数十米至百余米，局部地段达数百米），在西部地区，河谷深切和上覆深厚覆盖层现象较为显著，如大渡河支流南桠河冶勒水电站坝址区覆盖层厚度达 420 m，新疆下坂地水库坝址区河床覆盖层厚150 m。一般来说，深厚覆盖层结构松散，岩层不连续，岩性在水平和垂直两个方向上变化较大且成因复杂，物理力学性质呈现较大的不均匀性，是一种地质条件差且复杂的地基。河谷深厚覆盖层的存在，不仅严重影响和制约水利水电工程坝址的选择坝基防渗设计带来困难。深厚覆盖层坝基防渗一般多采用垂直防渗墙或倒挂井防渗措施。天山、昆仑山区域，大多数河流均存在深厚覆盖层问题，且大多是以冲积砂砾石层为主，个别工程还存在薄弱的黏土、粉土夹层。

4.1.2 坝基深厚覆盖层勘察

在新疆的山区水利水电工程建设中，在西昆仑山区、吐鲁番地区等部分断陷盆地普遍存在河床深厚覆盖层问题，如下坂地水库坝基覆盖层最深达150 m、阿尔塔什水库坝基覆盖层达100 m、大河沿水库坝基覆盖层达186 m等。以阿尔塔什水库为例，对我区深厚覆盖层的勘察评价作一简要介绍。

4.1.2.1 查明覆盖层最大厚度、结构、层次、河谷形态

据河床钻孔揭露和物探测试成果，坝址区河床基岩面总体由左侧向右侧倾斜，覆盖层厚度由左侧向右侧增加，一般厚约 20～78 m，河床深槽位于河床右侧，深槽部位覆盖层厚 78～100 m，槽底宽 20～60 m，目前钻孔揭露的最大厚度为93.9 m，属深厚覆盖层。深槽形态在横剖面上变化较大，呈左缓右陡不对称的"深槽型。见图4.1-1。

根据覆盖层颗粒组成、胶结程度、物理力学性质和工程特性的差异，河床覆盖层总体划分为二大层：上层为全新统冲积含漂石砂卵砾石层（Q_4^{al}），定为Ⅰ岩组；下层为中、上更新统冲积砂卵砾石层（Q_2^{al}），定为Ⅱ岩组。其分界面以河床普遍分布的一层似砾岩的砂卵砾石胶结层为标志。

（1）Ⅰ岩组：分布于现代河床覆盖层上部，厚度4.7～17.0 m，组成物以漂石、卵砾石为主，局部夹砂层透镜体。漂卵砾石成份以花岗岩、花岗片麻岩、凝灰砂岩、石英岩、灰岩及白云质灰岩等硬质岩为主，磨圆度较好，分析其原因，从物源区搬运沉积下来的卵石、漂石、砾石，大多经历了较长流程的冲刷、磨蚀，软质岩石成分的粗大颗粒绝大部分都难以堆积下来。该层骨架颗粒呈交错排列，大部分接触，从开挖断面上取出大颗粒，能保持颗粒凹面形状，开挖坑壁可保持稳定，坍塌现象少见。

（2）Ⅱ岩组：分布于现代河床覆盖层下部，组成物以砂卵砾石为主，夹多层缺细粒充填的卵砾石层（架空层），底部夹杂崩坡积块石和孤石，厚度36～93 m，成份以花岗岩、花岗片麻岩、凝灰砂岩、石英岩、灰岩及白云质灰岩等硬质岩为主，磨圆度较差。该层在堆积过程中经历过较长时间的超固结压密

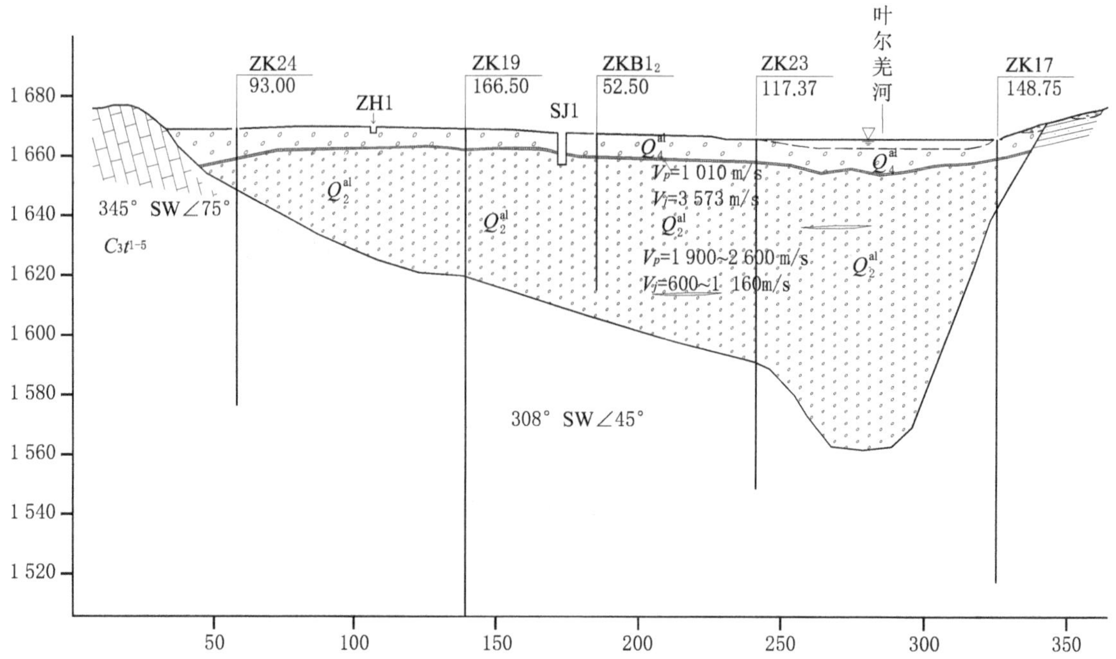

图 4.1-1 阿尔塔什水利枢纽混凝土砂砾石面板坝趾板线河床深槽形态

作用，剖面上局部形成薄层钙质胶结层，据钻孔揭露及物探测试，该层大多具弱～微胶结，纵波波速为1 900～2 800 m/s；剪切波速为600～1 200 m/s，其顶板部分胶结较好，似砾岩，在平面上边续分布，胶结似砾岩层的厚度0.4～0.6 m，物探测试其纵波波速为2 690～3 846 m/s。另外，该层夹有多层缺细粒充填的卵砾石层（架空层），组成物主要为粒径2～5 cm的卵砾石，基本无细粒充填，钻进中遇该层钻孔出现漏浆或不返浆现象，该层厚度0.15～1.2 m不等。

4.1.2.2 查明坝基覆盖层的主要物理力学性质

据试验资料，Ⅰ岩组天然干密度在2.21～2.26 g/cm^{3}之间，平均干密度2.26 g/cm^3；相对密度在0.74～0.89之间，平均相对密度0.83；饱和状态下抗剪强度内摩擦角在40和～42.5态之间，平均41.1均，咬合力在16.0～52.0 kPa之间，平均28.0 kPa；渗透系数在1×10^{-3}～7.8×10^{-3} cm/s之间，平均3.7×10^{-3} cm/s；现场大型载荷试验，Ⅰ岩组砂卵砾石层表部在4 MPa压力下仍没有发生破坏，变形模量在39.44～65.94 MPa之间，沉降量在9.28～36.43 mm之间，在4 MPa压力下压缩系数0.002 88～0.005 21 MPa^{-1}，压缩模量230.22～308.09 MPa，旁压模量为16.27～122.36 MPa，平均值67.23 MPa；计算的变形模量为81.36～437.36 MPa；平均值263.2 MPa。反映出Ⅰ岩组河床冲积砂卵砾石层属低压缩性土具有较高的承载能力。

Ⅱ岩组对砂砾石和架空层分别取样进行了室内试验，其中砂砾石二组样取自竖井，架空层样主要取自钻孔岩芯，砂砾石力学试验控制密度为天然干密度；架空层分别按最松和最紧密度控制。Ⅱ岩组砂砾石具弱～微胶结，天然干密度2.22～2.26 g/cm^3，相对密度0.84～0.92；饱和状态下抗剪强度内摩擦角41.5°～42.0°，咬合力14.0 kPa；渗透系数2.8×10^{-2}～3.5×10^{-2} cm/s；架空层最小控制干密度下的抗剪强度内摩擦角37.5°～38.0°，咬合力10.0～14.0 kPa；渗透系数1.0×10^{-1}～9.0×10^{-2} cm/s，平均1.84×10^{-1} cm/s；架空层最大控制干密度下的抗剪强度内摩擦角38.0°～40.5°，咬合力8.0～14.0 kPa；渗透系数2.6×10^{-2}～9.9×10^{-2} cm/s，平均5.88×10^{-2} cm/s。Ⅱ岩组砂卵砾石层在4 MPa压力下压缩系数0.0034～0.0040 MPa^{-1}，压缩模量307.25～363.85 MPa，属低压缩性土；Ⅱ岩组砂砾石层旁压模量在50.12～248.81 MPa范围内，平均值124.04 MPa；计算的变形模量在203.68～541.4 MPa；平均值339.88 MPa；Ⅱ岩组砾石层（架空层）旁压模量在9.16～29.42 MPa范围内，平均值17.9 MPa；计算的变形模量为40.82～142.09 MPa；平均值82.85 MPa。

4.1.2.3 河床深厚覆盖层的主要工程地质问题评价

1. 不均匀沉降问题

根据现场载荷试验、钻孔旁压试验、室内大型压缩、土工等试验成果及物探测试成果分析，坝基砂卵砾石层局部分布有厚度不大的砂层透镜体，覆盖层结构总体上较均一，其上部的干密度平均值为2.24 g/cm^3，相对密度平均值为0.85，呈密实状态。地震波纵波速度可达2 400～3 000 m/s，坝基覆盖层具结构紧密、承载力高、抗变形能力强、压缩性低、透水性强的特点，地层总体较均匀，无连续砂层分布，不存在大的不均匀沉陷问题，地基的压缩变形可能为局部的、瞬时的，随着施工期的结束，微弱沉降即可基本完成，对建成后的坝体影响不大，故修建土石坝是完全可行的。

2. 渗透及渗透稳定问题

河床砂卵砾石层颗粒粗大，透水性强，渗透系数可达2.93×10^{-1} cm/s属强透水层；其可能的渗透变形破坏形式主要为管涌型，抗渗稳定性差，其允许抗渗比降仅为0.1～0.15左右，水库蓄水后，在水头差作用下，存在渗漏和渗透稳定问题，故需采取防渗处理措施。

按"水利水电工程地质勘察规范"的方法判别（参见表4.1-1），河床卵砾石层的渗透变形破坏形式主要为管涌型。

表4.1-1 河床卵砾石层渗透变形形式判别表

试样编号	TK50	TK50-1	TK51	TK53	TK53-1	TK53-2	TK54	TK55	TK56
P_c/%	2	32	0.5	1.0	34	1.0	18	24	1.0
判别标准	＜25	25≤Pc＜35	＜25	＜25	25≤Pc＜35	＜25	＜25	＜25	＜25
渗透变形形式	管涌	过渡型	管涌	管涌	过渡型	管涌	管涌	管涌	管涌

3. 坝基砂土振动液化问题

目前部分钻孔揭露河砂砾卵石层中有中砂层分布，厚度一般0.30～0.5 m左右，砂层均为零星的透镜状或鸡窝状分布，水平延伸长度不大。由于砂层成层性很差，包裹在透水性很好的砂砾石中，孔隙水压力很容易消散，不存在振动液化的条件，而且埋藏深度大于15 m，所以无液化可能。

根据颗分资料，河床砂卵砾石层中粒径大于5 mm颗粒含量的质量百分率大于70%，相对密度为0.80～0.85，根据《水利水电工程地质勘察规范》的判别标准，河床砂卵砾石层在8度地震条件下不存在液化可能。另一方面，河床砂卵砾石层属强透水层，地震作用下不容易形成孔隙水压力上升，不利于产生地震液化。

通过阿尔塔什水利工程深厚覆盖层的专题勘察研究看出，对深厚覆盖层第一是要高度重视，针对深厚覆盖层开展专题研究，对每一阶段取得的研究成果都进行专家评审；第二要采用多种手段进行研究，如钻孔、竖井、物探、试验等，钻孔又包括清水钻孔、植物胶钻孔、水文地质钻孔、原位测试钻孔等，物探又包括电法、地震反射法、地震折射法、面波法、孔间CT对穿等，试验包括原位试验和室内试验，原位试验又包括原位载荷试验、超重型动力触探、旁压试验等。这样，虽然其深埋于地下，但基本做到对其情况了然于胸：覆盖层中无不良性质土夹层，可以做为当地材料坝坝基；其最大深度100 m左右，目前的防渗墙施工水平完全可以解决，不存在施工制约。

4.2 深厚覆盖层坝基防渗处理技术进展

4.2.1 防渗技术进展

4.2.1.1 国内外深覆盖层坝基防渗墙技术进展

坝址区河床深厚覆盖层的主要工程地质问题是：河床深厚覆盖层差异沉降、坝基渗漏、渗透变形、地震液化、强度及稳定问题等。覆盖层的物理力学特性对坝体和防渗墙应力变形性状的影响较大，覆盖层的刚度与防渗墙混凝土的刚度越接近，其变形协调性越好，防渗墙的应力状态越好。覆盖层地基处理首先应通过勘探和室内外试验，查研坝基覆盖层的分布情况、物理力学性质，分析承载力、变形特性和渗透稳定性，提供有限元计算参数，为基础处理设计提供可靠依据。与帷幕灌浆、高压旋喷等覆盖层基础处理措施相比，混凝土防渗墙适应各种地层的变形能力较强，防渗性能好。

国内外深厚覆盖层的渗控主要分为上游水平铺盖防渗和垂直防渗2种方法，或者是将两者相结合。其中坝基垂直防渗处理措施主要有3种：混凝土防渗墙、帷幕灌浆、混凝土防渗墙与帷幕灌浆相结合。

1. 国外深覆盖层坝基防渗墙技术进展

混凝土防渗墙技术在20世纪50年代初期起源于欧洲。先后在意大利、法国、墨西哥、加拿大、日本等国应用，1951～1952年在巴舍斯坝的导流围堰修建了世界上第一座连锁桩柱型防渗墙。1959年日本建成了中部电力田雉坝防渗工程。从20世纪60年代开始，混凝土防渗墙在世界坝工上得到迅速的发展。据不完全统计，仅20世纪60年代世界上建成的混凝土防渗墙就达30多座，其中墙深大于50 m的就有9座，分别是1953年建成的瑞士卡斯提勒托心墙土坝，坝高90 m，覆盖层大于100 m，防渗墙最大墙深52 m，墙厚2 m，成墙面积17 700 m^2；法国的维尔尼土坝覆盖层厚75 m，混凝土防渗墙最大墙深50 m，墙厚1.2 m；1960年建成的意大利的佐科罗斜墙土石坝，坝高66.5 m，覆盖层厚100 m，混凝土防渗墙最大墙深55 m，墙厚0.6 m，成墙面积33 100 m^2；1963年建成的哥伦比亚的加塔维塔斜心墙坝坝高54 m，覆盖层厚92 m，混凝土防渗墙最大墙深78.6 m，墙厚0.8 m；1964年建成的加拿大马尼克5号土石围堰，坝高72 m，覆盖层深76 m，混凝土防渗墙最大墙深77 m，墙厚0.61 m，成墙面积2 760 m^2；1964年还建成了哥伦比亚赛斯基勒心墙堆石坝，坝高52 m，覆盖层厚100 m，混凝土防渗墙最大墙深76 m，墙厚0.55 m；1964年还建成了阿勒克尼堆石坝，坝高51 m，覆盖层厚55 m，混凝土防渗墙最大墙深56 m，墙厚0.76 m，成墙面积10 700 m^2；1965年建成的加拿大阿罗坝土石围堰，坝高35 m，覆盖层厚51 m，混凝土防渗墙最大墙深52 m，墙厚0.75 m；1966年建成的墨西哥马莱罗斯心墙土坝，坝高60 m，覆盖层厚80 m，混凝土防渗墙最大墙深91.4 m，墙厚0.61 m，成墙面积15 160 m^2。

1970年至2000年之间，据不完全统计，坝基防渗墙墙深超过100 m的有4座，分别为1975年建成的加拿大马尼克3号主坝（心墙土石坝），坝高107 m，覆盖层130.4 m，防渗墙最大墙深131 m，墙厚0.61 m，成墙面积20 740 m^2；1972年建成的土耳其的凯版心墙土石坝，坝高207 m，防渗墙最大墙深100.6 m，墙厚1.5 m，成墙面积16 900 m^2；1987年建成的美国纳沃霍土坝，坝高110 m，防渗墙最大墙深110 m，墙厚1 m，成墙面积1 100 m^2；1990年建成的美国穆德山土石坝，坝高128 m，防渗墙最大墙深122.5 m，墙厚0.85 m，成墙面积1 100 m^2。

2. 国内深覆盖层坝基防渗墙技术进展

我国的坝基混凝土防渗墙建设始于20世纪50年代末期，1959年建成了密云水库坝基防渗墙，最大墙深44 m，墙厚0.8 m，成墙面积1.9万m^2。结合密云水库建设混凝土防渗墙的经验，1963年水利电力部水电建设总局编制颁发了我国首部防渗墙技术规范《水工建筑物砂砾石基础槽孔混凝土防渗墙工程施工技术规范》，进一步推动了混凝土防渗墙技术的发展。1967年建成了四川龚嘴水电站大型土石围堰的防渗墙，防渗墙最大深度为52 m，墙厚0.8 m，成墙面积12 382 m^2。70年代混凝土防渗墙被广泛应用于大坝除险加固工程中，其中江西柘林水电站大坝防渗墙最大墙深65.2 m，墙厚0.8 m，成墙面积达30 000 m^2；1977年建成的甘肃碧口水电站大坝坝基采用两道防渗墙防渗，最大墙深分别为41 m和65.5 m，总面积达11 955 m^2，其上游墙厚1.3 m，是当时国内厚度最大的防渗墙。

20世纪80年代，我国建成了20多座混凝土防渗墙，其中最为典型的工程是葛洲坝水利枢纽和四川铜子街水电站。葛洲坝水利枢纽大江围堰采用混凝土防渗墙作为防渗设施，防渗墙最大深度47.3 m，厚0.8 m，成墙面积74 421 m^2；四川铜街子水电站左深槽防渗墙，最大墙深74 m，主墙厚1 m。大江围堰的防渗墙成墙规模在80年代是最大的，施工中首次引进了日本液压导板抓斗挖槽，首次进行了拔管法施工防渗墙接头的试验，并取得成功。铜街子水电站防渗墙的深度在当时创国内纪录。

20世纪90年代，我国建成的混凝土防渗墙工程约40多座，进入了飞速发展期，同时在这一时期开始对塑性混凝土防渗墙进行研究，1992年首次在山西册田水库南副坝出险加固工程中成功应用于水利水电永久性工程，为我国土石坝工程应用塑性混凝土防渗墙奠定了良好的基础。1997年在四川冶勒水电站成功完成了当时最深的混凝土防渗墙段的试验施工，墙深100 m，长7.8 m，墙厚1 m。该工程2005年建成，防渗墙深140 m+帷幕深60 m，其中防渗墙分两段施工，中间通过防渗墙施工廊道连接，其中工程廊道内施工的防渗墙最大设计深度78 m，墙厚1 m，施工廊道为6 m工廊道为分（宽 × 高）。该工程创造了当时混凝土防渗墙施工的最深记录。20世纪90年代后至今，我国的混凝土防渗墙技术有了新的突破，出现了大渡河瀑布沟水电站、新疆下坂地水利枢纽工程、黄金坪、直孔水电站、狮子坪等一大批防渗墙深度大于70 m的项目。2014年10月27日水利部发布了《水利水电工程混凝土防渗墙施工技术规范》（SL174-2014）。

我国在深厚覆盖层上修建大坝有很多成功的经验和失败的教训，已建成的小浪底斜心墙坝，采用混凝土防渗墙与水平铺盖相结合的防渗型式，为深覆盖层上修建即厚又深的混凝土防渗墙，积累了宝贵的经验。四川冶勒水电站，建造于高震区、超过400 m的深厚不均匀覆盖层上，采用混凝土防渗墙接帷幕灌浆联合防渗，防渗墙深度，居世界之首。据不完全统计，我国深度超过40 m的防渗墙已有80道左右。国内部分深厚覆盖层上土石坝基础处理措施见表4.2-1。随着坝高的不断提升，如何解决深厚覆盖层高土石坝混凝土防渗墙应力过大将成为今后坝基处理的关键研究问题。

表 4.2-1 国内部分深厚覆盖层上土石坝基础处理措施统计

序号	坝名	建成年	坝型	坝高	河床覆盖层		
					最大厚度/m	覆盖层土类型	基础防渗形式
1	十三陵水库（坝基加固）	1970	黏土斜墙土石坝	29	60	砂砾石	混凝土防渗墙60 m
2	密云水库	1960	黏土斜墙土石坝	66	44	砂砾石	混凝土防渗墙47 m
3	碧口	1977	心墙坝	102	40	砂砾石	两道混凝土防渗墙深度分别为41 m、68.5 m
4	瀑布沟	在建	砾石土心墙坝	188	75	漂石、砾卵石加砂	两道全封闭混凝土防渗墙最深70 m
5	长河坝	拟建	砾石土心墙坝	240	70	漂石、卵砾石加砂	混凝土防渗墙50 m
6	小浪底	2001	斜心墙堆石坝	160	80	砂、砂砾石互层	防渗墙深82 m+水平铺盖
7	狮子坪	在建	碎石土心墙堆石坝	136	110	砾卵石、砂、壤土	混凝土防渗墙90 m
8	泸定	在建	土质心墙堆石坝	85.5	148	砂砾石	80 m深混凝土防渗墙下接帷幕灌浆
9	柯柯亚	1982	混凝土面板砂砾石坝	41.5	37.5	砂卵砾石	混凝土防渗墙37.5 m
10	梅溪	1997	混凝土面板坝	41	30	砂卵砾石	混凝土防渗墙平均深37.5 m
11	那兰	2005	面板堆石坝	109	24.3	卵砾石加中细砂	混凝土防渗墙
12	察汗乌苏	2007	面板堆石坝	110	46.7	漂石、砂卵砾石、中粗砂	混凝土防渗墙深40.8 m
13	仁宗海	2008	面板堆石坝	56	大于150	砂砾石及淤泥质壤土	悬挂式混凝土防渗墙最大墙深80.5 m
14	斜卡	在建	面板堆石坝	108.20	45～100	砂卵砾石	混凝土防渗墙
15	坎尔其	2001	沥青混凝土心墙坝	51.3	40	冲积含漂砾砂卵砾石	槽孔混凝土防渗墙深40 m
16	冶勒	2005	沥青混凝土心墙坝	125.5	大于420	弱胶结砂卵砾石、粉质壤土	防渗墙深140 m+帷幕深60 m
17	下坂地	2010	沥青混凝土心墙坝	78.0	150	冰碛、漂块砾石、砂层	防渗墙深85 m+帷幕深66 m
18	福堂	已建	混凝土坝	31	93	砂卵砾石	悬挂式混凝土防渗墙墙深34.5 m，加水平铺盖
19	老虎嘴左副坝	在建	混凝土坝	约24	206	砂砾石	悬挂式混凝土防渗墙深80 m
20	江边	在建	混凝土坝	32	100	砂卵砾石	悬挂式混凝土防渗墙深40 m

4.2.1.2 新疆深覆盖层坝基防渗墙技术进展

新疆在深厚覆盖层上建坝的实例也很多，1982年建成的柯柯亚水库是我国第一座建在深厚覆盖层上的面板砂砾石坝，混凝土防渗墙最大深度达37.5 m。2001年建成的坎尔其水库是我国第一座建在深厚覆盖层上的沥青混凝土心墙砂砾石坝，槽孔混凝土防渗墙最大深度达40 m。2010年建成的下坂地水利枢纽的最大覆盖层深度为150 m，混凝土防渗墙最大深度85 m，墙下帷幕灌浆最大深度66 m。正在施工的阿尔塔什混凝土面板砂砾石坝的最大覆盖层深度为93 m，混凝土防渗墙最深达100 m，是目前国内土石坝坝基中比较深的防渗墙。据不完全统计，新疆也有多座工程坐落在深厚覆盖层上，见表4.2-2。

这些工程的建设，为新疆的深覆盖层坝基防渗墙技术提供了有力的技术保障。

表 4.2-2 新疆深厚覆盖层上建坝工程建设统计表

序号	水库大坝	坝型	建成年	坝高/m	覆盖层最大厚度/m	坝基土质性质	坝基防渗形式	防渗墙厚度/mm
1	大河沿水库	沥青心墙	在建	75	186	砂卵砾石	河床防渗墙186 m，两岸防渗墙+帷幕灌浆	1 000
2	下坂地	沥青心墙	2010	78	150	冰碛、漂块砾石、砂层	混凝土防渗墙最大深度85 m+帷幕灌浆最大深度66 m	1 000
3	38团石门水库	沥青心墙	在建	75.5	119	漂卵砾石、冰积砂卵砾石	防渗墙+帷幕灌浆	1 000
4	托帕水库	沥青心墙	在建	61.5	110	冲积砂卵砾石	防渗墙	1 000
5	库尔干	面板砂砾石	拟建	76	100	冲积砂卵砾石	混凝土防渗墙+帷幕灌浆	800
6	乔诺水库	沥青心墙	拟建	61.2	120	冲积砂卵砾石	防渗墙	1 000
7	阿尔塔什	面板砂砾石	拟建	164.8	93	砂卵砾石	槽孔混凝土防渗墙100 m +帷幕灌浆最大深度70 m	1 200
8	依扎克	面板砂砾石	拟建	163.6	75	砂砾石	混凝土防渗墙67 m +帷幕灌浆最大深度100 m	800
9	阿克肖	面板砂砾石	拟建	78	72	砂卵砾石	混凝土防渗墙	800
10	二塘沟	沥青心墙	拟建	64.8	65	含漂砾的砂卵砾石	槽孔混凝土防渗墙+帷幕灌浆	1 000
11	白杨河水库	黏土心墙	在建	78	48	砂卵砾石	混凝土防渗墙最大深度48 m+帷幕灌浆最大深度54 m	800
12	察汗乌苏	面板砂砾石	2007	110	47	漂石、砂卵砾石、中粗砂	混凝土防渗墙最大深度41.8+帷幕灌浆	1 200
13	米兰河山口	沥青心墙	拟建	83	45	砂砾石	混凝土防渗墙+帷幕灌浆	600
14	坎尔其	沥青心墙	2001	51.3	40	含漂砾的砂卵砾石	槽孔混凝土防渗墙最大深度40 m	800
15	吉尔格勒德	面板砂砾石坝	在建	101.5	40	砂卵砾石	混凝土防渗墙+帷幕灌浆	1 000
16	奥依阿额孜	沥青心墙	拟建	92.5	40	冲积卵砾石	混凝土防渗墙最大深度40 m	800
17	柯柯亚	面板砂砾石坝	1982	41.5	37.5	冲积砂砾层	混凝土防渗墙最大深度37.5 m	800
18	哈德布特	沥青心墙	在建	43.5	31	含漂石的砂卵砾石	混凝土防渗墙最大深度30.3 m	800

新疆深厚覆盖层坝基防渗一般采用垂直防渗墙或倒挂井防渗措施。对于大多数大坝工程，一般均采用防渗墙至基岩，基岩下再接帷幕进行基础防渗处理。下坂地、大河沿、阿尔塔什、托帕水库等水利枢纽工程都采用防渗墙为主处理主河槽并辅以帷幕灌浆，而两岸坝肩则大多采用单排或双排帷幕灌浆形式进行坝基防渗处理。

已建的下坂地水利枢纽坝基河床覆盖层主要由冲积砂砾石层、湖积软黏土层、土砂层、冰碛及冰水积层组成，渗透系数为1×10^{-1} cm/s，采用“上墙下幕”垂直防渗型式，防渗墙深85 m、厚1 m，灌浆帷幕深10 m，布置4排灌浆孔。坝基渗流控制标准为：渗流量小于多年平均流量的1%，即小于0.346 m^3/s，砂砾石层容许水力坡降小于0.1，渗透系数小于1×10^{-4} cm/s。现场检测表明，成墙质量和帷幕灌浆满足设计对坝基渗流控制预期目标。“钻抓法”成槽工艺墙体深度（102 m）；预埋灌浆管深度（100 m）和接头管起拔深度（72.7 m）均创造了当时国内新记录。

坝基砂砾石帷幕灌浆段位于桩号0+148.00～0+300.00 m之间。在防渗墙内预埋1排灌浆管，预埋管采用ϕ121×5.5 mm钢管，预埋管间距2.0 m，左岸最大埋管深度为85.0 m，右岸最大埋管深度为76.0 m。防渗墙下部帷幕深度为10.0 m，按4排帷幕布置。防渗墙上游1排，墙下1排，防渗墙下游布置2排。墙体以外的3排灌浆孔，上部70.0 m空钻段下设护壁套管，护壁套管采用ϕ121×5.5钢管。帷幕第1、2排及第3、4排之间排距为2.5 m；第2、3排结合灌浆廊道的布置取排距为3.2 m。第1、3、4排孔距2.5 m；第2排（防渗墙下帷幕）与基岩灌浆主帷幕对应，孔距2.0 m。

根据地质钻孔和帷幕灌浆试验资料，坝基下覆盖层和基岩结合部位存在强透水带，为加强该部位灌浆效果，帷幕灌浆孔第1、2、3排伸入基岩，其中第2排孔伸入基岩10.0 m，第1、3排孔伸入基岩5.0 m。墙幕搭接长度为10.0 m。灌浆孔最大深度156.0 m。

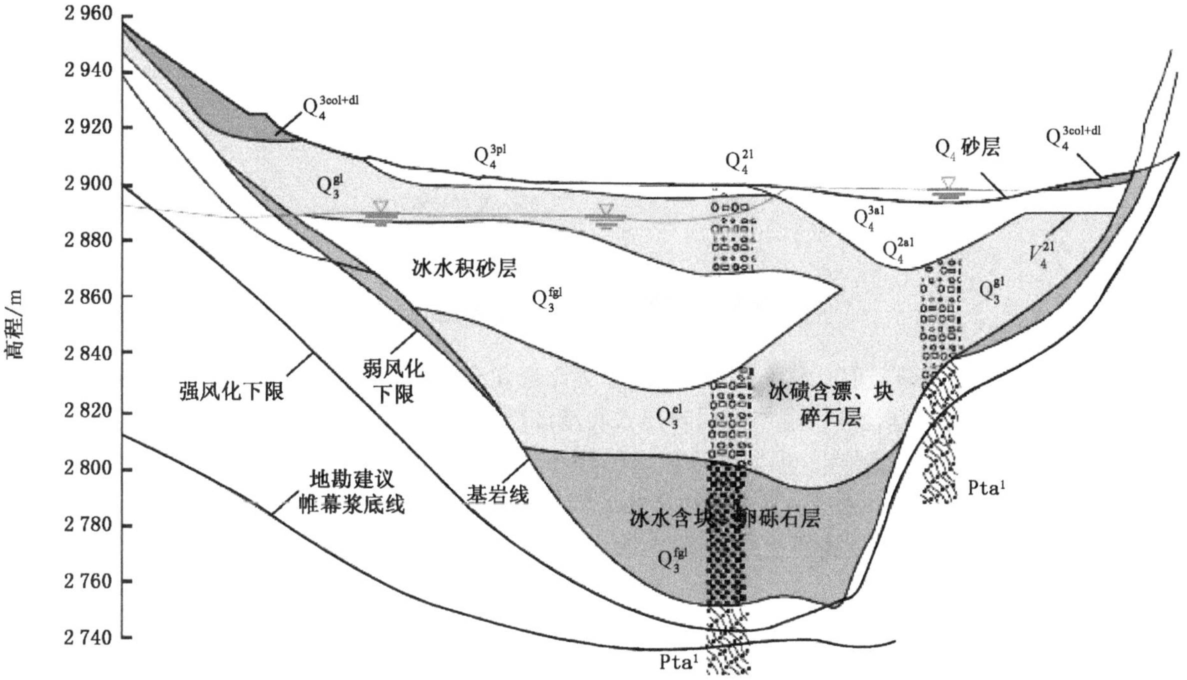

图 4.2-1　下坂地水利枢纽沥青心墙坝坝基地质剖面及防渗示意图

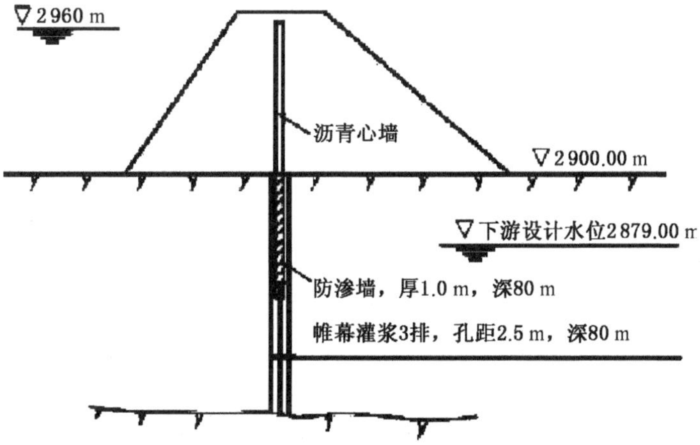

图 4.2-2　下坂地基础防渗处理示意图

大河沿水库坝基防渗墙设计最大深度186 m，可参照的实例甚少，目前建成的是西藏旁多水利枢纽工程158 m防渗墙（试验段201 m）。大河沿防渗线总长度711 m，两岸坡采用混凝土防渗墙结合帷幕灌浆防渗，河床深厚覆盖层采用封闭式混凝土防渗墙防渗方案。帷幕灌浆采用单排，孔距2 m，深入5Lu线以下5 m；混凝土防渗墙厚度1 m，深入下部基岩1 m，最大墙深175 m。防渗总面积42 604.45 m^2，其中防渗墙成墙面积24 106.32 m^2，帷幕灌浆面积18 498.13 m^2。

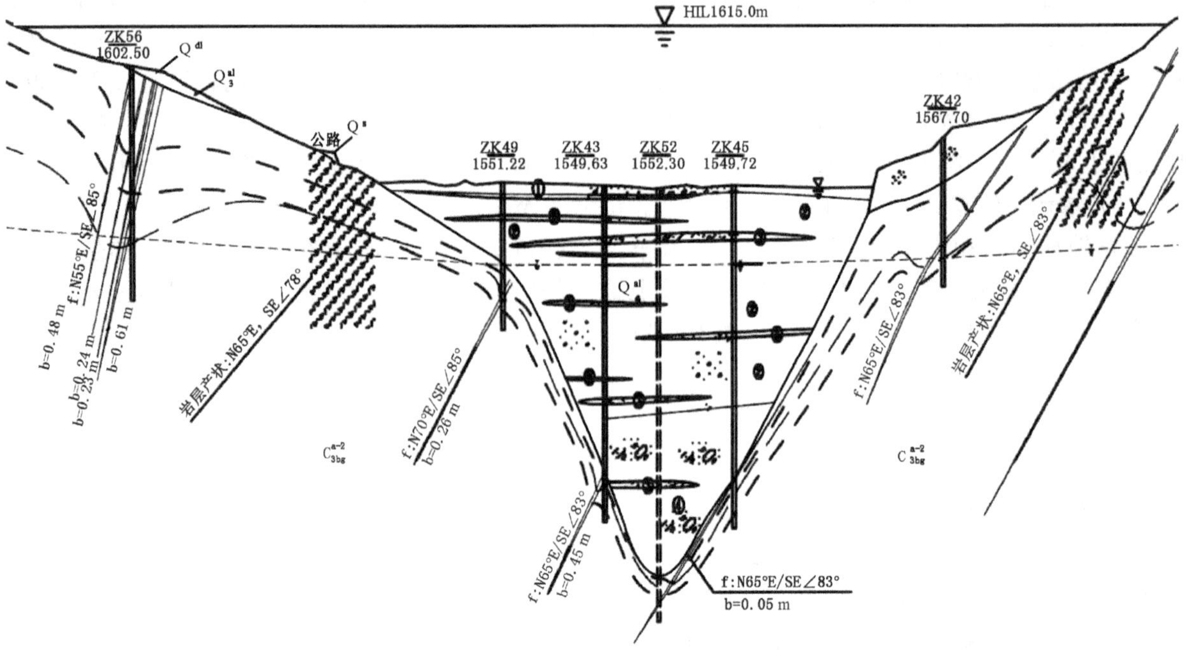

图 4.2-4 大河沿大坝地质剖面图

通过对国内外深厚覆盖层上建坝经验、防渗方案比选和有关计算分析，大河沿水库大坝采用沥青混凝土心墙砂砾石坝、坝基深厚覆盖层采用封闭式防渗墙防渗方案。

通过对坝址区三维渗流分析，坝址区渗流场的分布规律明确，浸润面在沥青混凝土心墙上下游形成突降，防渗效果显著。各工况下，坝体和坝基各区料最大渗透坡降均在其自身许可范围内，渗透稳定满足要求。正常工况下水库总渗漏量为1 674 m^3/d，占多年平均日径流量的0.6%，处于水库允许渗漏范围以内。

本工程防渗墙施工采用“钻抓法”，局部结合“钻劈法”造孔成槽。混凝土浇筑采用泥浆护壁、气举清孔、泥浆下直升导管法施工。墙段连接采用接头管法，浅槽段采用钻凿法。

防渗墙施工选择主要施工机具为：利勃海尔HS875HD和HS885HD重型钢丝绳抓斗、金泰SG40重型液压抓斗、利勃海尔HS843HD钢丝绳抓斗、CZ-A或ZZ-6A型冲击钻机、YBJ-800/960型大口径液压拔管机。

4.2.2 面板坝趾板与防渗墙连接形式

4.2.2.1 连接形式研究

防渗墙、趾板和坝体在自重和水压力等荷载作用下，其变形和应力有相当大的差别，目前工程中多采取分段趾板，即：设置连接板连接防渗墙顶部和趾板，达到用连接缝吸收防渗墙和趾板间沉降差，协调两个结构物变形，改善防渗体系应力应变性状的效果。近几年设计的趾板建在覆盖层上的面板坝，都通过大量的三维有限元分析计算方法，研究应力应变特征，分析防渗结构的薄弱点，比较不同趾板长度、趾板和防渗墙不同连接方式、趾板与防渗墙接缝位移影响，从而优选趾板长度和连接方式，为防渗墙、趾板、面板连接部位的细部设计提供依据。

南京水科院等单位针对那兰水电站面板堆石坝（最大坝高108.7 m，覆盖层厚度 17～24 m）坝基防渗墙与趾板的连接形式进行了深入研究。采用三维总应力有限元法，将混凝土面板、趾板（连接板）防渗墙应力应变关系采用线弹性模型模拟，混凝土面板弹性模量E=24 GPa、泊松比ν=0.167；趾板弹性模量E=22 GPa、泊松比ν=0.167；混凝土防渗墙弹性模量E=18 GPa、泊松比ν=0.167。计算时在混凝土结构物与坝料及覆盖层之间设置薄层单元以模拟两者之间的相互作用，面板周边缝用薄层单元模拟，面板垂直缝用分离缝模型模拟。模型考虑了柔性连接与刚性连接两种连接方式。计算成果对比见表4.2-3。

表 4.2-3　覆盖层上的面板坝坝趾板与防渗墙连接形式对比

项目	(a)柔性连接	(b)刚性连接
图示	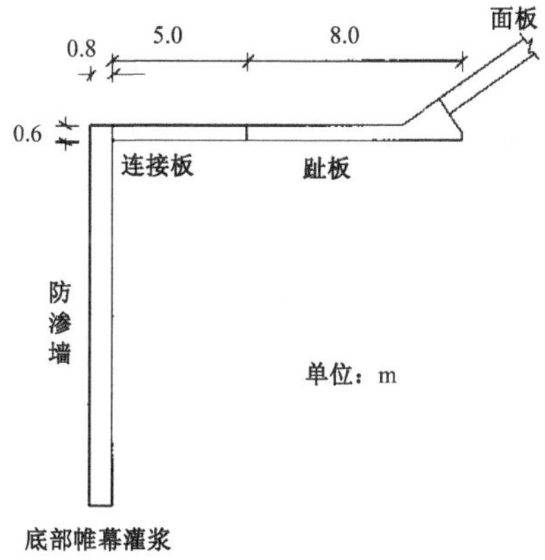	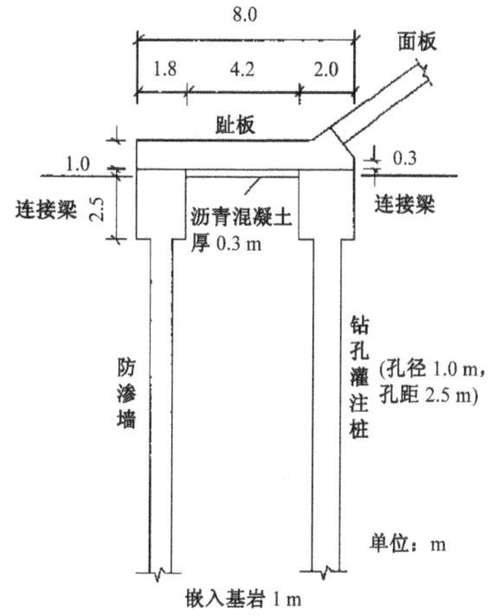
连接形式	柔性连接即是趾板覆于基础上，端部分别与防渗墙及面板柔性止水连接	刚性连接则是将趾板两端分别与防渗墙及钻孔灌注桩固定连接，混凝土防渗墙与钻孔灌注桩嵌入基岩
板缝位移	面板周边缝的位移相对较小	面板周边缝的位移大
防渗墙应力	较小	相对较大
趾板沉降	较大	相对较小

根据计算分析：无论趾板与基础采用柔性连接还是刚性连接，坝体、坝基的变形相近，且两种连接方式下面板的应力、变形也相近，不同之处主要在趾板与防渗墙的应力、变形及面板周边缝变形情况。两种连接方式下，防渗墙、趾板虽然都有少量的拉应力区域，但拉应力值都不大，虽然刚性连接下防渗系统应力比柔性连接略大，但从总体上讲，两种连接方式坝基防渗系统的应力状态都较好，都在混凝土应力允许范围内。两种连接方式下，防渗墙、趾板的变形有较大差异，刚性连接下蓄水引起的防渗墙水平变形要小于柔性连接，刚性连接下的趾板由于钻孔灌注桩的支撑作用，其沉降比柔性连接情况下小许多，因此，采用刚性连接时面板周边缝沉陷较大，周边缝最大沉陷达到60.0 mm，而柔性连接面板周边缝最大沉陷只有12.8 mm。

综合对比两种连接方式计算结果可以发现，柔性连接和刚性连接方式下面板和防渗墙的应力变形都较好，都能满足工程的要求，但是，采用刚性连接方式时，面板周边缝的位移很大，甚至超过一般止水构件所能承受的变形能力。同时，采用刚性连接方式时，要进行钻孔灌注桩的施工，工程复杂性和投资都将增加。因此，建议采用柔性连接方式。

新疆察汗乌苏和甘肃九甸峡面板堆石坝工程的坝体及坝基整体结构的数值分析结果表明：应力、变形特征表现为坝体的最大沉降和面板的最大法向位移区域下移，坝顶产生向内凹陷的变形，坝基覆盖层在上覆坝体的作用下，呈下凹的变形趋势，面板在蓄水期中部承受压应力，岸坡处局部有拉应力，防渗墙在水荷载和坝基土体的共同作用下，主要以压应力为主，综合而言，坝基覆盖层的变形对坝体结构会产生一定的不利影响，设计中应采取措施将其限定在一定范围之内，从而保证工程的安全运行。从整体应力变形分布上看，防渗墙与趾板的柔性连接和刚性连接均可满足坝体安全运行的要求，相对而言，柔性连接方案适应地基变形较好，整体方案较优，但是，对于柔性连接方案，需要注意控制防渗墙顶与连接板之间的差异沉降变形，由于深覆盖层与上部坝体的相互作用，趾板与防渗墙之间连接板的长度对防渗墙的应力和位移有着明显的相关关系，连接板长度过长和过短都将对防渗墙的应力和位移产生不利影响，设计中应通过数值计算进行相关的优化分析。

综合考虑，采用没有连接板的刚性连接方案与柔性连接（连接板连接）相比，面板应力变形差别较大，刚性连接方案面板周边缝位移远大于柔性连接方案，超过止水承受变形能力，且防渗墙变形较大。从防渗墙的变形和应力状态考虑，应增加连接板的长度，减少坝体对防渗墙的影响。防渗墙设置在连接板上游侧，比设置在连接板底部更佳，采用连接板底部连接方式，防渗墙在蓄水期变形较大，与连接板之间的相对错动明显增加，连接板的应力状态差，故一般采用侧接方式。目前已经修建的趾板建在深覆盖层上的面板坝，如梅溪、梁辉、察汗乌苏坝，趾板与防渗墙连接方式均为侧接。

4.2.2.2 工程实践典型案例

工程实践中重点关注的两个问题，一是混凝土防渗墙和连接板结构及材料设计。高性能、低弹模混凝土材料研究，防渗墙、连接板、趾板、面板与覆盖层、堆石体之间产生较大滑动和脱空情况下的应力变形及接触面计算模型改进研究，防渗墙、连接板、趾板、面板限裂配筋设计方法与措施研究等，是深覆盖层面板坝结构设计理论中亟待解决的问题；二是混凝土防渗墙和连接板及连接板和趾板接缝构造。混凝土防渗墙、连接板、趾板、面板之间的变形特性研究，接缝构造试验仿真研究，高性能接缝止水材料研究，适应大变形的高性能止水材料及接缝结构研制等，是工程设计和实践中需要进行深入研究和探索的技术难题，科学的接缝结构和优良的止水材料，可有效地吸收变形，改善接缝止水的受力条件。在建的阿尔塔什水利枢纽工程混凝土面板堆石坝，最大坝高164.8 m，河床最深覆盖层达90 m，设计采用在面板趾板段设混凝土防渗墙防渗，墙体厚1.2 m。基岩下部设帷幕灌浆。

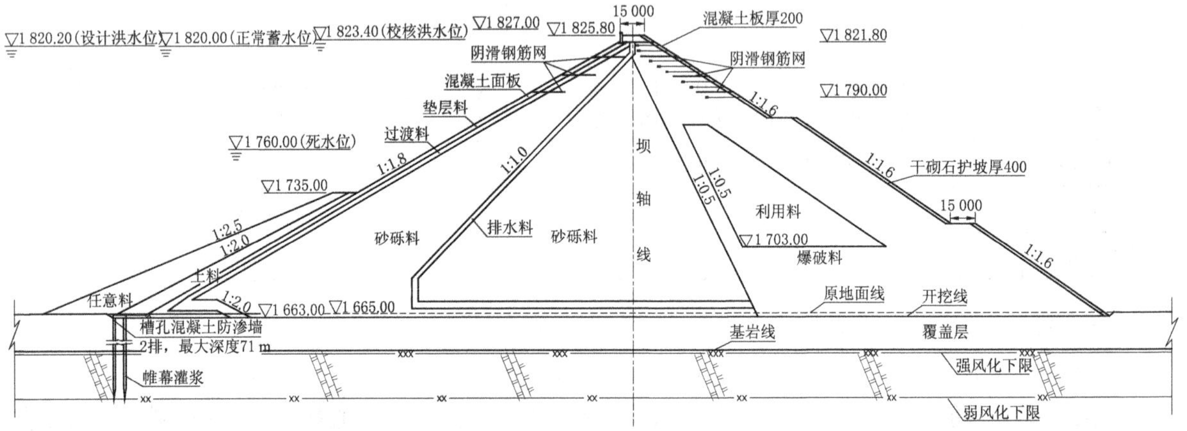

图 4.2-5　阿尔塔什水利枢纽工程坝体典型剖面图

察汗乌苏水电站位于新疆开都河中游河段。坝址河床覆盖层最大深度约47.6 m，覆盖层以上最大坝高107.6 m。坝基采用槽孔混凝土防渗墙，河床部位趾板直接座落在覆盖层上，宽度为4 m，通过2块宽度为3 m的连接板与防渗墙相连，形成"连接＋3 m＋3 m接布置形式，连接板厚度均为0.8 m，接缝均采取柔性连接，以适应地基变形。缝宽20 mm，缝内设三道止水，缝顶设置塑性填料止水，缝中部设一道厚壁橡胶管止水，缝底部设一道W型(连接板与防渗墙连接用F型)铜片止水。

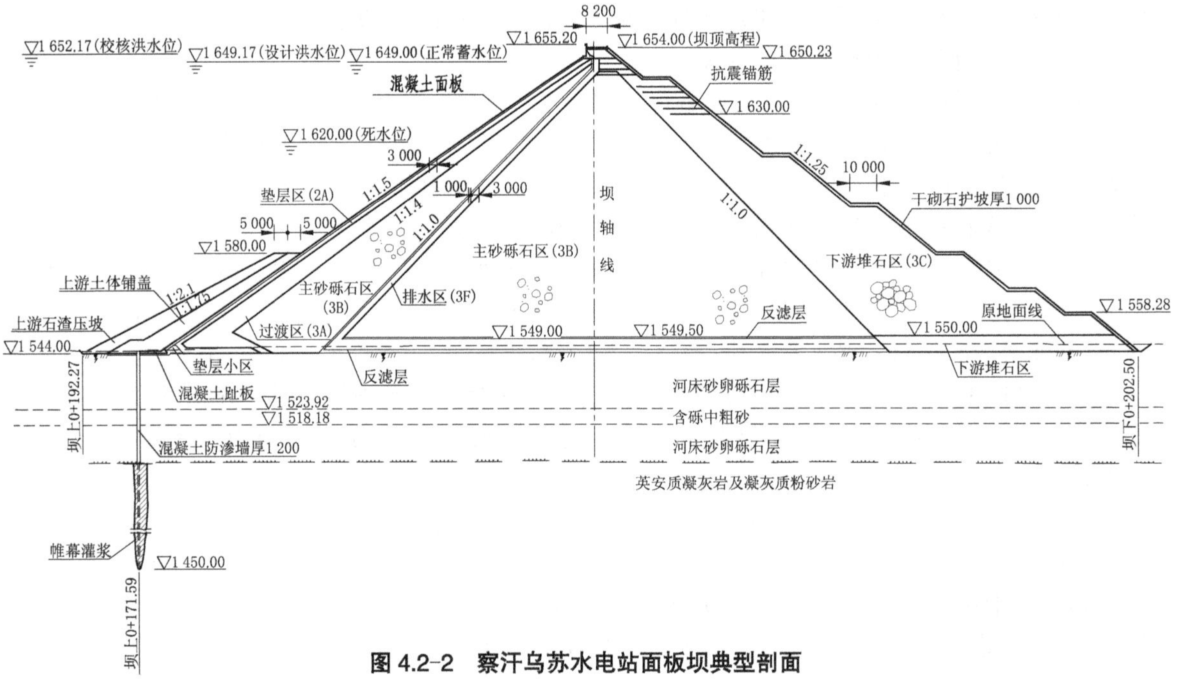

图 4.2-2　察汗乌苏水电站面板坝典型剖面

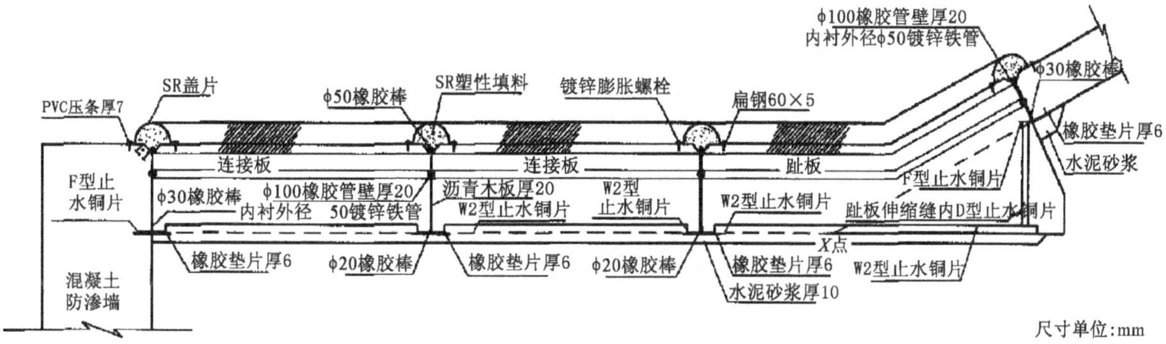

图 4.2-2 察汗乌苏面板坝面板与混凝土防渗墙联接方式及缝止水结构示意图

4.3 刚性墙与塑性墙的争议

4.3.1 刚性与塑性防渗墙

混凝土防渗墙指利用钻孔、挖槽机械，在松散透水地基或坝（堰）体以泥浆固壁，挖掘槽形孔或连续桩柱孔，在槽（孔）内浇筑水下混凝土或回填其他防渗材料成具有防渗功能的地下连续墙。它是防止渗漏、保证地基稳定和堤坝安全的工程措施。防渗墙材料按照抗压强度和弹性模量，可以分为刚性混凝土和柔性混凝土。

大量研究表明，防渗墙是处于受压状态，且受力条件非常复杂。防渗墙的受力主要有以下3个方面：其一，防渗墙承受上部传来的部分坝体的重量。由于坝体和坝基都存在着拱效应，显著地减小了墙承受的荷载，因此并不是全部的坝体重量都作用在墙顶和坝基。其二，由于坝体部分荷载作用在砂砾石基础上，引起基础沉陷，防渗墙与周围土体产生相对位移，使防渗墙表面产生摩擦力作用。其三，防渗墙承受上游的水压力作用。土石坝在蓄水后，墙体受到上游巨大的水压力作用。

用于防渗墙材料的主要是普通混凝土，又称为刚性混凝土，弹性模量一般在10 000 MPa以上。过去国外针对水库大坝坝基防渗墙普遍都采用刚性混凝土，但后来发现在高土石坝下刚性混凝土存在不少缺点，其中最主要的就是弹性模量太高，极限应变太小。目前刚性混凝土的弹性模量比周围地基高出几百甚至上千倍，在上部荷载作用下，防渗墙顶部和周围地层的沉降差和变形往往很大（加拿大马尼克3号坝的沉降差高达1.4～1.6 m，墙内应力超过2.6×10^{7} Pa，结果防渗墙被压碎），使防渗墙受到额外的巨大垂直压力和侧摩阻力，致使墙体内部的实际应力值有时会大大超过混凝土允许抗拉强度，墙体的实际应变也超过混凝土的极限应变，从而导致刚性混凝土内部产生裂缝甚至被压碎，防渗效果大为降低。其次是刚性混凝土防渗墙水泥、钢筋用量大，造价高。还有一个缺点是刚性混凝土防渗墙强度大，劈打一期槽孔接头施工困难，容易形成渗漏隐患部位。

基于这样的背景，在上部荷载作用较大的情况下有必要用一种新的柔性材料代替刚性混凝土防渗墙。这样就产生了塑性混凝土这种新型的墙体材料。通过大量的试验研究，发现在刚性混凝土中掺入黏土或膨润土，会降低它的强度和弹性模量，使其变形能力大为增加，这就是低弹塑性混凝土。塑性混凝土是用膨润土或者黏土取代普通混凝土中的部分水泥而形成的一种柔性材料，其性能介于土和普通混凝土之间，有时为了改善混凝土性能、节约水泥、降低成本，还会掺入粉煤灰和外加剂。按胶凝材料组成的不同，塑性混凝土可分为膨润土塑性混凝土、黏土塑性混凝土以及黏土加膨润土塑性混凝土三种类型。

塑性混凝土的弹性模量与地基弹性模量相近，能适应地基变形，使构筑物与地基联合受力，因而承受比普通混凝土大得多的变形，且拌和物工作性好，流动性、粘聚性良好，不易离析，不堵管，易于泵送且不需振捣或稍微振捣，能比较容易的流平及密实，初凝和终凝时间比普通混凝土长，另外塑性混凝土早期强度低，后期强度上升快，水泥用量少，能节约大量水泥，降低工程造价。因而它具有刚性混凝土不可比拟的优点。

国外利用塑性混凝土防渗墙作为坝基防渗的工程自20世纪60年代就开始了，为英国的巴德巴尔赫德心墙堆石坝，最大墙深46.4 m，在当时该墙深为最大墙深。20世纪70年代至21世纪初期，塑性混凝土防渗墙作为坝基防渗的工程，越来越多，目前墙深最大的工程是伊朗的卡尔黑心墙堆石坝，坝高127 m，塑性混凝土防渗墙的最大深度为80 m。

在我国，塑性混凝土是在80年代后期才首次应用成功的，首次应用于山西册田水库南副坝除险加固工程，工程中首次对塑性混凝土进行了耐久性试验研究，结果表明，塑性混凝土的耐久性是可以完全满足工程要求的。90年代先后建成了小浪底水利枢纽上游围堰的塑性混凝土防渗墙，该墙深73.4 m，厚0.8 m，成墙面积达13 832 m^2；长江三峡水利枢纽工程二期围堰的坝基塑性混凝土防渗墙，墙深74 m，1998年建成，2003年完成使命，拆除，这期间对墙体进行了大量的检测试验，这在当时代表我国塑性混凝土防渗墙技术的最高水平。进入21世纪，我国开始了大规模的水库除险加固工程。据不完全统计，我国采用塑性混凝土防渗墙作为坝基防渗处理的已超过60座，其中最大墙深超过50 m的永久性工程有凤亭水库、天生桥水库、岳城水库；最大墙深超过50 m的永久性除险加固工程有长潭大坝加固；最大墙深超过50 m的临时工程有小浪底上游围堰，三峡二期主围堰、沙湾电站围堰、向家坝围堰。据不完全统计，国内部分永久已建塑性防渗墙墙深大于30 m的大坝工程有12座，见表4.3-1。

表4.3-1　国内部分永久已建塑性防渗墙墙深大于30 m的大坝工程特性表

序号	工程名称	所在地	建成年	最大墙深/m	墙厚/m	成墙面积/m^2
1	册田水库南副坝	山西	1991	32.5	0.8	1 157
2	十三陵下池围堰（永久）	北京	1992	37.8	0.8	
3	小江水库	广西		42	0.6	
4	岳城水库	河北	2000	56	0.8	49 000
5	绿茵胡水库	贵州	1999	47.8		
6	象山水库	黑龙江	2004	40		
7	红兴水库	黑龙江		31	0.4	
8	天生桥水库	陕西		51.1	0.8	
9	门楼水库大坝加固	山东	1997	32.9	0.8	
10	环洞庭平原水库	湖南		40	0.2～0.8	
11	冯村水库坝肩	陕西		37	0.4	
12	长潭大坝加固	浙江	2003	68	0.8	17 895

4.3.2　混凝土防渗墙设计中应关注的几个问题

4.3.2.1　防渗墙的有限元计算问题

防渗墙作为土石坝防渗体系中重要的一部分，其应力变形对整个防渗体系有着重大的影响。目前的设计手段主要是工程类比和有限元分析，在有限元计算中，影响防渗墙应力变形的因素很多，主要考虑以下几个方面：

1）结构型式对防渗墙应力位移的影响很明显，防渗墙顶刺入坝体的深度、高塑性黏土的尺寸及防渗墙底的嵌岩量等对防渗墙的应力位移均有不同程度的影响。

2）在大坝竣工期，接触面参数（Goodman接触面单元）对防渗墙应力的影响不明显。但在正常蓄水期和非常洪水期，防渗墙应力随接触面参数的变化非常明显。

3）墙体材料的弹性模量、墙承受的荷载大小及方向、布置位置的不同也影响防渗墙的应力和变形。

4）在进行应力变形有限元分析时，防渗墙与基岩的接触条件分为嵌固和非嵌固两种情况。嵌固对防渗墙的应力条件极为不利，使防渗墙底部产生高度应力集中现象，且防渗墙中拉应力较大。

5）防渗墙顶和墙底的预留压紧量、坝体向下传递的“边界效应”及防渗墙与其两侧士的相对位移均影响防渗墙的应力变形。

6）坝体型式对防渗墙应力和水平位移影响较为显著。三维效应对防渗墙的中间断面应力位移影响较小，最危险断面转移至两岸陡坡处，即对于深陡的河谷，三维效应比较突出。

此外，在有限元计算中，影响防渗墙应力变形的因素还有加载顺序（先建防渗墙后填筑坝体和先填筑坝体后建防渗墙两种加载顺序）、中主应力、廊道纵向刚度及墙体厚度等。

4.3.2.2 刚性与塑性防渗墙问题

目前大坝坝基防渗墙大多为刚性防渗墙，而采用塑性混凝土作为坝基防渗墙的工程，据不完全统计，土石坝坝高大于100 m，防渗墙深大于60 m的工程，在国外仅有2个工程，分别是智利的柯巴姆心墙堆石坝，坝高116 m，塑性混凝土防渗墙最大墙深68 m，墙厚1.0 m，成墙面积12 800 m^2；伊朗的卡尔黑心墙堆石坝，坝高127 m，塑性混凝土防渗墙最大墙深80 m，墙厚1.0 m，成墙面积190 000 m^2。在国内目前未见报道有这样的坝。国内采用塑性混凝土防渗墙最大墙深为68 m。

目前新疆已建成的100 m级坝均采用刚性混凝土防渗墙，中小型水库及除险加固工程有个别工程采用塑性混凝土防渗墙，据调查有希尼尔水库，最大墙深13 m，墙厚0.3 m；蘑菇河大坝加固工程，最大墙深24.5 m，墙厚0.3 m；阿克达拉水库，最大墙深6.51 m，墙厚0.3 m。

塑性混凝土防渗墙作为坝基防渗的工程只有少数，但塑性混凝土具有较低的弹性模量和较低的模强比，且可人为控制；其初始模量不随围压的加大而增大；具有较大的极限应变；具有与土料相似的应力应变关系和破坏型式；其强度在三向受力条件下有很大提高，且强度增长系数大；具有良好的抗渗性、抗震性和耐久性；其水泥用量小，有利于环境保护，降低能源消耗。这些特性是刚性混凝土不具有的优势。值得更深入的开展研究，发挥其优势，在保证质量的前提下，节省工程投资。

4.3.2.3 防渗墙墙体上下游侧处理问题

为了增强土质心墙或沥青混凝土心墙下部覆盖层的防渗性能以及抗变形能力，在心墙基底的覆盖层中有进行铺盖式固结灌浆的，但并非所有工程均设置了固结灌浆。可见对防渗墙墙体的上下游侧是否进行处理，是值得我们关注的一个问题。

1. 土料防渗的土石坝

对土料防渗的土石坝中，已建成的狮子坪水电站大坝基础河床部位为透水性较强的覆盖层，坝基河床覆盖层厚度为90～102 m，结构复杂表层为粗粒土，下部依次为粉质壤土与粉细沙层、粗粒土、含碎砾石粉砂、粗粒土。防渗墙为全封闭型式，建设中心墙底部进行了深15 m的固结灌浆。

满拉水利枢纽位于西藏境内，大坝为土心墙堆石坝，坝高76.3 m，河床坝基为砾卵石覆盖层，厚度为13.4～31.6 m，为极透水层，坝址地下水以基岩裂隙水为主，地下水埋深：左岸0.97～17.79 m，右岸25.82～47.31 m。河床段防渗墙为封闭型式，最大深度31.6 m，成墙面积1 510 m^2，入岩深度为1 m，建设中心墙底部与覆盖层之间未设置固结灌浆。

徐村水电站位于云南省境内，大坝为土心墙堆石坝，河床冲积层的最大厚度17 m，为含漂石的卵石混合土，未发现有粉细砂层和淤泥层。河床部位心墙基础置于河床冲积层上，清除其在表层的淤泥、大孤石等，河床冲积层采用混凝土防渗墙防渗，墙厚0.8 m，底部要求嵌入弱风化基岩内1 m，顶部插入心墙内深度为4.5 m，建设中心墙底部与覆盖层之间未设置固结灌浆。

2. 沥青混凝土心墙坝

冶勒水电站，坝址右岸及河床下部由第四系中、上更新统卵砾石层、粉质壤土和碎石土夹块石组成，厚度大于200 m，大坝为沥青混凝土心墙堆石坝，最大坝高125.5 m。坝基处理中作坝肩基岩埋深较浅，坝基采用全封闭型式，最大墙深53 m，墙厚1 m，入岩深度为1～2 m；而河床及右岸因深厚覆盖层采用悬挂式防渗处理，最大墙深140 m，墙厚1～1.2 m。建设中心墙底部上下游侧与覆盖层之间未设置固结灌浆，但心墙底部设置了钢筋混凝土垫座，宽约3 m，厚3 m，垫座下为混凝土防渗墙。沥青混凝土心墙与钢筋混凝土垫座、钢筋混凝土垫座与混凝土防渗墙之间均为刚性连接，垫座与防渗墙采取整体浇筑方式。

尼尔基水利枢纽沥青混凝土心墙砂砾石坝，最大坝高41.5 m，主坝坝基砂砾石层厚20～40 m，采用混凝土防渗墙防渗，为全封闭型式，墙厚0.8 m，最大槽孔深度38.50 m，防渗墙混凝土设计标号为R_{28}=18 MPa，底部嵌入基岩1 m，顶部通过混凝土底座与沥青混凝土心墙相接。建设中心墙底部上下游侧与覆盖层之间未设置固结灌浆。

下坂地水利枢纽沥青混凝土心墙砂砾石坝，最大坝高78 m，坝基砂砾石层最大厚度150 m，采用混凝土防渗墙+帷幕灌浆防渗，混凝土防渗墙为悬挂式，墙厚0.6～1.2 m，最大槽孔深度85 m，防渗墙混凝土设计标号为C25W8，顶部通过混凝土底座与沥青混凝土心墙相接。建设中心墙底部上下游侧与覆盖层之间设置固结灌浆。

托帕水库沥青混凝土心墙砂砾石坝，最大坝高61.5 m，坝基砂砾石层厚20～40 m，采用混凝土防渗墙防渗，为全封闭型式，墙厚0.5～0.7 m，最大槽孔深度110 m，防渗墙混凝土设计标号为C30W10，底部嵌入基岩1 m。心墙基础与坝基之间设置混凝土基座，建设中心墙底部上下游侧与覆盖层之间设置固结灌浆。

3. 混凝土面板坝

察汗乌苏混凝土面板砂砾石坝，坝高110 m，坝顶长337.6 m。由于坝址区砂砾石料丰富，大坝填筑料主要为阶地砂砾石料。上游坝面坡度采用1∶1.5，下游坝面坡度采用1∶1.25。河床及左岸高漫滩覆盖层由上更新统Q_3^{al}和全新统Q_4两大层组成。河床、高漫滩河床覆盖层最大厚度47.0 m，一般34～46 m，主要由漂石、砂卵砾石组成，磨圆度好，分选性差。根据其颗粒组成的不同及物理力学性质和工程特性的差异，可分为三大层，即上部、下部含漂石砂卵砾石层，中部含砾中粗砂层。上部和下部为同一岩组，以含漂石砂卵砾石为主，上部层厚平均25.3 m，下部平均层厚11.2 m，含漂砂卵砾石层结构紧密，属中等密实～密实状态。河床覆盖层采用厚1.2 m的混凝土防渗墙进行防渗处理。防渗墙为刚性墙，混凝土标号C35W10，最深46 m，两侧通过左右岸连接墙（现浇墙）同河床和两岸趾板连接。固结灌浆布置在趾板和高趾墙基础范围内，固结灌浆孔深入基岩8 m（竖直孔），间排距3 m，在趾板处排距1.5～2 m。

柯克亚水库混凝土面板砂砾石坝，坝高41.5 m，河床覆盖层最大深度为37.5 m，主要为冲积砂砾层，防渗墙采用全封闭型式。拱形连接板与混凝土防渗墙连接，防渗墙的下游未设置固结灌浆。

吉尔格勒德水利枢纽混凝土面板砂砾石坝，坝高101.5 m，河床覆盖层最大深度为37.5 m，主要为冲积砂砾层，防渗墙采用全封闭型式。河床段基础清除表层厚0.5 m的覆盖层，并进行强夯处理。河床段趾板开挖至清基面以下5 m，覆盖层防渗采用钢筋混凝土防渗墙，墙厚1 m，底部嵌入基岩1 m。防渗墙的上下游设置了10 m深的固结灌浆。

通过上述实例我们发现，有的工程防渗墙上下游均设置固结灌浆进行地基加固处理，有的工程未考虑上下游的固结灌浆，但工程均是安全可靠的，这是我们今后设计混凝土防渗墙要关注的一个问题，值得进一步深入研究。

4.3.2.4 封闭式防渗墙入岩深度问题

按照《碾压土石坝设计规范》SL274-2001中对混凝土防渗墙的设计原则中要求墙底宜嵌入基岩0.5～1 m。对风化较深和断层破碎带可根据坝高和断层破碎带的情况加深。在《地下连续墙的设计施工与应用》一书中写到入岩一般指岩石破碎则入岩较深，在岸坡处则浅一些。在确定防渗墙深度时，应考虑墙底与基岩或相对不透水层之间接触带的渗透稳定和水量损失。如坝基表层岩石破碎，则墙底伸入基岩可大一些，以避免孔内掉块或卡塞困难，影响灌浆工作。

通常将防渗墙底部伸入岩石或土内一定深度，以保证有足够的嵌入深度和防渗效果，至于其数值大小，则视地质条件，水头大小和灌浆与否而定。通常将墙底伸入弱风化（半风化）岩石内0.5～0.8 m，或伸入粘性土层内1.5～2 m或更大。

在考虑嵌入深度时，还必须注意孔底淤积的影响。如果孔底淤积物厚度小于规范规定的10 cm时，则此部分淤积物会被封闭起来，防渗效果是有保证的。如果淤积物厚度很厚而且抗渗能力差，在较高水头下就可能失去稳定而形成漏水通道。对此应进行专门论证和处理。一种办法是结合对基岩的灌浆，把这部分淤积物通过灌浆加固；另一种办法是采用优质泥浆，采用专门的清孔设备，坝孔底淤积物彻底清除干净。

四川小江电站坝高35 m，墙厚0.8 m，墙深15 m，墙底岩性为砂岩、石英岩，实际施工中入岩深度为15 m，冲击钻施工；北京密云水库坝高20 m，墙厚0.8 m，墙深30 m，墙底岩性为安山岩，实际施工中入岩深度为30 m，冲击钻施工；美国的纳瓦霍工程，坝高110 m，墙厚1 m，墙深120 m，墙底岩性为砂岩，入岩深度为120 m，双轮铣施工。

防渗墙嵌入新鲜完整的基岩，一般为0.3～1.2 m。嵌入基岩太深，对防渗虽有好处，但给施工带来很大困难，同时增加了基岩对墙体的约束，这对于墙体应力并不利。

对于风化程度高，裂隙发育的岩石，一种是穿过破碎岩石伸入新鲜基岩，另一种则是伸入一定深度后下接帷幕灌浆进行处理。近年来的工程实践表明，设计越来越趋向于防渗墙本身的柔性化，墙底约束程度也趋于减弱。

通过分析我们发现嵌岩深度并不是完全固定的，要结合岩石的坚硬完整性或岩石的破碎程度考虑入岩深度；并要注意清理孔底的淤积物，在较高水头下，防止淤泥失去稳定而形成漏水通道。

4.3.3.5 防渗墙顶部是否布设钢筋问题

坝基混凝土防渗墙设计时，考虑防渗墙顶部与心墙之间的变形问题，有些工程会在防渗墙的上部设置不同长度的钢筋笼，以抵抗防渗墙发生变形产生拉裂等问题。但有些工程设计未做此项设计，运行也是良好的。我们认为应该开展这方面的研究，设置在防渗墙顶部的钢筋笼是否可以真正解决防渗墙的变形问题。表4.3-2列出了部分防渗墙顶部设置钢筋的实例。

表 4.3-2 部分大坝工程防渗墙顶部处理型式

工程名称	坝型	最大坝高/m	最大防渗墙深度/m	防渗墙厚度/m	设计防渗面积/m^2	墙体材料	钢筋笼设置情况
直孔水电站	碎石土心墙堆石坝	47.6	79	0.8	47 220	C30W8F200/C20W8F200	明浇段设置钢筋笼
狮子坪水电站	碎石土心墙堆石坝	136	101.8	1.2		W12F100	厚100 cm，高500 cm
老虎嘴水电站	重力式混凝土坝（副坝）	84（主坝）	80	1		C20W8F100	80 m深
龙开口水电站	碾压混凝土重力坝	119	35				35 m深
下坂地	沥青混凝土心墙砂砾石坝	78	85	1	18 004	C25W8	无
硗碛水电站	砾石土直心墙堆石坝	123	68	1.2			首部6 m深

4.4 大西沟水库特殊地层防渗处理技术进展

4.4.1 工程概况

大西沟水库是乌鲁木齐河上的龙头水库，坝址处距乌鲁木齐市68 km，工程的主要任务为防洪兼顾灌溉。大西沟水库的兴建，结合分洪工程和已建防洪工程，可以将乌鲁木齐市的防洪标准由目前不足30年一遇提高到200年一遇；同时可以将大西沟水库至乌拉泊水库之间、乌鲁木齐河下游米泉和五家渠段的防洪标准也提高到200年一遇。水库枢纽由拦河黏土心墙坝、开敞式溢洪道、泄洪兼导流隧洞及放水灌溉洞组成。总库容0.7亿m^3，但其防洪作用显著，确定工程为I等大（1）型工程，主要建筑物大坝、溢洪道、泄洪兼导流隧洞及放水灌溉洞为1级建筑物。

拦河坝为黏土心墙砂砾石坝，最大坝高90 m，河床段大坝建基面高程1 899.20 m，大坝最大挡水深度88.8 m。坝体防渗体为黏土心墙，心墙两侧设置3 m厚的反滤层，反滤层与坝壳之间设置3 m厚的过渡层，坝壳填筑为砂砾料。坝顶宽度为10 m，坝顶长度为415.6 m。上游坝坡为1:2.5，下游坝坡为1:2.25。

心墙基础、反滤料基础坐落在强风化层的下部或弱风化基岩上。上、下游坝基开挖边坡，岩石为1:0.5，覆盖层为1:1.5。两岸开挖边坡1:1.5～1:1.25。

相对不透水层：基础面以下埋深，左岸 60 m～70 m、河床坝基40 m～50 m、右岸20 m～30 m。在心墙底部范围内浇筑厚 50 cm 的混凝土盖板，并进行铺盖式固结灌浆，河床段灌浆深度8 m，在左岸灌浆深度5 m～8 m。孔排距均为3 m。灌浆压力为0.3～0.5 MPa。帷幕灌浆深度按帷幕灌浆深度的相对不透水层和坝基承受最大水头值的 1/2 的标准控制。帷幕灌浆为两排，河床段帷幕深度40 m～56 m，左岸48 m～56 m，右岸30 m～50 m。灌浆孔梅花形布置，孔排距为2 m，灌浆压力为0.5～3 MPa。两坝肩设灌浆平洞。

大坝心墙基础开挖上部砂砾石层时，未出现异常现象，大坝心墙基础开挖到建基面时：①0+150 m～0+236 m段上游基坑右侧偏上游部位出现较重臭鸡蛋气味；②河床基础下游0+222 m～0+240 m靠近边坡及坡脚处发育F_{130}断层，断层产状为290～300断层产状∠550，断层破碎带一般为0.5 m～1.0 m，断带内充填有黄绿色断层泥、糜棱岩、角砾等，较密实，遇水软化，断层影响带内岩体破碎；③河床中部顺河方向多处分布砂砾石坑和强风化基岩。河床基岩基础节理裂隙发育，无大的贯通性裂隙，X型剪节理较发育，并将基础岩体切割成10节理较发育的菱形块体，规模不大的小断层发育，断层破碎带一般宽1 cm～5 cm，长度数米不等，少数断层破碎带宽5 cm～40 cm，延伸较长；断带内充填黄绿色糜棱岩、泥质及碎裂岩等，局部形成密集带。

大坝及溢洪道工程于2009年5月开工，大坝河床段基础开挖完成后，在河床段的心墙混凝土盖板已浇筑完成，帷幕灌浆和固结灌浆已基本完成时，业主聘请第三方对坝基已完成的5个固结灌浆单元及2个帷幕灌浆单元进行检查。在固结灌浆时布置了17个检查孔，钻孔取芯大部分呈散状和碎块状，有少量的短柱状，但裂隙发育；仅在个别钻孔的岩芯中见到少量的水泥结石，压水试验最小值为13.4Lu。对2个原位孔固结灌浆孔进行检查，检查时间距原孔灌浆时间约70 d，取出的散状岩芯肉眼观察可能有水泥成分，暴露在地表后尽快凝结成较硬块体。帷幕灌浆布置了2个检查孔，桩号0+229钻孔岩芯较破碎，桩号0+176钻孔岩芯基本呈短柱状，但裂隙较发育；岩芯中均未见水泥结石，压水试验小于5Lu的仅占28%。从检查结果看，灌浆后岩体的透水率大于灌浆前，岩体的波速也有所下降，固结灌浆和帷幕灌浆检查结果均不合格。

4.4.2 产生问题原因分析

经分析研究，灌浆结果不合格的主要原因如下：

1）坝基地质条件复杂，坝基岩体破碎、裂隙密集，地质特征极不均匀，钻孔及取芯困难，柱状岩芯少见，多呈碎末状和粗砾状，坝基钻孔灌浆难度大，对质量和效果有影响。在灌浆过程中颗粒性材料不易灌入，容易产生吸水不吸浆的现象，历来是灌浆技术中的一个难题。

2）坝基压力水由河床补给，温度较低约为6℃，这样的低温对普通水泥的水化凝结产生不利影响。

3）河床段坝基有硫化氢气体出逸，右侧偏上游部位气味较浓。大坝心墙基础0+150～0+236段开挖接近建基面时，大坝基坑右侧部位出现较重臭鸡蛋气味，并伴有气泡产生。经试验研究，确定存在硫化氢气体，含量为0.015～25.32 mg/L。HCO_3^{3-}、M_g^{2-}均无腐蚀，SO_2^{-4}含量对普通水泥有硫酸盐型弱腐蚀，Cl^-对钢筋混凝土结构中的钢筋具有弱腐蚀。根据化学理论和试验室试验情况表明，H_2S气体的存在对普通硅酸盐水泥、高抗硫酸盐水泥的凝结有影响。

4）在做混凝土防渗墙现场试验造孔时，发现地层有渗浆、漏浆的情况，表明河床段基岩裂隙发育，存在渗漏通道，对灌入浆液产生冲刷作用。灌浆压力低时涌水可能会将未凝结的浆液冲出裂隙，影响灌浆效果，需要采取屏浆、闭浆等措施处理。

5）由于前期灌浆施工控制的原因，在对混凝土盖板进行检查时，发现混凝土盖板存在大量的裂缝，裂缝及板块分缝存在渗水现象；多块混凝土盖板抬动，最大达0.3 m，在盖板与基岩之间均为浆液。因前期灌浆压力过大，岩体破碎程度加剧，地下水涌水量增加，水压力增大，需每天24 h不间断地抽排水，对坝基岩体有扰动破坏。

6）前期试验过程中，由于回转钻容易塌孔而采用潜孔钻钻孔，使本已破碎的岩体在风压下产生松动，使岩体更加破碎，虽为岩体，却兼具部分砂的性质，增加了灌浆的难度。

4.4.3 心墙基础处理采取的工程措施

4.4.3.1 室内和室外灌浆材料试验

根据原因分析，在确定处理方案前进行了大量的室内灌浆材料试验和室外现场灌浆试验，室内浆材试验研究包括不同品种水泥浆液的凝结性能、配比、掺合料和外加剂等，室外试验主要有现场的帷幕灌浆和槽孔混凝土防渗墙凿槽的施工试验，不同浆材的固结灌浆现场施工试验。

1. 室内试验

针对坝基岩石裂隙发育、破碎、有压力水流、地下水有侵蚀性、且温度低等问题，分别选用P.O 42.5级快硬硫铝酸盐水泥和高抗硫酸盐水泥和普通硅酸盐水泥，采用大西沟河水拌制，6℃坝基环境水下养护，加入早强剂和高效减水剂，进行室内浆材配比试验研究和论证分析。

试验结果表明，快硬硫铝酸盐水泥较高抗硫硅酸盐水泥和普通硅酸盐水泥具有较快的凝结能力，通过添加适当的外加剂、膨润土、细砂等，缩短了浆液凝结时间，增大浆液稠度，可提高浆液的抗水流冲刷能力，浆材终凝时间小于3 h，抗压强度大于15 MPa，水泥净浆的渗透系数在10^{-5}～10^{-7} cm/s之间，满足设计要求。高抗硫水泥和普通硅酸盐水泥较硫铝酸盐水泥初凝时间和终凝时间均较长，且添加复合氯化钙在模拟现场条件下，效果也不明显。通过室内试验推荐采用，强度等级的快硬硫铝酸盐水泥+50%膨润土拌制的混合浆液。

2. 室外试验

对坝基下0～8 m和8 m～20 m分别进行帷幕灌浆试验，现场的帷幕灌浆试验区布置在大坝河床段防渗轴线上，地层的岩性、岩类、构造形式属于中等水平，具有较好的代表性。

坝基下0～8 m灌浆检查孔的压水试验结果表明，采用快硬硫铝酸盐水泥与膨润土的混合浆液灌浆后基岩的透水性有一定的降低，但平均透水率仍为7.19Lu，经硅溶胶灌浆后平均透水率为3.72Lu，第二段、第三段达到设计要求。上部0～2 m段基岩的渗透系数仍不能满足设计要求；8 m～20 m帷幕灌浆试验经水泥—膨润土混合浆液灌浆后，试验区基岩的透水性显著降低，但离散性很大，最大仍达5.88Lu；经硅溶胶灌浆后，平均透水率为1.91Lu，而且离散性很小。因此仅依靠混合浆液灌浆较难达到设计要求，采用硅溶胶灌浆是必要的。硅溶胶灌浆材料主要由水玻璃、硫酸和醋酸组成，均为无机材料，反应原理为酸碱中和反应，凝胶体为中性或极弱酸性。经国家材料检测中心检测，硅溶胶灌浆材料对水质不会产生污染。

灌浆试验采用3排帷幕孔，排内分两序施工，终孔孔距为1 m，从灌浆过程中简易压水Ⅱ序比Ⅰ序透水率减少不多，且灌浆上、下游排灌浆注入率改变不大的情况分析，灌浆孔距不能放大。因此采用3排帷幕孔，在上、下游排采用水泥—膨润土混合浆材，中间排采用硅溶胶灌注是合适的，浆液比级可采用10:1.5:1.3:1和2:1四个比级。从室内外试验结果看灌浆材料采用快硬硫铝酸盐水泥与膨润土的混合浆液加硅溶胶适合河床段心墙的基础的地质条件，采用3排帷幕灌浆，孔排距1 m，上、下游排采用水泥—膨润土混合浆材，中间排灌浆孔采用硅溶胶灌注，能满足设计要求。但是坝基上部0～2 m段采用帷幕灌浆不能满足设计要求。

4.4.3.2 工程措施

根据室内外试验结果，覆盖层处理采用上墙下幕方案。心墙建基面不变，将中间条带的盖板混凝土拆除，并下挖基岩5 m，呈倒梯形槽，用混凝土回填，其余混凝土盖板保留；下部采用3排混合浆液和硅溶胶进行帷幕灌浆。见图4.4-1。

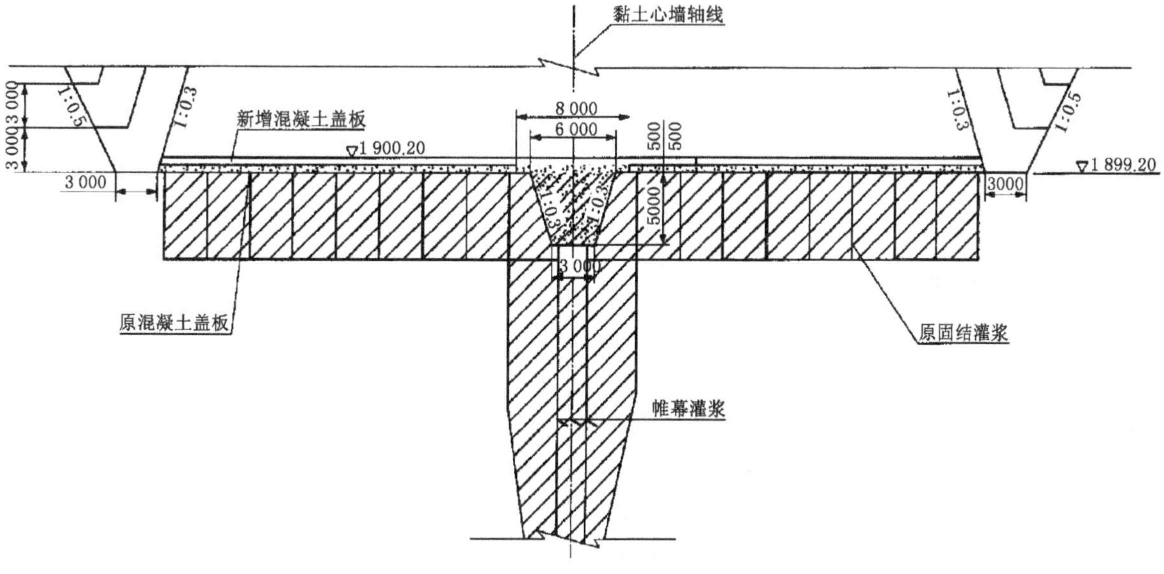

图 4.4-1 河床段心墙基础处理横剖面 （单位尺寸：mm）

1. 回填混凝土截渗槽

心墙建基面不变，拆除盖板混凝土中间条带，并下挖基岩2.2 m～5 m，呈倒梯形槽，采用$C20F_{200}W_8$高抗硫酸盐水泥混凝土回填，顶部与原基础混凝土盖板顶面平齐。回填混凝土8 m设一条横缝，缝宽4 mm，缝中设垂直、水平相连的橡胶止水带，且与上、下游两侧混凝土盖板止水相连；垂直橡胶止水带伸入下部基岩0.3 m，缝中设两层油毛毡。

2. 帷幕灌浆

基岩防渗标准以5Lu为界限，在原设计帷幕深度内提前达到5Lu相对不透水层时，再往下灌一段；如达不到5Lu，按规范要求，帷幕深度取坝高的30%～70%，河床段帷幕深度由1841 m高程控制，最大孔深68 m。在混凝土梯形基座底部共设3排帷幕，上、下游排为混合浆液灌浆，中间1排采用硅溶胶灌浆，帷幕灌浆孔排距为1 m，采用梅花形布置，灌浆孔布置遵循分排、分序、逐渐加密的原则。

3. 新加混凝土盖板

在河床段心墙基础已浇筑的混凝土盖板上再浇筑厚0.5 m的混凝土盖板，采用$C_{20}F_{200}W_6$高抗硫酸盐水泥混凝土。分缝位置与原盖板相同，心墙底混凝土盖板沿轴线方向每隔8 m分一道横缝，横缝错开布置。缝中均设水平橡胶止水带，盖板上、下游侧缝中设竖向橡胶止水带要求与原盖板的橡胶止水带连接，在心墙轴线上游部位的横缝设L型橡胶止水条，要求距纵缝600 mm，与两岸坡原混凝土板采用GB止水条。要求对原盖板混凝土表面进行凿毛处理，并铺胶凝材料净浆后，再浇筑新混凝土。

4. 固结灌浆

坝基开挖会造成岩体表面松动，原固结灌浆的目的是解决坝基表层防渗，提高其完整性。由于河床段心墙基础复杂的地质条件及工程现状的原因，从工程质量、投资、施工工期综合考虑，还采用固结灌浆解决上述问题存在一定困难，考虑坝基回填混凝土截渗槽，已基本解决了表层基础的防渗问题，所以对坝基固结灌浆质量以岩石力学性能的改进程度为主要指标，考虑到施工过程中的可操作性，设计以测量岩体波速的方法为主河床段固结灌浆，检查采用基本消除1 900 m/s以下的低波速段的标准。

5. 加强反滤

为保证坝基建基面的渗流稳定，加强了反滤。利用河床段心墙基础混凝土盖板两侧现有的上、下游排水沟，将其加深1 m～2 m，底部宽度大于1.5 m，填筑反滤料，碾压密实，要求相对紧密度$Dr \geq 0.85$。

6. 加强河床段大坝基础渗流监测

在回填混凝土截渗槽与基岩接合面的心墙轴线处，桩号0+131、0+148、0+170三个断面分别在帷幕上、下游各埋设一支渗压计，监测大坝基础的渗流情况。

4.4.3.3 对施工工艺和参数的要求

根据现场的灌浆试验成果，提出了灌浆施工工艺和参数，以控制灌浆施工，保证施工质量。

（1）钻进工艺，由于河床段心墙基础破碎，采用回转钻钻进对地层的扰动破坏小，有利于保证灌浆质量，因此要求采用回转钻钻进工艺。

（2）灌浆方法，由于坝基基岩破碎，卡塞灌浆法难以实施，要求采用自上而下分段、孔内循环、孔口封闭灌浆方法。

（3）灌浆压力，试验成果表明基岩的劈裂压力大，多在1.6～2.2 MPa之间，因此要求在施工中，最大灌浆压力不超过2.0 MPa，坝基下0～8 m压力不超过1.0 MPa，同时还应注意协调控制好灌浆压力和注入率的关系。

（4）提出帷幕灌浆检查方法，以压水试验为主、钻孔取芯为辅的方法进行质量检查。

4.4.4 实施效果评价

大西沟水库河床段心墙基础采用上墙下幕方案实施后，帷幕灌浆检查孔透水率，90%以上小于5Lu，钻孔取芯可见结石，基岩表面可见结石膜。基坑内地下水减少，岩壁基本处于干燥状态，可见心墙基础的完整性与强度有所提高，心墙基础满足大坝的填筑要求。

2013年10月水库蓄水运行，从水库运行情况和渗流监测数据和分析成果看，坝基的渗流量小，帷幕上游埋设的渗压计随水库水位的变化而变化，下游的渗压计的压力值与下游水位基本相同，坝基渗透压力在正常范围，说明采用上墙下幕的基础处理方案是切实可行的，也为类似工程提供了可借鉴的经验。针对大西沟水库这种复杂的地质情况，采用水泥—膨润土混合浆液灌浆和硅溶胶灌浆相结合是一种有效的方法。

4.5 大河沿水库超深防渗墙研究

4.5.1 工程概述

大河沿水库总库容3 024万m³，最大设计坝高75.0 m，Ⅲ等中型工程，大坝为2级建筑物，其他主要建筑物为3级，设计洪水标准为50年一遇，校核洪水标准为1 000年一遇。

大河沿水库坝址处河床堆积深厚的含漂石砂卵砾石层，厚度达84 m～174 m，成分复杂，层理间夹泥质、砂质壤土条带，渗透系数多在8.7×10^{-2}～1.2×10^{-3} cm/s之间，属中等至强透水层。

大河沿水库大坝推荐采用沥青混凝土心墙砂砾石坝，采用防渗墙与帷幕灌浆结合的防渗方式，防渗标准按5Lu控制；河床深厚砂卵石层坝基采用封闭式混凝土防渗墙，最大墙深175 m，防渗线总长度711.0 m。大坝设计典型断面见图4.5-1。

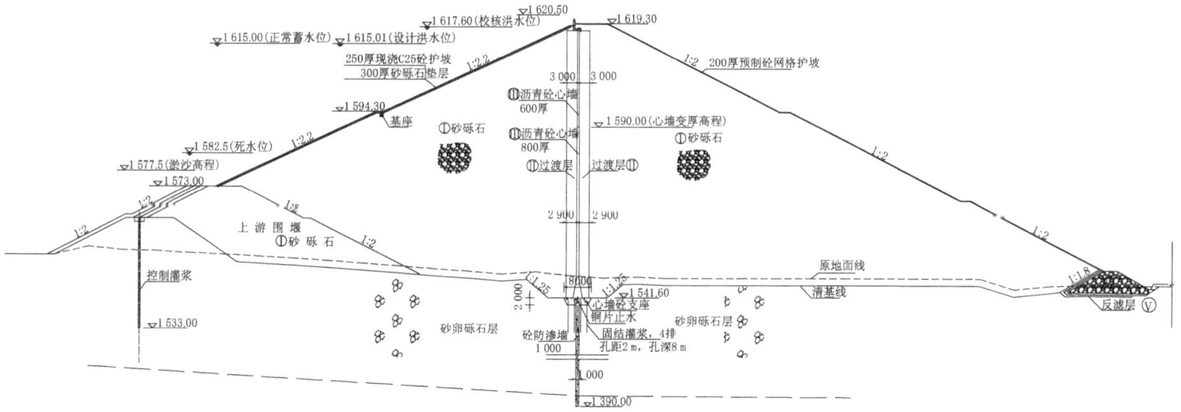

图4.5-1 沥青心墙坝典型断面图

4.5.2 工程地质与水文地质

4.5.2.1 坝址区工程地质条件

大河沿河山区流域面积738 km²，河道长55 km，平均纵坡31.4‰。大河沿水库坝址位于大河沿河峡谷出口段，处于基本对称的"U"型河谷内，沿河两岸发育有Ⅰ～Ⅳ级阶地，均为基座阶地。其中Ⅰ、Ⅱ级仅零星分布，Ⅲ级阶地于上、下坝址之间河段右岸的大河沿村及上坝址的库坝区两岸有连续分布，阶面宽度10 m～300 m不等，Ⅳ阶地于下坝址区两岸有连续分布，阶面宽100 m～200 m，沿河形成40 m～50 m高陡坎。两岸冲沟出口多有洪积扇分布，主要分布于下坝址左岸，Ⅳ级阶地后缘多被掩埋。

两岸山顶相对高差120 m～130 m，山坡坡度40°左右，一般基岩裸露。坝区基岩为石炭系上统博格达下亚群第二组（C_{3bg}^{a-2}）一套火山碎屑岩类，岩性主要为火山角砾岩、砂岩、粉砂岩、砂砾岩。第四系覆盖层主要为：①上更新统冲洪积堆积（Q_3^{al+pl}），分布于Ⅳ级阶地。堆积为碎屑砂砾石，厚度30 m～50 m。②全新统冲积堆积（Q_4^{al}），分布于河床及高漫滩，堆积为含漂石砂卵砾石层，总厚度84 m～152 m。③第四系坡积堆积（Q^{dl}）：为褐灰色碎、块石夹土，呈松散状，分布于两岸坡脚及冲沟内，厚度为1 m～5 m。

河床坝基含漂石砂卵砾石层，级配不良，经现场试验，含漂石砂卵砾石层最小干密度1.62 g/cm³，最大干密度2.05 g/cm³，颗粒比重2.70 g/cm³。河床浅部（0～3.5 m厚）的含漂石砂卵砾石层天然干密度1.90 g/cm³，相对密度0.71，声波纵波波速$Vp<1500$ m/s，剪切波波速$Vs<300$ m/s；3.5 m以下天然干密度1.95 g/cm³，相对密度0.81，属密实状态，声波纵波波速Vp在2 200 m/s以上，地震剪切波波速$Vs>300$ m/s。坝址两岸Ⅳ级阶地堆积冲洪积层厚度30 m～50 m，结构较紧密。地质剖面见图4.5-2。

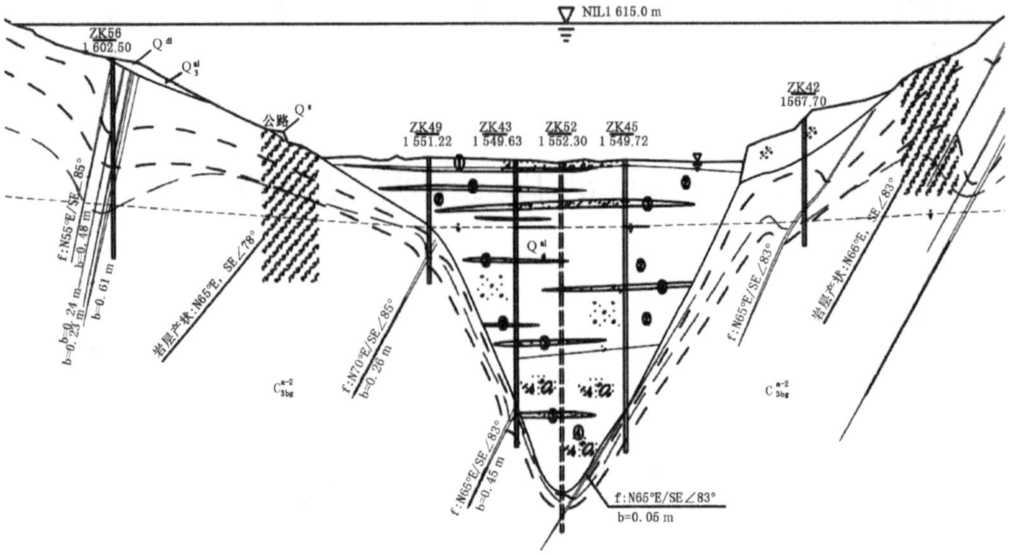

图 4.5-2　大坝地质剖面图

4.5.2.2　水文地质条件

坝址区地下水类型为第四系孔隙水和基岩裂隙水，前者主要赋存于河床砂卵砾石层中，接受上游河水和大气降水补给，水量较为丰富，纵向坡降较陡、横向坡降较平缓，与河水联系密切，水位接近河水位；后者赋存于基岩裂隙中，沿裂隙运移，接受大气降水、融雪和上游河水补给，水量贫乏，埋藏深，地下潜水位坡降平缓。坝区河水、地下水（基岩裂隙水）化学类型均为HCO_3-Ca隙运移（K+Na）型，属弱碱性水，通过判别，河水、地下水对普通水泥均无各类型腐蚀性。

4.5.2.3　坝基主要工程地质问题

渗漏：坝基河床堆积为巨厚的现代河床沉积的砂卵砾层石，厚度达84 m～174 m，其结构较松散。上部属中等透水层，下部属强透水层，存在坝基渗漏问题。

渗透变形：河床坝基砂卵砾石层厚度达84 m～174 m，级配不良，透水性强，并夹有含泥砂砾石层，作为坝基持力层，在库水长期作用下，该层内或与坝体、基岩接触面可能产生机械管涌，需采取适宜的工程处理措施。

地基振动破坏效应问题：本工程区地震基本烈度为Ⅶ度区，河床坝基第四系全新统覆盖层深厚，结构较松散，其中大于5 mm粒径在70%以上，为不液化地基。但地震时，建筑物的破坏与松软土层的厚度关系十分密切，许多地区震害表明，当冲积松软土层的厚度很大时，建筑物的破坏较为严重。

根据试验成果与野外鉴定，经综合分析，坝区岩（土）物理力学指标见表4.5-1和4.5-2。

表 4.5-1　大河沿水库坝区岩体物理力学参数推荐值

岩组	岩性	风化程度	密度/(g/cm^3)		饱和抗压强度	变模	弹模
			湿	干	MPa	GPa	GPa
C_{3bg}^{a-2}	砂岩、砂砾岩	强风化	2.55～2.60	2.50～2.55	40～45	2.2～2.5	3.0～3.5
		弱风化	2.64～2.70	2.57～2.60	55～60	3.8-～4.0	5.5～6.0

表 4.5-2　大河沿水库坝区第四系地层物理力学参数推荐值表

地层	岩性		天然密度/(g/cm^3)	比重	渗透系数/(cm/s)	内摩擦角/°	内聚力/(kPa)MPa	压缩模量	允许承载力/kPa	允许渗透坡降
Q_4^{al}	砂卵砾石（河床）		1.9～2.0	2.7～2.75	上部$4.2～7.4\times10^{-3}$ 下部$1.1～1.3\times10^{-1}$	38～40	0	20～25	450～500	0.10～0.15
Q_3^{dl+pl}	Ⅳ级阶地（下坝址）	砂砾石夹粉质黏土	1.85～1.9	2.7～2.75	$2.3～6.1\times10^{-3}$	35	3～4	35～40	500～550	0.1～0.15
		碎屑砂砾石	2.0～2.1	2.7～2.75	$1.2～1.8\times10^{-2}$	36～37	2～3	40～50	550～600	0.15～0.18

4.5.3 坝基防渗形式拟定

4.5.3.1 国内外类似工程经验

在国外，已有不少在深厚覆盖层上建坝的工程实例。如巴基斯坦坝高147 m高的塔贝拉土斜墙堆石坝，采用黏土铺盖防渗；埃及122 m的阿斯旺土斜墙坝，采用多排帷幕灌浆防渗；加拿大坝高107 m的马尼克3号黏土心墙坝，采用双排混凝土防渗墙防渗。

我国在深厚覆盖层建设的小浪底水库枢纽工程，黏土斜心墙堆石坝坝高154 m，坝基采用82 m深混凝土防渗墙防渗，覆盖层厚度80 m；四川冶勒水电站，沥青混凝土心墙堆石坝，坝高125.5 m，坝基采用了“上墙下幕”防渗结构形式，防渗墙最大深度140 m，下部接60 m深帷幕灌浆，防渗总深度达到200 m；新疆的下坂地水库，大坝坝基覆盖层厚度达150 m，大坝采用碾压式沥青混凝土心墙砂砾石坝，最大坝高78 m，在冰碛、冰水积覆盖层中采用“上墙下幕”防渗结构形式，上部采用深85 m厚1 m混凝土防渗墙，下接5排深66 m帷幕灌浆；西藏的旁多水利枢纽，坝基处覆盖层厚度最深达420 m，上部为冲击卵石混合土，下部为冰水积卵石混合土，大坝采用沥青混凝土心墙砂砾石坝，最大坝高72.3 m，坝基采用了“上墙下幕”的防渗方案，防渗墙最大深度158 m。国内外深厚覆盖层上建坝及防渗处理方式典型工程统计可参见党林才、方光达编著的《利用覆盖层建坝的实践与发展》一书。

从统计情况可以看出，深厚覆盖层上修建的坝型主要有黏土心墙堆石坝、混凝土面板堆石坝、沥青混凝土心墙堆石坝等。在覆盖层防渗处理方式选择上，国外在20世纪六七十年代常采用多排帷幕灌浆方式，国内采用帷幕灌浆方式的工程甚少，而且灌浆深度也不大，如坝高66 m的密云水库，采用3排帷幕灌浆，帷幕最大深度44 m；小南海地震堆积坝，坝高100 m，采用3排帷幕灌浆，最大灌浆深度80 m。随着混凝土防渗墙技术的发展，国内在深厚覆盖层上防渗处理主要选择防渗墙方式（或与帷幕灌浆相结合的“上墙下幕”方式），国内外覆盖层处理深度大于80 m部分的典型工程统计见表4.5-3。随着小浪底、瀑布沟、泸定、下板地、黄金坪、冶勒和旁多等一批水库的修建，在深厚覆盖层上建坝技术越来越成熟。

表4.5-3 国内外部分深度大于80 m的混凝土防渗墙统计表

坝名	地点	坝型	坝高/m	覆盖层厚度/m	防渗墙最大深度/m	防渗墙结构形式	防渗墙完成时间	防渗墙厚度/m	防渗面积/m^2
Manic	加拿大	ECRD	108	130.4	131	双列式连锁桩孔与槽孔混合墙	1975	0.61	30 740
Morelos	墨西哥	ECRD	60	80	91.4	连续桩柱墙	1966	0.61	15 160
Keban	土耳其	ECRD	212	40	100.6	岩溶洞穴洞挖回填槽	1974	1.5	16 900
冶勒	中国四川	ACRD	125.5	420	140	混凝土防渗墙140 m +60 m深帷幕（4排）	2007	1	30 852
下坂地	中国新疆	ACRD	78	150	85	混凝土防渗墙85 m+4排帷幕	2010	1	18 004
旁多	中国西藏	ACRD	72.3	420	158（201）	悬挂式防渗墙	2010	1	125 000

注：ECRD——黏土心墙坝；ACRD坝；沥青混凝土心墙坝；CFRD土心混凝土面板坝。

4.5.3.2 防渗形式拟定

1. 基础防渗原则

为了保证砂砾石地基的渗透稳定和防止产生过大的渗漏与下游过高的渗透压力，需同时满足以下要求：

1）出逸坡降不超过基土的渗透破坏允许坡降：允许坡降的安全系数与很多因素有关，但主要考虑的是地基的不均匀性以及破坏坡降的离散性，可采用1.5～2。

2）控制渗漏量：四川冶勒水电站工程及新疆下坂地水利枢纽水库大坝渗漏量按河道多年平均流量的1%控制，大河沿水库蓄水要求较高，水库渗漏量暂按1%控制。

3）控制下游的浸没范围：挡水建筑物的兴建，改变了两岸及其下游的地下水环境，应通过渗流控制限制下游浸润线的高度，从而达到控制下游的浸没范围的目的。

2. *河床深厚覆盖层防渗方案*

从当前国内外深厚覆盖层筑坝及防渗方案发展趋势分析，深厚覆盖层防渗主要采取的防渗措施主要有：水平防渗方式和垂直防渗方式。

（1）水平防渗方式

根据地质勘察成果，库区30 km范围内无黏土料，考虑库区铺设土工膜的水平防渗方案。经初步计算分析，土工膜铺设长度在1 000 m时材料渗透稳定即可满足要求，但水库渗漏量较大，土工膜铺设长度达到2 000 m时，渗漏量为10 957.81 m^3/d，占多年平均径流量的3.96%。此时库底防渗面积达66万m^2，库底整平工程量巨大，而且施工期导流困难。

根据类似工程经验，水平土工膜铺盖在工程运行过程中，容易产生不均匀沉降，使铺盖受到破坏，局部的破坏可能导致大坝的渗透破坏，危及大坝的安全，况且铺盖破坏后需等水库放空后才能进行检修。所以，本工程对水平土工膜防渗方案不再进行深入研究。

（2）垂直防渗方式

垂直防渗方式可分为帷幕灌浆垂直防渗、防渗墙垂直防渗以及防渗墙和帷幕灌浆相结合的“上墙下幕”垂直防渗方式等。从国内外深厚覆盖层筑坝情况分析，三种方案应用都比较广泛，从大河沿水库实际情况来看，三种方案都具有可行性。

3. *防渗深度的确定*

根据钻探资料，河床砂卵石覆盖层厚84 m～174 m，成分复杂，层理间夹泥质、砂质壤土条带，渗透系数多在8.7×10^{-2}～1.2×10^{-3} cm/s之间，属中等至强透水层。坝基防渗深度对工程造价影响巨大，防渗深度过浅，水库渗漏量和坝基渗透稳定不满足要求，防渗深度过深，工程造价增加，施工难度加大。设计采用GeoStudio软件之地下水渗流分析模块SEEP/W进行了计算分析，大坝采用沥青混凝土心墙砂砾石坝。成果见表4.5-4，最大渗透位势分布见图4.5-3及4.5-4。

表 4.5-4　各材料分区的最大渗透坡降及渗漏量

	防渗墙深度/m	防渗墙	沥青心墙	砂砾料坝壳	坝坡出逸处	坝体总渗漏量/(m^3/d)	占多年平均径流量比例
沥青混凝土心墙+防渗墙	80	27.24	47.181	0.258 1	0.547 5	62 628	22.63%
	100	27.79	47.807	0.246 6	0.546 1	58 824	21.26%
	120	28.67	48.924	0.213 9	0.538 1	52 108	18.83%
	130	29.27	49.696	0.192 0	0.530 8	47 320	17.10%
	140	30.08	50.764	0.149 4	0.510 6	40 592	14.67%
	150	30.85	51.543	0.143 2	0.501 2	38 643	13.96%
	175	35.199	59.67	0.007 3	0.023 5	1 674	0.60%

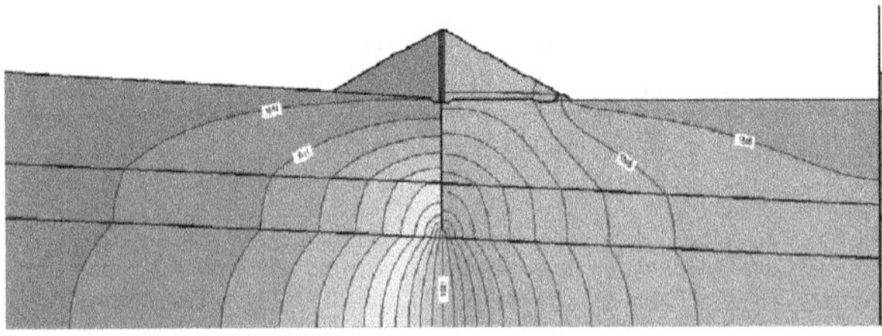

图 4.5-3　坝基 175 m 悬挂式防渗墙位势分布图

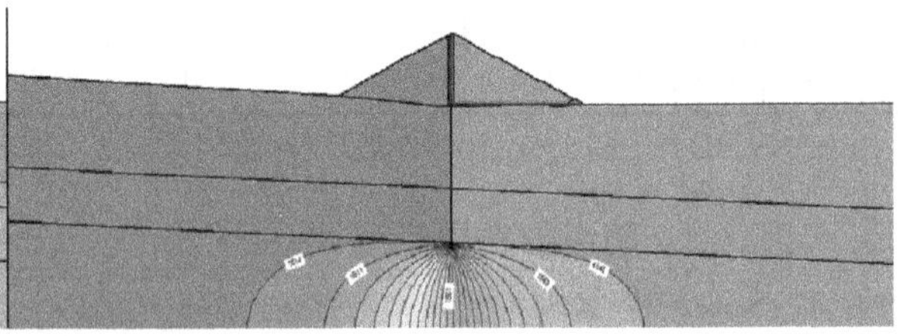

图 4.5-4　坝基 175 m 封闭式防渗墙位势分布图

从计算结果来看，在不封闭覆盖层（防渗深度80 m、100 m、120 m、130 m、140 m、150 m）的情况下，水库渗漏量明显偏大，砂砾石坝体渗透坡降和出溢点渗透坡降均不满足渗透稳定要求，只有采取全封闭方案，渗漏量和渗透稳定才能满足要求。因此，覆盖层防渗深度确定为175 m。

4. *防渗方案拟定及对比分析*

通过以上计算分析，拟定以下三个垂直防渗方案进行技术经济对比分析分别是：方案一：封闭式帷幕灌浆方案；方案二：封闭式混凝土防渗墙方案；方案三：封闭式“上墙下幕”方案。

1）封闭式帷幕灌浆方案

大河沿水库最大坝高75 m，水库设计最大水头按72.3 m计算（正常蓄水位至混凝土基座高程），帷幕允许渗透比降取J=3。按土石坝设计规范公式$T=H/J$计算，帷幕厚度25 m，J取3～4。根据国内外相关试验成果，深厚覆盖层底部帷幕灌浆允许渗透坡降可适当增加，参考新疆下坂地水利枢纽工程，坝基70 m以下深度，帷幕灌浆允许渗透坡降J=6，帷幕厚度12.5 m。

根据以上分析，上部80 m深度范围，帷幕灌浆采用12排，排距2 m，孔距2 m。下部95 m深度范围，帷幕灌浆采用6排，排距2 m，孔距2 m。灌浆采用“孔口封闭法”，自上而下循环钻灌，封孔采用“分段压力灌浆封孔法”。帷幕灌浆压水试验合格标准按灌浆后覆盖层帷幕体渗透系数K帷幕灌$^{-5}$ cm/s控制。

2）封闭式混凝土防渗墙方案

防渗墙厚度主要由防渗要求、抗渗耐久性、墙体应力和变形以及施工设备等因素确定，其中最重要的是抗渗耐久性和结构强度两个因素。经初步分析，防渗墙厚度取0.8 m以上可满足要求。参照类似工程，下坂地工程防渗墙允许渗透坡降J取80，选用1 m厚混凝土防渗墙进行防渗处理，西藏旁多水利枢纽坝高72.3 m，混凝土防渗墙最大墙深158 m，厚度1 m，厚度比较合理。

本工程根据混凝土防渗墙允许水力坡降确定防渗墙厚度为1.2 m，防渗墙强度设计值采用C30混凝土，抗渗等级W10，且$R_{180} \geq 80$，抗渗，入槽塌落度18 cm～22 cm。孔位中心允许偏差不大于3 cm，孔斜率不大于0.4%，遇有含孤石、漂石的地层及基岩面倾斜度较大等特殊情况时，其孔斜率应控制在0.6%以内；一、二期槽孔接头采用拔管法工艺，保证接头连接质量及有效墙厚。防渗墙施工质量合格标准按渗透系数$\leq 3\times10^{-7}$ cm/s控制（或小于1Lu）。

3）封闭式“上墙下幕”方案

设计分别采用“上部80 m防渗墙+下部95 m帷幕灌浆”“上部100 m防渗墙+下部75 m帷幕灌浆”和“上部120 m防渗墙+下部55 m帷幕灌浆”三种方案进行渗流分析计算。从渗流计算成果来看，各种组合方式均能满足水库蓄水和坝基渗透稳定的要求，防渗墙深度对水库渗漏量和下游出逸点渗透坡降影响较小。《水利水电工程混凝土防渗墙施工技术规范》将混凝土防渗墙适用深度由70 m提高到100 m，随着国内防渗墙施工技术水平的提高，认为目前国内平均先进的防渗墙施工水平在100 m左右，超过此深度，施工难度将加大，防渗墙单位造价也会随之增加，因此，选定100 m混凝土防渗墙和下部75 m帷幕灌浆的组合方式，帷幕灌浆和防渗墙设计与前面所述一致，即1 m厚混凝土防渗墙，6排帷幕灌浆。

4）封闭式垂直防渗方案比较

（1）防渗效果

上述三种封闭式防渗方案采用GEO-STUDIO（SEEP/W）进行渗流分析，成果见表4.5-5。

通过分析可知，三种防渗方案下坝体和坝基各区渗透坡降均小于材料允许值，水库年渗漏量占多年平均径流量分别为0.6%、0.84%、0.75%，都在1%的允许范围之内。三种封闭式防渗方案均能满足设计要求，防渗墙在防渗效果上略好。

表4.5-5　坝体和坝基各分区的最大渗透坡降及渗漏量

方案	防渗深度	沥青心墙	防渗墙/帷幕体	砂砾料坝壳	下游出逸比降	单宽渗漏量	日均渗漏量
	/m	（允许值80）	（允许值80/6）	（允许值0.1）	（允许值0.1）	（m^3/d）	（m^3/d）
防渗墙	175	59.670	35.141	0.007 3	0.023 5	5.28	1 674
帷幕灌浆	175	49.05	25.33	0.052 2	0.051 7	6.76	2 324.35
上墙下幕	100+75	52.5	30.13/5.4	0.026 4	0.026 0	6.03	2 075.34

（2）施工条件比较

深厚覆盖层中做灌浆帷幕，施工技术和方法均比较成熟，有较多的工程实践经验，但帷幕较深时施工工序和工艺较复杂，覆盖层中的砂卵砾石层一般需采用黏土水泥浆灌浆，灌浆的扩散范围很难控制，帷幕质量不易保证；对于深厚覆盖层上的高坝，帷幕厚度大，灌浆孔排数多，灌浆量大，施工工期长；灌浆部位较深，帷幕底部孔斜难以控制，且需要设置灌浆廊道，施工难度大。

防渗墙+帷幕灌浆方案，施工比较复杂，且深部灌浆质量很难控制，防渗墙和帷幕灌浆结合部位易出现质量问题。

近年来防渗墙技术日趋成熟，施工技术发展极快，墙体槽孔连接可靠，成墙质量检验方法相对成熟。从目前国内深厚覆盖层上建高土石坝的情况看，几乎均采用了混凝土防渗墙形式，混凝土防渗墙渗流稳定性好，渗透量小，墙体连接可靠，并且国内外有丰富的施工和运行经验，有相对成熟的工序检验和最终检验方法，对覆盖层地层颗粒组成条件适应性较好。西藏旁多的防渗墙已经能达到158 m，试验段201 m。

(3)工程运行期维护方面

灌浆帷幕在运行多年后，易失效，失效后需对基础进行补灌处理，需要设置灌浆廊道。防渗墙只要在施工过程中控制好施工成墙质量，设法使墙体能适应因荷载而产生的变位，更好的适应变形，并且防渗墙在施工过程中有较多的手段对成墙质量进行监测，墙体成型后在运行过程中一般不需要维护。防渗墙方案最优。

(4)工程投资方面

上述三个方案大坝及基础处理工程投资，防渗墙方案3.25亿元，防渗帷幕方案3.72亿元，防渗墙及帷幕组合方案3.41亿元。全封闭防渗墙投资最小，“上墙下幕”方案次之，帷幕灌浆投资最大，因此，从工程投资方面来讲，防渗墙方案较优。通过以上分析可知，封闭式混凝土防渗墙防渗方案在施工条件、运行期维护和工程投资方面都有一定优势，因此，本阶段推荐采用封闭式防渗墙防渗方案，混凝土防渗墙设计厚度1 m，最大墙深175 m。

4.5.4 混凝土防渗墙方案可行性分析

4.5.4.1 设计合理性分析

1. 墙体设计合理性

防渗墙厚度主要由防渗要求、抗渗耐久性、墙体应力和变形以及施工设备等因素确定，初拟墙厚0.8 m、1.0 m、1.2 m三个不同厚度进行渗流分析计算，均可满足水库对渗漏量的控制和材料允许渗透坡降要求。

当前防渗墙使用年限估算以梯比利斯研究所公式应用较多。参考类似资料，防渗墙使用年限与大坝一致，为50年。经分析，从耐久性要求来讲，混凝土防渗墙厚度不宜小于0.79 m。

小浪底工程混凝土防渗墙设计容许水力坡降J取92，新疆下坂地坝基混凝土防渗墙设计容许水力坡降J取80。本工程参照下坂地工程，防渗墙允许渗透坡降J取80，选用1.2 m厚混凝土防渗墙进行防渗处理，而西藏旁多水利枢纽坝高72.3 m、混凝土防渗墙最大墙深158 m，厚度1.0 m，因此，本工程1.0 m厚度比较合理。

2. 墙体材料及墙厚对应力的影响

为了解防渗墙墙体的弹性模量对其应力的影响，取墙厚为1.0 m，墙体弹性模量分别为30 GPa、28 GPa、25.5 GPa、10 GPa、1.0 GPa及0.5 GPa，利用平面有限元方法进行了坝基防渗墙应力分析。根据计算结果，混凝土防渗墙弹性模量从25.5 GPa提高到30 GPa，竣工期的最大压应力变化范围在27.5～28.4 MPa之间，蓄水期在16.6～17.8 MPa之间，表明墙体应力在常规混凝土C30的抗压强度范围内。考虑到混凝土强度随龄期会有一定增长，槽段防渗墙墙体混凝土设计指标采用C30混凝土，抗渗等级W10。

经计算分析，随防渗墙厚度的增大，防渗墙的最大应力逐渐减小。墙厚1.0 m时墙体的最大压应力为27.8 MPa，从防渗墙受力角度看，采用常规混凝土、墙厚1.0 m满足受力要求。

4.5.4.2 坝基渗透变形影响分析

经计算分析，在各种工况下，坝体沥青混凝土心墙的渗透坡降最大，防渗墙及防渗帷幕的渗透坡降较大，坝体其他料区(过渡料、排水棱体等)的渗透坡降均较小。正常蓄水位工况下坝体上下游水头最大，坝体和坝基各料区的渗透坡降达到最大。防渗墙底部与基础接触部位渗透坡降大于允许渗透坡降，局部可能发生渗透破坏，但范围很小，因此可以保证渗透稳定性要求。在正常工况下计算域内各部分的渗透流量达到最大，总渗透流量为1 674 m^3/d，满足设计要求。

4.5.4.3 防渗墙缺陷分析

根据超深防渗墙的施工特点，对防渗墙下部可能形成的缺陷，如开叉、裂缝进行了分析。

1. 防渗墙下部开叉

考虑防渗墙在70 m深度以下开始出现开叉，直至基岩，偏移百分比取1%，即防渗墙在底部分叉距离分别为1.6 m。计算可知，开叉部位最大渗透坡降为20.86，出现在上部最先开叉处，大于覆盖层的允许渗透坡降，因此防渗墙上部开叉部位可能会发生渗透破坏，但破坏范围较小。当防渗墙下部开叉偏移百分比为1%时，渗透流量为5 987.52 m^3/d，和全封闭防渗墙正常运行时相比有明显增大，因此在防渗墙施工过程中，要严格控制防渗墙下部的偏移百分比，保证施工质量。

2. 防渗墙裂缝

结合应力应变计算结果和实际施工情况考虑，防渗墙在运行过程中，上部和底部容易产生裂缝，故对防渗墙上部和底部裂缝进行模拟分析，实际计算时，取裂缝宽度为1 m等效模拟，对应材料渗透系数按相应比例缩小。计算工况和各工况下裂缝处渗透坡降和坝体总渗流量如表4.5-6所示。

表4.5-6 各计算工况下渗透坡降和总渗漏量统计表

裂缝位置	裂缝宽度/cm	裂缝长度/m	最大渗透坡降	坝体总渗漏量/(m^3/d)
上部裂缝	0.5	4	63.68	2 807.13
	1	4	62.33	2 814.04
	3	4	60.48	2 833.05
底部裂缝	0.5	/	53.18	2 961.79
	1	/	52.16	3 210.62
	3	/	50.79	3 582.14

由计算结果可知，由于裂缝尺寸很小，在防渗墙上部出现细小裂缝时，渗透流量基本不变；覆盖层下部渗透系数较大，当底部出现裂缝时，渗透流量会有一定增加，但变化幅度也较小。裂缝处的渗透坡降近似等于周围防渗墙的渗透坡降，所以都大于覆盖层允许渗透坡降，因此局部可能发生渗透破坏，当裂缝尺寸很小时，局部破坏范围较小。

4.5.4.4 防渗墙施工技术可靠性分析

目前国内建成深度在100 m以上的混凝土防渗墙主要有：泸定水电站（110 m）、黄金坪水电站（101 m 在建）、冶勒水电站（墙深140 m，分上、下两段施工，试验段墙深100 m）、下坂地水利枢纽工程（试验段墙深110 m）及西藏旁多水利枢纽（墙深158 m，试验段墙深201 m）等工程。

大河沿水库坝基防渗线总长度711 m，两岸坡采用混凝土防渗墙结合帷幕灌浆防渗，河床深厚覆盖层采用封闭式混凝土防渗墙防渗方案。帷幕灌浆采用单排，孔距2 m，深入5Lu线以下5 m；混凝土防渗墙厚度1 m，深入下部基岩1 m，最大墙深175 m。防渗总面积42 604.45 m^2，其中防渗墙成墙面积24 106.32 m^2，帷幕灌浆面积18 498.13 m^2。

本工程防渗墙设计最大深度175 m，可参照的实例甚少，本工程防渗墙施工主要借鉴西藏旁多坝基防渗墙施工经验。选择主要施工机具为：利勃海尔HS875HD和HS885HD重型钢丝绳抓斗、金泰SG40重型液压抓斗、利勃海尔HS843HD钢丝绳抓斗、CZ-A或ZZ-6A型冲击钻机、YBJ-800/960型大口径液压拔管机。

本工程防渗墙施工采用“钻抓法”，局部结合“钻劈法”造孔成槽。混凝土浇筑采用泥浆护壁、气举清孔、泥浆下直升导管法施工。墙段连接采用接头管法，浅槽段采用钻凿法。

目前意大利Soimech公司设计制造的新一代液压双轮掘进机SC200可开挖250 m深的防渗墙，竖向偏移量在250 m深墙底部，沿墙长轴方向为0.3 m，沿墙短轴方向为0.25 m，即为墙深的0.12%和0.1%。

4.5.5 大河沿超深防渗墙施工实践

4.5.5.1 工程特点及施工难点

大河沿防渗墙工程，轴线长266.7 m，施工平台高程1 550.1 m，最深墙底高程1 364.1 m，最大施工深度186.15 m。墙厚1 m,墙体入岩1 m,孔深超过100 m的槽孔入岩2 m。防渗墙最核心问题就是最大施工深度,突破最大深度也就带来一系列技术难题。

1)施工平台处理:由于大河沿河河床纵坡较大,地下水位较高,施工平台的稳定性对防渗墙的槽孔稳定性至关重要。

2)槽段划分:槽段划分既要保证抓斗和冲击钻施工,又要保证槽孔的稳定性,以保证防渗墙稳定施工,不出现坍塌事故,又能满足工期要求。

3)防渗墙成槽:如何在186 m的深度中选取挖掘设备与应用,槽孔挖掘工艺、方法与抑制孔斜和塌孔的有效技术措施;墙体底部高陡坡(基岩面坡度为55°～60°)嵌岩方法与措施,基岩面鉴定方法,预防孔内事故发生,成为本项目需要攻克的重点技术难题。

4)清孔:由于槽段较深,下设管具时间较长,满足超深槽孔混凝土浇筑条件的有效清孔技术、方法与措施需要试验研究确定。

5)墙段连接:实现接头管法在超深防渗墙墙段连接中的应用技术突破(拔管深度、成孔率),实现零风险拔管,最大限度压缩钻凿接头量。

6)混凝土浇筑:超深墙体混凝土性能及与浇筑、接头施工技术协调性问题,使混凝土浇筑、接头拔管与清理融为一体,互不制约。

7)防渗墙闭气:防渗墙合拢段槽孔选取对防渗墙闭气至关重要,防渗墙基本已经封闭,地下水位太高,在闭气槽段形成过水通道,槽孔稳定性容易被破坏,如何选择合拢槽段也是一个技术难题。

本工程根据施工及地质情况,认真分析掌握了各区域的覆盖层类型,并根据实际情况进行试验,主要解决深覆盖层造孔孔斜保证率问题、墙段连接方法及施工工艺、深覆盖层防渗墙清孔技术问题、深覆盖层混凝土浇筑问题,很好地解决了深覆盖层成槽难、清孔难、浇筑易堵管的问题。对于工程施工有着较好的实际意义,其应用前景广阔,也为类似工程施工提供了参考依据。

4.5.5.2 超深墙施工工艺

1. 施工平台处理及临建

1)强夯施工:为了整体提高防渗墙上部地层密实度及承载力等力学性能,以防渗墙轴线为中心的10 m范围,开挖基坑进行强夯处理。夯锤重20 t,直径2.5 m,落距10 m,夯击能为2 000 KN•m。单点夯击次数为12击,点夯施工完成后用震动碾压压8遍,有效加固深度为4 m～5 m。处理范围超出基础边缘的宽度为3 m。通过试验,地层密实度均达到0.85以上,部分地区已达到0.9以上,大大提高了上部土层的密实度,提升了防渗墙施工平台的稳定性。

2)导墙施工:为保证槽孔造孔安全和接头管起拔承载力,导墙采用全断面开挖后立模浇筑“L”型钢筋混凝土导墙,高度2.0 m(厚0.6 m),底宽1.8 m(厚0.5 m),内侧间距1.2 m。导墙墙体材料为二级配C25混凝土。

2. 槽段划分

经过部分一期槽孔施工,发现地质情况良好,大槽段也能满足一期槽施工,且一期槽长度4 m,下设完接头管只剩余2 m,只能下设一套浇筑导管,不利于防渗墙混凝土连续浇筑,基于此对槽段进行更改,槽段全部采用6.6 m,不仅减少接头,保证墙体混凝土浇筑连续性,并且缩减了工期制约,节约成本。

4.5.5.3 槽孔挖掘工艺方法、措施

1. 设备选取

造孔工艺及设备的适用性试验是本试验重点研究的内容。目前,国内外常用的成槽设备主要有冲击式钻机、冲击式反循环钻机、抓斗式挖槽机、液压铣槽机、回转式钻机、多头钻机等,造孔工艺主要采用“钻抓法”“钻劈法”“纯抓法”“纯铣法”等方法。

根据本试验研究工程的地质特点以及结合以往深槽施工经验,造孔设备选用了适合深孔作业的CZ－A冲击式钻机(特A型钻机)和HS843HD抓斗式挖槽机。HS843HD为机械式抓斗,斗体抓取闭合过程全靠斗体自身重量,如重量不足,则降低其闭合力,从而难以达到应有工效,在施工时随着孔深的加深和浮力的增加,斗体在孔内的重力会逐渐减轻,因本试验工程槽孔深,故将所用斗体重量由原来的6T斗体调整为9.5T。特A型钻机是施工单位根据本试验工程特性和地质情况量身定制的新型钻机,钻头重5T,施工时用加宽平台车宽度和加大轨间距稳定钻机,用加大后卷扬直径、加厚主卷扬中间片的方

法提升主卷扬提升力。

(1)冲击式钻机

冲击式钻机,俗称冲击钻,是防渗墙及桩基础施工的一种重要钻进成孔机械,它能适应各种不同地质情况,尤其是针对坚硬复杂地层,冲击钻机较之其他形式成孔设备适应性更强。同时,冲击钻造孔时,会对周边地层进行冲击挤密,形成一层密实的土层,对稳定孔壁,提高土层承载能力,有很大作用。施工采用经过改进的冲击钻机CZ-6型,钻头重5.5T,整机重11T。

(2)HS875抓斗

利勃海尔HS系列机械抓斗为世界上最先进的防渗墙成槽设备之一。其家族产品HS875HD机械抓斗发动机功率最大为670 kW,主、副卷扬单绳起拔力均为250 kN,HS843HD机械抓斗发动机功率为400 kW,主、副卷扬单绳起拔力均为200 kN。其最大开挖深度可达130 m,由于本工程地质情况良好,抓斗最大抓取深度达到了160 m。

HS系列机械抓斗安装有自动测斜装置,可有效控制开槽孔斜,施工时操作简便,行走方便适合野外施工。可广泛应用于多种软土地基,如砂性土、粉细砂、砂砾石等。同时该系列机械抓斗可以提升重型斗体,直接冲抓具有一定密实或胶结程度的地层。在地层异常坚硬,冲抓效率明显降低时,可用10 t以上重凿冲击破碎地层以后再抓取,直至设计要求的成槽深度。

(3)冲击钻机与抓斗配合使用优点

① 冲击钻机能适应覆盖层较复杂的地层,能完成入岩1 m的施工要求;根据地勘资料,覆盖层主要地层为砂卵砾石层,且含有漂石、密实砂层。防渗墙入岩1 m,孔深超过100 m的槽孔入岩2 m。本施工现场基岩为"中基性火山角砾岩",经室内岩石物理力学试验,弱风化岩石的饱和抗强度为55~60 MPa,属中硬岩~坚硬岩。冲击钻能适应此基岩地层。

② 加快施工进度,提高施工效率。抓斗相对于冲击钻机最大的优势是功效。对于常规的砂卵石地层、砂层,抓斗功效将远远大于冲击钻机;从施工进度、成本控制角度来讲,抓斗施工效率更高。

③ 保证孔壁安全。根据设计图纸,最大施工孔深为186.15 m,对于砂卵石超深覆盖层,孔壁安全是非常关键的问题。冲击钻机在施工时,具有挤密地层、保护孔壁稳定的作用,同时冲击钻施工主孔对于抓斗施工具有导向作用,能保证槽孔孔斜率的要求。

2. 孔斜控制

孔斜率是指某一孔深处的施工孔位中心相对于孔口处的施工孔位中心的偏差值与该处孔深的比值。孔斜率指标是防渗墙成槽施工中的重要参数,直接反映了槽孔建造的垂直度,对后期下设钢筋笼、接头管、槽段搭接等工作具有重大影响。

孔斜率检测的方法是采用重锤法测量,首先检测出某位置孔孔偏差,通过相似三角形法,计算出某位置的偏差,从而获得此处位置的孔斜率。

根据规范要求,防渗墙成槽施工时不应大于4‰,遇含孤石地层及基岩陡坡等特殊情况,应控制在6‰以内。在实际施工过程中,由于槽段孔深较深,保证墙段平顺,大河沿项目对施工孔斜率的要求全部控制在1‰以内。

孔斜质量控制主要从验收制度保证。防渗墙施工质量检查实行"三检制",终检合格后,才通知监理验收。机班组自检,本工程要求每个槽孔每进尺2 m,机班组都必须进行孔斜自查,合格后继续钻孔;若不合格,必须先进行修孔,修孔合格后继续钻孔。施工班组自检是最基础,也是最重要的检查预防机制。质检员过程检查,质检员定期对每个孔进行孔斜检查,过程中发现问题及时解决,合格后,继续钻孔。

3. 高陡坡入岩

址坝两岸Ⅳ级阶地堆积冲洪积层厚度30 m~50 m。结构较紧密,经对阶地高天然陡坎颗分,粒径以小于2 mm~40 mm的碎屑砾石为主,大于40 mm的粒径在10%以内,≤内,≤石为主,的土粒含量少于5%。砾石主要成分为砂岩、矽质粉砂岩、安山岩及火山碎屑岩,磨圆度较差,以次棱角形为主。

河床基岩面呈"V"字形,两侧基岩面坡度为55°~60°,防渗墙按设计要求嵌入基岩。在陡坡状基岩中造孔,由于钻具在下落冲砸基岩时容易溜钻,嵌岩很困难,不仅钻进效率极低而且钻进效果差,如处理不好,将严重制约防渗墙工期,嵌岩不合格也会严重影响防渗墙质量。根据以往施工经验及本工程实际情况,对于不能直接用钻机入岩的槽孔,采取孔内定向爆破和钻孔爆破的措施进行处理。

陡坡岩施工的难点是钻头在斜面上受力不均，导致钻孔偏斜。经研究和摸索，采取以下措施：

（1）确保覆盖层钻孔孔斜符合设计要求，每钻进 3 m～5 m 测量一次孔斜，软岩层每钻进 1 m～3 m 测量一次孔斜，发现偏斜，及时修正。当钻凿主孔接近或已达到倾斜基岩面时，提升钻头。

（2）先用冲击钻机钻进，穿过覆盖层至基岩陡坡段，然后在孔内下设定位器和爆破筒，将爆破筒定位于陡坡斜面上，经爆破后，使陡坡斜面产生台阶或凹坑，然后在台阶或凹坑上，设置定位管（排渣管）和定位器（套筒钻头），用回转钻机施工爆破孔，下置爆破筒，提升定位管和定位器进行爆破，爆破后用冲击钻机进行冲击破碎，直至终孔。

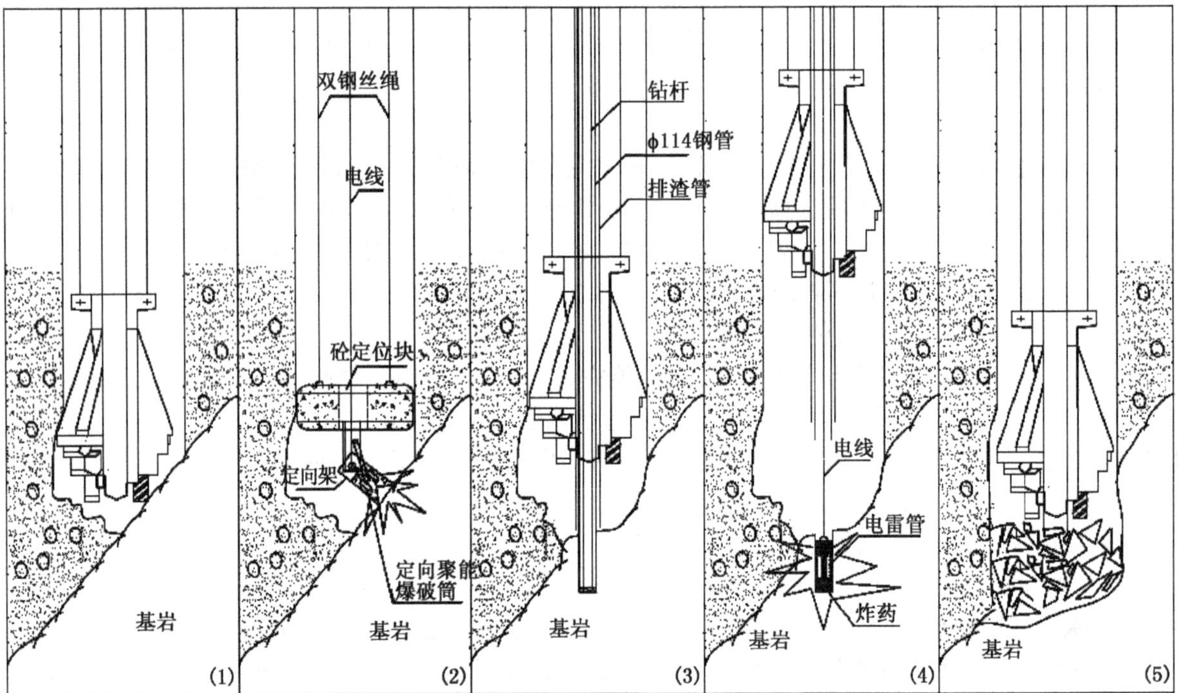

（1）用钻机钻进至基岩陡坡面	（2）下置定位块和定向聚能爆破筒进行爆破，在陡坡岩面上形成台阶或凹坑	（3）下定位管和定位器（套筒钻头），用工程钻机爆破机	（4）起钻下爆破筒，提升套管、定位管和定位器，起爆	（5）用冲击钻机继续钻进

图 4.5-5　高陡坡嵌岩施工措施

4. 基岩面鉴定

施工中发现地质情况与勘探出入较大，为解决偏差过大并准确确定基岩面，采用复勘加钻渣相结合的方式进行基岩面确定。待主孔接近基岩面时，在孔内下设套管，回填黏土固定套管，岩芯钻取芯，取芯可根据实际情况 10 m～15 m，如芯样连续，即可判别为基岩，在结合钻渣判别，保证防渗墙真正嵌入基岩。对于部分嵌入基岩的槽段，终孔时需进行基岩鉴定，方法如下：

（1）基岩面确定的方法：设计基岩面深度，主孔抽筒取样鉴定确定基岩面。

（2）操作人员应对照地质剖面图和邻孔基岩面高程，并参照钻进感觉确定基岩面。

（3）基岩岩样鉴定：主孔取样鉴定，副孔不取样，副孔的深度等于相邻两主孔中较浅孔的深度加上两孔之差的2/3。

（4）入岩深度检查：接近设计基岩面 1 m 时，每 50 cm 取样一次。进入基岩后，每 30 cm 取样一次，编号保存。据以判断和计算入岩深度。

宽度为6.6 m的一期槽段应在1#、3#、5#号主孔取样，确定基岩面。宽度为6.6 m的二期槽段在中间的3#号主孔取样，并根据已入岩的1#、5#号确定该槽段的基岩面。

5. 漏浆处理

本次防渗墙试验段覆盖层厚186 m以上，其中30 m～60 m为冲积砂卵砾石层。由于该层以漂卵（砾石）为主，地层松散，故存在漏浆、塌孔等特殊情况。

由于上部地层松散，细颗粒和土粒含量较少，在施工过程中多次发生渗浆、漏浆现象。采取的处理措施为：

(1)加大泥浆粘度，采用浓泥浆固壁，保持孔壁稳定，对部分漏浆严重的部位添加白灰，以增加泥浆浓度。

(2)施工到快漏浆地段时多填黏土和碎石土，用钻头冲击、挤压密实，达到防止漏浆的目的。

(3)当采取以上方法后仍漏浆时，即向槽内倒锯末、细沙等堵漏材料，使其渗透至渗漏缝隙中，以封堵漏浆通道。

(4)漏浆发生后及时将钻头提出孔内，并用装载机回填黏土，补充泥浆等。

4.5.5.4 护壁泥浆，泥浆净化、废浆处理与排放

1. 固壁泥浆材料选取

(1)红黏土：红黏土取自大河沿工地下游侧10 km处，系天然形成红黏土。

(2)膨润土：膨润土采用的是钻井液用膨润土。

(3)现场黏土浆液与膨润土浆液对比。

表 4.5-7 现场浆池中黏土泥浆和膨润土泥浆性能对比

泥浆名称	密度/(g/cm^3)	马氏漏斗粘度/s	表观粘度/MPa.s	塑性粘度/MPa.s	动切力/Pa	静切力/Pa	滤失量/(mL/30 min)	pH
膨润土	1.04	41～50	16～20	7～8.5	8.7～14.8	8.2～14.3	19～21	9.5
黏土	1.06～1.07	35～46	9～13.5	5～7	4.6～7.7	4.6～11.2	11～16	9.5

经对比，黏土搅拌泥浆含砂量较高，且不容易膨化，各项指标均不能满足新制泥浆的要求，所以红黏土只作为回填、堵漏等辅助使用，造孔、抓斗抓取均使用膨润土泥浆。

2. 泥浆拌制与储存

(1)泥浆拌制：为了制备出优质膨润土泥浆，能够具有良好的流变性、稳定性、抑制性和悬浮、携带岩屑能力，同时还能兼具经济环保效益。本工程对膨润土泥浆配比做了大量试验，通过对比分析，选择最适合的泥浆配比。

在同等的搅拌、膨化时间、气温等试验条件下，对各配比泥浆进行检测、对比、分析。大河沿防渗墙泥浆最终选用配比4进行搅拌，见下表。

表 4.5-8 膨润土泥浆配比（1 m_3 泥浆）

材料名称/kg	水	膨润土	纯碱(Na_2CO_3)	备注
配比4	990	75	2.5	

(2)泥浆储存：泥浆搅拌完成后，储存于储浆池中进行膨化。常规情况下，膨润土泥浆在使用过程中需不断地搅拌、循环来防止泥浆离析沉淀。由于本工程制浆站规模大、储浆量多、使用强度大，常规的利用泥浆泵来搅拌循环的方法并不适用。本制浆站打破常规，创造性地使用了预埋风管搅拌泥浆的方法。

3. 泥浆净化回收

新制泥浆在储浆池中膨化，通过送浆管输送至防渗墙各槽段中使用，通过抽渣、携渣方式连同碎渣一起排出槽孔。排出槽孔的泥浆通过多级沉淀池沉淀、净化，将合格的泥浆回收至回浆池中，进行二次利用；而沉淀下来的废浆、废渣，通过自卸车装运处理。

泥浆回收利用包括正常抽砂排出浆液与浇筑过程中回收的浆液，本工程施工场地宽阔，成自然坡度流向下游。故本工程因地制宜，创造性地设置了6级沉淀池法。在第3级沉淀池回收泥浆，将性能好的泥浆通过泥浆泵输送至回浆池中，再通过送浆管输送至各槽孔。而剩下的废浆通过后3级沉淀净化后排出，沉淀下来的废渣由自卸车装运至晾晒场。

4.5.5.5 预埋管制作

预埋管钢筋定位架选用HRB400位架选钢筋，预埋管选用6 m，预埋管选厚壁钢管。

墙体预埋帷幕灌浆管采用钢筋定位架定位保护，钢筋定位架采用HRB400ϕ25螺纹钢预先焊接成型，结合防渗墙槽段宽度及每幅槽段预埋管数量确定钢筋定位架尺寸，定位架长度根据槽段预埋管根数分为6.15 m、4.15 m、2.15 m三种长度。钢筋定位架统一宽度均为80 cm，上、下游侧均设置7 cm保护层厚度，定位架高度为50 cm。

根据每幅槽段钢筋定位架尺寸进行钢筋下料，将成品料置于钢筋加工平台整体焊接成网片状，在底层网片状钢筋架四角焊接竖向钢筋，最后焊接上层网片状钢筋。

预埋灌浆管由 ф100×6 m×5.5 mm厚壁钢管由内螺纹套管连接，整体焊接定位于钢筋保护架内分节下设，底部使用50 mm×5 mm角钢替换HRB400 ф25螺纹钢制作定位架。定位架在深度方向的间距为6 m，最底部一节根据槽孔深度进行调整。

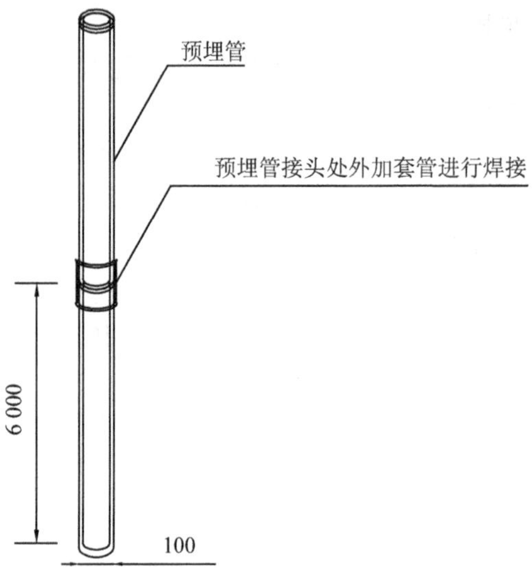

图 4.5-6　孔口套接示意图

因本工程槽孔较深，混凝土压力较大，采用薄铁皮焊接对预埋管底口进行封闭，并在薄铁皮上开孔防止混凝土进入管内。

预埋管钢桁架采用吊车分节起吊，孔口连接，整体下设。

将最底节预埋管钢桁架吊入槽内，其顶部外露导墙顶1.5 m左右，用2根加强型钢横向穿过预埋管钢桁搁置并架立在导墙上；起吊第二节预埋管钢桁架，经对中调正垂直后即可进行对接。

当全部预埋管桁架对接完毕后，利用吊车进行整体下设。下设时一定安全、平稳，对应好桁架在槽中的位置。遇到阻力时不得强行下放，以免桁架变形，造成管体移位，影响下设精度。

在下部预埋管下设至孔内后，将上部预埋管采用吊车起吊至槽孔孔口，然后人工将上下部预埋管均与套筒孔口对齐，因上下部预埋管螺纹方向相反，故采用管钳转动中间套筒即可将上下部位预埋管连接。

4.5.5.6　超深防渗墙清孔技术

1. *清孔施工特点、重点、难点*

超过100 m的深孔孔底沉淀多，清孔困难较大，对设备要求较高，同时又不能轻易提高抽吸功率，以免对槽孔壁的稳定构成威胁。同时下设灌浆预埋管、导管等时间大幅延长，下设过程极易发生预埋管或定位架对墙壁的扰动，致使孔底泥皮、大块泥渣结合物增多，加大了二次清孔的难度。

浇筑过程中清孔需要结合现场施工条件对清孔管具及设备进行改良，同时清孔过程需持续性测量混凝土面深度，保证清孔效果，避免出现排渣管堵管等情况。

2. *防渗墙清孔方法*

清孔的目的是通过抽、换原槽孔内泥浆，使孔底泥浆的密度、粘度、含砂率等指标满足设计及规范要求；清除钻渣，减少孔底沉淀厚度，防止孔内存留废渣而影响整体浇筑成墙质量。特别是随着施工深度的增加，在施工中彻底清除孔底废渣为水下浇筑混凝土创造良好条件，使测深正确、灌注顺利，确保混凝土质量，避免出现夹层之类重大工程质量事故。

（1）抽筒法

利用造孔钻具中的抽筒进行槽孔清孔的方法。该抽筒底部设有活门，在槽孔内向下放置时，抽筒底部活门打开，向上提升抽筒时，抽筒底部活门关闭，将钻渣协同泥浆同时带至孔口。

该方法多适用于防渗墙较浅槽孔，孔深一般不超过50 m，由于本工程槽孔深度大多为100 m左右，达到泥浆与淤积验收合格标准花费时间比较长。经初步现场试验，待槽孔清孔达到合格标准后，清孔时间高达4～6天，并且需要换掉槽孔容积一半的泥浆，对生产成本的降低和工期的保证都有极大的影响，且清孔后的指标多数接近规范要求指标的临界值，影响后序的混凝土浇筑施工质量，所以本工程不宜采用此清孔方法。

（2）泵吸法

泵吸法清槽是利用砂石泵，通过泵吸反循环抽排含渣泥浆至孔口泥浆净化机的清孔方法。鉴于泵吸法施工具有局限性，即底部泥浆较为粘稠，清孔前孔底淤积均在3 m左右；槽孔深度较深，砂石泵向上抽渣的功率需求超过而定的最大功率。因此本工程也不宜采用泵吸法。

(3)气举反循环法

气举反循环清孔是利用空压机的压缩空气，通过安装在导管内的风管送至槽孔内，高压气与泥浆混合，在导管内形成一种密度小于泥浆的浆气混合物，浆气混合物因其比重小而上升，在导管内混合器底端形成负压，下面的泥浆在负压的作用下上升，并不断补浆，从而形成流动。因为导管的内断面积远大于导管外壁与桩壁间的环状断面积，便形成了流速、流量极大的反循环，携带沉渣从导管内反出，排出槽孔以外。

此方法和上述两种方法进行比较，气举反循环方法的可行性及优越性较高，对于深墙清孔而言，施工效率及清孔质量都得到了保证，因此根据本工程的特殊性，以及借鉴以往经验所取得的良好的效果，本工程采用了抽筒法与气举反循环法相结合进行防渗墙的清孔施工。

3. 清孔

(1)第一次清孔

防渗墙槽段清孔主要包括冲击钻抽砂桶清渣与气举法清孔结合进行。冲击钻抽砂桶清渣主要在防渗墙槽孔施工完毕后，由机组施工人员采用CZ-6A冲击钻套挂抽砂筒(尺寸为高×直径2.5×0.5与2.0×0.6)进行孔底沉渣清理，按照前期施工经验深度180 m槽段采用抽砂筒清渣历时一般为15～21 h。主要清理对象为：小粒径试块、粗砂砾、大尺寸粘结泥块、浓浆、超浓浆。经抽砂筒清理后，可有效减少空压机与泥浆净化器的负荷，保证后续气举法清孔过程机械设备施工效率。

待抽渣桶清孔结束后，冲击钻钻头底部绑扎成袋纯碱下设至孔底后进行冲砸，使纯碱与槽孔底部浆液充分接触，提高孔底泥浆的充分自膨化，减少换浆量的同时可提高后续气举法清孔质量。

气举法是借助空压机输出的高压风进入排渣管经混合器将液气混合，利用排渣管内外的密度差及气压来升扬排出泥浆并携带出孔底的沉渣，风管下设深度为排砂管的1/3。主要设备包括空压机、排渣管、风管和泥浆净化机。

将汇浆管与风管下设至孔底，在吊车的辅助下，孔口采用专用固定架，排渣管每根之间用配套的胶垫密封、螺丝连接，待空压机、泥浆净化机就位后，对各种管线进行全面排查，若均正常工作即可开始清孔。

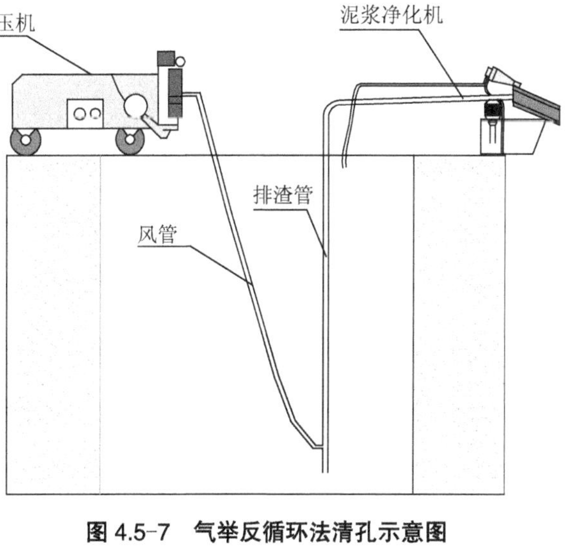

图4.5-7 气举反循环法清孔示意图

(2)第二次清孔

待预埋管、接头管、导管下设完毕后，于浇筑导管内下设第二次清孔管及风管进行第二次清孔，清理接头管等管具下设过程中刮蹭的泥皮等沉渣。清孔方法、清孔标准及管具与第一次清孔验收相同。进行第二次清孔时由现场试验员根据设计混凝土性能要求进行混凝土配合比的微调整，并下发拌合楼混凝土调整单进行混凝土搅拌。根据已完工槽段，该工艺有效保证了各工序的紧密衔接与浇筑的有序进行。

清孔验收，清孔换浆1 h后应达到如下标准：

① 槽底淤积厚度≤10 cm。

② 槽内泥浆密度≤1.15 g/cm^3。

③ 马氏漏斗粘度32～50 s。

④ 含砂量≤1%。

4.5.5.7 超深防渗墙墙段连接

1. 防渗墙墙段连接方案比较

墙段连接可采用接头(板)管法、钻凿法、双反弧桩法、切(铣)法等。接头管法是目前混凝土防渗墙施工接头处理的先进技术，其施工有很大的技术难度，但也有着其他接头连接技术无可比拟的优势：首先采用接头管法施工的接头孔孔形质量较好，孔壁光滑，不易在孔端形成较厚的泥皮，同时由于其圆弧规范，也易于接头的刷洗，不留死角，可以确保接头的接缝质量。其次，由于接头管的下设，节约了套打接头混凝土的时间，提高了工效，对缩短工期有着十分重要的作用，但同时加大了施工成本。

接头管起拔采用BG450型大口径液压拔管机，是总结了国内外同类型机的特点，又通过在多个工程的施工中对其科学性及合理性的检验，目前此项技术已成为一项成熟的施工工艺。BG450型液压拔管机具有起拔力大的特点，可避免埋管事故的发生。

接头管法施工示意图见图4.5-8。

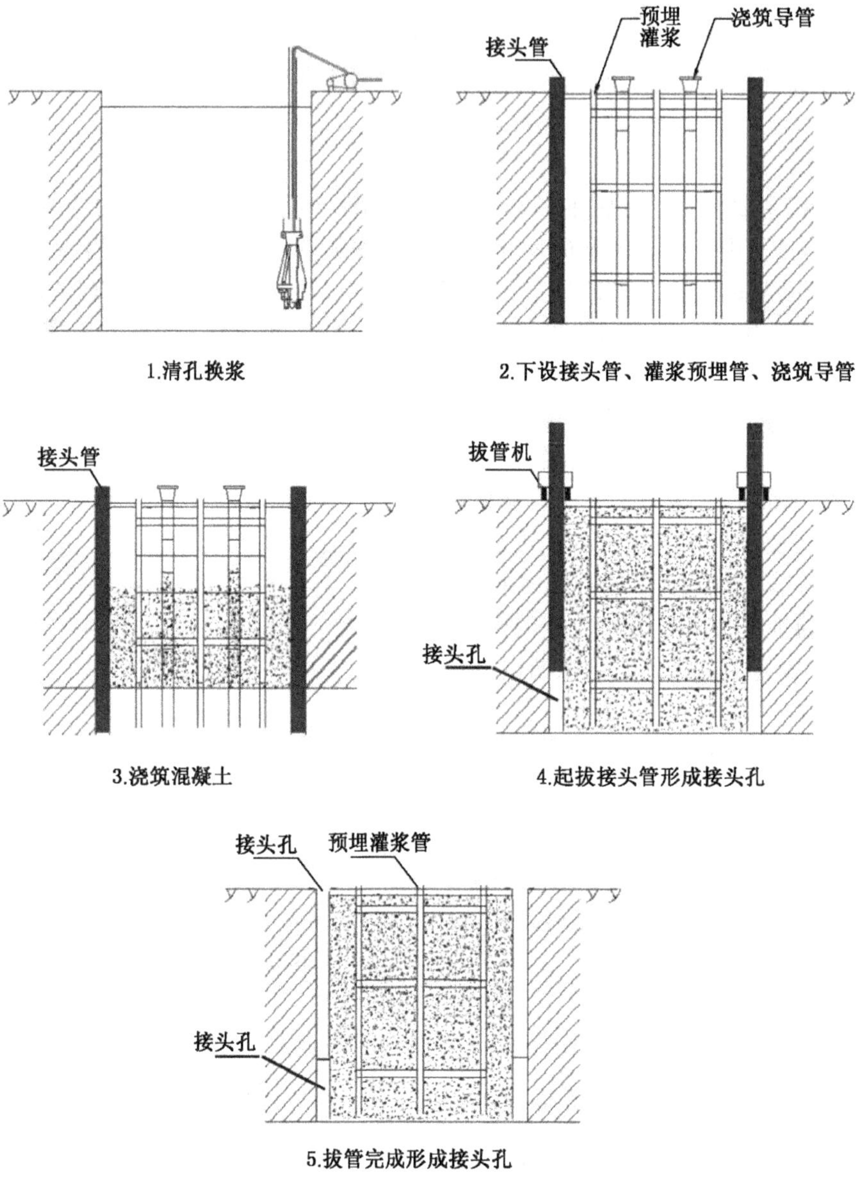

图 4.5-8　接头管法施工工艺图

2. 接头管法墙段连接施工程序

采用吊车起吊接头管，先起吊底节接头管，对准端孔中心，垂直徐徐下放，一直下到ϕ120 mm销孔位置，用ϕ108 mm厚壁（18 mm）钢管对孔插入接头管，继续将底管放下，使ϕ108 mm钢管担在拔管机抱紧圈上，松开公接头保护帽固定螺钉，吊起保护帽放在存放处，用清水冲洗接头配合面并涂抹润滑油，然后吊起第二节接头管，卸下母接头保护帽，用清水将接头内圈结合面冲洗干净，对准公接头插入，动作要缓慢，接头之间决不能发生碰撞，否则会造成接头连接困难。

吊起接头管，抽出ϕ108 mm钢管，下到第二节接头管销孔处，插入ϕ108 mm钢管，下放使其担在导墙上，再按上述方法进行第三节接头管的安装。重复上述程序直至全部接头管下放完毕。下设前检查接头管底阀开闭是否正常，底管淤积泥沙是否清除，接头管接头的卡块、盖是否齐全，锁块活动是否自如等，并在接头管外表面涂抹脱模剂。

采用YBJ-1000管机进行接头管的起拔。

在Ⅰ期槽段混凝土浇筑过程中，槽根据槽内混凝土初凝情况逐渐起拔接头管。

拔管法施工关键是要准确掌握起拔时间，起拔时间过早，混凝土尚未达到一定的强度，就会出现接头孔缩孔和垮塌；起拔时间过晚，接头管表面与混凝土的粘结力是摩擦力增大，增加了起拔难度，甚至接头管被铸死拔不出来，造成重大事故。接头管全部拔出混凝土后，应对其新形成的接头孔及时进行检测、处理和保护。接头管起拔后，需用冲击对接头管部位进行扩孔，从孔口一直到孔底。

3. 接头管下设

(1)下设前准备

下设前检查接头管底阀开闭是否正常，底管淤积泥沙是否清除，接头管接头的卡块、盖是否齐全，锁块活动是否自如等，并在接头管外表面涂抹脱模剂。

采用吊车起吊接头管，先起吊底节接头管，对准端孔中心，垂直徐徐下放，一直下到Φ120 mm销孔位置，用Φ108 mm厚壁(18 mm)钢管对孔插入接头管，继续将底管放下，使Φ108 mm钢管担在拔管机抱紧圈上，松开公接头保护帽固定螺钉，吊起保护帽放在存放处，用清水冲洗接头配合面并涂抹润滑油，然后吊起第二节接头管，卸下母接头保护帽，用清水将接头内圈结合面冲洗干净，对准公接头插入，动作要缓慢，接头之间决不能发生碰撞，否则会造成接头连接困难。

吊起接头管，抽出Φ108 mm钢管，下到第二节接头管销孔处，插入Φ108 mm钢管，下放使其担在导墙上，再按上述方法进行第三节接头管的安装。重复上述程序直至全部接头管下放完毕。

4. 接头管起拔

(1)起拔时间确定

接头管的起拔时间如何确定是决定接头管法成败的关键。起拔过早混凝土尚未初凝，会导致底部混凝土坍塌，影响成墙质量。起拔过晚，接头管表面与混凝土的粘结力和摩擦力增大，增加了接头管的起拔力，容易发生铸管事故，若强行起拔，也会导致施工平台坍塌。所以终凝后再起拔的做法要坚决禁止。

混凝土的脱管龄期并不等于混凝土的初凝时间，而是混凝土在一定压力作用下能成型的时间。因此在混凝土开浇时必须取样，并观察其凝结及成型情况，当其强度达到了足以承受上部混凝土重量时，可将该试块的龄期定为最小脱龄期。

为了掌握接头管外各接触部位混凝土的实际龄期，必须详细掌握混凝土的浇筑情况，因此，施工前应绘制能够全面反映混凝土浇筑、导管提升、接头管起拔过程的记录表。该记录表上既有各种施工数据，又有多条过程曲线，能直观地判断各部位混凝土的龄期、应该脱管时间和实际脱管时间。

施工过程中为了确定接头管的拔管时间，取得混凝土丧失流动性或达到稳固状态的时间参数，在掌握实验室内混凝土的初、终凝时间的基础上。对浇筑的第一车混凝土取一组(每组3块)抗压试块放入实验室，对混凝土的凝结情况进行观察并进行分析。如果不具备实验室条件，亦可在现场进行简易的模拟试验，以准确地掌握水下混凝土的早期特性。最好是将实验室数据与现场试验进行综合分析，确定接头管初拔时间。

(2)接头管起拔预防事故措施

影响拔管施工的因素众多，如混凝土原材料的兼容性、混凝土的和易性、孔形、孔斜、混凝土上升速度、混凝土初凝时间的掌握、接头管埋深、起拔压力控制，清孔质量、泥浆质量，等等。某个细小环节控制不好都有“筑管”或“拔塌”的可能。这是一项风险极大的施工工艺。

混凝土正常浇注时，应仔细地分析浇筑过程是否有意外，并随时从浇筑柱状图上查看混凝土面上升速度的情况以及接头管的埋深情况。

由于混凝土强度发展越快，与管壁的凝结力增长越快，其起拔力增长的也越快，因此，必须准确地检测并确定出混凝土的初、终凝时间，尽量减小人为配料误差。浇筑混凝土时，随着混凝土面的不断上升，分阶段作混凝土试件，从而更精确地掌握混凝土的初、终凝时间。

接头管的垂直度：发生接头管偏斜主要有两方面因素，其一，由于端孔造孔时，孔形不规则，下设接头管时，容易使其偏斜；其二，浇筑混凝土时，受到混凝土的侧向挤压，使其偏斜。一旦发生接头管偏斜，应立即采取纠偏措施，即在混凝土尚未全凝结之前通过垂向的起拔力重塑孔型，使接头管尽可能的垂直或顺直。

安排专职人员负责接头管起拔，随时观察接头管的起拔力，避免人为因素发生铸管事故。

接头管全部拔出混凝土后，应对其新形成的接头孔及时进行检测、处理和保护。

5. 接头管起拔成果

未采取措施之前，接头管出现底管进入混凝土、接头孔起拔后坍塌等现象，通过采取上述措施，接头孔最大拔管深度达到176 m，突破旁多158 m记录。

4.5.5.8 超深防渗墙混凝土浇筑

1. 超深防渗墙浇筑难点

结合项目施工特点总结，孔深超过130 m槽段混凝土浇筑施工主要出现以下几点：

（1）深槽段浇筑不连续极容易发生堵管现象，影响混凝土成墙质量。

（2）总体浇筑时间长，混凝土接触面易形成混凝土与泥浆沉淀结块，形成盖帽，增加浇筑难度。

（3）针对墙段连接采用“接头管法”型式的施工，浇筑速度与混凝土初、终凝时间的准确把握是超深防渗墙浇筑的难点。

（4）超深防渗墙浇筑施工设备机具的选择与改良也是施工的难点、重点。

2. 施工管具改良

（1）前期超深防渗墙混凝土浇筑导管为250 mm钢管，浇筑过程堵管、混凝土下放困难等问题屡屡发生，易出现以下问题：

① 浇筑不连续，继续浇筑困难，造成人、材、机的长时间消耗。

② 出现夹层，影响后期成墙质量。

③ 造成Ⅰ期槽段接头管起拔困难，严重时导致铸管事故。

④ 混凝土的不均匀上升极易导致混凝土对预埋管的扰动，影响后期帷幕灌浆施工。

（2）后期项目部积极分析原因，及时联系厂家生产口径为 φ315 mm的导管，经后期生产验证，该口径导管可以有效解决超深槽段浇筑堵管、混凝土下放困难等问题，具体施工信息详见表4.5-9。

表 4.5-9　小口径导管与大口径导管浇筑时间对比表

序号	导管尺寸	槽孔宽度	槽孔深度	浇筑时长
1	250 mm	6.8 m	175.6	69 h
2	315 mm	6.6 m	186.15	39.5 h

（3）浇筑导管注意事项：

① 深槽段混凝土浇筑导管采用快速丝扣连接的 φ315 mm的钢管，内壁应光滑、圆顺，壁厚为7 mm，接口严密，导管接头设有悬挂设施并装配接口型橡胶密封圈，保证导管接头处不发生水泥浆渗漏。

② 导管使用前做调直检查、压水试验、圆度检验、磨损度检验和焊接检验。试水压力为0.6～1 MPa，导管组装后，轴线偏差不超过5 cm。检验合格的导管做上醒目的标识，不合格的导管不予使用。

③ 导管在孔口的支撑架用型钢制作，其承载力大于混凝土充满导管时总重量的2.5倍以上。

④ 导管下设前根据孔深要求进行配管，导管顶部应视情况配备0.5 m、0.8 m、1 m的短导管。底管应配置长度不小于3 m导管。

3. 浇筑过程中清孔

鉴于本工程深度大于100 m槽段较多，浇筑时间较长，为保证浇筑的顺利进行及浇筑成墙的完整性，采用浇筑过程中排浆方案，清除混凝土面顶部初凝部分。

导管及预埋灌浆管下设完成以后，在导管与导管空隙间下设浇筑过程中排浆排渣管具（Ⅰ期槽段下设一根排渣管、Ⅱ期槽段下设两根排渣管）。排渣管下设深度约为距混凝土面1 m～2 m，风管下设深度为排渣管的1/3，排渣管与风管用铅丝绑扎牢固。清孔过程中浇筑正常进行，清孔随着混凝土面上升持续实施。现场技术质检人员及时取样分析排渣管排出沉渣成分及浆液性能，根据检测结果及时控制现场混凝土浇筑速度（Ⅰ期槽段须考虑接头管压力），保证浇筑的顺利进行。

表 4.5-10　Y13 槽段浇筑过程清孔数据

序号	清孔取样深度	清孔前泥浆性能指标			清孔后泥浆性能指标		
		比重 g/cm^3	粘度/s	含砂量/%	比重 g/cm^3	粘度/s	含砂量/%
1	140	1.15	42.55	2.6	1.08	32.1	0.9
2	120	1.16	47.32	5	1.06	31.5	0.8
3	100	1.10	33.24	1	1.06	32.8	0.8

在浇筑过程中加入清孔程序，可将砂浆与浆液絮凝部分清除，亦可将随着管具下设挂掉的泥皮及浇筑过程中沉淀的浓浆清除，减轻混凝土上升压力。

4. 混凝土配合比研究

（1）混凝土设计指标

① 设计龄期：180d。

② 设计强度等级：$f_{28d} \geqslant 30$ MPa；$f_{180d} \geqslant 35$ MPa。

③ 抗渗等级：W10。

④ 混凝土拌和物流动性：坍落度：150～220 mm，且 1 小时坍落度 ≥ 150 mm 以上，扩散度：340～400 mm。

⑤ 凝结时间：初凝时间 ≥ 6h；终凝时间：≤ 24h。

⑥ 弹性模量：28 GPa。

（2）混凝土配合比主要参数的确定

① 二级配混凝土防渗墙推荐配合比

表 4.5-11　二级配混凝土防渗墙推荐配合比

试验编号	水胶比	粉煤灰掺量/%	砂率/%	1 m^3 混凝土各项材料用量/kg											
				普通水泥	玛电粉煤灰	水	砂	石子		高性能减水剂		引气剂（液体掺量）		柠檬酸钠	
								5～20 /mm	20～40 /mm	/%	/kg	1/万	/kg	1/万	/kg
A2	0.38	40	50	224	149	142	905	490	490	1.0	3.74	0.7	2.62	8	0.30

注：1. 骨料含水按饱和面干状态控制。
2. 减水剂的掺量值以胶凝材料（水泥＋粉煤灰）用量的百分数表示，引气剂掺量和柠檬酸钠掺量以胶凝材料（水泥＋粉煤灰）用量的万分数表示。

表 4.5-12　二级配混凝土防渗墙推荐配合比拌和物技术性质测定结果

试验编号	水胶比	粉煤灰掺量/%	砂率/%	混凝土拌和物各项技术指标										
				入孔坍落度/mm	入孔扩展度/mm	入孔含气量/%	0.5h 坍落度/mm	0.5h 扩展度/mm	0.5h 含气量/%	粘聚性	保水性	凝结时间/（h:min）		实测表观密度/（kg/m^3）
												初凝	终凝	
A2	0.38	40	50	225	475	4.8	197	410	4.2	好	好	10:52	14:38	2401

表 4.5-13　二级配混凝土防渗墙推荐配合比硬化后混凝土物理、力学性能测定结果

试验编号	水胶比	粉煤灰掺量/%	砂率/%	各龄期抗压强度/MPa					28 天劈裂强度/MPa	28 天弹性模量/10^4 MPa	抗渗等级
				3 天	7 天	28 天	90 天	180 天			
A2	0.38	40	50	15.1	19.4	30.5	36.7	-	2.81	2.80	W10

注：浇筑的混凝土试件初凝后即用塑料薄膜覆盖，24h 混凝土试后拆模，此后置于标准养护室内养护至规定龄期，标准养护室内温度按（20 模，此）控制，相对湿度 95% 以上。

② 一级配混凝土防渗墙推荐配合比

表 4.5-14　一级配混凝土防渗墙推荐配合比

试验编号	水胶比	粉煤灰掺量/%	砂率/%	1 m^3混凝土各项材料用量/kg											
				普通水泥	玛电粉煤灰	水	砂	石子		高性能减水剂		引气剂（液体掺量）		柠檬酸钠	
								5～20 /mm	20～40 /mm	/%	/kg	1/万	/kg	1/万	/kg
B2	0.38	40	50	229	153	145	915	915	–	1.0	3.82	0.6	2.29	8	0.31

注：1.骨料含水按饱和面干状态控制。

2.减水剂的掺量值以胶凝材料（水泥+粉煤灰）用量的百分数表示，引气剂掺量和柠檬酸钠掺量以胶凝材料（水泥+粉煤灰）用量的万分数表示。

表 4.5-15　一级配混凝土防渗墙推荐配合比拌和物技术性质测定结果

试验编号	水胶比	粉煤灰掺量/%	砂率/%	混凝土拌和物各项技术指标										
				入孔坍落度/mm	入孔扩展度/mm	入孔含气量/%	0.5h坍落度/mm	0.5h扩展度/mm	0.5h含气量/%	粘聚性	保水性	凝结时间/（h:min）		实测表观密度/（kg/m^3）
												初凝	终凝	
B2	0.38	40	50	230	510	5.7	212	493	5.3	好	好	13:54	17:42	2357

表 4.5-16　一级配混凝土防渗墙推荐配合比硬化后混凝土物理、力学性能测定结果

试验编号	水胶比	粉煤灰掺量/%	砂率/%	各龄期抗压强度/MPa					28天劈裂强度/MPa	28天弹性模量/（10^4 MPa）	抗渗等级
				3天	7天	28天	90天	180天			
B2	0.38	40	50	16.8	21.5	33.3	37.4	–	3.22	2.87	W10

注：浇筑的混凝土试件初凝后即用塑料薄膜覆盖，24h混凝土h后拆模，此后置于标准养护室内养护至规定龄期，标准养护室内温度按（20模，此）控制，相对湿度95%以上。

5.混凝土浇筑

超深防渗墙混凝土浇筑对浇筑工艺、人员配置分工、浇筑设备、浇筑混凝土性能、导管尺寸及浇筑过程控制等因素要求非常严格，做到认真分析工程信息及现场条件是先决因素，浇筑过程不断完善设备器具是保证混凝土浇筑质量的重要因素。

根据前期浇筑深槽段信息汇总，针对混凝土浇筑堵管及常见问题解决方案如下：

① 更换导管，导管直径由250 mm更换为315 mm，可以有效解决浇筑堵管事故。

② 保证混凝土连续浇筑，连续浇筑20 m不起拔导管，只进行活动，可以有效减少因浇筑中断而引起的新入仓混凝土堵管事故，也可最大限度减少混凝土夹层的出现。

③ 浇筑混凝土时要连续快速放料，保证导管内混凝土有连续冲击力。

④ 浇筑过程中增加过程清孔施工，及时将混凝土上层泥皮及浆液沉淀排除，保证混凝土匀速上升。

4.5.5.9　防渗墙闭气

大河沿基础处理防渗墙是在“河沿型河谷中建造，河床中间覆盖层较深，两侧越来越浅，现场施工中的进度计划要考虑合拢槽段的位置，合拢槽段不宜过深，因合拢部位是最后浇筑的一个槽段，其余槽段已经闭气，地下水全部通过合拢槽段过流，对槽段的稳定性提出更高的要求。合拢段施工要快，施工过程中固壁泥浆要保证质量，保证槽孔的稳定性，大河沿防渗墙合拢段选择在56 m处。

4.5.5.10　防渗墙施工进度

大河沿引水工程水库大坝基础处理工程2016年4月5日开工，2016年8月26日～10月15日，2017年2月18日～4月24日，分两个时间段完成最深防渗墙E15造孔，其深度达到186.15 m。浇筑时间2017年4月24日17：00至4月26日2:30，历时33.5 h，混凝土平均上升速度为5.6 m/h。

防渗墙成槽采用“两钻一抓”法，槽孔长度6.6 m。主孔：采用CZ-6A型冲击钻机钻凿成孔。副孔：采用利勃海尔HS875HD重型机械抓斗抓取，底部基岩采用CZ-6A型冲击钻机钻凿。CZ-6A型冲击钻机、利勃海尔HS875HD重型机械抓斗施工功效见下表4.5-17：

表 4.5-17 最深槽段施工进度表

槽段号	孔号	冲击钻			抓斗功效		
		耗时/h	进尺/m	冲击钻功效/(m/h)	耗时/h	进尺/m	抓斗功效/(m/h)
E15	1#	912	186.15	0.20			
	2#	1 008	120	0.12	120	63	0.525
	3#	720	182	0.25			
	4#	576	104	0.18	96	72	0.75
	5#	792	172	0.22			

4.5.5.11 主要经验

1. 槽孔挖掘工艺方法、措施

① 砂卵砾石层建造防渗墙，施工平台进行强夯处理可增加地基承载力，保证施工时槽孔安全。

② 导墙根据槽孔深度进行设计，设计时考虑拔管时对导墙的压力，保证拔管安全。

③ 施工前若无进行试验槽段，对地质情况不了解，槽段划分宜划分大槽段，即可减少接头孔数量，如地质情况不良，可缩短槽长即可。

④ 抓斗配合冲击钻施工可大大增加施工工效。

2. 护壁泥浆、泥浆净化、废浆处理与排放

① 使用品质优秀的膨润土，能保证槽孔安全。

② 红黏土配合膨润土使用，大大节约工程成本。

③ 使用多级沉淀池，即可保证回浆满足使用要求，排放的废弃浆液又能达到环保要求。

3. 超深防渗墙清孔技术

① 气举法清孔与抽桶抽渣相互配合可以提高清孔效率，提高清孔质量。

② 气举法清孔的效率与空压机风压、风量、空气提升器的形式及排渣管、风管下设深度有关，风管下设深度宜为排渣管下设深度的30%，提高风压、风量、空气提升器形式均可增加清孔效率。本工程二次清孔风管安装方式为同心式，浇筑过程清孔风管安装方式为并列式。混合管具的淹没深度不得超过空气压缩机的额定风压，避免设备出现长时间超负荷施工。

③ 砂卵石地层超深防渗墙宜采用气举法清孔，整体清孔速度快、效率高，减少了施工成本。同时缩短了后续浇筑时间，保证了浇筑施工的连续性，对混凝土浇筑质量起到关键性作用。

④ 增加浇筑过程中排浆工艺，可减少浇筑过程中浆液对混凝土压力，避免堵管现象发生。

⑤ 工程通过逐层沉淀池进行泥浆的回收利用，减少了材料费用和拉渣清运费用，同时减少了对水域的污染。

4. 混凝土及浇筑工艺技术

① 混凝土原材料要进行检测，配合比要进行外加剂与水泥的适应性的试验。

② 浇筑导管宜采用315 mm，可以有效解决浇筑堵管事故。

③ 结合施工场地布置，配置适当混凝土罐车数量，确保混凝土的连续浇筑，可以有效减少因浇筑中断而引起的新入仓混凝土堵管事故，也可最大限度减少混凝土夹层的出现。

④ 超深防渗墙浇筑混凝土时要连续快速放料，保证导管内混凝土有连续冲击力。

⑤ 超深防渗墙浇筑过程中增加过程清孔施工，可保证混凝土匀速上升，同时可减少因沉渣太厚造成的浇筑困难或接头管铸管事故。

⑥ 合拢槽段选取不宜过深，具体根据实际情况来定。

5. 墙段连接方法

① 底管加工限位器，防止活门开张过大，有效防止混凝土流入接头管内。

② 下部60 m接头管管与管之间加胶垫及使用透明胶带防护，有效防止混凝土流入接头管。

③ 浇筑第一盘取三组混凝土试块，随时关注混凝土初凝时间，有效控制接头管起拔时间。

④ 浇筑过程中密切关注拔管机压力，在混凝土初凝状态下，起拔压力在7～17 MPa为宜。

⑤ 接头管埋管深度宜为30 m，如浇筑速度过快，要限速，保证埋深不超过30 m。

4.6 大河沿水库超深防渗墙变形监测技术进展

4.6.1 防渗墙监测

4.6.1.1 防渗墙监测发展状况

工程基础防渗采取混凝土防渗墙全封闭式防渗结构，防渗墙顶部轴线长290 m，墙体厚度为1.0 m，墙体下部入岩1 m，墙体整体呈墙体字形。防渗墙混凝土采用C30 MPa，R_{180}35 MPa，采用槽孔成墙，工程建设中防渗墙成墙最大深度达186.15 m，目前为国内第一。

大河沿水库深厚覆盖层混凝土防渗墙是当今世界上已建及在建同类工程中，防渗墙深度最深、工作水头最大、难度最高的水利工程，具有典型的“三超一全”特点（超深、超高水头、超难度、全封闭）。深入研究该工程深厚覆盖层防渗墙的工作性状，不仅为工程建设提供科学的数据支撑及理论依据，而且对于我国乃至世界深厚覆盖层防渗墙的建设具有重大的指导意义。

西藏旁多水利枢纽工程为了掌握防渗墙的防渗效果和防渗墙的受力状态，在防渗墙墙体下游侧布置渗压计监测防渗效果，在防渗墙内布置应变计和无应力计监测防渗墙受力状况。在施工中采用固定钢架法安装应变计、无应力计和柔性弹簧杆法来安装渗压计，保证了所安装仪器成活率及监测效果。已取得防渗墙监测仪器的监测资料分析结果表明，各监测资料均正确反映了混凝土防渗墙的工作性态与大坝填筑、库区水位关系实测结果表明，监测效果较好。

表 4.6-1 国内部分深度大于 80 m 的混凝土防渗墙

序号	工程名称	所在国家	坝型	坝高/m	覆盖层		防渗墙/m		建成年份
					土层性质	最大厚度/m	最大深度	厚度	
1	大河沿	中国	沥青心墙	75	砂砾石	180	180	1	在建
2	旁多	中国	心墙堆石坝	72.3	砂砾石	420	158	1	2013
3	冶勒副坝	中国	沥青心墙	125.5	冰水堆积	400	140	1～1.2	2007
4	黄金坪	中国	沥青心墙	95.5	砂砾石	130	101	1	-
5	狮子坪	中国	土质心墙	136	砂砾石	110	101.8	1.3	-
6	下坂地	中国	沥青心墙	78	砂砾石	148	85	1	
7	小浪底	中国	斜心墙	160	砂砾石	80	82	1.2	-
8	仁宗海	中国	混凝土面板	56	砂砾石及淤泥质壤土	150	80.5	1.1	2008
9	泸定	中国	土质心墙堆石坝	85.5	砂砾石	148	80	1	
10	老虎嘴（左副坝）	中国	重力坝	24	砂砾石	206	80	1	

4.6.1.2 大河沿防渗墙监测关键问题

已建工程防渗墙在混凝土的湿度变化、混凝土自生体积变形及温度膨胀系数方面取得了丰硕的研究成果，下坂地水库深厚覆盖层防渗墙（深80 m）已积累一定时间的应力应变、变形及渗流监测数据，在此基础上，进一步推进超特深、高水头及全封闭混凝土防渗墙的工作性状研究工作很有必要。与其他工程相比，大河沿防渗墙所面临的工作环境主要有以下特点：

（1）工作环境水荷载很大：浇筑完成之后的混凝土防渗墙迎水面直接与覆盖层的饱和水土层接触，承受高压水头的直接作用，施工期高压水头最大为0～180 m，运行期高压水头可达80 m～250 m，背水面深层部位长期处于饱和水环境之中，浅层部位则处于自然干燥的砂砾石环境之中。

(2)防渗墙湿度变形不容忽视：在防渗墙混凝土浇筑过程中，底部混凝土内的湿度最大，而顶部混凝土的内部湿度最小，且长期处于富含水分的护壁泥浆的养护中，其顶部湿度变化量可忽略不计；刚性混凝土是多孔的非均质材料，浇筑完成后在高压水头的作用下，水分会沿着内部空隙和不可避免存在的微裂隙向防渗墙内部渗透，从防渗墙上游表面到墙体内部产生一定的水力梯度的分布，造成渗流场，且随着时间的延长，水力梯度逐步向墙体下游移动，墙体的底部和顶部湿度变形差进一步增大，因此不同深度的混凝土防渗墙内部湿度分布严重不均，由此造成防渗墙的顶部及底部的湿度变形不容忽视。

(3)超深防渗墙与深厚覆盖层之间的变形协调性：墙体较深、墙体自重荷载较大，混凝土防渗墙的刚度较之覆盖层要大许多，且覆盖层的压缩沉降要比防渗墙大得多，上部坝体的部分自重应力会由防渗墙与覆盖层之间的接触而以剪应力形式传递到防渗墙内，防渗墙与覆盖层在垂直方向上的变形差别也将在防渗墙侧面产生较大的摩擦力；蓄水后，水压力作用于防渗墙，将使防渗墙受弯，防渗墙内部可能出现较大的应力。

监测设计主要拟解决以下问题：

① 研究在2.5 MPa工作水头下的混凝土防渗墙内部渗透的变化规律。

② 研究从无应力应变中提取，超特深薄壁塑性混凝土防渗墙温度变形、湿度变形及自生体积变形的计算理论及计算方法。

③ 研究高水头作用下超特深薄壁塑性混凝土防渗墙的应力应变特性。

④ 研究深厚覆盖层防渗墙变形监测仪器及方法。

超深防渗墙监测研究技术路线见图4.6-1。

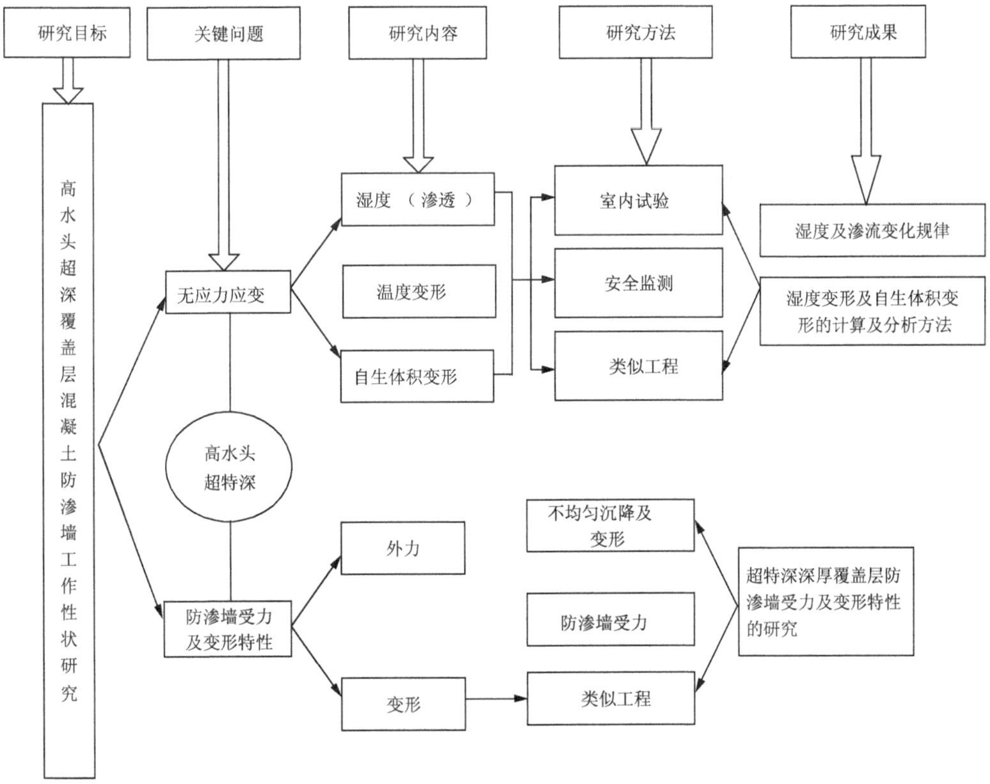

图 4.6-1 超渗防渗墙监测研究技术路线

4.6.2 防渗墙安全监测设计

4.6.2.1 防渗墙挠度变形

在0+187.0 m、0+255 m、0+270.0 m三个断面混凝土防渗墙内部沿高程方向分别设置有固定式测斜仪，共计23个测点。其中，0+187.0 m断面5支固定式测斜仪的分别布设在1 485 m、1 497 m、1 510 m、1 524 m、1 539 m高程；0+255.0 m断面1 377.3～1 547.3 m高程除底部外，测点间隔为10 m，计9支仪器；0+270.0 m断面则是在1 361.30 m～1 547.3 m高程，其测点间隔为10 m，计有9支仪器。

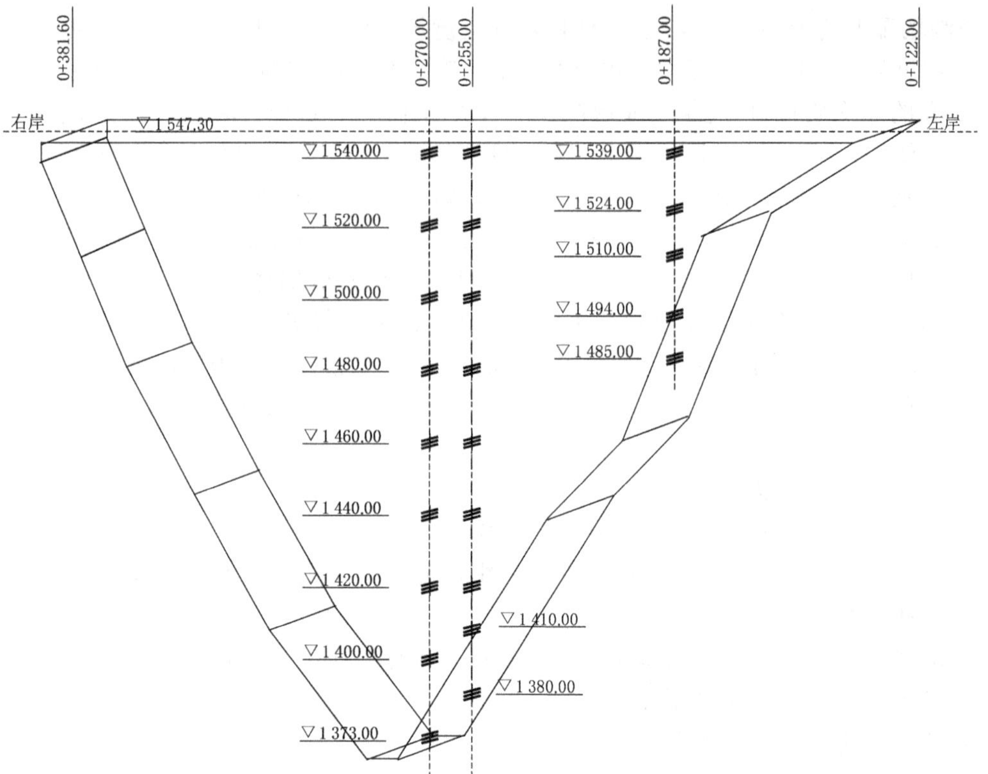

图 4.6-2　大河沿防渗墙固定式测斜仪布置图

4.6.2.2　防渗墙应力应变监测

1. 应力应变监测

以0+187.0 m、0+255 m、0+270.0 m三个断面作为防渗墙混凝土应力应变监测断面，其中槽深75 m的0+187.0 m断面设置3个高程，槽深分别是164 m、175 m的0+255 m和0+270 m断面则设置7个高程。在每个监测高程中，分别在防渗墙上、下游面约10 cm处布设两向应变计组，墙体中轴线处布设无应力计，三个监测断面共布设应变计38支，无应力计19支。

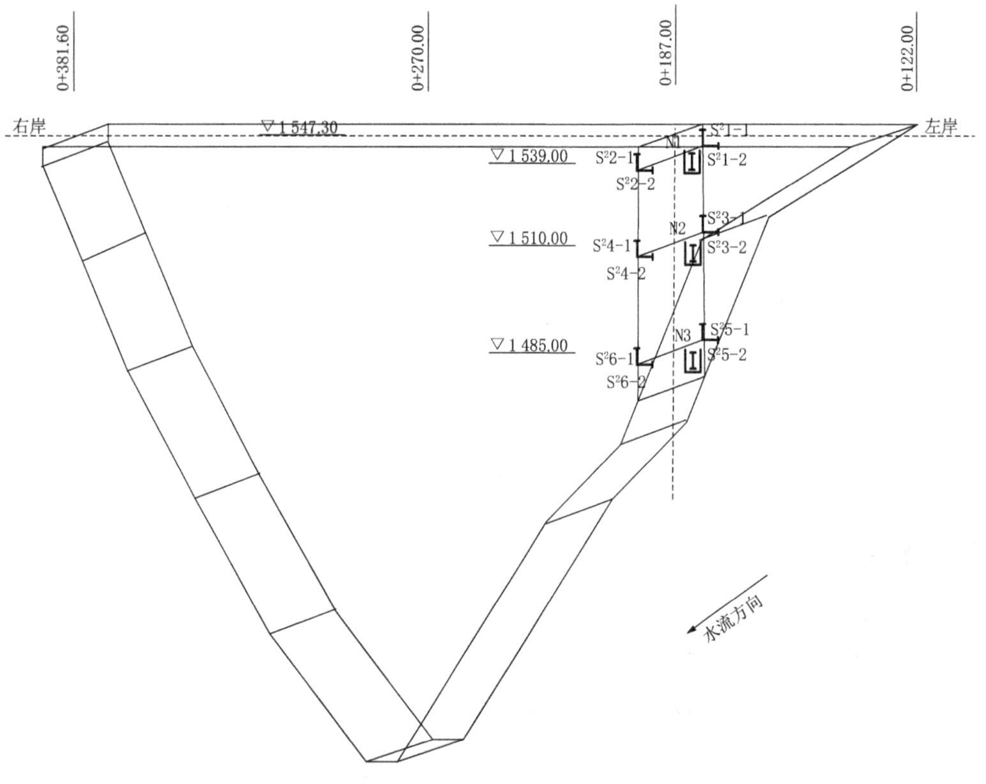

图 4.6-3　防渗墙 0+187.0 m 断面应变计及无应力计布置图

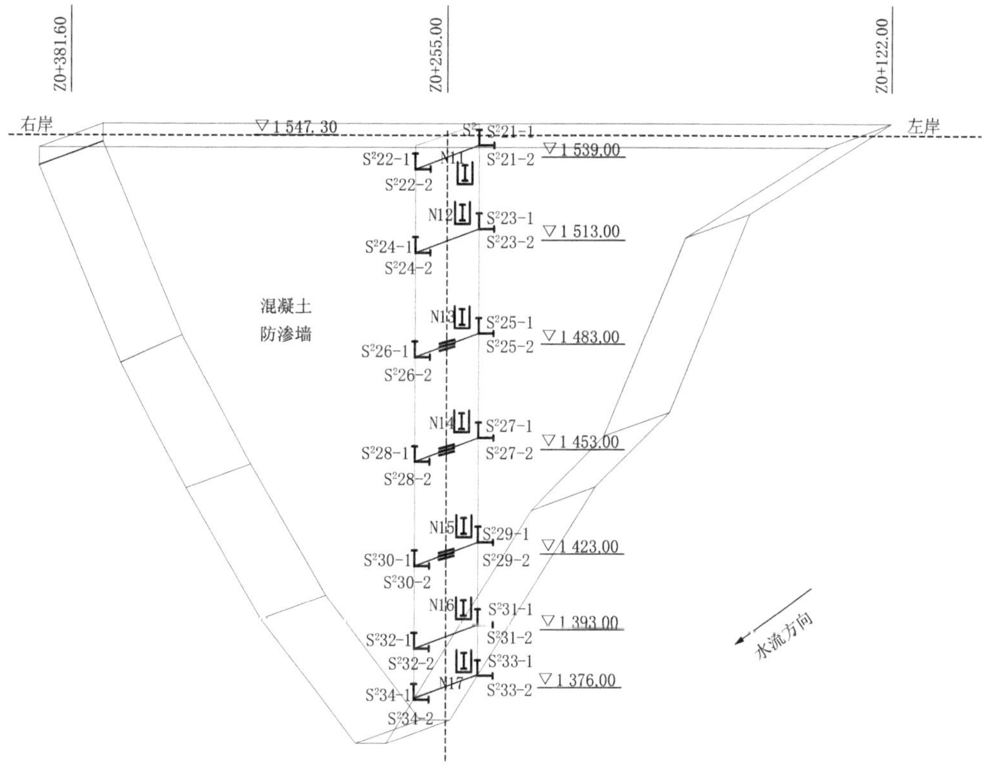

图 4.6-4 防渗墙 0+255.0 m 断面应变计及无应力计布置图

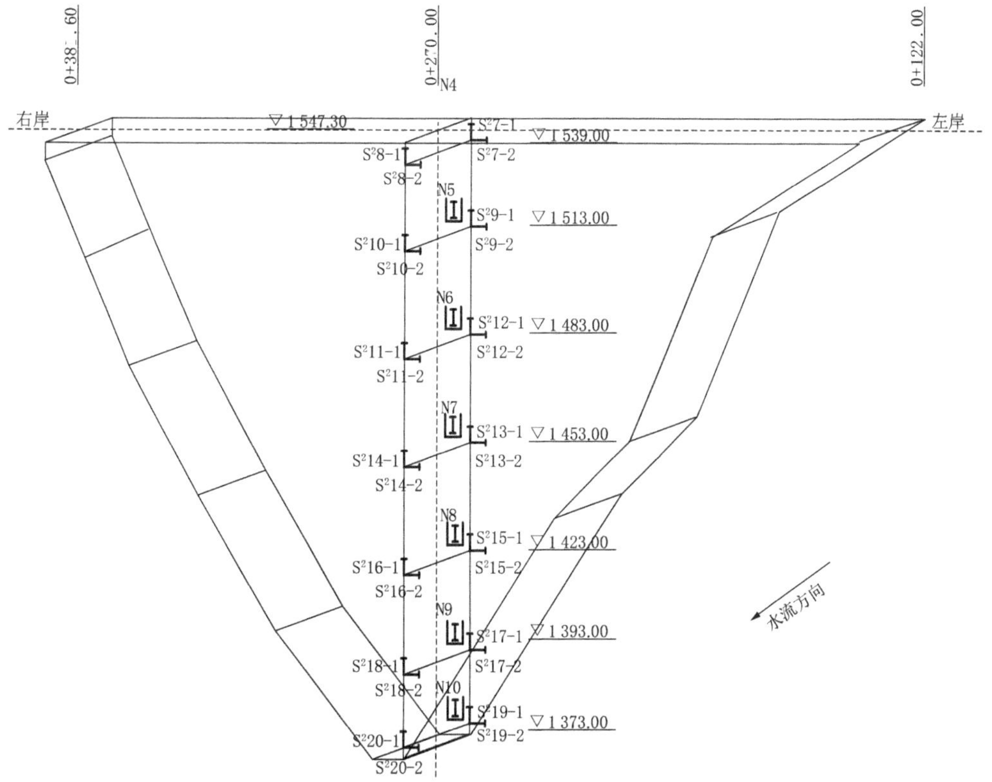

图 4.6-5 防渗墙 0+270.0 m 断面应变计及无应力计布置图

2. 防渗墙土体压力监测

分别在0+255.0 m、0+270.0 m、0+340.0 m三个断面槽孔混凝土的顶部和底部设置有土压力计，共计有6支。

4.6.2.3 渗流监测

大河沿水库工程除在大坝建基面及坝体内部布设有渗压计以外，另在0+255.0 m、0+270.0 m、

0+340.0 m三个断面的混凝土防渗墙上、下游两侧沿不同高程方向分别布置多组渗压计，三个断面共布设19支渗压计。

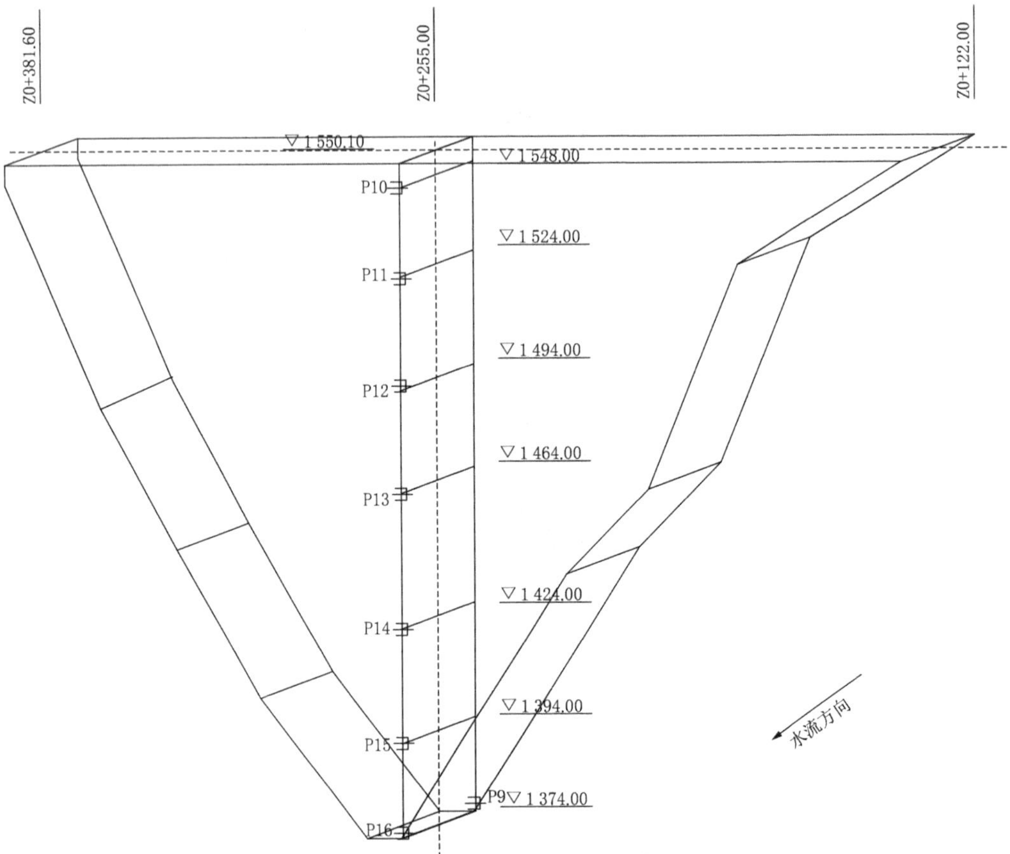

图 4.6-6　0+255.0 m断面基础防渗墙上、下游两侧渗压计布置图

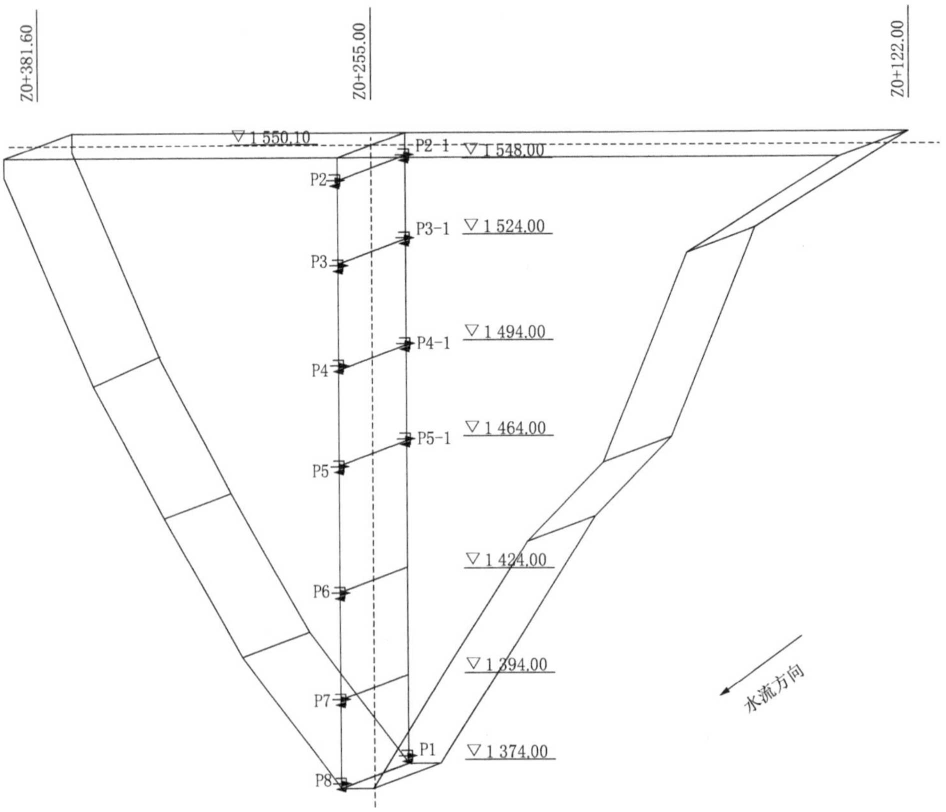

图 4.6-7　0+270.0 m断面基础防渗墙上、下游两侧渗压计布置图

4.6.3 防渗墙监测成果

4.6.3.1 防渗墙前后渗压水位监测

大河沿水库深厚覆盖层建基面以下3.5 m～102.6 m范围内的渗透系数在8.7×10^{-2} cm/s～1.2×10^{-3} cm/s之间，基础102.6 m以下的渗透系数在1.9×10^{-2}～1.7×10^{-3} cm/s之间，可知覆盖层属于中等至强透水层。

以典型监测断面0+270 m断面为例，防渗墙上、下游两侧与深厚覆盖层接触面处布设的渗压计的监测数据可知：在槽孔中沿不同高程埋设的测点在墙体浇筑前，渗压水位均反映为浇筑前槽孔水位。墙体浇筑完成混凝土终凝后，不同高程埋设的测点逐渐反映为不同地层的渗压水位。从防渗墙上、下游两侧渗压水位分布图可知：截流前后上、下游不同地层的渗压计水位相差不大。

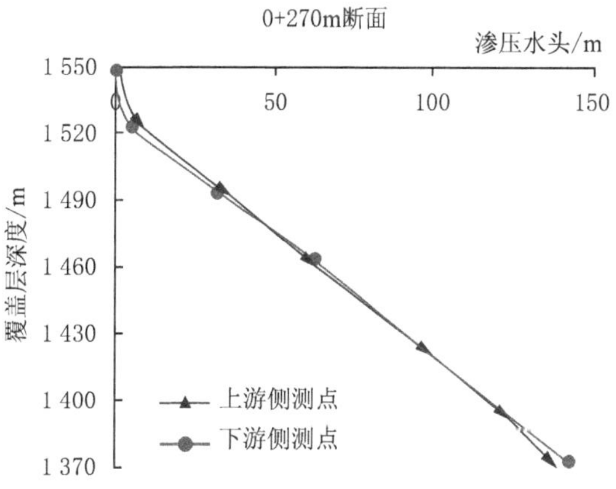

图 4.6-8 大河沿截流前典型监测断面防渗墙上、下游两侧渗压水位分布图

4.6.3.2 防渗墙混凝土应力应变监测

1. 自生体积变形

（1）防渗墙混凝土配合比

大河沿防渗墙混凝土采用P.O.42.5水泥；粗骨料粒径为5 mm～20 mm，细骨料为中砂，细度模数2.6；粉煤灰为Ⅰ级粉煤灰；外加剂采用高性能减水剂（缓凝型）JB-Ⅱ型。其混凝土配合比见下表。

表 4.6-2 大河沿防渗墙混凝土配合比

施工部位	设计指标	水胶比	1 m^3混凝土各项材料用量/kg								抗压强度/MPa	
			水	水泥	粉煤灰	砂	小石	中石	减水剂	引气剂	7d	28d
防渗墙	C30W10	0.38	147	271	116	779	484	593	3.87	0.019	29.6	40.1

（2）自生体积变形

为了测量并计算出混凝土的自生体积变形需获得混凝土的热膨胀系数。在计算混凝土热膨胀系数时，可采用常规法、朱伯芳院士提出的混凝土热学力学性能随龄期变化的组合指数公式和在考虑无应力计的应力变形主要受测点部位温度、自生体积及湿度变化影响的统计模型方程形式这三种计算方法。

通过在大河沿防渗墙内埋设无应力计，并由上述三种算法的演算获知：同一监测断面中随着测点埋设高程降低，出现热膨胀系数逐渐增大的现象。线膨胀系数存在着较大的差异，可知外水压力越大的部位，线膨胀系数越大，而受外水压力及墙体自重影响小的防渗墙顶部部位的线膨胀系数计算结果接近。影响因素可能来自运行工况等问题，如墙体自重、外水压力及渗透压力等，而随着外水向墙体内渗透，湿胀变形起到了很大的作用。

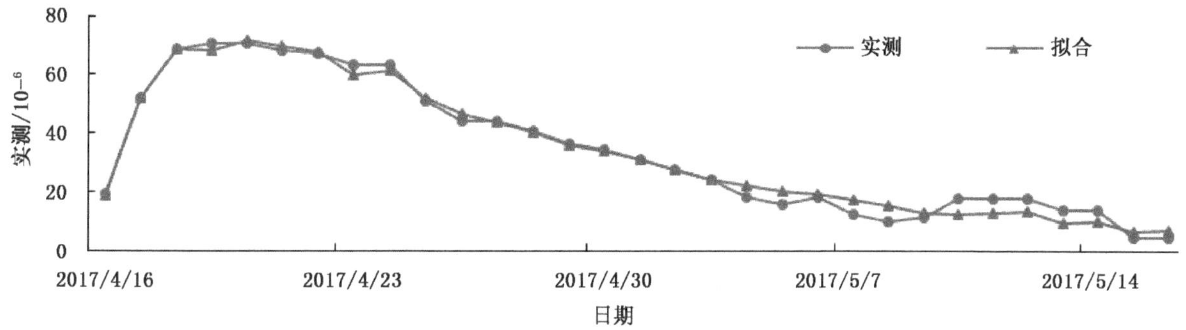

图 4.6-9 算法3：大河沿N9测点应变实测及其拟合过程线

在演算成果中，算法3的统计模型方程拟合效果较好，其墙体顶部计算出的热膨胀系数为6.913 $\mu\varepsilon$/℃、7.676 $\mu\varepsilon$/℃、8.752 $\mu\varepsilon$/℃，量值较为接近，均值7.78 $\mu\varepsilon$/℃，此部位受水荷载的影响较小，仅有

混凝土水化引起混凝土内部湿度的变化，而与运行工况无关，因此可基本代表混凝土的温度膨胀系数。与下坂地防渗墙混凝土平均热膨胀系数 7.89 $\mu\varepsilon$/℃接近。基本可确定大河沿防渗墙混凝土的热膨胀系数为 7.78 $\mu\varepsilon$/℃左右。

表 4.6-3　0+187 m 与 0+270 m 断面各测点热膨胀系数统计表

测点	埋设部位		热膨胀系数 α 膨胀系数℃）		
	桩号	高程/m	算法1	算法2	算法3
N1	0+187	1 539	7.130	7.015	6.913
N2		1 510	6.014	10.306	7.676
N3		1 485	5.632	10.363	8.752
N4	0+270	1 539	16.892	20.911	5.505
N5		1 513	17.556	19.296	7.881
N6		1 483	15.700	12.489	8.863
N7		1 453	15.865	28.224	11.671
N8		1 423	5.073	36.477	10.304
N9		1 393	11.928	28.521	13.554

在确定混凝土热膨胀系数后，通过埋设于 0+187 m、0+255 m、0+270 m 三个断面防渗墙混凝土内的 17 支无应力计计算获得的混凝土自生体积变形可知：

1）大部分测点部位的混凝土自生体积变形呈膨胀状态。埋设初期，各测点的拉应变增幅较大，混凝土终凝后大部分测点测值相对趋于稳定，虽有增减，但变幅不大。

2）埋设于 0+187 m 断面 1 510 m 高程处的 N2 测点、0+255 m 断面 1 539 m 高程处的 N11 测点和 0+270 m 断面 1 513 m 高程处的 N5 测点，自埋设后其自生体积变形一直为收缩状态。

3）在 2017 年 9—11 月及 2018 年 3—4 月的大坝填筑阶段，埋设于 0+255 m 断面 1 483 m 高程处的 N13 测点和 0+270 m 断面 1 539 m 高程处的 N4 测点，外界受力干扰较明显，其测值变化与大坝填筑荷载大小密切相关，两个测点呈工作应变计状态。

4）截止 2018 年 5 月 2 日，防渗墙 0+187 m 断面混凝土自生体积变形在 -131.4～121.6 之间；0+255 m 断面自生体积变形在 2.7～158 $\mu\varepsilon$ 之间、0+270 m 断面在 -201.8～191.1 $\mu\varepsilon$ 之间。

综上可知：大河沿基础防渗墙混凝土基本呈膨胀性，利于补偿在混凝土硬化过程中的收缩，起到了防止或减少早期水化热提高造成的混凝土温度裂缝的作用。

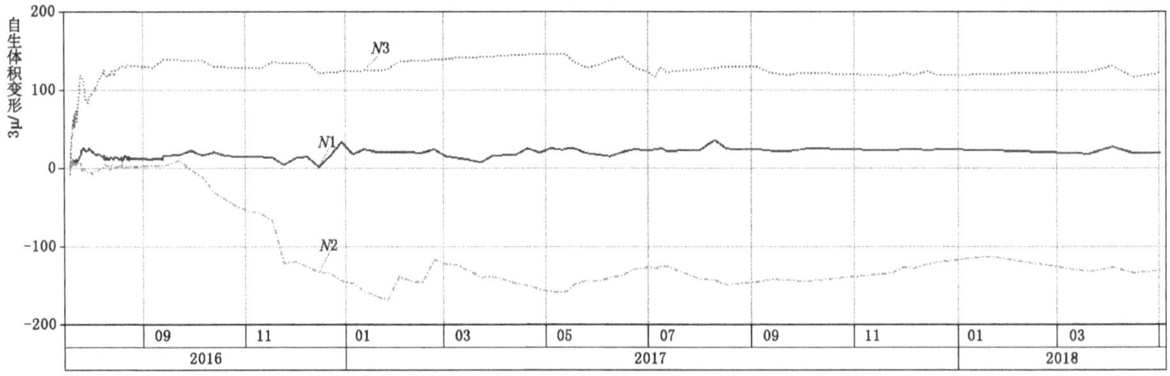

图 4.6-10　大河沿 0+187 断面防渗墙混凝土自生体积变形过程线

2. *混凝土应力应变监测*

从埋设于防渗墙 0+187 m、0+255 m、0+270 m 三个断面不同高程墙体上、下游两侧的两向应变计组的观测数据可知墙体的应力应变分布及变化过程规律主要有以下几点：

1）三个断面中在墙体不同高程上、下游两侧处的测点竖直和左右岸方向应变测值一致性 0+255 m

断面较好，而0+187 m和0+270 m断面则较差。

2）0+187 m断面墙体顶部及底部竖直和左右岸方向大部分呈压应变，并呈上部小下部大的分布体征。而墙体中部则呈拉应变状态，其最大拉应变值分别为362.6 με、427.3 με，考虑最大值出现时间处于施工灌浆阶段，估计测点受到灌浆压力的影响。截至2018年5月2日，墙体底部上游侧的压应变最大，其最值为-633.5 με。

3）0+255 m断面在无坝体荷载的情况下，墙体上、下游两侧竖向的应变基本上呈上部拉应变，下部压应力，其墙体中部1 453 m高程出现最大拉应变，其最值为180.8 με；左右岸方向的应变分布是在墙体顶部和中下部呈拉应变状态，底部和中上部呈压应变状态，其中最大压应变-183.7 με，最大拉应变301.5 με。在坝体填筑后，随着坝体盖重的不断增加，0+255 m断面大部分测点表现为压应变增大、拉应变减小的状态。

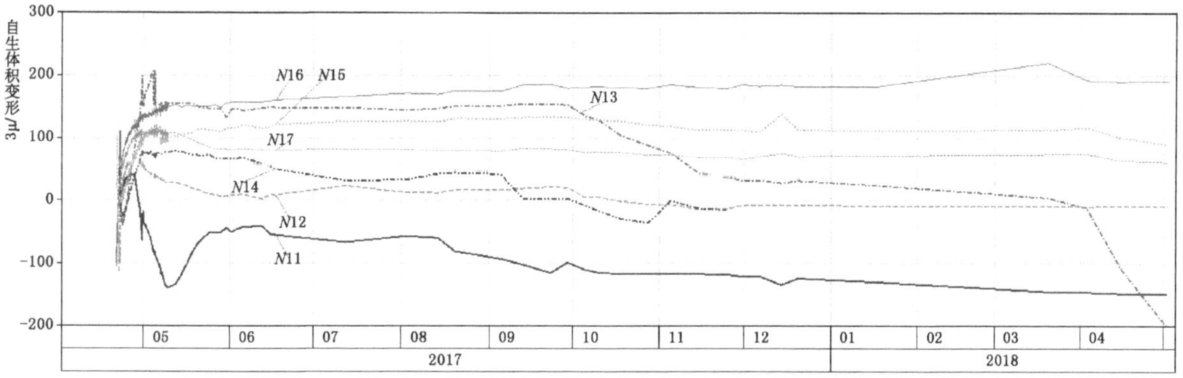

图 4.6-11　大河沿 0+255 m 断面防渗墙混凝土自生体积变形过程线

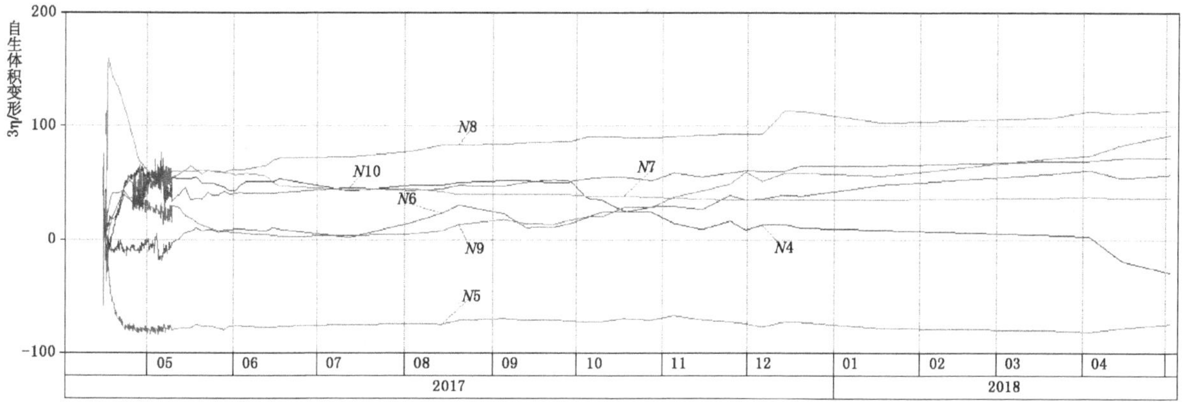

图 4.6-12　大河沿 0+270 m 断面防渗墙混凝土自生体积变形过程线

4）0+270 m断面墙体上游侧顶部和底部竖向呈压应变，中部偏下呈压应变状态，最大拉应变出现在中部偏下的1 423 m高程，其最值为315.9 με，墙体下游侧竖向大部分呈压应力状态。墙体左右岸方向的应变大部分测点呈压应力状态，与竖直方向呈拉应变的部位相同，左右岸方向呈拉应变的部位也在墙体中部的1 483 m高程。在坝体填筑期间，墙体上部的测点与0+255 m断面不同大部分表现为压应变减小、拉应变增大或压应变转变为拉应变的状态，而墙体底部则和0+255 m断面应变变化类似。

表 4.6-4　大河沿 0+187 m 断面防渗墙混凝土单轴应变特征值表　　单位：με

测点编号	埋设部位			最大值	最大值日期	最小值	最小值日期	最大变幅	2017/11/25	2018/5/2
	高程/m	位置	埋设方向							
S1-1	1539	上游侧	竖直	115.0	2017/3/23	-47.1	2016/9/5	162.1	-24.8	-190.3
S1-2			左右岸	0.0	2016/7/19	-107.9	2017/11/5	107.9	-106.9	23.6
S2-1		下游侧	竖直	25.8	2017/3/23	-65.8	2016/7/26	91.6	-31.3	-47.0

续表

测点编号	埋设部位			最大值	最大值日期	最小值	最小值日期	最大变幅	2017/11/25	2018/5/2
	高程/m	位置	埋设方向							
S2-2	1539	下游侧	左右岸	31.9	2017/6/8	-44.2	2016/9/6	76.1	0.7	-7.7
S3-1	1510	上游侧	竖直	362.6	2016/9/6	-10.8	2016/7/23	373.4	273.7	-
S3-2			左右岸	427.3	2016/9/12	0.0	2016/7/19	427.3	-	-
S4-1		下游侧	竖直	168.9	2017/5/11	-130.5	2016/9/22	299.4	44.7	-
S4-2			左右岸	347.0	2017/5/4	-20.1	2016/7/19	367.0	-	-
S5-1	1485	上游侧	竖直	0.0	2016/7/19	-633.468	2018/5/2	242.9	-205.2	-633.5
S5-2			左右岸	0.0	2016/7/19	-501.4	2017/5/11	501.4	-474.9	-258.7
S6-1		下游侧	竖直	145.6	2016/7/29	-60.5	2016/7/19	206.1	31.1	-317.8
S6-2			左右岸	0.0	2016/7/19	-223.0	2017/5/4	223.0	-195.4	-29.5

表 4.6-5　大河沿 0+270 m 断面防渗墙混凝土应力应变特征值表　　单位：$\mu\varepsilon$

测点编号	埋设部位			最大值	最大值日期	最小值	最小值日期	最大变幅	2017/11/25	2018/5/2
	高程/m	位置	埋设方向							
S7-1	1539	上游侧	竖直	12.5	2017/4/17	-102.1	2017/4/29	114.6	-59.1	1.6
S7-2			左右岸	38.1	2017/4/17	-132.1	2017/5/18	170.2	-78.0	-42.8
S8-1		下游侧	竖直	21.0	2017/4/17	-58.0	2017/9/13	79.0	-29.6	19.9
S8-2			左右岸	47.5	2017/7/12	-14.5	2017/4/24	62.1	15.3	23.6
S9-1	1513	上游侧	竖直	0.0	2017/4/16	-388.7	2017/4/16	388.7	-296.0	-63.6
S9-2			左右岸	0.0	2017/4/16	-434.0	2017/4/16	434.0	-342.0	-22.1
S10-1		下游侧	竖直	0.0	2017/4/16	-187.7	2017/4/16	187.7	-95.3	47.4
S10-2			左右岸	0.0	2017/4/16	-68.5	2017/4/16	68.5	-24.3	-24.6
S11-1	1483	上游侧	竖直	73.0	2017/5/5	-42.0	2017/5/5	115.0	-42.0	-147.9
S11-2			左右岸	37.8	2017/4/17	-150.3	2017/4/17	188.1	-150.3	-207.0
S12-1		下游侧	竖直	66.1	2017/5/5	-39.5	2017/5/5	105.6	12.6	-6.6
S12-2			左右岸	103.1	2017/5/5	-5.2	2017/5/5	108.3	5.8	-90.5
S13-1	1453	上游侧	竖直	-	-	-	-	-	-	-
S13-2			左右岸	-	-	-	-	-	-	-
S14-1		下游侧	竖直	0.0	2017/4/16	-182.7	2017/4/16	182.7	-182.6	-153.0
S14-2			左右岸	57.8	2017/4/16	-181.3	2017/4/16	239.0	-96.8	-106.3
S15-1	1423	上游侧	竖直	315.9	2017/4/18	-23.2	2017/4/18	339.1	137.1	190.7
S15-2			左右岸	-	-	-	-	-	-	-
S16-1		下游侧	竖直	0.0	2017/4/16	-97.9	2017/4/16	97.9	-72.8	-44.4
S16-2			左右岸	0.0	2017/4/16	-80.9	2017/4/16	80.9	-69.2	-72.4
S17-1	1393	上游侧	竖直	74.9	2017/4/17	-76.0	2017/4/17	150.9	-33.2	-75.2
S17-2			左右岸	44.8	2017/4/17	-70.0	2017/4/17	114.7	-11.2	-70.5
S18-1		下游侧	竖直	53.3	2017/4/20	-44.8	2017/4/20	98.1	-16.0	-54.4
S18-2			左右岸	32.7	2017/4/20	-20.7	2017/4/20	53.4	-14.0	-78.7
S19-1	1373	上游侧	竖直	0.0	2017/4/25	-153.7	2017/4/25	153.7	-	-

续 表

测点编号	埋设部位			最大值	最大值日期	最小值	最小值日期	最大变幅	2017/11/25	2018/5/2
	高程/m	位置	埋设方向							
S19-2	1373	上游侧	左右岸	26.0	2017/4/16	-46.4	2017/4/16	72.4	-41.9	-38.4
S20-1		下游侧	竖直	34.7	2017/4/24	-38.2	2017/4/24	73.0	-8.7	-12.5
S20-2			左右岸	45.9	2017/4/16	-41.4	2017/4/16	87.3	-16.4	-22.4

表 4.6-6 大河沿 0+255 m 断面防渗墙混凝土应力应变特征值表 单位：$\mu\varepsilon$

测点编号	埋设部位			最大值	最大值日期	最小值	最小值日期	最大变幅	2017/11/25	2018/5/2
	高程/m	位置	埋设方向							
S21-1	1539	上游侧	竖直	37.1	2017/5/9	-124.0	2017/5/9	161.1	-41.0	-22.5
S21-2			左右岸	36.3	2017/5/7	-196.8	2017/5/7	233.1	-194.8	-296.6
S22-1		下游侧	竖直	124.4	2017/5/9	-74.0	2017/5/9	198.4	20.9	85.3
S22-2			左右岸	213.5	2017/5/9	-68.1	2017/5/9	281.6	11.8	125.4
S23-1	1513	上游侧	竖直	84.6	2017/11/25	-15.3	2017/11/25	99.9	84.6	-76.3
S23-2			左右岸	174.9	2017/11/5	-1.4	2017/11/5	176.3	159.0	4.8
S24-1		下游侧	竖直	20.4	2017/5/28	-62.8	2017/5/28	83.2	-36.3	-195.6
S24-2			左右岸	264.2	2017/11/25	-5.3	2017/11/25	269.4	264.2	105.2
S25-1	1483	上游侧	竖直	108.1	2017/11/15	-216.5	2017/11/15	324.6	107.4	53.4
S25-2			左右岸	24.7	2017/4/23	-197.9	2017/4/23	222.6	-6.8	-106.2
S26-1		下游侧	竖直	29.7	2017/4/23	-320.4	2017/4/23	350.1	-156.7	-199.2
S26-2			左右岸	32.2	2017/4/23	-183.7	2017/4/23	216.0	-17.5	-113.2
S27-1	1453	上游侧	竖直	89.8	2017/10/28	0.0	2017/10/28	89.8	58.2	87.1
S27-2			左右岸	-	-	-	-	-	-	-
S28-1		下游侧	竖直	180.3	2017/10/28	0.0	2017/10/28	180.3	154.3	38.2
S28-2			左右岸	301.5	2017/9/13	0.0	2017/9/13	301.5	95.5	-163.0
S29-1	1423	上游侧	竖直	6.0	2017/4/22	-162.5	2017/4/22	168.6	-116.7	-80.9
S29-2			左右岸	6.1	2017/4/22	-108.5	2017/4/22	114.6	-81.3	-69.7
S30-1		下游侧	竖直	5.4	2017/4/23	-89.1	2017/4/23	94.5	-17.5	13.5
S30-2			左右岸	8.3	2017/4/22	-73.3	2017/4/22	81.6	-28.0	-18.2
S31-1	1393	上游侧	竖直	0.0	2017/4/21	-164.0	2017/4/21	164.0	-153.2	-165.6
S31-2			左右岸	0.0	2017/4/21	-123.5	2017/4/21	123.5	-110.3	-171.2
S32-1		下游侧	竖直	0.0	2017/4/21	-143.3	2017/4/21	143.3	-132.4	-149.3
S32-2			左右岸	0.0	2017/4/21	-115.3	2017/4/21	115.3	-96.7	-169.9
S33-1	1373	上游侧	竖直	0.0	2017/4/21	-125.0	2017/4/21	125.0	-25.9	-194.6
S33-2			左右岸	0.0	2017/4/21	-107.0	2017/4/21	107.0	-60.5	-90.9
S34-1		下游侧	竖直	0.0	2017/4/21	-124.6	2017/4/21	124.6	-66.7	-54.5
S34-2			左右岸	0.0	2017/4/21	-91.1	2017/4/21	91.1	-53.9	-52.4

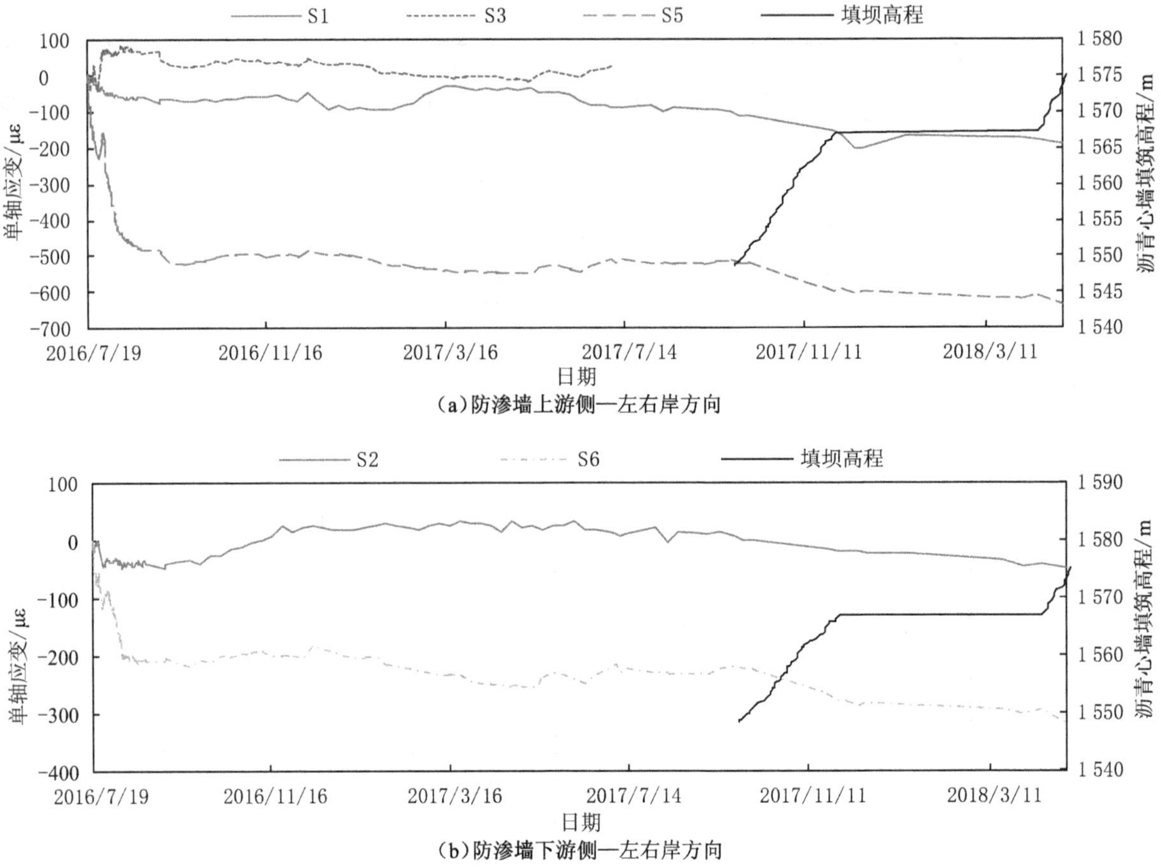

（a）防渗墙上游侧—左右岸方向

（b）防渗墙下游侧—左右岸方向

图 4.6-13　0+187 m 断面防渗墙上、下游两侧混凝土左右岸方向单轴应变过程线

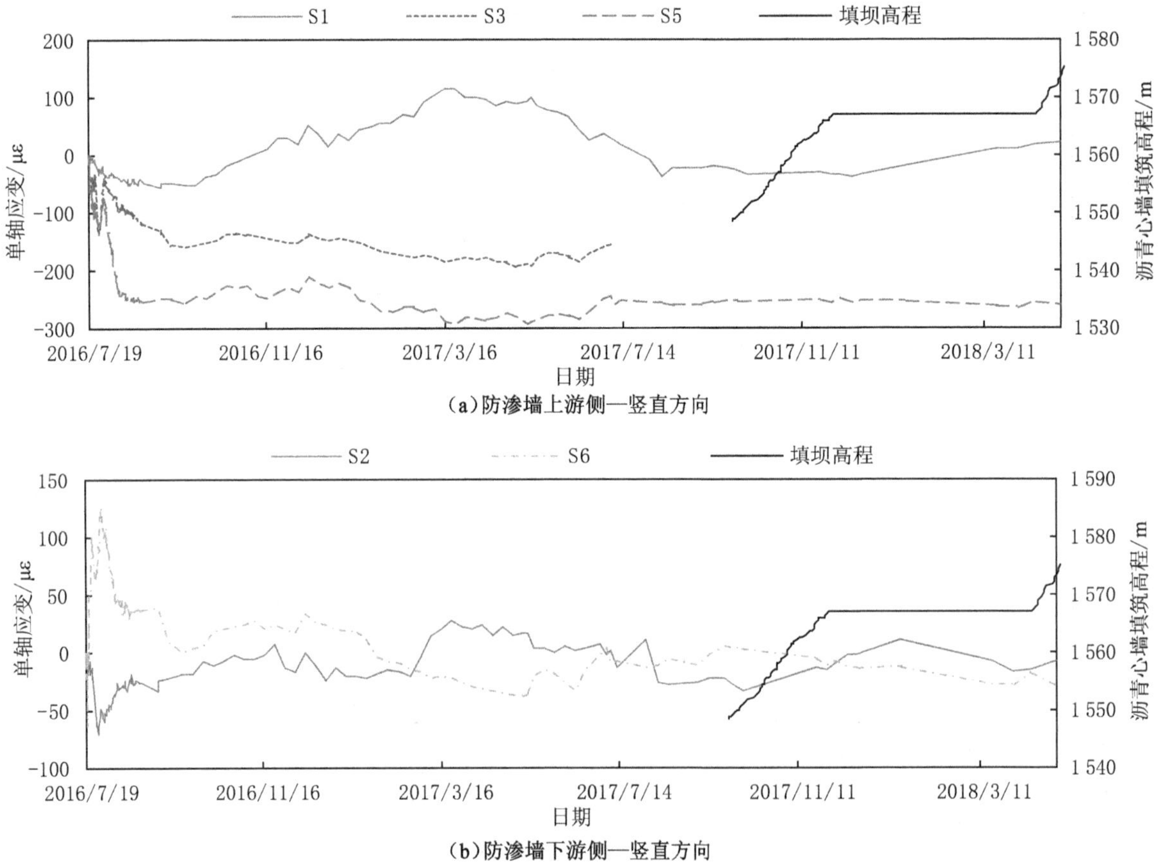

（a）防渗墙上游侧—竖直方向

（b）防渗墙下游侧—竖直方向

图 4.6-14　0+187 m 断面防渗墙上、下游两侧混凝土竖直方向单轴应变过程线

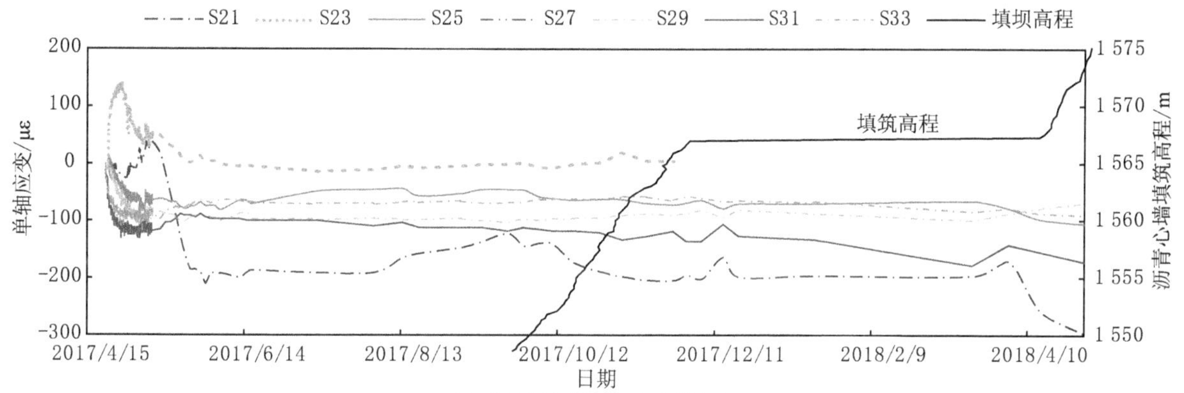

(a)防渗墙上游侧—左右岸方向

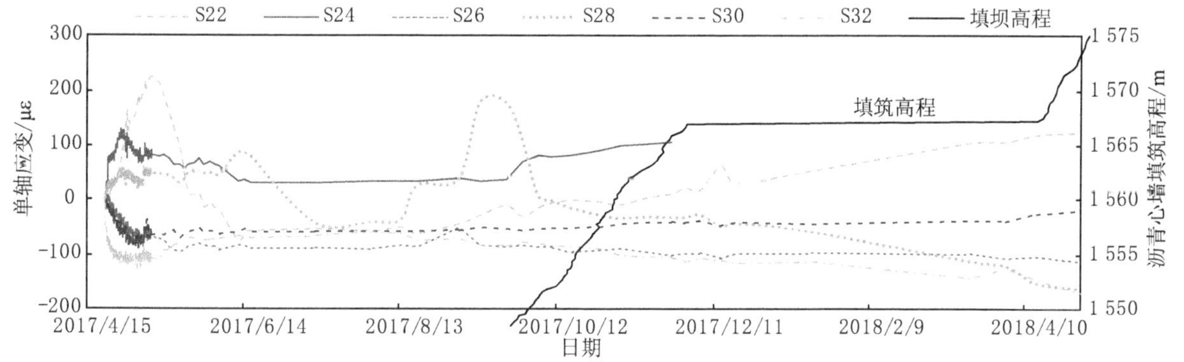

(b)防渗墙下游侧—左右岸方向

图 4.6-15 0+255 m 断面防渗墙上、下游两侧混凝土左右岸方向单轴应变过程线

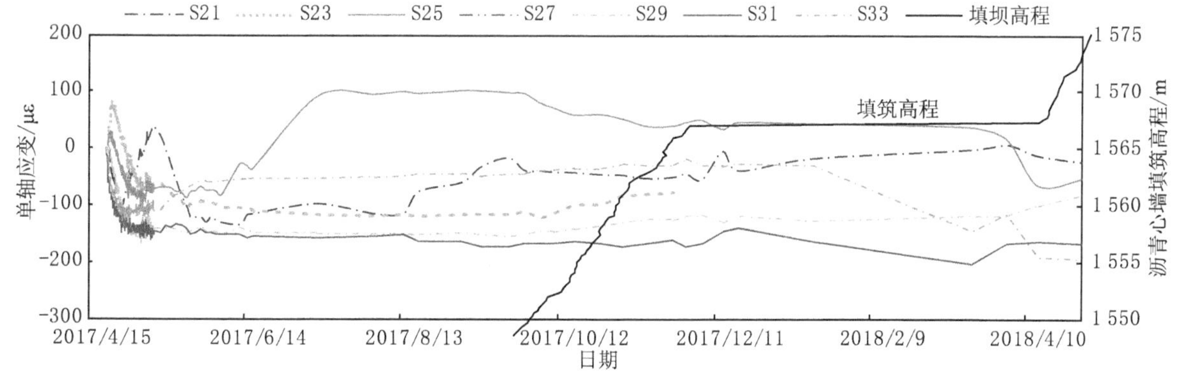

(a)防渗墙上游侧—竖直方向

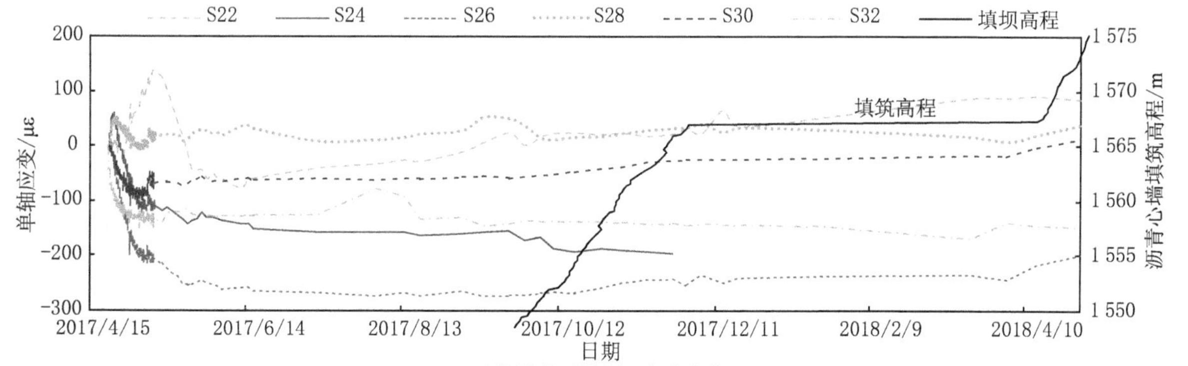

(b)防渗墙下游侧—竖直方向

图 4.6-16 0+255 m 断面防渗墙上、下游两侧混凝土竖直方向单轴应变过程线

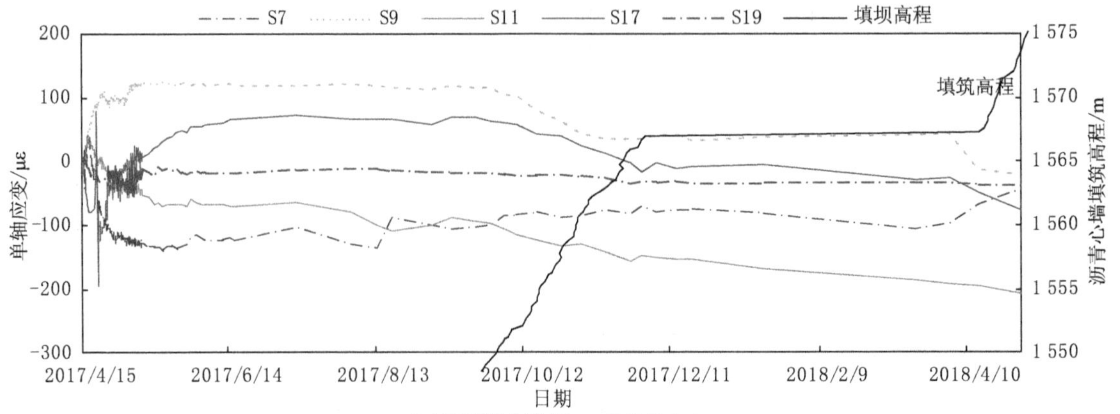

(a)防渗墙上游侧—左右岸方向

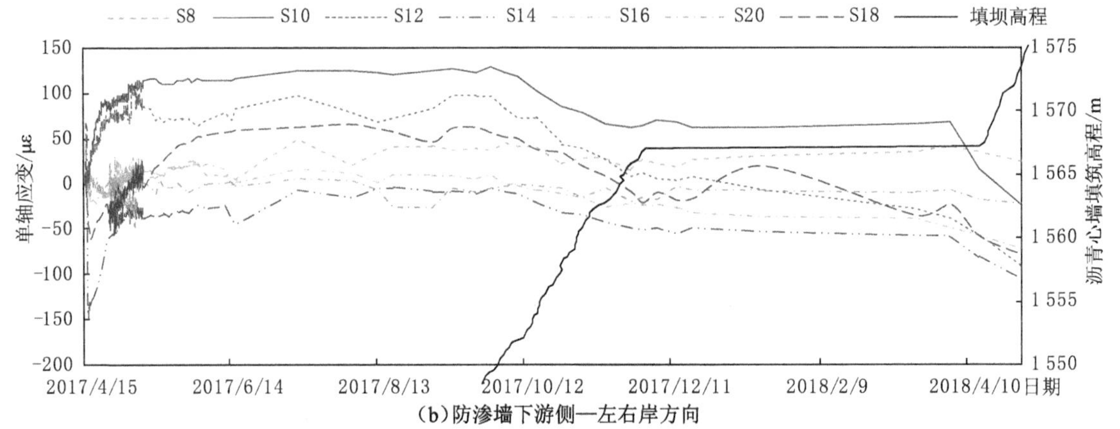

(b)防渗墙下游侧—左右岸方向

图 4.6-17　0+270 m 断面防渗墙上、下游两侧混凝土左右岸方向单轴应变过程线

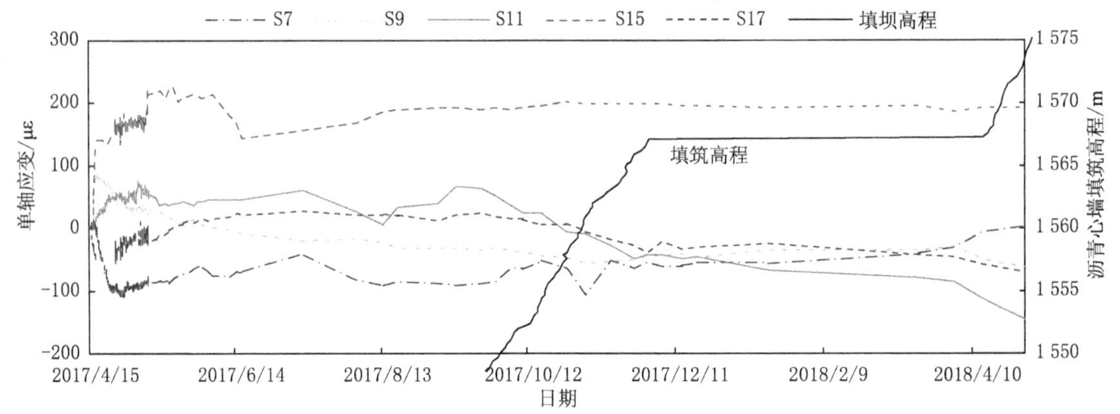

(a)防渗墙上游侧—竖直方向

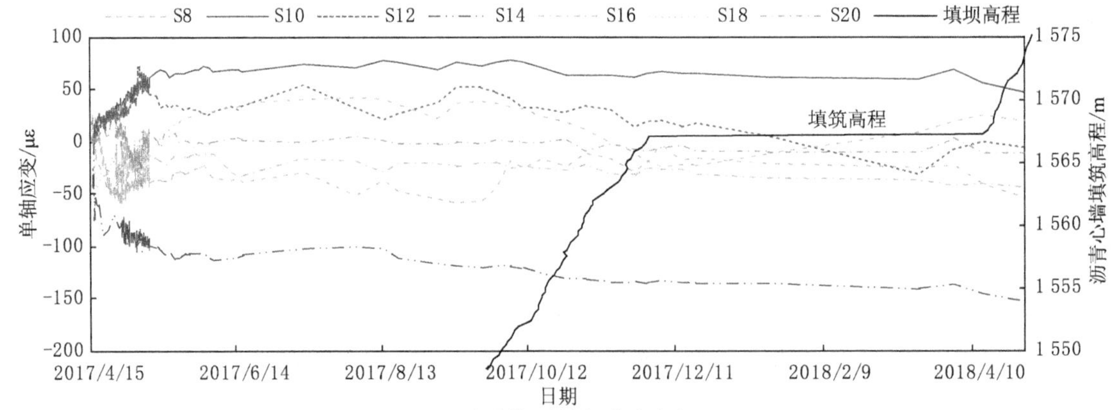

(b)防渗墙下游侧—竖直方向

图 4.6-18　0+270 m 断面防渗墙上、下游两侧混凝土竖直方向单轴应变过程线

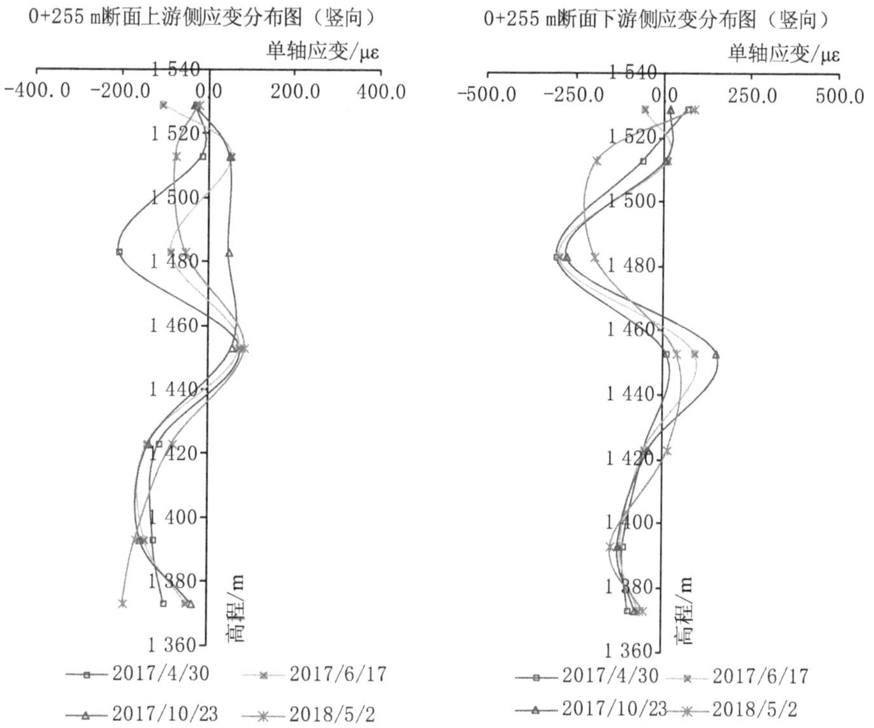

（a）防渗墙上游侧　　（b）防渗墙下游侧

图 4.6-19　大河沿 0+255 m 断面防渗墙混凝土竖直方向应变分布图

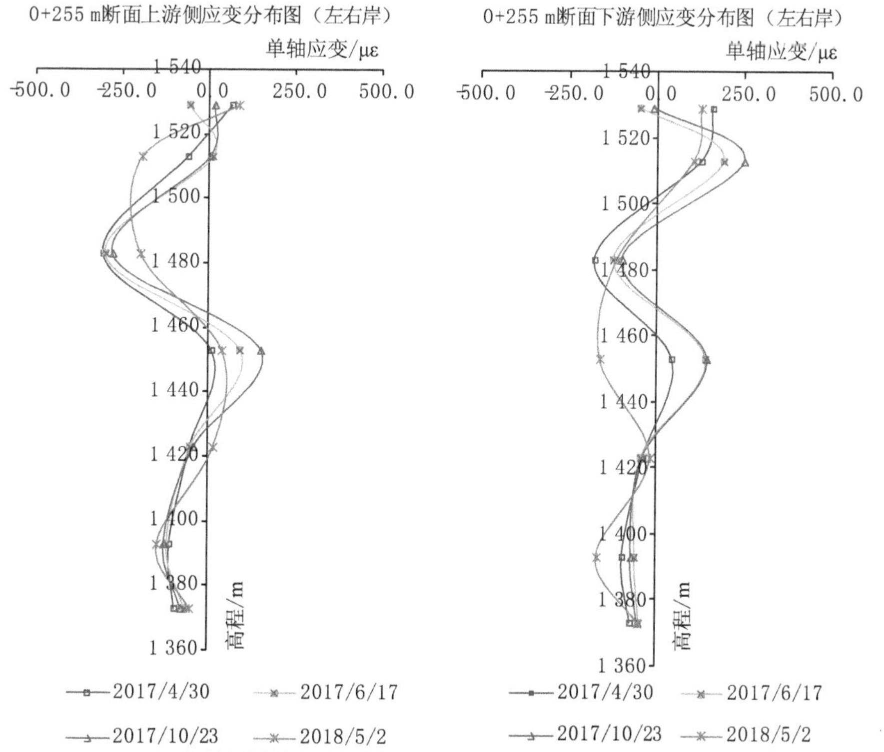

（a）防渗墙上游侧　　（b）防渗墙下游侧

图 4.6-20　大河沿 0+255 m 断面防渗墙混凝土左右岸方向应变分布图

4.6.3.3　防渗墙底部压力监测

从大河沿0+255 m、0+270 m断面防渗墙底部的竖直方向埋设的土压力计监测数据可以看出：土压力变化过程规律性较强，底部测点随着防渗墙浇筑完成，其土压力测值呈逐渐增大的变化过程，测值还反映出墙体较深的0+270 m断面比墙体相对较浅的0+255 m断面的土体压力的大，在仪器埋设后6个多月内，0+270 m断面土体压力最大值为0.53 MPa，0+255 m断面最大值为0.42 MPa。之后防渗墙混凝土随着水化热的消散，温度降低，混凝土收缩，使防渗墙两侧土压力逐渐趋于平稳，基本符合土压力计的压力变化规律。在大坝填坝阶段，坝体荷载对防渗墙底部土压力影响不大。

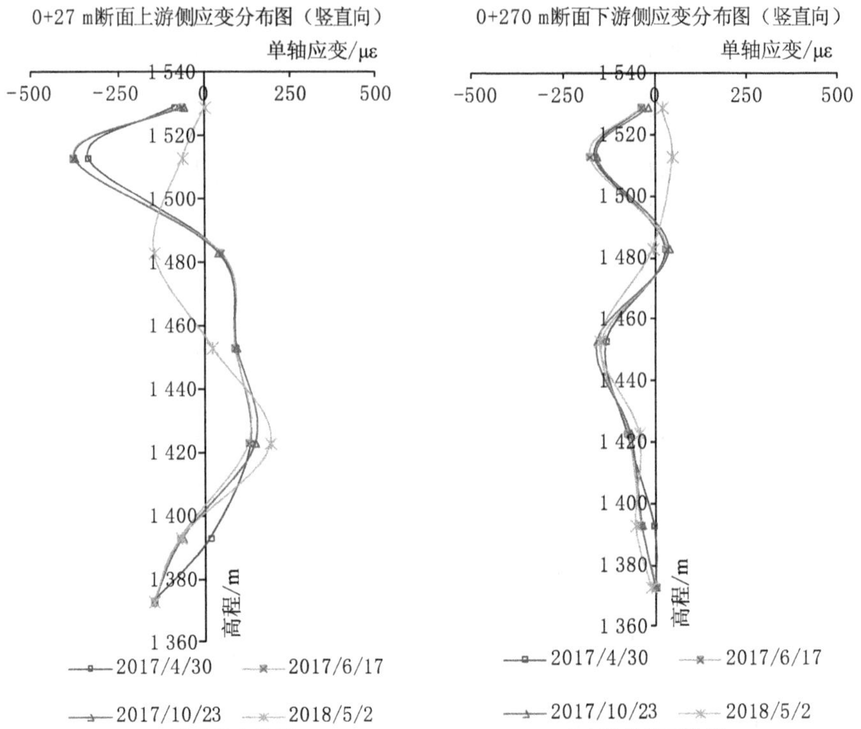

（a）防渗墙上游侧　（b）防渗墙下游侧

图 4.6-21　大河沿 0+270 m 断面防渗墙混凝土竖直方向应变分布图

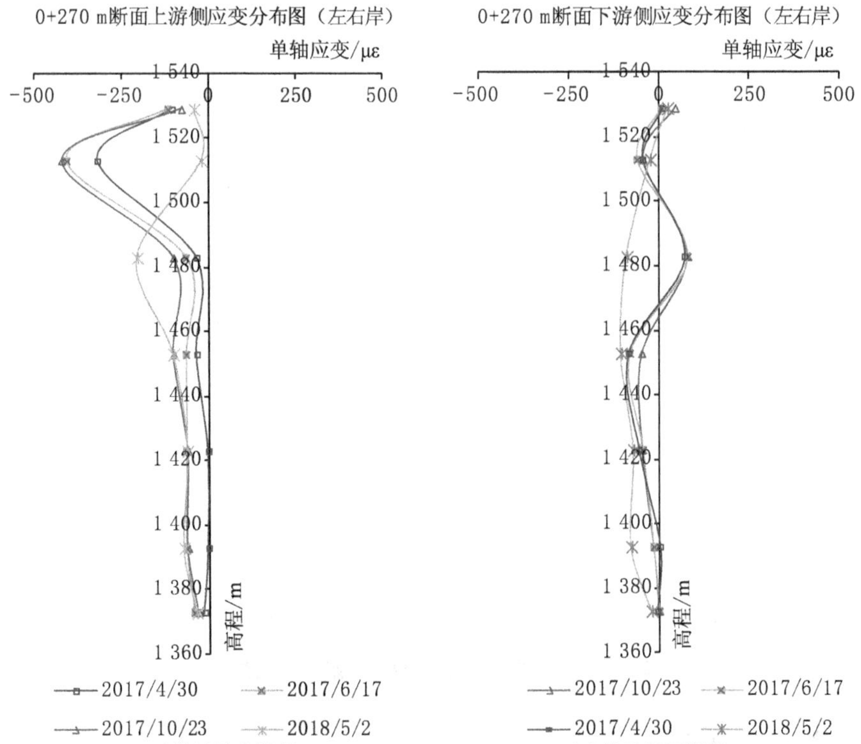

（a）防渗墙上游侧　（b）防渗墙下游侧

图 4.6-22　大河沿 0+270 m 断面防渗墙混凝土左右岸方向应变分布图

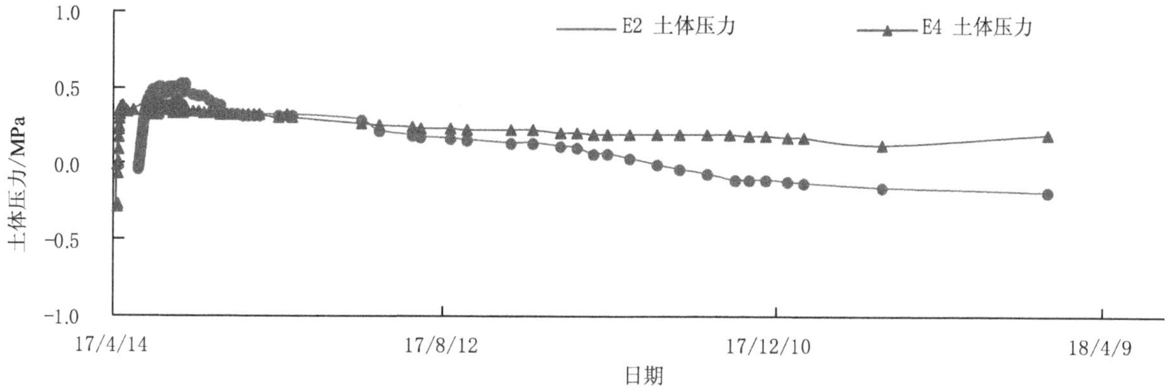

图 4.6-23 0+255 m 和 0+270 m 断面各测点施工期土压力过程线

4.6.3.4 防渗墙挠度变形分析

典型监测断面0+270 m处埋设的固定式测斜仪监测数据可知防渗墙墙体主要表现为以下几个主要特点：

(1)不同高程部位的相对位移分别呈向上、向下游参差变形分布。

(2)大坝填筑前，最大向上游相对位移值出现在墙体上部约1/3处，其最大值为-80.1 mm，最大向下游相对位移则出现在墙体下部约1/3处，其最大值为38.9 mm。大坝填筑后，受大坝盖重影响，上述两个部位均表现出相对位移量进一步扩大，截止2018年5月2日，两个部位的相对位移增至-93.9 mm、50.1 mm。

(3)大坝填筑前，墙体顶部测点表现为向下游位移，埋设初期位移增量较大，最大幅增20 mm，之后则逐渐呈现出向上游变形；墙体底部测点表现为向上游位移，其相对变形均不大，测值范围在9 mm以内。大坝填筑后，坝体盖重对墙体和底部的相对位移量影响不大。

防渗墙位移变化大的部位通常也是应变变化较大的部位，从0+270 m断面防渗墙墙体挠度变形分布图也可看出：本监测断面顺河向的防渗墙挠度变形分布与防渗墙上游侧竖直应变分布特征较为吻合。

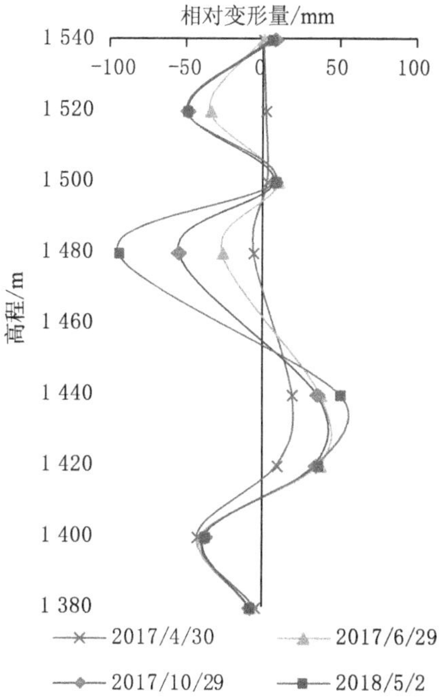

图 4.6-24 大河沿典型断面防渗墙相对挠度变形分布图

4.6.4 结论

目前，埋设于防渗墙上、下游两侧渗压计基本反映为不同地层的地下水位，其上、下游水位差不大。而埋设于防渗墙底部土压力计自埋设后前期呈逐渐增大的变化状态，之后逐渐趋于平稳，变幅较小。

防渗墙混凝土基本呈膨胀性。在大坝填筑前，防渗墙上、下游两侧的竖直和左右岸两方向的应变变化规律性不强，主要受防渗墙自重影响，处于深厚覆盖层与防渗墙相互约束、相互协调、自我适应的应力应变调整阶段。在筑坝过程中，各槽段墙体两个方向的应变测值不同程度地受到坝体荷载的影响，其中墙体竖直向受筑坝影响相对较小，左右岸向受筑坝影响则相对较大；另受大坝分区域填筑方式（先左坝再右坝，先上、下游区域再中间过渡料及沥青心墙部分的填土过程）及各断面覆盖层深度的不同等因素影响，0+270 m断面应变测值受坝体荷载影响也明显大于0+187 m和0+255 m断面。其中，0+255 m断面竖直和左右岸两个方向的应变在墙体中上部基本上呈现出拉应变减小或压应变增大的变化过程，中下部相对影响较小；而0+270 m断面在墙体的中上部为竖直方向和左右岸两个方向的应变则呈现出压应变减小或转化为拉应变的变化过程。

防渗墙位移变化大的部位通常也是应变变化较大的部位，从0+270 m断面防渗墙墙体挠度变形分布图也可看出：本监测断面顺河向的防渗墙挠度变形分布与防渗墙上游侧竖直应变分布特征较为吻合。

第五章 古河槽防渗处理技术进展

5.1 概述

5.1.1 古河槽成因

古河道的根本成因是河流改道。河流改道有因内因引起的，也有因外因引起的。外因包括构造运动使某一河段地面抬升或下降，冰川、崩塌、滑坡等物质将河道堰塞，或人工另辟河道等。其中构造运动可以使河流大规模改道，被废弃的河段可能被抬高而位于现今的分水岭上，也可能由于沉降而被后来的沉积物所埋藏，原河道被废弃成为古河槽。

在第四纪中更新世（Q_2）中早期，各流域内地壳运动处于相对稳定时期，河流以侧向侵蚀作用为主，使得河床加宽，河谷发育成熟，形成平坦而宽阔的槽状谷底，沉积物逐渐扩大并连成一片，河谷形态为宽阔的“U”型，随着河道的演化，河床逐渐加宽，河床坡度逐渐减小，流速逐渐减慢。此时河流以沉积作用为主，河床卵砾石沉积厚度逐渐增大，形成了现在的各级阶地。

在第四纪中更新世（Q_2）晚期，受冰川消融的变化，垂直下蚀作用和旁蚀作用加大，堆积作用相对减弱，河道切割深度不断加大，在Ⅴ级阶地侵蚀基面上继续侵蚀，河床束窄，形成窄深槽状或“V”字形，随着河流的发展，河谷逐渐发育成熟，河曲带逐渐加宽，河床坡度逐渐减小，流速逐渐减慢，河床堆积作用增强，重复了中更新世中早期的过程。在第四纪晚更新世（Q_3）早期，由于气候变干燥，冰川后退，河流形成新的侵蚀基准面。

新疆大部分水利水电工程的古河槽主要为地面古河槽和埋藏古河槽，如乌鲁瓦提、石门子、奥依阿额孜等水库工程属于地面垭口状古河槽，在地貌上可明显看出古河槽形态及堆积物性状；阿克肖、吉音和库什塔依等工程属埋藏古河槽，古河槽埋藏于阶地之下，地貌上无法直观判定其形态及分布位置，仅通过地面地质测绘可分析出其进、出口位置。

很多已建和在建的山区水利水电工程坝址古河槽均位于工程区一岸Ⅲ、Ⅳ级阶地，其主要受构造升降运动的影响，河流改道使原河道为河流侵蚀，槽内堆积物以冲积砂卵砾石为主。几座典型水利水电工程古河槽统计结果见表5.1-1。

表5.1-1 部分水利水电工程古河槽简况

工程名称	流域	古河槽分布位置	规模		形成时代	堆积物类型	成因
			切深/m	宽度/m			
乌鲁瓦提水利枢纽	喀拉喀什河	坝址右岸Ⅳ级阶	15.5	120	中更新世Q_2^{al}	冲积砂卵砾石	河流侵蚀
阿克肖水库	皮山河	左岸坝基Ⅲ级阶地	170	420	中、下更新世Q_{1-2}^{al}	冲积砂卵砾石	河流侵蚀
吉音水利枢纽	克里雅河	左岸坝基Ⅲ级阶地	15.0	150	中、下更新世Q_{1-2}^{al}	冲积砂卵砾石	河流侵蚀
库什塔依水电站	阿克牙孜河	左岸坝基Ⅲ级阶地	70	270	中更新世Q_2^{al}	冲积砂卵砾石	河流侵蚀

续　表

工程名称	流域	古河槽分布位置	规模		形成时代	堆积物类型	成因
			切深/m	宽度/m			
奥依阿额孜水利枢纽	托什干河	坝址左岸Ⅳ级阶	200	500	中更新世Q_2^{al}	冰水沉积含土砾石层冲积砂卵砾石	河流侵蚀

从目前新疆山区水利水电工程古河槽勘察成果分析，古河槽均为新生代以来的地质时期形成，均保留着河流相物质堆积，以冲积砂卵砾石层为主，个别为冰水沉积物典型的如奥依阿额孜水库，堆积物时代以中、上更新统为主，多具微～弱胶结，胶结物以泥质和钙质为主，结构密实，一般不含连续砂层，局部夹砂层或粉土透镜体。部分工程古河槽堆积物主要物理力学指标统计见表5.1-2。

表5.1-2　古河槽物理力学地质建议值统计表

工程名称	岩性	干密度	砂砾石含量	相对密度	抗剪强度（饱和）		承载力	渗透系数	允许比降
		g/cm³	%	D_r	c	ϕ	kPa	cm/s	
					kPa	度			
乌鲁瓦提水利枢纽	砂卵砾石	2.25	83.5	0.90	0	40.0	500	4.1×10^{-3}	0.12
阿克肖水库	砂卵砾石	2.22	71.0	0.87	0	40.0	400	4.5×10^{-3}	0.10
吉音水利枢纽	砂卵砾石	2.26	82.1	0.74	0	38.0	350	2.0×10^{-3}	0.08
库斯塔依水电站	砂卵砾石	2.18	73.7	0.78	0		450	5.43×10^{-2}	0.10
奥依阿额孜水利枢纽	含土砾石	2.20	66.5	0.78	0	38.0	350	5.5×10^{-3}	0.10
	砂卵砾石	2.29	72.2	0.83	0	38.5	400	6.5×10^{-3}	0.15

5.1.2　古河槽主要工程地质问题及处理措施

5.1.2.1　古河槽形态及堆积物工程特性

新疆山区水利水电工程所遇到的古河槽堆积物，主要为冲积砂卵砾石层，其结构往往比较密实，多具微～弱胶结，干密度一般在2.20～2.29 g/cm³之间，相对密度在0.74～0.90之间，渗透系数一般在10^{-2}～10^{-3} cm/s范围内，由于古河槽堆积体一般无厚层连续砂层分布，砾石含量大于60%，根据规范判别均为不液化土，古河槽堆积物可作为天然坝体或土石坝基础利用。

5.1.2.2　古河槽主要工程地质问题及处理措施

古河槽主要工程地质问题是沿古河槽产生渗漏、沉降变形及地震液化。古河道堆积物顶部高程高于水库正常蓄水位的工程，如乌鲁瓦提、石门子、库什塔依和奥依阿额孜等水利工程。古河槽分布于坝址一岸，与河谷之间有基岩山体相隔。如阿克肖水库，古河槽分布于坝基，现代河床窄小，左岸阶地分布宽大古河槽，槽底高程低于现代河床底部基岩面40 m。

古河槽产生的主要工程地质问题是绕坝渗漏，处理措施为防渗帷幕、防渗墙或贴面板，也有的工程需要考虑综合措施。如乌鲁瓦提对古河槽的处理是利用古河槽内充填紧密处于胶结和半胶结状态的砂砾石作为堆石体，按上游坝坡1∶1.6削坡至趾板高程，其上浇筑厚度为40 cm的无砂混凝土排水层，并于坡脚处扩大断面形成排水沟，将面板和周边缝的渗水集中通过主、副坝间山体开挖的平洞及排水沟与主坝排水系统相连通，排至下游河道。在无砂混凝土表面喷涂薄层乳化沥青，然后浇筑混凝土面板。下游坝坡及坝顶宽度与主坝相同。主、副坝间的单薄山脊清除强风化层后，在表面浇筑混凝土连接板，利用锚筋加强与岩石连接。混凝土连接板及主、副坝地基均设置双排防渗灌浆帷幕。

石门子和奥依阿额孜等工程则采用对古河槽进口修坡后贴面板的处理措施；而对于埋藏式古河道，坝基往往坐落在古河槽之上，须查明古河槽堆积物的变形、渗漏、渗透稳定及地震液化可能，如其工程特性满足坝基要求，处理措施主要采用深入古河槽下部基岩一定深度的全断面防渗帷幕，如阿克肖和吉音水库。

5.1.2.3 古河槽勘察与工程地质评价

1. 基本情况

奥依阿额孜水利枢纽工程是托什干河的中上游河段的控制性水利枢纽工程，枢纽设计最大坝高93 m，奥依阿额兹水库坝址区左岸顺河向分布一大型古河槽（见图5.1-1），进口位于上坝址左岸单薄基岩山体上游端附近，在下坝址处，古河槽掩埋于左岸Ⅲ级阶地之下，断面形态呈宽“U”型。

2. 查清古河槽的基本形态

在上坝址左岸，古河槽分布于左岸单薄基岩山体与北部的第三系地层之间，坝轴线处顶宽约500 m，底宽约150 m，在正常蓄水位2460 m时宽415 m，古河槽底部低于正常蓄水位108 m。古河槽堆积物呈东西向山梁，地面高程大部分高于正常蓄水位，仅在其右侧有宽约30 m的鞍部地形低于正常蓄水位0～5 m，须修建副坝。

在下坝址左岸，古河槽掩埋于左岸Ⅲ级阶地之下，其北侧边界为第三系砾岩；右侧与现代河床相接，据勘探成果，下坝线处古河槽宽300 m～430 m，深40 m～50 m，古河槽顶面低于正常蓄水位70 m～100 m，槽内堆积第四系中更新统地层。

3. 查明古河槽堆积物的结构特征及物理力学性质

坝址区古河槽堆积物上部为第四系中更新统冰水沉积（Q_2^{fgl}）含土砂卵砾石；下部为中更新统冲积（Q_2^{al}）的砂卵砾石，局部夹含砂低液限粉土层。

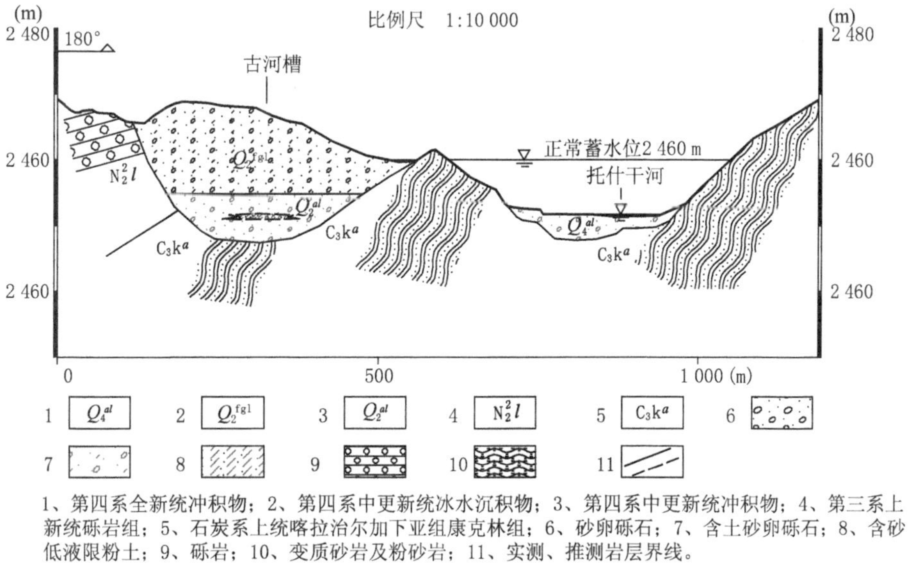

1、第四系全新统冲积物；2、第四系中更新统冰水沉积物；3、第四系中更新统冲积物；4、第三系上新统砾岩组；5、石炭系上统喀拉治尔加下亚组康克林组；6、砂卵砾石；7、含土砂卵砾石；8、含砂低液限粉土；9、砾岩；10、变质砂岩及粉砂岩；11、实测、推测岩层界线。

图 5.1-1 奥依阿额孜水利枢纽坝址古河槽地质横剖面图

（1）上部冰水沉积物（Q_2^{fgl}）

据坑槽探和地质测绘，上部冰水沉积物（Q_2^{fgl}）岩性为含土砾石，呈土黄色，结构密实，微胶结，在坑槽探壁上见较多凹痕。砾石成份主要为砂岩、灰岩和花岗岩，砾石磨圆度中等、差。

在坝址区的槽探里取样5组进行试验，根据颗分试验成果，上部冰水沉积物（Q_2^{fgl}）粒径0.5 cm～6 cm，约占60%，细粒土（＜0.075 mm）约占8%，有效粒径在0.042～0.25之间，不均匀系数C_u=49～321，曲率系数C_c=3.7～14.8，表明颗粒级配不连续，属不良级配。

表 5.1-3 奥依阿额孜水利枢纽古河槽上部冰水沉积（Q_2^{fgl}）砂卵砾石颗粒级配成果表

试验编号	取样深度	粒径组成/mm								不均匀系数	曲率系数	有效粒径	土代号
		200～60	60～20	20～5	5～2	2～0.5	0.5～0.25	0.25～0.075	<0.075	C_u	C_c	d_{10}	
	m	含量(%)								—	—	mm	—
TC_3-1	3.0～5.0	7.5	27.0	37.5	9.5	6.0	2.5	3.5	6.5	66.0	7.6	0.25	GF

续 表

试验编号	取样深度	粒径组成/mm								不均匀系数	曲率系数	有效粒径	土代号
		200～60	60～20	20～5	5～2	2～0.5	0.5～0.25	0.25～0.075	<0.075	C_u	C_c	d_{10}	
	m	含量(%)								—	—	mm	—
TC_3-2	4.5～5.0	5.0	25.5	31.5	11.0	7.5	3.0	4.6	11.9	321.4	14.8	0.042	GF
TC_3-4	3.0～5.0	17.5	28.0	29.5	9.0	6.0	1.5	2.2	6.3	49.0	3.7	0.50	Sic
TC_5	2.5～5.0	15.5	31.0	30.0	8.0	4.5	1.0	2.1	7.9	104.0	8.7	0.25	SIC_b
TC_6	5.0～8.0	15.0	24.5	29.5	10.0	7.5	2.5	4.2	7.8	111.8	6.3	0.17	SIC_b
最大值		17.5	31.0	37.5	11.0	7.5	3.0	4.6	11.9	116.70	0.10	0.19	
最小值		5.0	24.5	29.5	8.0	4.5	1.0	2.1	6.3	113.30	0.06	0.17	
平均值		12.1	27.2	31.4	9.5	6.3	2.1	3.3	9.1	110.00	0.08	0.15	

据试验成果，上部冰水沉积（Q_2^{fgl}）含土砾石的天然干密度2.27～2.35 g/cm^3，平均值2.30 g/cm^3；最大干密度2.17～2.22 g/cm^3，平均值2.20 g/cm^3，呈密实状态。试坑注水试验渗透系数4.4×10^{-2}～1.1×10^{-3} cm/s，平均值2.0×10^{-2} cm/s。室内渗透系数k_{20}=9.5×10^{-2}～4.6×10^{-3} cm/s，平均值为7.1×10^{-2} cm/s，临界坡降i_k=0.23～0.40，平均值0.32。

在上坝址古河槽的坝轴线的探槽底取样2组进行天然密度下室内大型压缩试验，最大试验压力为1 600 kPa。试验成果表明，古河槽上部的含土砂砾石层在1 600 kPa压力下的压缩系数a_v=0.014 9～0.019 3 MPa^{-1}，压缩模量E_s=64.08～81.57 MPa。

(a)

(b)

图 5.1-2　冰水沉积（Q_2^{fgl}）砂卵砾石槽探坑壁

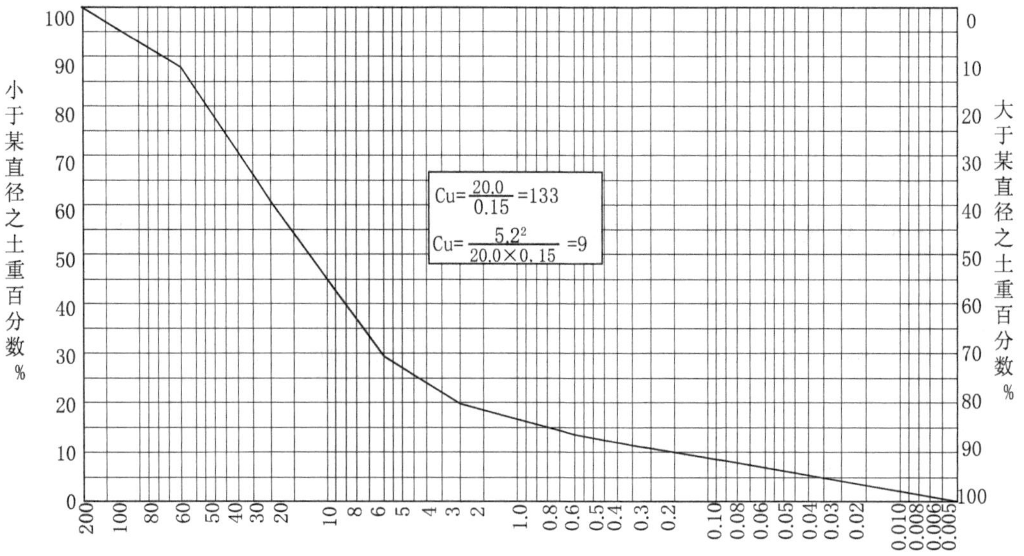

按土石坝分类	卵石或碎石	粗	中	细	粗	中	细	粉粒
		砾粒			砂粒			细粒
	巨粒	粗粒						

图 5.1-3　古河槽上部冰水沉积（Q_2^{fgl}）砂卵砾石颗分平均曲线图

（2）下部冲积物（Q_2^{al}）。下部冲积物（Q_2^{al}）岩性为卵砾石，呈土黄色，结构密实，微胶结，在钻孔岩芯中多呈柱状，卵石扰动少，多被钻头切成光滑面。卵砾石成分主要为砂岩、灰岩，砾石磨圆度中等。在钻孔中取样3组进行试验，表明砾石粒径一般2 cm～6 cm，约占40%，卵石6 cm～20 cm约占15%。

（3）据钻孔揭露，（Q_2^{al}）下部还分布一层厚12 m的含砂低液限粉土层。在钻孔中取样3组进行颗分试验（表5.1-4），颗分成果表明，0.25 mm～0.075 mm占27%，0.075 mm～0.005 mm占48%，＜0.005 mm占37%，有效粒径0.001～0.013，曲率系数C_c=0.8～1.9，不均匀系数C_u=49.0～53.0。由物理力学试验成果（表5.1-5）表明，含砂低液限粉土层天然干密度为2.0 g/cm^3，孔隙率为26.5%，比重G_s=2.72，液限ω_L=20.7～28，ω_p=11.6～18.8，塑性指数I_p=9.1～9.3。

表 5.1-4　奥依阿额孜水利枢纽坝址古河槽细粒土颗粒级配成果表

试样编号	取样深度	粒径/mm					有效粒径	不均匀系数	曲率系数	土样定名
		＞0.25	0.25～0.075	0.075～0.005	＜0.005	＜0.002	d_{10}	C_u	C_c	
	m	含量（%）					mm	—	—	代号
TK_2	1.9～2.5	28.0	56.0	14.0	2.0		0.058	3.1	1.2	
TC_3-6	3.5～4.0	0.0	12.5	66.0	21.5	13.0	0.001 1	29.2	2.4	CL
ZK_{13}	62.6～63.1	3.0	27.0	48.0	22.0	15.0	0.001	53.0	1.9	MLS
ZK_{13}	65.7～66.5	6.0	16.0	49.0	27.0	17.5	0.001	49.0	0.8	ML
ZK_{13}	67.0～67.7	1.0	25.0	68.0	6.0	4.5	0.013	4.4	1.8	MLS

4. 古河槽渗漏计算

上坝址古河槽在正常蓄水位2460 m时宽约410 m，最深达135 m，坝轴线处渗透断面面积约3.6万m^2；下坝址古河槽顶宽约490 m，最深87 m，坝轴线处渗透断面面积约2.5万m^2。古河槽堆积物渗透系数平均值5.5×10^{-3} cm/s。考虑到渗透试验主要在表层3 m～8 m范围内进行以及地层结构特征，故对渗透系数的平均值取1.5的系数，渗透系数取值为9.5×10^{-3} cm/s。

根据地形条件分析和计算，上坝址左岸古河槽不同渗径下的水力坡降范围值i=0.03～0.29；下坝址古河槽长约1km，左岸坝基古河槽不同渗径下的水力坡降范围值i=0.04～0.5。

采用达西公式进行渗漏量估算：

$$Q = K \times F \times i \qquad \text{（式 5.1-1）}$$

式中：Q——渗透流量（m^3/d）；F——过水断面（m^2）；i——水力坡度；K——渗透系数（m/d）。

在古河槽无防渗条件下，上下坝址在不同水力坡降值的古河槽的渗漏估算量（见表5.1-6）。

表 5.1-5　古河槽细粒土物理力学性试验成果表

试样编号	取样深度	含水率	湿密度	干密度	孔隙比	孔隙率	比重	液限	塑限	塑性指数
							G_s	ω_L	ω_P	I_P
	m	ω	ρ	ρ_d	e	n	—	%		—
TK_2	1.9～2.5	1.78	17.5	1.51						
TC_3−6	3.5～4.0	7.3	1.61	1.50	0.81	44.9	2.72	26.1	15.5	10.6

试样编号	取样深度	含水率	湿密度	干密度	孔隙比	孔隙率	比重	液限	塑限	塑性指数
							G_s	ω_L	ω_P	I_P
	m	ω	ρ	ρ_d	e	n	—	%		—
ZK_{13}	62.6～63.1	15.1	2.30	2.00	0.36	26.5	2.72	20.7	11.6	9.1
ZK_{13}	65.7～66.5	/	/	/	/	/	/	21.6	12.3	9.3
ZK_{13}	67.0～67.7	/	/	/	/	/	/	28.0	18.8	9.2

表 5.1-6　古河槽在不同水力坡度下的渗漏量计算表

位置	渗透系数/K	过水断面/F	水力坡度/I	渗漏量/Q
	cm/s	万 m^2	/	万 m^3/a
上坝址	9.5×10^{-3}	3.6	0.03	210
			0.10	820
			0.20	1 640
			0.29	2 400
下坝址	9.5×10^{-3}	2.5	0.04	230
			0.10	570
			0.20	1 150
			0.50	2 850

5. 古河槽堆积物的渗透变形

依据GB50487—2008《水利水电工程地质勘察规范》来判定渗透变形。古河槽堆积物以粗砾土为主。岩性为冰水沉积和冲积含土砂砾石，根据颗分曲线，各无粘性土均为级配连续土，故粗细颗粒的区分粒径采用式5.1-2计算：

$$d_f=\sqrt{d_{70}\times d_{10}} \qquad \text{（式5.1-2）}$$

根据颗分成果得出相应于该粒径的颗粒含量P_c。

采用以下判别方法：

流土：$P_c\geqslant35$

过渡型：$25\leqslant P_c<35$

管涌：$P_c<25$

按以上方法判定古河槽堆积物渗透变形形式为管涌型（表5.1-7）。

表 5.1-7　坝址粗粒土渗透变形形式判别表

位置	粒径	粒径	细颗粒粒径	细颗粒含量	判别标准	渗透变形形式
	d_{70}	d_{10}	d_f	P_c		
	mm			%	/	/
河床	82	0.96	8.87	28	$25\leqslant P_c<35$	过渡型
古河槽	29	0.15	2.09	20	$P_c<25$	管涌

故其临界水力比降采用公式：

$$J_{cr}=2.2\times(G_s-1)(1-n)\,2\frac{d_5}{d_{20}} \qquad \text{（式5.1-3）}$$

式中：J_{cr}——土的临界水力坡降；G_s——土的比重，计算结果见表5.1-8。

表 5.1-8 无粘性土渗透变形临界水力比降计算表

位置	比重	孔隙率	粒径		粒径		临界水力比降
	G_s	n	d_5		d_{20}		J_{cr}
	/	%	mm				/
河床	2.69	18.9	0.27		5		0.132
古河槽	2.69	14.86	0.27		2.1		0.346

经综合分析，河床砂卵砾石临界坡降为0.08～0.1，古河槽含土砂砾石临界坡降为0.1～0.2。

6. 古河槽堆积物地震液化初判

古河槽堆积物为第四系中更新世（Q_2）地层，且具微～弱胶结现象。依据GB50487—2008《水利水电工程地质勘察规范》，初判古河槽堆积物不会发生地震液化问题。

5.2 古河槽处理技术进展

5.2.1 帷幕为主的防渗处理技术

大石门水利枢纽工程，库区左岸古河道较宽，正常高水位2 300 m时，古河道宽2.6 km，古河道两岸基岩出露，河道内沉积了深厚的砂卵砾石，上部岩性为第四系上更新统Q_3砂卵砾石层，厚34 m～40 m，分布高程为2 364 m～2 342 m，且全部位于正常高水位以上；下部岩性为巨厚层的Q_2砂卵砾石层，泥质半胶结，厚度达295 m。

库区古河道底部低于正常高水位最深205 m，蓄水后库水位主要位于Q_2泥质半胶结的砂卵砾石层，该地层是影响水库渗漏的主要地层，存在渗漏的可能。经计算分析库区左岸古河槽渗漏量对库区影响不大，但设计应考虑坝后建筑物安全，以近坝库岸边坡不产生渗透坡坏为准，并应采取相应的防护措施以保证建筑物安全。经综合分析，设计采取灌浆廊道内设2排帷幕灌浆进行防渗处理、增设排水洞等综合措施。

图 5.1-4 大石门水库坝址地貌图

图 5.1-5 大石门水库枢纽全貌

大石门水利枢纽工程碾压式沥青混凝土心墙坝最大坝高128.8 m，库区左岸古河道较宽，正常高水位2 300 m时，古河道宽2.6 km，古河道两岸基岩出露，河道内沉积了深厚层的砂卵砾石，上部岩性为第四系上更新统Q_3砂卵砾石层，厚34 m～40 m，分布高程为2 364 m～2 342 m，且全部位于正常高水位以上；下部岩性为巨厚层的Q_2砂卵砾石层，泥质半胶结，厚度达295 m。库区古河道底部低于正常高水位最深205 m，蓄水后库水位主要位于Q_2泥质半胶结的砂卵砾石层，该地层是影响水库渗漏的主要地层，存在渗漏的可能。经计算分析库区左岸古河槽渗漏量对库区影响不大，但设计应考虑坝后建筑物安全，以近坝库岸边坡不产生渗透坡坏为准，并应采取相应的防护措施以保证建筑物安全。

0-570～0+000 m段：地面上部出露的岩性为第四系上更新统砂卵砾石，厚34 m～40 m。下部为深厚层中更新统的冲积砂砾石层，泥质半胶结，此段层厚20 m～254 m。下伏基岩，岩性为下元古界蚀变辉绿岩，岩层产状50°～60°SE∠45°～60°，基岩面由坝址区向库区上游逐渐下降，在古河道中心位置达到最深，约295 m。岩体强风化层厚2 m～3 m，纵波速度Vp＝2 500 m/s左右；弱风化层厚10 m～15 m，纵波速度Vp＝2 800～4 000 m/s；微～新鲜基岩Vp=4 000～5 500 m/s。据钻孔试验资料，岩体透水率$q \leqslant$ 3Lu值界限均在基岩面以下埋深15 m左右。

防渗灌浆处理：坝0+000 m～坝0-063 m为岩石段，在灌浆廊道内设2排帷幕灌浆孔，孔、排距均为2 m，梅花形布置，孔深按3Lu以下5 m控制；坝0-063 m～坝0-570 m（古0+000 m～古0+507 m）属于左坝肩沿坝轴线方向灌浆段，在砂卵砾石地层中采取灌浆防渗帷幕，在灌浆廊道内设2排帷幕灌浆孔，孔距为3 m，排距为2 m，梅花形布置，孔深按入岩以下5 m控制，注浆后渗透系数小于3Lu。

左岸坝后排水：在坝顶高程处左岸灌浆洞桩号0-063 m处沿岩石面，向下游设一主排水洞，排水洞与下游1#永久交通洞及2#临时交通洞相汇。在高程2 230 m处灌浆廊道与下游1#永久交通洞之间设一排水洞，施工期做临时交通洞用，后期为排水洞。

2#临时交通洞后期改为排水洞，1#永久交通洞后期兼顾排水洞作用。并在1#永久交通洞及2#临时交通洞上部40 m各设一条排水洞，顶部排水洞用排水孔与底部排水洞相连，排水孔内设滤水花管，使其在坝后边坡内侧形成一道排水幕。具体效果还有待工程实践考验。

5.2.2 防渗墙为主的处理技术

柯赛依水电站大坝为面板砂砾石坝，最大坝高108 m。施工阶段距大坝左岸坝头77 m发现一埋藏式古河槽，形态成“U”字形，宽扁平状，基本对称，古河槽宽91 m～100 m左右，最大宽度为166 m左右，左岸分布有一级阶地，右岸分布有二级阶地。

含泥砂砾卵石层（$Q2^{al+pl}$），褐灰色，密实，胶结好，有铁锈，磨圆度为次圆。砾卵石含量60%～80%，砂含量一般在8%～10%，泥含量8%～10%，粒径一般2 cm～8 cm，局部有漂（孤）石分布，直径可达40 cm，砾石成分以花岗岩、砂岩、片岩为主，砾石表部风化，不均匀系数C_u=28～78，级配不连续。渗透系数k=3×10^{-5} cm/s～1.2×10^{-3} cm/s，天然密度ρ＝2.35～2.40 g/cm^3，干密度ρ＝2.2～2.29 g/cm^3。顶板高程1 107 m～1 118 m，底面高程1 076.34 m～1 081.6 m，厚度13 m～40 m。

由于左坝肩存在古河槽，渗透性强，当不设防渗时，左坝肩渗透量达到8 373.27 m^3/d，渗漏量明显偏大，因此需要设置防渗措施。经多方案技术经济比较在岸坡段防渗采用C25混凝土防渗墙，墙中心线长272 m，最大墙深84.5 m，墙厚0.8 m，下部接帷幕灌浆。为此，该方案增加工程投资1.2亿元。

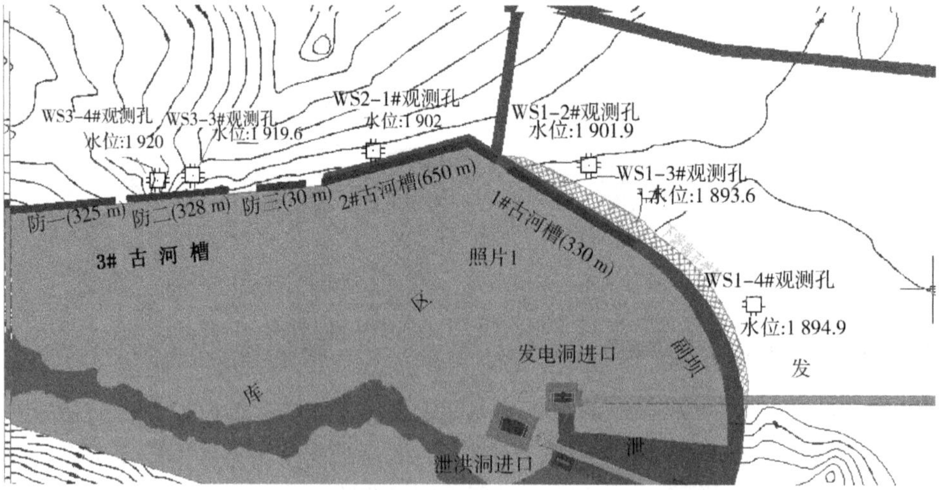

图 5.1-6 SMTS 水电站库区古河槽分布示意图

SMTS水电站主坝为混凝土面板砂砾石坝，最大坝高106.00 m。前期勘查阶段实验及数值分析结果表明，古河槽无需采取防渗措施。施工阶段初期蓄水后即发现大面积渗漏问题，经系统的勘察分析，库坝区分布三条古河槽，1# 长683 m、2# 长650 m、3# 长333 m，总渗水量较大，初期接近5.4 m^3/s，溢出点位于厂房附近，严重影响厂房安全运行。

根据水位观测孔观测资料，经渗透稳定性初步分析，在库水位蓄至1 926.5 m时，古河槽最大水平平均渗透比降约为0.084，出现在厂房边坡上部，小于砂砾石层规范规定的经验允许比降[J]=0.1～0.2，目前来看，古河槽渗透稳定性满足规范要求。但鉴于渗透量相对较大，经分析研究采用了上堵下排的综合整治方案。如三条古河槽采取防渗墙+帷幕进行处理，厂房边坡削缓、厂房边坡增设排水廊道与表层土层换填等综合措施。

经多次反复处理，渗漏量仍然较大，尽管渗透稳定满足要求，不会产生灾难性破坏，但作为一项正常运行的工程，其教训较为深刻。

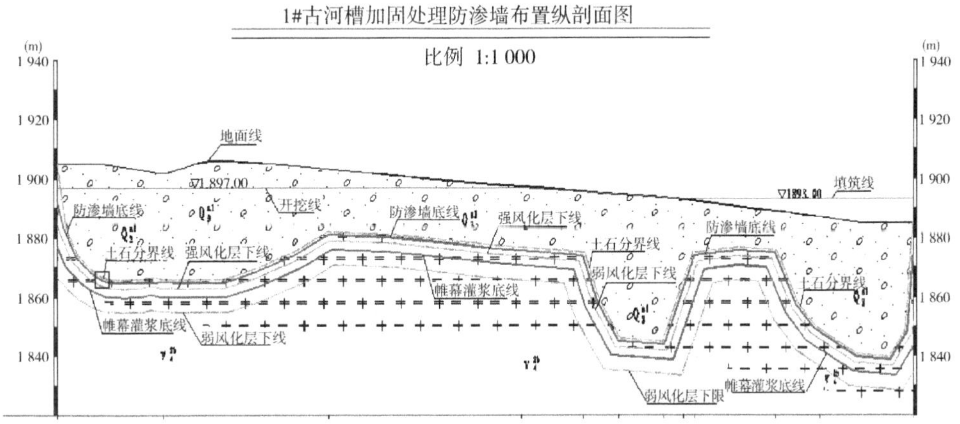

图 5.1-7　古河槽防渗处理示意图

第六章
大坝施工技术进展

6.1 施工技术进展

随着我国水利水电科技的巨大进步，施工技术得到了快速发展，在施工规模、施工机械化水平、施工强度等诸方面都与当前国际水平基本同步，在碾压混凝土筑坝技术上已居世界领先水平。在应对地形险峻、地质复杂、施工要求高的工程中也取得了令人瞩目的成就。三峡、溪洛渡、拉西瓦、龙滩等一大批巨型水利水电工程相继开工建设。

在我国已建的坝高30 m以上各种坝型中，土石坝约占80%。90年代以来，在建的高土石坝日益增多，待建工程更多，其中不少是大型工程，显示出我国修建高土石坝的良好势头，同时我国土石坝工程施工技术也得到了很大的发展。尤其是70年代后期至80年代，随着大型、新型施工机械的出现，推动了高土石坝建设的迅速发展，心墙土石坝、混凝土面板堆石坝及沥青混凝土面板堆石坝造价低、工期短的特点也得到了肯定。三峡茅坪溪沥青混凝土心墙土石坝坝高104 m，坝轴线全长1 840 m，土石方填筑1 180万m^3，沥青混凝土4.8万m^3，其规模在我国的沥青混凝土心墙坝中名列前茅。

在此期间，碾压混凝土坝也异军突起，其“快、简、省”的筑坝优势迅速体现，一大批百米级大坝建设完成，涉及重力坝、拱坝、混合坝等坝型，二百米级大坝筑坝技术为世界瞩目，达到世界领先水平。

20世纪90年代来是新疆水利大发展的起始时期，随着改革开放深入发展，党中央做出开发西部的战略决策，新疆一大批大中型水利水电工程相继开工。新疆第一座修建在活断层上的克孜尔水库黏土心墙坝，第一座高100 m以上混凝土面板砂砾石坝乌鲁瓦提水利枢纽工程的建设，第一个长距离调水工程（“635”引水枢纽、总干、西干引水渠、风城水库）的建设，坝高157 m处于9度地震区的吉林台一级水电站建设等，均是这一时期的代表工程。参与建设的勘察设计、施工、科研等单位在西北严寒干旱地区创造了一个又一个奇迹，在黏土心墙坝、均质土坝、面板堆石坝、沥青心墙坝、混凝土重力坝、拱坝等不同坝型的施工关键技术研究上取得了长足进步。

黏土心墙坝的代表坝型有克孜尔水库、“635”水利枢纽、恰甫其海水利枢纽；均质土坝的代表坝型为“500”水库均质土坝；混凝土面板堆石坝的代表坝型有乌鲁瓦提面板砂砾堆石坝、吉林台一级水电站面板堆石坝；沥青心墙坝的代表坝型有坎尔其水库、克孜加尔水利枢纽、恰甫其海水利枢纽工程围堰；碾压混凝土重力坝的代表坝型有喀腊塑克水利枢纽、冲乎尔水电站、特克斯山口水电站主坝；拱坝的代表坝型有大山口重力拱坝、石门子碾压混凝土拱坝、布尔津山口常态混凝土拱坝。

上述典型大坝的建设在一定程度上反映了新疆坝工建设的特点，在工程规模、机械化水平、施工技术等各方面取得了很大的成就，解决了一系列复杂地质、地形条件下的施工难题，如狭窄河谷的施工导流问题、深厚覆盖层的坝基处理、筑坝材料、坝体填筑、混凝土面板防裂、沥青混凝土防渗、碾压混凝土快速筑坝、大体积混凝土温控防裂、筑坝材料碱活性反应与混凝土配合比研究等施工技术问题；其中在沥青心墙防渗、混凝土超长面板防裂、严寒地区碾压混凝土快速筑坝、大体积混凝土温控防裂等方面已处于国内先进水平。

通过几十年的建设经验积累，新疆区筑坝水平有了大幅度的提高。大坝施工技术涉及内容纵多，如施工导流度汛技术、料场开采规划技术、混凝土骨料加工制备技术、混凝土拌合制冷与防裂技术、坝体填筑施工技术、高边坡开挖加固技术、深厚覆盖层防渗灌浆技术、大型地下洞室施工技术、大型机电设备运输安装技术等等。这些施工技术成果体现在各个已建或在建的工程上，集中反映了当代新疆水利人的智慧与心血。

随着技术进步，我区十二五、十三五期间规划了一大批水利水电工程，数十座大坝即将开工建设，尽管我区筑坝技术起步较晚，但发展很快，今后一段时间，我区筑坝技术发展特点有：

（1）向高坝发展。目前我区最高的大坝是吉林台一级水电站，坝高157 m，正在规划的阿尔塔什、大石峡、玉龙喀什等坝高均超过200 m。坝体增加后结合新疆严寒干燥、施工期短的特点对导流度汛、坝体过水，以及分期施工等，都提出了更高的要求。斯木塔斯水电站采用围堰与高趾墙结合方案，大大简化了施工导流工程量，对于狭窄河谷筑坝是一种全新的尝试。过去我区采用全爆破石料开采筑坝很少，今后随着大坝推向深山峡谷区会越来越多。

（2）混凝土配比优化。我区很多砂砾石骨料均存在潜在碱活性，为提高面板混凝土抗渗、抗裂、抗冻；沥青心墙坝抗渗、抗裂；混凝土坝抗渗、抗裂、抗冻等性能，不断优化混凝土配合比，在混凝土中掺加复合外加剂、粉煤灰、聚丙烯纤维等，在浇筑中注意改善混凝土性能和工艺措施，不断提高混凝土耐久性。我区具有修建沥青心墙高坝的条件，而对于低坝采用砾石骨料技术上完全可行，可在今后进一步研究探讨。

（3）面板坝固坡技术（ITA工法）。针对垫层料坡面在大雨或汛期过流时产生外部冲蚀问题，在巴西南部的ITA面板堆石坝的施工中，开发应用了上游坡面保护的新方法（ITA工法），即在铺设过渡料的同时修建挤压式混凝土边墙。目前，国外已有十余座工程采用挤压式边墙作为上游边坡保护措施，我区施工的肯斯瓦特水电站、斯木塔斯水电站工程等均采用这一技术。

（4）利用天然材料筑坝。新疆大多数筑坝区域天然砂砾石材料丰富，因砂砾石料具有压缩性低、抗剪强度和变形模量较高、施工易压实、单价低等优点，在多个工程得以应用。如北京十三陵抽水蓄能电站上库面板坝全部利用库盆开挖材料筑坝。坝高247 m的大石峡面板坝、坝高164.8 m的阿尔塔什面板坝、坝高131 m的乌鲁瓦提面板坝都采用天然砂砾石筑坝。

（5）先进的施工机械。天生桥一级混凝土面板堆石坝使用激光导向反铲、平板振动碾对垫层料上游坡面修坡，解决大面积（坡面面积17.3万m^2）修坡、修坡量大及边角部位振动密实难的问题。这一技术在我区也开始应用推广。而大型的液压抓斗造孔成墙、沥青混凝土拌合浇筑成套设备、面板坝挤压边墙机械、振荡振动碾等也会不断涌现在有关工程上。

（6）在砂砾石地基上浇筑混凝土趾板。在砂砾石地基上修建的面板坝日益增多，覆盖层厚度在30 m以内时，通常开挖到基岩面浇筑趾板；但如覆盖层较深，也可以将趾板置于砂砾石层上，而以混凝土防渗墙对砂砾石地基作防渗处理，并用趾板或连接板将混凝土面板和防渗墙连接起来，构成完整的防渗系统，如斯木塔斯水电站利用高趾墙等。

6.2 施工导流技术进展

新疆独特的气候条件决定了河流普遍具有5～7月为洪水期、径流量占全年的60%以上，而其他季节径流量相对较少的特点，从大多数土石坝工程施工导流实践分析，基本形成了以河床一次断流、初期围堰挡水、中后期坝体挡水度汛的特点。受气候条件和水文特性的制约，工期安排一般是：汛期过后8～9月份河道截流，11月份进入冬季，第二年4月份可正常施工，5月份进入桃花汛，6月份进入主汛期，河道截流后到第二年汛前有效施工工期较短，需在一个枯水期内完成围堰填筑，往往需要安排进行部分冬季施工，如安排部分围堰防渗墙（帷幕）施工。

对于少量的混凝土坝，如冲乎尔水电站、特克斯山口水电站、苏巴什水库等以重力坝为挡水建筑物的大坝，则可以因地制宜采用分期导流安排施工。

对于布置在狭窄河谷的面板堆石坝，采用围堰与坝体相结合布置方案可以降低导流系统规模、优化枢纽布置；对于沥青混凝土心墙砂砾石坝，采用围堰与坝体结合的布置方式及堰(上游围堰)高与洞(导流洞)径比选优化导流建筑物规模和布置方式比较成熟；对于心墙土石坝而言加高上游围堰，度汛期仍由上游围堰挡水度汛也经过实践考验。

吉林台一级水电站主要建筑物由混凝土面板堆石坝、引水发电系统、电站厂房、泄洪系统组成，工程属大(1)型Ⅰ等工程。大坝最大坝高157 m，上游坝坡坡度为1∶1.7，下游坝坡坡度为1∶1.5。为解决施工及运行期的交通问题，在下游坡设宽12 m、纵坡为8%的“之”字形上坝公路，最大断面处下游平均坝坡坡度为1∶1.96。本工程土石方开挖总量417.26万m^3，土石方回填总量836.2万m^3，混凝土浇筑总量46.29万m^3，浆砌石总量2.2万m^3，基础灌浆总量17万m。工程施工总工期为6年。

该工程施工导流根据施工条件采用河床一次断流，导流洞泄洪，土石围堰挡水，基坑全年施工的导流方式。其中大坝施工要经历三个汛期，各期坝体临时断面填筑高程分别为1 365 m、1 395 m、1 425.8 m。大坝填筑分3期进行，各期施工特性详见表6.2-1。

表6.2-1　吉林台一级水电站大坝填筑特性表

项目	单位	总量	一期	二期	三期
土石方填筑量	万m^3	836.2	364.33	288.16	183.71
填筑工期	月		9	8	8
平均填筑强度	万m^3/月		40.48	36.02	22.90
最高填筑强度	万m^3/月		70	55.96	28.65
面板混凝土浇筑量	万m^3	4	2.197	0.852	0.951
面板混凝土浇筑面积	万m^2	7.5	3.2	1.85	2.45
浇筑工期	月		2.5	1.5	1.5
平均浇筑强度	m^3/d		292	189	211
高峰浇筑强度	m^3/d		460	324	360

从上表可以看出，为满足初期导流和坝体临时断面度汛需要，坝体初期填筑强度较高，这也是新疆大多是土石坝施工特点之一。

6.3　碾压混凝土重力坝施工技术进展

近年来我国先后建成200 m级碾压混凝土重力坝和多座百米级碾压重力坝。建设过程中显示出施工速度快、造价省、工程质量好的优越性，且还具有机械化程度高、施工简单、适应性强、绿色环保等优势。碾压混凝土筑坝技术于2000年在新疆玛纳斯石门子拱坝上首次应用，并在快速筑坝上展现了突出优势。2005年以后新建的喀腊塑克水利枢纽、冲乎尔水电站、特克斯山口水电站主坝均采用了碾压混凝土，结合新疆严寒干旱的特点，在快速浇筑、温控防裂上取得突破性进展。

快速是碾压混凝土筑坝技术的最大优势，具有强大的生命力，又具有土石坝快速施工的特点。其建设周期比同类的常态混凝土坝可以缩短工期1/3以上，显示出蓬勃发展的强大优势。碾压混凝土入仓运输历来是制约快速施工的关键因素之一。碾压混凝土入仓运输经过汽车运输、皮带机运输、负压溜槽、集料斗周转、缆机或塔机垂直运输等多种入仓运输方案的应用，大量的工程实践证明，汽车直接入仓是快速施工最有效的方式，可以极大地减少中间环节，减少混凝土温度回升。

“层间结合、温控防裂”是碾压混凝土快速筑坝的核心技术，通过大量的实验研究和工程实例，采用外掺粉煤灰或外掺石粉代砂、石粉精确控制拌和、VC值动态控制、通仓斜层碾压等技术的成功应用，有效改善了碾压混凝土可碾性、液化泛浆和层间结合质量。水工碾压混凝土已经发展成为无坍落度的半塑性混凝土，令人担忧的层间结合质量问题得到很好解决，明显提高了极限拉伸值和抗冻性能。

简化温控是早期碾压混凝土坝的发展方向，为了赶工或缩短工期，高温季节和高温时段连续浇筑碾压混凝土已成惯例。而新疆地处祖国西北，修建碾压混凝土坝温控问题极为突出，冬季不能施工，年有效施工时段约6～8个月。夏季高温降温、冬季停工保温均成为快速筑坝的制约因素。围绕高纬度严寒地区碾压混凝土重力坝的建设，进行了大量的科研工作，在寒冷地区混凝土内部温度变化规律、筑坝材料配合比、石灰石粉与粉煤灰双掺、温控防裂保温保湿措施研究、短浇筑时段有效施工技术等方面取得了突破性进展，有力地促进了大坝的建设。

冲乎尔水电站位于阿勒泰地区布尔津县境内，工程以发电为主，兼有灌溉、供水效益。水库总库容0.8亿m^3，电站装机容量110 MW，为中型Ⅲ等工程。工程区夏季较凉爽，冬季多严寒，气温年较差悬殊，日较差明显。多年平均气温2.6℃，历年极端最高气温36.6℃，历年极端最低气温-45℃，多年平均降水量269.4 mm，历年各月最大积雪深36 cm，多年平均蒸发量1 800 mm，多年平均最大风速28 m/s，最大冻土深度127 mm。

枢纽由碾压混凝土挡水坝段、表孔溢流坝段、底孔泄洪坝段及左岸发电引水系统坝段等组成。采用坝后式厂房，压力钢管为坝后背管，表孔坝段布置在河床段，底孔坝段布置在右岸阶地。大坝为碾压混凝土重力坝，最大坝高71 m，坝顶宽度为8 m。坝体根据地基条件、结构布置、施工浇筑条件以及混凝土温度控制等因素，设置永久横缝，分为29个坝段。非溢流坝段横缝间距一般为20 m，溢流表孔坝段间距19 m，泄洪底孔坝段宽度23 m，发电引水系统坝横缝间距为15.5 m。

坝址所在地区气候条件比较恶劣，对大坝混凝土的浇筑客观上存在着夏季消除高温、越冬温度保护等不利因素，必须通过仿真计算对温度控制做精心设计，以有效防止及控制裂缝的产生。

针对主河床坝段和岸坡坝段，对大坝基础约束区与非约束区混凝土不同季节合理的浇筑厚度、间歇期、浇筑温度、冷却措施及通水时间（初期冷却、中期冷却、后期冷却）、各季节混凝土施工方法及保温标准等温控措施进行了仿真计算。

通过温控计算，工程采取如下温控措施：夏季温控的主要目标是降低（同自然拌和相比）坝体混凝土最高温度5℃～7℃；基础约束区的高温夏季温差较大，尽可能安排在较低气温季节内完成，如4～5月份及9月份后施工；混凝土4、10月份浇筑混凝土时，由于外界温度较低，在自然情况浇筑即可满足温控要求，基础温差在允许范围内，所以无须进行特殊的温控措施，只须加强混凝土的养护，混凝土浇筑后及时以保温板进行覆盖；5、9月份，可以采用一般的温控措施——降低骨料和水泥的温度，来降低混凝土的浇筑温度，从而控制混凝土的最高温度；6、7、8月份必须采取降低骨料和水泥的温度并通过冷却水降温等特殊温控措施，否则，坝体最高温度会超出要求。

该工程位于严寒地区，施工条件差。工程所在地积雪较厚，冬季有4～5个月均不具备露天施工条件，导致有效施工时段较短，工期安排较为困难。施工期和永久运行期各建筑物过冬保护和防冰冻破坏是设计实施的难题。由于工程所在地特殊的气候条件，碾压混凝土的冬季保温是本工程的一大难点，经过温控计算及参考相关工程的施工经验教训，大坝越冬保温采用喷涂5 cm厚聚氨酯泡沫。相对于传统的保温方式，聚氨酯保温保湿效果显著，且施工方便，工程建设期两个越冬期的实践证明，未发现混凝土的贯穿裂缝，因而值得在寒冷地区推广应用。

6.4 混凝土拱坝施工技术进展

拱坝属于设计、施工较为复杂的坝型，建设周期相对较长。一般均位于深山峡谷地区，交通条件较差，多需要修建交通洞、道路至坝顶，大多采用缆机浇筑，但拱坝以其超载能力强、耐久性好、投资较省等优点在狭窄河谷具有很强的优势。90年代建设的新疆大山口水电站大坝采用定园心等外半径混凝土重力拱坝，最大坝高72 m，坝底宽25 m，坝顶宽5 m。2000年开工建设的石门子水库大坝采用碾压混凝土拱坝，坝高109 m，坝顶宽5 m，底宽30 m，拱下部最大厚度31 m，拱坝厚高比为0.284。2009年开工建设的布尔津山口拱坝采用抛物线体型双曲拱坝，坝高94 m，坝顶宽6 m，底宽25 m，厚高比0.266。拱坝施工技术基本沿用了龙羊峡、东江、紧水滩水电站等拱坝施工技术，以缆机浇筑入仓为主，结合新疆严寒干旱的特点，在浇筑方式、温控防裂、坝体保温保湿技术上取得突破性进展。

6.4.1 布尔津山口拱坝概况

布尔津山口拱坝枢纽由大坝、泄水建筑物、发电引水系统、电站厂房及临时建筑物（包括施工围堰和导流洞）组成。挡水建筑物采用常态混凝土双曲拱坝，水平拱圈线型采用抛物线体型。坝身布置表孔和深孔组合泄洪，设置3个表孔、1个深孔。发电引水系统布置在右岸，由引水渠、进口段、洞身段、高压管道、调压井、岔管和支管等组成。

山口拱坝为常态混凝土抛物线双曲中厚拱坝，最大坝高94 m，坝顶弦长318.0 m，坝顶厚6 m，坝底厚25 m，厚高比0.266，坝顶高程649.0 m，建基面高程555 m，泄洪系统与大坝结合布置。大坝坝体每隔15 m设置一道横缝，局部为12.5 m和17.5 m，大坝分为22个坝段，共设置21道横缝，横缝采用径向或近乎径向布置，缝面内设置球面键槽并埋设重复灌浆系统。

拱坝位于严寒地区，环境恶劣，研究拱坝混凝土高性能化筑坝思路对提高工程的使用寿命和长期运行安全，以及严寒地区混凝土坝建设具有重要意义。结合当地原材料情况，研究实现混凝土“良好的抗裂性、高耐久性、适宜的强度”的高性能化目标。设计提出采用“内抗”（提高混凝土自身耐久性）和“外封”（表面封闭保护）两种提高耐久性措施相配合。配合比技术路线采取“两低三掺”（低水胶比、低用水量、掺粉煤灰、掺减水剂、掺引气剂）。

本枢纽工程所在地两岸为崇山峻岭，没有合适的地形修建大型绕坝鱼道。由于本工程的过鱼对象哲罗鱼、细鳞鱼和北极茴鱼均为底层鱼类，集鱼船难以收集，故在工程处采用升鱼机过鱼。为了减少洄游鱼类进入发电洞的可能性，将升鱼机设在大坝左侧的第8坝段紧靠电梯井布置，选择有诱捕水箱的升鱼机。百米级升鱼机的设计在国内属首创。

6.4.2 坝体浇筑历时

坝体混凝土于2011年9月19日开浇第一仓混凝土，2015年4月30日最后一仓坝体混凝土浇筑完成，浇筑历时721天。具体各年度浇筑情况见表6.4-1。

表6.4-1 坝体混凝土浇筑历时统计表

序号	年份	开浇日期	停浇日期	施工天数	浇筑仓数	备注
1	2011	9.19	10.27	39	20	
2	2012	4.8	11.10	217	153	
3	2013	4.12	11.3	206	226	
4	2014	4.1	11.20	234	233	
5	2015	4.6	4.30	25	10	
6	合计			721	642	

6.4.3 温度控制标准

大坝混凝土温控标准见表6.4-2、表6.4-3、表6.4-5。

表6.4-2 大坝基础约束区混凝土允许温差控制标准 （单位：℃）

距基岩面高度H	浇筑块长边长度L		
	16 m以下	17 m～20 m	21 m～30 m
基础强约束区0～0.2L	25	22	19
基础弱约束区0.2L～0.4L	27	25	22

注：L——浇筑块长边长度

表 6.4-3　混凝土最高温度控制标准　　　　（单位：℃）

月份	4		5	6	7	8	9	10	
旬	上旬	下旬						上旬	下旬
平均气温/℃	8.4		16.2	21.3	22.5	20.5	14.3	6.2	
基础强约束区 0～0.2L（≤℃）	18	19	21	22	22	22	21	19	18
基础弱约束区 0.2L～0.4L（≤℃）	20	21	21	24	24	21	21	21	20
脱离约束自由区＞0.4L（≤℃）	20	21	21	26	26	26	21	21	20

表 6.4-4　各坝段封拱温度标准　　　　（单位：℃）

高程(m)	坝段																					
	1	2	3	4	5	6	7	8	9	10	11	12	13	14	15	16	17	18	19	20	21	22
649	8	8	8	8	8	8	8	6	6	6	6	6	8	8	8	8	8	8	8	8	8	8
635		8	8	8	8	8	8	6	6	6	6	6	8	8	8	8	8	8	8	8	8	
620			6	6	7	7	7	6	6	6	6	6	7	7	7	7	7	6	6			
605				6	6	7	7	6	6	6	6	6	7	7	7	7	6	6				
592					6	6	7	7	7	7	7	7	7	7	7	6	6					
579						6	6	7	7	7	7	7	7	7	6	6						
567							6	6	6	6	6	6	6	6	6							
555								6	6	6	6	6	6	6								

6.4.4　拱坝施工及入仓方式研究

大坝（包括泄水建筑物）主要工作量为：土石方开挖32.52万m^3；现浇混凝土31.39万m^3；喷混凝土0.17万m^3；固结灌浆2.46万m；帷幕灌浆1.85万m；接缝灌浆1.43万m^2。

最大混凝土浇筑面积出现在610.0 m高程，面积为3 200 m^2，最小混凝土浇筑面积在560.0 m高程，面积为1 800 m^2。根据坝体横向分缝情况，每一层浇筑平面自然分成为15个小仓面（坝段），其最大平均面积为213 m^3，初步考虑每个小仓面浇筑高度为3 m，并同时跳仓浇筑3个小仓面，则每一浇筑面同时浇筑的仓面总面积为639 m^2左右，混凝土浇筑量1 917 m^3。

拱坝混凝土具有浇筑强度高，高峰持续时间长和施工干扰大（坝体施工与坝身孔洞、廊道施工和金属结构、预埋件安装之间互相干扰）等特点。由于坝址两岸山坡陡峻，对于100 m级的拱坝，选择的坝体施工方法需要同时满足施工进度、施工质量、坝上金属结构及其他辅助吊运等要求。结合本工程具体情况，坝体混凝土施工对传统的缆机入仓方式与高架门塔机入仓方案进行了综合比较。

门塔机方案：初拟采用2台MQ600圆筒门机和1台K1800塔式起重机。该方案优点是：不需要新修筑施工道路，可完全利用下基坑施工道路和两岸坝肩开挖道路；可减少设备布置的的施工难度，降低临时工程量和施工成本，缩短工期；门塔机布置和安装比较方便，安装工期短，费用低。缺点是：需要3台门塔机同时运行，需要加强安全管理，管理、相互协调难度较大；抗风问题极为突出，很难与大坝上升同步协调，与坝面的附着存在较大难度。

缆机入仓方案：缆机具有跨距大、效率高、工作范围大等特点，是适合于在狭窄河谷上浇筑大坝混凝土的主要起重机，也是当前我国普遍采用的主要设备。近年来我国多项工程缆机施工的经验表明，单台20 t缆机的月平均生产率可达2.5万m^3～3万m^3，高峰月生产率可达3万m^3～3.5万m^3。根据本工程枢纽布置型式、地形情况、混凝土总量（约37万m^3）和高峰月浇筑强度（约2.0万m^3）结合近年来国内缆机生产、使用情况，初步选用一台20 t辐射式缆机作为大坝混凝土主要垂直运输设备。其优点是：跨距大、效率高、工作范围大，缆机使用时间长，浇筑范围可控制整个坝体；缆机运行不受其他项目施工的干扰；缆机可在基坑混凝土浇筑前安装完毕，并形成生产能力，而不需要另配备其他机械浇筑初期混凝土；运用缆机，除吊运混凝土外，还可承担建筑材料、金属结构、机组埋件等各种构件的吊运和安装。

其缺点是：缆机是一种复杂的专用设备，通用性较差，需要专门订做或改造，设备价格较高，安拆难度较大，一旦出了故障，严重影响施工进度。由于受地形条件限制，左右岸须修筑上缆道路，沿线山高坡陡，地势险峻，路基开挖、填筑工程量大，筑路施工十分困难；缆机安装及运行的土建工程量和施工投入较大，施工难度大，总工期长达9～10个月。

通过上述两种入仓方式经济、技术分析比较，虽然门塔机方案临建投资少、设备安装、运行、维护费用较低，但其抗风问题极为突出，很难与大坝上升同步协调，与坝面的附着存在较大难度；缆机方案临建投资较大，设备安装、运行、维护费用相对较高，但设备具有较高的完好性，不受大坝上升的干扰，充分发挥缆机的设备性能和方便、快捷等优点，推荐大坝混凝土入仓选用缆机入仓方式。

大坝混凝土拌和系统布置在大坝下游左岸2#道路旁平台上，离大坝约1.5 km。布置一座HL125-3F1500拌和楼一套，总生产能力180 m^3/h，为保证工程顺利施工，另外配备一座HL115-3F1500拌和楼备用（生产能力100 m^3/h）。

摊铺作业应避免造成骨料分离，并做到使混凝土层面平整，厚度均匀，宽度一致。采用平仓机或小型推土机进行摊铺平仓。在卸料、摊铺过程中，应尽可能避免骨料分离，降低卸料堆的高度，采用多点式卸料法，避免直接卸料在已浇筑好的层面上，尽可能使卸料和平仓同步进行，减少大骨料在层面接缝上的集中现象，并辅以人工及时将集中的大骨料分散开。采用多臂振捣器振捣，并经强力振捣保证上下层结合。接缝灌浆随着大坝上升与其同步进行。

6.4.5 主要温控措施

6.4.5.1 高温期混凝土温度控制措施

高温期混凝土温度控制的主要环节表现在配合比选择、出机口温度控制、混凝土运输温度控制、仓面温度控制和后期混凝土温度控制五个方面。

1. 配合比选择

工程大量采用三级配和四级配混凝土来减少水化热温升。选择90 d龄期的参数作为判定标准。同时，选用发热量较低的中热水泥和掺粉煤灰的方式来降低混凝土水化热。

2. 出机口温度控制

混凝土出机口温度控制主要采取骨料风冷、添加制冷水拌和、加片冰拌和的综合措施。

（1）骨料风冷

① 制冷系统配置

制冷系统配置两套总制冷量260万kcal的高压螺杆制冷压缩机组，7～9℃预冷生产能力150 m^3/h，大坝实际最大浇筑仓面面积约为500 m^2，按2.5 h覆盖一层，控制入仓强度只需达到60 m^3/h即可满足强度需要，因此，制冷系统配置可以满足高温季节最高强度时预冷混凝土的生产要求。

② 一次风冷设置

一次风冷设置混凝土风冷料仓一座，料仓内设总容积400 m^3的料仓4个，分别为四种粗骨料进行风冷。按照60 m^3/h的最大需求计算，料仓容量可满足约7 h的混凝土浇筑用量，骨料在料仓内可充分冷却。实践表明，混凝土浇筑前2 h开启骨料风冷，骨料平均温度可降至4℃左右，混凝土拌制温度得到有效保障。

③ 二次风冷设置

二次风冷设在拌和楼顶层的储备料仓，采用壁挂式冷风机随楼安装，储备料仓共6个，实际生产时对其中4个粗骨料仓进行风冷。

筛分系统骨料成品料堆堆高为20 m，下部设置地弄，成品骨料通过皮带输送至风冷料仓。由于采用了地弄供料，料堆底部的骨料温度受环境温度影响小，提高了骨料在一次风冷料仓的降温保证率。骨料风冷过程中，专人监控制冷管路的吸气和排气压力，以此控制骨料温度，使骨料降温得到充分保障。

（2）制冷水拌和

由于气候和季节的变化，坝址区仅4月和10月的河水温度较低可直接用于混凝土拌制外，5～9月份河水温度在7～14℃之间，对控制混凝土出机口温度不利。为控制混凝土拌制温度，设置一座冷却水池。冷却水池临近制冷车间，从制冷车间分支一条制冷管路，并在水池中布设百叶片，较高温度的河水进入水池后，通过制冷叶片得到冷却。为提高河水冷却效果，拌和楼设置中转水池，冷却水池的水泵入中转水池后先用于混凝土拌和，中转水池的设置为冷却水池冷却河水赢得了时间，制冷水的温度得到有效保证。通过采取上述措施，高温季节制冷水可持续保持在1℃左右。

（3）添加片冰拌和

高温季节施工时，仅用制冷水拌和难以达到混凝土出机口温度控制要求，因此设置独立的片冰系统用于控制高温季节混凝土出机口温度。由FIP60SA型单体片冰机1台套、制冷量618 kW的制冷压缩机1台套、50 t箱式自动储冰库一座组成片冰系统，片冰系统的理论生产量为60 T/d。需要加冰拌和时，片冰通过冰库下部的旋转刮刀将片冰刮至出冰口，出冰口的片冰通过螺旋机输送到拌和楼称量后加入拌和机。

实际生产时，根据日气温变化和出机口混凝土温度检测情况，动态调整加冰量。实践证明，高温季节加冰控制在5～35 kg/m^{3}时，基本可满足温度控制要求。

3. 混凝土运输温度控制

本工程混凝土采用20 t自卸汽车水平运输，采用6 m^{3}自储能式卧罐配合辐射式缆机垂直入仓。从拌和系统到供料平台约需12 min车程，在不考虑运输设备保温的情况下，整个车程混凝土温升约3～5℃，同时，由于高蒸发的气候特点，混凝土塌落度也损失较大。

为尽量减小运输环节的混凝土温度回升，施工中，采取对运输车辆和卧罐喷涂5 cm厚发泡聚氨酯的保温措施，采取在车厢上部搭设遮阳棚的方法防止日晒和减少水分损失。通过对车辆喷涂保温，可将水平运输时的混凝土温升由3℃～5℃降到1.5℃～2℃；混凝土塌落度损失可由3 cm～4 cm降到2 cm～3 cm。

4. 仓面温度控制

混凝土入仓后的温度控制主要是下层混凝土是否能快速覆盖和解决高蒸发引起的混凝土泛白问题。实际施工时，主要采用随浇筑随覆盖的控制方法，入仓混凝土在平仓振捣完后，立即用聚乙烯保温被覆盖，减少日光直射，延缓混凝土温升。同时，在仓面内配备喷雾补水设施，调节仓块小气候，防止混凝土因高蒸发引起的表面快速失水。通过采用上述方法能有效解决浇筑仓面由于气候条件带来的不利因素，可将混凝土浇筑温度控制在设计范围内。

5. 后期混凝土温度控制

后期混凝土温度控制主要从养护和通水冷却方面控制温度。

（1）混凝土养护

因工程所处地域具有干燥、高蒸发、昼夜温差大、寒潮频繁的特点。混凝土在浇筑完成后，不仅要考虑因干燥和高蒸发引起的快速失水和防裂，同时要考虑昼夜温差大和寒潮频繁时的保温。

为解决该问题，采用覆盖2层聚乙烯保温被，保温被为双层编织布内置聚乙烯，其尺寸为1 m×10 m，厚度为2 cm。由于保温被具有良好的锁水性，混凝土在养护期能长时间保持水分不蒸发，同时，保温被内的聚乙烯具有保温性能，可以抵御昼夜温差和寒潮等不利天气条件带给混凝土的影响。

（2）通水冷却

① 冷却水管材质

本工程冷却水管分为两种材质。一种是坝基强约束区范围内用于混凝土冷却的钢管，一种是弱约束区及自由区用于混凝土冷却的高导热性HDPE塑料冷却水管。

钢管采用外径25 mm，壁厚1.5 mm～1.8 mm的镀锌钢管，转弯处采用标准90°弯头连接。钢管由于导热系数大，可忽略水管本身的热阻，对于基础强约束区混凝土温控有利。

高导热性HDPE塑料冷却水管干管内径32 mm，壁厚2 mm，呈白色，导热系数1.66 kJ/(m.h.℃)，管材在3.5 MPa内水压力作用下不漏水，可直接在仓面上铺设成蛇形管，减少大量接头，便于施工。

② 冷却水管布设

冷却水管采用蛇形布置，水平间距及层间距均按1 m控制。冷却水管布设时，除满足间距控制外，单根水管的长度不大于200 m，最多允许三根蛇形干管并联在一根支管上，一个仓面最多布置两根支管，当同一仓面需要布置多条水管时，各条水管的长度应基本相当，同一干管上不允许超过6个接头，单管流量控制在1.2 m^3/h～1.5 m^3/h。

③ 通水冷却要求

工程坝体混凝土分为三期通水冷却，分别为初期通水、中期通水和后期通水。混凝土降温速率控制在0.5～1℃/d。

初期通水采用天然河水或6℃制冷水，在混凝土开仓前0.5 h开始，通水时长14～21 d，冷却时间按混凝土降温幅度控制，约束区为6℃～8℃、自由区为8℃～10℃。初期通水的目的是控制混凝土最高温度。

每年9月份对当年4～7月份浇筑的混凝土、10月份对当年8、9月份浇筑的混凝土进行中期通水，冷却采用天然河水，通水时长30～50 d，冷却时间按混凝土温度降到16℃～18℃为准；后期通水采用4℃制冷水，开始时间按该组混凝土最短龄期90天为准，通水时长50～60 d，最终冷却至封拱温度6℃～8℃。

④ 通水冷却控制措施

通水冷却主要以现场管理为主，仪器监测为辅的控制措施。通过重点监控新浇混凝土通水冷却、动态控制通水量和通水时长等措施，可有效控制混凝土温度。

a、重点监控新浇混凝土通水冷却

根据混凝土温度监测数据，新浇筑的混凝土一般在第3～5 d时温度达到最高值，因此，实际施工时应重点监控新浇混凝土一周内的通水情况，防止因管路弯折、闸阀损坏等原因导致通水不畅造成混凝土温度超过标准要求。

b、动态控制通水量和通水时长

施工期4月份和10月份河水温度较低，与新浇筑的混凝土之间容易产生较大温差，因此，该时段应减小通水流量，使混凝土温降速率控制在设计要求范围内。实践证明，初期通水阶段，4月份和10月份通水量控制在10～15 L/min时，降温速率可控制在0.5～1℃/d，通水14～20 d左右可降低混凝土温度6℃～8℃；高温季节5～9月份因河水温度较高，与新浇筑的混凝土之间的温差较小，混凝土降温速率较慢，因此，需要加大通水流量和延长通水时长。实践证明，高温季节初期通水时通水量控制在25～30 L/min时，降温速率可控制在0.5～1℃/d，通水21～28 d可降低混凝土温度6℃～8℃。

c、后期通水防冰冻措施

由于后期通水流量大、时间长，采用制冷水投入冷水机组和运行费用较大，考虑到坝址区存在天然低温水的时段，因此可采用天然河水进行后期冷却。受坝址区水温条件限制，仅当年的3月下旬至5月上旬和10月下旬至12月上旬的河水温度适合坝体混凝土进行后期通水冷却。此时，气温已接近-20℃，因此，必须做好后期通水冷却的防冰冻措施。防冰冻措施主要采取给管路搭设保温棚，缠绕发热带、包裹保温棉被等方式。

保温棚采用Φ48钢管搭设双排脚手架，脚手架外侧铺设2层2 cm厚聚乙烯保温被，保温被外侧铺设一层三防帆布的方式。保温棚内部布设取暖器、碘钨灯等发热装置维持棚内温度。采取该种措施后，可有效抵御大风侵袭，并保持外界温度-20℃左右时保温棚的水管不被冻结。

由于后期通水时天气寒冷，露天的供水管路容易冻结，管路冻结将导致整个供水管线瘫痪。为防止供水管线瘫痪，采取对露天供水管路缠绕发热带，包裹保温被的方式，效果显著。发热带根据管径布设，DN100～DN150的管径布设一道，DN150～DN300的管径布设二道，发热带敷设完后，在发热带外采用包裹2层2 cm厚聚乙烯保温被的方式，可以防止热量快速损失。实践证明，通过采用该种方式后，可保持外界温度在-20℃左右时露天供水管路不冻结。

根据坝体温度计以及冷却水管闷温测量数据，采用天然河水冷却后的坝体混凝土温度在5.4℃～7.7℃之间，局部出现3.5℃～5℃。

6.4.5.2 混凝土越冬保护

坝址区气候寒冷，容易引起混凝土裂缝，因此，越冬时，必须采取严格的温控措施。大坝越冬保温采取永久保温和临时保温相结合的方式。

1. 大坝上、下游面保温

大坝上游面采用2 mm聚脲涂层+100 mm发泡聚氨酯+2 mm防老化面漆的保温防渗方式，下游面采用100 mm发泡聚氨酯+2 mm防老化面漆的保温方式。在大坝上、下游混凝土表面共埋设了4支温度计监测混凝土越冬期温度，数据表明，在1月份最低气温-35.2℃时，4支温度计的最低温度都在4℃～6℃之间，2月份由于低温时段持续较长，混凝土的温度较1月份平均低约1℃，最低温度约在3℃～5℃之间，说明该种方式保温效果良好。坝址区气温监测成果见表6.4-5，混凝土温度监测成果见表6.4-6。

表 6.4-5 坝址区气温监测成果表 （单位：℃）

月份 / 温度	12月份			1月份			2月份			3月份		
	最低	最高	平均	最低	最高	平均	最低	最高	平均	最低	最高	平均
坝址区实测温度/℃	-28.6	-1.8	-13.1	-35.2	-9.6	-21.6	-30.0	-3.4	-16.6	-20.0	14.4	-2.5

表 6.4-6 坝体上、下游面混凝土温度监测成果表 （单位：℃）

月份 / 温度计编号	12月份			1月份			2月份			3月份		
	最低	最高	平均	最低	最高	平均	最低	最高	平均	最低	最高	平均
T7B-1	3.7	6.8	5.8	4.1	5.3	4.9	3	4.5	3.3	3.7	7.1	4.7
T8B-1	4.3	7.5	6.7	4.1	5.1	4.7	3	4.5	3.6	4.2	8.6	5.5
T8B-2	6.3	9.2	8.7	6.3	7.1	6.8	4.6	6.3	5.5	5.8	9.6	7.2
T8B-3	4.9	8.5	7.5	5.6	7.0	6.6	3.9	6.9	5.1	5.8	11.7	7

2. 大坝横缝面保温

大坝横缝面采用粘贴10 cm厚XPS板进行越冬保温。XPS板主要指标见表6.4-7。

表 6.4-7 XPS 保温板主要技术指标

序号	指标名称	单位	性能
1	表观密度	kg/m^3	>20
2	压缩强度	MPa	≥0.2
3	吸水率	%	≤2.0
4	导热系数	kJ/m.h.℃	≤0.108
5	尺寸稳定性	%	≤2.0

3. 大坝水平越冬面保温

大坝水平越冬面保温采用铺设一层塑料薄膜（厚0.6 mm）+两层2 cm厚的聚乙烯保温被+15层2 cm厚棉被+一层三防帆布的保温方式。为加强保温及防止侧面进风，在越冬面上、下游侧用砂袋垒1.0 m高、0.8 m宽的防风墙，保温被在大坝上、下游面各向下延长1 m，保温被延长部分与坝面接茬处喷涂10 cm厚发泡聚氨酯，将延长部分的保温被严实的包裹，防止上、下游方向的大风进入。

4. 越冬面保温被的揭开

保温被一般在次年3月底或4月初根据温控理论计算结合现场实际气温与混凝土表面实测温度揭除，保温被完全揭开时机需根据环境气温最终确定，一般需分多次逐步揭除，当越冬面混凝土温度与日平均气温温差小于3℃，可把保温被完全揭开。

5. 保温效果验证

综合表6.4-8和表6.4-9成果看，坝址区最低温度较多年平均最低温度低的情况下，越冬面混凝土仍能保持在正温以上，以坝址区最低气温和混凝土表面最低温度比较，平均温差可达到33.5℃，保温效果显著。但应加强背阳部位和棱角部位的保温。

表 6.4-8 越冬面混凝土温度监测成果表 （单位：℃）

月份 / 温度计编号	12月份			1月份			2月份			3月份		
	最低	最高	平均	最低	最高	平均	最低	最高	平均	最低	最高	平均
TB1-8	6	8.9	7.5	4.1	5.9	4.5	1.5	4.2	2.4	1.1	2.2	1.4
TB3-8	9.7	18.3	13.5	5.6	9.4	7.2	2.1	6	3.5	1.5	6.7	2.7

续 表

温度计编号 \ 月份	12月份			1月份			2月份			3月份		
	最低	最高	平均	最低	最高	平均	最低	最高	平均	最低	最高	平均
TB5-8	9.1	10.6	9.9	7.8	9	7.9	6.2	7.9	6.4	5.4	6.7	6.1

表 6.4-9　坝址区气温对比表　（单位：℃）

温度 \ 月份	12月份			1月份			2月份			3月份		
	最低	最高	平均	最低	最高	平均	最低	最高	平均	最低	最高	平均
实测温度/℃	-28.6	-1.8	-13.1	-35.2	-9.6	-21.6	-30.0	-3.4	-16.6	-20.0	14.4	-2.5
多年平均温度/℃	-14.8	-9.4	-13.4	-17.1	-11.9	-16.4	-16.1	-8.5	-13.3	-9.4	1.8	-3.5
差值/℃	-13.8	7.6	0.3	-18.1	2.3	-5.2	-13.9	5.1	-3.3	-10.6	12.6	1

工程施工采取各类措施降低水化热、降低浇筑温度、降低过程温升以及多期坝内通水冷却对坝体内部的温度进行有效控制，减小坝体内部温度与表面的温差，另外施工过程中及时对外露坝面进行跟进保温解决坝体表面与外界的温差要求。目前大坝已完成三期通水冷却和封拱灌浆，从已完成部位混凝土内部温度计统计数据来看，各期通水后混凝土温度均满足设计要求。

6.4.5.3　混凝土越冬层面处理

为防止越冬层面附近上、下游面水平施工缝的开裂，主要采取了三项措施：越冬保温、埋设水平越冬止水铜片、越冬后首仓混凝土按强约束区要求浇筑。拱坝混凝土浇筑即将进入冬休前，放慢高坝段施工速度，加快低坝段施工速度，尽量缩小相邻坝段高差，能浇筑至同一高程为最理想状态。此做法好处一是越冬横缝面保温工程量小，节约造价；二是减小横缝两侧混凝土龄期差。为防止在出现水平施工缝开裂时坝体渗水，在上游面越冬高程埋设水平止水铜片，两侧与横缝止水连接封闭渗水通道。越冬期过后首仓混凝土按基础强约束区要求进行施工，分层厚度取1.5 m，越冬面冷却水管采用镀锌钢管。通过采取该三项措施，基本杜绝了水平越冬层面施工缝开裂。

6.4.6　经验总结

温度监测成果表明以上温控措施在山口拱坝工程中的应用是成功的，可以达到设计混凝土温控要求。偶有出现小幅超标现象，分析原因属管理方面，在管理方面加强、严格按照温控措施执行的情况下，是完全可以满足设计要求的。

另外在冬季采用天然河水进行后期通水冷却属一次新的尝试，结果表明方案完全可行。在后期冷却中局部出现超低温现象，现场应加强对施工过程的监测，加强管理，在通水冷却中时刻关注温度变化，调整通水流量和水温，严防此类现象发生。目前混凝土内部温度通过温度计等相关仪器已经实现了实时监测，但通水冷却的进出口温度等依然采用人工数据采集及计算，工作量很大，因此，需要增强智能化、个性化冷却通水的相关研究并加以推广。超低温从另一方面看，通过通水冷却可以把混凝土温度降到更低，说明可以在其他更严寒地区筑坝进行尝试。

6.5　黏性土防渗土石坝施工技术进展

20世纪80年代建设的新疆克孜尔水库大坝、20世纪90年代建设的“635”水利枢纽大坝、2000年建设的恰甫其海水利枢纽大坝均为黏土心墙坝。黏土心墙坝核心施工技术是对黏土的质量控制。

土料填筑与碾压过程的主要工序是：翻松、调整含水量填筑、碾压。土料压实是保证工程质量最主要的一道工序，一般均应进行碾压试验，优选填筑方法。在一定的压实功能下，土料只有在最优含水量时，才能获得最大密实度，填筑含水量一般控制在最优含量的±3%左右。常用压实机械有羊足碾、拖拉机、推土机、轻型振动碾等。堆石区的填筑材料从砂砾石到含粒径超过1 m的大块石粗粒料均可采用，填筑可以采用抛填法（低层法）、薄层碾压法、高层法等，这些都是目前通行的方法，一个工程可以根据部位不同采用不同的施工方法，如选择得当，从坝的稳定性和经济性来说是有效的。从工艺来分析，黏土心墙坝筑坝技术几十年来没有实质性的变化，其技术仍然是“挖、运、填、碾”四个字，但随着机械设备技术的改进，从新中国成立初期采用的平碾、拖拉机碾压，到60～70年代的8 t～10 t振动碾，到目前采用的13.5 t～25 t振动碾，机械设备的变化导致填筑强度的不断加大。西北干旱地区修建黏土心墙坝的关键技术之一主要还是解决土料含水量调整及改性问题。

在地质活断层上修建的克孜尔水库心墙土石坝，坝址区地质构造复杂，基岩软弱破碎，分化严重，解理、裂隙、擦痕发育。且岩性为软弱的泥、砂岩互层，泥岩遇水泥化，裸露空气中极易干裂，因此基岩开挖、基础处理施工工艺十分复杂。通过科研和施工工艺不断优化改进，使大坝施工质量各项指标达到设计标准。“635”水利枢纽通过对心墙土料分散性的研究，提出了利用额河水改性的处理工艺，解决了心墙土料处于过渡性的特点，大大降低了采用心墙掺砾工艺所带来的投资增加。恰甫其海黏土心墙坝综合运用了国内大型机械筑坝技术，仅用两年时间完成了111 m大坝的填筑。

6.5.1 黏土心墙坝施工技术

“635”引水枢纽工程拦河坝为黏土心墙砂砾石坝，最大坝高73 m，坝顶宽度10 m，大坝轴线长1 900 m，其中主坝段长300 m，左副坝段长860 m，右副坝段长740 m。工程土石方开挖总量134.54万m^3，土石方填筑总量448.17万m^3，混凝土总量16.84万m^3，浆砌石总量2.10万m^3，基础灌浆总量3.31万m。工程设计总工期为4年。坝体填筑高峰强度为44.36万m^3/月，工程大量采用了4 m^3正铲挖掘机、20 t～32 t自卸汽车、13.5 t拖式振动碾及22.5 t气胎碾，在机械化施工、管理上再上新台阶，开创了我区大坝填筑强度之最。

“635”引水枢纽大坝心墙防渗土料存在物理力学特性差异较大，粘粒含量高，压缩性和胀缩性较大，土料中钠蒙脱石台量较高，具有一定的分散性等工程问题，加之主副坝连接部位相对高差较大，给大坝的设计和施工以及安全运行带来很大困难。施工过程中通过对土料工程性质的大量试验研究和深入分析，认为充分利用碾压机械的性能，有效地控制和解决好坝体变形和渗流稳定两个关键性技术问题，完全可以减轻或消除因土料存在问题而对工程可能造成的不利影响。工程实际应用中，选用大心墙裂缝自愈式防渗结构，并采取分区选填土料，加强反滤设计和采用重型压实机械提高土料填筑压实标准等工程措施，实践证明都是行之有效的。工程已经成功运行十一年，对我区大型土石坝的设计施工产生了深远影响。

6.5.1.1 心墙土料特点及设计方案

“635”土石坝的坝料及其施工和运行特点为：坝土料粘粒含量较高，一般平均值在40%左右，而Ⅵ号料场高达57%，粘粒含量虽高，但其塑性指数均在20以下，多数小于17，反映出该土料黏性并不突出；另一特点为土料天然含水量低于最优含水量，且当地蒸发量远大于降水量，施工填筑时尚需加水保湿防干；力学试验表明该土料属中等压缩性坝料。

心墙防渗土料为Ⅰ号和Ⅵ号。土料成因为第三纪泥岩残积土经漫长的融雪水搬运沉积而成。料场分布于河左岸第Ⅵ阶地的洼地中。Ⅰ号土料场距坝址约5 m，Ⅵ号土料场距坝址约4 km。经对料场土料试验分析，Ⅰ号防渗土料为介于分散性与非分散性之间的过渡性土料，可用作正常填筑土料；Ⅵ号防渗土料为非分散性土料，可用作接触区及坝肩湿土区填筑层土料。

防渗土料存在的主要问题是极不均匀。由于每次融雪水的强度的不同，被冲刷的土料搬运的距离也就不同，造成了土的颗粒级配在水平和垂直方向的不均匀，很难找出分布规律，同时，土的天然含水量偏低，且不均匀，不同季节、不同部位相差较大。防渗土料粘粒含量较高。依据“635”水利枢纽工程料场复查结果，Ⅰ#和Ⅵ#防渗土料粘粒含量平均为45%和48.1%，说明防渗土料粘粒含量普遍较高。

在设计阶段，根据筑坝心墙土料的设计要求，考虑土料的分散性，设计推荐方案为心墙掺砾（改性处理）。粘粒含量超过40%的土料填筑防渗体时是否掺砾，没有这方面明确规定和经验。目前国内外的工程主要是为了解决防渗土料含水量过高或施工期降水量过大，影响施工进度，才采取砾石土作为防渗体土料来提高填筑作业面对重型施工机械的承载能力，以加快施工速度。据统计国外1970年以前建成的100 m以上的高土石坝，有70%是用砾石土作为防渗土料。大部分工程采用砾石土的目的在于：①防渗土料天然含水量远大于最优含水量或降水量过大，为减少施工困难；②提高防渗土料对重型机械的承载能力，加快进度；③改善防渗土料的工程性质。

6.5.1.2 施工阶段选定方案

施工阶段，经进一步料场复查，选定Ⅰ号料场为过渡型土料，Ⅵ号料场为非分散性土料，但部分指标仍接近于分散性土，为了工程安全，改善土料的分散性质，提高土体的抗渗稳定性，结合“635”工程特点，对筑坝土料进行了掺额尔齐斯河水、1%石灰水、不同比例石灰粉三种状态下分散性试验研究。试验表明，由于额河水水质为重碳酸钠钙水，用来掺配土料，可以增大土中的Ca^{2+}离子含量，降低土中的Na^{+}含量，具有明显的抑制土料分散的性质，且施工操作简单易行。

由于主坝段两坝肩岸坡较陡，且主、副坝高差较大，设计上在主坝段两坝肩增加水平宽度为4 m 的Ⅵ号防渗土料（湿土区）直到坝项。在与两岸同高度时水平宽度变为10 m。同时，在防渗心墙基础混凝土在与正常填筑层之间填筑2 m厚的接触性黏土层，作为保护。为了保证防渗心墙在产生裂缝后不被冲蚀，防渗心墙反滤层按不裂缝的原则进行设计，为了协调防渗心墙与坝壳之间的不均匀沉降，消除因拱效应力而使防渗心墙产生裂缝，设计采用加强反滤层方法，即将原设计滤层宽度2 m改为3 m。

6.5.1.3 心墙填筑施工

1. 土料补水堆放制备

首先认真做好土料补水堆放制备工作，使土质含水量尽可能达到最优值。由于用做主坝段心墙主体填筑的Ⅰ号防渗土料天然含水量在产区内分布不均匀。总的情况是距填筑要求的含水量差的较多，大约差4%～8% 之间，同时，土料场距水源很远，设置引水设施一次投入资金很大，又由于天然状态的土体本身渗透系数很小（$\leqslant n\times10^{-6}$），所以用常规的泡水方法是行不通的。根据这些特殊情况，施工单位对料场土料做了详细的复查工作，掌握了土料的性质，同时对料场土料进行了详尽的开采规划，提前1年在料场用4 m^3液压反铲挖装，20 t～32 t自卸汽车运输，对土料进行加工洒水窝堆土牛制备。每天检测含水量，使该土质含水量控制在18%～23%范围内。其制备方法是：在坝后选择距坝址较近高差较大的场地作为制备场，利用高坡溜土进占法卸料，120HP推土机配合使土料在圆弧坡面上一层层经压力水流喷洒堆积起来，形成制备窝堆25万m^3土牛，窝存数月，使水量浸润均匀。这种方法要使卸土强度同喷洒水量相协调，水源要得到保证。

对已制备好的土料，随时对表面进行洒水，以保持表面湿润，防止内部水分的散失。待浸润数月后，用正铲挖掘机翻倒后上坝。在二次挖装上坝过程中，含水量必须随时测定检查，保证上坝土料含水量在最优含水量-2%～+2%区间变化。

2. 填筑碾压

在心墙黏土未回填以前，进行了较细致的碾压试验，为正式填筑提供了碾压参数。同时，编写了较为实际的心墙黏土填筑施工作业指导书。作业指导书提供的工艺流程见图6.5-1所示。

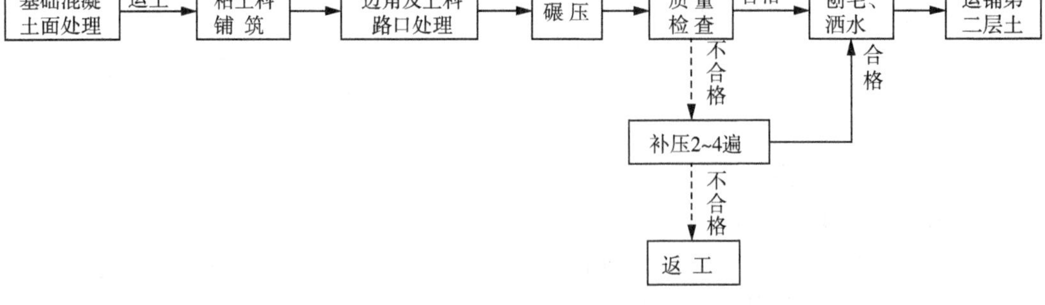

图 6.5-1 “635”水利枢纽黏土心墙坝心墙施工工艺流程图

（1）基础处理

① 认真做好基础混凝土面的清理工作：用人工凿除基础混凝土面的浆皮，清除杂物，并用高压风、水冲洗干净，待验收合格后，进行下一道工序。

② 涂刷浓泥浆：用水土比为1:2.5～3的浓泥浆涂刷基础混凝土面，涂刷厚度为3 mm～5 mm，随刷随铺土，使黏土与混凝土面结合紧密。

(2)黏土料的铺筑

① 结合面的处理：每次黏土铺筑前，从利于结合考虑，用120HP推土机刀上所焊钢筋齿耙刨毛，并在刨毛前后对结合面洒水，以补充结合面水分的散失。

② 黏土料铺筑：黏土料铺筑，每50 m左右设一个上料路口，且与下层上料路口位置错开，计量上料。其具体方法是：采用进占法卸料，使运输车辆始终在虚土层上运行，以免对压好土层过压出现剪切破坏，配220HP 推土机摊铺平整，施工人员在控制卸料密度的基础上用手提测钎严格控制铺料厚度在25 cm～30 cm之间。

③ 边角与上料路口的处理：粘料铺筑采用先砂后土法，即"砂包土"法，出现土压砂情况。土铺完后，用经纬仪放出心墙边线，并用白灰线标明，人工将边线外的黏土用铁锨、洋镐清除（又叫搬"象牙"），并用反滤砂补填。用装载机将人工铲回到心墙的硬土块弃掉。对上料路口的处理，如发现土料发生起皮、脱空或皮软，弃掉更换新土，若没有发生起皮、脱空或皮软，用220HP 推土机松土器勾松并捣碎，洒水重新整平以待碾压。对路口散失在反滤砂的土粒要坚决弃走。

(3)土料碾压

在每次碾压前，需对心墙虚土面用220HP推土机二次整平，厚度控制在30 cm±2 cm之间。土料碾压采用16t凸块振动碾碾压，120HP推土机牵引，控制行速2～5km/h，中频振碾。碾压机械开行方式是进退错距法，每次错距50 cm，碾压遍数6～8遍。

对于岸坡处的土料碾压，1.5 m～2 m范围内用小型夯实机械夯实，夯实时每次铺土厚度控制在15 cm以下；10 m～15 m范围用自卸汽车或配重装载机碾压，以保证岸坡部位的碾压质量。

3. 现场质量控制

(1)质量控制方法

现场质量控制，严格执行三检制。一检，严格控制铺土厚度、含水量；二检，质检人员分别对铺土厚度、含水量、碾压遍数等进行检查，每100～200 m^3用环刀取样测其干容重及压产层结合等情况，碾压后不合格，要求补压，直到碾压质量符合要求为止；三检由试验室每回填5 m 高取大样，在室内作全指标检查与验证，如：干容重（或压实度）、渗透系数、抗剪指标、压缩系数等。以上三检制检查控制大坝填筑均在最关键、最薄弱环节取样，特别是边角与坝肩接合处取样较多。

(2)质量控制指标

鉴于土料的复杂性，为了减小沉降量，设计上提出干容量与压实度相结合的控制指标。Ⅰ号防渗土较碾压在土质较均匀时用干容重为1.63 g/cm^3控制，Ⅵ号防渗土料碾压用干容重为1.53 g/cm^3控制。在土质有所变化时，用压实度指标为0.99控制。此压实度用三点击实法进行现场击实验证。若不满足设计要求，要求补压2～3遍，如干容重不能提高，就用压实度指标控制。

6.5.2 "500"水库均质土坝施工技术

均质土坝在新疆是一种常见坝型，尤其是早期修建的平原土坝多属此类，利用洼地在周围三面或四面筑坝而成，基本特点是基础防渗处理简单、坝体填筑质量较差、蒸发渗漏损失较大。如农七师柳沟水库、农八师蘑菇湖水库、阿勒泰塘巴湖水库等。平原水库是相对山丘区水库而言的，一般位于大江、大河下游冲积平原区，这类地区地质普遍特点是表层为亚黏土，下部为砂土。由于缺乏石料，所修筑的土坝一般为均质土坝。本世纪初，新疆地区对60～80年代修建的土坝进行了大范围的除险加固。随着技术的发展，此种坝型越来越少，水库也向山区控制性水库发展。2001年开工建设的新疆北部供水工程中末端"500"水库均质土坝堪称均质土坝的典范。

"500"水库是北疆供水工程的尾部调节水库，座落在新疆天山北缘冲洪积细土平原区上，是由四面筑坝而成的典型平原水库，最大坝高为28 m，总库容为2.81亿m^3，属大(2)型水库。大坝是建在低液限粉土地基上的碾压式均质土坝，上游边坡1:3，下游边坡为1:2.0、1:2.5，坝基采用截水槽防渗，坝内设竖式及水平排水体。大坝全长17.76 km，为四面围筑而成，分为东坝、中坝、西坝三部分。库区地震基本烈度7度，属区域构造相对稳定区。

水库选择A料场粉质壤土作为筑坝主料场，粉质壤土是一种界于黏土和粉土之间的土，又称为低液限黏土。颜色主要以红黄居多，可手握成团。但粘砾含量明显不如黏土大，有一定的砂感。遇水有轻微膨胀，风干后较坚硬。土的砂砾含量平均值为18.4%，粉粒含量平均值为76.0%，粘粒含量平均值为5.6%。不均匀系数平均为7.42，曲率系数平均为1.12。土料比重在2.67～2.72之间。土料颗粒级配良好。塑限平均值13.5%，液限平均值23.71%。按塑性土进行分类，属于低液限粉土。干密度介于1.79～1.84 g/cm^{3}之间。

6.5.2.1 土料特性与制备工艺

“500”水库土料物理力学性能如下：

1）土料的颗粒组成分析：室内试验对“500”水库粉质壤土颗粒分析结果表明：土的砂砾含量平均值为18.4%，粉粒含量平均值为76.0%，粘粒含量平均值为5.6%。不均匀系数平均为7.42，曲率系数平均值为1.12。土料比重在2.67～2.72之间。土料颗粒级配良好。

2）液、塑限的指标：粉质壤土塑限平均值13.5%，液限平均值23.71%。按塑性图进行分类，属于低液限粉土。“500”水库地处天山北缘冲洪积扇下部细土平原区，土层是多年冲积形成的，层间分布较为明显。其中在东坝开挖中，地表3 m以下发现一高含水地层，含水量介于17%～22%之间，接近于液限下限。由于其下层土料渗透系数很小，水分无法下渗，多年来还保持其原始状态，土料并没有完全液化。

3）胀缩性：“500”水库粉质壤土胀缩性属轻度胀缩，遇水后有轻微的膨胀，其胀缩率约为1%～3%。分析原因主要是由于双电层形成，结合水、特别是弱结合水的增加削弱了砾间的结合力，增大了砾间的距离而造成的。

4）透水性：作为防渗材料，“500”水库天然粉质壤土天然渗透系数小于1×10^{-4} cm/s。一般在1×10^{-4} cm/s～1×10^{-6} cm/s之间。局部可达9×10^{-4} cm/s。经过碾压后渗透系数可达10^{-6}～10^{-7}之间，是一种良好的坝体防渗土料。

5）密度指标：“500”水库粉质壤土属于冲积土，土性特点很不均匀。特别表现在干密度的差异上。大体上干密度介于1.79 g/cm^3～1.84 g/cm^{3}之间。

6）压缩性和抗剪性：“500”水库粉质壤土属低压缩性土，压缩系数α<0.1 MPa，压缩模量介于15 MPa～27 MPa之间。通过慢剪法试验，轻粉质壤土抗剪强度指标分别为：内聚力25 MPa～33 MPa、摩擦角25°～28°之间。是一种良好的筑坝材料。

7）击实试验：击实试验采用标准击实仪，击实功能为592.2 kJ/m^3。经过大量的室内击实试验，其最大干密度为1.79 g/cm^3～1.83 g/cm^3，最优含水量在13.2%～14.0%之间。

8）含盐量：均质坝及黏土心墙坝施工中，土料的含盐量特别是已溶盐的含量是一个非常重要的控制指标。一旦含盐量指标超标，水库蓄水后就极有可能造成局部的通道，对坝体安全造成隐患。“500”水库粉质壤土的含盐量按小于3%来进行控制。A土料场含盐量偏高的区域主要集中在东坝部位的表层1 m范围内，施工中该部分土料进行了剥离。

土料试验指标见表6.5-1～6.5-1。

表6.5-1 A料场土料颗粒级配成果表（平均值）

位置	岩性名称	取样深度/m	粒径/mm			备注
			＞0.075	0.075～0.005	＜0.005	
			含量/%			
A土料场	CL、ML	1～5.0	20.5	61.8	17.7	试验组数N=60

表6.5-2 A料场土料物理性质试验成果表（平均值）

位置	取样深度/m	天然状态下		土粒比重	液限	塑限	塑性指数	含盐量		有机质含量/%	组数
		含水率/%	干密度/(g/cm^3)	—	%	%	—	易溶盐/%	中溶盐/%		
A料场	1.0～5.0	9.9	1.45	2.72	24.4	13.9	10.5	1.3	0.79	1.25	156

表 6.5-3　A 料场土料力学性质试验成果表（平均值）

位置	取样深度	击数	击实实验		压缩	抗剪强度		室内渗透系数 K_{20}	组数
			最优含水量	最大干密度	压缩系数（av^{1-3}）	凝聚力	摩擦角		
	/m	N	/%	/(g/cm³)	/MPa^{-1}	/KPa	/(φ)度	/(cm/s)	
A土料场	1.0～5.0	25	13.9	1.80	0.079	32.4	27.1	5.9×10^{-6}	188

表 6.5-4　A 料场土料抗冲蚀能力特性表

料场	级配状况	塑性指数	D_{85}/mm	D_{50}/mm	D_{35}/mm	＜0.074 含量（%）	分类	抗冲蚀能力
A料场	良好	10.33	0.093	0.023	0.012	80.6	CL、ML	较差

在大坝施工前，进行了含水量与碾压施工工艺试验，并进行了碾压剪切破坏试验。碾压剪切破坏试验用25t载重汽车（装料后总重约45t）在铺土层面上碾压40遍，发现有如下现象：

（1）土料含水量在施工含水量控制范围内，经汽车在当层土料碾压后，其表层0～8 cm深度内出现剪切破坏。

（2）土料含水量超出施工含水量上限2%，经汽车在当层土料碾压后，其土层由上至下40 cm厚全层被剪坏。

（3）土料含水量超出施工含水量上限2%，在其上再覆盖2层土料共80 cm厚，经汽车碾压后，该层土料全层被剪坏。

由此可见土料对含水量非常敏感，设计含水量要求控制在12%～15%。但料场含水量分布不均匀，东坝土料天然含水量基本能满足要求，中坝则大部分在8%～11%之间，需要进行加水制备。施工中曾尝试了“土牛法”“地土牛法”和“沟畦灌水法”等制备方法。

（1）土牛法。将土料运至土牛制备场进行分层堆土，堆土过程中进行雾化喷水，每个制备场堆置两个土牛，每个150 m×200 m左右，一个进行制备，一个取料上坝。

（2）地土牛法。先挖一个宽4 m左右，深4 m的深槽，然后将旁边的土料就地进行翻倒，翻倒过程中即进行人工雾化加水，制备的土料上部用塑料薄膜覆盖，以防止水分散失。

（3）筑畦灌水法。用推土机将料场按30 m×30 m 筑成网格状畦子，畦高1 m，中间用松土器钩松。用管道引水灌泡，泡水量按可开采土料量计算，并按10%考虑蒸发损失。

三种制备方法进行了试验比较。“土牛法”和“地土牛法”优点是加水均匀，制备存放时间较短，一般超过半个月即可开采上坝。缺点是成本高。特别是“土牛法”，成本太高，挖、装、运、推、平等工序全部进行了两次。而筑畦灌水法成本低，虽然制备工期较长，但完全可以通过提前制备来满足上坝的需要。经试验比较，采用了筑畦灌水法进行土料制备。

6.5.2.2　坝体填筑施工技术

1. 施工难点

经现场试验研究，确定采用土料控制指标含水量为12%～15%，压实度$P\geqslant0.98$，铺料厚度30 cm，采用16 t拖式凸块振动碾碾压6～8遍，采用16 t自行式凸块振动碾碾压10遍。一般来讲，防渗体土料的施工含水量宜略高于最优含水量，在“湿侧”进行碾压可以增加土体的塑性，土体适应不均匀沉降的能力较好，但是根据碾压试验中的发现和《碾压式土石坝设计规范》SL274—2001规定“土料在含水量上限进行填筑时必须满足压实过程中不产生剪切破坏”的原则，认为A料场的土料不宜在最优含水量的上限范围内进行碾压。

土料在“干侧”条件下碾压具有宜于压实、压实性能较好、施工可操作性强的优点，但是在“干侧”碾压由于压实的土结构不均匀，塑性较小，适应于不均匀沉降的性能较差，蓄水后沉降量较大，坝体容易产生开裂。对A料场土料工程特性的分析并结合试验成果认为，A料场土料在“干侧”条件下碾压筑坝出现干裂的可能性很小，因此确定A料场土料在最优含水量下限即“干侧”的范围内进行碾压筑坝，施工含水量应控制在12%～14%范围内。从击实试验成果可以看出A料场土料在最优含水量下限范围内碾压，坝体填筑的压实度可以满足0.98的设计标准，坝体产生较大的附加沉降和不均匀沉降的可能性很小。A料场土料无侧限抗压强度的试验结果表明，土料在轴向应变约1%的范围时没有出现突然破坏的现象，说明了这种土料对开裂不具有敏感性。

粉质壤土对含水量极为敏感的特性，给土坝填筑上坝工作带来了极大困难。按汽车运载能力15 m^3车计，40车次运量为600 m^3，考虑错轮碾压行驶，其道路每断面运量也只有1 500～2 000 m^3，若超出此运量，路面即会出现剪切破坏。

2. 施工措施

针对剪切破坏，常见处理方法主要有以下几种：

（1）加密施工道路——本大坝全长17 800 m，若每100 m布置一条施工道路，可缩短汽车在坝面的行驶距离。但因土料场在库区内，而上游面需铺设碎石垫层和浇筑护坡混凝土，若布置过多施工道路，则占用了护坡施工工作面，且垫层料的防污染问题亦不易解决。

（2）采用轻型车运输——如此可减轻汽车对土层的碾压、延长汽车的可行驶距离。但因其每车运量降低，需要增加运输设备数量，增大施工成本，也不符合现代机械化施工的趋势。

（3）将所有剪坏土料挖除——这是最直接的处理方法。但本工程几乎每层土料均有剪坏，如此将会陷入填土—剪坏—挖除的恶性循环，令施工成本大幅上升，而施工进度又无法保证。

施工处理措施：

在料场复查和多次施工试验中，发现粉质土具有易于重塑的特性。所谓土料重塑，就是通过一定的措施恢复土料的散粒状态。本工程所用土料为粉质壤土，相对于粘性土来说，其土粒间的粘结力较低。在实际施工中，主要体现在如下两方面：

首先，用手握住已剪坏的土料，稍一用力揉搓，土体即恢复其松散状态。其次，对已剪坏土层用机械翻松，经试验室作击实试验和抗渗试验，与剪坏前结果相比，其偏差值不到1%，考虑到存在试验误差，可认为其结果是相同的。在施工中，就是利用土料易于重塑的特性进行处理。

① 耙松处理：适用于土料含水量在施工控制含水量范围内，土层因机械超压（含施工道路因车辆往返碾压而破坏）而出现的剪切破坏，其破坏深度一般在8 cm以内。在施工中，一般采用钢板作耙齿，并在前进方向和垂直方向均将耙齿焊接成约10°～15°的夹角，以利翻土。牵引机械则直接利用填土工作面上的推土机，可将翻松耙驳接在前面的推土刀片上或尾部的翻土器上，这样不用增加施工机械，减小投入。

② 翻挖处理：适用于土料含水量在施工控制含水量范围内，当前土层不一定剪切破坏，而是其下面的土层被剪坏。此种情况一般出现在该层土料含水量接近施工含水量控制线上限，当层施工时无破坏，但其后土层施工碾压时将其破坏。该方法基本重复了土坝填筑施工的多个工序。其成本是接近正常施工的2倍，但因其可就近利用，相对于将其作弃土处理来说，仍然是一个较理想的方法。

当土料含水量超出控制线上限而出现剪坏时，分两种情况处理：

其一，若含水量超标不大，且范围不广时，用推土机将土料推置到邻近工作面，在推土过程中实现对土料的翻松重塑，经一段时间晾晒后，其含水量达到施工要求时，再进行平土碾压。该方法相对较简单，经济损失也较少。

其二，若土料含水量超标较大，范围较广时，则必须将土料挖除，运卸到弃土场或另选场地晾干后再用，以免影响下一步的填筑工作。当然，在施工中，应避免出现大范围的不合格。

3. 压实度控制

施工中采用了两种控制方法，分别是干密度法和现场快速三点击实法。

（1）传统的干密度法：采用传统的干密度法进行控制时，首先根据料场复查情况，将整个料场按土料性质进行区块划分，开采前进行室内试验以确定该区块的控制干密度标准。不同区块根据试验结果采用不同的控制标准。

（2）现场三点击实法：三点击实试验法又称快速击实试验法。在测定压实土湿密度后，再用该土做三种含水量的快速击实试验，通过数解法或借助提前绘制好的三点击实控制图就可确定填筑指标。"500"水库以上两种方法在施工中同时运用，实际施工中，以干密度法为主，三点击实法为辅，相互应用。

2005年10月，"500"水库正式开始蓄水，从2005年10月26日坝体沉降观测成果的分析和对不同断面的沉降梯度计算可以看出：

(1)坝体内部各断面的沉降量相对坝基的沉降量较小，最大总沉降量主要是由坝基沉降引起的，坝体本身的沉降量并不大，目前各断面的沉降量已随着大坝的完工而趋于稳定。

(2)各个断面之间的沉降梯度很小，可以认为目前大坝的整体沉降均匀，沉降量符合规律，坝体内部产生裂缝的可能性很小。

坝体总填筑量：土方1 688万m^3，反滤料112万m^3，排水体料102.6万m^3，上游护坡垫层88.3万m^3，护坡混凝土20.28万m^3。2002年6月大坝全面开工建设，2006年10月工程全部完工。平均填筑强度93万m^3/月，最高月强度140万m^3/月。

6.6 混凝土面板堆石坝施工技术进展

6.6.1 坝体填筑施工技术

6.6.1.1 施工技术进展

混凝土面板堆石坝是一种施工技术较为成熟的坝型，坝高超过200 m的国内已建多座。严寒地区修建的混凝土面板堆石坝相比其他地区而言有其独特的特点，比如东北建成的莲花水电站、小山水电站等，随着我区筑坝技术的发展尤其是对冬季堆石填筑等问题进行的研究，使得冬季负温条件下，面板堆石坝能够连续、正常地进行填筑。主要研究内容如下：

(1)高抗冻标号混凝土施工配合比的研究，保证了混凝土的设计要求，并能使其与滑模快速相适应。

(2)防风、防冻技术的研究，防止和减少了混凝土表面裂缝的发生和发展。

(3)施工组织水平的提高为混凝土面板堆石坝在严寒地区的发展提供了广阔的前景。

(4)坝体填筑分期和施工程序应与河道水流控制规划相吻合、满足大坝安全度汛要求和力求均衡施工。

坝体填筑是混凝土面板堆石坝的主要分项工程。由于坝体填筑的工程量大，施工强度高，涉及工序多，影响因素复杂；因此在填筑施工前，应根据工程的总工期目标、导流度汛方案、坝址地形条件、料源分布等进行坝体填筑专项规划。如吉林台一级水电站面板堆石坝由设计单位编制了新疆区大坝施工第一个施工规划报告，对业主单位编制标的、提高施工组织设计水平、施工总体规划起到了重要的促进作用。

面板堆石坝根据填料的不同，主要分为砂砾石堆石和爆破料堆石。用砂砾石填筑的138 m高乌鲁瓦提水利枢纽混凝土面板坝，大坝施工在解决干燥、高寒、酷暑条件下高强度填筑等施工技术难题进行了大量工作和技术攻关，保证了施工质量、投资、进度按设计标准控制和按时完成。采用枯水期度汛和合理规划，确保一期面板达到度汛高程使工程提前发电受益，取得了良好的经济效益和社会效益。

在高地震烈度区修建的157 m高吉林台一级水电站混凝土面板堆石坝属于采用爆破料填筑的面板坝。处于新疆高寒又是相对多降水地区的伊犁河谷，气候条件恶劣，同时坝址处于高地震烈度区(9°设防)地质复杂、基岩破碎、大小断层和不稳定的岩石结构面密集。为了达到大坝抗震设计要求，施工上采用了多项新技术、新工艺，解决了坝基F_{32}特大断层齿槽快速施工技术，超长混凝土面板浇筑防裂技术，大坝混凝土趾板异型滑模施工技术，重型施工机械跨大坝混凝土趾板高强度筑坝技术等。使大坝填筑高峰强度达到70万m^3/月，创造了多项新疆大坝施工的新纪录。

6.6.1.2 面板施工

1. 面板施工技术

吉林台一级水电站面板坝工程受压和受拉区面板共44块，河谷部位受压区面板共设24块，每块面板的宽度均为12.0 m；两岸各设10块受拉区面板，除第1号和第44号不规则面板外，其余受拉区面板的宽度均为6 m。单块面板最大斜长为297.8 m。面板承受的最大水力梯度为187.5 m。面板混凝土强度、抗渗、抗冻等级为$C_{30}W_{12}F_{300}$。该工程处于高寒地区，对混凝土抗渗、抗冻和耐久性要求高，为此进行了大量的混凝土配合比试验。经优选，确定小石与中石掺配比例为50:50，砂率为0.35，水胶比0.35，塌落度5 cm～7 cm，外加剂包括1%KDNOF-1减水剂和0.02%DH9引气剂；同时，为了提高抗裂能力、抗渗性和抗冻性，掺加了15%的Ⅰ级优质粉煤灰和0.9 kg/m^{3}聚丙烯纤维（4%）。

面板施工采用跳仓浇筑，分两序进行。混凝土用混凝土罐车运至坝顶，经溜槽入仓。平仓采用电瓶振捣器，振捣用软轴插入式振捣器。混凝土料一次入仓厚度不超过30 cm，每1 h提升距离不小于30 cm，平均提升速度控制在1.2 m/h。混凝土平仓振捣后由滑模下方的收光平台人工收光。两岸面板三角块采用旋转法进行浇筑，将无轨滑模放至与趾板平行。上端固定不动，并用侧向葫芦牵动滑模向另一侧渐渐位移，直到浇完三角块，滑模跨在两侧侧模上，呈水平位置后再同时向上滑升。混凝土浇筑收光后，立即用塑料薄膜进行覆盖。8 h后用土工布覆盖，内设花管流水养护。干燥、高温时配合人工在表面洒水，养护直至蓄水。在寒冷季节再覆盖海绵保温。

2. 面板裂缝处理

吉林台工程所处山区峡谷地带，昼夜温差大，冬季较长且大风频繁，会影响保温和养护的效果，有产生温度及干缩性裂缝的可能性。因施工中采取跳仓浇筑，后浇块裂缝明显多于先浇块，说明两侧混凝土块的约束也是裂缝产生的重要原因。一期面板混凝土于2004年6月中旬浇筑完毕，经检查共发现46条裂缝；二期面板于2005年5月15日浇筑完毕，经检查有20条裂缝。裂缝基本上是水平向的，大多横穿整个条块，比较集中在较长块的中下部，一般小于0.3 mm，个别超过0.5 mm。

针对裂缝发展的程度不同，设计提出对横贯面板、缝宽大于等于0.15 mm 的裂缝须进行处理，其余缝宽在0.1 mm～0.15 mm、缝长大于等于2 m的裂缝也进行处理。裂缝采用水溶性聚氨酯进行深度灌浆，以达到永久堵漏和补强的双重效果。该材料固结体弹性大，抗渗性和耐久性较好。裂缝处理布孔采用在裂缝两侧布置斜孔跨过裂缝的方式，孔间距由缝的通畅情况而定，一般在15 cm～25 cm，孔深不低于混凝土厚度的1/3。灌浆采用高压注浆机，浆液从第一枚针头开始，当浆液从裂缝中冒出，应立即停止，移入第二枚继续灌注，依次前行。为使裂缝完全被浆液注满，浆液在裂缝处未完全愈合时进行第二次注浆，第二次注浆与第一次间隔一段时间，但必须在浆液凝固之前完成。吸浆量非常小时，注浆压力采用10 MPa，一旦吸浆量增大。需马上降低注浆压力。灌浆结束标准以裂缝中浆液互窜为准。每个孔的灌浆时间不应小于2～3 min。待浆液凝胶固化后，将裂缝表面止水针头取出，孔内用高强封堵材料封填密实，表面恢复原状。

为检查裂缝处理效果，在处理过的面板上钻取芯样检查孔。芯样显示，聚氨酯灌缝材料充填密实，粘接力强，芯样完整；在裂缝两侧布置斜孔跨过裂缝进行压水试验。压水试验结果显示：在1 MPa压力下持续5 min，压力损失在6%～9%之间；持续1.2 MPa压力5 min，吸水0.4～2.8 ml/min，5 min后基本不吸水。上述这些均表明，面板裂缝处理方法得当，处理效果满足要求。

3. 面板裂缝质量评价

面板施工时，相应坝体已沉降4个月。面板施工后坝体变形较小，对面板施工质量有利。经检测，混凝土抗压强度最大值40.6 MPa，最小值30.8 MPa，平均值33.9 MPa，标准差1.93 MPa，保证率97.7%。面板抗渗指标均满足抗渗等级大于W_{12}，抗冻指标满足F_{300}要求。混凝土裂缝较少。经统计为0.12条/100 m，低于国内面板平均水平，特别是二期面板裂缝均未超过0.2 mm，裂缝经处理后满足要求，面板施工质量优良。

6.6.1.3 坝体填筑

1. 坝体分区设计

吉林台一级面板堆石坝坝体共设9个分区。面板上游1 340 m高程以下设5 m厚的土料和10 m厚的任意料保护大坝面板。面板下为4 m厚（水平方向）的垫层料。砂砾料从垫层料下游到坝顶坝轴线向下游1∶0.5坡度范围，在砂砾料内设置了排水料，其中竖向排水料从坝顶高程1 421 m到1 295 m高程，水平排水料从1 290 m高程到1 295 m高程，一直延伸到大坝次堆石区。砂砾料下游到坝顶坝轴线向下游1∶1.5坡度范围为堆石料区，其中1 385 m高程以上为主堆石区，1 385 m高程以下为次堆石区。堆石区下游为块石压重区。

由于P1石料场爆破料级配与原设计级配变化较大，通过对现场爆破料试验成果的统计分析和研究，设计对大坝爆破料级配和填筑标准进行了调整。

表 6.6-1 坝体填筑分区及碾压标准

分区及名称	坝料要求	方量/万 m^3	压实标准	渗透系数
Ⅰ A	T10料场土料	7.79		
Ⅰ B	弃渣	20.84		
Ⅱ A	筛分系统加工 d_{max}=80 cm，小于5 mm含量35%～55%，小于0.1含量小于8%	24.47	$D_r \geq 0.85$	10^{-3}～10^{-4} cm/s
Ⅱ B	筛分系统加工，d=5 mm～8 mm	25.72	$D_r \geq 0.85$	10^{-2} cm/s
Ⅱ C	C2、C8料场开采，$d_{max} \leq 400$ mm，小于5 mm含量少于13%～35%，小于0.1含量小于5%	442.5	$D_r \geq 0.85$	10^{-2}～10^{-3} cm/s
Ⅱ D	垫层级配小区，$d_{min} \leq 20$ mm	0.0643	$D_r \geq 0.85$	
Ⅲ A	P1料场爆破料 $d_{max} \leq 600$ mm，小于25 mm含量40%，小于5 mm含量不大于20%	27.4	$n \leq 24\%$	
Ⅲ B	爆破料及开挖石渣，进入设计包络线	193.5	$n \leq 26\%$	
Ⅲ C	P1料场爆破料 $d_{max} \leq 800$ mm，小于5 mm含量不大于20%	94.24	$n \leq 24\%$	

2. 料场开采

大坝砂砾料主要来源于C2砂砾料场，位于坝址上游6.9 km～9.0 km右岸漫滩Ⅰ级阶地上，长2.5 km，宽1.0 km～1.1 km，面积228万 m^2，储量1 054万 m^3，枯水期地下水埋深0.3 m～3.5 m，洪水期埋深0.3 m～1.4 m，无用层厚0.2 m～1 m。砂卵砾石颗分情况为：大于150 mm的含量占16%，150 mm～20 mm的含量占49%，20 mm～5 mm的含量占15%，小于5 mm的含量占20%。

开采前开挖了2条纵向排水沟、5条横向排水沟，沟深3 m～4 m、宽4 m～5 m，以降低料场的地下水位。料场开采分区分块进行，分区以道路为界，分块在每区内以50 m为单位，开采原则为先临河侧块后远河侧块，每块内先下游后上游。在正式开挖前，先用推土机将覆盖层剥离，剥离超前开挖掌子面不小于30 m；水上开挖采用反铲挖掘机或正铲挖掘机立面开采，一次开挖高度3 m，水下料开采使用反铲挖掘机退挖作业。开采完后用推土机将覆盖层弃料推到已开采完毕的坑内。

垫层料、特殊垫层小区料、排水料由C2扩1砂砾料场开采的砂砾料加工而成，料场距坝址5.5 km～6.5 km，上游与C2料场相连，顺河长1.0 km，宽0.8 km～1.2 km，面积114万 m^2，洪水期地下水埋深0.36 m～1.4 m。

C8料场位于坝下游左岸，距坝址4 km，储量120万 m^3，作为工程下闸蓄水后的补充砂砾料源。

P1料场位于大坝下游右岸，距坝轴线2.5 km，料场南北长约650 m，东西宽约100 m，场地高程1 340 m～1 469 m，山体坡度约为40°，其岩性为晶屑凝灰岩、角砾凝灰岩，岩性稳定，发育两组裂隙，节理间距5 cm～25 cm，岩块致密坚硬，抗压强度190 MPa，弹性模量119.38 GPa，泊松比0.19。开采前先将1 440 m高程以上覆盖层剥离，然后从1 440 m高程自上而下采取深孔梯段爆破。在1 420 m、1 360 m和1 340 m高程的施工平台，作为开挖和回车之用。开挖作业面划分为两个片区，轮流爆破供料。

对P1石料场堆石料先后进行了5大场爆破试验。根据取样试验结果，采用的爆破参数为孔径90 mm、间排距3.4 m，方形布孔，单耗0.4～0.45/m^3，梯段高度12 m，并根据出露的地质情况进行微调。

3. 碾压试验

为确定坝体填筑时的碾压机具、铺料方法、铺料厚度、碾压遍数、行车速度等施工参数，分别进行了P1料场堆石料、C2料场和C8料场砂砾料的冬季和暖季碾压试验，排水料碾压试验及垫层料的水平碾压和斜坡碾压试验。碾压试验成果显示，平均沉降量随着碾压遍数的增加、铺料厚度的增大而增大。在相同的铺料厚度下，干密度随碾压遍数增多而增大；在同一碾压遍数下，干密度随铺料厚度增大而减小。当要求的干密度一定时，铺料厚度大，所需的碾压遍数增加；在同一铺料厚度下，当碾压遍数达到一定时，干密度与碾压遍数关系曲线趋向于平缓。在不同铺料厚度下，孔隙率随着碾压遍数的增加而减小；在同一碾压遍数下，孔隙率随铺料厚度增大而增大。经对碾压试验成果进行分析讨论后，确定了各种坝料相应的碾压参数，均采用18 t振动碾碾压，振动频率28/35 Hz，行车速度1.5～2.5 km/h。碾压试验及施工控制参数见表6.6-2。

表 6.6-2　碾压试验及施工控制参数

坝料种类	不同含水量条件下的碾压参数					
	洒水量10%～15%			天然含水量		
	铺料厚度/cm	碾压遍数	行车速度/(km/h)	铺料厚度/cm	碾压遍数	行车速度/(km/h)
砂砾料	80	6	1.5～2.5	80	8	1.5～2.5
堆石料	80	8	1.5～2.5	80	8	1.5～2.5
碎石排水料				80	8	1.5～2.5
砂砾排水料	80	4	1.5～2.5	80	6	1.5～2.5
垫层料(水平)				40	6	1.5～2.5
垫层料(斜面)					8	1.5～2.5

大坝自2002年11月20日开始填筑，至2003年11月底，上游砂砾料（ⅡC区）Ⅰ、Ⅱ条带和排水料高程达到1 362 m，砂砾料Ⅲ条带和垫层料达到了1 365 m高程，下游次堆石区Ⅰ、Ⅱ条带达到1 323 m高程，块石压重区达到1 313 m高程。大坝填筑强度主要受填筑道路条件控制。自2003年6月大坝左、右岸坝内上坝支线形成后，上坝车辆循环通行，上坝强度迅速提升，创下了月强度69万m^3的好成绩；在2003年10月进入冬季后，仍然保持了较高的上坝强度，连续6个月上坝量在45万m^3以上。至2005年8月提前完成整个大坝的填筑。

4. 坝料碾压质量控制

本工程天然建材分布在坝址上、下游，上游C2料场开采采用4 m^3正铲装27 t自卸汽车运输，下游P1料场开采采用潜孔钻梯段爆破，1.6 m^3挖掘机装20t自卸汽车运输，坝面采用220马力推土机平料，18 t振动碾碾压。根据施工进度计划，坝体施工高峰期平均填筑强度为40.48万m^3/月，在工程施工过程中最高填筑强度达到70万m^3/月。

卸料采用"进占法"，以减少粗细料分离，保证均匀混合。卸料在平台上形成料堆，用推土机推平摊铺；填筑区设移动红白杆指示推土机按层厚推料，再用全站仪测量铺料厚度，精确指导填、推。保证铺料厚度偏差在0～10 mm范围内，铺料后不得存在大片粗料集中且连续的现象，否则应用反铲挖除散开；由于采用"错距法"，碾压遍数可量测轮距确定，轮距偏大的立即补碾；振动碾行进速度用自带仪表控制。各区接缝处按照"台阶法"进行骑缝碾压，台阶宽度保证达到1 m～1.5 m，接缝处的粗料在铺料前用反铲散开；岸坡部位作为碾压薄弱部位，粒径大于120 mm的料用反铲清除，对粗料集中的部位用反铲散开，防止架空现象出现，碾压时进行1:4斜面碾压，碾压遍数较正常多2～4遍。垫层料斜坡碾压时，由于振动碾上下行走为一遍，设专人负责监督碾压遍数，同时在振动碾移位时，控制碾压搭接宽度不小于20 cm。碾压完成后，每区每层均须现场检测干密度，合格后方可进入下一层填筑。现场检测成果均满足设计要求，从大坝原形监测结果反映压实质量较好。

本工程2001年4月导流洞开工，2002年9月截流，2003年11月坝体填筑到1 365 m高程，2004年8月坝体填筑到1 395 m高程，2004年10月15日导流洞下闸封堵，2005年7月电站首台机组并网发电，2005年10月坝体填筑到坝顶，2006年6月完成三期面板的浇筑，2006年11月工程全部完工。

6.6.1.4　硬岩坝料填筑实验研究

吉音水库面板堆石坝料场区岩石为坚硬的角闪片岩，微风化干抗压强度高达83 MPa，弱风化饱和抗压强 43 MPa，但因节理发育，网状碎裂结构明显，抗剪断强度仅有0.75～1.15 MPa，远低于一般岩石抗剪断强度为抗压强度 1/8～1/12的范围，说明此类岩石具有高抗压低抗剪的物理力学特性。此岩石在碾压初期阶段，堆石料中有大量颗粒处于受剪切状态，在垂直外压力作用下，处于受剪状态的岩石块体易沿节理面发生剪切破坏。随着块体间的剪切破坏完成，逐步向全抗压状态转化后，因无节理面小块体的岩石抗压强度非常高，块体棱角和块体本身都不容易被继续压碎，堆石料颗粒间不容易发生水平侧向挤入和垂直压缩变形，从而导致碾压试验孔隙率偏大。不能满足设计提出的小于20%的要求。

从坝料碾压前后的级配曲线变化情况来看，呈现出两头尖瘦，中间宽肥的特点。这充分说明大块岩体的破碎率高，极易按岩石节理面碎裂成小块体，但小块体间没有将其继续碎裂成细小颗料的节理面，小块体的破碎率低，碾压前后小于5 mm的颗粒变幅很少，堆石料间的空隙没有相应的细料充填，造成碾压前后级配曲线变幅较大，超出设计包络线范围较多，导致试验孔隙率值偏大。

从8遍到10遍的沉降变形变幅只增加了0.75%，证明此坚硬爆破坝料碾压10遍就已基本稳定，综合质量安全、施工进度等因素，采用碾压10遍即可满足规范要求。

综合级配、碾压遍数、渗透系数、沉降量等参数分析，此类坚硬爆破坝料的孔隙率按22%控制更为经济，类似岩石因成砂率较低，施工时可通过人工增加小于5 mm的颗粒含量，以提高坝料颗粒间的充填性，降低孔隙率。

6.6.2 表止水一体化施工技术

6.6.2.1 表止水一体化技术概述

1. 混凝土面板堆石坝面板表止水简介

混凝土面板堆石坝在国内外被广泛采用，坝高已达到200 m以上。其以堆石体为主要受力结构来承担库水压力，并以在堆石体迎水面自下而上浇筑的钢筋混凝土面板为防渗结构。在面板块间，与周边山体连为一体的趾板和面板块间形成了数十条接缝，这些接缝如发生渗漏，则渗流会带走堆石体内的小颗粒，形成逐步扩大的渗流通道，最终影响整个坝体的稳定，这也是湖南株树桥面板坝渗流事故和青海沟后面板坝垮坝事故的主因之一。所以面板接缝止水为大坝防渗的关键环节。

现有国内外面板堆石坝的面板接缝表层防水措施，通常为在预留“V”型槽内嵌填塑性填料，并在填料外部设橡胶盖板对填料加以保护。当坝体发生较大沉降和变形，并导致面板底部预埋的铜止水结构发生破坏时，塑性填料可在水压力的作用下流入缝腔内封堵渗漏通道，从而增强接缝止水的整体安全可靠性，进而增强坝体的安全可靠性。

由于塑性填料的作用机理，限定了填料必须与“V”型槽混凝土面良好粘接且嵌填密实，填料才能在水压力作用下向缝腔内流动，所以粘接面紧密牢靠和填料嵌填密实是表层止水施工的关键。

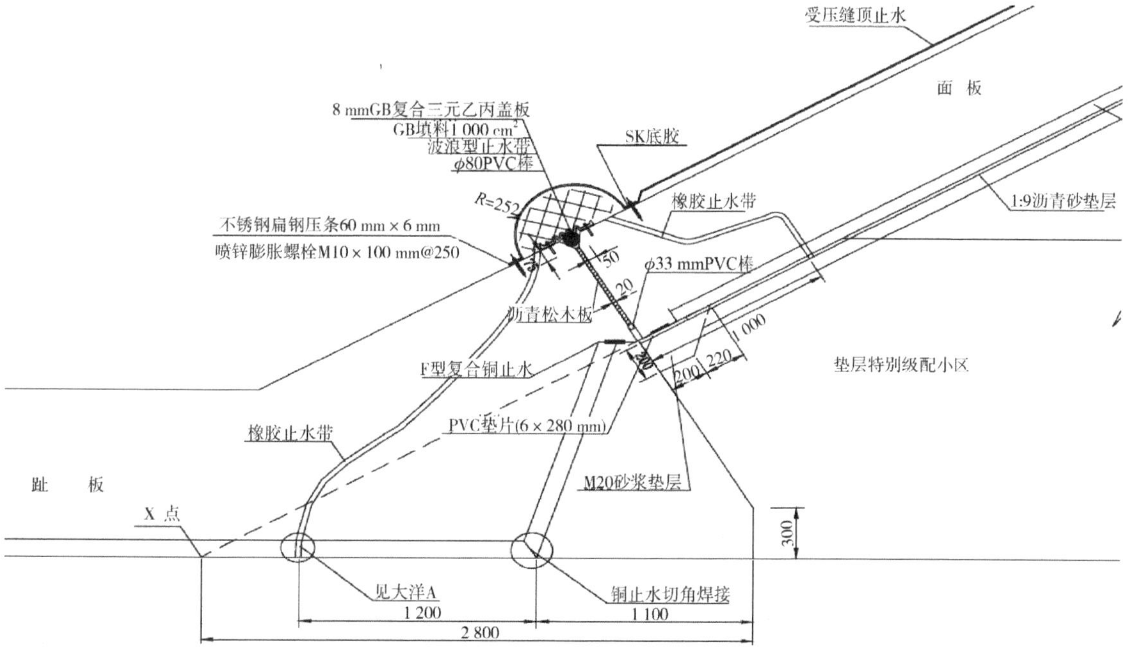

图 6.6-1 表面止水结构图

2. 混凝土面板接缝止水工艺流程

混凝土面板接缝“V”型槽消缺和清理→涂刷SK底胶→安放PVC棒→安装复合形橡胶止水→挤出机挤出成型柔性填料→增强型三元乙丙橡胶复合板粘贴及固定→安装不锈钢扁钢压条并安装紧固螺栓→(SK柔性封边剂)封边。

3. 目前止水人工施工存在的问题

在混凝土面板堆石坝表止水施工中，目前国内外广泛采用的塑性填料嵌填方式为人工绳梯嵌填。

由于国内外市场上销售的塑性填料产品多为断面矩形的板或柱，且填料本身粘软并具有一定弹塑性，所以在大坝坡面的绳梯上，将其人工密实地嵌入“V”型槽有很大难度，当外界温度偏低导致填料硬度增大时，嵌填难的问题尤为突出。另一方面，施工人员在绳梯上施工，人身安全也难保障。

表止水塑性填料的人工嵌填方式，效率低且嵌填质量并不理想，这种缺陷会造成大坝防渗可靠性的降低，甚至失效，危及大坝的安全稳定。表止水人工施工过程照片如图6.6-2：

照片1　人工嵌填塑性填料——劳动强度大，低质低效

照片2　绳梯交通——施工人员安全无法保障

照片3　橡胶防护盖板人工就位——卷卷材长度不能超过10 m，接头多

照片4　橡胶防护盖板人工铺装——填料与橡胶防护盖板粘接不紧密

图6.6-2　表止水人工施工

6.6.2.2　面板表层止水机械化施工技术

针对目前混凝土面板堆石坝表止水人工施工存在的问题，中国水科院于2002年开发研制了塑性填料挤出机，可以实现周边缝和张拉缝填料的现场一次挤出成形。这种挤出机曾在青海公伯峡面板坝（最大坝高139 m）的垂直缝上试验应用。该挤出机填缝质量好，但由于其嵌填速度太慢，只有3～4 m/h，在工程中很难接受，影响了这一技术的推广。

为进一步提高挤出机嵌填效率，中国水科院对原挤出机设计上做了改进和升级，并在多个混凝土面板坝工地进行试验和反复修改，历经8年时间，于2010年终于研发成功了表止水机械施工组合台车技术。表止水机械施工组合台车由塑性填料挤出台车、送料车和牵引台车组成。

填料挤出台车是在混凝土坝面上进行止水施工的操作平台，其上配有塑性填料挤出装置。填料挤出装置采用螺旋挤压成形，挤出成形的填料外形美观、内部密实，且通过螺旋挤压加热后，既粘且软，可以更好地与混凝土面和盖板粘接。挤出施工台车配有盖板卷轴。当挤出施工台车沿板间缝自下而上行进时，操作人员同时释放盖板卷轴上的盖板，填料在挤出机压力作用下，注入混凝土面板与盖板间的空腔内，实现填料嵌填和盖板铺装同步完成。

牵引台车用于在坝顶牵引挤出施工台车和送料车沿坝面上下行走。牵引台车上配有两部功率为

15 kW的卷扬机，分别用于牵引挤出施工台车和送料车；卷扬机配有变频器调整电机运行速度，实现牵引速度与挤出速度的同步控制。

送料车往返于挤出施工台车和坝顶间，运送止水材料。挤出施工台车配有停放送料车的平台和使送料车直接驶入施工台车平台的探板，这样送料车便可直接载着材料进入挤出施工台车，便于施工人员装卸材料。

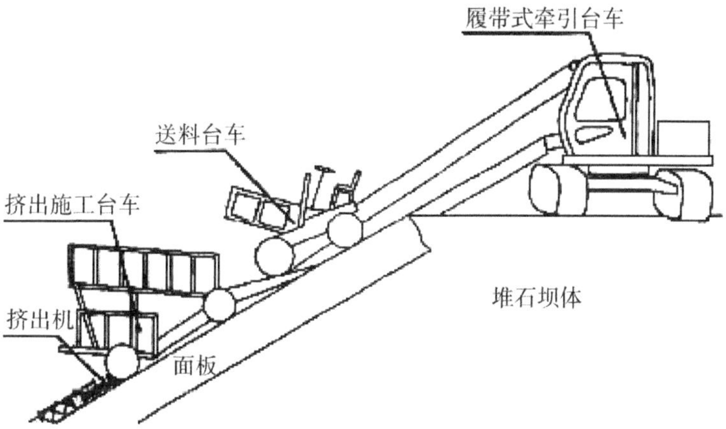

图 6.6-3 施工组合台车系统

(1)有利于保障施工质量。面板表止水每延米施工中，微小部位的施工缺陷就会造成整个延米段的止水失效。常规人工止水施工中，施工人员在站立行走困难的绳梯上进行高强度和高危险性施工作业，且该施工环节质量不易监控，其施工质量基本取决于施工人员个体的责任心。而采用止水机械化施工，表止水施工的关键工序中，填料成型和盖板铺装均由机械完成，可做到表止水外形美观、内部密实，与混凝土面紧密粘接，显著提高面板表止水的止水可靠性。

(2)提高施工效率，缩短工期。大型水电项目经济效益和社会效益巨大，缩短施工工期则可创造更多效益。本设备使面板堆石坝坝面止水施工高质而高效，表止水机械施工组合台车施工速度已达40～60 m/h，其施工效率超过人工两倍，可缩短施工工期一个月以上。

(3)实现止水低温施工，保证施工进度。止水填料适宜施工的室外温度为20℃以上，最低15℃，否则低温会导致止水填料弹性和硬度显著提高，根本无法实现人工嵌填。而采用止水机械化施工，柔性材料为螺旋挤压成形，螺旋挤压具有加热作用，可在室外气温5℃以上时进行止水施工，即在我国大部分地区，可在秋末和春初，各延长一个月的止水施工期，满足施工进度要求。

(4)配备专门施工台车，有利于保障施工人员安全。施工人员在台车工作平台上进行操作，与施工人员在爬梯上施工的传统做法比较，有利于保障人身安全。

6.6.2.3 表层止水机械化施工技术的应用

肯斯瓦特水利枢纽工程面板砂砾石坝最大坝高129.4米，采用了表止水机械施工组合台车进行止水施工。施工近照如图6.6-4：

照片1 止水施工设备全景——牵引台车、送料车、填料挤出施工台车

照片2 填料挤出施工台车行进中——自下而上施工

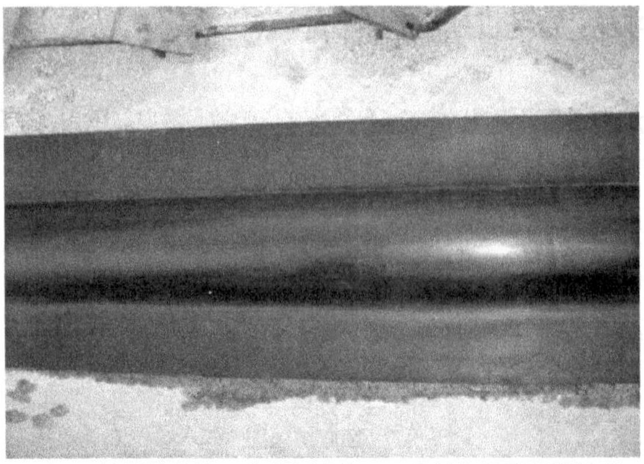

照片3　填料挤出施工台车行进中——填料包外形规则美观，挤出均速为40～60 m/h

照片4　挤出施工后缝面——单卷盖板长度40 m～60 m，减少搭接接头

照片5　破坏检查——填料包饱满密实

照片6　挤出施工填料包断面——填料与橡胶防护盖板和混凝土面粘接紧密

照片7　送料车往返于牵引台车与挤出施工台车间——实用不间断挤出施工

照片8　起吊送料车和填料挤出施工台车——可快速转移工作缝面，提高施工效率

照片9　扁钢安装后——扁钢紧贴填料包安装，不留死角

照片10　止水机械化施工全景图—专业、安全、高效、高质

图 6.6-4　肯斯瓦特水利枢纽工程表止水台车施工

利用表止水机械施工组合台车进行表层止水施工，显著提高了施工质量，降低了工人劳动强度，提高了施工效率，得到肯斯瓦特水利枢纽工程业主、设计和监理三方的一致好评。

6.6.2.4 技术展望

近年来，该项技术先后在新疆吉勒布拉克、柳树沟、吉音、卡拉贝利、温泉等面板坝工程得以应用，受到好评。目前，现场挤出成形速度可达到20～120 m/h，挤出断面规则、美观。利用表面止水机械施工技术进行表层止水施工，可以显著提高施工质量，降低工人劳动强度，提高施工效率，为确保300 m级高面板坝的接缝止水质量提供有力的技术支撑和保障。混凝土面板接缝技术可用于新建面板坝坝面止水施工和已建面板堆石坝坝面止水后期修补加固，该项技术推广应用具有很大的经济效益和社会价值。

6.6.3 挤压边墙施工技术

挤压边墙混凝土施工技术是一种面板坝垫层料坡面施工方法，2002年在我国公伯峡水电站混凝土面板堆石坝中首次成功应用。因其替代了传统工艺中垫层料的超填、削坡、修整、碾压、坡面防护等工序，加快了施工进度，施工质量得到了保证和提高，因而又相继在多座面板堆石坝工程中推广应用。新疆奇台县中葛根水库主坝工程采用了此项施工新技术。此后的肯斯瓦特面板坝、吉音面板堆石坝等多个工程得到成功应用。

中葛根水库大坝为钢筋混凝土面板堆石坝，最大坝高82 m，坝轴线长210 m，坝顶高程1 594.03 m，大坝上游坡度为1:1.5，上游坡面面积约为15 460 m^2。为简化边坡施工和节省垫层料，在垫层料上游采用挤压混凝土边墙固坡，挤压墙混凝土总量为3 652 m^3。坝体上游分区自上游向下游依次为：钢筋混凝土面板（F）垫层区（2A），周边缝处特殊垫层区（2B），过渡区（3A），主堆石区（3B）。

6.6.3.1 挤压边墙断面的确定

由于梯形断面的边墙稳定性好，侧限能力强，参考类似已建工程将挤压混凝土边墙断面设计为不对称梯形。其上游迎水面为斜面，迎水面坡比与设计坝体坡面一致，单层挤压墙外侧坡比为1:1.495，下游面为近似垂直的坡面，坡比为7.69:1，顶宽0.1 m，底宽0.75 m，梯形断面的高度为0.4 m，与垫层料填筑层厚一致，如图6.6-5所示。

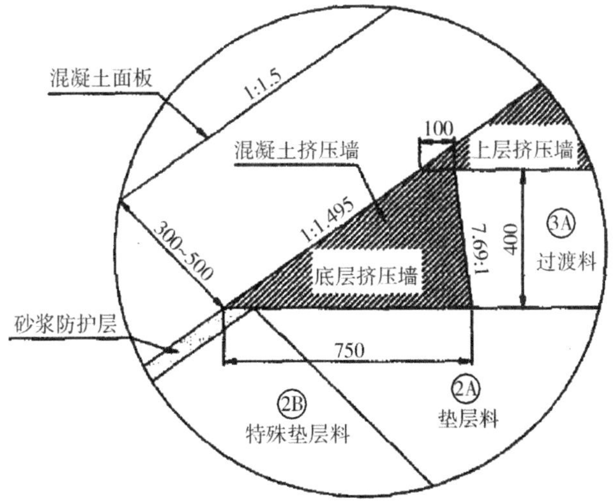

图6.6-5 混凝土挤压边墙典型示意图

6.6.3.2 挤压边墙技术指标及混凝土配合比

中葛根水库工程挤压混凝土边墙设计采用坝体填筑的特殊垫层砂石料（2B料）掺少量水泥，其主要技术指标见表6.6-3、6.6-4。

表6.6-3 挤压边墙设计技术指标表

强度（28d）/MPa	弹模（28d）/MPa	干密度/$t.m^{-3}$	渗透系数/$cm.s^{-1}$
3～5	3 000～5 000	>2.15	10^{-3}～10^{-4}

表 6.6-4　挤压边墙混凝土设计配合比表

强度等级	水灰比	材料用量/(kg.m^{-3})				
		水	水泥	2B料	速凝剂	早强剂
<C_5	1.35	83.7	70	2 144	4%	0.8%

混凝土配合比设计是挤压式边墙施工最为关键的一步，因此，如何确定合理的施工配合比是室内和现场生产性试验的重要目的，总的原则是低强度、低弹模、适当的渗透性并易于成型，方便施工。

中葛根水库挤压边墙在施工过程中，为增大挤压混凝土边墙透水性，满足挤压混凝土边墙的各项设计指标，将2B料(特殊垫层料)改为级配砂、石骨料，水泥采用普通水泥，通过室内试验和现场反复试验确定挤压边墙混凝土施工配合比为：水泥用量60 kg/m^3，用水量约72 kg，水灰比1∶1.2，施工时掺入适量的速凝剂，其28 d抗压强度达到4.6 MPa，容重在2.1～2.3 t/m^{3}之间，弹性模量为4 500 MPa，渗透系数为2.2×10^{-3} cm/s，均达到设计要求。

表 6.6-5　挤压边墙混凝土施工配合比表

砂/kg	石子/kg		水/kg	水泥/kg	速凝剂/%	早强剂/%
	5～20/mm	20～40/mm				
858	634	634	72	60	2.4	0.48

6.6.3.3　挤压混凝土边墙施工

在填筑一层垫层料之前，采用挤压边墙机沿上游挤压制作形成一道半透水的混凝土挡墙，挡墙上游坡面与设计坝坡重合，挡墙高与每层垫料的填筑厚度一致，然后等待1～4 h后在其内侧按设计要求铺填垫层料、过渡料等坝料，再用振动碾碾压(平行于坝轴线方向)密实，待碾压等施工合格后重复以上施工工序，如此循环，与坝体不断同步上升。单层混凝土挤压墙的施工程序总体上可以归纳为三个阶段：阶段I，挤压式边墙成型；阶段Ⅱ，垫层料铺设；阶段Ⅲ，振动碾碾压(图6.6-6)。

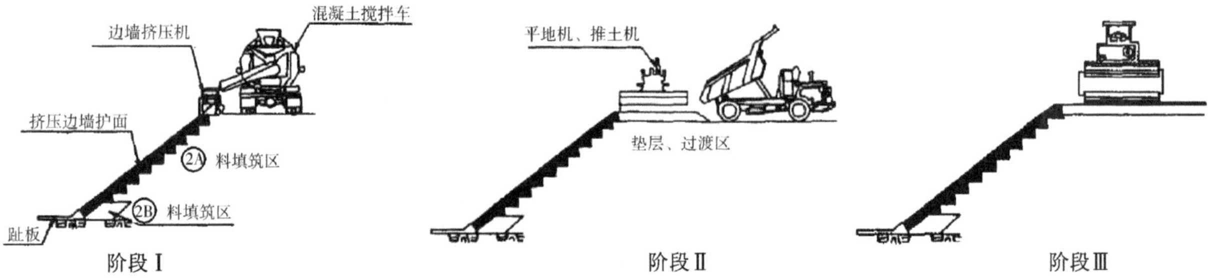

图 6.6-6　挤压边墙施工示意图

6.6.3.4　挤压混凝土边墙施工的特点

挤压式边墙施工技术与传统工艺相比，其优点为：

(1)水平碾压取代斜坡碾压。使用挤压式混凝土边墙施工技术后，将垫层料的水平碾压取代了传统工艺中的垫层料斜坡碾压，从而提高了上游坡面垫层料的密实度，保证了工程质量。

(2)上游垫层坡面施工与坝体填筑施工可同步进行，施工干扰小。

(3)挤压混凝土边墙施工技术减少了垫层料的超填、削坡、修整、斜坡碾压、涂抹砂浆等工序，不仅避免了垫层料的浪费，节省了填筑材料，还减少了超填碾压、削坡、修整、斜坡碾压、涂抹砂浆等的工作量。

(4)提高度汛能力。对于大、中型工程，尤其是在施工期需要坝体度汛(如采用砂浆抹面度汛)的工程以及在多雨地区施工的面板堆石坝工程来讲，使用挤压式混凝土边墙施工技术，能及时提供一个可抵御冲刷的上游坡面，从而使得其导流、度汛能力大大提高；同时，在施工过程中也防止了雨水对上游坡面的冲蚀，减少了冲沟的修复工作量。

(5)提高施工安全性。由于边墙在坡缘的限制作用，垫层(过渡层)在卸料过程中不会产生沿坡面离析和滚落，也不需要进行人工坡面修整和斜坡碾压，从而使上游趾板灌浆等安全作业性大大提高。

同时，由于混凝土边墙有一定的抗压强度，对垫层料有侧限作用，在沿边墙进行碾压时，提高了碾压设备的施工安全性。

（6）工序与施工设备、机具得到了简化，加快了施工进度。边墙施工的一般速度可达40～60 m/h，在混凝土成型后2 h左右即可进行垫层料填铺，两者可同步上升。坡面施工可随垫层区的上升一次完成，传统工艺需要的坡面平整和斜坡碾压设备、水泥砂浆施工模具等被挤压机取代，特别是人工修整作业量大为减少，从而节省了劳动力，加快了施工进度。

（7）边墙可提供一个规则、平整的坡面，加之工序简化，有利于施工管理。

（8）技术成熟、施工工艺简捷、可操作性强。

主要缺点：挤压墙刚度比传统的垫层坡面大，不能较好地适应坝体变形，需要在边墙坡面上沿面板垂直缝将边墙凿断，以减少边墙对面板变形的约束影响。

6.6.4 垫层料移动边墙施工新技术

6.6.4.1 垫层料移动边墙技术

察汗乌苏水电站挡水建筑物为混凝土面板砂砾石坝。坝高110 m，座落在深46 m的覆盖层上，坝顶长337.6 m，坝底最大宽度约400 m。垫层料相对密度设计要求达到0.90以上，施工难度较大。为加快施工进度，保证察汗乌苏面板坝的工期和质量，迫切需要研究一种垫层料施工新技术。经系统研究论证，最后确定采用垫层料移动边墙施工技术。

垫层料移动边墙挤压试验方案与挤压边墙原理相似，都是通过坐落在垫层料上的边墙为垫层料的约束体。移动边墙施工方案是将边墙安装在靠近已碾压完毕的垫层料斜面处，靠自重维持稳定。移动边墙为钢筋混凝土结构，在拌和站预制场预制。其尺寸为8 m×0.6 m×0.4 m（长×宽×高，可按设计坡比进行调整），顶部平面上设有吊环。单个活动边墙质量约5 t，采用25 t汽车吊装定位。移动边墙结构见图6.6-7。

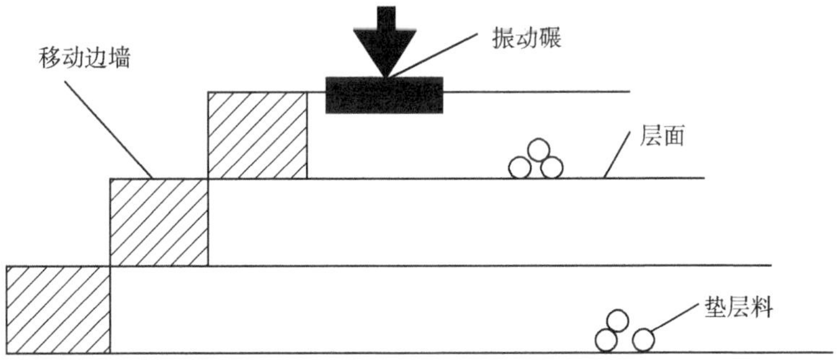

图 6.6-7 垫层料边坡移动边墙挤压试验斜坡模板施工断面示意图

在察汗乌苏水电站进行了两种试验方案的现场施工模拟试验，模拟填筑高度8 m，长50 m。现场试验结果表明，在振动碾的作用下，其振动应力向下和侧向传递并扩散，分别受到模板和边墙的阻碍得到挤压，采用边坡挤压模板方案，大坝垫层料相对密度可达到0.8以上，不能满足察汗乌苏水电站设计要求，垫层料移动边墙方案可使相对密度达到0.9以上，满足该面板堆石坝垫层料施工各项技术指标。

6.6.4.2 移动边墙技术的应用

1. 移动边墙的安装

在正式铺料前，先进行基础处理、测量放线，按照要求将坝料分区，用石灰划线标示，然后安装第一层边墙，第一层边墙内侧距设计边线12 cm左右，边墙用10 t自卸汽车运输，采用16 t汽车吊装，也可采用反铲吊装，1 h可安装80 m左右。第一层安装完毕后，人工配合装载机铺设垫层料，装载机配合自卸车、推土机铺设承重料，YZ20 t自行式振动碾碾压8遍后取样，检测合格后吊装第二层移动边墙，距离第一层移动边墙内边约1 cm～2 cm，第二、三层边墙施工方法基本与第一层相同，至第四层时，利用第一层的移动边墙，以此类推，循环使用。最后用反铲挖除多余三角区域的垫层料，辅以人工平整形成1:1.5的坡面，整理后砂浆固坡。

2. 检测结果及工程质量

采用垫层料顶部正常范围内及坡面取样两种测试方法评价移动边墙工艺的施工质量，垫层料取样深度达到下一层顶面为止。

根据现场19组垫层料质量检测结果可知，在铺设垫层料约43 cm、碾压8遍的条件下，干密度及相对密度均已达到较大值，其最大干密度为2.32 g/cm^3，最小于密度为2.29 g/cm^3，平均干密度为2.31 g/cm^3；最大相对密度为0.99，最小相对密度为0.92，平均相对密度为0.96。说明在垫层料正常施工范围内，其检测结果达到设计相对密度≥0.90的标准，满足施工要求。

垫层料在形成1:1.5坡面时，不可避免地会引起下部松动，检测发现，松动层最大厚度达到10 cm，最小厚度为3 cm。经分析，松动层厚度的大小与垫层料的粒径组成关系较大，粒径越大，松动层的厚度越大，反之则小。垫层料坡面的松动层会对该处法向密实度产生影响，为保证施工质量，施工中，可以采取以下两种措施加以解决：①采用振动平板沿垫层料边坡坡面振动使之密实；②固坡时，在垫层料边坡坡面喷水湿润，而后振动碾压砂浆，使坡面表层垫层料得到胶结。察汗乌苏水电站采取了第二种措施对松动层进行处理，并现场法向取样24组进行检测，得到最大干密度为231 g/cm^3，最小干密度为2.27 g/cm^3，平均干密度为2.29 g/cm^3；最大相对密度为0.96，最小相对密度为0.90，平均相对密度为0.93。检测结果表明，采用该施工技术，垫层料可达到设计要求的相对密度，工程质量满足设计和规范要求。

6.6.4.3　移动边墙模板施工新技术效益分析

以垫层料移动边墙挤压新技术，替代传统上游坡面防护技术中采用的超填、削坡、斜坡碾压、坡面防护等施工方法，缩短了工期，加快了施工进度，提高了经济效益。各施工技术经济比对见表6.6-8。由表6.6-6可知，采用垫层料移动边墙挤压新技术比较经济，总费用仅是传统方法总费用的47%，是采用挤压边墙总费用的56%。

表6.6-6　垫层料上游面施工技术经济对比　　单位：万元

施工方法	超填费用	削坡费用	斜坡碾压费用	固坡砂浆费用	总计
传统方法	69.3	55.44	103.95	51.97	280.66
挤压边墙	-	-	-	236.77	236.77
移动边墙	-	11.55	69.3	51.97	132.82

注：坝高110n，宽350 m，迎水坡比1:1.5。

垫层料移动边墙挤压技术与传统施工方法相比，减化了施工工序，提高了施工进度，加大了施工灵活性，降低了工程造价，此外固坡砂浆与垫层料施工基本一步到位，及时为面板提供了一个均匀、稳定并具有低压缩性、高强度的优良工作基面，该面还可以在汛期起到挡水的作用，缓解了工程度汛压力。综上，移动边墙挤压技术的应用，对于混凝土面板堆石坝垫层料施工技术的发展起着积极的推动作用。

6.7　沥青混凝土心墙坝施工技术进展

6.7.1　沥青混凝土心墙分类

沥青混凝土防渗墙从结构上可以分为斜墙（包括防渗面板）、心墙两大类。从施工方法上说，可以分为四类。

（1）碾压式防渗墙：将热拌和后的沥青混合料按一定的厚度摊铺在铺筑部位上，然后用适当的压实设备碾压。国内已建百米级以上的碾压式沥青心墙坝。

（2）浇筑式防渗墙：将热拌和后的沥青混合料浇筑后靠自重压密，不需要碾压设备。多见于坝高不超过50 m的沥青心墙坝。

（3）装配式防渗墙：将沥青混合料预制成沥青板，运到现场再装配成防渗体，一般仅用于表面防渗。国内较少采用。

（4）填石沥青防渗墙：将热拌细粒沥青混合料摊铺好，在其上摆放块石。然后用大型振动器将块石振捣沉入混合料中，目前很少采用。

根据新疆独特的气候特点及施工季节，目前多采用碾压式或浇筑式。新疆克拉玛依水工沥青是目前国内最好的沥青，根据这一资源优势，水利建设者规划、设计、施工了一大批沥青心墙坝，如吐鲁番坎尔其水库大坝、克孜加尔水利枢纽大坝均采用碾压式沥青心墙；恰甫其海上游围堰、喀腊塑克上游围堰为满足导流度汛要求，充分利用枯水期冬季采用浇筑式沥青心墙，创造了单月上升30 m的浇筑强度。坎尔其水库沥青混凝土心墙施工的成功实践，是我国中小型沥青混凝土心墙施工技术的一次飞跃。它在工艺流程和质量检测控制手段、设备的研创制造方面均有创新和发展，具有推广应用价值。这批沥青心墙坝的建设为规划设计积累了丰富的经验，目前沥青混凝土在新疆水利工程中的应用越来越被重视，并在新疆坝工建设中已有了长足的发展，仅百米级以上沥青心墙坝就达8座之多。

6.7.1.1 坝体填筑施工技术

1. 克孜加尔沥青心墙坝施工技术

克孜加尔水利枢纽水库总库容为1.76亿m^3，最大坝高64.00 m，正常蓄水位650.0 m，死水位646.5 m，坝顶高程657.0 m。坝顶长355 m，坝顶宽8 m，上游坝坡1∶2.25～1∶2.1，下游坝坡1∶2.0，局部1∶1.8。在高程633.5 m处与上游围堰结合。

坝址处河谷呈"U"型，宽80 m，正常高水位650 m时河谷宽280 m。左坝肩岸坡较陡，边坡稳定条件较差，右坝肩岸坡稍缓，边坡稳定条件较好。大坝布置型式是上游围堰与之结合的沥青混凝土心墙坝，根据进度安排，在第二年9月初截流后～来年5月汛前，上游围堰需填筑至挡水高程633.50 m，而围堰下游坡填筑后将覆盖大坝心墙基础，导致心墙基础无法施工。为解决各项目工序之间的施工干扰，使工程顺利有序进行，将围堰分为三区填筑，且大坝基础处理及部分填筑与其同步进行。

大坝沥青混凝土心墙位于坝轴线上游3.25 m处，顶高程656.50 m。在高程630.0 m以上心墙厚度为0.5 m厚，以下为0.8 m，在底部做放大脚与基础相连。心墙设计量为0.85万m^3，其施工方式采用碾压式。

按照大坝施工进度，沥青混凝土心墙月施工强度为700 m^3/月，沥青混凝土日生产能力不低于7 t/天。受大坝左右岸地形条件及道路布置的限制，大坝沥青混凝土拌和系统布置在坝下游左岸约1 km处，在其附近布置骨料堆放场及沥青储存场。

沥青混凝土拌和系统由沥青加热系统、矿料加热系统、拌和系统三部分组成。沥青拌和站由沥青加热锅、滚筒式骨料烘干机、强制式沥青混凝土搅拌机、骨料称量设备、沥青计量系统组成，形成上部配料加温、中部拌和、下部保温汽车接装运输。

沥青心墙与两侧过渡层同时铺筑、同时碾压，相互胶结。坝体填筑分区、分层进行，用振动碾进行碾压，确保充分压实。沥青混凝土心墙机械化施工是采用专用心墙摊铺机进行沥青混合料的铺筑，心墙沥青混合料和两侧的过渡料同时摊铺，摊铺机具有预压的功能，沥青混合料和过渡料的终碾由振动碾完成。

机械化施工沥青混合料由8 t保温自卸汽车自沥青混凝土拌和站运输至现场，卸入心墙专用摊铺机受料斗，铺筑机层面加热、摊铺、人工辅助；过渡料采用15 t自卸汽车运输，卸入过渡料受料斗，摊铺机初碾。沥青混合料采用1.0 t～1.5 t振动碾终碾，过渡料采用2.5 t～3.0 t振动碾碾压。

心墙两端与坝肩的接头处采用人工摊铺，用活动钢模控制渐变段边线，用喷灯烤热层面后卸料入仓，人工平仓后，先采用2.5 kW震动板震动，再用2 t小碾压实。

不包括上游围堰工程量，大坝主要工程量：土方开挖12.85万m^3，石方开挖2.35万m^3，大坝砂砾石料填筑106.14万m^3，过渡料8.63万m^3，沥青混凝土心墙0.85万m^3，上游抛石护坡0.24万m^3，混凝土1.05万m^3，干砌石护坡1.54万m^3，浆砌石0.34万m^3。

工程2010年8月份截流，2012年11月大坝建设完工。

2. 国产沥青混凝土心墙摊铺机

国产水工沥青混凝土心墙摊铺机（XT120—95）的研制始于20世纪80年代，主要是由西安理工大学完成的。研制的心墙摊铺机先后在新疆坎尔其、四川洞塘等沥青混凝土心墙工程中得到应用。随后新疆施工的大量沥青心墙坝都采用了此项技术，取得较好效果。

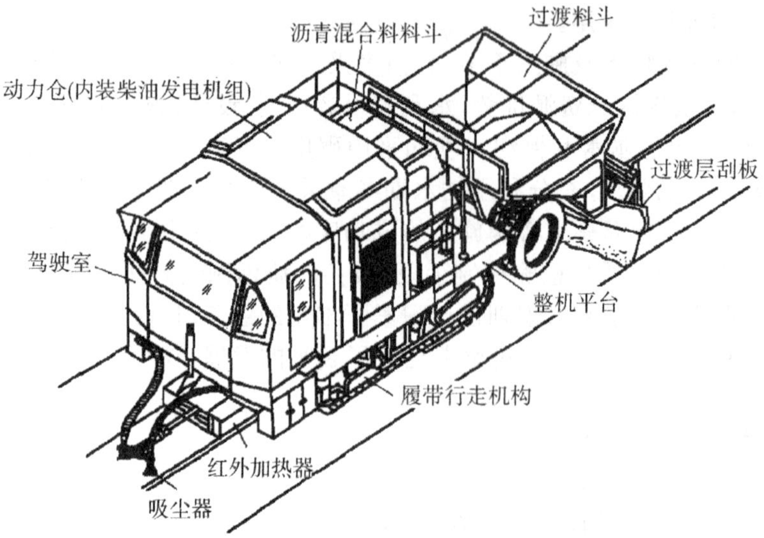

图 6.7-1 XTl20—95 型沥青混凝土心墙摊铺机

XTl20—95型心墙摊铺机是性能较完善的自行式联合摊铺机，根据心墙和两侧过渡料施工的要求，该机主要由以下几大部分组成。

① 吸尘器。其主要作用是吸走已铺层面上的脏物，清洁心墙表面，以利于心墙的层间结合。本机采用摆动吸口式吸尘器，来适应层面宽度变化的需要。

② 加热器。其主要作用是在摊铺新一层心墙时，将前一层的表面加热到70℃～90℃，保证新、老层间的结合牢固。取样分析时，看不到分层界面。本机采用电远红外加热器，避免明火直接接触心墙面，并设有温控装置，防止温度过高，引起表面沥青老化。

③ 驾驶室。安装操纵控制系统的操纵手柄、驾驶员工作室。驾驶室面积为3 000 mm×1 800 mm。本机驾驶室空间较大，而且采用空调驾驶室，操作人员工作环境舒适，以利于提高工作效率。

④ 动力仓。动力设备安装处，本机采用柴油发电机组作动力，整机功率120 kW，充分考虑了冶勒海拔高程较高，对柴油机功率的影响。

⑤沥青混合料斗。沥青混合料斗位于动力仓之后，根据摊铺机生产率（36 t/h）的要求，料斗容量设计为2.5 m^3，料斗四周设置有保温层，下部斗壁内还设置有备用加热器，可以有效地减少施工中沥青混凝土冷结事故的发生。料斗设在中部，简化了沥青混合料的供料机构，使整机运行更加可靠。

⑥ 振动滑模。沥青混合料通过振动滑模初压成型，由于采用了高效的水平力激振器，其初压密实度高，不易产生缺陷，同时在振动状态下大大减小了滑模移动的阻力，使摊铺过程平稳可靠。而且振动滑模采用串联油缸可无级调宽，并通过传感器将宽度值显示在控制台上，宽度范围为0.6 m～1.0 m，最大固定宽度为1.2 m，以适应于不同坝高对心墙宽度的要求。

⑦ 履带行走装置。本机采用履带行走装置，通过控制系统可实现两履带的差速调整和同步运行，控制机械的开行路线。传动机构采用行星减速和专用变速箱相结合，能满足特大减速比的特殊要求，同时也满足机械慢速工作和快速返回的需要。

⑧ 过渡料车。过渡料车单独由轮胎支承，悬挂于铺筑机械的后端。这样，运输时它可与整机分离；工作时整机重心分布合理，减轻了对主车架的负荷。过渡料车附带刮平板控制装置，以调整过渡料的铺筑厚度。过渡料斗容5.0 m^3。

⑨ 控制系统。本机有两大控制系统，一是整机方向控制系统；二是过渡料平整度控制系统。

⑩ 机架。本机采用整体式车架，便于布置各工作部件，以及提高整机的稳定性。由于本机工作行驶速度很慢，选用整体式车架是合理的。

从图6.7-1中可以看出，该机最前端是吸尘器，其后依次是加热器、驾驶室、动力仓、沥青混合料斗。在沥青混合料斗下部是振动滑模。摊铺机最后端是拖挂的过渡料车。履带行走装置是行走在已压实的过渡料层上，这样能减少行驶阻力以及利于心墙摊铺厚度均匀；沥青混合料斗放在动力仓后面，振动滑模与料斗出口直接相接，这样既保持了成型时混合料的温度，又使整机布置紧凑，减少输送沥青混合料的机构，使整机结构简单、可靠。下面给出的是XT120—95型心墙摊铺机的主要性能参数：

心墙摊铺宽度：无级可调 0.6 m～1.0 m

固定宽度 1.2 m

摊铺层厚度： 0.2 m

过渡层铺筑宽度： 2 m×1.5 m

摊铺速度： 1～2.5 m/min

空行速度： 10～20 m/min

沥青混合料摊铺理论生产率：36 t/h

整机功率： 120 kW

沥青混合料料斗容量： 2.5 m^3

过渡料料斗容量： 5.0 m^3

单侧履带接地（长度×宽度）：3 035 mm×400 mm

整机自重： 22 t

外形尺寸：长×宽×高=8 748 mm×4 200 mm×3 400 mm

通过多个工程沥青混凝土心墙施工质量检测的结果，工程芯样各项性能都达到了设计要求，工程质量良好。牵引式摊铺机能满足沥青混凝土心墙施工的要求，施工质量较好。

6.7.1.2 浇筑式沥青心墙脱模工艺

喀腊塑克浇筑式沥青心墙利用冬季进行施工，并对心墙脱模工艺进行了专门研究。沥青混凝土入仓浇筑后，待沥青混凝土表面温度降至110℃左右时脱模，一般等待30 min左右人工拔出模板。两边模板同时垂直提升，提升时将粘在模板上的沥青混凝土及时清理铲掉。

（1）关于模板与沥青混凝土隔离。在模板与沥青混凝土的隔离问题上，先后采用了涂刷隔离剂、柴油、机油，还做了洗衣粉水、洗衣粉水与滑石粉溶液的涂刷试验，通过试验与现场施工，除隔离剂（甘油：滑石粉，重量比2:1）能有效脱模外，其他均不能达到有效脱模。但隔离剂造价较高且遇到有油的模板刷不上去，造成局部粘接，最后确定用粘贴牛皮纸的办法，经过试验效果很好，在如何把牛皮纸贴在模板的问题上，经多种粘接方式试验后最后决定用胶带粘贴，效果不错。但在寒冷（−10℃以下）和有霜冻的情况下胶带不能很好地与钢模板粘贴，施工时采取了火烤或集中在帐篷里贴纸的办法，解决了在寒冷和有霜冻的情况下牛皮纸无法与钢模板粘贴的技术难题。

（2）关于拔模时间问题。在拔模时间问题上，一直没有定论，但按施工进度应该越快越好。在心墙两侧填有密实过渡料的情况下，要想等到沥青混凝土冷却硬化后拔模，需要很长的时间。通过现场浇筑，为了减少拔模后过渡料对未硬化的沥青混凝土挤压而发生变形，一般在浇筑后1小时左右拔模。但在气温很低的情况下刚浇的沥青混凝土表面遇冷空气时硬化，加上表面油量较多强度低，而在内部温度较高，仍然有流动性，这时拔模表面就容易拉裂，要解决表面裂纹问题，一个办法就是等沥青混凝土硬化，拔模后不发生变形，另一个办法就是尽快拔模，未等表面硬化就拔模。现场试验采用后一种方法拔模，发现沥青混凝土表面局部有细小的裂纹，经过认真分析研究，认为后浇层沥青混凝土温度在130℃～150℃之间，结合层若遇到高温时，裂纹会自愈，经过在沥青混凝土防渗心墙取芯检查，其层面结合良好，下层表面无裂纹。

6.8 土石坝填筑施工过程质量控制关键技术研究与应用

6.8.1 概述

在过去的几十年，我国建设了一大批水利水电工程，其中有近70%大坝为土石坝，但在土石坝施工结束后，大坝一般均会出现不同程度的沉降，如面板脱空、面板折断、心墙拉开等问题，直接导致大坝漏水严重，在很大程度上影响了整个水利工程运行的安全与可靠。通过事后分析可知，主要原因是大坝填筑施工质量较差，大坝坝料碾压不密实，导致了大坝施工结束后出现了较大沉降，从而引发相关工程问题。随着室内和现场试验以及理论分析水平的不断提高，工程技术人员对筑坝土料压实特性的认识也逐步深入。结合现代碾压机械在大坝填筑中的应用现状，为了保障大坝的顺利建设和安全运行，土石坝填筑标准的确定日趋合理化，大坝施工碾压方式和参数的优化组合更加合理，大坝碾压质量评价体系逐渐完善。加之信息化技术的飞速发展，应用物联网技术、云计算技术、大数据整理分析技术等，改变传统的大坝施工过程监控的监理旁站方式，将整个大坝填筑施工过程实时图像化地展示在工程建设管理人员面前，可以实现参数偏离报警等功能，保证施工质量。另外，碾压机械无人驾驶技术，实现大坝填筑的智慧化施工与管理，提高大坝填筑施工质量，保证施工进度，为水利水电工程运行的安全与可靠提供重要的技术支撑。

6.8.2 大坝填筑施工过程质量控制重要节点

6.8.2.1 土石坝填筑施工质量评价依据

土石坝坝料的一般物理工程特性中，土体密实度对其工程特性影响起关键控制作用。土体的密实程度对其变形特性、强度特性、渗透特性和地震动力特性等均有重要影响。总体来讲，土体的密实程度越高，其所表现出来的工程特性越有利于坝体的结构安全稳定。尤其是对于坝体变形这一高土石坝安全的控制性条件，控制好坝体的填筑密实度，坝体变形特性就可以得到较好的控制。因此，大坝坝体的压实密度是土石坝填筑施工质量控制和评价的核心依据。对于高土石坝的常用主体填筑材料，砂砾料和爆破堆石料分别采用相对密度和孔隙率来表征其压实密度。同时，对土料压实密度起重要影响的土料级配特性也是大坝施工质量控制和评价的重要参考依据，坝料的级配特性和其压实特性是相关联的，同时也对大坝坝体的渗透特性等有重要影响。

在大坝的填筑压实密度标准确定后，技术方面就是采用经济合理的碾压方式和碾压参数达到设计的土体密实度要求，同时对坝料的级配进行校核，管理方面就是要保证既定的碾压方式和碾压参数能够在实际施工中得到严格执行。

6.8.2.2 土石坝碾压施工过程控制参数

在水利水电工程的大坝填筑施工过程中，为了保证大坝填筑施工质量，需要对大坝填筑碾压施工过程进行重点监控，保证施工质量满足设计要求，从而保证大坝在运行过程中的安全与可靠。

大坝施工过程中的控制参数主要由以下几个方面：

（1）铺料厚度。大坝坝料摊铺厚度是决定坝料是否能够达到设计所提出的压实标准的关键。通过大坝填筑施工前所进行的碾压试验，可以确定在一定的大坝压实功下的最佳压实厚度。按照确定得到的坝料摊铺厚度进行坝料摊铺，是决定坝料压实质量的最基本的因素。

（2）坝料洒水量。坝料洒水量也是大坝填筑过程控制的重要指标，尤其是对于粘性土来说，坝料洒水量是影响大坝碾压施工的最重要的指标。

（3）碾压遍数。碾压遍数是保证坝料能够均匀压实的最重要的控制指标，也是最直接的指标，是在大坝填筑施工过程传统管理模式中最重要最直接的控制因素，通常通过监理旁站盯碾子数遍数进行控制。劳动强度大，且效果不好。

（4）碾压速度。碾压速度一般是相关标准规范所规定的，另外也结合碾压试验确定的在保证坝料压实质量条件下的最大施工效率的施工碾压速度，采用常规的施工过程管理方法，很难使碾压速度完全按照制定的标准实施。

（5）碾压振动频率。碾压振动频率是大坝碾压设备输出的坝料压实激振力的直接控制指标，通过碾压振动频率的控制，可以保证大坝坝料碾压过程中的激振力的输出保证，是施工过程中重要的控制指标。

6.8.3 大坝填筑施工过程质量控制关键技术

6.8.3.1 砂砾料现场相对密度试验技术

本着因地制宜、就地取材的设计原则，以砂砾料为主体筑坝材料的土石坝（主要包括面板坝和心墙坝）在新疆的水利水电建设中扮演了重要角色，有数量众多的砂砾石坝已经建成、正在建设或者即将建设。砂砾料的密实度通常用相对密度来表征，相对密度是大坝设计填筑标准的基本控制量，也是大坝施工质量评价的基本依据。

1. *砂砾料相对密度的概念*

砂砾料的相对密度可以用最疏松状态孔隙比和实际孔隙比的差值与最疏松状态孔隙比与最紧密状态孔隙比的差值之比来表达，也可以用实际干密度和最大干密度及最小干密度间的关系来表达：

$$D_r=\frac{e_{\max}-e}{e_{\max}-e_{\min}} \quad （式8.3-1）$$

$$或\ D_r=\frac{\rho_{d\max}(\rho_d-\rho_{d\min})}{\rho_d(\rho_{d\max}-\rho_{d\min})} \quad （式8.3-2）$$

式中：D_r——相对密度；$e_{\max}$——最疏松状态下孔隙比，即最大孔隙比；e——实际孔隙比；$e_{\min}$——最紧密状态下孔隙比，即最小孔隙比，$\rho_{d\max}$——最紧密状态下干密度，即最大干密度；$\rho_{d\min}$——最疏松状态下干密度，即最小干密度；ρ_d——实际干密度。

由以上相对密度的定义可知，要确定一定干密度下砂砾料的相对密度，首先是要确定砂砾料的最大、最小干密度。已有研究成果表明，砂砾料中粗粒土的含量（P5）对其最大、最小干密度值具有重要影响。因此，实用中的最大、最小干密度值都是针对不同的粗粒土含量而言的。不同相对密度试验方法确定不同粗粒土含量的最大、最小干密度存在差异，因此对于同样的干密度，对应的相对密度也不同。目前主要是通过室内缩尺土料相对密度试验来确定砂砾料的最大、最小干密度。近期，中国水科院则结合多个实际工程，采用现场原级配土料大型相对密度试验的方法来确定砂砾料的最大、最小干密度指标。

2. *室内相对密度试验及其局限性*

室内相对密度试验目前主要是采用振动台击实法确定土料的最大干密度，也有通过室内大型相对密度桶结合大功率击实仪的方法确定土料最大干密度。由于大型相对密度桶结合大功率击实仪方法的成本较高，目前开展的试验成果并不多见。通过振动台确定砂砾料最大干密度试验，机械振动台装置是从下至上的振动，与压实过程正好相反。而表面振动器法又称振动夯法。该法可以模拟现场振动压路机在材料表面的作业状况，可通过变频器调节偏心电机旋转角速度而获得不同的压实（激振）频率，同时通过调节偏心质量可产生不同的离心力，使得整个激振器的名义振幅发生变化，以此模拟振动压路机的振动情况。

由于受室内试验设备尺寸等限制，目前多是采用经过缩尺处理的模拟级配砂砾料进行试验，试验结果不能反映现场实际，工程质量检测中易于出现相对密度大于100%的情况，说明室内相对密度试验方法很难得到真实的最大干密度值。也有学者采用室内缩尺模拟级配相对密度试验结果外推现场原级配土料最大、最小干密度的。如FrostR.J.根据库加尔坝和塔贝拉坝的压实资料，采用剔除超粒径料的外推方法确定大粒径堆石料的最大密度，因试验设计拟合参数及外推目标不够理想，仅能用于粒径小于100 mm的原型级配材料；如朱晟、朱俊高和佟丽欣等提出缩尺原级配作为模型级配进行相对密度试验，采用相似级配法、等量替代法、剔除法和混合法进行缩尺，最大粒径为10 mm、20 mm、40 mm、60 mm、80 mm和100 mm，通过对模型级配得到的最大、最小干密度进行拟合和线性回归分析，外延推求原级配的最大、最小干密度。但是因缺少现场试验结果的验证，这些由室内小粒径模型级配外推大粒径原级配得到结果是否存在误差或误差多大还有待研究。

3. *现场大型相对密度试验*

现场大型相对密度试验是在工地现场，使用大型相对密度桶采用松填法等方法确定不同含砾量原级配砂砾料的最小干密度指标，再在最小干密度测试完成后，采用大坝实际施工碾压机械进行强振碾压方式确定最大干密度指标。最小干密度的测试方法和室内试验相比较，除了密度桶的尺寸更大外，其他基本一致，最大干密度由压实施工机械强振碾压确定，土料的压实原理如图6.8-1所示。图6.8-2是正在进行阿尔塔什面板坝筑坝砂砾料最大干密度现场测试。

现场相对密度试验密度桶尺寸大，可以进行原级配或者接近于原级配的原型砂砾料进行试验，基本可以消除室内缩尺试验中尺寸效应对试验结果的影响。最大干密度试验，采用实际施工碾压机械进行强振碾压，这些施工机械的击实功能大，压实机理也和现场施工实际情况基本一致。现场大型相对密度试验用料为原型筑坝砂砾料，最大、最小干密度确定过程和实际施工条件基本一致，试验确定的砂砾料相对密度指标可以基本反映实际，可以不加修正地直接应用于确定砂砾料填筑标准，进行大坝压实质量评价。

中国水科院结合新疆的阿尔塔什面板砂砾料－堆石混合坝（大坝填筑正在进行中，最大坝高164.8 m），玉龙喀什面板砂砾料－堆石混合坝（可研阶段，最大坝高230.5 m），大石峡面板砂砾料－堆石混合坝（可研阶段，最大坝高247.0 m）和大石门沥青心墙砂砾石坝（大坝即将开始填筑施工，最大坝高128.8 m），为新疆地区已建和在建的第一高沥青防渗材料坝）等工程，开展了原级配筑坝砂砾料现场相对密度试验，确定了不同含砾量土料的最大、最小干密度指标，研究了原型砂砾料的压实特性。

这些基于实际工程的试验研究结果表明，现场大型相对密度试验确定的最大干密度指标远高于室内缩尺试验结果，不同含砾量土料的最大干密度值能够涵盖以往料性接近工程实际施工检测结果，可以认为是相对真实的“最大干密度”，实际试验结果表明了试验方法的可信性。砂砾料现场大型相对密度试验成果，可以通过相对密度三因素图予以表征，从三因素图中不仅可以确定不同含砾量土料的最大、最小干密度指标，还可以确定不同相对密度值对应的绝对干密度值。图6.8-3是玉龙喀什砂砾料现场大型相对密度试验成果三因素图。从图6.8-3可以看出，砂砾料的最大、最小干密度值，均表现出随着含砾量增加而先增加、后减小的趋势，存在有最优含砾量特征值。不同料性砂砾料的最优含砾量特征值也有所不同，例如卡拉贝利筑坝砂砾料为69.0%左右，阿尔塔什和玉龙喀什筑坝砂砾料为76%左右，大石峡筑坝砂砾料为78.0%左右。

阿尔塔什工程大坝填筑现场挖坑实际检测结果表明，检测干密度测试结果也均包含在现场大型相对密度试验测试最大、最小干密度之间，现场大型相对密度试验结果涵盖了碾压后砂砾料的实际压实干密度，侧面说明了原相对密度试验结果的可信性。

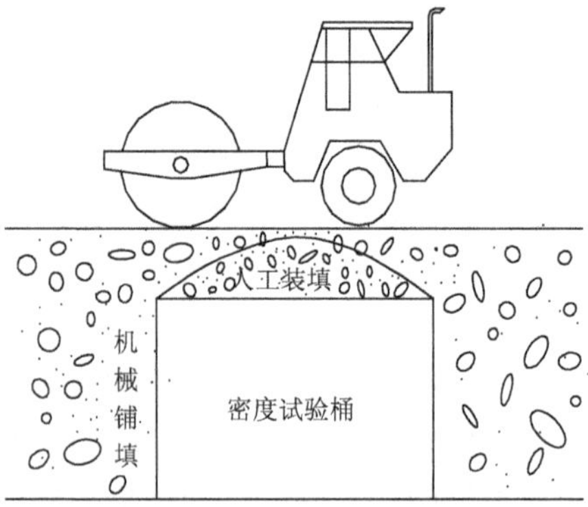

图 6.8-1　现场大型相对密度试验基本原理图

图 6.8-2　现场大型相对密度试验的实施

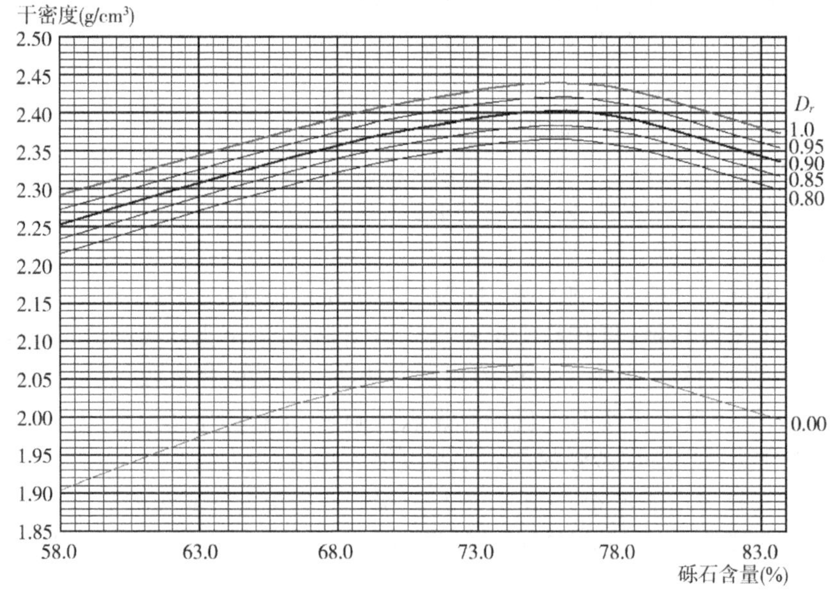

图 6.8-3　现场大型相对密度试验确定的相对密度三因素图

6.8.3.2 大坝坝料碾压试验

坝料现场碾压试验，是在工地现场采用实际施工机具针对原型筑坝土料，按照设计选定的基本施工方法，进行多工况的对比试验，分析不同因素对土料压实效果的影响，从压实质量和施工成本两方面，综合确定大坝施工碾压参数。而对于砂砾料来讲，为了评价不同碾压参数碾压层的压实质量，需要在碾压开展以前先期进行前述现场大型相对密度试验，确定砂砾料的相对密度特性指标（主要包括最大、最小干密度等）。

碾压试验最重要的测试和分析工作是对不同参数组合压实后的坝料碾压层进行干密度检测和级配分析。一方面是主要基于干密度试验成果，对大坝填筑的施工碾压参数进行研究，确定既能满足设计填筑标准又能兼顾施工成本的坝料碾压参数。另一方面，考虑到砂砾料级配特性对压实所起到的关键性作用，碾压试验级配分析工作还应当能够起到校核坝料设计级配和检验料场土料级配特性的作用，对料场料源质量进行复核。

基于当前我国碾压式土石坝施工的实际情况，现场碾压试验需要进行的影响因素（碾压参数类别）分析工作包括碾压机具的选择、行车速度、碾压遍数、铺土厚度、洒水量和振动碾振动频率的确定等。

以上这些碾压参数的确定，除了以上要考虑到的压实质量和施工成本，还要考虑到现场施工和大坝设计的实际情况。例如，施工机具的选择应当考虑工程所在地和施工单位的实际情况，当前新疆地区在建高土石坝施工采用26 t和32 t自行式平碾较多；对于铺土厚度的选择，不管是临近挤压边墙的垫层料还是后部的过渡料、主堆料，铺土厚度都应当考虑到和挤压边墙的高度相协调，很多工程垫层料的铺土厚度都选择挤压边墙厚度的一半，而过渡料和主堆料的铺土厚度则为垫层料的两倍，和挤压边墙高度一致。

基于前述现场大型相对密度试验的成果，中国水科院先后开展了阿尔塔什面板坝和玉龙喀什面板坝筑坝坝料的现场碾压试验研究工作。

现场碾压试验应当选择在地基坚实、场地平整开阔的地点，不宜离碾压试验土料料源地太远。试验用土料应当具有代表性，若有多个料场，应选择储量较大的料场。在进行洒水影响分析试验时，应该根据土料和试验场地的实际情况控制好洒水工作：在能够保证充分入渗的前提下，洒水应当尽快完成，避免大量蒸发，且保证洒水的均匀性；对垫层料等洒水不宜入渗的情况，应有足够的时间保证洒水入渗和洒水均匀，但时间也不宜过长蒸发和外流使得坝料实际含水量难以把握，需在试验中灵活把握。

图6.8-4给出了阿尔塔什筑坝主堆砂砾料和垫层料碾压试验时现场洒水的情况。分区洒水和碾压前，均需对场地进行清晰划线，并在各试验工况区之间预留足够的缓冲区域，保证各工况区内的实际压实参数和预设一致。图6.8-5是玉龙喀什筑坝砂砾料现场碾压试验洒水和碾压前的场地分区情况。各试验区按照预定碾压参数碾压完成后，进行挖坑检测，相关操作可以参考现行试验规程，实际试验过程中应当注重细节和加强流程管理，保证试验数据的可靠性。

碾压试验主要的测试内容是确定碾压后大坝碾压层的干密度和土料级配情况。基于挖坑检测基本成果，进行碾压试验初步成果分析。各工况区挖坑检测干密度成果分析时，应当对比对应挖坑级配分析成果，将严重偏离设计级配挖坑的密度成果予以剔除，以免局部失真结果造成最终定性和定量分析的误差。例如，在阿尔塔什主堆砂砾料干料铺土厚度100 cm，碾压遍数为8遍时的干密度成果分析中，3号挖坑的土料级配严重偏离设计包线，不具备可参考价值，在最终的成果分析中予以剔除，相应的干密度成果分析和对应土料级配情况如表6.8-1和图6.8-6所示。坝料的级配分析，除以上配合进行干密度分析外，还有设计级配包线进行校核和复核料场级配情况的作用，图6.8-7是玉龙喀什所有挖坑检测土料级配曲线的汇总及其与设计特征包线的对比。

挖坑检测和成果初步分析完成后，最重要的工作是基于试验成果进行多因素对比分析，确定质量可靠、经济效益优越的施工碾压参数组合，并对设计级配特征包线和料场料源质量进行评价，提出相应工程建议。关于碾压参数的确定，主要是基于挖坑检测干密度分析成果，考虑经济因素，寻求主要控制因素和压实密度间的关系拐点，确定合理的施工碾压参数，具体包括碾压机具类型和型号、行车速度、碾压遍数、铺土厚度、洒水量和振动碾振动频率等。碾压参数的确定中，要结合工程实际，综合确定最终的建议施工碾压参数。

施工质量可靠、经济效益优越是确定大坝施工碾压参数的基本依据和根本目标。寻求各主要控制因素同压实密度间的关系拐点，是确定合理的施工碾压参数的基本落脚点。

例如阿尔塔什工程，首先根据施工单位设备配备情况初步确定施工机械为32 t自行振动平碾；再根据铺土厚度、碾压遍数和洒水量同压实干密度间的对应关系，并考虑到挤压边墙的设计高度（80 cm高），综合确定主堆砂砾料的碾压铺土厚度为80 cm，洒水量控制在10%（以洒水和土料的体积为依据），碾压遍数为10遍；实际试验结果表明，32 t自行式平碾开强振档并将行车速度控制在3 km/h以内，则以上碾压参数组合可以保证坝料压实达到设计填筑标准。所以，基于现场大型相对密度试验成果，根据现场碾压试验相关影响因素分析，最终确定阿尔塔什筑坝主堆砂砾料的施工碾压参数组合为：32 t自行振动平碾，铺土厚度为80 cm，洒水10%，行车速度控制在3 km/h以内，强振碾压10遍。图6.8-8给出了铺土厚度、洒水量和碾压遍数同压实干密度间的对应关系，并以此作为相关影响因素拐点确定的依据。

土料级配分析成果一方面可以配合进行干密度检测成果的分析解释，另一方面则可以对碾压试验土料料源质量进行评判，同时结合干密度检测成果对设计级配进行评价和改进。首先，比较挖坑检测结果同各设计特征级配曲线间的关系，再对比考察挖坑检测级配和密度间的关系，验证设计级配的合理性，对设计级配提出调整建议：若上下包线外围一定范围内级配对应的干密度检测成果较理想，则建议设计将包线范围适当扩大，若上下包线内部一定范围内的压实效果较差则适当压缩上下包线范围。同时，还要对比勘察资料，对料场料源的级配进行复核，供后续施工取料时参考采用。

图 6.8-4　阿尔塔什坝料现场碾压试验洒水情况

图 6.8-5　玉龙喀什坝料现场碾压试验场地分区

表 6.8-1　阿尔塔什主堆砂砾料碾压试验干密度成果分析示例

<table>
<tr><th>碾压遍数</th><th>试坑编号</th><th>干密度/(g/cm³)</th><th>砾石含量</th><th>最小干密度/(g/cm³)</th><th>最大干密度/(g/cm³)</th><th>相对密度</th><th>平均干密度/(g/cm³)</th><th>平均相对密度</th></tr>
<tr><td rowspan="4">8</td><td>1</td><td>2.316</td><td>79.430</td><td>2.035</td><td>2.409</td><td>78.179</td><td rowspan="4">2.302</td><td rowspan="4">77.216</td></tr>
<tr><td>2</td><td>2.251</td><td>84.400</td><td>1.968</td><td>2.360</td><td>75.671</td></tr>
<tr><td>3</td><td>2.240</td><td>68.390</td><td>1.958</td><td>2.350</td><td>75.412</td></tr>
<tr><td>4</td><td>2.339</td><td>76.400</td><td>2.066</td><td>2.431</td><td>77.798</td></tr>
</table>

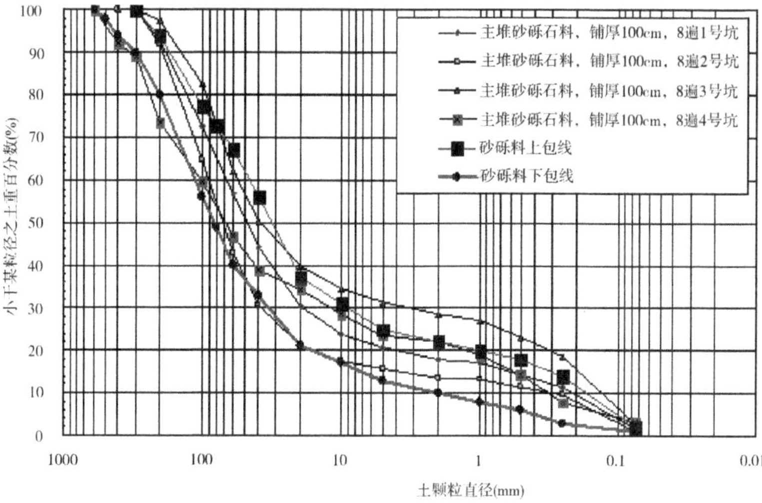

图 6.8-6　阿尔塔什主堆砂砾料碾压试验级配分析成果示例（和表 6.8-1 相对应）

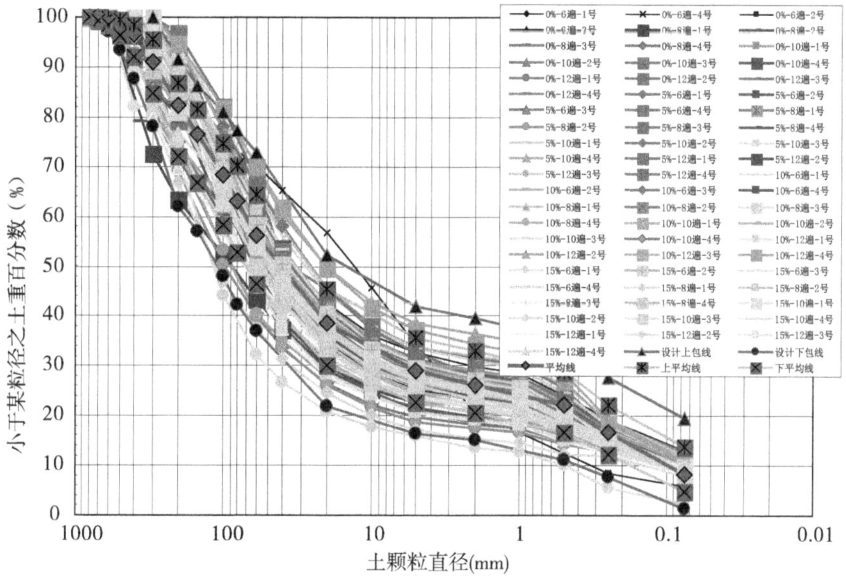

图 6.8-7　玉龙喀什挖坑检测土料级配汇总及其与设计特征包线的对比

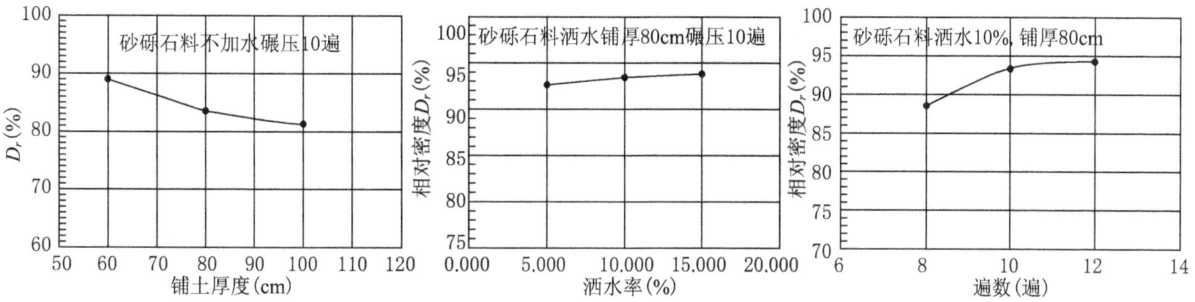

图 6.8-8　阿尔塔什主堆砂砾料压实干密度同不同影响因素间的对应关系

6.8.4　大坝填筑施工智能压实技术的应用

6.8.4.1　智能压实技术的发展

1. 智能压实概述

智能压实是从早期智能压路机的概念演变而来的，实际是智能压实控制（ICC）的简称，也是连续压实控制技术的进一步发展。按照最初的含义，智能压实是通过一个带有控制系统的振动压路机来实现的。该控制系统通过采集到的能够反映压实质量的信息来持续调节压路机性能参数，如振动轮的振幅、频率、激振力和压路机的行走速度等，以优化压实并满足所需条件。其中输出参数是与填筑体压实质量直接相关的参数，如模量、刚度及抗力等，并且是根据监测的压路机振动轮振动响应等来识别得到的连续分布的物理力学量。

可以看出，所谓智能压实，其实质就是根据压路机振动响应来连续识别填筑体力学参数，再根据参数大小和分布自动调节压路机参数进行压实作业，以便得到更好的压实效果。其含义并不难理解，但遗憾的是，目前大多数所谓的“智能压实”都偏离了这个目标。很多人曲解智能压实的概念，将填筑体碾压施工的数字化施工记录装置称作为智能压实系统。这类装置一般都加装了卫星定位系统，有些还将压实计也整合在内，其主要特征是以采集和记录碾压遍数、碾压速度和振动频率等参数为主，对于沥青混合料还要采集碾压温度。由于压实计指标局限性较大，所以这类装置很少提及识别压实质量本身的问题，而过多地强调高精度卫星定位系统的作用，与真正的智能压实有很大差别，没有体现出真正的“智能”含义。同时，采用高精度卫星定位系统，不管是GPS还是北斗导航系统，连续采集关键基础设施的高精度地理坐标信息还存在很大的泄密风险，有可能给国家安全带来巨大的隐患。

这并不是完全否定上述数字化施工方法。实际上数字化施工方法主要是压实工艺控制法（碾压遍数控制法）的翻版，只是更加注重定量化；同时，但实施起来要求非常严格，其施工碾压段必须与试验段施工情况完全一样，否则控制参数（碾压遍数、行走速度等）的意义不大。这类装置主要是缺少识别填筑结构参数和进行反馈控制压实工艺参数的关键技术，而这正是智能压实的关键所在。

上述智能压实的含义是依据压路机是否能够自动反馈控制而提出的。实际上现代智能压实的含义应该是广义的，压实机具（各种形式的压路机以及摊铺机等）只是参与者之一，不能自动控制压实参数的压实机具也是可以参与其中的，其核心是控制系统的功能，也可以自动调控压实机具，关键在于这个控制系统的智能化程度。因此，现代智能压实是“填筑体—压实机具—控制系统”三者相互作用的有机结合和综合表现，见图6.8-9，目前尚处于初级阶段，还需要与人工智能等技术进一步结合。同时，对于智能压实的研究也应该将这三方面有机结合起来进行。

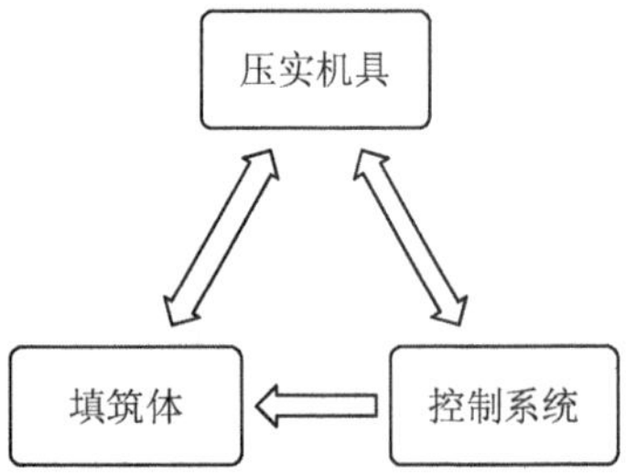

图 6.8-9　填筑体—压实机具—控制系统相互作用示意图

智能压实过程控制系统（见图6.8-10）。

智能压实过程控制系统主要包括GPS基站部分、压实机系统部分和数据服务平台。GPS基站部分包括GPS基站接收机和电台；压实机系统部分包括控制器、GPS接收机、数传电台、压实传感器、数传模块、光靶、打印机；数据服务平台包括数据网络存储系统、数据处理软件等。

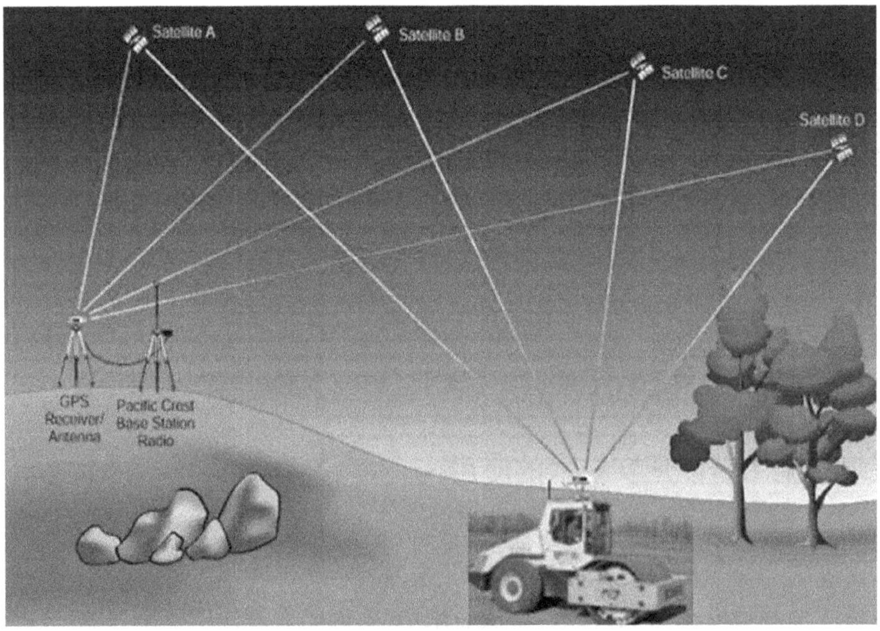

图 6.8-10　智能压实过程控制系统示意图

智能压实系统着眼于压实过程控制，采用GPS实时动态差分定位控制技术和压实传感器检测技术。系统工作时GPS基站通过数传电台向振动碾上的电台实时发送差分信号，振动碾上的GPS通过自身三维位置定位信号和精确的查分信息获得动态精确的三维位置信息。通过控制软件对振动碾上的GPS三维位置坐标和振动碾压轮上的压实传感器采集的压实数据信息进行匹配记录和分析处理，并以图形、数值等方式实时显示碾压区域的压实度值、碾压遍数、碾压厚度、行进速度、压实薄弱区域、超碾或漏碾区域等信息，以指导人为操作碾压作业。

智能压实控制系统是对碾压作业区域的全部压实状况以图形和数字的形式可视化展示，并对全部压实数据进行记录和存储，作为施工质量控制的依据，不再凭猜测和经验施工。故而该系统是以控制施工参数为主，从而实现过程控制。

2. 智能压实工作原理

智能压实过程控制系统着眼于压实过程控制，采用GPS实时动态差分定位控制技术和压实传感器检测技术。系统压实传感器工作原理（见图6.8-11）：应用物理加速度测量原理，振动碾压时连续测量压轮的动态响应，记录动态响应信号并对信号进行分析，计算与压实度相关的压实度值（CMV值）。碾压区域压实度高，则动态响应信号强，压实度值（CMV值）就大；反之，碾压区域压实度低，则动态响应信号弱，压实度值（CMV值）就小。

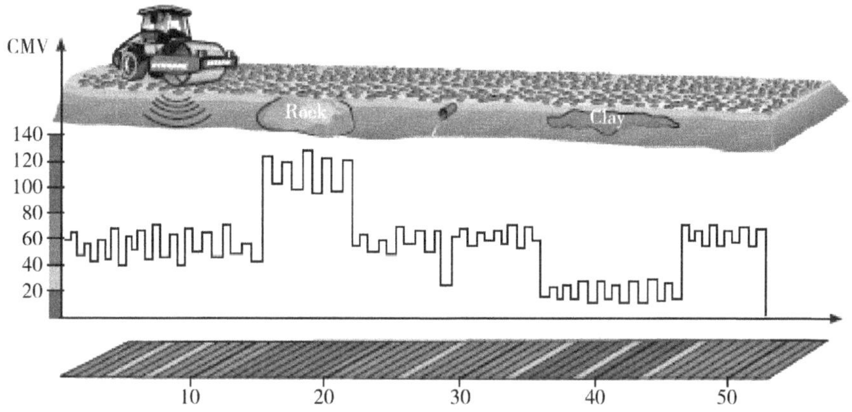

图6.8-11 压实传感器工作原理示意图

系统工作时GPS基站通过数传电台向振动碾上的电台实时发送差分信号，振动碾上的GPS通过自身三维位置定位信息和精确的差分信息获得动态精确的三维位置信息。通过控制软件对振动碾上的GPS三维位置坐标和振动碾压轮上的压实传感器采集的压实数据信息进行匹配记录和分析处理，并以图形、数值等方式实时显示碾压区域的压实度值（CMV值）、碾压遍数、碾压厚度、行进速度、压实薄弱区域、漏压、过压区域等信息，以指导机手进行碾压作业。本系统是以控制施工参数为主，从而“过程控制”的施工理念得到实现。

6.8.4.2 大坝碾压施工过程实时智能化监控系统

1. 智能化监控系统的质量控制

目前水利水电工程大坝碾压施工采用施工参数和压实度同时满足的“双控”方法来控制压实质量，施工参数包括碾压设备的型号、振动频率、行进速度、铺料厚度、碾压遍数、含水率等。因此，有效地控制铺料厚度、碾压遍数、压实度均匀性，以及行驶速度、碾压错距搭接等是保证碾压施工质量的重要手段。传统的技术存在漏压、欠压、错距、搭接、检测等问题，而新近发展的智能过程控制系统成功地解决了该问题，该技术创新性主要体现在以下几个方面：

（1）参数选定：系统提供碾压过程中实时的重要参数，可据此及时进行碾压施工操作和必要的调整，避免等到事后发现问题再进行返工。

（2）摊铺厚度控制：在施工设计要求中对摊铺的层厚和平整度进行严格要求，为保证填料层厚，从两个方面入手：一是可根据各填料铺填厚度、自卸车斗容计算出每车填料可铺填的面积，控制卸料间距；二是可使用全站仪等测量仪器控制层厚。采用RTK定位技术，平面和高程定位能够达到2 cm～3 cm级精度。

(3)碾压遍数控制：安装连续压实过程控制系统后，可以在控制室实时显示当前作业面的碾压遍数和碾压轨迹，直观地通过控制箱中轨迹的颜色判断当前碾压条带的遍数，不用再凭记忆。

(4)行走速度实时控制：连续压实过程控制系统能在驾驶舱内的控制箱上用数值实时显示压路机的行进速度，为机手及时调整机器行进速度提供了必要的参考。

(5)错距搭接控制：应用了连续压实过程控制系统后，由于碾压轨迹遍数和轨迹可以实时显示出来，所以可以避免漏压、欠压，减少错距搭接碾压误差，提高施工效率。

(6)压实度控制：在填筑试验时，把坑检达标的干密度值与系统压实传感器解算出的振动压实值进行相关性建模，确认系统碾压的目标振动压实值并以此作为机手判断碾压是否达标的重要参考。在碾压过程中实时显示整个作业面的振动压实值，碾压过程中能够实时查看到压实度的变化。利用高精度卫星定位技术，结合物联网、云计算及大数据技术，结合土石坝结构设计与填筑施工组织设计特点，建立大坝填筑碾压实时智能化监控系统，能够将大坝填筑施工过程中碾压机械的施工坐标点、碾压遍数、碾压速度、碾压振动频率、铺料厚度以及实时坝料压实特征实时地以图形的形式展示在工程建设管理人员的计算机屏幕上，能够为大坝填筑施工过程管理、施工质量控制以及施工现场的动态调度提供重要的技术手段。

2. 系统主要组成部分

系统的主要组成部分分为三个方面，分别是硬件系统、软件系统以及数据传输与交互网络系统，如下图6.8-12所示：

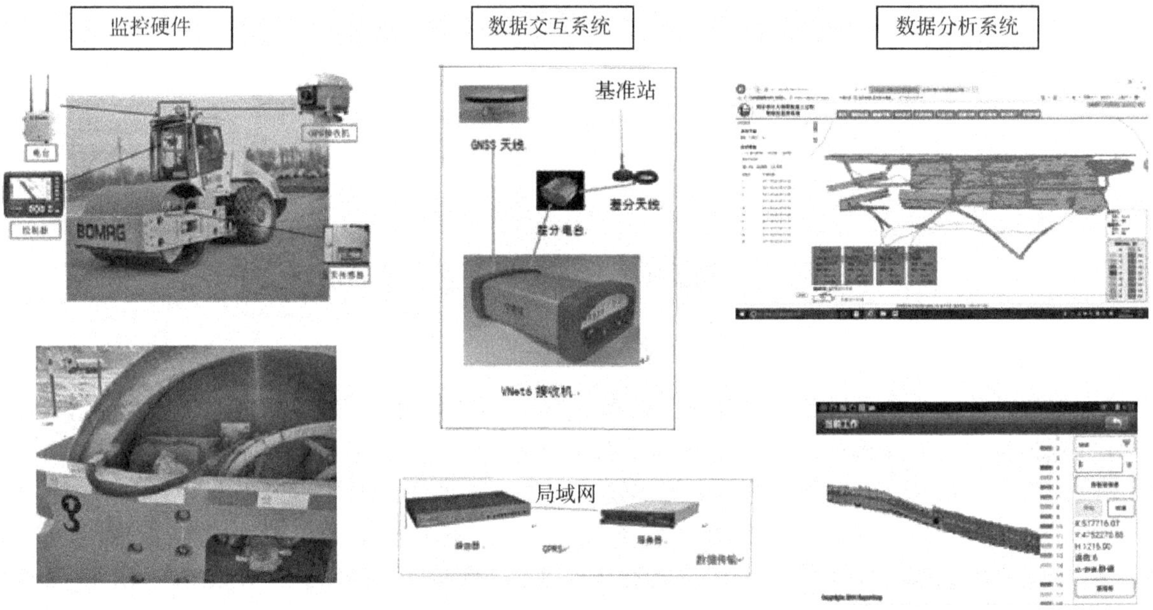

图6.8-12　大坝填筑碾压施工过程实时智能化监控系统组成部分

硬件系统，主要包括安装在大坝填筑施工机械上的高精度定位接收机、工业平板电脑、压实度传感器等硬件设备。软件系统，主要是实现大坝填筑施工数据实时展示与分析的软件系统，供现场以及后方的工程建设管理人员使用，为大坝施工现场管理与快速调度提供了重要的管理手段。另外，软件系统还包括在平板电脑中安装的单机施工数据展示软件，为大坝施工机械人员提供操作参考与纠偏提醒。数据交互系统，为了保证施工数据的实时传输与展示，可以利用自建网络系统或GPRS商用网络系统进行数据传输。另外，为保证定位坐标的精确，建立了以电台进行数据传输与校核的RTK差分网络系统。

(1)硬件系统

硬件部分包括基准站、车载终端两个部分。

① GNSS基准站

GNSS基准站是整个碾压信息化监控系统的“定位标准”(见图6.8-13)。GNSS接收机单点(一台接收机进行卫星信号解算)精度只能达到亚米级的观测精度，这显然无法满足实际工程需要。使用动态差分技术，利用已知的基准点坐标来修正实时获得的测量结果，进一步提高GNSS定位的精度。通过数据链，将基准站的GNSS观测数据和已知位置信息实时发送给GNSS流动站，与流动站的GNSS观测数据一起进行载波相位差分数据处理，从而计算出流动站的空间位置信息，以提高碾压机械GNSS设备的测量精度，使精度提高到厘米级，即可满足土石坝碾压质量控制的要求。

图 6.8-13　基准站安装

② 车载终端

碾压机机载GNSS采用差分定位模式。该模式的定位原理为：由已知三维坐标的基准站通过无线电通讯实时发送改正数，由待测点GNSS接收机接收并对其测量结果进行改正，以获得精确的定位结果。载波相位差分将载波相位观测值通过数据链传到流动站（碾压机机载GNSS接收机），然后由流动站进行载波相位定位，其定位精度可达厘米级，满足碾压遍数与压实厚度监控的精度要求（压实厚度的监控须经过数学运算减小误差）。实地采用实时动态快速定位（real time kinematics，简称 RTK）技术进行监控，其特点是以载波相位为观测值的实时动态差分 GNSS定位，满足碾压机施工监控的实时、快速定位要求。在碾压设备上安装的相关硬件设备如下图6.8-14所示。

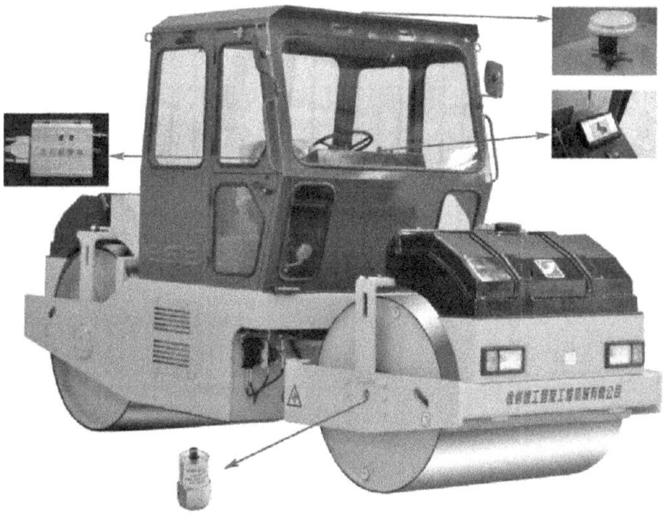

图 6.8-14　车载硬件终端的布置

另外，硬件设备还包括在大坝填筑机械上安装的各种传感器，包括方向传感器以及压实度传感器，通过传感器实时采集到的数据能够掌握碾压机械的行驶方向与振轮振动频率，并且压实度传感器输出的值能够反应坝料的压实程度。

(2)数据交互系统

大坝碾压施工过程实时监控系统中的数据交互系统主要包括两个方面，一个是为了保证高精度定位接收机的定位精度，建立了以电台数据传输方式为主的数据校核与交互系统。

另外，项目中借助GPRS网络建立了系统的数据实时传输网络系统，通过该网络系统能够保证施工数据实时地传输至云系统中，并且各用户通过该网络能够实时查询大坝碾压施工数据，并且对数据库中的数据进行实时处理与分析，并实时在客户端的PC机中展示出来。信息传递主要途径如图6.8-15所示。

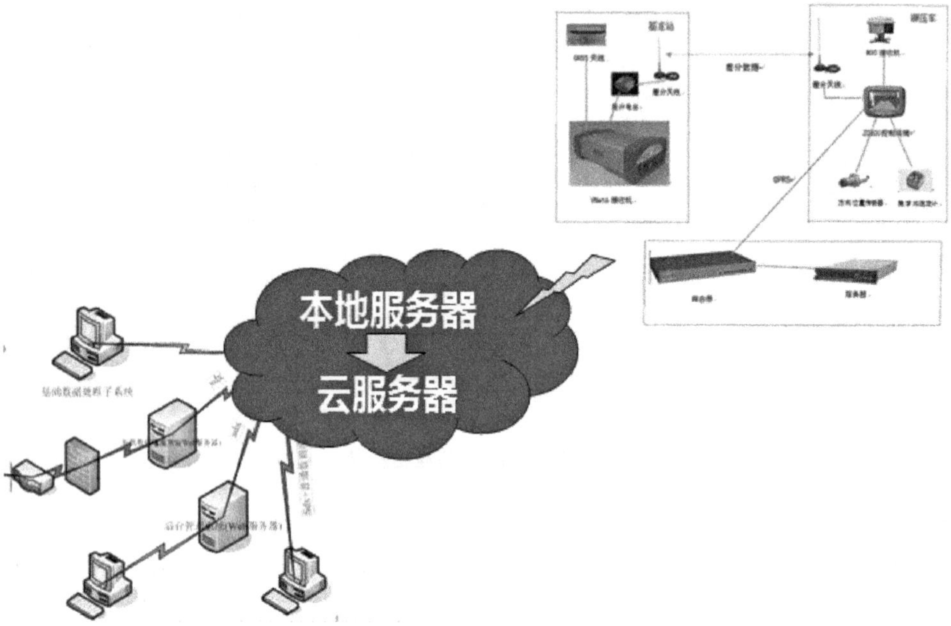

图 6.8-15　施工过程信息传递主要途径及架构示意图

(3)软件系统

大坝碾压施工过程监控系统，作为一个独立的应用模块，主要将安装在大坝填筑碾压设备、大坝运料设备上的相关监控仪器中得到的数据进行整理、分析以及展示，为工程建设管理人员进行施工质量评价以及施工优化等方面提供重要的支撑。

大坝碾压施工过程监控系统的架构如下图6.8-16所示，主要可以分为三层，第一层是系统数据库及基础技术层，这个层面服务器等计算资源都是基于前述的主体工程建设信息云平台系统中Iaas层基础上的。其中相关物联网技术是结合安装在碾压设备以及坝料运输设备上的专有仪器开发的。第二层主要是系统中间件，也基本上与前述的主体工程建设信息云平台系统中Paas层中相关内容是一致的；第三层是系统应用层，主要是将各种信息通过系统用户界面展示出来，为工程施工过程质量控制以及工程优化调整提供参考与支撑。在系统的编制中，主要以水利水电工程施工中的各种标准、规范、政策及法规为相关依据。

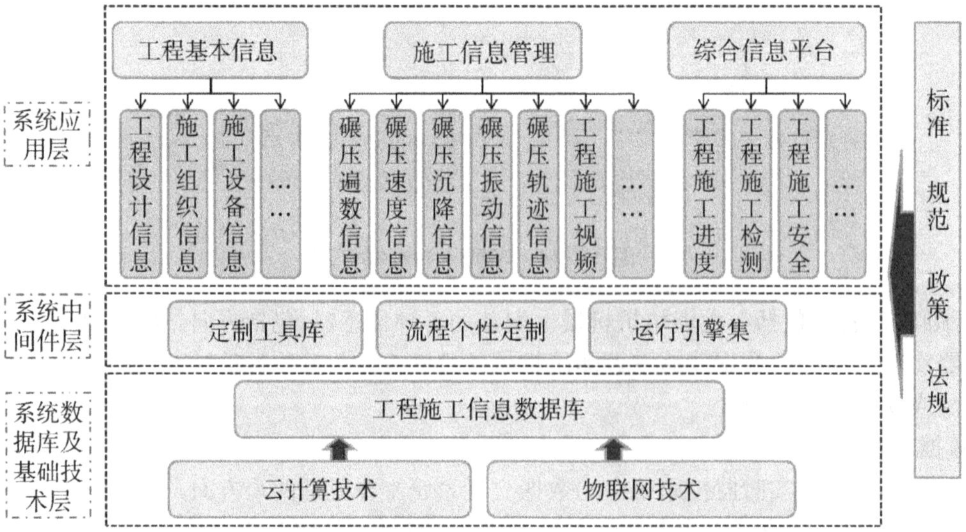

图 6.8-16　大坝碾压施工过程控制系统结构示意图

根据目前已经完成的大坝碾压施工过程实时智能化监控系统，对该系统中目前已有的主要功能模块进行介绍，利用系统提供的模块，可以在施工现场对。主要的功能模块有以下几个方面：

① 工程基本信息整理与展示

根据工程建设中对大坝所进行的不同施工单元的划分与确定，在基础信息部分中除了对工程基本信息进行了维护之外，还按照大坝分区、大坝分段、大坝分层以及大坝中不同的单元工程信息进行了整理与维护，这样就可以利用这些基本信息对大坝施工过程中采集到的相关数据进行不同区域与施工部位的整理与分析，为数据管理与质量检测分析提供了最重要的基础信息。

另外利用该模块，可以将大坝单元工程划分与实际工程中大坝填筑施工过程结合起来，通过在工程基础信息模块中进行大坝单位工程下的不同分部工程的设置，然后再不同的分部工程下进行单元工程的划分，工程中单元工程是质量评定的最小工程单元，但并不是最小的施工控制单元。通常在单元工程中还进一步划分不同的施工仓进行施工过程的控制。另外利用该模块可以实现大坝施工机械与驾驶员的管理。

② 文件上传与数据管理模块

在数据管理模块中，主要按照工程划分的结果对采集到的碾压施工过程数据进行系统管理与分析，并且能够通过不同的大坝分区进行数据查找与查看。另外在该模块中还对系统中的每条数据的开始时间与结束时间以及不同的碾压设备都进行了区分，这样就为工程管理人员对于施工控制提供了重要的资料。

需要说明的是，在该模块中，在数据文件上传到系统服务器中时，系统会实时分析数据文件，提取重要的信息对数据文件的归类进行判别，主要判别的指标有机车代码、施工开始与结束时间、以及相关的数据采集点的坐标，这样就可以将数据文件精确地归到某一个大坝分解单元中去，便于数据管理与分析。

③ 施工过程实时监控分析模块

主要针对施工过程中不同高程坝面进行自动生成平面图，并且在平面图上对不同部位的桩号及比例尺进行展示，然后再加载该平面上的碾压设备及相应的驾驶员实时施工过程信息，以便施工单位、监理单位以及工程建设管理单位对大坝碾压实时施工过程进行控制与实时调度，保证大坝碾压施工过程有序、高效。

利用该模块，可以实现对大坝碾压施工过程中施工设备的碾压速度、碾压设备振动状态、施工区域碾压遍数等进行实时监控。其中该界面右侧上方的白框内所标示的是大坝碾压施工过程控制参数，实际工程中可按照该参数对施工机械的碾压状态进行控制。

由于实际施工过程管理中，某用户打开系统可能希望看到一定时间之前的某个区域内的碾压情况，因此该模块中设置了添加历史数据的功能，历史数据的添加，可以按照某时间节点以后的某几台车的施工信息添加进来，也可以按照某个制定区域进行历史数据的添加，这样极大地方便了施工管理人员对现场的施工组织、施工指挥以及动态调度车辆等管理工作。

④ 质量检测分析模块

质量检测分析模块是大坝施工过程控制系统中最重要的模块，主要对施工结束后，对一定的施工时间中某施工区域采集到的碾压数据进行综合分析，包括碾压遍数（总数、静碾及振动碾）、速度超限次数、碾压设备速度平均值、碾压设备速度最终值、碾压设备激振力超限次数、激振力平均值、激振力最终值、碾压沉降量以及行车轨迹几个重要方面，通过这个模块可以重演大坝施工实施过程。根据施工区域分析结果，可为单元工程质量检测所进行的挖坑检验提供坑位参考，便于单元工程质量检验，保证大坝施工质量控制。另外，在改图右侧中部的白色框中，显示了碾压完成的区域内的碾压面积达标的百分比、碾压平均速度以及该层的碾压平均层厚。

另外，在本系统中，为了更形象分析不同剖面中碾压层厚及不同层之间的结合情况，还需开发任意的沿着坝轴线或者垂直坝轴线的碾压数据剖面分析功能，类似目前医疗机构中所采用的CT技术，以便全方位地了解大坝整体碾压施工过程及数据。

⑤施工报表生成模块

在实际工程建设中，每一个单元工程或每一个分区施工完成之后，可由系统自动生成该施工区域的施工报表，包括报表信息、自动或者手动设置的检测点位置等信息以及相关的施工状态的图形等内容，可作为施工质量评价的重要附件，为保证大坝工程施工质量检验与评价提供重要的参考与支撑资料。

⑥ 系统管理模块

系统管理模块主要是对目前工程建设中的相关用户，包括施工方、监理以及项目法人代表等不同用户权限、登录帐号及密码等方面进行管理，保证不同的用户能够在各自的权限内进行数据分析及相关管理功能。

另外，在这一部分中，还对工程中碾压施工参数进行了设置，这部分设置工作是根据目前大坝施工组织计划以及碾压试验后确定的最终施工过程控制参数，是大坝施工质量分析中重要的评价标准。在这个模块中，一般可以采用不同的颜色等信息对不同的施工状态进行描述。

在这部分中，主要的参数设置有以下几个方面：基本参数，用来碾压设备特征参数以及施工方案参数中的搭接宽度等数据；碾压遍数云图，用来确定不同碾压遍数的颜色，使得数据分析结果能够以颜色层次的云图进行展示，在超限次数云图、机车速度云图、激振力大小云图等设置中的功能基本上都与碾压遍次云图设置功能相同。

⑦ 施工机械碾压统计分析模块

施工机械碾压统计分析模块主要是对目前大坝碾压施工机械管理人员进行使用的，利用该功能模块，可以进行单台碾压机械某段时间内的施工工效统计分析，包括碾压长度、碾压面积、不同碾压遍数所对应的碾压面积统计等。另外还可以在该界面的右侧功能框内，显示该台施工机械的某段时间内的施工形象示意图，为施工机械管理人员对某设备的统计分析提供了技术手段。

另外，在这一模块中，还提供了某一段时间内对所有参与施工的施工机械进行施工工效分析，主要包括某段时间所有的施工机械施工长度、施工面积以及满足施工标准的施工面积，这样可以为现场施工管理人员进行不同阶段机械操作手的操作效率进行绩效管理提供了重要的手段，这样可以大大提高大坝碾压的施工操作水平、施工管理水平等。实现施工机械的高效利用与高效管理，提高施工效率，大大节省施工成本。

2）面向碾压设备操作员的大坝碾压施工过程监控软件系统

对于在大坝碾压施工过程中的每一台碾压设备而言，该台碾压设备的碾压遍数、设备碾压速度、碾压振动状态以及碾压轨迹等实时施工信息实时地在安装在碾压设备驾驶室中的平板终端上显示出来，如果碾压设备一旦偏离设定的碾压参数范围，则该平板终端将会及时提示设备操作人员，进行操作修正，保证碾压施工过程能够按照既定的碾压施工参数进行。利用该软件系统，可以为碾压设备操作人员提供重要的操作引导与操作纠偏，从而保证大坝碾压施工质量。平板终端系统如图6.8-17所示。

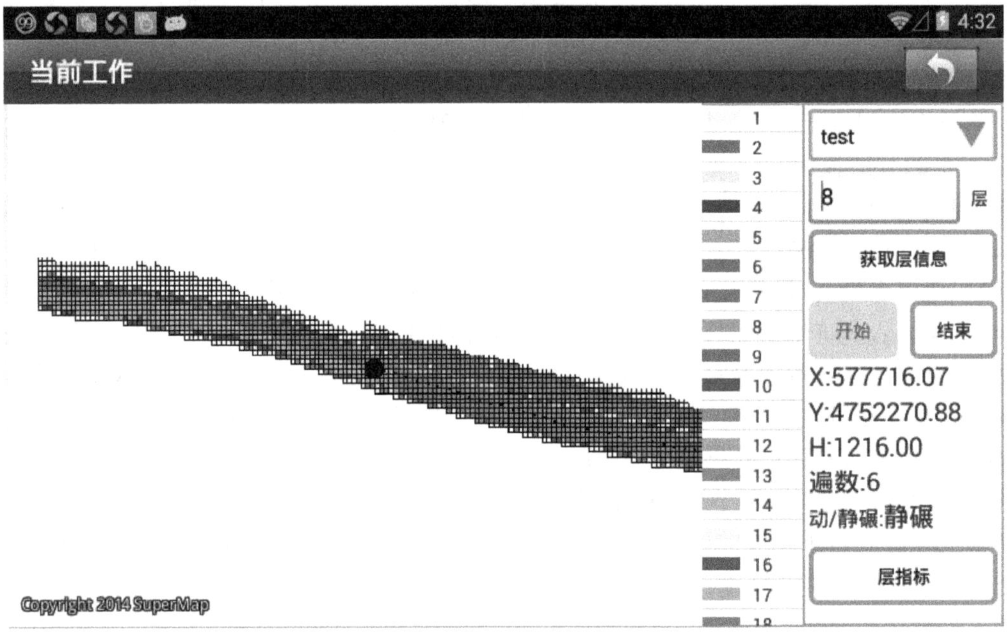

图 6.8-17 大坝碾压施工设备中平板终端系统界面

系统主要技术特点：

与国内外其他的相关工程建设信息化系统相比，本系统主要特点有以下几个方面：

① 在国内较早地采用我国自主研发的北斗定位导航系统，进行水利工程大坝填筑施工过程的实时智能化监控，为下一步的我国北斗导航定位技术的推广应用积累了重要的经验。

② 利用先进的云计算技术，将系统服务器布置在了云服务器中，节省了在现场进行工程分控中心、中控中心等服务器与存储设备的硬件费用，具有较好的经济性，也提高了数据应用与数据存储的安全性与可靠性。

③ 该系统通过功能强大的数据分析与展现功能，通过海量数据的深入挖掘与分析，可以提供大坝碾压施工过程的平面分析、剖面分析以及施工过程回放等，有效地提高了施工管理水平，保证了大坝施工质量。

④ 利用该系统，能够对大坝施工机械的施工工效进行强有力的分析，实现对不同的碾压机械进行绩效管理，这对于提高工程施工效率，实现多劳多得的分配制度，有重要的支撑作用。

6.8.4.3 基于碾压设备无人驾驶技术的智能化施工系统

基于无人驾驶的大坝填筑智能碾压是一种可以自主行驶的智能施工系统。它的系统结构非常复杂，不仅具备加速、减速、制动、前进、后退以及转弯等常规的车辆功能，还具有环境感知、任务规划、路径规划、车辆控制、智能避障等类人行为的人工智能。它是由传感系统、控制系统、执行系统等组成的相互联系、相互作用、融合视觉和听觉信息的复杂动态系统。随着计算机技术、人工智能技术（系统工程、路径规划与车辆控制技术、车辆定位技术、传感器信息实时处理技术以及多传感器信息融合技术等）的发展，基于无人驾驶的大坝填筑智能碾压施工在工程中逐渐得以开发和应用。

基于无人驾驶的大坝填筑智能碾压施工管理系统通过无线网络把碾压机械上的信息上传给云服务器，操作人员看到信息后作出相应的动作（即操作控制端的命令），控制端的下传命令也是通过无线网络下传无人驾驶智能碾压机械，无人驾驶智能碾压机械接收到下传命令后，执行相应的动作，从而达到了“智能碾”的目的（见图6.8-18）。

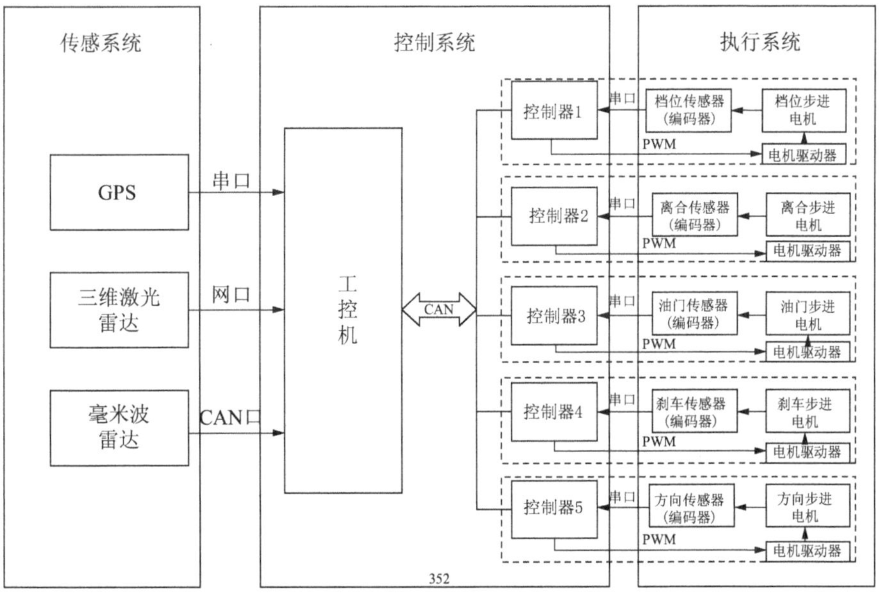

图 6.8-18 “智能碾”设计框架

基于无人驾驶技术的大坝填筑智能碾压施工“智能碾”包括传感系统、决策系统和执行系统三个部分，采用的是自上而下的阵列式体系架构，各系统之间模块化，均有明确的定义接口，并采用无线网络进行系统间的数据传输，从而保证数据的实时性和完整性。

1. 传感系统

基于无人驾驶的大坝填筑智能碾压系统，除了监控碾压质量的激振力传感器、方向传感器、定位导航外，还包括三维激光雷达、毫米波雷达、高清影像、方向盘、油门、离合、刹车、档位等传感设备，如下图6.8-19所示。

图 6.8-19 “智能碾”系统实物

2. 决策与控制系统

（1）填筑碾压路径云上规划

根据大坝填筑施工相关技术要求，目前主要包含两种路径规划方法：环形碾压路径规划和折线形碾压路径规划。

① 环形碾压路径规划

需要的参数包括碾压设备最小拐弯半径、碾压轮宽度、碾压遍数、搭接宽度、碾压区域坐标以及设定的碾压速度与碾压过程中的振动频率要求。

先计算碾压的拐弯半径，在碾压区域两侧减去相关宽度，作为拐弯区，然后第一条碾压轨迹为碾压区域上边，第一条碾压轨迹的下边为宽度的中部，当椭圆形碾压遍数够要求的碾压遍数之后，按照一定的错距距离向下错距，然后依次完成进行，直到该区域内完成碾压，碾压路线也就规划出来（见图 6.8-20）。

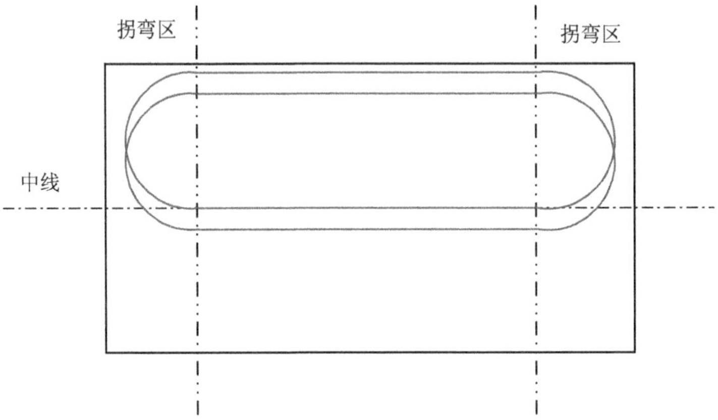

图 6.8-20 环形无人驾驶路径规划示意图

小错距条带法路径规划方法如大错距条带法路径规划，所不同的小错距条带法，不需要碾压遍数完成之后再进行错距，而是根据碾压遍数，完成每个环形之后就进行错距。

② 折线形碾压路径规划

需要的参数包括碾压设备最小倒车距离、碾压轮宽度、碾压遍数、搭接宽度、碾压区域坐标以及设定的碾压速度与碾压过程中的振动频率要求。

先根据碾压设备的倒车距离，在碾压区域两侧减去相关宽度，作为倒车区，然后第一条碾压轨迹为碾压区域上边，当碾压到倒车区之后，倒车按照原线路返回，然后回到另一侧倒车区，然后再进行倒车按原路返回，直到完成碾压遍数之后，回到起点倒车区，拐弯进行下一个条带的碾压。规划路线示意图如图6.8-21所示。

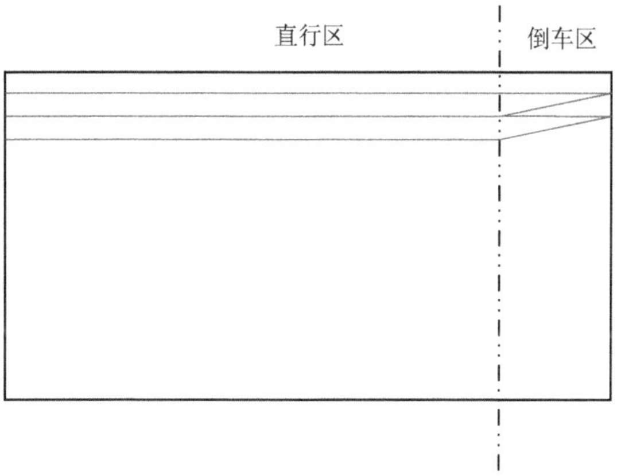

图 6.8-21　折线形无人驾驶路径规划示意图

小错距条带法路径规划方法如大错距条带法路径规划，所不同的小错距条带法，不需要碾压遍数完成之后再进行错距，而是根据碾压遍数，在每一个来回之后就进行错距。

③ 施工路径的系统规划实现

利用建立的大坝填筑施工实时智能化监控系统，利用编制开发的自动驾驶功能模块，可以进行云上无人驾驶技术的大坝填筑碾压路径实现路线规划、校验及发布功能，进而实现大坝填筑设备的施工路径跟踪和障碍物避让等功能。

（2）碾压路径的跟踪

路径跟踪控制器接收两方面的输入信号，一是规划模块的期望路径坐标点序列；二是由厘米级精度GPS和双天线测向设备共同输出的实时精确位置与航向信息。两路输入相比较得到偏差信息，经跟踪控制器运算处理后得到方向盘转角，最终控制碾压设备按照期望路径行驶。路径跟踪模块原理图如图6.8-22所示，内部软件模块集成了感知、跟踪、避障算法。

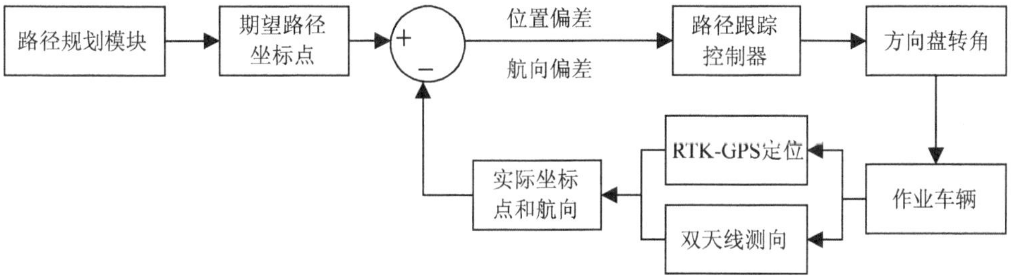

图 6.8-22　路径跟踪模块原理图

（3）紧急避障

紧急避障模块接收感知系统输出的沿行驶方向20 m×30 m的障碍物栅格占据图，再根据碾压设备预期行驶的路径计算和判断碾压设备行驶路径周围是否存在障碍物，若存在则继续判断障碍物是否在停车识别区，若是则判断为前方因障碍物不可通行，并进行停车或绕行处理。系统原理图如图6.8-23所示。碾压设备紧急避障根据前方障碍物不同包含两种避障模式：避障停车和避障绕行。

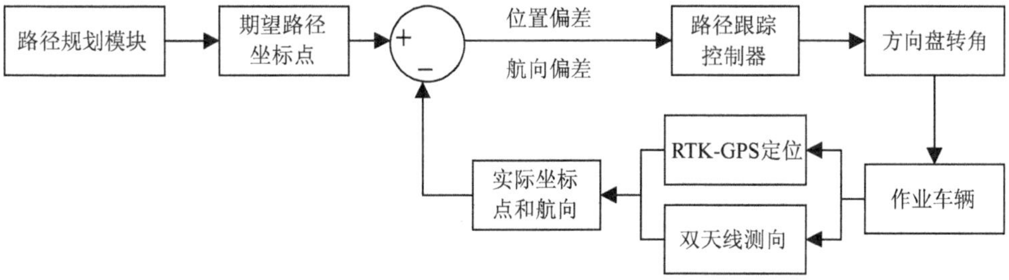

图 6.8-23　避障模块原理图

① 避障停车

避障停车模式是紧急避障模块主要功能，这里的目标障碍物是除了下述避障绕行模式中固定点以外的所有物体，包括施工人员、车辆设备、临时建筑物等其他任何物体。保证在碾压设备制动距离范围以外，进行停车处理，保护人员、设备的安全，实现安全作业的目的。

② 避障绕行

碾压施工工作区域在一些固定坐标点会预埋一些测量设备，针对这些特定障碍物，除了可以在云端全局路径规划时将其排除在作业路线之外，也可通过碾压设备车载端增加局部路径规划模块，对其进行绕行处理。

(3)执行系统

根据大坝填筑碾压机械特性，对设备档位、刹车、油门、离合等结构操作特性以及行程、推动力等的检测，快速调整制作相关控制机构尺寸、力值输出等参数，并且在施工机械设备上进行安装，实现施工机械的无人驾驶功能。

(4)无人驾驶功能的实现

基于无人驾驶的大坝填筑智能碾压施工系统“智能碾”，按照大坝填筑施工技术要求，进行大坝填筑施工进度、质量监控。具体运行过程，见图6.8-24所示。

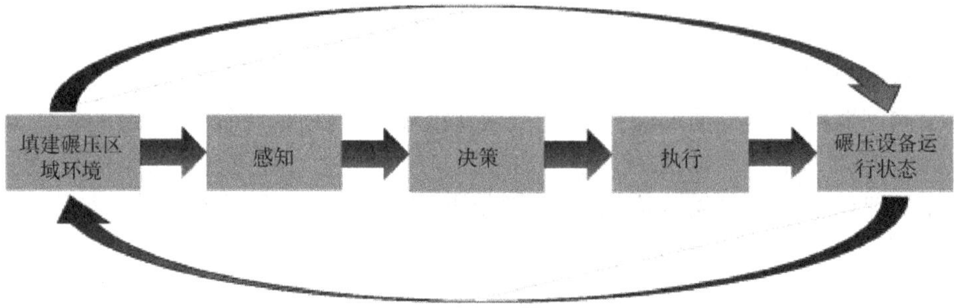

图 6.8-24　“智能碾”运行过程

① 填筑碾压区域环境：大坝填筑智能碾压施工，从现场实际情况出发，了解和掌握区域环境（见图6.8-25），如碾压单元（仓）的边界大地坐标（X、Y、Z），摊铺厚度和平整度，碾压区域障碍物，碾压单元（仓）边界与坝面边界相关性等。另外，根据单元工程或碾压仓位信息等情况，并结合碾压机械的性能参数等，对施工区域的碾压路径进行规划，发布之后，推送给该区域内的施工机械设备上。

图 6.8-25　碾压现场

② 感知：在碾压设备上，安装三维激光雷达、毫米波雷达、高清影像等设备。三维激光雷达主要用于发射激光束来探测目标的位置、速度等特征量，获得碾压设备的有关信息，如目标距离、方位、高度、速度、姿态、甚至形状等参数；毫米波雷达导引头穿透雾、烟、灰尘的能力强，主要用于全天候（大雨天除外）全天时的探测周围环境；高清摄像主要用于采集周围的道路环境信息，模拟人眼在驾驶中的功能。

③ 决策：基于无人驾驶的大坝填筑智能碾压施工系统决策模块的最终目标是像熟练的驾驶员一样驾驶碾压设备。人类的驾驶决策行为是以“环境信息、本车状态、碾压情景”为输入，以“驾驶行为”

为输出的一种映射关系。该决策系统主要实现路径规划、轨迹跟踪和避障停车等功能。

其决策是一个复杂的过程，可表述为：驾驶员在行车过程中，通过其眼睛、耳朵等感知器官实时地获取道路交通流、本车状态、行车标线等多源信息，并将其传入中枢神经系统，提取行车过程中的关键信息，通过与大脑中存储的经过训练的驾驶模式作对比，在交通规则的约束下，推理出最优的驾驶行为。不同的驾驶模式对应于不同的操控行为，最终通过手、脚等器官实现方向和速度的改变。

④ 执行：通过该系统的感知、决策模块，推演和预测碾压设备行进轨迹和无人驾驶操作。根据决策系统的要求进行执行机构的控制，实现油门、挡位、刹车、离合和方向盘的自动控制。

(5)碾压设备无人操作技术特点

根据现场实际碾压施工组织情况，结合车辆当前状态（即规划初始状态）、行为确定的期望目标状态、车辆运动学特性、动力学特性、横/纵向最大加速度指标、安全距离指标、时效性等轨迹优化和评价的标准，实现大坝填筑智能碾压施工的闭合循环。该系统具有强大的适应性与移植性。不论机械型号与状态，只要通过简单的机械测量与调整、软件调试分析之后，就能够实现施工机械的无人驾驶功能，并且能够根据制定的线路规划文件，严格按照规定的施工参数进行施工，保证工程施工质量。

本系统包含以下三个方面的关键技术：

① 机械施工模式的智能规划技术。施工机械无人驾驶技术在实际工程中进行推广应用，就是要求施工机械按照人为规划的施工方式进行，保证施工效率与施工质量。对于大坝碾压施工来说，碾压路线的自动规划，是无人驾驶技术应用的基础。本项目中，根据碾压之前规划的施工仓位，进行单台车或者多台车条件下，按照环形或者折线形的施工方式，考虑大错距或者小错距进行施工路线的规划，规划中需要根据要求的碾压速度与振动频率要求，输出施工机械的下一个追踪点的信息，包括平面坐标、机械振动频率等，为施工机械的无人驾驶提供高效科学的施工模式，保证施工质量与施工效率。

② 人机和谐的机械智能控制技术。根据目前水利工程建设中施工机械持有现状，利用简单高效的智能机械控制机构与工控系统，实现了快速便捷的无人驾驶。主要的自动控制机构有：方向自动操控机构、档位自动操控机构、油门自动操控机构、离合自动操控机构、刹车操控机构、振动档位自动操纵机构等部分，通过工控系统的智能协调控制，实现施工机械的自动施工。另外，本关键技术的另一个特点在于人机和谐，即加装无人驾驶控制机构后，并不影响人工操作功能，无需拆除相关部位控制机构，就能是实现人工驾驶，这样能够使施工机械无人驾驶技术真正在实际工程中得到推广应用。

③ 机械施工环境识别与避让技术。实际水利大坝碾压施工中，施工环境十分复杂，运料车、施工人员、摊铺设备等的来回移动，都会对无人驾驶的施工机械造成影响，或者造成安全事故。本项目中，通过安装在施工机械上的视频系统与三维激光及毫米波雷达系统，对施工机械周围的环境进行自动识别，目前识别精度为0.3 m，当存在尺寸大于0.3 m的物体存在时，施工机械则会自动采取相关的避让措施，保证施工安全。

基于高精度卫星导航技术、智能机械控制系统等方面的研究结果，开发了人机操作友好的大坝填筑施工机械无人驾驶系统。该系统能够在普通碾压机械上简便快捷地安装系统感知、识别、反馈执行装置，不需要对碾压机械设备进行油、电系统改装。因此，该系统具有很好的适应性与移植性。施工机械无人驾驶功能的实现与建立的大坝填筑碾压施工过程实时智能化监控系统中规划路线功能相结合，能够快速实现大坝填筑的智能碾压施工，严格在指定的施工区域内按照制定的碾压施工路径施工，大大提高了施工效率与施工质量。

6.8.5 发展前景

智能压实的先进性在于强调施工过程中的控制，实现适时控制理念的同时，做到了高精度控制，以及具备功能的可拓展性等特点。通过控制施工主要参数从而实现对施工质量的全过程控制，对存在的质量缺陷具有较好的可追溯性，为大坝全过程质量跟踪提供了有效、可行的技术手段。

目前该技术已在国内水利水电、高速铁路、高速公路和机场等工程中得到成功应用，包括贵州黔中水利枢纽、湖南涔水河水利枢纽、河北承德双峰寺水库等水利水电项目，哈大线、兰新第二双线、沪昆线、厦深线等铁路项目，以及昆明新机场等项目。其中，该系统在高速铁路上应用的巨大成功，促进了《铁路路基填筑工程连续压实控制技术规程》的发布。

该技术也已经在美国联邦高速公路管理委员会、德国FDVK、芬兰、瑞典以及奥地利等国家广泛使用，在澳大利亚、德国、瑞典及芬兰已形成相应的规范。目前在国内的应用实践表明，该技术对大坝填筑碾压的质量控制和提升具有显著成效，应尽快建立水利行业技术标准。

水利施工的信息化、智能化和数字化发展步伐日趋明显，数字化大坝概念更被多次提出，其核心就是对大坝进行全方位准确、及时地监控，改变传统的管理模式，实现对大坝的高度数字化管理。质量监控与管理是数字化大坝的重要组成部分，但目前数字化大坝的研究成果更偏向于软件管理平台的开发，缺乏前端采集的高精度、真实的施工数据作为平台的基础和依托，该技术为实现数字化大坝提供了很好的思路，解决了数字化大坝施工现场最前端的数据采集、实时处理和过程控制等最核心最困难的部分，将为大坝施工整体质量管理水平的提高带来质的飞跃。

在建的阿尔塔什水利枢纽面板堆石坝、大河沿水利枢纽沥青心墙坝坝体填筑都采用了智能压实技术，阿尔塔什更是率先使用无人振动压实技术，大大提高了施工效率。

水利工程坝体填筑仓面较大，百米级面板堆石坝底部顺河向长300 m～400 m，宽50 m～200 m不等，填筑方量400～1 000万m^3，200米级以上高坝体量更加巨大。作为压实控制传统方法重点考虑厚度、颗粒大小、级配、碾压设备、取样检测等等，仓面管理重点主要是防止漏压、过压，保证施工的连续性，协调设备连续操作。智能过程控制系统将上述坝面填筑施工的主要环节数字化，并采取了一系列措施以保证施工的连续性。

根据《碾压式土石坝施工规范》(DL/T5129-2013)，采用智能压实控制技术，对防渗土料、反滤料、过渡料监测频次可减少为20%～50%，堆石料可按1次/(20～40万m^3)频次抽检规定。因此，采用智能压实技术可减少填筑施工过程中抽样检测频率，减少挖坑对施工的干扰，有助于加快施工进度并降低施工成本。对大坝施工填筑碾压质量进行在线实时监测和快速反馈控制，提高一次性施工合格率，对大坝建设过程进行可视化和数字归档，为工程竣工验收、安全鉴定及运行管理提供信息应用和支撑平台。

第七章

水电站“以阀代井”技术研究进展

7.1 工程概况

卡依尔特水电站工程开发任务是发电，工程主要由拦河坝、引水发电洞、压力管道、电站厂房等组成。电站工程大坝最大高度50 m，总库容1 008万m^3，装机容量110 MW。工程规模属中型Ⅲ等。

设计电站基本参数如下：

最大水头：176 m

额定水头：158.5 m

额定流量：77.69 m^3/s

装机容量：110 MW（2×45 MW+1×20 MW）

引水隧洞：平均洞径6.6 m，长7 116 m，v=2.0 m/s

水流惯性时间常数T_w：12 s

拟设调压井：直径16 m，高200 m

拟设置调压井位置：厂房岔管上游756 m处

工程区出露的地层有奥陶系、第三系红砾山组、第四系及侵入岩。引水发电洞线布置于河床左岸，隧洞沿线通过断层及局部节理裂隙密集带（构造片岩）段洞室围岩稳定性差、断层及岩性变化接触部位会出现涌水、断层涌水和裂隙涌水现象。总体洞室围岩大部分属Ⅱ、Ⅲ类围岩体，局部属Ⅳ类围岩体，进、出口段属Ⅳ类围岩体。闸井、进口段位于下坝址左岸山梁，进口底板高程1 324.0 m，洞轴线走向329°，与边坡夹角43°。出露岩性以黑云母斜长片麻岩为主、局部夹黑云母斜长变粒岩、黑云母石英片岩，产状325°SW∠83°，岩层倾向岸坡内。发育5条卸荷裂隙，与岸坡走向近垂直，在进口边坡局部较陡处形成掉块或不稳定危岩体。

原设计方案为长引水式开发方式，输水隧洞全长7 080 m，自进口闸室至隧洞出口，桩号F0+000～F5+270段为上水平段，洞型为内圆马蹄型，洞内径6.6 m；F5+415～F5+672.478为过河钢衬段，内径直径4.6 m；F5+672.478～F6+460为下水平1段，圆形断面钢筋混凝土衬砌内直径为5.6 m，F6+460～F7+080为下水平2段，即出口钢衬段，内直径为4.6 m。调压井位于桩号6+380 m（调压井中心线）处，出露岩性为华力西期晚期片麻状花岗岩（$\gamma_3 d_4$），渐变为花岗片麻岩。强风化层2 m～3 m，弱风化3 m～5 m。该处地面高程为1 361.3 m，调压井底高程1 200.99 m，挖深156 m，该段洞身上覆盖岩体为厚度156 m，大部分为Ⅱ类围岩，上部为Ⅲ类围岩。

调压井的型式为阻抗式，井筒直径D=16 m，底板高程1 220 m，顶高程1 363.5.0 m，阻抗孔为圆形断面，直径d=3.4 m；调压井最高涌浪水位1 362.3 m，最低涌浪水位1 315.6 m。调压井井壁采用C25钢筋混凝土衬砌，井筒衬厚1.0 m，底板厚度1.20 m。

电站总体布置见示意图7.1-1。

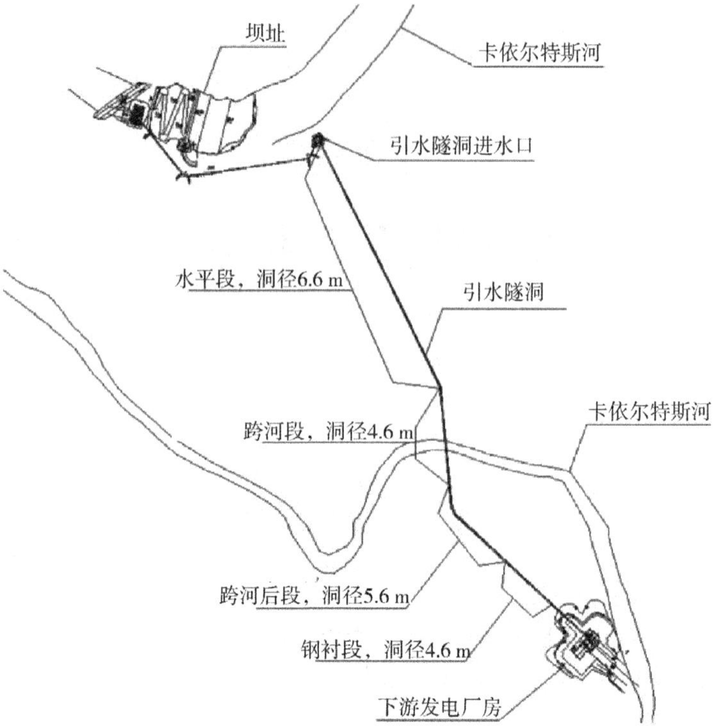

图 7.1-1　引水发电系统及厂房布置示意图

7.2　设计方案优化

7.2.1　优化缘由

原设计方案为了使蜗壳末端压力和转速最大上升率满足控制要求，在厂房引水隧洞上游布置调压井。由于调压井布置的位置距离厂房较远，且引水隧洞已经提前安排施工，存在衬砌后洞径断面较小等问题，无法满足电站调保计算的规范要求，因此，为满足规范调保计算要求，需扩大现已贯通的引水隧洞洞径或调整厂房位置。通过技术分析，扩大引水隧洞洞径需要拆除原支护、扩挖岩体后再重新衬砌，增加了施工难度和工期，安全风险大，投入资金增多；而调整厂房位置涉及调压井的再次调整，调压井位置附近地质条件较差且存在断裂带，侧下方存在陡深河谷，修建直径16 m、深200 m的调压井，施工难度和安全风险大，投入资金较多。综合考虑以下几方面因素，进行了“以阀代井”的设计优化研究。

7.2.1.1　施工安全原因

卡依尔特水电站的调压井布置在引水管路进入厂房前最低的位置，距河边和地层断裂带很近，地质较为复杂。拟建的调压井高度达到200 m以上，直径达16 m，施工难度大、工期长。由于地质条件复杂，竖井深、直径大，施工安全隐患多，施工质量难以保证，存在施工卡钻、井壁坍塌、突水、人身事故等风险。发电引水隧洞现在已贯通，若采用扩大隧洞洞径的方式，来满足电站运行的调保要求，则需要拆除现有支护、扩挖后再衬砌，施工难度大，且安全难以保证。

7.2.1.2　投资优化因素

卡依尔特水电站调压井的深度和直径均很大，初步估算的建造调压井耗资超过3 000万元，可大量减少工程成本，初步分析可节省工程投资2 000余万元，具有显著的投资经济效益。

7.2.1.3　环境保护要求

原调压井建设需要占地、修建施工道路、对山体进行削坡处理，形成50 m的高边坡和34 000 m^3的弃渣处理。大量的土石方开挖弃渣，以及施工所需的大量工程用水和生活垃圾、废水、废气排放，会造成一定程度的植被破坏、水土流失和环境污染，不利于环境保护。

7.2.1.4　调压阀调压方式的可行性

调压阀是中小型水电站常采用的一种调压方式。在无条件布置调压井时，采用调压阀是行之有效的，此方式也是安全的，已被长期的实践证明。调压阀调压方式在中国、日本、澳大利亚、巴基斯坦等多个国家的水电站采用。在当前制造业和信息、控制技术高度发达的情况下，调压阀技术已日臻成熟。

调压井和调压阀都是用来限制引水管道水压上升和机组速率上升的安全保护措施，但实现方法有很大的不同。甩负荷时，机组转速快速升高，导叶要快速关闭，以减少进入机组的流量。调压井会接纳水流惯性作用下流量，井内的水位因此而升高。而调压阀是将这部分流量切换到尾水中，通过泄水来减少水压上升。调压阀通过改变调压阀的开启和关闭时间能够有效控制水压上升和速率上升。一旦调压井建成，其固有特性不能更改，而调压阀性能则可通过控制系统的调整而改变，方便现场调试。

20世纪70年代，以阀代井在我国已有若干工程实例。1977年，我国水利电力部发文([77]水电技字第83号)推广使用调压阀。目前，我国掌握的水轮机调节技术已处在国际领先水平，大型水电站已大量甚至全部采用国产水轮机调节系统，比如三峡水利枢纽、白鹤滩水电站，其中白鹤滩水电站单机容量已达到100万千瓦、机组100%国产化。这为调压阀的大范围推广提供了坚实的科技支撑。

7.2.2　调压阀方案

7.2.2.1　调压阀选型

通过卡依尔特水电站引水发电系统调节保证过程分析计算来确定调压阀的技术参数，作为调压阀选型的依据。调节保证值须满足以下要求：

(1)机组甩100%负荷时最大转速升高不能超过50%。

(2)机组甩100%负荷的蜗壳最大压力升高不能超过30%。

(3)开机、甩负荷工况管路均不能产生负压。

调压阀型号如下：45 MW机组对应调压阀选取型号为TFLP1000-250A，调压阀直径D=1 000 mm，最大行程：S=250 mm；20 MW机组对应调压阀选取型号为TFLP700-175A，调压阀直径D=700 mm，最大行程：S=175 mm。两类调压阀能够保证机组甩100%负荷时最大速率上升值不超过50%、压力最大上升值不超过30%；压力下降不会出现负压，并留有足够的余量；调压阀的自身具有一定消能效果；调压阀泄水时，不会发生机组抬升，且有较高的安全裕度。

1.ΣLV值计算

根据电站引水发电系统沿线水力学参数计算各机的ΣLV值。引水段由闸井段、引水隧洞、压力钢管、岔管、蜗壳和尾水管组成。$\Sigma LV=\Sigma LV_{闸井段}+\Sigma LV_{引水隧洞}+\Sigma LV_{压力钢管}+\Sigma LV_{岔管}+\Sigma LV_{蜗壳}$。1#机尾水管+蜗壳的$\Sigma LV$=156.9 m^2/s，2#机尾水管+蜗壳的$\Sigma LV$=156.9 m^2/s，3#机尾水管+蜗壳的$\Sigma LV$=120 m^2/s。合计后，1#机的$\Sigma LV$=17 904.25 m^2/s、2#机的$\Sigma LV$=17 785.92 m^2/s、3#机的$\Sigma LV$=17 775.69 m^2/s。

2. 调压阀通径计算

$v=\alpha\sqrt{2gH_r}$，流量系数α=0.546

调压阀进口流速

$$v=0.546\sqrt{2\times9.8\times158.5}=30.432\ \text{m/s}$$

$Q=vA=0.8Q_r$=25.4 m^3/s，调压阀排放量按$0.8Q_r$计算，则

$$A=\frac{0.8Q_r}{v}$$

$$d=\sqrt{\frac{4A}{\pi}}=\sqrt{\frac{4*0.8A}{\pi v}}=1.031\ \text{m}$$

根据计算结果调压阀直径D=1 000 mm，行程：250 mm～275 mm，调压阀下泄量Q_x=26.21 m^3/s。

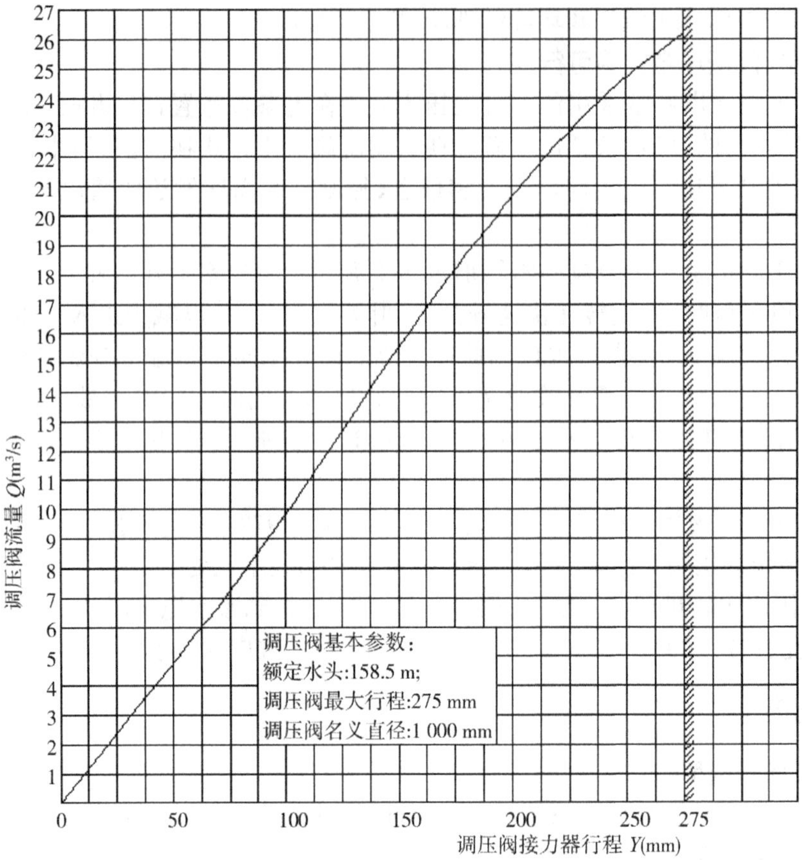

图 7.2-1　调压阀流量特性曲线

3. 压力上升值计算

在同时甩负荷的机组中，选取管道长度最长的一根支管进行计算。选择1#机，$\Sigma LV\approx$17 904.25 m²/s，ΣLV=7 220.688 m。管道的平均流速v_0为：$V_0=\Sigma LV/\Sigma L$=2.479 m/s。

管道特性系数$\rho=\dfrac{aV_0}{2gH_0}$=1 000×2.479/(2×9.81×158.5)=0.797（参考相关材料取平均压力波速α=1 000 m/s）。

τ_0=1（τ_0为导叶初始开度），$\rho\tau_0<1$，按照判别水锤类型曲线，得知发生第一相，为第一相水锤。

第一相水锤计算：

调压阀拒动时，机组慢关机时间T_{ss}=49.09 s

根据式：$T_{ss}=\dfrac{\Sigma LV}{gH\sigma}$

管道特性系数$Tss=\dfrac{\Sigma LV}{gH\sigma}=\dfrac{17\,904.25}{9.8\times158.5\times49.09}$=0.235

根据式：$\xi_1=\dfrac{2\sigma}{1+\rho\tau_0-\sigma}$（$\xi_1$为压力上升值）

即：$\xi_1=\dfrac{2\sigma}{1+\rho\tau_0-\sigma}=\dfrac{2\times0.235}{1+0.797-0.235}$=0.3=30%

满足设计要求。

4. 速率上升值计算

调速器快关时间取T_s=8.48 s，修正系数K=0.86，则$K\cdot T_s$=7.29

按S、M、S公式计算速率上升

$\beta=\beta_y\cdot c\cdot f$,

其中：$f=(1+\hat{\imath})^{3/2}=(1+0.3)^{3/2}=1.482$

$$\beta_y=\frac{182N_T\cdot KT_s}{GD^2\cdot n^2}=0.07KT_s=0.51$$

$$n'=\frac{n_p}{n}=1.95$$

$$c=\frac{1}{1+\frac{\beta y}{n'-1}}=\frac{1}{1+0.07KT_s}=0.662$$

求得$\beta=\beta_y\cdot c\cdot f=0.496$，$\beta<50\%$，满足设计要求。

式中：β——速率上升值；

ξ——压力上升值；

β_y——理论速率上升值；

N_T——水轮机出力；

GD^2——机组转动惯量（$t.m^2$）；

n——机组甩负荷前额定转速（r/min）；

n_p——水轮机飞逸转速（r/min）；

f——水锤压力的影响系数，$f=\sigma+1$；

T_s——导叶关闭时间（s）；

c——水轮机飞逸特性影响系数。

5. 验算压力下降

1）甩负荷时的压力下降

压力水管允许压力下降值，应校验堵头处的负压值。该处的最小水头150 m，保留2 m的安全余量，则堵头处允许最大压力下降为148 m。

单位转速$n'_1=\frac{n_1}{\sqrt{H}}=\frac{333\times 2.4}{\sqrt{148}}=62.25$ r/min

当调压阀全开时对应的导叶接力器的行程为零，导叶开度为零。从水轮机综合特性曲线查得：

单位流量$Q'_1=395$ L/S

流量 $Q_T=Q'_1D_1^2\sqrt{H}=0.395\times 2.4^2\times\sqrt{148}=27.86\ m^3/s$

调压阀的过流量$Q_x=26.21\ m^3/s<Q_T=27.86\ m^3/s$，故起始段压力不会下降。

2）增负荷时的压力下降

按最低水位运行时一台机组由调相到满负荷发电计算，时间$T_0=60$ s。

已知：$H=150$ m，$n'_1=65.25$ r/min，$\tau_0=1$时，$Q'_1=395$ L/S。

$Q_T=Q_1'D_1^2\sqrt{H}=0.395\times 2.4^2\times\sqrt{150}=27.87\ m^3/s$

此时管道内流速$V=\frac{2.48}{31.75}\times 27.87=2.18$ m/s

$$t_r=\frac{2\Sigma L}{\alpha}=\times\frac{2\times 7\,220.68}{1\,000}=14.44\ s$$

根据上式，水锤相$t_r=14.44$ s，$t_r<t_0$，发生间接水锤。

由 $\xi_1=2\rho[\rho\tau_1^2-\sqrt{\rho^2\tau_1^4+\tau_1^2}]$

式中：

$$\rho=\frac{aV}{2gH}=\frac{1\,000\times 2.18}{2\times 9.8\times 150}=0.74$$

$$\tau_1=\frac{t_r}{T_0}=\times\frac{2\Sigma L}{\alpha_{cp}T_0}=0.24$$

得：$\xi_1=2\times0.74\times[0.74\times0.24^2-\sqrt{0.74\times0.24^2+0.24^2}]=-0.38$

堵头处：$\Delta H=-0.38\times150=-56.8$ m

堵头处的允许下降148米。从上述计算可知在堵头处不会出现负压，并有足够的余量。

6. 调压阀泄水防抬机复核

考虑到调压阀泄水时较高流速的水流排入尾水管，瞬时增加尾水管内部压力，此时水轮机导叶逐渐关闭，当水轮机叶片下部压力大于上部压力时，可能导致机组抬升。因此对机组抬升做了复核，复核情况为调压阀开启时尾水管处在瞬时压力最大时。

天津电气科学研究院有限公司的模型机试验成果表明，调压阀开启时尾水管瞬时最大压力上升值为额定水头Hmax的6.7%；水轮机生产厂家天津市天发重型水电设备制造有限公司的CFD软件数值模拟分析结果显示，该压力上升值为Hmax的9.8%。试验和数值模拟的成果吻合度较好，因此，机组抬升复核取二者中间的较大值9.8%，按10%计算。抬机复核如下：

（1）对于45 MW机组：转轮直径D=2 050 mm，转动部件总重130 t

H_{max}=158.5 m。瞬时最大上抬力F=转轮面积*H_{max}*10%

计算得：F约等于52 t力，小于130 t，因此不会抬升。

（2）对于20 MW机组：转轮直径D=1 366 mm，转动部件总重60 t

H_{max}=158.5 m。瞬时最大上抬力F=转轮面积*H_{max}*10%

计算得：F约等于23 t力，小于60 t，因此不会抬升。

总结以上，在调压阀泄水导致尾水管压力上升最大的时刻，不会发生机组抬升，且有较高的安全裕度。

7.2.2.2 采用调压阀方案设计

1. 调压阀布置形式

调压阀的一般布置方案：调压阀方案一布置形式见图7.2-2，调压阀方案二布置形式见图7.2-3。方案一布置方案调压阀进水口接水轮机蜗壳，出水口单独接至尾水管，该布置方式简单，设备安装工期短，所占空间较小。方案二出口另需设置调压阀出水口，并布置出口闸门，设备安装工期相比方案一较长，本次设计调压阀布置方案选择方案一。调压阀的布置：在主厂房内水轮机层布置，以水流方向为准，1#大机对应调压阀布置1#机顺水流向左侧，位于1#、2#机中间，2#大机及3#小机对应调压阀布置方式以此类推。

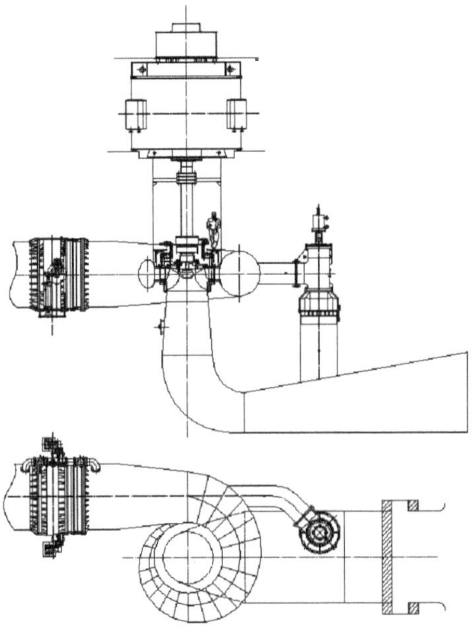

图 7.2-2　调压阀方案一布置形式

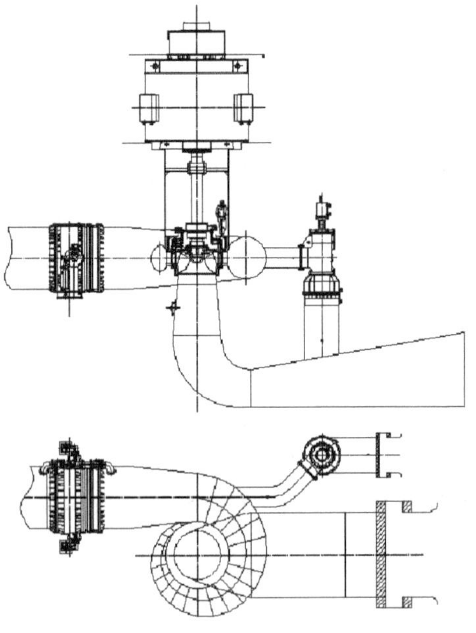

图 7.2-3　调压阀方案二布置形式

调压阀布置于水轮机层，与水轮机调速器共同控制水轮机叶片开启和闭合。调压阀的控制与水轮机调速器通过油路管连接，通过配套油泵内油压来控制调压阀开闭时间，调压阀油泵接电源线由电站原有配电柜引入。

2. 调压阀对发电厂房的影响

(1)结构布置

① 主厂房内三台水轮机相应布置调压阀后,考虑调压阀布置空间问题,对厂房空间要求增加,可能加大主厂房的宽度及跨度。

②将调压阀布置于水轮机层内,调压阀进口与水轮机蜗壳焊接,出口与水轮机尾水管连接,考虑蜗壳与调压阀连接部位混凝土加厚问题、预留调压阀布置空间。

③调压阀出水口接水轮机尾水管扩散段,调压阀出水口与尾水管接口靠近水轮机进口或者出口末端,调压阀运行时,水流经调压阀流向尾水管对水轮机运行效率可能产生不同程度的影响。

(2)消能及防冲

调压阀(见图7.2-4,V_1向示意为进口,V_2向示意为出口)在机组运行特殊工况下,可承担一定的水锤压力,当机组水轮机导叶逐渐关闭时,调压阀逐渐开启,蜗壳内含有一定内水压力的水体逐渐流入调压阀,通过液压传动信号调节调压阀开度,经由调压阀减小内水压力后泄入尾水管扩散段内,在一定程度上起到消除水锤的作用。调压阀虽能起到消除水锤的作用,但处于高水头、引水隧洞较长的引水发电电站,调压阀出口的布置对厂房出水、尾水建筑物的布置要求较高。若调压阀出口接至水轮机尾水管内(见图7.2-2),则影响水轮机运行的稳定性,在消除高水锤情况下,调压阀出水口的水压力仍可能较大,具有一定流速水流直接冲向尾水管可能导致尾水管底板冲刷成坑,也可能反向冲入尾水管进口导致机组抬升。

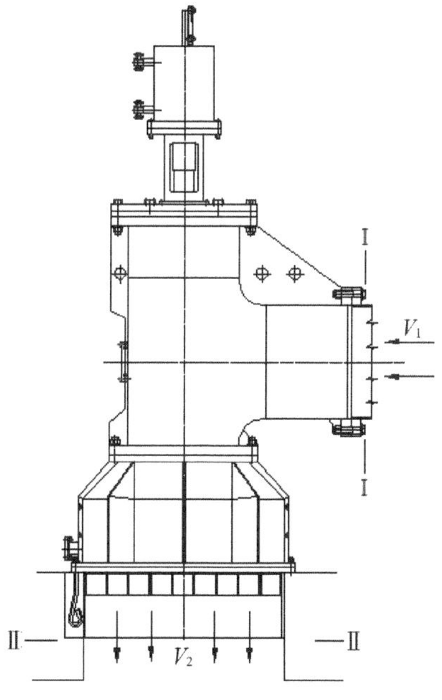

图7.2-4 调压阀外形结构

对已接有调压阀的尾水管,机组运行遇特殊工况下,除了尾水管内需承受调压阀喷射出的水流冲量,另外尾水管内水压力可能产生抬机影响,这点应根据实验来验证水轮机导叶处内水压大小,若水压过大会导致机组抬升,影响整个电站安全运行,造成安全隐患。本方案在大小机组尾水管内做钢内衬,用于缓冲高速水流,防止对尾水管钢筋混凝土结构造成直接冲刷;尾水管内水流对水轮机产生一定程度的抬机力,结合实验数据采取相应防抬机措施来消除水轮机运行时可能遇到的安全隐患。仅抬机复核计算调压阀泄水时机组不会发生抬升。出于安全考虑,机组金属结构与厂房混凝土结构之间的连接部位进行加强处理。

3. 引水隧洞结构复核

“以阀代井”方案在厂房布置调压阀,取代了调压井,对发电引水隧洞结构复核计算方面上荷载组合及计算工况有所变化,选择计算荷载最大工况下进行复核,即原有调压井方案特殊工况的荷载组合:自重+山岩压力+涌波内水压力。原调压井方案可控制发生水锤时蜗壳处的内水压力为静水压力

130%，现用调压阀方案，在极端情况下，可控制发生水锤时蜗壳处的最大内水压为静水压力129%，可以认定调压阀方案降低水锤压力比调压井方案效果好。经过复核，电站布置调压阀后，可控制内水压力小于原设计方案调压井可控内水压力，原方案隧洞结构计算理论上满足规范要求。

4.发电厂房结构复核

(1)两种主厂房布置对比

主厂房两种方案均由主机间和安装间组成，在主机间垂直水流方向布置1#～3#机，即设2台45 MW+1台20 MW水轮发电机组，1#机组为20 MW装机的小机组，2#和3#机组为45 MW的大机组。在主厂房内水轮机层布置调压阀后，厂房跨度由原来的18.5 m变为19.3 m，水轮机组蜗壳内接调压阀进水钢管，调压阀出水管接水轮机尾水管。空压机室、油处理室、透平油库、技术供水室、空压机室、工具室、配件室等进行相应调整。

厂房内3台大小组分别增加调压阀，调压阀位于水轮机层内，调压阀进水口与蜗壳连接，出水口与水轮机尾水管连接，调压阀与蜗壳连接处局部混凝土加厚，由于尾水管接调压阀，当调压阀运作时，尾水管可能受到调压阀出口水流的冲击，因此在大小水轮机下侧整段尾水管内布置钢内衬。

结合优化的厂房布置进行了抗震稳定及结构分析计算，经分析，优化后的厂房各项工况满足设计要求。

5.机电及金属结构优化

“以阀代井”需新增三台调压阀。调压阀油泵与水轮机调速器连接用来传递信号，控制调压阀开启、关闭。尾水管原为钢筋混凝土结构，现将尾水管椎管段、肘管段、扩散段增加尾水管钢内衬。

由于发电站厂房内布置调压阀，且调压阀进水口与水轮机蜗壳连接、出口与水轮机尾水管扩散段连接。电站在某种工况下水轮机导叶关闭时，调压阀开启，调压阀出口向尾水管扩散段喷射出高速水流，可能影响水轮机组效率及造成水轮机尾水管钢筋混凝土结构冲刷成坑，因此为防止尾水管混凝土结构受冲刷，在水轮机尾水管内布置钢内衬。

7.3 “以阀代井”调压方案的技术支撑

根据卡依尔特水电站业主的委托，中国水利水电科学研究院、天津电气科学研究院有限公司等单位采用经典的线性化数学模型完成了卡依尔特水电站“以阀代井”研究的计算分析工作，该项成果于2015年4月通过由中国水力发电工程学会组织的评审。

2016年5月中国水利水电科学研究院与天津电气科学研究院有限公司合作开发了“以调压阀代替调压井的水轮机调节系统过渡过程研究”和“带有调压阀的水轮机调节系统综合测试装置的研发”等科技项目。利用此项目取得的成果，进一步开展了在非线性系统的特性下针对卡依尔特水电站以阀代井技术的计算、试验研究工作。所进行的研究工作证明在非线性特性条件下，卡依尔特水电站水轮机调节系统由大波动演变为小波动时，如自动开机、空载扰动、甩25%、50%、75%、100%负荷时，仍得出水轮机调节系统自动调节条件下稳定运行的明确结论。

应明确指出水轮机并网运行电磁现象的复杂性，迄今为止还没有关于机组调频特性的计算分析方法。有关“一次调频”计算结果也可以证明在卡依尔特水电站参数条件下，水轮发电机并网后可以有满足要求的调频的速动性。

应特别强调，水轮机自动调节是实践性很强的技术，计算分析可以给出有益的结论，不能代替试验工作。计算分析可以得出保证稳定的结论，但尚不能做到利用计算分析代替用试验方法以求取调速器的最优整定参数。

7.3.1 水轮机调节系统一次调频分析

7.3.1.1 问题的提出

卡依尔特水电站将是我国实现“以阀代井”技术的最大电站，这类水电站水流惯性时间常数T_w已提高达15～25 s，显然它应满足电力运营部门合理的技术要求。电力系统强调并网机组的一次调频功能，究其实质是将调速器自动化、安全可靠性加以量化，提出要求，加以约束；DL/T1040电网运行准则已颁布执行。一次调频对水轮机调节系统提出的的要求如下：并网机组均应参与一次调频；功率永态调差系数ep=4%～5%；人工失灵区Ef=0.03～-0.03 Hz响应特性应满足在频率变化超过一次调频死区时，机组应在15 s内响应目标功率，在45秒内机组实际功率与目标功率偏差的平均值应在其额定功率的±3%内，稳定实际小于1 min。DL/T1245水轮机调节系统并网运行技术导则[4]中，水轮机调节系统一次调频阶跃响应要求机组带负荷在稳定运行工况下，对于有效频差变化不低于±0.1 Hz的频率阶跃扰动，一次调频阶跃响应过程应满足如下要求之一：

a）以开度作为响应目标时，一次调频的开度响应行为应满足如下要求：

1）自频差超出一次调频死区开始，至接力器开始向目标开度变化时的开度响应滞后时间T_{hx}，应不大于2 s。

2）自频差超出一次调频死区开始，至接力器位移达到90%目标值的上升时间$T_{0.9}$，应不大于12 s。

3）自频差超出一次调频死区开始，至开度调节达到稳定，所经历的时间T_s不大于24 s。

b）以功率作为响应目标时，一次调频的功率响应行为应满足如下要求：

1）自频差超出一次调频死区开始，至机组有功开始向目标功率变化时的功率响应滞后时间T_{hx}，对于额定水头50 m及以上的水电机组，不大于4 s；对于额定水头在50 m以下的水电机组，不大于8 s。

2）自频差超出一次调频死区开始，至机组有功达到90%目标值的上升时间$T_{0.9}$，应不大于15 s。

3）自频差超出一次调频死区开始，至功率调节达到稳定，所经历的时间T_s不大于30 s。

测试方法：

1）一次调频试验准备。

2）将调速器切换至手动，断开调速器机频测量端，将频率信号源接入调速器机频测量端，由频率信号源输出额定频率信号。

3）调速器测频分辨率和精度校验。在调速器手动状态下，逐步改变频率信号源输出频率，记录调速器频率测量值，验证测频分辨率是否符合DL/T1245第5.1.7条的要求，测频误差是否满足设计要求。

4）一次调频频率/转速死区及永态转差系数校验。参照GB/T9652.2-2007之6.13.2、6.13.3节，DL/T496-2001之4.10.6节进行。

5）一次调频频率阶跃扰动试验。调速器在自动运行方式下，投入一次调频功能，机组带60%～90%额定负荷稳定运行，通过信号源在额定频率基础上施加正负偏差的频率阶跃信号，有效频率偏差绝对值应不小于0.1 Hz，记录信号源频率、主接力器位移、机组有功等信号的变化过程。

可以明确看出，前述实验方法a）是在接力器带上负载后考核经典一次调频功能；实验方法b）及其指标绝大部分考核的是水电站机电设备固有特性，而不是水轮机调速器的自身特性。参照此方法编制响应程序开展技术分析。

除水轮机接力器外，可以通过计算研究分析水轮机调节系统在功率一次调频时的动力学特性，以找出规律判断是否满足行业标准的要求。应强调机组并网运行时发生复杂的电磁现象，很难用简单的仿真技术予以解决，并给以清晰结论。目前为止尚没有成功的计算分析并网机组一次调频的报道。

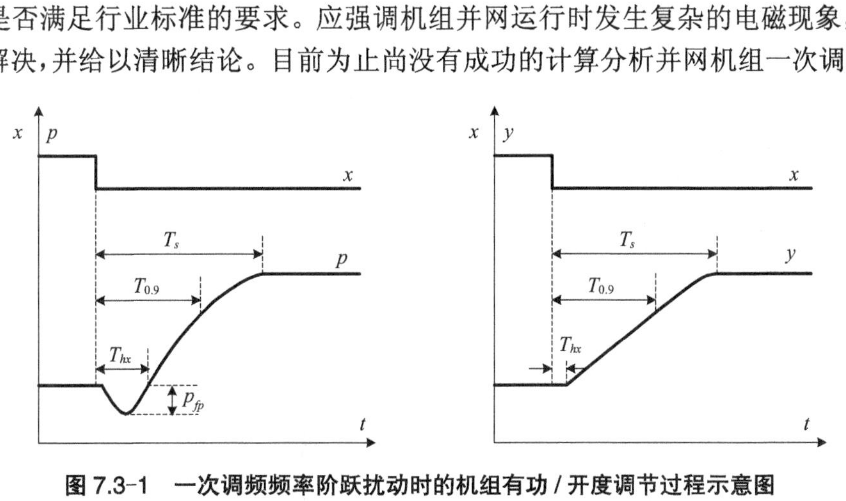

图 7.3-1　一次调频频率阶跃扰动时的机组有功 / 开度调节过程示意图

7.3.1.2 水轮机调节系统按功率一次调频时的不稳定现象

以阀代井问题常发生在高水头水电站，此时采用理想水轮机进行计算分析更有代表意义；图中选择开关有y和p两路信号。

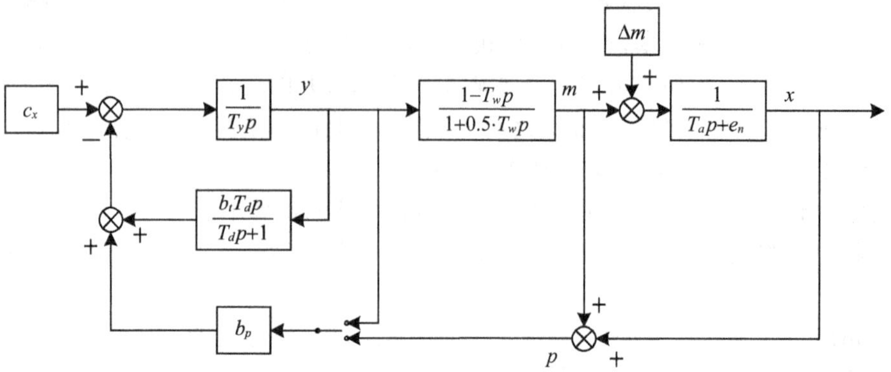

图 7.3-2 一次调频计算框图

由水轮机功率方程式：

$$P=kMn$$

式中M:水轮机力矩；n：水轮机转速；k：量纲系数。采用在水轮机调节系统常用的相对增量计算法，本文分析的功率一次调节是采用的最基本公式：

$$p=\frac{\Delta P}{P_r}=m+x \qquad （式7.3-1）$$

当选择器拨向p路时，系统通过b_p实现功率静差；另外注意到图7.3-1中发电机采用了孤立运行的数学模型，不需进行复杂的发电机间电磁关系，仅由数量级分析，在过渡过程中$x《m$，而且近似取为零。在接力器时间常数T_y=0的条件下，由图7.3-2，功率对cx的系统的闭环传递函数：

$$W(\frac{P}{c_x})=\frac{(1+T_dP)(1+T_wP)}{(0.5b_t-b_p)T_dT_wP^2+[b_tT_d+b_p(T_d-T_w)]P+b_p} \qquad （式7.3-2）$$

由上式（7.3-2），有稳定条件：

$$b_t>2.0b_p \qquad T_d>\frac{b_p}{b_t+b_p}T_w$$

在T_w值较小时这两个条件较易满足，当水流惯性时间常数较大时如15～20秒b_t=0.5、b_p=0.04时，T_d为1.1～1.5秒。可以预见，此时系统速动性较差。

我们再讨论一下当T_d=0.5T_w时的特定情况，此时传递函数（7.3-2）消去了一个极点和一个零点变为：

$$W(\frac{P}{c_x})=\frac{(1-T_nP)}{b_p+(b_tT_d-b_pT_w)P}=\frac{(1-T_wp)}{b_p+(0.5b_t-b_p)T_wP} \qquad （式7.3-3）$$

由式（7.3-3），有稳定条件：$b_t>2b_p$

它与式（7.3-2）的第一个稳定条件一致。

由式（7.3-3），在b_p=0.05特定条件下$b_t\geqslant0.1$，如0.15～0.2时系统有高的速动性。此结论可推广：在实行功率型一次调频时应取较低的b_t数值。

7.3.1.3 水轮机调节系统一次调频时的过渡过程计算

当选择y路时水轮机调速器是经典的以导叶开度为目标的一次调频，其传递函数为：

$$W(\frac{P}{c_x})=\frac{T_dP+1}{T_dT_yP^2+[T_y+T_d(b_t-b_p)]P+b_p} \qquad （式7.3-4）$$

由框图7.3-2，借助Matlab很容易在给定c_x后$y(t)$和$p(t)$过渡过程曲线。在图7.3-3上载在

c_x=0.000 2的指令后，水轮机调节系统工作在线性区（没有计入水轮机调节系统死区的影响），系统动态特性为一阶惯性环节，系统时间常数为0.1秒，其动力学特性与水流惯性无任何关系，在缓冲参数为零时系统更有出色的动态特性。实际上这是经典的水轮机调节系统一次调频功能。

令人困惑的是，从机械调速器起，一次调频功能一直就默默地发挥积极的作用，现在却被炒作成行业的话题。近年借鉴外国公司样本和火电的原理结构，采用以功率变送器为反馈核心的一次调频系统。相关计算结果见图7.3-3。水轮机调节系统一次调频图见图7.3-4。

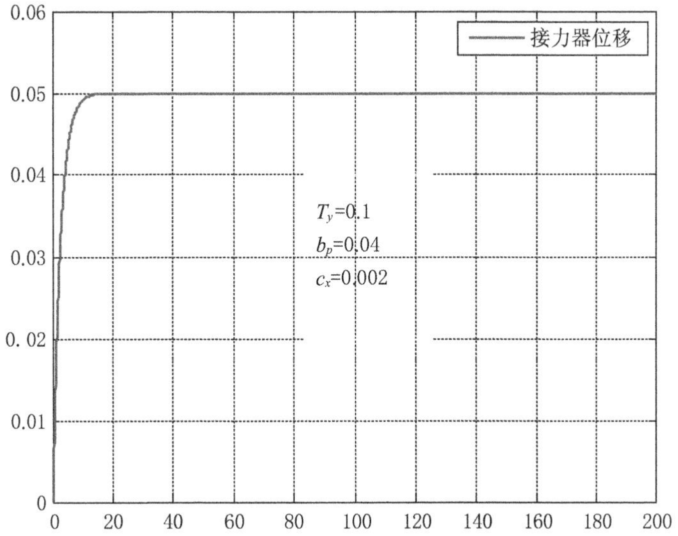

图7.3-3　水轮机调节系统一次调频 $y(t)$ 过程

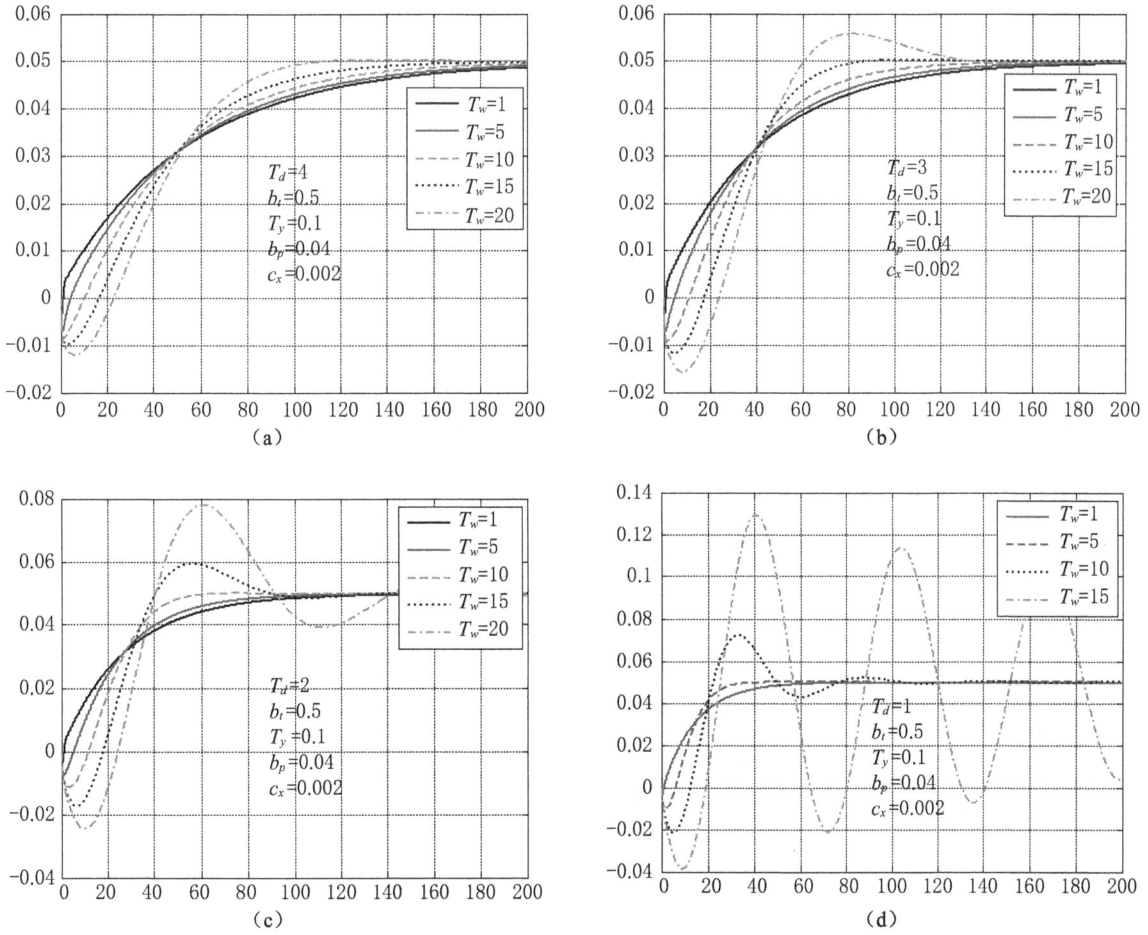

图7.3-4　水轮机调节系统一次调频 $p(t)$ 过程 b_t=0.5

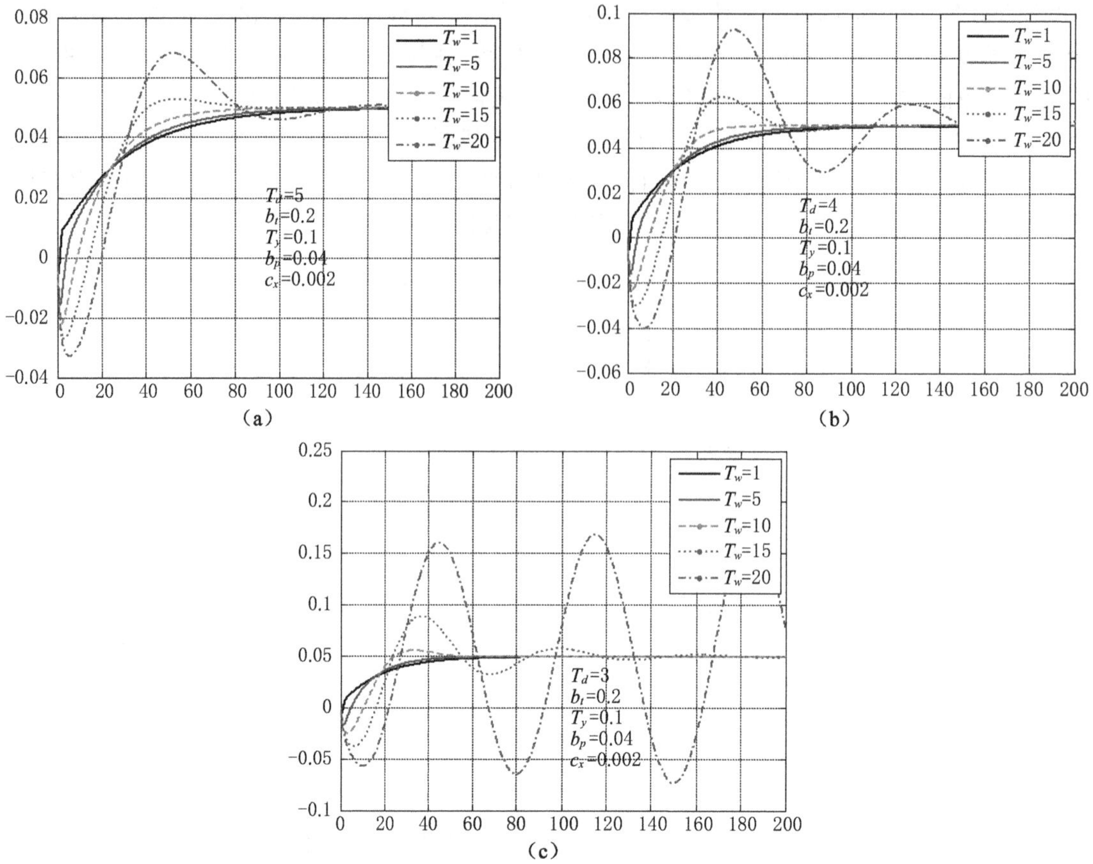

图 7.3-5　水轮机调节系统一次调频 $p(t)$ 过程 b_t=0.2

通过上述分析计算，可以肯定地指出，在新疆卡依尔特水电站参数条件下，在电站设备调试时可以得到满意的、符合有关标准的一次调频的过渡过程。

7.3.2　水轮机大小波动过渡过程计算

7.3.2.1　计算分析条件

在国家能源局“替代调压井的新型调压阀及其控制系统研究与电站示范应用”科技项目的安排下，中国水利水电科学研究院与天津电气科学研究院有限公司合作开发了基于Simulink的水轮机调节系统通用仿真程序，以满足工程建设对水轮机调节系统仿真计算的需求。Simulink是MATLAB中的一种可视化仿真工具，是实现动态系统建模、仿真和分析的一个软件包，被广泛应用于线性系统、非线性系统、数字控制及数字信号处理的建模和仿真中，本研究的总体目标是针对调压阀代替调压井的核心问题展开。水轮机调节系统通用框图如图7.3-6所示。

由图7.3-6可发现该图的核心是非线性特性的水轮机特性，为此开发了配套程序，技术核心之一就是研发能真实反映水轮机动态特性、调用方便、能包含水轮机型谱及其他所有常用水轮机特性、数学方法先进、在计算中总体耗时小、利于推广的数据文件。在此文件中包含有纳入水轮机型谱的所有水轮机特性。图7.3-6中：机组惯性时间常数 T_a；水流惯性时间常数 T_w；水击波相时间 T_r；调速器缓冲时间 T_d；调速器

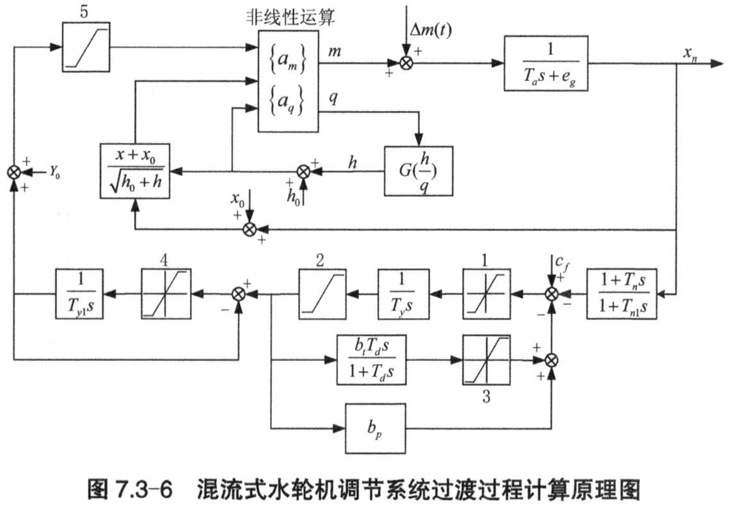

图 7.3-6　混流式水轮机调节系统过渡过程计算原理图

缓冲强度 b_t；辅助接力器时间常数 T_y；主接力器时间常数 T_{y1}；加速度时间常数 T_n；加速度环节惯性时间 T_{n1}；导叶开机时间 T_g；导叶关机时间 $T_f=T_g$。

观察图7.3-6可以看出水轮机调节系统的另一个重要环节是水电站引水系统的动力学特性，我们已将引水系统数学模型的标准化形式加以汇总，计算采用近似弹性水锤模型，其传递函数如式7.3-5所示：

$$G(\frac{h}{q})=\frac{T_w S+\alpha}{\frac{T_r^2}{\pi^2}S^2+1} \tag{7.3-5}$$

7.3.2.2 卡依尔特水轮机基本特性

由天津市天发重型水电设备制造有限公司提供的水轮机模型综合特性曲线如图7.3-7。

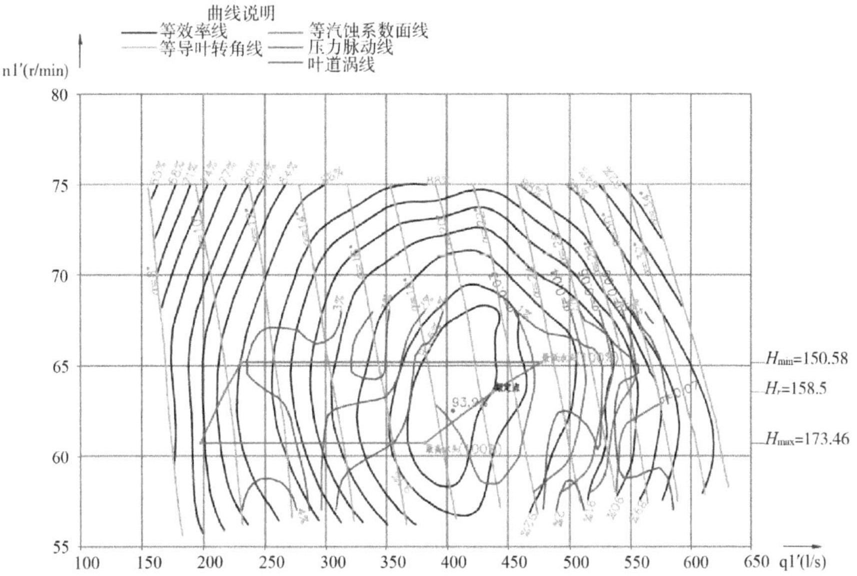

图 7.3-7 水轮机模型综合特性曲线

7.3.2.3 计算结果及分析

（1）三台同甩1.0负荷工况1

$q_f=0.8\times f(\alpha_f)\sqrt{h+h_t}$，阻尼系数 a=0.05，（h 最大上升0.232，x 最大上升0.373）

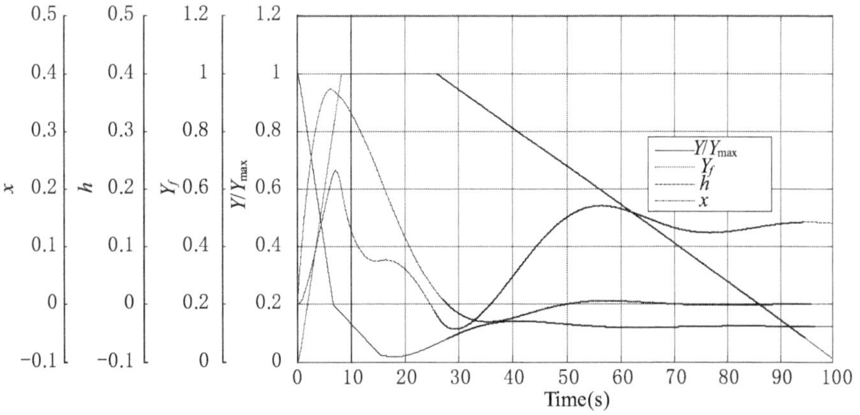

图 7.3-8 三台同甩 1.0 负荷工况 1

图中：h——蜗壳内压上升比例；x——机组转速上升比例；Y_f——调压阀相对开度；Y/Y_{max}——导叶相对开度。

T_a=7.44；T_w=12；T_r=15；T_d=6；b_t=1.0；T_y=0.3；T_{y1}=0.3；T_n=2；$T_{n1}=0.1*T_n$；T_g=8；$T_f=T_g$；导叶接力器第二段关闭时间 T_{f2}=50；调压阀打开时间 T_{gg}=8；调压阀关闭时间 T_{ff}=75。

（2）三台同甩1.0负荷工况2

$q_f=0.75\times f(\alpha_f)\sqrt{h_0+h_t}$（推荐），阻尼系数 a=0.05，（h 最大上升0.273，x 最大上升0.38）

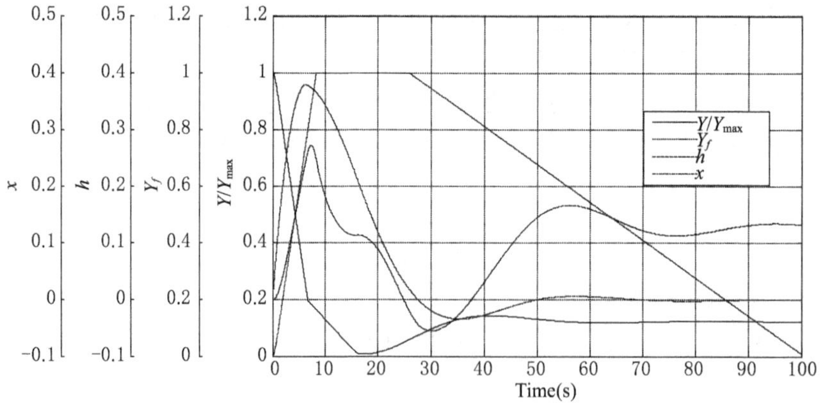

图 7.3-9　三台同甩 1.0 负荷工况 2

T_a=7.44；T_w=12；T_r=15；T_d=6；b_t=1.0；T_y=0.3；T_{y1}=0.3；T_n=2；T_{n1}=0.1*T_n；T_g=8；T_f=Tg；导叶接力器第二段关闭时间 T_{f2}=50；调压阀打开时间 T_{gg}=8；调压阀关闭时间 T_{ff}=75。

(3)三台同甩 1.0 负荷工况 3

$q_f=0.8\times f(\alpha_f)\sqrt{h_0+h_t}$，阻尼系数 a=0，(h 最大上升 0.252，x 最大上升 0.376)

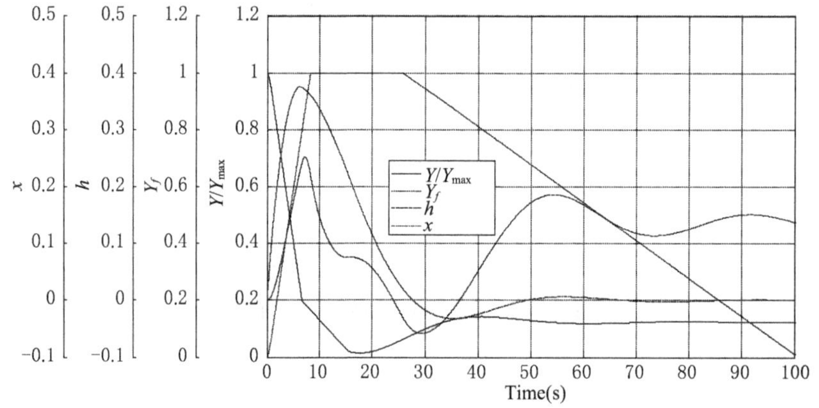

图 7.3-10　三台同甩 1.0 负荷工况 3

T_a=7.44；T_w=12；T_r=15；T_d=6；b_t=1.0；T_y=0.3；T_{y1}=0.3；T_n=2；T_{n1}=0.1*T_n；T_g=8；T_f=T_g；导叶接力器第二段关闭时间 T_{f2}=50；调压阀打开时间 T_{gg}=8；调压阀关闭时间 T_{ff}=75。

(4)三台同甩 1.0 负荷工况 4

$q_f=0.75\times f(\alpha_f)\sqrt{h_0+h_t}$，阻尼系数 a=0，(h 最大上升 0.297，x 最大上升 0.383)

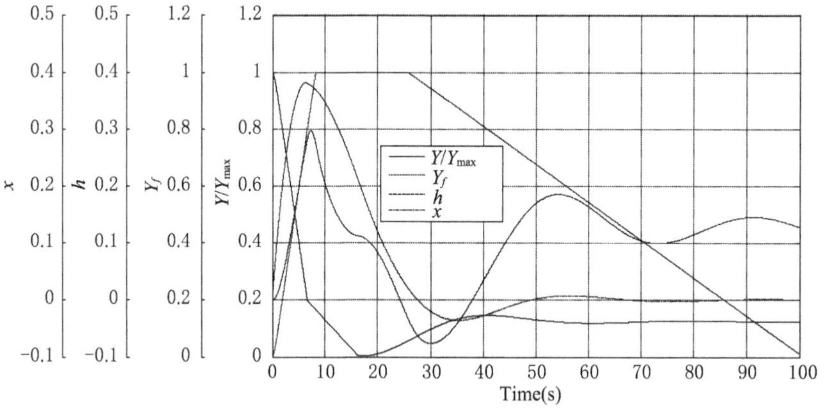

图 7.3-11　三台同甩 1.0 负荷工况 4

T_a=7.44；T_w=12；T_r=15；T_d=6；b_t=1.0；T_y=0.3；T_{y1}=0.3；T_n=2；T_{n1}=0.1*T_n；T_g=8；T_f=T_g；导叶接力器第二段关闭时间 T_{f2}=50；调压阀打开时间 T_{gg}=8；调压阀关闭时间 T_{ff}=75。

（5）单台甩0.25负荷

$q_f=0.75\times f(\alpha_f)\sqrt{h_0+h_t}$，阻尼系数 a=0.05，初始 Y/Y_{max}=0.335（h 最大上升0.149，h 最大下降0.23，x 最大上升0.082）

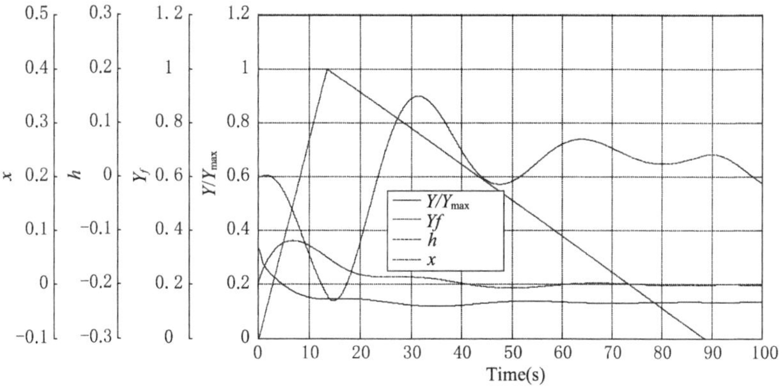

图 7.3-12　单台甩 0.25 负荷

T_a=7.44；T_w=4；T_r=15；T_d=6；b_t=1.0；T_y=0.3；T_{y1}=0.3；T_n=2；T_{n1}=0.1*T_n；T_g=8；T_f=T_g；导叶接力器第二段关闭时间 T_{f2}=50；调压阀打开时间 T_{gg}=8；调压阀关闭时间 T_{ff}=75。

（6）单台甩0.5负荷

$q_f=0.75\times f(\alpha_f)\sqrt{h_0+h_t}$，阻尼系数 a=0.05，初始 Y/Y_{max}=0.52（h 最大上升0.081，h 最大下降-0.179，x 最大上升0.158）

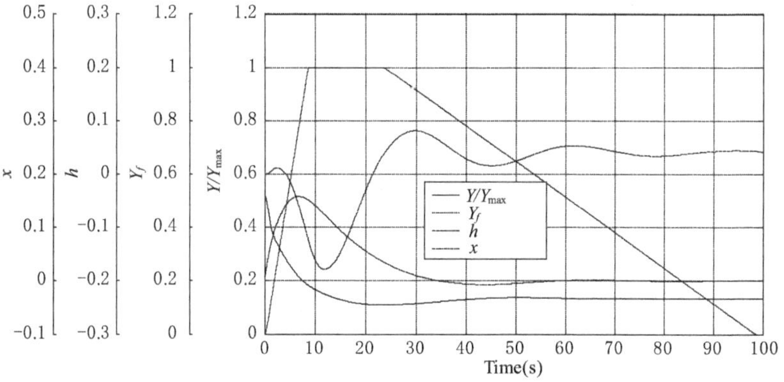

图 7.3-13　单台甩 0.5 负荷

T_a=7.44；T_w=4；T_r=15；T_d=6；b_t=1.0；T_y=0.3；T_{y1}=0.3；T_n=2；T_{n1}=0.1*T_n；T_g=8；T_f=T_g；导叶接力器第二段关闭时间 T_{g2}=50；调压阀打开时间 T_{gg}=8；调压阀关闭时间 T_{ff}=75。

（7）单台甩0.75负荷

$q_f=0.75\times f(\alpha_f)\sqrt{h_0+h_t}$，阻尼系数 a=0.05，初始 Y/Ymax=0.75（h 最大上升0.07，h 最大下降-0.078，x 最大上升0.218）

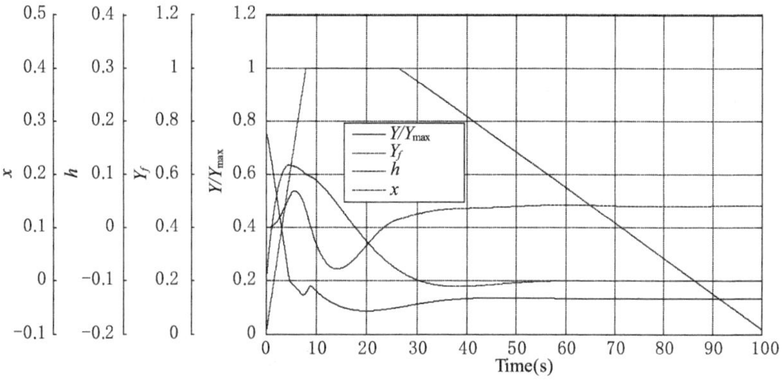

图 7.3-14　单台甩 0.75 负荷

T_a=7.44；T_w=4；T_r=15；T_d=6；b_t=1.0；T_y=0.3；T_{y1}=0.3；T_n=2；T_{n1}=0.1*T_n；T_g=8；T_f=T_g；导叶接力器第二段关闭时间T_{f2}=50；调压阀打开时间T_{gg}=8；调压阀关闭时间T_{ff}=75。

（8）单台甩1.0负荷

$q_f=0.75\times f(\alpha_f)\sqrt{h_0+h_t}$，阻尼系数$a$=0.05，（$h$最大上升0.112，$h$最大下降-0.06，$x$最大上升0.344）

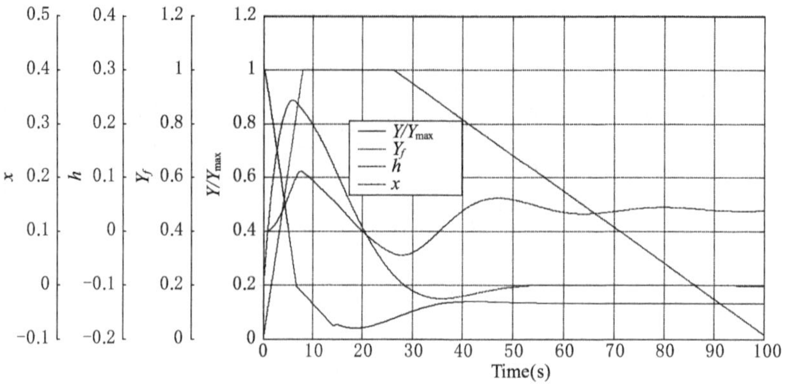

图7.3-15　单台甩1.0负荷

T_a=7.44；T_w=4；T_r=15；T_d=6；b_t=1.0；T_y=0.3；T_{y1}=0.3；T_n=2；T_{n1}=0.1*T_n；T_g=8；T_f=T_g；导叶接力器第二段关闭时间T_{f2}=50；调压阀打开时间T_{gg}=8；调压阀关闭时间T_{ff}=75。

（9）机组启动

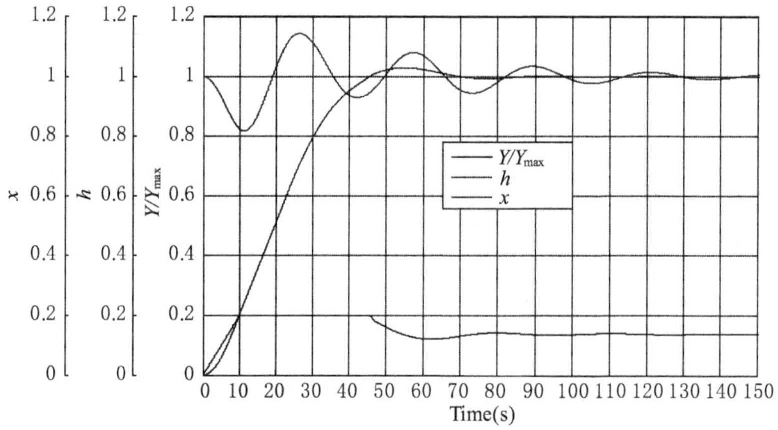

图7.3-16　机组启动

T_a=7.44；T_w=4；T_r=15；T_d=6；b_t=1.0；T_y=0.3；T_{y1}=0.3；T_n=2；T_{n1}=0.1*T_n；T_g=8；T_f=T_g。

（10）空载扰动

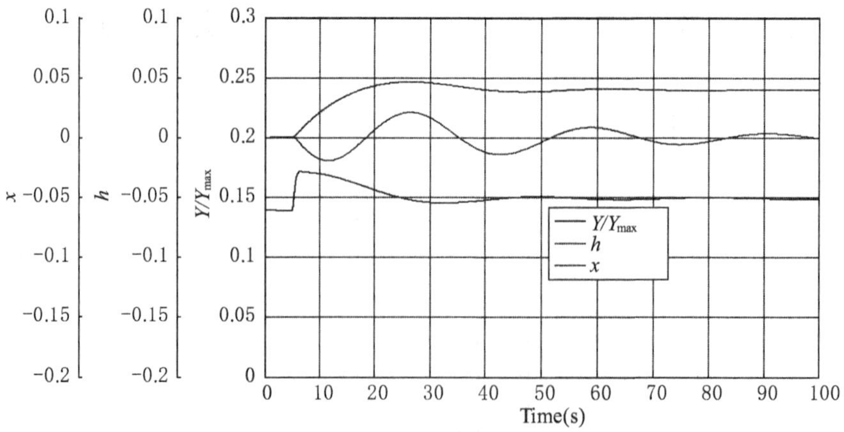

图7.3-17　空载扰动（a）

C_f=0.04；T_a=7.44；T_w=4；T_r=15；T_d=6；b_t=1.0；T_y=0.3；T_{y1}=0.3；T_n=2；T_{n1}=0.1*T_n；T_g=8；T_f=T_g。

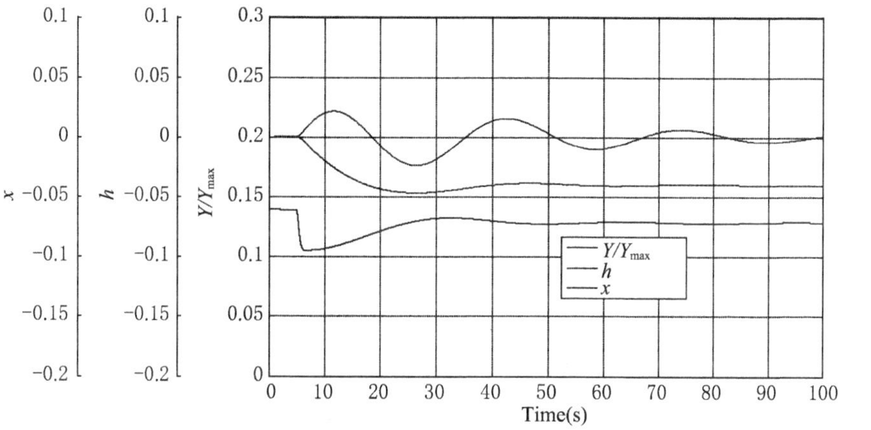

图 7.3-17　空载扰动（b）

C_f=−0.04；T_a=7.44；T_w=4；T_r=15；T_d=6；b_t=1.0；T_y=0.3；T_{y1}=0.3；T_n=2；T_{n1}=0.1*T_n；T_g=8；T_f=T_g。

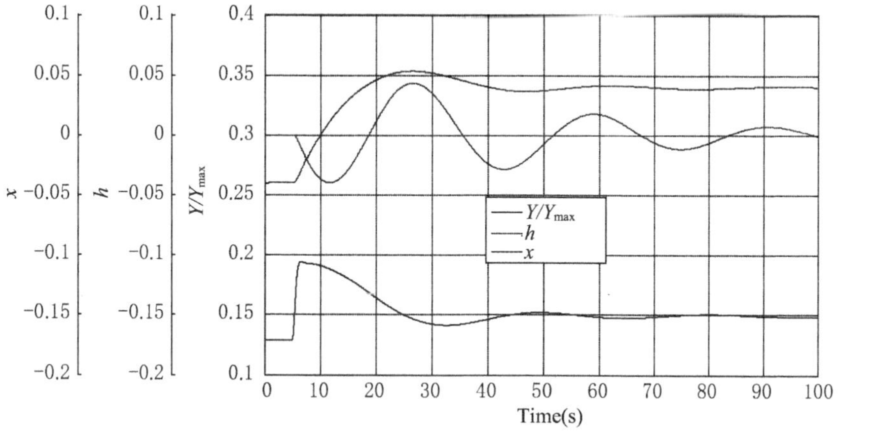

图 7.3-17　空载扰动（c）

C_f=0.08；T_a=7.44；T_w=4；T_r=15；T_d=6；b_t=1.0；T_y=0.3；T_{y1}=0.3；T_n=2；T_{n1}=0.1*T_n；T_g=8；T_f=T_g。

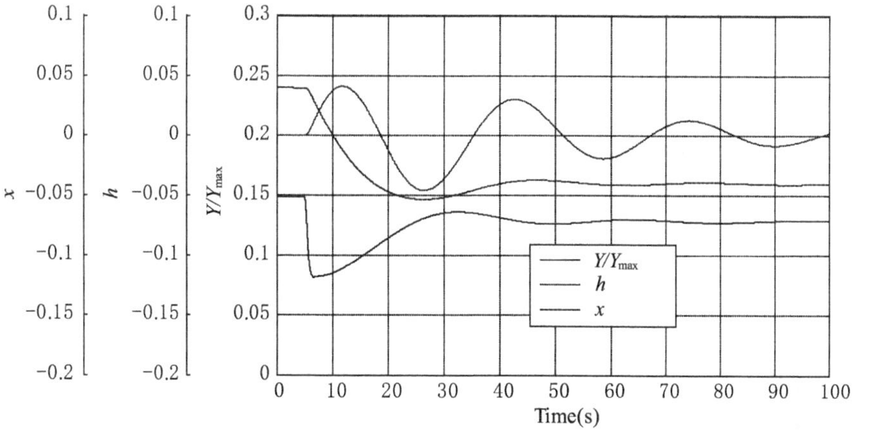

图 7.3-17　空载扰动（d）

C_f=−0.08；T_a=7.44；T_w=4；T_r=15；T_d=6；b_t=1.0；T_y=0.3；T_{y1}=0.3；T_n=2；T_{n1}=0.1*T_n；T_g=8；T_f=T_g。

7.3.2.4　大小波动过渡过程计算结果分析

1）观察或判断过渡过程中系统是否稳定的依据是在过渡过程中被控参数-频率是否迅速稳定在额定值附近波动。通过十一种工况（甩负荷、启动、空载扰动）在非线性水轮机特性条件下，最终，机组频率均在约40 s稳定在额定频率附近摆动，通过水轮机过渡过程计算可以明确得出系统稳定的结论。

2）在 T_a=7.44；T_w=12；T_r=15；T_d=6；b_t=1.0；T_y=0.3；T_{y1}=0.3；T_n=2；T_{n1}=0.1*T_n；T_g=8；T_f=T_g；导叶接力器第二段关闭时间 T_{f2}=50；调压阀打开时间 T_{gg}=8；调压阀关闭时间 T_{ff}=75；在按调压阀流量系数0.80选择调压阀时 h 最大上升0.232；x 最大上升0.373；在按调压阀流量系数0.75选择调压阀时 h 最大上升0.273；x 最大上升0.38。

3）在单机甩25%、50%、75%、100%负荷时由于调压阀均开启100%，致使产生蜗壳压力下降约20%～18%现象，但不会形成负压现象。

7.3.3 调压阀的水轮发电机系统调节仿真试验

7.3.3.1 试验条件

借此“GDMS-PE01型水轮机调速系统综合测试仪”设备的试验目的是检验验证卡依尔特水电站的稳定性问题。该仪器基本原理是：被测试的调速器、油压设备、调压阀、导叶和调压阀接力器等都是真实的物理装置，而引水系统、水轮发电机组采用专门开发的实时仿真系统。其水轮机特性及引水系统特性均要计入新疆卡依尔特电站的有关技术参数。

水轮机调节系统通用框图如图7.3-18所示。

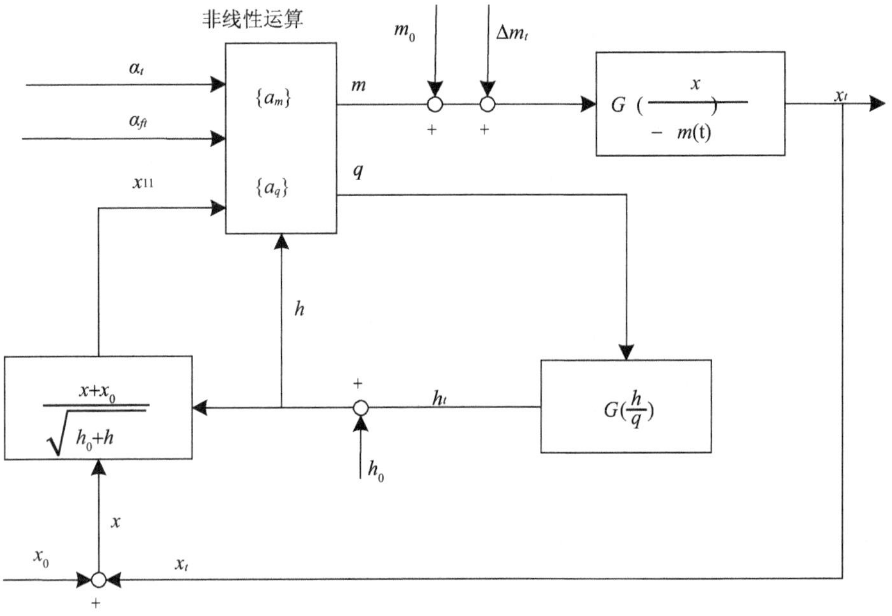

图7.3-18 带调压阀的水轮发电机仿真计算框图

其中：α_t 为任意时刻真实调速器导叶接力器行程

α_{ft} 为任意时刻真实调压阀接力器行程

非线性特性的水轮机特性及水电站引水系统的动力学特性数学模型，有标准化形式描述：

（1）刚性水锤

$$G(\frac{h}{q})=-T_wS \qquad \text{（式7.3-6）}$$

适用条件：$T_f/T_r>6$ 及 $T_w/T_r>2$；

（2）近似弹性水锤

$$G(\frac{h}{q})=\frac{T_wS}{\frac{T_r^2}{\pi^2}S^2+1} \qquad \text{（式7.3-7）}$$

适用条件：$3<T_f/T_r<6$，$0.5<T_w/T_r<2$；

（3）弹性水锤

$$G(\frac{h}{q})=-2h_w th0.5T_rS \qquad \text{（式7.3-8）}$$

其中$h_w=T_w/T_r$：水轮机管道特性系数；

适用条件：$T_f/T_r<3<T_w/T_r<0.5$；

(4)带调压井的引水系统数学模型

$$W(\frac{h}{q})=-(\frac{T_{w1}p+\alpha_1}{T_{w1}T_e p^2+\alpha T_e p+1}+T_{w2}\,p+\alpha_2) \quad (式7.3-9)$$

式中：$T_{w1}=\frac{\Sigma L_1 V_{1r}}{gH_r}$，$T_{w2}=\frac{\Sigma L_2 V_{2r}}{gH_r}$，$T_e=\frac{FH_r}{Q_r}$，$\alpha_1=\frac{2h_{w1r}}{H_r}\frac{Q_0}{Q_r}$，$\alpha_2=\frac{2h_{w2r}}{H_r}\frac{Q_0}{Q_r}$

(5)分叉管数学模型，见图7.3-19

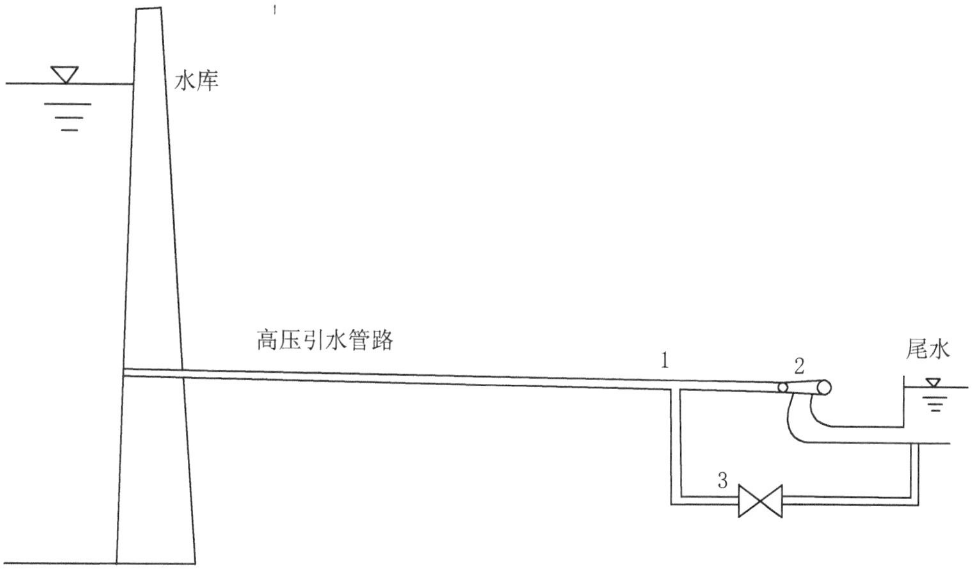

图7.3-19 调压阀分叉管示意图

连续方程式：$q_1=q_2+q_3$；

$$q_3=kf(\alpha_3)\sqrt{h_0+h_t}$$

式中：k取值0.7～0.8；q_1为管路总流量；q_2为水轮机流量；q_3为调压阀流量；

α_3为调压阀接力器行程；h_0为初始水头；h_t为水头偏差；

动力方程式：$G(\frac{h_1}{q_1})=-T_{w1}s$，$G(\frac{h_{1-2}}{q_2})=-T_{w2}s$，$G(\frac{h_{1-3}}{q_3})=-T_{w3}s$

式中：T_{w1}为水库到分叉管的水流惯性时间常数

T_{w2}为分叉管到水轮机组的水流惯性时间常数

T_{w3}为分叉管到调压阀的水流惯性时间常数

在实际中，取 $G(\frac{h}{q})=-(T_{w1}+T_{w2})s$

7.3.3.2 试验设备描述

试验用调速器型号：BYWT-10000-10

主配压阀直径：35 mm　工作油压：10 MPa

导叶接力器行程：180 mm　导叶接力器直径：150 mm

调压阀通径：400 mm　调压阀接力器行程：80 mm

调速器软件平台：日本三菱公司PLC；日本三洋公司产步进电机。

在有关水轮机调速器国家标准、电力行业标准中有很多实验项目检验水轮机调节系统的稳定性，本次试验选取水轮发电机组自动启动、空载扰动、甩负荷等试验。水轮发电机组自动启动试验是调速器接受指令后调速器开至启动开度，通常在达到80%额定转速时进行自动调节，如果系统不稳定，转速大幅震荡，甚至是发散型震荡，机组不能自动运行；空载扰动试验目的是检验稳定性、并找出最优参数供运行使用；甩25%、50%、70%、100%负荷试验更是检验调速器的自动控制能力，此试验更是检验、评价调速器的动态特性的重要依据，在水轮机调速器国标和行业指标中均有严格的考核规定。

试验用的仪器和设备见图7.3-20。

图7.3-20　试验用调压阀

7.3.3.3　试验成果及分析

机组起动试验成果见图7.3-21，本试验证明接受启动命令后100 s机组稳定控制在额定转速。

空载扰动试验成果见图7.3-22，按常规扰动量为48～52 Hz，近于单调地完成调节，系统稳定。

机组甩25%负荷试验成果见图7.3-23，假定此工况调压阀没有动作，h_{max}=0.087，X_{max}=0.067，最后转速调节稳定。

机组甩50%负荷试验成果见图7.3-24，调压阀开至57%后关闭，h_{max}=0.102，X_{max}=0.158，最后转速调节稳定。

机组甩75%负荷试验成果见图7.3-25，调压阀开启值90.46%后关闭，h_{max}=0.082 3，X_{max}=0.29，最后转速调节稳定。

机组甩100%负荷试验见图7.3-26，调压阀开至96.94%后关闭，h_{max}=0.062 8，X_{max}=0.402，最后转速调节稳定。

综合以上试验成果，利用由新疆卡依尔特电站参数组成的系统进行了机组启动、空载扰动、甩25%、50%、75%、100%负荷自动调节试验，在自动调节状态下，在所有试验项目中水轮机调节系统过渡过程稳定收敛，调节过程正常。

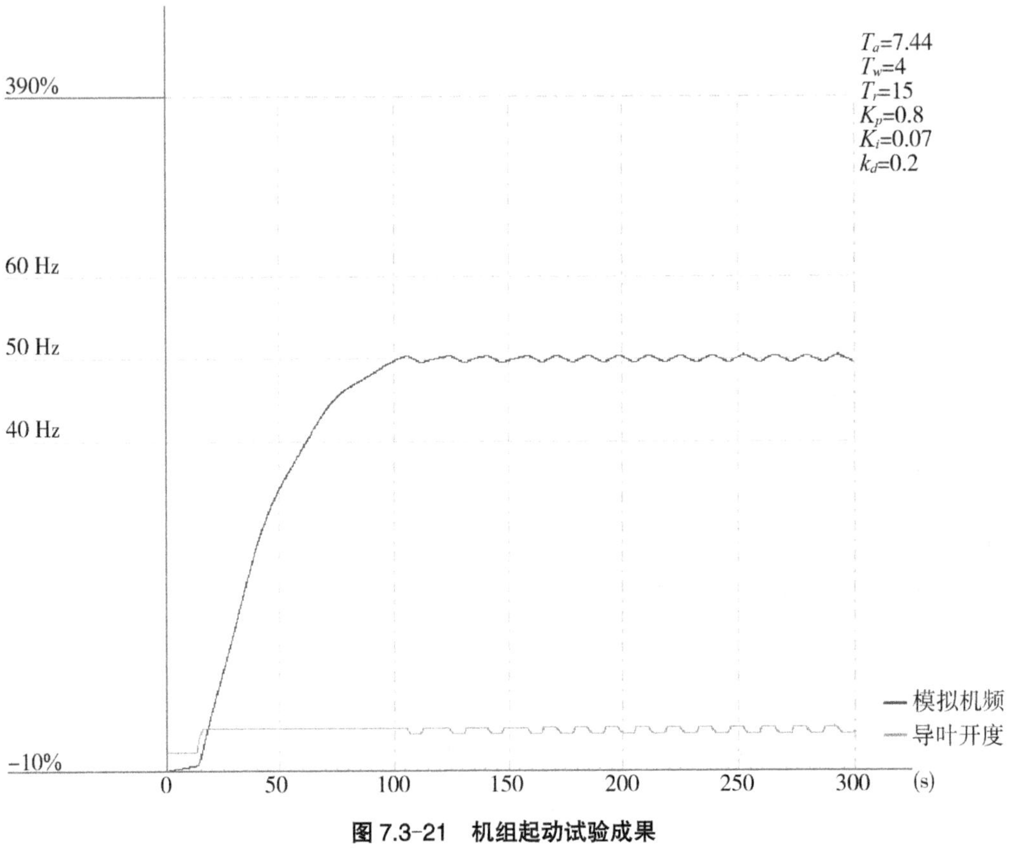

图7.3-21　机组起动试验成果

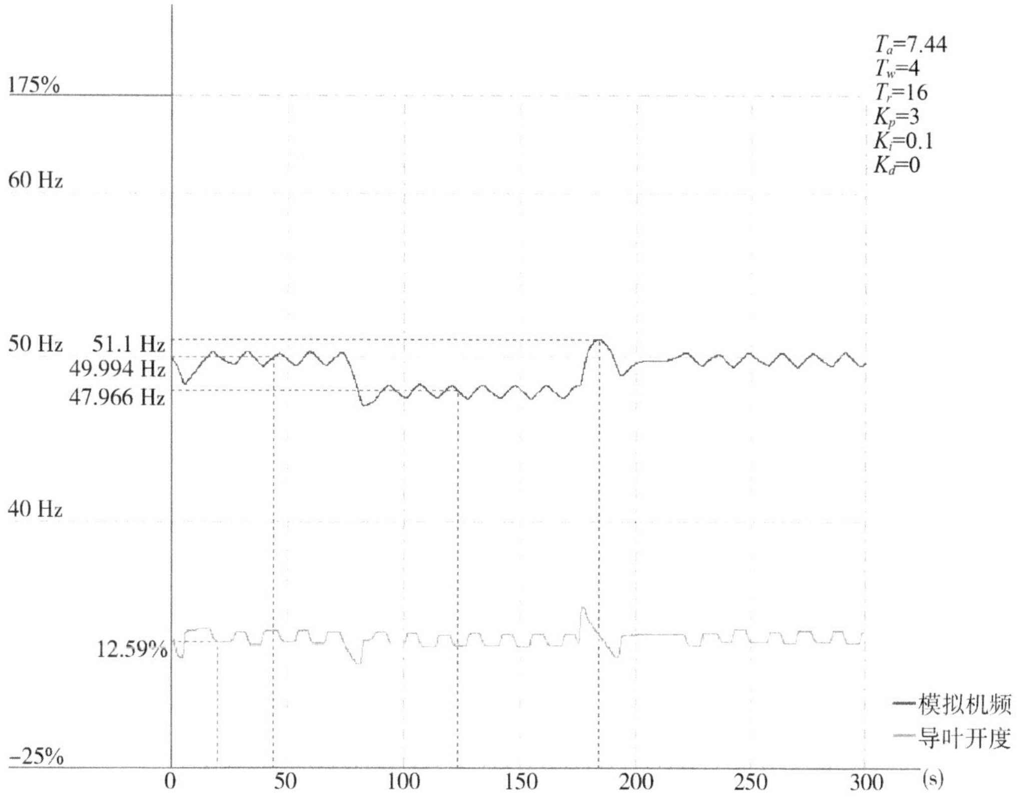

图 7.3-22 空载扰动试验成果

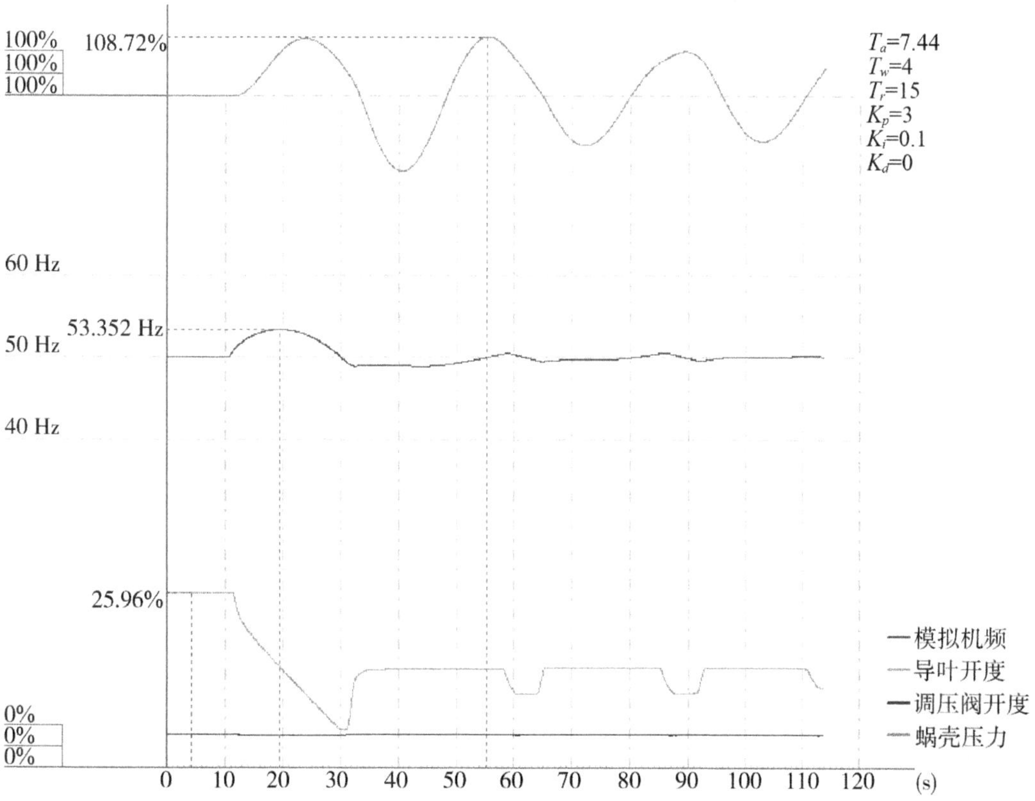

图 7.3-23 机组甩 25% 负荷试验成果

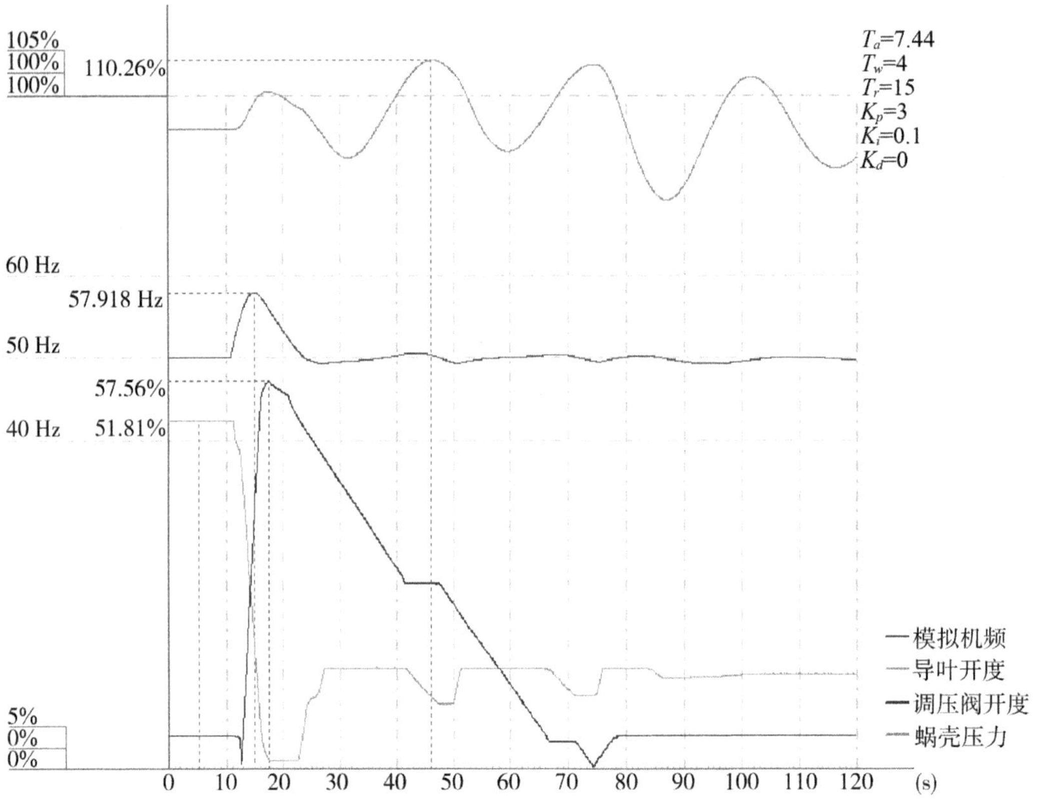

图 7.3-24　机组甩 50% 负荷试验成果

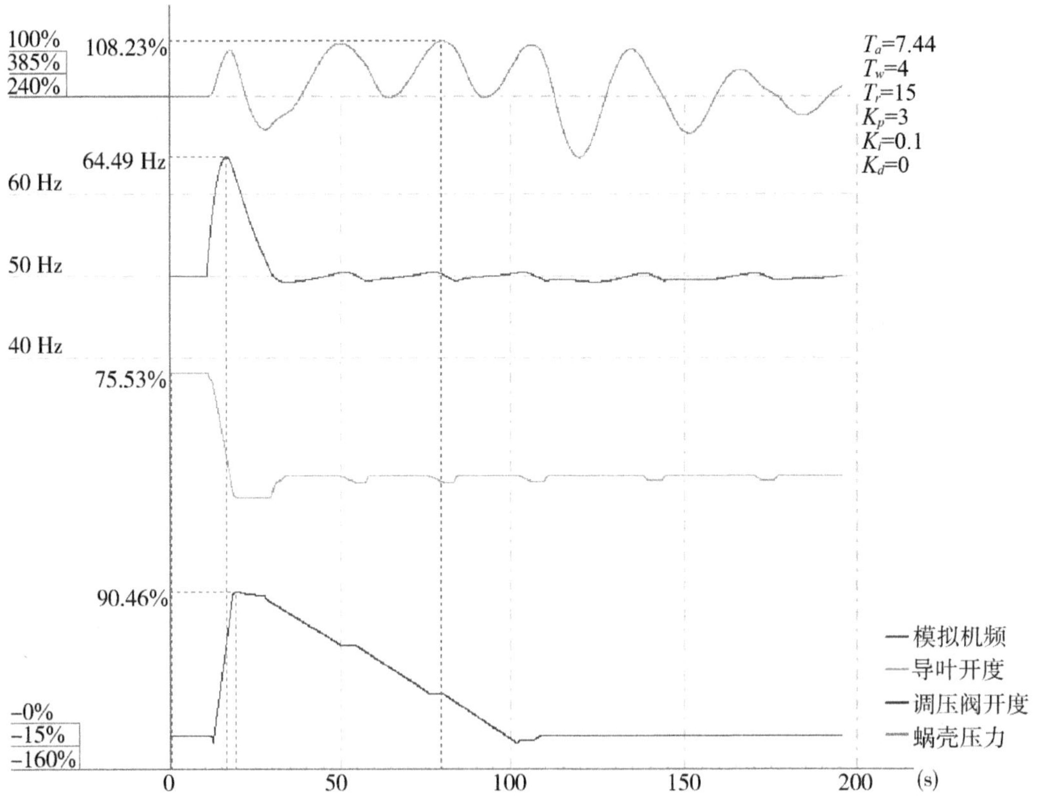

图 7.3-25　机组甩 75% 负荷试验成果

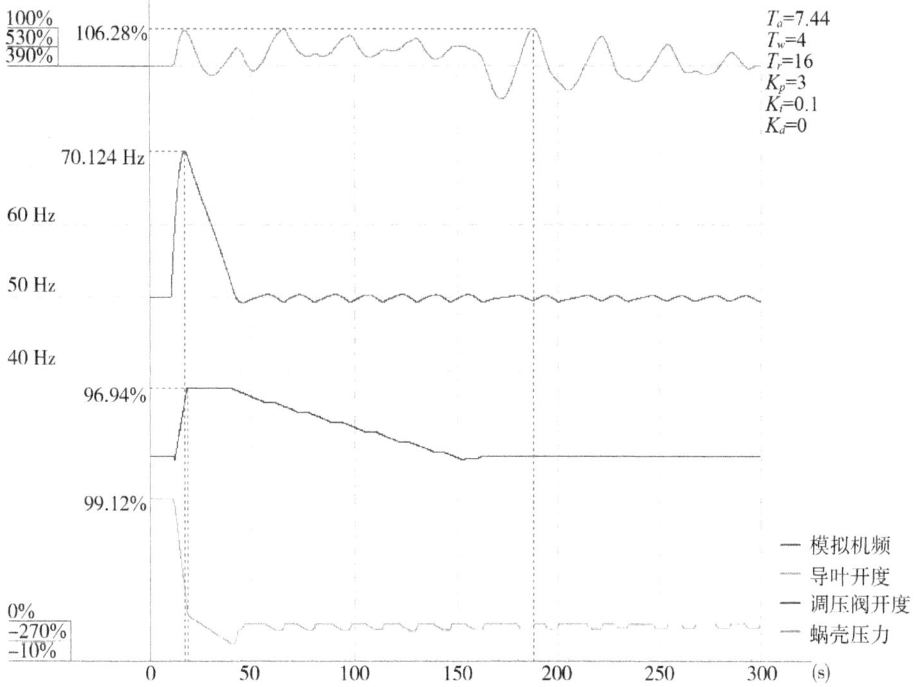

图 7.3-26 机组甩 100% 负荷试验成果

7.4 “以阀代井”调压的实践情况

7.4.1 采用调压阀的实例

水轮机“以阀代井”调压早在20世纪30年代已出现，1949年以前，我国东北的镜泊湖水电站、广东的大隆电站和东方电站均采用进口调压阀，也称放空阀。1965年重庆水轮机厂生产我国第一台调压阀在广西澄碧河安装运行。由于早期的调压阀采用机械式控制，阀开启操作时滞较大，调压效果不显著、可靠性差，因此未得到推广。20世纪70年代，国外开始出现与调速器液压联动的调压阀，在我国水电部科技司主持下，国内数家科研单位研制调压阀，在小型水电站龙源、西洱河二级水电站中应用，并发文推广。当前，采用调压阀作为调压措施的水电站成功案例不在少数，据作者所掌握的案例已超过100个，典型案例见表7.4-1，其中巴基斯坦塔贝拉电站单机容量已达477 MW。

孔昭年教授参加了四川杨村、云南勐典河、湖北龙潭嘴、老挝南奔、巴基斯坦普胡等水电站调压阀的研发。杨村电站是目前国内采用调压阀调压单机容量最大的电站，单机容量为22.68 MW，水流惯性时间常数为25 s。

表 7.4-1 采用调压阀的电站案例

电站名称	杨村	普胡	阿莱蒙舒	威尔蒙特	龙潭嘴	塔贝拉
机组台数	3	3	1	1	3	3
单机容量/MW	22.68	18	58.2	32.9	11	477
额定转速/rpm	500	600（1#，2#机）375（3#机）	300	600	600	107.14
设计水头/m 最大水头/m 最小水头/m	119.0 132.9 115.8	68（1#，2#）44（3#）	162.15	240.8 244.8 222.8	120.0 145.0 —	109.72
水流惯性时间常数T_w/s	25	25	管长8 km	管长5 km	管长6 km	24.95

续 表

电站名称	杨村	普胡	阿莱蒙舒	威尔蒙特	龙潭嘴	塔贝拉
地点	四川	巴基斯坦	澳大利亚	澳大利亚	湖北	巴基斯坦
状态	投运	投运	投运	投运	投运	投运

7.4.2 结论

通过卡依尔特水电站大小波动过渡过程稳定性计算分析和仿真试验，开展了“以阀代井”技术分析和试验、调压阀方案设计、调压阀与调压井方案比较等工作，得出如下结论：

（1）水轮机调节系统一次调频功能是水轮机调节系统的基本功能，到目前为止还没有好的计算分析方法，针对此种情况开展了开拓性的计算分析，计算分析证明，只要现场认真调试，可以得到合理的参数，满足系统的要求。

（2）利用开发的水轮机过渡过程计算通用软件，计算可以明确得出系统稳定的结论。

针对卡依尔特水电站水轮机调节系统通过十一种自动调节工况（甩负荷、启动、空载扰动）在非线性水轮机特性条件下，在按调压阀流量系数0.80选择调压阀时h最大上升0.232；x最大上升0.373；在按调压阀流量系数0.75选择调压阀时h最大上升0.273；x最大上升0.38；在单机甩25%、50%、75%、100%负荷时由于调压阀均开启100%，致使产生蜗壳压力下降约20%～18%现象，但不会形成负压现象。

（3）利用带调压阀的水轮机调速器实时仿真系统仿真计算，并与南奔电站甩负荷试验数据与计算数据进行了比对，证明该过渡过程调节正常稳定收敛，试验数据与计算数据具有一致性。

在天津电气科学研究院有限公司抽取试验用真实调速器和调压阀，与仿真装置闭环进行动态特性试验；利用由卡依尔特电站参数组成的系统进行了机组启动、空载扰动、甩25%、50%、75%、100%负荷自动调节试验，在自动调节状态下，在所有试验项目中水轮机调节系统过渡过程稳定收敛，调节过程正常。利用南奔电站甩负荷试验数据与计算数据进行了比对，正向峰值误差仅为3%～4%，转速误差仅为3%；验证了我们关于过渡过程计算的数学方法、计算模型及计算结果的合理性。

（4）通过老挝南奔电站和老挝南奔电站水轮机调节系统稳定条件下，推定新疆卡依尔特水电站水轮机调节系统会是稳定的系统。

已进行的老挝南奔电站（T_a=5 s、T_w=15 s、T_a/T_w=0.33）和湖北省龙潭嘴水电站（T_a=7.1 s、T_w=13.2 s、T_a/T_w=0.54）试验证明机组在稳定条件不如卡依尔特水电站（T_a=7.4 s、T_w=12 s、T_a/T_w=0.62）的条件下，机组启动、带孤立负荷、甩25%、50%、75%、100%负荷均可保证水轮机调节系统稳定，可以推定新疆卡依尔特水电站水轮机调节系统会是稳定的系统。与此同时，对丰富我国水电站“以阀代井”调压设计经验及新疆卡依尔特水电站实施“以阀代井”技术具有重要借鉴意义。

综上所述，除按线性经典理论的计算结果外，新疆卡依尔特水电站在非线性水轮机特性条件下、由大波动工况自动调节进入小波动工况时也是稳定的。“以阀代井”调压技术节省投资，有可观的社会效益、经济效益及生态效益。本工程开展的水轮机大、小波动过渡过程计算及带调压阀的水轮发电机系统调节仿真试验结果表明，卡依尔特水电站采用调压阀代替调压井，在非线性水轮机特性条件下，大波动工况及由大波动工况自动调节进入小波动工况，水轮机调节系统过渡过程均是稳定的，满足水电站稳定运行的需求，且调压阀布置简单、施工技术难度低。调压阀调压已被国、内外大量电站成功采用，是一项值得推广的技术。

7.5 小结

我国现行规程、规范对于采用调压阀的水电站，其机组运行稳定性和调节品质等由水电站水力—机械过渡过程分析计算的方法、内容等方面尚无统一规定。这就造成推广应用该项技术存在“规范制约”，也是我们通常遇到的“先有鸡或先有蛋”问题。行业技术的发展会促进规范不断进行修编，而规范编制时又要参考已有成功案例作为技术支撑，实际上两者之间并不矛盾。近年来水利水电行业规范修编力度很大，部分比较先进的技术也逐步纳入规范，通常采取比较审慎的态度，但并不排斥新技术的应用。前提是需要开展大量认真细致的工作，包括计算分析、模型试验等等。当前业界争议焦点主要是小波动过程对电网品质的影响问题。

随着“以阀代井”技术的发展，世界上采用调压阀作为调压措施的水电站成功案例已有很多，如本文提到的杨村水电站、巴基斯坦PUHUR电站、老挝南奔电站、湖北龙潭嘴水电站、云南勐典河电站等，这些成功案例为调压阀的应用推广提供了成功借鉴。

中国水利水电科学研究院与天津电气科学研究院有限公司合作开发了“以调压阀代替调压井的水轮机调节系统过渡过程研究”和“带有调压阀的水轮机调节系统综合测试装置的研发”项目，为本工程研究提供了重要的技术支撑。依托该项目取得的成果，对卡伊尔特水电站调压阀一次调频、大/小波动的水力过渡过程计算、调节仿真等开展了一系列科学试验，研究表明，本水电站采用调压阀，能够解决机组转速和水道压力上升问题，且满足机电设备和水工建筑物的安全要求。在非线性水轮机特性条件下，大波动工况及由大波动工况自动调节进入小波动工况，水轮机调节系统过渡过程均是稳定的。本工程调压阀调压的可行性论证方法，选型、布置和防抬机复核，效益分析及其相关结果，均值得相似工程借鉴，也为以后修编规范提供依据和案例。

第三篇

典型工程案例

第一章 乌鲁木齐河大西沟水库工程

1.1 工程概况

大西沟水库是乌鲁木齐河上的龙头水库，水库位于乌鲁木齐县，坝址处距乌鲁木齐市68 km，距乌拉泊水库58 km，大西沟水库工程任务为防洪兼顾灌溉、城市工业供水。水库总库容6 990万m^3，最大坝高92.2 m，工程规模为大(1)型，工程等别为Ⅰ等。主要建筑物大坝、溢洪道、泄洪兼导流洞和放水灌溉洞(参与泄洪)为1级建筑物，临时建筑物为4级。工程静态总投资79 499.33万元，工程总投资79 499.33万元，单方库容投资11.37元。

1.2 水文

乌鲁木齐河发源于乌鲁木齐市南部山区的天格尔Ⅱ峰附近1号冰川，源头海拔4 500 m以上，流域总面积6 600 km^2，全长214 km。从河源至沟口(西白杨沟汇入口)为上游，称大西沟，长64 km；沟口至猛进水库为中游，称乌鲁木齐河，长约80 km；猛进水库以北为下游，称老龙河，长70 km。全河在乌鲁木齐市境内长约140 km，从南向北穿越乌鲁木齐市区中心河道长32.3 km，乌鲁木齐河是乌鲁木齐市工农业生产、生活、城市用水主要水源。乌鲁木齐河多年平均年径流量2.44亿m^3，多年平均流量7.72 m^3/s。乌鲁木齐河的洪水成因及类型可分为冰雪融水型、暴雨型、混合型。年最大洪峰流量集中发生在6月至8月。设计洪水标准为1 000年一遇，入库洪峰流量1 410 m^3/s；校核洪水标准为10 000年一遇，入库洪峰流量2 180 m^3/s。

大西沟水库坝址处多年平均气温1.4℃，多年平均年降水量452.02 mm，多年平均水面蒸发量1 020.51 mm。最大冻土深度1.5 m，平均风速2.3 m/s，最大风速17 m/s。多年平均悬移质输沙量14.93×10^4 t，多年平均推移质输沙量4.927×10^4 t，总输沙量19.857×10^4 t。

1.3 工程地质

工程区位于天山北麓，乌鲁木齐盆地南缘，属天山中部。区域内地势西、南高，北、东低，西部属高山区。水库区构造简单，无区域性断层通过。工程区毗邻北天山地震带，根据中国地震动参数区划图(GB18306—2001)，工程场地动峰值加速度为0.15 g，相应的地震基本烈度为Ⅶ度。

水库区构造简单，无区域性断层通过，库盆两岸山体雄厚，无低矮垭口和邻谷存在，构成库盆的岩石为相对不透水的凝灰岩、砂岩，无水库渗漏；不存在水库诱发地震等工程地质问题。由于库尾跃钢电厂等工矿企业长年弃碴堆积于河道，库区上游固体径流来源多。

水库左岸为由侏罗系地层构成的陡立岩质边坡，平行和垂直岸坡的节理裂隙大坝、泄洪兼导流洞、放水灌溉洞及溢洪道基岩岩性为下石炭统齐尔古斯套群的凝灰岩、泥质凝灰岩，河床砂砾石层较厚，岩石风化较强烈，防渗帷幕深度较深，河床及左岸构造发育，左岸坝肩存在边坡稳定问题，水库蓄水后，近库岸一带松动岩体有局部崩塌问题。

河床为第四系冲积砂卵砾石层，深度为20～23 m，天然密度2.23～2.26 g/cm^3，干密度2.18～2.21 g/cm^3，为强透水层。覆盖层下伏基岩为凝灰岩和泥质凝灰岩，基岩强风化层厚为3～5 m，节理裂隙发育，岩体破碎。坝基相对不透水层（$q<5$Lu）埋深在基岩面以下10～20 m。砂卵砾石层可满足坝壳基础要求，心墙部位需将强风化层清除，建议开挖边坡，强风化层临时坡度为1∶0.5，覆盖层1∶1.5～1∶1.75，覆盖层水下开挖边坡比应大于1∶2.0。

左岸边坡较陡，卸荷裂隙较发育，潜在不稳定体10 个，其中SL10对工程有影响。右岸发育Ⅰ～Ⅲ级阶地，自然边坡坡度30°～40°，Ⅲ级阶地面较平坦，阶面宽100～150 m，表层为风积黄土、洪积粉土、碎石土，下部为冲积砂卵砾石，坡脚处堆积碎石土，厚3～5 m，基岩岩性为下石炭统奇尔古斯套群（C1qr）的巨厚层状凝灰岩和凝灰质泥岩，基岩强风化层厚度3～5 m，弱风化层厚为30 m左右。相对不透水层（$q<5$Lu）基岩面以下埋深20～30 m。心墙部位覆盖层及强风化层应清除，坝壳部位表层风积黄土、洪积粉土、碎石土需清除。

1.4 工程布置及主要建筑物

1.4.1 坝型比选

下坝址呈不对称“U”型谷，河床较宽，左岸及河床断层、节理裂隙发育，边坡卸荷松动变形，左岸坝肩存在稳定问题；坝基存在渗漏、渗透稳定问题，右岸由冲积阶地构成台阶状地形，阶地前缘斜坡坡角25°～30°，阶面宽100 m左右，阶地后缘高程2 000 m以上地形较陡，山坡坡角40°～45°，不适合建混凝土坝。

选择当地材料坝进行比较时，采用黏土心墙坝、混凝土面板砂砾石坝和碾压式沥青混凝土心墙坝三种坝型。从各坝型的枢纽布置、地形地质条件对坝型的适应性能、对当地气候的适应能力、建筑材料、坝体抗震性能、坝体应力、变形特性分析、施工条件、工程安全性和工程投资等方面进行综合技术经济比较，以选择最优坝型，比较见表1。黏土心墙坝横断面型式见图1，沥青混凝土心墙坝横断面型式见图2，混凝土面板坝横断面型式见图3。

从地形地质条件、大坝抗震、施工条件、工程量等方面综合分析比较，黏土心墙砂砾石坝优于混凝土面板砂砾石坝、沥青心墙砂砾石坝，本阶段将黏土心墙坝作为推荐坝型。

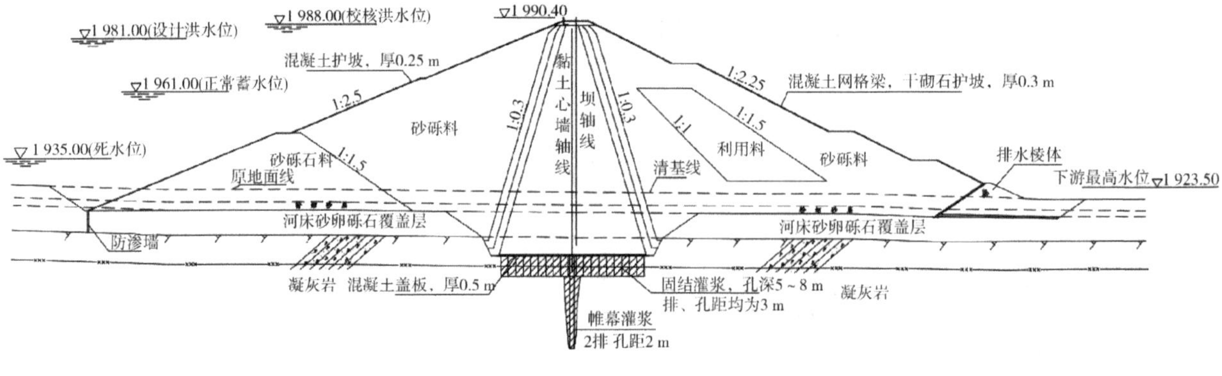

图1　黏土心墙坝横断面型式（推荐坝型）

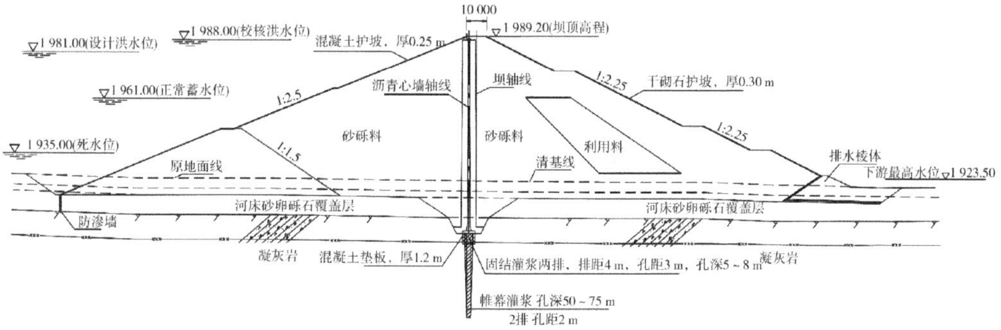

图 2　沥青混凝土心墙坝横断面型式（比选坝型）

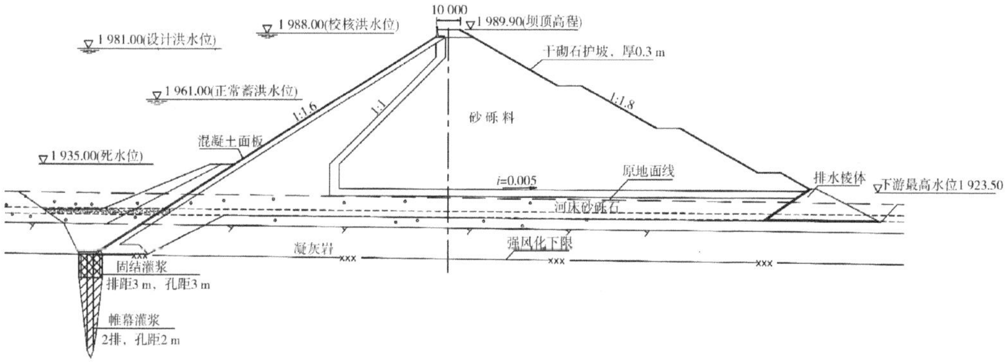

图 3　混凝土面板坝横断面型式（比选坝型）

1.4.2　工程布置方案比选

1.4.2.1　比选方案拟定

大西沟水库不仅承担防洪任务，还兼有给下游灌溉供水、给乌拉泊水库放水及下游生态用水的任务。根据大西沟水库工程承担的任务，枢纽布置以大坝为主体，再布置泄洪、灌溉供水建筑物。枢纽位于乌鲁木齐市上游，为确保大坝防洪安全和抗震安全，应设置底孔和表孔，使泄洪系统运用灵活，安全可靠，同时又便于放空检修。所以，在上部布置开敞式溢洪道，底部布置泄洪洞和放水洞。

本工程坝较高，水位变幅大，泄水建筑物应按不同高程进行布置，使泄水建筑物在水库运行调度中操作灵活、安全可靠；表孔溢洪道应充分发挥其超泄能力，在泄量分配上，尽量增大表孔溢洪道的泄量；在各种水位的情况下，供水建筑物要在满足下游各行业用水需求的布置原则下，布置四个枢纽布置方案，四个枢纽布置方案大坝为黏土心墙坝，溢洪道布置在右岸，根据大坝和溢洪道布置的位置，对以下四个枢纽布置方案进行比选，四个布置方案泄洪洞和放水洞均采用有压洞：

方案一（单洞方案）：采用单洞方案，左岸布置泄洪兼导流洞，该洞具有施工期导流，运行期泄洪、放空、冲沙及放水灌溉的作用。

方案二（双洞方案）：右岸布置泄洪兼导流洞和放水灌溉洞方案，泄洪兼导流洞具有施工期导流，运行期泄洪、放空、冲沙的作用，放水灌溉洞承担施工期导流，运行期泄洪和给下游放水灌溉的作用。平面布置见图4。

方案三（双洞方案）：右岸布置泄洪兼导流洞，左岸布置放水灌溉洞方案，泄洪兼导流洞具有施工期导流，运行期泄洪、放空、冲沙的作用，放水灌溉洞承担施工期导流，运行期泄洪和给下游放水灌溉的作用。平面布置见图5。

方案四（双洞方案）：右岸布置泄洪兼导流洞和放水灌溉洞方案，泄洪兼导流洞具有施工期导流，运行期泄洪、放空、冲沙的作用，放水灌溉洞承担施工期导流，运行期泄洪和给下游放水灌溉的作用。平面布置见图6。

以上枢纽布置方案施工导流均采用一次截断，泄洪洞兼导流洞和放水灌溉洞导流的方式。

1.4.2.2　比选结论

本次工程布置从各方案的枢纽布置、地形地质条件、施工条件、工程运行条件和工程投资等方面进行综合技术经济比较，以选择最优方案，比选详见表2。

表1　乌鲁木齐河大西沟水库不同坝型比较表

序号	项目	黏土心墙坝方案	沥青混凝土心墙坝方案	混凝土面板堆石坝方案	碾压混凝土重力坝方案
1	对地形、地质条件的适应性	河谷"U"型，两岸不对称，河床宽130～140 m。河床覆盖层厚13～14 m；右岸Ⅲ级阶地宽100 m，高程1 978～1 985 m，覆盖层厚6～29.2 m。当地材料坝对地形、地质条件的适应性较强。坝基岩性为凝灰质泥岩、凝灰岩，岩石呈巨厚层状碎裂结构。基岩强风化层厚3～8 m	同黏土心墙坝方案	同黏土心墙坝方案	碾压混凝土重力坝比较适应上坝线的地形条件。坝基岩性为凝灰质泥岩、凝灰岩，岩石呈巨厚层状碎裂结构。属中硬岩。坝址区为单斜构造，岩层产状：310°～315°SW∠30°～40°，倾向上游偏左岸。坝址区断层、节理裂隙发育，断层以NW、NE向为主
2	地质构造	左岸结构面较发育，但对地基础稳定影响相对较小	左岸结构面较发育，但对地基础稳定影响相对较小	左岸结构面较发育，不利于趾板边坡稳定，趾板边坡处理量大	基础无大的稳定问题，但存在一些缓倾、连续性差的不利结构面，对坝基抗滑稳定不利
3	岸坡潜在不稳定体	左坝肩F108断层不稳定体心墙部位须挖除，坝壳部位可保留	左坝肩F108断层不稳定体心墙部位须挖除，坝壳部位可保留	左坝肩F108断层不稳定体趾板以上的部分须挖除，趾板边坡开挖工作量大	左坝肩F108断层不稳定体坝基(肩)均须挖除，开挖工作量大
4	枢纽布置及坝体结构	河床及右岸阶地布置黏土心墙坝，右岸布置溢洪道，左岸布置导流兼泄洪洞、放水洞。 坝顶高程为1 989.2 m，坝顶宽度为10 m，最大坝高92.2 m，坝长427 m。上游坝坡度为1:2.5，下游坝坡度为1:2.0。心墙顶高程1 987.40 m，心墙顶宽5 m，填筑坡度1:0.3	坝顶高程为1 989.2 m，坝长427 m。沥青混凝土心墙为垂直式，墙体轴线偏向上游，距坝轴线3.75 m。顶高程1 987.40 m，顶宽0.5 m，底宽1.2 m，在底部做放大脚与基础相连。其他同黏土心墙坝方案	坝顶高程为1 989.9 m，坝顶宽度为10 m，最大坝高92.5，坝顶长430 m。上游坝坡度采用1∶1.6，下游坡度为1∶1.8。其他同黏土心墙坝方案	在河床及右岸阶地均布置碾压混凝土重力坝，在主河床段布置表孔和泄水底孔，该方案枢纽省去了溢洪道、泄洪洞、放水洞。 坝顶高程1 986 m，最大坝高104 m，坝顶宽10 m、总长480.5 m。上游1 920 m高程以上为垂直面，以下坝坡度为1∶0.2，下游坝坡度1∶0.75，坝基最低高程为1 882 m
5	设计标准	设计洪水标准为1 000年一遇；校核洪水标准为10 000年一遇	同黏土心墙坝方案	同黏土心墙坝方案	设计洪水标准为1 000年一遇；校核洪水标准为5 000年一遇
6	坝基处理	坝壳基础：在河床部位，开挖至粉细砂层底部；心墙、反滤料及过渡料基础：坐在强风化下限。基岩开挖量小。固结灌浆：铺盖式灌浆，孔排距：33 m，孔深5～8 m。帷幕灌浆：河床及两岸双排。孔、排距：2 m，深度30～56 m。两坝肩灌浆平洞单排，孔距2 m，孔深为30～50 m	坝壳基础：在河床部位，开挖至粉细砂层底部；心墙、反滤料及过渡料基础：坐在强风化下限。基岩开挖量最小。固结灌浆：2排，孔距：3 m，孔深5～8 m。帷幕灌浆：同黏土心墙坝	河床段趾板、垫层及趾板下游20 m范围内填筑体的基础至于强风化层，下限至弱风化基岩上。两岸趾板、垫层基础置于弱风化层岩石基础上。基岩开挖量较大。固结灌浆：4排，孔距：3 m，孔深5～8 m。帷幕灌浆：同黏土心墙坝	坝基开挖至弱风化层中部。基岩开挖量最大。固结灌浆：铺盖式灌浆，孔排距：3 m，坝体断面上下游各1/3坝基宽度内孔深8 m，中间段孔深5 m。帷幕灌浆：同黏土心墙坝。坝基设主、副两排防渗帷幕，孔、排距均为2 m，深入3Lu线以下5 m，河床段最大孔深35 m，岸坡段孔深20～45 m。在防渗帷幕下游侧设有排水孔，孔深为15～30 m，孔距为2.5 m
7	对当地气候的适应能力	黏土心墙防渗体位于坝体内部，心墙所处环境温度恒定，恶劣的气候条件只对心墙的施工有一定的影响，不会引起安全问题	沥青混凝土防渗体位于坝体内部，心墙所处环境温度恒定，沥青混凝土的各项特性不受气候影响，恶劣的气候条件只对心墙的施工有一定的影响，不会引起安全问题	对于混凝土面板，面板防渗体较薄，而且位于坝体表面，恶劣的气候对面板混凝土和复杂的止水系统的防冻设计提出了更高的要求	对于碾压混凝土重力坝，坝体混凝土大部分曝露在外界，尤其是上、下游水位变动区混凝土受外界环境影响更大，因而对这部分的混凝土的抗冻设计和防护提出了严格的要求

续 表

序号	项目	黏土心墙坝方案	沥青混凝土心墙坝方案	混凝土面板堆石坝方案	碾压混凝土重力坝方案
8	运行维护管理	右岸布置溢洪道，左岸布置导流兼泄洪洞、放水洞。建筑物布置较为分散，运行期管理不便	同黏土心墙坝方案	同黏土心墙坝方案	泄水建筑物均布置在大坝河床坝段上，布置紧凑，运行期管理较为方便
9	运行期检修及加固处理	坝体及坝基漏水时可通过灌浆处理	坝体及坝基漏水时可通过过渡层进行灌浆处理，但难度较大，可靠性较差	面板、周边缝及坝基漏水时处理较为困难。	碾压混凝土重力坝的检修加固较为方便，可通过坝基廊道和坝体进行灌浆堵漏处理，与土石坝相比较为简便，效果明显
10	坝体抗震性能	黏土心墙坝有较强的抗震性能，国内外许多建在强震区的高坝都采用此种坝型，并有经受强震考验的实例	沥青混凝土抗剪强度高，抗疲劳损伤的能力强，具有较好的塑性与柔性，适应变形的能力较强，具有较好的抗震性能，但没有经受过强震的考验	堆石体位于面板下游，一般处于无水状态，不会因地震而形成附加孔隙水压力，堆石料强度降低较少，抗震稳定性好。但面板为刚性结构，强震时容易开裂并有经受过强震的考验	碾压式重力坝具有较好的抗震性能，安全裕度较大。无RCC坝遭受大地震破坏的记录
11	泄洪安全性	如发生溃坝，对下游产生危害较大	同黏土心墙坝方案	同黏土心墙坝方案	碾压混凝土坝各坝段单独保持自身稳定，整个大坝不会发生整体溃坝，溃坝洪水较土石坝小得多，从而对下游产生的洪水灾害可减少到最低程度
12	施工难易程度	防渗土料填筑和反滤料、坝壳料施工有干扰，坝基防渗体施工影响坝体填筑	施工简便，沥青混凝土和过渡料可同时填筑施工。沥青需外运，需专用拌和设备和铺筑碾压机具	坝体填筑施工较为简单。坝基防渗体施工不影响坝体填筑	河床帷幕灌浆施工可在灌浆廊道内进行，不影响施工。施工项目单一，技术较先进
13	坝体主要工程量	明挖土方：105.35万m^3 明挖石方：43.78万m^3 洞挖石方：0.11万m^3 坝体填筑：438.92万m^3 常态混凝土：3.50万m^3 钢筋：122.24 t 固结灌浆：2.23万m 帷幕灌浆：3.81万m	明挖土方：85.64万m^3 明挖石方：23.40万m^3 洞挖石方：0.11万m^3 坝体填筑：402.94万m^3 沥青混凝土心墙：2.62万m^3 常态混凝土：2.69万m^3 钢筋：122.24 t 固结灌浆：0.29万m 帷幕灌浆：3.81万m	明挖土方：85.11万m^3 明挖石方：57.48万m^3 洞挖石方：0.1万m^3 坝体填筑：323.56万m^3 常态混凝土：3.47万m^3 钢筋：2 283 t 固结灌浆：0.54万m 帷幕灌浆：4.39万m	明挖土方：54.15万m^3 明挖石方：76.67万m^3 常态混凝土：2.05万m^3 碾压混凝土：100.22万m^3 止水铜片：5 220 m 钢筋：1 210 t 固结灌浆：2.80万m 帷幕灌浆：2.05万m
14	坝体造价/万元	22 281	22 045	21 554	35 745
15	估算总投资/万元	71 467	71 140	72 767	79 104

通过对各枢纽布置方案综合比较可以看出，方案一较其他方案工程量小、投资小，但是泄洪兼导流洞承担任务多，运行不方便。大西沟水库下游河道因环境的要求，需满足下游河道生态基流下泄要求，需要常年向下游放水，不允许断流，所以隧洞没有检修期，对工程安全运行不利。大西沟水库位于乌鲁木齐市上游，作为乌鲁木齐市这个特别重要城市的防洪水库，水库的安全运行尤其重要，作为底孔应有检修期。方案二、三、四两条隧洞功能明确，运行灵活方便，两条隧洞均有检修期，对工程安全运行有利。方案三泄洪兼导流洞与放水灌溉洞分左右两岸布置，左岸放水灌溉洞最大开挖边坡50 m，仍然避免不了高陡边坡，泄洪兼导流洞与溢洪洞因受地形条件限制采用底流消能，所以工程量大，相应的投资也较方案二多1 180万元。方案二、四的工程投资基本相同，方案四两条隧洞均布置在右岸，避免了隧洞进出口高陡边坡。因此，推荐方案四为枢纽布置方案，考虑有压洞长期处于有压状态，存在内水外渗情况

对大坝稳定不利，乌鲁木齐市又是重要城市，运行安全尤为重要，因此，将右岸双洞方案的有压洞设计成前段有压、后段无压型式。大西沟水库平面布置见图6。

表2　工程布置方案综合比较表

项目	方案一　左岸布置泄洪兼导流洞单有压洞方案	方案二　右岸布置泄洪兼导流洞、放水灌溉洞双有压洞方案	方案三　右岸布置泄洪兼导流洞、左岸布置放水灌溉洞双有压洞方案	方案四　右岸布置泄洪兼导流洞、放水灌溉洞双有压洞方案
枢纽布置方案	枢纽布置：河床布置黏土心墙坝，右岸布置溢洪道，左岸布置泄洪洞兼导流洞，该洞在平面上布置了2个弯道。枢纽布置较其他方案简单	泄洪兼导流洞和放水灌溉洞均布置在左岸，两洞平行，均为有压流，洞轴线间距20 m，泄洪兼导流洞洞轴线与方案一相同，泄洪兼导流洞具有施工期导流，运行期泄洪、放空、冲沙的作用，放水灌溉洞承担施工期导流，运行期泄洪和给下游放水灌溉的作用。左岸泄洪兼导流洞与放水灌溉洞最大开挖边坡63 m。两洞均采用挑流消能	右岸布置泄洪兼导流洞、左岸布置放水灌溉洞，各洞的功能与方案二相同。泄洪兼导流洞与放水灌溉洞分左右两岸布置，左岸放水灌溉洞最大开挖边坡50 m，仍然避免不了高陡边坡。泄洪兼导流洞与溢洪道因地形条件限制采用底流消能	右岸布置泄洪兼导流洞、左岸布置放水灌溉洞，泄洪兼导流洞的布置与方案三相同。泄水建筑物均采用挑流消能
地形、地质条件	隧洞洞身均处在微风化岩体内，洞身的上覆岩体厚度较大，进出口存在高陡边坡问题	隧洞洞身均处在微风化岩体内，洞身的上覆岩体厚度较大，进出口存在高陡边坡问题	隧洞洞身均处在微风化岩体内，右岸泄洪兼导流洞洞身的上覆岩体厚度较小，左岸放水灌溉洞进出口存在高陡边坡问题	右岸隧洞洞身均处在微风化岩体内，洞身的上覆岩体厚度较小，围岩条件较右岸的稍差，避免了隧洞进出口高陡边坡问题
施工条件	截流前只将泄洪兼导流洞建成，前期工作量较其他方案小。隧洞进出口高陡边坡的开挖工作量大，相应的难度也大	截流前将泄洪兼导流洞和放水灌溉洞建成，前期工作量较方案一大。隧洞进出口高陡边坡的开挖工作量大，相应难度也大	同方案二	截流前将泄洪兼导流洞和放水灌溉洞建成，前期工作量较方案一大。避免了隧洞进出口高陡边坡的开挖
洞内最大流速/(m/s)	18	16.2	16.2	16.2
主要工程量	土方开挖139 000 m^3 石方开挖147 473 m^3 石方洞挖23 765 m^3 混凝土44 900 m^3 钢筋制安2 094 t 固结灌浆5 641 m ϕ25砂浆锚杆支护11 814根	土方开挖140 219 m^3 土方开挖501 845 m^3 石方洞挖24 941 m^3 混凝土60 292 m^3 钢筋制安3 017 t 固结灌浆9 880 m ϕ25砂浆锚杆支护14 181根	土方开挖434 103 m^3 土方开挖552 038 m^3 石方洞挖22 814 m^3 混凝土94 492 m^3 钢筋制安3 613 t 固结灌浆8 304 m ϕ25砂浆锚杆支护12 624根	土方开挖309 075 m^3 石方开挖376 587 m^3 石方洞挖21 450 m^3 混凝土99 429 m^3 钢筋制安2 756 t 固结灌浆7 564 m ϕ25砂浆锚杆支护7 324根
直接费/万元	6 433	8 479	9 659	8 455
差值/万元	−2 022	24	1 204	0
优点	工程量小，投资小	两条隧洞功能明确、运行灵活方便。两条隧洞均有检修期，对工程安全运行有利。均具有挑流消能的条件。	两条隧洞功能明确、运行灵活方便。两条隧洞均有检修期，对工程安全运行有利	两条隧洞功能明确、运行灵活方便。两条隧洞均有检修期，对工程安全运行有利。避免了隧洞进出口高陡边坡
缺点	承担任务多，运行不方便，该洞没有检修期	工程量、投资较方案一大。隧洞进出口存在高陡边坡开挖	工程量、投资最大。隧洞进出口存在高陡边坡开挖	泄水建筑物均采用挑流消能，为了下游部队的安全，必须做好防护措施

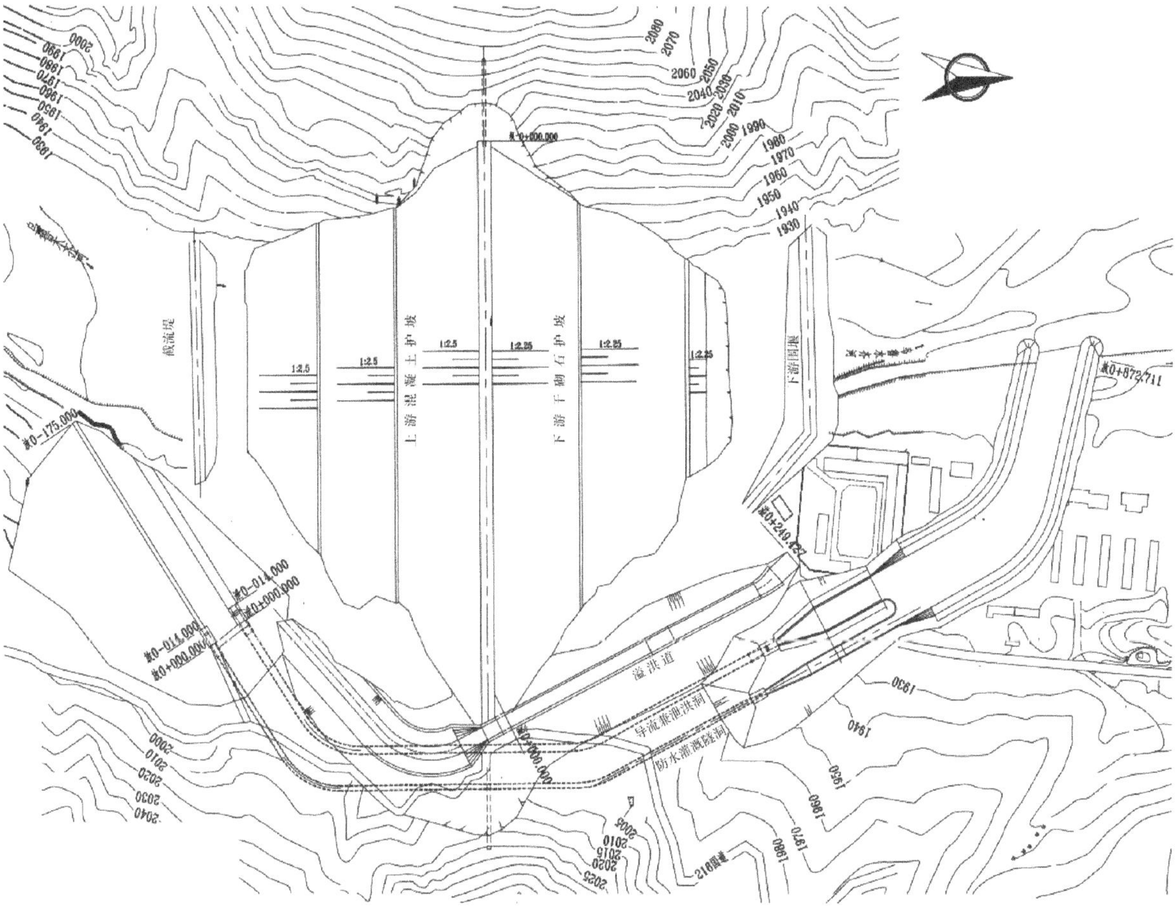

图 4 方案二平面布置图（比选方案）

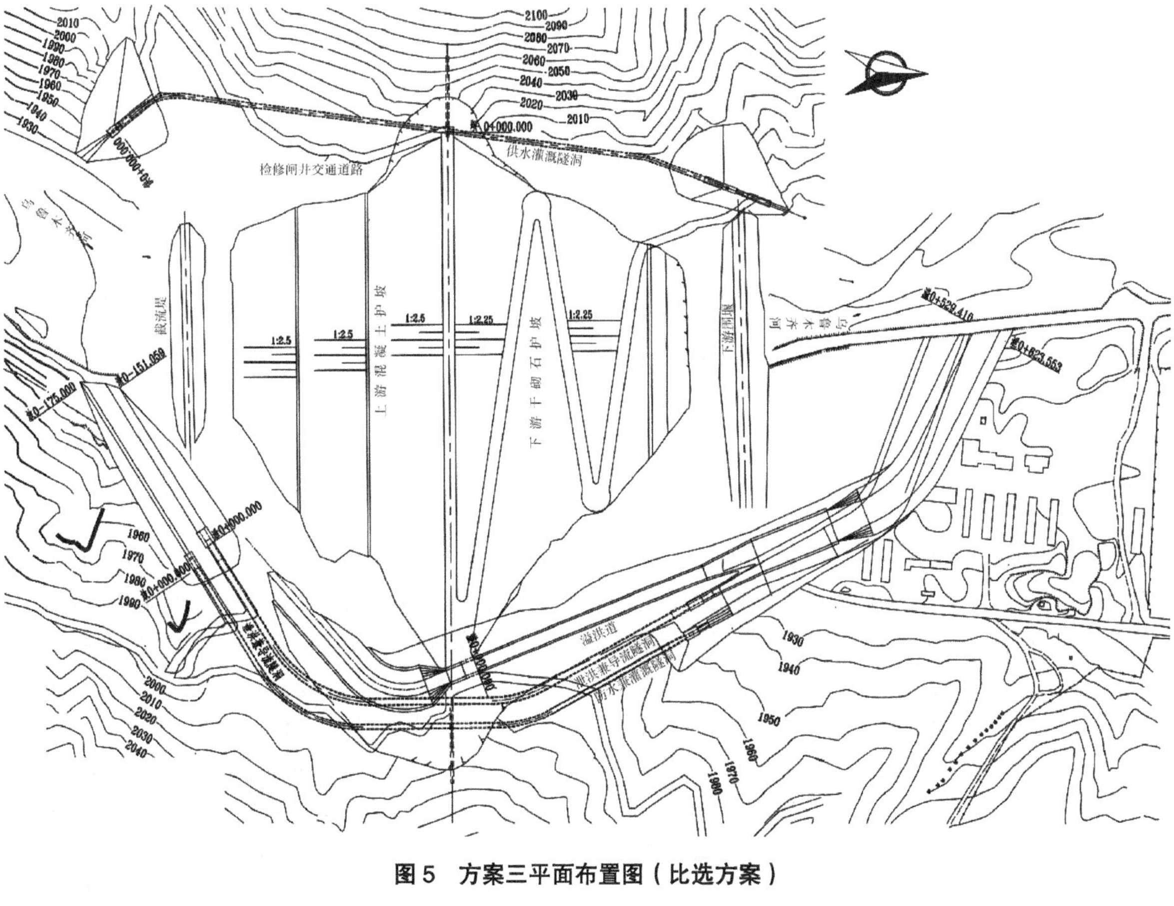

图 5 方案三平面布置图（比选方案）

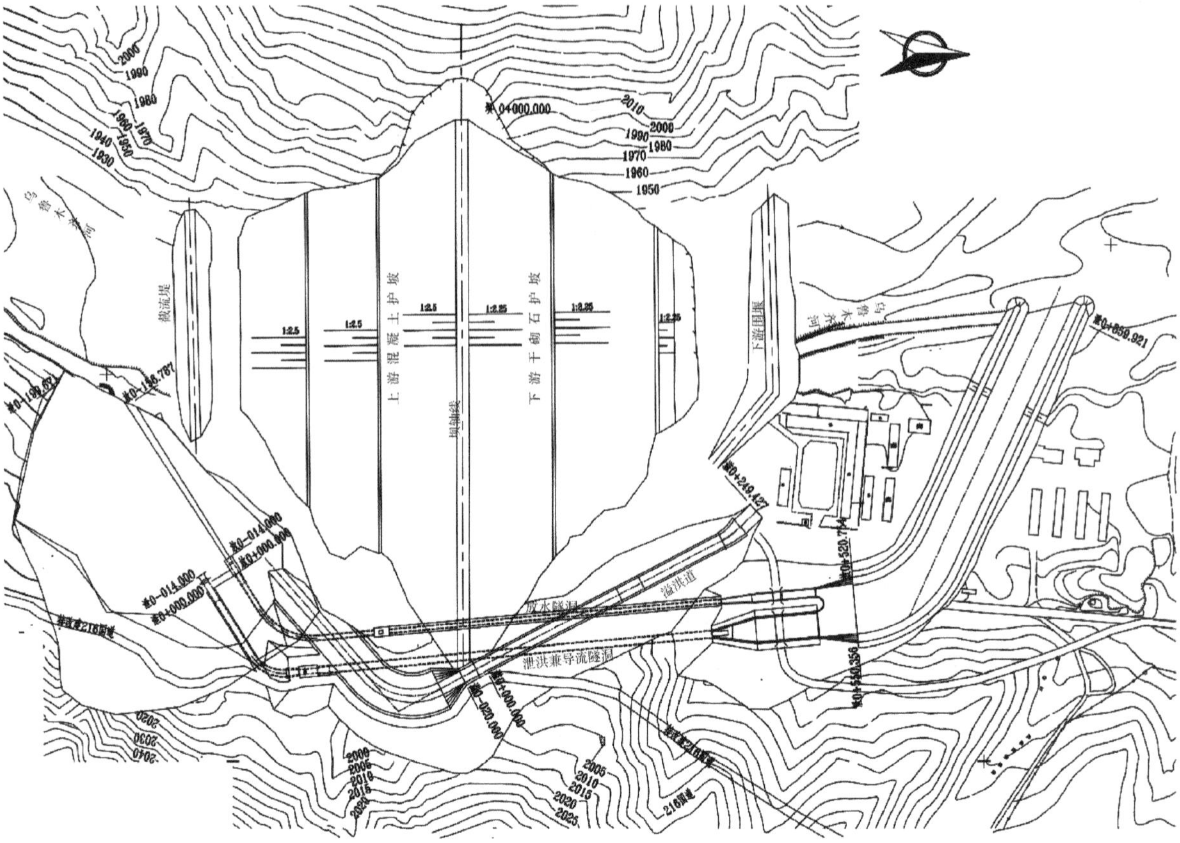

图 6　方案四平面布置图（推荐方案）

1.4.3　主要建筑物

1.4.3.1　大坝设计

1. 坝体轮廓设计

大坝为黏土心墙砂砾石坝，坝顶高程为 1 989.20 m，坝顶宽 10 m，最大坝高 92.2 m，坝长 427 m。坝顶采用混凝土路面，厚 0.2 m。防浪墙顶高程 1 990.40 m，墙高 3 m，墙顶高出坝顶 1.2 m。坝体上游坝坡比为 1∶2.5，上游围堰与坝体结合，堰顶高程 1 945 m，设置马道，马道宽度 6 m。在 1 966 m 高程另设一条 2 m 宽的马道，上游设 0.25 m 厚混凝土护坡，分块尺寸 5×5 m，护坡底高程为 1 933 m，比死水位低 2 m。下游坝坡比为 1∶2.25，为解决运行期的交通问题，在下游坡设 10 m 宽、纵坡为 8% 的“之”字形上坝道路，则最大断面下游平均坡度约为 1∶2.42。下游坡脚处设顶宽 3 m 的排水棱体，棱体顶高程 1 925 m，下游设 0.3 m 厚的干砌石护坡。黏土心墙坝典型剖面见图 1。

2. 坝体分区及防渗体设计

坝体断面以黏土心墙防渗体为中心，坝体填筑分区从上游至下游分为砂砾料区、过渡料区、反滤料区、黏土区、反滤料区、过渡料区及排水料区。

（1）黏土心墙防渗体

黏土心墙防渗体采用正心墙，心墙防渗体轴线位于坝轴线上游 1.5 m，顶高程 1 987.40 m，顶宽 5 m，两侧边坡比为 1∶0.3，心墙顶部与坝顶防浪墙紧密结合。最大坝高处底宽 62.72 m，属较厚心墙，有利于减轻拱效应作用。心墙防渗体建在弱风化基岩建基面上；河床 F130 断层处强风化线较深，此处心墙防渗体建在强风化层下部，其下部断层填混凝土塞并加强灌浆处理。在建基面上浇注 0.5 m 的 C20 混凝土盖板，将防渗体与基岩面隔开，防止接触冲刷，心墙顶部与坝顶防浪墙紧密结合。

防渗土料采用 TC1、T2 料场，TC1 土料场位于下坝址上游右岸 2～4 km 的Ⅳ级阶地上，T2 土料场位于下坝址上游左岸 6～8 km 的Ⅳ级阶地上，均有简易公路与坝址相通，交通较为方便。TC1 土料场土层分布不均匀，黏粒含量 21.2%，渗透系数为 1.0×10^{-6} cm/s，水溶盐含量平均值为 0.9%。土粒比重 G=2.72，天然含水率 ω=9.7%，最优含水率 14.1%，塑限 W_p=14.8%，塑性指数 I_p=10.2。T2 土料场土层分布不均匀，黏粒含量为24.6%左右，渗透系数为3.5×10^{-6} cm/s，水溶盐含量平均值为1.39%。土粒比重G=2.73，天然含水率ω=8.9%，最优含水率15.2%，塑限W_p=15.6%，塑性指数I_p=10.3，最大干密度r_d=1.80 g/cm^3，饱和状态下压缩系数a1-2=0.124 MPa^{-1}，直剪内摩擦角ϕ=27.8°，内聚力C=23.9 kPa，有机质含量0.39%。其指标基本满足规范要求。该土具有较好的防渗性，属中等压缩性土，抗冲蚀性、可塑性较差，对抗震不利，下游需加强反滤保护。本工程大坝为1级建筑物，设计地震烈度7度，要求压实度P＝100%，其干容重由试验确定。

（2）反滤料区

反滤料区设于心墙的两侧，水平宽度3 m，最大粒径$D\leqslant20$ mm，小于0.075 mm粒径的颗粒含量≤5%，相对密度不低于0.85，采用C4砂砾料场筛分得到。

（3）过渡料区

过渡料区设于反滤料的两侧，水平宽度3 m，筛除粒径大于150 mm以上的砂砾料填筑，相对密度不低于0.85。采用C2砂砾料场的料。

（4）坝壳料区

坝壳料是坝体的主要支撑结构，均采用砂砾石料填筑，采用C2、C3料场的砂砾料，小于0.075 mm含量<5%，填筑相对密度$D_r\geqslant0.85$。

（5）下游排水体

排水棱体顶高程1 925.00 m，顶宽3 m，坡度1:2.25，粒径$d_{\max}\leqslant400$ mm，小于0.075 mm粒径的颗粒含量≤5%，孔隙率n≤23%。采用C2料场的料。

3. 坝基及坝肩处理

坝下覆盖层厚：河床为13～14 m，右岸为6～19.2 m；基岩强风化厚度：左岸为10～12 m，河床为5～12 m；右岸为5～8 m；左坝肩基岩和河床及右岸松散层下伏岩体，受构造影响，岩石透水率为7～81Lu，属中等～弱透水层，相对不透水层埋藏较深，存在坝基渗漏和右岸坝肩绕坝渗漏问题，需进行防渗处理。

心墙基础座在基岩强风化层的下部，左岸边坡卸荷松动变形且岸坡有危岩分布，因此，左坝肩断层沿着F108断层坡度清除，在坝顶以上形成了约60 m的高边坡，需加固处理，采用10 cm厚C30混凝土挂网喷护，5 m长ϕ25注浆锚杆间、排距均为3 m；25 m长100 t 预应力锚索间、排距均为5 m。右坝肩边坡稍缓一些，岩坡坡角30°～40°，岸坡表层为砂砾石堆积物，厚8～20 m，基岩强风化层厚度3～5 m，心墙座在强风化的底部或弱风化基岩上，右岸心墙与基岩面结合部分的斜坡比为1:0.5～1:6.26。上下游坝基开挖边坡，岩石边坡比为1:0.5，覆盖层为1:0.55。

坝壳基础：在河床部位，开挖至粉细砂层底部；左右岸处清除表层黄土、洪积粉土、碎石土等。两岸开挖边坡坡度为1:0.5～1:1.25。

帷幕灌浆深度按$q\leqslant5$Lu和坝基承受最大水头值的1/2的上限控制。帷幕灌浆为两排，河床段帷幕深度为40～56 m，左岸为48～56 m，右岸为30～50 m，孔、排距为2 m。两坝肩设灌浆平洞，左右岸平洞长度分别为30 m、65 m，设单排帷幕灌浆孔，孔距2 m，孔深分别为30～50 m、30 m。

在心墙底部浇筑50 cm厚的混凝土盖板，并对心墙基础进行铺盖式固结灌浆，河床段灌浆深度8 m，左、右岸灌浆深度为5～8 m，孔、排距均为3 m。

对于建基面出露的节理裂隙、断层，均作断层影响带挖除，用混凝土塞回填处理，并加强固结灌浆。

1.4.3.2 泄洪建筑物

1. 溢洪道

结合坝址区地形、地质条件，溢洪道布置在右岸，紧靠坝肩布置，控制段地面高程1 995 m，地形相对平缓。堰顶高程1 972 m，采用有闸控制的溢洪道，设计洪水位时溢洪道最大泄流量405 m^3/s，校核洪水位时溢洪道最大泄流量550 m^3/s。

溢洪道由进口引渠、控制段、泄槽段、挑坎段组成。

（1）引渠段（桩号0-215 m～0-020 m）：长195 m，底板高程1 971.5 m，纵坡i=0，底宽10 m，底板采用C20混凝土衬砌，衬厚0.3 m。

（2）控制段（桩号0-020 m～0+000 m）：采用有坎宽顶堰，堰顶高程1 972 m，采用弧形闸门控制，堰高0.5 m、宽10 m。控制段长25 m，边墙顶高程1 989.2 m。交通桥宽8 m，连接坝顶与对外公路。帷幕灌浆布置在控制段的前部，与坝体的帷幕灌浆相连接。

（3）泄槽段（桩号0+000 m～0+211 m）：泄槽均为矩形断面，底宽10 m，桩号0+000 m～0+120 m为长120 m的泄槽缓坡段，纵坡0.04；桩号0+120 m～0+140.67 m由长20.672 m的抛物线连接；桩号0+140.672 m～0+211.325 m为陡坡段，纵坡0.5。底板均采用1.2 m厚C40高性能混凝土，边墙采用C25钢筋混凝土，侧墙厚0.5～1.2 m。

（4）消能段（0+211 m ～0+250 m）：采用挑流消能，平面扩散鼻坎形式，挑坎长16～21 m，底宽10～16.6 m。左侧鼻坎采用圆弧扩散，扩散半径30 m，角度30°；右侧鼻坎直线向右扩散2 m。挑坎轴线上游侧反弧半径12 m，角度26.565°，下游侧反弧半径25 m，挑角22.67°～35.83°，坎顶高程1 926.956～1 929.758 m。挑坎为U形整体式结构，底板采用C40高性能混凝土，边墙采用C25钢筋混凝土，侧墙厚2 m。挑流鼻坎后接20 m长护坦，采用C20素混凝土衬砌，厚1.0 m。

2. 泄洪兼导流洞

泄洪兼导流洞布置在右岸岩体内、放水灌溉洞右侧，承担施工期导流，正常运用期承担泄洪、冲沙砂、放空的任务，总长316.70 m。最大导流流量148 m^3/s；设计洪水最大泄流量313 m^3/s，校核洪水最大泄流量333 m^3/s。该洞由进口引渠、事故闸井段、圆形有压洞段、工作闸井段、城门洞型无压洞段及出口消能段组成。

（1）引渠段：长184.58 m，底板高程1 926 m，纵坡i=0，断面型式为梯形，底宽6.4 m，底板采用C20混凝土衬砌。

（2）事故闸井段：长14 m，底板高程为1 926 m，顶高程为1 989.20 m，采用三面收缩的进口，事故门的孔口尺寸为4.4 m×6.0 m。闸井两侧及洞脸开挖边坡岩面布设ϕ25长4.0 m砂浆锚杆，孔间距2 m×2 m，同时采用0.1 m厚C30混凝土挂网喷护。

（3）有压洞段：长103.3 m，纵坡i=0.0125，断面型式为圆形，直径为4.6 m，洞身下部采用C40混凝土，洞身上部采用C25混凝土，衬厚0.5 m。

（4）工作闸井段：长15 m，底板高程为1 924.7 m，顶高程为1 989.2 m。进口顶部采用1∶4的压板连接。工作门的孔口尺寸为3.5 m×3.5 m。闸井四周岩面进行固结灌浆和喷锚支护，岩面布设ϕ25长4 m砂浆锚杆，同时采用0.1 m厚C30混凝土挂网喷护。

（5）无压洞段：洞身段长316.70 m，纵坡i=0.0125，断面型式为城门洞形，宽度为5 m，高度为6 m，起点高程1 924.70 m，出洞点高程为1 920.75 m，纵坡i=0.012 5。洞身段底板采用C40高性能混凝土，边墙和顶拱采用C25混凝土，衬厚0.5 m。

（6）陡坡扩散段：工作闸井后通过渥奇曲线和消力池连接，宽度由5 m渐变到20 m，底板高程由1 920.75 m渐变到1 909.4 m。

（7）出口消能段：消力池长50 m，宽20 m，池深8.0 m。消力池边墙高13.1 m，采用扶壁式挡土墙。出池后与放水灌溉洞一起汇入退水渠。

3. 放水灌溉洞

放水灌溉洞布置在右岸岩体内，承担施工期导流，正常运用期承担向下游输水、泄洪的任务。由进口引渠、事故闸井段、圆形有压洞段、工作闸井段、城门洞型无压洞段及出口消能段组成。洞身段在桩号0+032.93 m处布置了一个角度为62.08°，半径为50 m的弯道，隧洞弯道前为圆形有压洞，弯道后为无压洞。为了检修方便在有压洞前布置了事故闸井，弯道后0+133.95 m处布置工作闸井，工作闸井后洞身是城门洞型无压洞。放水灌溉洞最大导流流量、供水流量、泄洪流量均为50 m^3/s。

（1）引渠段：长92.66 m，底板高程1 929 m，纵坡i=0，断面型式为梯形，底宽8～10 m，底板采用C20混凝土衬砌。

（2）事故闸井段：长16 m，宽8 m。设一道平板事故检修门，孔口尺寸为3 m×4 m；闸井底板高程1 929 m，闸井顶高程为1 989.2 m，闸顶布置交通桥与泄洪兼导流洞事故闸井连接。

（3）有压洞段：洞身段长133.95 m，纵坡i=0.02，断面型式为圆形，直径为3.2 m，采用钢筋混凝土衬砌，衬厚0.5 m。

（4）工作闸井段：长11 m，宽6.5 m。设一道弧形工作门，孔口尺寸为2.5 m×2.7 m；闸井底板高程

1 926.32 m，闸井工作平台高程为1 989.2 m。

（5）无压洞段：洞身段长269.05 m，纵坡i=0.02，断面型式为城门洞形，宽度为2.5 m，高度为3.7 m，起点高程1 926.32 m，出洞点高程为1 921.01 m，纵坡i=0.02。采用钢筋混凝土衬砌，衬厚0.55 m。

（6）陡坡扩散段：工作闸井后通过渥奇曲线和消力池连接，宽度由2.5 m渐变到6 m，底板高程由1 921.01 m渐变到1 914.9 m。

（7）出口消能段：消力池段长28 m，宽6 m，池深2.5 m。消力池边墙高7.6 m，采用钢筋混凝土整体式结构。出池后与泄洪兼导流洞一起汇入退水渠。

1.5 生态流量与泄放措施

根据乌鲁木齐河英雄桥水文站历年（1958—2005年）水文资料，坝址处多年平均流量为7.724 m^3/s，依照Tennant法中一般或较差维持河道生态环境资源的河流状况推荐的枯水月份基流占多年平均流量的10%，计算乌鲁木齐河大西沟水库下泄生态基流为0.77 m^3/s。由于在4—10月为乌鲁木齐河上游灌区的灌溉季节，大西沟水库必须下放一定水量保证农业用水，而下泄水量全部通过河道下泄，因此灌溉期水库出库流量可以满足河道不断流的最低生态环境需水量，不用单独考虑增加生态用水量。

1.6 施工导流与工期

1.6.1 导流方式及导流标准

导流标准为P=5%全年洪水，洪峰流量为302 m^3/s。

施工期坝体度汛标准为$P=2\%$全年洪水，相应洪峰流量为517 m^3/s。

本工程采用围堰挡水，河床一次断流，左岸泄洪兼导流洞和放水灌溉洞全年导流的方式。根据施工进度安排，工程开工后第一年9月底截流，第三年5月底前完成围堰填筑。第三年汛期（6、7、8月）由上游围堰挡水，相应挡水标准为$P=5\%$，洪峰流量为302 m^3/s，泄洪兼导流洞和放水灌溉洞联合下泄流量为214.95 m^3/s。第四年汛期（6、7、8月）由坝体临时断面挡水，相应挡水标准为$P=2\%$，洪峰流量为517 m^3/s，库水位为1 955.3 m，泄洪兼导流洞和放水灌溉洞联合下泄流量为273.27 m^3/s。

1.6.2 施工进度

本工程总工期为41个月。其中施工准备期15个月，主体工程施工期24个月，完建期2个月。

筹建期主要进行216国道的改线工作。施工准备期完成筹建期剩余的场内施工道路、桥梁；砂石筛分加工厂、混凝土拌和站系统；施工供风、供水、供电系统；生产、生活用房；泄洪兼导流洞工程；放水灌溉洞工程；坝体左右坝肩1 925 m高程以上土石方开挖。主体工程施工期主要完成大坝基坑开挖及基础处理、坝体填筑、溢洪道土石方开挖和混凝土浇筑。控制性关键项目是大坝基坑开挖、坝体填筑、护坡混凝土和坝顶混凝土施工。工程完建期主要完成大坝剩余工作及尾工。

1.7 工程特点与建议

（1）大西沟水库工程心墙土料属于介于分散性土与非分散性土之间的过渡型土，这种土用作心墙土料需慎重对待。本工程采用了厚心墙，即心墙顶宽5.0 m，上下游坡度为1∶0.3，精心进行土料设计，选择合适的填筑标准及施工工艺，避免土料产生裂缝。压实度取100%。T2土料场土料设计干密度为$\gamma_{dmax}=$ 1.80 g/cm^3。最优含水量为14.5%。

（2）大西沟水库工程的任务是防洪，在非汛期可以兼顾乌拉泊水库上游灌区灌溉供水等综合作用。大西沟水库的正常蓄水位为1 961 m，设计洪水位1 981 m，校核洪水位1 988 m，水位起伏较大，且变动频繁，设计要求加强上游反滤层与过渡层的施工质量，控制心墙料的渗透破坏。

（3）大西沟水库黏土心墙坝心墙基础为凝灰岩地层，基岩节理裂隙发育，岩体呈镶嵌碎裂结构且不均匀，在河床段坝基进行生产性灌浆试验完成后，对固结灌浆和帷幕灌浆进行质量检查，检查结果均不合格。通过室内灌浆材料及现场灌浆试验，采用上墙下幕的基础处理措施，并采用膨润土掺入硫铝酸盐水泥进行帷幕灌浆，辅以硅溶胶灌浆，有效解决了坝基低水温、异常气体不利于凝结的特点，提升了灌浆质量和灌浆效果。

附表　大西沟水库工程特性表

名　称	数　量	名　称	数　量
一、水文			
控制流域面积	924 km^2	最大坝高	92.2 m
利用水文系列年限	48年	坝顶高程/顶部长度	1 989.20 m/427 m
多年平均年径流量	2.44亿m^3	2.泄水建筑物	
多年平均流量	7.72 m^3/s	2.1溢洪道	
设计洪水标准及流量（P=0.1%）	1 410 m^3/s	溢流堰净宽尺寸	10 m
校核洪水标准及流量（P=0.01%）	2 180 m^3/s	堰顶高程	1 972 m
施工导流标准及流量（P=5%）	302 m^3/s	设计泄量/校核泄量	405 m^3/s/550 m^3/s
二、工程特征水位及工程规模		消能方式	挑流消能
1.水库水位		2.2泄洪兼导流洞	
正常蓄水位	1 961 m	进口底板高程	1 926 m
设计洪水位	1 981 m	设计泄量/校核泄量	313 m^3/s/333 m^3/s
校核洪水位	1 988 m	消能方式	底流
汛期限制水位	1 935 m	2.3放水灌溉洞	
死水位	1 935 m	进口底板高程	1 929 m
2.水库容积		设计泄量/校核泄量	50 m^3/s/50 m^3/s
水库总库容	6 990万m^3	消能方式	底流
正常蓄水位以下库容	1 856万m^3	五、施工	
调洪库容	6 858万m^3	1.主体工程量	
拦洪库容	5 151万m^3	明挖土方	153.56万m^3
死库容	127万m^3	明挖石方	90.91万m^3
三、工程效益指标		石方洞挖	2.51万m^3
直接控制灌溉面积	15万亩	黏土料填筑	75.48万m^3
工业供水	1 948万m^3/a	坝体填筑	354.71万m^3
四、主要建筑物		混凝土和钢筋混凝土	9.83万m^3
1.挡水建筑物形式（坝型）	黏土心墙坝	六、经济指标	
地震基本烈度/设防烈度	Ⅶ度/7度	总投资	79 499.33万元

第二章
阜康白杨河水库工程

2.1 工程概况

白杨河水库工程位于阜康市滋泥泉子镇境内，是白杨河上的控制性山区水库，其主要任务是在满足灌溉的前提下，向工业园区供水，同时兼顾防洪。工程可控制灌溉面积15.49万亩，每年向工业供水1 429.8万m^3，可将下游防护对象的防洪标准从不足5年一遇提高到10年一遇。水库总库容1 270.6万m^3，为中型Ⅲ等工程，主要建筑物有拦河大坝、溢洪道、导流兼泄洪放水洞等，最大坝高78 m，大坝为2级建筑物，表孔溢洪道、导流兼泄洪放水洞为3级建筑物。工程静态总投资为35 572.03万元，工程总投资为36 322.18万元，单方库容投资28.59元。工程距阜康市50 km，距乌鲁木齐市117 km。

2.2 水文

白杨河发源于东天山海拔5 445 m的博格达峰山脉，是阜康市境内天山北坡6条河流中最长的一条，多年平均年径流量0.68亿m^3，多年平均流量2.09 m^3/s，河流全长约80 km，从河源至出山口长29 km。河流纵坡较大，平均坡度$i\approx3\%$。大坝设计洪水标准为100年一遇，洪峰流量232 m^3/s；校核洪水标准为2 000年一遇，洪峰流量383 m^3/s。

坝址处冬夏长、春秋短。多年平均气温5.97℃；多年平均年降水量261.6 mm；多年平均年蒸发量1 441.7 mm。

历年极端最高气温35.9℃（1989年7月27日）；极端最低气温-32.2℃（1984年12月23日）；多年平均相对湿度60.88%；多年平均风速1.97 m/s；历年最大风速24.0 m/s；历年最大积雪深度33 cm；历年最大冻土深度144 cm。白杨河的径流补给来源是以冰雪融水、降雨为主。

白杨河多年平均悬移质输沙率为2.08 kg/s，多年平均悬移质输沙量为6.56×10^4 t。悬移质输沙量的年内分配极为不均，大部分泥沙集中在汛期，6—8月输沙量占全年的97.5%。推移质输沙量按照悬移质输沙量的15%计算，多年平均推移质输沙量为0.98×10^4 t。入库泥沙总量为7.54×10^4 t。

2.3 工程地质

白杨河水库位于乌鲁木齐山前坳陷白杨河向斜北翼，雅玛里克断裂（F_7）、阜康南断裂（F_4）两活动断裂之间。坝线位于白杨河山口上游约2.5 km处，距离两条活动断裂分别为6 km、2.5 km。

根据《新疆阜康白杨河水库工程场地地震安全性评价报告》，水库场地50年超越概率10%的地震动峰值加速度为0.195 g，地震基本烈度为Ⅷ度。场地50年超越概率10%的基岩地震动峰值加速度为0.139 g；区域构造稳定性较差。

水库库岸基本稳定，水库无邻谷渗漏问题；坝址左岸均存在古河槽渗漏问题，渗漏量较大，建议进行处理；水库淹没及浸没损失小；水库淤积物质丰富，应注意排淤；水库蓄水后，发生水库诱发地震的可能性不大。

水库库盘处在"U"形河谷内，河床宽阔，谷底宽度约60～100 m，河谷深约25 m，坝顶长为735 m，两岸不对称，左岸平缓，右岸较陡，左岸分布有Ⅱ、Ⅲ、Ⅳ级阶地，阶地下部发育一古河槽，古河槽宽约230 m，最深处达48 m；槽内堆积砂卵砾石层厚6～48 m，必须进行防渗处理；基岩为砂岩、泥质砂岩互层，夹炭质黏土岩，强风化层厚2～5 m，弱风化层厚8～9 m。水库右库岸主要是基岩边坡，岸坡坡角一般30°～35°，库区内无滑坡、崩塌体存在，也没有大规模的卸荷裂隙带存在，出露基岩为砂岩、泥质砂岩互层夹炭质页岩，水库左库岸为Ⅲ级阶地前缘，岸坡坡度30°，Ⅲ、Ⅳ级阶地至左坝肩为缓坡地形，坡度2°～10°，左库岸岸坡基本稳定。

分析坝线的地形地质条件，首先两坝肩基岩为软岩，不适宜修建拱坝；而重力坝对基础的要求高，坝体古河槽段覆盖层深度大，布置混凝土重力坝开挖浇筑工程量大，根据坝址区地形地质条件、天然建筑材料分布情况，本坝址适合修建当地材料坝。

导流兼泄洪放水洞洞身段处在基岩弱风化岩体内，上覆围岩厚度薄，不易成洞，需明挖。溢洪道布置在右岸坡，均为挖方段。岩体内裂隙发育，泥质砂岩遇水软化，抗冲能力差，需支护处理。

2.4 工程布置及主要建筑物

2.4.1 坝型比选

分析坝线的地形地质条件，"U"型河槽河床宽阔，谷底宽度约60～100 m，河谷深约25 m，坝轴线较长，两岸不对称，左岸平缓，右岸较陡，左岸分布有Ⅱ、Ⅲ、Ⅳ级阶地，阶地下部发育一古河槽，古河槽宽约250 m，最深处达48 m；河床基岩岩性为泥质砂岩、砂岩的互层夹炭质页岩，左岸Ⅲ、Ⅳ级阶地表面覆盖第四系风积粉土，厚2～10 m，具有湿陷性，作为坝基物理力学性质欠佳。首先不适宜修建拱坝，而重力坝对基础的要求高，坝体古河槽段覆盖层深度大，布置混凝土重力坝将使得开挖浇筑工程量大，而且施工工艺较复杂，工期较长，投资大，因此混凝土重力坝也不合适。

根据调查的距坝址4 km范围内的四个砂砾石料场和两个土料场资料，砂砾石料和土料储量丰富，砂砾石料、土料均能满足筑坝要求。根据坝址区地形地质条件、天然建筑材料分布情况、施工条件、枢纽布置和工程投资等方面的因素，本坝址适合修建当地材料坝。因此在推荐坝线选择黏土心墙坝、混凝土面板坝、沥青混凝土心墙坝三种土石坝坝型进行综合比较论证。对三种坝型进行了同等深度的勘测设计工作，从各坝型的枢纽布置、地形地质条件对坝型的适应性能、对当地气候的适应能力、建筑材料、坝体抗震性能、坝体应力、变形特性分析、施工条件、工程安全性和工程投资等方面进行综合技术经济比较，以选择最优坝型。坝型比选详情见表1。

黏土心墙坝横断面型式见图1，沥青混凝土心墙坝横断面型式见图2，混凝土面板坝横断面型式见图3。

通过综合论证，对三种坝型综合比较的结论如下。

（1）从技术上比较

① 三种坝型的地形条件基本一致，均能满足枢纽布置的要求；从地质条件来说本工程基岩岩性为砂岩、泥质砂岩互层夹炭质页岩、黏土岩，泥质砂岩饱和抗压强度低，软化系数低，抗冲蚀能力差且具有弱膨胀性，对于面板坝来说不是理想的趾板基础，本工程库水位变幅大，趾板基础岩体反复饱和失水易软化，黏土心墙坝心墙底部较宽，承受的渗透比降小，因此从地质条件来说心墙坝优于面板坝方案。

② 枢纽布置条件基本一致，在主河床布置拦河坝，右岸布置表孔溢洪道，左岸布置导流兼泄洪放水洞，由于洞身从坝下穿过，因此就混凝土面板坝方案来说，闸井交通桥、放水洞洞身与防渗面板结合处

处理较为复杂。

③ 在建筑材料方面，当地有储量丰富的土料。砂砾石料能满足三种坝型方案对建筑材料的需求，但沥青心墙坝方案的碱性骨料运距较长，约20 km，条件稍差。

④ 从工程安全性及大坝抗冻耐久性来说，心墙坝方案的防渗体位于坝体内部，所处环境稳定恒定，严寒的气候条件不会引起安全问题。混凝土面板坝防渗体较薄且位于坝体表面，裂缝不可避免，严寒气候对面板混凝土及止水系统的防冻设计提出了更高的要求。

⑤ 大坝地震设计为Ⅷ度，刚性面板位于坝体表面，在发生地震时容易开裂，黏土心墙坝和沥青心墙坝适宜变形能力较好，抗震性优于混凝土面板坝。

⑥ 三种坝型的施工条件基本一致，均不存在不可克服的技术困难，黏土心墙坝方案心墙填筑施工受气候的影响较大，但没有影响总工期，可以按进度要求进行建设；混凝土面板坝及沥青心墙坝的施工受气候影响小，施工强度比黏土心墙坝小，对于古河槽段来说，心墙坝方案混凝土防渗墙位于心墙底部，呈直线布置，面板坝方案混凝土防渗墙位于趾板底部呈折线布置，施工难度较心墙坝方案大。

（2）从经济上比较

① 从工程量来说，黏土心墙坝和沥青混凝土心墙坝坝坡较缓，大坝主体填筑量大于面板坝，但面板坝方案混凝土量较大，且上游围堰与坝体分开，施工临建量较大。

②从工程总投资来说，黏土心墙坝方案为36 322.18万元，面板坝方案为36 446.10万元，沥青混凝土心墙坝方案37 353.97万元，黏土心墙坝方案比其他两方案分别节省投资124万元、1 032万元。

通过以上分析，黏土心墙坝方案从技术、经济上比较均优于面板坝方案和沥青心墙坝方案，推荐坝型为黏土心墙坝方案。

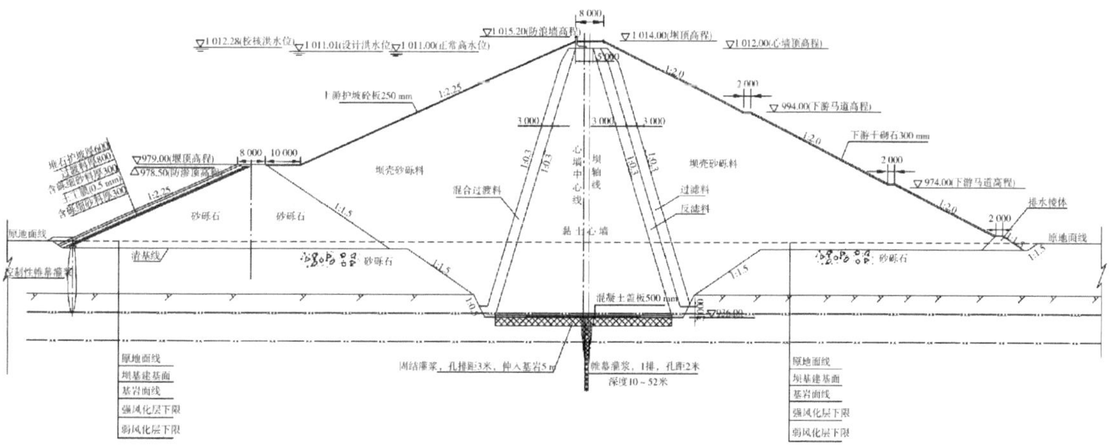

图1 黏土心墙坝横断面型式（推荐坝型）

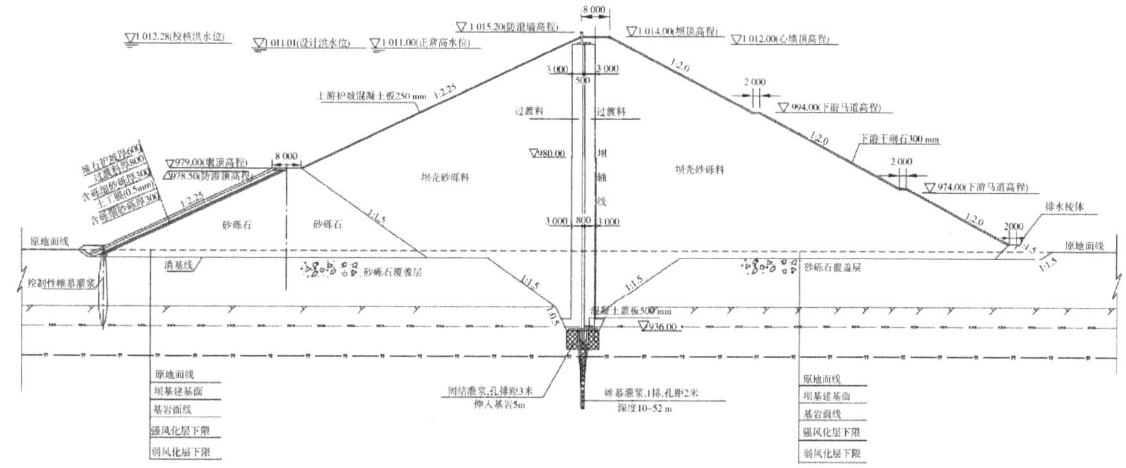

图2 沥青混凝土心墙坝横断面型式（比选坝型）

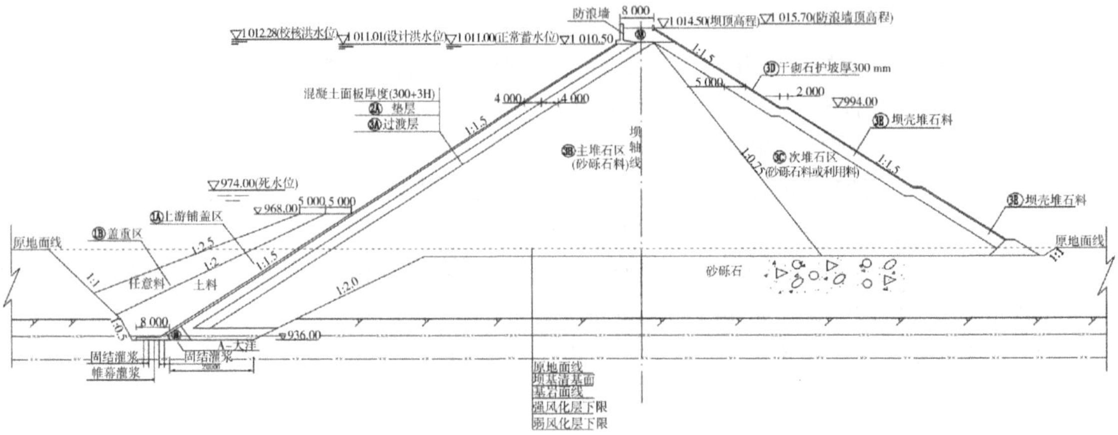

图 3　混凝土面板坝横断面型式（比选坝型）

表 1　白杨河水库不同坝型比较表

项目＼方案	黏土心墙坝方案	混凝土面板坝方案	沥青混凝土心墙坝方案
地形地质条件	地形地质条件基本相同。 1.河谷呈“U”型，左岸Ⅲ、Ⅳ级阶地宽阔连续，Ⅴ级阶地基本连续；2.左岸阶面表层覆盖黄土厚2～10 m，并发育宽230 m、深48 m古河槽；3.右岸坡面基岩裸露，为砂岩、泥质砂岩互层；4.河床覆盖层3～15 m，基岩岩性为砂岩、泥质砂岩互层夹炭质黏土岩，强风化层厚2～5 m，弱风化层厚8～9 m；5.河床岩体透水率（$q<5$Lu）埋深一般在基岩面以下26～44 m		
枢纽布置型式	枢纽布置基本相同。主河床布置大坝，右岸布置表孔溢洪道，左岸布置导流兼泄洪放水洞	洞身从坝下穿过，闸井交通桥、放水洞洞身与防渗面板结合处处理较为复杂	同黏土心墙坝
特征参数	最大坝高78 m，坝顶长度734.5 m，上游坝坡1∶2.25，下游坝坡1∶2，下游综合坝坡1∶2.07	最大坝高78.5 m，坝顶长度734.5 m，趾板水平投影长805.7 m，上游坝坡度1∶1.5，下游坝坡度1∶1.5，下游综合坝坡度1∶1.608	最大坝高78 m，坝顶长度734.5 m，上游坝坡1∶2.25，下游坝坡1∶2，下游综合坝坡1∶2.07
天然建筑材料	混凝土骨料和砂砾料由C1、C2、C3、C4料场提供，料源丰富。防渗土料由坝址处的T1料场提供，料源丰富	混凝土骨料和砂砾料由C1、C2、C3、C4料场提供，料源丰富	混凝土骨料和砂砾料由C1、C2、C3、C4料场提供，料源丰富。碱性骨料从甘河子镇水泥厂附近的灰岩料场开采，运距20 km
抗冻耐久性	防渗体位于坝体内部，所处环境稳定恒定，严寒的气候条件不会引起安全问题	防渗体较薄且位于坝体表面，面板大部分面积位于水位变动区，严寒气候对面板混凝土及止水系统的防冻设计提出了更高的要求	同黏土心墙坝
抗震性能	黏土心墙适宜变形，抗震性优于混凝土面板坝	面板为刚性结构，强震时容易开裂	沥青混凝土心墙适宜变形，抗震性优于混凝土面板坝
施工条件及工期	施工条件基本相同。黏土心墙填筑受气候影响较大，但不影响工期，总工期3年。	围堰与坝体分开。施工受气候影响小，总工期3年	施工受气候影响小，总工期3年
主要工程量	土方明挖75.93万m^3 石方明挖33.39万m^3 石方槽挖0.61万m^3 混凝土5.51万m^3 钢筋及钢材1 700 t 坝体填筑236.09万m^3 黏土填筑59.99万m^3 混凝土防渗墙7 627 m^2 帷幕灌浆0.74万m 固结灌浆1.02万m	土方明挖94.46万m^3 石方明挖33.67万m^3 石方槽挖0.61万m^3 混凝土5.79万m^3 钢筋及钢材3 729 t 坝体填筑230.38万m^3 混凝土防渗墙8 154 m^2 帷幕灌浆0.77万m 固结灌浆0.59万m	土方明挖63.15万m^3 石方明挖23.68万m^3 石方槽挖0.61万m^3 混凝土4.47万m^3 钢筋及钢材1 734 t 坝体填筑290.25万m^3 沥青混凝土填筑2.04万m^3 混凝土防渗墙7 627 m^2 帷幕灌浆0.74万m 固结灌浆0.75万m

续 表

方案 项目	黏土心墙坝方案	混凝土面板坝方案	沥青混凝土心墙坝方案
工程投资/万元	36 322.18	36 446.10	37 353.97
投资差值/万元		124	1 032
比选结论	推荐坝型		

2.4.2 工程布置方案比选

2.4.2.1 比选方案拟定

选定的上坝线左岸有古河槽，基岩埋深较大，从左坝肩至河道线路很长，不利于建筑物布置，而右岸基岩覆盖层较薄，线路短而工程量较小，有利于表孔溢洪道的布置，死水位以上基岩大部分裸露，上覆基岩厚度大，对建筑物结构稳定有利，因此本阶段枢纽布置比选基本原则是溢洪道布置在右岸紧靠坝肩布置，导流兼泄洪放水洞拟定了不同的布置方案，鉴于导流兼泄洪放水洞高程低，泄洪排沙对水质有影响，且断面大，小流量放水时不易控制，运行管理不便，本阶段增加了单洞、双洞方案，共有以下五个方案：

方案一：单洞，导流兼泄洪放水洞布置在右岸，为洞径3.5 m的圆形有压洞。平面布置见图4。

方案二：单洞，导流兼泄洪放水洞布置在左岸，从坝下穿过，为明挖浇筑的坝下埋涵，导流兼泄洪放水洞为3 m×4.2 m的城门洞型无压洞；工业供水放水管位于导流兼泄洪放水洞内左侧拱脚处，为管径600 mm的有压钢管。平面布置见图5。

方案三：双洞，导流兼泄洪放水洞布置在右岸，为洞径3.5 m的圆形有压洞；放水洞布置在导流兼泄洪放水洞右侧，为洞径1.8 m的圆形有压洞。平面布置见图6。

方案四：双洞，导流兼泄洪放水洞布置在右岸，为洞径3.5 m的圆形有压洞；放水洞布置在左岸，从坝下穿过，为1.5 m×2.1 m的城门洞型无压洞。平面布置见图7。

方案五：双洞，导流兼泄洪放水洞布置在左岸，从坝下穿过，为3 m×4.2 m的城门洞型无压洞；放水洞布置在右岸，为洞径1.8 m的圆形有压洞。平面布置见图8。

2.4.2.2 比选结论

本次枢纽布置比选从各方案的枢纽布置、地形地质条件、施工条件、工程运行条件和工程投资等方面进行综合技术经济比较，以选择最优方案，见表2。

（1）从技术上比较

五个方案地形地质条件基本相同；从施工条件来说，双洞方案的方案三、方案四、方案五由于要增加一条放水洞，工序较为复杂，施工临建量、施工强度较大，因此从施工条件来说，方案一、方案二单洞方案较优；从运行条件来说，双洞方案的方案三、四、五和单洞方案的方案二由于放水洞（管）单独布置，供水不受泄洪排沙影响，运行管理方便，因此从运行条件来说，方案二、三、四、五较优。

（2）从经济上比较

从工程投资来说，方案一最优。与方案二相比，方案一、方案三、方案四、方案五投资差分别为-242万元、623万元、840万元、1 399万元。

综合以上技术、经济比较，本阶段枢纽布置推荐方案二，即左岸单洞方案，该方案运行管理方便，供水不受泄洪排沙影响，经济上相对其他双洞方案较为节省。

推荐方案为黏土心墙坝拦河布置，黏土心墙沿坝轴线布置，上游围堰与坝体结合。表孔溢洪道利用河道地形布置在右岸坝肩上，为开敞式溢洪道，全长255 m，设计泄量147.03 m^3/s，校核泄量206.52 m^3/s。泄槽为整体式矩形断面，长180 m，槽身采用台阶式消能方式，台阶高度1 m，宽3.5 m，结合地形纵坡坡比1∶3.5，底宽7 m。导流兼泄洪放水洞为无压洞，布置在左岸，从副坝下穿过，为明挖浇筑的坝下埋涵，设计泄量63.16 m^3/s，校核泄量108.01 m^3/s，全长456 m，洞身为城门洞型断面，洞径为3 m×4.2 m，洞身长180 m。导流兼泄洪放水洞内左侧拱脚处为工业供水管，采用有压钢管，管径600 mm，管长约180 m，放水流量0.5 m^3/s。水库平面布置见图5。

表 2　工程布置方案比较表

项　目	方案一	方案二	方案三	方案四	方案五
	单洞布置在右岸、导流洞与放水洞结合	单洞布置在左岸，放水管置于导流兼泄洪放水洞内左侧拱脚	双洞、均布置在右岸	双洞，导流兼泄洪放水洞右岸，放水洞左岸	双洞，导流兼泄洪放水洞左岸，放水洞右岸
地形地质条件	表孔溢洪道右岸的地质条件优于左岸，各方案的溢洪道均布置在右岸坝肩，基岩岩性为砂岩、泥质砂岩互层；右岸导流兼泄洪放水洞洞身段处在基岩微风化的新鲜岩体内，围岩类别Ⅲ～Ⅳ类；方案二、四、五的放水洞布置在左岸阶地，从坝下穿过，左岸围岩厚度不够，放水洞需开挖后浇筑成坝下埋涵的型式嵌入基岩，洞线较短				
工程布置	右岸布置溢洪道、导流兼泄洪放水洞	右岸布置溢洪道，左岸坝下布置导流兼泄洪放水洞	右岸依次布置溢洪道、导流兼泄洪放水洞、放水洞	右岸布置溢洪道、导流兼泄洪放水洞。左岸布置放水洞	右岸依次布置溢洪道、放水洞。左岸布置导流兼泄洪放水洞
施工	施工临建量小，施工强度小	同方案一，左岸施工道路布置稍简单	双洞同时开工，施工临建量大，施工强度大	同方案三，且两洞不在同一岸，施工管理不便	同方案三，且两洞不在同一岸，施工管理不便
运行条件	前期导流，后期泄洪兼放水，排沙对水质有影响，运行条件差	单独设置放水管，供水不受泄洪影响，运行管理方便	导流兼泄洪放水洞与放水洞分开布置，运行管理方便	同方案三	同方案三
主要工程量	土方明挖 69.54 万 m^3 石方明挖 31.52 万 m^3 石方洞挖 0.54 万 m^3 混凝土 5.97 万 m^3 钢筋及钢材 1767 t 坝体填筑 236.09 万 m^3 黏土填筑 59.99 万 m^3 帷幕灌浆 0.74 万 m 固结灌浆 1.29 万 m	土方明挖 75.93 万 m^3 石方开挖 33.39 万 m^3 石方槽挖 0.61 万 m^3 混凝土 5.51 万 m^3 钢筋及钢材 1 700 t 坝体填筑 236.09 万 m^3 黏土填筑 59.99 万 m^3 帷幕灌浆 0.74 万 m 固结灌浆 1.02 万 m	土方明挖 70.58 万 m^3 石方明挖 33.14 万 m^3 石方洞挖 0.85 万 m^3 混凝土 6.81 万 m^3 钢筋及钢材 2 381 t 坝体填筑 236.09 万 m^3 黏土填筑 59.99 万 m^3 帷幕灌浆 0.74 万 m 固结灌浆 1.90 万 m	土方明挖 73.82 万 m^3 石方明挖 32.65 万 m^3 石方洞槽挖 1.62 万 m^3 混凝土 6.45 万 m^3 钢筋及钢材 2 395 t 坝体填筑 236.09 万 m^3 黏土填筑 59.99 万 m^3 帷幕灌浆 0.79 万 m 固结灌浆 1.49 万 m	土方明挖 76.97 万 m^3 石方明挖 35.05 万 m^3 石方洞槽挖 0.92 万 m^3 混凝土 6.69 万 m^3 钢筋及钢材 2 314 t 坝体填筑 236.09 万 m^3 黏土填筑 59.99 万 m^3 帷幕灌浆 0.74 万 m 固结灌浆 1.67 万 m
工程投资/万元	36 079.82	36 322.18	36 945.46	37 161.93	37 721.34
比选结论	投资差:-242 万元	推荐方案	投资差:623 万元	投资差:840 万	投资差:1 399 万元

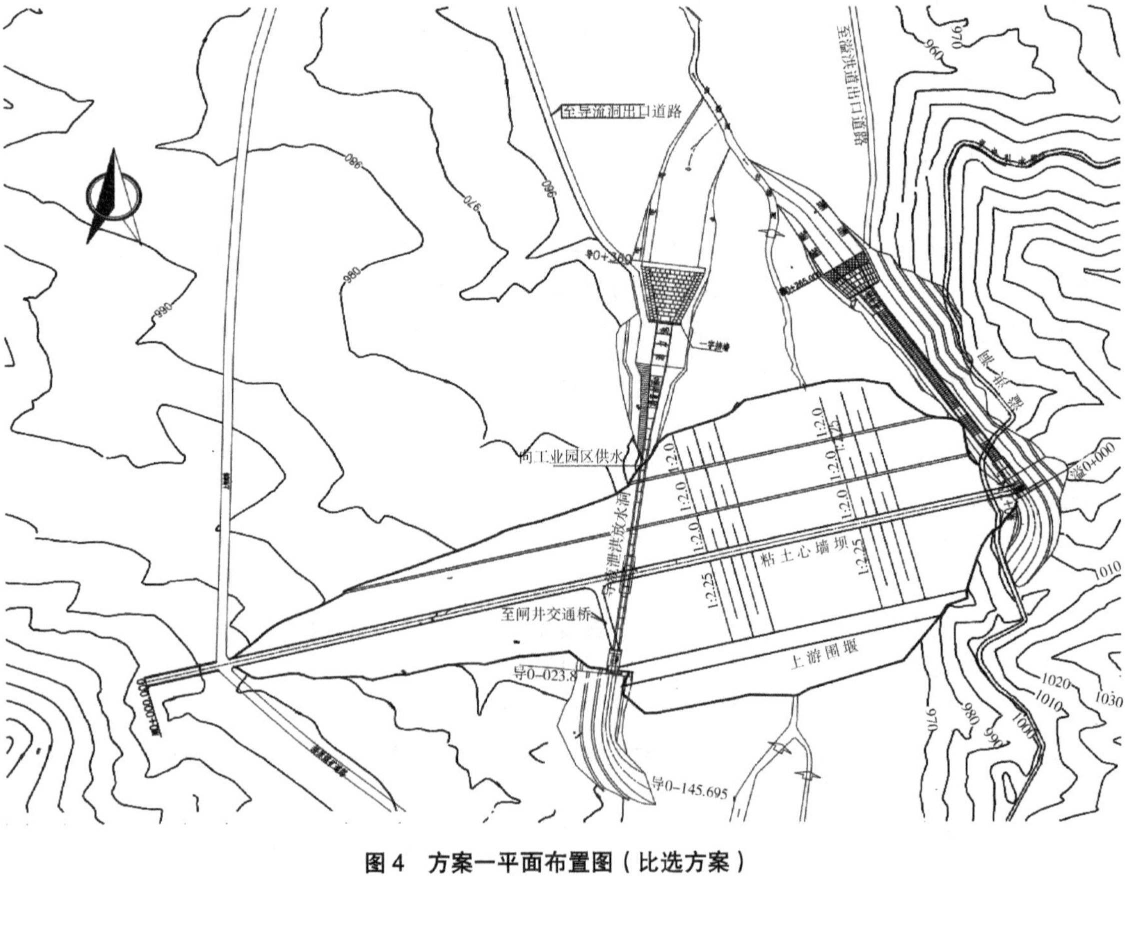

图 4　方案一平面布置图（比选方案）

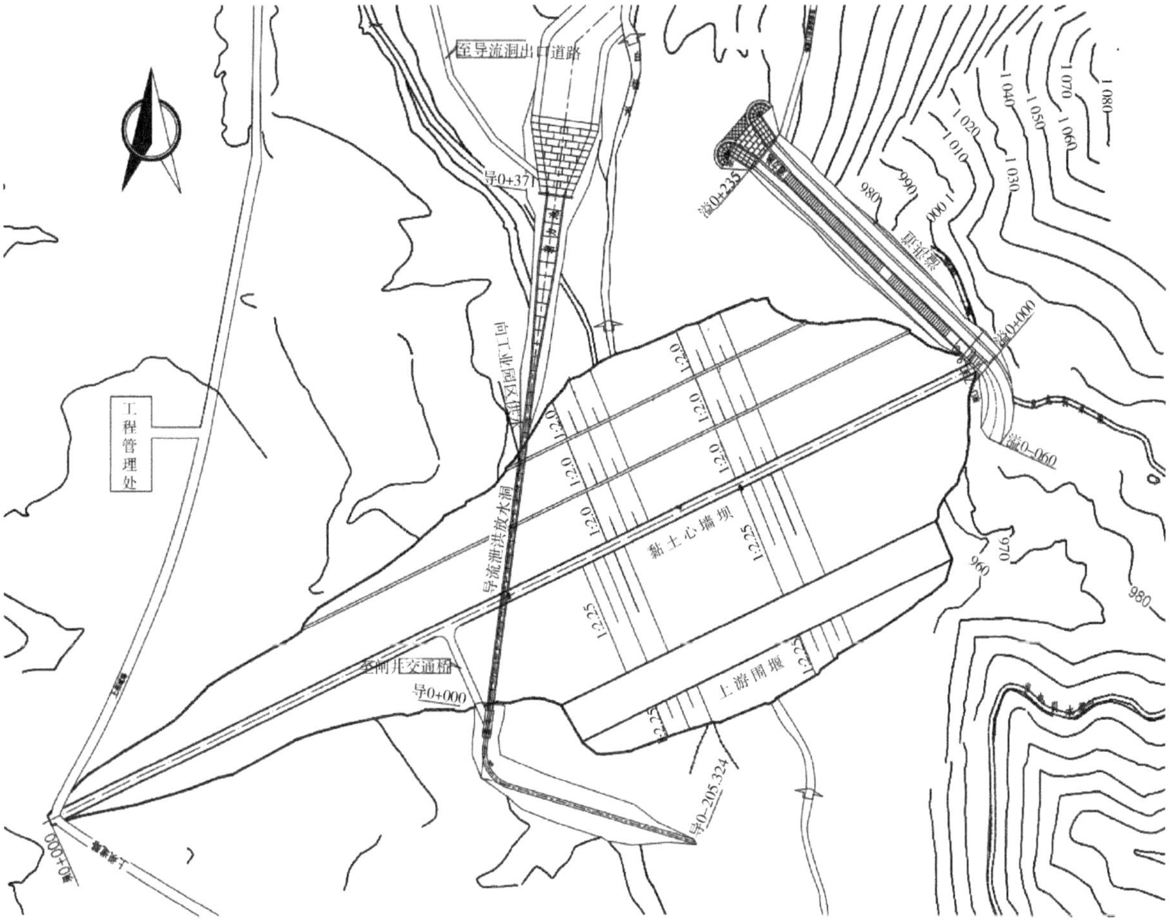

图 5　方案二平面布置图（推荐方案）

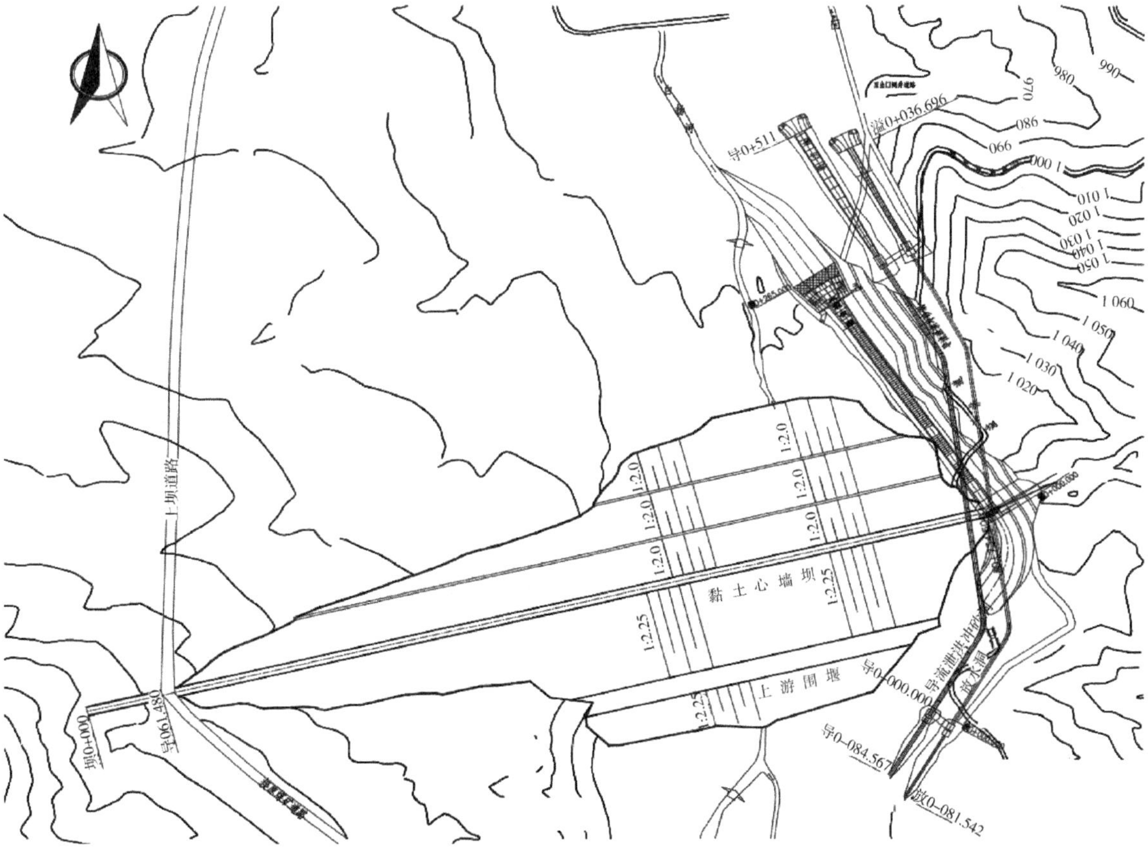

图 6　方案三平面布置图（比选方案）

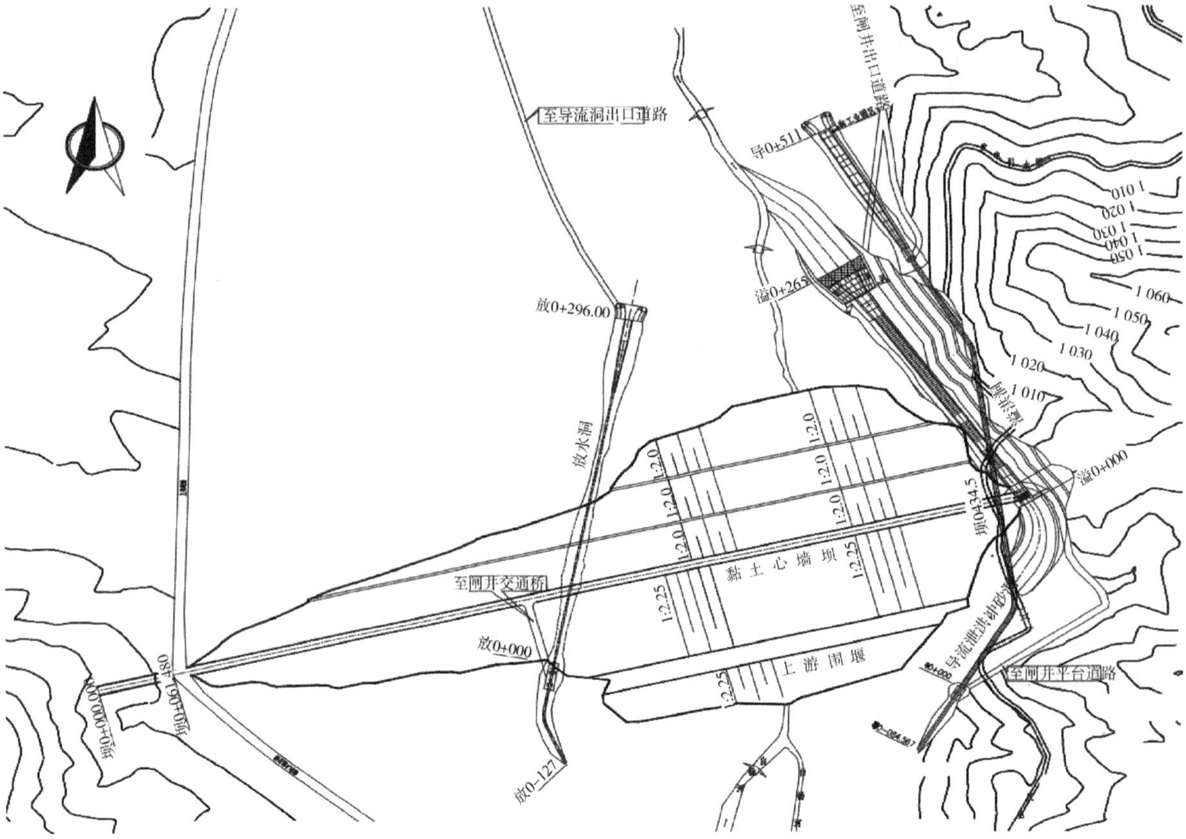

图 7　方案四平面布置图（比选方案）

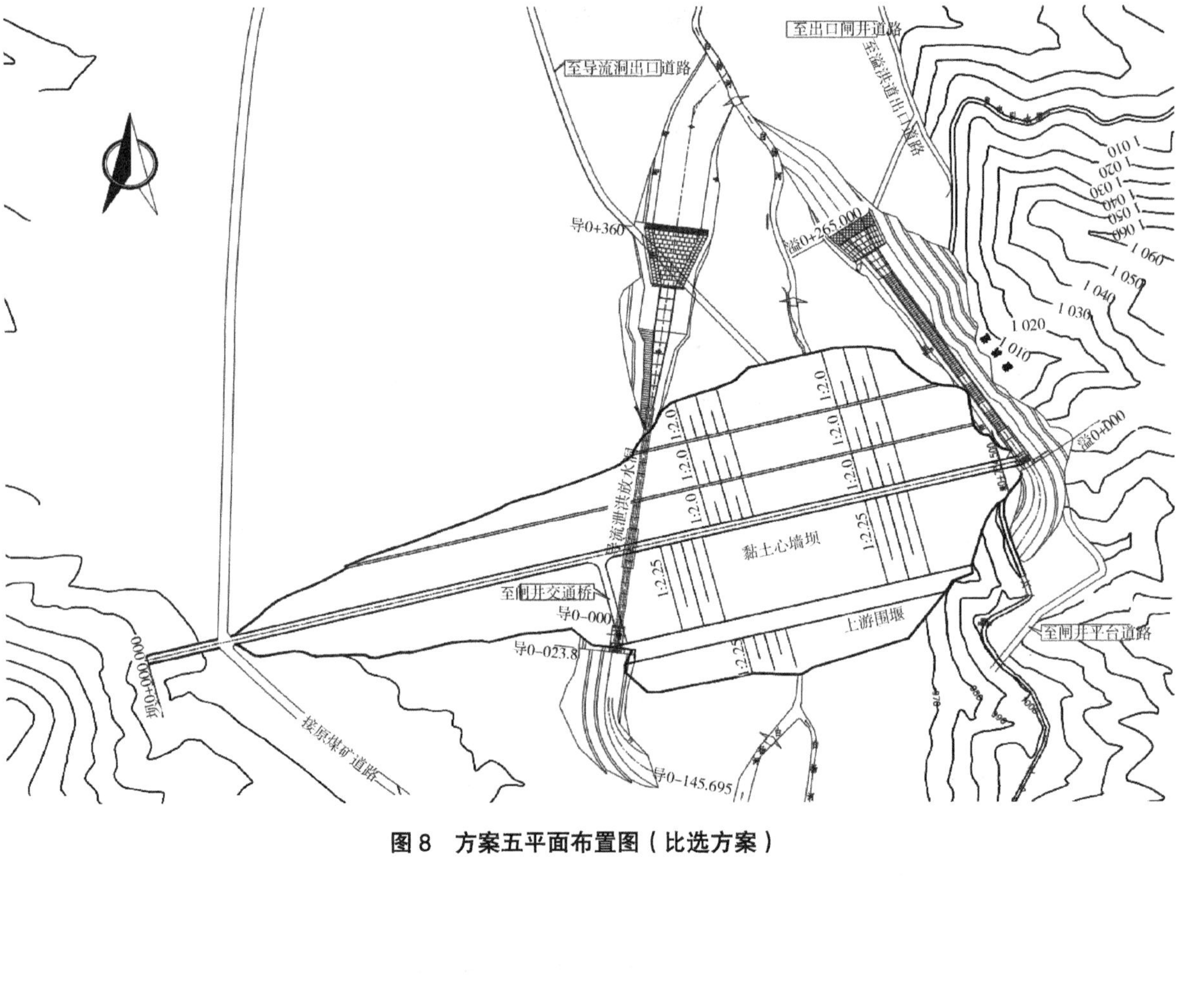

图 8　方案五平面布置图（比选方案）

2.4.3 主要建筑物

2.4.3.1 大坝设计

1. 坝体轮廓设计

大坝为黏土心墙砂砾石坝，坝顶高程1 014 m，最大坝高78 m，全长735 m，防浪墙顶高程1 015.20 m，坝顶宽8 m，上游坝坡坡比1:2.25，下游坝坡坡比1:2.0。河床段大坝典型剖面图见图1，混凝土防渗墙段大坝横剖面见图9。

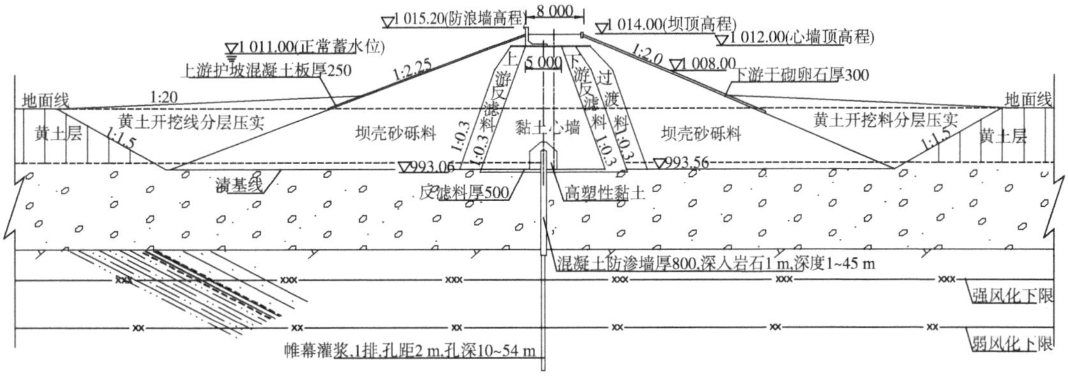

图9 阜康白杨河水库混凝土防渗墙段大坝横剖面图

2. 坝体分区及防渗体设计

（1）黏土心墙区。心墙轴线位于坝轴线上游1.5 m处，顶部宽5 m，心墙顶高程1 012 m。心墙上下游坡度均为1：0.3，底部最大厚度50.8 m，为中厚心墙，心墙采用第四系风积黄土填筑。心墙料的黏粒含量17.3%，塑性指数11.2，渗透系数$4.1\times10^{-7}\sim9.5\times10^{-6}$ cm/s，天然含水率7.5%，要求黏土心墙土料填筑压实度超过0.99。据分散性试验结论，该料场土料为过渡型分散性土类型。

T1料场作为大坝心墙填筑主土料场，T2料场作为备用料场。T1、T2土料场及大坝黏土心墙要求主要技术指标见表3。

表3 T1、T2土料场主要技术指标表

料场名称 / 试验指标 / 项目	T1土料场	T2土料场	技术要求
料场位置	左岸上游3～4 km	左岸上游0.5～2 km	
储量/万m^3	120	300	
土料特性	第四系风积黄土	第四系风积黄土	
土层厚度/m	1～10	5～8	
黏粒含量/%	17.3（14～21）	14.14（10～18）	15～40为宜
塑性指数	11.2（10.4～12.8）	10.1（8.9～12.6）	10～20
渗透系数/（cm/s）	碾压后$4.1\times10^{-7}\sim9.5\times10^{-6}$	碾压后$1.2\times10^{-6}\sim7.5\times10^{-6}$	碾压后小于1×10^{-5}，并应小于坝壳透水料的50倍
有机质含量/%	0.344	0.316	＜2
水溶盐含量/%	2.5	2.2	＜3
天然含水率/%	7.5	8.03	与最优含水率或塑限接近者为优
pH值	8.63	8.57	＞7
紧密密度	＞天然密度	＞天然密度	宜大于天然密度
SiO_2/R_2O_3	3.3	3.3	＞2

（2）反滤料区。心墙上下游侧设反滤层，水平宽度均为3 m，自高程1 008 m以上，水平宽由3 m逐渐减薄至2 m。反滤料要求粒径不超过20 mm。反滤料设计填筑相对紧密度$Dr \geqslant 0.85$。

（3）过渡料区。在下游反滤料下侧，设置过渡层，水平宽度为3 m。过渡料由砂砾料场筛分制备，采用级配连续、最大粒径为80 mm的砂砾料，过渡料填筑相对紧密度$Dr \geqslant 0.85$。

（4）坝壳料区。选择位于坝址下游右岸Ⅴ级阶地上的C3料场为坝壳砂砾主料场，其中砾石含量73.3%，紧密度2.27 g/cm^3，含泥量6.8%，内摩擦角41.3°，砂砾料压实后渗透系数$1.0\times10^{-2}\sim2.6\times10^{-3}$ cm/s，透水性良好。坝壳砂砾料的设计填筑相对紧密度$Dr \geqslant 0.85$。上游坝坡为混凝土护坡厚0.25 m，下游坝坡采用干砌石护坡厚0.3 m。

3. 坝基处理

将坝基下部黄土覆盖层全部挖除，挖除心墙范围内的强风化岩层，心墙与基岩接触面浇筑厚0.5 m混凝土盖板。基础面进行铺盖式固结灌浆，深度为5 m，孔排距3 m。帷幕灌浆设1排，孔距2 m，帷幕灌浆孔深入$q \leqslant 5$Lu线以下5 m。

左岸阶地下部发育一古河槽，宽约230 m，最深48 m。古河槽采用混凝土防渗墙进行垂直防渗处理，混凝土防渗墙厚0.8 m，防渗墙顶做成光滑的楔形，插入心墙防渗土料1～4 m。在防渗墙顶及周围用高塑性黏土进行填筑，以避免土料产生裂缝。混凝土防渗墙底部深入强风化基岩1 m，在防渗墙底部基岩设置单排帷幕灌浆，孔距2 m。

4. 溢洪道

根据河道地形，将泄水建筑物溢洪道布置在右岸坝肩上，溢洪道采用开敞式，其轴线与坝轴线夹角70°，溢洪道由进口引渠段、控制段、泄槽段、消能段等组成。溢洪道采用低堰以减少引渠开挖方量，适当加大进口宽度，使其具有较大的超泄能力并有利于排除漂浮物。

溢洪道全长255 m，设计泄量147.03 m^3/s，校核泄量206.52 m^3/s，单孔，净宽7 m。由进口引渠段、控制段、泄槽段、消能段等组成。进口引渠为梯形断面，底板高程1 003 m，长76.4 m。控制段采用WES堰型，堰顶高程1 006 m，堰高3 m，设一道弧形工作门和一道平板检修门，工作门孔口尺寸7 m×5.6 m。堰后接泄槽，泄槽为整体式矩形断面，长190 m，底宽7 m，槽身采用台阶式消能方式，台阶高度1 m，宽3.5 m，结合地形纵坡比为1:3.5。出口接消力池消除剩余能量，池长25 m，池深1.5 m，下游护砌段长30 m。

5. 导流兼泄洪放水洞

根据地形、地质条件及水库运行特点，本工程选定的坝线左岸有宽230 m的古河槽，基岩埋深较大，从左坝肩至河道线路很长，不利于建筑物布置，而右岸基岩覆盖层较薄，有利于表孔溢洪道的布置，因此本工程对导流兼泄洪放水洞布置进行了两个方案的比选，即右岸隧洞方案和左岸坝下埋涵方案。右岸导流兼泄洪隧洞进口高程低，洞线长，断面大，且小流量放水时不易控制，运行管理不便；左岸坝下埋涵方案洞身从坝下穿过以减少洞长，节省工程量，洞内增加了具备检修条件的工业供水管，用以泄放小流量工业供水和生态放水，运行管理方便。通过以上综合分析比较，本工程推荐了左岸坝下埋涵方案。导流兼泄洪放水洞布置在左岸一级阶地上，洞轴线与坝轴线斜交，洞顶上覆最大坝高为37 m，洞身周围开挖基岩强风化层使基础坐落在弱风化基岩上，承载力能满足洞身及上覆坝顶要求。

导流兼泄洪放水洞为无压洞，布置在左岸，从坝下穿过，前期导流，后期泄洪，泄洪设计泄量63.16 m^3/s，校核泄量108.01 m^3/s，全长455.695 m，由进口引渠段、控制段（闸井段）、洞身段和出口消能段等部分组成。进口底板高程968.0 m，进口设2.5 m×3.0 m事故闸门，事故闸门下游为工作闸门，孔口尺寸2.5 m×2.5 m，洞身为无压洞，城门洞型断面，洞径为3.0 m×4.2 m，洞身长180 m。出口为明流泄槽，泄槽段长30 m，经过70 m扩散段后进入消力池中消能，消力池长40 m，宽12 m，底板高程937.30 m，消能后扩散段是由底宽12.0 m扩散为40.0 m的梯形渠道，两侧墙扩散角15°。渐变段末端布设宽5 m、深2 m的铅丝石笼，后连接渠道整治段投入河道。

导流兼泄洪放水洞内左侧拱脚处为工业供水管，采用Q235有压钢管，管径为600 mm，管长约为180 m，管壁厚11 mm，放水管进口设检修蝶阀，出口设工作阀门，放水流量为0.5 m^3/s，引水底高程为972.4 m。

2.5 生态流量与泄放措施

2.5.1 不同生态基流下放过程方案比选

2006年1月，国家环保总局以环评函〔2006〕4号下发了《关于印发〈水利水电建设项目河道生态用水、低温水和过鱼设施环境影响评价技术指南（试行）〉的函》，按要求考虑河道生态基流年水量680万m^3。本工程任务是在满足灌溉的前提下，向工业园区供水，如果生态流量按多年平均径流量的10%常年下放，则不能满足工业供水，本工程在同等库容条件下进行了以下3种方案的比选：①生态流量按月平均的10%；②生态流量按年平均的10%；③生态流量枯水期按年平均的10%，丰水期按年平均的30%。

按照所拟正常蓄水位方案，经过径流调节计算、工程布置、工程量估算、经济分析，经济比较见表9。

表9 生态流量比较表

项目	单位	方案一 生态流量按月平均的10%	方案二 生态流量按年平均的10%	方案三 生态流量枯水期按年平均的10%，丰水期按年平均的30%
正常蓄水位	m	1 008	1 008	1 008
正常蓄水位相应库容	万m^3	1 233	1 233	1 233
死水位	m	974	974	974
死水位相应库容	万m^3	132	132	132
多年平均农业供水量	万m^3	3 065	3 065	3 065
工程静态投资	万元	35 588	35 588	35 588
多年平均工业供水量	万m^3	1 426	984	682
经济内部收益率	%	11.48	8.71	6.49
经济净现值	万元	16 276	3 051	−5 985

经比较，按照月平均径流量的10%下放生态基流的方案，经济净现值相对较优，作为推荐方案。

2.5.2 生态流量下泄措施

为保护白杨河的生态环境，工业园区供水应按照工程规划的水量进行供水，水库工程在运行时，应先保证按照多年月平均流量的10%下泄生态基流，以此保证河道生态基流及生态用水不减少。生态基流放水阀在植物生长季节（4—11月）直接放水进入河谷林灌溉渠道，其他季节（11月至次年3月）生态基流下泄河道。

导流兼泄洪放水洞布置在左岸从坝下穿过，为城门洞型无压洞，前期导流，后期作为永久泄洪洞，右侧为有压钢管做为工业供水的放水管，放水管设计流量0.55 m^3/s，其中工业供水流量为0.45 m^3/s，冬季生态基流为0.03～0.09 m^3/s，放水管末端设置工业供水工作阀和生态基流阀门各一个，以控制生态基流下泄。在工程建设及运行期需采取措施下泄生态基流，在运行期要保证下泄不小于多年月平均流量10%的生态基流。

2.6 施工导流与工期

2.6.1 导流方式及导流标准

本工程导流建筑物由导流兼泄洪放水洞和上下游围堰组成。导流设计洪水标准采用P=10%洪水频率，相应洪峰流量91.78 m^3/s。综合考虑枢纽水文特性、大坝施工强度，在整个施工期内，坝体经历两个汛期，大坝施工导流时段可划分为三个阶段：

第一阶段：工程开工（第一年3月）至截流时间（第一年9月底）。该阶段原河床过流，主要进行导流兼泄洪放水洞及大坝岸坡处理的施工。

第二阶段：第二年汛期由上下游围堰挡水，导流兼泄洪放水洞泄流。

第三阶段：第三年汛期由坝体临时断面挡水，导流兼泄洪放水洞泄流，第三年坝体临时断面挡水度汛的标准取P=5%，相应洪峰流量为126.44 m^3/s。第三年10月底坝体施工至坝顶高程，导流洞下闸，水库开始蓄水。

2.6.2 施工进度

本工程施工总工期34个月，其中工程准备期7个月，主体工程施工期24个月，工程完建期3个月。工程计划第一年9月底截流，第三年10月底具备下闸蓄水条件，第三年12月工程全部完工。

2.7 工程特点与建议

（1）本工程大坝坝址地形为“U”形河谷，处于雅玛里克断裂（F_7）、阜康南断裂（F_4）两活动断裂之间。坝基岩性为砂岩、泥质砂岩互层夹炭质黏土岩，强度低，同时地震基本烈度为Ⅷ度，因此工程地质条件相对较差。最大坝高为78 m，属于高坝，选择具有自愈能力的黏土心墙砂砾石坝是适合本工程的地形地质条件的。

（2）由于防渗土料为过渡型—分散性土类型，因此做好反滤设计是本工程的重点，通过大量土工试验论证后，设计选用天然级配砂砾料与水洗砂进行掺配，在保证工程质量的前提下，进一步降低了工程造价。

（3）坝下导流泄洪涵洞的设置和处理设计也是本工程的重点内容之一。设计采用将导流泄洪涵洞全部嵌入弱风化基岩中，顶部采用厚2 m的混凝土进行封闭处理，同时加强该段基岩及导流洞周边区域的灌浆处理，以保证坝下涵洞的正常运行。本工程加强了对导流兼泄洪放水洞的监测，在进口闸井边墙上布设1付水尺监测闸前水位；闸井边墙、底板共设4支钢筋计，1支无应力计、1组双向应变计、2支渗压计和2支锚杆应力计监测边墙和底板的钢筋应力和结构变形，弧门支座上布设2支钢筋计；在洞身段及出口段的监测初步拟定为3个断面。在各监测断面洞底布置地下水位监测并埋设渗压计，共计渗压计4支；在混凝土内布设钢筋计6支、无应力计4支，双向应变计4组，以监测钢筋的应力和混凝土应变；1支位移计检测结构分缝处的位移变形。在水库运行期应严格按规范要求，高度重视坝下埋涵的各项观测工作，特别是加强对大坝渗流状态的观测以及涵洞与大坝接触部位的渗流、变形观测，及时分析各项观测资料，全面评价大坝和坝下埋涵的安全状况。

（4）古河槽防渗处理方案通过多方案比选后，采用混凝土防渗墙进行垂直防渗处理，既经济防渗效果又好，同时混凝土防渗墙顶插入心墙防渗土料，在防渗墙顶及周围用高塑性黏土进行填筑，避免土料产生裂缝后的渗透破坏。

（5）由于本工程最大水深为53.6 m，导流兼泄洪放水洞处水深为43 m，经估算，灌溉季节库底水温比表层水温低3°C，低温水灌溉对水稻等作物影响较大，对小麦等作物则影响较小。本工程灌溉用水主要靠导流兼泄洪放水洞放水，灌溉用水放入河道后自下游1 km处原渠首引入灌区，灌区离渠首约10 km。本工程未考虑分层取水型式，今后应加强库水温监测，加强白杨河（一）站、（二）站（相距10 km）的水温观测，如对农作物影响较大则应采取田间晒水等措施进行调整。

附表　阜康白杨河水库工程特性表

名　称	数　量	名　称	数　量
一、水文		四、主要建筑物	
控制流域面积	261 km^2	1.挡水建筑物形式（坝型）	黏土心墙坝
利用水文系列年限	44年	地震基本烈度/设计烈度	Ⅷ度/8度
多年平均年径流量	0.68亿m^3	最大坝高	78 m
多年平均流量	2.09 m^3/s	坝顶高程/顶部长度	1 014 m/735 m
设计洪水标准及流量（P=1%）	232 m^3/s	2.泄水建筑物	
校核洪水标准及流量（P=0.05%）	383 m^3/s	2.1表孔型式	溢洪道
施工导流标准及流量	91.78 m^3/s	溢流段长度（孔口尺寸）	255 m（7 m×5 m）
二、工程特征水位及工程规模		堰顶高程	1 006 m
1.水库水位		设计泄量/校核泄量	147.03 m^3/s/206.52 m^3/s
正常蓄水位	1 011 m	消能方式	台阶式消能
设计洪水位	1 011.01 m	2.2深孔（出口孔口尺寸）	
校核洪水位	1 012.28 m	进口底板高程	968 m
汛期限制水位	1 010.20 m	设计泄量/校核泄量	63.16 m^3/s/108.01 m^3/s
死水位	974.00 m	消能方式	底流
2.水库容积		五、施工	
水库总库容	1 270.6万m^3	1.主体工程量	
正常蓄水位以下库容	1 198.7万m^3	土石方明挖	92.86万m^3
调洪库容	117.9万m^3	石方洞挖	23.02万m^3
防洪库容	46万m^3	填筑土方/石方	328.28万m^3
调节库容	1 112万m^3	混凝土	5.94万m^3
死库容	86.8万m^3	钢筋及钢材	216 t
三、工程效益指标		2.施工期限	3年
直接控制灌溉面积	15.49万亩	六、经济指标	
工业供水	1 429.8万m^3/a	总投资	36 322.19万元
		单方库容投资	28.59元

第三章 昌吉头屯河楼庄子水库工程

3.1 工程概况

楼庄子水库工程位于左岸昌吉市硫磺沟镇、右岸乌鲁木齐县共管的头屯河上游山区河段，是头屯河上游山区控制性骨干工程，其主要任务是灌溉、防洪和城市工业生活供水。工程可控制灌溉面积25.26万亩，使河流下游城市、基础设施的防洪标准提高到50年一遇，设计水平年工业供水量10 570万m^3。水库总库容7 374万m^3，正常蓄水位为1 394.5 m，死水位1 353.3 m，为Ⅲ等中型工程，主要建筑物由拦河大坝、导流兼泄洪冲沙洞、溢洪洞及引水洞等组成，最大坝高82.6 m，大坝为2级建筑物，溢洪洞、导流兼泄洪冲沙洞和引水洞为3级建筑物，次要建筑物及临时建筑物为4级建筑物。工程地震设防烈度为Ⅷ度。工程静态总投资为122 838.33万元，工程总投资为129 526.88万元，单方库容投资17.57元。工程上游距制材厂水文站8.5 km，下游距昌吉市楼庄子村8 km、距硫磺沟镇25 km。

3.2 水文

头屯河发源于天山山脉中部的喀拉乌成山北坡，东与乌鲁木齐河相邻，西与三屯河接壤，干流全长190 km。头屯河流域总面积为2 885 km^2，其中山区流域面积为1 638 km^2，制材厂站以上集水面积840 km^2，哈地坡以上集水面积为1 562 km^2。流域最高峰海拔4 562 m，地势南高北低，根据哈地坡、硫磺沟、制材厂水文站综合分析坝址多年平均径流量为2.293亿m^3，多年平均流量为7.27 m^3/s。大坝设计洪水标准100年一遇，洪峰流量405 m^3/s，校核洪水标准2 000年一遇，洪峰流量750 m^3/s。

坝址处在中纬度欧亚大陆腹地，山区热量不足，年(日)温度差小，降水充沛，蒸发量小，气候湿润。多年平均气温8.4℃，多年平均年降水量257.5 mm，多年平均年蒸发量1 613.6 mm。

历年极端最高气温37.9℃，极端最低气温-40.4℃，最冷月平均气温-17.5℃，多年平均风速2.2 m/s，多年平均最大风速18.2 m/s；历年最大冻土深度162 cm。头屯河径流组成除包括积雪融水、降水和地下水等补给外，高山冰川积雪融水是其主要补给源。

头屯河多年平均悬移质输沙率为19.32 kg/s，多年平均悬移质输沙量为60.94万t。悬移质输沙量的年内分配极为不均，大部分泥沙集中在汛期，推移质输沙量按照悬移质输沙量的15%计算，多年平均推移质输沙量为9.14万t。年入库泥沙总量为70.08万t。

3.3 工程地质

3.3.1 区域构造稳定性评价

坝址区河床高程1 324～1 335 m，河谷呈不对称的"U"型，谷底宽120 m左右，其中现代河床宽50 m左右，靠近右岸。坝址区河谷走向约NE57°，河道纵坡10‰。

坝址出露的地层有侏罗系和第四系地层，中侏罗统未分层组（$J_{2(x+s)}$）主要为黄灰色、灰绿色硬砂岩、砂岩、粉砂岩与灰色、灰黑色砂质泥岩不均匀互层，广泛出露于两坝肩及河谷两侧山体。中更新统冲洪积层（Q_2^{al-pl}）主要分布于右坝肩山顶，主要为砾石层和低液限黏土层，厚度十余米。上更新统上部冲、洪积层（Q_{3b}^{al-pl}）以冲积为主，由砾石及低液限黏土层组成，主要分布于坝址河谷左岸Ⅱ～Ⅳ级阶地上。全新统冲洪积层（Q_4^{al-pl}）以砾石、沙、含砾亚砂土为主，主要分布于坝址区河漫滩及左岸Ⅰ级阶地。全新统冲积层（Q_4^{al}）以砾石、沙为主，主要分布于坝址区河床。

小渠子逆断裂（板房沟断裂西延部分）顺背斜轴部延伸，切割昌吉河—头屯河背斜轴部和*SL*01崩塌体现象构成了工程区的核心地质问题。下坝线位于该断裂、背斜组合的北翼1.8 km处，坝后坡距下游崩塌体300 m，避开了下游*SL*01崩塌体。坝址两坝肩上部头屯河组（J_{3t}）土黄色砂岩、砾岩互层受风化影响节裂发育，崩塌形成陡峭边坡，主要物理地质现象表现为危岩体、崩塌。坝址上游库区段地形相对开阔，受东西向构造及雨水影响，发育有多条冲沟。

根据地震安评报告，场地50年超越概率10%、5%的基岩峰值加速度分别为216 gal、271 gal，100年超越概率2%的基岩峰值加速度为414 gal。对应基本烈度为Ⅷ度。

3.3.2 水库区工程地质条件

水库周边山体雄厚封闭条件好，地形封闭条件较好，一般分水岭高程1 471.6～1 554.1 m，高于正常高水位，无邻谷渗漏，水库无永久渗漏问题。水库正常高蓄水位1 394.5 m时，库区回水长4.5 km。水库中段及库尾段库岸稳定条件好，近坝库岸两岸山体坡度较陡，一般存在库岸失稳问题。左岸堆积阶地发育，水库蓄水后，在库水的冲刷、淘蚀下易垮塌，存在库岸再造问题。由于边坡高度不大，塌岸规模较小，因此不会造成水库淤积问题。另外库尾末端存在一处耕地，地层岩性以低液限黏土为主，受蓄水影响，存在库岸坍塌问题。现状岸坡高约4～12 m，岸坡局部发育裂缝，经实测失稳边坡长约400 m，受其影响耕地面积将减少1.2×10^4 m^2。

水库蓄水运行后，虽然具备水库诱发地震的地质构造背景，但水库诱发地震的烈度不会超过水库区的基本地震烈度。

3.3.3 大坝工程地质条件

左坝肩岩性表现为上侏罗系头屯河组（J_{3t}）土黄色砂岩、砾岩互层和灰黄色、灰绿色砂岩、泥岩、砂质泥岩夹紫红色泥岩；中侏罗统未分层（$J_{2(x+s)}$）灰绿色、灰黄色砂岩、粉砂岩的互层，夹砂质泥岩和泥岩，强风化层厚3～25 m，弱风化层厚10～16 m。

左岸阶地段发育一宽浅式古河槽，宽约300 m，基岩面比现代河床基岩面深约11～12 m。河床段地形平坦，河床宽约109 m，上部为第四系卵砾石覆盖层，厚度2.3～4.5 m，下部基岩为中侏罗统未分层（$J_{2(x+s)}$）灰绿色砂岩、泥岩互层，一般岩体密度2.30～2.60 g/cm^3，基岩强风化厚度0.6～3.2 m，弱风化厚度6.0～8.0 m。

右坝肩位于一相对宽厚山体上，表层0～3.5 m为砾质土，下伏中侏罗统未分层（$J_{2(x+s)}$）灰绿色、灰黄色砂岩、粉砂岩的互层，夹砂质泥岩和泥岩，强风化层厚2.2～3.5 m，弱风化层厚3～16 m。

3.3.4 泄水及引水建筑物工程地质条件

右坝肩山体为凸岸地形，层理明显，岩体较完整。泄水建筑物及引水建筑物均布置在右岸。泄水建筑物及引水建筑物洞口以上边坡总体稳定，局部存在一些危岩，需清除。闸井段地形坡度较陡，局部上部为厚约3.0 m砂砾石覆盖层。洞身段上覆岩体厚10～84.0 m，围岩属Ⅳ类围岩。出口段上部为厚约2～3 m的卵石混合土，下部为中侏罗统（$J_{2(x+s)}$）灰绿色砂泥岩互层，边坡稳定性好。

3.4　工程布置及主要建筑物

3.4.1　坝型比选

本阶段对土石坝的三种基本坝型——黏土心墙坝、沥青混凝土心墙坝和混凝土面板坝进行了比较论证工作，三种坝型方案的枢纽布置基本相同。黏土心墙坝横断面型式见图1，混凝土面板坝横断面型式见图2，沥青混凝土心墙坝横断面型式见图3。

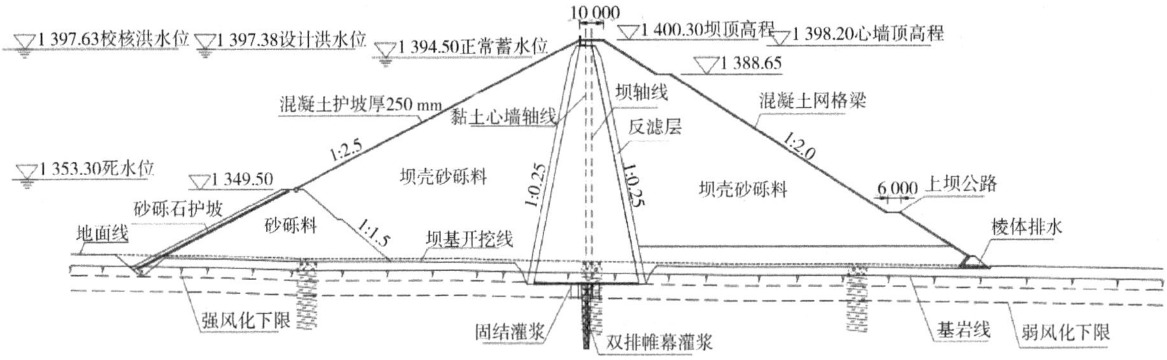

图1　黏土心墙坝横断面型式（推荐坝型）

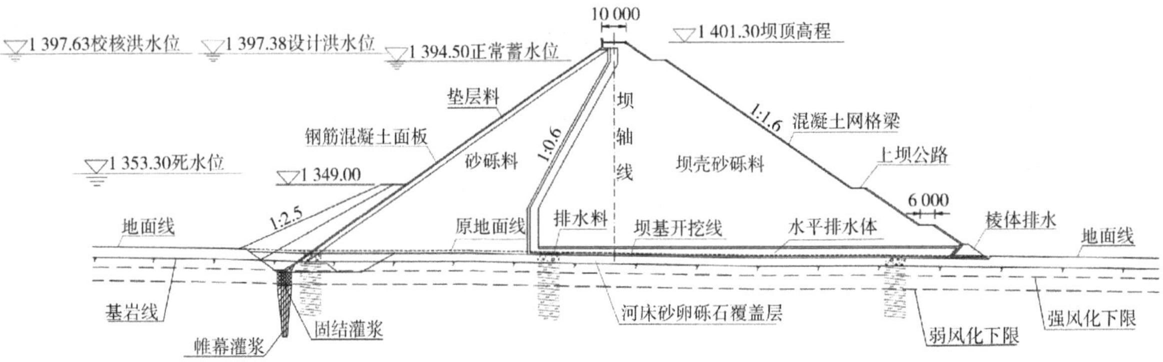

图2　混凝土面板坝横断面型式（比选坝型）

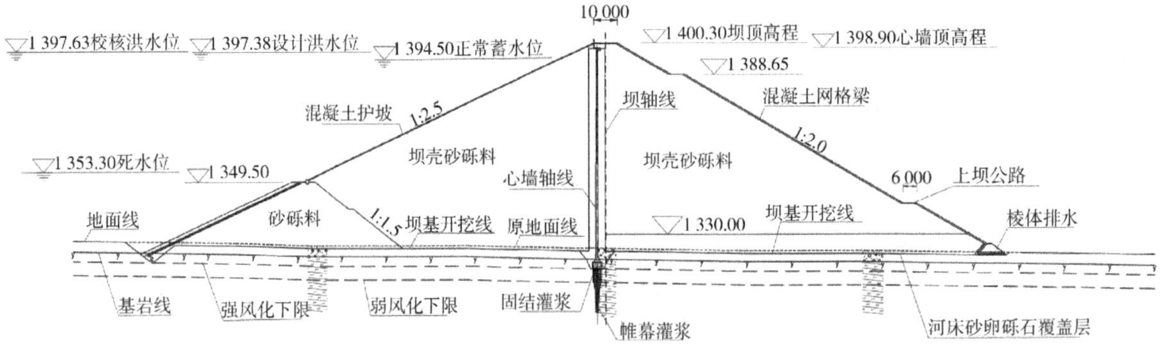

图3　沥青混凝土心墙坝横断面型式（比选坝型）

本工程天然建筑材料储量丰富，坝址区地质、地形条件较好，就工程条件而言对三种坝型均无制约因素，但三种坝型各有优缺点。所以坝型比选主要从挡水建筑物及临建工程有差异的部分进行比较。现对土石坝的三种基本坝型从地形地质条件、运行条件、施工条件、工程量和投资等方面进行比较论证，选定推荐坝型。

表1 楼庄子水库不同坝型方案比较表

项目	黏土心墙砂砾石坝	碾压式沥青混凝土心墙砂砾石坝	混凝土面板砂砾石坝
地形地质条件	坝址区河床高程1 324～1 335 m，河谷呈不对称的"U"型，河床宽100 m左右，河道左岸发育有Ⅰ～Ⅳ级阶地，宽25～80 m，覆盖层厚10～36 m，其中Ⅳ级阶地上多覆有崩塌的大块石。河谷两侧山体及河床基岩主要为砂岩、泥岩互层，岩石呈巨厚层状碎裂结构。左右岸坡范围岩体节理裂隙发育，多以卸荷裂隙为主，易产生崩塌。卸荷岩体多分布于坝肩高陡边坡		
枢纽布置及坝体结构	右岸从右向左依次为溢洪洞、导流兼泄洪冲沙洞、引水洞。坝顶高程1 400.3 m，坝顶宽度10 m，坝长570.31 m，最大坝高82.6 m，上游坝坡1∶2.5，下游综合坝坡1∶2.2。心墙顶宽5 m，填筑坡度1∶0.25	沥青混凝土心墙采用碾压式垂直心墙，心墙轴线偏向上游，距坝轴线3.7 m，心墙顶宽0.5 m，最大底宽0.9 m，底部扩底与基座连接。其他同黏土心墙坝方案	坝顶高程1 402.10 m，坝顶宽度10 m，坝长573.92 m，最大坝高85.6 m。上游坝坡1∶1.6，下游综合坝坡1∶1.85。其他同黏土心墙坝方案
地基处理	坝壳基础：岩基0.5 m、砂砾石1 m或清除低液限粉土以下0.5 m；心墙、反滤料基础：开挖至强风化下限或清除低液限粉土以下0.5 m。基岩开挖量小。 固结灌浆：左岸、河床段和右岸心墙底部浇筑0.5 m厚的混凝土基座，并对心墙基础进行4排固结灌浆，孔深5 m，孔、排距均为3 m。左岸覆盖层段不进行固结灌浆。 帷幕灌浆：左岸帷幕灌浆深46～72.9 m，左岸阶地段帷幕灌浆深16～48 m，右岸及河床段帷幕灌浆深14～40 m。 两坝肩设灌浆廊道，左、右坝肩廊道长42 m和32 m，设置单排帷幕灌浆，孔距2 m，孔深60～72 m和15～43 m。 混凝土防渗墙：左岸阶地段存在深厚砂砾石覆盖层，基础防渗采用混凝土防渗墙，深8～34 m，防渗墙伸入基岩以下至少0.5 m	沥青心墙、过渡料基础：开挖至强风化下限，基岩开挖量最小。 其他同黏土心墙坝	趾板、垫层及趾板下游20～30 m范围内的填筑体的基础至于强风化下限。左、右岸趾板开挖形成了约10～25 m的高边坡，基岩开挖量较大。 左岸坝肩帷幕深度10～50 m，右岸帷幕深度20～25 m，河床段10～36 m，左岸阶地段只进行单排帷幕灌浆，孔距2 m，孔深10～20 m。防渗墙，深10～35 m。其他同黏土心墙坝
对当地气候的适应性	由于黏土心墙低温不能施工。黏土心墙有效施工天数较短	沥青混凝土心墙施工基本不受气候因素的影响，沥青混凝土是具有很高热量的热沥青混合料，可以在不同气候条件下继续进行摊铺，如有需要，还可采取简单的保护措施，延长其施工时间。与黏土心墙坝相比，有效施工天数延长4～5个月	面板坝方案的面板及趾板浇筑时段受气温限制，但可以通过合理安排工期避免低、高温季节浇筑
抗震性能	黏土心墙坝有较强的抗震性能，国内外许多建在强震区的高坝都采用此种坝型，并有经受强震考验的实例	沥青混凝土抗剪强度高，抗疲劳损伤的能力强，具有较好的塑性与柔性，适应变形的能力较强，具有较好的抗震性能。	混凝土面板砂砾石坝具有良好的抗震性能，砂砾石在混凝土防渗面板的保护下处于干燥状态，能抵抗强震而产生小的变形，坝体稳定性好。混凝土面板为刚性结构，在地震时可能产生裂缝，一旦防渗系统产生破坏，需放空水库进行维修
坝体运行检修及加固处理	坝体、坝基漏水严重需进行加固处理时，可在坝顶从黏土心墙向下进行造孔灌浆，对坝体、坝基加固处理，该方法已在国内多个工程中采用，安全可行	坝体、坝基漏水严重需进行处理时，可在沥青混凝土上游侧过渡层内造孔灌浆，完成加固工作。但难度较大，可靠性较差	面板、周边缝及坝基漏水时处理较困难，需放空水库进行检修，对水库运行带来不便
泄洪安全性	如发生溃坝，对下游产生危害较大	同黏土心墙坝	同黏土心墙坝

续　表

项目	黏土心墙砂砾石坝	碾压式沥青混凝土心墙砂砾石坝	混凝土面板砂砾石坝
施工条件及难易程度	上游围堰与坝体结合，围堰高程不影响枢纽布置，临时工程规模小。 黏土心墙冬季不能填筑，并且黏土料填筑和反滤料、坝壳料施工有干扰，坝基防渗体施工影响坝体填筑。 砂砾料、黏土料储量丰富，料场离坝址2～5 km，施工道路布置方便。 总工期：46个月	上游围堰与坝体结合，围堰高程不影响枢纽布置，临时工程规模小。 沥青心墙冬季能填筑。施工简便，沥青混凝土和过渡料同时施工。需要专门的拌合设备和铺筑碾压机具。砂砾料同黏土心墙坝。沥青心墙的碱性骨料由距坝址下游6.5 km处的和谐矿业加工提供，水工沥青由克拉玛依运至，运距都较远。总工期46个月	上游围堰不能与坝体结合，临时工程规模较大。 冬季可以填筑坝体。坝基防渗体施工不影响坝体填筑。 料场、运距同黏土心墙坝。 总工期：46个月
坝体主要工程量	土方开挖：83.48万m^3 石方开挖：6.85万m^3 坝体填筑：455.60万m^3 黏土心墙：69.24 混凝土及钢筋混凝土：3.14万m^3 钢筋制安：307.00 t 固结灌浆：2 330 m 帷幕灌浆：1.4万m 防渗墙混凝土：8 788.0 m^2	土方开挖：80.61万m^3 石方开挖：2.46万m^3 坝体填筑：514.60万m^3 沥青混凝土心墙：2.36万m^3 混凝土及钢筋混凝土：3.18万m^3 钢筋及钢材：304.00 t 固结灌浆：1 747 m 帷幕灌浆：1.4万m 防渗墙混凝土：8 788.0 m^2	土方开挖：57.52万m^3 石方开挖：25.22万m^3 坝体填筑：393.99万m^3 混凝土及钢筋混凝土：6.04万m^3 钢筋及钢材：3 776.26 t 固结灌浆：0.29万m 帷幕灌浆：1.68万m 防渗墙混凝土：6 490 m^2
大坝投资	29 762.80万元	32 439.81万元	31 318.66万元

3.4.1.1　对地形地质条件的适应性

综合坝址区地形地质条件分析，心墙坝对原始地质条件改变较少，心墙防渗体能够较好地适应软岩基础，基础开挖石方量较小，施工方便。混凝土面板砂砾石坝趾板线斜切左岸深厚覆盖层及右岸陡立岸坡，趾板基础开挖及边坡处理量大，施工难度大。因此，心墙坝均较能适应坝址区的地形地质条件。

3.4.1.2　坝体抗震性能

黏土心墙坝防渗土料土质为低液限黏土，黏土心墙体积较大，具有较大柔性，能适应地震变形，具有较强的抗震能力。国内外有许多坝高超过100 m的黏土心墙坝修在强震区，这些坝都已成功建成，运行良好。

沥青混凝土是一种粘弹性材料，其抗渗性和抗冲蚀性能远高于黏土。抗疲劳性能强，强震不易产生破坏，抗震安全性较大。

混凝土面板砂砾石坝同样具有良好的抗震性能，砂砾石在混凝土防渗面板的保护下处于干燥状态，能抵抗强震而产生小的变形，坝体稳定性好。混凝土面板为刚性结构，在地震时可能产生裂缝，一旦防渗系统产生破坏，需放空水库进行维修。

综上所述，心墙坝及面板坝均具有良好的抗震稳定性，相对而言，心墙坝抗震安全性更高。

3.4.1.3　建筑材料

坝体填筑砂砾料及反滤料运距分别为1～4 km，防渗土料运距分别为2～4.5 km。沥青混凝土心墙所需的粗骨料及细骨料选用距坝址下游6.5 km处的和谐矿业加工生产的灰岩骨料，其质量、储量均满足要求。填料选用距工程区较近的昌吉头屯河水泥厂生产的石灰岩矿粉。沥青选用克拉玛依水工沥青AH-90。

当地筑坝材料丰富，均满足三种坝型的填筑要求。但沥青混凝土心墙坝的心墙骨料运距较远。

3.4.1.4　施工条件

黏土心墙坝方案坝基处理及灌浆工作一般需要在坝体填筑前全部完成，施工时心墙坝防渗体铺筑需与土石方同时进行，与坝体填筑有干扰，与混凝土面板坝相比，有效施工天数较短。由于黏土心墙低温不能施工，黏土心墙有效施工天数较短。

沥青混凝土心墙施工受气候因素的影响较小，心墙沥青混凝土是具有很高热量的热沥青混合料，可以在不同气候条件下继续进行摊铺，如有需要，还可采取简单的保护措施，延长其施工时间。此外沥青心墙坝方案需增设一套沥青心墙混凝土专用拌合系统。与黏土心墙坝相比，有效施工天数延长4～5个月。

面板坝方案，坝址附近有充足的砂砾料，混凝土面板坝施工受季节变化影响较小，全年有效施工天数比其他方案较长。混凝土面板坝地基处理大多在趾板下面，施工与坝体填筑干扰小，但面板坝方案施工临建工程量较心墙坝方案大。面板坝方案的面板及趾板浇筑时段受气温限制，但可以通过合理安排工期，避免低、高温季节浇筑。

黏土心墙坝和沥青心墙坝的施工导流方案相同，均是上游围堰与坝体结合，可减小导流工程投资；面板坝方案围堰与坝体不能结合，导流工程投资较心墙坝方案大。

三种坝型的施工交通布置方式基本相同，大坝填筑所需的砂砾料场分布在坝的上游和下游，面板坝方案由于上游坝坡较陡以及趾板开挖和施工影响，在上游布置施工道路较为困难，坝体填筑施工时需设置跨趾板交通设施或布置岸边分层道路。

三种坝型的施工总工期均为46个月，截流时间为9月上旬。心墙坝方案截流后，基坑处理与坝体填筑的施工干扰较大，对坝体前期填筑进度有一定的影响，面板坝方案相对施工干扰较小，坝体前期上升速度较快。综上所述，三种坝型的施工条件各有优劣。

3.4.1.5 工程量及投资

对黏土心墙坝、沥青混凝土心墙坝和混凝土面板砂砾石坝三种坝型的工程量进行对比分析，混凝土面板坝方案坝体填筑量最小，但趾板石方开挖量、钢筋量和基础防渗处理工程量较心墙坝方案大，其坝体直接投资较黏土心墙坝方案多1 555.86万元，沥青混凝土心墙坝方案为32 439.81万元，坝体直接投资较高，比黏土心墙坝多2 677.01万元。综合以上分析，黏土心墙砂砾石坝具有安全性高、技术可靠，施工简单，投资相对较少等优点。

根据以上分析，选定坝线对三种坝型均不存在严重的制约因素，从地形地质条件、大坝抗震安全、施工条件、工程量及投资等方面综合分析比较，黏土心墙砂砾石坝优于沥青心墙砂砾石坝及混凝土面板砂砾石坝。因此将黏土心墙砂砾石坝作为推荐坝型。

3.4.2 工程布置方案比选

3.4.2.1 枢纽布置方案拟定

根据本工程坝址区地形地貌特点，坝址处河谷呈不对称“U”型，谷底宽100 m左右。左岸发育Ⅰ～Ⅳ级堆积阶地，Ⅰ～Ⅲ级阶地分布较广，保存尚好，Ⅳ级阶地保存较差，受后期侵蚀作用影响仅剩一点残迹，山体基岩裸露，坡度40°～50°；右岸坡陡峻，近坝区仅发育Ⅱ级阶地，库尾发育Ⅲ～Ⅴ级阶地，近坝址区山体坡度约40°～60°，基岩大部分裸露。根据可研阶段左右建筑物布置比选，左岸不适合布置溢洪洞、导流兼泄洪冲沙洞和引水洞，可布置开敞式溢洪道；右岸凸岸的地形条件，且右岸为基岩山体，山体坡度29°～63°，山体高大，宜布置溢洪洞、引水洞、导流兼泄洪冲沙洞。因此本阶段导流兼泄洪冲沙洞和引水洞布置在右岸，对布置右岸溢洪洞和左岸布置溢洪道进行进一步比选。

导流兼泄洪冲沙洞进口地形坡度34°，为Ⅱ级基座阶地，此段上部厚约4.5 m砂砾石、碎石土，下覆基岩为砂岩泥岩互层。可研阶段推荐方案进水口采用岸塔式进口，考虑到进口段地质条件为软岩，稳定边坡为1:0.35，最大开挖高度约为75 m，边坡稳定难以保证，土石方开挖量大，所以本阶段开展导流兼泄洪冲沙洞闸井进口型式、有压洞和无压洞方案比较，从而选出最优方案。

方案一：右岸导流兼泄洪冲沙洞（无压）方案

大坝为黏土心墙砂砾石坝。枢纽泄水、引水建筑物均为隧洞，面向下游从左至右进口依次为导流兼泄洪冲沙洞、引水洞和表孔溢洪洞，出口面向下游从左到右依次为导流兼泄洪冲沙洞、溢洪洞和引水洞。导流兼泄洪冲沙洞进口布置在坝址右岸面河山体上，施工期为明流洞，运行期闸井前为有压隧洞，呈转弯布置，闸井后为无压隧洞，呈直线布置。引水洞进口布置在坝址上游右岸洪沟内，为有压隧洞。溢洪洞进口布置在坝址上游右岸洪沟内，引水洞右侧，呈直线布置。总体布置见图4。

表孔溢洪洞堰顶高程1 391.00 m，采用有闸门控制的溢洪洞，最大泄流量282.25 m^3/s，由引渠段、控制段、隧洞段、抛物线段、泄槽段、挑流消能段组成。控制段溢洪洞采用WES堰，堰高3.0 m，堰宽8.0 m。孔口泄流采用弧形钢闸门控制，为开敞式进口。隧洞段，段长449 m，由斜坡段、反弧段、渐变段、洞身段组成，断面型式尺寸由8 m×7 m（宽×高）城门洞形渐变为断面型式尺寸6 m×7 m（宽×高）城门洞形，洞身段长405.99 m；泄槽段长79.623 m，由抛物线段和陡槽段组成。挑流鼻坎长18.5 m，宽6 m，挑角30°，为整体式结构，挑坎下游接C20素混凝土护坦。

导流兼泄洪冲沙洞为一条多功能隧洞，施工期承担施工导流的任务，运行期承担泄洪任务，布置在河床右岸。导流兼泄洪冲沙洞校核工况下泄量274.5 m^3/s，由进口段、闸井段、洞身段、出口消能段组成，全长691.471 m，消能方式采用底流消能。进口段由进口引渠和进口隧洞段组成。引渠段长76.471 m，断面型式为梯形。进口隧洞段长120 m，断面型式为4 m×5.5 m（宽×高）城门洞形，采用竖井式进水口，闸井顺水流方向长25 m，垂直水流方向宽8 m。洞身段全长350 m，其中闸井后10 m为渐变段，断面型式为4 m×5.5 m（宽×高）城门洞形。出口消能段全长95 m，包括泄槽段、扩散段、消力池段。消力池长40 m，断面形式为矩形，底宽8 m，高7 m，消力池后接15 m扭面连接后部退水建筑物。

引水洞设计流量为14 m^3/s。由进口隧洞段、事故闸井段、有压洞身段、工作闸井段、出口消力池及退水渠组成，全长850 m，其中进口隧洞段长70 m，有压洞身段长780 m。在主洞桩号引0+475.000处设置支洞，支洞设计流量1.2 m^3/s，为头屯河工业园区供水，总长56 m。

方案二：左岸溢洪道方案

大坝为黏土心墙砂砾石坝，溢洪道布置在左坝肩左侧位置。导流兼泄洪冲沙洞和引水洞均为隧洞，布置在右岸，面向下游从左至右进口依次为导流兼泄洪冲沙洞和引水洞，出口面向下游从左到右依次为导流兼泄洪冲沙洞和引水洞。导流兼泄洪冲沙洞进口布置在河道右岸面河山体上，施工期为明流洞，运行期闸井前为有压隧洞，呈转弯布置，闸井后为无压隧洞，呈直线布置。引水洞进口布置在河道右岸坝址上游洪沟内，为有压隧洞。总体布置见图5。

溢洪道由引渠段、控制段、泄槽段、消能段和泄水渠组成。引渠段长65.604 m。引渠底板高程1 388 m，底宽8 m。控制段长20 m。控制段采用实用堰，堰高3 m，堰宽8 m，堰顶高程1 391 m，边墙顶高程1 400.30 m，孔口泄流采用弧形工作门控制。泄槽段段长296.606 m。由渐变段和泄槽组成。渐变段长35.0 m，纵坡i=0.22，断面尺寸8 m×11.8 m（宽×高）；泄槽段长261.606 m，纵坡i=0.22，断面尺寸8 m×4 m（宽×高）。消能段长53.0 m，采用底流消能方式。消力池长53 m，宽12 m，池深2 m。泄水渠段，段长100 m，采用混凝土衬砌渠道，梯形断面。导流兼泄洪冲沙洞，引水洞布置同方案一。

方案三：右岸导流兼泄洪冲沙洞（有压）方案

大坝为黏土心墙砂砾石坝。枢纽泄水、引水建筑物均为隧洞，面向下游从左至右进口依次为导流兼泄洪冲沙洞、引水洞和表孔溢洪洞，出口面向下游从左到右依次为导流兼泄洪冲沙洞、溢洪洞和引水洞。导流兼泄洪冲沙洞进口布置在坝址右岸面河山体上，为有压圆洞，隧洞进口采用岸塔式进水口，后接有压圆洞，洞身设置两处拐点，隧洞出口接工作闸井。引水洞进口布置在坝址上游右岸洪沟内，为有压隧洞。溢洪洞进口布置在坝址上游右岸洪沟内，引水洞右侧，呈直线布置。

导流兼泄洪冲沙洞（有压）由引渠段、事故闸井段、有压洞身段、出口工作闸井及消能段组成。引渠长145 m，底板高程1 335 m，纵坡i=0，断面型式为梯形，坡度1∶0.35，底宽4 m。事故闸井段长15 m，宽6.7 m。闸井内设平板检修闸门一道，孔口尺寸4.0 m×4.0 m。有压洞身段长486.8 m，C25混凝土衬砌厚度0.6 m。出口工作闸室段长15 m，闸室内设置弧形工作门一道，孔口尺寸3.5 m×3.5 m。消能段由泄槽段和挑坎段组成，泄槽段长33.12 m，挑流鼻坎长21.5 m，宽3.5 m，挑角29°。

引水洞布置在右岸山体内，与泄洪冲沙洞（兼导流）进口形成联合开挖，轴线间距20 m。该洞不参与泄洪，引水流量14 m^3/s。由于与表孔溢洪洞和底孔泄洪冲沙洞（兼导流）布置较近，需要保证洞与洞之间上覆岩体厚度，因此，该洞布置为圆型有压洞。

引水洞进口引渠长31 m，底板高程1 348 m，纵坡i=0，断面型式为梯形，底宽3.5 m。闸井段长15 m，宽12.5 m。闸井内设平板检修闸门一道，孔口尺寸2.5 m×2.5 m。有压洞身段长780 m，纵坡为i=0.01，断面形式为圆形，洞径2 m，衬砌厚度0.4 m。出口闸室段长10 m，为整体式矩形槽结构形式，闸室内设置弧形工作门一道，孔口尺寸2 m×2 m。出口消能段包括扩散段、泄槽段、消力池段和退水渠段，其中扩散段长10 m，泄槽段长35 m，消力池长30 m，后接梯形渠道，接下游河道。在主洞桩号0+475.000 m处设置支洞，洞总长56 m，洞径2 m。

溢洪洞布置同方案一。

3.4.2.2 比选结论

经过分析比较，方案一建筑物布置结构紧凑，运行管理灵活、方便。方案二超泄能力强，但泄洪建筑物分两岸，运行管理不便，工程量大，施工存在一定的相互干扰。方案三建筑物布置结构紧凑，但采用岸塔式进水口，存在高陡边坡开挖问题，工程量也较大。从投资方面来说，方案一直接投资为10 658.37万元，方案二直接投资10 976.76万元，方案三直接投资10 879.95万元，方案一较方案二投资少318.39万元，较方案三投资少221.58万元。综合以上因素，本阶段推荐方案一右岸导流兼泄洪冲沙洞（无压）方案。

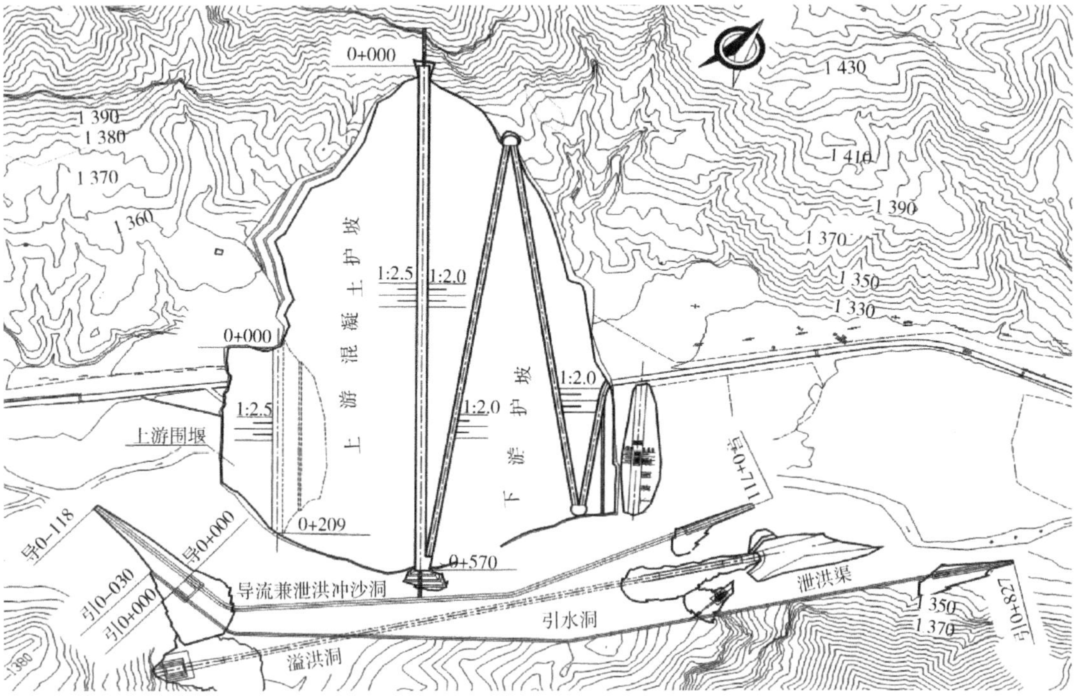

图4 枢纽总平面布置图［右岸导流兼泄洪冲沙洞（无压）方案］

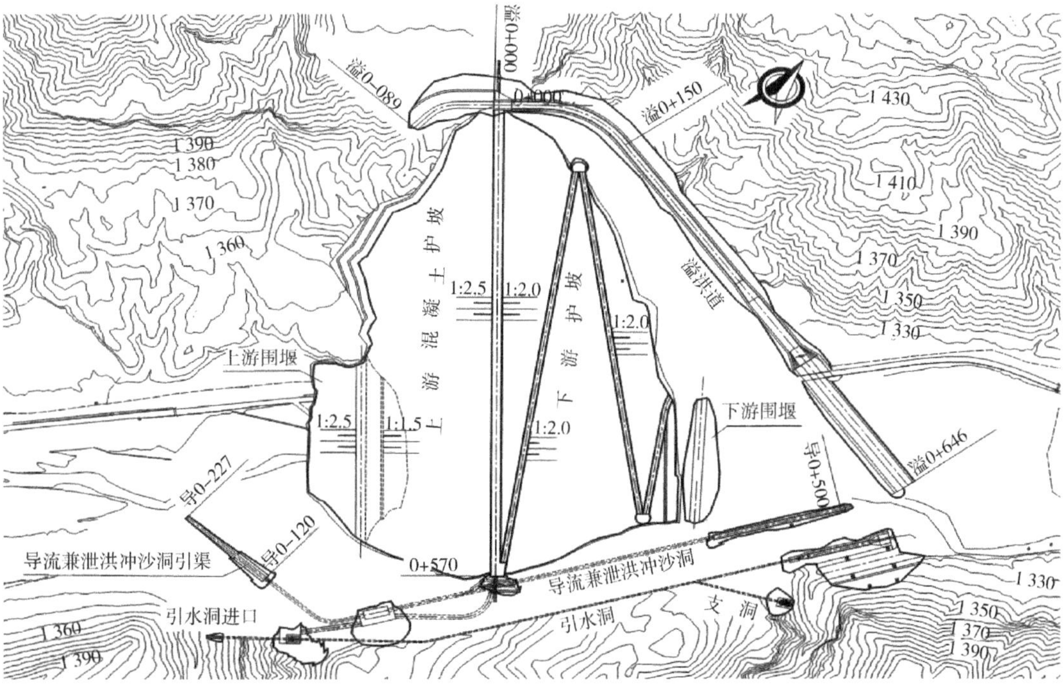

图5 枢纽总平面布置图（左岸溢洪道方案）

3.4.3 主要建筑物

3.4.3.1 大坝设计

1. 坝体结构及分区

黏土心墙坝方案的防浪墙顶高程为1 401.5 m，坝顶高程为1 400.3 m。最大坝高82.6 m，坝长

570.31 m，坝顶宽10 m。坝顶上游侧设防浪墙，墙顶高出坝面1.2 m。上游坝坡为1∶2.5，采用C30、F300现浇混凝土板护坡。下游坝坡布置“之”字形上坝道路，道路间的坝坡为1∶2，采用混凝土网格梁填六棱块。

坝体断面以黏土心墙防渗体为中心，上、下游两侧由内向外分别为黏土心墙防渗体、上下游反滤料、坝壳砂砾料区、下游排水料区。

黏土心墙防渗体：黏土心墙采用正心墙，心墙防渗体轴线位于坝轴线上游2.5 m，顶高程1 398.2 m，顶宽5 m，两侧边坡为1∶0.25，河床部位建基面高程1 317.7 m，最大底宽61.5 m。河床段及岸坡段心墙防渗体建在强风化下限基岩面上，在建基面上浇筑0.5 m厚的C20混凝土盖板，将防渗体与基岩分隔开来，以防止接触冲刷，心墙顶部与坝顶防浪墙紧密结合。深厚覆盖层段需清除表层低液限粉土并清除其下部0.5 m厚的砂砾石层，以此作为建基面，心墙防渗体与建基面之间设2 m厚的反滤层。深厚覆盖层段防渗墙顶部插入心墙防渗体高度为1/10坝高，伸入心墙部位的混凝土防渗墙周围设高塑性土区，高塑性土区宽4 m，顶部高程高于防渗墙顶2 m。大坝为2级建筑物，设计地震烈度为Ⅷ度，需要选择较高的填筑标准以达到降低渗透系数的目的，心墙土料压实度$P \geqslant 99\%$。

反滤层：黏土心墙防渗体上、下游反滤层填筑至心墙顶高程，上、下游反滤层水平宽度均为3.0 m，自高程1 393.96 m以上反滤层逐渐减薄至1.5 m，1 398.2 m高程处上、下游反滤层水平宽度为1.5 m。反滤层填筑坡度1∶0.25。反滤料是由C2料场天然砂砾料破碎制备，最大粒径为20 mm，小于0.075 mm的含量不大于5%。相对密度$D_r \geqslant 0.85$。

坝壳砂砾料：坝址区砂砾料储量丰富，质量基本满足填筑要求，填筑相对密度$D_r \geqslant 0.85$。

下游排水料区：考虑坝壳料的不均匀性，为了加强下游坝体的排水，在1330 m高程以下设置下游排水料区，砂砾料平均渗透系数为1.7×10^{-2} cm/s。同时在坝体下游坡脚设置棱体排水，棱体排水与排水料区之间设两层反滤，第一层反滤料厚0.5 m，粒径d=1～20 mm，第二层反滤料厚0.5 m，粒径d=15～100 mm；排水棱体卵石粒径d=150～300 mm。

2. 坝基处理

（1）心墙基础处理

左岸、河床段和右岸：心墙基础坐落在基岩强风化层底部或弱风化基岩上。

左岸阶地段：阶面高程1 332.92～1 372.0 m，因此完全清除表层低液限粉土及粉土质砂，卵石混合土深厚覆盖层表层0.3～0.5 m，进行碾压后可做为心墙基础。

心墙基础基岩开挖边坡为1∶0.5，砂砾石覆盖层开挖边坡为1∶1.0，低液限粉土开挖边坡1∶1.5。

（2）坝壳基础处理

左岸和右岸：基岩裸露，仅清除表层松散岩体厚0.5 m作为建基面。

河床段：清除表层1 m厚砂砾石，进行碾压后作为坝壳建基面。

左岸阶地段：深厚覆盖层中砂卵砾石层的各项试验指标均满足坝体填筑材料质量指标，坝壳基础完全清除表层低液限粉土及粉土质砂，卵石混合土深厚覆盖层清除0.3～0.5 m，进行碾压后为坝壳基础。

坝壳基础岩石开挖边坡为1∶0.5，砂砾石覆盖层开挖边坡为1∶1，低液限粉土开挖边坡1∶1.5。

（3）坝体基础防渗设计

固结灌浆：左岸、河床段和右岸心墙基础座落在强风化下限，在心墙底部浇筑0.5 m厚的混凝土盖板，并对心墙进行固结灌浆，心墙轴线上、下游各两排，深5 m，排距3 m，孔距3 m；岸阶地段深厚砂砾石覆盖层段心墙基础不进行固结灌浆，心墙底部做2 m厚的反滤层。

帷幕灌浆：左岸设双排帷幕灌浆，排距3 m，孔距2 m，孔深46～72.9 m；左岸阶地段帷幕灌浆位于混凝土防渗墙下，单排帷幕灌浆，孔距2 m，孔深16～48 m；河床段和右岸设双排帷幕灌浆，排距3 m，孔距2 m，孔深14～40 m。

混凝土防渗墙：左岸阶地段心墙基础的垂直防渗采用混凝土防渗墙，顶部插入心墙防渗体高度为1/10坝高，防渗墙底部伸入基岩0.5 m，厚0.8 m，深5～41 m；左、右岸坝肩在坝顶高程处进行帷幕灌浆，两坝肩设灌浆平洞。左坝肩灌浆平洞的长度取最大坝高的1/2，为42 m。右岸灌浆平洞长度按$q \leqslant 5\text{Lu}$作为控制标准，为32 m，设置单排帷幕灌浆，孔距2 m，孔深60～72 m和15～43 m。

3.4.3.2 溢洪洞

溢洪洞布置于右坝肩导流兼泄洪冲沙洞的右侧，堰顶高程1 391 m，设计泄量181.9 m^3/s，校核泄量282.25 m^3/s。进口采用开敞式进口，洪洞由引渠段、控制段、隧洞段、泄槽段、挑流消能段组成。

引水渠段长度为10.16 m，底板高程1 388 m，梯形断面，底宽8 m。控制段长20.69 m，采用WES堰，堰顶高程1 391 m，堰高3 m，净宽8 m，控制平台顶高程1 400.30 m，孔口泄流采用弧形钢闸门控制。隧洞段长444.57 m，由斜坡段、反弧段、渐变段、洞身段组成；其中斜坡段长5.77 m，坡度1∶2.0，断面型式尺寸由8 m×7 m（宽×高）矩形渐变为断面型式尺寸8 m×7 m（宽×高）城门洞形，直墙高4.69 m，拱顶中心角为120°，半径4.62 m；反弧段长12.82 m，半径R=30 m、角度25.42°，断面型式为8 m×7 m（宽×高）城门洞形；渐变段长20 m，纵坡i=0.02，断面尺寸由8 m×7 m（宽×高）渐变为6 m×7 m（宽×高）；洞身段长405.99 m，纵坡i=0.02，断面型式为6 m×7 m城门洞形。泄槽段长79.62 m，由抛物线段和陡槽段组成。其中抛物线段长17 m，陡槽段长62.623 m，纵坡i=0.5，挑流鼻坎长18.5 m，宽6 m，挑角30°，为整体式结构，底板最小厚度为2.5 m。

3.4.3.3 导流兼泄洪冲沙洞

导流兼泄洪冲沙洞为一条多功能隧洞，前期承担施工导流的任务，后期（承担泄洪冲沙的任务）作为导流兼泄洪冲沙洞，布置在河床右岸。导流兼泄洪冲沙洞校核泄量274.5 m^3/s。由进口段、闸井段、洞身段、出口消能段组成，全长691.47 m，为无压隧洞。

进口段由进口引渠和进口隧洞段组成，引渠段长76.47 m，断面型式为矩形，引渠段底板宽4 m。进口隧洞段为有压隧洞段，长120 m，纵坡i=0.02，断面型式由4.0 m×5.5 m（宽×高）的城门洞形渐变为4 m×5 m（宽×高）矩形。闸井段采用竖井式进水口，长25 m，向宽8 m。设一扇平板事故检修门，孔口尺寸4 m×5 m（宽×高）；一扇弧形工作门，孔口尺寸3 m×4 m（宽×高），进口底板高程1335 m。洞身段为无压隧洞段，长350 m，纵坡i=0.02，断面型式为城门洞形，由4.0 m×5.5 m（宽×高）的矩形渐变为4 m×5 m（宽×高）城门洞形。出口消能段包括泄槽段、扩散段、消力池段。其中泄槽段长10 m，纵坡i=0.02；扩散段长45 m，纵坡i=0.33，断面形式为矩形；消力池长50 m，纵坡i=0，断面形式为矩形，底宽8 m，高7 m，消力池后接15 m扭面连接后部退水建筑物。

3.4.3.4 引水洞

引水洞布置在右岸，进口段采用隧洞方式与闸井相接，设计引水流量为14 m^3/s。由进口隧洞段、事故闸井段、有压洞身段、工作闸井段、出口消力池及退水渠组成。全长850 m，其中进口隧洞段长70 m，有压洞身段长780 m。在主洞桩号0+475处设置支洞，总长56.m。

进口隧洞段长70 m，纵坡i=0.01，断面型式为2.5 m×3.0 m（宽×高）城门洞型。闸井段采用竖井式进水口，长10 m、宽8 m。设一扇平板事故检修门，孔口尺寸2.5 m×2.5 m（宽×高），进口底板高程1 348 m。洞身段为洞径2 m有压圆洞，全长780 m，纵坡i=0.01。工作闸井段长10 m，闸室底板高程1 318 m，为整体式矩形槽结构形式，设置弧形工作门一道，孔口尺寸2 m×2 m。出口消能段包括渐变段、泄槽段、消力池段和退水渠。其中渐变段长10 m，纵坡i=0；明槽段长35 m，由渥奇曲线和陡坡组成；消力池长30 m，纵坡i=0，断面形式为矩形，退水渠长20 m，梯形渠道，内边坡1:2。在主洞桩号0+475 m处设置支洞，支洞总长56 m，洞身段长30 m，由20 m长洞身、6 m长渐变段和4 m长钢衬段组成，外接闸阀室。

3.5 生态流量与泄放措施

3.5.1 初期蓄水生态基流保证措施

楼庄子水库初期蓄水自施工期第三年9月至第五年8月，蓄水初始水位为1 335 m（泄洪冲沙兼导流洞底板高程），约24个月可蓄至正常蓄水位1 394.5 m，初期蓄水期利用泄洪冲沙兼导流洞向下游供水，4—9月下泄流量在2.58～10.12 m^3/s之间，10月—次年3月在0.94～1.64 m^3/s之间，满足各时段生态基流下泄要求。

3.5.2 运行期生态基流保证措施

工程主体设计考虑利用引水洞及泄洪冲沙兼导流洞下泄生态基流。丰水期生态基流、下游用水及多余水量通过泄洪冲沙兼导流洞下泄，其余时段利用引水洞泄放生态基流和下游用水。坝址断面多水期最小下泄流量1.48 m^3/s，满足4～9月多年平均流量的20%（1.48 m^3/s）；少水期坝址断面最小下泄流量0.74 m^3/s，满足10月—次年3月多年平均流量的10%（0.74 m^3/s）的生态基流要求。

3.5.3 工程下游河谷林草生态用水复核

根据坝址下游河段内河谷林草生态需水量计算，工程下游河谷林草年需水总量约45.7万 m^3。根据工程供水成果，楼庄子水库建设后，河谷林草所在区域河道过水量1.4亿 m^3，可满足河谷林草需水。

3.6 施工导流与工期

3.6.1 施工导流

3.6.1.1 导流及度汛标准

本工程导流建筑物等级为4级，施工导流洪水标准为20年一遇，度汛洪水标准为50年一遇。初期、中期导流标准P=5%，相应洪峰流量236 m^3/s，后期导流标准P=5%，相应洪峰流量330 m^3/s。

3.6.1.2 导流程序及特性

根据施工总进度安排，本工程施工总工期为46个月，考虑坝体填筑强度和拦洪度汛等因素，将坝体施工导流程序划分如下：

初期导流：第一年4月初—第二年8月底，原河床过流，根据导流标准P=5%、洪峰流量236 m^3/s，河床水位为1 323.16 m，初期施工左岸岸坡无需布置挡水建筑物。此时段右岸完成导流兼泄洪冲沙洞，同时施工左岸坝肩处理及坝体0+370桩号左侧基础防渗，坝体填筑至1 355 m高程，最大填筑高度30 m。

中期导流：第二年9月初—第四年5月底。第二年9月初河道截流由导流洞过流，第二年10月初—第三年4月底施工上、下游围堰及右岸坝肩处理。第三年5月～8月底由上、下游围堰挡水，施工坝体桩号0+370～0+570 m段，坝体填筑至1 349 m，最大填筑高度32 m。第三年9月—第四年5月底坝体全断面施工至1 378 m高程，填筑高度29 m。

后期导流：第四年6月初进入工程汛期，大坝填筑超过围堰堰顶高程，汛期由未完成的坝体挡水。第四年9月底坝体填筑至坝顶高程。

3.6.1.3 导流建筑物

本工程导流建筑物由导流兼泄洪洞及上、下游围堰组成。施工期利用泄洪冲沙洞作为导流洞，围堰与坝体结合布置，轴线与大坝轴线平行，上游围堰设计为土工膜斜墙砂砾石围堰，堰顶宽10 m，堰顶高程为1 349.50 m，最大堰高为23 m。下游围堰采用坝基开挖土料填筑，堰顶高程为1 324 m，最大堰高4 m，堰顶宽度8 m。

3.6.1.4 截流

根据施工进度安排，计划第二年9月上旬工程截流，截流流量选择P=10%的9月上旬旬平均流量18 m^3/s，采用从左岸向右岸进占的单戗立堵法。

3.6.2 施工总进度

本工程关键线路是黏土心墙坝施工，第一年3月工程开工，第二年8月完成左岸（桩号0+000～0+370 m）1 355 m高程坝体填筑，9月初工程截流至第三年8月底完成右岸部分坝体填筑至1 349.50 m高程，第三年9月至第四年5月底坝体全断面填筑至1 378 m高程，第四年8月底填筑至坝顶高程1 398.2 m，第四年9月工程下闸蓄水，第四年12月底工程完工。初拟总工期为46个月，其中施工准备期18个月，主体工程施工期25个月，完建期3个月。

3.7 工程特点与建议

（1）坝址区河床高程1 324～1 335 m，河谷为不对称“U”型谷，河床宽100 m左右，靠近右岸。左岸发育一宽浅式古河槽，宽约300 m，基岩面比现代河床基岩面深约11～12 m。表层低液限粉土及粉土质砂厚度4～20 m，下部砂卵砾石最大厚度30 m。靠近河流一侧岸坡较陡山体边坡陡峻。河道右岸为基岩山体，山势较陡，基岩裸露，岩体完整性较好。下伏基岩石呈巨厚层状、碎裂结构，基岩岩性属软岩，变形较大，饱和抗压强度R_b＜30 MPa。同时大坝地震基本烈度为Ⅷ度。且坝址附近黏土料分布广泛。综合考虑选择地形地质适应能力强、抗震性能好的黏土心墙砂砾石坝。

（2）坝址河床左岸阶表层低液限粉土及粉土质砂厚度4～20 m，下部砂卵砾石最大厚度30 m。该段砂砾石层表层平均相对密度0.7，故保留下部砂砾石层，进行碾压后可做为大坝基础。这样不仅避免了大规模的坝基覆盖层开挖，减少了坝体填筑工程量，降低了工程投资。

（3）枢纽布置上，泄洪及引水建筑物均在右岸，建筑物布置相对集中，运行灵活，后期管理方便。

（4）坝址河床左岸发育一宽浅式古河槽。覆盖层较厚，综合考虑对该段采用混凝土防渗墙方案进行垂直防渗处理，同时设计将防渗墙顶部深入心墙防渗体，且在深入心墙部位的混凝土防渗墙周围设高塑性土区，从而形成完整的防渗体系。

附表　楼庄子水库工程特性表

名　称	数　量	名　称	数　量
一、水文		1.挡水建筑物形式（坝型）	黏土心墙坝
坝址以上流域面积	1 174 km^2	地震基本烈度/设防烈度	Ⅷ度/8度
利用水文系列年限	59年	最大坝高	82.6 m
多年平均年径流量	2.293亿m^3	坝顶高程/顶部长度	1 400.3 m/570.31 m
多年平均流量	7.27 m^3/s	2.泄水建筑物	
设计洪水标准及流量（P=1%）	405 m^3/s	2.1溢洪洞	
校核洪水标准及流量（P=0.05%）	750 m^3/s	溢流堰净宽尺寸	8 m
施工导流标准及流量（P=5%）	236 m^3/s	堰顶高程	1 391.00 m
二、工程特征水位及工程规模		最大泄量	282.25 m^3/s
1.水库水位		消能方式	挑流消能
正常蓄水位	1 394.50 m	2.2导流兼泄洪冲沙洞	
设计洪水位	1 397.43 m	进口底板高程	1 335 m
校核洪水位	1 397.63 m	最大泄量	274.5 m^3/s
死水位	1 353.30 m	消能方式	底流消能
2.水库容积		3.放水洞	
水库总库容	7 374万m^3	进口底板高程	1 348 m
兴利库容	5 943万m^3	设计引水流量	14 m^3/s
调洪库容	840万m^3	五、施工	
死库容	591万m^3	明挖土石方	104.03万m^3
三、工程效益指标		石方洞挖	22.99万m^3
控制灌溉面积	25.26万亩	填筑料	464.94万m^3
工业供水量	10570万m^3	黏土料填筑	70.45万m^3
四、主要建筑物		六、总投资	129 526.88万元

第四章 于田县吉音水库工程

4.1 工程概况

吉音水利枢纽工程位于新疆和田地区于田县境内的克里雅河干流吾格也克河上，工程区距于田县城约120 km，距和田市323 km，距乌鲁木齐1 418 km。是克里雅河流域开发的控制性工程，是一项以灌溉、防洪为主，兼顾发电的综合性水利工程。总库容8 200万m^3，电站装机24 MW，为Ⅱ等工程，拦河坝、表孔溢洪洞、底孔泄洪、冲沙、放空洞、发电引水洞进口为2级，发电引水洞、发电厂房、尾水渠为3级，临时性建筑物为4级。工程建成后，可满足克里雅河灌区灌溉面积70.73万亩的用水要求，将下游防洪堤防洪标准由3年一遇提高到20年一遇。坝址拦河坝抗震设防类别为乙类，其余建筑物抗震设防类别为丙类，工程施工工期46个月，工程总投资11.40亿元。

4.2 水文

克里雅河发源于昆仑山北麓的克里雅山口，流域内有海拔6 962 m的琼木孜塔格峰，河流大体的流向为自南向北，先由发源地向东北方向行进，行进约100 km后转向西北，再经约100 km转向北，经于田县后进入塔克拉玛干大沙漠南缘，最终消失于浩瀚的沙漠中。坝址以上控制流域面积6 375 km^2，坝址的多年平均流量19.52 m^3/s，多年平均径流量6.16×10^8 m^3。拦河大坝设计洪水标准为100年一遇，洪峰流量为927 m^3/s，校核洪水标准2 000年一遇，洪峰流量为1 497 m^3/s。消能防冲建筑物洪水标准为50年一遇，洪峰流量为801.3 m^3/s。

根据努努买买提兰干水文站和于田气象站气象资料统计：多年平均气温9.6℃，极端最高气温43.0℃，极端最低气温-26.3℃；多年平均降水量123.3 mm，多年平均蒸发量(ϕ20 cm)为1 847 mm；多年平均风速1.5 m/s，最大风速16.0 m/s，相应风向为W；历年最大冻土深度87 cm。

坝址多年平均输沙率为84.97 kg/s，多年平均悬移质输沙量268×10^4 t，推移质年输沙量为42.5×10^4 t，年输沙总量为310.5×10^4 t。

4.3 工程地质

工程区从大的地貌特征上可划分为南北两个地貌单元：以克里雅河出山口为界，以北为冲洪积倾斜台地，南部为中高山区。测区总体地势为南高北低，西高东低，海拔高程为2 000～6 500 m。近场区内的主要河流是克里雅河，该河在山区内由吾格也克河、乌什开布隆达里亚河及库拉普河三条支流汇合而成。库区为大范围的风积粉土覆盖，仅现代河床两岸及近坝库岸有基岩出露。地层岩性主要有中元古界、元古界第二期侵入岩（β）及第四系（Q）。

工程区在大地构造上位于三级构造单元——塔里木中间地块中于田坳陷（新构造单元）的南缘，其南部新构造单元为北昆仑山强烈隆起区，两构造单元之间以柯岗断裂为界。区内新构造活动强烈，断裂发育，与山体走向一致，大都呈近NEE向延伸。

近场区内出露的断裂以NE走向为主，分别为柯岗断裂、普鲁断裂和吾格也克河断裂。其中规模较大的区域性活动断裂为柯岗断裂，普鲁断裂和吾格也克河推测断裂为柯岗断裂的分支断裂，也是距离场区较近，对场地影响较大的断层。工程场地50年超越概率10%基岩水平向地震加速度值0.153 4 g，坝址地表地震动峰值加速度为0.237 g，坝址地震基本烈度为Ⅷ度。

水库周边地形封闭条件好，分水岭雄厚，无水库永久渗漏问题；库区两岸边坡较缓，库岸无大的边坡稳定问题，但库岸分布的粉土层，蓄水后存在库岸再造，对建筑物安全无影响，但增加了水库淤积。水库区人烟稀少，无大的水库淹没及浸没问题。

根据库坝区的岩性、断裂构造、地震活动、构造应力、水文地质结构面与库水连通情况及岩溶发育情况等综合分析得出，吉音水库蓄水后诱发水库地震的可能性不大，即使发生水库诱发地震，其烈度远低于本工程的基本烈度。

坝址左岸Ⅲ级阶地分布有宽100～150 m、深30～40 m的古河槽，可作为土石坝基，但需防渗处理。古河槽下部分布有F_{13}断层，断层带渗透变形属管涌型，建议允许渗透比降0.15，对断层带须加强处理措施，处理深度应满足渗透稳定要求。右岸趾板上部存在BT6～BT7等潜在不稳定体，需处理。左岸阶地上部分布厚8～29 m的风积粉土，需清理。坝基强风化层3～5 m，弱风化层10～15 m，岩体透水率≤3Lu界线埋深在基岩以下15～25 m。

4.4 工程布置及主要建筑物

4.4.1 坝型选择

由于坝址左岸为深厚覆盖层阶地，并且有古河槽，地质条件较为复杂，且河床段较为狭窄（宽20～40 m），河床两岸为高陡的基岩坎（高差达50～60 m），枢纽布置如采用混凝土坝，工程投资较大，因此本工程选择当地材料坝进行比较。根据地质报告，T1土料场为低液限粉土，其黏粒含量偏低（黏粒含量5%），塑性指数略偏低（Ip=9.4～9.7），有机质含量偏高（2.8%～4.0%），土料不宜作为黏土心墙防渗体料，因此本工程土石坝坝型比选采用混凝土面板堆石坝和沥青混凝土心墙坝两种坝型。混凝土面板堆石坝横断面型式见图1，沥青混凝土心墙坝横断面型式见图2。

从坝址区地形、地质条件来看，混凝土面板堆石坝、碾压沥青混凝土心墙坝对该地形地质均适合，不存在制约条件。从坝型对气候条件的适应性分析，在施工期沥青心墙坝受寒冷气候的影响较大；运行期沥青混凝土心墙坝受气候的影响较小。从工程布置条件来看，混凝土面板堆石坝和沥青混凝土心墙坝枢纽布置较为接近，只是泄洪建筑的布置和电站厂房布置形式有所区别。由于沥青混凝土心墙坝枢纽布置方案拦河坝上游坝坡较缓，联合进水口位置较面板坝方案前移42 m，底孔泄洪、冲沙、放空洞、发电引水洞洞线加长，并且联合进水口距离TH2滑坡体为78 m（面板坝方案为120 m），进口易受TH2滑坡体的影响，混凝土面板堆石坝方案优于沥青混凝土心墙坝方案。从坝基处理方面分析，沥青混凝土心墙坝心墙下的地基处理及铺盖灌浆工作在坝体填筑前应全部完成，由于处理和灌浆工作常常在关键路线上，将会延长工期以及其他技术问题；面板坝地基处理范围集中在趾板以下，面积较小，并且施工与坝体填筑干扰少。从地基处理的难易程度和对其他施工项目的影响上看，混凝土面板坝有一定的优势。从建筑材料和坝料的制备上看，混凝土面板坝要优于沥青混凝土心墙坝坝型。从工程施工方面分析，沥青混凝土心墙坝施工道路布置相对简单，施工度汛优于混凝土面板坝，混凝土面板堆石坝施工受气象因素影响较小，坝料运输条件及施工进度优于沥青混凝土心墙坝方案，混凝土面板坝施工条件优于沥青心墙坝；从运行管理的方便性、灵活性和运行成本等方面考虑，面板堆石坝方案优于沥青心墙坝方案。从工程总投资上看，混凝土面板坝投资要比沥青混凝土心墙坝投资少0.88亿元。

综合以上分析，从技术、经济综合比较结果看，混凝土面板堆石坝具有技术可靠、施工简单、投资相对较少等优点，本阶段确定混凝土面板堆石坝作为推荐坝型。坝型比选见表1。

表1 吉音水库不同坝型综合比较表

项　目		混凝土面板堆石坝	沥青混凝土心墙坝
地形地质条件		坝址处河谷“V”形，左岸坝肩地势较为平坦，为Ⅲ级阶地。右岸山体雄厚，山体陡峭，大部分基岩裸露。右岸趾板边坡开挖量较大	坝址处河谷“V”形，左岸坝肩地势较为平坦，为Ⅲ级阶地。右岸山体雄厚，山体陡峭，大部分基岩裸露。右岸坝肩开挖量较小
枢纽布置		利用坝下游河道向右转弯的地形，在右岸从岸边到岸里依次布置表孔溢洪洞（导流洞改建，竖井水平旋流消能形式）、底孔泄洪、冲沙、放空洞、发电引水洞和地面电站厂房	同混凝土面板堆石坝
坝基处理		面板坝地基处理范围集中在趾板以下，面积较小，并且施工与坝体填筑干扰少。从地基处理的难易程度和对其他施工项目的影响上看，混凝土面板坝有一定的优势	沥青混凝土心墙坝心墙下的地基处理及铺盖灌浆工作在坝体填筑前应全部完成。由于处理和灌浆工作常常在关键路线上，将会延长工期以及其他技术问题
抗震性能		渗透稳定性好，安全可靠，抗震性能较好	同混凝土面板堆石坝
工程施工	施工道路布置	由于混凝土面板坝两岸趾板斜穿两岸高陡边坡，趾板基础开挖和混凝土浇筑等施工道路布置较为困难	只是进行心墙基础处理，施工道路布置相对简单
	气候条件对施工的影响	混凝土面板坝全年均可进行坝壳填筑，根据施工安排可将混凝土面板的施工期安排在适宜混凝土施工的时间段，不影响大坝的填筑施工	由于心墙的施工与坝壳的填筑是同时进行的，而心墙在每年11月中旬至次年3月中旬因气温较低不能施工，因此坝体填筑的有效施工期仅为8个月
	施工导流	导流围堰不与坝体结合，导流洞较长	导流围堰与坝体结合，导流洞较长
	坝料运输条件	趾板位于坝壳上游，坝料从下游运输，不需要跨越趾板，运输环节较少，运输强度及运输量较低	沥青心墙坝心墙上游坝料需跨越心墙，运输环节较多，运输强度及运输量较高
工程量		混凝土面板坝上、下游坝坡较陡，坝体填筑量较小	沥青混凝土心墙坝上、下游坝坡较缓，坝体填筑量较大
工程投资		11.40	12.74

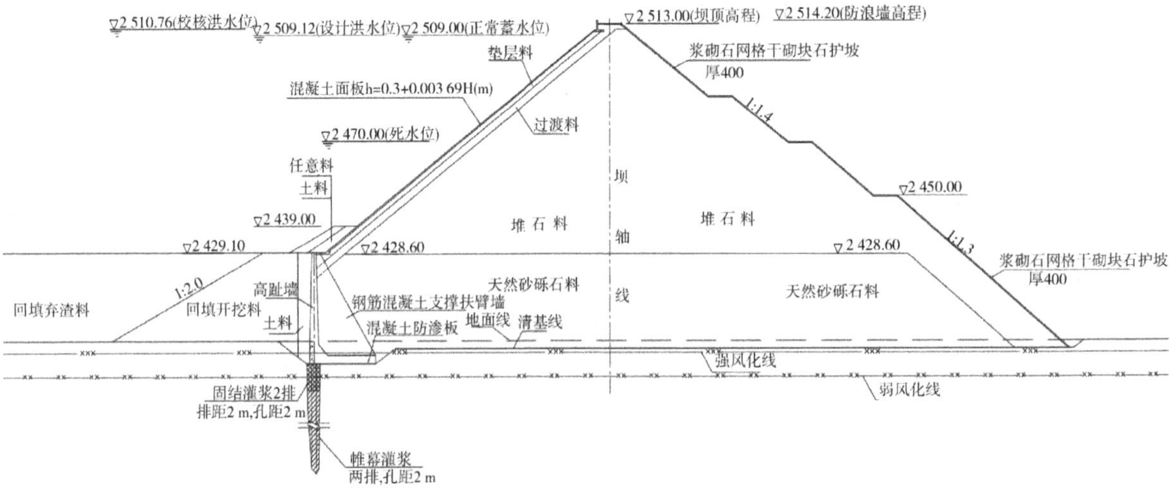

图1 混凝土面板坝横断面型式（推荐坝型）

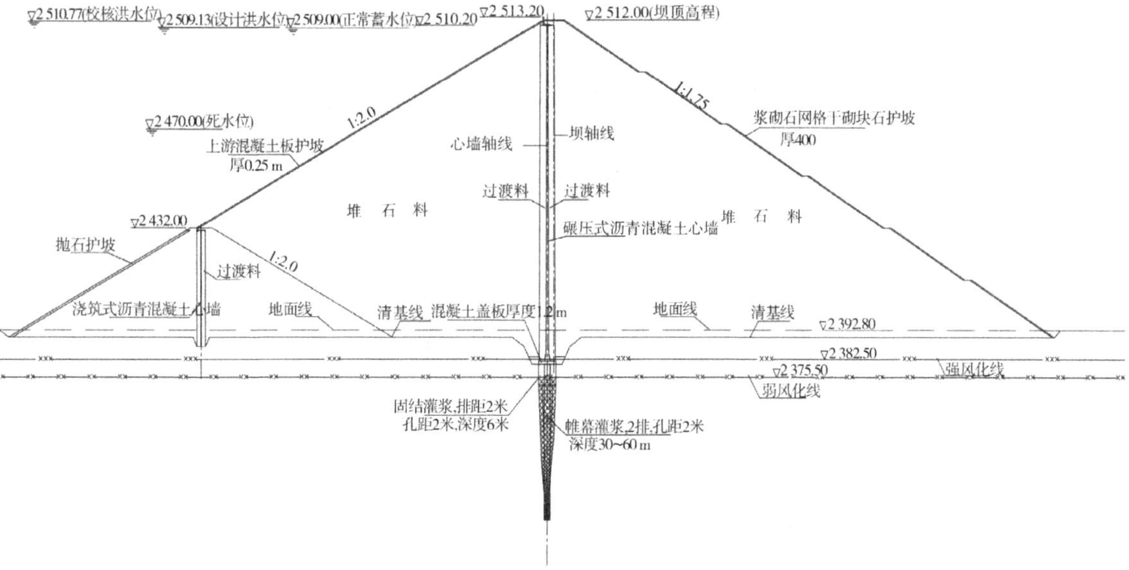

图2　沥青混凝土心墙坝横断面型式（比选坝型）

4.4.2　工程布置方案比选

4.4.2.1　工程布置方案拟定

从坝址工程区地形地质条件来看，坝址区左、右岸地形不对称，左岸为深覆盖的阶地，表层为10～30 m厚的第四系风积、洪积土层，并且有古河槽，地质地形条件较为复杂，布置泄洪建筑物和发电引水洞较为困难，而右岸山体陡峭，岩石裸露，地形地质条件较好，因此泄洪建筑物和发电引水洞只能布置在右岸。考虑挡水建筑物相同，枢纽布置方案主要是泄洪建筑物和发电引水洞的布置，根据右岸的地形地质条件，并靠虑TH2滑坡体处理问题，本阶段拟定三种布置方案。

1. 方案一

采用表孔溢洪洞单独布置，底孔泄洪、冲沙、放空洞与导流洞结合（龙抬头形式）的布置方案。发电引水洞与底孔泄洪、冲沙、放空洞依次布置在河道的右岸，联合进水口布置在TH2滑坡体下游。

（1）表孔溢洪洞

布置在右岸，紧邻右坝肩，进口采用WES堰，堰顶高程2 500.5 m，堰高4 m、宽10 m，由引渠段、控制段、洞身段、挑流鼻坎段、护坦段组成。控制段设平板检修闸门及弧形工作闸门各一道，洞身段纵坡1/10～1/2，溢洪洞总长545.9 m，设计泄量505 m^3/s，校核泄量655 m^3/s。

（2）底孔泄洪、冲沙、放空洞

布置在右岸TH2滑坡体的下游，采用“龙抬头”的型式与导流洞结合，设计洪水工况泄量342 m^3/s，校核洪水工况泄量347 m^3/s，由引渠段、闸井段、洞身段（渥奇段、反弧段、渐变段、结合段）、挑流鼻坎段组成。引渠段长85.8 m，断面型式为矩形，底宽8 m，纵坡i=0；闸井段长度28.3 m，闸井底板高程为2 450 m，底板厚3 m，闸顶平台高程2 513 m，闸井高66 m；事故门孔口尺寸3.5 m×6.0 m，为平板门；工作门孔口尺寸3.5 m×4.0 m，为弧形钢闸门；洞身段（非结合段）长176.7 m，洞身段（结合段）长579.2 m，纵坡i=1∶151.52；无压洞出口接挑流鼻坎，将洪水投入原河道。

（3）发电引水系统

发电引水系统布置在底孔泄洪、冲沙、放空洞右岸，进口底板高程2 460 m，发电洞总长520.76 m，其中发电洞钢筋混凝土砌护段长268.37 m，洞径3.4 m，钢管砌护段长252.39 m，洞径3.3 m，采用卜型贴边岔管，将1根主管分为3根支管接入主厂房内，其后接地面发电厂房。

（4）厂房及开关站

厂房位于坝轴线下游约350 m河道内，TH1滑坡体上游，未扰动右岸山体及TH1滑坡体。主厂房纵轴与河床平行布置，尾水采取侧槽出流，减少开挖量。经尾水反坡直接投入原河床。电站总装机24 MW，布置3台8 MW水轮发电机组。厂区主要建筑物由主机间、安装间、副厂房、主变场、开关站、尾水建筑物等组成。

2. 方案二

方案采用表孔溢洪洞与导流洞结合的布置方案，表孔溢洪洞布置在右岸，其轴线与导流洞的轴线一致，采用“竖井”与导流洞结合（水平涡旋流消能形式），发电引水洞与底孔泄洪、冲沙、放空洞（无压洞）依次布置在河道的右岸，联合进水口布置TH2滑坡体下游。

（1）表孔溢洪洞

布置在右岸，由导流洞改建而成，其轴线与导流洞的轴线一致，采用竖井与导流洞结合。表孔溢洪洞主要采用竖井水平旋流洞内消能的消能方式（水流经竖井进入泄洪洞绕洞轴旋转下泄，简称“水平旋流”）。进口采用WES堰，堰顶高程2 500.5 m，堰高4 m、宽10 m，由引渠段、控制段、竖井及起旋洞段、旋流洞及水垫塘段、退水洞段、挑流鼻坎段、护坦段组成，溢洪洞总长646.1 m，设计泄量505 m^3/s，校核泄量655 m^3/s。

（2）底孔泄洪、冲沙、放空洞

布置在右岸TH2滑坡体的下游，由引渠段、闸井段、洞身段、挑流鼻坎段组成。引渠段长85.8 m，断面型式为矩形，底宽8.5 m，纵坡i=0；闸井段长度28.3 m，闸井底板高程为2 450 m，为有压短管，其后接无压洞，闸室底板厚3 m，闸顶平台高程2 513 m，闸井高66 m；事故门孔口尺寸3.5 m×6.0 m，为平板门；工作门孔口尺寸3.5 m×4.0 m，为弧形钢闸门；洞身段长769.9 m，纵坡i=1∶11.8；无压洞出口直接接挑流鼻坎，将洪水投入原河道。

（3）发电引水系统

发电引水系统布置同方案一。

（4）厂房及开关站

厂房及开关站布置同方案一。

3. 方案三

本方案采用表孔溢洪洞与导流洞结合的布置方案，表孔溢洪洞布置在右岸，其轴线与导流洞的轴线一致，采用“竖井”与导流洞结合（水平涡旋流消能形式）。底孔泄洪、冲沙、放空洞（有压洞+无压洞）、发电引水洞依次布置在表孔溢洪洞的右岸，联合进水口布置在TH2滑坡体下游。

（1）表孔溢洪洞

布置在右岸，由导流洞改建而成，其轴线与导流洞的轴线一致，采用竖井与导流洞结合。表孔溢洪洞主要采用竖井水平旋流洞内消能的消能方式（水流经竖井进入泄洪洞绕洞轴旋转下泄，简称“水平旋流”）。进口采用WES堰，堰顶高程2 500.5 m，堰高4.0 m，堰宽10 m，由引渠段、控制段、竖井及起旋洞段、旋流洞及水垫塘段、退水洞段、挑流鼻坎段、护坦段组成，溢洪洞总长844.1 m，设计泄量505 m^3/s，校核泄量655 m^3/s。

（2）底孔泄洪、冲沙、放空洞

底孔泄洪、冲沙、放空洞布置在右岸TH2滑坡体的上游，采用有压泄流方式，设计洪水工况泄量342 m^3/s，校核洪水工况泄量347 m^3/s，由引渠段、事故门闸井段、有压洞身段、工作门闸室段、无压洞身段、挑流鼻坎段及护坦段组成。引渠段长67.9 m，断面型式为矩形，底宽9.5 m，纵坡i=0；进口事故闸井底板高程为2 450 m，闸井平台高程2 513 m，闸井高66 m，孔口尺寸4.5 m×5.5 m，为平板门；有压洞身段长154 m，纵坡i=1∶10.3；工作闸室底板高程2 435 m，工作门孔口尺寸3.5 m×4 m，采用弧形钢闸门；无压洞身段长428.5 m，纵坡i=1∶9.1，无压洞出口直接接挑流鼻坎，采用斜鼻坎型式。

（3）发电引水系统

发电引水系统布置在底孔泄洪、冲沙、放空洞右岸，进口底板高程2 460 m，发电洞总长537.4 m，其中钢筋混凝土砌护段长285.08 m，洞径3.4 m，钢管砌护段长252.32 m，洞径3.3 m，采用卜型贴边岔管，将1根主管分为3根支管接入主厂房内，其后接地面发电厂房。

（4）厂房及开关站

厂房及开关站布置同方案一。

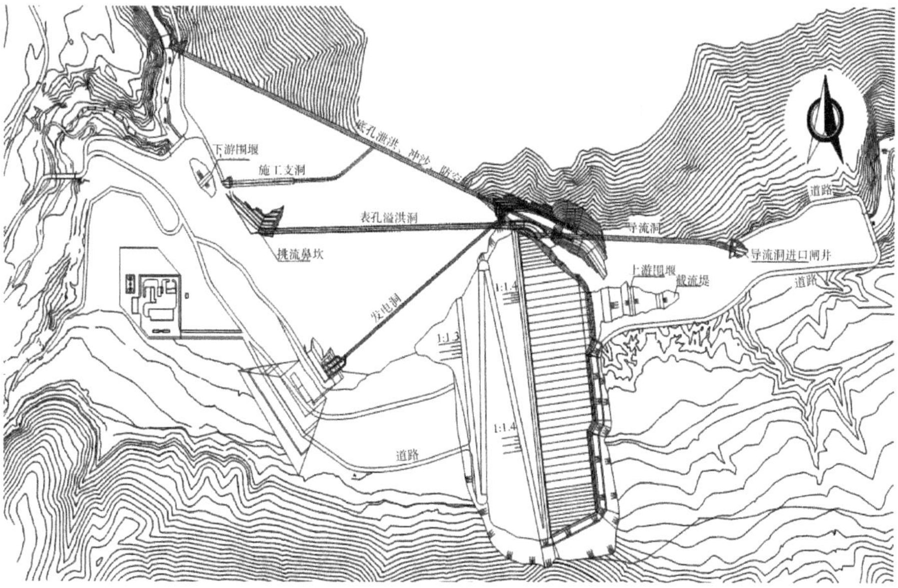

图 3　方案一平面布置图（推荐方案）

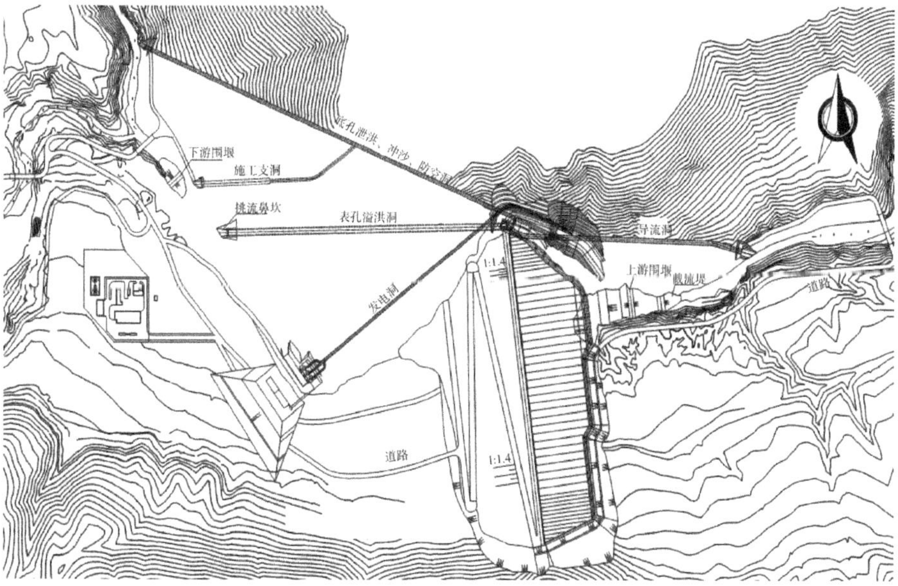

图 4　方案二平面布置图（比选方案）

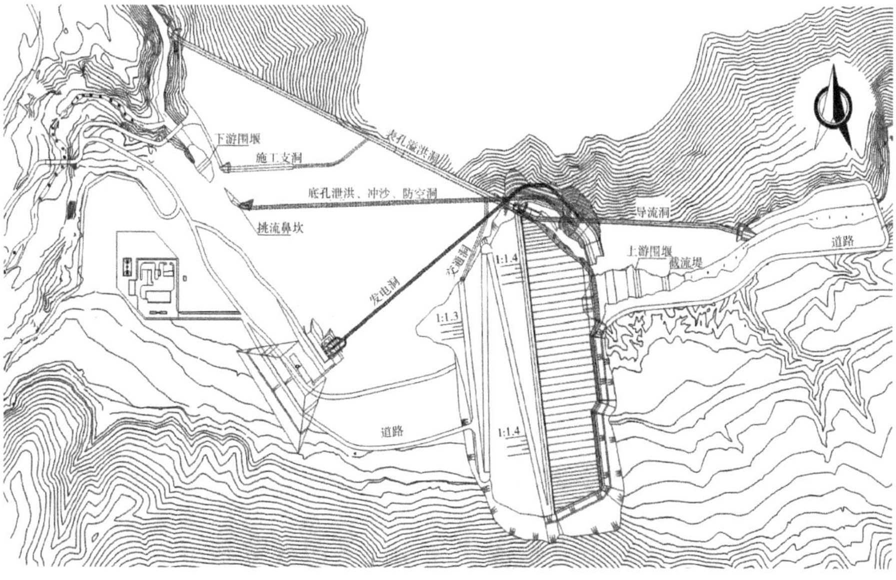

图 5　方案三平面布置图（比选方案）

4.4.2.2 工程布置方案比较

(1)地形、地质条件

从地形、地质条件来看，三个方案的引、泄洪建筑物进口均布置在大坝右岸，联合进水口均布置在TH2滑坡体的下游，而方案一和方案二(短洞)的表孔溢洪洞出口均布置在TH1滑坡体下游70 m处，而方案三表孔溢洪洞布置在两河汇合口下游160 m处。从三个方案的地形、地质条件和边坡处理工程量来看，方案一、方案二较优，方案三次之。

(2)枢纽布置

方案一中表孔溢洪洞单独布置，洞线最短，底孔泄洪、冲沙、放空洞采用龙抬头形式与导流洞结合，由于表孔溢洪洞纵坡较大，且泄量较大，出口消能布置困难，且底孔泄洪、冲沙、放空洞较长；方案二(短洞)采用表孔溢洪洞与导流洞结合，洞线较短，出口消能效果较好，但底孔泄洪、冲沙、放空洞较长；方案三(长洞)采用表孔溢洪洞与导流洞结合，洞线较长，但底孔泄洪、冲沙、放空洞较短。从枢纽布置和工程投资来看，方案一、方案二较优，方案三次之。

(3)工程施工

由于方案一采用底孔泄洪、冲沙、放空洞与导流洞结合(龙抬头)，表孔溢洪洞单独布置，因此施工难度较小，工期较短；而方案二和方案三均采用表孔溢洪洞与导流洞结合(竖井式水平涡旋流消能形式)，施工难度较大，工期较长，相较于方案二，由于泄洪洞较长，方案三施工期较长。综合以上分析，从工程施工难易程度来看，方案二和方案三较为困难，方案一相对容易。

(4)运行管理

方案一、方案二、方案三的泄洪建筑物均布置两条隧洞，方案一和方案二的联合进水布置在坝肩，底孔泄洪、冲沙、放空洞检修门和工作门共用一个闸井，运行管理较为方便；方案三的检修闸井布置在进口，工作闸室布置在洞室内，运行管理较为不便。因此从工程运行管理来看，方案一和方案二较为方便，方案三运行管理较为不便。

(5)工程量和工程投资

方案一采用表孔溢洪洞单独布置，底孔泄洪、冲沙、放空洞采用龙抬头与导流洞结合，表孔溢洪洞断面小，且洞身较短，工程投资较小；方案二(短洞)的表孔溢洪洞洞线较短(方案三底孔泄洪、冲沙、放空洞洞线)，但断面尺寸较大，因此工程投资较大；而方案三(长洞)虽然溢洪洞轴线较长，但断面较小，工程投资与方案二相差不大。因此从工程量和工程投资来看，方案一最省，方案二次之，方案三最大。

从工程总投资上看，方案一工程投资11.78亿元，方案二工程投资11.89亿元，方案三工程投资12.01亿元。方案一最省。

综合以上分析，方案一具有工程布置集中、泄洪建筑物运行管理简单、工程投资较少的优点。因此本阶段工程布置方案选定方案一：表孔溢洪洞+底孔泄洪、冲沙、放空洞(导流洞改建)的布置形式；发电引水系统单独布置；联合进水口布置在TH2滑坡体下游。

4.4.3 主要建筑物

4.4.3.1 挡水建筑物

挡水建筑物采用混凝土面板堆石坝，坝顶高程2 513 m，坝顶宽度为10 m，坝长489 m，最大坝高124.5 m，上游坝坡1:1.4，下游坝坡：高程2 450～2 478 m上坝公路以上坝坡1:1.4，高程2 450～2 478 m上坝公路以下坝坡1:1.3。在坝下游坡设10 m宽、纵坡为8%的“之”字形上坝公路，最大断面下游平均坡度约为1:1.64。坝顶上游侧设置“L”形C25钢筋混凝土防浪墙，防浪墙顶高程2 514.2 m，墙高4.5 m，墙顶高出坝面1.2 m。坝顶采用沥青混凝土路面，厚5 cm。坝顶路面向下游单向倾斜，坡度为2%。河床段标准剖面图见图6。

1. 坝体分区

坝体填筑分区从上游至下游分为上游盖重区、上游铺盖区、混凝土面板、垫层区、过渡料区、主堆石料区、次堆石料区。

(1)上游铺盖区：位于面板上游，顶高程2 439 m，顶宽5 m，上游坡度1:1.7，作为补充的防渗体和一旦发生渗漏时的封堵材料。作用是形成面板上游的防渗补强区，并与特殊垫层区一起起到淤堵开裂的周边缝，实现自愈的作用。

（2）上游盖重区：分为两部分，一部分位于防渗墙上游，作为防渗墙上游面的盖重，顶高程2 429.1 m，顶宽15 m，上游坡度1:1.5；另一部分位于上游铺盖区上游，顶高程2 439 m，顶宽5 m，上游坡度1:2.0，作用是稳定上游铺盖区边坡。利用运输和推平设备自然压实，不做专门碾压。

（3）垫层：设于面板下游，水平宽度3 m，在岸坡部位向下游酌情延伸，垫层料要求$D_{max} \leqslant 80$ mm，小于5 mm的含量为30%～50%，小于0.075 mm的含量不大于8%，渗透系数控制在10^{-3}～10^{-4} cm/s。碾压层厚0.4 m，设计孔隙率15%～20%。垫层料采用P2石料场的爆破筛分料人工掺配。

（4）特殊垫层区：为垫层特别级配小区，位于面板周边缝下游，为一0.5 m宽、0.5 m高的梯形小区，其作用是反滤周边缝渗漏水流中的上游铺盖区土料，阻塞渗漏通道。该区$d_{max} \leqslant 20$ mm，以小机械人工碾压，设计孔隙率$n = 15\%$～20%。采用P2石料场小于20 mm的爆破筛分料人工掺配。

（5）过渡料：过渡区位于垫层区与主堆石区之间，水平宽度5 m，过渡料要求$D_{max} \leqslant 300$ mm，小于5 mm含量20%～35%，小于0.075 mm含量＜5%，级配连续。过渡料采用P2石料场的爆破筛分料人工掺配。

（6）主堆石料区：是面板的主要支撑结构，为料场爆破料，爆破料来源于P2石料场开采的石料，$D_{max} \leqslant 600$ mm，要求级配连续，碾压层厚0.8 m，要求孔隙率$n \leqslant 22\%$，内摩擦角＞40°，渗透系数10^{-2}～10^{-3} cm/s。

（7）次堆石料区：位于坝体主堆石区的下游部位，该区已远离面板，因此材料蠕变特性在蓄水后所产生的变形对面板的影响较小，其主要料源为料场爆破料，坝基和其他建筑物的能够自由排水的、抗风化能力较强的开挖石碴料也可作为坝体次堆石料。填筑标准为孔隙率n=22%～25%。

2. 混凝土面板设计

混凝土面板采用C25F200W12。顶部厚度为0.3 m，底部厚度为0.6 m。面板采用单层双向钢筋。竖向配筋率为0.4%，水平向配筋率为0.4%。混凝土面板宽度：河床部位受压区面板宽12 m，岸坡部位受拉区面板宽6 m。根据面板的应力情况，设置压性缝29条，间距12 m，张性缝22条，间距6 m。

3. 接缝止水设计

周边缝设置底、顶两道止水，张性板间缝设置底、顶两道止水，压性板间缝设置一道底止水，面板和防浪墙间的水平缝设置底、顶两道止水。底止水采用铜止水，周边缝为F形，板间缝为W形。顶止水采用GB柔性填料止水，设置不锈钢盖板保护，用角钢、膨胀螺栓固定。周边缝采用沥青松木板作为填缝材料。

4. 坝基处理

河床段高趾墙基础：沿高趾墙宽度方向，趾墙上、下游侧岩石采用垂直开槽的形式开挖至坚硬岩石基础；右岸趾板基础：趾板基础置于弱风化层岩石基础上。趾板宽度方向上游岩石开挖边坡为1:0.3；左岸古河槽段趾板基础：将表面覆盖平均厚度约为20 m的风积粉土全部清除；左岸岸坡段趾板基础：趾板沿宽度方向上游岩石开挖边坡为1:0.3。填筑体地基处理：将堆石体基础范围内的风积粉土覆盖层全部清除。

面板坝在趾板范围内进行固结灌浆，灌浆深度为6～8 m。帷幕灌浆深度按透水率在3Lu线以下5 m作为控制标准。左岸古河槽段帷幕灌浆顶部与槽孔混凝土防渗墙底部相连，帷幕深度20～50 m。

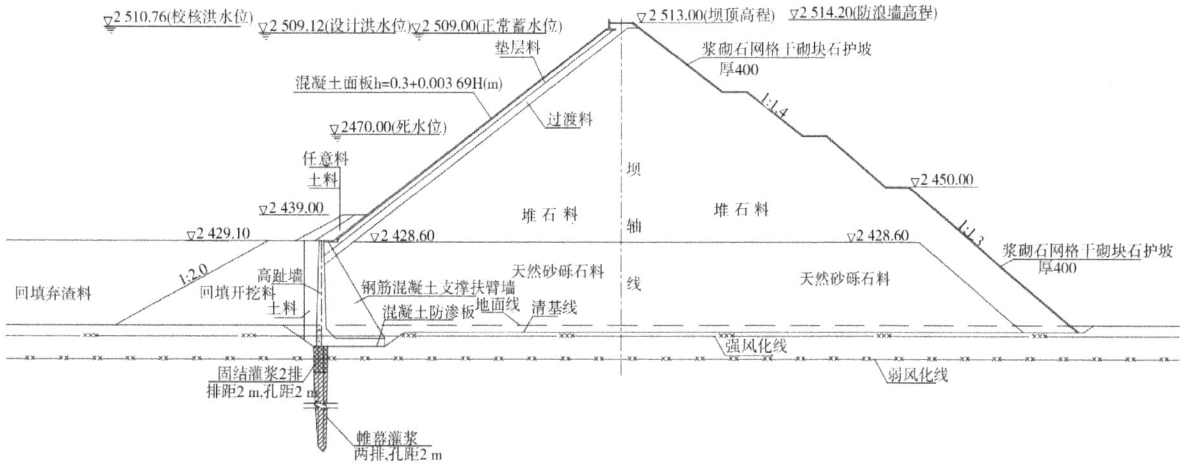

图6 吉音水库大坝河床段标准剖面图

4.4.3.2 泄水建筑物

1. 表孔溢洪洞

布置在右岸，进口堰顶高程2 500.5 m，设计洪水位2 509.12 m，设计泄量50 m^3/s，校核洪水位2 510.76 m，校核泄量655 m^3/s。由引渠段、控制段、洞身段、挑流鼻坎段和护坦段组成，总长545.9 m。

引渠段（桩号0-040～0+000）：底板高程2 496.5 m，轴线长40 m，纵坡i=0，矩形断面，底宽10～19 m，侧墙高度15.5 m。

控制段（桩号0+000～0+029）：采用WES堰，单孔，堰宽10 m，堰顶高程2 500.5 m，堰高4 m；控制段顺水流方向长29 m，侧墙顶部高程2 513 m。

洞身段（桩号0+029～0+469.369）：长449 m，断面形式为城门洞型，纵坡由1:10通过抛物线渐变为1:2。渐变段长30 m、断面尺寸由10 m×12 m（宽×高）渐变为7 m×7 m（宽×高），桩号0+058.85～0+323.77段长266 m，断面尺寸7 m×7 m（宽×高），0+323.77～373.21为抛物线段、断面尺寸7 m×7 m（宽×高），0+373.21～0+469.37段长101 m断面尺寸7 m×7 m（宽×高）。

挑流鼻坎段（桩号0+463.37～0+491.30）：长27.9 m，混凝土矩形断面。挑流鼻坎为异型斜鼻坎，水流出射方向与退水洞轴线在平面上成39°夹角。

2. 底孔泄洪、冲沙、放空洞

底孔泄洪、冲沙、放空洞采用“龙抬头”的型式与导流洞结合，设计洪水工况泄量342 m^3/s，校核洪水工况泄量347 m^3/s，由引渠段、闸井段、洞身段（渥奇段、反弧段、渐变段、结合段）、挑流鼻坎段组成，总长900 m。

引渠段（桩号0-085.8～0+000）：长85.8 m，断面型式为矩形，底宽8 m，纵坡i=0。边墙结构形式采用“L型”挡墙，边墙及底板厚度均为1 m。

闸井段（桩号0+000～0+028.3）：闸室长28.3 m，采用三面收缩的进口。检修门与工作门的孔口尺寸分别为3.5 m×6.0 m、3.5 m×4.0 m。底板高程为2450 m，底板厚3 m，闸顶平台高程2 513 m，闸井高66 m。闸井后侧及两侧采用C10混凝土回填。

洞身段（桩号0+028.3～0+784.2）：全长755.9 m，包括渐变段、渥奇段、反弧段、连接段和结合段。渐变段长15 m，断面形式由3.5 m×5.0 m（宽×高）的矩形渐变为4.0 m×5.5 m的城门洞形；渥奇段长129.9 m，断面型式为城门洞型，断面尺寸4.0 m×5.5 m，连接段长30 m，断面型式由4.0 m×5.5 m城门洞型渐变为5 m×7 m城门洞型，5.0 m×7.0 m城门洞段长549.2 m。洞身主体底部表层0.2 m厚为C70硅粉混凝土。

挑流鼻坎段（桩号0+784.2～0+799.2）：无压洞出口直接接挑流鼻坎，采用异形鼻坎型式，长度15 m，矩形断面，底宽5 m，边墙最大高度6 m，边墙厚1 m，采用C25钢筋混凝土衬砌。鼻坎中心反弧半径22 m，中心挑角20°，鼻坎高程2 387.8 m。底板表层铺设厚20 cm的C70硅粉混凝土面层，基础采用锚杆加固处理。

护坦段（桩号0+799.2～0+814.2）：长度15 m，底板高程2 378.5 m，底板厚度1 m，末端齿墙深5 m，基础采用锚杆加固处理。

3. 发电引水系统

发电引水系统布置在河道右岸，引水系统采用一洞三机联合供水的布置型式，电站共三台机组，设计发电引水流量31.8 m^3/s，额定水头90 m。

发电引水系统由引水渠、进水闸井、压力引水隧洞、压力钢管段（包括竖井段和下水平段）、岔管及支管段组成，长547.76 m；其中发电引水隧洞及压力钢管总长520.76 m。

4. 厂房及开关站

电站总装机24 MW，布置3台8 MW水轮发电机组，主厂房纵轴与河床平行布置，考虑尽量不扰动右岸陡峭山体，厂区开挖左岸阶地。尾水采取侧槽出流，经尾水反坡直接投入原河床。厂区主要建筑物由主机间、安装间、副厂房、主变场、开关站、尾水建筑物等组成。

4.5 生态流量与泄放措施

初期蓄水期：吉音水利枢纽初期蓄水自施工期第四年10月至第五年8月，在库区水位上升至底孔泄洪冲沙放空洞底板高程2 450 m之前（约6.5天），通过在导流洞进口闸井处设置的生态放水管向下游供水，泄放流量1.91 m^3/s（占坝址断面多年平均流量的10%，该时段下游灌区需水很少、由灌区平原水库解决）；供水管采用压力钢管，全长30 m，内径1 m，管壁厚度6 mm，内设DN1000流量调节消能阀（锥形阀）。库水位上升至2 450 m高程后，底孔泄洪冲沙放空洞开始泄流，根据下游用水要求下泄。

运行期：工程电站基荷运行。灌溉期水库根据下游灌区用水需求调蓄并下泄水量，坝址至昆仑渠首河段水量维持较高水平，均不低于生态基流；非灌溉期电站最小发电引水流量为4.20 m^3/s（占坝址断面多年平均流量的22%），亦满足生态基流要求。

4.6 施工导流与工期

4.6.1 施工导流

吉音水利枢纽工程为Ⅱ等工程，大坝为2级建筑物，导流临时建筑物为4级。导流施工时段可划分为四个阶段：初期导流阶段、中期导流阶段、中后期导流阶段、后期导流阶段。

初期导流阶段：洪水标准选取10年一遇的全年洪水，相应洪峰流量为508 m^3/s；中期导流阶段：坝体施工期临时断面度汛洪水标准选用30年一遇全年洪水，相应洪峰流量为708 m^3/s；中后期导流标准：本阶段度汛洪水标准选用100年一遇全年洪水，相应洪峰流量为927 m^3/s；后期导流标准：采用100年一遇枯水期（10月—次年5月底）洪水，相应洪峰流量为253.2 m^3/s。

施工导流采用河床一次断流，上、下游围堰挡水，右岸导流隧洞全年导流的方式。

本工程选择汛后退水期进行截流。截流时间初部考虑在施工期第二年9月下旬，截流标准采用5年一遇9月月平均流量，截流流量为23.205 m^3/s。

本工程导流建筑物由导流洞、上、下游围堰组成，底孔泄洪洞采用“龙抬头”方式与导流洞结合。

4.6.2 施工总进度

本工程计划第一年3月开工，第二年9月底工程截流，第四年9月底工程具备蓄水条件。施工总工期为46个月，施工准备工期19个月，主体工程施工期24个月，工程完建期3个月。工程开工前安排筹建期半年。

根据施工控制性进度计划安排，本工程控制性施工进度主要为导流工程、截流、大坝施工、下闸蓄水、初期蓄水等项目。经分析计算，混凝土面板坝方案施工进度关键线路如下：

开工→导流洞工程（底孔泄洪洞）→截流→大坝高趾墙施工→坝体填筑（部分坝段可以提前）→主河床段面板浇筑（左岸坝段提前完成）→导流洞下闸蓄水→结束。

施工期第二年9月下旬工程截流；第四年4月开始机组安装，第四年9月底一台机组调试完毕具备发电条件。

4.7 工程特点与建议

(1)吉音混凝土面板堆石坝坝址区地形、地质条件较为复杂,尤其是址板建基面,面临着高地震烈度、狭窄且不对称河谷、高陡边坡、深覆盖层以及古河槽等不利地形、地质条件的组合,因此址板基础的处理是本工程大坝设计的关键。通过采用“4+X”的趾板设计、狭窄河槽段高趾墙设计、深覆盖层防渗墙设计以及软基连接板柔性连接设计等方法合理解决了以上诸多难题。其中针对狭窄河谷,大坝的宽高比较小,采用高趾墙的结构形式,不仅可减少高陡边坡趾板开挖和处理工程量,而且减轻了高陡边坡高度和边坡支护难度,为混凝土面板坝趾板设计进行有益的探索和发展,它的建成将有很重要的工程实践价值和学术意义,可为其他类似工程的建设提供借鉴。

(2)库区分布的TH1滑坡体自然工况下处于基本稳定状态,自然+地震工况下安全系数为1.11,在蓄水后安全系数为0.82,饱水+地震工况安全系数为0.78。根据计算结果,滑坡体在自然工况和地震工况下是稳定的,非正常工况下尤其是饱和加地震工况下有进一步失稳的可能,失稳形式以崩塌、滑塌为主。设计上尽管采取了避让措施,但仍应做好大坝、滑塌体以及泄水和引水建筑物观测桩的保护工作。定期对坝体表面监测标点、工作基点、校核基点和滑塌体表面监测标点以及泄水和引水建筑物观测桩进行现场巡视和检查,保证现场表面观测点的监测工作正常运转,从而取得准确的观测数据。

附表 吉音水库工程特性表

名 称	数 量	名 称	数 量
一、水文		地震基本烈度/设防烈度	Ⅷ度/8度
坝址以上流域面积	6 375 km^2	最大坝高	124.5 m
利用水文系列年限	55年	坝顶高程/顶部长度	2 513 m/489 m
多年平均年径流量	6.16亿m^3	2.泄水建筑物	
多年平均流量	19.52 m^3/s	2.1表孔溢洪洞	
设计洪水标准及流量(P=1%)	927 m^3/s	溢流堰净宽尺寸	10 m
校核洪水标准流量(P=0.05%)	1 497 m^3/s	堰顶高程	2 500.50 m
施工导流标准及流量(P=10%)	508 m^3/s	设计泄量/校核泄量	505 m^3/s/656 m^3/s
二、工程特征水位及工程规模		消能方式	挑流消能
1.水库水位		2.2底孔泄洪、冲沙、放空洞	
正常蓄水位	2 509.00 m	进口底板高程	2 450 m
设计洪水位	2 509.12 m	设计泄量/校核泄量	342 m^3/s/347 m^3/s
校核洪水位	2 510.76 m	消能方式	底流
汛期限制水位	2 506.50 m	3发电引水系统	
死水位	2 470.00 m	进口底板高程	2 460 m
2.水库容积		设计引用流量	31.80 m^3/s
水库总库容	8 200万m^3	五、施工	
正常蓄水位以下库容	7 800万m^3	1.主体工程量	
调洪库容	1 100万m^3	明挖土方	237.28万m^3
拦洪库容	700万m^3	明挖石方	55.87万m^3
死库容	1 800万m^3	石方洞挖	11.26万m^3
三、工程效益指标		填筑料	516.98万m^3
直接控制灌溉面积	70.73万亩	混凝土和钢筋混凝土	16.78万m^3
多年平均发电量	1.058亿kW·h	2.施工期限	46个月
四、主要建筑物		六、经济指标	
1.挡水建筑物型式(坝型)	混凝土面板堆石坝	总投资	11.40亿元

第五章
塔城市阿不都拉水库工程

5.1 工程概况

阿不都拉水库工程位于塔城市北部阿不都拉乡境内，水库坝址距阿不都拉乡政府所在地约10 km，距塔城市31 km，是阿不都拉河上的控制性山区水库，其主要任务是以生态灌溉为主，兼顾供水和防洪。工程控制灌溉面积18.63万亩，其中农业用地3万亩，牧业用地15.63万亩，可将下游防护对象的防洪标准从不足5年一遇提高到10年一遇。水库总库容3 560万m^3，为中型III等工程，主要建筑物有拦河大坝、溢洪道、导流兼泄洪放水洞等，最大坝高98.54 m，大坝为2级建筑物，表孔溢洪道、导流兼泄洪放水洞为3级建筑物。工程总投资35 225.18万元，单方库容投资9.89元/m^3。

5.2 水文

阿不都拉河是额敏河的一级支流，发源于塔尔巴哈台山东段南坡，河流自东北流向西南，是塔城市境内的主要河流。河川径流以泉水补给为主，兼有季节融雪水和降水补给。河长33.3 km，流域面积271.2 km^2，其中阿不都拉水库坝址以上集水面积259 km^2。水库坝址处多年平均径流量1.018×10^8 m^3。大坝设计洪水标准为50年一遇，洪峰流量120 m^3/s；校核洪水标准为1 000年一遇，洪峰流量262 m^3/s。

项目区所在的塔城盆地属中温带大陆性半干旱、半荒漠草原气候，由于地处盆地地形状态下，形成了气温较温和，相对干旱地区降水量较大，蒸发量较小的气候特点，冬季漫长而寒冷，夏季短促而炎热。多年平均气温3.6℃，极端最低气温-40.5℃（1974年），极端最高气温35.0℃（1974年）；多年平均年降水量289.6 mm，多年平均水面蒸发量为993.1 mm，实测最大冻土深1.46 m。

特定的地形和大气环流形成了本区域特有的地方性大风。塔城市多年平均最大风速17 m/s，瞬时最大风速40 m/s，风能资源丰富。

阿不都拉河没有泥沙实测资料，年入库泥沙量采用有实测悬移质泥沙系列的卡浪古尔河水文站资料进行推算，所得阿不都拉水库断面处多年平均悬移质输沙量为1.12×10^4 t，推移质输沙量按悬移质输砂量的15%估算，则水库多年平均入库泥沙总量为1.29×10^4 t。

5.3 工程地质

工程所在区域位于准噶尔西北边缘，属准噶尔—北天山褶皱系（Ⅱ）内的准噶尔优地槽褶皱带（Ⅱ1）内的塔尔巴哈台—荒草坡亚带（Ⅱ1-2），包括塔尔巴哈台复向斜（Ⅱ1-21）和塔城山间坳陷

（Ⅱ1-26）两个三级构造单元。库内岩层呈单一向北倾斜的单斜构造，走向近东西，与区域构造方向一致，倾向北或北西，倾角70°～75°，岩性以凝灰岩、凝灰质粉砂岩、凝灰质中～粗粒砂岩和中～细粒岩屑石英砂岩为主，属中硬岩。地层内节理裂隙发育。

水库区位于阿不都拉河中游河段中低山峡谷区地貌单元内，河谷两岸基岩山体雄厚，相对高差80 m～200 m，总体地势东北高西南低。河谷呈"V"字型，走向近南北向，纵坡坡降约11‰。库区北距喀木斯特—别鲁其尔断裂（F2）和克兹尔南断裂（F15）分别约为2.0 km和0.7 km；克兹尔断裂（F14）从库盘中部，北距坝址0.6 km处近东西向通过；纳尔台—波罗的克北断裂（F6）从库尾近东西向通过。克兹尔断裂（F14）为压性断裂，走向292°，倾向北，倾角70°～75°，呈舒缓波状。该断层横切阿不都拉河河谷，在库区被第四系冲洪积层和坡积层所覆盖，地貌上形成深10～15 m的沟。纳尔台—波罗的克北断裂（F6）总方向近东西向，倾向北，在工程区断层的通过迹象不明显。两条断层对水库区工程地质条件影响不大。

根据《新疆塔城市阿不都拉水库工程场地地震安全性评价》，工程场地50年超越概率10%的地震动峰值加速度0.05 g，相应地震基本烈度为Ⅵ度，反应谱特征周期0.35s。

区域构造稳定性较好。水库无邻谷渗漏问题；库区两岸山体雄厚，且远高于正常蓄水位高程，库区内未见有贯穿库岸山体的透水性较强的岩层，邻谷谷底高程均高于水库正常高水位，因此水库蓄水后不会产生永久性渗漏问题。水库蓄水后，发生水库诱发地震的可能性不大。

坝址区基岩为下泥盆统塔尔巴哈台组下亚组凝灰岩和凝灰质砂岩，两种岩性的物理力学性质差异不大，风化深度相同。左岸趾板处山体陡峭，地形起伏较大，基岩多裸露，在135～165 m处为坡积含土碎石层覆盖（Q_4dl），厚约3～6 m，需清除处理。基岩为下泥盆统塔尔巴哈台组下亚组灰白色凝灰岩、凝灰质粉砂岩，厚层状～巨厚层状，层理不明显。基岩强风化层厚2～5 m，弱风化层厚12～16 m。河床趾板处现代河床宽12～16 m，河床冲积的砂砾卵石层厚3～4 m，下伏基岩为灰白色凝灰岩、凝灰质粉砂岩，强风化层厚2～3 m，弱风化层厚4 m。右岸趾板地形起伏不大，在220～290 m段和390～530 m段表层覆盖2～5 m厚的洪、坡积含土碎石层，结构较松散，具架空结构，需清除处理。基岩为下泥盆统塔尔巴哈台组下亚组灰白色凝灰岩、凝灰质粉砂岩，厚层状～巨厚层状，层理不明显。基岩强风化层厚3～7 m，弱风化层厚12～16 m。

导流兼放水洞布置于左坝肩山体中，进、出口洞脸位于强风化岩体中，成洞条件较差，属Ⅳ～Ⅴ类围岩，建议明挖处理。洞身段属Ⅱ～Ⅲ类围岩，成洞条件较好。

开敞式溢洪道布置在右岸，均为挖方段，基岩多裸露，基岩下为泥盆统塔尔巴哈台组下亚组凝灰岩、凝灰质砂岩，溢洪道多置于强风化～弱风化岩体上，挑流鼻坎齿墙基础宜置于弱风化岩体下部。

5.4 工程布置及主要建筑物

5.4.1 坝型比选

在选定的坝址区域，比较了相距约900 m的两条坝线，即上坝线和下坝线。上坝线河谷呈"U"形，工程地质条件相对较差；下坝线河谷呈"V"形，工程地质条件优于上坝线。从地形地貌、工程地质条件、枢纽布置以及工程投资等方面进行技术经济比较，上坝线投资明显高于下坝线，推荐下坝线。

分析坝线的地形地质条件，"V"型河谷，谷底宽10～20 m，河道两岸山体雄厚，山顶海拔高程940～1 150 m，相对高差80～200 m，均有修建混凝土面板砂砾石坝、沥青混凝土心墙砂砾石坝、黏土心墙砂砾石坝、碾压混凝土重力坝的建坝条件。而碾压混凝土重力坝对基础的要求高，基础处理工程量大，而且施工工艺较复杂，工期较长，投资最高，仅坝体部分投资就远大于其他坝型，故在此不考虑碾压混凝土重力坝。

根据调查的距坝址6 km范围内的两个砂砾石料场和一个土料场资料，砂砾石料和土料储量丰富，砂砾石料、土料均能满足筑坝要求。根据坝址区地形地质条件、天然建筑材料分布情况、施工条件、枢组布置和工程投资等方面的因素，本坝址适合修建当地材料坝。因此在推荐坝线对黏土心墙坝、混凝土面板坝、沥青混凝土心墙坝三种土石坝坝型进行综合比较论证。对三种坝型进行了同等深度的勘测设计工作，从各坝型的枢纽布置、地形地质条件对坝型的适应性能、对当地气候的适应能力、建筑材料、坝体抗震性能、坝体应力、变形特性分析、施工条件、运用维修、工程安全性和工程投资等方面进行综合技术经济比较，以选择最优坝型。

混凝土面板坝横断面结构形式图见图1、黏土心墙坝横断面结构形式图见图2、沥青混凝土心墙坝横断面结构形式图见图3。

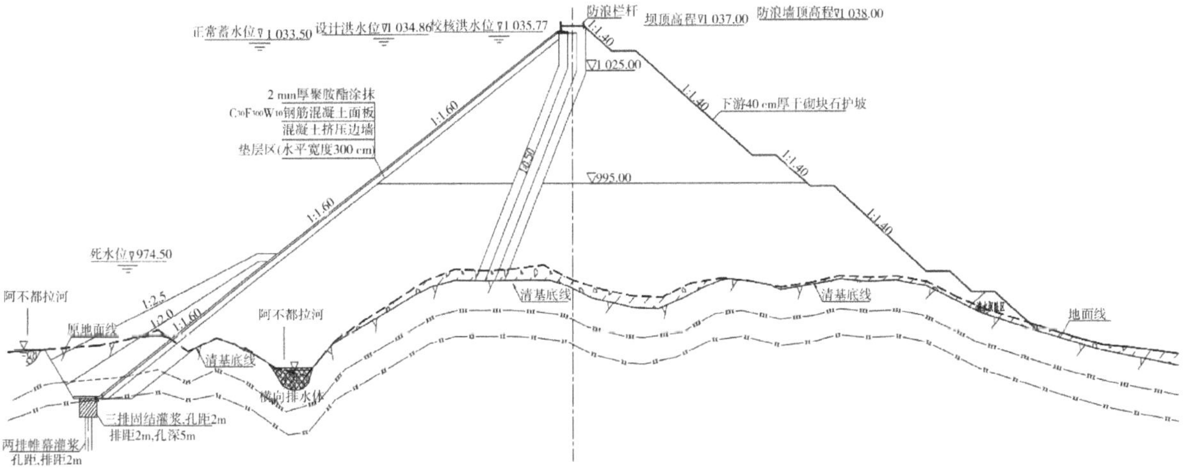

图1 混凝土面板坝横断面结构形式图（推荐方案）

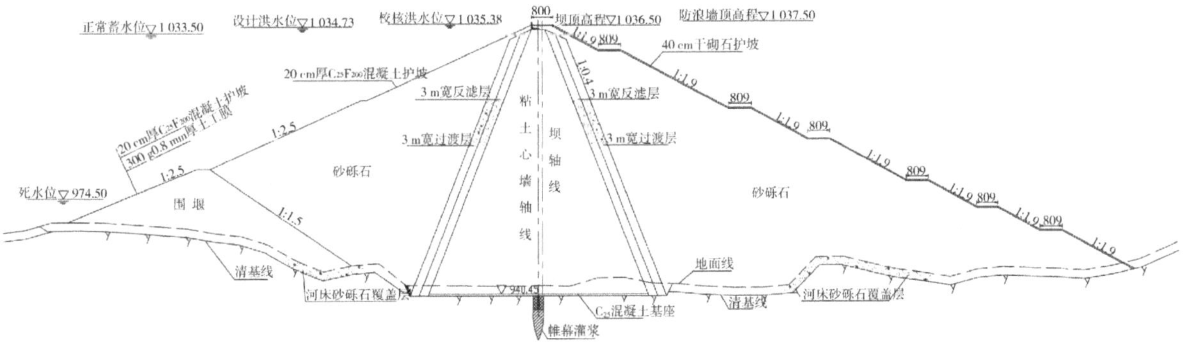

图2 黏土心墙坝横断面结构形式图（比选方案）

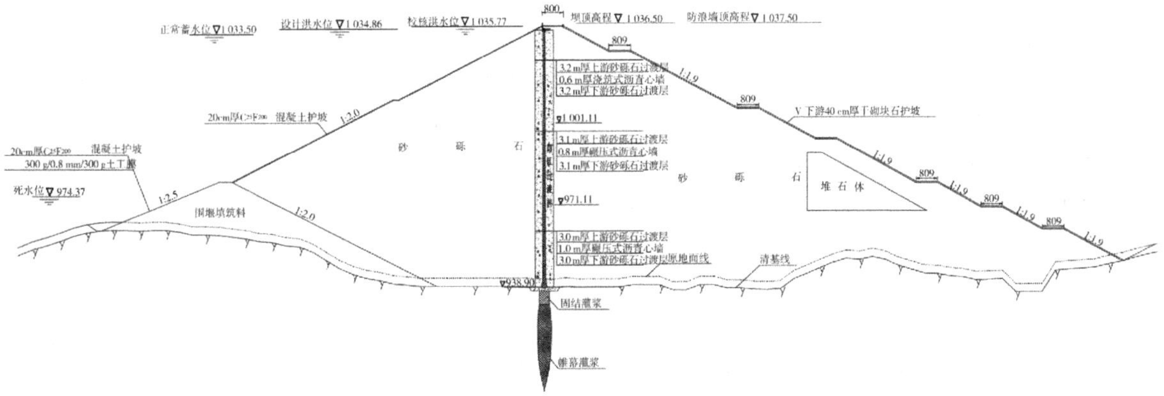

图3 沥青混凝土心墙坝横断面结构形式图（比选方案）

表1　阿不都拉水库不同坝型比较表

项目＼方案	混凝土面板坝方案	黏土心墙坝方案	沥青混凝土心墙坝方案
地形地质条件	地形地质条件基本相同。 1、河谷呈“V”型谷，谷底宽10～20 m，两岸可见Ⅰ～Ⅱ级阶地。2、左岸山体陡峭，基岩多裸露，在135～165 m处为坡积含土碎石层覆盖，厚约3～6 m。3、右岸高程1 000 m以下边坡陡立，基岩多裸露，1 000 m以上边坡较缓，在220～290 m段和390～530 m段表层覆盖2～5 m厚的洪、坡积含土碎石层。4、河床覆盖层2～4 m，基岩岩性为灰白色凝灰岩、凝灰质粉砂岩，强风化层厚2～3 m，弱风化层厚2～4 m；5、坝址区强风化层厚度3～10 m，弱风化层厚度为4～18 m；6、岩体小于3Lu的防渗界限基岩埋深为6～23 m		
枢纽布置型式	枢纽布置基本相同。主河床布置大坝，右岸布置表孔溢洪道，左岸布置导流兼泄洪放水洞		
特征参数	最大坝高98.54 m，坝顶长度393.19 m，上游坝坡1∶1.6，下游坝坡1∶1.4，下游综合坝坡1∶1.95	最大坝高96.05，坝顶长度341.5 m，上游坝坡1∶2.25，下游坝坡1∶1.9，下游综合坝坡1∶2.47	最大坝高97.6 m，坝顶长度346.5 m，上游坝坡1∶2，下游坝坡1∶1.9，下游综合坝坡1∶2.47
天然建筑材料	混凝土骨料和砂砾料由C2、C3料场提供，料源丰富。C3砂砾石料作混凝土粗、细骨料用除含泥量偏高外，其他指标满足规范要求。两料场砂砾石作为坝壳料质量满足规范要求	防渗土料由T1土料提供，料源丰富，由于渗透系数稍偏大，其作为心墙防渗体需增大厚度	混凝土骨料和砂砾料由C2、C3料场提供，料源丰富
抗冻耐久性	防渗体较薄且位于坝体表面，面板大部分面积位于水位变动区，严寒气候对面板混凝土及止水系统的防冻设计提出了更高的要求	防渗体位于坝体内部，所处环境稳定恒定，严寒的气候条件不会引起安全问题	同黏土心墙坝
抗震性能	面板为刚性结构，强震时容易开裂	黏土心墙适宜变形，抗震性优于混凝土面板坝	沥青混凝土心墙适宜变形，抗震性优于混凝土面板坝
施工条件及工期	施工条件基本相同。围堰与坝体分开。施工受气候影响小，总工期4年	黏土心墙填筑受气候影响较大，但不影响总工期4年	施工受气候影响小，总工期4年
主要工程量	土石方开挖：36.44×10^4 m^3；坝体填筑：204.71×10^4 m^3；混凝土：3.41×10^4 m^3；钢筋：726.06 t。 混凝土防渗墙7 627 m^2 固结灌浆深度为5 m，灌浆总尺寸4 238.85 m。最大帷幕灌浆为43 m左右。灌浆总尺寸11 181.15 m	土石方开挖：38.93×10^4 m^3；坝体填筑：287.45×10^4 m^3；混凝土：2.19×10^4 m^3；钢筋：53.91 t。 固结灌浆深度为5 m，灌浆总尺寸2442.00 m。最大帷幕灌浆深度为31 m左右。灌浆总尺寸6 322.80 m	土石方开挖：34.58×10^4 m^3；坝体填筑：299.91×10^4 m^3；混凝土：1.62×10^4 m^3；钢筋67.58 t；沥青混凝土：1.44×10^4 m^3。 固结灌浆深度为5 m，灌浆总尺寸2600.49 m。最大帷幕灌浆深度为31 m左右。灌浆总尺寸6 368.71 m
工程投资	15 616.71万元，包括临时工程投资1 906.72万元	16 582.22万元，包括临时工程投资603.84万元	17 305.30万元，包括临时工程投资510.94万元
投资差值		965.51万元	1 688.59万元
比选结论	推荐坝型		

综合以上论证，对三种坝型综合比较的结论如下：

(1)从技术上比较

① 三种坝型的地形条件基本一致，均能满足枢纽布置的要求；从地质条件来说坝址区基岩为下泥盆统塔尔巴哈台组下亚组凝灰岩和凝灰质砂岩，两种岩性的物理力学性质差异不大，风化深度相同，坝基开挖深度基本相同，心墙坝坝基与面板坝趾板基础地质条件相似，坝基工程地质条件差别较小。

② 枢纽布置条件基本一致，在主河床布置拦河坝，右岸布置表孔溢洪道，左岸布置导流兼泄洪放水洞。

③ 在建筑材料方面，当地有储量丰富的土料、砂砾石料，均能满足三种坝型方案对建筑材料的需求。

④ 大坝地震设防烈度为Ⅵ度，地震区域构造稳定性较好。

⑤ 当地冬季气候占近全年一半，从施工条件来说，混凝土面板坝在当地应用较多，坝壳料施工简单，适合严寒地区施工，在恶劣天气下能够保证坝壳砂砾石料的碾压质量。沥青混凝土心墙坝适应于寒冷气候下施工，沥青混凝土心墙的施工水平要求较高，质量控制较为严格，对施工协调性控制要求较高，对施工工期有一定的影响。黏土心墙坝施工中土料施工与反滤料、坝壳料有干扰，土料加水复杂，占用较大的施工场地，料场弃料量大，并且心墙填筑往往滞后于坝壳料填筑，对施工工期影响较大，工期较长。

(2)从经济上比较

① 从工程量来说，黏土心墙坝和沥青混凝土心墙坝坝坡较缓，大坝主体填筑量大于面板坝，混凝土面板坝方案混凝土用量较大。

② 工程总投资面板坝方案为15 616.71万元，黏土心墙坝方案为16 582.22万元，沥青混凝土心墙坝方案17 305.30万元，混凝土面板坝方案比其他两方案分别节省投资965.51万元、1 688.59万元。

通过以上分析，混凝土面板坝方案从技术、经济上比较均优于黏土心墙方案和沥青心墙坝方案，推荐坝型为混凝土面板坝方案。

5.4.2 工程布置方案比选

5.4.2.1 比选方案拟定

(1)溢洪道方案选择

根据坝址处地形、地质条件设计中拟选了右岸正槽式溢洪道、右岸正槽式溢洪道(弯道方案)、右岸侧槽溢洪道及左岸表孔式溢洪洞四个方案。

根据比选，四种方案均具备施工建设条件，右岸侧槽溢洪道的投资最高；左岸表孔式溢洪洞投资最省，但该方案的出口位于放水隧洞及发电支洞的出口上方，泄洪时影响发电厂房的安全及放水隧洞的引水；右岸正槽式溢洪道(弯道方案)投资较高，超泄能力大，但由于弯道转角较大，在下泄设计洪水及校核洪水时弯道泄槽内水流流态不稳定，出口水流挑距距离坝脚较近，对大坝下游坝脚有一定的威胁；右岸正槽式溢洪道方案投资较低，水力学条件较好，且出口距离坝脚较远，水流对坝脚及对岸发电厂房没有影响，因此本次设计推荐右岸正槽式溢洪道方案。

(2)放水隧洞设计方案选择

根据水库两岸的地形地质条件及隧洞功能，并结合枢纽总体布置全面考虑，本次隧洞设计采用三种方案。方案一放水隧洞和导流隧洞都布置于左岸山体内，并于导流洞桩号0+350合并为一洞，大坝填筑完成后对导流隧洞永久性封堵。方案二放水隧洞和导流放空隧洞都布置于左岸山体内，并于导流洞桩号0+380合并为一洞。方案三放水隧洞位于河道左岸山体内，导流放空隧洞位于右岸山体内。三种方案都具有建洞的条件，只是导流隧洞建成后对工程运行、管理和安全的影响不同。

方案一：两洞合一(封堵导流洞)设计方案

放水隧洞位于大坝左岸山体中，全长539.17 m(洞身段长479.01 m)，横断面为3 m×4 m城门洞型，挑流消能。发电支洞轴线与放水隧洞相交于洞桩号0+387.41 m处，横断面为圆型，直径为2.0～2.5 m。导流隧洞长350 m，横断面为圆型，直径为2.5 m，于导流隧洞桩号0+350处与放水隧洞合并为一洞。大坝填筑完成后对导流隧洞永久性封堵。

方案二：两洞合一设计方案

放水隧洞位于大坝左岸山体中，全长532.05 m，横断面为3 m×4 m城门洞型，挑流消能。发电支洞轴线与放水隧洞相交于洞桩号0+377.36 m处，横断面为圆型，直径为2.0～2.5 m。导流放空隧洞位于大坝左岸山体中，于导流放空隧洞桩号0+475.49 m处与放水隧洞合为一洞，全长772.34 m。

方案三：隧洞左右岸分开布置方案

放水隧洞位于大坝左岸山体中，全长469.83 m，挑流消能。横断面为3 m×4 m城门洞型。发电支洞轴线与放水隧洞相交于洞桩号0+367.36 m处，横断面为圆型，直径为2.0～2.5 m。

导流放空隧洞位于大坝右岸山体中，全长693.08 m。横断面为3 m×2.5 m城门洞型，挑流消能。

5.4.2.2 比选结论

本次枢纽布置比选从各方案的枢纽布置、地形地质条件、施工条件、工程运行条件和工程投资等方面进行综合技术经济比较，以选择最优方案。

(1)从技术上比较

① 三个方案有建洞条件；

② 从施工条件来说，方案三由于要增加一条放水洞，工序较为复杂，施工临建量、施工强度较大，因此从施工条件来说方案一、方案二方案较优。

③ 从运行管理条件来说，方案一、方案二为两洞合一布置，运行管理方便，因此从运行条件来说方

案一、方案二较优；

(2)从经济上比较

从工程投资来说，方案一最优。方案一满足水库建设期以及建成后的功能需求，且投资较小。

综合以上技术经济比较，本阶段枢纽布置右岸布置溢洪道，左岸布置推荐方案一，即左岸两洞合一(封堵导流洞)方案，该方案运行管理方便，经济上相对其他方案较为节省。

推荐方案：拦河布置混凝土面板砂砾石坝，两岸山体雄厚，岸坡较陡，大部分基岩裸露。溢洪道根据坝址处地形、地质条件布置在右岸，为开敞式溢洪道，全长605.03 m，其中衬砌段长505.63 m，由进水渠段、驼峰堰段、渐变段、泄槽段、洞身段、消能段组成，设计泄量105.03 m^3/s，校核泄量225.60 m^3/s。泄槽为矩形断面，总长256.9 m，底宽6 m，底坡i=0.1475。其中0+330～0+490段为隧洞段，长160 m。工程采用挑流消能，泄槽末端设连续式挑流鼻坎。导流兼泄洪放水洞为无压洞，布置在左岸山体中，全长539.17 m(洞身段长479.01 m)。由进口段、上游洞身段、检修闸井段、发电支洞段、下游洞身段、出口闸室段、出口明渠段及挑流消能段组成。横断面为3 m×4 m城门洞型，设计泄量63.16 m^3/s，校核泄量108.01 m^3/s。发电支洞轴线与放水隧洞相交于洞桩号0+387.41 m处，全长97 m，横断面为圆型，直径为2.0 m，洞身段采用40 cm厚的C25钢筋混凝土衬砌。发电厂房布置在坝后发电洞末端，装机容量6.5 MW，多年平均年发电量为1312万kW·h，设计发电流量8.29 m^3/s。

水库平面布置见图4。

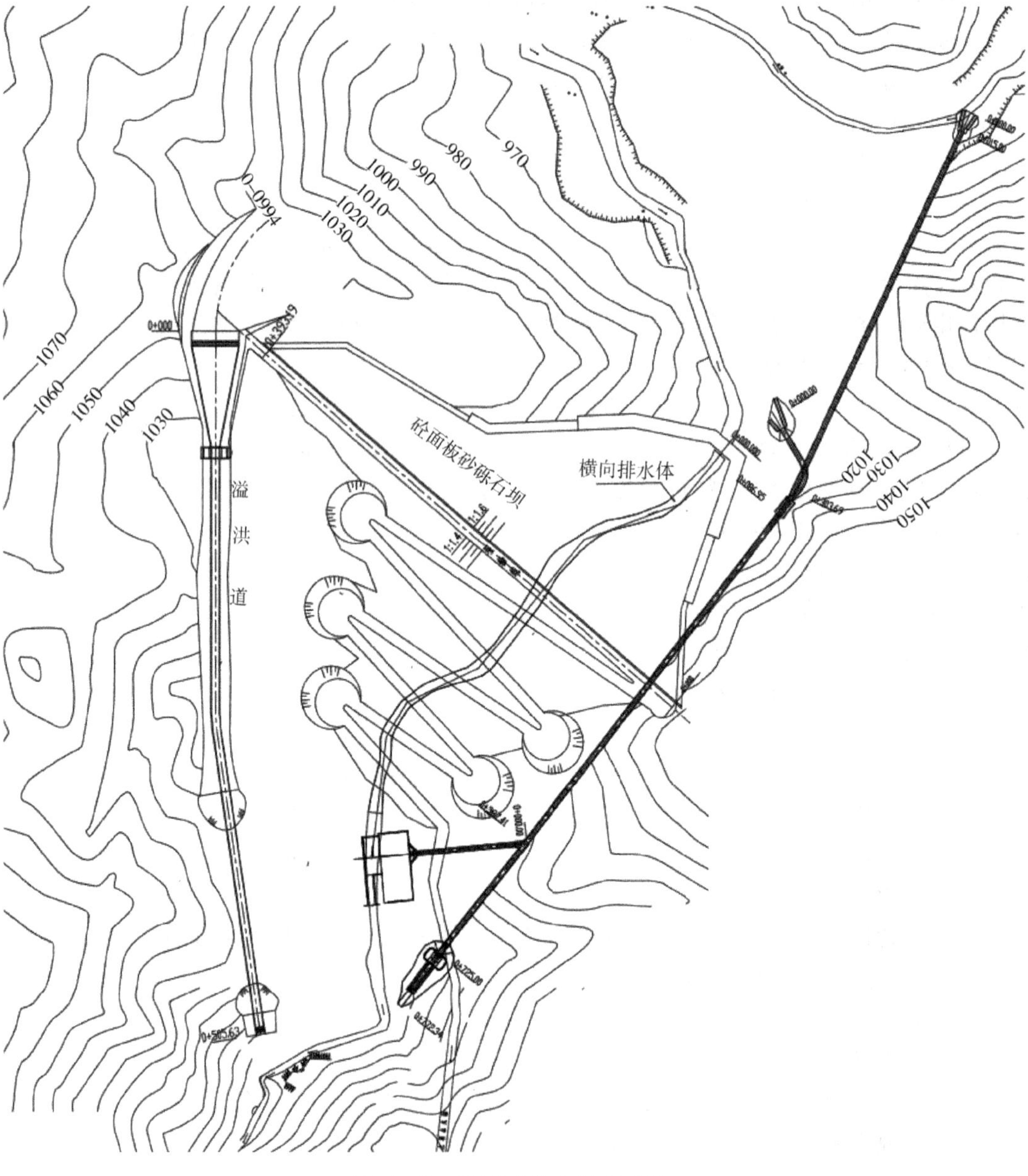

图4　阿不都拉水库总体布置图

5.4.3 主要建筑物

5.4.3.1 大坝设计

1. 坝体轮廓设计

大坝为混凝土面板坝，坝顶高程1037 m，坝顶宽8 m，坝顶全长393.19 m，最大坝高为98.54 m，防浪墙顶高程1038 m，上游坝坡为1∶1.6，下游坝坡为1∶1.4，下游综合平均坝坡为1∶1.95。

2. 坝体材料分区

根据《混凝土面板堆石坝设计规范》SL228-98的要求，本坝体填筑从大的方面可分四个区：上游铺盖区（1A）、盖重料区（1B）、垫层区（2A）和砂砾石区（3区）。而砂砾石区又可分为过渡区（3A区）、堆石排水区（3B区）、C2砂砾石区（3C区）、C3砂砾石区（3D区）、滤水坝趾区（3E区）、下游护坡（3F区）。

① 上游铺盖区（1A区）

位于前坝脚上游，河床趾板的上部，采用黏土填筑，顶部高程达到死水位974.50 m，采用黏土料场土料。土料回填时采用推土机整平适当碾压，填筑时应注意面板和趾板的防护。

② 盖重区（1B区）

采用任意料填筑，位于上游铺盖区（1A区）上部，用于固定1A区位置及保护1A区免受施工期水流冲刷。河床部位可以采用抛填施工，两岸可以采用砂包填筑。

③ 垫层区（2A区）

紧贴面板位于面板下游侧，可改进工作性能、减小混凝土超填量、对面板裂缝及接缝止水损坏起限漏作用和对堵漏材料起反滤作用。垫层区砂砾石料的要求：级配连续，$D_{max} \leqslant 80$ mm，小于5 mm的颗粒含量为30%～45%，含泥量（粒径小于0.075 mm的颗粒含量）为4～8%，相对密度≥0.85。

④ 过渡区（3A区）

位于垫层区下游侧，分布在堆石排水体区上下游，过渡区的水平宽度为3 m。级配连续，$D_{max} < 400$ mm，粒径0.075～5 mm的颗粒含量为5%～15%，粒径小于0.075 mm的颗粒含量为4%～8%，相对密度≥0.85。水平宽度≥3.0 m。

⑤ 堆石排水区（3B区）

竖向排水区坡度为1∶0.5，水平宽度为3 m，与坝底的排水体连接，保证排水的通畅。本工程在大坝桩号0+000～0+391处设置竖向排水体，并在下游坝脚设置滤水坝趾区。排水区砂石料粒径d=10～300 mm，孔隙率n=20%～25%，渗透系数$K \geqslant 1\times10^{-1}$ cm/s。

⑥ 砂砾石区

a、砂砾石区（3C区、3D区）

大坝的主填筑区，同时对2区起反滤作用。每层砂砾石料的填筑厚度为0.6～0.8 m，经碾压后坝体砂砾石料的设计相对密度≥0.85。坝体填筑高程995 m以下以C3料场为主（3D区、C3砂砾石区），995 m以上以C2料场为主（3C区、C2砂砾石区），高程995 m以上岸坡利用C3砂砾石填筑宽10 m、厚5 m、布置于竖向排水体上游脚（3D区、C3砂砾石区）。

b、滤水坝趾区（3E区）

滤水坝趾区主要作用是将可能的渗水排至坝外同时防止带出砂砾石细颗粒。砂砾石料要求级配连续，d_{max}=20 cm。经碾压后坝体砂砾石料的设计相对密度≥0.85。

c、下游护坡（3F区）

下游护坡采用质量较好的岩石，并进行修饰以满足下游坝面的美观。

3. 混凝土面板

设计结合面板的施工要求、结构要求、耐久性要求考虑，混凝土面板厚度在不同高程采用变厚结构。在高程938.46 m处，面板厚度采用60 cm；在高程1 037 m处，面板厚度采用40 cm；在高程938.46～1 037 m之间，面板厚度由60 cm均匀渐变至40 cm，采用C30F300W10的混凝土浇筑。板的配筋设计为单层双向钢筋，每向配筋率为0.4%，钢筋布置在面板厚度的中央。

混凝土面板设置在垫层的上游面，面板与垫层之间采用混凝土挤压式边墙技术。挤压式混凝土边墙技术与传统方法相比，在施工方面有明显的先进性，新工艺在工程质量、进度、以及增加导流度汛的安全性等方面具有明显优势。

项目区属于严寒地区，设计中对混凝土面板进行抗裂设计，根据目前水利工程中混凝土抗裂措施和材料的发展，本工程初拟采用聚胺酯涂层对坝面进行抗裂处理，以提高混凝土面板的抗裂、防水、抗冰冻等耐久性。

4. 趾板

趾板的厚度设计时考虑到既要满足趾板自身稳定和起到灌浆顶板作用，还要与相邻面板的厚度相适应，故趾板厚度采用50 cm，趾板抗冻、抗渗标号与面板相同C30F300W10，设单层双向钢筋，每向配筋率为0.4%，钢筋布置在趾板厚度上部，保护层厚度为10 cm。采用彩色聚氨酯高分子防水防护涂料进行防护处理。

本工程趾板座落在微弱风化岩石上，允许水力梯度取10，趾板的宽度在高程938.46～968.46 m之间，趾板宽度为10 m；在高程968.46～998.46 m之间，板宽度为7 m；在高程998.46～1 037.0 m之间，趾板宽度为4 m。

5. 坝基处理

（1）大坝基础的处理

本工程大坝为高坝，根据地质条件需将坝基内的覆盖层全部清除，使坝体填筑的砂砾石直接座落在基岩上，两岸岩石岸坡应避免倒坡，岸坡很陡时，可开挖成不陡于1∶0.3的稳定坡度，根据具体情况如果局部倒坡开挖量较大，可采用C_{20}细粒混凝土砌石砌筑以满足岸坡修整的要求。

（2）趾板基础的处理

河床段趾板处的砂砾石层厚度为2～3 m，趾板处砂砾石层全部清除，基岩开挖至弱风化层顶线，然后浇筑混凝土趾板，以封闭岩石裂隙，并可作为基础灌浆的盖重。

（3）固结灌浆与帷幕灌浆

固结灌浆的深度为5 m，1/3坝高以下设置三排，排距2 m，孔距2 m。1/3坝以上设置两排，排距2 m，孔距2 m。帷幕灌浆孔沿趾板进行布置，1/3坝高以下设置两排，大于1/3坝高以上设置一排，均布置在两排固结灌浆孔的中间，深度按岩石吸水率$\omega < 3$Lu控制。

5.4.3.2 溢洪道

根据河道地形，将溢洪道布置在右岸，溢洪道采用开敞式，溢洪道轴线与坝轴线交角为51°09′46″，由进水渠段、驼峰堰段、渐变段、泄槽段、洞身段、消能段等组成。全长605.03 m。

进水渠段（0-099.4～0+007）：为开挖明渠段，长106.4 m，岩石开挖边坡为1∶0.5，采用阶梯形开挖，每12 m设一2 m宽马道，距开挖底高程12 m高度范围内，开挖面采用喷护5 cm厚混凝土防护，12 m以上开挖面采用喷护10 cm厚挂钢筋网混凝土防护，底板高程为1032.90 m，驼峰堰上游7 m范围内底板采用C25 · F200混凝土衬砌，厚0.4 m。

驼峰堰段（0+007～0+010.6）：堰长3.6 m，净宽35 m，采用b型堰体，堰高为0.6 m，中圆弧半径为0.63 m，上、下圆弧半径为2.4 m，堰顶高程为正常蓄水位1 033.50 m，底板厚0.4 m。边墙为0.5 m厚C25 · F200钢筋混凝土直墙，墙顶高程为1 038.m，墙高5.5 m。

渐变段（0+010.6～0+083.1）：长72.5 m，断面型式为矩形，断面尺寸由35 m（宽）×5.1 m（高）渐变至6 m（宽）×4.0 m（高），底板厚0.4 m，上部0.2 m厚度采用C50（1）抗冲磨混凝土现浇，下部0.2 m厚度采用C25F200混凝土现浇，底坡$i = 0.147\ 5$，每隔7.5 m设一道伸缩缝，每段上游侧设置0.5 m宽，1.1 m深齿墙。边墙为0.5 m厚C50（1）抗冲磨钢筋混凝土直墙，采用3 m长$\phi 25$锚筋与山体连接，墙顶高程由1 038.00 m渐变至1 025.21 m，墙高由5.5 m渐变至4.4 m。

泄槽段（0+083.1～0+330）（0+490～0+500）：泄槽段分两部分，泄槽段总长256.9 m，第一段泄槽位于收缩段末端，第二段泄槽位于隧洞段之后，挑流段之前，泄槽底坡取i=0.1475，底宽6 m，断面形式为矩形，桩号0+274.1至0+283.3段为弯道段，弯道半径为135 m，圆心角为8.81°为了调整弯道内的水流流态，在弯道内部沿弯道长度设置一道C25F200钢筋混凝土隔墙，墙宽0.5 m，墙高1.0 m。底板厚0.4 m，上部0.2 m厚度采用C50（1）抗冲磨混凝土现浇，下部0.2 m厚度采用C25F200混凝土现浇，边墙迎水面0.2 m厚度采用C50（1）抗冲磨混凝土现浇，外侧采用C25F200混凝土现浇。在桩号0+291处泄槽跨越一天然洪沟，为保证天然洪水的安全下泄及保护溢洪道的安全，在泄槽底部的原始地面高程埋设两根直径1.0 m的预制混凝土管泄洪。

洞身段（0+330～0+490）：长160 m，断面形式为宽6 m，高6 m城门洞型，顶拱为半圆型，半径为3 m，采用C50F200抗冲磨混凝土现浇，衬砌厚度0.4 m。

消能段：采用挑流消能，泄槽末端设连续式挑流鼻坎。鼻坎反弧半径取为15 m，圆心角取20°，反弧段始端高程为960.71 m，末端高程为961.62 m。底板厚1.0 m，采用C50（1）抗冲磨混凝土现浇，上游侧设置底宽0.5 m，1.0 m深梯形齿墙，边墙为重力式挡土墙型式，迎水面0.2 m厚度采用C50（1）抗冲磨混凝土现浇，外侧采用C25F200混凝土现浇，墙高由3.5 m渐变至6.41 m。挑流鼻坎末端的高程为961.12 m。

5.4.3.3 导流兼放水洞

1. 导流兼放水洞布置及结构

根据地形、地质条件及水库运行特点，采用两洞合一（封堵导流洞）设计方案。导流兼放水洞布置在左岸山体中，全长约539.17 m，由进口段、上游洞身段、检修闸井段、发电支洞段，下游洞身段、出口闸室段、出口明渠段及挑流消能段等部分组成。

（1）放水洞布置及结构

进口段：全长10 m，进口段底高程968.50 m，纵坡i=0。进洞前设置一处长4 m，宽7 m的检修闸室，用于低水位运行的情况下洞口布置拦污栅。

上游洞身段：全长60 m，纵坡i=0.01，其中桩号0+064.95～0+072.95段长8 m段为渐变段，断面型式由3 m×4 m城门洞形渐变内径为3 m×4 m的矩形。桩号0+010～0+082（长72 m）段洞身断面采用3 m×4 m城门洞形，衬砌厚度为40 cm，衬砌材料为C25F200W8钢筋混凝土。

检修闸井段：长14 m，宽10 m，闸井底板衬砌厚度3 m。闸井横断面型式为箱型结构，闸井闸室底板高程967.65 m，闸井顶高程1 038.00 m，闸井内设一套孔口尺寸宽×高＝2.5×2.5 m的检修平板钢闸门。

发电支洞段：布置在左岸，全长97 m，夹角为42°07′47″，主洞与支洞分叉处设钢内衬钢筋混凝土岔管，发电支洞横断面型为圆型，内径为2.0 m，洞身段采用40 cm厚的C25F200W8钢筋混凝土衬砌。洞口末端由2.0 m渐变到1.0 m。

下游洞身段：全长404.88 m，纵坡i=0.002，桩号0+086.95～0+094.95段为8 m的渐变段，断面型式由2.5 m×2.5 m的正方形渐变为内径为2.5 m圆形。桩号0+094.95～0+113.95段按有压洞设计衬砌厚度为0.4 m，横断面为圆形，内径2.5 m，衬砌厚0.6 m的C25F200W8钢筋混凝土，桩号0+113.95～0+491.82段衬砌厚0.4 m的C40F200W8钢筋混凝土。

出口闸室段：全长12 m，桩号为0+491.82～0+503.82 m。闸室段长12 m，底板宽7.5 m，厚2.0 m，闸室边墙高8.3 m，厚1.8 m，底板高程945.08 m，材料为C40F200钢筋混凝土，闸室内设弧形工作闸门一套。

出口明渠段：长20 m，纵坡i=0.02，底板宽2.5 m，厚0.5 m。边墙为重力式挡土墙，墙高3.4 m，底板和边墙材料采用C40F200混凝土现浇。

挑流消能段：流段全长3.1 m，采用挑流鼻坎消能，鼻坎反弧段半径为5 m，圆心角为30°。鼻坎宽度为2.5 m，鼻坎两侧挡墙高3.4 m，采用C25F200混凝土浇筑。

下游护坦段桩号（0+526.92～0+536.17）开挖不衬砌，底板为0.6 m厚C25F200素混凝土底板。

（2）导流洞布置及结构

导流放空隧洞由进口八字墙段、上游隧洞洞身段、闸井段、下游隧洞洞身段、出口闸室段和挑流鼻坎段组成，隧洞全长772.34 m。

进口八字墙段（桩号0+000～0+015）：全长12 m，纵坡i=0，进口底高程959.00 m，底宽由7.16 m收缩为2.5 m，底板为0.5 m厚的C25F200W6混凝土衬砌，边墙为C25F200W6混凝土重力式挡土墙。

上游隧洞洞身段（桩号0+015～0+350）：全长335 m，纵坡i=0.02，桩号0+015～0+023段为8 m的渐变段，由2.5 m×2.5 m的矩形断面渐变为内径为2.5 m圆形断面，衬砌厚0.40 m的C40F200W8钢筋混凝土，桩号0+023～0+350段的横断面圆形，内径2.5 m，衬砌厚0.40 m的C40F200W8钢筋混凝土。

出口闸室段、挑流鼻坎段与放水隧洞公用。

5.5 环境保护与生态流量下泄

5.5.1 河道生态保护——生态基流

本工程的任务是以生态灌溉为主，兼顾供水和防洪。阿不都拉河现状为天然断流河流，在出山口以下1 km～3 km地表径流即渗漏散失于砾质戈壁平原。只有在洪水期才有径流下泄河道约10 km～20 km，很快又散失在平原区，且工程影响河段无鱼类保护要求，河道生态基流量按多年平均基流量的10%（1018万m^3，0.32 m^3/s）下泄以保护河道生态。

5.5.2 生态流量下泄措施

为保护阿不都拉河的生态环境，水库工程运行时，应首先保证生态基流下泄以保护河道生态。本工程通过在发电支洞水轮机叉管上游设锥形阀下泄生态基流。坝后式电站正常发电时，发电尾水进入河道，发电流量8.29 m^3/s，远大于生态基流量，无需再下泄生态基流，电站不工作时，通过生态基流放水阀下泄生态基流。

5.6 施工导流与工期

5.6.1 导流方式及导流标准

本工程导流建筑物由导流放水洞和上、下游围堰组成。导流设计洪水标准采用20年一遇（P=5%），洪峰流量Q=82.5 m^3/s。坝体临时断面挡水期，拦蓄库容达0.05亿m^3，根据《水利水电工程施工组织设计规范》（SL303—2004）规定，坝体临时断面采用重现期30年一遇洪水标准，相应洪峰流量103 m^3/s。

综合考虑枢纽水文条件，大坝施工强度，在整个施工期内，坝体经历两个汛期，大坝施工导流时段可划分为3个阶段：

第一阶段：工程开工（第一年4月）至截流时间（第二年7月上旬）为止。该阶段原河床过流，主要完成施工准备工作、部分施工道路、导流隧洞、放水隧洞及大坝岸坡两岸趾板开挖处理的施工。

第二阶段：围堰挡水导流、导流隧洞导流，（第二年），采用围堰挡水，导流隧洞与放水隧洞相结合泄洪，满足下泄阿不都拉河汛期洪水20年一遇洪峰流量82.50 m^3/s的要求，完成大坝的基础处理，坝体填筑，混凝土面板浇筑，闸井开挖、浇筑及溢洪道施工。

第三阶段：第三年、第四年汛期由坝体临时断面挡水，导流兼放水洞泄流，第三年10月底坝体施工至坝顶高程，导流洞下闸，水库开始蓄水。

5.6.2 施工进度

本工程施工总工期为4年，其中工程准备期15个月，主体工程施工期28个月，工程完建期3个月，工程计划第2年7月上旬截流，第4年的8月底放水隧洞具备下闸蓄水条件。

5.7 工程特点与建议

（1）本工程大坝坝址地形为V形河谷，两侧山体陡立，节理裂隙发育。坝址区河段出露岩性为灰色、浅褐灰色厚～巨厚层凝灰质砂岩，灰绿色、深灰色中厚层岩屑、晶屑凝灰岩，夹淡黄绿色中层中～细粒岩屑石英砂岩，属中硬～坚硬岩。针对高陡边坡地形、地质条件，最大坝高为98.54 m，属于高坝，选择混凝土面板砂砾石坝是适合本工程的地形地质条件的。面板与垫层之间采用了混凝土挤压式边墙技术，与传统方法相比，在施工方面有明显的先进性，新工艺在工程质量、进度、以及增加导流度汛的安全性等方面具有明显优势。

(2)因受投资限制，本工程未设置底孔，不利于工程今后的维护与检修。建议加强运行期调度运行，在死水位以下部位涂刷聚氨酯弹性涂层，减少面板开裂与维修。

附表　阿不都拉水库工程特性表

名　称	数　量	名　称	数　量
一、水文		四、主要建筑物	
坝址以上流域面积	259 km^2	1.挡水建筑物型式(坝型)	钢筋混凝土面板砂砾石坝
利用水文系列年限	50年	地震基本烈度/设计烈度	Ⅵ度/6度
多年平均年径流量	1.018亿m^3	最大坝高	98.54 m
多年平均流量	4.4 m^3/s	坝顶高程/顶部长度	1 037.00 m/393.19 m
设计洪水标准及流量(P=2%)	120 m^3/s	2.泄水建筑物	
校核洪水标准流量(P=0.1%)	262 m^3/s	溢洪道长度	605.03 m
施工导流标准及流量(P=5%)	82.5 m^3/s	堰顶高程	1 033.50 m
二、工程特征水位及工程规模		设计泄量/校核泄量	105.03 m^3/s/225.60 m^3/s
1.水库水位		消能方式	挑流式消能
正常蓄水位	1 033.50 m	3.导流放水洞	
设计洪水位	1 034.86 m	进口底板高程	959.00 m
校核洪水位	1 035.778 m	导流放水洞长度	772.34 m，洞身段长710 m
汛期限制水位	1 033.50 m	施工期导流最大流量	49.09 m^3/s
死水位	974.50 m	消能方式	挑流式消能
2.水库容积		五、施工	
水库总库容	3560万m^3	1.主体工程量	
正常蓄水位以下库容	3293万m^3	土石方明挖	119.45万m^3
调洪库容	264.99万m^3	石方洞挖	
防洪库容	105.47万m^3	填筑土方/石方	221.77万m^3
调节库容	万m^3	混凝土	6.41万m^3
死库容	100万m^3	钢筋及钢材	2503.32 t
三、工程效益指标		2.施工期限	4年
直接控制灌溉面积	18.63万亩	六、经济指标	
乡镇生活供水	215.94万m^3/a	总投资	35 225.18万元
		单方库容投资	9.89元

第六章 迪那河五一水库工程

6.1 工程概况

迪那河五一水库枢纽工程位于新疆巴音郭楞蒙古自治州轮台县群巴克乡境内，距轮台县以北40 km，是迪那河干流上的控制性工程，具有供水、灌溉、防洪兼顾发电等综合效益。水库工程由大坝、溢洪洞、泄洪冲沙兼导流洞、发电引水系统和供水管线等主要建筑物组成，水库正常蓄水位1 370.0 m，最大坝高102.5 m，总库容0.995亿m^3，调节库容0.591亿m^3，为不完全年调节水库。工程规模属中型，工程等别为Ⅲ等；大坝为2级建筑物，泄水建筑物、发电引水建筑物、供水管线建筑物为3级，次要建筑物及临时建筑物为4级。工程建设总工期4年，工程静态总投资为100 771万元，总投资为109 844万元。

6.2 水文

迪那河流域宏观地势呈北高南低，东高西低之景观，流域内最高点海拔高程为3 727 m，海拔3 000 m以上区域约占迪那河出山口以上流域面积的1/3左右，流域形状呈扇状水系。中游河段河道下切较深，呈“V”型河谷，下游河谷渐宽，河道纵坡趋于平缓，地表植被稀少，山体风化破碎呈荒漠景观。迪那河是轮台县境内六条河流中最大的一条河流，属内陆水系。出山口以上流域面积1 615 km^2，出山口以上河道长度约85 km。迪那河径流补给以高山冰雪融水为主、降水和泉水次之。迪那河径流年内变化极不均匀，全年总水量的80.2%集中于5—8月，多年平均流量11.50 m^3/s，多年平均径流量3.64亿m^3。大坝和泄水建筑物设计洪水频率为100年一遇，洪峰流量Q=1 610 m^3/s；校核洪水频率土石坝为2 000年一遇，洪峰流量Q=3 200 m^3/s；施工导流渡汛洪水频率为20年一遇，洪峰流量Q=851 m^3/s；供水管线沿线洪沟设计洪水频率为30年一遇。

流域内多年平均气温10.5℃，多年平均降雨量47.4 mm，多年平均蒸发量2 082 mm，最大风速1.6 m/s，最大积雪厚度21.0 cm，最大冻土深度91.0 cm。

迪那河实测最大含沙量达535 kg/m^3（1983年6月19日），多年平均输沙率为94.6 kg/s，多年平均输沙量输沙量298.5万t。五一水库年平均推移质输沙量为14.93万t，年平均输沙量为313.43万t。

6.3 工程地质

工程区在大地构造单元上，位于塔里木盆地北部边缘的库车坳陷带内，坳陷带呈东西向，长在150 km以上，南北宽约50 km，工程区则处在坳陷带东端中部，坳陷带北部与南天山地向斜褶皱带相邻，两构造单元以北轮台断裂为界。工程区内出露地层主要有新生界第三系中新统吉迪克上亚组（N_1jb）、新生界第三系上新统秋里塔克组（N_2q）、第四系下更新统西域砾岩（Q_1^L）、中更新统冲积物（Q_2^{al}）、中～上更新统冲积层（$Q_{2\text{-}3}^{al}$）、上更新统冲积层（Q_3^{al}）、全新统洪积层（Q_4^{pl}）、全新统冲积层（Q_4^{al}）地层。

场地处于中等强度地震潜源区内，库坝区基岩动峰值加速度为0.218 g，相应的地震基本烈度为Ⅷ度。坝区内没有区域性大断裂及活动断层，区域构造稳定性较好。

水库区处于河谷狭窄区，一般宽度30～50 m，最宽160 m。两岸山体宽厚，分水岭高，高程1 500～2 000 m，河谷与岩层走向斜交。库区出露的地层主要为第三系秋里塔克组（N_2q）地层，岩性为泥岩、粉砂岩、砂质泥岩互层，以泥岩为主。两岸及库底不存在渗漏问题，水库蓄水后不会诱发地震。

坝址河谷狭窄，呈“U”型河槽，谷底宽30～40 m，顶宽50 m，谷深70～80 m，两岸谷坡近直立，局部形成倒坡，基本对称。谷顶1 366 m高程以上为Ⅳ～Ⅴ级阶地，地形较宽阔。左岸Ⅳ级阶地宽约100 m，阶地砂卵砾石层厚3 m左右，阶地后缘为Ⅴ～Ⅸ级阶地；右岸Ⅳ级阶地面宽约120 m，覆盖层厚2～12 m，岩性为第四系上更新统冲洪积、坡积的砂卵砾石层，阶地后缘为高耸陡立的砾岩陡壁，高度70～80 m；坝址区冲沟间距200～400 m，与河流垂直或斜交。坝址区基岩岩性单一，为第四系下更新统西域砾岩，砾石层具粗粒状结构，块状构造，泥砂质、钙质胶结或半胶结，岩体较完整，但遇水易软化。

坝址左岸分布古河槽，宽约600 m，槽顶面高程1 390～1405 m，槽底高程在1 330 m左右，低于正常高水位1 370 m，古河槽内砂砾石层渗透系数为8.02×10^{-2} cm/s左右，需做防渗处理。古河槽下伏第四系下更新统西域砾岩，基岩强风化层厚约4～7 m，透水率小于1Lu；弱风化层厚15 m左右。

6.4 工程布置及主要建筑物

6.4.1 坝型比选

6.4.1.1 坝型选择

本阶段选择了沥青混凝土心墙坝、黏土心墙坝、混凝土面板坝三种坝型从地形地质条件、枢纽布置、天然建筑材料、抗震安全性和抗冻耐久性、施工条件、工程投资和运行安全等方面对三种坝型进行综合技术经济比较。

沥青混凝土心墙坝坝顶高程为1 374.50 m，最大坝高102.50 m，坝长399.60 m，坝顶宽度为10.0 m，坝体上游坝坡为1:2.5，下游坝坡为1:2.0，上游围堰与坝体结合。坝体从上而下分为：上游砂砾料区，上游过渡层区，沥青混凝土心墙区，下游过渡层区，下游砂砾料区，利用料区、排水棱体。坝体横断面型式见图1。

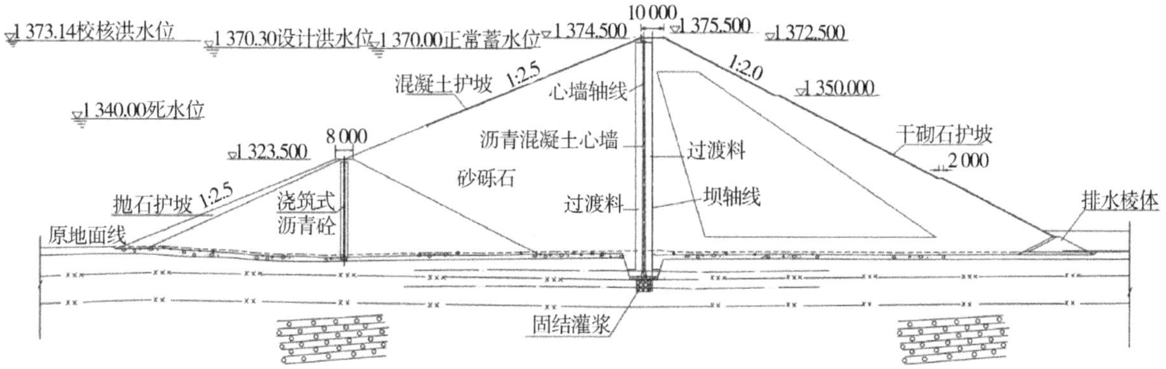

图1　沥青混凝土心墙坝坝体横断面型式（推荐坝型）

黏土心墙坝坝顶高程为1 374.50 m，最大坝高102.50 m，坝长399.60 m，坝顶宽度为10.00 m，坝体上游坝坡为1:2.5，下游坝坡为1:2.0，上游围堰与坝体结合。坝体填筑分为防渗体、上下游反滤料区、过渡料区、砂砾料区、开挖料利用区。坝体横断面型式见图2。

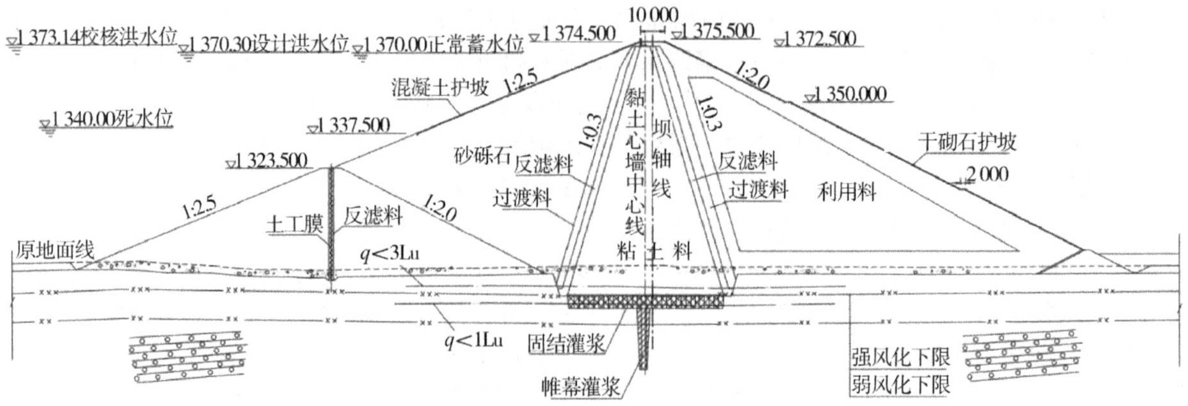

图 2　黏土心墙坝坝体横断面型式（比选坝型）

混凝土面板砂砾石坝，坝顶高程为1 372.50 m，坝顶宽度为10 m，坝顶长371.64 m。上游坝坡采用1:1.6，下游坡度为1:1.75。由于河床较窄，不宜布置上坝公路，下游坝坡在1 350.00 m高程、1 315.00 m高程处设2.0 m宽马道。坝体填筑分区从上游至下游分为上游盖重区、上游铺盖区、混凝土面板、垫层区、砂砾料区、排水料区。坝体横断面型式见图3。

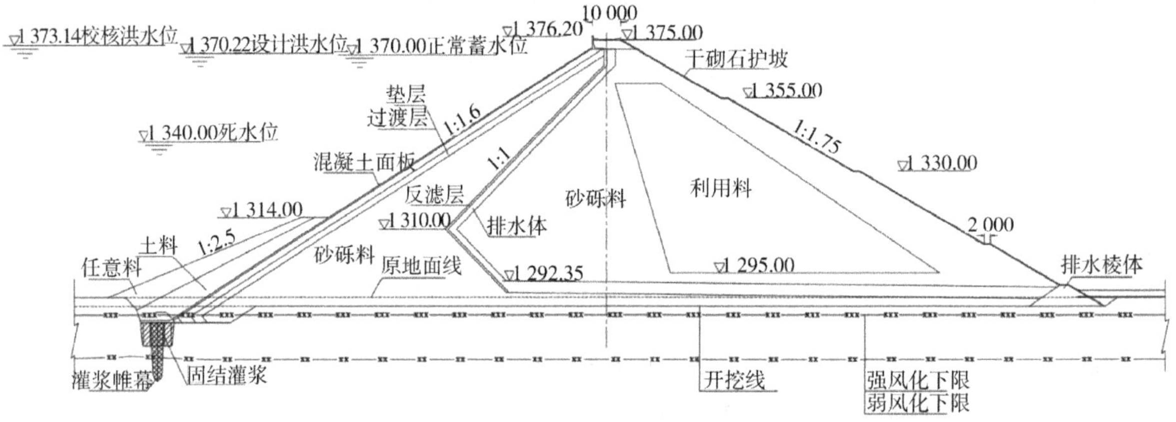

图 3　混凝土面板砂砾石坝坝体横断面型式（比选坝型）

6.4.1.2　坝型比选结论

表 1　五一水库三种不同坝型方案综合比选表

项目	沥青混凝土心墙坝方案	黏土心墙坝方案	混凝土面板坝方案
地形地质条件	坝区河谷狭窄，两岸岸坡近直立，心墙坝坝体填筑量较小，仅在两坝肩沥青混凝土心墙防渗体范围内的坝肩开挖和边坡处理量较大	黏土心墙填筑量较大，两坝肩心墙防渗体范围内的坝肩开挖和边坡处理量大	两岸混凝土趾板布置非常困难，沿混凝土趾板线和两坝肩范围内边坡开挖量大、高边坡处理范围广
枢纽布置	河谷狭窄，河道较顺直，泄洪建筑物的线路较长，均布置在左岸。上游围堰与坝体结合，投资省	同沥青混凝土心墙坝方案	各建筑物布置分同沥青混凝土心墙坝方案，上游围堰单独布置
天然建筑材料	砂砾料储量丰富。距坝址较近	土料和砂砾料储量丰富。土料场较远，距坝址15 km～20 km	土料用量很少，其他同心墙坝
抗震安全性	抗震安全性好	抗震安全性好	抗震安全性好
对当地气候的适应能力	防渗体位于坝体内部，心墙所处环境温度恒定，恶劣的气候条件下心墙施工需做保护措施	同沥青心墙坝方案	施工受气候影响小。面板混凝土和止水系统的防冻设计要求较高
施工条件及工期	泄洪建筑物均布置在左岸，施工风、水、电可集中布置在左岸，临建工程量较小。河谷地形狭窄，需在岸坡分层布置施工道路。施工导流需分两期进行	心墙两岸开挖及高边坡处理工程量较大，施工难度较大。其他方面同沥青混凝土心墙坝方案	混凝土面板坝趾板开挖及高边坡处理工程量大，施工难度大。其他方面同沥青混凝土心墙坝方案

续 表

项目	沥青混凝土心墙坝方案	黏土心墙坝方案	混凝土面板坝方案
直接费/万元	8 827	8 877	10 869
总投资/万元	56 761	56 881	59 033
差值/万元	0	120	2 641

从工程投资比较结果看，沥青心墙砂砾石坝投资略优于黏土心墙砂砾石坝，混凝土面板砂砾石坝投资最高。从技术经济综合比较结果看，沥青混凝土防渗墙具有较高的适应变形能力和抗渗性能，与坝基接触连接构造简单可靠，不会出现渗流破坏，抗震能力强。同类型工程沥青防渗墙的工程量一般不足黏土防渗墙工程量的1/20，便于施工，容易控制进度和保证工期，可提前拦洪蓄水。对于黏土运距较远，施工难度大，选用沥青混凝土防渗墙，可以节省投资，方案可行。但由于沥青材料性态的复杂，目前设计理论尚处于发展之中，需要对沥青混凝土材料进行试验及坝体分析。

综合比较，本阶段推荐碾压式沥青混凝土心墙砂砾石坝。

6.4.2 工程布置方案比选

依据坝址区的地形、地质条件和推荐坝型，本阶段对碾压式沥青混凝土心墙坝根据表孔溢洪洞、泄洪冲沙兼导流洞及发电引水系统的布置，选择三种枢纽布置型式进行比选。

方案一：表孔溢洪洞、泄洪冲沙兼导流洞及发电引水洞左岸布置；

方案二：左岸岸边台地溢洪道布置；

方案三：泄洪冲沙兼导流洞及发电引水洞右岸布置。

6.4.2.1 方案一

挡水建筑物为碾压式沥青混凝土心墙坝，泄水建筑物及发电引水系统均布置在左岸，形成联合进水口。泄洪冲砂兼导流洞进口检修闸井、发电洞进口闸井及表孔溢洪洞进口控制段自右向左依次布置。发电洞洞身经一弯道后布置在泄洪冲沙洞内侧。平面布置见图4。

本阶段施工导流采用河床一次断流，上、下游围堰挡水，泄洪冲砂兼导流洞泄流的导流方式。上游围堰与坝体结合。泄洪冲砂兼导流洞是临时与永久相结合的建筑物，施工期承担导流泄洪任务，工程完建后作为永久泄洪洞运行。

（1）大坝

坝顶宽度为10.0 m，最大坝高102.50 m，坝长384.6 m。坝体上游坝坡为1:2.5，上游围堰与坝体结合。上游设0.25 m厚混凝土护坡，护坡底高程为1337.50 m。下游坝坡为1:2.0，在1 350.0 m、1 315.0 m高程处设两级2.0 m宽马道。下游坡面设0.3 m厚的干砌石护坡。

坝体填筑分区从上游至下游分为上游砂砾料区，上游过渡层区，沥青混凝土心墙区，下游过渡层区，下游砂砾料区，利用料区、排水棱体。

碾压式沥青混凝土心墙为垂直式，墙体轴线偏向上游，距坝轴线3.75 m。顶宽0.6 m，底宽1.2 m，在底部做放大脚与基础相连。心墙基座为厚1.2 m，宽12 m（河床段）、6 m（坝肩）的C20混凝土盖板。

过渡层设在心墙两侧，水平宽度上下游均为3 m，等宽布置，过渡层填筑至心墙顶部。

（2）泄洪建筑物

① 溢洪洞

溢洪洞位于左岸山体，轴线与坝轴线交角110.61°，由进口引渠段、控制段、洞身段、陡坡段、消力池段及出口护坦段组成。溢洪洞设计洪水位对应泄量969.98 m^3/s，校核洪水位对应泄量1 339.16 m^3/s。

进口引渠为复式梯形断面，长344.7 m，底板高程1353.5 m，宽度15.0 m。引渠前端与发电洞及泄洪冲砂兼导流洞引渠形成联合进水口。引渠边坡采用挂网喷护支护型式，挂网钢筋ϕ8@200，喷混凝土C30，厚100 mm。

控制段为开敞式进口，长30.0 m，宽17.0 m，顶部高程1375.5 m。采用WES堰型，堰顶高程1 358.5 m，堰宽12.0 m，控制段为C25钢筋混凝土整体式结构。控制段设弧形工作门一道。

洞身段水平长572.907 m，纵坡$i=0.05$。堰后斜井渐变段长25.74 m，斜井纵坡i=1.0，断面形式由12.5×10.5 m方形断面渐变到9.0×10.5 m城门洞形断面，反弧段半径R=40 m，转角θ=42.14°，为90×10.5 m城门洞形断面。反弧段后洞身纵坡i=0.05，城门洞形断面，9.0×10.5 m，底板衬厚1.0 m，采用HF40钢筋混凝土，边墙、顶拱衬厚0.8 m，采用C25钢筋混凝土。

出口陡坡段水平长60.4 m，底宽9.0～18.0 m，墙高8.0～20.0 m，纵坡i=0.5，与洞身段底板竖曲线相接。陡坡段为“U”型钢筋混凝土整体结构，底板采用HF40钢筋混凝土，厚1.5～2.5 m，边墙采用C25混凝土，厚1.0～2.5 m。

出口消力池长75.0 m，底宽18.0 m，池深8.6 m，墙高20.0 m，底板高程1 272.4 m，坎顶高程1 281 m，边墙顶高程1 292.4 m。消力池为“U”型钢筋混凝土整体式结构，底板采用HF40钢筋混凝土，厚2.0 m，边墙采用C25钢筋混凝土，厚1.0～2.0 m。池内设消力墩。

出口护坦段：该段长30.0 m、宽18.0 m，为“U”型C25钢筋混凝土整体结构，底板厚1.5 m，边墙厚1.0～1.5 m。出口开挖、支护型式与进口相同。

② 泄洪冲沙兼导流洞

泄洪冲沙兼导流洞布置在左岸岩体内，进口闸井与发电洞进水塔布置在一起。泄洪冲沙兼导流洞设计洪水流量758.48 m^3/s，校核洪水流量772.99 m^3/s。该洞由进口引渠、事故闸井段、圆形有压洞段、工作闸井段、城门洞型无压洞段及出口消能段组成。

引渠段：进口引渠长92.461 m，底板高程1 292.5 m，纵坡i=0，断面型式为梯形，底宽6.5 m，底板采用C20混凝土衬砌，衬厚0.3 m。

事故闸井段：闸井段长24 m，底板高程为1 292.5 m，顶高程为1 375.2 m。设事故门一道，孔口尺寸分别为6.5 m×11 m。闸井后部设交通桥一座。

有压洞段：洞身段长175.54 m，纵度i=0.003，断面型式为圆形，直径为6.5 m，洞身混凝土衬厚0.9 m，下半拱采用HF40混凝土，上部采用C25混凝土。

工作闸井段：闸井段长21 m，底板高程为1 292 m，顶高程为1 375.2 m。设弧形工作门一道，孔口尺寸为5 m×5 m。

无压洞段：洞身段长272.077 m，纵度i=0.029 4，断面型式为城门洞形，宽度为6.5 m，高度为8.5 m。洞身段底板采用HF40混凝土，厚度1.0 m，边墙和顶拱采用C25混凝土，厚度0.8 m。

陡坡扩散段：无压洞段后通过渥奇曲线和消力池连接，宽度由6.5 m渐变到16 m。

出口消能段：消力池段长85 m，宽16 m，池深8.4 m，边墙高18 m。

③ 发电引水系统

发电引水系统布置在左岸，进口闸井布置在溢洪道引渠和泄洪冲砂洞进口之间。引水系统采用一洞两机联合供水的布置型式，设计引用流量26.00 m^3/s。引水系统主要由引水渠、进水口、引水隧洞、压力管道、岔管、支管组成。

引渠段底板高程1 330.0 m，长21.0 m，底宽10.5 m，为复式梯形断面。

进水口闸井采用岸塔式结构，由拦污栅段和事故门井段组成，底板高程1 330.0 m。拦污栅段长8.3 m，宽4.0 m，设置主、付拦污栅各一道，孔口尺寸4×7.5 m，挡水门孔口尺寸4×7.5 m，事故门井段设2.5×3.5 m平板事故门一道，闸井后部设交通桥与坝顶连接。

引水隧洞总长466.16 m。上平洞段长327.9 m，纵坡i=0.01，直径3.2 m的圆形，衬砌厚度为0.45 m。斜井段直径3.2 m，采用钢筋混凝土衬砌，厚度为0.6 m，钢衬采用16 MnR，厚16 mm。高压钢管段长82.41 m，纵坡i=0.01，直径3.2 m，钢衬采用16 MnR，厚16 mm，岩体内部高压埋管段外包C20素混凝土衬砌，厚0.8 m，岩体外部高压明管段外包C25钢筋混凝土衬砌，厚0.8 m。

岔管为明管，采用Y型岔管，岔管采用16 MnR，厚度16 mm，外包C25钢筋混凝土，厚度为1.0 m。

支管共有2根支管，长度均为30 m，支管纵坡i=0.01，内径2.2 m，支管采用16 MnR，厚度16 mm，外包C25钢筋混凝土衬砌厚0.5 m。

6.4.2.2 方案二

挡水建筑物为碾压式沥青混凝土心墙坝，泄水建筑物及发电引水系统均布置在左岸，形成联合进水口。表孔为岸边台地溢洪道，布置在左岸外侧，泄洪冲砂兼导流洞及发电洞布置型式同方案一。施工导流方式与方案一相同。平面布置见图5。

(1)大坝：同方案一。

(2)泄洪建筑物岸边台地溢洪道

开敞式正槽溢洪道布置在左岸坝肩处，泄槽轴线与坝轴线交角81.65°，由进口引渠段、控制段、泄槽段组成；总长1 260.963 m，设计洪水位时溢洪道最大泄量851.53 m^3/s，校核洪水位时最大泄量1 459.22 m^3/s。

进口引渠段：为复式梯形断面，长340.963 m，纵坡i=0，底板高程1 363.0 m，宽度34.0 m，引渠中部水平弯道R=150.0 m，转角18.22°；引渠底板采用厚30 cmC20素混凝土衬护，两侧边坡开挖采用梯级开挖，开挖坡度：覆盖层1∶1.5，马道间岩面岸坡1∶0.5。

控制段：开敞式进口，长20.0 m，宽38.0 m，岸墙顶部高程1 375.5 m；采用有坎宽顶堰型，坎高0.5 m，堰顶高程1 363.5 m，设3孔，单孔堰宽10.0 m，设弧形工作闸门一道；堰后消力池长20.0 m，宽34 m，深2.0 m，池底高程1 361.5 m。控制段为钢筋混凝土整体结构，后部设7 m宽交通桥，与坝顶永久道路相连；斜坡段与消力池段为10.0 m高重力式挡墙，分离式结构，底板厚1.2 m。

泄槽段：分两段总长870.0 m，前段长440.0 m，纵坡i=0.002，矩形断面为钢筋混凝土分离式结构，扶臂式挡墙高6.0 m，泄槽宽34.0 m，底板厚0.5 m；后段长430.0 m，纵坡i=0.01，与前段经扭面渐变为梯形断面，边坡1∶1.75，泄槽底宽由34.0 m逐步扩散为91.1 m，泄槽底部及边坡均采用0.8 m厚格宾砌护。泄槽末端设防冲齿墙，出流入原河道。

泄洪冲砂兼导流洞：同方案一。

(3)发电引水系统：同方案一。

6.4.2.3 方案三

挡水建筑物为碾压式沥青混凝土心墙坝，表孔溢洪洞布置在左岸，较方案一靠向河岸，泄洪冲砂兼导流洞及发电洞布置在右岸，泄洪冲砂兼导流洞进口闸井靠近河岸布置，与发电洞进口闸井形成联合进水口，发电洞洞身经一弯道后布置在泄洪冲砂洞内侧。施工导流方式与方案一相同。平面布置见图6。

(1)大坝：同方案一。

(2)泄洪建筑物

① 溢洪洞

溢洪洞位于左岸山体，由进口引渠段、控制段、洞身段、陡坡段、消力池段及出口护坦段组成。溢洪洞设计洪水位对应泄量969.98 m^3/s, 校核洪水位对应泄量1 339.16 m^3/s。

进口引渠为梯形断面，长273.7 m，底板高程1 353.5 m，宽度12.0 m，边坡基岩开挖坡度1∶0.5，表层覆盖层开挖坡度1∶1.5。

控制段为开敞式进口，长30.0 m，宽17.0 m，顶部高程1 375.5 m。采用WES堰型，堰顶高程1 358.5 m，堰宽12.0 m。

洞身段水平长244.9 m，断面形式由12.5×10.5 m方形渐变到9.0×10.5 m城门洞形，水平长度14.142 m。斜井后部洞身纵坡i=0.06，9.0×10.5 m城门洞形断面。

出口陡坡段水平长95.0 m，底宽9.0～20.0 m，墙高8.0～22.0 m，纵坡i=0.5，陡坡段与洞身段地板以竖曲线衔接。陡坡段为“U”型钢筋混凝土整体结构，底板采用HF40钢筋混凝土，厚1.5～2.5 m，边墙采用C25混凝土，厚1.0～2.5 m。

出口消力池长75.0 m，底宽18.0 m，墙高20.0 m，底板高程1 274.3 m，坎顶高程1283 m，边墙顶高程1 294.3 m，消力池内设两排消能墩，池末端布设有“T”型消能墩。消力池为“U”型钢筋混凝土整体结构，底板采用HF40钢筋混凝土，厚2.0 m，边墙和顶拱采用C25混凝土，厚1.0～2.0 m。

出口护坦段：该段长30.0 m、宽18.0 m，为“U”型钢筋混凝土整体结构，底板厚1.5 m，边墙厚1.0～1.5 m。出口开挖、支护型式与进口相同。

② 泄洪冲沙兼导流洞

泄洪冲沙兼导流洞布置在右岸岩体内，布置在发电洞左侧，进口与发电洞进水塔布置在一起，以利于发电洞进口的门前清。该洞施工期导流，正常运用期承担泄洪、冲沙、放空的任务。泄洪冲沙兼导流洞设计洪水流量758.477 m^3/s，校核洪水流量772.986 m^3/s。该洞由进口引渠、事故闸井段、圆形有压洞段、工作闸井段、城门洞型无压洞段及出口消能段组成。

引渠段：进口引渠长92.461 m，底板高程1 292.5 m，纵坡i=0，断面型式为梯形，底宽15 m，底板采用

C20混凝土衬砌，衬厚0.3 m。

事故闸井段：闸井段长24 m，底板高程为1 292.5 m，顶高程为1 375.2 m，事故门的孔口尺寸为7 m×10 m。

有压洞段：洞身段长149.3 m，纵度i=0.003 587，断面型式为圆形，直径为6.5 m，洞身下半拱采用C40混凝土，洞身上部采用C25混凝土，衬厚0.9 m。

工作闸井段：闸井段长21 m，底板高程为1 292 m，顶高程为1 375.2 m。工作门的孔口尺寸为5 m×5 m。

无压洞段：洞身段长386.752 m，纵度i=0.028，断面型式为城门洞形，宽度为6.5 m，高度为8.5 m，起点高程1 292 m，出洞点高程为1 284.265 m。洞身段底板采用HF40钢筋混凝土，底板厚度1.0 m，采用C25混凝土，边墙和顶拱厚度0.8 m。

陡坡扩散段：无压洞段后通过渥奇曲线和消力池连接，宽度由6.5 m渐变到16 m，底板高程由1 284.265 m渐变到1 275 m。

出口消能段：消力池段长85 m，宽16 m，池深8.4 m。消力池边墙高18 m，采用整体式加横梁结构。出池后通入河道。

（3）发电引水系统

发电洞布置在右岸，进口布置在泄洪冲砂洞进口右侧。引水系统采用一洞两机联合供水的布置型式，设计引用流量26.0 m^3/s。发电引水洞由进口引渠段、闸井段、上平洞段、斜井段、高压钢管段和岔管段组成。

进口引渠段底板高程1 330.0 m，长20.17 m，底宽9.8 m，为复式梯形断面，底板采用C20素混凝土衬砌，厚度为0.5 m，开挖边坡1∶0.5，每10 m高设一马道，边坡采用C30混凝土喷锚支护。

进水口闸井采用岸塔式结构，闸井底板高程1330.0 m，闸井顶高程为1 375.2 m。闸井段由拦污栅段和事故门井段组成，拦污栅段设置主、副拦污栅各一道，孔口尺寸为4×7.5 m，挡水门孔口尺寸为4×7.5 m。事故门井段设2.5×3.5 m平板事故门一道。闸井后部设交通桥与坝顶连接，交通桥与坝顶同高。

洞身段总长547.241 m。上平洞段，纵坡i=0.01，直径3.2 m的圆形，采用钢筋混凝土衬砌，厚度为0.45 m；桩号发0+222.352 m处跨越深沟，沟深52 m，跨度为15 m。沟的前后面采用梯级坡面开挖，马道间岸坡坡度1∶0.3，并采用ϕ25砂浆锚杆并喷C30厚50 mm混凝土衬护。

斜井段直径为3.2 m，衬砌厚度为0.6 m，钢内衬采用16 MnR，厚16 mm。

高压钢管段长97.544 m，纵坡i=0.01，岩体内部高压埋管段长度为41.096 m，外包C20素混凝土衬砌厚0.6 m，岩体外部高压明管段长度为56.488 m，外包C25钢筋混凝土衬砌厚0.8 m。钢内衬型式同斜井段。

岔管为明管，采用Y型岔管，分岔角为90°，岔管采用16 MnR，厚度16 mm，岔管外包C25钢筋混凝土，厚度为1.0 m。

支管共有2根支管，长度分别为13.5 m、20 m，支管纵坡i=0.01，内径2.2 m，支管采用16 MnR，厚度16 mm，外包C25钢筋混凝土衬砌厚0.5 m，支管中心高程为1 280.00 m。

发电洞出口洞脸边坡与泄洪冲砂兼导流洞出口洞脸边坡结合采用梯级坡面开挖。

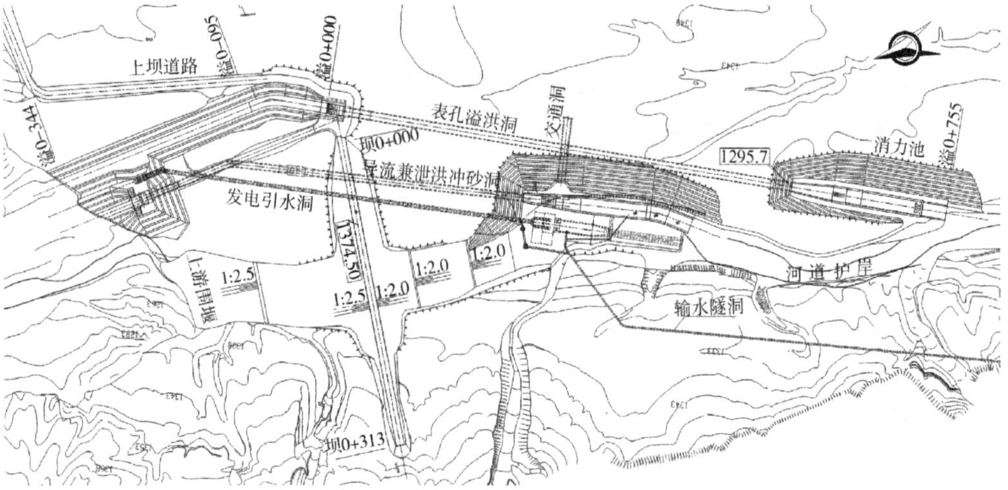

图4　方案一平面布置图（推荐方案）

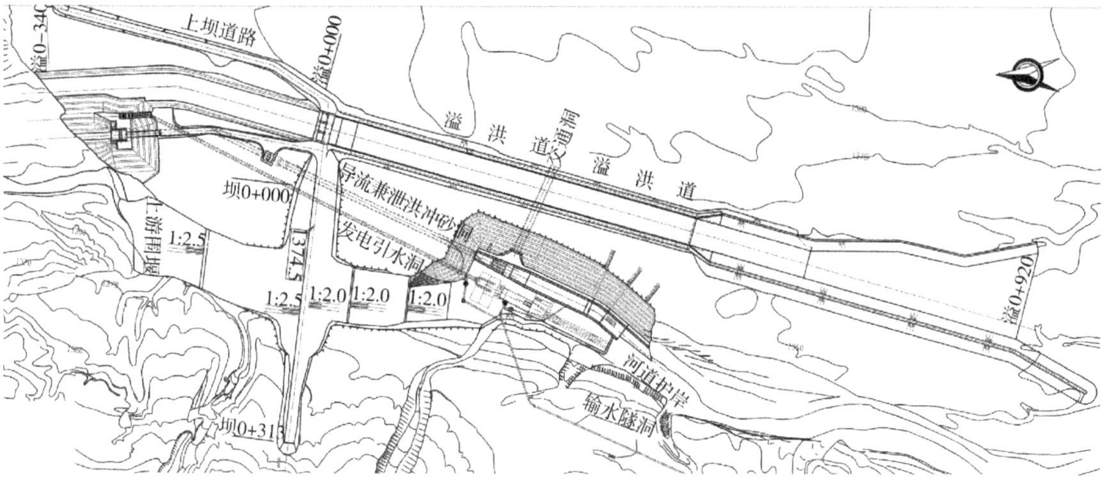

图5 方案二平面布置图（比选方案）

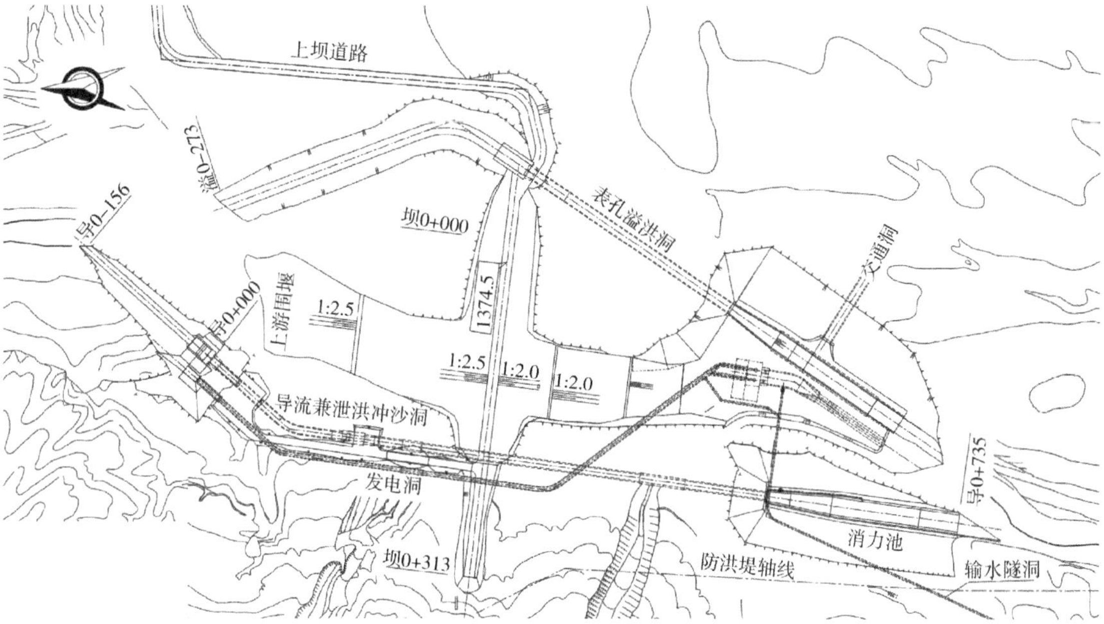

图6 方案三平面布置图（比选方案）

6.4.2.4 枢纽布置比选结论

方案一泄洪、发电系统集中于左岸，施工相对方便；枢纽布置紧凑，运行管理方便，投资也最省。方案二岸边台地溢洪道方案，泄洪冲砂兼导流洞在运行期使用频率加大，运行安全性不如方案一高；由于地形条件限制，溢洪道泄槽末端高程高于河道60 m，必定泄洪造成岸坡滑塌、束窄甚至淤塞河道，危及本工程甚至下游城镇安全。方案三受地形及交通的影响，右岸泄洪冲砂兼导流洞及发电洞施工需在截流前完成所有项目的施工，施工高峰强度较大，并且受地形影响右岸建筑物混凝土运输距离较远。施工过程中较方案一还需增加1.0 km新建施工临时道路，并增加临时钢桥3座，其中悬索钢架桥布置在坝轴线下游与洞群出口上游之间，施工难度大。工程运行期方案三运行管理也不如方案一方便。

综上所述，建筑物布置型式推荐方案一，即：泄水建筑物及发电引水洞左岸布置，表孔为溢洪洞的布置型式。

表2 建筑物布置型式比选工程特性及投资比较表

序号	项目	单位	方案一	方案二	方案三	备注
一	工程特性					
1	坝顶高程	m	1 374.5	1 374.5	1 374.5	
2	最大坝高	m	102.5	102.5	102.5	

续 表

序号	项目	单位	方案一	方案二	方案三	备注
3	坝顶长度	m	384.6	384.6	384.6	
4	表孔设计泄量	m^3/s	969.98	851.53	969.98	
5	表孔校核泄量	m^3/s	1 339.16	1 459.22	1 339.16	
6	表孔堰顶高程	m	1 358.5	1 363.5	1 358.5	
7	表孔堰宽	m	1×12	3×10	1×12	
8	溢洪洞洞长	m	572.91	—	244.90	
9	溢洪道泄槽长	m	—	870.00	—	
10	泄洪洞设计泄量	m^3/s	758.48	758.48	758.48	
11	泄洪洞校核泄量	m^3/s	772.99	772.99	772.99	
12	泄洪洞进口高程	m	1 292.5	1 292.5	1 292.5	
13	泄洪洞进口孔口尺寸	m	5×5	5×5	5×5	
14	泄洪洞有压洞洞径	m	6.5	6.5	6.5	
15	泄洪洞无压洞断面	m	6.5×8.5	6.5×8.5	6.5×8.5	
16	泄洪洞有压洞段洞长	m	175.54	175.54	149.38	
17	泄洪洞无压洞段洞长	m	272	272	386.75	
18	发电洞引用流量	m^3/s	26.0	26.0	26.0	
19	发电洞进口高程	m	1 330	1 330	1 330	
20	发电洞孔口尺寸	m	2.5×3.5	2.5×3.5	2.5×3.5	
21	发电洞低压引水洞长	m	322.9	322.9	547.2	
22	发电洞高压引水洞长	m	82.41	82.41	97.5	
二	工程静态投资					
1	沥青混凝土心墙坝	万元	8 639.33	8 639.33	8 639.33	
2	溢洪洞(道)	万元	8 277.83	6 699.41	7 062.07	
3	导流洞	万元	10 073.92	10 073.92	10 265.13	
4	发电洞	万元	1 027.23	1 027.23	1 319.86	
5	金结	万元	2 485.35	2 376.67	2 599.13	
6	临时工程	万元	4 665.35	4 607.91	5 037.65	
7	静态投资	万元	57 764.02	55 651.04	57 445.08	
8	静态投资差值	万元	0	−2 112.98	−318.94	

6.4.3 主要建筑物

枢纽由沥青混凝土心墙坝、溢洪洞、泄洪冲砂兼导流洞、引水发电系统、供水管线组成。沥青混凝土心墙坝上游围堰与坝体相结合。

6.4.3.1 挡水建筑物

坝顶宽度为10.0 m,最大坝高102.50 m,坝长384.6 m。坝体上游坝坡为1:2.5,上游围堰与坝体结合。上游设0.25 m厚混凝土护坡,护坡底高程为1 337.50 m。下游坝坡为1:2.0,在1 350.0 m、1 315.0 m高程处设两级2.0 m宽马道。下游坡面设0.3 m厚的干砌石护坡。

坝体填筑分区从上游至下游分为上游砂砾料区,上游过渡层区,沥青混凝土心墙区,下游过渡层区,下游砂砾料区,利用料区、排水棱体。

碾压式沥青混凝土心墙为垂直式，墙体轴线偏向上游，距坝轴线3.75 m。顶宽0.6 m，底宽1.2 m，在底部做放大脚与基础相连。心墙基座为厚1.2 m，宽12 m（河床段）、6 m（坝肩）的C20混凝土盖板。

过渡层设在心墙两侧，水平宽度上下游均为3 m，等宽布置，过渡层填筑至心墙顶部。

心墙基础：心墙基础坐在强风化下限，河床左右岸地形陡峭，心墙基础沿轴线方向开挖坡度不陡于1∶0.7。

固结灌浆：心墙基础座落在强风化下限，在心墙底部浇筑1.2 m厚的混凝土铺盖，并对心墙进行固结灌浆，排数为4排（其中两排兼帷幕），灌浆深度5 m，孔距3 m，排距2.0 m。

帷幕灌浆：深度按3Lu值控制，在右岸岸坡段设置1排，孔距2.0 m，深25 m。

6.4.3.2 表孔溢洪洞

溢洪洞位于左岸山体，轴线与坝轴线交角110.61°，由进口引渠段、控制段、洞身段、陡坡段、消力池段及出口护坦段组成。溢洪洞设计洪水位对应泄量969.98 m^3/s，校核洪水位对应泄量1 339.16 m^3/s。

进口引渠为复式梯形断面，长344.7 m，底板高程1 353.5 m，宽度15.0 m。引渠前端与发电洞及泄洪冲砂兼导流洞引渠形成联合进水口。引渠边坡采用挂网喷护支护型式，挂网钢筋ϕ8@200，喷混凝土C30，厚100 mm。

控制段为开敞式进口，长30.0 m，宽17.0 m，顶部高程1 375.5 m。采用WES堰型，堰顶高程1 358.5 m，堰宽12.0 m，控制段为C25钢筋混凝土整体式结构。控制段设弧形工作门一道。

洞身段水平长572.907 m，纵坡$i=0.05$。堰后斜井渐变段长25.74 m，斜井纵坡i=1.0，断面型式由12.5×10.5 m方形断面渐变到9.0×10.5 m城门洞形断面，反弧段半径R=40 m，转角θ=42.14°，为90×10.5 m城门洞形断面。反弧段后洞身纵坡i=0.05，城门洞形断面9.0×10.5 m，底板衬厚1.0 m，采用HF40钢筋混凝土，边墙、顶拱衬厚0.8 m，采用C25钢筋混凝土。

出口陡坡段水平长60.4 m，底宽9.0～18.0 m，墙高8.0～20.0 m，纵坡i=0.5，与洞身段底板竖曲线相接。陡坡段为“U”型钢筋混凝土整体结构，底板采用HF40钢筋混凝土，厚1.5～2.5 m，边墙采用C25混凝土，厚1.0～2.5 m。

出口消力池长75.0 m，底宽18.0 m，池深8.6 m，墙高20.0 m，底板高程1 272.4 m，坎顶高程1 281 m，边墙顶高程1 292.4 m。消力池为“U”型钢筋混凝土整体式结构，底板采用HF40钢筋混凝土，厚2.0 m，边墙采用C25钢筋混凝土，厚1.0～2.0 m。池内设消力墩。

出口护坦段：该段长30.0 m、宽18.0 m，为“U”型C25钢筋混凝土整体结构，底板厚1.5 m，边墙厚1.0～1.5 m。出口开挖、支护型式与进口相同。

6.4.3.3 泄洪排沙兼导流洞

泄洪冲沙兼导流洞布置在左岸岩体内，进口闸井与发电洞进水塔布置在一起。泄洪冲沙兼导流洞设计洪水流量758.48 m^3/s，校核洪水流量772.99 m^3/s。该洞由进口引渠、事故闸井段、圆形有压洞段、工作闸井段、城门洞型无压洞段及出口消能段组成。

引渠段：进口引渠长92.461 m，底板高程1 292.5 m，纵坡i=0，断面型式为梯形，底宽6.5 m，底板采用C20混凝土衬砌，衬厚0.3 m。

事故闸井段：闸井段长24 m，底板高程为1 292.5 m，顶高程为1 375.2 m。设事故门一道，孔口尺寸分别为6.5 m×11 m。闸井后部设交通桥一座。

有压洞段：洞身段长175.54 m，纵度i=0.003，断面型式为圆形，直径为6.5 m，洞身混凝土衬厚0.9 m，下半拱采用HF40混凝土，上部采用C25混凝土。

工作闸井段：闸井段长21 m，底板高程为1 292 m，顶高程为1 375.2 m。设弧形工作门一道，孔口尺寸为5 m×5 m。

无压洞段：洞身段长272.077 m，纵度i=0.029 4，断面型式为城门洞形，宽度为6.5 m，高度为8.5 m。洞身段底板采用HF40混凝土，厚度1.0 m，边墙和顶拱采用C25混凝土，厚度0.8 m。

陡坡扩散段：无压洞段后通过渥奇曲线和消力池连接，宽度由6.5 m渐变到16 m。

出口消能段：消力池段长85 m，宽16 m，池深8.4 m，边墙高18 m。

6.4.3.4 发电引水系统

发电引水系统布置在左岸，进口闸井布置在溢洪道引渠和泄洪冲砂洞进口之间。引水系统采用一洞两机联合供水的布置型式，设计引用流量26.00 m^3/s。引水系统主要由引水渠、进水口、引水隧洞、压力管道、岔管、支管组成。

引渠段底板高程1 330.0 m，长21.0 m，底宽10.5 m，为复式梯形断面。

进水口闸井采用岸塔式结构，由拦污栅段和事故门井段组成，底板高程1 330.0 m。拦污栅段长8.3 m，宽4.0 m，设置主、副拦污栅各一道，孔口尺寸4×7.5 m，挡水门孔口尺寸4×7.5 m，事故门井段设2.5×3.5 m平板事故门一道，闸井后部设交通桥与坝顶连接。

引水隧洞总长466.16 m。上平洞段长327.9 m，纵坡i=0.01，直径3.2 m的圆形，衬砌厚度为0.45 m。斜井段直径3.2 m，采用钢筋混凝土衬砌，厚度为0.6 m，钢衬采用16 MnR，厚16 mm。高压钢管段长82.41 m，纵坡i=0.01，直径3.2 m，钢衬采用16 MnR，厚16 mm，岩体内部高压埋管段外包C20素混凝土衬砌，厚0.8 m，岩体外部高压明管段外包C25钢筋混凝土衬砌，厚0.8 m。

岔管为明管，采用Y型岔管，岔管采用16 MnR，厚度16 mm，外包C25钢筋混凝土，厚度为1.0 m。

支管共有2根支管，长度均为30 m，支管纵坡i=0.01，内径2.2 m，支管采用16 MnR，厚度16 mm，外包C25钢筋混凝土衬砌厚0.5 m。

6.5 生态流量与泄放措施

五一水库工程建设对环境的不利影响主要表现在生态环境影响方面；对环境的有利影响主要体现在社会环境方面。在采取各项环境保护措施后，对环境的不利影响可以得到减免或者控制。因此，只要认真落实各项环境保护措施和环境监测规划，加强环境保护管理和监督，从环境保护的角度衡量，本工程的兴建是可行的。

在五一水库建成运行后，为保证下游河道生态用水，五一水库枢纽须下泄不小于1.0 m^3/s的生态流量。主体工程设计应考虑设置相应的泄水闸门，保证生态流量能够正常下泄。

五一水库供水管线取水口的设计引用流量3.63 m^3/s ，其中：一部分为供水管线供水，设计流量2.63 m^3/s；另一部分为生态基流放水管供水，设计流量1.0 m^3/s。生态基流放水措施保障了运行期坝后河道在任何时段不断流，满足生态基流放水要求。

6.6 施工导流与工期

6.6.1 施工导流

（1）导流方式

根据枢纽建筑物布置和场地地形条件，本阶段施工导流采用河床一次断流、上下游围堰挡水、左岸导流兼泄洪冲沙洞泄流的导流方式。初期导流阶段为截流至坝体临时挡水度汛前，即第一年10月～第三年5月底；后期导流时段为坝体临时挡水度汛至导流兼泄洪冲沙洞下闸蓄水，即第三年6月初～同年9月底。

（2）导流标准

导流临时建筑物为Ⅳ级，导流建筑物设计洪水标准为10～20年一遇洪水，坝体度汛设计洪水标准为50～100年一遇洪水。初期导流标准采用20年一遇洪水，相应洪峰流量为851 m^3/s。后期导流标准采用50年一遇洪水，相应洪峰流量为1 270 m^3/s。

6.6.2 施工总进度

本工程总工期为48个月。其中施工准备期9个月，主体工程施工期36个月，完建期3个月。

6.7 工程特点与建议

(1)沥青混凝土心墙坝

坝址区河谷狭窄，呈“U”型河槽，河谷窄深，两岸谷坡近直立，局部形成倒坡，基本对称，坝址区基岩岩性单一，地层为第四系下更新统西域砾岩，西域砾岩具块状构造，砾状结构，泥沙质、钙质胶结或半胶结，遇水易软化，工程地质条件复杂，为确保高陡边坡上，沥青混凝土心墙与基础应力条件较好，心墙基础沿坝轴线方向左右岸坡开挖成1:0.7的坡度，使基础部位心墙应力状况改善，沥青混凝土心墙与基础结合紧密，保证基座与心墙连接部位的安全。

坝址区附近缺乏作为黏土心墙的防渗土料，推荐碾压式沥青心墙坝坝高102.5 m，沥青心墙用的灰岩骨料距坝址区180 km左右，用碱性骨料做沥青混凝土的粗骨料略显不经济，开展非碱性骨料做沥青混凝土的粗骨料的研究；最终因坝高较高，沥青混凝土用量较少，节约的投资较少，沥青心墙采用了灰岩骨料。

陡峭狭窄河床两岸的地形和岸坡突变的地形，要求其沥青混凝土的变形模量较小，塑性较大，能适应容易发生沉陷的地基、地震区和岸坡较陡的坝址。但承受高水头的沥青混凝土心墙又要求其具有一定的强度。调整沥青混凝土的配合比，油石比推荐为6.9%，既能适应坝址的地形条件，又能满足沥青混凝土心墙的强度。

工程区西域砾岩开挖料260万m^3，开挖料比规划的料场砂砾石料除颗粒偏细外，其他指标均满足筑坝材料要求。坝体填筑料充分利用了开挖料，开挖料利用近40万m^3，经济效益较大。

五一水库坝址区西域砾岩属第四系最新成岩地层，也广泛分布于塔里木盆地周边、天山南麓和昆仑山北麓山前地带，其性质介于岩石与土之间，在西域砾岩地区修建水利工程的实例少，国内外对西域砾岩的研究很少且不深入。由于其结构复杂，力学性能极差，现有的技术手段和规程、规范不完全适用于在西域砾岩地区修建的水利工程，西域砾岩成为制约工程建设和运行安全的技术难题。建议结合本工程和类似条件工程对西域砾岩的初步研究，设立科研课题，提出一整套西域砾岩工程建设关键技术和方法体系，包括西域砾岩特性、分类和工程物理力学参数确定方法、边坡稳定分析方法及处理措施、筑坝长期变形特征等关键技术等，为新疆地区开发利用有效的水资源、水能资源创造重大的经济效应和社会效应。

(2)枢纽布置

坝址区河谷窄深且顺直，枢纽布置尤其是泄洪建筑物较为困难，为泄水顺河向退水，结合坝址区高边坡卸荷体的处理，泄洪建筑物进出口的挖量巨大，泄洪建筑物、尤其进出口的开挖支护投资占工程投资比重大。结合泄洪建筑物出口卸荷体处理和边坡开挖、采用“之”字形道路布置河岸到河谷的交通，既利于边坡稳定，又节省了工程投资。

(3)高边坡处理

坝址区河谷深切，岸坡近直立，工程区西域砾岩具有遇水软化、崩解、岩性变化大，饱和强度低，透水性差的特性，边坡稳定问题突出。联合进水口高边坡稳定是本工程安全运行的重中之重，主要措施有：结合施工要求在进水口高边坡分层设置交通道路，达到放缓边坡(综合边坡1:0.95)的目的；利用边坡开挖料在岸坡坡脚布设压重区，提高边坡安全系数；对进水口开挖边坡揭露的泥岩层采用混凝土梁塞进行置换加固，封闭边坡泥岩层，避免泥岩软化造成边坡局部失稳；边坡喷锚支护面上设置纵向混凝土隔梁，避免喷护混凝土大范围脱落进入泄洪建筑物进口。

(4)泄洪建筑物消能方式

泄水建筑物挑流消能方式对河床淘刷严重(经计算表孔溢洪洞挑流消能冲坑深度最大达38.9 m)，而河谷狭窄，河道宽度仅30～50 m，运行期势必造成河道两岸岸坡滑塌，堵塞河道，形成坝后堰塞湖，甚至造成右岸高陡山体(高度达200 m以上)塌方，危及工程及下游城镇人民生命、财产安全。而底流消能尾部护坦高程接近河床，消能后流速较小，对河床冲刷及两岸岸坡稳定影响较小。因此，本工程泄水建筑物消能方式均采用底流消能方式。

附表　迪那河五一水库工程特性表

名　称	数　量	名　称	数　量
一、水文		1.挡水建筑物型式（坝型）	黏土心墙坝
坝址以上流域面积	1 615 km^2	地震基本烈度/设防烈度	Ⅷ/8
利用水文系列年限	33年	最大坝高	102.5 m
多年平均年径流量	3.64亿m^3	坝顶高程/顶部长度	1 374.5 m/384.6 m
多年平均流量	11.5 m^3/s	2.泄水建筑物	
设计洪水标准及流量（P=1%）	1 610 m^3/s	2.1溢洪洞	
校核洪水标准流量（P=0.05%）	3 200 m^3/s	溢流堰净宽尺寸	15 m
施工导流标准及流量（P=20%）	851 m^3/s	堰顶高程	1 358.00 m
二、工程特征水位及工程规模		最大泄量	1 767.16 m^3/s
1.水库水位		消能方式	底流消能
正常蓄水位	1 370.00 m	2.2导流兼深孔泄洪洞	
设计洪水位	1 370.69 m	进口底板高程	1 292.00 m
校核洪水位	1 373.17 m	最大泄量	773.18 m^3/s
死水位	1 340.00 m	消能方式	底流消能
2.水库容积		2.3发电引水洞	
水库总库容	9 948.62万m^3	进口底板高程	1 330.00 m
调节库容	5 074.1万m^3	引水发电流量	26 m^3/s
调洪库容	1 996.34万m^3	五、施工	
死库容	1 336万m^3	明挖土方	122.29万m^3
三、工程效益指标		明挖石方	232.05万m^3
直接控制灌溉面积	万亩	填筑料	191.2万m^3
工业供水（近期/远期）	5 100/8 300万m^3	混凝土和钢筋混凝土	21.4万m^3
装机容量（远期建设）	MW	六、经济指标	
四、主要建筑物		总投资	109 844.38万元

第七章
呼图壁县石门水电站工程

7.1　工程概况

石门电站为呼图壁河梯级开发方案中的第三级电站，为混合式开发方式，开发任务为灌溉、防洪、发电。石门水电站正常蓄水位1 240 m，水库总库容7 975×10^4 m^3，工程兴建后可将下游105万亩灌溉面积的设计保证率达到75%，装机容量95 MW。本工程为Ⅲ等工程，工程规模属中型。大坝级别为2级，泄水建筑物、进水口、引水隧洞、厂房、消能防冲等主要建筑物级别为3级，次要建筑物（挡土墙、工作桥、护岸等）为4级，临时性建筑物为5级。沥青混凝土心墙土石坝为推荐坝型，坝顶高程1 243 m，最大坝高106 m，坝顶长度312.51 m。

石门水电站位于呼图壁县南侧，距呼图壁县城78 km，距昌吉市116 km，距乌鲁木齐市154 km。本工程附近有铁路和公路交通干线，对外交通十分便利。

石门水电站工程静态投资114 797万元，工程总投资为128 166万元。单位千瓦投资（静态）12 083.85元/kW·h，单位电度投资（静态）5.36元/kW·h。

7.2　水文

呼图壁河发源于天山北坡的喀拉乌成山及天格尔山，呈南北带状分布，流域地处欧亚大陆腹地，准噶尔盆地南缘。东与三屯河相邻，西与玛纳斯县的塔西河接壤，南至喀拉乌成山的冰峰雪岭，北达古尔班通古特沙漠。

呼图壁河多年平均流量15.0 m^3/s，相应多年平均径流量4.79亿m^3。大坝设计洪水标准为100年一遇（P=1%），洪峰流量为705 m^3/s；大坝校核防洪标准为2 000年一遇（P=0.05%），洪峰流量1 370 m^3/s；施工导流标准为20年一遇（P=5%），洪峰流量为257 m^3/s。

石门水库工程属低山丘陵区，降水少，蒸发强，阳光充足。呼图壁河石门水库坝址以上仅有上游7 km处的石门水文站，该站系列年限共22年。石门水文站多年平均降水量为408 mm，多年月平均蒸发量888 mm，多年平均气温为6.4℃，实测极端最高气温为39.1℃，实测极端最低气温为-30.4℃。多年月平均气温最高为20.7℃，相应月份为7月。多年月平均气温最低为-10℃，相应月份为1月。最大冰厚0.86 m。一般天气条件下，受山谷风的影响，山区、平原盛行东风。

多年平均含沙量0.92 kg/m^3，多年平均输沙量43.3万t，最大年平均含沙量3.52 kg/m^3。石门坝址推移质泥沙12.5万t。

7.3 工程地质

库、坝区位于天山北麓，乌鲁木齐山前坳陷带内。区内准葛尔南缘断裂及其北盘次级齐古、吐谷鲁褶皱和断裂具活动性，区域稳定性差。库坝区地震动峰值加速度为0.184 g，厂房区地震动峰值加速度为0.209 g，相应地震基本烈度均为Ⅷ度。且引水隧洞穿越齐古活动断裂，须进行专门处理。

组成库盆的地层为侏罗系中、上统泥岩、粉砂质泥岩、泥质粉砂岩、砂岩及砾岩，以横向河谷为主，岩体透水性弱，封闭条件较好；水库无渗漏和规模较大不稳定地质体存在。主要工程地质问题是淤积和松散堆积层塌岸破坏问题。水库诱发地震可能性小，但蓄水初期进行地震监测是必要的。

心墙坝坝基以弱风化岩体作基础持力层，可满足建坝要求。对弱风化软岩局部存在不均匀变形问题，建议对软岩、夹层或裂隙等进行补强处理。两岸坝肩以上硬岩岩质边坡，自然边坡整体稳定。对卸荷形成的危岩体及坝后下游1#、2#拉裂体，需进行加固或清除处理。右岸山梁需进行稳定性监测。坝基防渗帷幕按0.5倍坝高和$q \leq 3\mathrm{Lu}$防渗标准，坝基下限1 085 m高程，两岸建议帷幕深度至地下水位线以下10～20 m。防渗面积约2.4万m^2。

引水隧洞总长7 454 m。闸门井上部边坡存在风化、卸荷岩体，局部存在风化岩体、危岩体的稳定问题，应作清除或加固处理。闸门井段开挖存在软岩边坡的稳定问题，应加强边坡处理。隧洞沿线Ⅲ类围岩占11.3%；Ⅳ类围岩占73.0%，Ⅴ类围岩占15.7%。加上石梯子向斜洞段岩层倾角平缓，齐古活动断裂影响范围较大等，引水隧洞主要工程地质问题为围岩稳定问题。对软岩洞段应进行有效支护处理、对齐古断裂带应进行特殊处理。调压井山体单薄，风化卸荷较强烈，成洞条件较差，需加强支护处理与变形监测。

厂房区地质构造较简单，厂基岩体能满足厂房基础要求，对局部软弱带应进行加固处理。厂房后坡局部存在卸荷裂隙切割、软岩风化、覆盖层等局部边坡稳定问题。厂房基坑位于河水位附近或低于河水位，施工期可能存在沿裂隙面或层面的涌水问题。厂房位于冲沟口，应考虑汛期冲沟泥石流等对厂房安全的影响。

溢洪洞Ⅲ类围岩占66.6%；Ⅳ～Ⅴ类围岩占33.4%。对软岩、夹层及裂隙发育洞段应进行有效支护处理。进、出口均为斜向岩质边坡，自然边坡整体稳定。施工开挖进口软岩风化岩体、出口因卸荷裂隙切割及岩体风化影响等，局部均存在边坡稳定问题，应对边坡进行喷锚处理。

导流兼泄洪、冲沙洞Ⅲ类围岩占25.3%；Ⅳ～Ⅴ类围岩占74.7%。隧洞主要工程地质问题为围岩稳定问题，对软岩洞段应进行有效支护处理。进口边坡：自然边坡整体稳定。施工局部存在表层风化岩体、上游侧顺向坡稳定问题，应加强边坡支护处理。出口边坡：出口位于7#危岩体陡壁下，因卸荷裂隙切割及岩体风化，边坡稳定问题较突出，施工开挖之前应对边坡进行喷锚处理。

坝址、厂房附近天然砂砾石料丰富，土料储量也能满足要求，块石料相对缺乏。经勘察和试验工作，*C*1、*C*2砂砾石料料场作为大坝填筑料、混凝土骨料及沥青混凝土用料，其物理、力学性能基本满足技术要求，唯含泥量偏高，本阶段推荐*C*2砂砾石料场；*C*3石料场经取样试验，岩石强度及软化系数偏低，不能作为混凝土用骨料及主堆石区用料；*C*4砂砾石料场作为厂房混凝土骨料，仅含泥量偏高，其他指标均能满足要求；*T*1土料场除一个试样的塑性指数为9.7稍低处，其他各项指标均能满足土石坝防渗体土料的质量技术要求。

7.4 工程布置及主要建筑物

7.4.1 坝型选择

根据流域规划，石门坝址区为西干沟出口至峡谷出口大平台南端，河段长约2 km余，其中峡谷段长约1 200 m，峡谷进口上游两岸陡壁夹角近90°，河谷迅速变宽。坝基及坝肩岩石多为泥岩及泥质粉砂岩，坝基岸坡存在深厚覆盖层及崩塌堆积体，坝线越往上游移，坝体工程量越大；峡谷出口后阶地宽阔，阶地高程为1 200 m左右，在峡谷下游建坝，河床高程降低约30 m，若以阶地高程为坝顶高程，坝高为110 m，但库容仅2 000万m^3左右，若要满足综合利用调节兴利的库容，则工程量巨大，且峡谷出口后，坝肩岩体也为软岩，因此在峡谷出口处修建拦河坝也不适宜，故选择峡谷进口附近的上坝址作为推荐坝址。

坝址处地形开阔，岩体强度低，地形、地质条件适宜用当地丰富的砂砾石料修建砂砾石坝。根据上坝址地形地质条件，初选沥青心墙砂砾石坝、黏土心墙砂砾石坝、钢筋混凝土面板砂砾石坝进行比选。

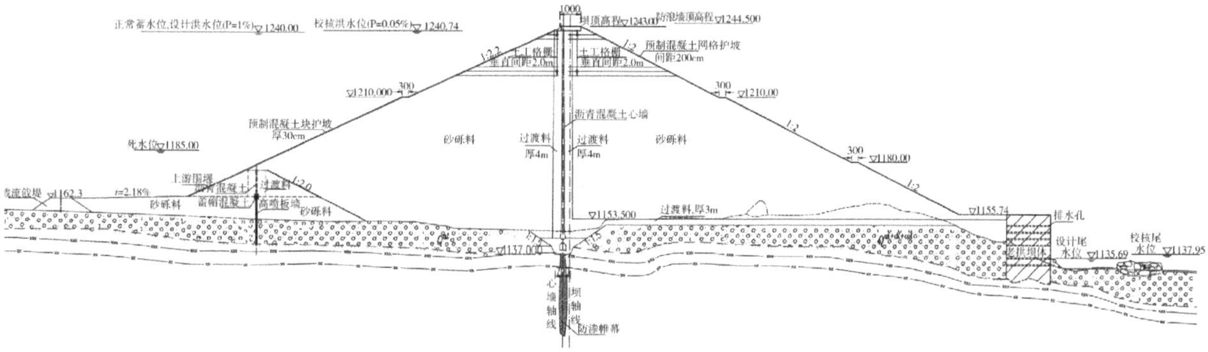

图1　沥青心墙坝横断面横断面

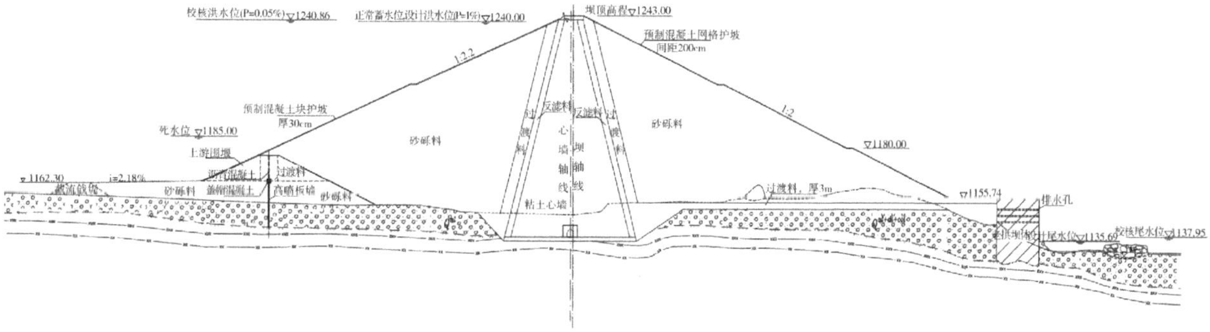

图2　黏土心墙坝横断面

三种坝型的泄洪系统布置、引水发电系统布置完全相同，筑坝材料和施工方法基本一样。所不同的仅仅是坝体防渗材料和方式不同，上游围堰形式和导流洞的长度不同。坝体及导流建筑物和其他临时工程的工程量有所差别，投资也不相同。三种坝型的投资见表1。

表1　石门水库不同坝型投资比较表　　　　**单位：万元**

坝型		沥青心墙砂砾石坝	黏土心墙砂砾石坝	混凝土面板砂砾石坝
投资比较	挡水工程	20 417	21 234	21 811
	导流工程	2 943	2 943	3 309
	其他施工临时工程	1 399	1 429	1 463
	合计	24 759	25 606	26 583
	差值		847	1 824

从投资比较中可以看出，上坝址三个当地材料坝中沥青心墙砂砾石坝投资最省（布置及结构相同工程未参与经济比较），黏土心墙砂砾石坝次之。沥青混凝土心墙适应变形能力强，且具有一定的自愈能力，抗震性能优于黏土心墙；沥青心墙填筑和碾压几乎不受气候影响，施工速度快，保障率高；采用沥青心墙还可避免因大范围开挖黏土材料，对植被、环境的影响。综上所述，选择沥青心墙砂砾石坝为上坝址的代表坝型。

7.4.2 工程布置

7.4.2.1 枢纽布置比选

通过坝址、坝型、厂址的比选，推荐采用上坝址沥青混凝土心墙砂砾石坝、左岸下厂址地面厂房方案。在枢纽布置上对泄洪冲沙洞进行比选后选定枢纽布置方案。

从施工布置和河谷地形地质特点看，左岸为凹型，布置导流洞洞线较长，右岸为凸型，导流洞洞线较短，且线型顺直，进口可避开堆积体，因此将导流洞设在右岸。

结合本工程特点，为节约工程投资，可考虑两种方案，方案1：泄洪冲沙洞利用导流洞改建，方案2：两者合二为一布置，即一条隧洞，施工期作导流用，运行期作泄洪冲沙用。

方案1：导流洞进口底板高程为1 155.00 m，隧洞断面尺寸6.0×6.0 m（宽×高）。泄洪冲沙洞进口底板高程应低于发电引水系统进水口底板高程1 170.00 m，初拟为1 165.00 m。泄洪冲沙洞采用龙抬头的布置形式与导流洞衔接。

方案2：导流洞布置时考虑泄洪冲沙洞长期运行的需要，进口底板适当抬高至1 160.00 m，经计算隧洞断面受导流流量控制，隧洞断面尺寸为7.0×8.5 m（宽×高）。

两方案比较，从截流时间看两方案相当；方案1存在导流洞封堵问题，封堵时河水只能由龙抬头泄洪洞或溢洪洞下泄，通过龙抬头泄洪洞下泄，由于河水回流，封堵施工难以实施；通过溢洪洞下泄，存在导流洞闸门挡水水头高、坝区下游交通布置困难、导流洞封堵支洞长、施工风险大、投资高的问题。方案2可利用泄洪洞导流，较方案1减少导流洞前半部分工程量及进口钢闸门，且不存在导流洞封堵问题；相对方案1截流落差较大，但考虑呼图壁河水量小，且在汛末截流，难度较小。围堰工程量较方案1大，但是坝体的一部分。综合来看，方案2优势明显，因此，泄洪冲沙洞布置采用方案2，即布置一条多用途隧洞，在施工期作导流洞，运行期作泄洪和冲沙用，并在必要时作水库放空用。

7.4.2.2 选定方案枢纽布置

通过对各建筑物的布置进行比较，最终推荐枢纽布置格局为：沥青混凝土心墙砂砾石坝、右岸泄洪系统、左岸引水系统、地面厂房等组成。

沥青混凝土心墙砂砾石坝坝顶高程1 243.00 m，防浪墙顶高程1 244.50 m。河床段心墙基座建基面高程为1 137.00 m，最大坝高106.00 m，坝顶全长312.51 m，坝顶宽10 m，坝体最大底宽约392 m。

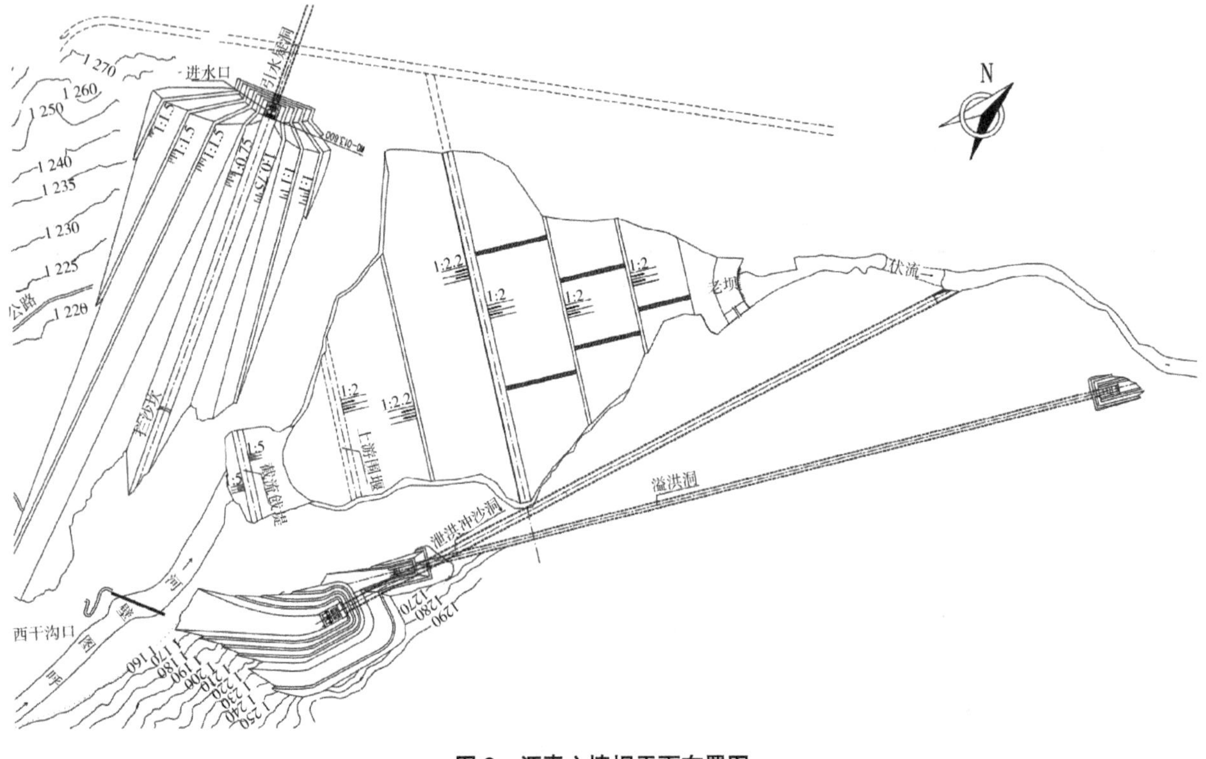

图3 沥青心墙坝平面布置图

泄洪建筑物由右岸泄洪冲沙洞及右岸溢洪洞组成。泄洪冲沙洞是一条多用途隧洞，在施工期作导流洞，运行期具有泄洪和冲沙及泄放生态流量之作用，并在必要时作水库放空之用。溢洪洞是一条辅助泄洪洞，用于渲泄非常洪水。

引水系统由岸塔式进水口、引水隧洞、调压井、压力钢管组成。电站采用一洞二机供水方式，引水线路总长约8 615 m，机组引用流量50.14 m^3/s，引水隧洞内径4.4 m，压力钢管主管直径4.2 m。

地面厂房位于坝址下游约7 km的河道左岸岸边，厂区枢纽主要由主机间、安装间、上游副厂房、中控楼、尾水渠等建筑物组成。主机间安装2台（2×47.5 MW）共95 MW混流式水轮发电机组。厂房跨度为18 m，主厂房尺寸（长×宽×高）51.0×22.0×39.37 m。机组安装高程为1 000.41 m。

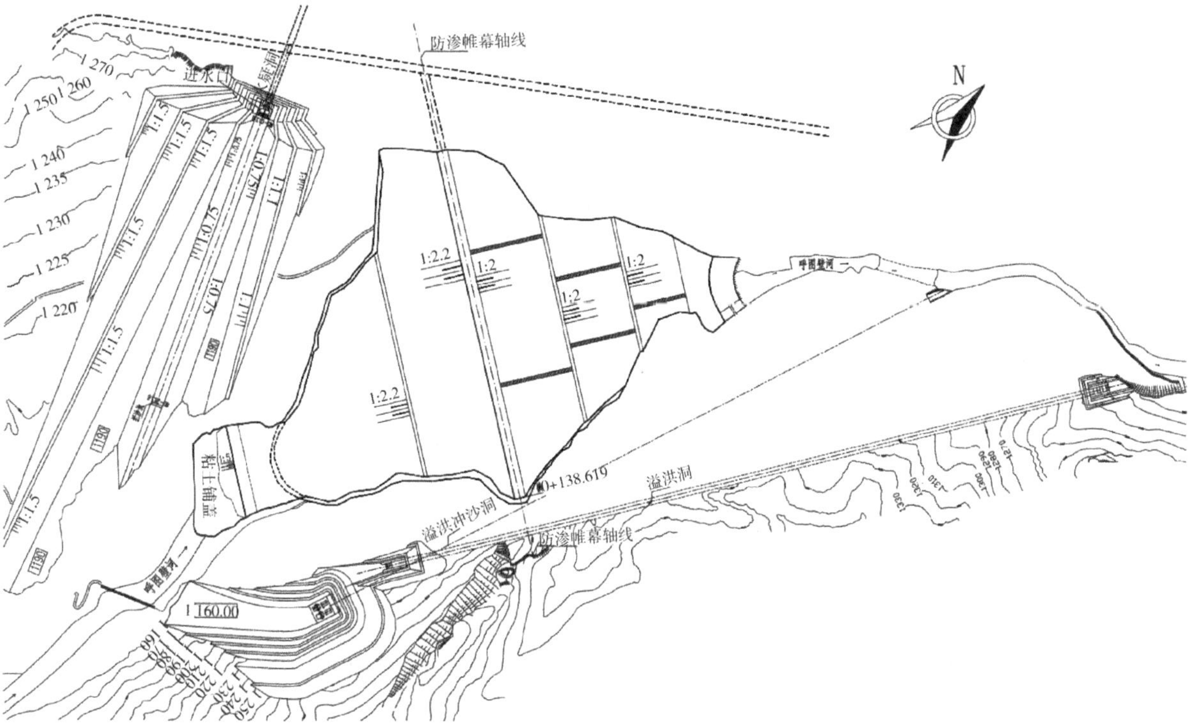

图4　黏土心墙坝平面布置图

7.4.3　主要建筑物设计

7.4.3.1　大坝设计

1. 坝体轮廓设计

大坝为沥青混凝土心墙砂砾石坝，坝顶高程1 243 m，河床段心墙基座建基面高程为1 137 m，最大坝高106 m，沥青心墙高98 m，坝顶全长312.51 m，坝体最大底宽约392 m。

水库正常蓄水位为1 240 m。根据调洪计算结果，设计洪水位为1 240 m，校核洪水位为1 240.86 m。

坝顶采用防浪墙结构型式，根据水库的正常水位应低于防浪墙与面板交接处高程的原则，取防浪墙底高程1 241 m，墙高3.5 m，坝顶以上防浪墙高1.5 m，防浪墙顶高程为1 244.50 m。

通过坝坡稳定分析，确定大坝上游坝坡为1:2.2；下游坝坡在1 210 m、1 180 m高程设3 m宽马道，坝坡综合坡比为1:2.05，马道间坝坡坡比为1：2。

2. 坝体断面分区设计

（1）砂砾料填筑区：大坝砂砾料要求石质坚硬，不易软化破碎，饱和抗压强度≥30 MPa，下游抗压强度≥40 MPa。颗粒级配要求连续，最大粒径不大于800 mm，小于10 mm的颗粒含量控制在10%～25%范围，小于5 mm的颗粒含量＜15%，小于0.075 mm的颗粒含量≤5%，压实后的孔隙率$n \leq 24\%$。采用天然砂卵砾石料，在颗粒级配满足相应堆石料要求的同时，每铺层厚度不超过60 cm，压实后相对密度≥0.85。渗透系数10^{-2}～10^{-3} cm/s。

（2）过渡层：过渡料位于砂砾石填筑料与心墙之间，其作用主要是：与沥青混凝土心墙紧密结合，并填充到邻近坝壳的孔隙内，防止沥青混凝土受力压入坝壳内而产生渗透变形；防止填筑体流失，排除可能经过心墙的渗透水；变形模量界于沥青混凝土和坝壳填料之间，均匀传递应力，防止心墙发生应力集中而开裂；上游侧过渡层给后期可能出现的渗漏处理提供级配良好的灌浆区。

过渡层的砂砾料必须级配良好、致密坚硬，具有较强的抗风化性和抗风化能力，要求最大粒径不超过80 mm、中值粒径d_{50}=9～12 mm、含泥量<5%，压实渗透系数不小于1×10^{-2} cm/s，与沥青混凝土心墙同步摊铺和碾压，压实后的孔隙率$n\leqslant20\%$，相对密度不低于0.85，以给墙体提供均匀支撑；同时减小沥青混凝土嵌入过渡层数量，使上游侧过渡层能使沥青混凝土产生自愈效应，避免可能产生的裂缝部位的渗漏，且下游侧过渡层能排水通畅。

3. 坝体及基础防渗结构设计

（1）坝体防渗结构设计

沥青混凝土心墙为碾压式，位于坝体中部，坝轴线上游，心墙轴线距坝轴线3.25 m。心墙顶高程1 242.50 m，顶部厚0.50 m，上、下侧按1∶0.005 4的坡度放坡，河床段至1 147.50 m高程心墙厚为1.50 m，心墙底部与混凝土基座连接，底部高程1 144.50 m，心墙通过3 m的渐变段加厚为2.50 m。

心墙的沥青混凝土要求孔隙率≤2%，渗透系数≤1×10^{-8} cm/s，水稳定系数≥0.90。弯曲强度≥400 kpa，弯曲应变≥1%，内摩擦角≥25°，粘结力≥0.3 MPa。沥青含量约占沥青混合料总重的6%～7.5%。骨料粒径不大于20 mm，要求质地坚硬、新鲜，不因加热而引起性质变化。

（2）基础防渗设计

根据地质资料，坝址区地层岩性主要为齐古组中部砂岩、泥质粉砂岩及粉砂质泥岩，左岸1 190 m高程以上为棕红色厚层块状岩屑砂岩、砾岩，总体上均属微透水－弱透水岩体，透水率多小于3Lu。

防渗帷幕线左岸由左坝头沿坝轴线方向N58°W向山里延伸112 m，右岸由右坝头沿坝轴线方向N58°W向山里延伸70 m，帷幕线全长597 m，防渗标准为透水率≤3Lu，帷幕总孔深1.78万m，防渗面积2.23万m^2。

7.4.3.2 泄洪冲沙洞设计

泄洪冲沙洞由引渠段、岸塔式进水口、有压洞段、闸门井段、无压隧洞、出口消能等组成。

引渠段长约124 m，底板高程1 160 m，进口采用岸塔式，塔顶部高程1 243 m。考虑到闸门运行水头高达80 m，为提高闸门运行的可靠性，将孔口分为2孔，共用2扇检修闸门，检修闸门孔口尺寸为：3.7×6.5 m（宽×高），弧形闸门2扇，孔口尺寸为：3.7×6.5 m（宽×高）。

无压隧洞段进口底板高程1 160 m，出口底板高程1 132 m，隧洞轴线方位N18.25°E，长614 m，坡度i=4.61%，断面采用城门洞型，尺寸为7.0×8.5 m（宽×高），衬砌厚度0.8 m。隧洞出口采用挑流消能，挑射角20°，反弧半径30 m。隧洞出口下游两岸1 140 m高程以下长约40 m范围作1.0 m厚的混凝土铺盖，以保护岸坡的稳定。

7.4.3.3 溢洪洞设计

溢洪洞位于大坝右岸，由引渠段、控制段（溢流堰段）、无压隧洞段及消能工组成。

引水明渠底板高程1 226.00 m，长约47 m。泄流控制段采用实用堰，堰面采用WES曲线实用堰，曲线方程为y=0.095 639×1.85，堰顶高程1 232.00 m，设置一弧形工作闸门，孔口尺寸5×8 m（宽×高），控制段长22.50 m。洞身为无压洞，长633.15 m，纵坡为5.73%，隧洞断面型式为城门洞型，尺寸5×5.5 m（宽×高），边墙及顶拱衬砌厚度0.5 m，底板厚0.8 m。隧洞出口高程1 187.13 m。后为明渠段，采用窄缝挑流消能，窄缝收缩比0.4，收缩后出口宽度2 m，收缩段长6 m。

溢洪洞进口1 243.00 m高程以下开挖边坡1∶0.75，1 243.00 m高程以上开挖边坡1∶1.5；下游出口边坡按1∶0.2的坡比进行开挖，每间隔15 m高设置一道2 m宽马道；边坡处理方式为挂网喷锚，并布置ϕ25的系统锚杆，长4.5 m，梅花型布置，间排距为3 m。在库水位以上设置5 m深排水孔，确保边坡排水。

7.4.3.4 引水系统设计

引水系统布置于河床左岸，采用一洞两机的布置方式，由进水口、引水隧洞、上游调压室、压力钢管组成，单机引用流量25.07 m^3/s，引水线路总长约8 615 m。

进水口为岸塔式，布置于坝轴线上游左岸约160 m处，顺水流方向长13.6 m，进水口前沿总宽度12.2 m。垂直于水流方向共设置2孔拦污栅，塔顶高程与坝顶同高为1 243 m。进水口设一道检修闸门，闸门孔口尺寸4.0×4.4 m（宽×高）。调压井前引水管道长7 368 m，平面上轴线经两个转弯后方位由N24.165°W转向N15.447°E再转向N53.894°E，除桩号5+267.447 m～5+317.447 m穿越齐古断裂带，其余7 311 m为常规隧洞段。调压井后的引水隧洞长86 m，轴线方位N77.943°E，除活断层外调压井前后两段隧洞均采用圆形断面，纵坡4‰，洞径为4.4 m，洞内流速为3.484 m/s，满足经济流速的要求。隧洞采用钢筋混凝土衬砌，厚度0.4～0.6 m。

齐古断裂带为活断层，采用压力钢管结合多段波纹补偿器（伸缩节）来适应该处不均匀变位：外圈由钢筋混凝土衬砌承担洞壁围岩压力和外水压力，内圈压力钢管承担内水压力，钢管按明管布置，每10 m设一个波纹补偿器，补偿器两侧设支墩，钢管内径4 m，流速4.216 m/s。

调压井采用阻抗式，井筒直径12 m，高114.116 m，衬砌厚度1.5 m。

压力钢管由一条主管和二条支管组成，始于调压井后隧洞渐变段末端。钢管主管轴线方位N77.943°E，总长1 187 m，其中前241 m为埋管，后889 m为钢衬钢筋混凝土管，岔管后二条支管长57 m。埋管段纵坡2.13%，回填素混凝土0.6 m，钢衬钢筋混凝土管段管线基本沿山坡浅埋布置，此段管道相对高差140 m，轴线分为三段，坡度依次为0.83°、7.9°、45°，外包混凝土厚0.6 m，配双层钢筋。钢管管材为16 MnR，钢管壁厚16～38 mm，主管内径4.2 m，流速3.824 m/s，支管内径2.6 m，流速4.989 m/s，主管尾部接月牙型内加强“卜”型岔管将主管分成二条支管后与厂房机组蝶阀相连。

7.4.3.5 厂房及开关站设计

厂区枢纽主要由主机间、安装间、上游副厂房、尾水闸墩及尾水渠等建筑物组成。主厂房纵轴线方向为N33.00°W，主机间安装2台共95 MW（2×47.5 MW）的混流式水轮发电机组。主厂房包括主机间段和安装间段。厂房跨度为18.00 m，主厂房尺寸（长×宽×高）52.40 m×22.0 m×39.37 m。机组安装高程为1 000.41 m。厂房设计洪水尾水位为1 009.54 m，校核洪水尾水位为1 009.81 m，正常尾水位为1 007.20 m。

主厂房上游侧为副厂房，主要布置空压机层、主变层（开关柜层）、电缆夹层、中控层和通信设备层。主厂房下游侧布置尾水闸门及其起闭设备。机器设备由上游侧公路运至安装间。一般的公路运输通过尾水渠上设置的一道公路桥来实现。

本电站高压配电装置选型采用SF6气体绝缘封闭开关设备（GIS）布置方式。

7.5 生态流量与泄放措施

根据国家环保总局、国家发改委环发[2005]13号文“关于加强水电建设环境保护工作的通知”，以及水利部的有关文件要求，对于引水式电站等水电开发方式，应避免造成局部河段脱水，确保下泄一定的生态流量。经过石门水电站大坝～厂房之间的减水河段的实地调查，结合生态环境需水量分析，确定本工程下放生态流量1.52 m^3/s。放水设施布置在右岸泄洪洞进口段中墩混凝土内，水库运行后通过放水设施下泄河道生态流量，以维持河段内鱼类的基本生态要求。由于减水河段无生产、生活用水要求，仅少量分布两种鱼类，经新疆维吾尔自治区环保局确认，释放生态流量1.52 m^3/s能够满足减水河段生态用水量要求。4月份发电洞下泄流量3 m^3/s以上，5～9月份发电洞下泄8 m^3/s以上流量；同时将生态流量放水设施进水口布置在高程1 175 m处，以减轻水温下降对减水河段的鱼类的影响。

7.6 施工导流与工期

7.6.1 导流方式及导流标准

(1)大坝施工洪水标准

本工程等级为Ⅲ等工程，主要永久性建筑物按3级建筑物设计，坝高106 m，由于大坝坝高超过了80 m，故按2级建筑物设计，次要永久性建筑物按4级建筑物设计，临时工程建筑物按4级建筑物设计。采用10年一遇重现期洪水作为导流设计标准。

(2)厂房施工洪水标准

厂房为3级建筑物，导流建筑物为5级。围堰按全年5年一遇洪水设计，相应洪峰流量为171 m^3/s。

(3)大坝度汛标准

拦河坝为土石坝，当库容小于0.1亿m^3时，坝体施工期临时度汛洪水标准为20年一遇，相应洪峰流量为389 m^3/s；当库容大于0.1亿m^3小于1.0亿m^3时，坝体施工期临时度汛洪水标准为50年一遇，相应洪峰流量为563 m^3/s。

(4)导流方式

本工程选用不过水围堰一次拦断河床，利用导流泄洪洞泄流的导流方式。结合施工总进度对导流建筑物工期的要求，采用全年导流方案。

① 第2年10月～第3年5月，施工导流洞，并进行坝肩开挖。

② 第3年6月河道截流，开挖坝基至第3年8月结束。大坝混凝土自第3年9月开始浇筑，大坝坝体高程未超过上游围堰1 158 m时，导流洞导流，上下游围堰挡水，导流流量为270 m^3/s。

③ 大坝坝体浇筑高程超过1 158 m并低于1 189 m时，库容小于0.1亿m^3，坝体施工期临时度汛标准为全年10年一遇，相应洪峰流量270 m^3/s，由导流洞过流，上下游围堰挡水。

④ 坝体高程超过1 189 m时，库容大于0.1小于1.0亿m^3，坝体施工期临时度汛洪水标准为20年一遇，相应洪峰流量为389 m^3/s，由导流洞和大坝中孔联合泄流。第4年11月到达坝顶，混凝土浇筑历时11个月。第4年11月导流洞下闸，此时可通过坝身中孔来调节库水位，水库开始蓄水，工程竣工。

7.6.2 施工进度

本工程施工总工期为41个月，其中施工准备期16个月，主体工程施工期22个月，工程完建期3个月。

本工程混凝土月均浇筑高峰强度为1.97万m^3/月，大坝填筑月均高峰强度为31.14万m^3/月；土石方开挖月均高峰强度16.45万m^3/月，石方洞挖月均高峰强度2.27万m^3/月。

7.7 工程特点与建议

(1)呼图壁石门水电站位于新疆负荷中心，工程规模适中，地理位置优越，对外交通方便。水库不存在向邻谷渗漏问题和库岸稳定问题。各建筑物工程地质条件满足推荐的工程布置及相应建筑物的建基要求，工程地质缺陷均可通过工程措施进行处理。所推荐的坝址、坝线和坝型及建筑物布置适宜相应的地质、地形条件，工程量较少，投资较省。

(2)开展沥青心墙坝沥青混凝土材料试验，通过试验首先遴选出适合本工程的碾压式沥青混凝土原材料及相应的配合比，再通过试验测定沥青混凝土心墙的物理、静力、动力等各项性能参数，为坝体结构设计与应力变形分析提供依据。

(3)进行沥青心墙坝应力应变仿真分析。在试验资料的基础上，结合大坝填筑、度汛以及初期蓄水安排，以及地质、气温、水温等资料进行分析，得到大坝在施工、运行过程中坝体及心墙的应力、变形分布情况，进行大坝结构的调整优化，使大坝分区合理、变形平顺过渡、断面优化，并为施工进度安排、运行性态预测提供依据，确保大坝安全运行。为百米级高沥青心墙坝建设提供技术支撑。

附表　呼图壁石门水电站工程特性表

名　称	数　量	名　称	数　量
一、水文		四、主要建筑物	
控制流域面积	1 945 km^2	最大坝高	106 m
利用水文系列年限	50年	坝顶高程/顶部长度	1 243 m/312.5 m
多年平均年径流量	4.79亿 m^3	2.泄水建筑物	
多年平均流量	15 m^3/s	2.1溢洪洞	
设计洪水标准及流量（P=1%）	705 m^3/s	溢流堰净宽尺寸	5 m
校核洪水标准流量（P=0.05%）	1 370 m^3/s	堰顶高程	1 232 m
施工导流标准及流量（P=5%）	257 m^3/s	设计泄量/校核泄量	215.74 m^3/s/285.88 m^3/s
二、工程特征水位及工程规模		消能方式	挑流消能
1.水库水位		2.2泄洪冲砂洞	
正常蓄水位	1 240 m	进口底板高程	1 160 m
防洪限制水位	1 238.1 m	设计泄量/校核泄量	705 m^3/s/1 009.65 m^3/s
校核洪水位	1 240.86 m	消能方式	挑流消能
死水位	1 185 m	2.3引水洞	
2.水库容积		进口底板高程	1 175 m
水库总库容	7 975万 m^3	引用流量	50.14 m^3/s
正常蓄水位以下库容	7 751万 m^3	五、施工	
死库容	735万 m^3	1.主体工程量	
三、工程效益指标		明挖土石方	235.66万 m^3
直接控制灌溉面积	105万亩	石方洞挖	28.99万 m^3
装机容量	95 MW	沥青混凝土	2.14万 m^3
多年平均发电量	2.09亿 kW · h	坝体填筑	289.52万 m^3
四、主要建筑物		混凝土和钢筋混凝土	21.98万 m^3
1.挡水建筑物形式（坝型）	沥青心墙土石坝	六、经济指标	
地震基本烈度/设防烈度	Ⅷ度/8度	总投资	128 165.51万元

第八章

策勒县奴尔水利枢纽工程

8.1 工程概况

奴尔水利枢纽工程位于策勒县境内奴尔河中下游河段，是奴尔河上的控制性山区水库，其主要任务是灌溉兼顾发电综合利用。工程可控制灌溉面积32.85万亩，电站总装机容量6.2 MW，多年平均年发电量0.217亿kW·h。水库总库容0.69亿m^3，正常蓄水位为2 497 m，死水位2 465 m，为中型Ⅲ等工程，主要建筑物有拦河坝、导流兼泄洪冲沙洞、溢洪洞、发电引水系统及电站厂房等组成，最大坝高80 m，大坝为2级建筑物，泄水建筑物及发电洞进口为3级建筑物，水电站厂房为4级建筑物。工程地震设防烈度为Ⅷ度。工程静态总投资为100 564.44万元，工程总投资为112 591.44万元，单方库容投资16.32元。工程距策勒县城126 km，距和田市226 km。

8.2 水文

奴尔河是策勒县最大的一条河流，发源于昆仑山中段卡拉塔什山北坡，最高峰海拔6 413 m，山区平均高度3 853 m。奴尔河洪水期河流全长约120 km，其中奴尔水文站以上河道长度为43 km，奴尔水文站以上流域面积734 km^2，坝址以上流域面积696 km^2，平均纵坡约20‰，多年平均径流量为1.708×10^8 m^3，多年平均流量为5.41 m^3/s。大坝设计洪水标准100年一遇洪峰流量288.62 m^3/s；校核洪水标准2 000年一遇洪峰流量508.16 m^3/s。

坝址处属暖温带大陆性干旱气候，四季分明，夏季炎热，冬季寒而不冷，春季升温快而不稳定，秋季降温快，降水稀少，日照丰富，气温年、日变化大，无霜期长，纬度地带性气候变化明显。多年平均气温4.7℃，多年平均年降水量195 mm，多年平均年蒸发量1 267.4 mm。

奴尔河山区历年极端最高气温36.4℃，极端最低气温-22.5℃，最冷月平均气温-5.3℃，多年平均风速1.5 m/s，历年最大风速16.0 m/s；历年最大积雪深度17 cm；历年最大冻土深度87 cm。奴尔河的径流补给来源是以冰雪消融补给型为主。

奴尔河多年平均悬移质输沙率为20.2 kg/s，多年平均悬移质输沙量为63.76×10^4 t。悬移质输沙量的年内分配极为不均，大部分泥沙集中在汛期，6～8月输沙量占全年的91.3%。推移质输沙量按照悬移质输沙量的20%计算，多年平均推移质输沙量为12.75×10^4 t。年入库泥沙总量76.5×10^4 t。

8.3 工程地质

奴尔水利枢纽属新疆地震区西昆仑地震带和阿尔金地震带的交界部位。工程区30 km范围内无$M\geqslant 4.7$地震震中分布，其区域构造稳定性较差，但具备修建水库大坝的区域构造稳定条件。

根据项目场地地震安全性评价报告，场地50年超越概率10%地震动峰值加速度为0.237 g，属于0.2 g分档范围（0.190，0.280），确定场地的地震基本烈度为Ⅷ度。

库区两岸岸坡被风积粉土覆盖，蓄水后存在坍岸和库岸再造问题，下坝址近坝库岸西域砾岩存在卸荷不稳定岩体，库区两岸不存在邻谷渗漏，坝基下部存在承压含水层，存在沿承压含水层向下游渗漏的可能。水库库岸主要为基岩边坡和粉土边坡的稳定问题；不存在浸没问题；水库蓄水后，诱发地震的概率不大。

左岸岸坡处冲沟较发育，不连续分布有Ⅱ～Ⅳ阶地，各级阶地面及山体岸坡均被风积低液限粉土覆盖。基岩为第四系下更新统西域砾岩，呈灰黄色，中粗砂充填，泥质弱胶结，局部细颗粒较少，呈架空结构。

河床覆盖层厚度20～32 m，未发现砂卵砾石层内分布有砂层等软弱夹层。坝基砂卵砾石层无地震液化问题。下伏基岩为西域砾岩，砾岩呈巨厚层状，分选性较差，以泥质胶结为主，局部钙质胶结，属软岩。32 m以下揭露多层承压含水层。

右岸岸坡大多被第四系上更新统风积粉土覆盖，粉土厚35～45 m，最大厚度71.8 m，饱和状态下存在液化问题。下伏基岩为下更新统西域砾岩。

分析坝线的地形地质条件，首先两坝肩基岩为软岩，不适宜修建拱坝、混凝土重力坝；根据坝址区地形地质条件、天然建筑材料分布情况，本坝址适合修建当地材料坝。

导流泄洪冲砂洞、溢洪洞和发电洞洞身等各主要泄、放水建筑物及进出口多处于微胶结、较完整、中—弱透水的下坝址左岸$Q1$西域砾岩岩体内，围岩类别以Ⅳ～Ⅴ类为主，可以成洞。

砂砾料场位于都木村上游的游汗尼龙提河至奴尔大桥下游5 km奴尔河河漫滩，储量丰富，但取料受洪水、地下水影响。除混凝土细骨料含泥量超标外，其他各项技术指标均满足混凝土粗细骨料、各类加工料及筑坝料的质量要求，运距较近，交通方便。

土料场位于下坝址右岸坝肩处至奴尔大桥上游西岸Ⅰ级阶地上，在库坝区广泛分布，储量丰富，但粘粒含量、塑性指数偏小、含水量偏低、渗透系数略大、有机质含量超标，不满足围堰心墙土料的质量要求。

灰岩料场位于恰哈乡秋库村附近山体，灰岩各项指标符合要求，储量丰富，运距较远，可作为沥青混凝土心墙骨料使用。

8.4 工程布置及主要建筑物

8.4.1 坝型比选

根据料场勘察成果，坝址区河床有储量丰富、质量满足要求的筑坝砂砾石料，作为沥青混凝土心墙骨料的灰岩料场在距离坝址102 km处的料场，具备修建混凝土面板砂砾石坝和沥青混凝土心墙坝的条件。由于土料场的粘粒含量为5%左右，粘粒含量较低，且存在塑性指数偏小，含水量偏小，渗透系数略大，有机质含量超标等问题，不适合作为心墙防渗材料，故本阶段在推荐坝线上初拟混凝土面板砂砾石坝和沥青混凝土心墙坝两种坝型进行比较，综合选定坝型。由于两种坝型开挖均不影响泄水及引水建筑物进出口的布置，故本次坝型比选仅对坝体及导流建筑物进行比较，两种坝型的坝轴线相同。

混凝土面板砂砾石坝横断面型式见图1，沥青混凝土心墙坝横断面型式见图2。

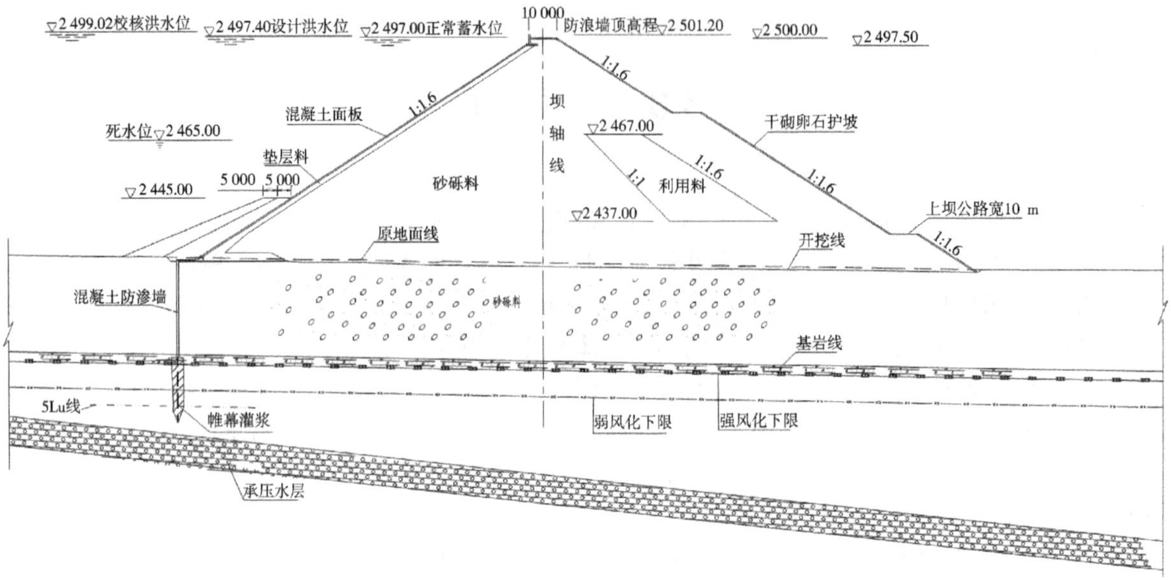

图 1　混凝土面板砂砾石坝横断面型式（比选方案）

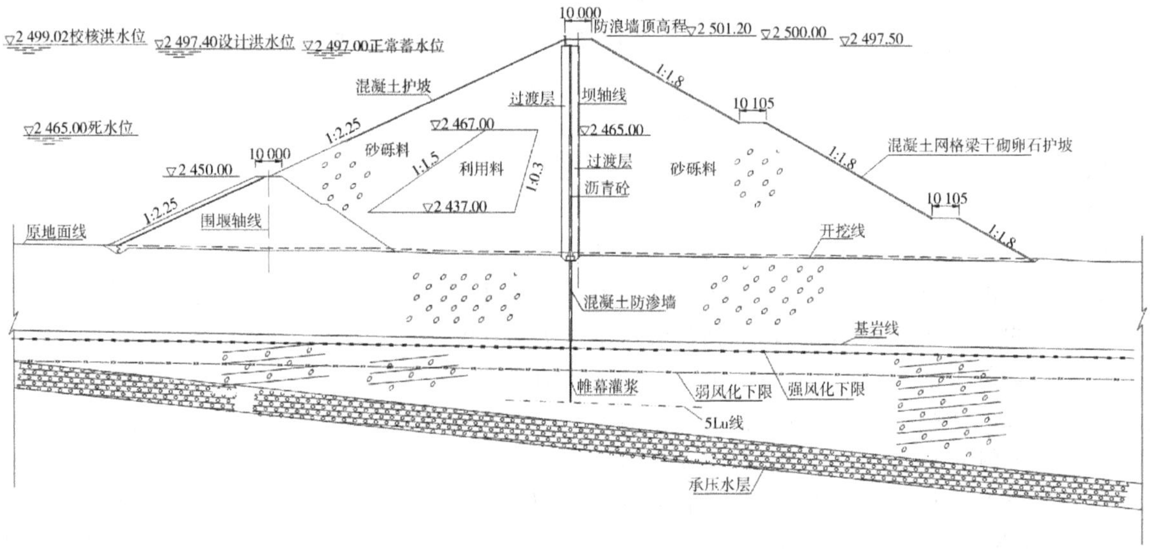

图 2　沥青混凝土心墙坝横断面型式（推荐方案）

表 1　奴尔河水利枢纽下坝址不同坝型综合比较表

项目 \ 方案	混凝土面板坝方案	沥青混凝土心墙方案（推荐方案）
地形地质条件	河谷呈“U”型，河谷宽370 m，河床段覆盖层最大厚度约为20～32 m。下伏基岩为西域砾岩，基岩强风化层厚3 m左右。坝址区主坝材料储量丰富，质量满足要求。地形地质条件均能满足沥青混凝土心墙坝和混凝土面板坝建坝条件。	
枢纽布置型式	左岸布置导流兼泄洪冲沙洞、溢洪洞、发电引水系统和地面厂房，枢纽布置简单可行。	与混凝土面板砂砾石坝方案布置相同。
施工条件及工期	施工场地较为开阔，由于上游坝坡较陡以及趾板开挖和施工影响，在上游布置施工道路较为困难，坝体填筑施工时利用上游C1料场砂砾料时需设置跨趾板交通设施或布置岸边分层道路；施工技术相对成熟；上游围堰单独布置，临建工程量稍大；工期3.5年。	填筑时可利用坝体上游坡面布置临时道路上坝填筑；沥青混凝土施工缺陷不容易检查与处理，需增设一套沥青混凝土骨料的破碎系统及拌和系统；上游围堰与坝体基本完全结合，节省了临建工程量；工期3.5年。
建筑材料	料源丰富，运距较近，不存在制约条件。	沥青混凝土骨料运距102 km，运距较远。

续 表

项目 \ 方案	混凝土面板坝方案	沥青混凝土心墙方案(推荐方案)
工程运行条件	由于两岸岸坡特别是右岸基岩坡度较陡,阶地坝段和主河床坝段的坝体不均匀沉降可能会影响面板坝的周边缝和板间缝的止水效果,同时趾板的粉土高边坡滑塌有极有可能对面板表层止水造成破坏;本工程地处寒冷地区且海拔较高,面板防渗体较薄,而且位于坝体表面,恶劣的气候对面板混凝土和复杂的止水系统的防冻设计提出了更高的要求。	心墙位于坝体内部,受气温影响较小。沥青混凝土抗剪强度高,抗疲劳损伤的能力强,具有较好的塑性和柔性,适应变形能力强。
抗震安全性	抗震安全性均较好。	
适应变形能力	坝体不均匀沉降可能影响周边缝和板间缝的止水效果。面板的防裂问题要引起足够的重视。	沥青混凝土抗剪强度高,抗疲劳损伤的能力强,具有较好的塑性和柔性,适应变形能力强。
主要工程量	粉土开挖420万m^3;砂砾石开挖42.2万m^3 石方明挖24.5万m^3;混凝土7.8万m^3 混凝土防渗墙1.48万m^3;钢筋4 050 t 砂砾石填筑613万m^3;止水12 300 m	粉土开挖360万m^3;砂砾石开挖28万m^3 石方明挖12万m^3;混凝土2.8万m^3 沥青混凝土3.3万m^3; 混凝土防渗墙1.31万m^3;钢筋149 t 砂砾石填筑728万m^3;止水825 m
坝体+施工导流直接费	56 412万元	56 936万元
投资差	0	524万元

综合以上论证,对两种坝型综合比较的结论如下:

(1)地形地质条件对坝型的适应性能

根据坝址区地形地质条件来看,布置混凝土面板砂砾石坝和沥青混凝土心墙坝不存在制约条件,坝址地形、地质条件均可满足要求。坝址处右岸表面大多被风积粉土覆盖,厚度35～45 m,最大厚度72 m,且基岩面为高陡岸坡,对混凝土面板坝趾板布置及后期基础处理影响较大。

(2)工程布置

枢纽布置方面,两坝型枢纽布置基本一致,在主河床布置拦河坝,在左岸布置溢洪洞、导流兼泄洪冲沙洞、发电引水系统和地面式厂房。

(3)建筑材料

用堆石料填筑坝体可以增加坝体抗震稳定性,但本工程坝址区广泛分布风积粉土,且厚度较深,最大深度达70多米。坝址区基岩石主要为Q_1砂砾岩,以泥质胶结为主,局部泥钙质胶结,属软岩,工程区没有满足筑坝要求的硬岩堆石料,坝壳只能用砂砾石料填筑。混凝土骨料均由砂砾石料场加工获得,灰岩料场距坝址运距为102 km,沥青混凝土心墙所需的沥青需从克拉玛依运至坝址区,运距较远。

综上所述,坝址区的建筑材料均能满足两种坝型的需求,不存在制约条件。但沥青混凝土心墙坝所需的沥青及碱性骨料运距较远,造价较高。

(4)施工条件及工期

① 气象条件对施工的影响

沥青混凝土心墙坝受外界温度及光照影响较小,摊铺压实容易,基本不受气候因素影响,如有需要,还可采取简单的保护措施,延长其施工时间。面板坝方案的面板及趾板浇筑时段受气温限制,但可以通过合理安排工期避免低、高温季节浇筑。气温和降水等气象条件对面板坝和沥青心墙坝施工影响因素均较小。

② 坝料开采加工运输条件

大坝填筑所需的砂砾料场分布在坝的上游和下游,面板坝由于上游坝坡较陡以及趾板开挖和施工影响,在上游布置施工道路较为困难,坝体填筑施工时利用上游C1料场砂砾料时需设置跨趾板交通设施或布置岸边分层道路;沥青混凝土心墙坝和可利用坝体上游坡面布置临时道路上坝填筑。

③ 施工导流度汛

两种坝型导流标准均为10年一遇的全年洪水,度汛标准为50年一遇的全年洪水。导流方式为:围堰一次拦断河床、导流兼泄洪洞泄流。沥青心墙坝方案由于上游围堰与坝体基本完全结合,节省了临建工程量；面板坝方案上游围堰单独布置，临建工程量稍大。

④ 施工总布置及施工工厂设施

两方案场内外施工交通布置基本相同，沥青心墙坝方案需增加沥青心墙混凝土骨料加工系统及沥青混凝土拌合系统，坝体填筑量较面板坝方案大，因此沥青心墙坝方案枢纽区及开采料场占地面积较大，但由于面板坝方案开挖量大，弃渣较沥青混凝土心墙坝方案多，弃渣场占地面积较大。

⑤ 施工进度及施工强度

两种方案施工总工期均为3.5年，土石方开挖、混凝土浇筑高峰强度相差不大，由于沥青混凝土心墙坝方案坝体填筑量大、混凝土面板坝方案坝体填筑量小，在施工总工期不变的情况下，混凝土面板坝方案坝体填筑高峰强度要小。

⑥ 施工条件比较结论

沥青心墙坝方案由于上游围堰与坝体完全结合，节省了临建工程量；面板坝方案上游围堰单独布置，临建工程量较大；沥青心墙坝坝料运输条件较优。

(5)工程运行条件

坝体变形方面，由于两岸岸坡特别是右岸基岩坡度较陡，阶地坝段和主河床坝段的坝体不均匀沉降可能会影响面板坝的周边缝和板间缝的止水效果，同时趾板的粉土高边坡滑塌有极有可能破坏面板表层止水。沥青混凝土抗剪强度高，抗疲劳损伤的能力强，具有较好的塑性和柔性，适应变形能力强。

本工程地处寒冷地区且海拔较高，混凝土面板坝的面板存在防冰冻问题，目前一直是设计和施工都要考虑和研究的课题。沥青混凝土心墙坝的心墙位于坝体内部，防渗体受气温影响较小。

(6)坝体抗震性能

混凝土面板坝水压力作用在上游面板上，主堆石区对坝的稳定发挥作用，而主堆石区一般处于干燥状态，不会因地震而形成附加孔隙水压力，不会由此引起主堆石区坝料的强度降低和坝坡失稳；但由于面板为刚性结构，地震时坝体较小的不均匀变形易对混凝土面板产生裂缝并对止水结构造成破坏，引起渗漏量的加大。

沥青混凝土有较好的柔性和粘滞性，变形性能好，心墙可随坝壳的变形而变形，并且沥青混凝土的柔性可按坝壳料的模量来调整其配合比。因此，沥青混凝土心墙有较好的抗震稳定性和防爆性，根据有关研究，在强震作用下沥青混凝土显示出弹性变形性质，经过多次重复剪切和拉伸加载试验，压实的沥青混凝土结构没有出现不利的影响，所以，沥青混凝土心墙性能良好，可适用于强地震区建坝。

(7)工程投资

沥青混凝土心墙坝方案为56 936万元，混凝土面板坝方案为56 412万元，沥青混凝土心墙坝方案比混凝土面板坝方案多524万元。

通过对上述地形地质条件、枢纽布置、建筑材料、施工条件及工期、工程运行条件等几方面的比较，两种坝型各有优劣，投资方案两坝型仅相差524万，占坝体投资的1%左右。从施工条件、工程永久运行及现场施工风险性方面考虑，本工程初设阶段采用沥青混凝土心墙坝方案作为选定坝型。

8.4.2 工程布置方案比选

8.4.2.1 比选方案拟定

本工程主要任务以灌溉为主，是同时兼顾水力发电的综合性水利工程。主要由大坝、溢洪洞、导流兼泄洪冲沙洞、发电引水系统和电站厂房等建筑物组成。根据地形、地质条件分析，坝址位于奴尔河中游的低山区处，河谷较顺直。两岸岸坡下部陡立，左岸岸坡不连续分布有Ⅱ～Ⅳ阶地，下伏基岩出露第四系下更新统西域砾岩。右岸岸坡坡面大多被第四系上更新统风积低液限粉土覆盖，最大厚度达72 m；其下为砂卵砾石，厚约6～20 m，基岩覆盖深。左岸边坡整体稳定，有少量粉土及坡积含土砂卵砾石；右岸分布厚层低液限粉土，蓄水后易于滑坡，对边坡稳定不利。据此将泄洪建筑物及发电引水系统布置在左岸，右岸不具备设置建筑物条件。同时右岸岩坡陡立、覆盖深厚且河道顺直，布置溢洪道均存在大开挖、高边坡问题，对建筑物布置、工程投资影响大。受地形、地质条件的限制，本工程坝型对枢纽布置方案基本不存在影响，因此枢纽布置比选依据坝线比选、工程规模论证等结果，坝线采用上坝线，坝型采用沥青混凝土心墙坝，正常蓄水位采用2 497.000 m，死水位采用2 465.000 m，装机容量采用

6.2 MW进行比选。

综合枢纽布置原则、坝址处地形、地质条件分析，初步拟定枢纽布置方案如下：

（1）方案一：根据可研阶段成果，自外到内依次布置导流兼泄洪冲砂洞、溢洪洞、发电引水洞。其中泄洪冲砂洞采用与导流洞完全结合布置型式。平面布置见图3。

（2）方案二：自外到内依次布置导流兼泄洪冲沙洞、发电引水洞、溢洪洞。考虑建筑物永久交通及进口建筑物开挖，并兼顾发电洞门前清的任务，将导流兼泄洪冲沙洞进口闸井与发电洞闸井并排平行布置。为减小出口消能建筑物工程量，将溢洪洞与导流兼泄洪冲沙洞平行布置，出口共用一个消力池。发电洞线根据泄洪建筑物布置相应调整。平面布置见图4。

（3）方案三：在方案二建筑物布置的基础上，为减小导流兼泄洪冲沙洞进口闸井开挖量，同时考虑工程区地震设防烈度较高，为保证进口闸井运行安全，将进口闸井底板高程抬高至2450 m，泄洪冲沙洞采用"龙抬头"方式与导流洞结合。平面布置见图5。

（4）方案四：在方案三建筑物布置的基础上，为减小导流兼泄洪冲沙洞洞身段长度，同时考虑工作闸井永久交通的布设，将导流兼泄洪冲沙洞出口布置在厂房下游附近。平面布置见图6。

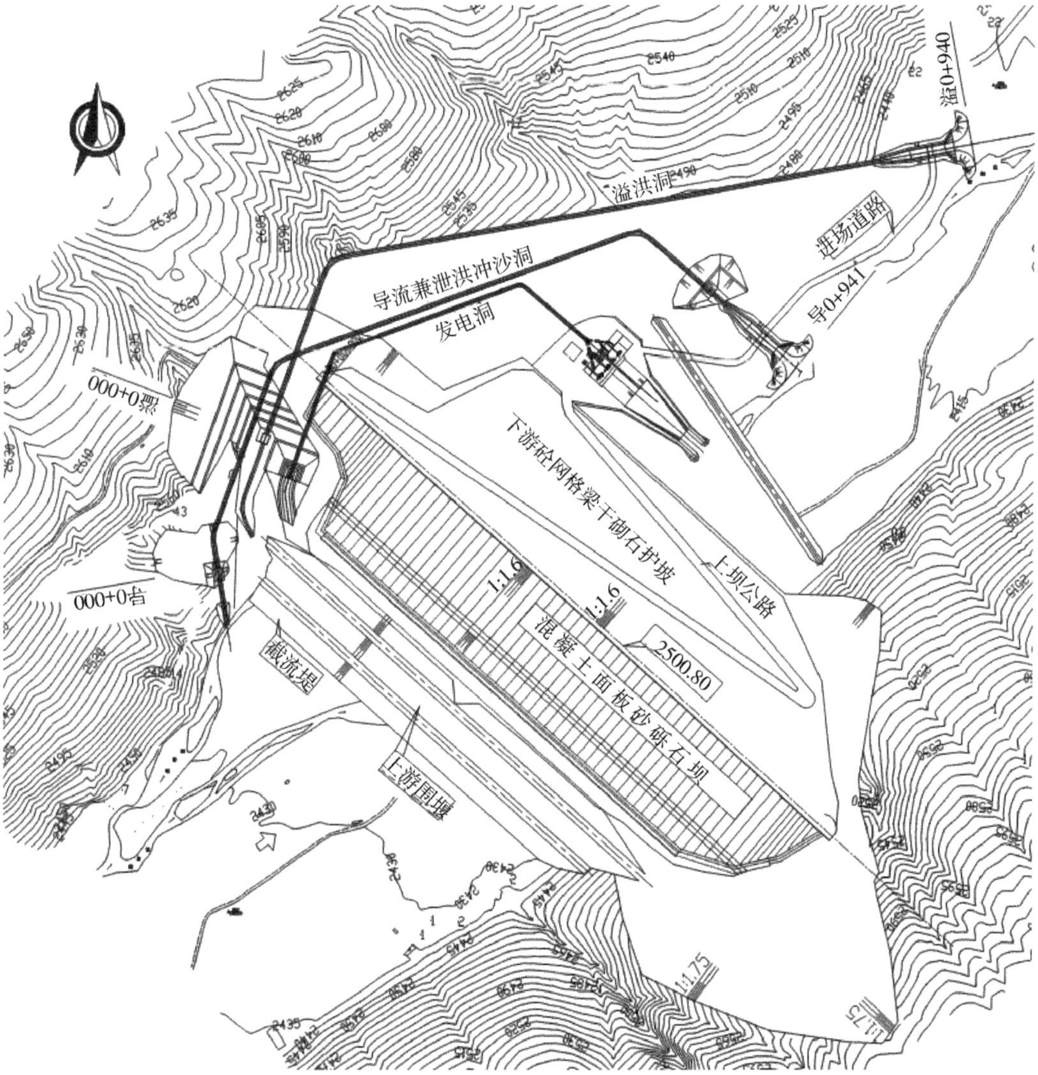

图3 方案一平面布置图（比选方案）

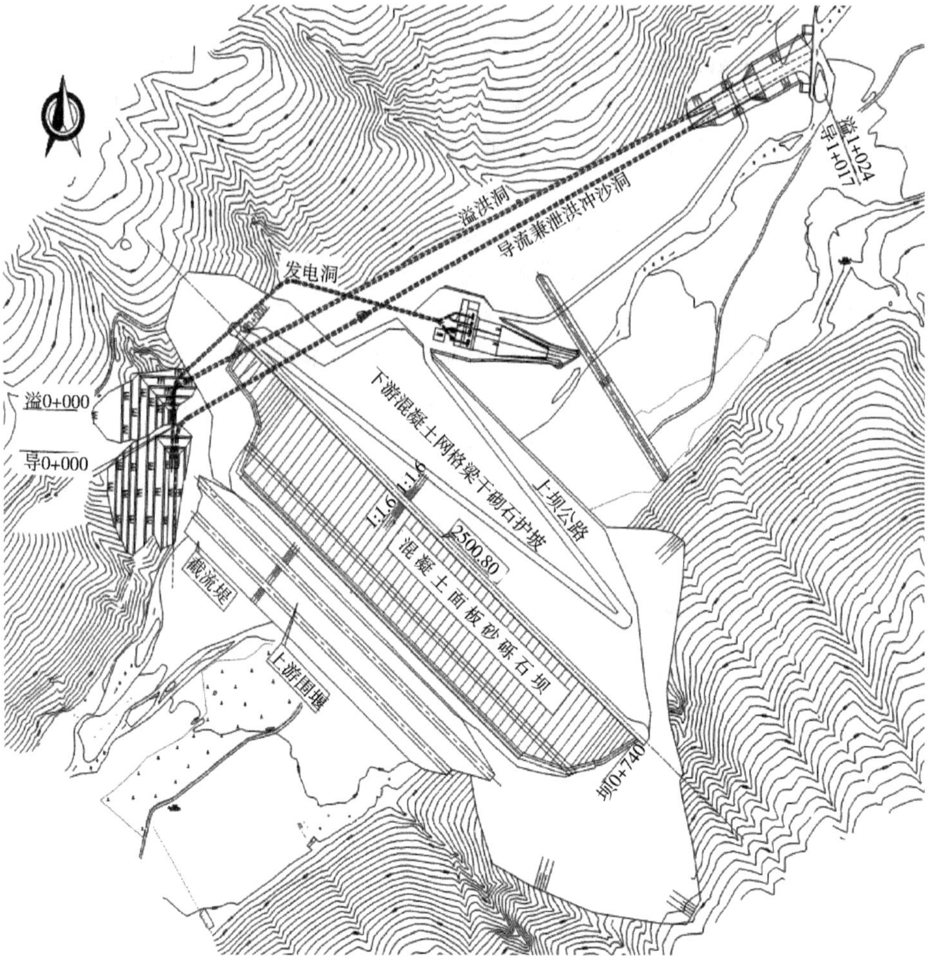

图 4　方案二平面布置图（比选方案）

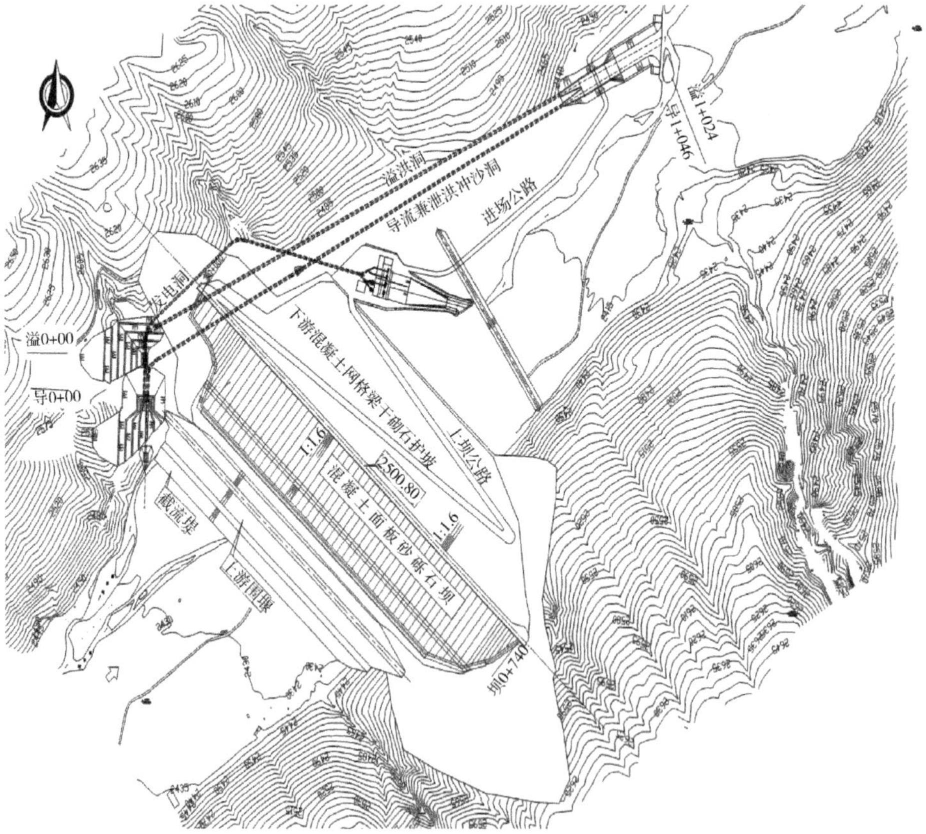

图 5　方案三平面布置图（比选方案）

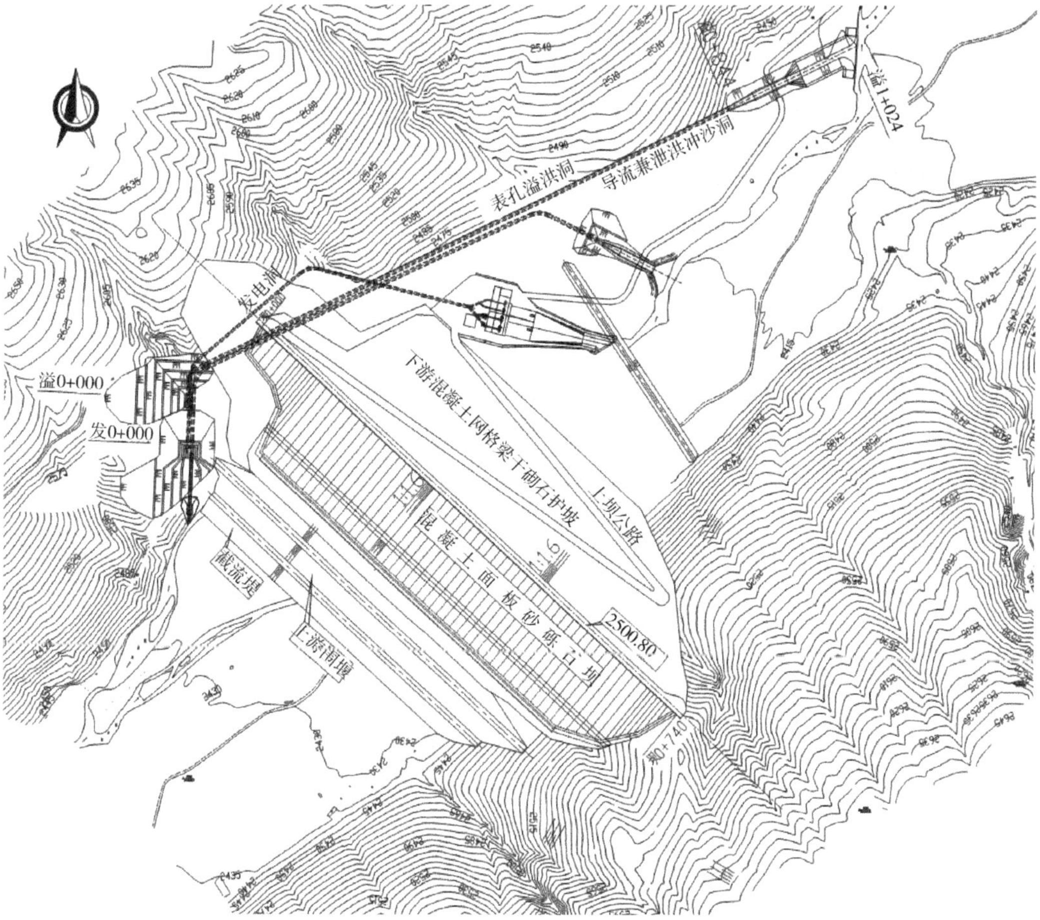

图 6 方案四平面布置图（推荐方案）

表 2 工程布置方案比较表

项目	方案一	方案二	方案三	方案四
地形、地质条件	河谷呈“U”型，左岸可见Ⅱ～Ⅳ级阶地，右岸Ⅱ级阶地零星出露。两岸冲沟较发育。左岸岸坡坡度相对较缓，坡度12°～32°，右岸岸坡坡度37°，边坡高度大于180 m。正常蓄水位2 497 m时河谷宽300～730 m。左岸砾岩大多出露，河床处砂卵砾石厚30～43 m，右岸冲沟内可见砾岩少量出露，粉土厚28～71 m，砂卵砾石厚0～12 m			
工程布置	由于右岸粉土覆盖较厚，泄洪及发电引水建筑物布置在大坝左岸岸里，面向下游从左到右进口依次为导流兼泄洪冲沙洞、溢洪洞、发电洞。溢洪洞洞身段长826 m，溢洪洞采用城门洞型，上平洞及斜井段断面尺寸4.5×5.5 m，下平洞段断面尺寸4.5×5 m。导流兼泄洪冲沙洞洞身长778 m，圆形，洞径3.5 m。 发电洞长499 m，洞径2.4 m	泄洪及发电引水建筑物布置在大坝左岸岸里，从左到右进口依次为溢洪洞、发电洞、导流兼泄洪冲沙洞。发电洞与导流兼泄洪冲沙洞共用一进口引渠，溢洪洞与导流兼泄洪冲沙洞出口消能共用同一消力塘。溢洪洞洞身段长830 m，采用城门洞型，上平洞及斜井段断面尺寸3.5×5.5 m，下平洞段断面尺寸3.5×4 m。导流兼泄洪冲沙洞洞身长856 m，有压洞段圆形，洞径3.2 m，明流洞段为城门洞型，断面尺寸4×4.6 m。发电洞长523 m，洞径2.5 m	由于右岸粉土覆盖较厚，泄洪及发电引水建筑物布置在大坝左岸岸里，从左到右进口依次为溢洪洞、发电洞、导流兼泄洪冲沙洞。采用导流兼泄洪冲沙洞进口与施工导流不结合，洞身结合的方式，将进口底板高程提高至2 450 m。其他布置同方案二。溢洪洞同方案二。导流兼泄洪冲沙洞洞身长856 m，断面形式同方案二。发电洞同方案二	泄洪及发电引水建筑物布置在大坝左岸岸里，面向下游从左到右进口依次为溢洪洞、发电洞、导流兼泄洪冲沙洞。进口布置同方案三。导流洞采用全有压洞方式，出口闸井位于发电洞出口下游约150 m的陡崖处。溢洪洞同方案二，导流兼泄洪冲沙洞洞身长692 m，圆形，洞径3.5 m。发电洞同方案二
施工条件	导流兼泄洪冲沙洞进口闸井采用竖井形式，施工较岸塔式复杂。其他与各方案施工条件相当	导流兼泄洪冲沙洞出口闸井采用竖井形式，施工较岸塔式复杂。其他与各方案施工条件相当	有压洞身“龙抬头”结合段有73 m斜井，较其他方案施工困难。出口闸井采用竖井形式，施工较岸塔式复杂	有压洞身“龙抬头”结合段有73 m斜井，较无斜井方案施工困难

续 表

项目	方案一	方案二	方案三	方案四
运行条件及安全性	溢洪洞、导流兼泄洪相对集中，运行灵活，管理方便。导流兼泄洪冲沙洞进口采用隧洞形式，且进口较低，需经常运行冲沙避免进口隧洞堵塞	各建筑物进口布置相对集中，运行灵活，管理方便。发电洞与导流兼泄洪冲沙洞共用一个引渠，可以完全解决发电洞门前清任务。但进口闸井及引渠高程较低，开挖边坡较高，进口闸井较高	各建筑物进口布置相对集中，运行灵活，管理方便。导流兼泄洪冲沙洞进口不与导流结合，将底板高程抬高了21 m，减小了进口边坡的高度和进口闸井的高度。有利于各建筑物的稳定	溢洪洞、导流兼泄洪冲沙洞和发电洞均布置在左岸，相对集中，运行灵活，管理方便。其他同方案三
永久交通	泄洪及发电建筑物的进口距离较其他方案远，永久交通布置较其他方案困难	泄洪及发电建筑物的进口距离进，永久交通布置较其他方案容易。导流兼泄洪冲沙洞出口闸井为竖井形式，布置永久交通较其他方案困难	同方案二	进口同方案二，导流兼泄洪冲沙洞出口闸井永久交通采用填方形式，较方案二、三容易
投资	泄水、发电引水系统直接费：12 989.19万元	泄水、发电引水系统直接费：12 408.11万元	泄水、发电引水系统直接费：11 888.79万元	泄水、发电引水系统直接费：11 787.36万元
差值	1 201.83	-620.75万元	-101.43万元	0

8.4.2.2 枢纽布置方案比较

枢纽布置各方案从地形地质条件、工程施工条件、工程量、工程投资、后期运行及安全等方面进行综合比较。

（1）地形地质条件

四个方案泄水建筑物及引水建筑物均在左岸布置，从地形地质情况看，出露的地层均为第四系。从地形地质条件看，各方案建筑地质条件基本相同。

（2）建筑物布置

方案一：导流兼泄洪冲沙洞进口采用隧洞形式，进口因与导流洞完全结合而导致底板高程较低，需经常冲沙运行以保证进口隧洞不会被堵塞。溢洪洞进口引渠较长，开挖量较大。发电洞进口离导流兼泄洪冲沙洞较远，不利于发电洞进口“门前清”。

方案二：导流兼泄洪冲沙洞进口与发电洞进口布置在一起，可减少进口引渠开挖，有利于发电洞门前清；出口与溢洪洞共用一消力池可部分减少消能工程量，但导流兼泄洪冲沙洞出口明流洞长，洞身工程量及投资较大。

方案三：深孔泄洪冲沙洞与导流洞以“龙抬头”形式结合，可减少进口引水渠开挖工程量，降低永久建筑物中边坡及进口闸井的高度，对后期边坡安全及闸井稳定有利，但需增加临时建筑物中导流洞进口闸井投资。

方案四：导流兼泄洪冲沙洞进口布置方案同方案三，洞身采用全有压洞方式，出口位于溢洪洞上游侧约200 m的陡坎处，洞身段较其他方案短。导流兼泄洪冲沙洞和溢洪洞不共用消力池，出口消能的投资会有所增加。

（3）施工条件

由于方案一、方案二建筑物形式相同，施工条件基本相同，方案三、方案四导流兼泄洪冲沙洞增加斜井段，施工较前两个方案略复杂。方案一、方案二、方案三均采用了竖井方式，施工较方案四略复杂。

（4）永久交通及后期运行安全

方案一：导流兼泄洪冲沙洞进口采用盲洞方式，需经常考虑冲沙避免进口隧洞淤堵，运行方式较其他方案复杂，各建筑进口距离较远，永久交通布置较其他方案复杂；方案二：进口布置集中，永久交通从坝肩采用交通洞至表孔控制段右侧平台，导流兼泄洪冲沙和发电洞可共用同一交通桥，出口工作闸井采用竖井形式，后期至工作闸井的永久交通布置困难；方案三：永久交通及后期运行安全缺点同方案二；方案四：将工作闸井移至洞身尾部陡坎处，由于工作闸井不高，考虑沿陡坎填出一条路作为后期至工作闸井的永久交通。

8.4.2.3 枢纽布置方案比较结论

从地形地质条件看，各方案建筑地质条件基本相同；从工程布置来看，各方案均能满足水库运行调度方案要求，不存在致命的影响因素，但方案二、方案三、方案四进口建筑物布置在一起，有利于门前清，方案三、方案四进口边坡和建筑物较低，因此，从工程布置来看，方案三、方案四优于方案一、方案二；从后期运行安全来看，方案二进口引渠及边坡较高，对工程永久运行不利，从永久交通来看，方案一各建筑物进口交通较复杂，方案二、方案三出口工作闸井交通较复杂，方案四相对简单；从投资来看，方案一投资为12 989.19万元，方案二投资为12 408.11万元，方案三投资为11 888.79万元，方案四投资为11 787.36万元，其中方案四投资最少。因此经综合比较，本阶段推荐方案四。

8.4.3 主要建筑物

8.4.3.1 大坝设计

1. 坝体轮廓设计

坝顶高程2 500 m，坝顶宽度为10 m，最大坝高80 m，大坝长746 m。上游坝坡为1∶2.25。下游坝坡布设两级“之”字型上坝公路，路面宽度为10.0 m，下游马道之间坡为1∶1.8，最大断面下游综合坡度约为1∶2.05。本工程大坝抗震设计对应的地震基本烈度为Ⅷ度。

2. 坝体分区及防渗体设计

坝体填筑分区从上游至下游分别为上游砂砾料区、上游过渡层区、沥青混凝土心墙、下游过渡层区、利用料区、下游砂砾料区。按坝体抗震和结构要求，其分区见坝体标准横剖面图。

坝体砂砾料区：坝体填筑采用*C*1、*C*2、*C*4-1料场的砂砾料，相对密度不低于0.85。

碾压式沥青混凝土心墙：采用垂直式沥青混凝土心墙，墙体轴线偏向上游侧布置，防渗体轴线距坝轴线2.00 m。

表3 碾压式沥青混凝土心墙沥青混凝土主要技术要求

序号	项目	单位	指标	说明
1	孔隙率	%	≤3	芯样
		%	≤2	马歇尔试件
2	渗透系数	cm/s	≤1×10^{-8}	
3	水稳定系数		≥0.90	
4	沥青含量	%	6.0～7.5	
5	粗骨料最大粒径	mm	≤19	
6	抗拉、抗压、变形模量等力学性能		根据工程的运用条件和要求，提出有关的变形和力学指标要求	

心墙顶高程2 497.50 m，顶宽0.5 m，采用变台阶式设计，按高程加厚，高程2 497.50～2 473.50 m，心墙厚度为0.5 m；高程2 473.50 m～2 448.50 m，心墙厚度为0.7 m；高程2 448.50 m处至底部墙厚0.9 m。底部采用放大基础与混凝土基座相连。

过渡层：位于沥青混凝土心墙两侧，顶高程2 497.50 m，最大粒径80 mm，小于5 mm含量为30%～45%，小于0.075 mm含量不大于5%。水平宽度为3 m，等宽布置，过渡层填筑至心墙顶部，底部建在心墙基础开挖面上，采用*C*2料场砂砾石料筛分，要求相对密度不低于0.85。

利用料区：位于防渗体下游，采用枢纽建筑物开挖砂砾料及洞渣料，顶部高程2 467.00 m，顶宽20 m，顶部上游端距坝轴线15 m，底部高程2 437.00 m，上游坡度1∶0.3，下游坡度1∶1.5，要求相对密度不低于0.85。

3. 坝基处理

(1)坝基开挖

沥青混凝土基座基础：作为心墙基础，左右岸坡部分风积粉土及砂卵砾石需清除，混凝土基座基础开挖至强风化层下限基岩上。对于基础以上局部分布的不稳定岩体及松动岩块需清除处理。河床段混凝土基座基础置于河床覆盖层上，下部防渗由混凝土防渗墙承担。

过渡料基础：左、右岸过渡料基础开挖至弱风化至强风化层下限基岩上。河床部位过渡料基础位于覆盖层上。

坝壳基础：在坝体填筑范围内的坝壳基础需清除全部粉土、坡积土及松散砂砾石层；两岸河漫滩清除表层1～2 m厚扰动含土砂卵砾石后进行压实处理。对仍存在的松动岩石、凹处积土、溶槽充填物及突出岩石应予以清除。

（2）基础防渗

在两岸混凝土基座范围内进行固结灌浆，以心墙混凝土基座为平台，进行3排固结灌浆，孔距2 m，灌浆深度为5 m。

帷幕灌浆深度两岸按深入基岩透水率5Lu以下5 m控制，即最低灌浆高程为2 371 m，帷幕最大深度为46 m，单排，孔距2 m。

（3）断层处理

在坝址区未见有大的断层破碎带通过，断层规模一般较小，处理方法是：一是开挖回填混凝土，二是灌浆加密，视开挖后实际情况确定。对于建基面出露的断层及其附近较破碎的节理裂隙，均作断层影响带挖除，用混凝土塞回填处理，并加强固结灌浆。

（4）河床覆盖层防渗处理

河床覆盖层最大厚度为32 m，本工程河床深覆盖层段将沥青混凝土心墙基础建在了覆盖层上，覆盖层设一道C20混凝土防渗墙，防渗墙厚0.8 m，深入基岩1 m，最大深度30.5 m。防渗墙通过混凝土基座与沥青混凝土心墙连接。

（5）基础混凝土设计

两岸基础混凝土宽6.0 m、厚1.0 m；河床部位基础混凝土宽3.0 m、厚1.8 m，心墙基座混凝土两岸采用C20F100W6，河床部位采用C25F100W6。回填混凝土采用C20。

8.4.3.2 溢洪洞

溢洪洞采用正堰方案，布置于左坝肩导流兼泄洪冲砂洞的左侧，由进口引渠段、控制段、上平洞段、渥奇曲线段、斜井段、反弧段、下平洞段、陡坡扩散段、消力池段及退水渠段组成。设计泄量89.56 m^3/s，校核泄量147.65 m^3/s。

进口引渠段（0-018 m～0+000 m）：底板高程2 492 m，底宽6 m，位于左岸Ⅴ级阶地陡坎处。引渠过水断面开挖边坡1:1，过水断面以上开挖边坡基岩开挖边坡为1:0.75，每10 m设一马道，马道宽2 m，低液限粉土开挖边坡1:1.75，引渠边坡采用ϕ25砂浆锚杆，挂ϕ8的钢筋网，喷100 mm厚C25混凝土，底板采用厚0.3 m的C20素混凝土衬砌。

控制段（0+000 m～0+020 m）：采用驼峰堰，堰顶高程2493.50 m，堰宽6 m。底板固结灌浆，孔深4 m，间、排距2 m，方形布置；孔口泄流采用弧形工作门控制，控制段底板厚2 m～3.5 m，侧墙厚1.5 m，采用C25钢筋混凝土衬砌。

上平洞段（0+020 m～0+095.6 m）：渐变段长20 m，由6 m×6 m的矩形渐变为4.5×5.5 m的城门洞形，纵坡i=0.01，底板高程2 489.31 m～2 489.11 m，采用0.8 m厚C25钢筋混凝土衬砌；上平洞洞长55.61 m，纵坡i=0.01，底板高程2 489.11 m～2 488.56 m，其中桩号0+040.8 m～0+078.2 m为水平转弯段，转弯半径30 m，断面为4.5 m×5.5 m的城门洞形，采用0.6 m厚C25钢筋混凝土衬砌。

渥奇曲线段（0+095.61 m～0+115.15 m）：底板高程2488.56 m～2478.69 m，结构断面形式及支护形式同上平洞段，边墙及顶拱采用C25钢筋混凝土衬砌，底板采用C40高性能钢筋混凝土，衬砌厚度0.6 m。

斜井段（0+115.15 m～0+136.76）：纵坡i=1:1，底板高程2478.69～2457.08 m，结构断面形式及支护形式同渥奇曲线段。

反弧段（0+136.76 m～0+156.47 m）：反弧半径30 m，圆心角α=42°8′15″，反弧末端底板高程2448.33 m，流速29.44 m/s，结构断面形式及支护形式同渥奇曲线段。

下平洞段（0+156.47 m～0+875.23 m）：其中桩号0+156.47 m～0+409.25 m位于微风化～微风化Q_1岩体内，支护形式同上平洞段；桩号0+409.25 m～0+661.05 m，喷混凝土厚度200 mm；桩号0+661.05 m～0+875.23 m，喷混凝土厚度200 mm。桩号0+156.47 m～0+206.47 m为渐变段，断面由4.5 m×5.5 m的城门洞形渐变为3.8 m×4.5 m的城门洞形，纵坡i=0.05，底板高程2 448.33 m～2 412.39 m。

下平洞洞身断面形式为3.8 m×4.5 m的城门洞形，洞身直墙高3.40 m，拱顶中心角均为120°，半径2.19 m，衬砌厚度0.6 m，边墙及顶拱采用C25钢筋混凝土衬砌，底板采用C40高性能钢筋混凝土，洞身每10 m设一道结构缝，内设一道止水。洞内最大流速24.11 m/s。

陡坡扩散段(0+875.23 m～0+915.23 m)：底宽由3.8 m渐变为8.0 m，侧墙高4.5 m～11.0 m，纵坡i=0.25，底板高程2 412.39 m～2 402.30 m，底板衬砌厚度1.5 m，采用C40高性能钢筋混凝土，侧墙顶部0.8 m，底部1.5 m，采用C25钢筋混凝土衬砌。陡坡扩散段末端流速20.176 m^3/s。

消能段：出口位于河床左侧陡坎处，采用底流消能方式。桩号0+915.23 m～0+965.23 m，为消力池段。消力池净宽8 m，长50 m，池深11 m，消力池体型需通过水工模型试验最终确定。消力池采用C25钢筋混凝土矩形整体式结构，底板厚2 m，边墙顶宽1.0 m，底宽2 m。抗冻、抗渗标号分别为F300、W6。

8.4.3.3 导流兼泄洪冲沙洞

1. 导流兼泄洪冲沙洞布置及结构

导流兼泄洪冲沙洞为一条多功能隧洞，采用"龙抬头"与导流洞结合的方式，后期承担泄洪和冲沙的任务，布置在河床左岸。导流兼泄洪冲沙洞设计泄量107.58 m^3/s，校核泄量108.67 m^3/s；导流兼泄洪冲沙洞由进口引渠闸井段、洞身段、出口闸井及消能段组成，全长848 m。消能方式采用底流消能。

进口引渠段(导0-057.14 m～导0-014 m)：长43.64 m，底宽3 m，边坡1:1，引渠底板采用0.3 m厚C20素混凝土衬砌。进口检修闸井段前设置一段约10 m长得渐变"U"型槽，挡住发电洞进口引渠纵向坡。

事故检修闸井段(导0-014 m～导0+000 m)：闸井采用岸塔式，长14 m，宽7 m。设一扇平板事故检修门，孔口尺寸3 m×3 m，进口底板高程2 450 m，闸顶高程2 501.2 m。闸井后侧及左右侧回填C15素混凝土，两侧岩石边坡采用ϕ25砂浆锚杆，挂ϕ8的钢筋网，喷100 mm厚C25混凝土。闸井底板采用固结灌浆，孔深4 m，间排距2 m。闸井采用钢筋混凝土结构，底板厚2 m，边墙厚1.5 m，混凝土为C25F200W6。

洞身段(导0+000 m～导0+683.8 m)：为有压隧洞段，长683.8 m，桩号导0+000 m～导0+429 m段，一次支护采用50 mm厚素混凝土喷护。桩号导0+429.18 m～导0+429.18 m段位于Q_2内，喷混凝土厚度200 mm。桩号导0+000 m～0+010 m段为渐变段，断面型式由3×3 m方形断面渐变为直径3 m的圆形断面，钢筋混凝土衬砌，衬砌厚度1 m；桩号导0+010 m～导0+044 m段为"龙抬头"改建段，导0+044.07 m～导0+683.8 m为下平洞段，洞身段均采用直径3.0 m的圆形断面，钢筋混凝土衬砌，衬砌厚度0.5 m，混凝土采用C25、W6。洞身每10 m设一道结构缝，内设一道止水，下平洞段纵坡$i=0.0174$。洞身围岩采用固结灌浆和回填灌浆加固处理。

工作闸井段(导0+683.8 m～导0+696.8 m)：基础处在Q_2上，长13 m，宽6.5 m。设一扇弧形工作门，孔口尺寸2.5 m×2.5 m，出口底板高程2417 m，闸顶高程2430 m。闸井C25F200W4为钢筋混凝土结构，底板厚2 m，边墙厚2.0 m。

出口消能段：出口消能选择同溢洪洞，最终体型需通过水工模型试验确定。

8.4.3.4 发电引水洞

奴尔水利枢纽工程建设任务是以灌溉为主，兼顾发电。因此发电引水建筑的主要任务是放水，兼顾发电。

发电引水洞采用一洞三机的引水方式，均由引渠、进水口闸井、上平洞段、斜井段、下平洞段及岔管段组成。发电洞沿洞轴线最大全长572.41 m，洞径D=2.5 m，支管直径D=1.4 m(两根)和D=0.6 m(一根)。上平洞段纵坡为i=1/1 000，下平洞段纵坡均为i=1/200，岔管段纵坡$i=0$，岔管采用"卜"形布置。

8.4.3.5 发电厂房

厂房布置于坝轴线下游左岸约200 m处河漫滩上，距河道约170 m，地形平坦开阔。地面高程2418 m～2421 m。由主厂房、副厂房及尾水建筑物组成。厂区平台高程为2418.30 m，永久进厂公路布置于河道左岸，进厂大门布置在安装间下游侧，安装间下游侧为回车场，厂区周边布置有上坝公路及上导流兼泄洪冲沙洞出口闸井平台的道路。

8.5 生态流量与泄放措施

8.5.1 初期蓄水生态基流保证措施

水库初期蓄水期间，在蓄至2 432 m高程前，利用导流兼泄洪洞下泄流量以满足下游生态用水和灌区用水；蓄至2 432 m高程后，导流洞下闸封堵，此后下游用水利用布置于库区的潜水泵抽水至表孔溢洪洞，通过溢洪洞泄水道下泄流量。

8.5.2 运行期生态基流保证措施

本工程开发任务为灌溉兼顾发电，运行期通过坝后电站下泄下游综合用水，夏季利用灌溉水基荷发电，冬季最小出库流量为0.54 m^3/s，满足该时段0.54 m^3/s生态基流的要求。运行期电站应严格按照基荷运行，确保生态流量得以下泄，并且运行期间应加强机组检修，并根据已经拟定的电站运行方式进行发电，避免机组停运而无法实现下泄生态基流。

8.6 施工导流与工期

8.6.1 施工导流、截流

（1）导流及度汛标准

初期导流标准：导流建筑物为4级，导流设计洪水标准采用P=10%洪水频率，相应洪峰流量184.0 m^3/s。

后期导流标准：第一阶段为坝体填筑超过堰顶高程，为坝体临时断面挡水时段，采用P=2%洪水频率，相应洪峰流量257.3 m^3/s，库容为0.13亿m^3。

第二阶段为坝体完工，泄水建筑物及发电厂房具备过水条件，导流洞及深孔下闸施工龙抬头段封堵改建，采用分期洪水9月～次年4月P=10%洪水频率，相应洪峰流量47 m^3/s。

（2）导流程序及特性

本工程施工总工期为42个月，大坝施工共划分为3个时段，各导流度汛时段选择的标准、流量及方式如下：

第二年9月初～第三年8月底，第二年9月上旬工程截流后施工上、下游围堰，第三年汛期5月～8月底由上下游围堰挡水、导流洞泄流，导流设计洪水标准为10年一遇，相应洪峰流量为184 m^3/s；

第三年9月初～第四年8月底，第三年9月初坝体填筑顶高程超围堰堰顶高程，由坝体临时断面挡水、导流洞泄流，大坝临时断面度汛设计洪水标准为50年一遇，相应洪峰流量为257.3 m^3/s；

第四年9月初～第四年11月底，导流洞及泄洪冲砂洞下闸蓄水，导流洞及泄洪冲砂洞龙抬头段进行封堵改建。由坝体挡水，发电洞具备泄水条件，泄水流量为一台机组发电流量5.4 m^3/s。此时段导流设计标准为10年一遇（9月～次年4月），洪峰流量为47 m^3/s。

（3）截流

根据施工进度安排，计划9月上旬工程截流，截流流量选择P=10%的9月上旬旬平均流量12.0 m^3/s。截流采用从右岸向左岸进占的单戗立堵法。

8.6.2 施工总进度

本工程第一年7月工程开工，第二年9月初工程截流，第三年11月底坝体填筑至2 465.00 m高程，第四年9月初下闸蓄水，第四年12月底工程完工。初拟总工期为42个月，其中施工准备期14个月，主体工程施工期25个月，完建期3个月。

8.7 工程特点与建议

（1）本工程地处高寒高海拔地区，根据坝址处地形地质条件，由于坝址处河槽覆盖层深厚，砂卵砾石厚20～32 m，下伏基岩为西域砾岩，以泥质胶结为主，局部泥钙质胶结，属软岩，同时地震基本烈度为Ⅷ度，因此工程地质条件相对较差。最大坝高为80 m，属于高坝，选择沥青混凝土心墙砂砾石坝是适合本工程的地形地质条件的。

（2）鉴于水库库区两岸堆积有较厚的风积粉土，结构松散，蓄水后存在坍岸和库岸再造问题，下坝址近坝库岸西域砾岩存在卸荷不稳定岩体。结合施工地质，进一步查明岸坡风积粉土覆盖边坡稳定范围、坍滑量，并提出处理意见是本工程的重点。

（3）坝基下部承压含水层的补排条件和机理，分析研究承压含水层的分布及对水库渗漏的影响，进一步查明河床砂砾石覆盖层的结构组成及物理力学特性，并查明可能存在的淤泥、砂层等软弱夹层，分析判断震动液化的可能性及对筑坝的影响也是本工程的重点内容之一。

（4）由于本工程最大水深为53.6 m，导流兼泄洪放水洞处水深为43 m，经估算，灌溉季节库底水温比表层水温低3°C，低温水灌溉对水稻等作物影响较大，对小麦等作物则影响较小。本工程灌溉用水主要靠导流兼泄洪放水洞放水，灌溉用水放入河道后自下游1 km处原渠首引入灌区，灌区离渠首约10 km。本工程未考虑分层取水型式，今后应加强库水温监测，加强奴尔河（一）站、（二）站（相距10 km）的水温监测，如对农作物影响较大则应采取田间晒水等措施进行调整。

（5）奴尔水库附近灰岩骨料场运距远、加工开采困难，而河床砂砾石料丰富，为降低工程造价，对采用砾石骨料进行了深入的研究。在优选抗剥落剂品种的基础上，研究全部采用破碎天然砂砾石料、采用50%破碎天然砂砾石料的沥青混凝土最大理论密度、容重、孔隙率及水稳定性性能，确定采用天然砂砾石料沥青混凝土的级配指数、沥青含量、填料用量、抗剥落剂掺量等配合比参数，提出奴尔水利枢纽工程天然砂砾石料沥青混凝土推荐配合比。在此基础上又进行了天然砂砾石料沥青混凝土静、动力工程特性试验，提出天然砂砾石料沥青混凝土的配合比等材料参数指标，为数值计算分析提供必要的参数。开展了天然砂砾石料沥青混凝土的长期耐久性能研究，采用长期浸水试验，研究天然砂砾石料对沥青混凝土水稳定性和劈裂性能的影响；采用长期冻融循环试验，进行了物理力学性能和细观结构的演变规律研究。研究成果对奴尔水利枢纽工程沥青混凝土心墙坝建设发挥重要指导作用，且对于类似缺乏碱性骨料的碾压式沥青混凝土心墙坝建设中具有重大的推广应用和参考价值，对推动我国采用天然砂砾石料在沥青混凝土心墙坝的发展将起到积极作用。

建议进一步梳理研究成果，加强变形观测，为推广砾石骨料应用创造条件。

附表　奴尔水利枢纽工程特性表

名　称	数　量	名　称	数　量
一、水文		1.挡水建筑物形式（坝型）	沥青混凝土心墙坝
坝址以上流域面积	696 km^2	地震基本烈度/设防烈度	Ⅷ度/8度
利用水文系列年限	32年	最大坝高	80 m
多年平均年径流量	1.71亿m^3	坝顶高程/顶部长度	2 500 m/746 m
多年平均流量	5.41 m^3/s	2.泄水建筑物	
设计洪水标准及流量（P=1%）	288.62 m^3/s	2.1溢洪洞	
校核洪水标准流量（P=0.05%）	508.16 m^3/s	溢流堰净宽尺寸	6 m
施工导流标准及流量（P=10%）	184.00 m^3/s	堰顶高程	2 493.50 m
二、工程特征水位及工程规模		最大泄量	147.65 m^3/s
1.水库水位		消能方式	底流消能
正常蓄水位	2 497.00 m	2.2导流、泄洪冲沙洞	
设计洪水位	2 497.40 m	进口底板高程	2 450.00 m
校核洪水位	2 499.02 m	最大泄量	108.67 m^3/s
死水位	2 465.00 m	消能方式	底流消能
2.水库容积		2.3引水发电洞	
水库总库容	6 900万m^3	进口底板高程	2 459.00 m
调节库容	4 500万m^3	引水发电流量	11.8 m^3/s
调洪库容	300万m^3	五、施工	
死库容	1 900万m^3	明挖土方	450.28万m^3
三、工程效益指标		明挖石方	29.74万m^3
直接控制灌溉面积	32.85万亩	填筑料	745.44万m^3
装机容量	6.2 MW	混凝土和钢筋混凝土	10.13万m^3
多年平均发电量	2 170万kW · h	六、经济指标	
四、主要建筑物		总投资	112 591.44万元

第九章 托克逊县阿拉沟水库工程

9.1 工程概况

阿拉沟水库工程位于新疆维吾尔自治区托克逊县境内，是阿拉沟河及托克逊县“两河”流域的重要控制性工程，阿拉沟水库具有防洪、供水和灌溉等综合利用效益。水库总库容4 450万m^3。为中型Ⅲ等工程，主要建筑物有大坝、导流洞、灌溉放水洞、溢洪道等；大坝为沥青心墙砂砾石坝，2级建筑物，导流洞、灌溉放水洞、溢洪道为3级建筑物。坝址距阿拉沟出山口以上3.5 km，距托克逊县75 km，距离吐鲁番市130 km，距乌鲁木齐市235 km，工程静态总投资为49 448.44万元，工程总投资为50 012.66万元。

9.2 水文

阿拉沟河属塔里木内陆区的艾丁湖水系，发源于天格尔山南侧和阿拉沟山北侧，水系形状呈树枝状。阿拉沟河中游段铁克阿门至阿拉沟水文站之间，是水库工程场址区，降雨少，无较大支流汇入，是泥沙主要来源区，阿拉沟河坝址多年平均年径流量为1.343×10^8 m^3，多年平均流量4.26 m^3/s，径流组成分为冰雪融水、地下水和降雨径流。大坝设计洪水标准为100年一遇，洪峰流量679 m^3/s，校核洪水标准为2 000年一遇，洪峰流量1 500 m^3/s。

阿拉沟水库多年平均气温9.7℃，历年最高气温42.8℃；最低气温-23.5℃（1984年12月23日）；多年平均年降水量44.8 mm；多年平均年蒸发量2 089.3 mm；多年平均风速1.97 m/s；历年最大风速40 m/s；历年最大冻土深度1.0 m。阿拉沟水文站多年平均悬移质输沙量为23.2×10^4 t，多年平均推移质输沙量为5.80×10^4 t，其泥沙总量为29.0×10^4 t。

9.3 工程地质

工程区位于天山山脉中部的哈依都他乌山和末日落克山南麓，吐鲁番盆地西缘，地势西高东低，高差悬殊。流域内出露地层由南至北主要有志留系和泥盆系，此外，流域下游第四系松散堆积层分布较广。流域内岩浆活动强烈，中上游火成岩广泛分布，均为华力西期中—酸性侵入岩，岩性主要为花岗岩和花岗闪长岩。构成库盆的基岩主要为上泥盆统天格尔组第二亚组硅质火山碎屑岩建造的凝灰质粉砂岩、凝灰质砂岩、硅质岩、泥质粉砂岩夹凝灰岩和钙质砂岩，厚2 525 m。第四系分布于阶地河床及冲沟口(构成洪积扇)、陡崖下、坡脚。

该区地震动峰值加速度为0.10 g,地震动反应谱特征周期为0.40 s,对应的地震基本烈度为Ⅶ度区。

坝址距峡谷出口约3.5 km,河床宽65 m~160 m,当水位944.5 m时,相应谷宽305 m ~400 m。两岸地形不对称,山坡一般基岩裸露,冲沟内及缓坡处多为坡洪积碎石土覆盖。左岸为凹岸,山顶高程为1 052 m,地形较整齐,山坡坡度多为 40°~45°,该岸阶地不发育,仅沿河陡坎上零星残留有Ⅰ级阶地。右岸为凸岸,山坡下陡上缓,940 m高程以下一般35°~42°,冲沟较发育,4#、6#、8#横向冲沟切割较深,与岸坡多近于垂直,沿河陡坎及山顶零星残留有Ⅰ~Ⅵ级阶地。

坝址区共发现断层达100余条,其规模一般较小,破碎带宽多为0.1 m~0.5 m,由断层角砾岩、糜棱岩、碎裂岩及断层泥充填,多胶结不良,规模较大(或对工程影响较大)的断层主要有F56断层、F33断层和F39断层。节理裂隙主要有三组:NE向节理,NW向节理,缓倾角节理。

坝址左岸存在一个滑坡体,滑坡分布于坝区左岸坝轴线上游45 m~200 m,其岩性主要为凝灰质砂岩与硅质岩夹页岩,软硬相间,岩层受挤压揉皱较强烈,岩产状零乱。滑坡体在平面上的整体形态呈一棱形,滑体最大长度200 m,最大宽度160 m,后缘高程920 m,滑移方向S9°E,滑坡总体积52.65×10^4 m^3。由于滑坡体已座落于原河床面上,滑面已伸入现代河床面以下20 m左右,前舌已抵近右岸,该滑坡已没有滑移动力和滑移空间,属已稳定的滑坡。水库蓄水后仅库水位升降变化范围内的滑坡后缘其周边部分坡积物可能会出现少量坍滑,不会影响水库运行安全;就枢纽建筑物而言,对上坝线面板堆石坝型存在不利影响,应避免将防渗面板置于滑坡体上,以防止产生不均匀沉降和沿滑带产生渗透变形问题,但对心墙堆石坝型基本没影响。

根据坝区的地形地质条件和坝区附近缺乏防渗黏土料、天然砂砾石填筑料储量丰富的特点,就坝型而言,本工程较适合于兴建混凝土沥青心墙砂砾石坝型。

溢洪道沿线基岩为上泥盆统天格尔组第二亚组,岩性主要为灰黑色凝灰质粉砂岩、凝灰质砂岩、硅质岩夹页岩、淡灰色凝灰岩,属厚至巨厚层状夹薄层状结构。溢洪道堰基及泄槽段边坡整体基本稳定,但强风化带内岩体破碎对开挖边坡稳定不利,抗冲刷能力较低。

放水洞围岩为上泥盆统天格尔组第二亚组,岩性主要为凝灰质粉砂岩、凝灰质砂岩夹页岩、凝灰岩,属厚至巨厚层状夹薄层状岩体。洞身段处于微风化至新鲜岩体内,位于地下水之下。

导流洞位于右岸,洞顶上覆岩体厚15 m~80 m,围岩为上泥盆统天格尔组第二亚组,岩性主要为凝灰质粉砂岩、凝灰质砂岩夹页岩、凝灰岩,属厚至巨厚层状夹薄层状岩体。

9.4 工程布置及主要建筑物

9.4.1 坝型比选

从地形上看,上坝线坝区河床漂卵石厚10 m~20 m,两岸强风化带厚13 m~23 m;对于刚性坝河床部位需置于弱风带下部基岩内,其开挖深度较大,加之两岸冲沟较发育,特别是右岸地形侵蚀切割强烈,因此,本坝址从工程地质条件考虑,适合于建柔性坝型。坝址附近缺乏黏土料,能满足其质量要求的黏土料场位于坝址以东40 km的伊拉湖镇,运距远,造价高,坝区有储量丰富的漂卵砾石料,可做堆石坝用料,面板堆石坝和心墙堆石坝两种坝型对坝基地质条件都要求较低,坝基可建于河床漂卵石层和强风化岩体上,开挖工作量小,对坝基地质条件要求较低,适合于本坝址的地质条件,由于坝区附近缺乏防渗黏土料,根据坝区的地质条件和天然砂砾石填筑料储量丰富的特点,初选沥青混凝土心墙砂砾石坝和混凝土面板砂砾石坝进行坝型比选。

（5）岩体风化程度

从岩体风化程度比较，上坝线强风化带下限埋深在10～23 m，下坝线强风化带下限埋深在6～31 m，下坝线风化相对较深，上坝线较优。

（6）建筑物布置

上、下坝线河谷地形不对称，右岸均比较顺直，左岸岸坡陡直，右岸较平缓但地形起伏杂乱。两坝线经坝型初选，上坝线优选沥青混凝土心墙砂砾石坝，下坝线优选混凝土面板砂砾石坝作为坝址比选坝型，各建筑物布置选择的幅度较小，开敞式溢洪道布置受到地形条件的限制，各建筑物布置长度较大。上坝线坝线河床宽度为135 m，下坝线坝轴线河床宽度为164 m，从枢纽布置而言上坝线略优于下坝线。

（7）施工条件

上坝线施工场地较窄，河床基坑开挖量小，防渗墙施工面积和深度相对较小，围堰防渗深度较小，坝体填筑强度大，施工期为40个月。

下坝线施工场地较宽，河床基坑开挖较大，坝体填筑强度大，但混凝土面板砂砾石坝施工期干扰较小，施工期较短，下坝线较优。

（8）移民及占地条件

上、下坝线均无移民迁建人口安置，但涉及淹没占地，上坝线淹没占地面积1.2 km^2，下坝线淹没占地面积1.3 km^2，上坝线较下坝线少0.1 km^2，故上坝线优于下坝线。

（9）枢纽工程量及投资

经比较，上坝线沥青心墙混凝土砂砾石坝建筑工程总投资为31 286.3万元，下坝线混凝土面板砂砾石坝建筑工程总投资为31 426.7万元，上坝线比下坝线节省投资140.4万元。

综合以上比较情况，上坝线地形地质条件较好，基础处理简单，防渗长度较小，沥青混凝土心墙砂砾石坝具有适应变形能力强等优点；下坝线地形地质条件较上坝线差，虽然下坝线混凝土面板砂砾石坝工期较省、枢纽布置较顺，但右岸断层处趾板基础处理复杂，右坝肩存在低矮垭口，防渗帷幕接头处理工程量较大，不确定因素较多。因此综合各项因素，确定上坝线沥青混凝土心墙砂砾石坝为推荐坝线的推荐坝型。其平面布置图见图1。

9.4.3 主要建筑物

9.4.3.1 大坝设计

1. 坝体轮廓设计

大坝为沥青混凝土心墙砂砾石坝，坝顶高程950.26 m，防浪墙高1.2 m，坝顶宽9.0 m，最大坝高105.26 m，坝顶长365.48 m，上游坡比为1:2.2，下游坡比1:2.0。上游坝坡分别在高程889.5 m和920.0 m处设置两条3.0 m宽的马道，下游设8.0 m宽的上坝公路。在坝基设心墙混凝土基础，左坝肩坝顶处岩石内设置一长度为60 m的灌浆廊道，廊道宽2.5 m，高3.0 m，城门洞型。坝基、坝肩及坝左岸防渗线总长719.7 m。大坝典型剖面图见图2。

2. 坝体剖面结构

坝体剖面结构主要由沥青混凝土心墙、过渡层、坝壳料组成。

坝体中央设碾压式沥青混凝土防渗心墙，心墙厚度根据《土石坝沥青混凝土面板和心墙设计准则》（SLJ01—88），并参照国内外已建工程经验确定，心墙从高程845.0 m至880.0 m厚度为1.1 m，高程880.0 m至910.0 m厚度为0.8 m，高程910.0 m至坝顶厚度为0.6 m。沥青混凝土由石油沥青、粗骨料、细骨料和填料组成。石油沥青选用60甲，粗骨料采用碱性石料，粒径d=2.5～25 mm，细骨料粒径小于2.5 mm，填料选用普通硅酸盐水泥。沥青混凝土要求空隙率为3%以下，渗透系数不大于1×10^{-7} cm/s，水稳定系数不小于0.85。沥青混凝土采用碾压式密级配配合比，初拟重量百分比为：粗骨料45%，细骨料41%，填料14%，沥青7%。

心墙上、下游两侧设3 m宽的心墙过渡层，过渡层材料要求致密、坚硬、级配良好，其最大粒径与沥青混凝土骨料最大粒径之比应小于8:1，本工程选用鱼儿沟砂砾料场的天然砂砾料作为过渡料，去掉大于60 mm超径料直接上坝，过渡料要求用5 t以下小型振动碾碾压。

上、下游坝壳料均采用砂砾料填筑，主料场为鱼儿沟砂砾料场，最大砾石粒径不大于150 mm，上下游主堆石区孔隙率为20%～25%，填筑料压实标准相对密度不低于0.85。

3. 坝基处理

沥青混凝土心墙砂砾石坝的基础处理包括：基础开挖、断层处理、滑塌体处理、固结灌浆和帷幕灌浆。

基础开挖：沥青心墙下设心墙混凝土基础，心墙混凝土基础开挖至强风化层上限以下3～5 m的较坚硬、较完整岩石上，防渗沥青心墙处河床砂砾石进行开挖清除处理，以使该处心墙基座坐落于基岩上，顺河向开挖宽度为心墙轴线上游10 m，下游30 m。心墙混凝土基础开挖要求顺直、平整、无突变。河床心墙上下游覆盖层清除漂石并清至厚度约2 m的新鲜砂砾石层，筑坝前应强夯。对两坝肩岸坡应做处理，要求挖去不稳定体，将表层松散体清除，把岸坡修正成较为平顺的边坡，不应成台阶或反坡，岸坡不陡于1:0.5。

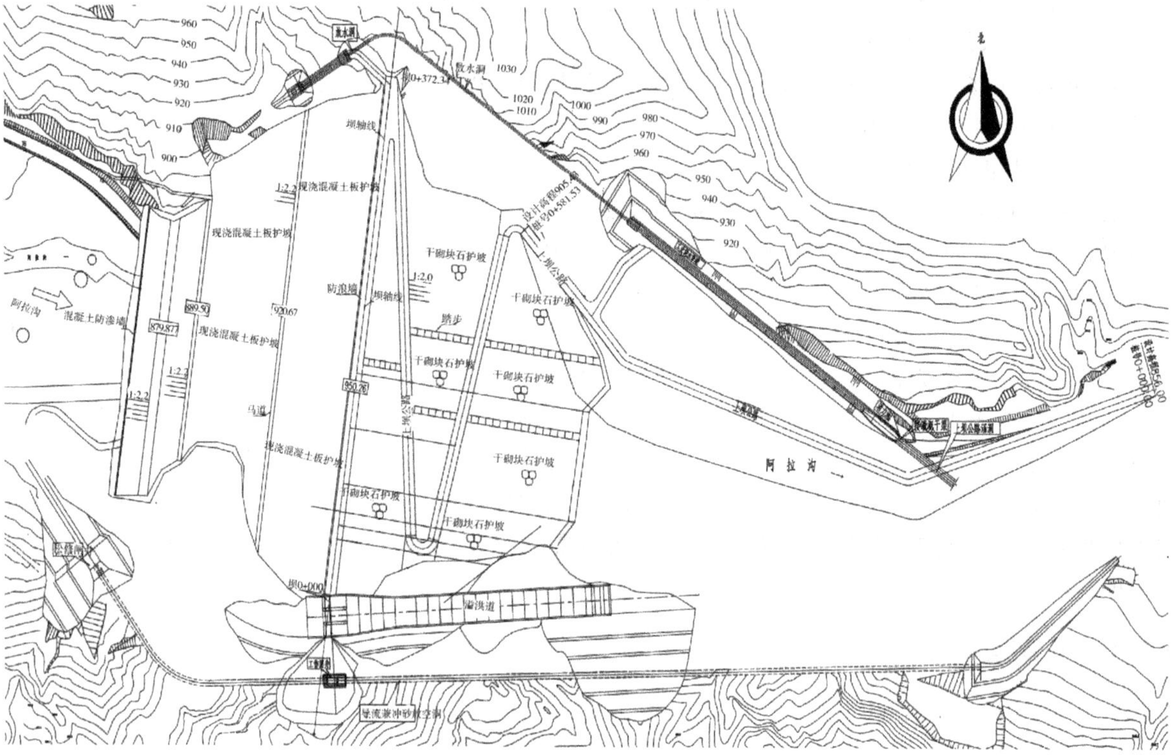

图1　阿拉沟水库平面布置

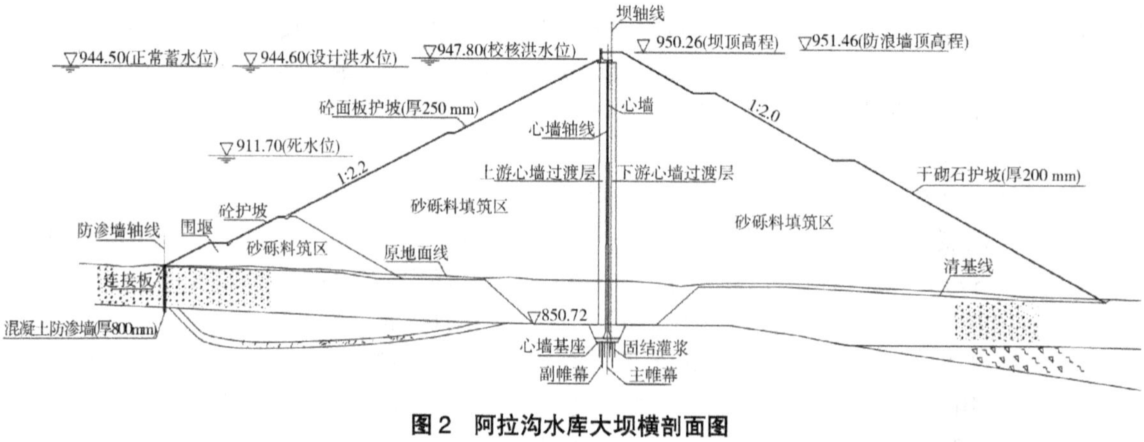

图2　阿拉沟水库大坝横剖面图

断层处理：河床内和两坝肩有7条断层，为使大坝形成闭合的防渗体，需将断层处理。其中F43、F44、F45、F22和F14断层破碎带宽度相对较小，深度不大，上述五条断层穿过心墙混凝土基础及下游范围10 m内的砂砾石层清除，并沿断层刻槽，刻槽深度不小于3 m，用C15混凝土塞回填处理。F39和F56断层挤压揉皱破碎较强，为防止沿断层破碎带及影响带产生渗透变形破坏与不均匀沉陷问题，在通过对坝基的清基开挖，穿过心墙混凝土基础及下游范围30 m内刻槽掏挖后，对F39、F56断层破碎带及影响带进行固结灌浆和化学灌浆处理，灌浆深度不小于30 m，孔、排距为2 m×2 m。在各条断层下游溢出点处，上、下游10 m范围内用反滤料覆盖。

滑塌体处理：由于滑坡体已座落于略倾向于左岸山内的原河床面上，滑面已伸入现代河床面以下20 m左右，前舌已抵近右岸，该滑坡体已没有滑移动力和滑移空间，滑坡整体稳定，且均分布于正常蓄水位高程以下，水库蓄水后仅库水位升降变化范围内的滑坡后缘其周边堆积的部分坡积物可能会出现少量坍滑，不会影响水库运行安全，为防止产生不均匀沉降和沿滑带产生渗透变形问题，对滑塌体进行监测。

坝基防渗：坝址区基岩透水率较大，必须对两坝肩及河床段基岩进行固结灌浆和帷幕灌浆防渗。固结灌浆共设四排，帷幕灌浆前设两排，帷幕灌浆后设两排，深度为10 m，孔排距为3 m。帷幕灌浆设三排，其中中间帷幕为主帷幕，两侧为副帷幕。主副帷幕孔排距3.0 m×2.0 m，主帷幕基本灌浆深度为30 m，防渗控制标准为透水率小于5Lu，副帷幕灌浆深度为20 m。两岸坝肩通过开挖灌浆平洞进行帷幕灌浆，帷幕灌浆方式与坝基灌浆方式相同。

9.4.3.2 溢洪道

溢洪道布置在右岸，为开敞式正槽岸边溢洪道，设闸门控制。由进水渠、控制段、泄槽和消能防冲设施四部分组成，总长298.3 m。进水渠为一矩形平底宽渠道，宽度28 m，轴线长73.9 m，渠底高程936.75 m，底板及导墙采用混凝土砌筑；控制段溢流堰采用驼峰堰（b），堰顶高程939.0 m，利用3扇8×5.5 m（宽×高）的弧型闸门控制，驼峰堰沿水流方向长为13.46 m，控制段长20.0 m，堰底建基面高程934.25 m；渐变段长40 m，宽度由28 m渐变为20 m，渐变段后等宽20 m，泄槽采用矩形断面，总长189.4 m，纵坡25.9%，泄槽底板厚度0.6 m；泄槽末端接15 m长的挑流消能段，挑流鼻坎半径30 m，挑角为15度，挑坎顶高程888.42 m。溢洪道最大泄流量为1 202.1 m^3/s，30年一遇洪水挑距为78.21 m，冲刷坑深度为17.45 m，冲刷坑边缘距坝坡角最小距离为40 m。

9.4.3.3 导流洞

导流洞布置在河床右岸，是一条具有施工期导流、运行期泄洪、冲沙放空的多功能水工隧洞，全长为1 002.8 m，由引水渠段、进口检修闸门段、隧洞有压段、工作闸井段、隧洞无压段和出口消能段组成。进口底板顶高程876.0 m，断面形式采用3.5 m×4.5 m城门洞型，纵坡i=2.0%，工作闸井位于右坝肩。

9.4.3.4 灌溉放水洞

灌溉放水洞布置在河床左岸，主要承担工业园区、灌区灌溉和南山矿区的供水任务，由引水渠段、事故检修闸井段、隧洞有压段、工作闸门段、出口明渠段、底流消能段组成，全长为744.4 m。设计引水流量10 m^3/s。进口底板高程909.0 m，有压隧洞断面形式采用圆型，洞径2 m，纵坡i=1.0%。出口明渠段全长为250 m，其中前30 m纵坡i=0%，后210 m纵坡i=1%，明渠段断面为矩形断面，底宽2.5 m，边墙高度3.5 m，底板和边墙均为钢筋混凝土，厚度均为0.5 m。出口消能段总长为25 m，消能形式为底流式消能，消力池末端为消力坎，消力坎高为2.5 m，坎后接引水渠道。

9.4.3.5 透水坝

阿拉沟多为泥沙河流，水库建成后淤积较为严重，为减缓水库淤积，在上坝线上游4.3 km处修建一座透水坝，拦挡河流中夹带的泥沙。透水坝形式为铅丝笼护面卵石坝，坝高8 m，坝顶宽3 m，上游面坝坡为1:2，下游面坝坡1:4。

9.4.3.6 工业供水管道

本枢纽工程承担托克逊工业园区和南山矿区的工业供水，工业供水管道设计与灌溉放水洞结合利用，工业用水量为1.4 m^3/s，考虑生态基流0.4 m^3/s，工业供水管道流量1.8 m^3/s，设计管道管径为1 000 mm。供水管道进口布置在灌溉放水洞的工作闸门之前，管道布设在灌溉放水洞出口明渠段的左岸通向下游并在末端消力池一侧设置闸阀室，控制管道的流量。

9.5 环境保护与生态流量下泄

为保护阿拉沟的生态环境，工业园区供水应按照工程规划的水量进行供水，水库工程在运行时，应先保证按照多年月平均流量的10%下泄生态基流，以此保证河道生态基流及生态用水不减少。阿拉沟水库坝址处多年平均流量为4.06 m^3/s，由此计算下游河道最小下泄生态基流为0.4 m^3/s。工程建成后生态基流可通过工业供水管道、灌溉放水洞及导流兼防空洞等放水建筑物向下游放水，放水流量不得小于0.4 m^3/s。

9.6 施工与投资

（1）导流方式及导流标准。

工程区坝址河床狭窄，两侧山体陡峻，坝址不具备明渠或分期导流条件，因此采用一次拦断河床的隧洞导流方式。

本工程导流建筑物由导流洞和上、下游围堰组成。导流设计洪水标准采用P=10%洪水频率，相应洪峰流量185 m^3/s。

根据施工进度计划安排，大坝施工第1个汛期由围堰挡水度汛，度汛标准为围堰的设计洪水标准，即10年一遇洪水；第2个汛期由大坝挡水度汛，坝前拦洪库容超过1000万m^3，因此，第2个汛期大坝临时度汛标准选取50年一遇洪水。

（2）施工进度。

本工程施工总工期40个月，其中第一年8月至第二年9月底为施工准备期，共14个月；第二年10月至第四年10月底为主体工程施工期，共25个月；第四年11月为工程完建期，共1个月。

阿拉沟水库工程静态总投资为49 448.44万元，工程总投资为50 012.66万元。

9.7 工程特点与建议

（1）大坝两岸坝肩边坡基本稳定，但存在由断层等结构面组合切割的局部块体稳定问题。坝区左岸有滑坡体已稳定，对心墙堆石坝型基本没影响；坝基有较大的F_{56}顺河断层和斜河向的F_{39}断层通过，断层带附近坝基岩体挤压揉皱破碎较强，为防止沿断层破碎带及影响带产生渗透变形破坏与不均匀沉陷问题，对面板或心墙基础内的F39、F56断层破碎带及影响带进行固结灌浆加固处理，断层泥带进行化学灌浆处理。

（2）坝区河床漂卵石厚10 m～20 m，两岸强风化带厚13 m～23 m；两岸冲沟较发育，特别是右岸地形侵蚀切割强烈，本坝址适合于建柔性坝型，在考虑到坝区附近缺乏防渗黏土料，根据坝区的地质条件和天然砂砾石填筑料储量丰富的特点，就心墙堆石坝而言，本工程较适合于兴建沥青心墙堆石坝型。

（3）阿拉沟多为泥沙河流，水库建成后淤积较为严重，为减缓水库淤积，在上坝线上游4.3 km处修建一处透水坝，拦挡河流中夹带的泥沙。阿拉沟河泥沙含量较大，仅靠一座透水坝内库容无法拦蓄大部分淤积泥沙和泥石流，修建透水坝后，随着透水坝前泥沙淤积，使坝前河道纵坡变缓，部分泥沙在变缓的河道内逐渐沉降，减少进入透水坝乃至水库的泥沙量。

（4）限于坝址区的地形地质条件，溢洪道需跨越一条深达49 m的冲沟，为满足工程安全运行，须将冲沟底填筑至泄槽底板下部高程，以保证泄槽平顺。原设计为现浇浇筑C15混凝土的刚性基础，浇筑方量达7万m^3，施工期通过优化，最终确定采用胶凝砂砾石做为溢洪道通过冲沟的人工基础，既方便了施工，又极大地降低了造价。在保证边坡稳定的情况下，将胶凝砂粒石填筑高程884.00 m以下边坡调整为1:0.75，此高程以上至溢洪道底板之间的坡度保持原设计边坡不变1:1.0，其他设计参数同原设计。胶凝砂粒石基础高程884.00 m以下，边坡采用石渣回填（与坝体接触处采用坝体砂粒石回填）。胶凝砂砾石28d抗压强度≥5 MPa，压实度$P \geq 0.98$。

（5）库区左岸上游侧存在潜在的变形体，距坝较近，范围较大，蓄水后可能引起失稳，表现形式为滑移，运行期应加强变形监测，随时掌握变化情况，必要时采取措施进行处理。

附表　阿拉沟水库工程特性表

名　称	数　量	名　称	数　量
一、水文		四、主要建筑物	
控制流域面积	1 851 km^2	1.挡水建筑物形式（坝型）	沥青混凝土心墙砂砾石坝
利用水文系列年限	50年	地震基本烈度/设防烈度	Ⅶ度/7度
多年平均年径流量	1.343亿m^3	最大坝高	105.26 m
多年平均流量	4.26 m^3/s	坝顶高程/顶部长度	950.26 m/365.48 m
设计洪水标准及流量（P=1%）	679 m^3/s	2.泄水建筑物	
校核洪水标准流量（P=0.05%）	1 500 m^3/s	2.1表孔型式	溢洪道
施工导流标准及流量（P=10%）	185 m^3/s	溢流段孔口尺寸	3孔-8 m×5.5 m
二、工程特征水位及工程规模		堰顶高程	939.0 m
1.水库水位		设计泄量/校核泄量	699.8 m^3/s/1 202.1 m^3/s
正常蓄水位	944.5 m	消能方式	挑流消能
设计洪水位	944.6 m	3.灌溉放水洞	
校核洪水位	947.8 m	闸底板高程	909 m
汛期限制水位	943 m	设计流量	10 m^3/s
死水位	911.7 m	消能方式	底流
2.水库容积		五、施工	
水库总库容	4 450万m^3	1.主体工程量	
防洪库容	152万m^3	明挖土方	29.13万m^3
兴利库容	3 050万m^3	明挖石方	51.38万m^3
死库容	850万m^3	石方洞挖	4.45万m^3
三、工程效益指标		坝体填筑	357.26万m^3
直接控制灌溉面积	10.7万亩	混凝土和钢筋混凝土	13.5万m^3
钢筋及钢材	4 502.04 t	六、经济指标	
2.施工期限	40个月	总投资	50 012.66万元

第十章

吐鲁番大河沿水库工程

10.1 工程概况

大河沿引水工程位于吐鲁番市高昌区境内的大河沿河上，坝址距离大河沿镇约17 km。大河沿引水工程是大河沿河上的控制性水利工程，主要任务是城镇供水、灌溉和工业供水，工程建成后向下游各业供水6 981万m^3。水库工程等级为Ⅲ等中型工程，总库容3 024万m^3，最大坝高75 m，主要建筑物有挡水大坝、溢洪道、灌溉放水洞及泄洪放空冲沙兼导流洞等。工程静态总投资65 703.57万元，工程总投资72 460.91万元，单方库容投资24元/m^3。

10.2 水文

大河沿河是吐鲁番五河中最大的一条河流，发源于海拔4000米以上的天山山脉东部博格达山南侧，流域地形北高南低，河道长55 km，平均纵坡58.4‰，坝址以上集水面积713 km^2，河道长度37.4 km，多年平均径流量1.01×10^8 m^3。大坝设计洪水标准为50年一遇，洪峰流量688 m^3/s；校核洪水标准为1 000年一遇，洪峰流量1 492 m^3/s。

大河沿水文站多年平均气温7.7℃，最低月（1月）平均气温-9.9℃，多年平均降水量73.3 mm，多年平均蒸发量3 253 mm（ϕ20 cm），大水体全年实际水面蒸发量1 900.8 mm。吐鲁番市气象站多年平均月最大风速25 m/s，风向E，最大冻土深度79 cm。

根据下游专用水文站实测泥沙资料推求的坝址泥沙设计成果，坝址多年平均天然悬移质输沙量8.89万t，采用推悬比0.25推求的推移质为2.22万t，多年平均输沙总量11.11万t。大河沿河在正常年景下，河段有岸冰的最早时间为10月下旬，最晚时间为11月底；河段最早解冻时间为2月下旬，最晚时间为3月中旬。封冻后最大冰厚一般在0.2 m左右。

10.3 工程地质

工程区位于北天山地槽内，南北分别为博格达南缘断裂和博格达断裂，属区域性活动断裂，博格达南缘断裂位于坝址下游，距坝址3.0 km，工程区区域构造稳定性差。

根据新疆防御自然灾害研究所《新疆吐鲁番大河沿引水工程场地地震安全性评价报告》，工程区50年超越概率10%的基岩地震动峰值加速度为0.127 g，地表地震动峰值加速度为0.178 g，坝址的地震基本烈度为Ⅶ度。

水库两岸基岩裸露，岩层走向与岸坡大角度斜交，除局部崩塌和岸坡再造外，库岸无大的稳定问题。库区两岸冲沟较发育，沟内堆积物丰富，洪沟堆积物及库岸再造对水库淤积有影响。水库两岸山体雄厚，断层形成的垭口，经勘察沿断层不会产生大的渗漏。水库无大的浸没问题，产生水库诱发地震的可能性不大。

水库库盘处在"U"形河谷内，河床坝基覆盖层深厚，最厚达174 m，主要分为二层，上部为冲积砂卵砾石，下部为含漂石卵砾石，未发现连续分布的软弱夹层，通过表层试验及钻孔内旁压试验、波速测试，河床覆盖层结构紧密、承载力高、压缩性低，物理力学性质随深度增加有所提高，可作为当地材料坝坝基，但砂卵砾石层透水性强，存在架空层，为强透水带，需进行全断面防渗处理。

溢洪道大部分处于强、弱风化岩体内，泄槽段、挑流消能段位于阶地砂卵砾石层上，基本满足基础要求，但需考虑不均匀变形问题，边坡整体稳定性，开挖存在结构面形成的危岩块体，需采取锚固处理措施。导流兼冲沙洞及灌溉放水洞处于砂岩、粉砂岩、砂砾岩洞段，成洞条件较好，以Ⅲ类围岩为主，部分Ⅳ类。进、出口洞段处于砂砾石层内，成洞条件较差，需加强支护措施。

10.4 工程布置及主要建筑物

10.4.1 坝型选择

坝址处河谷宽阔，覆盖层深厚，不适宜修建混凝土坝型；坝址附近黏土料很少，而砂砾石料、石料储藏丰富，开采方便，运距短，本阶段选择了沥青混凝土心墙砂砾石坝、混凝土面板砂砾石坝两种坝型进行比选。沥青混凝土心墙坝横断面型式见图1，混凝土面板坝横断面型式见图2。

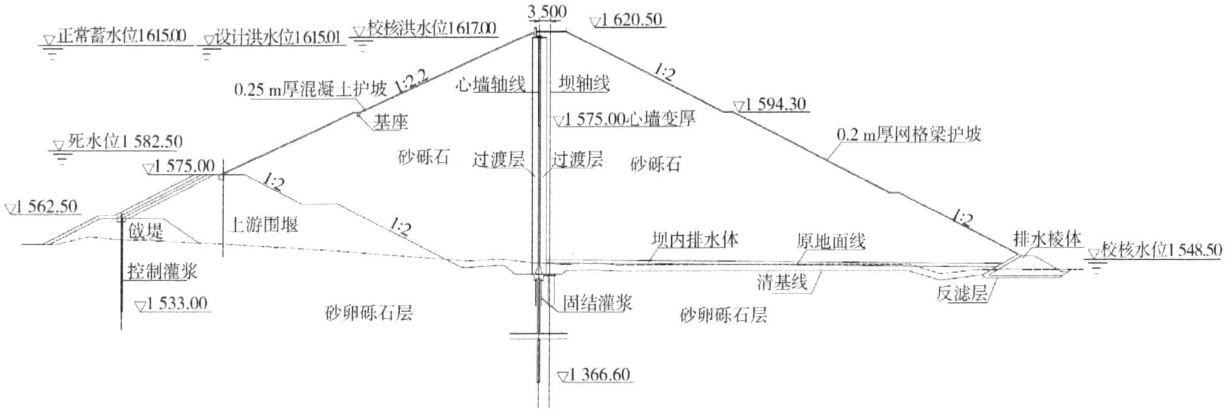

图1 沥青混凝土心墙坝横断面型式（推荐坝型）

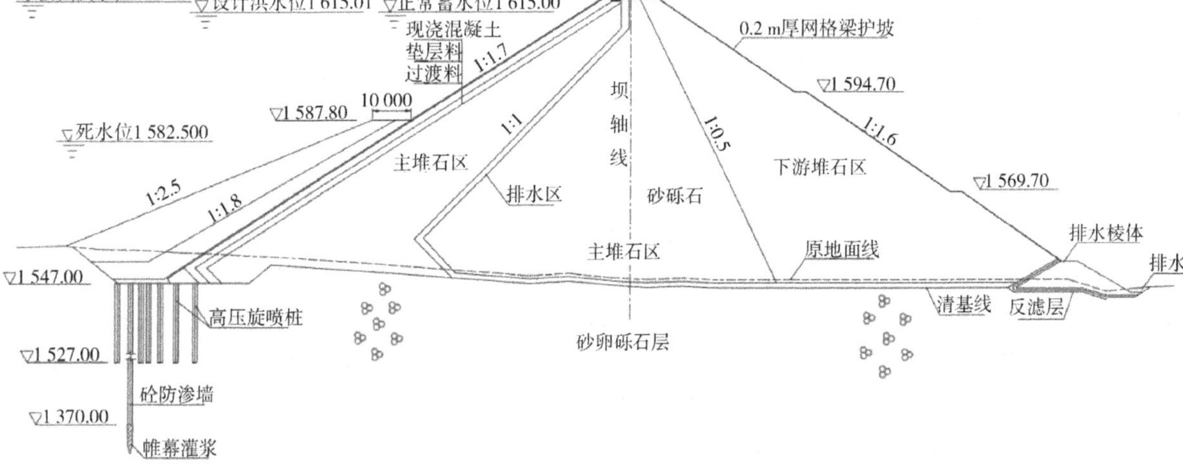

图2 混凝土面板坝横断面型式（比选坝型）

坝址处两岸边坡较陡，面板坝防渗线长，趾板基础处理较困难，施工开挖量较大；由于覆盖层深厚，面板坝存在防渗结构复杂，基础防渗墙与趾板连接处易破坏等问题，沥青混凝土心墙砂砾石坝从适应地形能力、工程实例、防渗性能、基础处理等方面均优于面板砂砾石坝方案，经济上两种坝型相差不大，综合考虑基本同意推荐坝型为沥青混凝土心墙砂砾石坝。

综合以上论证，对沥青混凝土心墙砂砾石坝和钢筋混凝土面板砂砾石坝两种坝型综合比较的结论如下：

（1）两种坝型均能充分就地取材，节约"三材"；枢纽布置型式基本相同。

（2）工程实例方面，两种坝型均为成熟坝型，单从本工程174 m深的覆盖层而言，目前国内外均无如此深厚覆盖层上修建混凝土面板坝工程实例，国内修建的面板坝最深厚覆盖层厚77 m，国外修建的面板坝最深厚覆盖层厚113 m。而沥青混凝土心墙坝，由于其适应坝基不均匀变形能力较强，近年来多用于超深覆盖层基础上。多个工程防渗深度都超过100 m，与本工程防渗深度较为接近，施工经验较为丰富。

（3）适应地形、地质条件能力：沥青混凝土心墙适应不均匀变形能力较强，对岸坡适应性强，对适应坝体变形和防渗有利，心墙与两岸山体连接较简单。面板坝河床段趾板下部为深厚覆盖层，两岸大部分趾板处于岩石基础上，混凝土面板需要适应大坝坝体与下部深厚覆盖层之间的不均匀沉降之外，同时还需要适应趾板由于河床与岸坡段下部不同基础之间的不均匀沉降。基础地质条件较差，接缝多，适应不均匀变形能力较差，易产生裂缝，由于两岸山体地形起伏较大，表部为强风化岩石，趾板与岸坡连接较困难，趾板开挖量大、混凝土工程量大。

（4）抗震性能：大坝地震设计烈度为8度，钢筋混凝土面板坝、沥青混凝土心墙坝防渗体抗震性均较好。沥青混凝土心墙坝，抗震性能好相对较好，不易破损，但破损后修复较难；钢筋混凝土面板坝抗震性能相对较差，容易产生裂缝，钢筋混凝土面板修复相对较方便，但实际修复也比较困难，需要将水库放空，将大坝上游设置的盖重区和覆盖区挖开后方能修复钢筋混凝土面板。

（5）施工：钢筋混凝土面板砂砾石坝施工工序相对简单，但钢筋混凝土面板养护要求较高，气温低于5℃不能施工。混凝土面板坝需单独设置围堰，导流洞需要延长80 m，而沥青混凝土心墙砂砾石坝围堰为大坝主体的一部分，工期上沥青混凝土心墙砂砾石坝较短。沥青混凝土心墙施工与坝体施工有干扰，但心墙摊铺施工相对简单，且易于适应低温施工。

（6）防渗性能：钢筋混凝土面板难适应如此厚的深厚覆盖层，面板容易开裂，修复也麻烦，由于钢筋混凝土面板裸露在外部，而吐鲁番年最高最低气温相差大，钢筋混凝土面板容易冻裂、老化，而沥青混凝土心墙包裹在砂砾石中，不与空气接触，沥青老化问题较轻，沥青混凝土心墙防渗性能好。

（7）基础处理：沥青混凝土心墙坝基础处理混凝土防渗墙和帷幕工程量较少，防渗处理投资较省，由于面板坝方案防渗墙为"π"字型布置，两坝肩均需拐弯，防渗墙深度大，在拐弯部位施工难度较大，容易产生渗漏薄弱部位，另外面板坝覆盖层部位趾板处基础进行高喷灌浆处理，基础处理工程量大，而心墙坝防渗方案为"一"字型布置，防渗墙与帷幕均在一条直线上，容易与岸坡搭接，因此从基础处理方案上看，沥青混凝土心墙方案好。

（8）工程维护：目前国内外已建成多座深厚覆盖层混凝土面板坝和沥青混凝土心墙坝，从已有的资料来看，建成后混凝土面板坝加固维修的工程实例较多。心墙坝出现渗漏严重而维修的工程实例较少。

（9）经济比较：土建投资方面，面板坝坝体工程量少，心墙坝坝体工程量大；沥青混凝土心墙砂砾石坝方案投资为27 473万元，混凝土面板砂砾石坝方案投资为25 470万元，比心墙坝省7.3%；若趾板下部不设高喷灌浆，面板坝投资为24 776万元，比心墙坝省10%。考虑到面板坝需设置施工围堰，而心墙坝围堰作为坝体的一部分，面板坝围堰投资比沥青混凝土心墙砂砾石坝方案投资贵641万元。由于面板坝增设围堰，导流洞需加长，导流洞可比投资贵367万元；综合比较沥青混凝土心墙砂砾石坝方案比钢筋混凝土面板坝多995万元，占总投资的3.2%，投资相差不大。

通过以上分析，沥青混凝土心墙砂砾石坝从适应地形能力、工程实例、抗震性能、防渗性能、基础处理及工程维护等方面均优于面板砂砾石坝方案，经济上两种坝型相差不大，面板坝比心墙坝仅节省总投资的3.2%，综合考虑推荐坝型为沥青混凝土心墙砂砾石坝。

表1 大河沿水库不同坝型比较表

项目	沥青混凝土心墙砂砾石坝（方案一）	钢筋混凝土面板砂砾石坝（方案二）
结构布置	坝顶高程1 619.3 m，最大坝高为75.0 m，坝顶长度为500 m	坝顶高程1 619.7 m，最大坝高为75.4 m，坝顶长度为510 m
抗震性能	防渗体具有良好的抗震性能，沥青防渗心墙为柔性体，适应变形较强，地震时呈弹性，不易损坏，防渗体损坏后难于修复	具有较好的抗震能力。抗冲蚀性较差、覆盖层厚，防渗体易开裂，底部垫层容易塌空、面板与外界接触容易老化、面板易产生裂缝，防渗体损坏后相对易修复
施工条件	1.沥青心墙冬季能施工。2.施工时不会对施工交通存在干扰。3.围堰为坝体一部分，施工较为简单。4.总工期：50个月	1.温度不低于5°C时面板能施工。2.施工时会对施工交通存在一定干扰，相对心墙坝施工干扰较小。3.可采用枯水期导流方案，需另设围堰、工程量较大。4.总工期：58个月
坝体主要工程量	砂卵石开挖：21.0万m^3；石方开挖：2.62万m^3；现浇混凝土：2.41万m^3；钢筋：1 289 t；坝体填筑：412.4万m^3；混凝土防渗墙：2.39万m^3；沥青混凝土心墙：2.3万m^3；固结灌浆：0.88万m；帷幕灌浆：0.91万m	砂卵石开挖：33.3万m^3；石方明挖：3.51万m^3；现浇混凝土：4.49万m^3；钢筋：2 557 t；坝体填筑：348.3万m^3；混凝土防渗墙：3.44万m^3；混凝土面板：3.05万m^3；高喷灌浆：1.24万m；帷幕灌浆：1.34万m
大坝投资	27 473万元	25 470（趾板基础不处理为24 635）万元
围堰工程量	戗堤填筑计入坝体，0万m^3；土工膜1.1万m^2；控制灌浆1.07万m；砂砾石护坡0.54万m^3	砂卵石开挖1.95万m^3；戗堤填筑3.68万m^3；坝体填筑21.33万m^3；土工膜1.09万m^2；控制灌浆1.45万m；砂砾石护坡1.29万m^3
围堰投资	398万元	1 039万元
导流洞投资	2 968万元	3 335万元
优缺点	优点：防渗工程量小，防渗、抗震性能好，与两岸坝肩搭接容易，心墙在坝体内，与外界不接触，抗老化性能好，可利用围堰，作为坝体一部分，缺点：大坝填筑方量大，施工存在一定的干扰心墙存在拱效应	优点：大坝填筑方量小，施工干扰小；缺点：防渗工程量大，面板与两岸坝肩搭接较难，施工开挖量较大，由于深厚覆盖层，趾板与坝体面板不均匀沉降量大，趾板与面板容易开裂，覆盖层段趾板与岸坡岩石段的趾板相对变形量大，也容易产生裂缝；面板易产生裂缝，新增围堰，导流洞需延长110 m
投资	30 839万元	29 844万元
差值		-995万元
结论	推荐坝型	

10.4.2 工程布置方案比选

10.4.2.1 比选方案拟定

大河沿引水工程是一座中型规模的水库枢纽工程，场地基本烈度为Ⅶ度，设计烈度为8°。泄水建筑物可采用溢洪道、隧洞泄流及溢洪道+隧洞（与导流隧洞相结合）联合泄流等三种型式。水库大坝采用当地材料坝，并对深厚覆盖层基础采取了垂直防渗的工程措施，溢洪道方案布置在左岸山坡上，布置格局与推荐方案基本一致，整体将宽度加宽，控制段弧门尺寸由2孔6 m×9 m（宽×高）改为2孔8 m×9 m（宽×高），泄槽段宽度由8 m改为11 m，消力池长度增加8 m，其他基本不变。

10.4.2.2 比选结论

从投资分析表中可以看出，联合泄流工程投资较省，可比投资为3 220.9万元，纯溢洪道泄洪方案可比投资为3 430.1万元，联合泄流方案比溢洪道泄流方案节省229.2万元，另外通过对导流洞的改造，使其具备放空和冲沙的功能，一举多得，因此综合考虑本工程泄洪建筑物采用溢洪道+隧洞（与导流隧洞相结合）联合方案泄洪。

推荐方案大坝为沥青混凝土心墙砂砾石坝，坝顶高程为1 619.3 m，坝顶宽度10.0 m，最大坝高75 m。上游坝坡为1:2.2，坝体下部与施工围堰结合。下游面大坝下游坝坡比为1:2.0。砂卵石基础部分采用混凝土防渗墙防渗，防渗墙厚度1 m，深入基岩1 m，防渗墙最大深度175 m，整个坝区防渗以5Lu

线为控制线，采用帷幕灌浆防渗处理。大坝正常蓄水位1 615.0 m，相应库容2 648万m^3。大坝坝轴线长度500 m，防渗长度711 m。

溢洪道布置在左岸坝头，为开敞式溢洪道，堰型为驼峰堰，堰顶高程1 606 m，宽12 m，最大下泄流量882 m^3/s，由进口段、控制段、泄槽段、挑流消能段组成，总长426.95 m。

泄洪放空冲砂兼导流洞布置在左岸、溢洪道的左侧，为城门洞型式，隧洞尺寸为4.0 m×4.5 m，有压段纵坡i=2.0%，无压段i=4.0%，纵坡为闸门段布置在山体上游侧，导流兼冲沙放空洞全长为682.45 m，由进口段、有压段、工作闸井段、无压段、出口明渠段和消力池护坦段组成。

表2　泄洪建筑物可比投资比较表

部位	序号	项目	单位	溢洪道	溢洪道+泄洪洞
				数量	数量
溢洪道		石方明挖	m^3	79 599	67 000
		土方开挖	m^3	8 951	4 631
		砂砾石开挖	m^3	77 120	76 580
		石碴回填	m^3	24 143	24 143
		C15混凝土回填	m^3	1 887	1 630
		连接导墙C25混凝土	m^3	14 514	14 514
		堰体C20混凝土	m^3	8 077	7 573
		堰体C40混凝土	m^3	412.6	379
		二期C30混凝土	m^3	44	44
		泄槽C25混凝土	m^3	17 653	11 053
		泄槽表面C40混凝土	m^3	3 392	2 072
		锚筋	根	187	157
		喷混凝土	m^2	4 587	4 366
		钢筋	t	1 543.3	1 341
泄洪洞		闸门井石方开挖	m^3	0	5 950
		闸室C40混凝土	m^3	0	1 669.6
		钢筋制安	t	0	133.568
		锚杆	根	0	158
土建投资			万元	3 430.1	3 200.9

灌溉隧洞布置在右岸，由进口引渠、有压隧洞段、闸井段、无压隧洞段、出口陡坡段、底流消能段和海曼段组成，全长为498.0 m，设计引用流量6.39 m^3/s。

上坝公路布置在左岸，上坝公路与对外交通公路一致，道路宽6.5 m，上坝公路全长400 m，上坝纵坡8%。水库平面布置见图3。

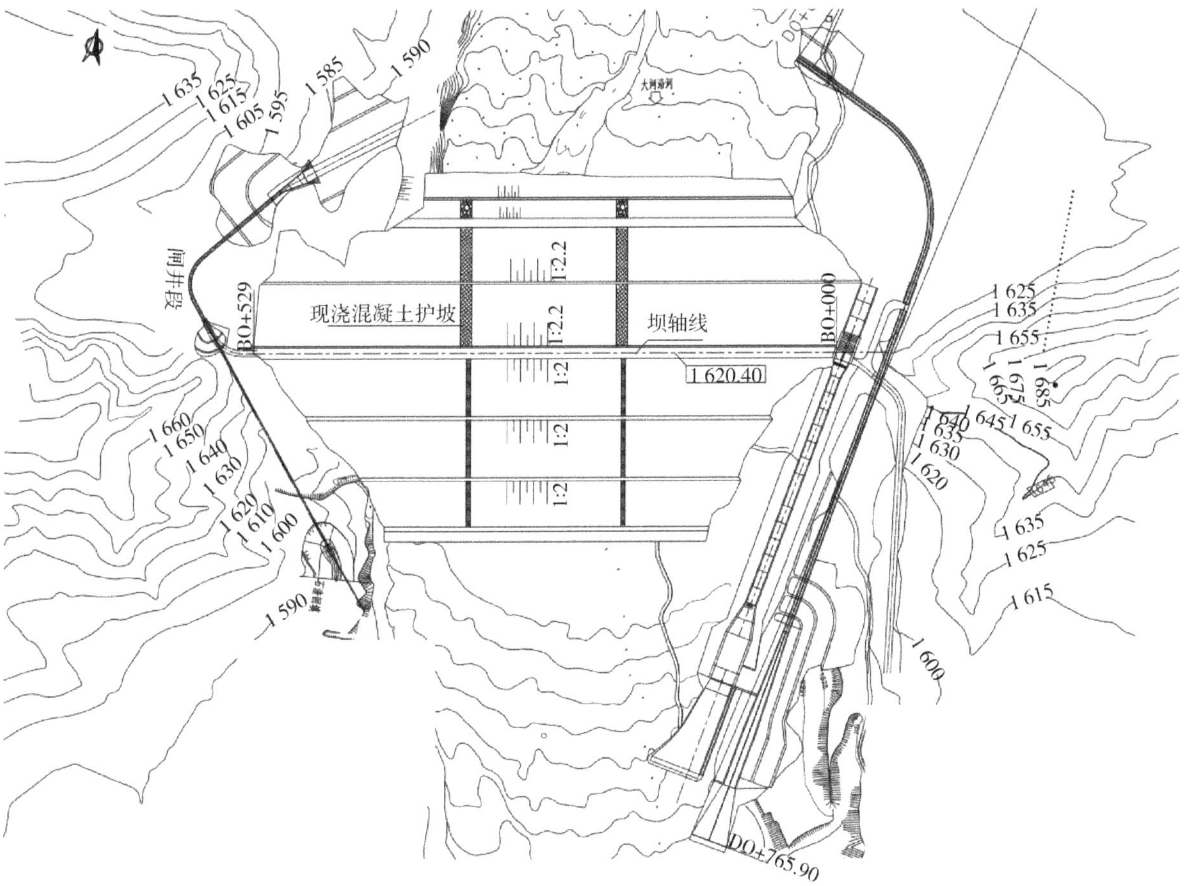

图3 水库平面布置

10.4.3 主要建筑物

10.4.3.1 大坝设计

1. 坝体轮廓设计

大坝为沥青混凝土心墙砂砾石坝，防浪墙顶高程1 620.5 m，坝顶高程1 619.3 m，最大坝高75.0 m，坝顶长500 m。坝顶宽10 m，设有“L”型钢筋混凝土防浪墙，墙高3.2 m，高出坝顶路面1.2 m。上游坝坡1:2.2，在1 594.3 m高程设置2.0 m宽马道，坝高程1 575.0 m处结合上游围堰设置6 m宽马道，围堰上游坡比1:2.0，围堰在1 562.5 m处留有施工戗台，台宽5.0 m。大坝下游坝坡比为1:2.0，分别在1 594.3 m、1 569.3 m高程处设置宽3.0 m 的平台。

2. 坝体分区及防渗体设计

(1)上、下游砂砾料区。坝壳填筑料采用坝轴线下游2.6 km 至坝轴线上游3 km 约5.6 km长的河段天然砂砾料，根据料场土料颗粒分析，含泥量(粒径小于0.075 mm)1.6%左右，级配连续。

(2)上、下游过渡料区。位于沥青混凝土心墙上、下游侧，起到一定的支持和保护沥青混凝土心墙的作用，协调心墙与坝壳料之间的变形，上、下游过渡层为等厚设置，一般厚度为1.5 m～3.0 m，因防渗体为沥青混凝土，坝壳料与防渗体之间无反滤要求，但是为了保护心墙接触面、满足防渗体和坝壳料之间的过渡、排除可能出现的渗水，在心墙上、下游设置过渡层。本工程过渡层厚度取2 m。过渡层顶部与心墙顶部高程1 617.3 m，底部填筑至混凝土基座。砂砾料室内试验的渗透系数一般比上坝碾压之后的渗透系数大10～100倍，考虑到坝壳料的不均匀性及新疆类似工程实践，设计过渡料的渗透系数采用1×10^{-2} cm/s～1×10^{-3} cm/s。过渡料要求：最大粒径小于80 mm，设计干密度2.1 g/cm^3，小于5 mm粒径含量为25%～40%，小于0.075 mm粒径含量小于5%，不均匀系数大于30，且级配连续，压实后的渗透系数大于1×10^{-3} cm/s。

(3)沥青混凝土心墙。大坝防渗体为沥青混凝土心墙，沥青混凝土心墙轴线选择在坝轴线上游侧，距坝轴线3.5 m，与坝顶防浪墙相连接，心墙采用垂直布置，为碾压式沥青混凝土心墙，孔隙率不大于

2%，渗透系数不大于1×10^{-8} cm/s，水稳定系数不小于0.9，沥青含量6%～7.5%，粗骨料40%，最大粒径19 mm，细骨料40%，填料13%。

(4)反滤料区：在坝壳料与排水棱体之间设置两级反滤层，反滤层厚度均为0.8 m，采用人工轧制砂砾石料。反滤料最大粒径$D100<75$ mm，最小粒径D_5=0.075 mm，反滤料填筑相对紧密度$D_r\geqslant0.70$。

3. 坝基处理

由于大河沿坝高较高，基础为深厚覆盖层，根据计算塑性混凝土防渗墙厚度1.3 m～1.6 m，而根据国内现有机械设备，防渗墙最大施工厚度仅为1.4 m左右，需要做双排防渗墙才能满足，因此本工程采用刚性混凝土防渗墙，结合旁多及下板地等类似工程经验，本次设计混凝土防渗墙厚1.0 m，混凝土采用C30 MPa，并且R_{180}35 MPa，采用槽孔成墙。混凝土防渗墙在坝基清基前先行施工，在坝基清基时凿除与基座相连接的1.0 m高混凝土，采用现浇混凝土重新浇筑该混凝土防渗墙并在墙内埋设止水铜片，混凝土防渗墙与沥青心墙的连接如前所述。为达到渗透稳定和对渗漏量控制的要求，垂直防渗必须全部截断坝基砂砾石层。对垂直防渗方案结合枢纽布置的优化，通过对国内外基础防渗工程施工情况的对比分析，本阶段重点研究如何实现截断深174 m的河床砂砾石层的垂直防渗方案。根据当前垂直防渗通常采用的防渗处理形式、施工水平，参考西藏旁多水电站、新疆下板地水电站及四川冶勒水电站等工程经验，结合大河沿坝基覆盖层地质情况，本设计阶段拟定了全灌浆帷幕12排。基岩相对不透水层以透水率5 Lu线控制，由于大坝两岸基岩相对不透水层($q<5$Lu)埋深较浅，因此灌浆帷幕应深入该层至少5 m，帷幕深度为20 m～80 m；左、右两岸防渗范围根据正常蓄水位与相对不透水层($q<5$Lu)封闭的标准控制，本工程两岸绕坝渗漏长分别约为110 m和60 m。

10.4.3.2 溢洪道

溢洪道布置在左侧山坡上，进水口及控制段轴线与坝轴线夹角111°，为使水流顺畅，在上游进水口右侧设置椭圆形导墙，水流经底流消能后转向回归河床，轴线长度426.95 m；溢洪道由进口段、控制段、泄槽段、消能防冲段组成。

进口段：长为60.95 m，喇叭形进口，左侧为开挖稳定边坡，坡上喷护0.1 m厚C15混凝土，为使水流顺畅排泄，右侧墙成1/4椭圆曲线布置，墙体为混凝土重力型式，建基面坐落在岩基上，进口底板高程1 603.5 m。

控制段：长为26.0 m，正常蓄水位1 615.0 m，设置2孔6×9 m(宽×高)弧形闸门控制，中间闸墩宽1.5 m。

泄槽段：长180.0 m，纵坡i=1/3.3，槽身为矩形断面，从控制段后30 m范围内，泄槽宽度从13.5 m，渐变为8 m，侧墙为悬臂式挡墙，侧墙和底板采用整体式，基础大部分为岩基，部分为砂砾石基础，泄槽底板厚度2 m。

消能段：采用底流消能方式消力池段长42 m，池深2.5 m，坎高1.4 m，出池坎顶高程1 542 m，两侧导墙高10.2 m，顶宽2.0 m，消力池底板厚度由3.0 m渐变为末端2.0 m。海漫护砌长度85 m，护砌厚度1.0 m。闸墩上部设置油泵房和坝顶交通桥，桥宽6.0 m，左侧与上坝公路相接，右侧与坝顶相连。

10.4.3.3 泄洪放空冲沙兼导流洞

泄洪放空冲沙兼导流洞布置在左岸山体内，考虑到围堰施工过程中会采用戗堤，占用一定的范围，其进口布置在坝轴线上游170 m处，另外左岸布置有溢洪道，由于导流洞高程较低，为避免与其交叉，导流洞布置在泄洪放空冲沙兼导流洞左侧，并留有一定安全宽度。导流洞全长682.45 m，包括进口段、有压段、工作闸井段、无压段、出口明渠段和消力池护坦段。进口段长35.67 m，采用梯形明渠断面，底宽4.5 m，进口端底板高程1 558.0 m，底坡2.0%。有压段长174.54 m，进口底板顶高程1 557.29 m，整个洞身采用有压设计，隧洞断面型式采用 4.0 m×4.5 m城门洞型，纵坡i=2.0%，衬砌厚度砂砾石段取1.0 m，岩石段取 0.6 m。闸井段长为19.0 m，闸井横断面尺寸为19.0 m×7.5 m，布置有平板检修闸门和弧形工作闸门，平板检修闸门孔口尺寸为4.0 m×4.5 m，弧形闸门孔口尺寸为4.0 m×4.0 m，底板高1 553.53 m，底板厚度2.0 m，边墙厚1.5 m。无压段：长为261.0 m。隧洞断面型式采用4.0×4.5 m城门洞型。出口明渠段长97.2 m，底宽4.0 m～10.0 m，坡度0.113，渠底板采用混凝土护底，混凝土厚度为0.6 m，坡面采用0.3 m混凝土护坡。消力池段长45.0 m，池深2.0 m，池底高程1 532.4 m，底宽10.0 m，护砌厚度1.5 m～1.0 m；消力池侧墙为重力式挡墙，临水面直立，背水回填石渣，面坡坡比为1:0.3，挡墙顶宽1.0 m。海漫段采用格宾护底，厚度0.8 m，长度50.0 m，在尾部设置防冲槽，槽深1.0 m。

10.4.3.4 灌溉洞

灌溉隧洞布置在河床左岸，由于灌溉洞为有压隧洞，灌溉洞轴线沿山脊线布置，尽量布置在岩石洞段内，由进口段、上游有压隧洞段、闸井段、下游有压隧洞段、出口镇墩段组成，全长为658.0 m，设计引用流量6.39 m^3/s。经计算管径仅需1.1 m，管内流速较大，考虑到隧洞施工最小断面，本次设计取2.0×2.5 m，城门洞型断面。

10.5 生态流量与泄放措施

（1）生态基流下泄要求

考虑大河沿水库坝址以下河段生态用水需求，运行期水库需下泄一定的生态基流以维持下游水生态环境。生态基流采用Tenent法，大河沿水库地处北方地区，生态基流丰水期按坝址断面多年平均流量20%确定，枯水期按坝址断面多年平均流量10%确定。

（2）生态流量下泄措施

初期蓄水期间，由放空冲沙洞（兼导流洞）通过闸门控制下泄最小流量以满足下游生态用水要求。运营期设置生态放水管下泄生态用水。生态放水管布设在灌溉洞进水闸闸室的闸墩内，在进口设置一台活塞式流量控制阀，控制丰水期和枯水期下泄水量，在坝下建立生态基流在线自动监测系统。

10.6 施工导流与工期

（1）导流方式及导流标准。

根据规范要求，土石类导流建筑物设计洪水标准为10～5年一遇洪水重现期，本工程上游围堰与大坝部分结合，10年和5年一遇洪水标准围堰工程量差别不大，设计洪水标准选择10年一遇全年洪水重现期，洪水流量为314 m^3/s。防渗墙导流设计洪水标准选择5年一遇全年洪水相应流量为182 m^3/s。

（2）施工进度。

工程准备期为第一年11月至第三年8月底，共22个月。

工程准备期的主要施工项目为场内施工道路的修建、对外交通连接、临建房屋、施工工厂、风水电系统、导流洞以及挡水围堰施工等。

工程准备期施工进度计划：

第一年11月至第二年5月底，完成场内施工道路、临时房屋、施工工厂、砂石料及混凝土加工系统、风水电系统等修建工作。

第二年2月至第三年8月，完成导流洞的土石方开挖、部分洞衬及闸门井混凝土浇筑、进口金结安装施工；第三年8月底截流；本工程防渗墙工程量大，根据国内其他深覆盖层防渗墙工程经验类比，施工困难，防渗墙施工与导流洞施工同步进行，第二年1月至第三年5月底进行混凝土防渗墙生产性试验以及基础防渗墙一期施工；第三年6月起至第四年3月底进行基础防渗墙二期施工，截流前未完成部分待冬季停工后，在主体工程施工期内完成。

10.7 工程特点与建议

（1）推荐的坝线处于基本对称的“U”型河谷内，基岩面呈“V”深切，河床右覆盖层深厚，为中等透水至强透水，坝基防渗工程量较大，两岸地下水位低平，防渗帷幕可与相对不透水岩体封闭；坝基抗滑稳定受河床砂卵砾石层内的抗剪强度所控制；本工程河床坝基下覆盖层深厚，不存在震动液化问题，但地震时，坝基两侧基岩与河床深厚覆盖层的实际地震烈度是不一致的，且地震在其地表的振动周期也是不一致的。抗震设计时，应考虑到本工程河床坝基下深厚覆盖层所增加的地震破坏效应问题。

（2）溢洪道沿线的泄槽段位于Ⅳ级阶地，堆积为深厚的砂卵砾石层内，抗冲刷能力较低，并存在不均匀沉降问题，需作加固、护砌处理；导流洞、灌溉洞只有洞身段处于基岩内，成洞条件较好，进、出口段均处于阶地堆积的砂砾石层内，需明挖或强支护成洞。

（3）水库最大坝高75 m，但防渗墙深达186 m，属于世界第一深墙。运行期应结合变形观测、渗流监测，经常性的汇总监测数据，分析防渗墙墙顶变形，及时分析其他各项观测资料，全面评价大坝和坝基的安全状况。

附表　吐鲁番大河沿水库工程特性表

名　称	数　量	名　称	数　量
一、水文		最大坝高	75 m
全流域面积	724 km^2	坝顶高程/顶部长度	1 619.3 m/500 m
利用水文系列年限	56年	2.泄水建筑物	
多年平均年径流量	1.01亿m^3	2.1表孔型式	溢洪道
多年平均流量	3.13 m^3/s	溢流段长度（孔口尺寸）	426.95 m（6 m×9 m）
设计洪水标准及流量（P=1%）	688 m^3/s	堰顶高程	1 606 m
校核洪水标准流量（P=0.05%）	1 492 m^3/s	设计泄量/校核泄量	688 m^3/s/1 108 m^3/s
施工导流标准及流量（P=10%）	314 m^3/s	消能方式	底流消能
二、工程特征水位及工程规模		2.2深孔（出口孔口尺寸）	682.45 m（4 m×4.5 m）
1.水库水位		进口底板高程	1 558 m
正常蓄水位	1 615.00 m	设计导流流量（P=10%）	314 m^3/s
设计洪水位	1 615.01 m	消能方式	底流消能
校核洪水位	1 617.60 m	3.引水建筑物	
汛期限制水位	1 010.20 m	2.1深孔（出口孔口尺寸）	658 m（2 m×2.5 m）
死水位	1 582.50 m	进口底板高程	1 577.5 m
2.水库容积		引水流量	6.39 m^3/s
水库总库容	3 024万m^3	五、施工	
正常蓄水位以下库容	2 648万m^3	1.主体工程量	
调洪库容	376万m^3	砂砾石开挖	72.16万m^3
调节库容	2 098万m^3	石方开挖	15.48万m^3
死库容	550万m^3	填筑土方/石方	412.41万m^3
三、工程效益指标		混凝土	7.69万m^3
直接控制灌溉面积	6.02万亩	钢筋及钢材	5085 t
多年平均供水量	6 981万m^3	2.施工期限	4.17年
四、主要建筑物		六、经济指标	
1.挡水建筑物形式（坝型）	沥青混凝土心墙砂砾石坝	总投资	72 460.91万元
地震基本烈度/设计烈度	Ⅶ度/8度	单方库容投资	24元

第十一章 皮山县阿克肖水库工程

11.1 工程概况

阿克肖水库工程位于新疆维吾尔自治区和田地区皮山县境内，工程坝址位于皮山河支流阿克肖河上，距下游支流肯艾孜河汇合口3 km。阿克肖水库工程具有灌溉、防洪等综合利用效益。总库容4 395.0万m^3，水库正常蓄水位2 452 m，正常蓄水位相应库容3 993.1万m^3，死库容556.9万m^3，为Ⅲ等中型工程。枢纽工程建筑物由挡水坝、导流兼冲沙泄洪洞、溢洪道等组成。大坝为沥青混凝土心墙坝，最大坝高57.5 m。工程建成后，可改善皮山河流域灌区总灌溉面积52.94万亩中29.3万亩灌溉条件，扩大流域灌区灌溉面积9.9万亩；可将下游河道的防洪标准从5年一遇提高到20年一遇。工程总投资71 972.72万元。

11.2 水文

阿克肖水利枢纽位于皮山河上游支流阿克肖河上，水库距下游皮山河水文站约5 km，工程场址以上流域面积1 103.64 km^2。皮山河发源于昆仑山北麓，上游由阿克肖河及肯艾孜河两大支流组成，两支流在瑙阿巴提塔吉克民族乡汇合，汇合后始称皮山河，皮山河由南向北流经克里阳注入雅普泉水库，后流经皮山县灌区消失于塔克拉玛干大沙漠，全长160 km。阿克肖水库坝址处多年平均流量6.46 m^3/s，多年平均径流量2.038×10^8 m^3。设计洪水标准为100年一遇，洪峰流量317.5 m^3/s；校核洪水标准为2 000年一遇，洪峰流量494.5 m^3/s。

皮山河流域上游工程区多年平均气温在6.9℃，极端最高气温34.6℃，极端最低气温-27.2℃；多年平均降水量为180.85 mm。平均风速为1.6 m/s，最多风向为NW，历年最大风速可达24 m/s，风向为WSW。

坝址处多年平均悬移质输沙率为18.7 kg/s，多年平均悬移质输沙量为59.05×10^4 t，多年平均推移质输沙量为8.86×10^4 t；阿克肖坝址处多年平均输沙总量为67.9×10^4 t。

11.3 工程地质

工程区处在塔里木地台南缘的铁克里克断隆带上，断隆带南北宽20～30 km，库坝区无活动断裂，地震基本烈度均为Ⅶ度。区域构造稳定性较差，但处在相对稳定区域。

河谷两岸山体较为雄厚，库区内断裂裂隙不发育，岩体较完整，不存在大的渗漏问题。在正常蓄水位附近无耕地、居民点分布，仅分布有阿克肖村的土路及输电线路，没有大浸没问题。库区两岸无大的库岸稳定问题，边坡稳定条件较好；但右岸发育有倾倒体，需清除；左岸近坝段堆积厚层的风积低液限粉土，存在库水位附近土层浸水坍岸，从而影响坝体，需采取加固等工程处理措施。本水库库容不大，蓄水后产生水库诱发地震的可能性极小。

坝址河谷呈“U”型，左岸Ⅳ级阶地及山坡坡脚分布厚度较大的风积低液限粉土，具有密度低、中压缩性、中等湿陷性、强度低。左岸Ⅳ级阶地发育较宽大的古河槽，堆积较厚的砂卵砾石，属中等～强透水性，结构密实；局部有薄层架空结构；局部含透镜体状分布的泥钙质弱胶结层，机械开挖困难，需采取特殊施工方法。基岩为绿泥石石英片岩（Pta），片理发育，属中硬岩；强风化层厚约2 m，弱风化层厚3～7 m，结构面不发育，岩体完整。强风化岩体透水率一般为15～20Lu，属中等透水岩体；弱风化层及微风化岩体透水率q一般小于5Lu；仅局部受构造影响透水率较大。地下水位埋深30～50 m。

泄水建筑物均布置于右岸，进出口无大的边坡稳定问题，无不利结构面组合，岩体完整性较好，无地下水干扰，洞室围岩洞身段主要为Ⅲ类围岩。

11.4 工程布置及建筑物

11.4.1 坝型比选

（1）坝型选择

根据地形地质条件，推荐修建当地材料坝。坝址区虽分布有大量的低液限风积粉土，但粉土粘粒含量较低（6.93%），且具有中等湿陷性，饱和状态下为液化土，击实后，渗透系数略偏大，天然含水率偏低，各项实验指标基本不能满足防渗土料技术要求，不适宜修建以土料作为防渗体的土石坝坝型。经料场勘察，砂砾石料场的质量可满足土石坝筑坝材料要求，储量丰富，开采运输条件较好。P1灰岩料场质量可满足沥青混凝土对骨料的技术要求，储量丰富。

拟定混凝土面板砂砾石坝和沥青混凝土心墙坝两种坝型进行比较，综合选定坝型。由于两种坝型对泄水建筑物的布置不产生影响，故本次坝型比选仅对挡水建筑物进行比较。

混凝土面板砂砾石坝横断面形式见图1，沥青混凝土心墙坝横断面形式见图2。

（2）坝型比选

综合分析，本工程对两种坝型均不存在严重的制约因素，从地形地质条件、大坝抗震安全、施工条件等方面综合分析比较两种坝型相差不大，但面板坝比沥青混凝土心墙坝投资少3400万元，虽然工程量及投资方面混凝土面板砂砾石坝方案略有优势，但针对本工程需挖除的粉土层较厚这一特殊地质情况，砂砾石及基岩的埋深随着下阶段工作的深入可能存在较大变化，面板坝趾板开挖深度等因建基面高程的变化而使工程量增加较大，而心墙基础开挖难度较低，不宜引起施工工程量的变化。同时，沥青心墙与基岩或砂砾石基础的连接较为简单，对气候有较好的适应性，因而本阶段将沥青混凝土心墙坝作为推荐坝型。

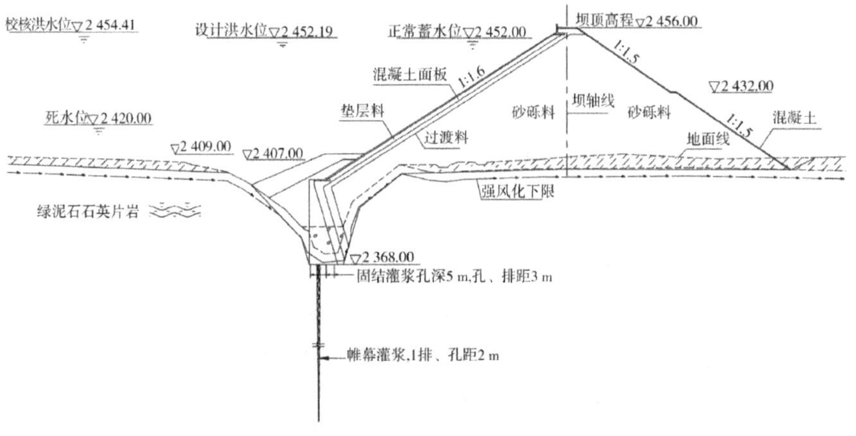

图1 混凝土面板砂砾石坝横断面形式

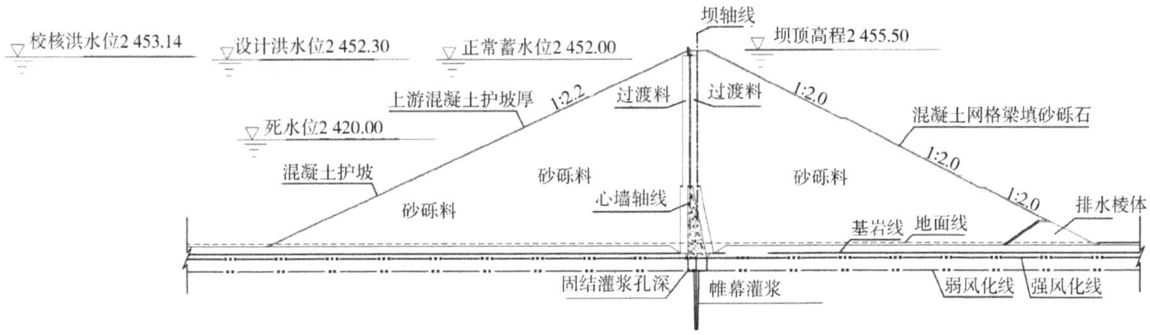

图 2　沥青混凝土心墙坝横断面形式（推荐坝型）

表 1　阿克肖水库坝型综合比较表

序号	项目	沥青混凝土心墙坝方案	混凝土面板砂砾石坝方案
1	地形条件	现代河床狭窄，两岸为宽阔的Ⅳ级侵蚀阶地，阶面大多被风积低液限粉土覆盖，地形起伏小，地势平缓。	
2	地质条件	坝址附近无区域性大断裂通过，基岩岩体完整，连续。岩性单一，为绿泥石石英片岩，是构成坝肩和坝基的主要地层。坝址区第四系地层分布广泛，按成因可分为冲积、风积、洪积和崩坡积砂卵砾石层，左岸坝基下伏古河槽，槽内堆积冲积砂卵砾石层。古河槽宽约490 m，最深约77 m。两种坝型对地形条件没有特别要求，均需挖除坝基范围内的粉土，坝体坐落于基岩或砂砾石层上。	
3	天然建筑材料	坝址区有丰富砂砾料，质量和储量满足坝体填筑料和混凝土骨料的设计要求，运距均较近，附近的灰岩料场可满足沥青混凝土心墙对碱性骨料的要求。天然建筑材料均能满足两种坝型的需求，不存在制约条件。	
4	对气候的适应性	心墙位于坝体内部，坝壳对防渗体起到保护作用。对气候的适应性较好，采取一定的措施，可以冬季施工。	面板坝的接缝与止水施工程序相对较复杂。同时，面板位于坝体表面，冬季受气候影响相对较大。
5	枢纽布置	泄水建筑物均布置在右岸。 沥青混凝土心墙与基岩或砂砾石基础的连接较为简单，只需通过混凝土基座与帷幕或防渗墙连接形成防渗整体，在现代河床段，沥青心墙通过放大基础直接与高混凝土挡墙相接，挡墙位于坝体中部，上、下游均被坝体包裹，稳定性较好。	泄水建筑物均布置在右岸。 面板坝的接缝与止水施工程序相对较复杂，面板坝与基岩或砂砾石相连略复杂，需通过连接板与防渗墙及高挡墙相接，高挡墙位于上游坝脚，上、下游侧所受土压力不均衡，稳定性略差。
6	工程施工及工期	在施工条件、施工导截流、建筑材料供应、主体工程施工、施工交通及施工总进度等无制约性。 沥青心墙基础开挖难度较低，不宜引起施工工程量的变化。	在施工条件、施工导截流、建筑材料供应、主体工程施工、施工交通及施工总进度等无制约性。 就防渗体基础开挖而言由于粉土层较厚，建基面高程存在不确定因素，趾板开挖可能存在较大的变化，可能增加施工难度和相应的工程量。
7	坝体主要工程量	粉土开挖237.85万m^3 坝体填筑348.03万m^3 混凝土3.56万m^3 大坝高混凝土挡墙0.3万m^3 混凝土防渗墙1.86万m^2 钢筋1 700 t 固结灌浆0.14 m 帷幕灌浆0.82 m	粉土开挖257.56万m^3 坝体填筑289.00万m^3 混凝土3.71万m^3 大坝高混凝土挡墙0.21万m^3 混凝土防渗墙2.05万m^2 钢筋2 764 t 固结灌浆0.32 m 帷幕灌浆0.71 m
8	静态总投资	7.25亿元	6.91亿元

11.4.2　工程布置方案比选

11.4.2.1　比选方案拟定

导流兼泄洪冲沙洞布置于坝址区河道的右岸，左岸在古河槽与现代河床中间有绿泥石石英片岩分布，顶部宽度有60～80 m，绿泥石石英片岩表层覆盖第四系风积低液限粉土层，厚3～10 m，松散，岩层顶面高程2 399 m左右，比河床底部高约16 m，从地形地质上看，左岸在古河槽与现代河床中间也基本具备布置导流兼泄洪冲沙洞的条件，因此，对在左、右岸布置导流兼泄洪冲沙洞的两个方案作了比较和复核。

综合枢纽布置原则、坝址处地形、地质条件分析，初步拟定枢纽布置方案如下：

1）方案一：在河谷布置沥青心墙坝，溢洪道布置在右岸紧靠坝肩布置，导流兼泄洪冲沙洞布置于河床右岸，平面布置图见图3。

2）方案二：大坝、溢洪道布置与方案一相同，导流兼泄洪冲沙洞布置于河床左岸，平面布置图见图4。

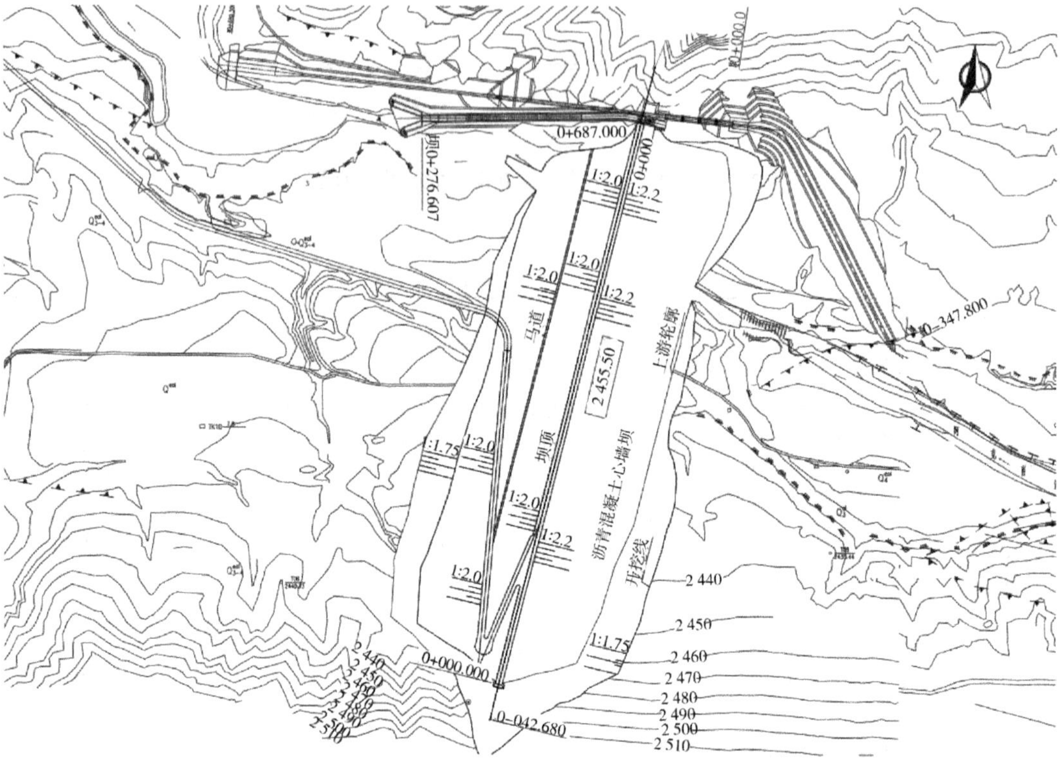

图3　方案一平面布置图（推荐方案）

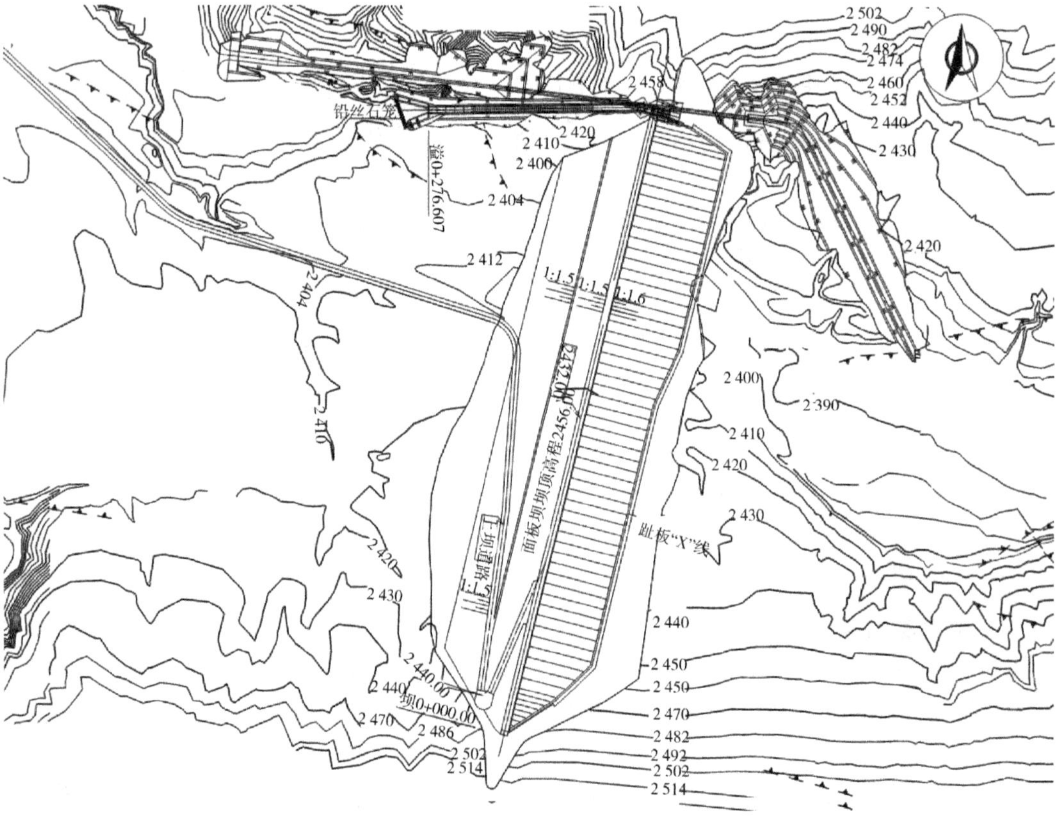

图4　方案二平面布置图（比选方案）

表2 方案一、方案二工程特性、工程量及投资比较表

方案项目	方案一（右岸导流兼泄洪冲沙洞）	方案二（左岸导流兼泄洪冲沙洞）
地形地质条件	进口引渠渠线通过Ⅳ级阶地前缘，Ⅳ阶地宽70～120 m，表部覆盖风积低液限粉土，厚3～20 m，下伏绿泥石石英片岩。洞身段上覆围岩厚30～70 m，出露岩性绿泥石石英片岩，走向与洞线夹角27°，无大的断层通过，裂隙不发育，岩体完整。明槽段地貌上为Ⅳ级阶地后缘坡，表部覆盖厚10～15 m的低液限粉土，下部为冲积砂卵砾石，厚5～10 m，结构密实。该段中部为古河槽在右岸的分支，顺河向发育，地表出露宽60～77 m，槽内堆积冲积砂卵砾石层，厚约37～70 m，结构密实。	左岸在古河槽与现代河床中间有绿泥石石英片岩分布，顶部宽度有60～80 m，表层覆盖风积低液限粉土层，厚3～10 m。岩层顶面高程2 399 m左右，比河床底部高约16 m，比导流洞进口底板高程2384 m高15 m。导流兼泄洪冲沙洞洞身段大部位于新鲜岩体，岩体完整，后段穿越古河槽，槽内堆积冲积砂卵砾石层，隧洞处于中更新统砂砾石层中。
工程布置	泄水建筑物均右岸布置，进口引渠段长335 m，增加了220 m长的出口明槽段，工程量较左岸方案大。	泄水建筑物分左右两岸布置，管理不如方案一方便。闸井交通桥是与坝顶连接，桥墩处于坝体上游坝坡内，对坝体的施工有一定干扰，桥长度100 m，桥墩最大高度54 m，坝体的沉降变形对桥的设计有一定影响。
运行条件	由于溢洪道及导流兼泄洪洞均布置在右岸运行灵活，操作方便。	溢洪道和导流兼泄洪洞分别布置在两岸运行操作不方便。
工程施工	由于闸井底板高程较左岸方案高，对截流及截流后的施工强度要求较高，但施工干扰较小。	施工交通方便，具备提前开工的条件，但交通桥对坝体施工有一定干扰。
工程量	粉土开挖35.98万m^3	粉土开挖1.8万m^3
	砂砾石开挖5.5万m^3	砂砾石开挖0.42万m^3
	石方明挖9.7万m^3	石方明挖2.72万m^3
	石方洞挖0.57万m^3	石方洞挖0.58万m^3
	混凝土2.85万m^3	混凝土2.25万m^3
	钢筋1 588.8 t	钢筋1 593.55 t
	固结灌浆1 095.6 m	固结灌浆1 109.87 m
工程直接费	4 364万元	3 206万元

11.4.2.2 比选结论

经比较，方案二的线路要短于方案一、施工强度的要求也低于方案一，工程直接费比方案一投资少1158万，但交通桥桥墩较高、长度较大，坝体的沉降变形对桥的设计有一定影响，出口泄流条件也差。且溢洪道和导流兼泄洪洞分别布置在两岸运行操作不方便。同时由于其上覆岩体较薄，基岩宽度不均匀、基岩顶板高程存在不确定因素，本阶段推荐方案一的右岸布置方案。

11.4.3 主要建筑物

11.4.3.1 大坝设计

（1）大坝轮廓

挡水建筑物为沥青混凝土心墙坝，采用碾压式沥青混凝土心墙，心墙顶高程2 453.7 m，坝顶高程为2 455.5 m，最大坝高57.5 m，坝顶长度687 m，坝顶宽度8 m，坝顶上游设置“L”型钢筋混凝土防浪墙，墙顶高程2 456.70 m。坝体采用全砂砾石填筑，上游坝坡1:2.2，25 cm混凝土板护坡，下游坝坡为1:2.0，混凝土网格梁填干砌石护坡，下游“之”字型上坝公路路面宽度为8.0 m，马道宽度2 m，高程2 432 m。大坝设计抗震烈度为7度。

（2）坝体分区设计

本工程坝址附近分布有丰富的砂砾料，选用砂砾石料为坝体主填筑料，从上游至下游依次为上游砂砾料区、上游过渡区、沥青混凝土心墙防渗体、下游过渡区、下游砂砾料区、排水棱体区。

砂砾料区：位于过渡料与上、下游护坡之间，是坝体的主要支撑结构，采用砂砾石料填筑，要求小于0.075 mm含量小于8%，填筑相对密度$D_r \geq 0.85$。

过渡区：设于垫层下游，水平宽度3 m，等宽布置。采用砂砾石料，粒径要求$d \leq 80$ mm，小于0.075 mm含量小于5%。渗透系数控制在1×10^{-3}～1×10^{-4} cm/s。设计相对紧密度$D_r \geq 0.85$。

沥青混凝土心墙防渗体：采用P1灰岩料场，要求骨料质地坚硬、耐久性好、级配良好，沥青可采用道路沥青或水工沥青，指标需满足相关规范，孔隙率$n \leqslant 3\%$。本工程沥青混凝土心墙坝坝高57.50 m，采用碾压式沥青混凝土心墙，心墙厚度按高程分段控制，高程2 420 m以上心墙厚度0.4 m，高程2 420 m以下心墙厚度0.7 m，心墙底部采用放大基础与混凝土基座相连。现代河床心墙底部采用放大基础放置于挡墙顶部。河床段大坝横断面见图5。

排水棱体区：根据C6砂砾石料场颗分试验成果，砂砾石料场的渗透系数为6×10^{-3}～8.3×10^{-3} cm/s，为中～强透水体，采用C6料场作为筑坝材料，基本可以满足坝体透水性，坝体渗水可自由排向坝外，因此在坝体内部不设置专门的排水体，但在下游坝脚设置排水棱体。位于主河床部位，顶高程2 387.00 m，采用砂砾料填筑，D=5～80 mm，小于0.075 mm含量≤5%，相对密度$D_r \geqslant 0.85$。

（3）坝基处理

1）坝基粉土的处理措施

河床左右岸阶地均覆盖第四系风积低液限粉土，平均厚度约为20 m，能否直接利用或经处理后直接利用对本工程投资影响很大，分析了三种采用工程措施消除土的湿陷性的方案，即直接作为坝基加以利用、利用部分粉土作为大坝基础和全部挖除方案。

据试验资料可知，坝基粉土孔隙率n=48.3%，压缩系数为0.35 MPa^{-1}，属中压缩性土，击实后渗透系数为5.2×10^{-4} cm/s，属中等透水层，湿陷性系数为0.041，具中等湿陷性。前两种处理方案均不能完全或基本消除土的湿陷性，仍存在一定的安全隐患，如果在蓄水后发生二次湿陷，可能对坝体的安全造成威胁。尤其本工程坝高较高，最大坝高57.5 m，已接近高坝，加之土料具有地震液化性和流土的特性，在这样的坝高下采用这样的粉土作为基础，存在安全隐患。从整个工程的安全出发，在试验资料的基础上，本阶段推荐坝型为沥青混凝土心墙坝，采用坝基粉土全部挖除的方案。

2）现代河床为顶宽20～25 m，底宽9～12 m，高23～31 m的陡槽，基岩裸露，现代河床采用心墙基础与混凝土高挡墙连接的方案。

3）现代河床砂砾石层结构密实，表层清除后直接作为坝体基础。

4）因左岸古河槽渗漏量较大且存在渗透稳定性，对古河槽采用混凝土防渗墙进行垂直防渗，墙体采用$C_{20}W_8F_{50}$混凝土，厚度为80 cm，防渗墙底部深入基岩1.0 m。其他坝段采用帷幕灌浆进行防渗。

5）倾倒体的处理

坝轴线上游10～80 m，高程2 430～2 500 m，发育1#倾倒体，厚9～16 m，为碎块状结构，自然坡度37°，方量约10万m^3，部分位于正常蓄水为以下，蓄水后可能存在坍塌，设计清除。

6）根据目前地质勘察成果，在坝址区未见有大的断层破碎带通过，断层规模一般较小，处理方法是：一是开挖回填混凝土，二是灌浆加密，具体情况视开挖后实际情况确定。

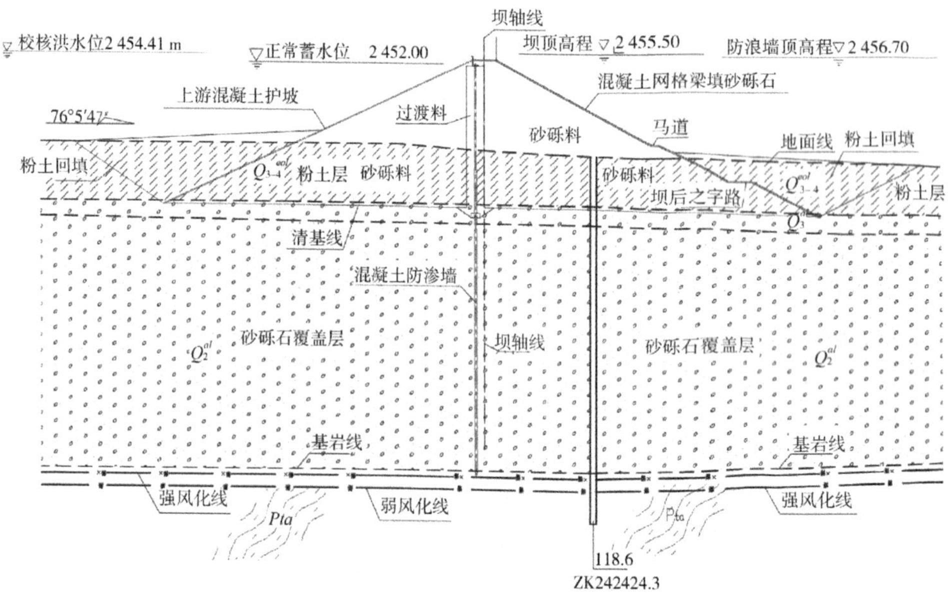

图5 河床段大坝横断面

11.4.3.2 表孔溢洪道

溢洪道布置在右岸坝肩上，由进口引渠段、控制段、泄槽段、台阶式泄槽段、消力池段、出口护坦段组成。溢洪道堰顶高程2 447 m，设计泄量118.90 m^3/s，校核泄量164.18 m^3/s，单宽最大泄量27.40 m^3/s。

进口引渠段：长12 m，宽度为6 m，底板高程2 445.0 m，纵坡i=0，布置在坝肩右侧坡上。引渠大部分位于1#倾倒体内，结合坝趾板全部挖除，闸井基础位于新鲜岩体内。

控制段：堰型采用驼峰堰，左侧与坝体相接，溢洪道轴线与坝轴线垂直，堰顶高程2 447.0 m，堰高2.0 m，堰后接i=0.005泄槽陡坡段，溢流堰设置为单孔，净宽6 m，采用弧形工作门挡水，另设平板检修门，进口控制段闸体长21 m，基础位于新鲜岩体内。

泄槽段：水平泄槽段接控制段闸井，长67.61 m，纵坡i=0.005，起始端底板高程为2 445.0 m，末端底板高程为2 444.66 m，底宽6 m。泄槽主要通过坝肩岸坡，局部基岩裸露。

台阶式泄槽：水平泄槽段后接台阶式泄槽，长154.23 m，台阶高1 m，长2 m。纵坡i=0.5，底宽6 m，右岸岸坡局部基岩裸露。

消力池段：采用底流消能方式，消力池长50 m，宽6 m，池深2.2 m。消力池末端基础座于古河槽堆积物上。

护坦段：渠基均位于砂砾石层内，全长31.08 m，采用扩散式梯形断面，护坦后设置10 m长格宾石笼段防止产生冲刷破坏。

11.4.3.3 导流兼泄洪冲沙洞

导流兼泄洪冲沙洞布置在河床右岸，主要由进口引渠段、闸井段、洞身段、矩形明槽段、扩散段、消能段、尾渠及护坦段组成，全长976.80 m。

进口引渠段：位于Ⅳ级阶地，阶地表部覆盖风积低液限粉土，局部残留砂砾石层，下伏基岩为绿泥石石英片岩。进口引渠底板高程2 395 m，纵坡i=0，底宽3.3 m，引渠段长325.80 m。

闸井段：基础位于新鲜岩体中，闸井挖深约40 m，底板高程2 395.0 m，底板长度22 m（厚度3 m），宽度8.5 m，闸井顶部高程2455.5 m。事故门孔口尺寸$b \times h$=2.5 m×3.0 m，采用平板钢闸门，工作门孔口尺寸$b \times h$=2.5 m×2.5 m，为弧形钢闸门。

洞身段：洞身段穿过右坝肩山体，上覆岩体厚12～70 m，洞室围岩进出口以Ⅳ类为主，洞身段为Ⅲ类。洞身段长291 m，洞身断面型式为城门洞型，无压洞，纵坡i=3%，断面尺寸为3 m×3.6 m，洞内最大流速27.2 m/s，出口流速为16.774 m/s。

矩形明槽段：长230 m，沿线穿过4#冲沟，沟底为基岩，0+347～0+431 m为一古河槽进口，砂砾石层厚度大于30 m。基础大部位于弱风化～新鲜岩体内。矩形槽底板高程2 386.15 m～2 379.55 m，纵坡同洞身段保持一致i=3%，底宽3.0 m。

扩散段、消力池及尾渠：扩散段底板高程2 379.55 m～2 371.25 m，纵坡i=1/4，底宽由3.0 m扩散为10 m，两侧扩散角度为15°。消力池由河右岸坎边至河床，采用底流消能的方式，消力池长47.0 m，宽度10 m，底板高程2 371.25 m，坎末高程2 371.25 m，坎高4.0 m。尾渠底板高程2 375.25 m，为梯形断面，出口采用裹头布置，底板高程为2 375.25 m，采用铅丝石笼进行防护，与河道连接。

11.5 生态流量与泄放措施

（1）初期蓄水生态基流保证措施

根据工程设计，水库初期蓄水安排在第三年8月底至第四年1月，期间通过导流兼泄洪冲沙洞自坝址断面泄流，承担向下游供水的任务。初期蓄水期间断面下泄流量满足11月～次年4月不少于坝址断面多年平均流量的10%（即0.64 m^3/s）、5～10月不少于断面多年平均流量的20%（即1.28 m^3/s）的生态基流要求，同时可满足下游灌区用水。

（2）运行期生态基流保证措施

工程建成运行后，当库水位低于表孔溢洪道堰顶高程（2 447.0 m）时，工程通过底孔（导流兼泄洪冲沙洞）下泄下游综合用水；当库水位高于表孔溢洪道堰顶高程（2 447.0 m）时，工程通过表孔下泄下游综合用水。坝址断面下泄流量满足5～10月不低于坝址断面多年平均流量的20%（1.28 m^3/s）、11月～次年4月不低于坝址断面多年平均流量的10%（0.64 m^3/s）的生态基流泄放要求。

加强运行期调度运行监督管理，按规定要求下泄生态基流；同时，在工程坝址下游安装在线流量监测仪，监测运行期生态基流下泄情况。

11.6 施工导流与工期

11.6.1 施工导流、截流

（1）导流及度汛标准

本工程施工导流设计洪水标准初步确定采用P=10%枯期洪水，相应洪峰流量40.9 m^3/s。

根据施工进度安排，第二年汛期来临之前，坝体填筑上升至度汛高程2 418.50 m，故第二年汛期坝体临时断面挡水，导流洞泄流，第二年坝体临时断面挡水度汛的标准取P=2%，相应洪峰流量为276.9 m^3/s，坝前水位2 416.82 m。

（2）导流方式及导流时段

采用枯期挡水围堰挡水，河床一次断流，导流洞泄洪的施工导流方式。

综合考虑枢纽水文条件、大坝施工强度，在整个施工期内，坝体经历两个汛期。大坝施工导流时段可划分为2个时段：

第一时段：截流时间（第一年9月初）至第二年4月底为止，上游枯期挡水围堰和下游围堰挡水，导流洞泄洪。

第二时段：第二年5月至第三年5月初，由坝体临时断面挡水，导流洞泄流。

第三年4月底具备下闸蓄水条件。

（3）导流建筑物

本工程推荐方案导流建筑物由导流洞、上游枯水期挡水围堰、下游围堰组成。

1）导流洞设计

导流洞布置在河道右岸，有关设计内容详见水工建筑物篇章。

2）上、下游围堰设计

根据上、下游围堰所处地质、地形条件及枢纽布置的需要，围堰主体采用导流洞开挖料填筑，黏土闭气。上游围堰堰体及基础防渗采用高压旋喷灌浆，围堰迎水面边坡为1:3.0，背水面边坡为1:1.5，为满足施工需要和防汛抢险要求，堰顶宽度选定为10 m，最大堰高20 m，堰顶长度为82.4 m。

下游围堰采用黏土斜墙防渗，迎水面边坡为1:3.0，背水面边坡为1:1.5，堰顶宽度选定为10 m，最大堰高5.3 m，堰顶长度为18.0 m。

（4）截流

1）截流时段及流量

本工程选择汛后枯水时段进行截流，相应河道来水量较小，截流时段定为第一年9月，截流标准初步定为5年一遇9月旬平均流量，相应截流流量为8.1 m^3/s。

2）截流堤布置

围堰布置于主河槽较窄位置，考虑地形条件以及河床覆盖层较浅，截流堤采用与上游围堰相结合布置的方式。

3）截流方式

本工程截流戗堤与上游围堰结合，主河槽上开口宽度为20 m，河床底部宽度仅为5 m。由于截流流量较小，因此考虑不安排预进占，不设置龙口，直接采用立堵方式进行截流。截流堤进占与合龙一次完成。

11.6.2 施工总进度

本工程第一年1月工程开工，9月初工程截流，第三年4月底坝体填筑至坝顶高程，具备下闸蓄水条件，第三年6月底工程完工。初拟总工期为30个月，其中施工准备期4个月，主体工程施工期24个月，完建期2个月。

11.7 工程特点与建议

（1）河床左、右岸阶地均覆盖第四系风积低液限粉土，平均厚度约为20 m，为第四系风积低液限粉土，但粉土粘粒含量较低（6.93%），且具有中等湿陷性，饱和状态下为液化土，击实后，渗透系数略偏大，天然含水率偏低，各项实验指标基本不能满足防渗土料技术要求，不适宜修建以土料作为防渗体的土石坝坝型。

据试验资料可知，坝基粉土孔隙率n=48.3%，压缩系数为0.35 MPa^{-1}，属中压缩性土，击实后渗透系数为5.2×10^{-4} cm/s，属中等透水层，湿陷性系数为0.041，具中等湿陷性，本工程坝高较高，最大坝高57.5 m，已接近高坝，加之土料具有地震液化性和流土的特性，在这样的坝高下采用这样的粉土作为基础，存在安全隐患。从整个工程的安全出发，在试验资料的基础上，采用坝基粉土全部挖除的方案。

（2）古河槽发育，槽内堆积冲积砂卵砾石层，最宽达380 m，厚约37～70 m，因左岸古河槽渗漏量较大且存在渗透稳定性，对古河槽采用混凝土防渗墙进行垂直防渗，墙体采用C20W8F50混凝土，厚度为80 cm，防渗墙底部深入基岩1.0 m。其他坝段采用帷幕灌浆进行防渗。

（3）现代河床为顶宽20～25 m，底宽9～12 m，高23～31 m的陡槽，基岩裸露，现代河床采用心墙基础与混凝土高挡墙连接的方案。

（4）本工程坝基范围内全部挖除低液限粉土，坝址区粉土开挖量近260万m^3，应做好施工期的料场规划工作，利用好料场的开采空地，尽量减少弃土的施工占地。

附表 阿克肖水库工程特性表

名 称	数 量	名 称	数 量
一、水文		四、主要建筑物	
坝址以上流域面积	1 103.64 km^2	1.挡水建筑物形式（坝型）	沥青混凝土心墙坝
利用水文系列年限	53年	地震基本烈度/设防烈度	Ⅶ度/7度
多年平均年径流量	2.038亿m^3	最大坝高	57.5 m
多年平均流量	6.46 m^3/s	坝顶高程/顶部长度	2 455.5 m/687 m
设计洪水标准及流量（P=1%）	317.5 m^3/s	2.泄水建筑物	
校核洪水标准流量（P=0.05%）	494.5 m^3/s	2.1溢洪道	
施工导流标准及流量（P=10%）	40.9 m^3/s	溢流堰净宽尺寸	6 m
二、工程特征水位及工程规模		堰顶高程	2 447 m
1.水库水位		最大泄量	164.18 m^3/s
正常蓄水位	2 452.0 m	消能方式	底流消能
设计洪水位	2 452.19 m	2.2导流兼冲沙泄洪洞	
校核洪水位	2 454.41 m	进口底板高程	2 395 m
死水位	2 420.0 m	最大泄量	118.32 m^3/s
2.水库容积		消能方式	底流消能
水库总库容	4 395万m^3	五、施工	
兴利库容（淤积前/淤积30年后）	3 436.2/3 271.4万m^3	土方开挖	294.33万m^3
防洪库容	389.9万m^3	石方开挖	24.97万m^3
调洪库容	785.8万m^3	填筑料	356.71万m^3
死库容（淤积前/淤积30年后）	556.9/10.3万m^3	混凝土和钢筋混凝土	11.43万m^3
三、工程效益指标		六、经济指标	
控制灌溉面积	52.94万亩	总投资	71 972.72万元

第十二章 乌苏市四棵树河吉尔格勒德水利枢纽工程

12.1 工程概况

吉尔格勒德水利枢纽工程位于乌苏市境内四棵树河上游中山区河段上，东距自治区首府乌鲁木齐市310 km，距乌苏市60 km。水库以灌溉、工业供水为主，兼顾防洪、发电。工程改善灌溉面积42.82万亩、新增灌溉面积1.90万亩，每年向石化工业园区供水3 300万m^3，可将下游防洪能力从不足5年一遇提高到10年一遇防洪标准。水库总库容6 106万m^3，最大坝高101 m，坝长345 m，为中型Ⅲ等工程，主要建筑物有拦河大坝、溢洪洞、导流冲沙泄洪洞、发电引水洞等。大坝为2级建筑物，溢洪洞、导流冲沙泄洪洞、发电引水洞为3级建筑物，水电站厂房及泄洪洞出口为4级建筑物，临时建筑物为5级。工程静态总投资为94 949.46万元，工程总投资为97 886.02万元，单方库容投资16.03元。

12.2 水文

四棵树河为奎屯河最大支流，发源于天山的婆罗科努山脉海拔3 800 m以上冰川，河流呈东北—西南走向，出山口后蜿蜒北下，穿过丘陵、洪积冲积平原，自然状态下汇入奎屯河，分属艾比湖水系。四棵树河全长约137 km，出山口以上流域长度72 km，水库坝址处多年平均径流量2.932亿m^3，大坝设计洪水标准为100年一遇，洪峰流量为523 m^3/s；校核洪水标准为2 000年一遇，洪峰流量为1 158 m^3/s。

根据吉勒德水文站气象资料，坝址区多年平均气温6.7℃；多年平均降水量262.2 mm；多年平均蒸发量1 011.2 mm；多年平均最大冻土深度＞150 cm，多年平均最大风速13.3 m/s，吉勒德水文站邻近河段最大冰厚88.6 cm，结冰和解冻阶段是冰情变化最为复杂的时期，入冬多发“冰洪”。水库坝址多年平均年悬移质输沙量为36.9×10^4 t，推移质输沙量按悬移质输沙量的20%计，则水库坝址多年平均泥沙总量为44.3×10^4 t。

12.3 工程地质

吉尔格勒德水利枢纽位于依连哈比尔尕复背斜（Ⅱ$_3^4$）三级构造单元中，北天山地震带内。库坝区无活动断层通过，工程建筑物无抗断问题。库坝区位于区域稳定性较差的地区。根据《新疆四棵树吉尔格勒德水利枢纽工程场地地震安全性评价报告》分析结果：坝区基岩50年超越概率10%的基岩动峰值加速度为0.253 g，50年超越概率5%的基岩动峰值加速度为0.346 g，50年超越概率2%的基岩动峰值加速度为0.399 g，相应地震烈度为Ⅷ度。

水库区位于四棵树河上游峡谷河段，库盘为中山区峡谷地形，河谷两岸为雄厚山体，局部呈陡崖。

该段河谷呈“V”型谷，谷底一般宽300～400 m，现代河床宽50～140 m。枢纽区基岩岩性为华力西晚期第二侵入次（γ_4^{3b}）灰白色、肉红色中～细粒花岗岩，中～细粒结构，块状构造。局部发育辉绿岩脉（β），宽度0.3～1.0 m，灰黑色，主要沿中陡倾角裂隙侵入式接触。枢纽区广泛分布第四系中上更新统以来冰碛、崩坡积、洪积和冲积等成因的松散堆积物。

河谷基底呈“U”型，河床堆积物以砂卵砾石为主，厚度由河中心向两岸变薄，最大厚度42.5 m，属深厚覆盖层，河谷基底宽度约120 m，微起伏。两岸坡脚堆积第四系全新统崩坡积碎块石土，厚度6～30 m。枢纽区基岩裂隙水和河水、孔隙潜水对混凝土、钢筋混凝土中的钢筋不具腐蚀性，对钢结构具弱腐蚀性。

12.4 工程布置及主要建筑物

12.4.1 坝型比选

河谷基底呈“V”型，坝址区现代河床宽165 m，正常高蓄水位时河谷宽度约345 m，河床堆积物以砂卵砾石为主，含少量漂石及中粗砂透镜体，厚度由河中心向两岸变薄，最大厚度42.3 m，两岸坡脚堆积系四系全新统崩坡积碎块石土，厚度6～30 m。两岸不对称，右岸坡度较陡。首先地形条件不适宜修建拱坝，而重力坝对基础的要求高，坝体古河槽段覆盖层深度大，布置混凝土重力坝将带来开挖浇筑工程量大，而且施工工艺较复杂，工期较长，投资大，因此混凝土重力坝也是不合适的。因此选择混凝土面板坝、黏土心墙坝、沥青混凝土心墙坝三种当地材料坝型进行综合比较论证。混凝土面板坝横断面型式见图1，黏土心墙坝横断面型式见图2，沥青混凝土心墙坝横断面型式见图3。

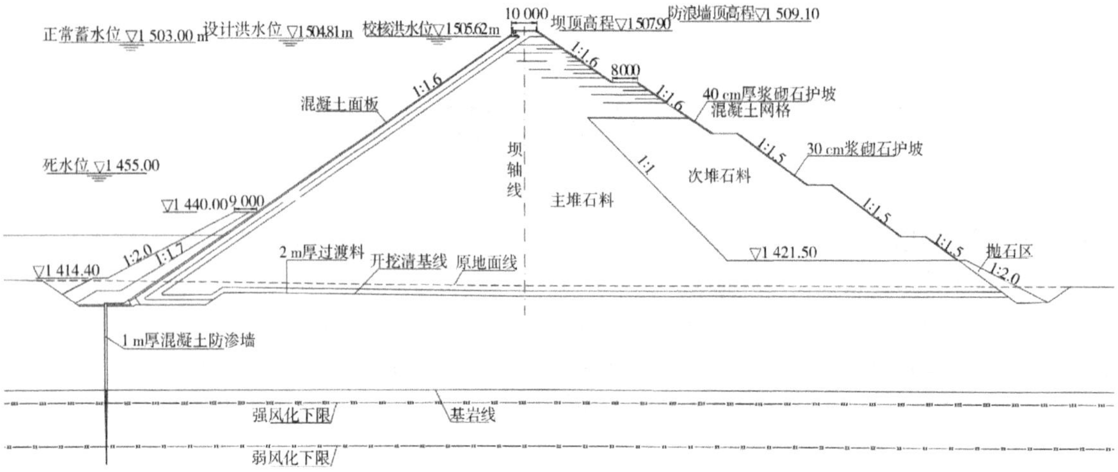

图1 混凝土面板坝横断面型式（比选坝型）

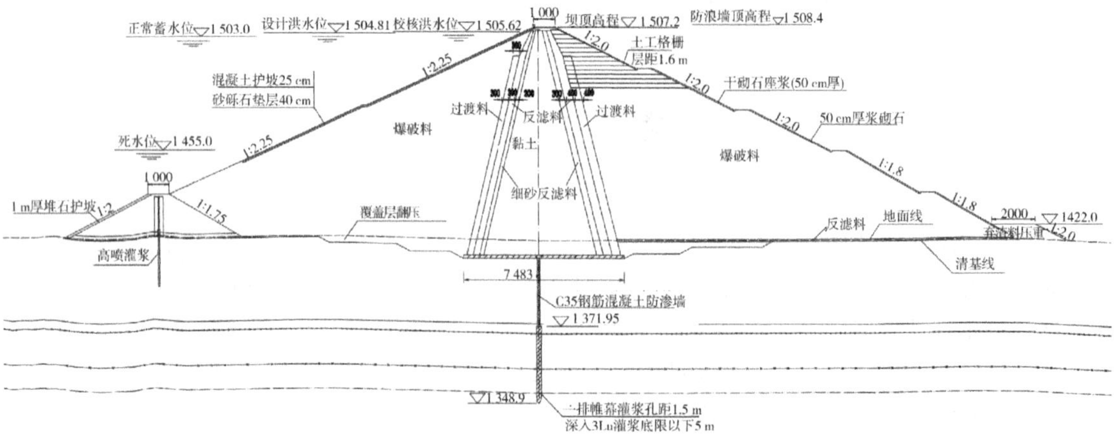

图2 黏土心墙坝横断面型式（比选坝型）

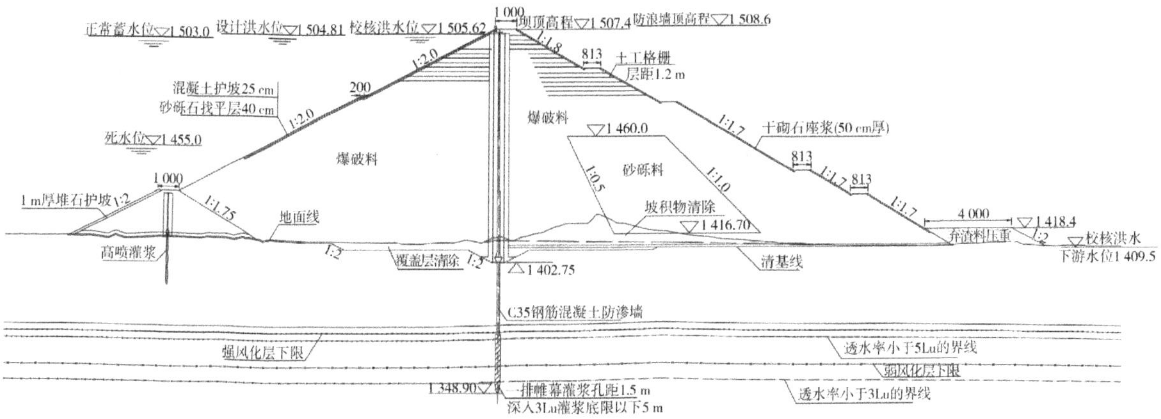

图 3 沥青混凝土心墙坝横断面型式（推荐坝型）

主要从地形地质条件、枢纽布置、建筑材料及坝料制备、施工条件、工程量及工程投资等方面进行综合技术经济比较，选定坝型。

表 1 吉尔格勒德水库不同坝型比较表

项目		混凝土面板堆石坝	黏土心墙坝	沥青心墙坝
地形地质条件		河谷呈“V”型，两岸地形不对称，各坝型对地形地质条件均适合		
工程布置	总体布置	挡水建筑物拦河布置，引泄水建筑物均布置在右岸，从右坝肩向右依次为泄洪洞、溢洪洞、引水发电洞		
	主要参数	大坝上游坡比1∶1.6、下游坡比1∶1.6～1∶1.5，坝体轮廓小	大坝上游坡比1∶2.25、下游坡比1∶2～1∶1.8，坝体轮廓大	大坝上游坡比1∶2.25～1∶2.0、下游坡比1∶2～1∶1.8，坝体轮廓较大
		最大坝高：104.1 m；	最大坝高：100.8 m；	最大坝高：101.0 m；
		坝轴线：352 m；	坝轴线：345 m；	坝轴线：345 m；
		引水发电系统：370 m；	引水发电系统：384.02 m；	引水发电系统：384.02 m；
		溢洪洞：390.4 m；	溢洪洞：385.44 m；	溢洪洞：385.44 m；
		泄洪洞：541.17 m	泄洪洞：541.17 m	泄洪洞：541.17 m
基础处理		河床段坝基范围内清除松散覆盖体后对坝基砂砾石基础采用强夯处理。在趾板范围内进行固结灌浆，1431 m高程以上设置2排，1431 m高程以下设置4排，孔距均为3 m，灌浆深度为5 m。坝基帷幕防渗深度按小于3Lu和1/3坝高控制。设置1排，孔距为1.5 m，平均孔深25 m	河床砂砾石覆盖层坝基处理，顺心墙两侧坝体横断面1/3宽度表层松散层清除深度3 m，其余坝段清除表层0.5 m厚松散体，并对坝基进行强夯处理。岸坡心墙与基岩面结合处浇筑1.0 m厚混凝土盖板，其下进行铺盖式固结灌浆和帷幕灌浆处理，固结灌浆深度5 m，孔距为3 m，帷幕灌浆单排布置，孔距1.5 m，灌浆深度22 m～34.0 m。河床段坝基防渗采用混凝土防渗墙+帷幕灌浆，防渗墙厚1.0 m，底部伸入基岩面1 m，帷幕灌浆深度按q=3Lu及1/3坝高控制标准	河床砂砾石覆盖层坝基处理，顺心墙两侧坝体横断面1/3宽度表层松散层清除深度3 m，其余坝段清除表层0.5 m厚松散体，并对坝基进行强夯处理。岸坡心墙与基岩面结合处浇筑1.5 m厚混凝土基座，其下进行固结灌浆和帷幕灌浆处理，固结灌浆深度5 m，孔距为3 m，帷幕灌浆单排布置，孔距1.5 m。河床段坝基覆盖层防渗采用混凝土防渗墙+帷幕灌浆，防渗墙厚1.0 m，底部伸入基岩面1 m，帷幕灌浆深度按q=3Lu及1/3坝高作为控制标准，单排，孔距1.5 m
地质条件		面板对岸坡处理的要求较高	对边坡的适应性一般，边坡需修整至1∶0.5	对边坡的适应性好，1∶0.35的天然边坡不需修整
建筑材料		近坝区有丰富天然建筑材料可以满足坝体填筑及混凝土骨料的需求	黏土料场稍远，含水量较低，需要加水，储量可以满足要求。坝壳填筑料较为丰富	沥青混凝土碱性骨料需要从185 km外的采石场拉用，沥青可采用克拉玛依产沥青，品质较好。坝壳填筑料较为丰富
抗震性能		具有较好的抗震性能	具有较好的抗震性能	具有较好的抗震性能

续 表

项目	混凝土面板堆石坝	黏土心墙坝	沥青心墙坝
工程施工	施工总工期需要49个月,趾板的施工不受坝体填筑的影响,施工有较高的灵活性和优势	施工总工期46个月,土料施工与反滤料、坝壳料有干扰,土料加水复杂,占用较大的施工场地,料场弃料量大,并且心墙填筑往往滞后于坝壳料填筑,对施工工期影响较大	施工总工期46个月,施工简便,干扰少,沥青需由外运来,需专门拌合设备和摊铺碾压设备。沥青混凝土心墙的施工水平要求较高,质量控制较为严格,对施工协调性控制要求较高,对施工工期有一定的影响
主要工程量	土石方开挖:86.51万m^3;坝料填筑:422.69万m^3;常态混凝土:0.89万m^3;高性能混凝土:3.37万m^3;喷混凝土:0.3万m^3;固结灌浆:1 600 m;帷幕灌浆:1.29万m;钢材:6507 t;土工格栅:11.28万m^2	土石方开挖:108.36万m^3;坝料填筑:461.55万m^3;黏土料填筑:67.33万m^3;混凝土:19.11万m^3;土工格栅:11.02万m^2;固结灌浆:17 875 m;帷幕灌浆:11 299 m;钢材:4 181 t	土石方开挖:90.06万m^3;坝料填筑:462.38万m^3;沥青混凝土:2.25万m^3;常态混凝土:6.81万m^3;土工格栅:16.54万m^2;固结灌浆:2 246 m;帷幕灌浆:14 738 m;钢材:999 t
建筑投资	5.505亿元	5.954亿元	5.517亿元

(1)三种坝型综合优缺点

黏土心墙坝:

① 有较强的抗震性能,国内外许多建在强震区的高坝都采用此种坝型,并有经受强震考验的实例。

② 心墙料与坝壳透水料平起填筑,土料须浸泡和洒水填筑,受气候制约因素大。

③ 心墙土料塑性性能可有效地吸收坝体变形,对坝基和坝体变形适应性强;但心墙土料抵抗冲蚀能力较弱,位于坝体中间检修不便。

④ 大量开挖土料对环境破坏严重,造成草场毁坏,移民补偿费用较大。

⑤ 土料天然含水率偏低,颗粒以粉粒为主,粘粒含量低(粘粒含量平均22.8%),属抗冲蚀能力较低的过渡型土～非分散型土,类比已建工程(北天山相同成因,相似工程特性)中使用该类土料的工程状况,可以用做防渗土料的使用。设计须选择合理心墙反滤料级配,加强反滤层的施工质量。

沥青混凝土心墙坝:

① 同黏土心墙坝和面板坝比较,沥青心墙坝的坝体体积小,工程造价低,心墙可与坝体同时上升,可不必等防渗体及坝体施工完毕后再蓄水,墙体位于坝体中间,运行环境条件稳定受外部荷载等因素影响较小,墙体耐久性好,墙体适应变形能力大。

② 沥青心墙(碾压式)适应严寒地区冬季施工,其心墙施工受气候条件的影响,较黏土心墙坝的黏土和面板坝的面板施工干扰小。

③ 沥青混凝土心墙的塑性性能可有效地吸收坝体变形,抵抗冲击能力较强,对坝基和坝体变形适应性强。

④沥青心墙埋于土石坝坝体内部,防渗面积大,出现渗漏问题时不易修补。

⑤沥青心墙坝用于百米以上高坝在设计、施工、运行等方面国内实例相对较少。

混凝土面板堆石坝:

① 具有良好的稳定性和抗震性,汶川大地震中紫坪铺水库面板堆石坝接受了强震的考验。

② 与心墙坝相比坝坡较陡,不仅坝体工程量少,而且使输水建筑物、泄水建筑物的长度相应减小。

③ 面板位于上游面,即使出现一些裂缝和渗漏,比较容易检查和维修。

④ 寒冷地区的混凝土防渗面板易受冻融、冰推、风浪、日晒等外因的破坏,运行维修工作量大。

⑤ 防渗体位于上游,相应坝基防渗工程量大;趾板由于受地形条件限制,开挖及边坡防护工程量大。

(2)综合比较分析

从覆盖层的地质特性分析:其持力层不存在软弱夹层和漂卵石架空结构,对两种坝型没有决定性的影响;

岸坡稳定性对坝体的影响:主要是右岸的高陡边坡卸荷裂隙发育,面板防渗体在上游面;沥青心墙位于坝体内部，虽经边坡处理，心墙坝对边坡的可靠性优于面板坝；

坝体对变形的适应能力分析：筑坝材料堆石，在蓄水后会产生一定的二次变形，而沥青心墙坝适应坝体变形的能力较强，从国内工程经验看，沥青心墙具有一定的自愈能力，缺点是难以检查和维修；面板坝的缺点是适应后期变形能力差、面板易裂缝，优点是面板位于上游面，可放空检查、维修；

抗震性能比较：两者主要筑坝料均为堆石体，都有抗强震的成功案例；

防渗性能：面板坝防渗体位于上游，心墙坝位于坝体中部，心墙坝覆盖层渗流比降稍高，对下游覆盖层的反滤要求较高；

施工：两种坝型对气候的适应性基本一致，技术难度和施工干扰影响心墙坝较大；工期上沥青心墙坝可提前工期约3个月，使工程提前3个月受益；

投资：三种坝型按最合理的布置方案，面板坝建筑投资较沥青心墙坝少120万元，黏土心墙坝较沥青心墙坝建筑投资多4370万元。

综合以上分析，从技术经济综合比较结果看，沥青混凝土心墙坝具有技术可靠，工程占地较少，对环境影响较小，工程风险较低、施工简单，施工周期较短等优点，本阶段确定沥青混凝土心墙坝作为推荐坝型。

12.4.2 工程布置方案比选

12.4.2.1 比选方案拟定

受地形条件限制，在建筑物布置比选方案中，将发电洞、泄洪冲沙洞均布置在大坝右岸，溢洪道布置在右岸或左岸进行了泄洪设施与枢纽组合的五种布置方案比较，具体方案如下：

方案一：大坝拦河布置，右岸依次布置泄洪洞、溢洪洞、引水发电洞，泄水建筑物投入到现渠首上游。平面布置见图4。

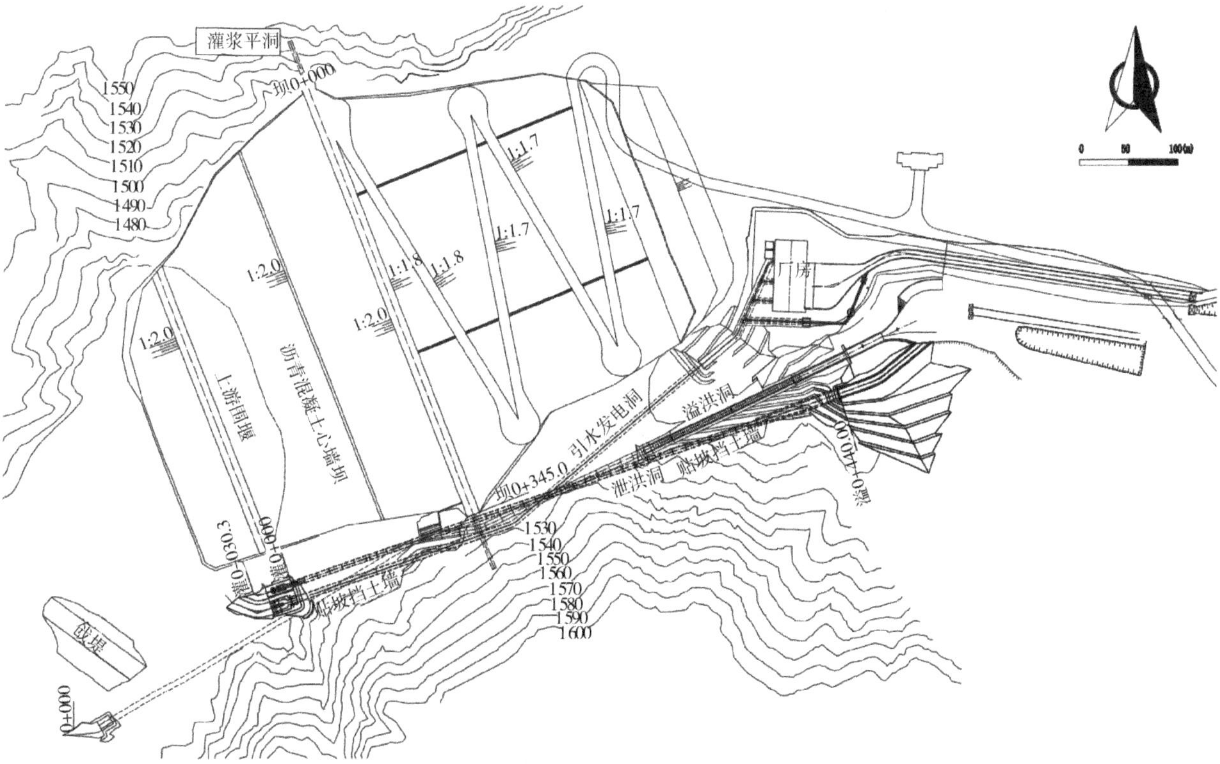

图4 方案一平面布置图（推荐方案）

方案二：从减少方案一泄水建筑物出口场地狭窄产生的施工干扰角度考虑，拉开泄水建筑物的距离，将溢洪洞布置在最右侧，其出口布置于现渠首下游。即大坝拦河布置，右岸依次布置溢洪洞、泄洪洞、引水发电洞。溢洪洞出口投入到现渠首下游，泄洪洞出口投入到现渠首上游。平面布置见图5。

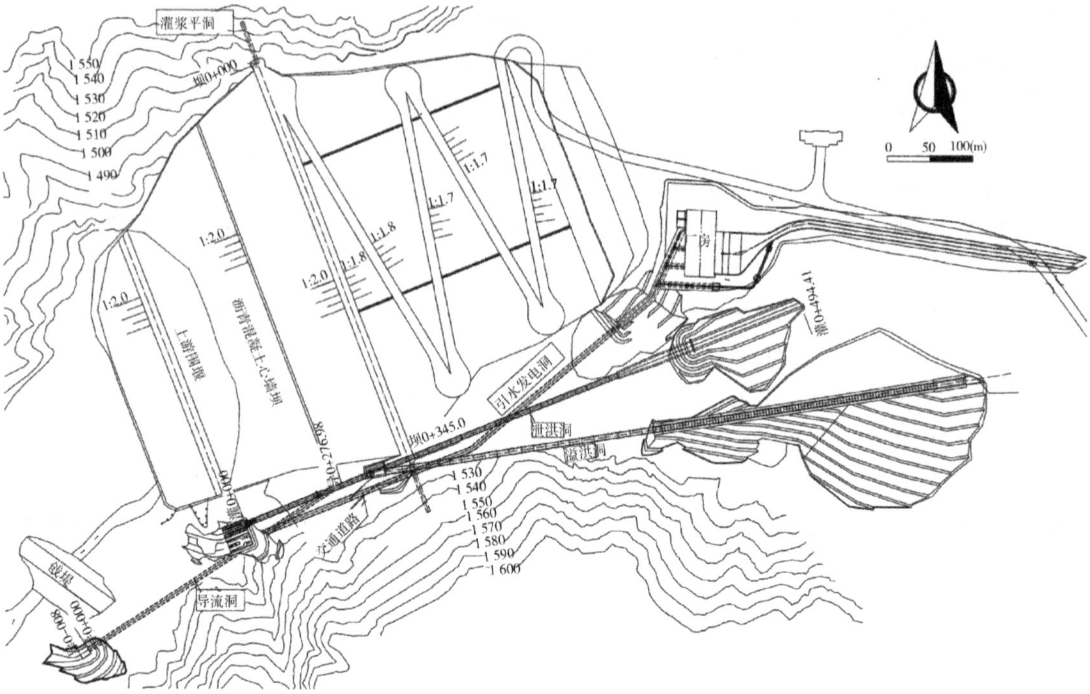

图5　方案二平面布置图（比选方案）

方案三：从减少方案一泄水建筑物出口场地狭窄产生的施工干扰，方案二溢洪洞出口泄槽开挖边坡高、土石方工程量大的缺点，将方案二的溢洪洞+泄槽布置轴线右转，改为溢洪洞布置，其出口布置于现渠首下游。即大坝拦河布置，右岸依次布置溢洪洞、泄洪洞、引水发电洞。溢洪洞出口投入到现渠首下游，泄洪洞出口投入到现渠首上游。平面布置见图6。

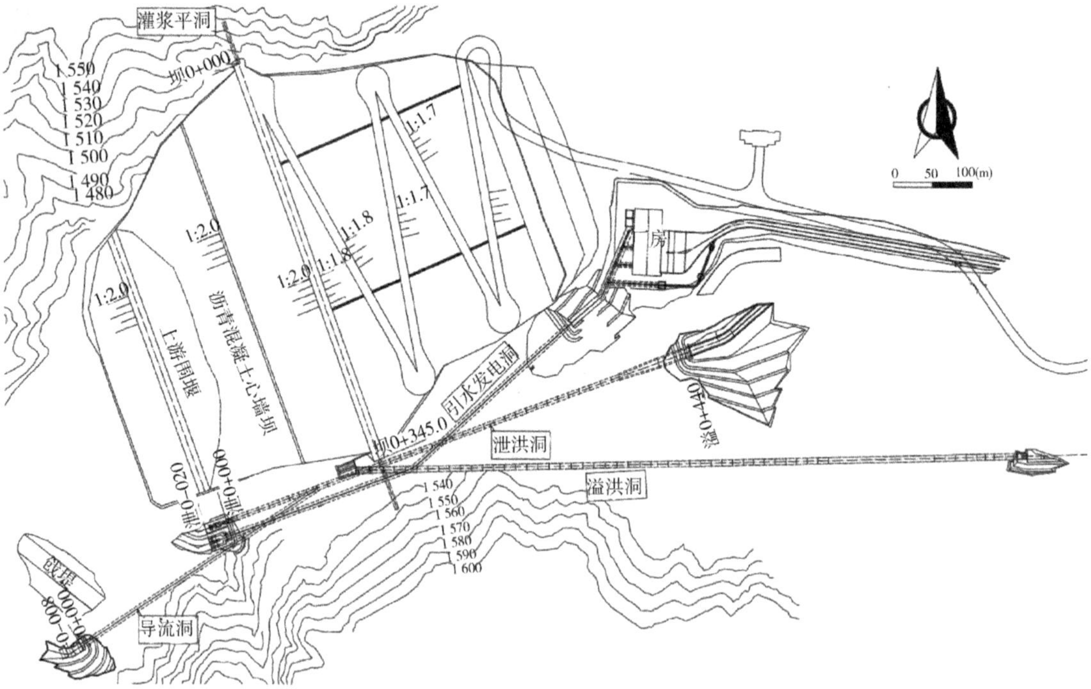

图6　方案三平面布置图（比选方案）

方案四：从减少方案一泄水建筑物出口施工场地狭窄产生的施工干扰，方案二溢洪洞出口边坡开挖高、土石方工程量大，方案三溢洪洞洞线长、斜洞施工困难的角度考虑，将溢洪洞布置在左岸，利用左岸坝后的冲沟，泄洪到现渠首上游。即大坝拦河布置，右岸依次布置泄洪洞、引水发电洞，左岸布置溢洪洞。平面布置见图7。

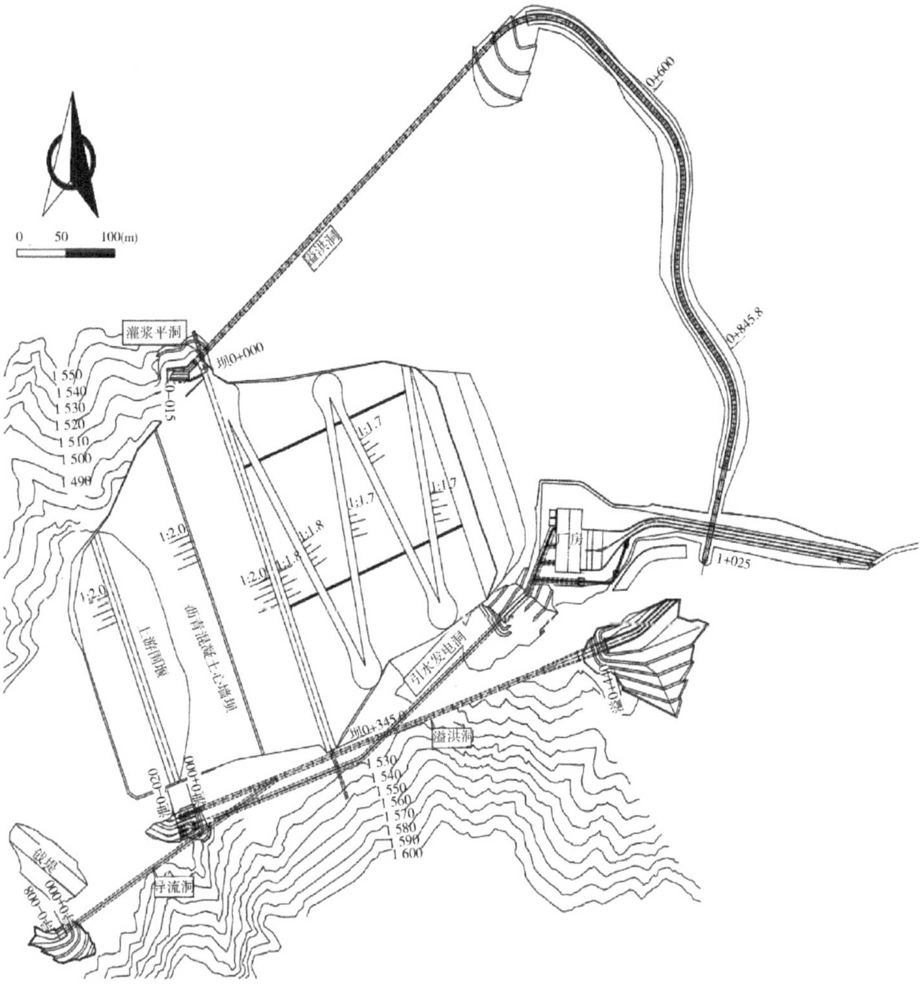

图7　方案四平面布置图（比选方案）

方案五：将泄洪洞布置在最右侧，其出口布置在现渠首下游稳定的岩体内，即大坝拦河布置，右岸依次布置泄洪洞、溢洪洞、引水发电洞。溢洪洞出口投入到现渠首上游，泄洪洞出口投入到现渠首下游。平面布置见图8。

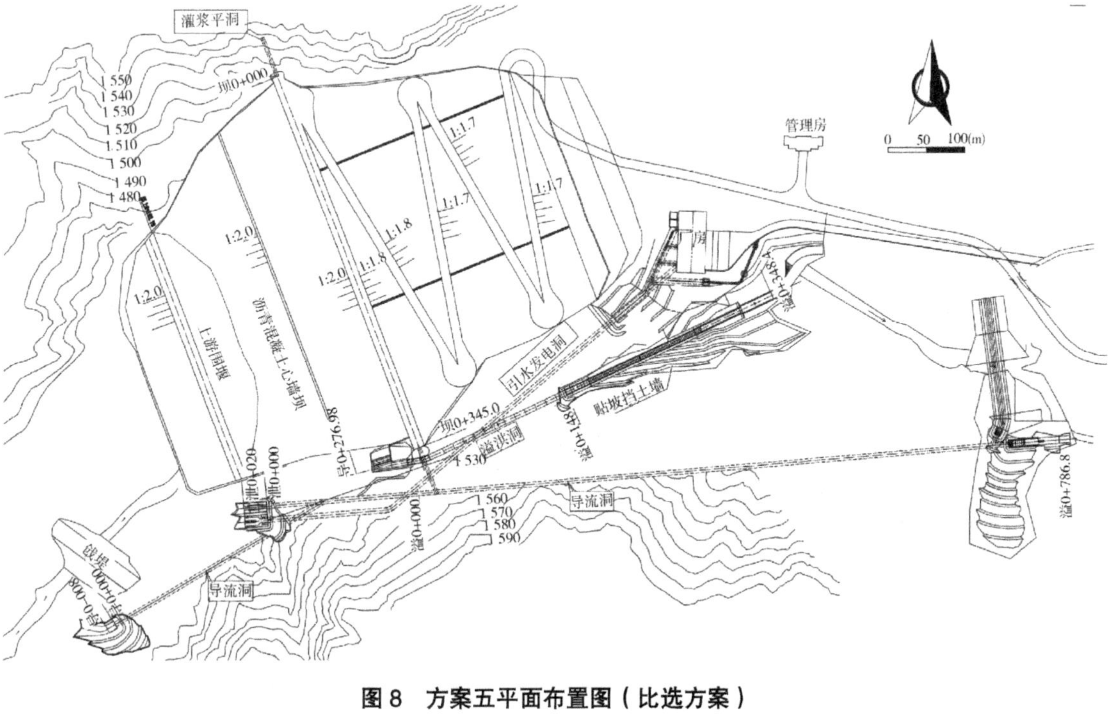

图8　方案五平面布置图（比选方案）

12.4.2.2 比选结论

对以上5种布置方案，从工程总体布置特点、主要建筑物尺寸、施工条件、运行条件、工程量、投资等方面进行比较，以选择最优方案，比选详见表2。

对以上5种布置方案，从工程总体布置特点、主要建筑物尺寸、施工条件、运行条件、工程量、投资等方面进行比较。5个方案挡水建筑物—沥青混凝土心墙坝、引水发电洞、发电厂房布置均相同，区别主要在于溢洪洞的左、右岸布置及溢洪洞和泄洪洞的型式和出口的布置。从各方案工程总体布置来看，其引水发电洞与泄洪洞均为联合进水口，布置紧凑，有利于发电洞进口清淤和抗震。各方案布置均满足功能和安全性要求，方案一布置较紧凑；方案二泄槽段位于坡积物段，较方案一土石方开挖和高边坡处理量较大；方案三溢洪洞主要是洞挖工程量，较方案一土石方开挖量少11.5万m^3，隧洞增长147 m，混凝土量较大，施工期较长；方案四溢洪洞位于左岸，土石方开挖量较方案一少7.3万m^3，但混凝土量最大，较方案一多1.9万m^3；方案五隧洞最长，混凝土量较大，施工准备期较长。从投资来看，方案四投资最大，方案一投资最少。综合分析后，工程总体布置选定方案一（右岸溢洪洞+泄洪冲砂洞和发电洞进水口联合布置）为本工程的总体布置方案。

表2 工程布置方案综合比较表

项目	方案一	方案二	方案三	方案四	方案五
工程总体布置	大坝拦河布置，右岸依次布置泄洪洞、溢洪洞、引水发电洞，泄水建筑物投入到现渠首上游	大坝拦河布置，右岸依次布置溢洪洞、泄洪洞、引水发电洞。溢洪洞出口投入到现渠首下游，泄洪洞出口投入到现渠首上游	大坝拦河布置，右岸依次布置溢洪洞、泄洪洞、引水发电洞。溢洪洞出口投入到现渠首下游，泄洪洞出口投入到现渠首上游	大坝拦河布置，右岸依次布置泄洪洞、引水发电洞，左岸布置溢洪洞。	大坝拦河布置，右岸依次布置泄洪洞、溢洪洞、引水发电洞。溢洪洞出口投入到现渠首上游，泄洪洞出口投入到现渠首下游
各主要建筑物特征数据	溢洪洞全长385 m，堰顶高程1503 m，净宽16 m。第一段为无压隧洞，长148 m，断面尺寸4 m×5 m，纵坡i=1/15，第二段为开敞式台阶陡槽，纵坡i=1/1.5，槽深4 m，宽4 m消力池长40 m，宽4 m，底板高程1405.4 m。出水渠长30 m	溢洪洞全长529 m，堰顶高程1503 m，堰净宽16 m，第一段为无压隧洞，长210 m，断面尺寸4 m×5 m纵坡i=0.02，第二段为开敞式台阶陡槽，纵坡1/2.5，宽4 m，消力池长40 m，宽4 m，底板高程1 399.19 m	溢洪洞全长632 m，堰顶高程1 503 m，净宽16 m，为无压隧洞，第一段长250 m，断面尺寸4 m×5 m纵坡i=0.02，第二段长324 m，断面尺寸4 m×4 m，纵坡i=1/3，挑流鼻坎宽4 m，护坦长15 m，底板高程1 392.5 m	溢洪洞长1 040 m，堰顶高程1 503 m，净宽16 m，无压隧洞长365 m，断面尺寸4×5 m纵坡1/13.4，洞内消能段长35 m，底板高程1464.05 m，后接台阶陡槽，宽4 m，暗渠长82.5 m，宽4 m	溢洪洞同方案一
	发电洞长457.52 m，进口底高程1 448 m，有压圆洞，洞径3.4 m，一洞4机布置	发电洞同方案一	发电洞同方案一	发电洞同方案一	发电洞同方案一
	泄洪洞与发电洞联合进水口，采用龙抬头方式与导流洞结合，进口高程1 441 m，出口在坡积物处，洞全长541.17 m。泄洪洞为城门洞型，断面尺寸3 m×4.37 m，无压隧洞，洞内设消力池消能，出口泄水渠长76.55 m位于坡积物上	泄洪洞全长491.17 m，进口与发电洞为联合进水口，采用龙抬头方式与导流洞结合，进口高程1 441 m，出口处向前避开坡积物。断面、消能型式同方案一	泄洪洞同方案一	泄洪洞同方案一	泄洪洞全长719.73 m，断面同方案一，与发电洞联合进水口，采用龙抬头方式与导流洞结合，进口高程1 441 m，出口位于渠首下游225 m。挑流消能。在隧洞下游设支洞给下游电站供水
施工条件	溢洪洞进口紧靠右坝肩，可与大坝联合施工，第二段泄槽后半段、消能防冲段及出水渠段离泄洪洞出口较近，可联合开挖，减少工程量	溢洪洞进口紧靠右坝肩，可与大坝联合施工，泄槽段及消能防冲段与其他建筑物施工无干扰，但此处坡积物埋深较大，需设置多级马道，岸坡防护难度大	溢洪洞进口紧靠右坝肩，可与大坝联合施工，泄槽段无施工干扰，消能防冲段布置在岩石与坡积物分界处，避免了坡积物的开挖，但洞轴线较长，施工工期长	溢洪洞布置在左岸，与其他建筑物施工无干扰，洞轴线最长，需在左岸单独布置施工道路。泄洪洞单独开挖，施工干扰较小	溢洪洞进口紧靠右坝肩，可与大坝联合施工，第二段泄槽后离泄洪洞出口较近，可联合开挖，减少工程量。泄洪洞单独开挖，施工干扰较小

续　表

项目	方案一	方案二	方案三	方案四	方案五
运行条件	泄洪洞与发电洞进口联合布置利于排沙。加强泄洪洞出口高边坡监测	泄洪洞与发电洞进口联合布置利于排沙。加强溢洪洞出口高边坡监测	泄洪洞与发电洞进口联合布置利于排沙。加强溢洪洞出口高边坡监测	泄洪洞进口与发电洞联合布置，尾部与电站尾水立交，交通与防洪不便	泄洪洞与发电洞进口联合布置利于排沙。施工期下游电站引水困难
主要工程量	土石方开挖：90.06万m^3 土石方填筑：462.38万m^3 混凝土：6.53万m^3 砌石：2.63万m^3 钢材：4 252 t	土石方开挖：104.87万m^3 土石方填筑：462.38万m^3 混凝土：6.9万m^3 砌石：2.63万m^3 钢材：4 231 t	土石方开挖：78.57万m^3 土石方填筑：462.38万m^3 混凝土：6.45万m^3 砌石：2.63万m^3 钢材：4 209.8 t	土石方开挖：82.79万m^3 土石方填筑：462.38万m^3 混凝土：8.43万m^3 砌石：2.63万m^3 钢材：4 743.3 t	土石方开挖：94.01万m^3 土石方填筑：462.38万m^3 混凝土：7.29万m^3 砌石：2.63万m^3 钢材：6 416.1 t
投资（万元）	55 166.99	56 166.34	56 082.04	57 681.84	57 854.74

12.4.3　主要建筑物

12.4.3.1　大坝设计

1. 坝体轮廓设计

大坝为碾压式沥青混凝土心墙坝，坝顶高程1 507.4 m，最大坝高101.0 m，坝长345.0 m，防浪墙顶高程1 508.6 m，坝顶宽10 m，上游坝坡坡比1:2.25～1:2.0，1 477.4 m高程设2 m宽马道，上游护坡为0.25 m厚混凝土，混凝土护坡底高程为1455.0 m（死水位1460.0 m以下5 m），上游围堰与坝体结合，堰顶高程1 440.0 m。下游坝坡布置4级"之"字形上坝道路，每两级道路之间坝坡1:1.8、1:1.7，上坝路宽8.0 m，纵坡i=10%。

2. 坝体分区及防渗体设计

坝体填筑分区从上游至下游分为上游爆破料Ⅰ区，上游过渡料ⅢB区，上游过渡料ⅢA区，沥青混凝土心墙，下游过渡料ⅢA区，下游过渡料ⅢB区，下游砂砾料Ⅱ区，下游爆破料Ⅰ区，弃渣料压重区等。

防渗体：沥青混凝土心墙为垂直式，墙体轴线偏向上游，距坝轴线3 m。心墙顶高程1 505.5 m。（1 505.5 m～1 485.5 m心墙厚度为0.5 m，1 485.5 m～1 462.5 m心墙厚度为0.7 m，1 462.5 m～1 435.5 m心墙厚度为0.9 m，1 435.5 m～底部心墙厚度为1.1 m。）

过渡层：位于沥青混凝土心墙两侧，水平宽度4 m，等宽布置，采用C2砂砾石料场筛分制备，过渡料ⅢA区，位于心墙上、下游侧，宽2 m，控制最大粒径D_{max}＝80 mm，小于5 mm含量为25%～40%，小于0.075 mm含量<5%；过渡料ⅢB区，位于ⅢA区两侧，宽2 m，控制最大粒径D_{max}＝150 mm，小于5 mm含量为24%～32%，小于0.075 mm含量<5%，过渡层填筑相对密度$D_r \geqslant 0.85$。

坝壳堆石Ⅰ区：位于坝体上、下游侧，采用P1块石料场爆破料，最大粒径D_{max}＝600 mm，小于5 mm含量小于15%，小于0.075 mm含量小于5%，级配连续。填筑孔隙率n<21%。

下游砂砾料Ⅱ区：位于坝体下游侧，填筑顶高程1460.0 m，顶宽40.0 m，上游坡度1:0.5，下游坡度1:1，填筑底高程1 416.7 m，采用C3砂砾石料场全料及建筑物开挖料填筑，控制最大粒径D_{max}＝600 mm，小于0.075 mm含量<5%，填筑相对密度$D_r \geqslant 0.85$。

3. 坝基处理

河床部分心墙底部坐落于砂砾石层上，位于覆盖层下8 m，岸坡处心墙底部座落于弱风化上部，沥青心墙基座底宽3.4 m，心墙两侧上、下游岩石开挖1:0.5，覆盖层开挖边坡1:2.0。

上、下游坝壳部位原则上清除表层松动石块、凹处积土和突出的岩石，不允许存在倒坡及直立陡坡，对于地质上提出的坡积物，凡是在坝体范围内的均全部清除。河床砂砾石覆盖层坝体横断面宽1/3范围按3 m深度进行清除，并进行强夯处理。

岸坡心墙基础开挖至弱风化层上部，与基岩面结合处浇筑1.5 m厚混凝土基座，其下进行固结灌浆和帷幕灌浆处理，固结灌浆深5 m，设2排，排距2.0 m，孔距1.5 m；帷幕灌浆单排布置，孔距1.5 m，灌浆深度22 m～34.0 m。河床段覆盖层防渗采用钢筋混凝土防渗墙+帷幕灌浆，防渗墙厚1.0 m，底部伸入基岩面1 m，帷幕灌浆深度按q=3Lu及1/3坝高作为控制标准，单排，孔距1.5 m，灌浆深度20 m～22 m。

左岸灌浆平洞长44.29 m，右岸灌浆平洞长62.25 m，单排，孔距1.5 m。

心墙底部开挖至清基面以下5.0 m。覆盖层防渗采用钢筋混凝土防渗墙，厚1.0 m，底部伸入基岩面1 m，防渗墙下进行帷幕灌浆，结构形式同岸坡。

12.4.3.2 溢洪洞

溢洪洞布置于右岸，堰顶高程1503 m，溢洪洞校核泄量145.48 m^3/s，由进口段、无压隧洞段、台阶消能段、消力池段及出水渠组成，全长385.44 m。

进口段（0-035.8～0+000）长35.8 m，由侧堰段和调整段组成。侧堰采用"WES"实用堰，无闸控制，堰净宽16.0 m，堰顶高程与正常蓄水位同高为1 503.0 m。侧槽长15.8 m，底宽度由2.0 m渐变为4.0 m，纵坡i=0.04，槽深由7.52 m渐变为8.15 m，侧堰后接平坡调整段，底板高程1 494.85 m；0-020～0-006段为矩形箱涵，断面尺寸为4.0 m×11.95 m，箱涵顶部为交通道路，0-006～0+000段为无压隧洞，城门洞型，断面尺寸为4.0 m×8.5 m，侧堰段右侧布置4.5 m宽交通路，以满足交通要求。

无压隧洞段（0+000～0+148.0）长148.0 m，断面型式为城门洞型，纵坡i=1/15，0+000～0+038.0段断面尺寸由4.0 m×8.5 m渐变为4.0 m×5.0 m，0+038～0+148.0段断面尺寸为4.0 m×5.0 m，采用C40钢筋混凝土衬砌，衬厚0.4 m。隧洞出口后接5 m长明槽，桩号为0+148～0+153，掺气槽布置在此段内；明槽后接抛物线段与下游台阶消能段相连，抛物线段桩号为0+153～0+170.94，整体"U"型槽结构。

台阶消能段（0+170.94～0+278.44）长107.5 m。纵坡i=1/1.5，整体"U"型槽结构，C40钢筋混凝土衬砌，槽深4 m，宽4.0 m，底板厚0.6 m，边墙厚0.5 m，第二段泄槽沿程采用台阶消能，台阶步长L=1.5 m，台阶步高h=1.0 m。

消力池段（0+278.44～0+318.44），长40 m，池深5.0 m，底板高程1 405.4 m，采用整体"U"型槽结构，C40钢筋混凝土衬砌，宽4.0 m，底板厚1.5 m，边墙厚1.0 m，墙高9.0 m。

出水渠段（0+318.44～0+348.44）长30.0 m，矩形断面，C20混凝土结构，纵坡i=0.005，底宽6.0 m，渠深4.0 m，底板厚50 cm，边墙为重力墙，墙高4.5 m。

12.4.3.3 泄洪洞

泄洪洞布置在大坝右岸，由导流洞改建而成，设计泄量为80 m^3/s。

泄洪洞轴线与导流洞轴线前半部分不重合，在桩号0+268.0处，导流洞轴线通过弯道在空间上与泄洪洞轴线重合，两洞底高程相差24 m，泄洪洞采用龙抬头与导流洞结合，为无压洞泄洪洞，总长541.17 m，由引渠段、进水塔、龙抬头段、与导流洞洞身结合段、消力池及护坦段组成。

泄洪洞引渠段长10.3 m，底板高程1 441 m，宽8.6 m，纵坡为i=0，梯形断面。岩石永久开挖边坡1∶0.3，每15高差设置一级马道，马道宽2 m。1 460 m高程以下边坡及底板采用C20、W6、F200混凝土护砌，厚度为0.4 m。

进水塔为岸塔式结构，与发电洞进口联合布置，采用有压短管进口型式。进水塔长20 m，宽8.6 m，有压短管进水口，底板高程为1 441 m，顶部平台高程为1 507.4 m，塔高66.4 m，底板厚4.0 m，边墙厚3.05 m。布置有一道平板事故检修闸门和一道弧形工作闸门。

"龙抬头"段长115.15 m，包括渐变段、抛物线段、斜坡段和反弧段。渐变段长10 m，平坡，底板高程1 441 m，由2.5 m×4.37 m城门洞型渐变为3 m×4.37 m城门洞型，衬砌厚度为0.6 m；抛物线段长78 m，起点高程为1 441 m，抛物线方程为$x^2=300y$，后接斜坡段，为3.0 m×4.37 m城门洞型，衬砌厚度为0.6 m，衬砌采用C40 HF混凝土，用于抗冲刷；斜坡段长9.14 m，坡度1∶2；反弧段长18.01 m，反弧半径R=40 m，角度25.8°，衬砌厚度0.6 m，反弧末端高程1 413.94 m，反弧段最大流速为28.69 m/s，反弧段的断面型式由3×4.37 m城门洞型渐变为3×4.87 m城门洞型，衬砌厚度0.6 m。

洞身结合段长262.67 m，为3.0 m×4.87 m城门洞型，衬砌厚度为0.5 m，遇断层处衬砌加厚为0.6 m，衬砌材料同"龙抬头"段，采用C40HF混凝土，用于抗冲刷；纵坡i=0.013 5，结合段出口底板高程1 410.404 m。

消能段由洞内渥其曲线段、洞内消力池段及出口下游护坦段组成。

渥其曲线段断面形式为城门洞型断面，长36.80 m，断面由3.0 m×4.87 m城门洞型渐变为6.0 m×9.0 m的城门洞型。为防冲磨，衬砌采用C40HF钢筋混凝土，厚度1.0 m。

洞内消力池为城门洞型断面，整体是钢筋混凝土结构，消力池长30.0 m，宽6.0 m，池深3.0 m，直墙高为7.27 m，顶拱高1.73 m；底板高程1 407 m；消力池底板厚1.0 m，为防冲磨，衬砌采用C40HF钢筋混凝土，厚度1.0 m。

消力池与下游河道由护坦段相连。护坦段长76.55 m，断面为整体钢筋混凝土U型槽型式，底宽6.0 m，底板厚度为1.0 m。纵坡i=0.001；护坦段在桩号0+473.08处设转弯段，转弯半径40 m，转角20°，在桩号0+516.55处接坡比为1:2的陡坡，使池内水流平顺导向下游河道，投入下游引水闸前。

12.4.3.4 发电洞

发电洞布置在右岸，发电引水系统及电站厂房，采用一洞三机的布置方案，为有压圆洞，发电引用流量为30 m^3/s；机组安装高程1 409.56 m，隧洞总长456.29 m。

进口引渠段长31.0 m，底板高程1 448 m，宽10 m。纵坡i=0，梯形断面。岩石永久开挖边坡1:0.3，每15高差设置一级马道，马道宽2 m。

进水口塔井采用岸塔式结构，与泄洪洞进水塔联合开挖；塔井段由拦污栅段和事故门井段组成，塔井底板高程1 448 m，底板迎水面总长12.0 m，顺水流方向总长20.0 m，厚2.5 m。中墩厚2 m，左、右侧边墩的厚度2.0 m。

发电洞与泄洪洞进口塔井联合布置，塔井顶高程为1 507.4 m，两塔井轴线间距2.7 m。两塔井之间在1 475 m高程以下回填C15混凝土。

引水隧洞上平洞段通过10 m长的渐变段与进水口塔井相接，孔口尺寸由3.4 m×3.4 m的长方形断面渐变为内径3.4 m的圆形断面，其中渐变段衬砌厚度0.8 m。上平洞段长272.77 m，坡度i=1∶50，为内径3.4 m的圆形断面，衬砌厚度0.5 m。

斜井段长51.51 m，下平洞段长41.23 m；斜井上弯段、斜井段及下平洞段内径3.4 m，采用钢内衬。钢内衬采用Q345C钢，壁厚14 mm和16 mm；钢衬沿线设置加劲环，加劲环轴线间距2 m壁厚12 mm。在钢管与围岩之间采用C25、W6、F300钢筋混凝土衬砌，衬砌厚度为0.5 m。

发电洞上平洞段及下平洞段分别穿过断层处，混凝土衬砌厚度进行了局部加厚处理，混凝土衬砌厚度采用0.6 m。

引水隧洞出口采用“卜”形两级和一级“Y”形岔管布置，将一根主管分为四根支管接入主厂房内。岔管形式采用三梁岔，岔管钢材采用Q345C钢，壁厚为24 mm、20 mm、18 mm；支管内径1.7 m，壁厚12 mm，采用Q345C钢。岔管及支管均外包C25、W6、F300钢筋混凝土衬砌，厚度分别为1.5 m及1.2 m。

12.5 生态流量与泄放措施

（1）设计时，电站运营期间将考虑利用单台4.5 MW的小机组发基荷，24小时不间断运行，作为下泄生态基流的保障措施（确定的吉尔格勒德下泄生态基流量为坝址断面多年平均流量的10%，即0.93 m^3/s），防止运营期间河道断流。

水库建成运行时，业主将通过制定水库蓄水和运行调度环保方案，确保河道生态流量的足量下泄，并在坝下安装生态流量在线自动监测系统，进行实时监控并随时进行调整，确保0.93 m^3/s的生态基流的下泄。

（2）落实初期蓄水工程及管理措施，避免大坝下游河段断流。

在设计当中，通过对施工阶段下闸蓄水期间导流洞运行的设计方案进行优化，将可以保证0.93 m^3/s的生态基流下泄。根据工程预定目标，为了保证坝址断面河道不断流，而且又能满足下游农业灌溉的需要，设计考虑从施工第四年9月底开始蓄水，先通过导流洞（高程1 417.8 m），按照灌溉需水和最小生态基流（0.93 m^3/s）之合下泄水量。当水库水位蓄至高程1 448.0 m时由灌溉发电洞承担向下游放水的任务。因此，在整个初期蓄水期间将不会出现坝址断面河道断流的现象。

12.6 施工导流与工期

12.6.1 施工导流

根据水文、枢纽布置及地形地质条件，本工程施工导流确定采用河床一次断流，上、下游围堰挡水，右岸隧洞全年导流的方式。导流建筑物设计洪水标准为10年一遇，相应洪峰流量166.0 m^3/s。在整个施工期内，坝体共经历两个汛期，综合考虑枢纽水文条件、坝体填筑强度、沥青混凝土心墙上升速度和拦洪度汛等因素，坝体施工导流可划分为三个时段。

第一时段：第二年9月上旬河道截流至第三年10月底上游围堰挡水，挡水标准P=10%，导流洞泄流，主要进行基坑施工及坝体填筑等。

第二时段：第三年10月至第四年5月，坝体填筑高程超过围堰顶高程，坝前挡水库容0.21亿m^3，度汛标准P=2%，导流洞泄洪。

第三时段：第四年6月至9月下旬，导流洞下闸，坝体挡水，泄洪洞限泄，保证生态基流0.93 m^3/s流量，当蓄水至发电水位1 455 m后，首台机组投产发电。

12.6.2 施工总进度

根据施工进度计划安排，工程开工后第一年3月～第二年8月，原河床过流，施工导流洞；第二年9月截流，第四年12月完工。初期导流由上、下游围堰挡水，导流洞泄流，中期导流由上游围堰挡水，导流洞泄流，第四年9月底导流洞下闸蓄水，坝体挡水，发电洞泄流。本工程总工期46个月，其中，施工准备期为18个月，主体工程施工期26个月，完建期2个月。

12.7 工程特点及建议

（1）工程区位于北天山纬向构造带内，区域地质构造复杂，地震活动强烈。据《中国地震动参数区划图》（GB18306-2001），工程区地震动峰值加速度0.3 g（地震安评成果为0.253 g），地震动反应谱特征周期0.4 s，相应地震基本烈度Ⅷ度，最大坝高101 m，属于高震区的高坝。枢纽区广泛分布第四系中上更新统以来冰碛、崩坡积、洪积和冲积等成因的松散堆积物，右岸的高陡边坡卸荷裂隙发育，选择受岸坡稳定性影响较小、抗震性能较好、坝体适应变形能力较强、具有一定的自愈能力、施工难度和干扰较小的沥青心墙坝是适合本工程的地形地质条件的。

（2）泄洪洞由导流洞改建而成，泄洪洞轴线与导流洞轴线前半部分不重合，在桩号0+268.0处，导流洞轴线通过弯道在空间上与泄洪洞轴线重合，两洞底高程相差24 m，采用龙抬头与导流洞结合，为无压洞泄洪洞。二洞合一进一步降低工程造价，同时，导流洞封堵技术方案选择也是导流洞设计重点内容之一。

（3）本工程河谷基底呈"V"型，河床堆积物以砂卵砾石为主，厚度由河中心向两岸变薄，最大厚度42.5 m，属深厚覆盖层。通过方案比较，对河床砂砾石覆盖层坝体横断面1/3范围3 m深度进行清除，其余坝段清除表层0.5 m厚松散体，并对心墙两侧坝上下游底宽1/3范围采取强夯处理措施，心墙下采用混凝土防渗墙进行垂直防渗处理，既经济防渗效果又好。

（4）根据地质资料，枢纽区边坡的破坏形式主要分为两种类型：①崩塌，边坡部分岩体松动脱落，产生崩塌；②滑动，主要为倾坡外（右岸）走向与边坡交角较小的结构面形成的楔形体（不稳定体）或沿单一结构面下滑。

根据这两种卸荷的形式不同，将左岸坝线以上岩质边坡划分为Ⅰ区，以小块体的崩塌为主。将右岸划分为两个区，其中Ⅱ-1区位于右岸坝顶至高程1780 m、顺河向长度为坝轴线上游约100 m至坝轴线下游约130 m范围内，卸荷的形式主要以卸荷带存在。右岸其余边坡划分为Ⅱ-2区，其破坏形式为局部形成小块不稳定体。左岸Ⅰ区和右岸Ⅱ-2区主要采用清除不稳定体，然后打锚杆挂钢丝网防护措施，右岸Ⅱ-1区采用爆破或者机械措施清除，然后采用系统锚杆和锚索挂钢丝网防护，对于弱卸荷区采用系统锚杆加锚索挂钢丝网直接防护。

附表　吉尔格勒德水利枢纽工程特性表

名　称	数　量	名　称	数　量
一、水文		1.挡水建筑物形式（坝型）	沥青混凝土心墙坝
坝址以上流域面积	778 km^2	地震基本烈度/设防烈度	Ⅷ度/8度
利用水文系列年限	57年	最大坝高	101 m
多年平均年径流量	2.932亿m^3	坝顶高程/顶部长度	1 507.4 m/345 m
多年平均流量	9.3 m^3/s	2.泄水建筑物	
设计洪水标准及流量（P=1%）	523 m^3/s	2.1 溢洪洞	
校核洪水标准流量（P=0.05%）	1 158 m^3/s	溢流堰净宽尺寸	16 m
施工导流标准及流量（P=10%）	166 m^3/s	堰顶高程	1 503 m
二、工程特征水位及工程规模		最大泄量	145.48 m^3/s
1.水库水位		消能方式	台阶+底流消能
正常蓄水位	1 503.00 m	2.2 导流、泄洪冲沙洞	
设计洪水位	1 504.81 m	进口底板高程	1 441 m
校核洪水位	1 505.62 m	最大泄量（导流/校核）	164/80 m^3/s
死水位	1 455 m	消能方式	底流消能
2.水库容积		3 引水发电洞	
水库总库容	6 106万m^3	进口底板高程	1 448 m
调节库容	4 221万m^3	引水发电流量	30 m^3/s
调洪库容	926万m^3	五、施工	
死库容	959万m^3	明挖土方	63.39万m^3
三、工程效益指标		明挖石方	26.67万m^3
直接控制灌溉面积	31.60万亩	填筑料	465.54万m^3
装机容量	3×4.5 MW	混凝土和钢筋混凝土	6.81万m^3
多年平均发电量	4 560万kW·h	六、经济指标	
四、主要建筑物		总投资	97 886.02万元

第十三章 米兰河山口水库工程

13.1 工程概况

米兰河山口水利枢纽工程位于新疆巴音郭楞蒙古自治州若羌县境内的米兰河下游河段。坝址距若羌县城约117 km，距米兰镇（农二师36团）约34 km。米兰河山口水利枢纽工程开发任务是向罗钾工业供水和农业灌溉供水，同时结合工业水量发电，是一座承担综合利用任务的水利枢纽工程。水库正常蓄水位1 445 m，调节库容2 719万m^3，总库容4 128万m^3。控制灌溉面积为7.0万亩，工业设计年供水量为3 100万m^3，电站装机容量为2.4 MW，为中型Ⅲ等工程。工程主要由挡水坝、导流兼泄洪排沙洞、溢洪道、发电引水系统及电站厂房等组成。大坝为沥青混凝土心墙坝，最大坝高83 m。大坝为2级建筑物；导流兼泄洪排沙洞、溢洪道、发电引水洞为3级建筑物；水电站厂房为4级建筑物。工程总投资70 212.96万元。

13.2 水文

米兰河流域地处欧亚大陆腹地，远离海洋，西、北、东三面都与沙漠、戈壁接壤，南面又有高山阻挡。米兰河发源于阿尔金山东部海拔6161 m的尤苏普阿雷克塔格峰，山区终年积雪。流域上游有现代冰川发育，是形成径流的主要源头。中、低山区是阿尔金山北坡的降雨高发区，到每年5～8月，太平洋地区的暖湿气流随东风急流进入本区，与阿尔金山的冷空气相遇形成降水。故米兰河的径流补给以冰雪融水为主，夏季降雨补给和地下水补给为辅。工程坝址处多年平均年径流量1.271亿m^3，多年平均流量4.03 m^3/s。大坝设计洪水标准为100年一遇，洪峰流量为779 m^3/s，校核洪水标准为2 000年一遇，洪峰流量为1 510 m^3/s。厂房正常运用设计洪水标准为50年一遇，洪峰流量为620 m^3/s，校核洪水标准为100年一遇，洪峰流量为779 m^3/s。

据多年实测资料分析：多年平均年降水量24.7 mm，多年平均蒸发量为2 329.9 mm；多年年平均气温11.5℃，历年极端最高气温43.6℃，历年极端最低气温-27.2℃；多年平均风速3.2 m/s，相应风向ENE，历年最大风速33 m/s。多年最大积雪深为18 cm；多年最大冻土深度为98 cm。

米兰河山口水利枢纽坝址多年平均悬移质输沙量为128.3×10^4 t，多年平均悬移质输沙率为40.66 kg/s，多年平均含沙量为10.1 kg/m^3。

13.3 工程地质

13.3.1 区域地质条件

工程区在阿尔金地震带内，近场区地震活动很弱，历史上有记录场地所遭受的地震最大影响烈度为Ⅴ度。距场区较近的江尕勒萨依断层是江尕勒萨依活动断裂的一部分，其主断层从坝址下游4 km通过，其一分支断层从坝址下游0.2 km通过，在坝址及近场区断层晚更新世以来无明显活动迹象。考虑到江尕勒萨依断裂在区域上的一些地段有明显的全新世活动迹象，近场区江尕勒萨依断层仍应确定为全新世活动断层，其分支断层不排除活动的可能。综合以上资料库坝区区域构造稳定较差，属建筑抗震不利地段，具备修建土石坝的条件。

根据《新疆若羌县米兰河山口水利枢纽工程场地地震安全性评价报告》（新疆防御自然灾害研究所2010.8）工程区场地50年超越概率10%的水平向峰值加速度值为0.104 g，地震基本烈度为Ⅶ度。

13.3.2 库区工程地质条件

库区两岸山体高陡，基岩裸露，未发现大的潜在不稳定体，无大的库岸稳定问题。水库蓄水后，阶地前缘陡立坡段会发生小的塌岸，侵占少量库容，米兰河山口水利枢纽蓄水后一般不会发生水库诱发地震。

13.3.3 坝址区工程地质条件

（1）坝址区基岩主要为二云母石英片岩，夹有大理岩和二云母二长花岗岩，岩体中硬，完整较差。未发现大的不稳定体，岸坡整体稳定，右岸岸坡高225 m，未发现连续的滑动面，历史上未发生过大的破坏，不存在整体失稳的可能，易发生岩块松驰、剥落，在局部陡立坡段还会发生岩块倾倒、崩塌。大坝施工中，人工开挖边坡上部岩体因下部坡脚被削，局部段可能出现座落破坏。

（2）坝址区河床覆盖层厚度较大，最大厚度约40 m，岩性为砂卵砾石，未发现连续分布的软弱夹层，属强透水层，清除表层部分，下部可作为坝壳，但对心墙或趾板基础，应做好防渗处理。

（3）地下水类型主要为河床孔隙潜水和基岩裂隙水，由河水补给地下水。河水水质均较好，对普通水泥无腐蚀性，但地下水对普通水泥有中－强腐蚀性。

（4）上坝线、下坝线相距10 m，工程地质条件相同，上坝线清基方量略大于下坝线，推荐下坝线。沥青心墙坝和混凝土面板坝两种坝型均可作为推荐坝型，右岸高边坡对两坝型均有一定影响，对混凝土面板坝影响大于沥青心墙坝。

13.3.4 沥青心墙坝坝轴线工程地质条件

左坝肩：地形呈向东凸出的孤形，岸坡高110 m，地形坡度35°～40°，基岩裸露，岩性以条带状大理岩为主，间有二云母石英片岩，强风化层厚1～3.5 m，弱风化层厚10.5～17.3 m。67.5～89.8 m以下岩体透水率小于5Lu，76.7～91 m以下岩体透水率小于3Lu。断层F9和F10从左坝肩通过，F10切穿左坝肩，断层及其影响带宽1.0～1.5 m，断层附近存在渗漏问题，需处理。

河床段：河床宽168 m，地下水埋深1.9～4.6 m，地表植被较多，植物根系集中分布在地下1.5～2.0 m。河床上部为第四系全新统冲洪积砂卵砾石层，1.5 m以下结构密实，厚28.5～39.4 m。河床底部不连续分布有第四系下更新统西域砾岩，厚5.1～11.75 m。砾岩下伏深厚的二云母石英片岩或大理岩，强风化层厚0～2.3 m，弱风化层厚6.2～37.3 m。基岩面16.4～38 m以下岩体透水率小于5Lu，46.3～51.8 m以下透水率小于3Lu。

右坝肩：岸坡走向近SN向，高度225 m，地形坡度40°～52°，基岩裸露，岩性二云母石英片岩，强风化层厚2.3～5.5 m，弱风化层厚17.6～21.0 m。28～65.1 m以下岩体透水率小于5Lu，60.5～76 m以下岩体透水率小于3Lu。岩体表面有弱卸荷带，水平宽3～4 m，卸荷裂隙张开1～30 mm，局部最大可达130 mm，充填碎裂岩，裂隙面起伏凹凸不平，粗糙，对边坡稳定不利。边坡不会整体失稳，以岩块倾倒、坠落的破坏形式为主。断层f_4和f_5从右坝肩通过，断层与岸坡交角较大，倾角陡，对坝肩稳定影响不大。

13.3.5 其它建筑物工程地质条件

建筑物均布置于左岸，由东向西依次为溢洪道、导流兼泄洪排砂洞、引水发电系统。

溢洪道斜穿左坝肩山梁，控制段基础位于微新岩体内，泄槽段基础除末端50 m位于Ⅳ级阶地砂卵砾石层内，其它均位于强风化底部～微鲜岩体内，消力池基础位于弱风化砾岩内，出口段位于1#冲沟洪积扇碎石土层和河床砂卵砾石层中。

导流兼泄洪排砂洞轴线方向3°，进口段位于左岸Ⅱ级阶地上，进口引渠基础位于第四系上更新统砂卵砾石层内，闸井开挖深度16.6～40.5 m，基础位于微新基岩内，闸井后部岸坡高91 m，综合坡度45°。洞身段长170 m，上覆岩体厚21.2～95.2 m，围岩以Ⅲ类为主，f_7、f_8断层穿过隧洞，推测其过洞桩号为0+062、0+160。隧洞出口洞脸边坡高21.2 m。隧洞出口接泄槽和消力池，位于左岸坡脚及1#冲沟沟口洪积扇上，泄槽段开挖深度13.7～35 m，基础位于弱风化二云母石英片岩中，消力池段开挖深度22.7～34 m，基础位于弱风化砾岩中。

引水发电洞进口位于左岸坡中部，基岩裸露，岩性为大理岩，闸井段开挖深度15.6～25 m，基础位于微新基岩内，闸井后边坡高74 m。洞身段洞顶上覆岩体厚10～70 m，围岩岩性为大理岩和二云母石英片岩。断层f_8、f_7、f_{17}、f_6近垂直通过隧洞。洞室围岩以Ⅲ类为主，局部位于弱风化岩体内和f_8、f_7、f_6断层通过处的洞室围岩为Ⅳ类，过F_{17}断层处洞室围岩为Ⅴ类。

13.4 工程布置及主要建筑物

13.4.1 坝型比选

根据坝址区地形、地质条件，坝址区河床覆盖层较厚不适合修建混凝土重力坝。坝址区河谷断面呈“U”型，对于拱坝来说，河床相对较宽，且两坝肩山体不高，作为拱端支撑体比较单薄，故不适宜修建拱坝。因此基本坝型考虑在当地材料坝之间进行比选。工程区30 km范围内没有合适的土料场，库坝区土料缺乏，采用黏土防渗体的当地材料坝型对本工程不适合。根据工程区坝址处的地形、地质条件，天然建筑材料情况及水库规模，选择混凝土面板砂砾石坝、沥青混凝土心墙坝两种坝型进行综合比较。

1. 混凝土面板砂砾石坝方案

枢纽由混凝土面板坝、导流兼泄洪排沙洞、开敞式溢洪道、发电引水系统及厂房等建筑物组成。在整个河谷布置大坝，河床左岸从右至左依次布置开敞式溢洪道、导流兼泄洪排沙洞、发电引水系统及电站厂房等。见图1。

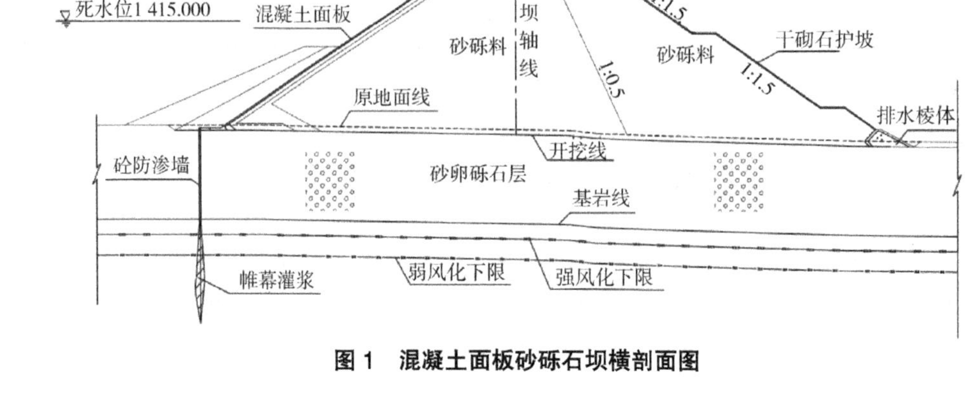

图1 混凝土面板砂砾石坝横剖面图

2. 沥青混凝土心墙坝方案

枢纽由沥青混凝土心墙坝、导流兼泄洪排沙洞、开敞式溢洪道、发电引水系统及厂房等建筑物组成。在整个河谷布置大坝，河床左岸从右至左依次布置开敞式溢洪道、导流兼泄洪排沙洞、发电引水系统及电站厂房等。见图2。

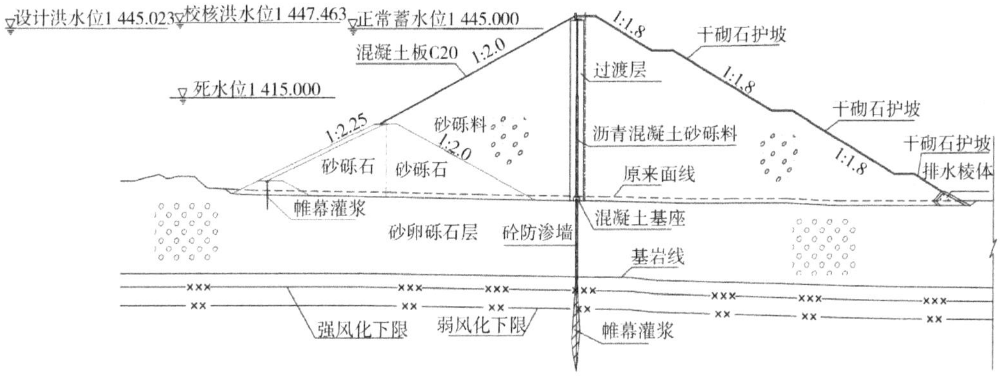

图 2　沥青混凝土心墙坝横剖面图

3. 坝型比选结论

坝型比较对混凝土面板坝、沥青混凝土心墙坝方案两种坝型从地形地质条件、枢纽布置、施工条件、运行和工程投资等方面进行综合比较。两种坝型方案比较见表1。

表 1　不同坝型方案比较表

项目	混凝土面板坝	沥青混凝土心墙坝
地形地质条件	左岸趾板：岸坡基岩裸露，岩性为大理岩，强风化层厚1～1.5 m，弱风化层厚7.5～19.2 m。89.8～90.3 m以下透水率小于5Lu，91～91.3 m以下透水率小于3Lu。趾板置于弱风化层中上部。 河床趾板：河床宽175 m，河床覆盖层为砂卵砾石层，厚约40 m。下覆基岩为大理岩，基岩面9.0～42.1 m以下透水率小于5Lu，18.0～45.4 m以下透水率小于3Lu。趾板置于砂卵砾石层上，但须清除表层植物根系。 右岸趾板段前80 m位于Ⅱ级阶地，上部为风积粉细砂，厚15.84 m；下部为砂卵砾石，厚14.9 m，结构密实。右岸趾板后部位于岸坡中下部，基岩裸露，岩性为二云母石英片岩，强风化层厚5 m，弱风化层厚17.6～21 m，地表岩体有强卸荷，对边坡稳定不利。28.0～65.1 m以下透水率小于5Lu，60.5～76.0 m以下透水率小于3Lu。清除Ⅱ级阶地上部风积粉细砂层，将趾板基础置于砂卵砾石上；清除右岸坡中下部强风化层和强卸荷带，将趾板基础置于弱风化层中上部	左岸地形坡度35°～40°，岸坡高110 m，基岩裸露，岩性以大理岩为主，强风化层厚1～3.5 m，弱风化层厚10.5～17.3 m，67.5～89.8 m以下透水率小于5Lu，76.7～91 m以下透水率小于3Lu。将心墙基础置于弱风化岩体中上部。 河床段宽168 m，河床上部为砂卵砾石层，厚约40 m，河床底部不连续分布有西域砾岩，砾岩下伏二云母石英片岩或大理岩。基岩面16.4～38 m以下透水率小于5Lu，46.3～51.8 m以下透水率小于3Lu。将心墙基础置于砂卵砾石层上，但须清除表层植物根系。 右岸地形坡度40°～52°，岸坡高225 m，基岩裸露，岩性二云母石英片岩，强风化层厚2.3～5.5 m，弱风化层厚17.6～21.0 m，28～65.1 m以下透水率小于5Lu，60.5～76 m以下透水率小于3Lu。将心墙基础置于弱风化岩体中上部
枢纽布置	整个河谷布置混凝土面板坝，河床左岸从右至左依次布置开敞式溢洪道、导流洞、发电洞及厂房。 1.挡水坝采用混凝土面板坝，坝体填料为砂砾料，最大坝高83.8 m，坝顶长度418 m，趾板水平投影长552.5 m。 2.溢洪道布置于左岸坝肩，开敞式，驼峰堰，堰顶高程1438 m，单孔，净宽12 m。堰后为泄槽，泄槽长173.2 m，底坡为1/200、1/1.75，底宽12～16 m，采用台阶式消能，出口采用底流消能，消力池长65 m，宽16 m。 3.导流兼泄洪排沙洞布置于左岸山体中，溢洪道左侧，进口底板高程1 383 m，孔口尺寸3.5 m×3.5 m，闸井高70 m，前为引渠，后为无压城门洞型隧洞，洞身断面尺寸4 m×5.5 m，洞长170 m，底坡为1/100，出口设底流消能，消力池长70 m，宽15 m。 4.发电引水系统布置于左岸山体中，导流洞左侧，长约562.6 m，进口底板高程1 410 m，孔口尺寸2 m×2 m，洞径2.0 m。厂房为岸边式地面厂房，位于左岸，电站装机2.4 MW	枢纽布置同混凝土面板坝方案。 1.挡水坝采用沥青混凝土心墙坝，坝体填料为砂砾料，最大坝高83 m，坝顶长度415 m。 2.溢洪道与混凝土面板坝方案基本相同。 3.导流兼泄洪排沙洞闸井、洞身、出口段同混凝土面板坝方案，进口引渠略有不同。 4.发电系统同混凝土面板坝方案
建筑材料	坝体填筑材料为料场砂砾料及开挖利用料，混凝土骨料由C4砂砾料场提供	坝体填筑料及混凝土骨料基本同面板坝方案。沥青混凝土心墙所需的碱性骨料由枢纽附近的P1大理岩料场提供，沥青由克拉玛依运至坝址

续 表

项目	混凝土面板坝	沥青混凝土心墙坝
对气候的适应能力	对于混凝土面板坝，面板防渗体较薄，而且位于坝体表面，恶劣的气候对面板混凝土和复杂的止水系统的耐久性及防冻性提出了较高的要求	沥青混凝土防渗体位于坝体内部，心墙所处环境温度恒定，沥青混凝土的各项特性不受气候影响，即使混凝土护坡遭到冰冻破坏，也不会引起安全问题
耐久性	经慎密设计、精心施工的面板防渗性能较好，但坝址位于寒冷区，面板裂缝会降低混凝土的耐久性，需要加强面板的抗冰冻及抗裂设计。面板混凝土的耐久性需进行深入细致的研究	沥青混凝土防渗性能好，变形能力强，运行期不存在水力劈裂及冲蚀问题，即使产生裂缝其自身有自愈的能力。防渗体位于大坝的中央，抗冻性能优越
运行维护管理	建筑物布置较为集中，运行期管理较为方便。混凝土面板坝的面板和接缝止水系统需考虑防冰冻措施。面板、周边缝及坝基漏水时处理较为困难	运行期管理较为方便。上游面板不防渗，无接缝止水系统，防冰冻措施相对简单一些。坝体及坝基漏水时可通过过渡层进行灌浆处理，到目前为止，已建沥青混凝土心墙坝还未采用过
施工	1.上游围堰与坝体不能结合布置，坝体挡水后上游围堰需拆除。 2.右岸趾板开挖有高边坡，左岸有高趾墙	上游围堰与坝体结合布置，围堰成为坝体的一部分
工程投资	静态投资为6.25亿元	静态投资为6.23亿元

比选结论：

（1）从坝址区的地形、地质条件来看，面板坝与心墙坝方案均可行。

（2）两种坝型枢纽布置基本一致，均合理可行。

（3）由于坝址右岸边坡较陡且存在较多冲沟，且面板坝右岸趾板开挖将形成高度超过50 m的边坡，两岸开挖边坡及开挖线以上岩石失稳或塌滑，将会直接落在混凝土防渗面板上，使大坝的防渗系统遭到破坏，直接危及大坝的安全运行，必须对右岸边坡进行认真处理；心墙坝的防渗体位于坝体中部，边坡失稳或岩石塌滑，只会对心墙坝坝面或坝顶设施造成损害，但不会对大坝的防渗体构成威胁，影响工程正常运行。从右岸边坡对工程的影响来看，心墙坝的安全性要高于混凝土面板坝。

（4）受左岸地质条件影响，需设置混凝土挡墙才能使趾板较为平顺，挡墙承受的水头约为77 m，高度约为18 m，且部分基础位于河床砂砾石覆盖层上。在这样高的水头作用下挡墙基础存在变形的风险，周边缝会因变形过大而造成破坏，进而影响工程安全运行。

（5）面板坝方案工程静态投资为6.25亿元，心墙坝方案工程静态投资为6.23亿元，面板坝方案较心墙坝方案投资增加0.02亿元，增加0.36%，面板坝方案略高。

综合以上分析，从技术经济比较结果来看，混凝土面板坝受右岸高陡边坡的影响和趾板高挡墙的影响，其安全性要低于沥青混凝土心墙坝。沥青混凝土心墙坝具有坝体结构、坝料加工生产简单，技术可靠，施工方便等特点，投资相对较少，要优于混凝土面板坝方案，因此，选择沥青混凝土心墙坝作为推荐坝型。

13.4.2　工程布置方案比选

1.工程布置方案拟定

通过坝型的比选，推荐坝型为沥青混凝土心墙坝，考虑以下主要因素进行泄水、引水发电建筑物的布置比选。根据坝址区地形地质条件、排沙等因素考虑，根据是否利用左岸冲沟布置溢洪道及右岸布置溢洪道等考虑五种枢纽布置方案进行了比选。

方案一：左岸坝肩布置溢洪道、长引水洞方案。河谷布置大坝，左岸从右至左依次布置溢洪道、导流兼泄洪排沙洞、引水系统。厂房布置在泄水建筑物出口段左侧，坝轴线下游450 m处。

方案二：左岸坝肩布置溢洪道、短引水洞方案。河谷布置大坝，左岸从右至左依次布置溢洪道、导流兼泄洪排沙洞、引水系统。引水系统中段斜穿导流兼泄洪排沙洞及溢洪道，厂房布置在溢洪道右侧，坝轴线下游220 m处，紧靠下游坝体。

方案三：左岸冲沟布置溢洪道、长引水洞方案。河谷布置大坝，左岸天然冲沟布置溢洪道，河床左岸从右至左依次布置导流兼泄洪排沙洞、引水系统。厂房布置在泄水建筑物出口段左侧，坝轴线下游450 m处。

方案四：右岸坝肩布置溢洪道、长引水洞方案。河谷布置大坝，右岸坝肩布置溢洪道，河床左岸从右至左依次布置导流兼泄洪排沙洞、引水系统。厂房布置在泄水建筑物出口段左侧，坝轴线下游450 m处。

方案五：左岸布置溢洪洞、长引水洞方案。河谷布置大坝，河床左岸从右至左依次布置导流兼泄洪排沙洞、引水系统、溢洪洞。溢洪洞厂房布置在泄水建筑物出口段左侧，坝轴线下游450 m处。溢洪洞出口段投入到1#冲沟中。

各方案平面布置图见图3-7。

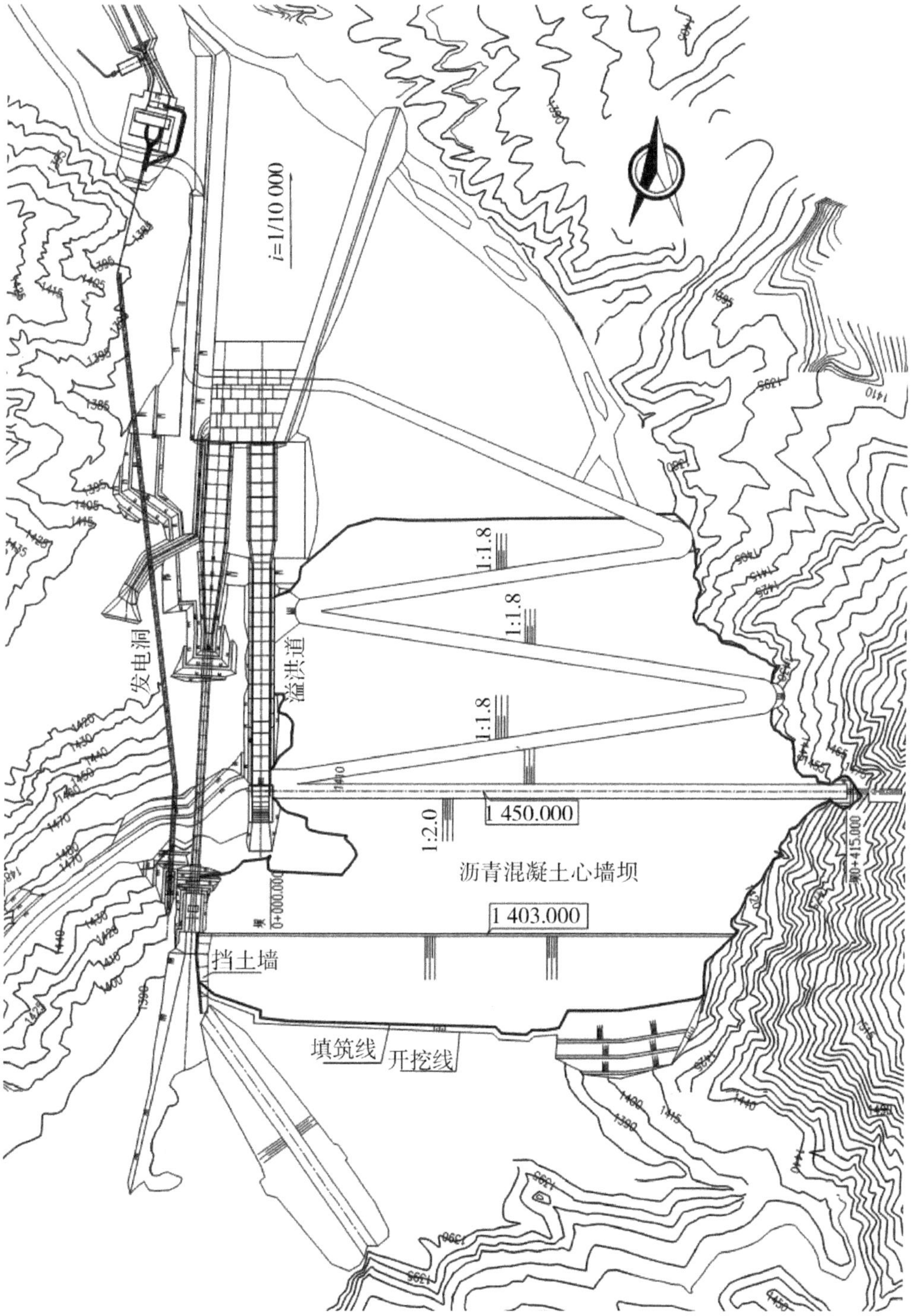

图3　沥青混凝土心墙坝平面图比较方案一

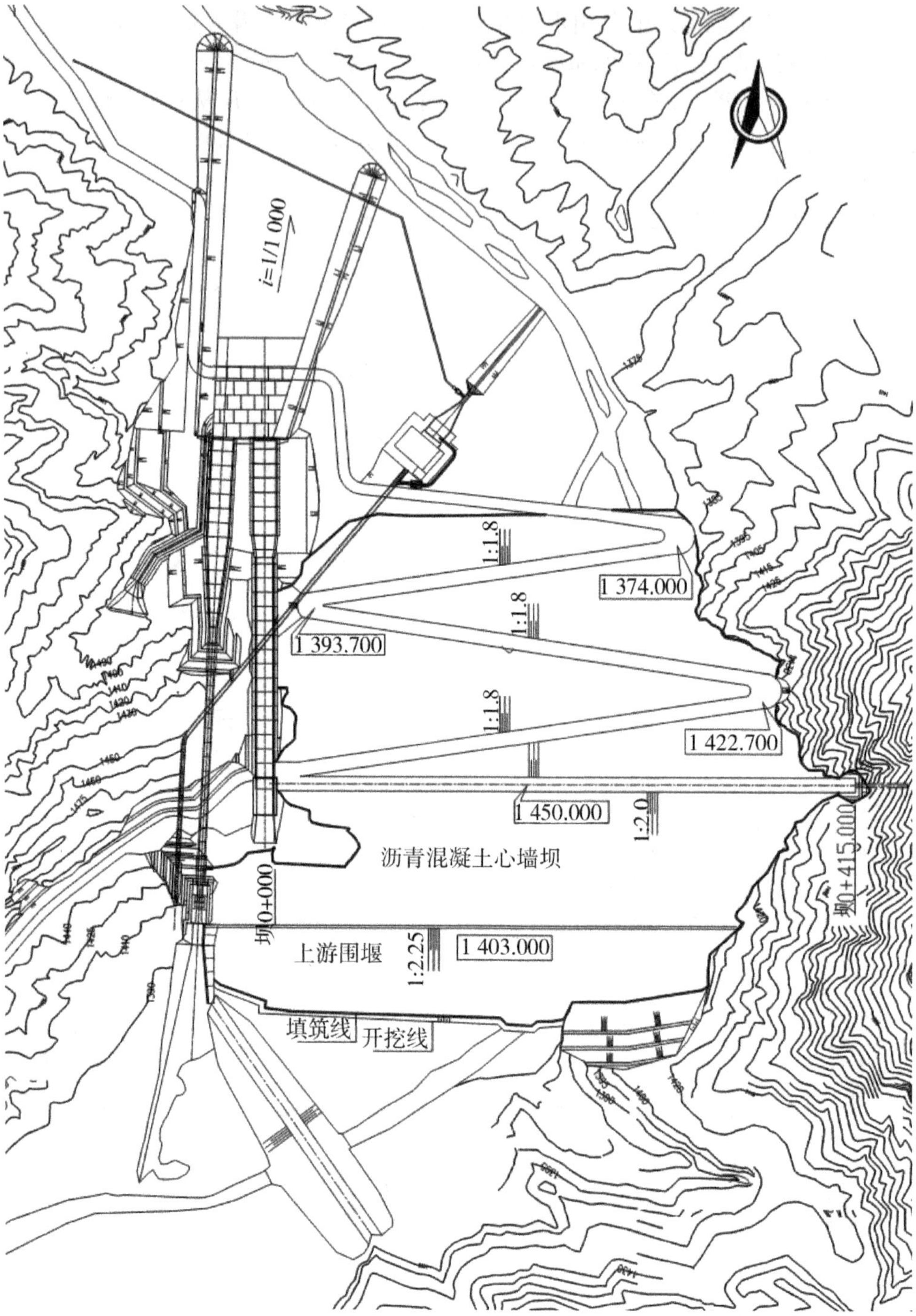

图 4　沥青混凝土心墙坝平面图比较方案二

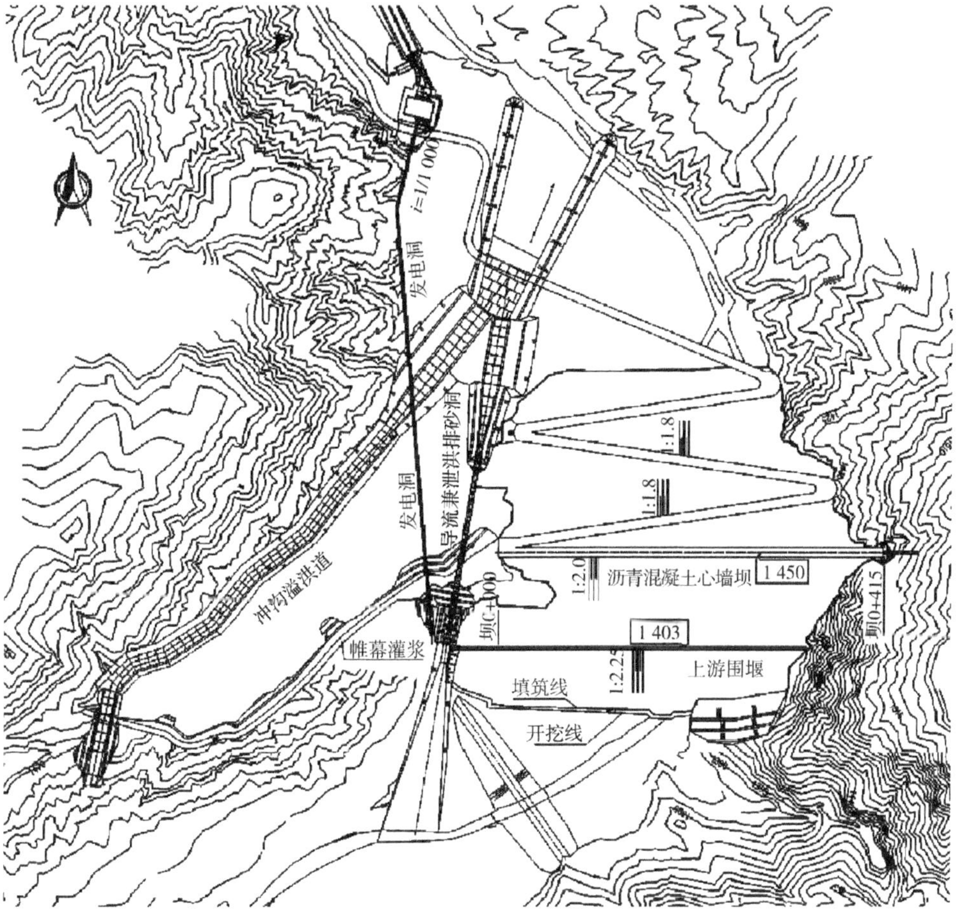

图 5 沥青混凝土心墙坝平面图比较方案三

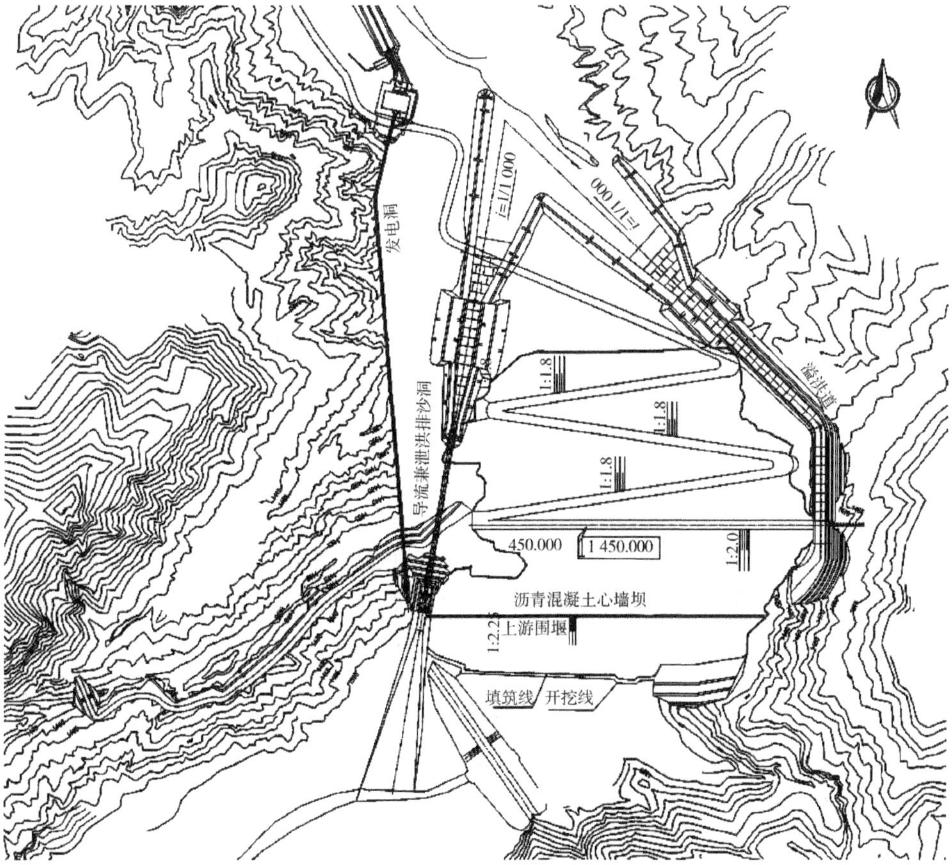

图 6 沥青混凝土心墙坝平面图比较方案四

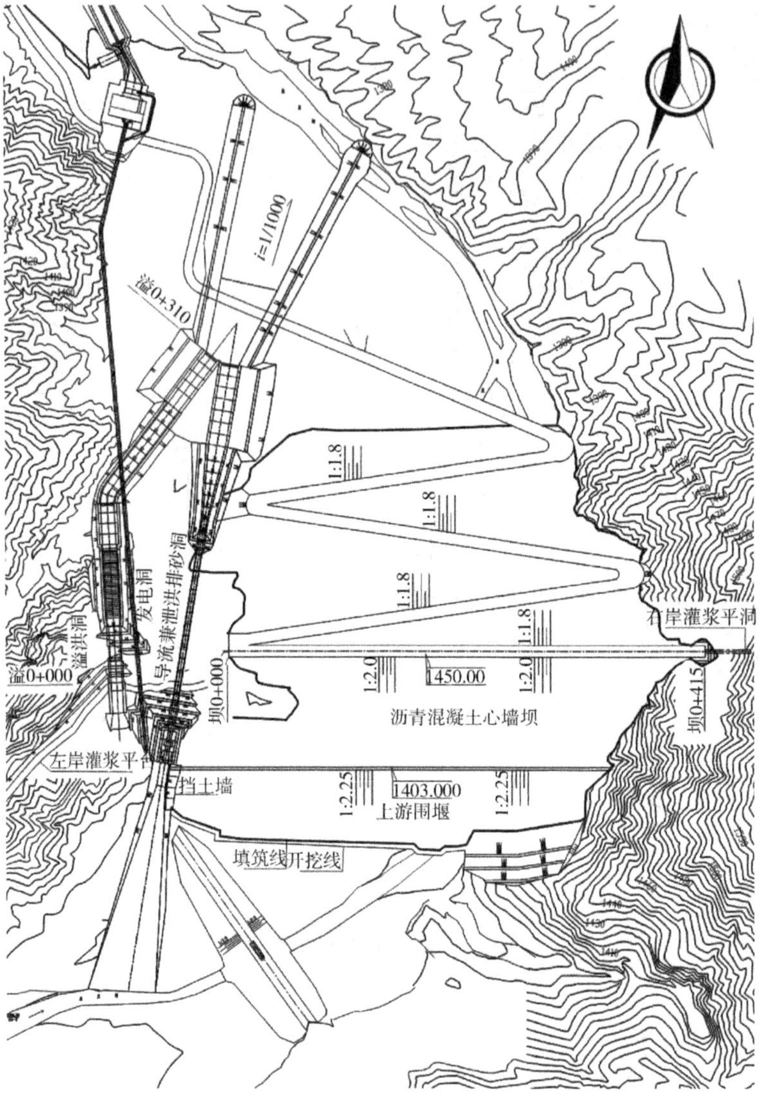

图7　沥青混凝土心墙坝平面图比较方案五

2. 枢纽布置方案比选结论

（1）方案四溢洪道布置在右岸坝肩，右岸为凹岸，山体较高，开挖存在高边坡，陡槽后段落在风积粉细沙砂上，工程量较大且不顺畅，费用较高，该方案不合适。

（2）方案三利用左岸山体后部1#冲沟布置溢洪道，该冲沟发育f_{17}活动断层，不宜布置溢洪道。由于冲沟允许抗冲流速非常小，且冲沟断层存在遇水软化问题，在沟内布置溢洪道必须做好防护。方案三溢洪道沿左侧冲沟布置，受活断层影响工程存在一定的安全隐患，且工程量大，费用高，该方案不合适。

（3）从适应坝址区地形、地质条件来看，方案三、四不合适，方案一、二、五相对可行。方案一引水发电系统布置在泄水建筑物下游侧，不受泄水建筑物影响，供水安全度高；方案二引水发电系统需穿过导流洞、溢洪道和大坝，施工相互影响，干扰很大，另外给罗钾基地供水的管道需穿过泄水建筑物出口段，必须做好防护，以免影响管道的安全；方案五溢洪洞布置在左岸山体，泄槽段开挖量较大，出口段位于1#冲沟，设两级消能，该方案溢洪洞不顺畅，工程量大，费用高。

（4）从施工方面比较，方案一建筑物分开布置，相互干扰小，施工简单、方便；方案二建筑物交叉较多，施工复杂，干扰大；方案五溢洪洞施工场地拥挤，施工不便。

（5）从工程投资比较，方案一至方案五工程静态投资分别为6.23亿元、6.23亿元、6.39亿元、6.34亿元、6.29亿元，方案一较优。

综上所述，方案一布置合理，施工干扰较小，工程投资相对较少，经济上较优，要优于其它四个方案，确定方案一为最终推荐布置方案。

表2 枢纽布置方案比较表

项目	方案一：左岸坝肩布置溢洪道、长引水洞方案	方案二：左岸坝肩布置溢洪道、短引水洞方案	方案三：左岸冲沟布置溢洪道、长引水洞方案	方案四：右岸坝肩布置溢洪道、长引水洞方案	方案五：左岸布置溢洪洞、长引水洞方案
地形地质	河谷呈不对称U型，右岸山体雄厚，左岸0～600 m段山体较单薄，有邻谷。两岸基岩裸露，岩性为二云母石英片岩，大理岩。河床为砂砾石覆盖层				
枢纽布置	泄水、引水建筑物位于左岸，厂房位于左岸坝轴线下游450 m处。 整个河谷布置大坝，河床左岸从右至左依次布置溢洪道、导流兼泄洪排沙洞、发电洞。 1.挡水坝采用沥青混凝土心墙坝，坝体填料为砂砾料，最大坝高83 m，坝顶长度415 m。 2.溢洪道布置在左岸坝肩，开敞式，驼峰堰，堰顶高程1 438 m，单孔，净宽12 m。堰后为泄槽，泄槽底坡为1/200、1/1.75，底宽12～16 m，槽深5.5～15.6 m，采用台阶式消能，泄槽长173.2 m。出口采用底流消能，消力池长65 m，宽16 m。 3.导流洞布置于左岸山体中，溢洪道左侧，进口底板高程1 383 m，孔口尺寸3.5 m×3.5 m，闸井高70 m，前为引渠，后为无压城门洞型隧洞，洞身断面尺寸4 m×5.5 m，洞长170 m，底坡1/100，出口设底流消能，消力池长70 m，宽15 m。 4.发电引水系统布置于左岸山体中，导流洞左侧，两者的进口联合布置，长约562.6 m，进口底板高程1410 m，孔口尺寸为2 m×2 m，洞径2 m。厂房为岸边式地面厂房，位于左岸坝轴线下游450 m处，电站装机2.4 MW。厂房尾水位为1 358 m	泄水、引水建筑物位于左岸，厂房位于坝后坝轴线下游220 m处。 整个河谷布置大坝，河床左岸从右至左依次布置溢洪道、导流洞、发电洞。 1.挡水坝同方案一。 2.溢洪道同方案一。 3.导流兼泄洪排沙洞同方案一。 4.发电引水系统布置于左岸山体中，导流洞左侧，长约388.3 m，中段斜穿导流洞、溢洪道，进口底板高程1 410 m，孔口尺寸为2 m×2 m。洞径2 m。厂房为岸边式地面厂房，位于溢洪道右侧坝轴线下游220 m处，电站装机2.4 MW。厂房尾水位1363.58 m	整个河谷布置大坝，左岸天然冲沟布置溢洪道，河床左岸从右至左依次布置导流兼泄洪排沙洞、发电洞及厂房。 1.挡水坝同方案一。 2.溢洪道为开敞式，利用左岸冲沟作溢洪道，进口段位于坝址上游440 m左岸岸坡中上部，岸坡基岩裸露，泄槽段位于1#冲沟f_{17}断层带内。出口段位于冲沟出口洪积扇和河床中。驼峰堰，堰顶高程1 438 m，单孔，净宽12 m，泄槽长500 m，缓坡段长65 m，纵坡为1/200，陡坡段长435 m，纵坡依次为1/20、1/3.5、1/8，底宽10 m，出口采用底流消能，消力池长100 m，宽20 m。 3.导流洞布置于左岸山体中，溢洪道右侧，进口底板高程1 383 m，孔口尺寸3.5 m×3.5 m，闸井高70 m，前为引渠，后为无压城门洞型隧洞，洞身断面尺寸4 m×5.5 m，洞长170 m，底坡1/100。出口设底流消能，消力池长70 m，宽15 m。 4.发电引水系统基本同方案一，厂房同方案一	整个河谷布置大坝，右岸坝肩布置溢洪道，河床左岸从右至左依次布置导流兼泄洪排沙洞、发电洞及厂房。 1.挡水坝同方案一。 2.溢洪道布置在右岸坝肩，开敞式，进口段位于右岸岸坡中部，基岩裸露，泄槽段位于右岸岸坡中下部，泄槽后段46 m位于风积粉细砂上，需挖除，出口段位于河床中。驼峰堰，堰顶高程1 438 m，单孔，净宽12 m，泄槽长260 m，缓坡段长120 m，纵坡为1/200，陡坡段长140 m，纵坡为1/1.75，底宽12 m，出口采用底流消能，消力池长60 m，宽12 m。 3.导流兼泄洪排沙洞同方案三。 4.发电引水系统同方案三，厂房同方案一	整个河谷布置大坝，河床左岸从右至左依次布置导流兼泄洪排沙洞、引水系统、溢洪洞。厂房布置在坝轴线下游450 m处。 1.挡水坝同方案一。 2.溢洪洞布置在左岸山体中，位于引水系统左侧，出口段投入到1#冲沟。由引渠段、控制段、隧洞段、泄槽段、出口段（两级消能段及护坦段）等组成。驼峰堰，堰顶高程1 436 m，单孔，净宽10 m，隧洞段长48 m，洞身断面尺寸10 m×11.5 m，泄槽段长172 m,，底宽12 m，出口采用两级底流消能，消力池长90 m，宽12 m。 3.导流兼泄洪排沙洞同方案三。 4.发电引水系统同方案三，厂房同方案一
运行管理	泄水、引水建筑物布置在左岸，布置较为集中，运行期管理较方便	同方案一	溢洪道闸室距大坝约440 m，运行期管理较为不便	导流洞、发电洞位于左岸，溢洪道位于右岸，运行期管理较为不便	同方案一
工程投资	静态投资为6.23亿元，投资较小	静态投资为6.23亿元，投资较小	静态投资为6.39亿元，投资较大	静态投资为6.34亿元，投资较大	静态投资为6.29亿元，投资较大

13.4.3 主要建筑物

1. 大坝

挡水建筑物采用沥青混凝土心墙坝，坝顶高程1 450.0 m，防浪墙顶高程1 451.2 m，坝顶宽度10.0 m、长415 m，最大坝高83.0 m，上游坝坡1∶2.0，采用0.25 m厚现浇混凝土护坡，下游坝坡1∶1.8，并设置10 m宽“之”字型上坝道路，下游综合坝坡1∶2.0，采用0.4 m厚的浆砌石框格干砌石填框护坡。

（1）坝体填筑分区

从上游至下游分为上游砂砾料区、上游过渡料区、沥青混凝土心墙、下游过渡料区、下游砂砾料区。上游围堰与挡水坝体结合布置，并作为坝体的一部分。

上游砂砾料区：位于坝体上游，采用C1、C2砂砾石料场的砂砾石料。

上游过渡料区：位于沥青混凝土心墙上游，顶高程1 448 m，由C3砂砾石料场筛除80 mm以上粒径的砂砾料获得，水平宽度3 m。

沥青混凝土心墙：位于坝轴线上游4 m处，顶高程1 448 m，心墙厚度高程1 415 m以上为0.5 m厚，高程1 415 m以下为0.8 m厚，在底部做放大脚与基础相连。

下游过渡料区：位于沥青混凝土心墙下游，顶高程1 448 m，由C3砂砾石料场筛除80 mm以上粒径的砂砾料获得，水平宽度3 m。

下游砂砾料区：位于坝体下游，采用C1、C2砂砾石料场的砂砾石料。

（2）坝基处理

两岸心墙设置在强风化层下部，在心墙下进行固结灌浆和帷幕灌浆，固结灌浆设4排，孔深5 m，孔距3 m，帷幕灌浆右岸单排，左岸双排，孔距2 m，帷幕灌浆深度按3Lu线控制；河床段心墙底部设置基座混凝土与混凝土防渗墙连接，混凝土防渗墙厚0.8 m，墙底深入基岩1.0 m，混凝土防渗墙下部布置单排帷幕灌浆，孔距2 m，帷幕灌浆深度按照3Lu线控制。右坝肩设置一条40 m长的灌浆平洞。河床坝壳料建基于清基后经表层碾压的砂砾层上，两岸坝壳料建基于清基后的岩石上。

（3）左岸邻谷段处理

大坝上游河床左岸近坝址600米段有邻谷（1#冲沟），并有F24断层斜穿左岸邻谷段，1#冲沟沟底高程低于库水位0～70 m，存在邻谷渗漏和绕坝渗漏问题，为了截断可能的渗漏通道及减少渗漏，根据地质资料及建议，在大坝上游河床左岸邻谷段沿坝顶高程设置600 m长的单排帷幕灌浆，与大坝防渗体系连成整体，灌浆深度在邻谷谷底高程或透水率小于3Lu界线以下（两者取埋深较大的）。在F24断层带处设置混凝土防渗墙与左右帷幕连接成一体。

2. 溢洪道

溢洪道设计流量为440.64 m^3/s，校核流量为651.17 m^3/s。布置于河床左岸，紧靠坝肩布置，为开敞式，溢洪道轴线与坝轴线垂直，且距离导流洞轴线43.111 m，由引渠段、控制段、泄槽段、出口段等组成。

引渠段：长20.1 m，梯形断面，底宽12～15 m，边坡1:0.5。底板采用C20素混凝土板衬砌，两侧边坡采用0.1 m厚的C25混凝土进行喷护。

控制段：溢流堰采用驼峰堰，堰顶高程1 438 m，堰宽12 m，边墙顶高程1 450 m，溢流堰设1孔，泄流采用弧形工作门控制，工作门前布置平板检修门，控制段长26 m。控制段采用C25钢筋混凝土整体式结构。

泄槽段：长173.2 m，为矩形断面，泄槽边墙与底板采用钢筋混凝土整体式结构衬砌。底宽12～16 m。泄槽前段20 m纵坡为i=1/200，为缓坡段，后接长24.2 m的涡曲面段，再接长129.0 m的陡坡段，纵坡为i=1/1.75。陡坡段末段18.95 m为泄槽扩散段，扩散角为7°，泄槽宽由12 m扩散至16 m，陡坡段采用台阶式消能，台阶高1 m，长1.75 m。

出口段：包括消力池、护坦、铅丝石笼段及渠道段，长约287 m。出口采用底流消能，消力池长65 m，池宽16 m，池深7.8 m，边墙高18.1 m，消力池采用整体矩形槽结构形式。护坦及明渠段采用与导流兼泄洪排沙洞出口联合的布置形式，护坦长50 m，采用扩散式梯形断面，混凝土板衬砌护坡，护坦后设置30 m长铅丝石笼段，护砌段后为开挖不衬砌扩散段与河道平顺连接。

3. 导流兼泄洪排沙洞

导流兼泄洪排沙洞导流流量为178.63 m^3/s，度汛流量为206.22 m^3/s，设计流量为358.73 m^3/s，校核流量为366.10 m^3/s。布置于河床左岸溢洪道左侧，为无压洞，由引渠段、闸井段、洞身段、出口消能段等组成。

进口引渠段：长176.09 m，梯形断面，底宽8 m～72 m，边坡1：1.75、1:0.5。

闸井段：长27 m，宽10.5 m，高70 m。底板高程为1383 m，有压短管进口，闸井内布设平板事故检修门与弧形工作门，事故检修门孔口尺寸4.5 m×5.5 m，工作门孔口尺寸3.5 m×3.5 m。

洞身段：洞身段长170 m，纵坡i=1/100，为无压隧洞，洞身段为4.0 m×5.5 m的城门洞型，圆拱中心角120°，直墙高4.3 m。渐变段长20 m，从3.5 m×3.9 m矩形断面渐变为4.0 m×5.5 m城门洞型。洞身衬砌厚度为0.6 m、0.8 m。

出口段：包括出口涡曲面段、消力池、护坦、铅丝石笼段及明渠段，长约407 m。

出口涡曲面段采用整体混凝土矩形槽结构型式，由等宽矩形明槽段及水平扩散明槽段组成，等宽矩形明槽段长11 m，底宽4 m，扩散明槽段长度63.5 m，扩散角5.0°，底宽由起始4 m渐变到15 m，墙高为6.2～17.7 m。消力池长70 m，池宽15 m，池深7.9 m，边墙高17.7 m，消力池采用整体矩形槽结构型式。

护坦及明渠段：采用与溢洪道出口联合的布置形式，护坦长50 m，采用扩散式梯形断面，护坦后设置30 m长铅丝石笼段。护砌段后为开挖不衬砌扩散段与河道平顺连接。

4. 发电引水系统

发电引水系统布置于河床左岸山体中，导流兼泄洪排沙洞左侧，两者的进口联合布置，长约562.6 m，为有压隧洞，采用一洞两机的联合供水方式。由进口引渠、闸井段、上平洞段、斜井段、下平洞段、洞外埋地主管、岔管、支管段等组成，发电最大引水流量4.0 m^3/s。进口闸井底板高程1 410 m，进口孔口尺寸为2.0 m×2.0 m，洞身采用圆形断面，洞径为2.0 m，洞外埋地主管内径2.0 m。其中引渠段长14 m，闸井段长16 m，上平洞段长98.4 m，斜井段长77.8 m，下平洞段长333.0 m，洞外埋地主管段长20. m，岔管及支管段长17.4 m。发电引水系统穿F17断层段两端设波纹管以适应断层蠕动变形。

13.5 生态流量与泄放措施

河道生态环境需水量按不小于最小生态环境需水量，即多年平均流量的10%考虑，为1 261.44万m^3，

本工程通过引（放）水系统泄放生态基流满足下游生态需要，根据丰水期、枯水期灌溉用水的要求由引水洞及导流兼泄洪排沙洞来泄放适当的水量。

13.6 施工导流与工期

13.6.1 施工导流

本工程初期导流采用20年一遇洪水标准，相应洪峰流量419.7 m^3/s，后期坝体临时度汛标准选定为50年一遇洪水标准，相应洪峰流量为619.86 m^3/s。

沥青混凝土心墙坝方案施工导流采用河床一次断流，上下游围堰挡水，左岸导流隧洞全年导流的方式。根据工程施工进度安排，工程开工后第二年8月底截流，第四年12月底工程完工。初期导流由上下游围堰挡水，导流洞泄流；中期导流由坝体临时断面挡水，导流洞泄流。

本工程选择汛后退水期8月底进行截流，截流标准采用10年一遇9月上旬旬平均流量，截流流量为4.45 m^3/s，确定截流堤顶高程为1 383 m，最大填筑高度为8.5 m，采用从左岸向右岸单戗立堵的截流方式。

13.6.2 施工工期

本施工总工期为3.5年，共42个月，工程施工准备期14个月，主体工程施工期25个月，工程完建期3个月，工程筹建工期考虑6个月。

根据施工控制性进度计划安排，本工程控制性施工进度主要为截流、坝体度汛，经分析计算，沥青混凝土心墙坝方案施工进度关键线路如下：导流洞工程—截流工程—大坝基础处理—坝体填筑—完建工程结束。

13.7　工程特点与建议

(1)左岸邻谷段处理:

左岸近坝址600米段有邻谷,沟底高程低于库水位0～70 m,存在邻谷渗漏和绕坝渗漏问题,渗漏量较大。对该段山体库水位以下部分采取灌浆处理,灌浆深度应在邻谷谷底高程或透水率小于3Lu界线以下(两者取埋深较大的)。

(2)深厚覆盖层上筑坝:

河床覆盖层厚度较大,最大厚度45 m。需在试验的基础上进行计算分析,注意并认真研究沥青混凝土心墙坝的应力应变等问题。

(3)泥沙问题:

米兰河山口水库是一座具有综合利用任务的水利枢纽工程,除了存在一般水库的常规泥沙淤积问题外,还存在汛期排沙与蓄水的矛盾。通过系统研究,认为该水库在汛期时必须兼顾排沙和蓄水,排沙期采取4月和7月同时排沙运行,加大排沙力度,即采用"降水排沙,蓄水灌溉"的运用措施,并对其采用一维不平衡数学模型淤积分析计算后,从水库冲淤排沙变化和水库库容淤积变化得知,水库各不同淤积水平年泥沙在有效库容有不同程度的淤积。

米兰河山口水库死水位以下水库运用水位相对较高,死水位下最大坝前水深 45.0 m,易形成"三角洲"淤积形态。根据淤积计算分析,水库运行10年内,平均排沙比为41.5%,水库运行11～30年内,平均排沙比为61.8%,水库运行31～40年内,平均排沙比为77.6%,水库运行40～50年内,平均排沙比为89.0%。

根据水库运行方式,采用一维不平衡数学模型淤积分析计算,水库运行30年时,剩余死库容142万m^3,死库容淤积量占死库容的87.1%,剩余调节库容1 932万m^3,调节库容淤积量占调节库容的28.9%,水库运行50年时,死库容基本淤满,剩余调节库容1 514万m^3,调节库容淤积量占调节库容的44.3%。实际运用时应加强监控水库库容变化,合理进行排沙调度,可确保水库长期安全运行。

附表　新疆米兰河山口水利枢纽工程特性表

名　称	数　量	名　称	数　量
一、水文		1.挡水建筑物形式（坝型）	沥青混凝土心墙坝
坝址以上流域面积	4 026 km^2	地震基本烈度/设防烈度	Ⅶ/Ⅶ
利用水文系列年限	51年	最大坝高	83 m
多年平均年径流量	1.271亿m^3	坝顶高程/顶部长度	1 450 m/415 m
多年平均流量	4.03 m^3/s	2.泄水建筑物	
设计洪水标准及流量（P=1%）	779 m^3/s	2.1溢洪道	
校核洪水标准流量（P=0.05%）	1 510 m^3/s	溢流堰净宽尺寸	12 m
施工导流标准及流量（P=10%）	280 m^3/s	堰顶高程	1 438.00 m
二、工程特征水位及工程规模		最大泄量	651.17 m^3/s
1.水库水位		消能方式	底流消能
正常蓄水位	1 445.00 m	2.2导流兼泄洪排沙洞	
设计洪水位	1 445.02 m	进口底板高程	1 383.00 m
校核洪水位	1 447.46 m	最大泄量	366.1 m^3/s
死水位	1 415.00 m	消能方式	底流消能
2.水库容积		2.3引水发电洞	
水库总库容	4 128万m^3	进口底板高程	1 410.00 m
调节库容	2 719万m^3	引水发电流量	4 m^3/s
调洪库容	310万m^3	五、施工	
死库容	1 099万m^3	明挖土方	68.4万m^3
三、工程效益指标		明挖石方	21.3万m^3
直接控制灌溉面积	7万亩	填筑料	420.1万m^3
工业供水年供水量	3 100万m^3	混凝土和钢筋混凝土	12.84万m^3
装机容量	2.4 MW	六、经济指标	
四、主要建筑物		总投资	70 212.96万元

第十四章

民丰县尼雅水库工程

14.1 工程概况

尼雅水利枢纽工程位于新疆和田地区民丰县尼雅河中上游，枢纽区东距乌鲁木齐市1 300 km，西距和田市390 km，北距民丰县90 km。尼雅水利枢纽工程是尼雅河流域规划推荐的一期重点工程，具有防洪、灌溉、发电等综合利用功能。枢纽工程由拦河坝、左岸溢洪洞、右岸泄洪冲沙洞、发电引水系统等组成。水库正常蓄水位2 663 m，最大坝高131.8 m，坝型为碾压式沥青混凝土心墙坝，总库容4 069万m^3，控制灌溉面积10万亩，电站装机容量6 000 kW，多年平均发电量1 827万kw.h，属Ⅲ等中型工程，工程总投资114 966.27万元。

14.2 水文

尼雅河是民丰县境内最大的一条河流，流域面积为7 146 km^2，河道全长210 km，坝址处控制流域面积1 413 km^2，坝址处多年平均径流量2.18亿m^3。水库设计洪水标准为50年一遇，相应的洪峰流量为919 m^3/s；校核洪水标准为1 000年一遇，相应的洪峰流量为2 549 m^3/s。

尼雅河流域属典型的大陆性干旱荒漠气候，流域年平均气温为11.5℃，一月平均气温-6.1℃，七月平均气温25.2℃，极端最高气温41.5℃，极端最低气温-28.3℃。大风天气一般发生在春季和夏初（4—8月），风向WSW，多年平均最大风速18 m/s。最大冻土深度60 cm。尼雅河流域每年11月进入结冰期，最早结冰期是11月1日，最晚结冰期是11月20日，融冰为3月中旬，最大结冰厚20 cm，至今没有发生过冰洪。

推移质由于无实测资料，根据我国山区河流一般规律，推移质为悬移质的15%～30%；结合当地实际情况，尼雅河流域属土石山，推移质按悬移质的15%考虑，水库坝址断面推移质输沙量为36.6万t。多年平均输沙总量为280万t。

14.3 工程地质

水库区位于尼雅河中上游中山峡谷河段，昆仑山麓北坡，出露的地层主要有元古界，古生界和新生界地层以及零星分布的侵入岩。中山至高山区出露主要为元古界长城系和蓟县系、古生界泥盆系和新生界第三系地层以及加里东和华力西期侵入岩；山前冲洪积倾斜平原区主要分布新生界第四系地层。

库坝区离区域断裂距离较远，初步评价区域稳定条件相对较好，属抗震较有利地段。根据《中国地震动峰值参数区划图》，坝址区地震动峰值加速度为0.15 g，地震动反应谱特征周期为0.45 s，其相应的地震基本烈度为Ⅶ度。

库区位于尼雅河中上游中山峡谷河段，海拨高程2 560～3 000 m，河谷呈“V”型，现代河床宽30～50 m，河床纵坡为2%。两岸岸坡较陡，坡度60°～70°，基岩裸露，坡面波状起伏，冲沟发育。坝址库区工程地质主要问题是左岸坝肩岩性为泥盆系变质砂岩，需对左岸边坡进行一定的处理。

（1）坝轴线工程地质评价

坝址出露基岩为泥盆系变质砂岩、变质混合岩。

左坝肩：岸坡冲沟不发育，坡面起伏，岸坡上部为基岩，表面风化严重，局部坍塌滑落，岸坡下部发育Ⅱ级基座阶地，阶地前缘呈陡坎，或直立，阶地面高程2 564 m，阶地宽10～15 m，阶地表层堆积6～8 m的碎石土，底部为4～6 m漂卵砾石层，最大粒径2～2.5 m，稍密～密实，底部具有泥质胶结，阶地后缘堆积有5～8 m坡积碎石土层。基岩顶板高程2561 m，岩性为泥盆系变质砂岩，呈碎屑结构，层状、块状构造，属中硬岩，岩体全风化层厚0.2～0.5 m，强风化层厚5～7 m，弱风化层厚15～17 m。

河床坝基段：现代河床段宽25～35 m，漂卵砾石层厚4.5～5.0 m。坝基基岩为变质砂岩，呈碎屑结构，层状、块状构造，河床中强风化层厚5～7 m，弱风化层厚15～17 m。坝基断层不发育，主要有两组裂隙发育，其中：顺河向为岩层层面发育，裂隙延伸长度大，对坝基防渗不利。坝基岩石为中硬岩，坝基防渗小于5Lu基岩深度为10～15 m，小于3Lu基岩深度为20～25 m，小于1Lu基岩深度为35～40 m。

右坝肩：岸坡发育小冲沟，坡面起伏，岸坡上部为第四系坡积碎石土，厚度5～7 m，岸坡下部为前缘呈陡坎或直立，下伏基岩顶板高程2563 m，岩性为泥盆系变质砂岩，属中硬岩，岩体全风化层厚0.2～0.5 m，强风化层厚5～7 m，弱风化层厚15～17 m。

（2）表孔溢洪洞工程地质评价

表孔溢洪洞布置在坝址左岸，分段评价如下：

引渠段：地表大部分被崩坡积（Q_4^{dl+col}）含土碎块石覆盖，局部出露泥盆系上统（D_3）变质混合岩。含土碎块石层厚度4.0～8.0 m，松散。渠基置于强风化变质混合岩，强风化岩体承载力建议值1.0 MPa；弱风化岩体承载力建议值2.3 MPa。

闸基及进口段：基岩为泥盆系上统（D_3）变质混合岩，变余结构，片麻状构造，强风化层厚度4.5 m，弱风化层厚度17.0 m。岩体节理裂隙发育。闸基置于弱－微风化变质混合岩，最大开挖深度13.0 m。强风化岩体承载力建议值1.0 MPa；弱风化岩体承载力建议值2.3 MPa，变形模量4.0 gPa。基岩与混凝土接触面抗剪断强度f'为0.8，C'为0.8 MPa。

洞身段：围岩为泥盆系上统（D_3）变质混合岩，片麻状构造，强风化层厚度4.5 m，弱风化层厚度17.0 m。洞身段岩性为泥盆系变质混合岩，碎屑结构，块状构造，属中硬岩。位于微风化至新鲜岩体中，上覆岩体厚度20～66 m，洞身段围岩以Ⅲ类围岩为主。

出口消能段：基岩出露，岩性为变质混合岩，片麻状构造，块状、碎块状结构。岩体强风化层厚度4.5 m，弱风化层厚度12.0 m。基础置于弱风化－微风化岩体，强风化岩体承载力建议值1.0 MPa，弱风化岩体承载力建议值2.3 MPa，抗剪强度f=0.55。围岩属于Ⅳ类围岩。

（3）泄洪冲沙洞工程地质评价

泄洪冲沙洞布置在坝址右岸，分段评价如下：

进口和有压管段：表层为崩坡积（$Q_4^{dl}+^{col}$）含土碎块石，厚度5.0～10.0 m。下部局部分布冲积（Q_3^{al}）混合土卵石，厚度2.5 m。下伏泥盆系上统（D_3）变质混合岩，强风化层厚度5.0～6.0 m，弱风化层厚度20.0～22.0 m。建议强风化岩体承载力建议值1.0 MPa；弱风化岩体承载力建议值2.3 MPa，变形模量4.0 gPa。

闸井及进口段：表层为风积（Q_4^{eol}）低液限粉土，厚度0～2.4 m。下部局部分布崩坡积（Q_4^{dl+col}）含土碎块石，厚度7.0 m。下伏基岩为泥盆系上统（D_3）变质混合岩，块状、碎块状结构，强风化层厚度15.0 m，弱风化层厚度14.5 m。闸井基础置于弱－微风化岩体，弱风化岩体承载力建议值2.3 MPa，变形模量4.0 gPa，抗剪强度f=0.55。

洞身段：围岩为泥盆系上统（D_3）变质混合岩。洞身上覆岩体厚度25.7～102.6 m，洞身段岩体强风化层厚度5.0～6.0 m，弱风化层厚度20.0～22.0 m。岩体为微风化－新鲜，岩体较完整，以Ⅲ类围岩为主。

出口消能段：表层为坡积（Q_4^{dl}）含土碎块石，厚度0～13.5 m。下伏基岩为泥盆系上统（D_3）变质混合岩，片麻状构造，强风化层厚度5.0～6.0 m，弱风化层厚度20.0～22.0 m。基础置于强风化和弱风化岩体中，强风化岩体承载力允许值1.0 MPa，弱风化岩体承载力允许值2.3 MPa，变形模量4.0 gPa，抗剪强度f=0.55。围岩属于Ⅳ类围岩。

（4）引水发电洞工程地质评价

引水发电洞布置在坝址右岸，隧洞断面为圆形，分段评价如下：

闸井及进口段：表层为风积（Q_4^{eol}）低液限粉土，厚度0～2.4 m。下部为崩坡积（Q_4^{dl+col}）含土碎块石，厚度2.0～7.0 m。下伏泥盆系上统（D_3）变质混合岩，片麻状构造，岩体呈碎块状、块状，强风化层厚度5.0～6.0 m，弱风化层厚度20.0～22.0 m。闸井基础置于弱风化变质混合岩中，承载力建议值2.3 MPa，变形模量4.0 gPa。

洞身段：岩性为泥盆系上统变质混合岩，属中硬岩，变余砂质结构，块状构造。岩体强风化层厚3.0～4.0 m，弱风化层厚15.0～20.0 m。洞身位于微风化～新鲜岩体中，上覆岩体厚度10～80 m，洞身段围岩以Ⅲ类围岩为主，洞身段断层构造不发育。

出口段：表层为冲积（Q_4^{al}）卵石混合土，厚度5.0～15.0 m。下伏基岩为泥盆系上统（D_3）变质混合岩，片麻状构造，强风化层厚度5.0～6.0 m，弱风化层厚度20.0～22.0 m。强风岩体属Ⅴ类围岩，弱风化岩体为Ⅳ类围岩。

14.4 工程布置及主要建筑物

14.4.1 坝型选择

选择当地材料坝和混凝土重力坝两种基本坝型进行比较，混凝土重力坝采用碾压式混凝土重力坝参与比较；当地材料坝方案根据料场勘察成果，坝址下游有储量丰富、质量满足要求的筑坝砂砾石料，具备修混凝土面板堆石坝和沥青混凝土心墙坝的条件。坝址附近无土料场，无黏土心墙防渗材料，因此，当地材料土石坝坝型初拟为沥青混凝土心墙坝和混凝土面板砂砾石坝两种坝型。

分别对混凝土面板坝、沥青混凝土心墙坝及混凝土重力坝从工程地质地形条件、基础防渗处理、枢纽布置、工程量及总投资等几个方面进行综合比选。对两种坝型综合比选结论如下：

（1）坝型对地形地质条件的适应性

由坝址区地形、地质条件可知，均可满足这三种坝型的建坝条件。

① 坝址两岸都存在高陡边坡：左岸坝肩以上边坡表层强风化层内局部块体具有不稳定因素，边坡稳定问题以崩塌为主；右岸岩体整体呈不稳定状态，需对右坝肩及坝肩以上岸坡约50 m范围岩体处理。不稳定体对面板坝的面板、趾板及接缝止水结构构成安全威胁较大，而沥青混凝土心墙坝防渗体在坝体内部，崩塌物对坝体防渗系统威胁不大。因此沥青混凝土心墙坝运行环境较混凝土面板坝好。但工程措施处理后，都可保证坝体部分岩体稳定，不影响坝体安全。碾压混凝土重力坝对坝基和岸坡的要求高于土石坝，基础需开挖至微风化层上部，左右岸的不稳定体需全部清除。采取工程措施处理后，都可保证坝体部分岩体稳定，不影响坝体安全。

② 混凝土面板砂砾石坝两岸趾板基础开挖，会存在较高的边坡，石方开挖量大。从对地形地质条件的适应性比较，两种土石坝坝型对该地形地质均适合，不存在制约因素。坝基岩层属于中硬岩，微风化岩石强度仅为45 MPa，混凝土重力坝地质适应性略差。

（2）基础的防渗处理

面板坝：趾板均建在基岩上，左岸趾板部分存在高边坡问题，右岸大部分在Ⅲ级阶地上，趾板开挖量较大，需对趾板下基岩作固结灌浆和灌浆帷幕。

沥青混凝土心墙坝：基础处理形式均为基岩灌浆帷幕。

混凝土重力坝：坝肩及坝基均开挖至微风化，基岩帷幕灌浆。

从基础处理方面比较，三种坝型渗漏稳定性均较好。

（3）枢纽布置及坝体结构

沥青混凝土心墙坝：河床布置心墙坝，坝顶高程2 672.80 m，坝线长363 m，最大坝高131.8 m，上游坝坡1∶2.0，下游综合坝坡1∶2.03，坝顶宽度10 m。枢纽布置同面板坝基本一致。围堰和坝体相结合，由于坝坡相对较缓，坝体工程量较大。

面板坝：要单独作施工围堰，坝顶高程2 673.30 m，坝线长369 m，最大坝高132.3 m，上游坝坡1∶1.4，下游综合坝坡1∶1.61，坝顶宽度10 m，泄洪排沙洞灌溉发电引水洞和电站厂房布置在左岸，表孔泄洪洞布置在右岸。

碾压混凝土重力坝：由于河道狭窄，不具备分期导流条件，在右岸布置了导流洞。坝身布置了泄洪底孔、表孔和灌溉引水洞。

从枢纽布置比较，当地材料坝坝型相当，碾压混凝土重力坝布置更紧凑。

（4）筑坝材料的工程特性及坝料加工

坝址区有丰富的筑坝材料，坝壳料级配良好，渗透系数大，混凝土骨料可采用C1砂砾石料场，可满足土石坝坝型混凝土骨料使用。混凝土重力坝需人工筛分骨料，混凝土骨料制备较土石坝多。

（5）坝体渗透稳定性

对于土石坝，坝体的渗流控制是坝体结构设计的关键，防渗体的抗渗能力、抗冲蚀能力、渗漏量以及防渗体与坝壳料之间的层间关系，都是坝体渗流控制的决定因素。两种土石坝坝型渗漏稳定性均较好。

碾压混凝土重力坝由变态混凝土面层结合碾压混凝土联合防渗，渗透稳定性好。

（6）坝体抗震性能和坝坡稳定

地震动峰值加速度为0.15 g，地震动反应谱特征周期0.45 s。项目区为为7度区，大坝设防烈度为7度，要求坝体（包括防渗体）抗震性能要好。

两种土石坝坝型均为散粒类材料，均有较好的抗震性能，面板坝更是有高坝经受9级地震的考验。从抗震性能比较，混凝土重力坝较优。

（7）坝体应力、变形特性分析

三种坝型坝体的应力和变形，防渗体的应力和变形均可满足设计要求，坝体结构设计都是合理可行的。

（8）工程施工条件

① 气候条件对施工的影响

对沥青混凝土心墙坝，除雨天不能施工，其余时段均可作有效工期施工，有效施工期为10个月，全年的施工期较长。对混凝土面板砂砾石坝，混凝土面板施工需避开冬季，坝体填筑可全年进行。混凝土重力坝在坝体填筑期对混凝土的温度控制较严格，夏季需采取严格的温控措施，冬季需采取坝体的保温措施，因此，气象因素对混凝土重力坝的施工影响较沥青混凝土心墙坝和混凝土面板坝大。

② 坝料运输条件

坝壳砂砾料、沥青心墙料均从坝址区下游运至坝址区，坝料运输需通过左坝肩和下游坝坡道路运输上坝。坝料运输条件相当。

③ 施工导截流工程

对沥青混凝土心墙坝，围堰可与坝体相结合，是坝体的一部分，临时工程规模小。对混凝土面板坝及混凝土重力坝，围堰与坝体分离，临时工程规模较大。由于受地形条件的限制，布置围堰及截流戗堤的空间较紧张，围堰位置上移后，高度较心墙坝低。

④ 施工总布置

混凝土重力坝需较复杂及规模较大的混凝土骨料筛分系统及混凝土拌和系统，施工临时占地较土石坝大，且布置复杂。

⑤ 施工进度

根据工程规模和施工强度平衡计算，坝基处理、坝体填筑和混凝土施工（混凝土护坡或混凝土面板）等工期，沥青混凝土心墙坝为42个月，混凝土面板坝为40个月，混凝土重力坝约55个月。混凝土面板坝略优于心墙坝坝型。

从施工条件比较，综合以上各种因素，沥青混凝土心墙坝优于混凝土面板坝和混凝土重力坝。

(9)工程量比较

本阶段进行了沥青混凝土心墙坝、混凝土面板砂砾石坝和碾压混凝土重力坝三种坝型的设计，其中土石坝的泄水建筑物、导流建筑物在本阶段两种坝型布置及形式基本相同，碾压混凝土重力坝导流条件与土石坝相同，坝体可布置溢流和泄洪工程。工程量的比较对挡水建筑物、上游围堰、截流堤、溢洪道进行。

(10)投资估算

沥青混凝土心墙砂砾石坝方案工程总投资114 966万元，混凝土面板砂砾石坝方案工程总投资122 464万元，碾压混凝土重力坝投资133 361万元。

从工程投资方面看，沥青混凝土心墙砂砾石坝投资较低，混凝土面板砂砾石坝次之，混凝土重力坝投资最高。

(11)比选结论

综上所述，通过对地形地质条件、枢纽布置、施工条件、主要建筑物工程量及工程投资等方面的综合比较，沥青混凝土心墙砂砾石坝、混凝土面板砂砾石坝及混凝土重力坝均有建坝条件，但沥青混凝土心墙坝具有良好地形适应性、防渗性能和抗冻能力，沥青混凝土防渗体对场址的严重化学侵蚀具有较好的耐久性，具有坝体结构简单、技术可靠、投资相对较少等特点。沥青混凝土心墙坝方案优于混凝土面板坝方案及碾压混凝土重力坝方案，因此，本阶段推荐沥青混凝土心墙坝为设计坝型。各比选坝型见图1-3。

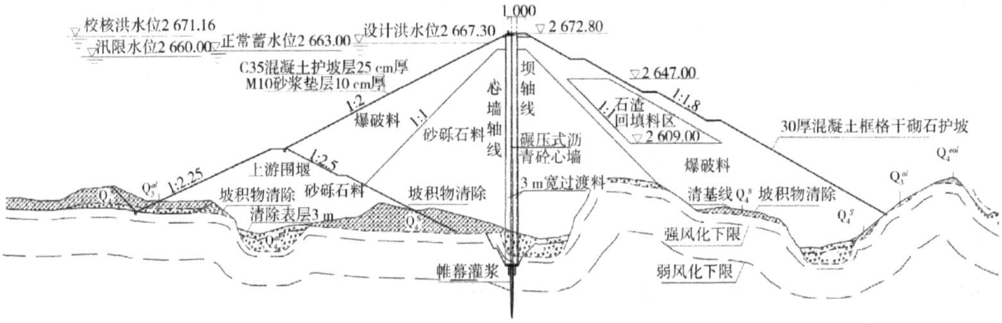

图1　沥青混凝土心墙坝横剖面图

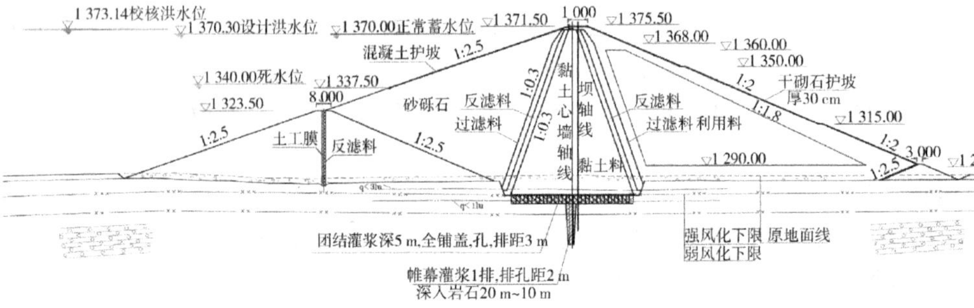

图2　黏土心墙坝横剖面图

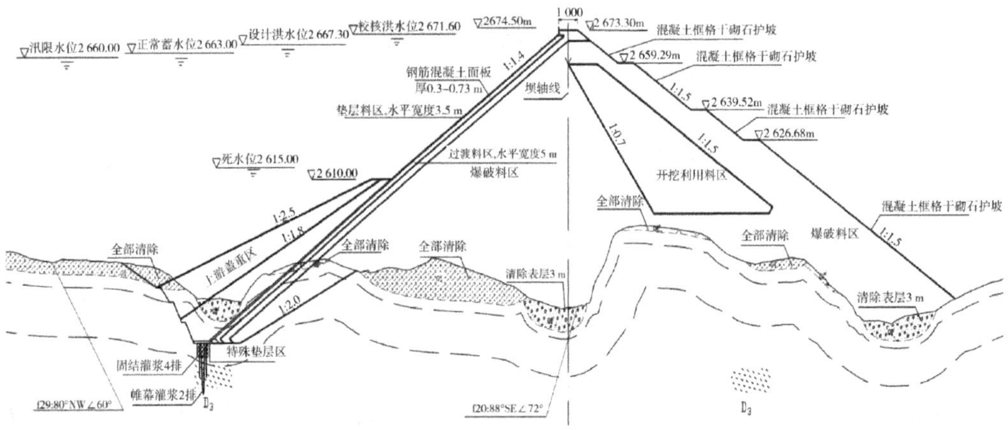

图3　混凝土面板堆石坝坝体横剖面图

14.4.2 工程布置方案比选

14.4.2.1 比选方案拟定

尼雅河为多泥沙河流，为防止泥沙淤堵灌溉发电引水洞和减少泥沙对水轮机的磨损，工程布置要求在灌溉发电引水洞下布置排沙或冲沙洞；为保持水库长期库容，水库运行有排沙期，以控制冲淤平衡，因此工程布置要求在排沙水位（本工程排沙水位为死水位）下布置底孔排沙洞。

坝址右坝段上游300 m范围内分布有巨厚坡积、洪积阶地，根据地质勘察成果，阶地为风积黄土、碎石土、漂卵砾石层，为强透水层，导流洞洞线布置困难，需从上游300 m基岩出露部位进洞。由此，根据导流洞的布置方案，分别由泄洪底孔和表孔泄洪洞和导流洞结合布置枢纽方案。

根据上述要求和坝址地形地质条件，选定坝线布置了3个方案。

方案一：左岸布置1条表孔溢洪洞、岸边式电站，右岸布置1条泄洪冲沙洞、1条灌溉发电引水短洞。

方案二：左岸布置1条泄洪冲沙洞、1条灌溉发电引水短洞、岸边式电站，右岸布置1条表孔溢洪洞。

方案三：左岸布置1条泄洪冲沙洞、1条灌溉发电引水短洞、岸边式电站，右岸布置开敞式岸边溢洪道。

14.4.2.2 比选结论

通过地形条件、枢纽布置、工程投资等方面比较，方案一作为推荐方案，底孔泄洪排沙洞和主流方向夹角小，利于排沙；溢洪洞位于电站厂房下游，泄洪期间不危及大坝和电站；主要建筑物大部分都坐落在基岩上，运行安全有保障；左右岸枢纽建筑物均无大的高边坡地质问题，投资较省。

各方案平面布置图见图4-6。

表1 枢纽布置方案综合比较表

项目	方案一	方案二	方案三
地形地质条件	泄洪冲沙洞、灌溉发电引水洞和溢洪洞围岩条件好。	泄洪冲沙洞、灌溉发电引水洞和泄洪洞围岩条件好，泄洪冲沙洞、灌溉发电引水洞联合进水口上方有高陡边坡及倾倒体，存在严重稳定问题。	同方案二
枢纽布置	枢纽布置：河床布置沥青混凝土心墙坝，泄洪冲沙洞、灌溉发电引水洞布置于河道右岸，电站厂房等建筑物布置于坝后，表孔溢洪洞布置于左岸。两条泄洪无压洞在平面上布置成直线。导流洞布置在右岸，与底孔泄洪冲沙洞结合。	枢纽布置：河床布置沥青混凝土心墙坝，泄洪冲沙洞、灌溉发电引水洞布置于河道左岸，电站厂房等建筑物布置于坝后，表孔溢洪洞布置于右岸。两条泄洪无压洞在平面上布置成直线。导流洞布置在右岸，与溢洪洞结合。	枢纽布置：河床布置沥青混凝土心墙坝，泄洪冲沙洞、灌溉发电引水洞布置于河道左岸，电站厂房等建筑物布置于坝后，开敞式岸边溢洪道布置在右岸。溢洪道和泄洪冲沙洞在平面上布置成直线。右岸单独布置一条导流洞。
优点	优点是底孔泄洪排沙洞和主流方向夹角小，利于异重流排沙；底孔出口消能布置为底流式，泄洪期间不危及大坝和电站；灌溉发电引水洞洞线短，电站厂房没有防洪问题，工程运行安全。	优点是底孔泄洪冲沙洞位于电站下游，出口消能利用下游出露的基岩做成挑流消能，低水位排沙期河道淤积不影响电站尾水。	优点是溢洪道为岸边开敞式，超泄能力大。
缺点	缺点是底孔低水位排沙期河道淤积影响电站尾水，电站尾水渠较长。	缺点是底孔泄洪冲沙洞与灌溉发电引水洞进水口左岸上方有高边坡及倾倒体，处理困难且不安全。排沙洞入口和河流主流方向夹角大，不利于异重流排沙；灌溉发电引水洞出口位于溢洪洞下游，厂房易受洪水威胁。	岸坡陡峻，溢洪道工程量大。
工程量	土石方开挖：84.35万m^3 石方洞挖：12.67万m^3 坝体填筑：330.96万m^3 混凝土：9.37万m^3 钢筋及钢材：8 776 t 固结灌浆及帷幕灌浆：3.34万m	土石方开挖：80.84万m^3 石方洞挖：11.45万m^3 土石方填筑：330.96万m^3 混凝土：9.23万m^3 钢筋及钢材：8 604 t 固结灌浆及帷幕灌浆：3.32万m	土石方开挖：86.73万m^3 石方洞挖：12.67万m^3 坝体填筑：330.96万m^3 混凝土：9.95万m^3 钢筋及钢材：8 897 t 固结灌浆及帷幕灌浆：3.34万m
泄放水建筑物组合工程投资	17 253万元	20 169万元	22 696
推荐顺序	一	二	三

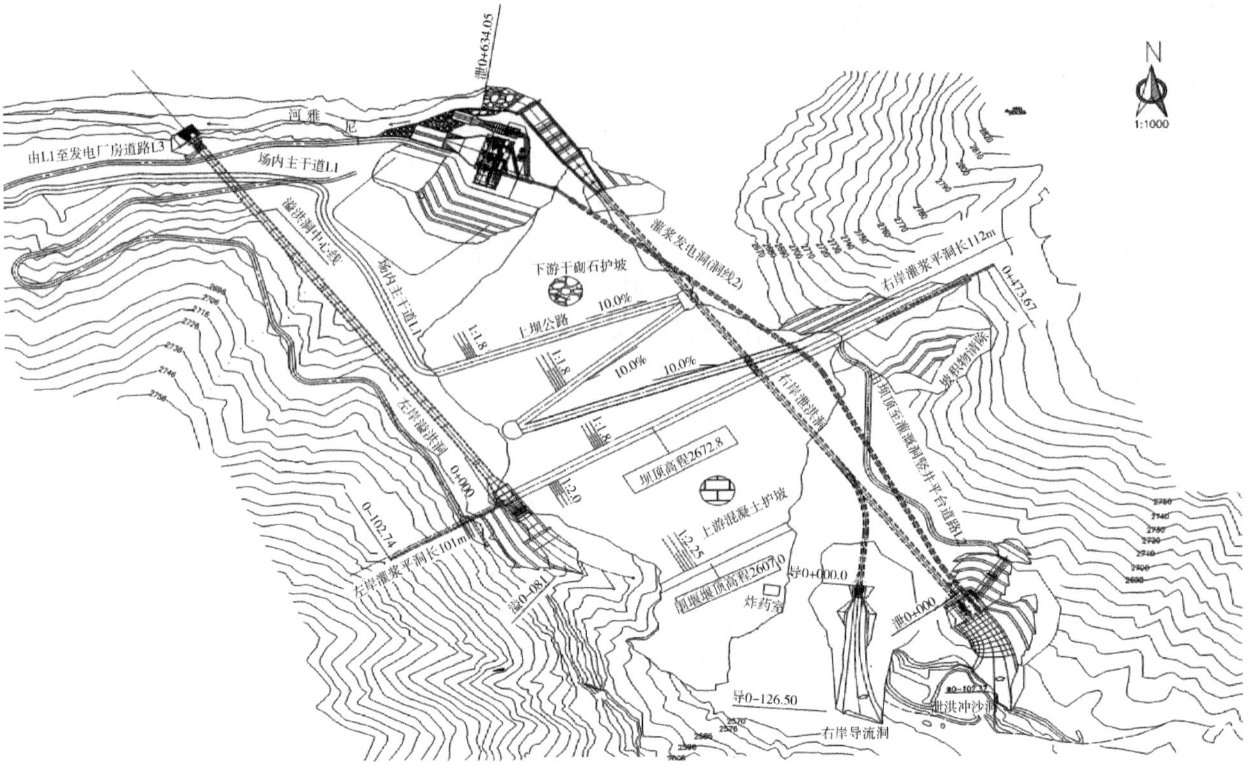

图4　尼雅水库平面布置图（方案一）

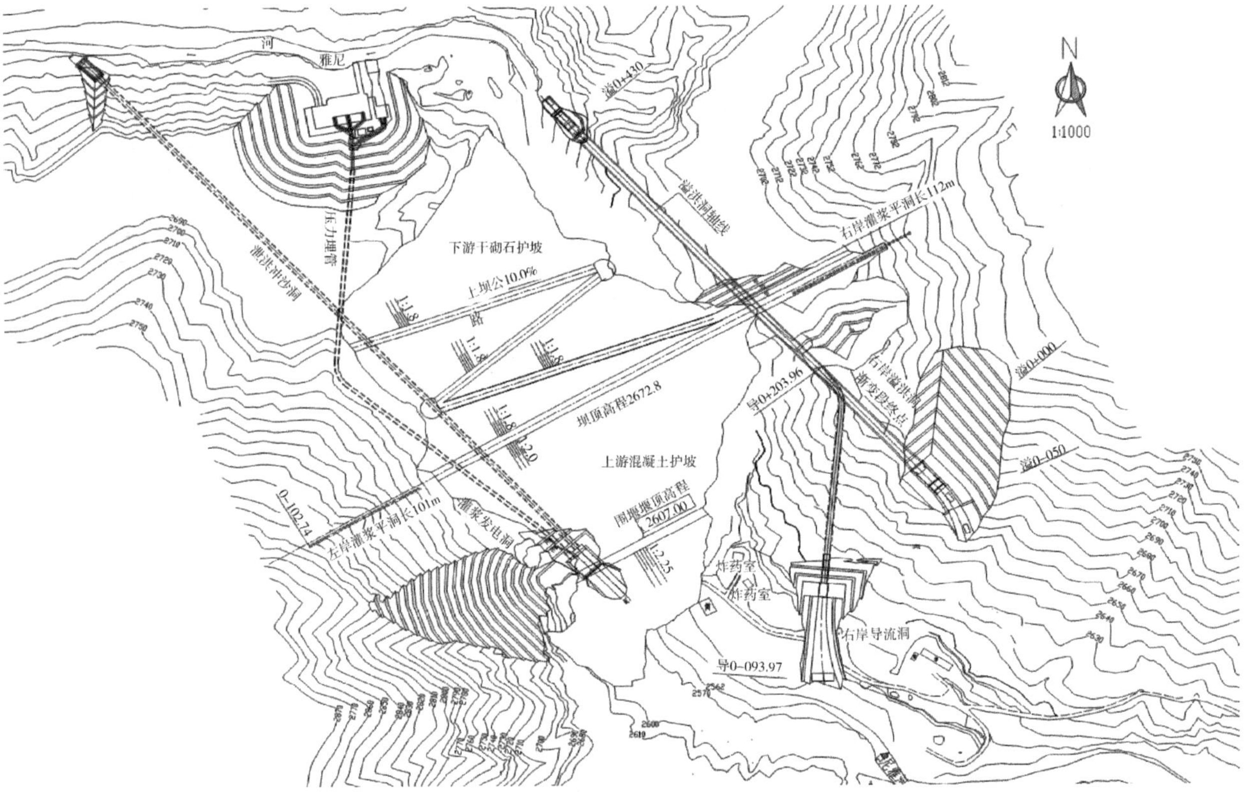

图5　尼雅水库平面布置图（方案二）

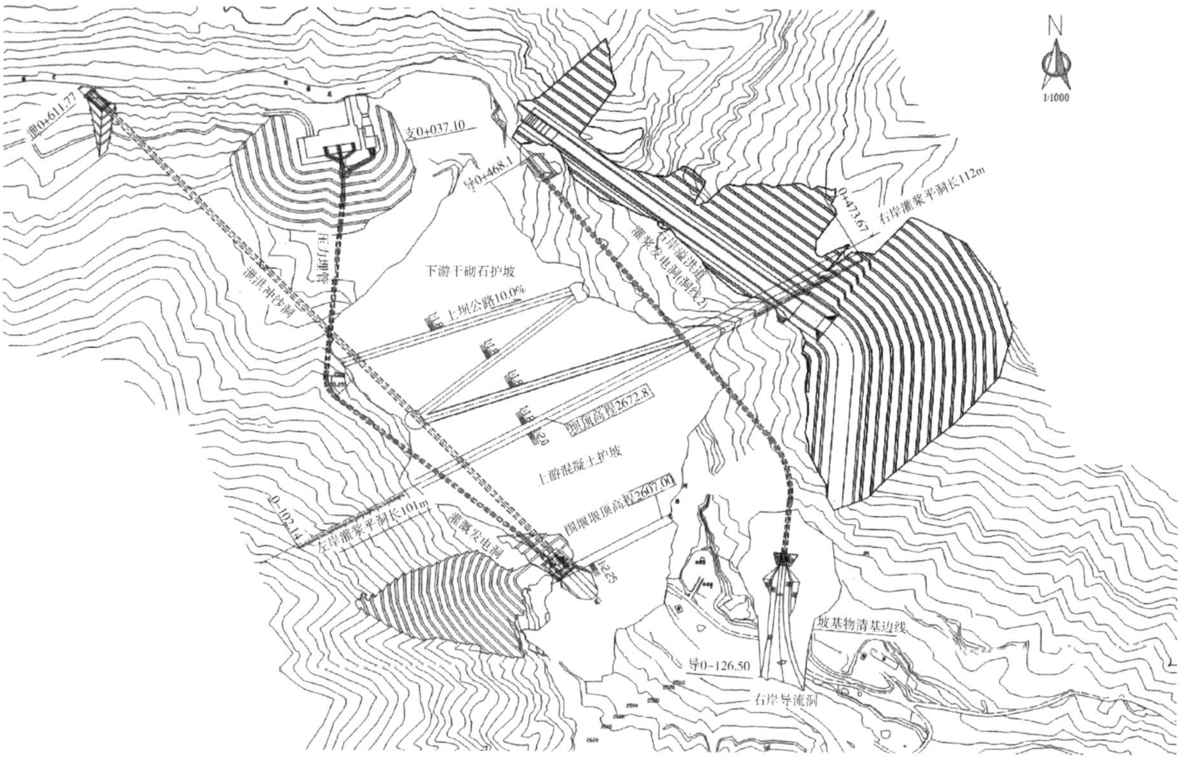

图6 尼雅水库平面布置图（方案三）

14.4.3 主要建筑物

14.4.3.1 大坝设计

1. 坝体轮廓设计

沥青混凝土心墙砂砾石坝最大坝高131.8 m，坝顶长度363 m，坝顶高程2 672.8 m，上游坝坡1∶2.0，下游综合坝坡1∶2.03。坝顶宽度10 m，防浪墙顶高程2 674 m。

河床段大坝典型剖面见图7。

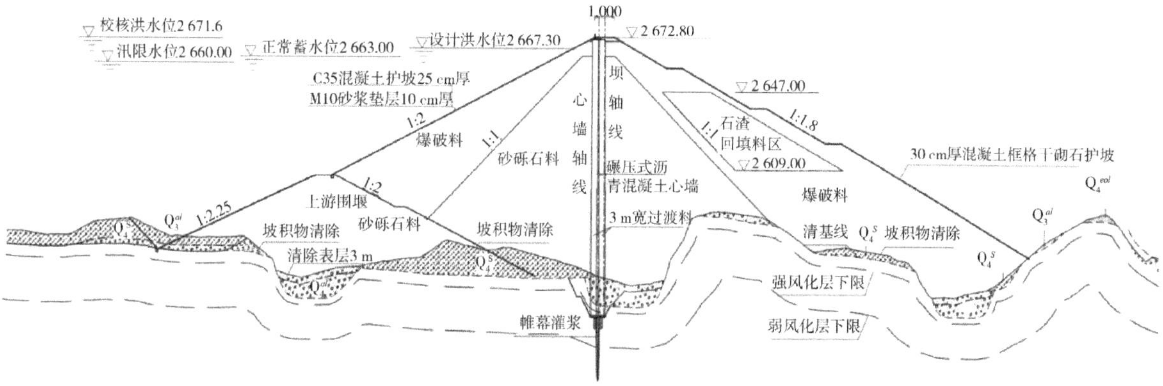

图7 尼雅水利枢纽大坝横剖面

2. 坝体分区及防渗体设计

坝体填筑分区从上游至下游分为上游爆破料填筑区、上游砂砾料填筑区、上游过渡层区、沥青混凝土心墙、下游过渡层区、下游砂砾料填筑区、利用料区、下游爆破料填筑区。各区坝料要求和主要指标如下：

坝体砂砾石填筑区：该区分别位于过渡区上游和下游，是坝体主要填筑区，该填筑区主要选用下游8 km的C2砂砾石料场。要求最大粒径小于铺筑厚度的2/3，按相对密度$D_r > 0.85$压实。

坝体爆破料填筑区：该区分别位于砂砾石填筑区上游和下游，是坝体主要填筑区，主要选用P1爆破料场料填筑。要求本工程爆破堆石料级配为$D_{max}\leqslant 600$ mm，5 mm颗粒含量小于20%，0.075 mm颗粒含量小于5%。填筑孔隙率$n\leqslant 20\%$。

过渡区：该区位于沥青混凝土心墙两侧，该区为级配良好的砂砾石料，最大粒径与沥青料最大粒径比值小于8。要求最大粒径d_{max}<60 mm，小于5 mm的含量为27.82%～39.64%，小于0.075 mm的含量不大于5%。水平宽度为3 m，等宽布置，过渡层填筑至心墙顶部，底部建在心墙基础开挖面上，采用C2料场上层青灰筛分料，要求相对密度D_r不低于0.85。

石渣料回填区：该区位于防渗体下游，采用导流泄洪冲沙洞和溢洪洞的岩石开挖料，按压实孔隙率＜22%。

沥青混凝土心墙：选用垂直式的碾压式沥青混凝土心墙，心墙厚度高程2 541～2 571 m为140 cm，高程2 571～-2 601 m为110 cm，高程2 601～-2 631 m为80 cm，高程2 631～2 671.7 m为60 cm，沥青混凝土心墙的基本要求：要有一定的强度又要有一定的柔性，渗透系数不大于1×10^{-7}，碾压后的沥青混凝土孔隙率不大于3%。碾压后的容重控制在2.4 g/cm^3。

3. 坝基处理

0+000～0+118段：该段为岩石岸坡，岩石开挖到强风化层底线。基岩作2排帷幕灌浆，帷幕灌浆深度以q＜3lu线以下5 m作为控制标准。

0+118～0+164段：该段为岩石河床，岩石开挖到弱风化层上线。基岩作2排帷幕灌浆，帷幕灌浆深度以q＜3lu线以下5 m作为控制标准。

0+164～0+363段：该段为岩石岸坡，岩石开挖到强风化层底线。基岩作2排帷幕灌浆，帷幕灌浆深度以q＜3lu线以下5 m作为控制标准。

14.4.3.2 泄洪冲沙洞

泄洪冲沙洞布置在右岸，由引渠段、进口闸井段、洞身段、出口消能段、护坦段组成。泄洪洞运行方式为短管段有压洞身段无压的运行方式。全长711.41 m，设计流量394.0 m^3/s，进口底板高程为2595 m。

（1）进口引渠段

引渠段长78.0 m，为明挖梯形断面，渠末底宽9.6 m，底板采用60 cm厚C35现浇混凝土。边坡按1∶0.75开挖，每隔10 m设一马道，马道宽2.0 m，边坡首先喷射10 cmC30混凝土，然后进行挂网和锚杆防护。

（2）进口闸井段

进口闸井长24.0 m，宽10.1 m，底板高程2595 m，闸井设检修闸门和弧形闸门各一道，孔口尺寸3.5×4.0 m，3.5×3.5 m。检修闸门采用平面闸门，卷扬式启闭，尺寸为3.5×4.0 m；弧形闸门尺寸为3.5×3.5 m，液压式启闭。

（3）洞身段

洞身段由过渡段、上平洞段，抛物线洞段、反弧洞段及下平洞段组成，全长494.05 m，城门洞形。

过渡段：长10 m，底宽3.5～4.0 m，高度5.31～5.42 m，直墙高4.3 m，拱顶圆心角120°，底板衬砌厚度为0.8 m，边墙及顶拱衬砌厚度为0.6 m，在底板以上1 m范围内采用C50F200W10抗冲磨抗侵蚀高性能混凝土，其余为C35W10F300抗侵蚀钢筋混凝土。

上平洞段：长30.0 m，设计纵坡0。底宽4.0 m，洞身净高5.45 m，直墙高4.3 m，拱顶圆心角120°，底板衬砌厚度为0.8 m，边墙及顶拱衬砌厚度为0.6 m，底板和边墙在底板以上1 m范围内采用C50F200W10抗冲磨抗侵蚀高性能混凝土，其余为C35W10F300抗侵蚀钢筋混凝土。

抛物线洞段：长86.35 m，抛物线方程为$X^2=300Y$，底宽4.0 m，高度5.45 m，直墙高4.3 m，拱顶圆心角120°，底板衬砌厚度为0.8 m，边墙及顶拱衬砌厚度为0.6 m，底板和边墙在底板以上1 m范围内采用C50F200W10抗冲磨抗侵蚀高性能混凝土，其余为C35W10F300抗侵蚀钢筋混凝土。

反弧洞段：长23.14 m，圆弧半径50 m，底宽4.0 m，洞身净高5.45 m，直墙高4.3 m，拱顶圆心角120°，底板衬砌厚度为0.8 m，边墙及顶拱衬砌厚度为0.6 m，底板和边墙在底板以上1 m范围内采用C50F200W10抗冲磨抗侵蚀高性能混凝土，其余为C35W10F300抗侵蚀钢筋混凝土。

下平洞段：长344.54 m，末端10 m为明洞段，设计纵坡1∶30.9。底宽4.0 m，洞身净高5.45 m，直墙高4.3 m，拱顶圆心角120°，底板衬砌厚度为0.8 m，边墙及顶拱衬砌厚度为0.6 m，底板和边墙在底板以上1 m范围内采用C50F200W10抗冲磨抗侵蚀高性能混凝土，其余为C35W10F300抗侵蚀钢筋混凝土。

隧洞全断面进行固结灌浆，固结灌浆孔排距2.5 m，每排8孔，梅花形布置，每孔灌浆深度3.0 m。灌浆洞顶120°范围进行回填灌浆，灌浆孔排距5 m，每排3孔，伸入岩石10 cm。洞身段全断面进行喷锚支护，由ϕ25锚杆+挂网钢筋+喷混凝土组成，锚杆间排距1.5 m，梅花形布置，锚杆长度3.0 m。

（4）出口段

采用底流消能，包括扩散段、消力池段及海漫段。扩散段为矩形断面，整体式结构，底板厚度1.5 m，边墙厚度0.6～1.8 m，支撑梁间距2.5～3.1 m，底坡1∶4.0。消力池段为矩形断面，整体式结构，宽15 m，池深5.0 m，墙高11.0 m，底板厚度1.8 m，边墙厚0.8～1.8 m，支撑梁间距3.1 m。海漫段为矩形断面，底宽19.35～21.0 m，深6.0 m，底板混凝土厚度1.0 m。出口段全长115 m。

14.4.3.3 表孔溢洪洞

表孔溢洪洞由由引渠段、控制段、斜井段、反弧段、平洞段、挑流鼻坎段和护坦段组成。溢洪洞全长537.70 m。

引渠段：底板高程2 657.5 m，全长60 m，由梯形断面和矩形断面两段组成。梯形断面底宽25.61～12 m，边墙高度15.3 m，墙顶高程2 672.8 m，边坡系数1∶0.5，采用50 cm厚C35混凝土衬砌。矩形断面底宽12 m，边墙高度15.3 m，边墙顶部预留2 m宽马道，马道往上开挖边坡1∶0.75，每10 m设一马道，马道宽2 m，边坡采用锚杆+挂网喷护混凝土。

控制段：采用WES堰，单孔，堰宽12 m，堰面曲线$y=0.062x^{1.85}$。堰顶高程2660.0 m，堰高2.5 m；控制段顺水流方向长36.1 m，侧墙顶部高程2 672.8 m，C35高性能钢筋混凝土结构；控制段内设12 m×6 m平板检修门、12 m×5 m弧形工作门各一道。控制段基础座落在岩基上，同时紧邻左坝肩，基础采用固结灌浆和帷幕灌浆处理。帷幕灌浆深度同坝体一致，与大坝坝基帷幕灌浆贯通。

斜井段：全长34.22 m，纵坡1∶0.8，底板高程2 648.89～2 593.77 m。渐变段长25.0 m，断面尺寸由12 m×12.96 m（宽×高）渐变为6.0 m×8.23 m（宽×高）；城门洞段长19.24 m，断面尺寸6.0 m×8.23 m（宽×高）。为了施工安全，将洞身段进口20 m采用22号工字钢进行强支护。

反弧段：全长23.43 m，反弧半径30 m，圆心角51°，反弧末端底板高程2 582.06 m。洞身断面形式为6.0 m×8.23 m（宽×高）的城门洞型，采用C40钢筋混凝土衬砌。

平洞段：全长358.96 m，城门洞型，设计纵坡1∶10，底板高程2 582.06～2 546.16 m，结构断面形式及支护形式同反弧段。为了施工安全，将洞身段出口段20 m采用22号工字钢进行强支护。

挑流鼻坎段：全长13.5 m，挑流鼻坎段设置在隧洞内，鼻坎坎顶高程2 546.98 m，设计半径35 m，挑角为11°。

护坦段：全长11.5 m，梯形断面，挖除底部强风化层后回填C20埋石混凝土至地面高程2 541.98 m，对护坦两岸岸坡采用50 cm厚C25混凝土衬砌。两侧开挖边坡1∶0.75，每10 m设一马道。

14.4.3.4 灌溉发电洞

灌溉发电引水洞布置于右岸，进水口与泄洪排沙洞进水口联合布置，由进口引渠段、进口闸井段、上平洞段、斜洞段及下平洞段、发电岔管、支管及灌溉岔管等组成。全长586.55 m，设计引水流量7.8 m^3/s，装机6 MW。

（1）进口引渠段

引渠段长78.0 m，为明挖梯形断面，渠末底宽9.6 m，底板采用60 cm厚C35现浇混凝土。边坡按1∶0.75开挖，每隔10 m设一马道，马道宽2.0 m，边坡首先喷射10 cmC30混凝土，然后进行挂网和锚杆防护。

（2）进口闸井段

进水口采用岸塔式进水口，进水口由清污机、拦污栅、喇叭口进水段、闸门段、渐变段和上部结构组成。进水口段长17.9 m，底板高程2 605 m。进水口前部设一道拦污栅，孔口尺寸为5×2.5 m（高×宽），采用液压抓斗自动清污系统。闸门井内布置平面事故钢闸门一道，孔口尺寸宽×高=2.5×2.5 m，进水口闸井采用钢筋混凝土结构。闸门井后接方变圆渐变段，将隧洞断面由2.5 m×2.5 m的矩形渐变至直径为2.50 m的圆形，与其后的隧洞连接。检修平台高程2 674.00 m，启闭平台高程为2 684.50 m，室内布置事故闸门启闭机一台。

（3）洞身段

灌溉发电引水洞洞身段由渐变段、上平洞段、斜井段、下平洞段组成，总长509.25 m，横断面形式采用圆形断面，各段洞内径均为2.5 m。

① 渐变段：长10 m，由2.5 m×2.5 m（宽 × 高）矩形断面渐变成直径为2.5 m的圆形断面，内衬22 mm厚$Q345R$钢板。

② 上平洞段：长300.24 m，断面为圆型，洞直径2.5 m，纵坡i=1/25。

③ 斜洞段：长58.20 m，斜井角度50°，管道为圆型，直径2.5 m。斜井段内衬22 mm厚Q345R钢板。

④ 下平洞段：长140.81 m，纵坡i=0，管道为圆型，直径2.5 m，末端10 m为渐变段，由内径2.5 m圆形洞渐变至内径2.0 m圆洞，出洞后与压力钢管连接。下平洞采用钢板衬砌，内衬22 mm厚$Q345R$钢板。

（4）岔管及支管

灌溉发电引水洞压力管道主管长68.66 m，断面内径为2.0 m，在电站设计引用流量Q=8 m^3/s时，钢板衬砌段压力管道内流速为2.55 m/s。压力主管采用$Q345R$钢材，厚度12 mm。岔管及支管段：钢衬埋管段接三岔型岔管，分岔后将主管分为三根支管接入主厂房内，支管轴线与厂房垂直。支管内经1.0 m、1.0 m、0.6 m，长度22.05 m、15.6 m，厚度8 mm。

（5）灌溉岔管

为了保证在坝后电站停机情况下，能顺利给下游灌区的正常灌溉供水，在厂房叉管段设灌溉支管，灌溉支管设计流量取下游灌区灌溉所需流量，为8.0 m^3/s。灌溉支管管径取1.6 m，采用$Q345R$钢板，壁厚取20 mm。灌溉支管采用C20钢筋混凝土外包，外包混凝土厚度取1.0 m。

14.5　生态流量与泄放措施

（1）生态基流下放要求

依据《水电水利建设项目河道生态用水、低温水和过鱼设施环境影响评价技术指南》（试行）的要求，维持生态系统稳定所需一定的水量，要求八一八断面以下的河道基流取多年平均流量的10%，根据水文资料，坝址断面河道多年平均流量的10%为177万m^3/月。

（2）生态流量下泄措施

本项目生态基流测算采用7Q10法来计算（7Q10法是指采用90%保证率最枯连续7天的平均流量作为河流最小流量设计值，由此可以确定把0.64 m^3/s作为尼雅河河道基流量。在初期蓄水期，利用潜水泵抽水通过泄洪洞下泄生态基流；在蓄水后期，通过泄洪洞下泄生态基流；在水库运行期，利用水电站尾水下泄生态基流。

14.6　施工导流与工期

（1）导流方式及导流标准。

本工程大坝为2级建筑物，其他主要建筑物级别为3级，次要建筑物级别为4级，根据《水利水电工程施工组织设计规范》（SL303-2004）有关规定，导流洞、上下游围堰为4级，导流设计标准为洪水重现期20～10年一遇，根据尼雅河水文实测资料完整，水文系列较长（实测系列大于20年），本阶段导流标准取10年一遇。

根据工程施工进度安排，施工总工期为42个月，在整个施工期内，坝体共经历三个汛期。施工导流时段可划分为三个阶段：

第一阶段：工程开工至第二年8月底，原河床过流。主要进行导流建筑物的施工。

第二阶段：第二年9月初至第四年5月底，即第二年9月河道截流至坝体挡水度汛前。第二年9月底河道截流，由导流洞过流，上游围堰挡水，挡水标准为$P=10\%$。主要进行河床基础开挖、沥青心墙基座混凝土浇筑、帷幕灌浆及部分坝体填筑。

第三阶段：第四年6月初至第四年12月底，由坝体临时断面挡水，度汛标准$P=2\%$，导流洞泄流，主要进行剩余坝体施工、厂房混凝土施工及机组安装。

（2）施工进度。

枢纽本阶段计划施工总工期42个月，其中准备工期15个月，主体工程施工期24个月，工程完建期3个月。

14.7 工程特点及建议

（1）由于大多数沥青混凝土心墙坝投入运行的时间尚短，经验总结不足，问题暴露尚不充分，沥青混凝土心墙坝的设计至今仍然是经验为主，国内及我区筑坝实践表明，高沥青心墙坝坝肩结合部位易出现问题，对沥青混凝土与心墙基座结合、坝肩结合部位防渗应高度重视。

（2）沥青混凝土配合比研究：不同坝高坝段的应力应变条件不同，岸坡与河床坝段的工作性状不同，应对沥青混凝土提出不同的应力应变性状技术要求。

（3）沥青混凝土的技术要求：开展配合比专项实验，提出沥青混凝土的抗剪切强度、抗压强度、抗拉强度及极限拉应力、抗弯强度及弯曲拉应变、静止侧压力系数、应力应变参数，结合心墙的工作性状提出具体的要求来最终确定沥青混凝土配合比。

（4）砾石骨料的应用问题：大量的研究表明沥青混凝土采用天然砾石骨料完全可以满足水稳定性要求，大坝的安全性是有保证的。在确保安全性的前提下，降低工程造价和缩短建设周期一直是工程界追求的目标，而用天然砾石骨料是达到这一目标的最佳捷径。

（5）施工工艺与质量控制：结合本工程的施工条件，应深入研究心墙施工上升速率的控制标准、低温期施工的保温措施和施工工艺、越冬层面的保护措施和次年保温层的打开方式以及越冬层面的处理方案。

（6）坝基地下水为硫酸盐型强侵蚀环境，氯离子含量也较高，对坝基固结灌浆和帷幕灌浆应进行深入研究，重点研究灌浆材料和针对高侵蚀环境的耐久性，确保防渗系统安全可靠。

附表　民丰县尼雅水利枢纽工程特性表

名　称	数　量	名　称	数　量
一、水文		最大坝高	131.8 m
流域面积	7 146 km^2	坝顶高程/顶部长度	2 672.80 m/363 m
利用水文系列年限	39年	2.泄水建筑物	
多年平均年径流量	2.18亿m^3	2.1泄洪冲沙隧洞	
设计洪水标准及流量（P=2%）	919 m^3/s	洞型	城门洞型无压洞
校核洪水标准流量（P=0.1%）	2 549 m^3/s	洞净尺寸	4 m×4.3 m（宽×高）
施工导流标准及流量（P=10%）	305 m^3/s	进口底板高程	2 595.00 m
二、工程特征水位及工程规模		最大泄量（P=0.1%）	394 m^3/s
1.水库水位		消能方式	底流消能
正常蓄水位	2 663.0 m	2.2表孔溢洪洞	
设计洪水位	2 667.3 m	洞型	无压隧洞/城门洞型
校核洪水位	2 671.6 m	堰顶高程/堰顶宽度	2 660.00 m/12 m
汛期限制水位	2 660.0 m	泄洪洞尺寸/型式	6 m×6.5 m/城门洞型
死水位	2 615.0 m	消能方式	挑流消能
2.水库容积		最大泄量（P=0.1%）	877.8 m^3/s
水库总库容	4 069万m^3	3.引水建筑物	灌溉发电隧洞
正常蓄水位以下库容	3 195万m^3	洞型/洞内径	圆型压力洞/2.5 m

续 表

名　称	数　量	名　称	数　量
调洪库容（校核洪水位至汛限水位）	1 139万m^3	进口底板高程	2 605.00 m
调节库容（正常蓄水位至死水位）	2 671万m^3	引水流量	7.8 m^3/s
死库容	524万m^3	六、施工	
三、电站		1.主体工程量	
1.装机	6 000 kW	土石方明挖	126.11万m^3
2.引水流量	7.8 m^3/s	石方洞挖	7.03万m^3
3.额定水头	95.0 m	填筑土方	456.65万m^3
4.保证出力（P=90%）	630 kW	混凝土	10.99万m^3
5.多年平均发电量	1 827万kw.h	钢筋及钢材	5 974 t
6.年利用小时数	3045h	帷幕灌浆及固结灌浆	6.79万m
四、工程效益指标		2.施工期限	42月
1.直接控制灌溉面积	10.0万亩	七、经济指标	
2.年用水量	6 600万m^3	1.总投资	114 966.27万元
五、主要建筑物		经济内部收益率	8.53%
1.挡水建筑物形式（坝型）	沥青混凝土心墙石坝	经济净现值	6 461.68万元
地震基本烈度/设计烈度	Ⅶ度/7度	效益费用比	1.06

第十五章 柯坪县苏巴什水库工程

15.1 工程概况

苏巴什水库位于新疆阿克苏地区柯坪县境内的柯坪河(又称苏巴什河)上，是柯坪河上的控制性工程，具有灌溉、防洪综合利用任务。水库坝址位于柯坪县城西北约10 km的柯坪河出山口处，总库容1 561万m^3，正常蓄水位1 315 m，相应库容1 470万m^3，死库容127万m^3，调节库容1 343万m^3；水库汛限水位1 302 m，防洪高水位1 310 m，防洪库容584万m^3，为Ⅲ等中型工程。枢纽工程建筑物由混凝土面板砂砾石坝、泄洪闸、冲沙闸、引水闸、混凝土重力坝段组成，最大坝高35.5 m。工程建成后，可合理配置柯坪河的水资源，保证灌区的灌溉用水需求；可减少柯坪河的洪水灾害，保障人民生命财产；可改善灌区内生态环境。

15.2 水文

柯坪河位于新疆天山南脉黑尔塔格山(又名柯尔塔格山)南麓，行政隶属阿克苏地区柯坪县，其干流河道长约25 km，河道宽阔，主要依靠泉水补给，比降1/70～1/100，水库坝址处控制流域面积4 428 km^2，多年平均年径流量0.688 3亿m^3，多年平均流量2.18 m^3/s。大坝设计洪水标准为50年一遇，洪峰流量801 m^3/s；校核洪水标准为1 000年一遇，洪峰流量1 714 m^3/s。

柯坪河流域气候属于典型的大陆北温带干旱气候。多年平均降水量93.6 mm，多年平均蒸发量(ϕ20 cm)2 656.8 mm，多年平均气温11.6℃，最高月平均气温为28.5℃，最低月平均气温为-16℃，多年平均风速1.7 m/s，历年最大风速24 m/s，对应风向为WNW。历年最大冻土深度150 cm。

苏巴什坝址断面多年平均悬移质输沙量为37.05×10^4 t，多年平均悬移质输沙率为11.7 kg/s，多年平均含沙量为5.38 kg/m^3。多年平均推移质输沙量为5.557×10^4 t。天然多年平均年输沙量为42.61×10^4 t。

15.3 工程地质

工程区处于柯坪断隆内，坝址区分别距全新世活动断裂柯平断裂23～25 km，晚更新世活动断裂依木干他乌断裂0.8～1 km，卡拉布克塞塔格断裂约5～6 km，距其余区域大断裂均较远。区域属地震活动非常频繁的地区，未来百年存在发生6级以上地震的可能。据场地地震安全性评价报告，拟建工程场地基岩50年超越概率10%的峰值加速度值0.175 3 g，对应地震基本烈度为Ⅷ度。

库区基本处于狭长的山间盆地，两岸山体较高且较宽厚，主要以寒武系上统—奥陶系下统薄层～中厚层状灰岩和白云岩互层、奥陶系中统砂质页岩、砂质灰岩、褐灰色泥质岩、土红色石灰岩互层及志留系砂岩、泥板岩不均匀互层为主，岩体较完整，结构较密实。两岸弱风化以下岩体一般透水率9.7～39.2Lu，为中等透水岩体。库区内断裂、裂隙不发育，岩体较完整，邻区无低于库水位的沟谷，不存在邻谷渗漏问题。

两岸灰岩中的岩溶较发育，水库蓄水后可能存在沿溶隙、溶孔及构造裂隙产生绕坝渗漏，经渗漏量计算，坝址库区左岸绕坝年渗漏量约为75.69万m^3，右岸绕坝年渗漏量约为49.83万m^3，库区两岸年渗漏总量约为125.52万m^3，需采取防渗处理。

库区近坝段左右岸岸坡整体稳定性较好，在重力和长期风化作用下会产生局部掉块的可能，不会产生大的涌浪，危害不大。左岸为山前洪积扇，地形宽阔、平坦，基本不存在岸坡稳定问题，水库蓄水后，在风浪作用下可能会形成小面积的塌岸。右岸岸坡总体较缓，倾向上游，岩体完整性较好，无大的不稳定体分布，岸坡整体稳定性较好，在重力和长期风化作用下会产生局部掉块的可能。

库区淹没区无村庄、农田、草地，无浸没问题。水库蓄水后，大量的泥沙及卵砾石将沉积于库区，造成库区淤积，因此洪水期河流泥沙及上游携带的卵砾石淤积是造成水库淤积的主要物质来源之一。总体看来泥石流对库区淤积影响不大。苏巴什水库蓄水后，产生水库诱发地震的可能性不大。坝址距晚更新世断裂依木干他乌断裂（F15）约0.8～1 km，该断裂全新世以来活动性不明显，综合认为该断裂具备发生6级地震的构造条件。

坝址区河床及Ⅰ级阶地覆盖层最大厚度3.3 m左右，岩性为含漂石砂卵砾石，具强透水性，未发现连续分布的软弱夹层，结构中—密实。下部基岩为冰积砾岩，弱风化岩体较完整，未发现不利基础的结构面组合，基础条件较好，作为心墙及趾板基础需清除基岩强风化层。河床基岩以钙质胶结为主，属中硬岩，在河床总体呈现左厚右薄的分布形态，最厚可达约92 m。河床砾岩岩溶较发育，总体透水率较大，河床左侧$q<5$Lu界限埋深最大在基岩面以下80 m左右；河床右侧$q<5$Lu界限埋深最大在基岩面以下18 m左右，存在坝基渗漏问题，需做好防渗处理。

坝址两岸基岩为寒武系上统、奥陶系下统灰岩，岩石坚硬，较完整，属坚硬岩。两岸灰岩岩溶及卸荷裂隙发育，透水率较大，坝址左岸基岩透水率$q<5$Lu界限埋深一般在基岩面以下83～91 m，坝址右岸基岩透水率$q<5$Lu界限埋深一般在基岩面以下61 m左右。建议对两岸坝肩做好防渗处理措施，以防产生坝基渗漏及绕坝渗漏。

地下水类型主要为河床孔隙潜水和基岩裂隙水，河水补给两岸基岩裂隙水。河水与地下水类型基本相似，水质均较差，基岩裂隙水对混凝土具有强腐蚀性，对钢筋混凝土中的钢筋具有中等腐蚀性。孔隙潜水及河水对混凝土均具有中等～强腐蚀性，对钢筋混凝土中的钢筋具有中等腐蚀性。

15.4 工程布置及主要建筑物

15.4.1 坝型比选

根据坝线地形地质特点，河谷呈“U”型，左、右岸岸坡高陡，右岸发育Ⅰ级阶地，谷底宽度381 m左右，表层覆盖四系全新统冲洪积砂卵砾石层，最大深度约2.1 m，下伏基岩为第四系下更新统冰水沉积砾岩，左侧较厚，最厚可达约92 m，右侧相对较薄，河床最厚处60 m左右。两岸基岩裸露，局部覆盖坡积碎块石、碎石土层，基岩岩性为灰岩，呈薄层至中厚层状，岩体强风化层厚2.0～3.0 m。

根据现场勘察成果，坝址区附近砂砾料广泛分布，所选的三个砂砾石料场，储量上能满足填筑料的设计用量要求，作为坝壳填筑料各项指标均满足其质量技术要求；防渗土料、灰岩料场储量丰富运距也较近。

根据坝址区地形地质条件、天然建筑材料分布情况等方面的因素，本坝址适合修建当地材料坝，因此推荐黏土心墙坝、混凝土面板坝、沥青混凝土心墙坝三种土石坝坝型进行综合比较论证。从各坝型的枢纽布置、地形地质条件对坝型的适应性能、对当地气候的适应能力、建筑材料、坝体抗震性能、坝体应力、变形特性分析、施工条件、工程安全性和工程投资等方面进行综合技术经济比较，以选择最优坝型。

表1 苏巴什水库不同坝型比较表

序号	项目	混凝土面板坝方案	黏土心墙坝方案	沥青心墙坝方案
1	地形、地质条件	地形条件对坝体布置没有制约。		
2	天然建筑材料	坝址区分布的砂砾石料场、土料场、灰岩料场可满足各坝型对不同坝料的要求。		
3	抗震安全性	抗震安全性好。		
4	运行维护管理	左岸土石坝，右岸布置溢流堰、冲沙闸、引水闸。建筑物布置较为集中，运行期管理方便。		
5	施工条件及工期	采用分期导流，坝体填筑施工较为简单。坝基防渗体施工不影响坝体填筑。施工总工期2年。	采用分期导流，防渗土料填筑和反滤料、坝壳料施工有干扰，坝基防渗体施工影响坝体填筑。施工总工期3年。	采用分期导流，施工总工期3年。
6	工程投资	总投资2.31亿元	总投资2.85亿元	总投资2.48亿元

三种坝型枢纽布置方案基本形式相同，均在主河床布置挡水坝，右侧依次布置溢流堰泄洪闸、冲沙闸段、引水闸、混凝土重力坝段。以下从地形地质条件、天然建筑材料、工程布置、抗震安全性和抗冻耐久性、施工条件、工程投资等方面对三种坝型进行综合技术经济比较。

（1）地形、地质条件

坝址位于出山口上游约0.85 km处，河谷呈“U”字型。河床段表层覆盖第四系全新统冲洪积砂卵砾石层，最大深度约2.1 m，下伏基岩为第四系下更新统冰水沉积砾岩，砾岩以钙质胶结为主，属中硬岩；左岸坝肩边坡较缓，岩体较完整，稳定性较好；左岸$q<5$Lu界限一般埋深在基岩面以下83～91 m，右岸$q<5$Lu界限埋深一般在基岩面以下61 m左右，河床$q<5$Lu界限在基岩面以下最大埋深80 m左右。

综上所述，地形地质条件对三种坝型无制约条件，对各坝型的影响主要表现在由于防渗结构尺寸的不同，黏土心墙坝、混凝土面板坝方案的基础开挖量相对较大。

（2）天然建筑材料

坝址区有丰富砂砾料，质量和储量满足坝体填筑料和混凝土骨料的设计要求。

黏土心墙坝防渗土料场天然含水率偏低，其它指标均能满足土石坝防渗体土料的质量技术要求。H1灰岩料场位于上游库区左岸山坡，储量丰富，开采条件较好，距坝址只有400 m。从建筑材料来看，所需建筑材料不存在制约因素。

（3）枢纽布置

三种坝型枢纽布置方案基本相同，均合理可行。

（4）抗震安全性

三种坝型均具有良好的抗震安全性能，在新疆有较多已建工程，且黏土心墙坝和面板坝有经受过地震考验的实例。

（5）基础处理

黏土心墙坝、沥青心墙坝坝基和混凝土面板坝方案趾板基础开挖至强风化下部弱风化上部，心墙及趾板底部进行固结灌浆，帷幕灌浆深度按$q\leq 5$Lu作为控制标准，单排设置。对于上述三种坝型而言，坝基处理均不存在制约条件。

（6）工程施工

三种坝型在施工上均不存在不可克服的技术困难。面板坝导流度汛相对简单，基础处理、面板浇筑、坝体填筑互相干扰少，总工期24个月。沥青心墙坝和黏土心墙坝基础处理和坝体填筑不能同时进行，相互干扰较大，坝体填筑受心墙上升高度控制，施工总工期均为36个月。从施工角度而言，混凝土面板坝方案较优。

（7）工程投资

混凝土面板坝方案、黏土心墙坝、沥青心墙坝方案工程总投资分别为2.31亿元、2.85亿元、2.48亿元。混凝土面板坝方案投资最低，分别比黏土心墙坝、沥青心墙坝方案低0.54亿元、0.17亿元。

各坝型大坝横剖面图见图1-3。

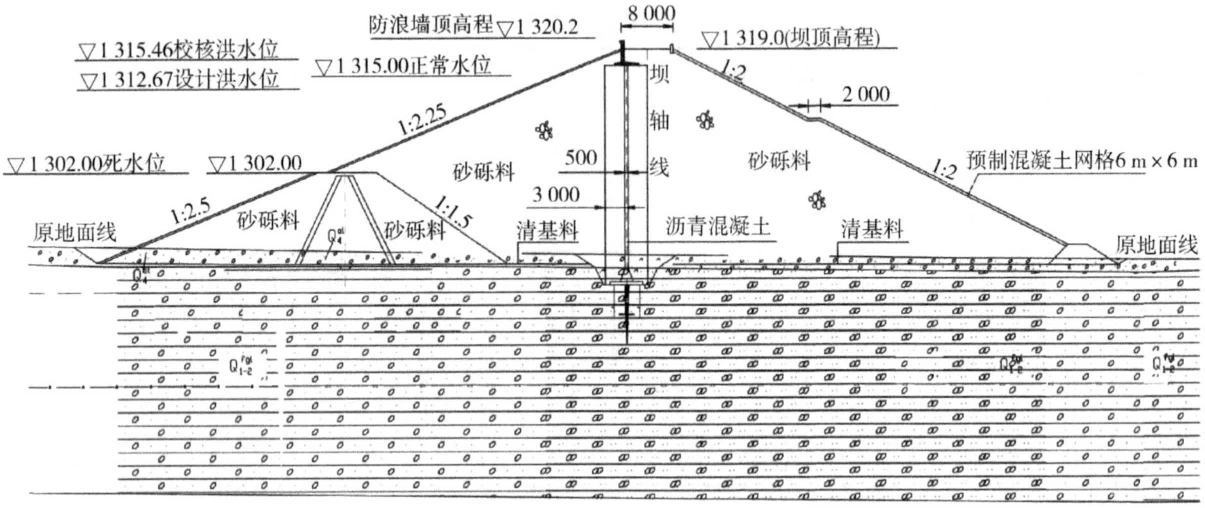

图 1　沥青心墙坝横剖面图（比选）

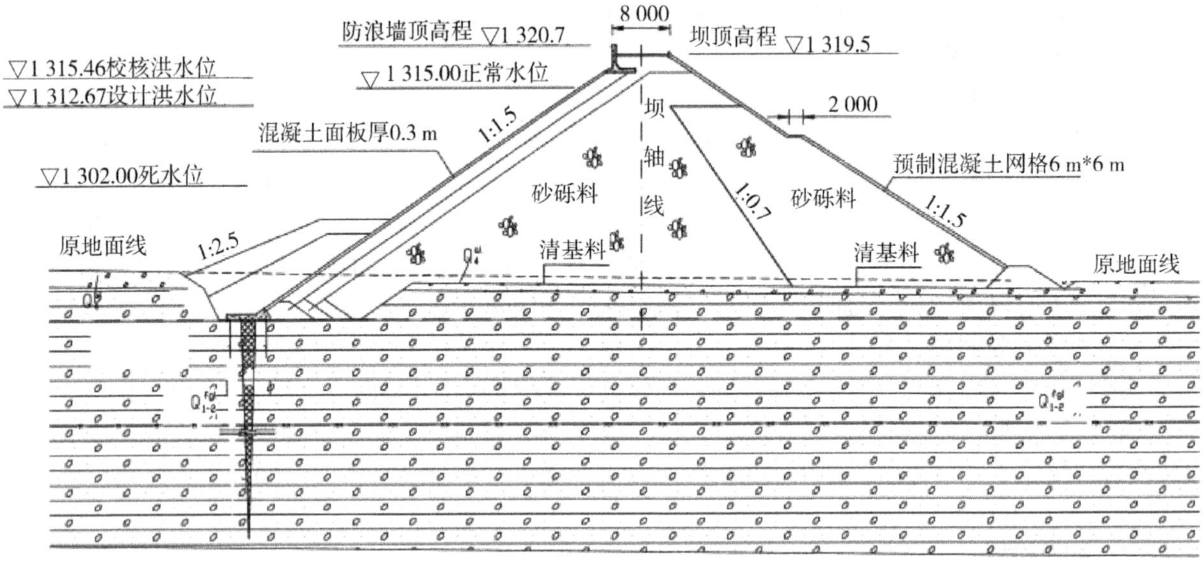

图 2　面板坝纵横剖面图（推荐）

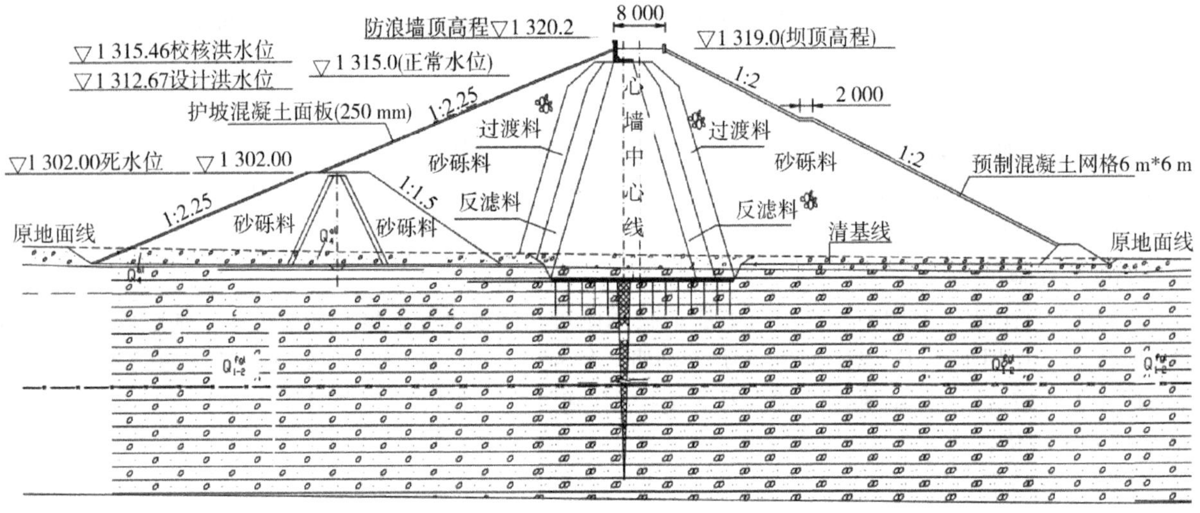

图 3　黏土心墙坝横剖面（比选）

本工程上坝线对三种坝型均不存在严重的制约因素，从地形地质条件、大坝抗震安全、施工条件、工程量及投资等方面综合分析比较，混凝土面板砂砾石 坝方案优于黏土心墙砂砾石坝、沥青心墙砂砾石坝。因而本阶段选定混凝土面板砂砾石坝方案作为推荐坝型。

15.4.2 工程布置方案比选

15.4.2.1 比选方案拟定

苏巴什水库做为苏巴什灌区的水源地，在坝址区的河道右侧，已于多年前修建了灌溉取水口和灌溉渠道，灌溉引水闸应设在河道右侧，便于与现有灌溉系统衔接。苏巴什河为多泥沙河流，引水闸应与冲沙闸相邻布置，且冲沙闸进口底板高程低于引水闸底板高程，以满足引水闸长期引水“门前清”的要求。本工程坝型为混凝土面板坝，正常蓄水位采用1 315 m，死水位采用1 302 m，初拟以下两种方案进行枢纽布置比选：

方案一：表孔泄洪闸方案，枢纽建筑物由混凝土面板砂砾石坝、表孔泄洪闸、冲沙闸、引水闸、混凝土重力坝组成。主河床布置混凝土面板坝，其右侧依次布置为泄洪闸、冲沙闸、引水闸及混凝土重力坝段，坝轴线与闸轴线夹角为175°。

方案二：溢洪洞、导流冲沙泄洪洞方案，混凝土面板砂砾石坝长467.83 m，横贯河道，溢洪洞布置在河道左岸山体内，冲沙泄洪洞布置在河道右岸山体内。

15.4.2.2 比选结论

本次枢纽布置比选从两方案的枢纽布置、地形地质条件、施工条件、工程运行条件和工程投资等方面进行综合技术经济比较，以选择最优方案，见表2。

表2 苏巴什水库工程枢纽布置方案比较表

方案项目	方案一泄洪闸方案	方案二溢洪洞、导流洞方案
施工条件	施工工序相对简单，临建量较小，施工强度较小	施工工序复杂，临建量大，坝体填筑强度加大，工期延后6个月
运行管理	三个闸室布置集中，两个泄洪建筑物均为局开工况，管理较不便	两岸岸坡较陡，泄洪建筑物布置在两边，交通不便，运行管理不便
总投资	2.31亿元	2.372亿元
投资差		620万元
比选结论	推荐方案	

（1）从技术上比较

① 两个方案地形地质条件基本相同，大坝地质条件基本相同，方案二两岸布置泄水建筑物，岸坡高陡导致进口开挖量大且形成一定高度的高边坡。

② 从施工条件来看，方案二泄洪建筑物布置在两岸，施工工序较为复杂，施工临建量、施工强度较大，与方案一比较，工期将延后6个月，坝体填筑强度大大增加，另外隧洞洞身段与进出口的开挖也将存在一定的安全隐患。

③ 从运行管理条件来说，方案一三个闸室布置集中，各闸孔泄洪、冲沙、供水运行管理方便。

（2）从经济上比较

从工程投资来说，方案一总投资为2.31亿元，方案二总投资为2.372亿元，方案一比方案二节省投资620万元。

综合以上技术经济比较，本阶段枢纽布置推荐方案一，即泄洪闸方案，该方案建筑物布置合理，运行管理方便，经济上较为节省。

各方案平面布置图见图4、5。

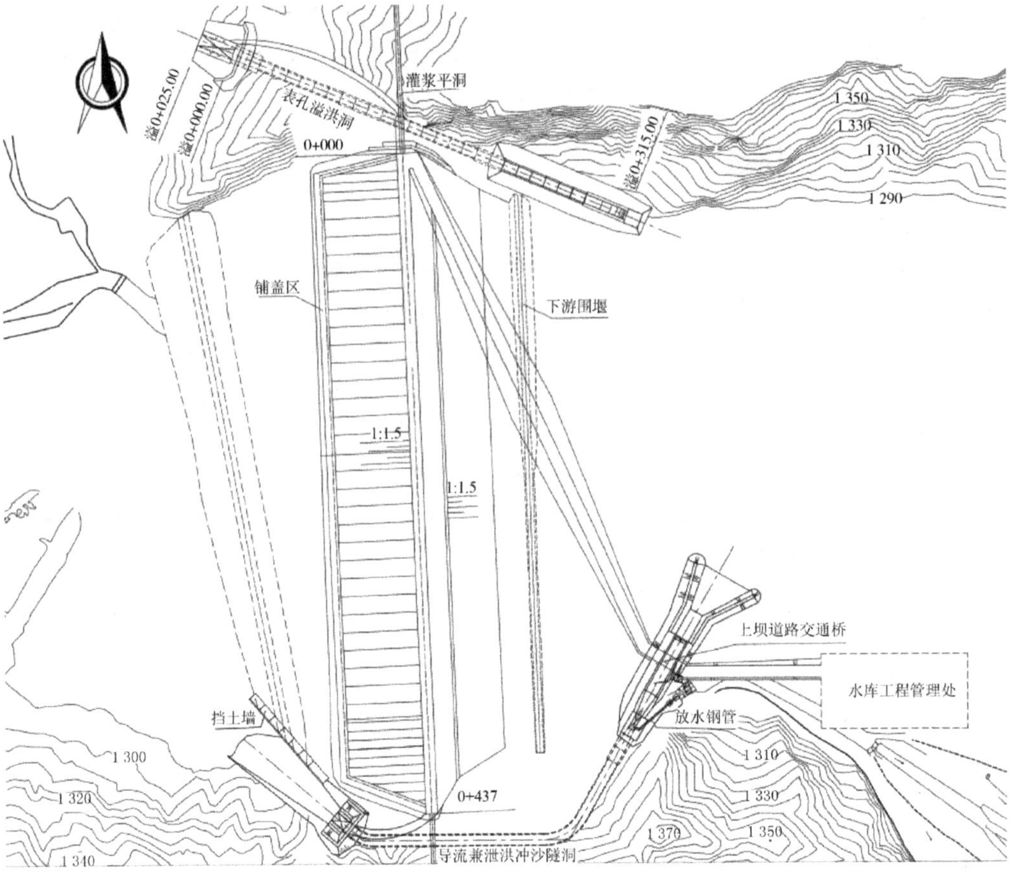

图 4　柯坪县苏巴什水库平面布置图（方案一）

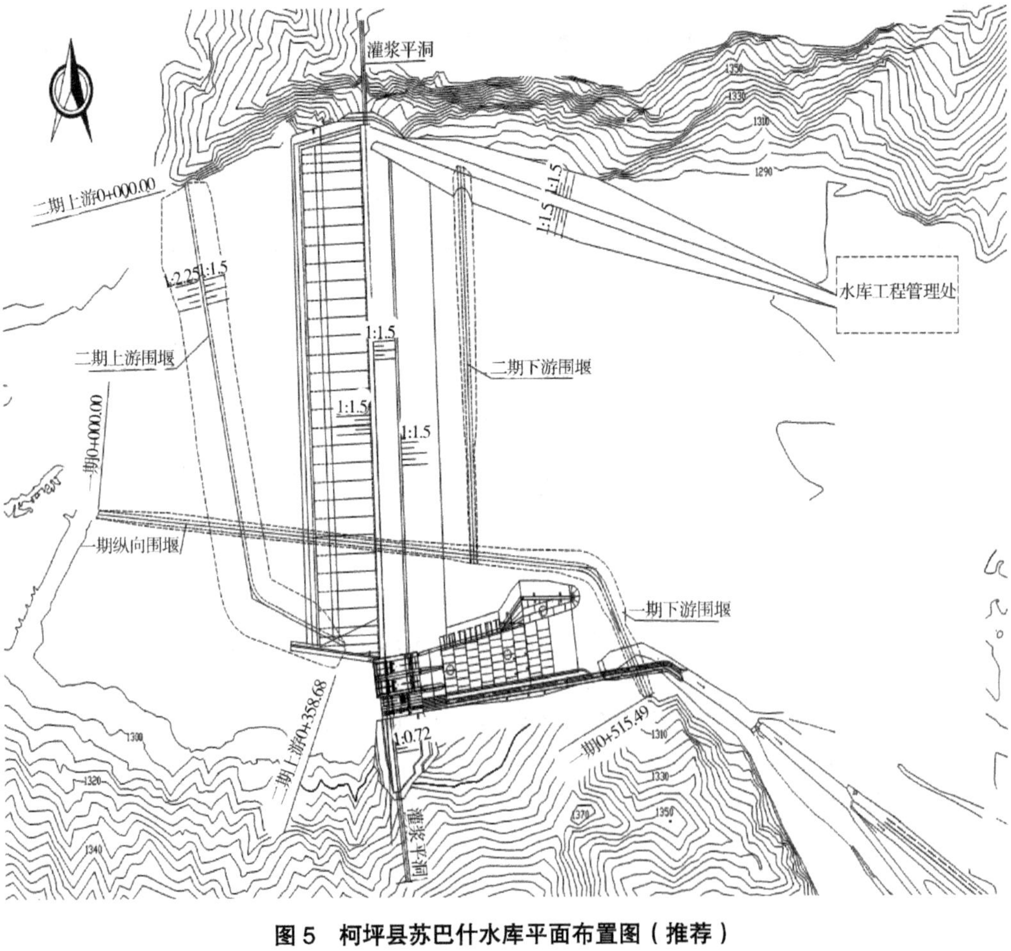

图 5　柯坪县苏巴什水库平面布置图（推荐）

15.4.3 主要建筑物

15.4.3.1 大坝设计

1. 坝体轮廓设计

拦河建筑物全长440.55 m，大坝采用混凝土面板砂砾石坝，坝顶高程1 319.50 m，混凝土面板坝顶长351.5 m，趾板水平投影长381.31 m，最大坝高35.5 m，坝顶宽8 m，设有3.7 m高“L”型钢筋混凝土防浪墙，防浪墙顶高程为1320.7 m，上游坝坡1∶1.5，下游坝坡1∶1.5，下游采用干砌石护坡，在1310 m高程处设一马道，马道宽2 m。

2. 坝体分区及防渗体设计

（1）坝体分区设计

大坝为混凝土面板砂砾石坝，坝体填筑分区从上游至下游分为上游盖重区、上游铺盖区、混凝土面板、垫层区、特殊垫层小区、主堆石区、次堆石区、排水棱体。

① 上游盖重区：位于上游铺盖区上游，顶高程1297.5 m，顶宽10.0 m，上游坡度1∶2.5，采用开挖弃渣等任意粗粒材料。

② 上游铺盖区：位于面板上游，顶高程1297.0 m，顶宽 5.0 m，上游坡度1∶2，采用料场土料。

③ 垫层区：设于面板下游，水平宽度3 m，等宽布置，采用$C1$砂砾石料场筛分获得，粒径要求$d\leqslant$ 80 mm，小于5 mm含量为30%～50%，小于0.075 mm 含量宜小于8%，$D_r\geqslant0.85$，渗透系数控制在10^{-3}～10^{-4} cm/s数量级。

④ 过渡区：设于面板下游，水平宽度3 m，等宽布置，采用C3砂砾石料场筛分 获得，粒径要求$d\leqslant$ 150 mm，小于5 mm含量为20%～35%，小于0.075 mm 含量宜小于8%，$D_r\geqslant0.85$，渗透系数控制在10^{-2}～10^{-3} cm/s数量级。

⑤ 特殊垫层小区：位于周边缝下游，为底宽0.5 m，下游坡度1:0.5的梯形小区，粒径要求$d\leqslant$ 20 mm，$D_r\geqslant0.85$。

⑥ 主堆石区：位于垫层料下游，是面板的主要支撑结构。采用$C3$场料砂砾石料，填筑相对密度$D_r\geqslant0.85$，渗透系数控制在10^{-2}～10^{-3} cm/s数量级。

⑦ 下游堆石区：位于主堆石下游，采用C3场料砂砾石料和建筑物开挖砂砾石料，填筑相对密度$D_r\geqslant0.85$，渗透系数控制在10^{-2}～10^{-3} cm/s数量级。

⑧ 排水棱体：采用采用砂砾石，粒径要求$d\geqslant$ 80 mm。

（2）混凝土面板设计

上游设等厚钢筋混凝土面板防渗，面板厚度为0.3 m。

面板采用单层双向钢筋，每向配筋率为0.4%，面板混凝土采用C30、F300。面板垂直缝间距受拉区为6 m，受压区为12 m。

（3）混凝土趾板设计

趾板型式采用水平趾板。趾板宽度按地基允许渗透比降确定，采用设计水头的5%～10%，本阶段初定趾板宽度：1 306 m以下宽度为6 m；1 306.0以上宽度3 m，趾板厚度为0.5 m。趾板设一层双向钢筋，配筋率为0.3%，趾板内设置锚筋，将趾板锚固在基岩上。

（4）接缝止水设计

周边缝设置底、顶两道止水，张性板间缝设置底、顶两道止水，压性板间缝设置一道底止水，面板和防浪墙间的水平缝设置底、顶两道止水。周边缝采用沥青松木板作为填缝材料。

底止水采用铜止水，周边缝为F型，板间缝为W型。顶止水采用GB柔性嵌缝填料加GB复合盖板，扁铁、膨胀螺栓固定。

坝前混凝土面板1 297.50 m高程以下设防渗补强区。

3. 坝基处理

（1）基础开挖

河床及左岸段趾板、垫层、过渡料基础：挖除表面覆盖砂砾石及松散、破碎，将趾板基础置于弱风化中上部岩层上。趾板岩石开挖边坡为1:0.5，覆盖层开挖边坡为1:1.5。

填筑体地基处理，只清除表面物理力学性质低于坝内填筑体的覆盖层，清基深度初定1.5 m。

堆石体地基在趾板下游0.3～0.5倍坝高范围内的岩质岸坡，宜开挖成1:0.5坡度，岸坡很陡时可开挖成不陡于1:0.25的稳定坡度或回填混凝土补坡，并设置低压缩堆石区。坝轴线上游其余部位应将妨碍堆石压实的陡坎、倒悬体清除，或用贫混凝土、浆砌石等补成平顺边坡。坝轴线下游岸坡按满足自身稳定条件确定。

(2)固结灌浆

在趾板范围内进行固结灌浆，设置4排，排距2～3 m，孔距3 m。根据趾板下的基岩情况，初定灌浆深度为5 m。

(3)帷幕灌浆

帷幕深度按$q<5$Lu的要求控制，帷幕灌浆采用单排，帷幕孔的孔距2 m。两坝肩设灌浆平洞，左坝肩平洞长100 m，右坝肩平洞长100 m，帷幕灌浆采用单排，孔距2 m，灌浆最大孔深80 m。

15.4.3.2　泄洪闸

泄洪闸坝段宽25 m，布置在大坝的右侧、冲沙闸左侧，采用开敞式WES有闸堰型，共设2孔，单孔堰宽8 m，堰顶高程1 310.84 m。左侧边墩厚度为3 m，中墩厚度为2 m，右侧边墩厚度为2 m。堰顶上游段堰面曲线采用椭圆方程曲线，上游堰面铅直，在高程1 299.5 m处采用1:0.15挑出，下游段堰面曲线采用幂曲线，后接1:0.75直线段再接半径为10 m的圆弧。顺水流方向堰长34.43 m，边墙顶部高程1 319.50 m，在检修门槽和工作门槽之间设4 m宽交通桥作为坝顶交通。考虑到闸墩顶部设有门机轨道、门机工作桥，以及交通要求，闸墩沿水流方向的长度取25 m。下游采用底流消能形式，消力池长70 m，宽19～20 m，边墙高20.8～10 m，边墙厚度2～0.8 m，消力池后接20 m长铅丝石笼海漫段。闸墩及溢流面均采用常态混凝土，闸墩及溢流面迎水面均铺设一层0.5 m厚C40抗冲耐磨高强混凝土。泄洪闸基础置于Q_1^{fgl}冰积砾岩弱风化层上，建基面高程与坝体建基面一致，为1 284 m，最大边墙高35.5 m。帷幕灌浆与坝体防渗要求统一，并与大坝帷幕衔接形成整体防渗系统，初步确定基础防渗标准为5Lu，帷幕灌浆深度按深入5Lu线以下5 m控制，帷幕灌浆采用单排，孔距2 m。

15.4.3.3　底孔冲沙闸

冲沙闸布置在泄洪闸右侧，为胸墙式宽顶堰型闸室，堰顶高程1 293 m，比上游河床略高。左侧闸墩厚度为3 m，右侧闸墩厚度为2 m。泄流孔口尺寸$b\times h$=4 m×4 m。闸室内设检修闸门及工作闸门各一扇，检修闸门为平板闸门，检修闸门孔口尺寸为$b\times h$=4 m×5 m，检修闸门采用前止水，由固定在闸墩顶部排架上的启闭机控制。检修闸门后设一压坡段，坡度为1:4，将进口断面压缩至工作闸门孔口尺寸b×h=4 m×4 m。工作闸门采用弧形门，为潜孔式弧形钢闸门，采用液压启闭机启闭。闸室顶部高程1 319.500 m，检修闸门槽前设4 m宽交通桥作为坝顶交通。顺水流方向闸长34.43 m，基础置于Q_1^{fgl}冰积砾岩弱风化层上，建基面高程1 287 m，闸室坝段高32.5 m。坝踵内设防渗帷幕，帷幕中心线位于坝上游面轴线上，控制标准5Lu。消力池长度50 m，消力池边墙高度10 m。

冲沙闸后经1:4.58的纵坡，由闸底板高程1 293 m降低到消力池首端底板高程1 286 m，边墙高度10 m，厚度2 m。当底板高程降低至1 286 m时，冲沙闸取消左侧边墙，其后与泄洪闸消力池合并。右侧边墙为悬臂式挡墙，墙高度10 m，底宽7.1 m。消力池底宽由控制段处的4 m扩散到14 m。

为降低过闸水流及泥沙对闸室底板、闸墩表面及消力池表面的磨损程度，在闸底板、闸墩下部1 m范围以及消力池底板采用C40高性能混凝土。

15.5　生态流量与泄放措施

(1)生态基流流量的确定

本工程坝址断面以下对生态用水要求主要为河道生态基流要求。根据环评要求及柯坪河的河流特性，苏巴什水库坝址断面以下河道生态基流按断面多年平均流量的10%下放，下放流量为0.218 m^3/s。要求严格水库调度运行，确保生态基流泄放。

(2)生态基流下放措施

水库初期蓄水时段首先通过冲沙闸局部开启运行泄放0.22 m^3/s河道生态基流；当蓄水位高于1 302 m时，由生态放水管泄放生态基流。生态放水管进口高程1 297 m布置在冲沙闸左侧边墩内，在闸后边墙顶高程1 296 m平台设置检修阀和工作闸，再穿边墙埋设至高程1287 m设置出水口，采用管径为ϕ300的Q235B钢管，管壁厚8 mm，管长60 m。生态基流由水库放水至冲沙闸消力池后，流入河道内，放水流量为0.22～0.4 m^3/s，在落实上述措施后，可保证初期蓄水及运行期间各时段基流正常下泄，满足生态要求。

15.6 施工导流与工期

(1)导流方式及导流标准

由于本工程坝址区地势开阔，两岸地形陡峻，另外考虑本工程建筑物的设计及气象、水文等综合因素，采用河床分期导流方式。导流建筑物由一期纵向围堰和二期上、下游围堰组成。根据《水利水电工程施工组织设计规范》(SL303—2004)有关规定，导流建筑物5级，导流设计洪水标准初步确定采用P=10%洪水频率，相应洪峰流量377 m^3/s。

根据枢纽工程的布置特点、工程量大小、施工进度，选择枢纽施工导流时段为第一年3月至第二年11月中。一期围封右岸约90 m面板坝段、泄洪闸、冲沙闸、引水闸、混凝土重力坝段，左岸原河床泄流。二期围封左岸挡水坝段，由一期修筑的冲沙闸泄流。该方案导流规划程序为：

第一年2月中旬修建一期围堰，3月中旬填筑围堰完工，左岸束窄河床过流；第一年3月中旬至第二年2月中旬，进行一期基坑内建筑物的基础开挖、基础处理和混凝土浇筑等；第一年2月中旬二期围堰截流，3月中完成二期围堰填筑，由一期修筑的冲沙闸泄流；第一年4月初至11月中旬进行混凝土面板坝的施工。11月底具备下闸蓄水条件。

(2)施工进度

本工程计划施工总工期2年，其中工程准备期3.5个月，主体工程施工期20个月(与准备期重合1个月)，工程完建期1.5个月。工程计划第二年2月中截流，第二年11月底具备下闸蓄水条件，第二年12月底工程全部完工。

15.7 工程特点及建议

(1)工程区处于柯坪断隆内，坝址区分别距全新世活动断裂柯平断裂23～25 km，晚更新世活动断裂依木干他乌断裂0.8～1 km，卡拉布克塞塔格断裂约5～6 km。区域属地震活动非常频繁的地区，未来百年存在发生6级以上地震的可能，工程主要建筑物应做好抗震设计。

(2)坝址区河床基岩为第四系下更新统冰积砾岩，以钙质胶结为主，属中硬岩，分布形态呈左厚右薄，最厚可达约92 m。河床砾岩岩溶较发育，总体透水率较大，河床左侧$q<5$Lu界限埋深最大在基岩面以下80 m左右，80 m以上透水率在8～24Lu之间，15 m以上为73-102Lu；河床右侧$q<5$Lu界限埋深最大在基岩面以下18 m左右，18 m以上透水率在6～16Lu，少部分地段可达56～70Lu，总体河床坝基砾岩透水率较大，特别是18 m以上透水率更大，存在坝基渗漏问题，建议做好坝基的防渗处理。

(3)两岸灰岩中的岩溶较发育，水库蓄水后可能存在沿溶隙、溶孔及构造裂隙产生绕坝渗漏，经渗漏量计算，坝址库区左岸绕坝年渗漏量约为76万m^3，右岸绕坝年渗漏量约为50万m^3，库区两岸年渗漏总量约为126万m^3，水库蓄水后会产生一定的绕坝渗漏，建议做好两坝肩的防渗处理。

附表　柯坪县苏巴什水库工程特性表

名　称	数　量	名　称	数　量
一、水文		四、主要建筑物	
控制流域面积	4 428 km^2	1.挡水建筑物形式（坝型）	混凝土面板砂砾石坝
多年平均年径流量	0.688亿 m^3	地震基本烈度/设计烈度	Ⅷ度/8度
多年平均流量	2.18 m^3/s	最大坝高	35.5 m
设计洪水标准及流量（P=1%）	801 m^3/s	坝顶高程/顶部长度	1 319.5 m/352 m
校核洪水标准流量（P=0.05%）	1 714 m^3/s	2.表孔泄洪闸	泄洪闸
施工导流标准及流量（P=10%）	377 m^3/s	堰顶高程	1 310.84 m
二、工程特征水位及工程规模		设计泄量/校核泄量	62.1 m^3/s/343.3 m^3/s
1.水库水位		消能方式	底流消能
正常蓄水位	1 315 m	3底孔冲沙闸	
设计洪水位	1 312.67 m	进口底板高程	1 293 m
校核洪水位	1 315.46 m	进水孔口尺寸	4 m×4 m
死水位	1 302 m	设计泄量/校核泄量	245 m^3/s/265 m^3/s
2.水库容积		消能方式	底流消能
水库总库容	1 561万 m^3	五、施工	
正常蓄水位以下库容	1 470万 m^3	土石方明挖	24.15万 m^3
调洪库容	1 434万 m^3	填筑土方/石方	72.91万 m^3
防洪库容	584万 m^3	混凝土	8.75万 m^3
调节库容	1 343万 m^3	钢筋及钢材	2 640 t
死库容	127万 m^3	施工期限	2年
三、工程效益指标		六、经济指标	
直接控制灌溉面积	4.2万亩	总投资	23 153.95万元
		单方库容投资	14.83元

参考文献

[1] 阿依努尔·吐尔孙.基于多目标的叶尔羌河依干其水库优化调度研究[J].陕西水利,2016(3):87-88.
[2] 白生贵,张汛,赵万强.坝顶溢洪道在柯柯亚二库枢纽工程中的应用[J].水利水电技术,2016,47(3):99-101.
[3] 毕国柱.高寒地区碾压混凝土防冻和防渗施工技术[J].长江工程职业技术学院学报,2007,24(4):5-7.
[4] 曹建国.乌拉泊水库开敞式溢流坝的设计[J].水利建设与管理,2014(2):33-36.
[5] 曹键,蒲玉新,卢朝霞.薄壁混凝土防渗墙技术在西大龙口水库的应用[J].东北水利水电,2006,24(7):35-37.
[6] 岑威钧,沈长松,童建文.深厚覆盖层上复合土工膜防渗堆石坝筑坝特性研究[J].岩土力学,2009,30(1):175-180.
[7] 曾冬梅,雷刚,陈卫东,等.砌石拱坝加高方案探讨[J].东北水利水电,2011(7):9+15.
[8] 陈春.金沟河红山水库土料分散性研究[J].吉林水利,2015(6):8-10.
[9] 陈飞.大海子水库放水涵洞抗侵蚀混凝土试验[J].广西水利水电,2015(5):8-10.
[10] 陈建江,耿峻岭,邱建华,等.新疆头屯河水库入库设计洪水的确定[J].水资源与水工程学报,2008,19(6):129-132.
[11] 陈金花.白杨河引水工程水库坝体垂直位移监测资料分析[J].水利规划与设计,2015(8):100-102.
[12] 陈金花.白杨镇水库大坝坝体填筑施工方法应用[J].水利技术监督,2015(4):80-82.
[13] 陈蕾.二塘沟水库工程泄水建筑物水力学问题研究[J].水利建设与管理,2011(S1):56-60+71.
[14] 陈蕾.五一水库工程深孔底流消能水力学问题研究[J].黑龙江水利科技,2012,40(9):20-21.
[15] 陈平.波波娜水电站调压井竖井开挖施工技术[J].小水电,2014(4):70-72.
[16] 陈棋福,郑大林,高荣胜.中国震例(1997-1999)[M].北京:地震出版社,2003:174-190.
[17] 陈庆伟,刘兰芬,孟凡光,等.筑坝的河流生态效应及生态调度措施[J].水利发展研究,2007(6):15-17.
[18] 陈晓,饧文鹏,王旭红.古河槽工程地质问题的勘察研究及处理[J].四川地质学报,2011,31(s2):44-46.
[19] 陈晓斌.坎儿其水库土石混合坝沥青混凝土心墙施工[J].新疆水利,2000(4):28-31.
[20] 陈亚宁,陈利军,李卫红.天山北坡水库泥沙淤积情势分析——以头屯河水库为例[J].干旱区资源与环境,1996,10(1):46+67+48-51.
[21] 陈艳,吴俊杰,大西沟引水工程中对称钢岔管应力应变分析[J].人民黄河.2016(6):112-114
[22] 陈玉东.HDBT水电站厂房布置型式的确定[J].水电站机电技术,2015(4):46-47.
[23] 陈重喜.在新疆大山口水电站大坝安全定检中的系列技术服务[J].大坝与安全,2001(2):45-47+51.
[24] 程仁娟.土石坝病害机理分析与加固研究[J].水利规划与设计,2015(11):74-76.
[25] 戴菊英,胡永生,李继伟.头屯河水库放水涵洞进水塔冰荷载计算探讨[J].西北水电,2011(1):

21-23.
[26] 大坝软基处理综述[J].水利学报,1983(10):1-12.
[27] 邓军.解决三屯河水库SZD-79A多点水位遥测仪防寒保温问题的初步设想[J].大坝观测与土工测试,1990(05):34-36+22.
[28] 邓理想.卡拉贝利水利枢纽工程混凝土面板砂砾石坝抗震设计[J].水利水电技术,2016,47(3):47-49.
[29] 邓铭江,于海鸣,李湘权,等.新疆大坝建设进展[J].水利水电技术,2010,41(7):29-35.
[30] 邓铭江,郭春红.干旱区内陆河流域水文与水资源问题[J],水科学进展,2004,15(6):820-823
[31] 邓铭江,韩民,陆鸣,等.卡拉贝利水利枢纽地震安全评价及大坝抗震结构设计[J].水利水电技术,2012,43(9):59-64.
[32] 邓铭江,黄强,张岩,等.额尔齐斯河水库群多尺度耦合的生态调度研究[J].水利学报,2017,48(12):1387 -1398.
[33] 邓铭江,李湘权.定居兴牧水源工程及技术支撑[M].北京:中国水利水电出版社,2015.
[34] 邓铭江,于海鸣.新疆坝工建设[M],北京:中国水利水电出版社,2011.
[35] 邓铭江.中国塔里木河治水理论与实践[M].北京:科学出版社,2009.
[36] 邓正刚,郝巨涛,王爱玲,等.混凝土面板堆石坝面板表层止水施工技术及发展[J].水力发电,2016,42(12):65-68.
[37] 丁照祥,RFC技术在新疆山口电站围堰施工中的应用实践[J].人民长江.2012(43):35-38.
[38] 董文鹏.黄壁庄水库大坝安全监测综述[J].水科学与工程技术,2013(1):85-87.
[39] 董艳红.新疆多沙河流水库调度与水库泥沙淤积关系研究——米兰河山口水库为例[J].中国水运,2012(8):140-141.
[40] 杜彬.聚氨酯硬质泡沫在大坝工程中的应用研究[J].水利水电科技进展.2002(4):14-16.
[41] 杜新梅.乌拉泊水库清淤工程的必要性和效益分析[J].内蒙古水利,2010(5):152-153.
[42] 樊恒辉,吴普特,李鹏,等.分散性黏土判别试验研究[J].岩土工程学报,2005,27(11):75-81.
[43] 范金勇.阿尔塔什深厚覆盖层上高面板砂砾石堆石坝坝体变形控制设计[J].水利水电技术,2016 47(3):29-32.
[44] 冯先岳.新疆玛纳斯县石门子水库诱发地震初步探讨[J].内陆地震,1998,12(3):206-214.
[45] 冯燕.病险水库坝体加固的研究[J].内蒙古水利,2011(1):27-28.
[46] 凤家骥,张国安.柯柯亚面板坝的防渗设计与原型观测[J].水力发电,1989(3):17-20.
[47] 凤家骥.新疆柯柯亚水库混凝土面板坝[J].水力发电,1985(5):65.
[48] 傅春,李勇,陈宏钧,等.大山口拱坝重力墩裂缝分析及加固设计[J].大坝与安全,2001(4):46-48+60.
[49] 富飞,贾志峰,张道媛.库车河铜场水库工程水文计算[J].华北水利水电学院学报,2011,32(1):9-13.
[50] 高国英,王筱荣,温和平等.新疆及周边地区强震成组活动及其预测研究[J].地震,2007 10(4):18:26
[51] 高建山,张国慧.碾压混凝土大坝辅助防渗材料应用综述[J].水利建设与管理,2013(8):39-42.
[52] 高建山.极寒地区碾压混凝土坝越冬保温施工技术[J].水利水电施工,2013(3):28-29.
[53] 高柯,许杰庭,邓抒豪.硅粉混凝土在头屯河水库加固工程中的应用[J].人民珠江,2001(5):44-45.
[54] 高柯,张敏,许杰庭.横向冲蚀排沙技术在头屯河水库中的运用[J].人民珠江,2005(3):62-63.
[55] 高全永,刘冬梅.新疆哈德布特水电站*Q*390C钢岔管焊接工艺[J].广东水利水电,2013(6):56-59.
[56] 葛文辉.高压喷射灌浆技术在加音塔拉水库加固工程中的应用[J].陕西水利,2015(*S*1):40-42.
[57] 葛文辉.浅谈新疆红雁池水库工程的除险加固[J].陕西水利,2015(S1):37-38.
[58] 葛毅雄,孙兆雄.大山口水电站坝体混凝土配合比的试验研究[J].新疆农业大学学报,1999,22

(2)：67-73.

[59] 龚木金，刘建发.新疆下坂地水库坝基防渗墙试验施工[J].水力发电，2005，37(8)：50-53+58.

[60] 贡丽洁.希尼尔水库西副坝渗流分析[J].云南水力发电，2015，31(3)：35-37+43.

[61] 关志诚，高混凝土面板砂砾石(堆石)坝技术创新[J]，水利规划与设计.2017(11)：9-14+36

[62] 关志诚，高土石坝的抗震设防依据与选用标准[J].水利规划与设计，2009(5)：1-3+27

[63] 管白楠，姜卉芳，薛善斌，等.白杨河水库洪水预报优化调度[J].八一农学院学报，1995，18(03)：74-79.

[64] 郭法强，田原.黄羊泉水库工程除险加固设计[J].水利技术监督，2011(4)：61-63.

[65] 郭鹏飞等，采用天然砾石骨料的浇筑式沥青混凝土配合比设计及性能研究[J]，水资源与水工程学报，2012，23(3)：148-150.

[66] 郭升军，高海波.浅析乌鲁瓦提水库泥沙淤积问题[J].吉林水利，2010(9)：22-24.

[67] 郭淑敏，孙志恒，张秀梅.混凝土面板表面防护材料现场试验研究[C].//第十届全国水工混凝土建筑物修补与加固技术交流会.北京：中国水利水电出版社2009：238-242

[68] 国家能源局，水轮机调压阀及其控制系统基本技术条件NB/T 42035-2014[S]

[69] 韩爱萍，王瑞华.哈德布特水电站地下厂房设计特点[J].水利规划与设计，2010(6)：62-65.

[70] 韩晶.温峪水库大坝设计综述[J].山西水利，2016(9)：31 32.

[71] 韩其为，杨小庆.我国水库泥沙淤积研究综述[J].中国水利水电科学研究院学报，2003，1(3)：5-14.

[72] 韩守都，余华英.二塘沟水库坝基混凝土防渗墙设计施工的技术难点和对策[J].水利规划与设计，2015(1)：46-48.

[73] 韩守都，吴俊杰，王小军.钢岔管三维参数化设计方法的研究与应用[J].水电能源科学.2015(3)：175-178

[74] 韩旭东，张勇.喀浪古尔水库泄洪洞混凝土裂缝缺陷修补处理措施[J].新疆水利，2006(5)：25-26.

[75] 郝德忠.新疆石门子水库洞室开挖爆破及监测技术[J].水利水电施工，2005(1)：17-19.

[76] 何朝霞.希尼尔水库大坝工程施工组织设计[J].水利技术监督，2012(2)：61-64.

[77] 何建新，伦聚斌，杨武.碾压式沥青混凝土越冬层面结合工艺研究[J].水利水电技术，2016，47(11)：48-51

[78] 何建新，朱西超，杨海华等.采用砾石骨料的心墙沥青混凝土水稳定性能试验研究[J].中国农村水利水电，2014(11)：109-112

[79] 何向东，新疆无资料地区小流域设计洪水计算方法探讨[J].地下水，2017，39(2)：113-114

[80] 何旭升，鲁一晖等.混凝土面板堆石坝面板表层止水机械化施工技术[J].水力发电，2012，8(38)：55-57.

[81] 何雪松，蒋新会.高渠水力冲刷排沙法在头屯河水库的运用[J].新疆水利，2002(5)：20-23.

[82] 贺佳欣.碾压式沥青混凝土心墙坝设计及其安全评价探讨[J].水利技术监督，2017(3)：14-15+22.

[83] 胡海涛，张生财，汪士同.阿拉沟水库坝基顺河断层现场试验与处理措施[J].水利水电技术，2016，47(3)：62-64+67.

[84] 胡海涛，赵万强.库盘土工膜水平防渗在面板堆石坝中的应用[J].水利规划与设计，2017(2)：104-107.

[85] 胡和平，刘登峰，田富强等.基于生态流量过程线的水库生态调度方法研究[J]，水科学进展，2008.19(3)：325-331.

[86] 胡平，魏光辉，马亮.组态王软件在希尼尔水库闸控自动化系统中的应用[J].水电站设计，2010，26(2)：36-38.

[87] 胡平，李沙白，王湘南，郭士军.三屯河水库大坝数字强震动监测台阵[J].水利水电技术，2002，33(2)：58-61.

[88] 胡向红，王莉，李永.新疆柯柯亚水库生态景观规划理念与实践[J].新疆大学学报(自然科学版)，2005(1)：91-93.
[89] 胡新丽，蔡峰，马爱华，等.红雁池水库除险加固工程坝体填筑碾压试验[J].新疆水利，2001(6)：20-24.
[90] 胡永生，邵岩，戴菊英.拱桥加固新方法在头屯河水库除险加固工程中的应用[J].西北水电，2011(6)：20-22.
[91] 胡永生，史海英.新疆头屯河水库人行交通桥下部结构优化设计[J].河南水利与南水北调，2013(2)：36-38.
[92] 胡玥.泥岩对大坝设计的影响综述[J].黑龙江水利科技，2014，42(6)：107-108.
[93] 胡长安.五一水库副坝段滑坡分析及处理[J].新疆水利，1995(6)：44-45.
[94] 胡智农，王川江，邱益军，等.喀浪古尔水利枢纽引水泄洪洞混凝土缺陷修补[J].水利水电科技进展，2002，22(5)：11-13+69.
[95] 黄飞燕.基于时域分析法的水库大坝结构损伤研究[J].水利规划与设计，2015(11)：77-78+82.
[96] 黄国兵，王才欢，王春龙，等.水布垭枢纽泄水建筑物主要水力学问题研究[J].人民长江，2007，38(7)：95-98+109.
[97] 黄勇.希尼尔水库大坝无水碾压填筑施工[J].水利水电技术，2006，31(5)：83-84+88.
[98] 黄玉英，尚思臣.2001年新疆河流水文情势[J]，冰川动土，2002(5)：198-199
[99] 姬刚.地下水对混凝土的侵蚀性分析[J].水利建设与管理，2011(1)：54-56.
[100] 姬刚.石门子碾压混凝土拱坝坝肩渗漏处理[J].水利技术监督，2011(3)：64-66.
[101] 季小兵，王志坚，魏光辉.希尼尔水库坝基防渗墙抗溶蚀耐久性试验研究[J].人民黄河，2009，31(6)：119-121.
[102] 贾运甫.混凝土挤压边墙在温泉水电站中的应用[J].青海水力发电，2015(1)：4-6
[103] 姜卉芳，管白楠，姜毅，等.白杨河水库洪水预报调度模型[J].人民长江，1999，30(S1)：83-85.
[104] 蒋玲.头屯河水库除险加固及后期运行管理[J].内蒙古水利，2012(5)：49-50.
[105] 蒋涛.头屯河水库洪水调节复核分析[J].广东水利水电，2015(5)：12-14.
[106] 蒋小健.塑性混凝土防渗墙在水库除险加固工程中的应用[J].新疆水利，2007(5)：19-21.
[107] 焦阳.大石门水利枢纽沥青混凝土心墙砂砾石坝设计[J].西北水电，2016(5)：47-52.
[108] 靳玮涛.TCA2003测量机器人在白杨河水库自动化监测中的应用[J].西北水电，2008(5)：66-68.
[109] 康锋，孔繁新，许杰庭，等.头屯河水库泄空冲刷研究[J].人民黄河，2009，21(12)：36-37.
[110] 柯春光，田伟，戚印鑫.多头小直径水泥土搅拌桩在希尼尔水库的应用[J].人民黄河，2009，31(4)：93-94.
[111] 柯春光.新疆卫星水库大坝运行管理现状评价[J].水利技术监督，2012(6)：30-32.
[112] 柯礼丹，杨守法.我国大坝安全问题及保坝技术措施综述[J].水利学报，1985(5)：59-64.
[113] 柯丽萍，马铁成，毛海涛.榆树沟混凝土面板坝溃决过程分析[J].内蒙古水利，2008(6)：111-112.
[114] 孔晓阳，崔忠.努尔加水库台阶式溢洪道水力特性的研究[J].吉林水利，2012(4)：8-11.
[115] 孔晓阳.新疆策勒县奴尔水利枢纽工程表孔溢洪洞弯道急流控制方案研究[J].西北水电，2016(6)：31-35.
[116] 孔昭年，田忠禄，王思文等.阿勒泰水电站"以阀代井"研究[J].水电站机电技术，2016(1)：1-4
[117] 孔昭年，田忠禄，余志强等.大型骨干水电站水轮机控制设备实现国产化的建议[J].水电自动化与大坝监测.200832(1)：1-6
[118] 库尔班阿西木.地震对平原水库大坝的影响和抗震加固[J].地下水，2006，28(4)：82-85.
[119] 库尔班阿西木.平原水库水量平衡与水量损失的探讨[J].地下水，2005，27(5)：329-331+379.
[120] 李昌彩，王云清，孙役，等.水布垭混凝土面板堆石坝一期填筑施工综述[J].湖北水力发电，2003(3)：55-60.
[121] 李超.KYET水电站气垫式调压室设计[J].水科学与工程技术.2017(3)：46-48
[122] 李单平.测压管在博州鄂托克赛尔水库大坝检测中的应用[J].新疆水利，2001(6)：31-33.

[123] 李德志.铜场水库枢纽工程任务调整规划探讨[J].陕西水利,2011(1):98-99.
[124] 李冠军.浅析呼图壁河流域大海子水库除险加固大坝安全监测系统的应用[J].内蒙古水利,2013(5):115-116.
[125] 李光雄.二塘沟水库沥青混凝土心墙坝工况分析[J].水利技术监督,2017(3):154-158.
[126] 李海涛.山口电站鱼类保护措施与过鱼方案研究初探[J],水利建设与管理,2011(10):70-73.
[127] 李积俊.碾压式沥青混凝土心墙施工技术探讨[J].西北水资源与水工程,2003,14(2):54-56.
[128] 李建琴.浅议新户坪水库老涵洞除险加固工程的施工控制[J].内蒙古水利,2015(4):29-30.
[129] 李江,李湘权.新疆大坝50年施工关键技术进展[J].水利规划与设计,2014(7):1-7.
[130] 李江,李湘权.新疆特殊条件下面板堆石坝和沥青混凝土心墙坝设计施工技术进展[J].水利水电技术,2016,47(3):2-8+20.
[131] 李江,黄华新,柳莹.大河沿水库坝基深厚覆盖层防渗形式研究[C].//中国水利水电出版社.土石坝工程-面板与沥青混凝土防渗技术论文集.北京:中国水利水电出版社,2015.
[132] 李江,王健.布尔津山口水电站围堰型式选择与风险分析[J].水利规划与设计.2014(8):73-76
[133] 李江,钟世华,柳莹.新疆尼雅水库坝型选择及高沥青心墙坝可行性研究[C]// 关志诚.土石坝工程—面板与沥青混凝土防渗技术.北京:中国水利水电出版社,2015:405-413.
[134] 李劲飞.冲乎尔水电站碾压混凝土重力坝的设计[J].小水电,2011(3):39-41+59.
[135] 李俊杰,何建设,严家斌,等.超高密度电阻率法在隐伏断层探测中的应用[J].物探与化探,2016(3):624-628.
[136] 李磊,马晓磊.浅析下坂地水利枢纽工程大坝建设与生态环境问题[J].水利水电技术,2012,43(10):77.
[137] 李琳,鲁克恩,邱秀云,et al.小石峡水电站导流兼深孔泄洪洞消能工优化试验[J].水利水电科技进展,2011,31(2):5-8.
[138] 李敏,基于BIM技术的可视化水利工程设计仿真[J],水利技术监督,2016 24(3):12-16
[139] 李山,赵伟,郭平,等.大山口水电站重力拱坝监测资料分析及安全评价[J].水利水运工程学报,2003(3):43-46.
[140] 李生河.宗朗水库集中供水的成功经验与启示[J].水利规划与设计,2011(1):32+39.
[141] 李生禄,金宝灵,董辉.浅析新疆昌吉市三屯河水库大坝帷幕灌浆和坝基排水设施对渗流和扬压力的影响[J].大坝与安全,2006(04):41-44.
[142] 李胜渊,赵波,刘宗武.哈拉布拉水库放水隧洞裂缝成因分析与处理[J].新疆水利,2007(4):9-10.
[143] 李淑珍.新疆山区小型水库生态基流分时段下泄的合理性分析与实践[J].水利水电技术,2016,47(3):27-28+32.
[144] 李拴仓,吴莉.中小型沥青混凝土心墙堆石坝施工新技术[J].水利水电施工,2007(03):30-31.
[145] 李随祥.关于新疆喀浪古尔水库混凝土衬砌质量问题的处理方案[J].山西水利科技,2004(4):57-59.
[146] 李万逵,文俊.新疆大西沟水库坝基砂层的勘察与评价[J].水利水电技术,2009,40(2):31-33+49.
[147] 李伟,高洪涛,康田.新疆波波娜水电站调压井水力过渡过程计算[J].陕西水利,2011(5):119-121.
[148] 李卫华.复合土工膜在希尼尔水库大坝防渗中的应用[J].水电站设计,2009,25(4):71-73.
[149] 李文国,侍克斌,周峰,等.全库盘大面积土工膜防渗体机械化施工工艺研究[J].水力发电,2008,34(3):50-51+99.
[150] 李小平,周启,卢德军.新疆三屯河水库大坝安全监测成果分析[J].人民长江,2003,34(12):39-41.
[151] 李晓飞,毛德敏.石门子水库大坝变形监测及数据分析[J].甘肃水利水电技术,2009,45(8):31-32.
[152] 李新卫.浅析头屯河水库除险加固工程施工安全控制[J].新疆水利,2012(5):56-58.

[153] 李雪，彭金涛，童伟.水利水电工程生态流量研究综述[J]，水电站设计，第32卷第4期，2016(10)：71-75.
[154] 李艳.托洪台水电站1～#主变差动动作原因分析[J].甘肃水利水电技术，2015，51(7)：57-58+64.
[155] 李宜忠.希尼尔水库工程大坝面板混凝土施工[J].水力发电，2003，29(8)：47-49.
[156] 李毅，徐劲松，徐仁，等.齐古水库放水洞工作闸井井壁基岩坍塌处理[J].水利水电技术，2016，47(03)：55-58+61.
[157] 李永松，尹健民，陈建平，等.基于模拟退火和粒子群混合算法的地应力场分析[J].人民长江，2011，42(23)：65-67+97.
[158] 李勇.大山口大坝重力墩裂缝的检查及工程处理[J].大坝与安全，2001(4)：49-51.
[159] 李玉平，EGM2008在叶尔羌河防洪工程测量中的应用[J]，工程勘察，2017(8)61-65
[160] 李园园，牧振伟，吴战营，等.新疆五一水库消力池悬栅消能水流水力特性数值模拟[J].水利与建筑工程学报，2012，10(6)：61-63+101.
[161] 李振纲，陈文龙.浅谈下天吉水库溢洪道抗空蚀设计[J].新疆水利，2005(2)：29-32.
[162] 李振纲.吉音水库混凝土面板堆石坝设计[J].水利水电技术，2016，47(3)：21-22+26.
[163] 连永秀，房晨.复合土工膜在葡萄沟水库除险加固工程中的应用[J].水利规划与设计，2006(1)：58-60.
[164] 梁炳华.浅谈龙王庙水库溢洪道橡胶坝[J].新疆水利，2000(1)：32-35.
[165] 梁维燕，从800千瓦小型发电机组到100万千瓦白鹤滩巨型发电机组——我见证中国水电提速[J]，中国经济周刊，2017(8)：44-46
[166] 廖仁强，陈志康，张国新，等.丹江口大坝加高工程关键技术研究综述[J].南水北调与水利科技，2009，7(6)：47-49.
[167] 林飞，郑洪.新疆塔日勒嘎水电站泥沙问题研究[J].水力发电，2015，41(6)：73-76.
[168] 林皋.土石坝抗震安全评价技术[J].新世纪水利工程科技前沿(院士)论坛.中国天津：天津大学出版社.2005.
[169] 蔺红军.东风水库大坝渗漏治理综述[J].杨凌职业技术学院学报，2011，10(3)：54-56.
[170] 刘成双，刁爽.新疆柯柯亚水库爆破设计和工艺流程[J].吉林水利，2004(4)：22-26.
[171] 刘冬梅，高全永，刘聪.哈德布特水电站200 m垂直隧洞压力钢管安装[J].广东水利水电，2013(6)：60-63.
[172] 刘凤学，吴凤吉.红石大坝泄洪消能工改造工程管理综述[J].大坝与安全，2009(4)：60-63.
[173] 刘戈力，林仁亨，雷小牛.鄂托克赛尔水库拦河坝渗漏原因分析[J].新疆水利，1998(6)：37-38+44.
[174] 刘海博，程燕，朱宏伟.混凝土大坝裂缝成因分析与防止措施综述[J].西北水电，2008(6)：14-17.
[175] 刘洪.对呼图壁河石门水库坝区卸荷裂隙成因的认识[J].水电勘测设计，2001(2)：48-51.
[176] 刘平，张岩.迪那河五一水库水温预测分析研究[J].吉林水利，2010(7)：27-30.
[177] 刘平.迪那河五一水库库区卸荷岩体滑坡涌浪计算及其影响分析[J].西北水电，2016(2)：27-29+37.
[178] 刘荣.新疆呼图壁河石门水库工程枢纽布置设计[C].//中国水力发电工程学会，2001年度全国碾压混凝土技术交流会论文集.北京：中国水利水电出版社，2001：133-139.
[179] 刘瑞霞.头屯河水库暗渠工业供水系统运行管理探讨[J].新疆水利，2011(5)：50-53.
[180] 刘同高，焦健，刘圆.新疆哈巴河山口水电站混凝土面板堆石坝的设计[J].西北水电，1997(3)：58-60.
[181] 刘新秀.头屯河水库除险加固工程施工中混凝土裂缝成因及处理[J].中国水利，2011(4)：55-56.
[182] 刘旨宵.依干其水库调节运用与管理养护经验[J].内蒙古水利，2010，(3)：65-67.
[183] 刘子慧.莫瓦桑大坝加高综述及新老混凝土结合问题[J].水利水电快报，1995，17(12)：13-17.
[184] 柳莹，李江.新疆山区中小型水库与生态流量泄放措施研究[J]，人民黄河，2014(增刊1)：60-63.

[185] 柳莹.白杨河水库台阶式溢洪道试验研究及应用[J].小水电,2014(3):21-23.
[186] 柳中华.红雁池水库大坝变形及处理[J].新疆水利,1997(4):51-53.
[187] 卢军,邹德华,渠道防渗技术在吐木秀克水电站工程中的应用[J],水利技术监督,2010(1):44-47.
[188] 卢晓云.水泥土搅拌桩在依干其水库除险加固工程中的运用[J].水利规划与设计,2009(3):46-48.
[189] 卢新民,贺传卿,牟高峰,等.乌拉泊水库防渗墙原型观测资料分析[J].大坝观测与土工测试,1996,20(2):27-30.
[190] 逯蔼,武学英.由新疆额敏县阿克苏水库均质土坝的施工回顾设计的几点认识[J].西北水电,1990(4):61-64.
[191] 罗畅,丁旭,董昊雯,等.帕满水库引水口护岸工程设计[J].水利科技,2009(2):45-46.
[192] 罗伟邦.分层取水技术在KLSK水利枢纽建设中的应用[J],水利水电技术,第44卷,2013(6):126-130.
[193] 罗晓霞.大西沟水库大坝河床段心墙基础处理[J].水利水电技术,2016,47(3):96-98.
[194] 骆俊斌.浅谈博州鄂托克赛尔水库大坝安全监测方案[J].内蒙古水利,2016(5):50-51.
[195] 闫东杰.液压启闭机在头屯河水库除险加固工程中的应用[J].黑龙江水利科技,2012,40(9):237-238.
[196] 吕知红.中小型水利工程施工质量控制[J].新疆水利,2007(5):34-35.
[197] 吕智,李亚斐.浅谈沥青混凝土心墙坝在新疆塔城地区的应用及发展[J].内蒙古水利,2011(1):33-34.
[198] 马继荣,杨帆.塑性混凝土配合比设计及在希尼尔水库地下防渗墙中的应用[J].新疆水利,2005(3):31-33.
[199] 马军,王成,李少华.复合土工膜和黄土组合防渗技术在头屯河水库围堰工程的应用[J].水力发电,2013,39(9):52-55.
[200] 马军.球墨铸铁在头屯河水库放水涵洞底板抗冲磨加固中的应用[J].水利水电技术,2012,40(7):77-80.
[201] 马军.头屯河水库除险加固工程施工导截流设计[J].水科学与工程技术,2012(1):21-22.
[202] 马军.头屯河水库放水涵洞底板抗冲磨加固方案及施工技术[J].水科学与工程技术,2011(6):69-71.
[203] 马克峰.深析塑性混凝土在黄羊泉水库除险加固工程的应用[J].内蒙古水利,2011(1):79-80.
[204] 马亮,陈亮亮,杨桂权.塑性混凝土在希尼尔大坝坝基防渗中的应用[J].水电站设计,2008,24(2):106-108.
[205] 马亮.掺矿渣微粉混凝土在喀浪古尔水库大坝面板中的应用[J].粉煤灰综合利用,2009(3):26-28.
[206] 马品非.浇筑式沥青混凝土心墙防渗在多拉特水库扩建中的应用[J].新疆水利,2010(2):43-46.
[207] 马品非.新疆塔城市阿不都拉水库设计及坝体应力应变分析[J].水利水电技术,2016,47(3):65-67.
[208] 马伟明.TCA测量机器人在三屯河水库大坝外部变形监测中的应用[J].大坝与安全,2004(6):45-47.
[209] 马伟明.硅粉混凝土在三屯河水库放水隧洞修补中的应用[J].大坝与安全,2003(2):53-54.
[210] 马勇,王军.海子湾水库土坝劈裂灌浆施工及效果分析[J].新疆水利,1999(4):39-40.
[211] 马玉珍,袁建新.哈拉布拉水库泄洪隧洞开挖施工[J].新疆水利,2008(2):38-39+49.
[212] 马志军,李晓庆,俞伟,等.基于ABAQUS模拟的消力池边墙加固方案优化[J].大坝与安全,2016(2):45-48+52.
[213] 买合木提·巴拉提,虎胆·吐马尔白,吴彬,等.二塘沟水库右坝肩工程地质问题初步探讨分析[J].

新疆农业科学,2010,47(7):1461-1465.
[214] 买合木提·巴拉提,虎胆·吐马尔白.二塘沟水库左坝头岩石块体数值模拟分析[J].人民黄河,2013,35(4):111-114.
[215] 买合木提·巴拉提,吴彬,虎胆·吐马尔白.有限元强度折减法在二塘沟水库右岸天然边坡稳定分析中的应用[J].新疆农业大学学报,2010,33(5):436-441.
[216] 卯战革,李小红,秦明昌,等.冲乎尔碾压混凝土重力坝安全监测[J].水利与建筑工程学报,2010,8(3):91-95.
[217] 卯战革,李小红,杨松波,等.浅谈冲乎尔水电站大坝倒垂线施工工艺[J].水利与建筑工程学报,2010,8(2):142-144.
[218] 孟宪杰,石晓梅.红雁池水库大坝安全监测自动化系统改造[J].新疆水利,2010(2):47-49.
[219] 明德巴依尔.大西沟水库防渗处理及评价[J].陕西水利,2017(s1).
[220] 木克然·阿娃,阿力甫江·阿不里米提,木拉提·玉赛音,等.阿拉沟水库溢洪道流场数值模拟[J].水利与建筑工程学报,2014,14(2):38-43.
[221] 牧振伟,赵涛,周著.头屯河水库淤积变形的一维非恒定数值模拟[J].新疆农业大学学报,2006,19(2):96-98.
[222] 穆艾塔尔.赛地等.新疆天山北坡山区流域水文特征分析[J].水文,2013,33(2):87-92
[223] 牛万吉,罗纬邦,罗清萍.严寒地区RCC重力坝保温材料对比试验研究[J],新疆水利.2009(5):23-27
[224] 欧建广,邓四东,陈远方,等.寒冷地区高温干燥条件下混凝土面板裂缝控制[J].水力发电,2003,34(8):42-43+56.
[225] 潘家铮.国际大坝委员会第十五届大会技术专题讨论综述[J].水利水电技术,1985(11):6-15.
[226] 潘忠霞,马品非.哈拉布拉水库侧槽式溢洪洞设计[J].新疆水利,2010(4):31-33.
[227] 彭敦复.新疆水利水电工程活断层处理的工程实践[M],新疆:新疆人民出版社,2005.
[228] 彭汉军,郭霞辉.吉林台混凝土面板砂砾-堆石坝填筑中的质量监理[J].水力发电,2006(6):34-36+39.
[229] 彭佳.头屯河水库除险加固工程设计方案研究[J].陕西水利,2010(4):91-92.
[230] 彭鹏,宋汉周,郭张军.大坝基础帷幕体防渗效果评价方法综述[J].大坝与安全,2008(1):4-8.
[231] 彭卫军,范金勇.吉林台一级水电站混凝土面板砂砾-堆石坝坝体抗震设计[J].水力发电,2006(6):26～28.
[232] 乔娟,石小涛,乔晔,等.升鱼机的发展及相关技术问题探讨[J].水生态学杂志,2013,34(4):80-84.
[233] 乔玲,焦阳.库什塔依水电站工程沥青混凝土心墙坝设计[J].水力发电,2012,38(4):71-72+81.
[234] 秦璐,杨宗杰,陈珊.卫星水库除险加固工程水土保持设计[J].水利技术监督,2012(6):73-75.
[235] 秦四清,李国梁,薛雷等.中国新疆及邻区某些地震区未来震情研判[J].地球物理学进展,2013 28(5):2376-2391.
[236] 秦文保,李慧芳.防渗墙在乌拉泊水库渗流破坏除险加固设计中应用[J].甘肃水利水电技术,2010,46(7):46-47.
[237] 邱菊美.垂直铺塑技术在疏附红旗水库截渗工程中的应用[J].新疆水利,1994(5):47-50.
[238] 屈文杰,程勇清,余洋,等.巴基斯坦高摩赞大坝枢纽工程综述[J].水利水电工程设计,2010(3):1-5+63.
[239] 曲传勇,王炜,尚旭东,等.铜场水库大坝初期蓄水渗流及变形监测资料分析[J].西北水电,2014(4):96-99.
[240] 曲传勇,王炜,王新,等.大西沟水库大坝施工期及蓄水初期监测资料分析[J].水力发电,2014,40(12):101-104.
[241] 饶权.物探技术在石门子水库的应用[J].新疆水利,1999(4):35-38.
[242] 任建江,秦边疆,曾涛.恰甫其海大坝工程截流施工技术综述[J].水利水电技术,2006(11):37-

39.
[243] 任剑飞.水库汛期分期及汛限水位动态控制研究[J].浙江水利水电学院学报,2016,28(2):22-25.
[244] 柔洁,傅长海,邢佑红.白杨河水库混凝土坝的地震动力分析[J].内陆地震,1996(4):311-318.
[245] 如先古力·阿吾提.基于时间序列法的依干其水库引水量预测研究[J].甘肃水利水电技术,2017,53(4):12-14+18.
[246] 商思臣,庞春花,冉新量.新疆河流悬移质泥沙特性分析[C].中国水利学会2002学术年会,北京:中国水利水电出版社,2002:469-472
[247] 邵宇,许国安,朱瑞,等.大西沟沥青心墙坝防渗处理和渗流分析[J].长江科学院院报,2009,26(10):76-81.
[248] 申莲.希尼尔水库大坝渗流监测安全评价[J].水利规划与设计,2014(10):83-88.
[249] 沈婷,李国英,李云,et al.覆盖层上面板堆石坝趾板与基础连接方式的研究[J].岩石力学与工程学报,2005,24(14):2588-2592.
[250] 沈志刚,耿凡坤,裴伟,等.乌拉泊水库大坝除险加固后运行工况分析[J].甘肃水利水电技术,2012,48(8):35-36+45.
[251] 石梅,裴延彪.浅析塔西河石门子水库左坝肩基础处理成效[J].水利建设与管埋,2012(6):35-36+40.
[252] 石敏.喀浪古尔水库工程大坝安全监测自动化系统分析[J].内蒙古水利,2010(3):56-57.
[253] 石晓梅,孟宪杰.红雁池水库大坝裂缝观测分析[J].新疆水利,2009(1):52-53.
[254] 史红丽,张新伟,邬向红,等.小山口二级水电站电气一次设计[J].小水电,2014(6):27-32.
[255] 侍克斌,李玉建,马英杰,等.土工膜全库盘防渗技术在胜利水库的应用及有关问题探讨[J].水利水电技术,2005,36(11):143-144+147.
[256] 侍克斌,毛建刚,岳春芳.基于灰关联综合评估的水利枢纽工程坝型优选[J].数学的实践与认识,2004(2):65-69.
[257] 束一鸣,SHUYiming.我国水库大坝土工膜防渗工程进展[J].水利水电科技进展,2015,35(5):20-26.
[258] 司全章.水利工程施工中土坝软土地基的处理措施[J].黑龙江水利科技,2012,40(9):77-78.
[259] 司全章.水利工程中的接缝灌浆技术应用探究[J].内蒙古水利,2012(5):74-75.
[260] 宋建华,马爱华.中葛根水库围堰帷幕灌浆关键技术探讨[J].甘肃水利水电技术,2011,47(4):60-61.
[261] 宋建华,王丰,刘章.围堰工程饱和砂砾石地层帷幕灌浆研究[J].新疆水利,2011(2):36-38.
[262] 苏广录.阿克达拉水库除险加固工程勘察方法[J].水利水电技术,2016,47(3):89-92.
[263] 苏颖君.新疆鄂托克赛尔水库大坝防渗体系设计与实施效果评价[J].水利规划与设计,2009(6):26-29.
[264] 孙德望,赵波.哈拉布拉水库大坝坝体沉降变形分析[J].东北水利水电,2010(12):53-54.
[265] 孙娟,戚印鑫.挤压混凝土边墙施工技术在中葛根水库面板堆石坝的应用[J].水利与建筑工程学报,2011,7(4):85-88+92.
[266] 孙军伟.头屯河水库水力排沙经济效益分析[J].广东水利水电,2015(3):59-61.
[267] 孙领辉.二塘沟水库工程河床覆盖层中承压水特性[J].甘肃水利水电技术,2013,49(7):48-50.
[268] 孙小利,赵云,田忠禄.国外水电站的洄游鱼类过坝设施最新发展[J].水利水电技术,2009,40(12):133-136.
[269] 孙永波,董昊雯,侯咏梅.新疆小山口二级水电站节制闸设计[J].小水电,2013(6):27-29.
[270] 孙钊,李茂芳.国外大坝岩石基础灌浆施工综述[J].水利水电技术,1964(3):42-51.
[271] 孙整社.混凝土面板堆石坝面板防裂施工技术及建议[J].西北水力发电,2005,21(S2):77-78+86.
[272] 谈海斌.南部非洲麦特隆大坝碾压混凝土施工综述[J].水利水电施工,2015,(4):38-41.

[273] 覃新闻，龚木金，刘建发，等.新疆下坂地水库坝基防渗墙试验研究[J].工程地质学报，2006(4)：570-575.
[274] 覃新闻，杨智睿，路文波，等.新疆下坂地水库坝基深厚覆盖层防渗形式的论证分析[J].陕西水力发电，2001(3)：36-38.
[275] 覃新闻，黄小宁，彭立新等.沥青混凝土心墙坝设计与施工[M].北京：中国水利水电出版社，2011.
[276] 谭新莉.铜场水库表孔泄洪洞的设计[J].东北水利水电，2011(8)：15-17.
[277] 汤雷，傅翔，蒋金平.混凝土衬砌典型缺陷检测分析与处理[J].混凝土，2009(3)：117-120.
[278] 唐安军，方丽丽.土工合成材料在白土坑水库大坝防渗与导渗中的应用[J].大坝与安全，2009(2)：78-80.
[279] 唐虎，吴旭.下天吉水库隧洞工程施工中超前支护的应用[J].新疆水利，2001(3)：34-36.
[280] 唐新军，凤炜，凤家骥，等.榆树沟水库枢纽工程的设计特点与运行情况[J].新疆农业大学学报，2004，27(2)：52-56.
[281] 陶同康.复合土工薄膜及其防渗设计[J].岩土工程学报，1993(2)：31-39.
[282] 天津电气科学研究院有限公司，替代调压井的新型调压阀及其控制系统研究与电站示范应用[R]，2017
[283] 天津市天发重型水电设备制造有限公司，新疆阿勒泰电站水轮机组抬机系数计算[R]，2017
[284] 田万荣，崔莲莲，张艺.新疆中小河流水位流量关系定线精度现状分析及对策[J]，黑龙江水利科技，2006(6)：22-23
[285] 田万荣，朱健.几种频率分布线型对新疆天山北坡洪水适应性研究[J].干旱区地理，2000(10)：353-357
[286] 田岩.喀浪古尔水库大坝面板混凝土裂缝施工预防措施[J].陕西水利，2013(4)：88-89.
[287] 万康飞.台阶式消能防冲设施设计研究[J].黑龙江水利科技，2016，44(6)：83-84.
[288] 万文新，沈振中.防渗墙裂缝对沥青心墙坝坝基渗流的影响[J].水电能源科学，2015，33(12)：85-88.
[289] 汪洋，乔玲等.岸边表孔溢洪道(洞)台阶消能技术在新疆几个水电(利)工程中的应用[J].水利与建筑工程学报，2011，9(3)：99-102.
[290] 汪洋.狭窄河谷混凝土面板堆石坝设计的一种创新与实践[J].水利水电技术，2012，43(9)：39.
[291] 汪永贵.坎尔其水库大坝基础处理施工工艺选择[J].西部探矿工程，2001(3)：38-40.
[292] 王朝晖，吴玉秀，蒋新会.头屯河水库排沙减淤恢复库容方法应用[J].水利技术监督，2008(4)：74-77.
[293] 王成理.浅谈浇筑式沥青混凝土心墙堆石坝施工[J].新疆水利，2005(4)：29-32.
[294] 王成良.水库水情基本测报系统规划[J].投资与合作，2012(9)：274.
[295] 王德生，李惠宇.鄂托克赛尔水库大坝安全监测资料分析[J].新疆水利，2006(6)：42-44.
[296] 王栋，朱永斌.新户坪水库放水涵洞的修补处理[J].海河水利，2007(3)：34-36.
[297] 王恩志，王慧明，李昂，等.石门子水库近坝区渗漏与防渗分析[J].水土保持研究，2001，8(4)：79-82+150.
[298] 王发刚.巴州希尼尔水库库外浸没浅析[J].新疆水利，1999(3)：33-38.
[299] 王菲，尼雅河泥沙及河床演变简析[J]，吉林水利，2017(6)：35-36
[300] 王丰.强透水地层帷幕灌浆参数的确定[J].黑龙江水利科技，2012，40(12)：79-80.
[301] 王刚，徐杰，鲍善军.综合支架法在阿湖水库泄洪闸工作桥支撑加固中的应用[J].江苏水利，2012(1)：21-22.
[302] 王红军，胡艳军，陈宏.小湾水电站右岸大坝岸坡坝段施工综述[J].水利水电施工，2012(5)：9-11.
[303] 王慧鑫.如何预防混凝土灌注桩施工中的断桩问题[J].科学咨询(决策管理)，2009(1)：58.
[304] 王君.浅析希尼尔水库大坝设计[J].水利技术监督，2010(6)：73-76.
[305] 王凯博.超薄塑性混凝土防渗墙在五一水库除险加固工程的应用[J].水利规划与设计，2009(6)：